Curso de
Gestão Ambiental

Curso de Gestão Ambiental

2ª edição atualizada e ampliada

EDITORES
ARLINDO PHILIPPI JR
MARCELO DE ANDRADE ROMÉRO
GILDA COLLET BRUNA

Manole

Copyright © 2014 Editora Manole Ltda., conforme contrato com os editores.

PROJETO GRÁFICO E CAPA
Nelson Mielnik e Sylvia Mielnik

FOTOS DA CAPA
Ana Maria da Silva Hosaka e
Opção Brasil Imagens

DIAGRAMAÇÃO
Acqua Estúdio Gráfico

PRODUÇÃO EDITORIAL
Editor gestor: Walter Luiz Coutinho
Editora: Ana Maria Silva Hosaka
Produção editorial: Pamela Juliana de Oliveira
Marília Courbassier Paris
Rodrigo de Oliveira Silva
Editora de arte: Deborah Sayuri Takaishi

APOIO TÉCNICO EDITORIAL
Alaôr Caffé Alves
Cintia Philippi Salles
Jorge Alberto Soares Tenório
Maria Cecília Focesi Pelicioni
Mário Thadeu Leme de Barros
Pedro Caetano Sanches Mancuso
Tatiana Tucunduva Philippi Cortese

REALIZAÇÃO
Programas de Pós-Graduação – FSP/USP:
- Saúde Pública
- Ambiente, Saúde e Sustentabilidade
Departamento de Saúde Ambiental – FSP/USP

APOIO INSTITUCIONAL
Faculdade de Saúde Pública/USP
Faculdade de Arquitetura e Urbanismo/USP

Dados Internacionais de Catalogação na Publicação (CIP)
(Câmara Brasileira do Livro, SP, Brasil)

Curso de gestão ambiental / editores Arlindo
Philippi Jr, Marcelo de Andrade Roméro,
Gilda Collet Bruna. -- 2. ed atual. e ampl.
Barueri, SP : Manole, 2014. -- (Coleção Ambiental, v.13)

Bibliografia.
ISBN 978-85-204-3341-6

1. Gestão ambiental - Estudo e ensino 2. Meio ambiente
I. Philippi Jr., Arlindo. II. Roméro, Marcelo de Andrade.
III. Bruna, Gilda Collet. IV. Série.

13-08645   CDD-333.707

Índices para catálogo sistemático:
1. Gestão ambiental : Economia : Estudo e
ensino 333.707

Todos os direitos reservados.
Nenhuma parte deste livro poderá ser reproduzida, por qualquer
processo, sem a permissão expressa dos editores.
É proibida a reprodução por xerox.

A Editora Manole é filiada à ABDR – Associação Brasileira de Direitos Reprográficos.

1ª edição – 2005; reimpressões – 2007, 2008, 2009, 2010, 2011, 2012
2ª edição – 2014; reimpressões – 2015, 2019

Editora Manole Ltda.
Avenida Ceci, 672 – Tamboré
06460-120 – Barueri – SP – Brasil
Fone: (11) 4196-6000 – Fax: (11) 4196-6021
www.manole.com.br
https://atendimento.manole.com.br/

Impresso no Brasil
Printed in Brazil

CONSELHO EDITORIAL CONSULTIVO

Adriana Marques Rossetto (UFSC); Alaôr Caffé Alves (USP); Aldo Roberto Ometto (USP); Alexandre Hojda (Uninter); Alexandre Oliveira Aguiar (Uninove); Amarilis Lucia Casteli Figueiredo Gallardo (IPT/SP); Ana Lucia Nogueira de Paiva Britto (UFRJ); Ana Luiza Spínola (Cetesb); Andre Tosi Furtado (Unicamp); Angela Maria Magosso Takayanagui (USP); Antoninho Caron (FAE); Antonio Carlos Rossin (USP); Arlindo Philippi Jr (USP); Augusta Thereza Alvarenga (USP); Blas Enrique Caballero Nuñez (UFPR); Beat Gruninger (BSD); Carlos Alberto Cioce Sampaio (UFPR); Carlos Eduardo Morelli Tucci (Unesco); Carlos A. Nobre (Inpe); Claude Raynaut (UBordeaux II); Claudia Ruberg (UFS); Cleverson V. Andreoli (Sanepar); Daniel Angel Luzzi (USP); Delsio Natal (USP); Dimas Floriani (UFPR); Enrique Leff (Unep); Fausto Miziara (UFG); Francisco Arthur Silva Vecchia (USP); Francisco Suetonio Bastos Mota (UFCE); Frederico Fábio Mauad (USP); Gilberto de Miranda Rocha (UFPA); Gilda Collet Bruna (UPMackenzie); Hans Michael Van Bellen (UFSC); Héctor Ricardo Leis (UFSC); Isabella Fernandes Delgado (Fiocruz); Jalcione Pereira de Almeida (UFRGS); João Lima Sant'Anna (Unesp); Leila da Costa Ferreira (Unicamp); Leo Heller (UFMG); Liliane Garcia Ferreira (MPESP); Lineu Belico dos Reis (USP); Manfred Max-Neef (Uach); Marcel Bursztyn (UnB); Marcelo de Andrade Roméro (USP); Marcelo Pereira de Souza (USP); Márcia Faria Westphal (USP); Marcos Reigota (Uniso); Maria Cecilia Focesi Pelicioni (USP); Maria do Carmo Sobral (UFPE); Maria José Brollo (IG/SMA/SP); Maria Luiza Leonel Padilha (USP); Mario Thadeu Leme de Barros (USP); Mary Dias Lobas de Castro (UMC); Nemésio Neves Batista Salvador (UFSCar); Oswaldo Massambani (USP); Patricia Marra Sepe (SVMA/SP); Paula Raquel da Rocha Jorge Vendramini (UPM); Paula Santana (UCoimbra); Reynaldo Luiz Victoria (USP); Ricardo Siloto da Silva (UFSCar); Ricardo Toledo Silva (USP); Rita Ogera (SVMA/SP); Roberto C. Pacheco (UFSC); Roberto Luiz do Carmo (Unicamp); Selma Simões Castro (UFG); Sérgio Martins (UFSC); Severino Soares Agra Filho (UFBA); Sonia Maria Viggiani Coutinho (USP); Stephan Tomerius (UTrier); Sueli Gandolfi Dallari (USP); Tadeu Fabrício Malheiros (USP); Tânia Fisher (UFBA); Tercio Ambrizzi (USP); Valdir Fernandes (FAE); Valdir Frigo Denardin (UFPR); Vânia Gomes Zuin (UFSCar); Vicente Fernando Silveira (RF); Vicente Rosa Alves (UFSC); Wagner Costa Ribeiro (USP); Wanda Risso Günther (USP); Zulimar Márita (UFMA).

EDITORES
Arlindo Philippi Jr
Marcelo de Andrade Roméro
Gilda Collet Bruna

AUTORES

Adelaide Cassia Nardocci
Faculdade de Saúde Pública, USP

Alexandre de Oliveira e Aguiar
Universidade Nove de Julho

Ana Luiza Silva Spínola
Cetesb, SP

Andréa Focesi Pelicioni
Secretaria do Verde e do Meio Ambiente do
Município de São Paulo

Antonio Fernando Pinheiro Pedro
Associação Brasileira de Advogados
Ambientalistas

Antônio R. de Almeida Jr.
Escola Superior de Agricultura Luiz de Queiroz,
USP

Arlindo Philippi Jr
Faculdade de Saúde Pública, USP

Carla Grigoletto Duarte
Escola Politécnica, USP

Carlos Celso do Amaral e Silva
Faculdade de Saúde Pública, USP

Cleverson V. Andreoli
Isae

Delsio Natal
Faculdade de Saúde Pública, USP

Denise Crocce Romano Espinosa
Escola Politécnica, USP

Elaine Cristina da Silva
Faculdade de Saúde Pública, USP

Elton Gloeden
Cetesb, SP

Flávia Paulucci Cianga Silvas
Escola Politécnica, USP

Geraldo Gomes Serra
Faculdade de Arquitetura e Urbanismo, USP

Gilberto Montibeller-Filho
Universidade Federal de Santa Catarina

Gilda Collet Bruna
Universidade Presbiteriana Mackenzie

Helena Ribeiro
Faculdade de Saúde Pública, USP

Heliana Comin Vargas
Faculdade de Arquitetura e Urbanismo, USP

Helene Mariko Ueno
Escola de Artes, Ciências e Humanidades, USP

João Vicente de Assunção
Faculdade de Saúde Pública, USP

José de Ávila Aguiar Coimbra
Núcleo de Apoio à Pesquisa em Mudanças
Climáticas, USP

Lineu Bassoi
Cetesb, SP

Maisa de Souza Ribeiro
Faculdade de Economia, Administração e
Contabilidade de Ribeirão Preto, USP

Marcelo de Andrade Roméro
Faculdade de Arquitetura e Urbanismo, USP

Maria Augusta Justi Pisani
Universidade Presbiteriana Mackenzie

Maria Cecília Focesi Pelicioni
Faculdade de Saúde Pública, USP

Maria do Carmo Sobral
Universidade Federal de Pernambuco

Maria Manuela Morais
Universidade de Évora, Portugal

Nelson Menegon Jr.
Cetesb, SP

Paula R. Jorge
Universidade Presbiteriana Mackenzie

Paulo Renato Mesquita Pellegrino
Faculdade de Arquitetura e Urbanismo, USP

Phillip Gunn (*in memoriam*)
Faculdade de Arquitetura e Urbanismo, USP

Rafael Alexandre Ferreira Luiz
Faculdade de Saúde Pública, USP

Renata Maria Caminha Carvalho
Instituto Federal de Educação, Ciências e
Tecnologia de Pernambuco

Sérgio Colacioppo
Faculdade de Saúde Pública, USP

Sheila Walbe Ornstein
Faculdade de Arquitetura e Urbanismo, USP

Tadeu Fabrício Malheiros
Escola de Engenharia de São Carlos, USP

Telma de Barros Correia
Instituto de Arquitetura e Urbanismo, USP

Valdir Fernandes
Universidade Positivo

Vera Lucia Ramos Bononi
Universidade Anhanguera Uniderp

Vicente Fernando Silveira
Núcleo de Apoio à Pesquisa em Mudanças
Climáticas, USP

Wilson Edson Jorge
Faculdade de Arquitetura e Urbanismo, USP

Os capítulos expressam a opinião dos autores, sendo de sua exclusiva responsabilidade.

Sumário

Prefácio XV
Adolpho José Melfi

Apresentação. XVII
Arlindo Philippi Jr, Marcelo de Andrade Roméro, Gilda Collet Bruna

PARTE I – INTRODUÇÃO

Capítulo 1
Uma Introdução à Gestão Ambiental 3
Arlindo Philippi Jr, Marcelo de Andrade Roméro, Gilda Collet Bruna

Capítulo 2
Histórico e Evolução do Sistema de Gestão
Ambiental no Brasil 19
Arlindo Philippi Jr, Cleverson V. Andreoli,
Gilda Collet Bruna e Valdir Fernandes

PARTE II – FUNDAMENTAÇÃO DO CONTROLE AMBIENTAL

Capítulo 3
Saneamento Ambiental e Ecologia Aplicada 53
Arlindo Philippi Jr e Vicente Fernando Silveira

CURSO DE GESTÃO AMBIENTAL

Capítulo 4
Controle Ambiental da Água 87
Lineu Bassoi e Nelson Menegon Jr.

Capítulo 5
Controle Ambiental do Ar 143
João Vicente de Assunção

Capítulo 6
Resíduos Sólidos: Abordagem e Tratamento..................195
Denise Crocce Romano Espinosa e Flávia Paulucci Cianga Silvas

Capítulo 7
Controle Ambiental de Áreas Verdes 257
Vera Lucia Ramos Bononi

Capítulo 8
Controle do Ambiente de Trabalho: Riscos Químicos e
Saúde do Trabalhador 307
Sérgio Colacioppo

PARTE III – FUNDAMENTAÇÃO SOCIOPOLÍTICA E CULTURAL

Capítulo 9
Fundamentos de Saúde Pública 351
Helene Mariko Ueno e Delsio Natal

Capítulo 10
Fundamentos de Epidemiologia 389
Helene Mariko Ueno e Delsio Natal

Capítulo 11
Trajetória do Movimento Ambientalista 421
Andréa Focesi Pelicioni

Capítulo 12
Saúde Pública e as Reformas de Paula Souza 451
Phillip Gunn (in memoriam) e Telma de Barros Correia

Capítulo 13
Fundamentos da Educação Ambiental.......................469
Maria Cecília Focesi Pelicioni

Capítulo 14
O Projeto da Paisagem e a Sustentabilidade das Cidades........493
Paulo Renato Mesquita Pellegrino

Capítulo 15
Linguagem e Percepção Ambiental.........................515
José de Ávila Aguiar Coimbra

Capítulo 16
Tecnologias e Comunicações: da Natureza ao Ambiente........563
Antônio R. de Almeida Jr.

Capítulo 17
Desenvolvimento e Economicidade Socioambiental...........589
Gilberto Montibeller-Filho

Capítulo 18
Contabilidade Ambiental.................................629
Maisa de Souza Ribeiro

Capítulo 19
Direito Ambiental Aplicado..............................651
Antonio Fernando Pinheiro Pedro

Capítulo 20
Política e Gestão Ambiental.............................707
Arlindo Philippi Jr e Gilda Collet Bruna

PARTE IV – PLANEJAMENTO E GESTÃO AMBIENTAL

Capítulo 21
Questão Urbana e Participação no Processo de Decisão 769
Geraldo Gomes Serra

Capítulo 22
Governança Municipal como Ferramenta para o
Desenvolvimento Sustentável 789
Paula R. Jorge e Gilda Collet Bruna

Capítulo 23
Conselhos e Gestão Ambiental Local: Processos Educativos e
Participação Social 815
Elaine Cristina da Silva e Maria Cecília Focesi Pelicioni

Capítulo 24
Política e Planejamento Territorial.........................831
Wilson Edson Jorge

Capítulo 25
Estudo de Impacto Ambiental como Instrumento
de Planejamento 853
Helena Ribeiro

Capítulo 26
Avaliação de Sustentabilidade e Gestão Ambiental.............883
Carla Grigoletto Duarte e Tadeu Fabrício Malheiros

Capítulo 27
Gerenciamento de Riscos Ambientais.......................903
Carlos Celso do Amaral e Silva

Capítulo 28
Planejamento Territorial como Instrumento do Gerenciamento
de Riscos de Acidentes Industriais Maiores 915
Rafael Alexandre Ferreira Luiz e Adelaide Cassia Nardocci

Capítulo 29
Auditoria Ambiental.....................................933
Arlindo Philippi Jr e Alexandre de Oliveira e Aguiar

Capítulo 30
Gestão de Áreas Urbanas Deterioradas 993
Heliana Comin Vargas

Capítulo 31
Gestão de Áreas Contaminadas 1025
Ana Luiza Silva Spínola, Elton Gloeden e Arlindo Philippi Jr

Capítulo 32
Transporte e Meio Ambiente 1057
Gilda Collet Bruna

Capítulo 33
Energia nos Edifícios e na Cidade 1091
Marcelo de Andrade Roméro

Capítulo 34
Geoprocessamento como Instrumento de Gestão Ambiental . . .1113
Vicente Fernando Silveira

PARTE V – ESTUDOS APLICADOS À GESTÃO AMBIENTAL

Capítulo 35
Avaliação Pós-Ocupação Voltada à Gestão do Impacto
Ambiental: uma Abordagem Interdisciplinar: 1137
Sheila Walbe Ornstein e Gilda Collet Bruna

Capítulo 36
Áreas de Risco Urbanas: Inundações e Escorregamentos 1159
Maria Augusta Justi Pisani e Gilda Collet Bruna

Capítulo 37
Avaliação Ambiental Estratégica como Instrumento
de Gestão de Bacias Hidrográficas 1195
*Maria do Carmo Sobral, Maria Manuela Morais e
Renata Maria Caminha Carvalho*

Capítulo 38
Metodologia do Trabalho Científico em Gestão Ambiental. 1215
Marcelo de Andrade Roméro e Arlindo Philippi Jr

Índice Remissivo 1229

Anexo: dos Editores e Autores 1233

Prefácio

O campo do conhecimento relacionado às questões ambientais, seguramente um dos mais instigantes pelas suas relações diretas e indiretas com a sociedade, ao envolver condicionantes e determinantes sociais, econômicos, ambientais e culturais, tem exigido o concurso de pesquisadores e profissionais provenientes das mais diversas disciplinas para dar conta dos desafios colocados pela sociedade contemporânea no equacionamento e solução dos seus problemas, cada vez mais complexos.

Depois do sucesso alcançado pela primeira edição do *Curso de Gestão Ambiental*, os editores Arlindo Philippi Jr, Marcelo de Andrade Roméro e Gilda Collet Bruna nos brindam com esta nova edição que, a exemplo da anterior, é dirigida não somente a especialistas da área ambiental, mas também a profissionais da área da saúde, arquitetos, engenheiros, advogados, geólogos e a todo o público interessado nesta sempre atual e importante área do saber.

Esta reedição adiciona aos 30 capítulos existentes na primeira edição, após revisão e atualização, 8 novos capítulos que contribuem para oferecer aos leitores uma obra completamente atualizada e ampliada.

Os capítulos ora incorporados, em face das transformações pelas quais passa a sociedade, ao enriquecer o trabalho dos autores e seus editores, incluem discussão sobre *Evolução e desafios da questão ambiental*; e abordam tópicos como *Tecnologias e comunicações: da natureza ao ambiente*; *Desenvolvimento e economicidade socioambiental*; e *Contabilidade ambiental*.

As características e complexidade dessas transformações levaram ainda a incluir capítulos sobre *Governança municipal como ferramenta para o desenvolvimento sustentável*; o papel dos *Conselhos e gestão ambiental local: processos educativos e participação social*; a importância da *Avaliação de sustentabilidade e gestão ambiental*; o uso do *Planejamento territorial como instrumento do gerenciamento de riscos de acidentes industriais maiores*; o contexto das *Áreas de risco urbanas: inundações e escorregamentos*; a perspectiva de *Gestão de áreas contaminadas*; a adoção da *Avaliação ambiental estratégica como instrumento de gestão de bacias hidrográficas*.

Pela importância e relevância do tema do livro *Curso de Gestão Ambiental*, esta 2ª edição, revisada e atualizada, contribui para aumentar sua visibilidade junto à comunidade científica e profissional, e expandir seu alcance para fronteiras de conhecimento que incorporam visão de conjunto em processos de tomada de decisão com relação à formulação e implementação de política, planejamento e gestão ambiental, tanto no setor público como no setor privado.

Adolpho José Melfi
Universidade de São Paulo

Apresentação

Para começar a refletir sobre as transformações que vêm ocorrendo no meio ambiente, é preciso considerar uma série de questões. No entanto, para que realmente as decisões decorrentes sejam tomadas com a participação da comunidade e venham a representar a implementação de medidas de gestão, o importante é, em primeiro lugar, certificar-se que haja conscientização dessa comunidade, incluindo cidadãos e governança, pois

> Durante séculos fomos ensinados a adorar nossos ancestrais e a manter a verdade de nossas tradições, e era bom que fosse feito assim. Mas agora, devido à novidade e quantidade dos desafios que chegam até nós sobre o futuro, precisamos fazer coisas que nunca fizemos e que tememos não ser capazes de fazer: devemos adorar nossos descendentes, amar nossos netos, mais que a nós mesmos. (Osborne e Gaebler, 1993, p.219)

Pergunta-se, porém, que objetivos devem ser perseguidos ao se dedicar a coisas que nunca fizemos e que tememos? (Osborne e Gaebler, 1993, p.219). Talvez seja preciso moldar a natureza como menciona Rachel Louise Carson em seu livro *Primavera Silenciosa* publicado em 1962[1], para então alcançar qualidade ambiental? Como viver políticas públicas que permitam à sociedade contar com maior controle de suas atividades com repercussões tanto no ambiente natural como no construído, com influên-

---

[1] Sobre este livro, consultar o artigo de Alexandre Sallum, disponível em: http://www.revistaecologico.com.br/materia.php?id=42&secao=536&mat=565.

cias diretas nas atividades humanas? Isso pode ser tanto mais significativo quando se espera um aumento considerável das áreas urbanas, para onde parcela significativa da população está emigrando. Portanto, é preciso que sejam ampliados os esforços no sentido de adequar possibilidades da natureza ao atendimento de necessidades e conveniências da sociedade.

Preocupações quanto ao conduzir essas transformações que vêm ocorrendo no meio ambiente, atualmente estão presentes em cada vez mais mentes. E, certamente, mantém-se como alvo das reflexões e experiências dos professores e profissionais que organizaram e ministraram os cursos de Gestão Ambiental de 1995 à 2005, e que nos dias de hoje, adicionados a muitos outros especialistas que se formaram e qualificaram, continuam a estudar, investigar e delinear proposições que possam subsidiar e ser utilizadas nos processos de formulação e estabelecimento de políticas, planejamento e gestão ambiental, em instâncias públicas e privadas.

Nesta 2ª edição revisada e atualizada do livro *Curso de Gestão Ambiental*, foram incorporados capítulos sobre novos temas, que contribuem para ampliar a visão de conjunto para os profissionais com responsabilidades e interesse na melhoria das condições ambientais e de vida das cidades e da sociedade em geral.

O livro se organiza em partes de modo a conduzir o leitor às principais questões sobre a gestão ambiental. As Partes I e II colocam o leitor no panorama mais geral dos objetivos e ações, delineando-se os capítulos que sustentam a Fundamentação do Controle Ambiental. A Parte III dedica-se especialmente à Fundamentação Sociopolítica e Cultural, enquanto a Parte IV focaliza o Planejamento e Gestão ambiental. Finalmente, na Parte V destacam-se alguns resultados de Estudos Aplicados à Gestão Ambiental.

Distribuídos dessa forma, novos capítulos ampliam esta área de estudos, destacando-se textos referentes a avaliação do meio ambiente, como *Contabilidade ambiental*, *Desenvolvimento e economicidade socioambiental*, *Avaliação ambiental estratégica na gestão de bacias hidrográficas*, e *Avaliação da sustentabilidade e gestão ambiental*. Dois outros capítulos relevantes tratam da *Governança municipal como ferramenta para o desenvolvimento sustentável* e dos *Conselhos e gestão ambiental local*. São textos que enfatizam aspectos da governança e da participação popular na gestão, com base no estabelecido pela Lei federal 10.257/2001, conhecida como Estatuto da Cidade, que modifica substancialmente os processos de planejamento e gestão ambiental, que devem ser participativos. Ao abordar esses temas, ressalta-se na publicação a pertinência da avaliação ambiental, como mostram enfoques mais especializados sobre *Planejamento territorial como instrumento do gerenciamento de riscos de acidentes industriais* e sobre *Áreas de risco urbanas*. Pela sua atualidade, são ainda abordados a *Gestão de áreas contaminadas* e aspectos relacionados a *Tecnologias e comunicações: da natureza ao ambiente*.

Em todos esses enfoques o leitor pode acompanhar regulamentações pertinentes que de certa forma controlam uso, ocupação do solo e atividades humanas, e, especificamente, as diferentes situações ambientais de maior ou menor poluição ambiental, mostrando riscos e possibilidades de atuação humana no território. Estudos mais aprofundados sobre essas questões poderão ser desenvolvidos conforme apresentado no capítulo sobre *Metodologia do trabalho científico em gestão ambiental*, que aponta facilidades e dificuldades na sua realização, destacando-se orientações e diretrizes que contribuem para uma melhor atuação profissional.

Para finalizar, como as cidades neste século XXI têm se tornado cada vez mais polo de atração para a população, há que se ressaltar a importância das reflexões e conhecimentos trazidos nesta obra para a formulação de políticas e implementação de sistemas de planejamento e gestão ambiental orientados para a melhoria da qualidade do meio urbano.

Com certeza os resultados dos estudos, pesquisas e melhores práticas sobre os temas incorporados nesta 2ª edição poderão contribuir para maior valorização dos ambientes e seus moradores. Desse modo, ampliam-se as possibilidades de as sociedades melhorarem seus processos de decisão com relação à qualidade ambiental e de vida, de tal maneira que estejam preparadas para, parafraseando o poeta Gonçaves Dias, não mais *chorar sobre palmeiras e sabiás que lá já não cantam mais*.

Aos prezados leitores entregamos esta obra, organizada considerando os princípios da sustentabilidade, e fruto do trabalho dedicado e comprometido de um expressivo conjunto composto por professores, pesquisadores e profissionais atuantes em universidades e instituições públicas e privadas das várias regiões do país, desejando excelente leitura.

Arlindo Philippi Jr
Marcelo de Andrade Roméro
Gilda Collet Bruna

REFERÊNCIAS

OSBORNE, D.; GAEBLER, T. *Reinventing Government. How the entrepreneurial spirit is transforming the public sector.* New York: Plume, 1993.

PARTE I

Introdução

Capítulo 1
Uma Introdução à Gestão Ambiental
Arlindo Philippi Jr, Marcelo de Andrade Roméro e Gilda Collet Bruna

Capítulo 2
Histórico e Evolução do Sistema de Gestão Ambiental no Brasil
Arlindo Philippi Jr, Cleverson V. Andreoli, Gilda Collet Bruna e Valdir Fernandes

Uma Introdução à Gestão Ambiental | 1

Arlindo Philippi Jr
Engenheiro civil e sanitarista, Faculdade de Saúde Pública – USP

Marcelo de Andrade Roméro
Arquiteto e urbanista, Faculdade de Arquitetura e Urbanismo – USP

Gilda Collet Bruna
Arquiteta e urbanista, Universidade Presbiteriana Mackenzie

O processo de gestão ambiental inicia-se quando se promovem adaptações ou modificações no ambiente natural, de forma a adaptá-lo às necessidades individuais ou coletivas, gerando, dessa maneira, o ambiente urbano nas suas mais diversas variedades de conformação e escala.

Nesse aspecto, o elemento humano é o grande agente transformador do ambiente natural e vem, pelo menos há doze milênios, promovendo essas adaptações nas mais variadas localizações climáticas, geográficas e topográficas. O ambiente urbano é, portanto, o resultado de aglomerações localizadas em ambientes naturais transformados e que para sua sobrevivência e desenvolvimento necessitam dos recursos do ambiente natural.

A maneira de gerir a utilização desses recursos é o fator que pode acentuar ou minimizar os impactos, levando ao sucesso ou ao fracasso de determinadas sociedades, como mostram as pesquisas de Diamond (2005). Daí a importância do processo de gestão fundamentada em variáveis como a diversidade dos recursos extraídos do ambiente natural; a velocidade de extração desses recursos, que permite ou não a sua reposição; o modo de disposição e tratamento dos seus resíduos e efluentes; e a política de gestão adotada, levando a determinada decisão que afetará positiva ou negativamente, a longo prazo, a população da área em foco. A somatória dessas variáveis e a maneira de geri-las definem o grau de impacto do ambiente urbano sobre o ambiente natural.

No século XX, porém, outra questão veio agravar o processo de adaptação do ambiente natural: a escala de aglomeração e concentração populacional. Quanto maior for essa escala, maiores serão as adaptações e transformações do ambiente natural, a diversidade e a velocidade de recursos extraídos e a quantidade dos resíduos gerados, e menor será a velocidade de reposição desses recursos, isso se não for impossível repô-los. Mais ainda, a tendência e escolha de viver em ambientes urbanos vieram se consolidando desde as primeiras décadas do século XX e tendem a se manter no início do século XXI. O ser humano que habita o planeta Terra é um urbanita e vive em aglomerações urbanas cada vez maiores, demandando quantidades gigantescas de recursos e gerando, igualmente, quantidades de resíduos em proporções crescentes, em virtude do maior consumo e grande desperdício.

Ora, se a realidade de hoje é tipicamente urbana, e a perspectiva de alterá-la a ponto de se viver maciçamente no campo é quase nula, como viver, então, nesses ambientes urbanos? Como continuar a promover adaptações no ambiente natural, gerando, consequentemente, ambientes urbanos, sem esgotar os recursos naturais disponíveis?

Uma forma de abordagem organizada é que a sociedade se paute por uma gestão ambiental urbana consciente. A conscientização e reconhecimento das questões que envolvem tão estreita trama de variáveis que compõem a realidade das cidades é parte da solução do problema. Isso significa dizer que o conhecer precede o agir. As cidades ou aglomerações urbanas, que incluem os setores industrial, residencial, comercial, de serviços públicos e privados e de transporte, são organismos vivos e pulsantes e, como os próprios organismos humanos, necessitam de alimento, água e oxigênio, emitindo gases tóxicos no processo, entre eles o gás carbônico, e produzindo resíduos. Por sua vez, absorvem matérias-primas e as transformam em produtos industrializados, gerando excedentes residuais. O transporte desses materiais, brutos ou acabados, *in natura* ou prontos para o consumo, e o transporte diário das populações envolvidas nesses processos demandam quantidades diversificadas de energia e insumos e geram quantidades e intensidades variáveis de impactos. Vale ressaltar, aqui, que as populações rurais também utilizam a cidade para a aquisição de bens manufaturados e para as atividades de comércio e serviços, na utilização do seu sistema viário e de laboratórios, que geram suporte tecnológico para a melhoria da própria atividade do campo e também para o desenvolvimento urbano, como já mostrava Jane Jacobs em seu livro *The Economy of Cities* (1970).

Novamente a questão da escala está presente, seja no contexto nacional e de suas regiões ou no contexto regional incluindo vários países, seja no contexto local. Uma vez conhecido o problema e as variáveis ambientais afetadas pelos ambientes estudados, com destaque para o ambiente urbano e seus processos de expansão, o próximo aspecto que se coloca é a necessidade de enfrentar, de modo multidisciplinar, os impactos então produzidos.

Se os problemas são complexos, em razão da reciprocidade de inter-relações, não há como resolvê-los de forma isolada. Também não há como concentrar a abordagem em um único tipo de conhecimento, abrangido por um profissional de formação específica ou que atue em todas as áreas de todas as ciências envolvidas no processo. É preciso contar com uma equipe multidisciplinar, aliando vários conhecimentos em busca de soluções factíveis para uma gestão ambiental eficaz.

Algumas das mais importantes decisões a serem tomadas por pessoas ou entidades que tenham responsabilidade sobre espaço, território e atividade são decisões associadas à definição de diretrizes gerais e à adoção de um processo de planejamento que estabeleça as fases básicas para a implantação de planos, programas e projetos, ou seja, eclosão, projeto, execução e retroalimentação; todas elas precisam contar com a participação da população, participação essa necessária para a tomada de decisões, conforme enfatiza o Estatuto da Cidade[1].

Considerando que em dado espaço territorial seja importante definir funções e atividades com base nos usos e na ocupação existente e prevista, há que se ter clareza do todo existente, e, consequentemente, das *partes* que o compõem ou deverão compor. Assim, se o todo for, por exemplo, um município, esse todo pode ser composto pelas partes urbano, rural e primevo.

---

[1] O Estatuto da Cidade. Lei n. 10.257/2002. Em seu art. 40°, § 4°, I, mostra o dever de "[promover] audiências públicas e debates com a participação da população e de associações representativas dos vários segmentos da comunidade". Em seu art. 43, trata de "garantir a gestão democrática da cidade", utilizando instrumentos como órgãos colegiados, debates, audiências públicas e consultas públicas, conferências sobre questões de interesse urbano e iniciativa popular. No art. 44, focaliza a gestão orçamentária participativa, com audiências e consultas públicas. E, finalmente, o art. 45 afirma que os órgãos gestores das regiões metropolitanas e aglomerações urbanas devem incluir "obrigatória e significativa participação da população e de associações representativas de vários segmentos da comunidade, de modo a garantir o controle direto de suas atividades e o pleno exercício da cidadania".

Naturalmente, cada parte engloba seus próprios segmentos, e assim sucessivamente, numa ramificação que deverá ser conhecida e interpretada de modo a permitir que toda e qualquer intervenção tenha conhecimento de suas implicações.

No caso do município, considerando o meio urbano e suas atividades e usos do solo, pode-se falar em circulação, trabalho, habitação, lazer, saneamento, subdividindo-se essas funções em "partes específicas", as quais exigem, para que recebam algum tipo de intervenção, planos, programas e projetos. Daí a importância de a gestão poder contar com indicadores de desenvolvimento que apontem para as melhorias ocorridas em determinados setores ou áreas, principalmente para aqueles que precisam ser mais eficientes.

No caso do saneamento, pode-se subdividi-lo, por exemplo, em "partes constituintes" que envolvem abastecimento de água, esgotamento sanitário, limpeza pública, controle da poluição ambiental – água, ar, solo, ruído –, controle de vetores de importância para a saúde pública, além do saneamento de edificações – habitação, locais de trabalho e de recreação –, entre outros.

Da mesma forma, devem ser detalhadas as "partes" que compõem o *primevo*, espaço e território que abriga características naturais de interesse e relevância da região, como reserva e identidade do seu ecossistema, e o meio rural, que abriga atividades agrícolas, pecuárias e minerais, como setor primário de produção.

PROCESSO DE PLANEJAMENTO

Devidamente caracterizadas as funções relacionadas às partes que compõem o todo, estas devem ser cuidadosamente cotejadas com as disponibilidades dos recursos e dos espaços existentes e suas capacidades de atendimento às necessidades estabelecidas, bem como a prazos, revisão necessária e reinício do processo.

Para isso, deverão ser entendidos e estudados três conjuntos: os recursos do ambiente natural, do ambiente construído e as necessidades do ser humano e suas atividades. Há que se considerar o potencial do processo de planejamento, referindo-se tanto às questões públicas dos espaços urbanos, quanto às questões empresariais em espaços urbanos e rurais. Ambas têm especialidades técnicas e sociais, e em ambas destacam-se esses três conjuntos mencionados.

No que se refere ao primeiro conjunto, ou seja, o ambiente natural, é necessário conhecer a disponibilidade, o comportamento e as possibilidades de utilização da água, do ar, da flora e da fauna, além do espaço.

Quanto ao segundo conjunto, o ambiente construído, deve-se identificar a existência e as necessidades das edificações – habitação, locais de trabalho e de recreação –, de equipamentos sociais – escolas, hospitais, unidades de saúde –, de equipamentos e infraestrutura de redes de água e esgoto, de energia, telefonia e vias de circulação – ruas, avenidas, estradas –, além de infraestrutura de articulação, integração e regularização entre espaços e territórios, como rodoviárias, ferroviárias, aeroportos, portos, barragens, represas.

O terceiro conjunto, relacionado ao elemento humano e suas atividades, deve ser composto pelas necessidades dos indivíduos, suas coletividades e suas atividades, as quais estabelecerão as exigências de moradia, de transporte e circulação, de trabalho e de lazer, como funções básicas, além da necessária infraestrutura sanitária, social, econômica e política.

O entendimento e análise desses conjuntos têm por finalidade precípua fornecer condições para a formação da qualidade do meio ambiente a ser ocupado, condição *sine qua non* para a obtenção de qualidade de vida.

Para que se possa almejar qualidade de vida, é preciso existir qualidade do meio ambiente. Para isso, devem ser satisfeitas necessidades específicas do homem, da flora, da fauna e de suas atividades, caracterizadas por necessidades fisiológicas, epidemiológicas, psicológicas e ecológicas.

Para o atendimento dessas necessidades, devem ser empenhados esforços para a obtenção de uma série de fatores, incluindo busca de equilíbrio de ecossistemas, oferta de serviços adequados de saneamento, prevenção e controle de resíduos, conforto acústico, térmico, visual e especial, segurança alimentar e pública, serviços sociais e serviços de transporte adequados e disponibilidade energética.

De posse dessas informações, pode-se então encaminhar diretrizes a serem adotadas no processo de planejamento, que tenham por finalidade ordenar, articular e equipar racionalmente o espaço, destinando suas partes e o todo às diversas funções e atividades de vida, ou seja, do ser humano, da flora e da fauna, de modo a valorizar ambientes específicos e controlar a diversidade biológica (Philippi et al., 2002) e, com isso, o meio ambiente como um todo.

A ideia de processo de planejamento exige o entendimento de que sua eficácia só é possível se todas as quatro fases de desenvolvimento técnico que o constituem forem cumpridas: eclosão, projeto, execução e retroalimentação. Diz-se desenvolvimento técnico, porque precisa estar associado a um desenvolvimento social, que, no caso de áreas urbanas, atualmente é imperativo, estabelecido pelo Estatuto da Cidade, promulgado pela Lei Federal n. 10.257/2001, que, em suas diretrizes, expressa a necessidade de o plano ser desenvolvido com a participação da população, conforme seu art. 2º, II:

> Gestão democrática por meio da participação da população e de associações representativas dos vários segmentos da comunidade na formulação, execução e acompanhamento de planos, programas e projetos de desenvolvimento urbano.

E sem exclusão da participação dos governos envolvidos, em seus distintos níveis, conforme o art. 2º, III: "[...] cooperação entre os governos, a iniciativa privada e os demais setores da sociedade no processo de urbanização, em atendimento ao interesse social". Por si só, essa nova legislação modifica todo o processo de elaboração do planejamento de municípios[2]. Mas, também no caso do processo de planejamento em indústrias, por exemplo, a participação da comunidade é imprescindível, envolvendo-se desde o chão de fábrica até os altos escalões de decisão, de modo que as equipes aprendam e produzam resultados em grupo, como Senge (1990) apresenta no livro *A quinta disciplina*.

A primeira fase técnica do processo de planejamento, chamada fase de *eclosão*, traz a importância do envolvimento e da participação da sociedade objeto da intervenção, em seus respectivos espaços, visando identificar necessidades e desejos, dificuldades a enfrentar, processos de inovação e descobertas, os quais, conhecidos, discutidos e definidos, criarão condições para o engajamento social e político das comunidades e, consequentemente, um clima propício para a continuidade das ações e das demais fases do planejamento.

É assim, em um primeiro momento, que ocorre o ato de auscultar a população para entender suas necessidades e, ao mesmo tempo, transmitir-lhe informações técnicas sobre o processo de planejamento e as possibilidades e limitações de um trabalho dessa amplitude em seu município.

---

[2] E incentiva que a implantação das propostas do plano diretor possam ser feitas em etapas, com a participação da população.

Verifica-se, aqui, a importância de contar com profissionais qualificados e capacitados para o trabalho, envolvendo comunidades e participação social, que saibam enfatizar a função social da propriedade e os direitos e responsabilidades dos cidadãos. Esse momento é extremamente relevante em função da sua missão: mostrar, de um lado, as vantagens do planejamento para o atendimento de necessidades sociais, econômicas, políticas e ambientais e, de outro, como o cidadão pode contribuir para o êxito do processo.

Quando os objetivos da fase de eclosão forem cumpridos, parte-se para a segunda fase, de projeto, que exige conhecimentos e habilidades técnicas dos profissionais para que sejam realizadas e completadas suas três etapas: estudo preliminar, diagnósticos e prognósticos e respectivo plano diretor.

O estudo preliminar abrange a obtenção de dados e informações secundários e o levantamento de campo, incluindo informações diretas das comunidades, gerando dados primários sempre que necessário.

O processamento adequado e cuidadoso desses dados e informações e seu posterior estudo possibilitam estabelecer um diagnóstico mais consistente, o qual permite embasar com maior critério a construção de cenários alternativos, em função de intervenções propostas, desejadas e possíveis.

No caso das áreas urbanas, é preciso considerar, já nessa etapa, propostas a serem utilizadas no encaminhamento de alternativas de soluções aos problemas encontrados, formando assim os cenários com as alternativas de planejamento, e identificando os instrumentos conforme o art. 4º do Estatuto da Cidade, pois esses instrumentos fundamentam a implementação desses cenários. Para tanto, o Plano Diretor precisa trazer demarcado o perímetro em que implantará seu cenário, definindo explicitamente, por exemplo, a área sujeita ao direito de preempção, ou área sujeita à operação urbana consorciada, entre outros; mas, além disso, é preciso que além da aprovação do plano diretor, seja aprovada uma lei específica para cada um desses instrumentos urbanísticos previstos.

Como exemplos desses instrumentos, destacam-se: disciplina do parcelamento, do uso e da ocupação do solo; plano plurianual; diretrizes orçamentárias e orçamento anual, usucapião especial de imóvel urbano, direito de preempção, parcelamento, edificação ou utilização compulsórios, entre outros.

É preciso poder contar com uma base de conhecimento apoiado na análise social, econômica, política e ambiental, fornecendo o lastro necessário à decisão a ser tomada, para que esses cenários alternativos possam ser consolidados. Uma alternativa selecionada a partir desses critérios candidata-se a se transformar no plano diretor a ser implementado, no qual deverão ser caracterizados os recursos humanos, materiais, espaciais, temporais e financeiros necessários à sua consecução. Essa alternativa deverá ainda ser objeto de discussão com a população, para que posteriormente seja elaborado o plano diretor do município. Dessa forma, o plano diretor de município (e também o de empresa) representará a melhor alternativa a ser adotada no cenário desejado, para o atendimento de necessidades sociais, políticas, técnicas, econômicas e ambientais, associadas às intervenções propostas.

Com o plano diretor assim elaborado, pode-se partir para o desafio da terceira fase do processo de planejamento, a execução, que deverá ser encaminhada, com base nos recursos disponíveis e previstos, em função de prioridades organizadas por necessidades locais e regionais, criteriosamente analisadas e consideradas para garantir sua continuidade sob qualquer gestão. Além disso, quando se tratam de áreas urbanas, pode ser necessário lançar mão dos instrumentos de planejamento relacionados no art. 4º do Estatuto da Cidade, e estudar a viabilidade de sua utilização em determinados setores da cidade, buscando resultados distintos e adequados a cada caso. Por exemplo, para evitar uma ocupação rarefeita, permeada de muitos vazios urbanos, o uso do parcelamento, edificação ou utilização compulsórios precisa ser definido em determinado perímetro da cidade, e este, por sua vez, além de fazer parte do plano diretor do município, precisa ser aprovado por lei específica.

Além disso, é importante focalizar devidamente os usos e atividades sujeitos a controle de impacto de vizinhança, conforme o art. 36º do Estatuto da Cidade, que prevê que a

> Lei municipal definirá os empreendimentos e atividades privados ou públicos em área urbana que dependerão da elaboração de estudo prévio de impacto de vizinhança (EIV) para obter as licenças ou autorizações de construção, ampliação ou funcionamento a cargo do Poder Público municipal.

E o artigo seguinte prevê que determinadas questões sejam alvo de EIV, estudando-se:

> Adensamento populacional; equipamentos urbanos e comunitários; uso e ocupação do solo; valorização imobiliária; geração de tráfego e demanda por transporte público; ventilação e iluminação; paisagem urbana e patrimônio natural e cultural.

Observa-se ainda que, conforme reza o art. 38°, a elaboração do Estudo Prévio de Impacto de Vizinhança (EIV) não substitui a elaboração e a aprovação de Estudo Prévio de Impacto Ambiental (EIA), requeridas nos termos das legislações ambientais.

No caso do processo de planejamento em empresas, também se destaca a importância das questões ambientais, tanto que algumas, espontaneamente, estão sendo certificadas pelas ISO 14.000, que são a série de normas relativas à gestão ambiental.

Considerando a importância de serem conhecidos os resultados da fase de execução, a ser implementada por meio de planos, programas e projetos, é imprescindível a existência de sistemas de avaliação e controle que considerem os recursos utilizados e seus reflexos nas e para as comunidades envolvidas.

A real consolidação do processo de planejamento se dá à medida que as comunidades que receberam as intervenções participam na tomada de decisão, sentem o efeito dos benefícios propostos e percebem reflexos positivos nos espaços locais, e em suas interações regionais, que se traduzam em qualidade ambiental.

É fundamental ter a clareza de que o acompanhamento, a avaliação e o controle na fase de execução permitirão identificar eventuais desvios e efetuar correções de rumo no tempo e no espaço, que trarão enormes benefícios a todos os agentes e atores envolvidos, com claros ganhos sociais, políticos, econômicos, financeiros e ambientais, representando a quarta fase, de retroalimentação.

Ainda, criar sinergia entre os atores é fundamental, tanto no processo de planejamento, em áreas urbanas, como no empresarial, distinguindo um propósito comum e a conscientização do que fazer para complementar os esforços dos grupos de trabalhos em conjunto.

Para que o processo de planejamento possa obter melhores resultados, é preciso contar com um entendimento cristalino da importância da utilização de uma metodologia que considere, com os cuidados exigidos, o grau de intervenção desejado; os enfoques a serem adotados no espaço e no tempo previsto; os recursos humanos, espaciais, temporais, materiais, econômicos e financeiros necessários; e o adequado acompanhamento e controle de variáveis associadas ao desenvolvimento dos planos, programas e projetos.

É preciso considerar sempre as diversas formas de participação da população (urbana ou empresarial) no processo de planejamento, destacando-se a atuação de conselhos, comitês, câmaras técnicas, audiências públicas, além de, em cada caso, as distintas dinâmicas de grupo que permitem conduzir as discussões, aportando a resultados e decisões.

A interpretação com decisão democrática e participativa que atenda aos anseios dos vários atores envolvidos e a consequente incorporação dos conhecimentos exigem equipe de trabalho apropriada à intervenção desejada. As características desses processos de planejamento requerem, portanto, equipe multidisciplinar, privilegiando-se análises e decisões que contemplem inter-relações entre as disciplinas com contínuo e progressivo diálogo de saberes, que atendam a comunidade envolvida.

Disso resulta que, nas questões ambientais, com suas fortes interações com questões urbanas, econômicas, políticas e sociais, torna-se cada vez mais evidente a necessidade de se contar com profissionais dos mais diversos tipos, com exigências de conhecimentos disciplinares, além de mais abrangentes, mais interativos e inter-relacionados, produzindo-se a exigência do surgimento de um novo profissional. Este, seguramente, é o profissional que será forjado no desafio que se coloca no início do século XXI, ou seja, o de formar profissionais que ultrapassam as limitações das disciplinas tradicionais e passam a inovar ao dialogar com as demais disciplinas na perspectiva de, sendo estas competitivas, trazer as respostas dos desafios ambientais à sociedade: os profissionais de gestão ambiental. O diálogo com as comunidades aparece entre os principais aspectos a se desenvolver, procurando enfatizar as necessidades de ajustes e de flexibilidade em prol do ambiente coletivo (urbano ou empresarial), bem como a responsabilidade de cada um em seus níveis de atuação.

ECOLOGIA URBANA

A necessidade de entender os desafios a enfrentar no início do século XXI leva à busca por compreensão das inter-relações da sociedade em suas áreas urbanas. As cidades hoje formam um cenário praticamente comum à maioria da população. A selva de pedra apresentada em romances que focalizam a vida urbana nada mais é que o conhecido ambiente construído que se estende por toda parte, de norte a sul e de leste a oeste do país, acolhendo as pessoas. Muitas nascem nesse ambiente. Outras vêm de áreas distantes, rurais ou urbanas. O ambiente construído, por sua complexidade intrínseca, talvez seja o principal atrativo dessas populações migrantes.

O que intriga o observador de movimentos de população similares a esse é a força vital exercida por esse comportamento social. Diz-se força vital porque a sobrevivência, provavelmente, é a motivação básica de movimentos como esses, que têm levado à formação de extensas aglomerações urbanas. E como se constata ao longo do tempo, esses movimentos são contínuos, caracterizando em cada momento uma feição própria a determinado ambiente construído. E muitas vezes, no momento seguinte, as feições desse ambiente já são bem diferentes. É um movimento de ecologia urbana, que se repete pelos ecossistemas de cidades, à semelhança do que ocorre nas populações de fauna e flora.

Essa dinâmica de ecologia urbana, que leva a transformações, pode ser entendida sob distintos aspectos, e aqui se procura focalizá-la como resultado de um comportamento social que se reflete no projeto e na construção do meio urbano, com distintos tipos de impacto. Nesse sentido, o ambiente construído é muito mais o resultado de forças de expulsão, atração ou absorção de populações que se moldam sob a batuta de uma regência de importância: a gestão ambiental urbana.

Desse modo, enquanto o poder público procura acomodar esses movimentos no ambiente construído, por meio de uma gestão em que a dinâmica populacional, reflexo da ecologia urbana, vai moldando e modificando as feições da urbe. As áreas centrais, no início cheias de atividades, principalmente de comércio, incluindo atacado e varejo, mas também atividades industriais e usos residenciais, paulatinamente vão se modificando, pois algumas fábricas mudam-se para áreas mais periféricas, atraindo para lá as atividades de armazenagem e de comércio atacadista, cuja atração principal primeiramente pode ter sido as ofertas de maiores áreas a preços mais acessíveis, ainda que para isso seja necessário estender o alcance de alguns serviços urbanos.

As áreas residenciais também se modificam, observando-se que as classes de maior poder aquisitivo procuram morar em áreas mais periféricas, buscando situar-se em áreas com jardins e parques, fugindo dos congestionamentos, que, em excesso, acabam por expulsar a população e as atividades econômicas, enquanto as classes de menor poder aquisitivo passam a ocupar as áreas mais centrais que, desvitalizadas, tiveram uma queda significativa nos preços e uma desagregação das construções e espaços.

O comportamento social nessas áreas pode ser entendido como o resultado de forças de expulsão e absorção de população. Expulsão porque as condições locais não mais se apresentam suficientemente atrativas para manter a população naquela área. Absorção porque essas forças sociais centrípetas, nas áreas centrais, passam a absorver outra classe social que ganha em qualidade de vida, comparativamente às condições anteriores, embora constituam um grupo social carente.

As transformações nos demais tipos de usos do solo também sofrem as influências de forças centrífugas, que afastam as pessoas das áreas centrais, fazendo-as partir em busca de vantagens oferecidas em outras localizações na cidade.

É frequente a argumentação de que as limitações em áreas para a expansão das atividades tenham sido motivos sérios para levar à procura de novos locais; contudo, observa-se que quase sempre esse motivo não é único, associando-se a outros que praticamente formam um conjunto de desvantagens em permanecer nas áreas centrais: a incompatibilidade com as legislações urbanísticas e ambientais, tornando os usos não conformes; a necessidade de introduzir novas tecnologias, no caso das indústrias, como os processos de produção *just in time,* que necessitam de acessos viários dimensionados apropriadamente para permitir a terceirização da produção (partes do produto feitas por diferentes empresas em diferentes locais, porém montadas na empresa principal, que as recebe em hora aprazada, conforme seu processo de montagem), a sindicalização da mão de obra que, se primeiramente atua como força unificadora em prol de salários e benefícios sociais, num segundo momento começa a se posicionar como entrave à produção, à medida que frequentemente acabam propondo a paralisação dos serviços; a necessidade de servir clientes de classes média e média-alta que agora residem em áreas afastadas do centro, levando então o comércio e os serviços varejistas a deixarem as congestionadas áreas centrais; e a necessidade de formar ambientes construídos que ofereçam segurança e conforto a seus moradores ou usuários, levando muitas vezes a projetos e construções em ambientes periféricos e protegidos, que vêm sendo conhecidos como cidades limítrofes, em que segurança e conforto são a base da qualidade de vida das populações para as quais foram construídas.

Alguns estudiosos dessas transformações chamam-nas de mudanças de usos do solo, como os geógrafos; outros, vendo, além das mudanças de uso, as mudanças de comportamento social, chamam-nas de ecologia urbana ou sociologia urbana; outros, ainda, chamam-nas de poder ou economia (e, em oposição, deseconomia) das aglomerações, como no caso das ciências econômicas.

Dessa situação, contudo, destaca-se que todos estão, de fato, tratando de movimentos populacionais, ou seja, de comportamentos sociais, aos quais atualmente pode-se associar também os estudos de psicólogos do comportamento, sem contar os engenheiros e arquitetos que precisam conhecer as características de seus clientes ou usuários dos espaços que projetam e constroem, e mesmo os profissionais da área da saúde, que acabam por associar o estado de saúde a comportamentos sociais, e estes à problemática da saúde pública. De fato, algumas questões sobre o comportamento social não encontram respostas imediatas, principalmente a busca de equilíbrio social, que não está presente nos ambientes construídos, nem em termos de oportunidades iguais de desenvolvimento, o que pode ser visto em alguns grupos. Em geral, grupos de renda média e média-alta conseguem viver com conforto e segurança em ambientes protegidos, localizados nas áreas periféricas; outros procuram proteger seus ambientes construindo muros e cercas em suas propriedades localizadas em áreas intermediárias entre o centro e a periferia, enquanto os grupos sociais mais carentes, não encontrando opções que lhes permitam suprir suas necessidades, continuam morando em áreas invadidas, sejam favelas, sejam cortiços, no centro ou na periferia.

Pode-se, assim, até setorizar o ambiente construído, conforme o comportamento social aqui descrito. Alguns desses setores têm se revelado perigosos, pois, além das condições de carência mencionadas, acabam por abrigar marginais que dominam seus moradores, tanto pelo medo quanto pelo trabalho que acabam oferecendo, quase que compulsoriamente. Uma estruturação urbana como essa é perversa e frágil. Perversa pelas injustiças sociais que abriga e frágil pela fragmentação social e espacial que produz. Enquanto essa transformação é produzida, a regência da gestão ambiental urbana vem exigindo a introdução de ações sociais, nas quais acaba por urbanizar alguns espaços, entre a imensidão de áreas transformadas em favelas e cortiços que continuam crescendo. Talvez essa estrutura de planejamento urbano deva ainda passar por movimentos mais intensos, posto que o planejamento municipal passa a ser conduzido à luz do Estatuto da Cidade de 2001, podendo envolver vários instrumentos jurídicos, cuja implantação precisa do apoio da população. Mas a sinfonia não termina, pois a dinâmica dessa transformação urbana está sempre introduzindo novos elementos que demandam mais ação de regência. Assim, o ambiente construído então formado continua a demandar atenção, mitigação e controle na busca de soluções.

A gestão ambiental é ampla e inclui a gestão ambiental industrial, a gestão ambiental urbana, a gestão ambiental municipal e a sua integração com a gestão ambiental regional e, até mesmo, nacional.

E, para a regência dessa gestão, a necessidade de profissionais mais capacitados será progressivamente colocada para o enfrentamento de um dos maiores desafios do século que se inicia: a busca da administração que contemple viabilidade econômica, inclusão com justiça social e equilíbrio ambiental, ou seja, o desenvolvimento com sustentabilidade.

REFERÊNCIAS

BARKIN, D. *Riqueza, pobreza y desarrollo sustentable*. México: Editorial Jus, 1998.

CASTELLS, M. *A sociedade em rede – a era da informação: economia, sociedade e cultura*. Trad. de Roneide Vanâncio Majer. São Paulo: Paz e Terra, 2000, v.1.

CHAPIN JR., F.S. *Urban land use planning*. Nova York: Harper, 1965.

[CNM] CONFEDERAÇÃO NACIONAL DE MUNICÍPIOS; [SEBRAE] SERVIÇO DE APOIO ÀS MICRO E PEQUENAS EMPRESAS. *O negócio é participar. A importância do plano diretor para o desenvolvimento municipal*. Disponível em: http://www.comunidade.sebrae.com.br. Acessado em: 6 dez. 2009.

DIAMOND, J. *Armas, germes e aço: os destinos das sociedades humanas*. Rio de Janeiro: Record, 2001.

_____. *Collapse: how societies choose to fail or succeed*. London: Penguin Books, 2005.

FOLHA DE SÃO PAULO. ONG e Universidade de Columbia lançam mapa indicando que restam apenas 17% do planeta para a vida selvagem. *Folha de São Paulo*, suplemento Ambiente, out. 2002.

FRIEDMANN, J; WEAVER, C. *Territory and function: the evolution of regional planning*. Berkeley: University of California Press, 1980.

HEEMA, P.; WITSEN, J. National physical planning in the Netherlands: the role of telematics. In: SOEKKHA H.M. *Proceedings of the International Symposium on Telematics, Transportation and Spatial Development*. The Hague: Delft University of Technology, 1990, p. 37-52.

JACOBS, J. *The economy of cities*. London: Jonathan, Cape, 1970.

[MMA] MINISTÉRIO DO MEIO AMBIENTE; [IBAMA] INSTITUTO BRASILEIRO DO MEIO AMBIENTE E DOS RECURSOS NATURAIS RENOVÁVEIS. Consórcio Parceria 21. *Cidades Sustentáveis: Subsídios à Elaboração da Agenda 21 Brasileira*. Brasília (DF): Ministério da Saúde, 2000.

MOTA, S. *Urbanização e meio ambiente*. Rio de Janeiro: Abes, 1999.

PHILLIPI JR, A.; ALVES, A.C; ROMÉRO, M.A. et al. *Meio ambiente, direito e cidadania*. São Paulo: Signus/Nisam – USP, 2002.

PHILLIPI JR, A.; BRUNA, G.C. *Política e gestão ambiental*. São Paulo: FSP/USP, 2002.

PHILLIPI JR, A.; TUCCI, C.E.M.; HOGAN, D.J. et al. *Interdisciplinaridade em ciências ambientais*. São Paulo: Signus, 2000.

REISSMAN, L. *El proceso urbano*. Barcelona: Gustavo Gili, 1970.

ROGERS, R.; GUMUCHDJIAN, P. *Ciudades para un pequeño planeta*. Barcelona: Gustavo Gili, 1997.

SENGE, P.M. *A quinta disciplina: arte, teoria e prática da organização de aprendizagem. Uma nova concepção de liderança e gerenciamento empresarial*. Trad. de Regina Amarante. São Paulo: Best Seller/Círculo do Livro, 1990.

Histórico e Evolução do Sistema de Gestão Ambiental no Brasil

2

Arlindo Philippi Jr
Engenheiro civil e sanitarista, Faculdade de Saúde Pública – USP

Cleverson V. Andreoli
Mestre em Governança e Sustentabilidade, Isae

Gilda Collet Bruna
Arquiteta e urbanista, Universidade Presbiteriana Mackenzie

Valdir Fernandes
Cientista social, Universidade Positivo

A complexidade e a abrangência intrínsecas às questões ambientais naturalmente se reproduzem nos processos de gestão. A reflexão sobre a evolução do Sistema Nacional de Meio Ambiente é parte importante da tarefa de compreender as estruturas legais, institucionais, técnicas e operacionais com vistas ao desenvolvimento do país em bases sustentáveis.

As políticas públicas devem não somente aprimorar a preservação e o controle, mas também evoluir no estímulo de ações que levem à sustentabilidade. Dificuldades na gestão pública brasileira decorrentes da estrutura, indefinição de competências, regulamentações e processos excessivamente burocráticos comprometem a efetividade da ação do Estado e dificultam o processo de apropriação das políticas nos setores empresariais e sociais.

Ao revisitar a evolução dos sistemas de gestão ambiental em sentido amplo, o objetivo deste capítulo é descrever a trajetória de inserção da questão ambiental no cenário político e institucional brasileiro, considerando o contexto histórico mundial caracterizado pela interdependência das nações, e sugerir rumos para o avanço da gestão ambiental no país.

Essa trajetória, com seus avanços e dificuldades, será abordada a partir de marcos históricos, da evolução dos sistemas de meio ambiente no mundo e das conferências internacionais e seus reflexos institucionais e legais no Brasil.

MARCOS HISTÓRICOS

Um marco significativo que merece destaque na constituição de sistemas de meio ambiente é a criação da Organização Mundial da Saúde (OMS), proposta em 1946 e consolidada na primeira Assembleia Geral da Saúde, em 1948. A criação da OMS foi motivada por uma série de questionamentos e preocupações que surgiram em âmbito internacional, relacionadas à situação de saúde nos estados nacionais.

A contaminação de ambientes naturais e de seres humanos, resultante de atividades industriais, chamou atenção da comunidade científica. Dentre os relatos clássicos da literatura destacam-se: o *smog*, tipo de poluição atmosférica ocorrida em Londres em 1952, que levou a óbito cerca de 4.000 pessoas e fez o governo britânico promulgar a primeira lei de controle da poluição do ar em 1956; e o envenenamento por cádmio e mercúrio das baías de Minamata e Niigata, no Japão, e seus efeitos na saúde dos habitantes da região, com a ocorrência de enfermidades registradas a partir de 1956.

A publicação do livro *Primavera silenciosa* (*Silent Spring*) da americana Raquel Carson, em 1962, teve importante papel na conscientização da sociedade em relação aos riscos e comprometimentos da qualidade do meio ambiente e seus efeitos na saúde humana. A autora, que tem câncer, reflete sobre o sistemático desaparecimento de espécies da fauna pelo uso excessivo de inseticidas à base de DDT (dicloro-difenil-tricloroetano), provável causa de sua doença. Carson aborda a magnificação biológica de moléculas de inseticidas sintéticos clorados demonstrando que agrotóxicos utilizados nas doses recomendadas poderiam se concentrar na cadeia alimentar, causando problemas aos organismos que ocupam níveis mais elevados da escala trófica, entre eles o ser humano. Raquel Carson concluiu seu mestrado na Universidade de Johns Hopkins aos 24 anos e foi autora de importantes trabalhos na área de ecologia marinha. Sua credibilidade científica, aliada à verve literária, fez com que *Primavera silenciosa* se tornasse um *best-seller* internacional, provocando significativo impacto na opinião pública americana e mundial.

A documentação cada vez mais frequente de casos de poluição e contaminação de ambientes afetando as pessoas estimulou cientistas a desenvolver seus estudos nas relações de causas e efeitos, e a publicação dos resultados das pesquisas provocou fortes reações na sociedade. Em 1972, foi publicado o relatório intitulado *Os limites do crescimento* (*Limits to Growth*), elaborado por uma equipe do Massachusetts Institute of Technology (MIT). Este relatório foi encomendado pelo Clube de Roma, instituição de característica virtual formada por cientistas, representantes do setor político e industrial, provenientes de diversas instituições. O estudo criou, por meio de gráficos digitais, uma novidade para a época: cenários futuros de graves problemas ambientais considerando a evolução do padrão de crescimento populacional e de consumo. O relatório recebeu muitas críticas de correntes que taxavam essa proposição de limite para o crescimento como uma visão neomalthusiana.

EVOLUÇÃO DOS SISTEMAS DE GESTÃO AMBIENTAL NO MUNDO

De forma concomitante, como resultado dos eventos históricos e em resposta aos problemas ambientais que se evidenciavam, alguns países, principalmente aqueles mais ricos, começaram a desenvolver seus sistemas de meio ambiente. Os Estados Unidos, no período Roosevelt, década de 1920, com visão preservacionista incentivou o aumento do número de parques nacionais e áreas de preservação de florestas. Nessa época, as questões ligadas à poluição e à remediação das águas era responsabilidade da área de saúde pública. Esses dois elementos foram significativos na criação de bases para a Política Nacional de Meio Ambiente (US National Environmental Policy Act), em 1969, levando àquele país a criar, em 1970, a Agência de Proteção Ambiental Americana (US Environmental Protection Agency – Usepa).

No Canadá, as preocupações com a questão ambiental, evidenciadas no fim da década de 1960, resultaram na criação, em 1972, do Environment Canadá (EC), órgão formulador e executor de políticas relacionadas às questões ambientais. Em 1985, o Canadá criou seu Ministério do Meio Ambiente. Em 1988, a reunião das leis esparsas sobre o tema constituíram o "Código de Proteção Ambiental Canadense" (Canadian Environmental Protection Act – Cepa), reformulado e ampliado em 1999.

No contexto europeu destaca-se, inicialmente, a Alemanha. A Constituição Alemã de 1949 já contemplava aspectos relacionados à questão ambiental, que ganham maior ênfase na Constituição de 1994. Nesse ano, o governo federal alemão criou sua Agência de Proteção Ambiental, que, no exercício de seus poderes institucionais, indicou a necessidade de criação de outros agentes e setores do país para a gradual incorporação ao sistema. Assim, em 1986 é criado o Ministério do Meio Ambiente, Conservação da Natureza e Segurança Nuclear; em 1989, o Escritório Alemão para a Proteção da Radiação e, em 1993, a Agência Federal de Conservação da Natureza. Em 2002, a Alemanha constrói estratégias e define ações para o desenvolvimento sustentável, publicadas no documento *Perspectives for Germany* (2002).

A Grã Bretanha deu inicio às ações ambientais no fim da década de 1960, mas somente em 1985 criou o Departamento de Meio Ambiente, ampliado em 1997 para Meio Ambiente e Alimentação e, em 2001, passou a chamar Departamento de Meio Ambiente, Alimentação e Negócios Rurais[1].

A Suécia exerceu papel relevante no tocante às questões ambientais, com destaque para a criação da primeira Agência de Controle Ambiental do mundo, a Swedish Environmental Protection Agency, em 1967. A existência dessa instância política e administrativa permitiu diversos avanços na área ambiental. Questões induzidas pela agência nacional sueca foram levadas, em conjunto com a Agência de Proteção Ambiental americana, à Conferência de Estocolmo em 1972. Em 1986, a Suécia criou o Ministério do Meio Ambiente e, em 1999, foi promulgado seu Código Ambiental, integrando quinze legislações que tratavam das questões centrais da área.

A estratégia da gestão ambiental por bacias hidrográficas como unidade territorial, implementada pela lei francesa sobre água, de 12 de dezembro de 1964, criou as agências financeiras de bacia, com o objetivo de promover a gestão integrada do uso dos recursos hídricos e demais recursos ambientais de uma bacia hidrográfica. O sistema francês teve grande influência na Lei n. 9.433, de 8 de janeiro de 1997, que instituiu a Política Nacional de Recursos Hídricos no Brasil e criou o Sistema Nacional de Gerenciamento de Recursos Hídricos, constituído, entre outros, pela Agência

---

[1] Conforme Better Regulation Executive: "Toda legislação é alterada ao longo do tempo. É extremamente difícil acompanhar a versão mais atualizada da legislação". Disponível em: http://www.betterregulation.gov.uk/ideas/viewidea.cfm?proposalid=d4267e2ad07a4b5 b9b0fba354be131b9&tunnel=bl; acesso em 26/09/2012.

Nacional de Águas (ANA); além de estruturas públicas específicas em grande parte dos estados brasileiros. Este sistema se baseia no financiamento pelo princípio usuário *versus* pagador e prevê a implantação dos conselhos nacional e estaduais de recursos hídricos, composto por representantes do estado, dos usuários e das organizações civis.

A evolução dos sistemas de gestão ambiental manteve-se com a criação da União Europeia. Essa unidade política congregou diversos países, cada qual com responsabilidades e experiências nos processos de organização e coordenação de ações em prol da proteção e controle ambiental em seu território. Nesse âmbito criou-se a Comissão de Meio Ambiente, sediada em Bruxelas, com a responsabilidade de estabelecer resoluções e ações comuns para os países membros.

Na Ásia, destaca-se a atuação do Japão, impulsionado, sobretudo, pela pesada industrialização ocorrida no período pós-guerra. As preocupações com questões ambientais surgem na década de 1960, tendo sido estabelecidas a Lei Nacional de Controle da Poluição Ambiental, em 1967, e a Lei de Conservação da Natureza, em 1972. Estas leis foram precursoras da atual Lei Nacional de Meio Ambiente, instituída em 1993. Cabe destacar que a Agência de Proteção Ambiental Japonesa foi criada em 1971. Além disso, em 1993 as várias legislações que tratavam de questões ambientais foram incorporadas à legislação japonesa, tendo ainda sido criado, em 1994, um plano de desenvolvimento sustentável, denominado "Environment Plan". Em 2001, o Ministério do Meio Ambiente Japonês teve suas atividades revisadas e ampliadas, colocando fortes proposições e, principalmente, apoios e incentivos ao desenvolvimento da Agenda 21 local.

CONFERÊNCIAS INTERNACIONAIS E REFLEXOS INSTITUCIONAIS E LEGAIS NO BRASIL

Considerando-se os vários marcos históricos referentes a temas de interesse ambiental e publicação do Relatório "Limites do Crescimento" foram organizadas diversas conferências que passaram a discutir a questão ambiental. A Conferência sobre Meio Ambiente Humano, proposta pelos países chamados desenvolvidos, realizada em Estocolmo em 1972, tem profundas ligações com as discussões trazidas no relatório "Limites do Crescimento". Esse primeiro evento internacional contou com significativa participação dos países, assinalando a necessidade emergente de discutir

24 | CURSO DE GESTÃO AMBIENTAL

questões associadas aos problemas ambientais e seus impactos sobre as populações, introduzindo, inclusive, a questão da educação ambiental como condição fundamental para se pensar a reversão de processos de degradação em curso. Nesta Conferência criou-se o Programa das Nações Unidas para o Meio Ambiente (Pnuma). Destaca-se ainda a consolidação do conceito de ecodesenvolvimento, que nos anos seguintes foi considerado característico de um modelo ambiental extremista, ensejando a construção da nova terminologia "desenvolvimento sustentável", que seria considerada uma proposta mais conciliadora. Os primeiros textos do Pnuma que relacionavam os problemas ambientais ao modelo de desenvolvimento praticado pelas principais nações economicamente desenvolvidas do planeta foram mal vistos politicamente, principalmente pelo governo americano, apesar dos importantes avanços promovidos pela United States Environmental Protection Agency (Usepa).

Como consequência do movimento deflagrado na Conferência de Estocolmo, foram realizadas outras reuniões abordando aspectos associados aos temas nela tratados. Dentre esses aspectos merecem destaque a questão dos assentamentos humanos e a existência de processos de urbanização excessivamente acelerados, discutidos na conferência Habitat I de 1976, em Vancouver, que ensejou a criação de um centro das Nações Unidas para estudos relacionados ao desenvolvimento urbano instalado na British Columbia University; e a questão da educação ambiental tratada em Tbilisi, que congregou elementos previamente trabalhados em Belgrado, na primeira Conferência Intergovernamental sobre Educação Ambiental, em 1977. Além desses dois aspectos, as questões relacionadas à saúde também foram objeto de Conferência sobre a Promoção da Saúde, realizada em Ottawa em 1986, na qual foram trazidos, como condições para a existência de saúde, elementos relacionados ao trabalho, ao meio ambiente, à posse e ao uso da terra e condições associadas à renda, entre outros.

Em decorrência destes movimentos internacionais, influências foram exercidas nos países, produzindo reflexos institucionais e nas políticas nacionais, ainda nas décadas de 1970 e 1980. No Brasil, cabe destacar alguns desses reflexos como a criação, em 1968, da Fundação Jorge Duprat Figueiredo de Segurança e Medicina do Trabalho/Ministério do Trabalho e Emprego (Fundacentro), com objetivo de realizar estudos, pesquisas e capacitação de recursos humanos para enfrentar problemas identificados em relação a segurança, higiene e medicina do trabalho. Da mesma forma, com base nas discussões havidas nas conferências e a partir da identificação de aspectos que traziam graves problemas para as cidades brasileiras, com destaque para o abastecimento de água e esgotamento sanitário, foi criado o Plano Nacional de Saneamento, então denominado Planasa. Algumas de suas metas, bastante ambiciosas, foram atingidas no período proposto, principalmente no que se refere ao serviço de abastecimento de água. Quanto ao esgotamento sanitário, houve cumprimento parcial das metas estabelecidas. Não obstante, verificou-se significativo avanço nos sistemas de coleta, tratamento e distribuição de água, cumprindo, em 1980, as metas previstas. A cobertura de esgoto, apesar de ampliada, ficou aquém do previsto, com destaque para o não atendimento das metas com relação ao tratamento dos esgotos.

Quando na Conferência das Nações Unidas, em 1972, eram discutidos problemas ambientais, a posição apresentada pelo representante brasileiro era de que as tecnologias que os países desenvolvidos entendiam como obsoletas e não apropriadas para o processo industrial poderiam ser aceitas no Brasil. Essa posição trouxe uma série de manifestações nacionais desfavoráveis, bem como reflexos negativos em âmbito internacional. Esse fato, associado a vários incidentes e acidentes de caráter ambiental, levou o governo brasileiro, por intermédio do Ministério do Interior, a propor a criação da Secretaria Especial do Meio Ambiente (Sema), como instituição governamental que atendesse às demandas ambientais nacionais.

Um dos fatores que impulsionaram a estruturação do sistema de gestão ambiental federal brasileiro foram as pressões internacionais na esteira da Conferência de Estocolmo, em 1972, e de ações de organismos de fomento financeiro, como Banco Interamericano de Desenvolvimento (BID) e Banco Mundial. Para grandes obras financiadas com recursos externos, muitas vezes era exigida a elaboração de estudos ambientais.

Essa influência externa foi responsável pelo mimetismo da política ambiental brasileira em relação àquela praticada nos países desenvolvidos. O foco do Sistema Nacional de Meio Ambiente era o licenciamento de atividades poluidoras (Sistema de Licenciamento de Atividades Poluidoras) – Slap), pois esse era o desafio ambiental, na época, para os países desenvolvidos. Porém, nesse mesmo período, os principais problemas ambientais brasileiros estavam relacionados à gestão dos recursos naturais, tais como a expansão da fronteira agrícola sobre áreas florestadas, o crescimento urbano desordenado, a exploração mineral e a implantação da infraestrutura pública de transporte e energia. O controle da poluição propriamente dito era um problema marginal restrito a grandes centros urbanos e industriais, principalmente no estado de São Paulo. Somente anos mais tarde o sistema de licenciamento evoluiu para a concepção do Sistema de Licenciamento Ambiental (Slam).

A Sema foi criada em 1973, ano em que também se observaram os primeiros movimentos nos estados brasileiros com relação à criação de órgãos ambientais, por iniciativa do governo federal.

O primeiro órgão ambiental da América latina foi a Comissão Intermunicipal de Controle da Poluição das Águas e do Ar (CICPAA) que, desde agosto de 1960, atuava nos municípios de Santo André, São Bernardo do Campo, São Caetano do Sul e Mauá, na região do ABC da Grande São Paulo. Este órgão deu origem à Cetesb, criada em 1968, que incorporou a Superintendência de Saneamento Ambiental (Susam), vinculada à Secretaria da Saúde. Esse exemplo foi exceção no país, pois os demais órgãos ambientais estaduais foram criados nos anos de 1980 por estímulo da Sema, seguindo diretrizes definidas pela Lei n. 6.938/81, que dispõe sobre a Política Nacional do Meio Ambiente, seus fins e mecanismos de formulação e aplicação, e dá outras providências. Vários órgãos foram criados a partir de estruturas já existentes: o Departamento de Meio Ambiente (DMA), ligado à Secretaria de Saúde Pública do Estado do Rio Grande do Sul; a Fundação de Amparo à Tecnologia e Meio Ambiente (Fatma), em Santa Catarina, ligada à extinta Secretaria se Estado do Desenvolvimento Urbano e Meio Ambiente (SDM); e a Superintendência dos Recursos Hídricos e Meio Ambiente (Surhema), no Paraná, vinculada à Secretaria do Interior. Cada estado aproveitou as estruturas institucionais já existentes para criar órgãos aptos a executar o licenciamento das atividades poluidoras, Slap, que depois evoluiu para licenciamento de atividades ambientais, Slam. Nesse período, houve a eleição de governadores dos estados e posteriormente do primeiro presidente civil após o regime militar, Tancredo Neves. Essas eleições abriram espaços para vários movimentos democráticos e para um clima de abertura a partir do qual a dimensão ambiental integrou as diretrizes de governo em diversos estados e na campanha presidencial.

A estruturação dos órgãos de meio ambiente se deu nos anos de 1980, sem financiamento do governo federal, quando a crise mundial de liquidez proveniente da crise do petróleo impunha restrições aos gastos públicos do Brasil. Gradualmente, a criação dessas organizações trouxe reflexos nas políticas nacionais. Em 1979, por meio da Lei federal n. 6.766/79, a chamada Lei Lehmann, alterada pela Lei n. 9.785 de 29 de janeiro de 1999, altera o Decreto-lei n. 3.365 de 21 de junho de 1941 (desapropriação por utilidade pública) e a Lei n. 6.766 de 19 de dezembro de 1979 (parcelamento do solo urbano). Formalizou-se a normatização do parcelamento do solo, incorporando as ligadas às discussões da Habitat I, primeira Conferência de Assentamentos Humanos realizada em Vancouver, Canadá, em 1976. A Sema, apoiada por cientistas, professores, pesquisadores e profissionais de diversas áreas e regiões do Brasil, desenvolveu uma proposta que serviu de base para a Política Nacional de Meio Ambiente, promulgada, em 1981, pela Lei federal n. 6.938/81. Esta política criou o Sistema Nacional de Meio Ambiente (Sisnama).

Elaborada à luz dos mais modernos conceitos de gestão ambiental vigentes na época, a lei foi orientada, de forma geral, para buscar o desenvolvimento sustentável definido em seu texto como "a compatibilização do desenvolvimento socioeconômico com a preservação ambiental", como dita seu artigo 4º, inciso I. Entre os instrumentos de gestão propostos estavam: o estabelecimento de padrões de qualidade ambiental; o zoneamento; a avaliação de impactos; a garantia de acesso à informação, à implantação de instrumentos econômicos e ao relatório de qualidade ambiental; no entanto, alguns até hoje não foram implementados.

Essa lei foi recebida com muita expectativa, tanto no âmbito interno quanto externo, pois estava politicamente muito à frente do seu tempo. Tanto a Lei n. 6.938/81, que definiu a política ambiental brasileira e criou o Sisnama, quanto a legislação ambiental e especialmente as regulamentações ambientais subsequentes, foram aprovadas com certa descrença de sua aplicação efetiva, ou mais porque foi só posteriormente que se observou a necessidade de outras legislações para complementar o controle ambiental. Foi preciso aprender junto do próprio Estado, que ainda ignorava grande parte da regulamentação ambiental e os órgãos ambientais não tinham expressão política que permitisse uma atuação significativa, especialmente quando se tratava de obras públicas. Além disso, sua aplicação prática foi inicialmente prejudicada pela dificuldade de estruturação dos órgãos ambientais, desprovidos de recursos mínimos necessários para a adequada gestão, situação esta que ainda é atual na maioria dos estados.

O quadro político nacional sofreu uma grande alteração com o movimento das Diretas Já, que mesmo não tendo sucesso em obter a eleição direta para presidente da República precipitou a eleição direta dos governadores em 1982. Enquanto o Secretário da Sema havia sido escolhido por um presidente indicado, os conselheiros do Conama e o representante dos estados atuavam em nome dos governos democraticamente eleitos. Para ampliação dos espaços políticos a fim de influenciar a política ambiental nacional, foi criada a Associação Brasileira de Entidades de Meio Ambiente (Abema), em 1985, período ainda marcado pela excessiva concentração de atribuições no âmbito federal. O objetivo inicial era fortalecer as posições dos estados no debate nacional, que até o momento era de orientação progressista em relação ao governo federal, participando ativamente da consolidação da política ambiental, promovendo a descentralização das atividades executivas da gestão ambiental com base no capítulo do meio ambiente da Constituição vigente na época. Os estados também contribuíram tecnicamente para as resoluções do Conama, principalmente a Resolução n. 01/1986, que trata do licenciamento ambiental para atividades potencialmente poluidoras; a Resolução n. 020/1986, que definiu os parâmetros para a classificação de rio; e a Resolução n. 237/97 sobre o licenciamento de atividades de impacto local (Abema, 2011).

Por iniciativa da Abema foi realizado em Curitiba, em 1986, o primeiro Congresso Brasileiro de Municípios e Meio Ambiente, com objetivo de criação da Associação Nacional de Municípios e Meio Ambiente (Anama). Essa instituição estimulou a criação de Secretarias Municipais de Meio Ambiente nas principais cidades brasileiras com objetivo de estimular a municipalização da gestão ambiental para atividades de impacto local. A Abema também foi responsável pela elaboração de um documento, denominado "Brasil' 92 – Perfil Ambiental e Estratégias" (São Paulo, 1992), que apresentava um diagnóstico ambiental das diferentes regiões brasileiras, a avaliação da política ambiental nos estados, a indicação de diretrizes visando à evolução dos sistemas de gestão ambiental no país e sugestões de políticas internacionais para o desenvolvimento sustentável. Esse trabalho, que envolveu diretamente mais de duas mil pessoas ligadas a área ambiental, iniciou com uma etapa estadual, que envolveu diretamente a comunidade de todos os estados do Brasil, foi consolidado em seminários regionais e finalmente em uma etapa nacional.

Outro fator de importância fundamental na gestão ambiental brasileira foi a Lei n. 7.347/85, conhecida como Lei dos Interesses Difusos. Entende-se por interesses difusos aqueles que não pertecem a ninguém em específico e ao mesmo tempo a todos, sendo conhecidos como transindividuais ou metaindividuais, como o Direito ao Meio Ambiente, Direito do Consumidor, Direito à Valores Históricos, entre outros. A partir desta lei, a ação do Ministério Público assume grande influência na gestão ambiental por meio da Ação Civil Pública, instrumento processual utilizado no intuito de reprimir ou, de maneira preventiva, impedir todo e qualquer dano de determinado bem de interesse difuso.

HISTÓRICO E EVOLUÇÃO DO SISTEMA DE GESTÃO AMBIENTAL NO BRASIL | **29**

Essa ação do Ministério Público foi responsável pela homogeneização da observância da legislação ambiental, que era ignorada ou parcialmente aplicada em alguns estados brasileiros. O setor empresarial mais progressista entendeu rapidamente que o Brasil exigia outra forma de apropriação dos recursos naturais. Porém, muitos ainda relutam em aceitar critérios estabelecidos pela legislação ambiental, que definem regras de uso da propriedade privada.

Atualmente, uma das maiores dificuldades da iniciativa privada é a falta de orientação técnica para a gestão ambiental nos empreendimentos em grande parte decorrente da complexidade da legislação em vigor. A legislação ambiental, especialmente a regulamentação de decretos, resoluções e portarias, dá margem a várias interpretações que resultam em uma grande subjetividade aos empreendedores, pois não é incomum que dentro de um mesmo órgão ambiental diferentes técnicos tenham compreensões diferentes da aplicação da legislação ambiental. A interpretação da legislação ambiental pode ser ainda mais heterogênea quando realizada por técnicos de diferentes esferas de governo e do Ministério Público. É necessário esclarecimento quanto à interpretação das leis e orientação aos empreendedores, considerando as diferenças regionais de um país diverso como o Brasil.

O risco é inerente à livre iniciativa, contudo, convive-se com um quadro em que a falta de consenso entre as diferentes instâncias estaduais e federais têm ampliado desnecessariamente a insegurança jurídica decorrente das diferentes interpretações da legislação ambiental, gerando altos custos que são assumidos pela sociedade brasileira, integrando o chamado "custo Brasil". A eficiência de um país é construída pelo conjunto dos processos incluindo a iniciativa privada, o poder público e a sociedade, que objetivam a produção de riquezas de forma sustentável. Esse conceito inclui a concepção de projetos adequados às potencialidades e às limitações ambientais, um processo de licenciamento ágil e eficaz que se desenvolve sob a fiscalização da sociedade civil e do estado.

A orientação preventiva é evidentemente vantajosa comparada à necessidade de solucionar impactos mediante demandas jurídicas que, além de causar impactos ambientais que poderiam ser previstos e evitados, determinam custos de recuperação ambiental geralmente maiores que os exigidos para a sua prevenção. Além disso, a judicialização de processos ambientais não pode ser a prática adotada para a gestão, mas ao contrário, deveria ser entendida como uma medida extrema contra empresários inadimplentes e representantes do poder público omissos. Para um empreendedor, a simples demanda jurídica pelo Ministério Público, independentemente da posterior e geralmente tardia decisão judicial, determina grandes prejuízos financeiros e o completo comprometimento do planejamento da atividade em questão. Em outras palavras, mesmo que haja ganho de causa, o empreendedor já perdeu.

Não se justifica a abertura de processos decorrentes de interpretações diversas, pois, nesses casos, o Estado deve aprofundar o debate técnico sobre o tema, embasado pelas informações acadêmicas com envolvimento da sociedade organizada e determinar a linha de conduta que deve ser adotada nas diferentes situações. A falta de consenso sobre a interpretação da legislação ambiental é uma dificuldade que deve ser enfrentada no âmbito do Estado, de forma que o poder executivo cumpra seu papel em esclarecer aos empreendedores sobre qual a interpretação do Estado, pois trata-se da autoridade pública competente para esse mister. Nesse contexto, nota-se grande descompasso entre a evolução legal e institucional, e a prática enquanto gestão.

Cabe ressaltar que a questão ambiental ganhou importância na Constituição Federal de 1988, com o art. 225, dedicado às questões ambientais de forma extremamente avançada e trazendo o conceito de desenvolvimento sustentável antes mesmo da Rio 92. Não se pode esquecer também da Política Nacional de Saúde, promulgada pela Lei federal n. 8.080/90, que trouxe como consequência uma série de aspectos relacionados à própria Constituição, estabelecendo a necessidade de se ampliar os processos de municipalização da saúde e das questões ambientais.

Entre as duas Conferências das Nações Unidas sobre Meio Ambiente e Desenvolvimento, ocorridas em Estocolmo, em 1972, e no Rio de Janeiro, em 1992, 20 anos se passaram. Uma das bases que influenciou os debates foi o documento desenvolvido pela Comissão Mundial de Meio Ambiente e Desenvolvimento da ONU, presidida por Gros Brundtland, primeira-ministra da Noruega. Este documento, intitulado *Our Common Future*, traduzido para a língua portuguesa e publicado sob o título *Nosso Futuro Comum*, estabelece a relação fundamental entre desenvolvimento e meio ambiente. Destaca que o desenvolvimento integral de qualquer território depende da construção de bases sustentáveis, apoiada no tripé justiça social, viabilidade econômica e equilíbrio ambiental. Os documentos negociados na Conferência do Rio foram a *Agenda 21* e as convenções climáticas e da biodiversidade. A *Agenda 21* definiu uma série de objetivos planetários, que deveria ter sido desdobrada pelos países membros, gerando agendas

HISTÓRICO E EVOLUÇÃO DO SISTEMA DE GESTÃO AMBIENTAL NO BRASIL | **31**

nacionais, que no seu conjunto permitiriam o alcance dos objetivos globais. As convenções climáticas e da biodiversidade originaram importantes iniciativas globais, entre elas os chamados créditos de carbono.

Ao se tratar de meio ambiente e desenvolvimento, aspectos relacionados à urbanização, à industrialização e ao crescimento populacional, bem como aspectos sociais, tornaram-se relevantes e diretamente relacionáveis. A Conferência das Nações Unidas sobre População e Desenvolvimento, realizada em 1994, na cidade do Cairo; a Conferência sobre Desenvolvimento Social, realizada em 1995, em Copenhague; e ainda, a Habitat 1, em 1996, em Istambul, mantiveram essa preocupação, interligando problemas urbanos, sociais com questões ambientais.

Em 1997, vinte anos após a Conferência Intergovernamental sobre Educação Ambiental, em Tbilisi, é realizada a Conferência Internacional de Tessalônica, na Grécia, que teve como tema: Educação e Conscientização Pública para a Sustentabilidade. Ainda em 1997 ocorreu a Rio+5, cujo escopo central foi avaliar os cinco anos passados desde a Rio 92, sob perspectiva de resultados alcançados, evolução na resolução e possível surgimento de novas questões relacionadas às mudanças climáticas, por exemplo. Nesse mesmo contexto realizou-se, em 2002, a Rio+10, em Johanesburgo, África do Sul. Esse evento chamou atenção para questões relacionadas à pobreza, reiterando a cobrança de compromissos e metas assumidos nas conferências anteriores, que deveriam ser respeitados, principalmente pelos países desenvolvidos.

Novamente se verifica reflexos interessantes e importantes nas políticas brasileiras. No ano de 1997, resultado inclusive da necessidade de regulamentação dos artigos da Constituição Federal de 1988, foi estabelecida a Política Nacional de Recursos Hídricos, instituída pela Lei federal n. 9.433/97. Em 1998, foi sancionada a Lei federal n. 9.605/98, conhecida como Lei de Crimes Ambientais e, em 1999, a Lei n. 9.795/99 que estabelece elementos importantes para educação ambiental e institui a Política Nacional de Educação Ambiental. Em 2000, é promulgada a Lei federal n. 9.985/00, que institui o Sistema Nacional de Unidades de Conservação da Natureza (Snuc). Em 2001, a Lei federal n. 10.257/01, conhecida como Estatuto das Cidades, estabelece diretrizes gerais da política urbana, que é uma política descentralizadora e participativa, no sentido de que as comunidades devem participar das decisões sobre suas áreas de vivência, sua comunidade, bairro ou município.

Verifica-se, portanto, que em todos esses instrumentos legais, as questões ambientais estão presentes e são conduzidas com caráter essencialmente democrático, principalmente no que tange ao desenvolvimento urbano, trazendo a participação social como fundamental em todos os processos de decisão.

Por proposição e coordenação do Ministério das Cidades, foi encaminhado ao Congresso Nacional um projeto de lei criando a Política Nacional de Saneamento Básico, aprovada em janeiro de 2007 por meio da Lei n. 11.445/07. O mesmo ocorre em relação à questão dos resíduos sólidos. Após 21 anos de tramitação no Congresso Nacional, envolvendo embates políticos e econômicos, a Lei n. 12.305/10 foi sancionada em agosto de 2010, instituindo a Política Nacional de Resíduos Sólidos.

EVOLUÇÃO INSTITUCIONAL

Comparativamente, o Brasil aparece muito próximo às realizações dos países centrais no que tange à construção e evolução legal e institucional da questão ambiental. Ocorre, contudo, que mesmo contando com estruturas institucionais pesadas no âmbito federal e em grande parte dos estados, a excessiva burocratização da gestão ambiental dificulta a agilização e a eficácia dos procedimentos. Com relação aos municípios, com exceção de algumas capitais e municípios maiores, poucos contam com uma estrutura tecnicamente adequada para assumir as responsabilidades constitucionais da gestão ambiental.

Como citado anteriormente, em 1973 foi criada a Secretaria Especial de Meio Ambiente ligada ao Ministério do Interior. A partir daí os estados brasileiros também passaram a criar seus órgãos ambientais. A Política Nacional de Meio Ambiente foi estabelecida em 1981, criando o Sisnama. O Ministério do Meio Ambiente foi criado em 1985, inicialmente nomeado Ministério do Desenvolvimento Urbano e Meio Ambiente. Em 1992, essa denominação foi alterada para Ministério do Meio Ambiente. Em 1999, o Ministério ampliou sua atuação, incorporando as questões relacionadas à Amazônia Legal e aos recursos hídricos. O agente executivo ambiental em âmbito federal, o Instituto Brasileiro de Meio Ambiente e Recursos Renováveis (Ibama), foi criado em 1989; congrega as diversas agências até então responsáveis pelas questões ambientais e correlatas, tais como o Instituto Brasileiro de Desenvolvimento Florestal (IBDF), a Superintendência do Desenvolvimento da Pesca (Sudepe), a Superintendência da Borracha (Sudhevea), bem como a própria Secretaria Especial do Meio Ambiente (Se-

HISTÓRICO E EVOLUÇÃO DO SISTEMA DE GESTÃO AMBIENTAL NO BRASIL | 33

ma). Embora uma instituição única tenha sido criada, a integração entre as atividades de órgãos precursores não foi imediata. Em razão da necessidade de integração entre os diferentes órgãos e entidades de governo, até hoje as chamadas licenças de supressão florestal são praticamente independentes das licenças ambientais em quase todas as estruturas públicas de gestão ambiental em todos os níveis de governo.

A Lei n. 8.028/90 institui o Ibama como órgão executor do Sisnama. Este órgão promoveu uma centralização da gestão na política ambiental brasileira sem a adequada estruturação do órgão, levando a uma série de problemas de compatibilidade e integração. Na concepção original da Lei n. 6.938/81, os órgãos estaduais eram responsáveis pela execução da política ambiental brasileira. Nos anos 1980, os licenciamentos que envolviam mais de um estado eram processados em associação pelos órgãos estaduais, acompanhados pela Sema, com competência conforme o art. 23 da Magna Carta, para "proteger o meio ambiente e combater a poluição em qualquer de suas formas" (inciso VI) e "preservar as florestas, a fauna e a flora" (inciso VII)[2].

Uma das grandes dificuldades encontradas na gestão ambiental é a falta de definição clara de competências, que ainda não foi regulamentada, conforme prevê a constituição. Esse fato é agravado pela indefinição de como deve ser exercido o conceito de ação supletiva. Em alguns estados e municípios há conflitos de interpretação da legislação entre os órgãos ambientais dos diferentes níveis de governo, criando uma grande dificuldade aos empreendedores quanto à posição do Estado sobre processos de licenciamento. Como grande parte da legislação ambiental, especialmente as regulamentações, permite diferentes interpretações, a falta de harmonização da estrutura pública traz muita insegurança jurídica conforme citado anteriormente.

O Sisnama foi instituído pela n. Lei 6.938, de 31 de agosto de 1981, regulamentada pelo Decreto n. 99.274, de 6 de junho de 1990, sendo composto por um órgão superior, o Conselho de Governo; um órgão consultivo e deliberativo, o Conama; um órgão central, o Ministério do Meio Ambiente (MMA); um órgão executor, o Ibama; e órgãos setoriais, órgãos ou entidades estaduais que executam os programas e projetos, bem como fiscali-

---

[2] Vide Suely Mara Vaz Guimarães de Araújo, março 2005, Disponível em: http://bd. camara.gov.br/bd/bitstream/handle/bdcamara/1022/distribuicao_competencias_vaz. pdf?sequence=1. Acessado em: 10 ago. 2012.

zam as atividades de degradação ambiental; e órgãos locais, órgãos ou entidades municipais responsáveis pelo controle e fiscalização dessas atividades nas respectivas jurisdições[3]. As esferas federal, estadual e municipal têm, cada qual, suas peculiaridades. Em âmbito federal, o órgão superior do Sisnama é o Conselho de Governo, órgão de assessoramento ao presidente da República. É um órgão consultivo que não existe no âmbito estadual e municipal. O órgão deliberativo e consultivo, em âmbito federal, é o Conama, enquanto na esfera estadual são os Conselhos Estaduais de Meio Ambiente e os Conselhos Municipais de Meio Ambiente (Consema). Por ocasião da proposição dessa lei, os órgãos locais de meio ambiente eram os chamados Conselhos Municipais de Defesa do Meio Ambiente (Condema), o que demonstrava uma prática comum na época que era a ação corretiva: o meio ambiente era atacado e, por conseguinte, os conselhos eram de defesa. Por essa razão, esses conselhos prosperaram geralmente em municípios com problemas ambientais mais aparentes para a população. Cabe mencionar que todos os conselhos possuem representação social, ou seja, da sociedade civil organizada, organizações não governamentais (ONGs), e instituições de ensino superior[4]. O órgão central do Sisnama em âmbito federal é o MMA, ao passo que nos estados são as Secretarias de Meio Ambiente, e na esfera municipal, as Secretarias Municipais de Meio Ambiente ou equivalentes. Os órgãos executivos são: Ibama, em âmbito federal; agências ambientais, em âmbito estadual, tais como a Companhia de Tecnologia em Saneamento Básico (Cetesb), atualmente Companhia Ambiental do Estado de São Paulo e a Fundação Florestal, em São Paulo; Copam e Feam, em Minas Gerais; Feema, no Rio de Janeiro; Fatma, em Santa Catarina; CRA, na Bahia; e IAP, no Paraná, dentre outros. No âmbito municipal, entre os aproximadamente 5.500 municípios do Brasil, apenas cerca de 500 possuem estrutura específica para tratar da gestão ambiental. Os órgãos setoriais do Sisnama são entendidos como as instituições que tem influência na área ambiental, tais como o Ministério da Agricultura, da Saúde, das Minas e Energia.

Associam-se à evolução institucional, sistemas voluntários ditados e impulsionados pelo mercado internacional, com forte participação brasi-

---

[3] Disponível em: http://www.mma.gov.br/port/conama/estr1.cfm/. Acessado em: 10 ago. 2012.

[4] Disponível em: http://www.ambiente.sp.gov.br/municipioverdeazul/DiretivasConselhoMunMeioAmbiente/MaterialTeoricoEstruturaConselho.pdf. Acessado em: 10 ago. 2012.

leira. Trata-se da implementação do Sistema ISO, com as ISO 14000 e 9000 e normas relacionadas à segurança do trabalho. No Brasil, registram-se milhares de indústrias certificadas pelas normas ISO, principalmente com implementação de Sistemas de Gestão Ambiental ISO 14.000.

ALGUMAS PREMISSAS OU EMBASAMENTOS

Deve-se ressaltar alguns pontos retratados na Constituição Federal de 1988, fundamentais para o entendimento da evolução do sistema ambiental brasileiro, assim como a correlação existente entre as políticas públicas.

O art. 182, inciso II, da Constituição, por exemplo, estabelece que a política urbana tem como finalidade ordenar o pleno desenvolvimento das funções sociais da cidade, garantindo o bem-estar de seus habitantes. Já o art. 196, que trata da saúde enquanto direito de todos e dever do estado, caracteriza sua relação com as políticas sociais e econômicas, visando a redução do risco da doença e outros agravos, bem como o acesso universal e igualitário às ações e serviços para sua promoção. O art. 225, por sua vez, preconiza o direito ao meio ambiente ecologicamente equilibrado, caracterizando-o como de uso comum, essencial à sadia qualidade de vida, impondo-se ao poder público e à coletividade, o dever de defendê-lo e preservá-lo. Importante mencionar que este artigo determina ações que transcendem as gerações atuais visando garantir também um meio ambiente equilibrado às gerações futuras, estabelecendo uma característica intergeracional ao desenvolvimento. Para tanto, destaca-se o parágrafo 1º, inciso VI, que versa sobre a necessidade de se estabelecer a educação ambiental. Esta deve ser entendida como um tema transversal, não específico, para a formação de cidadãos capazes de compreender as inter-relações e interdependências entre os conteúdos e a finalidade última das políticas acima destacadas, bem-estar social, saúde coletiva e qualidade de vida, e equilíbrio ambiental.

Outra premissa fundamental é a importância da gestão ambiental, entendida aqui como processo político-administrativo de responsabilidade do poder constituído, que conta com a participação social para formular, implementar e avaliar políticas ambientais a partir da cultura, realidade e potencialidades de cada região, em conformidade com os princípios do desenvolvimento sustentável, preconizado pelo relatório *Nosso Futuro Comum*. Ou, em outros termos, como um processo de intervenção em determinada base territorial, a partir de estratégias gerais estabelecidas pelo poder público a partir de um processo de planejamento, que se materializa no âmbito local em forma de obras e atividades necessárias à melhoria do meio ambiente. A boa gestão ambiental depende de estudos técnicos para definição de prioridades, de ações conjuntas entre poder público e sociedade civil, e da coalizão das forças políticas locais, que passa a existir em decorrência desse mesmo processo de gestão.

A gestão ambiental deve se dar aliada à promoção da educação ambiental, entendendo-se os processos de educação ambiental como transversais a todas as disciplinas e por meio dos quais os indivíduos e a sociedade constroem valores, costumes, conhecimentos e que remetem à busca de um novo *ethos* (responsabilidade social) composto também pela noção de sustentabilidade.

Ademais, conforme o conceito da VIII Conferência Nacional de Saúde, realizada em 1986, a saúde é a "resultante das condições de alimentação, educação, renda, qualidade ambiental, trabalho, transporte, emprego, lazer, liberdade, acesso e posse de terra e acesso a serviços de saúde" (VIII CNS, 1986, p. 4). Fatores que remetem à importância, portanto, dos sistemas de meio ambiente.

AVANÇOS E DIFICULDADES NA GESTÃO AMBIENTAL

Diante dos avanços até aqui apresentados, as grandes dificuldades encontradas para a evolução em termos institucionais, técnicos, legais e operacionais são comuns em todo o mundo. Contudo, no Brasil, a complexidade da legislação não teve reflexo na estruturação e capacitação do Estado, gerando um quadro no qual as dificuldades na gestão ambiental tem sido um grande entrave às atividades produtivas, incompatível com a importância do tema. Não se trata de afirmar que a política ambiental deve ser menos restritiva, e sim, que a excessiva burocratização de procedimentos não permite que a ela seja implementada com a celeridade e eficiência necessárias, gerando grandes indefinições normativas que ampliam a insegurança jurídica e definem prazos impraticáveis para a iniciativa privada. Esse panorama de excessiva burocracia, complexidade e indefinições legais contribui para desvios de conduta deletérios para a nossa sociedade. As dificuldades do estado envolvem: baixa integração entre as áreas de governo; entraves

HISTÓRICO E EVOLUÇÃO DO SISTEMA DE GESTÃO AMBIENTAL NO BRASIL | **37**

na articulação intra e extragovernamentais; dificuldade na definição de prioridades políticas; na obtenção de recursos financeiros e pessoal capacitado; aspectos associados à descontinuidade política e consequentemente administrativa, comprometendo o estabelecimento de um planejamento estratégico de longo prazo com ações que transcendam mandatos políticos.

Não obstante estas dificuldades, em termos institucionais, a evolução dos Sistemas de Meio Ambiente conta com alguns avanços de mecanismos e instrumentos importantes que contribuem significativamente para a construção de um sistema que transcende as dimensões institucionais e legais. Observa-se no caso da educação ambiental, por exemplo, uma real inserção de seus conteúdos nos vários níveis da educação formal, culminando no crescimento sem precedentes de cursos de graduação e pós-graduação específicos na área ambiental, resultando inclusive em avanço técnico e científico que em médio e longo prazo deverá suprir a demanda de pessoal capacitado para lidar com esse tema.

Da mesma forma, a abertura para a participação da sociedade também avança como resultado de maior conscientização das questões ambientais, assim como da evolução institucional. Cabe destacar a criação dos conselhos de meio ambiente existentes em todos os estados brasileiros, todos com poder deliberativo. Porém, esses espaços políticos e de participação ainda apresentam uma baixa efetividade condicionada à cultura política, em muitos casos clientelista. Dentre outros pontos, os conselhos precisam de instrumentos qualificados que sirvam de base à tomada de decisões, permitindo uma maior efetividade de sua ação. Reforça-se a importância da implementação de instrumentos políticos como a sistematização de informações, zoneamentos ecológicos econômicos, planos diretores, mapeamento de informações ambientais por bacias hidrográficas com avaliação da evolução da qualidade ambiental, entre outros elementos importantes de gestão.

Um grande percentual de municípios conta também com conselhos municipais de meio ambiente, conferindo à questão ambiental caráter local e participativo. A municipalização da gestão ambiental é um processo que poderá trazer grandes benefícios, contudo, deve-se diferenciar claramente a municipalização da "prefeiturização". A municipalização está associada à descentralização, que exige a definição de responsabilidades aos municípios e necessariamente deve contar com a estruturação necessária para que essa tarefa seja competentemente assumida. Não se trata simplesmente de alterar a instância burocrática de decisão, processo que se chama aqui de "prefeiturização". A grande vantagem da descentralização é a possibilidade de considerar os projetos e seus impactos de forma mais próxima e adequada a peculiaridades locais, facilidade de acesso e fiscalização e, principalmente, permitir a participação pública, ou seja, da população, nos processos decisórios. O projeto municipal deve ser o projeto da sociedade que ali vive e não a sua submissão à projetos atrelados a mandatos políticos quadrienais.

Nesse contexto, duas questões devem ser cuidadosamente avaliadas: a clara definição de competências e o risco da influência do poder político e econômico nas decisões. Ocorre que é muito difícil delimitar a abrangência de um impacto, sem considerar sua intensidade. Com relação às competências, é fundamental definir o que é atribuição do município, entendendo que, em linhas gerais, são as atividades que apresentam impactos locais, ou seja, não extrapolam os limites do território municipal. Nesses casos não se trata de delegação, pois esta seria uma responsabilidade intrínseca ao município. A delegação de competência implica repasse de atribuições e responsabilidades estaduais ou federais ao município. Porém, o que predomina atualmente é o contrário: atribuições do município estão sendo gerenciadas pelo estado e muitas atribuições do estado pelo governo federal. É imprescindível a clara definição de competências, pois é comum observarmos a sobreposição de atribuições, que determina, na prática, a interpretação mais restritiva da lei. Esse fato, além de duplicar o desafio burocrático, ainda inclui a incerteza das contradições entre diferentes instâncias de poder que acabam por desorientar o empreendedor sobre procedimentos a serem adotados.

Qualquer instância administrativa está sujeita a influências políticas e econômicas sem legitimidade. A legislação de distribuição de impostos adotados no Brasil estimula a chamada guerra fiscal entre estados e municípios, que competem por empreendimentos que podem contribuir significativamente com o recolhimento de impostos e outras externalidades positivas, como a geração de empregos. Dessa forma, a crítica de que a municipalização ampliaria a influência política e econômica ilegítima deve ser analisada de forma mais ampla.

A questão central é compreender qual incentivo leva prefeitos e governadores a adotarem tal posicionamento. Certamente, a forma de distribuição de impostos se destaca como um dos pontos mais importantes a ser considerado. Os critérios para a distribuição do Imposto de Circulação de Mercadorias e Serviços (ICMS) são: população, área do município, produção agropecuária e valor agregado. Dentre estes critérios, o prefeito tem condições de influenciar praticamente apenas no valor agregado, utilizando-se da concessão de estímulos para atração de atividades produtivas. O ICMS ecológico, um quinto critério adotado em alguns estados com base em aspectos ambientais, tem a característica de perder a importância com o passar do tempo, quando do aumento do número de prefeituras credenciadas para recebê-lo, diluindo valores inicialmente relevantes. Dessa forma, considera-se importante a inclusão de critérios de sustentabilidade na agenda nacional para rediscussão da gestão tributária. A proposição teórica do ICMS sustentável se baseia na inclusão de parâmetros de sustentabilidade nos critérios de distribuição. Assim, seria possível ponderar a área do município, área com cobertura florestal; a população com índices de coleta e tratamento de lixo e esgoto; a produção agropecuária com a adoção de uso e manejo de solo adequados e o valor agregado com práticas ambientais adotadas pelas indústrias, tais como a eficiência de tratamento de efluentes, reciclagem, reúso, certificações ambientais etc.

Dessa forma, uma grande ênfase seria dada à adoção de práticas sustentáveis, onde os gestores públicos seriam estimulados não apenas a atrair empresas para ampliar suas receitas, caracterizando uma grande revolução na gestão ambiental brasileira. Seria uma forma de engajar as milhares de prefeituras existentes no país, em busca de parâmetros ambientais mais sustentáveis.

Merecem destaque na estruturação ambiental os conselhos de recursos hídricos, implantados em todo o país. É necessário, contudo, considerar que nos anos 1980 já houve uma experiência dos Comitês Integrados de Bacias Hidrográficas, como o Comitê de Estudos Integrados do Rio Paranapanema (Ceipema), o Comitê de Estudos Integrados do Rio Iguaçu (Ceiri). Estes comitês não tiveram a efetividade esperada, pois se transformaram em instâncias sem poder de decisão, principalmente pela ausência de instrumentos que permitissem a efetividade de sua ação.

O sistema de informações também vem sendo desenvolvido e, embora ainda com dificuldades, configura-se em importante suporte para tomada de decisão e formulação de políticas públicas. Destaca-se o desenvolvimento de indicadores de condição de vida, indicadores de desenvolvimento sustentável (IDS/IBGE), indicadores de desenvolvimento humano (IDH/Pnuma). Cabe destacar o esforço do estado de São Paulo na construção dos Índices Paulistas de Responsabilidade e Vulnerabilidade Social, além dos demais indicadores tradicionais já utilizados no país, como os indicadores do sistema de saúde.

O zoneamento ecológico-econômico, também colocado na Constituição e na Lei n. 6.938/81, vem sendo aplicado e tem sido utilizado inclusive em ações na Amazônia e na Mata Atlântica, envolvendo também os estados da Bahia e de São Paulo. No caso da Bahia, o impacto tem sido positivo para a municipalização e descentralização da gestão ambiental, com envolvimento de outros atores, como empresas e organizações da sociedade civil.

A *Agenda 21* no Brasil foi desenvolvida no âmbito nacional e em alguns casos no âmbito estadual, como um plano de ação extremamente significativo na busca do desenvolvimento sustentável. Além disso, foram desenvolvidas Agendas 21 regionais, metropolitanas e de bacias hidrográficas, como a Agenda 21 da Bacia de Pirapama, Pernambuco. No caso dos municípios, verifica-se que mais de 200 deles desenvolveram sua Agenda 21 Local, estimulando a participação das comunidades. A ideia da *Agenda 21* negociada na Rio 92 foi determinar metas de um planejamento estratégico mundial, que deveria ser desdobrada em escalas menores em forma de planos executivos. O que se verificou, entretanto, foi a elaboração de procedimentos praticamente desvinculados à visão geral definida no Rio, transformando-se em um grande conjunto de medidas socioambientais definidas com a sociedade.

Outro ponto é a criação de fundos ambientais, com destaque para o Fundo Nacional do Meio Ambiente, instituído pela Lei n. 7.797/89, assim como fundos estaduais e municipais de meio ambiente existentes na grande maioria dos estados e municípios da Federação. É importante destacar que o objetivo destes fundos não pode ser o financiamento de atividades de gestão ambiental – que deve ter seu orçamento independente de fontes extras de recursos, especialmente desvinculado daqueles originados de multas –, pois seria um contrassenso e uma imoralidade que o financiamento da gestão ambiental dependa de desvios de conduta e o consequente pagamento das multas. Os recursos dos fundos devem estimular o desenvolvimento de projetos que tenham por objetivo melhorar a qualidade ambiental, preferencialmente das áreas que tenham sido afetadas por atividades que geraram tais recursos. Porém, na prática, esse instrumento deve ser aprimorado com a implementação de medidas para garantir o efetivo recolhimento de recursos e orientar sua aplicação com veículos para a democratização da informação, permitindo à sociedade acompanhar os investimentos e a efetividade de projetos.

Outra questão que denota o avanço da institucionalização da questão ambiental no Brasil são os consórcios regionais que vem sendo gradual-

HISTÓRICO E EVOLUÇÃO DO SISTEMA DE GESTÃO AMBIENTAL NO BRASIL | **41**

mente implantados, como o caso do consórcio para disposição e tratamento de resíduos implantado em Porto Alegre, RS. Cabe destacar os consórcios associados aos comitês de bacias hidrográficas em diversos estados brasileiros.

Os instrumentos econômicos em termos institucionais também apresentam avanços, como a cobrança pelo uso da água, com aplicação do princípio do usuário-pagador, embora ainda em um número muito reduzido de bacias; a taxa do lixo na cidade de São Paulo ou o ICMS ecológico aplicado de forma pioneira no estado de Minas Gerais, mas que já é também usado em outras regiões do país, como São Paulo, Paraná e Ceará.

Basicamente há dois grandes grupos de políticas de instrumentos econômicos: o que procura estimular atividades sustentáveis e o que inibe atividades impactantes, usando para isso diversos mecanismos que influenciam a economicidade dos processos e das cadeias produtivas. A utilização destes instrumentos econômicos é uma das vertentes mais promissoras para o avanço da política ambiental, porém, ainda tem sido aplicada de forma muito tímida em nosso país.

Ainda entre os instrumentos econômicos encontra-se o pagamento de serviços ambientais (PSA), que tem sido foco de algumas experiências levadas a cabo no país. Para definir o pagamento por serviços ambientais, para Wunder et al. (2.009), o sistema deve incluir os seguintes critérios: a transação deve ser voluntária; ter um serviço ambiental bem definido ou um uso do ambiente que possa assegurar o fornecimento de um serviço ambiental; existir pelo menos um comprador, ou usuário, de serviço ambiental; existir pelo menos um vendedor, ou fornecedor, de serviço ambiental; e haver condicionalidade, isto é, se e somente se o fornecedor do serviço ambiental assegurar o seu fornecimento. Dessa forma, as políticas de PSA adotadas no Brasil precisam se ajustar a esses parâmetros, sob pena de serem confundidas com estímulos econômicos para o cumprimento da lei.

Dentre as políticas públicas de desenvolvimento sustentável encontram-se aquelas que promovem a autorregulamentação ambiental de setores produtivos; a adoção de sistemas de certificação ambiental; estímulo a atividades que aproveitem os potenciais ambientais definidos nos zoneamentos e planos de uso do solo; redução de impostos; fornecimento e/ou produção de produtos e serviços sustentáveis, como produtos reciclados e serviços de reciclagem. Dentre estas políticas podem-se citar algumas que oferecem vantagens econômicas proporcionais à implementação de diferenciais ambientais em empreendimentos, tais como: uso de produtos recicláveis, ampliação de áreas permeáveis nas cidades, aproveitamento de água de chuva, reúso de esgoto tratado, reúso de água cinza, adoção de sistemas eficientes energeticamente, estímulo a adoção de alternativas para o transporte coletivo de funcionários e usuários, uso de energia limpa, métodos de uso e manejo adequado do solo para atividades agropecuárias, manutenção de áreas de preservação, além das previstas em lei, corredores ecológicos, desenvolvimento de programas de educação ambiental, adoção de logística reversa (para produtos como celulares, eletrônicos, baterias).

No que se refere à dimensão legal, sob o ponto de vista constitucional, pode-se afirmar que a proteção ambiental encontra-se plenamente contemplada e caracterizada tanto na Constituição Federal, quanto nas constituições estaduais e nas leis orgânicas dos municípios. A legislação ambiental brasileira, que orienta os sistemas de meio ambiente, é ampla e com avanços nos âmbitos estaduais e municipais. A legislação brasileira indiscutivelmente adota avançados preceitos jurídicos, contudo, nem sempre adaptados à realidade nacional e, portanto, nem sempre efetivos.

O conjunto de normas que regem as políticas ambientais brasileiras possui uma série de problemas dos quais se destacam: falta de definição de competências, adoção de critérios ambientais gerais, regulamentação inconsistente, confusa e incompleta.

No que se referem às Diretrizes Orçamentárias, os sistemas de gestão ambiental ainda precisam conquistar espaço. Os municípios, estados e a própria União destinam valores pouco expressivos às questões relacionadas ao meio ambiente. Em termos políticos e de gestão há dificuldade de compreensão da sua importância, faltando, inclusive em alguns casos, a consciência econômica dos problemas ambientais, bem como a correlação entre as políticas ambientais e as demais políticas.

Não obstante esses problemas, deve-se verificar o crescimento da estrutura técnico-administrativa, com engajamento gradual de municípios, empresas e da sociedade civil organizada. Observam-se também crescentes investimentos em capacitação técnica e tecnológica. Apesar da inexistência de uma política clara de investimentos em capacitação, existem muitas iniciativas individuais e setoriais. Trata-se de buscar construir uma visão sistêmica que permita compreender as dinâmicas socioambientais, de forma que a adoção de soluções técnicas e tecnológicas, disponíveis e que proporcionam enormes possibilidades de aplicação, possa ser usada visando à sustentabilidade. Cabe mencionar o avanço do setor de meio ambiente com o surgimento de laboratórios habilitados para controle ambiental, assim como tecnologias e métodos analíticos comprovados que podem ser utilizados, permitindo criar uma confiabilidade no sistema. Nesse caso, um bom exemplo é a Cetesb, que tem credibilidade não só no Brasil, figurando como uma organização com posição destacada dentre as agências ambientais no mundo.

Ainda na dimensão técnica, as universidades e instituições afins, quando devidamente capacitadas, fomentadas e comprometidas, têm cumprido papel extremamente relevante no país. A existência de programas de pós-graduação tem levado à criação de grande número de cursos de mestrado e doutorado na área ambiental. Da mesma forma, registra-se grande número de graduações ligadas à temática ambiental, em diversas universidades do Brasil, tais como Engenharia Ambiental, Tecnologia Ambiental, Ciências Ambientais, dentre outras. Mais recentemente, Capes e CNPq criaram a Área de Ciências Ambientais; a Capes com a função, sobretudo, de acreditação, abrigando já número considerável de cursos e programas de pós-graduação em ciências ambientais, e o CNPq com a função de fomento à pesquisa nesse tema. Esses elementos resultam da forte indução feita pelo Ministério de Ciência e Tecnologia em âmbito nacional. Vários estados criaram as suas próprias agências de fomento à pesquisa, geralmente ligadas às Secretaria de Ciência e Tecnologia dos estados, com grandes esforços para o desenvolvimento de políticas públicas com atenção especial às questões ambientais.

A dimensão operacional traz, então, em termos de mobilidade, algo extremamente interessante. O avanço dos sistemas de comunicação tem trazido a possibilidade de mobilidade às instituições de um modo geral, inclusive as de caráter ambiental. Em termos de estrutura, é relevante destacar que mais organizações vêm utilizando modernas técnicas de gestão, gerenciamento e, juntamente dessas técnicas, identifica-se a adoção de sistemas de planejamento estratégico. Sob o ponto de vista de suporte administrativo, há ainda carência de melhor capacitação e treinamento para funcionários que dão sustentação ao funcionamento dessas instituições, seguramente indicando que esse setor necessita de recursos e esforços adicionais. No que se refere aos recursos financeiros destinados, dentre aqueles já mencionados como possíveis indutores de canalização de recursos para aplicação, cabe relembrar a existência de fundos de meio ambiente, que possibilitam também o ingresso gradual de recursos nestes fundos para aplicações específicas. Além disso, as licenças ambientais que anteriormente eram concedidas sem prazo determinado, no exemplo de São Paulo, passaram, a partir de 2002, a serem renovadas de acordo com suas características de um a três anos, colocando então o ônus naqueles que querem realizar suas atividades e não mais sobre a sociedade impactada.

RUMOS PARA O APRIMORAMENTO DA GESTÃO AMBIENTAL BRASILEIRA

*   A política ambiental não pode ser uma visão parcial e incompleta se concentrando estritamente no ponto de vista da preservação ecológica, mas, deve considerar a necessidade de estímulo ao desenvolvimento sustentável. Isso implica reconhecer e valorizar os impactos positivos sociais e econômicos, não em oposição, mas considerados de forma balanceada com os impactos ambientais negativos. Devemos ainda destacar que empreendimentos bem planejados ambientalmente podem ter características que apresentam impactos ambientais positivos.

*   A gestão ambiental deve ser capaz de diferenciar empreendimentos com características que busquem a sustentabilidade dos empreendimentos convencionais, definindo tratamentos administrativos diferenciados. Isso é fundamental para estimular a adoção de conceitos ambientais mais arrojados por parte dos empreendedores.

*   É imprescindível a definição de uma única autoridade ambiental: um ente público que tenha a atribuição de representar os interesses da sociedade para estimular a implantação de empreendimentos que apresentem diferenciais ambientais, sociais e econômicos em busca do bem comum, permitindo aos empreendedores o conhecimento das definições dos critérios ambientais e interpretações legais a serem adotadas para o empreendimento, que não possam ser questionados por outras instâncias administrativas do governo. Quando as diferentes instâncias administrativas comungam do poder, vale a interpretação mais restritiva, pois, para o empreendedor, o questionamento jurídico, independente da sentença judicial, inviabiliza totalmente o planejamento, determinando o não alcance das metas, acarretando em grandes prejuízos que, em última análise, são pagos pela sociedade.

*   As regulamentações devem ser construídas com base em estudos científicos capazes de orientar a gestão ambiental, permitindo que os empreendimentos sejam desenvolvidos dentro das potencialidades am-

HISTÓRICO E EVOLUÇÃO DO SISTEMA DE GESTÃO AMBIENTAL NO BRASIL | 45

bientais, para estimular seu uso explorando as vocações do meio e respeitando as suas fragilidades, para definir as restrições, fornecendo, dessa forma, a base econômica para o desenvolvimento sustentável. Para tanto, sugere-se a implantação de redes nacionais de pesquisa cooperativa e interdisciplinar, que trabalhem sobre temáticas previamente definidas, de forma a gerar a base de informações para orientar o trabalho normativo do Congresso Nacional e das demais instâncias normativas, como o Conama.

- Atualmente, as regulamentações e as agências ambientais se concentram em mecanismos de comando e controle que pressupõem regulamentações precisas e inequívocas que não permitem interpretações dúbias, e um estado bem estruturado com pessoal capacitado, capaz de analisar, decidir, orientar a iniciativa privada e as próprias atividades públicas. Para isso é fundamental a estruturação adequada, a capacitação e a valorização do funcionário público, nem sempre adequadamente observadas pela estrutura pública.

- A legislação deve ser amigável a práticas sustentáveis que estimulem e diferenciem os empreendimentos, privilegiando aqueles que apresentem características de sustentabilidade. A legislação deve definir processos burocráticos mais ágeis com eficiência nos custos, ampliando a segurança jurídica, apoio com infraestrutura e possibilidades de compensação ambiental, no caso de uso de áreas com restrições, permitindo, assim, a melhora da qualidade ambiental do empreendimento e do entorno.

- Ampliação da utilização de instrumentos econômicos de gestão que estimulem atividades sustentáveis e inibam atividades impactantes. Possibilidade de ajustes nas legislações de distribuição de impostos visando induzir as prefeituras e os governos ao desenvolvimento sustentável.

- Uma das tarefas mais prioritárias e ainda não executadas pela política ambiental brasileira é a ecologização do estado, tanto em suas funções executivas, na implantação de infraestrutura, quando na sua função de indutor do desenvolvimento em programas de estímulo econômico a atividades sustentáveis. Não é incomum a existência de conflitos entre as agências ambientais e outras organizações do próprio estado. Além disso, os ritos processuais de licenciamento muitas vezes não são cumpridos com o mesmo rigor exigido para a iniciativa privada. As atividades do Estado têm uma grande influência no desenvolvimento, portanto, o seu redirecionamento ao estímulo para a indução de políticas visando à sustentabilidade é uma das tarefas mais urgentes e importantes. Para a ecologização do estado, é necessário que cada ministério ou secretaria tenha a sua própria agenda ambiental, com metas, prazos, recursos e responsabilidades definidas. Esse é o momento da definição da extensão e da importância da política pública ambiental que o Estado se propõe a executar. A gestão do conjunto de agendas setoriais é de responsabilidade do MMA/Secretarias estaduais/municipais de meio ambiente, com ampla divulgação da execução dos programas.

- Os procedimentos de avaliação de impacto ambiental têm sido realizados no Brasil de uma forma mais efetiva desde 1986, com a implementação da resolução Conama n. 001/86. Tanto a sua elaboração como a viabilização política de sua implementação foi resultado de uma articulação política realizada pela Abema. Ocorre, contudo, que os instrumentos de estudo de impacto ambiental (EIA) e relatório de impacto no meio ambiente (Rima), que vêm sendo adotados desde então, são apropriados para avaliação de empreendimentos, mas não de políticas públicas mais amplas. Mas também, o estudo de impacto de vizinhança (EIV) e o relatório de impacto de vizinhança (Rivi) instituídos pelo Estatuto da Cidade, complementam no âmbito local o controle do meio ambiente. A análise ambiental de uma hidroelétrica, por exemplo, não tem como considerar a matriz energética na qual ela está inserida, portanto, as conclusões perdem a qualidade da perspectiva mais abrangente. Destaca-se, nesse exemplo específico, que o momento mais importante para a delimitação dos impactos de hidroeletricidade se dá na distribuição das quedas, em que não há previsão legal que justifique a participação dos órgãos ambientais.

Isso implica que determinadas obras estratégicas são definidas politicamente sem uma análise ambiental prévia, em um contexto mais amplo, e que o licenciamento ambiental, nesses casos, não tem a função de aprovar ou não o empreendimento, mas sim definir as medidas mitigadoras e compensatórias que serão exigidas para sua viabilização. A definição estratégica locacional para a implantação de infraestrutura (como portos e estradas) deve ser feita com base em critérios ambientais comparativos. Da mesma forma, a definição de tipologia tecnológica (geração de energia por termoelétricas, hidroelétricas, eólica etc.) deve definir a posição do Estado em relação a execução de empreendimentos estratégicos. A sintonia fina com a avaliação dos impactos específicos, das adequações de projeto, além das medidas mitigadoras e compensatórias, continuaria como função do EIA, após a definição sobre a execução ou não da obra, embasada por critérios ambientais na etapa da avaliação ambiental estratégica.

O instrumento de gestão mais apropriado para a definição de políticas mais abrangentes é a avaliação de impacto ambiental estratégica, e que deve naturalmente ter um rito processual bem diverso do modelo adotado para o EIA/Rima. A participação da área ambiental se dá na definição do escopo do trabalho (eventualmente na própria elaboração de parte do estudo) e a análise deve ser feita em uma instância mais elevada, que considere os impactos positivos e negativos da política definida, com objetivo de aprimorar sua concepção geral.

CONSIDERAÇÕES FINAIS

Todos os aspectos aqui mencionados e debatidos permitem constatar a evolução do sistema brasileiro e o grau com que vem ocorrendo e inclusive prospectar, para efeitos de tomada de decisão, onde devem ser feitos investimentos. Considerando a esfera federal, verifica-se, por exemplo, que a dimensões institucional e legal tiveram evolução bastante significativa e que em tese poderiam significar que o Brasil prioriza a dimensão ambiental no seu processo de desenvolvimento. A dimensão técnica, relativa às questões ambientais, está, entretanto, apenas medianamente implementada, enquanto a dimensão operacional encontra-se extremamente fragilizada. Isto é, criou-se considerável aparato institucional e arcabouço legal, mas não as condições adequadas para que estes funcionem com os resultados necessários. Pode-se afirmar que a situação é semelhante em âmbito estadual, como média, considerando-se que em alguns estados supera-se a média nacional e em outros o sistema ainda é muito precário. O mesmo ocorre na esfera municipal, cujas maiores dificuldades também são de ordem técnica e operacional.

A gestão ambiental é uma das atividades políticas que abre espaço privilegiado para a participação pública, estimulada pelos princípios da democratização da informação como a publicação de licenças, os conselhos, as audiências públicas, além dos instrumentos que foram previstos pela Lei n. 6.938, mas que ainda não se materializaram, como o relatório de qualidade do meio ambiente (RQMA).

Dessa forma, quando a sociedade quer se posicionar a respeito de um empreendimento, a porta aberta para manifestação são as audiências públicas para apresentação do Rima. Por essa razão, muitas vezes o argumento ambiental é apropriado para a expressão de posições contrárias a determinado empreendimento por outras razões, como de cunho econômico ou político.

Diante desse panorama, alguns esforços parecem ser imperativos para que haja avanço efetivo no que tange à real inserção da dimensão ambiental no processo de desenvolvimento do país. Em relação às bacias hidrográficas, assim como nas regiões metropolitanas, esses esforços devem ser ampliados, na busca de um novo modelo ou nova modalidade institucional, frente aos desafios. A construção e a implementação da *Agenda 21* nacional e local pode e deve ser retomada, como forma de ampliação de espaços democráticos e como forma de construir uma agenda comum de desenvolvimento sustentável no país. Contribuiria para tanto, o desenvolvimento mais expressivo dos sistemas de informações ambientais, criando os indicadores específicos que deem, de fato, sustentação e apoio à tomada de decisão, por parte do Estado, de empresas e da própria sociedade civil, no que tange à questão ambiental. Com relação à educação ambiental, esforços deverão ser colocados, principalmente para pensar a transversalidade da educação ambiental, não como uma disciplina, mas como um conhecimento novo, um novo contexto que deve integrar todas as disciplinas existentes. Nesse sentido, torna-se necessário que o desenvolvimento de métodos e materiais didáticos incorpore também os resultados das pesquisas que vem sendo realizadas ao longo desses últimos anos sobre essa temática. A capacitação de agentes e lideranças ambientais dependerá, também, da educação ambiental e, portanto, é absolutamente necessário contar com lideranças e agentes que tenham de fato conhecimento daquilo que estão participando, considerando os processos democráticos e todo o universo de problemas socioambientais. Assim, os mecanismos participativos devem ser aperfeiçoados no Brasil, de modo a se utilizar não apenas audiências públicas e conferências como instrumentos onde a sociedade possa se manifestar, mas como forma de legitimar decisões e processos participativos constantes, com a criação de espaços, como os Conselhos e outras formas de associação, em que as posições diversas possam ser debatidas buscando a melhoria das condições de vida da sociedade.

A base de todo esse processo, que tem como instrumento o sistema de meio ambiente, a educação ambiental e a participação da sociedade civil, deve ser um novo paradigma a ser alcançado, o paradigma da sustentabilidade, portador de uma visão transformadora de valores da sociedade contemporânea, que pressupõe a necessidade de entender que temos que migrar de uma valorização excessiva de quantidade para a valorização da qualidade, ou seja, parafraseando Gorz (2003), compreender, além das noções de mais e de menos, também a noção de suficiente; partir do conceito de independência, largamente utilizado na construção das instituições para o conceito de interdependência entre projetos, programas e nas relações institucionais; substituir a noção de competição pela noção de cooperação; equilibrar a relação de primazia da eficiência técnica e econômica com a preocupação com a justiça e a equidade; deslocar o eixo que hoje repousa na imposição de conveniências dos sistemas, para o autodesenvolvimento das pessoas membros destes sistemas; substituir o autoritarismo e dogmatismo velados e impregnados nas ações pela participação e emponderamento; abrir mão da segurança da uniformidade e da centralização em favor da diversificação e do pluralismo; substituir o conceito de trabalho, como algo inevitável e uma obrigação muitas vezes desagradável, por um conceito de trabalho como autorrealização e ideal de vida, ao mesmo tempo em que deve voltar a ser compreendido não como um fim em sim, mas como um meio.

REFERÊNCIAS

[ABEMA] ASSOCIAÇÃO BRASILEIRA DE ENTIDADES ESTADUAIS DE MEIO AMBIENTE. *O que é Abema*. Disponível em: http://www.abema.org.br/site/pt-br/abema. Acessado em: 12 jun. 2011.

ANDREOLI, C.V. Principais resultados da política ambiental brasileira: o setor público. *Revista Administração Pública*. Rio de Janeiro: Fundação Getúlio Vargas. v. 26, n.4, p.10-31, 1992.

BRASIL. Ministério da Saúde. *Relatório Final*. VIII Conferência Nacional de Saúde. Brasília: Ministério da Saúde, 1986.

BUNDESREGIERUNG, D. *Perspectives for Germany. Our Strategy for Sustainable Development*. 2002. Disponível em: http://www.nachhaltigkeitsrat.de/fileadmin/user_upload/English/pdf/Perspectives_for_Germany.pdf. Acessado em: 24 jul. 2013.

CARSON, R. *Silent Spring*. Boston: Houghton Mifflin Co., 1962.

[CMMAD] COMISSÃO MUNDIAL SOBRE MEIO AMBIENTE E DESENVOL-VIMENTO. *Nosso futuro comum*. Rio de Janeiro: Fundação Getulio Vargas, 1991.

GORZ, A. *Metamorfoses do trabalho: crítica da razão econômica*. São Paulo: Annablume, 2003.

MEADOWS, D.H.; RANDERS, J.; MEADOWS, D. *Limites do crescimento: a atualização de 30 anos*. Rio de Janeiro: Qualitymark, 2007.

SÃO PAULO (Estado). Secretaria do Meio Ambiente. *Brasil'92 Perfil Ambiental e Estratégias*. São Paulo, São Paulo (Estado). Secretaria do Meio Ambiente, 1992. 218p.

VIII CONFERÊNCIA NACIONAL DE SAÚDE. *Relatório Final*. São Paulo: Comitê Acessor da VIII Conferência Nacional de Saúde, 1986. Disponível em: http://conselho.saude.gov.br/biblioteca/Relatorios/relatorio_8.pdf. Acessado em: 24 jul. 2013.

WUNDER, S.; BÖRNER J.; TITO, M.R. et al. *Pagamentos por serviços ambientais: perspectivas para a Amazônia Legal*. 2.ed. Brasília: MMA, 2009.

PARTE II

Fundamentação do Controle Ambiental

Capítulo 3
Saneamento Ambiental e Ecologia Aplicada
Arlindo Philippi Jr e Vicente Fernando Silveira

Capítulo 4
Controle Ambiental da Água
Lineu Bassoi e Nelson Menegon Jr.

Capítulo 5
Controle Ambiental do Ar
João Vicente de Assunção

Capítulo 6
Resíduos Sólidos: Abordagem e Tratamento
Denise Crocce Romano Espinosa e Flávia Paulucci Cianga Silvas

Capítulo 7
Controle Ambiental de Áreas Verdes
Vera Lucia Ramos Bononi

Capítulo 8
Controle do Ambiente de Trabalho: Riscos Químicos e Saúde do Trabalhador
Sérgio Colacioppo

Saneamento Ambiental e Ecologia Aplicada | 3

Arlindo Philippi Jr
Engenheiro civil e sanitarista, Faculdade de Saúde Pública – USP

Vicente Fernando Silveira
Biólogo, Núcleo de Apoio à Pesquisa em Mudanças Climáticas – USP

A QUESTÃO AMBIENTAL E SUA ABORDAGEM NO BRASIL

A questão ambiental é complexa, pois os sistemas ambientais são evolutivos, ou seja, não deterministas, não lineares, irreversíveis e com estados de desequilíbrio constante. Esse processo evolutivo e suas modificações frequentes inserem acontecimentos irreversíveis, aumentando a complexidade do sistema. Esse fato determina a ineficiência do enfoque determinista, linear e objetivo sobre a questão ambiental, dadas as suas características de aleatoriedade, irregularidade e, em última análise, de caos (Baasch, 1990). Há muitas maneiras de abordar conceitualmente o meio ambiente e uma única área do conhecimento humano não pode abranger e explicar a gama de fenômenos naturais e culturais que ocorrem em escalas espaciais e temporais diversas.

Num aspecto mais amplo e generalista, a história da apropriação da natureza no processo civilizatório pode fornecer alguns indícios de fatores que contribuíram para uma maior ou menor adaptabilidade das sociedades humanas ao meio. Em uma primeira visão, que poderia ser denominada teológico-cultural, verifica-se que determinadas civilizações desenvolveram uma capacidade maior de promover sua continuidade e sustentabilidade ao longo dos séculos, em contraposição a outras.

Geralmente, pode-se observar ao longo da história que a evolução das civilizações passa inexoravelmente por ciclos de crescimento, apogeu e declínio. Os exemplos são muitos e, entre os mais notáveis, destacam-se as civilizações egípcia, grega e romana.

De certa forma, as civilizações chinesa e indiana podem ser excluídas desse enfoque fatídico, pois souberam resistir às ondas de influências e de invasões externas, nutrindo-se e fortalecendo-se com a energia dessa dinâmica. Os estilos de vida e padrões de consumo de seus povos, com relativa baixa pressão sobre o meio ambiente, também contribuíram sensivelmente para a sustentabilidade dessas civilizações. Do ponto de vista da ideologia e do pensamento sociopolítico ocidental, essas culturas podem ser consideradas antidemocráticas, eivadas de preconceito de classe e autoritárias. Entretanto, sua continuidade é uma prova de que suas formas de adaptação às modificações das condições naturais e culturais, que se impõem às civilizações como um todo, foram bem-sucedidas e podem servir de exemplo a outros povos.

O conceito de reciclagem nessas culturas sempre fez parte de um processo cultural oriundo da escassez de recursos naturais e não pressionado pelos excessos do consumo, como nas civilizações ocidentais modernas. A agricultura na China é em grande parte orgânica, e há um esforço nacional em aplicar processos que estimulem a reciclagem, a adição de nutrientes ao solo, a produção de adubos e a utilização de energia renovável.

As ideias mais recentes de ecologia aplicada e tecnologias limpas têm uma forte influência dessas culturas e dos ensinamentos de seus líderes políticos e pensadores teóricos. Os conceitos de ecodesenvolvimento e tecnologias apropriadas (Schummacker, 1976) sempre estiveram presentes nas agendas políticas de diversas nações, e buscam tornar compatíveis o desenvolvimento socioeconômico e a manutenção da qualidade ambiental.

Convém mencionar a questão religiosa e teológica chinesa e indiana. Textos históricos antiquíssimos compõem uma extensa visão espiritual do mundo, com a filosofia plasmando a disciplina individual e os aspectos culturais das sociedades que compõem os vastos territórios da China e da Índia.

Uma segunda abordagem conceitual da questão ambiental envolve a *visão econômica*. Os economistas clássicos, com algumas exceções, sempre teorizaram sobre os sistemas econômicos sem considerar o meio natural como fornecedor de materiais e energia para a sociedade humana, e como receptor dos resíduos resultantes e da energia dissipada pelas atividades antrópicas.

A apropriação dos recursos naturais pela cultura humana quase sempre foi feita de uma maneira predatória. No Brasil, os seguidos ciclos econômicos sempre estiveram vinculados à exploração de algum tipo de recurso natural, tais como: o pau-brasil; a cana-de-açúcar; a pecuária extensiva, depauperando o solo; a mineração do ouro e de outros metais; o extrativismo da borracha; as madeiras nobres; a água, nas suas múltiplas utilizações; os recursos pesqueiros e, mais recentemente, os recursos genéticos – a biodiversidade que compõe uma riqueza de difícil valoração econômica.

Com a publicação do relatório *The limits to growth* [Os limites do crescimento] (Meadows et al., 1972), pelo Clube de Roma, um novo paradigma para o desenvolvimento econômico precisou ser urgentemente estabelecido. Existe hoje uma consciência cada vez maior de que os recursos naturais são bens econômicos e, como tais, estão sujeitos à escassez. Mesmo os recursos renováveis têm seus limites estabelecidos pela capacidade de suporte e de resiliência dos ecossistemas, ao prover bens e serviços naturais para a sociedade humana.

Entretanto, esses fatos não foram suficientes para gerar novos conceitos na ciência da economia. A poluição sempre foi considerada uma externalidade ao sistema econômico e, para os economistas clássicos, era o resultado de mercados imperfeitos que se corrigiriam ao longo do tempo com ajustes macro e microeconômicos.

Mais recentemente, vários economistas agrupados em uma área de conhecimento que se denominou economia ecológica vêm fazendo uma série de ponderações em que os sistemas econômicos pertencem a um sistema maior natural e devem obedecer às leis naturais que os regem, senão estarão fadados ao desaparecimento pela sua própria ineficiência (Daly, 1997).

A argumentação é que existe um capital natural provido pelos diversos ecossistemas na Terra, que ofertam bens e serviços para os sistemas econômicos. A apropriação desses bens e serviços deve ser feita de maneira criteriosa, para que o capital natural possa ser mantido e tenha tempo hábil para se reproduzir. A valoração da natureza é uma área de conhecimento relativamente nova e de extrema importância para verificar a capacidade de suporte que os ecossistemas proporcionam em termos de bens e serviços.

A terceira abordagem conceitual sobre a questão ambiental pode ser denominada como a visão ambiental propriamente dita. Ela reúne conceitos de disciplinas que tradicionalmente têm o meio ambiente como objeto de pesquisa e desenvolvimento tecnológico. Engenharia, Biologia, Geografia, Geologia, Agronomia, Sociologia, Engenharia Ambiental e Arquitetura e Urbanismo, entre outras, geram novos paradigmas para as Ciências Ambientais, campo de conhecimento multi e interdisciplinar.

Essa visão permitirá que as pesquisas em ciência básica e aplicada, desenvolvidas tradicionalmente nessas áreas de conhecimento, possam formar novos paradigmas, encampando aspectos fenomenológicos naturais e culturais dentro de um sistema de pensamento científico que englobe cultura, economia, política e meio ambiente em uma perspectiva inter e transdisciplinar.

As características aleatórias, irregulares e de caos, presentes nos sistemas ambientais, devem ser tratadas dentro de uma visão transdisciplinar, visto que geralmente seus problemas necessitam de tomadas de decisão pelos gestores políticos, envolvendo risco, análises multicriteriais e multiobjetivas.

SAÚDE, SANEAMENTO DO MEIO, SAÚDE PÚBLICA E MEIO AMBIENTE

A abordagem multidisciplinar da questão ambiental exige conhecimentos de diversas disciplinas que têm como preocupação o meio ambiente. Esses conhecimentos devem estar implicitamente inter-relacionados, promovendo, ao longo de uma escala temporal e espacial, um melhor entendimento das reações fenomenológicas de causa e efeito contínuas, sequenciais e retroativas presentes na natureza.

Por essa razão, os conceitos de saúde, saneamento e saúde pública vêm sofrendo um processo de convergência conceitual dentro de sua evolução histórica. Essa evolução permite entender em parte como o ser humano promove, ou não, o seu bem-estar.

Azevedo Netto (apud Silva, 1998) relata:

> Os primeiros registros históricos de saneamento foram galerias de esgotos construídas em Nippur, na Índia, por volta de 3.750 a.C.; o abastecimento de água e a drenagem encontrados no Vale do Indo em 3.200 a.C.; o uso de tubos de cobre como os do palácio do faraó Cheóps e a clarificação da água de abastecimento pelos egípcios em 2.000 a.C., utilizando o sulfato de alumínio.

> Os *Escritos Hipocráticos* (IV a.C.) – *ares, águas e lugares* – são provavelmente o primeiro esforço sistemático no mundo ocidental para entender as relações causais entre os fatores do meio físico e a doença.

Na Idade Média, as relações entre o saneamento do meio e o processo da doença eram empíricas, totalmente intuitivas. Não havia uma abordagem científica, como na concepção moderna.

Quanto ao aspecto legal, em 1388 foi promulgado o *Acto* inglês, "a lei britânica mais antiga sobre poluição das águas e do ar. Ela proibia o lançamento de excrementos, lixo e detritos em fossas, rios e em outras águas". No ano de 1453, em Augsburgo, "leis rígidas de proteção dos mananciais foram instituídas, a fim de controlar a contaminação dos rios que serviam ao abastecimento público".

A saúde pública (Silva, 1998) tem como uma de suas prováveis origens o processo de industrialização na Inglaterra, porque o meio de trabalho insalubre influenciou o surgimento dessa área de conhecimento, por meio do controle sanitário. A primeira institucionalização foi na Dinamarca, em 1740, com a criação do sistema nacional de saúde. No século XVIII, a Suécia criou um conselho nacional. A pandemia de cólera (Ásia) de 1830 fez com que os decisores políticos da Europa e das Américas criassem os serviços de higiene e saúde pública.

O que se pode verificar em termos conceituais é que antes de Pasteur preconizavam-se melhores condições de habitação, alimentos mais nutritivos, água potável, ruas limpas e melhoria das condições de trabalho. Dessa forma, antecipava-se uma verdade fundamental da medicina preventiva, a de que a saúde do indivíduo está intimamente ligada ao ambiente em que ele vive, tanto social quanto físico.

Em 1842, *The sanitary conditions of the labouring population of Great Britain* (Costa apud Silva, 1998) tratava, com olhar técnico, as condições socioeconômicas e sanitárias da classe trabalhadora inglesa, assim como das ações de saneamento e de saúde pública.

O estudo clássico de epidemiologia realizado por John Snow, em 1854, sobre a transmissão do cólera correlacionada com a água de abastecimento em Londres, iniciou uma nova fase na análise das condições de saúde e doença dos agrupamentos humanos, antecipando em uma década a formulação da teoria dos germes de Pasteur e a identificação do *Cholera vibrio* por Koch.

A partir desse momento, verificou-se a importância e a necessidade da intervenção do Estado em ações sanitárias no meio urbano, no abastecimento de água, no esgotamento sanitário, na urbanização, não só para o conforto e o bem-estar da população, mas também para prevenir e controlar as enfermidades.

No Brasil, a maneira como ocorreu o processo de combate às epidemias por meio de medidas sanitárias estava condicionada à influência da expansão econômica europeia. Apesar de várias leis, decretos e normas existentes a esse respeito, a saúde pública não foi considerada em diversas Constituições Brasileiras no período de 1824 a 1964.

As ações sanitárias nunca foram prioritárias no país em determinados momentos específicos e conjunturais. O governo imperial era o provedor-mor da saúde da Corte e do Estado do Brasil, e o serviço de inspeção sanitária estava entregue ao controle das cidades portuárias. Em 1850, as atividades de saúde pública restringiam-se à delegação da atribuição sanitária às juntas municipais, às autoridades vacinadoras contra a varíola e ao controle de saúde nos navios e nos portos.

Marcos históricos da saúde pública foram as epidemias de febre amarela e cólera em 1840 no Recife, no Rio de Janeiro e em Salvador, que promoveram reações de controle sanitário por parte do governo. Em 1850, formaram-se a Comissão Central de Saúde Pública, a Comissão de Engenheiros e a Junta Central de Higiene Pública, compostas por médicos, com o objetivo de unificar os serviços sanitários.

Uma reforma sanitária foi promovida por Oswaldo Cruz em 1904 e criou-se a Diretoria Geral de Saúde Pública, que controlava os problemas de saúde da capital federal e do restante do país, além de prosseguir na defesa sanitária dos portos. Um dos primeiros objetivos dessa diretoria foi o extermínio da febre amarela. Também nessa época deu-se a Revolta da Vacina, uma reação pública à aprovação da lei da vacina obrigatória contra a varíola em todo o território da República.

No início do século XX, ocorreram as campanhas sanitárias nos portos marítimos brasileiros e desenvolveu-se um vasto programa de saneamento mundial promovido pela criação, em 1902, da Organização Panamericana da Saúde. Essa influência internacional "marcará a Saúde Pública no Brasil e a organização de seus serviços de saúde" (Labra apud Silva, 1998).

A saúde, o saneamento e a saúde pública vêm sendo sistematicamente negligenciados como instrumentos de planejamento público, o que exige novas posturas na gestão das políticas públicas, em que a participação popular e o controle social devem estar presentes.

Em função desse processo histórico, as definições conceituais de saúde, saúde pública, saneamento e meio ambiente sofreram interpretações e modificações constantes, por exemplo, o entendimento de saúde como o completo bem-estar físico, mental e social do indivíduo e não apenas ausência de doenças, conforme definido pela Organização Mundial da Saúde (OMS). Depreende-se da definição que essa é uma situação teoricamente perfeita, um estado ideal, quase utópico, no qual diversos fatores contribuem e interagem para o bem-estar do indivíduo.

A saúde pública é definida como a ciência e a arte de promover, proteger e recuperar a saúde por meio de medidas de alcance coletivo e de motivação da população (WHO, 1997). Esse conceito é tão amplo e diversificado que engloba a ciência como conhecimento racional humano e, ao mesmo tempo, precisa dos conhecimentos intuitivos e abstratos da arte para a consecução de seus objetivos.

O conceito de saneamento pode ser entendido como o controle dos fatores do meio físico do homem, meio esse que pode exercer um efeito deletério sobre o seu bem-estar físico, mental e social, ou seja, sobre sua saúde (WHO, 1997).

As atividades previstas pelo saneamento compreendem o abastecimento de água, o esgotamento sanitário, a drenagem urbana, a coleta e destinação final dos resíduos sólidos, o controle de vetores e de reservatórios de doenças transmissíveis, o saneamento da habitação, a educação em saúde pública e ambiental, o controle da poluição ambiental, o saneamento dos alimentos, o saneamento de locais de trabalho e recreação, o saneamento em situações de emergência e o saneamento no processo de planejamento territorial, entre outros.

Em relação ao conceito de meio ambiente, as definições introduzidas pela Lei Federal n. 6.938/81, criando a Política Nacional de Meio Ambiente, trazem princípios de multidisciplinaridade e mostram o inter-relacionamento existente entre as várias áreas do conhecimento humano.

Em seu art. 3º, a Lei define meio ambiente como "o conjunto de condições, leis, influências e interações de ordem física, química e biológica, que permite, abriga e rege a vida em todas as suas formas". Define também degradação da qualidade ambiental como "a alteração adversa das características do meio ambiente", e a poluição como

A degradação da qualidade ambiental resultante de atividades que direta ou indiretamente: a) prejudiquem a saúde, a segurança e o bem-estar da população; b) criem condições adversas às atividades sociais e econômicas; c) afetem desfavoravelmente a biota; d) afetem as condições estéticas ou sanitárias do meio ambiente; e) lancem matéria ou energia em desacordo com os padrões ambientais estabelecidos.

60 | CURSO DE GESTÃO AMBIENTAL

Por último, a lei define poluidor como "a pessoa física ou jurídica, de direito público ou privado, responsável, direta ou indiretamente, por atividade causadora de degradação ambiental" e recursos ambientais como "a atmosfera, as águas interiores, superficiais e subterrâneas, os estuários, o mar territorial, o solo, o subsolo e os elementos da biosfera" (Brasil, 1981).

Conhecidos os conceitos de saúde, saúde pública, saneamento, meio ambiente, degradação ambiental, poluidor e recursos ambientais, cabe agora a discussão do inter-relacionamento entre eles.

Modificações Ambientais e o Aparecimento de Doenças

A experiência dos seres humanos com o meio ambiente é um inter-relacionamento complexo entre condições físicas, químicas, biológicas, sociais, culturais e econômicas, que diferem de acordo com a geografia, a infraestrutura, a estação, a hora do dia e a atividade exercida.

É necessário haver um claro entendimento das relações fundamentais entre as condições ecológicas, culturais e de saúde humana para que se desenvolva um meio ambiente saudável, com equidade social e desenvolvimento sustentável, fatores indispensáveis para a melhoria e a manutenção da saúde humana.

A visão de modificação ambiental contém elementos naturais e culturais interdependentes no seu encadeamento evolutivo. As transformações do meio ambiente natural acontecem, de certa forma, em escala muito mais ampla, geológica. As transformações ambientais com influência humana têm escala mais curta, e suas relações de causa e efeito ainda não são totalmente compreendidas, necessitando de intenso esforço científico e tecnológico.

Quando se analisam os impactos ambientais sobre a saúde, entendidos aqui como os efeitos da apropriação humana sobre a natureza, verifica-se que é possível distingui-los em duas escalas, uma global e outra regional (WHO, 1997).

Algumas mudanças ambientais perceptíveis, que estão acontecendo em escala global e têm um aspecto significativamente perigoso para a saúde humana, podem ser destacadas:

- O efeito estufa na atmosfera mais baixa, com consequências imprevisíveis para o clima da terra e toda uma teia de relações de causa-efeito que essa mudança pode ocasionar.

- A depleção do ozônio na estratosfera, que pode aumentar as taxas de câncer de pele, a incidência de catarata e acarretar prováveis modificações no sistema imunológico humano; esse fato vem sendo, em parte, revertido, por causa do esforço de várias nações em diminuir o uso do gás CFC.

- A perda de biodiversidade, que ocorre em ritmo acelerado, com o desaparecimento de espécies e genes úteis à ciência, promovendo o enfraquecimento de vários ecossistemas e diminuindo a capacidade de sustentação da vida e o provimento de bens e serviços naturais.

- A desertificação, a depleção de solo fértil, dos aquíferos, dos estoques pesqueiros, que minam a produtividade dos agroecossistemas, como sistemas de produção agrícola.

- Muitos dos poluentes químicos, constituídos por agrotóxicos, efluentes industriais e resíduos de características urbanas, possuem efeito global e podem afetar os sistemas neurológico, imunológico e reprodutivo dos seres vivos.

Na escala regional, verificam-se outras mudanças ambientais que causam impacto sobre a saúde humana. Convém salientar que existe uma subdivisão associada aos efeitos desses impactos. Os impactos ambientais sobre a saúde podem ser descritos como os riscos tradicionais, associados ao subdesenvolvimento e os riscos modernos, associados ao desenvolvimento não sustentável.

Os riscos tradicionais compreendem: a falta de acesso à água potável; o saneamento inadequado nas residências e na comunidade; a contaminação dos alimentos com elementos patogênicos; o destino inadequado de resíduos sólidos; os acidentes ocupacionais na agricultura e na indústria, além dos desastres naturais, alguns de influência global.

Alguns dos riscos modernos associados ao desenvolvimento não sustentável envolvem: a poluição das águas em áreas populosas, industriais e de agricultura intensiva; a poluição do ar em áreas urbanas e metropolitanas causada por automóveis, termelétricas e indústrias; a acumulação de resíduos sólidos perigosos; os riscos de ameaças químicas e radioativas, perpetradas pela utilização inadequada da ciência e da tecnologia na indústria e na agricultura; a emergência e reemergência de doenças infectocontagiosas por motivos culturais e biofísicos; o desflorestamento, a degradação do solo e outras mudanças ecológicas no plano regional e local com efeitos incontestáveis sobre o microclima local.

62 CURSO DE GESTÃO AMBIENTAL

Tamanha gama de fenômenos naturais e culturais interagindo espacial e temporalmente torna difícil uma sistematização das mudanças e dos impactos ambientais que delas decorrem. O Quadro 3.1 expõe, de forma sistematizada, os tipos de agentes que podem abalar a saúde humana.

Quadro 3.1 – Exemplos de riscos na saúde ambiental por tipo de agente.

Físico	Químico	Biológico	Psicossocial	Mecânico
Barulho (ruído)	Solventes	Animais domésticos, domiciliados e silvestres	Falta de reconhecimento pelo trabalho individual	Movimentos repetitivos
Iluminação	Ácidos	Vírus	Baixos salários	Equipamento mal projetado
Radiação	Metais (chumbo, cádmio, mercúrio)	Bactérias Protozoários	Pressão para produzir	Levantamento de peso
Vibração	Poeiras (asbestos, sílica, madeira)	Esporos/fungos	Tarefas repetitivas e entediantes	
Temperatura	Pesticidas	Insetos	Estresse	
Eletricidade	Poluentes do ar/ particulados Fertilizantes	Parasitas		

Fonte: WHO (1997).

A saúde da população – segundo a VIII Conferência Nacional de Saúde, de 1986 – não é, naturalmente, a soma das saúdes individuais, mas sim resultante de várias outras condições como alimentação, educação, renda, meio ambiente, trabalho, transporte, emprego, lazer, liberdade, acesso e posse da terra e acesso a serviços de saúde, sendo, portanto, difícil sua valoração nos padrões econômicos normais. Nesse aspecto, Freij e Wall (apud Heller, 2000) argumentam que o conceito de saúde é uma abstração, pois esta prende-se a múltiplos componentes biológicos, fisiológicos, sociais e psicológicos. Na formação desse conceito, considera-se a saúde como um fenômeno ecológico, tal a multidisciplinaridade de seu contexto.

A oportunidade para a inovação e a aquisição de novos conhecimentos científicos promove uma aglutinação de disciplinas que contribuem para formar a área denominada saúde ambiental, que envolve parte das preocupações da saúde pública. Ocupa-se, assim, das formas de vida, das substâncias e das condições em que o homem se vê envolvido, que podem exercer alguma influência sobre sua saúde e seu bem-estar (WHO, 1997).

A saúde ambiental envolve também as atividades humanas e os fatores que têm impacto nas condições socioeconômicas e ambientais, com potencial para aumentar doenças, mortes e lesões, especialmente entre grupos vulneráveis, como populações carentes, mulheres e crianças.

Nesse âmbito, a saúde ambiental tem por finalidade prevenir os riscos à saúde, com o controle da exposição humana a agentes físicos, químicos, biológicos, psicossociais e mecânicos.

No Quadro 3.2 observa-se como determinados fatores ambientais e antrópicos são inter-relacionados com as doenças.

As relações entre a história humana, as modificações ambientais e seus efeitos na saúde e no bem-estar dos indivíduos necessitam de um processo contínuo de pesquisa e compreensão dos fatos. Esses efeitos demandam medidas preventivas a serem inseridas no planejamento da saúde, assim como medidas mitigadoras a serem implementadas em projetos e empreendimentos econômicos.

ECOLOGIA, ANTROPISMO E ECOLOGIA HUMANA

O desenvolvimento científico na história da humanidade dá-se, às vezes, em grandes saltos conceituais. A teoria da evolução formulada pelo naturalista inglês Charles Darwin foi um desses momentos da história que estabeleceram novos conceitos e leis às ciências e adicionaram novas formas de pensar e abordar a natureza. A simplicidade com que ele raciocinou e descreveu um assunto tão complexo como a evolução dos seres vivos, faz com que, até hoje, grande parte das inovações nessa área sejam formadas apenas por desdobramentos e confirmações de suas descobertas. Nesse contexto, os conceitos de ecologia, antropismo e ecologia humana utilizados hoje em dia têm forte influência do evolucionismo darwiniano.

Os princípios e conceitos ecológicos estão definidos em uma área do conhecimento denominada ecologia, disciplina emergente das ciências biológicas. Porém, a partir do instante que o ser humano interage no meio natural e o transforma, esse processo pode ser definido como antropismo, ao passo que a interação cultural entre o ser humano e o meio natural é objeto de estudo da disciplina ecologia humana.

64 CURSO DE GESTÃO AMBIENTAL

Quadro 3.2 – Fatores de mudanças significativas recentes na distribuição de doenças e na emergência de novas doenças.

Fator	Exemplos de fatores específicos	Exemplos de doenças ou organismos causadores
Mudanças ecológicas (incluindo aquelas decorrentes de crescimento econômico e do uso da terra)	Agricultura; represas; mudanças em ecossistemas hídricos; desflorestamento/reflorestamento; irrigação; mudanças climáticas locais	Esquistossomose; febre hemorrágica; síndrome pulmonar do hantavírus
Demografia e conduta humana	Eventos sociais; crescimento e migração populacionais; guerras ou conflitos civis; decadência urbana; conduta sexual; uso de drogas intravenosas	Introdução do HIV; disseminação do HIV e de outras doenças sexualmente transmissíveis
Comércio e viagens internacionais	Movimento global de pessoas e mercadorias	Malária; disseminação de mosquitos vetores; hantavírus em rodentes; cólera; dengue
Tecnologia e indústria	Globalização do suprimento de alimentos; mudanças no processamento e embalagem; transplantes de órgãos ou tecidos; drogas que causam imunodepressão; uso de antibióticos em larga escala	Contaminação da carne por E. coli (síndrome hemolítica urêmica); encefalopatia bovina espongiforme; hepatites B e C; infecções oportunistas em pacientes imunodepressivos
Mudança e adaptação microbiana	Evolução microbiológica, resposta à seleção ambiental	Microrganismos resistentes a antibióticos; tuberculose resistente a multidrogas
Colapso nas medidas de saúde pública	Programas de prevenção ineficazes; medidas de saneamento e controle de vetores ineficazes	Reaparecimento da tuberculose nos EUA; cólera nos campos de refugiados da África; ressurgência da difteria na antiga União Soviética; malária na América do Sul, leste da Europa e África; dengue nas Américas
Estilo de vida	Tabagismo; hábitos alimentares; sedentarismo	Câncer

Fonte: Adaptado de WRI (2001).

A ecologia – do grego *oikos* (casa) e *logos* (estudo) – procura compreender como os organismos interagem entre si e com os componentes *não vivos*, como a luz, o solo, a água e o ar, no meio ao seu redor; o termo foi introduzido em 1866 pelo biólogo alemão Ernst Haeckel. A disciplina procura explicar a estrutura e a função da natureza na totalidade ou nos padrões de relacionamento entre organismos e meio ambiente. Nesse contexto, é importante entender tanto as características fisiológicas desses organismos quanto seus hábitats, seus padrões de conduta e alimentação. Verificou-se então que existem níveis ecológicos de organização na natureza. Esses níveis evoluem do mais simples para o mais complexo, dos organismos individuais para as populações de organismos, para as comunidades e, finalmente, para os ecossistemas.

No primeiro nível, representado pelos indivíduos, o conceito de espécie é a pedra fundamental da biologia e ecologia dos seres vivos. Pode-se entender as espécies coletivamente como um grupo de organismos individuais que são potencialmente capazes de cruzamento sob condições naturais, em que cada espécie é isolada de outras espécies para reprodução. Organismos da mesma espécie podem ter características físicas ou de conduta diferentes. Como exemplo, considere-se a espécie *Homo sapiens* – humanos – que exibe considerável variedade na cor da pele, do cabelo e dos olhos, altura etc.

No segundo nível de organização ecológica estão as populações, grupos de indivíduos da mesma espécie que ocupam determinada área em certo período. Cada espécie pode ter múltiplas populações, como determinado tipo de peixe, em diferentes áreas dos oceanos, com pouca ou nenhuma troca entre os indivíduos dessas várias populações. Nesse nível, é de importância capital para estudos de inter-relação entre os organismos vivos, inclusive o ser humano, o conceito de capacidade de suporte, descrito como o tamanho máximo de uma população que pode ser sustentada em determinada área.

O próximo nível de complexidade engloba as comunidades, ou seja, o conjunto de populações de várias espécies vivendo na mesma área, representando uma multiplicidade de interações e dependências. A distribuição e a estrutura das comunidades são determinadas pelas interações entre as populações e os elementos abióticos do meio.

Finalmente, os ecossistemas são considerados o último nível em termos organizacionais. São o resultado da interação entre as comunidades e os elementos abióticos de uma área específica, funcionando como uma unidade. Esses fatores abióticos são a quantidade de luz solar, a temperatura, a precipitação atmosférica, o tipo de solo e os sedimentos.

CURSO DE GESTÃO AMBIENTAL

É importante também, no âmbito desses conhecimentos, o conceito de hábitat, que se refere ao lugar ou a determinado tipo de lugar onde um organismo se encontra com mais frequência. O entendimento do hábitat de uma espécie é essencial na determinação de sua distribuição espacial no ecossistema. Um hábitat para determinado tipo de animal contém ' rísticas de abrigo, de local de ninho e nascimento, de local de alin e de hibernação.

Dois outros conceitos de extrema importância na ecologia são o fluxo energia e a circulação de nutrientes nos ecossistemas. Para entender como a energia e os nutrientes se movimentam através dos ecossistemas é preciso compreender a maneira como os seres vivos se organizaram para viver.

Em relação ao fluxo de energia nos ecossistemas, os organismos podem ser tanto produtores quanto consumidores. Os produtores convertem energia do meio em energia química armazenada nas ligações de carbono, como as plantas, que usam energia solar para converter dióxido de carbono e água em glicose (ou outros açúcares), por meio do processo denominado fotossíntese:

$$6CO_2 + 6H_2O + \text{energia da luz} \rightarrow C_6H_{12}O_6 + 6O_2$$

Os consumidores não geram açúcares contendo energia como as plantas e usam um processo metabólico chamado respiração para derivar energia das ligações de carbono geradas pelos produtores. A respiração quebra as ligações carbono-carbono, e esse carbono combina-se com o oxigênio para formar o gás carbônico:

$$C_6H_{12}O_6 + 6O_2 \rightarrow 6CO_2 + 6H_2O + \text{energia}$$

O solo e os corpos de água são reservatórios de nutrientes para os produtores. Esses nutrientes inorgânicos são passados de organismo para organismo à medida que um organismo consome o outro. Com a morte dos produtores e consumidores, um terceiro tipo de organismo, o decompositor, usa os detritos como fonte de alimentos, retornando-os aos reservatórios da natureza. Dessa forma, dá-se o fluxo de energia e a circulação de nutrientes por intermédio dos organismos dentro dos ecossistemas. Conforme a Segunda Lei da Termodinâmica, existe uma dissipação de energia na forma de calor nesse fluxo de energia, uma vez que isso ocorre em qualquer forma de conversão de energia. Dessa maneira, pelos processos de produção, consumo e reciclagem, a vida se organizou na biosfera.

Essa transferência de matéria e energia de um organismo para outro denomina-se cadeia alimentar. O entendimento mais moderno observa que os processos dessa cadeia não são lineares, mas inter-relacionados, derivando para o conceito de teia alimentar.

Por fim, destaca-se o conceito de ciclos biogeoquímicos, que explica como os nutrientes inorgânicos circulam pelos ecossistemas na atmosfera, nos oceanos, no solo e na litosfera (rochas). A denominação de biogeoquímico se dá pelo fato de as substâncias circularem através dos mundos biológico e geológico. Como exemplo dos ciclos biogeoquímicos tem-se o hidrológico, o do carbono e o do nitrogênio. A circulação do carbono entre os elementos bióticos e abióticos de um ecossistema está correlacionada com o fluxo de energia através da fotossíntese e da respiração. O carbono é o bloco básico para a síntese de carboidratos, gorduras, proteínas, DNA, RNA e outros compostos orgânicos necessários à vida.

No ciclo do nitrogênio tem-se a conversão do nitrogênio gasoso da atmosfera, por meio da nitrificação, resultando em compostos nitrogenados utilizáveis no solo (nitritos, nitratos) que, por sua vez, retornam à atmosfera na forma de nitrogênio gasoso, pela denitrificação. O nitrogênio é um elemento fundamental na formação dos aminoácidos, o bloco de construção das proteínas, que, por sua vez, são necessárias para o crescimento das plantas. É importante mencionar que determinados microrganismos do solo e algumas algas azuis são os únicos grupos de organismos capazes de fixar ou modificar o nitrogênio atmosférico, tornando-o acessível para a assimilação pelas plantas verdes.

A apresentação dos conceitos básicos de ecologia permite que se entenda a essência da organização da vida dentro da biosfera terrestre. Entretanto, o aparecimento e a evolução do *Homo sapiens* introduziu novas variáveis nessa organização.

De certa forma, pode-se argumentar que o domínio do fogo, o advento da agricultura e a consequente sedentariedade do ser humano, apesar de serem eventos temporalmente distantes, tenham sido o início de uma ação antrópica mais intensa sobre o meio ambiente. Muitos dos problemas ambientais que se enfrentam hoje, como o desflorestamento, a erosão do solo, a desertificação, a salinização e a perda de biodiversidade, são tão antigos quanto as civilizações. A compreensão da magnitude das pressões antrópicas sobre os ecossistemas terrestres vem se desenvolvendo proporcionalmente ao aumento da capacidade da cultura humana em transformar o seu meio.

O Quadro 3.3 apresenta um breve histórico das civilizações e sua forma de apropriação da natureza. O declínio dessas civilizações sempre esteve, de uma forma ou de outra, associado à degradação dos recursos naturais que serviam como base de insumos para o desenvolvimento dessas culturas. Os fatos e evidências históricas informam de maneira incontestável que o relacionamento entre cultura humana e natureza é um processo inacabado, em constante evolução, induzido pela própria evolução natural do meio ambiente e de suas relações com o antropismo.

Quadro 3.3 – Histórico das civilizações e sua relação com a natureza.

7000 a.C. até 1800 a.C.	**Mesopotâmia/sumérios** Salinização e assoreamento dos agro-ecossistemas	Na região do atual Iraque, a pluviosidade naturalmente baixa levou à irrigação
2600 a.C. até hoje	**Líbano** Exploração e uso excessivo da floresta de cedro	A exploração do cedro pelos fenícios e egípcios durou séculos; pequenos bosques ainda existem
2500 a.C. até 900	**Império maia** Erosão do solo; perda da viabilidade dos agroecossistemas e assoreamento dos recursos hídricos	Partes dos atuais México, Guatemala, Belize e Honduras; agricultura era criativa e intensiva; em algum momento a demanda aumentou e o sistema agrícola entrou em colapso
800 a.C. até 200 a.C.	**Grécia** Desflorestamento e uso intenso do solo	Florestas foram derrubadas para fins agrícolas; utilização de madeira para cozinhar e aquecer
200 a.C. até hoje	**China** Desertificação ao longo da Estrada da Seda	Rota de comércio e viagens estimulou o desenvolvimento e o crescimento da população
50 a.C. até 450	**Império romano** Desertificação e perda de viabilidade de agroecossistemas no norte da África	Demanda intensa por grãos em todo o império exauriu essas terras, que tinham um alto potencial de erosão
1500 até hoje	**Brasil** Extração de madeira e transformação em solo agrícola da Mata Atlântica e urbanização intensa no litoral	O processo de colonização do Brasil sempre primou pelo extrativismo e monoculturas para exportação

(continua)

Quadro 3.3 – Histórico das civilizações e sua relação com a natureza. *(continuação)*

1800 até hoje	**Austrália e Nova Zelândia** Perda de biodiversidade e proliferação de espécies invasivas	Cem anos de introdução de ovelhas e gado aniquilaram gramíneas nativas e, consequentemente, muito da biodiversidade local
1800 até hoje	**América do Norte** Conversão de hábitats para agricultura e pastagens	Manadas de bisões, estimadas em mais de 50 milhões, chegaram próximas da extinção
1800 até 1900	**Alemanha e Japão** Envenenamento químico-industrial dos sistemas de água doce	As consequências da Revolução Industrial provocaram um grande impacto nas águas doces desses países
1928 até hoje	**Planeta Terra** Substâncias químicas industriais degradam a camada de ozônio protetora, agrotóxicos acumulam-se em toda a cadeia alimentar	Os clorofluorcarbonos (CFC) são compostos voláteis usados em aparelhos de refrigeração, solventes e aerossóis; o DDT já foi detectado em leite materno

Fonte: WRI (2001).

O Quadro 3.4 indica as causas que induzem a pressão antrópica sobre os ecossistemas, ocasionando uma série de efeitos modificadores, exemplificando, em vários momentos, determinados fatos relevantes dessas inter-relações.

Quadro 3.4 – Tipos de ecossistemas.

Ecossistemas	Pressões antrópicas (efeitos sobre os ecossistemas)	Causas da pressão
Agroecossistemas	– Conversão (e fragmentação) das terras agrícolas para usos urbanos e industriais – Poluição das águas por lixiviação de nutrientes e assoreamento – Escassez de água provocada pela irrigação – Degradação do solo pela erosão, excesso de cultivo e depleção de nutrientes	– Crescimento da população – Aumento da demanda por comida e bens industriais – Urbanização – Políticas governamentais subsidiando a agricultura – Pobreza e manejo inadequado do ecossistema – Mudança de clima global

(continua)

70 CURSO DE GESTÃO AMBIENTAL

Quadro 3.4 – Tipos de ecossistemas. *(continuação)*

Ecossistemas	Pressões antrópicas (efeitos sobre os ecossistemas)	Causas da pressão
Ecossistemas litorâneos	– Pesca excessiva dos estoques – Conversão das áreas alagadas e de outros hábitats litorâneos – Poluição das águas de fontes agrícolas e industriais – Destruição de dunas, recifes e restingas – Invasão de espécies estrangeiras – Potencial aumento do nível do mar	– Crescimento da população – Aumento da demanda por comida e turismo litorâneo – Urbanização e lazer – Subsídios governamentais para pesca – Informação inadequada sobre estoques dos recursos marinhos – Pobreza e manejo inadequado do ecossistema – Políticas de uso da terra não coordenadas – Mudança de clima global
Ecossistemas florestais	– Conversão (e fragmentação) das terras de florestas para usos urbanos e industriais – Desflorestamento causando perda de biodiversidade, liberação de carbono estocado, poluição da água e do ar – Chuva ácida causada pela poluição industrial – Invasão de espécies estrangeiras – Uso excessivo de água para fins agrícolas, urbanos e industriais	– Crescimento da população – Aumento da demanda por madeira e outras fibras – Subsídios governamentais para extração de madeira. – Valoração inadequada dos custos da poluição industrial do ar – Pobreza e manejo inadequado do ecossistema
Ecossistemas de água doce	– Uso excessivo de água para fins agrícolas, urbanos e industriais – Pesca excessiva dos estoques – Construção de represas para irrigação, hidroeletricidade e controle de vazão – Poluição das águas de fontes agrícolas, urbanas e industriais – Invasão de espécies estrangeiras	– Crescimento da população – Escassez de água e distribuição geográfica desigual – Subsídios governamentais para o uso da água – Pobreza e manejo inadequado do ecossistema – Demanda crescente por hidroeletricidade

(continua)

Quadro 3.4 – Tipos de ecossistemas (*continuação*)

Ecossistemas	Pressões antrópicas (efeitos sobre os ecossistemas)	Causas da pressão
Ecossistemas de campos naturais	– Conversão (e fragmentação) dos campos naturais para usos agrícolas e urbanos – Queimadas induzidas, resultando em perda de biodiversidade, liberação de carbono estocado e poluição do ar – Degradação do solo e poluição das águas pelo gado	– Crescimento da população – Demanda crescente por produtos agrícolas, especialmente carne – Informação inadequada sobre esses ecossistemas – Pobreza e manejo inadequado do ecossistema – Ecossistema frágil (acesso e transformação facilitados)

Fonte: WRI (2001).

Em períodos mais recentes, conforme pode ser observado no Quadro 3.4, as relações de causa e efeito retroativas, desencadeadas pelo antropismo, são tão mais complexas que tornam necessário o estabelecimento de uma classificação dos diversos ecossistemas existentes na biosfera, para que os efeitos e as causas possam ser, pelo menos em parte, entendidos. Essa divisão em agroecossistemas, ecossistemas litorâneos, florestais, de água doce e de campos naturais permite que se tenha uma visão melhor das pressões antrópicas sobre esses ecossistemas e quais as causas dessas pressões (WRI, 2001).

Até aqui, discutiram-se os princípios que regem a organização ecológica e a forma como os seres humanos se apropriam da natureza, o antropismo. A ecologia humana procura entender essa interação entre os atributos naturais e culturais da sociedade dos homens e fazer um paralelo entre a organização social dos seres humanos e a dos outros seres vivos, mostrando maior ou menor capacidade de dominar o meio ambiente.

Seria possível citar vários pensadores, políticos, estadistas, governantes, homens públicos e humanistas que, em última análise, pensaram as relações dos seres humanos com a natureza e as implicações decorrentes desse relacionamento. Charles Darwin (naturalista inglês), Mahatma Gandhi (homem público indiano), Leon Tolstoi (filósofo e escritor, naturalista russo), Henry Thoreau (escritor americano, naturalista), Mao Tsé-Tung (político chinês) e muitos outros deixaram contribuições significativas para a questão da ecologia humana.

A ecologia humana vai além da demografia, uma vez que lida com fatores externos e com a dinâmica interna das populações humanas, que são parte das comunidades bióticas e dos ecossistemas. Ela estende-se além da ecologia, pois aborda a flexibilidade na conduta humana, sua habilidade em controlar o meio e o desenvolvimento cultural, em parte independente do meio ambiente. A cultura, por sua vez, é a maneira como as pessoas vivem em determinadas áreas, em determinados períodos.

A definição do conceito de regionalismo no âmbito da ecologia humana foi uma importante contribuição sociológica para a compreensão da integração do ser humano com a natureza, baseando-se no reconhecimento dos recursos culturais e naturais de diferentes áreas que, mesmo assim, são interdependentes (Odum, 1973). Inventários dos recursos culturais e naturais nos planos local, estadual e regional permitem formar uma base para uma eventual coordenação nacional e internacional, cujo propósito maior tem como produto final a integração entre regiões.

Uma integração entre dados ambientais e culturais pode ser feita por intermédio de unidades de função como as bacias hidrográficas. A estatística social refere-se a unidades políticas (municípios, estados) que não coincidem com as unidades naturais (zonas climáticas, tipos de solos, biomas, regiões fisiográficas). Nesse sentido, a bacia hidrográfica seria uma unidade de função que possibilita a integração de atributos naturais e culturais.

Uma abordagem demográfica da ecologia humana, baseada no enunciado de Malthus, segundo o qual as populações crescem em escala geométrica enquanto a produção de alimentos cresce em escala aritmética é, de certa forma, uma visão pessimista do desenvolvimento da civilização humana (Malthus, 1798).

O que o autor não pôde prever, entretanto, é que outros fatores limitantes, como o uso de energia e a poluição, modificariam significativamente essas previsões. Como exemplo, observa-se que o crescimento da população humana não segue o padrão sigmoide normal de crescimento dos organismos, que é representado por uma fase inicial lenta, seguida por um crescimento rápido, depois por uma estabilização desse crescimento, seguida de decaimento e morte. Para o ser humano, o tempo de suporte (capacidade de suporte dos ecossistemas) para a superpopulação e o uso intenso dos recursos naturais é imprevisivelmente maior, proporcionado por fatores culturais e tecnológicos. Na verdade, o aumento populacional pode ocorrer irrestritamente até que a densidade exceda alguma capacidade vital (comida, recursos, espaço), o que ocasionaria mortes, guerras, sofrimento.

Em áreas superpovoadas, os desastres naturais já são magnificados por esses fatores. Por isso há aqueles que defendem o estabelecimento de limites para o crescimento por meio do controle de natalidade, restrições ao uso da água e da terra, reciclagem e conservação de recursos e mesmo redução dos instrumentos de incentivo econômico.

Outra abordagem, observada no Quadro 3.5, pode ser feita quando se procura mitigar os efeitos do antropismo. Consiste em utilizar o enfoque ecossistêmico para avaliar as decisões quanto ao uso dos recursos naturais, procurando uma valoração dos bens e serviços providos pelos ecossistemas. Estes têm uma capacidade de sustentação da vida e sua manutenção é vital para o desenvolvimento humano e econômico de qualquer nação, com possibilidades de erradicação da pobreza e direcionamento para um desenvolvimento sustentável por meio da aplicação dos conceitos da ecologia humana.

Quadro 3.5 – Bens e serviços providos pelos ecossistemas.

Ecossistemas	Bens	Serviços
Agroecossistemas	– Plantações de alimentos – Plantações de fibras – Recursos genéticos (melhoramento)	– Manutenção de algumas das funções da microbacia hidrográfica (infiltração, controle de vazão, proteção parcial do solo) – Provisão de hábitat para pássaros, polinizadores (abelhas), organismos do solo importantes para a agricultura (bactérias metabolizadoras do nitrogênio) – Formação da matéria orgânica do solo – Sequestro do carbono atmosférico – Provisão de empregos
Ecossistemas litorâneos	– Peixes, moluscos e crustáceos – Algas (para alimentação e uso industrial) – Sal – Recursos genéticos	– Moderador dos impactos de ventos, tempestades e marés (mangues, dunas, recifes) – Provisão de hábitat para vida silvestre (marinha e terrestre) – Manutenção da biodiversidade

(continua)

74 | CURSO DE GESTÃO AMBIENTAL

Quadro 3.5 – Bens e serviços providos pelos ecossistemas. (*continuação*)

Ecossistemas	Bens	Serviços
Ecossistemas litorâneos		– Sequestro do carbono atmosférico – Diluição e tratamento de resíduos (autodepuração dos corpos d'água) – Provisão de locais de atracação e rotas de transporte – Provisão de hábitat para os seres humanos – Provisão de empregos – Provisão de turismo, recreação e lazer
Ecossistemas florestais	– Madeira – Lenha – Água potável e de irrigação – Forragem – Produtos do extrativismo vegetal (bambu, castanhas, fibras etc.) – Comida (mel, cogumelos, frutas, plantas comestíveis) – Recursos genéticos	– Remoção de poluentes do ar; emissão de oxigênio – Ciclagem de nutrientes – Manutenção de várias funções da microbacia hidrográfica (infiltração, purificação, controle de vazão, estabilização do solo) – Manutenção da biodiversidade – Sequestro do carbono atmosférico – Moderador de impactos do clima – Formação de solo – Provisão de empregos – Provisão de hábitat para os seres humanos e para a vida silvestre – Provisão de turismo, recreação e lazer
Ecossistemas de água doce	– Água potável e de irrigação – Peixes – Hidroeletricidade – Recursos genéticos	– Tamponamento da vazão – Diluição e tratamento de resíduos (autodepuração dos corpos d'água) – Ciclagem de nutrientes – Manutenção da biodiversidade – Provisão de hábitats aquáticos

(*continua*)

Quadro 3.5 – Bens e serviços providos pelos ecossistemas. (*continuação*)

Ecossistemas	Bens	Serviços
Ecossistemas de água doce		– Provisão de corredores de transporte (hidrovias) – Provisão de empregos – Provisão de turismo, recreação e lazer
Ecossistemas de campos naturais	– Pecuária e todos os bens decorrentes da atividade – Água potável e de irrigação – Recursos genéticos	– Manutenção de várias das funções da microbacia hidrográfica (infiltração, purificação, controle de vazão, estabilização do solo) – Ciclagem de nutrientes – Remoção de poluentes do ar; emissão de oxigênio – Manutenção da biodiversidade – Formação de solo – Sequestro do carbono atmosférico – Provisão de hábitat para os seres humanos e para a vida silvestre – Provisão de empregos – Provisão de turismo, recreação e lazer

Fonte: WRI (2001).

É importante compreender que essa lista de bens e serviços providos pelos ecossistemas passíveis de valoração econômica é sugestiva, não definitiva. Cada tipo de ecossistema indicado não dispõe necessariamente de todos os bens e serviços apontados. Existem peculiaridades locais que não estão inseridas nessa lista pelo volume de informação, no plano global, e também por desconhecimento científico.

O enfoque ecossistêmico, de uma maneira geral, procura entender e avaliar como as pessoas usam os ecossistemas e como esse uso afeta seu funcionamento e sua produtividade. Suas características principais são: integrar bens e serviços ainda não valorados pelo mercado (biodiversidade e capacidade de controlar enchentes, por exemplo); utilizar outros limites de manejo, enfocando os limites transjuridicionais (toda a influência possível sobre determinada área); enfocar, sob as perspectivas do médio e longo prazo, a integração da informação econômica e social; e manter a produtividade potencial dos ecossistemas.

O Quadro 3.6 exemplifica esse enfoque a partir da comparação entre um manejo florestal tradicional e um manejo de enfoque ecossistêmico.

Como se depreende dos exemplos expostos nos quadros apresentados, as inter-relações entre ecologia, antropismo e ecologia humana são inúmeras, desencadeando várias abordagens teóricas e práticas, que visam mitigar as relações de causa e efeito negativas que possam decorrer dessa interação.

Quadro 3.6 – Comparação entre manejo florestal tradicional e ecossistêmico.

	Manejo florestal tradicional	Manejo florestal ecossistêmico
Objetivos	– Maximizar a produção de bens – Maximizar o valor presente líquido – Manter os níveis de colheita ou uso dos produtos florestais menor ou igual à taxa de crescimento ou de rebrota	– Manter o ecossistema florestal como um todo interconectado, permitindo produção sustentável de bens – Manter opções futuras – Manter a produtividade do ecossistema ao longo do tempo, considerando fatores sociais e estéticos das práticas de colheita
Escala	– Trabalhar no nível do talhão (divisão florestal) dentro dos limites políticos (município) ou de propriedade	– Trabalhar no nível do ecossistema e da paisagem (1:250.000)
Regras científicas	– Enfocar o manejo florestal como ciência aplicada	– Enfocar o manejo florestal como uma combinação de fatores científicos e sociais
Regras de manejo	– Enfocar as saídas (bens e serviços demandados pelas pessoas), como madeira, recreação, vida selvagem e forragens – Realizar o manejo em função da produção industrial – Considerar a madeira o produto mais importante da floresta – Procurar impedir a má adubação da floresta – Enxergar a floresta como um sistema de produção vegetal – Valorizar a eficiência econômica	– Enfocar nas entradas e processos, como solo, diversidade biológica e processos ecológicos, uma vez que isso leva a bens e serviços – Realizar manejo em função do mimetismo (imitação) dos processos naturais de produtividade – Considerar todas as espécies – plantas e animais. – Evitar perda de biodiversidade e degradação do solo

(continua)

Quadro 3.6 – Comparação entre manejo florestal tradicional e ecossistêmico. (*continuação*)

	Manejo florestal tradicional	Manejo florestal ecossistêmico
Regras de manejo		– Enxergar a floresta como um sistema natural, mais do que a soma das partes – Valorizar o custo–benefício e a aceitabilidade social

Fonte: WRI (2001).

IMPACTOS DOS ECOSSISTEMAS URBANOS SOBRE AS COMUNIDADES

Toda a odisseia de desenvolvimento científico, tecnológico e cultural da civilização humana até os dias de hoje não promoveu o aparecimento de sociedades socialmente justas, economicamente eficientes e ambientalmente viáveis.

Se fosse cientificamente possível fazer uma relação custo-benefício de todo o processo civilizatório, a conclusão seria provavelmente pessimista, em que os problemas advindos do mundo moderno ultrapassariam em grande escala os benefícios produzidos pela sociedade pós-industrial. O ser humano criou sociedades dualísticas, em que a riqueza convive com a miséria. O consumo excessivo de recursos ambientais por poucos contrasta com a completa escassez para muitos.

Apesar da imensa evolução científica e tecnológica, o sistema sociocultural humano pode ser considerado ineficiente do ponto de vista biofísico, quando comparado com os processos naturais que ocorrem na biosfera.

Numa ótica estritamente sociológica, Weber (1996) afirma que a natureza constitui o produto de representações oriundas diretamente de sistemas de valores presentes nos sistemas sociais e no interior de grupos que os integram. A natureza constitui um espelho social. Na escala de tempo de evolução dos seres humanos, essa colocação pode ser considerada verdadeira. Entretanto, os sistemas culturais do homem mimetizam os processos naturais e, como estes, estão sujeitos às leis universais da natureza. Essa visão de um mundo governado por dogmas desenvolvimentistas, representado diretamente pelas teorias econômicas clássicas, começa, a partir da década de 1960, a sofrer uma contraposição pelo fato de não considerar a base ambiental para o bem-estar humano. Essa contraposição está concentrada nas ideias do Clube de Roma (Meadows et al., 1972). No entanto, a maior crítica que se fez a essas novas propostas de limitação do crescimento observa que esse modelo não prosperaria pelo fato de não considerar as inovações tecnológicas, como a biotecnologia, os novos materiais e a microinformática, que superariam a escassez de recursos e a degradação ambiental, dando novo fôlego à aventura humana.

Observa-se também que toda a evolução do desenvolvimento humano parece convergir, em especial nas últimas décadas, para um fenômeno que desafia os pesquisadores e teóricos de todas as áreas do conhecimento – a urbanização. Antiga em alguns continentes como a Europa, recente em outros como as Américas, acontecendo mais lentamente na África e na Ásia, esse processo parece inexorável sob certos aspectos e as forças que o induzem não estão totalmente compreendidas e explicadas. De acordo com a Organização das Nações Unidas (ONU), atualmente, mais da metade da humanidade está vivendo em cidades e que, até o ano de 2025, dois terços da população mundial terão migrado para as cidades. Essa estimativa tem grandes implicações sobre o bem-estar, a saúde das populações humanas e o meio ambiente. É a partir disso que se desencadeia um novo enfoque sobre a questão ambiental.

As cidades sempre concentraram poder político e econômico, assim como nelas se desenvolveram como centros de comércio e indústria. Esses fatos já seriam suficientes para justificar a indução intensa do fenômeno da urbanização. A expectativa de salários mais altos, saúde melhorada, alfabetização e aculturação mais rápida, acesso à informação, ao lazer e à criatividade são alguns dos fatores adicionais que induzem e atraem as populações para as cidades.

Quando esse processo é examinado no Brasil, onde em quatro décadas houve a inversão de 80% de população rural, em relação à população total na década de 1940, para 80% de população urbana no final do século XX, pode-se perceber o alto grau de transformação que a sociedade brasileira vem sofrendo.

As implicações advindas desse fato são de ordem social, econômica, política e ambiental. Os reflexos causados sobre a saúde humana e os recursos naturais consumidos e, por fim, as implicações que a interação de todas essas variáveis necessariamente determina nas políticas públicas são de grande magnitude e imprevisibilidade.

É interessante perceber que os problemas ambientais urbanos podem estar tanto associados à pobreza quanto à afluência do crescimento econômico. O rápido crescimento populacional nas periferias das grandes cidades, aliado à ineficiência administrativa e ao descaso político das administrações públicas dos países em desenvolvimento, faz com que os serviços básicos providos pelos governos locais fiquem muito aquém do mínimo necessário para o bem-estar dessas populações marginalizadas. No mundo todo, essas populações sofrem com a falta de água potável, de tratamento de esgoto doméstico e de coleta regular de lixo. Esse tipo de ambiente, típico das periferias das grandes cidades dos países em desenvolvimento, propicia o aparecimento e a disseminação de diversas doenças, assim como problemas sociais advindos da exclusão.

As populações de renda mais baixa, além de estarem expostas às agressões decorrentes da falta de amparo público, como nas questões de saneamento, também sofrem com os efeitos do crescimento econômico desordenado. Tornam-se vítimas de todo tipo de emissões e resíduos industriais e urbanos, assim como de acidentes naturais, pois geralmente são levadas a ocupar os espaços de solo construído que são mais poluídos, degradados e, consequentemente, mais baratos.

Existe uma interação muito grande entre a pobreza e a riqueza em termos de causa e efeito ambiental e urbano. O consumo excessivo das classes mais abastadas gera resíduos, que têm de ser dispostos em algum lugar. Geralmente, a disposição é inadequada e atinge populações vizinhas à área dos aterros. Essas pessoas estão sujeitas a doenças geradas por resíduos que elas não produzem, em razão de sua condição social.

Os caminhos para a construção da sustentabilidade urbana devem passar pela mitigação (quando possível, eliminação) dos problemas que afligem as populações menos favorecidas, assim como a contemporização dos impactos causados pelo crescimento econômico, que privilegia as classes mais abastadas.

ESTRATÉGIAS DE INTERVENÇÃO NO AMBIENTE PARA REDUÇÃO DE EFEITOS SOBRE A SAÚDE

A observação da cidade logo traz à mente o modo como os deslocamentos ocorrem dentro dela. Como ocorre o acesso às moradias, aos postos de trabalho, e aos serviços que são prestados; como os bens são dispostos; e, por fim, como as pessoas se deslocam para o simples lazer.

Os engarrafamentos de trânsito são um fenômeno mundial dos grandes e médios centros urbanos e refletem a incapacidade administrativa em gerir os problemas estruturais e ambientais urbanos. Acrescente-se a isso o estímulo e apelo da sociedade de consumo para a necessidade individual do uso de automóvel.

Os custos econômicos, ambientais e psicossociais dos engarrafamentos são provavelmente alguns dos principais indicadores do grau de impacto dos ecossistemas urbanos sobre a população residente e visitante. Horas de trabalho produtivo são desperdiçadas, com uma consequente redução da produtividade econômica. O ambiente sofre os efeitos da descarga de um desperdício enorme de combustíveis, há desgaste mecânico dos veículos, geração de calor em excesso, com efeitos no microclima local, aumento da poluição do ar e aumento de ruídos que comprometem ainda mais a saúde já combalida dos cidadãos. No plano psicossocial, o estresse advindo de um deslocamento em um trânsito engarrafado é visível no rosto e nas atitudes das pessoas no comando de seus veículos. Diversos exemplos de atitudes no trânsito expressam um grau de agressividade impressionante, com efeitos além do legalmente permissível e moralmente aceitável.

As soluções para esses problemas são claras e óbvias e os desafios de implementá-las são predominantemente políticos. Antes de se apontar o transporte público como a solução técnica mais plausível para mitigar esses impactos é preciso dizer que as políticas públicas de transporte devem conter princípios que priorizem o deslocamento dos menos favorecidos e, ao mesmo tempo, incorporem variáveis de sustentabilidade econômica e ambiental nos meios de transporte.

Diversas cidades brasileiras de médio porte têm na bicicleta um meio de transporte rápido, ambientalmente sustentável e com diversos efeitos positivos para a saúde e para o meio social. Esse processo evoluiu como uma solução natural, imposta por fatores culturais, sociais e econômicos. Nas cidades em que esse processo não ocorreu naturalmente, cabe aos elaboradores e gestores das políticas públicas o delineamento dos caminhos para a consecução de parte dessa matriz de transporte urbano ambientalmente saudável, por meio do estabelecimento de ciclovias e de propaganda que estimule o uso desse meio de transporte, desvinculando a utilização de bicicletas de qualquer forma de preconceito social. Exemplos antagônicos extremos da implementação ou não dessa alternativa de transporte são a

China, onde uma massa enorme da população se desloca nesse veículo, predominantemente por questões econômicas, e as cidades médias americanas, nas quais praticamente não há calçadas por causa do incentivo público para o uso de automóveis.

A complexidade das decisões aumenta significativamente quando se passa a considerar alternativas para o transporte de massa no lugar do transporte individual. Num primeiro aspecto há de se considerar a questão sobre que tipo de energia deveria mover esse tipo de transporte. Esse aspecto foge da alçada da administração pública municipal, estando circunscrito às políticas públicas nacionais que dizem respeito à elaboração de uma matriz nacional de energia. Quando essas políticas estabelecem percentuais mínimos de energia renovável na matriz, pode-se deduzir que princípios e diretrizes ambientalmente sustentáveis estão sendo implementados.

A eletricidade tem características propícias ao uso para o transporte, que lhe conferem um alto grau de eficiência ambiental e econômica. Não deixa resíduos sólidos ou gasosos após seu uso e libera menos ou quase nada de ruído ou calor no meio ambiente, quando comparada com os vários tipos de combustíveis líquidos. Não se pode negar o impacto ambiental da hidroeletricidade, mas ele pode ser mitigado por meio de seus vários modos de produção, renováveis ou não, como os potenciais hidráulicos (hidroelétricas), energia solar (fotovoltaica), os elementos radioativos (usinas nucleares), queima de biomassa (vapor) e a força dos ventos (eólica).

A implementação de interações e estratégias de intervenção no ambiente para a redução dos efeitos das modificações ambientais sobre a saúde nas cidades envolve discussões sobre a demanda contínua de recursos naturais necessários para sua construção e manutenção.

A eletricidade tem sido a energia necessária para movimentar os trens e metrôs, indiscutivelmente os melhores transportes de massas das grandes cidades, com características sociais, econômicas e ambientais adequadas. A exequibilidade econômica desses meios de transporte não faz parte dessa discussão, mas a efetividade ambiental e social no contexto das médias e grandes cidades dispensa discussões mais elaboradas, tamanha a quantidade de exemplos bem-sucedidos ao redor do mundo. Nessa alternativa, enquadram-se os ônibus elétricos, por sua eficiência energética e pelo baixo nível de ruído e de emissões na atmosfera.

Ainda dentro do transporte de massas, destacam-se os combustíveis líquidos renováveis, oriundos da biomassa. O álcool etílico, proveniente de carboidratos – cana-de-açúcar, mandioca, restos celulósicos – pode compor a matriz energética de transportes urbanos, substituindo a gasolina, assim como alguns tipos de combustíveis oriundos da biomassa, como o óleo de girassol, podem substituir o óleo diesel com comprovada eficiência – o chamado biodiesel.

O gás natural (metano), tanto obtido de fonte não renovável (jazidas petrolíferas) quanto gerado pela reciclagem de resíduos orgânicos (biogás), tem sido extensivamente usado como alternativa a combustíveis líquidos convencionais.

Essa breve discussão da matriz energética dos transportes urbanos, assim como das alternativas tecnológicas dos tipos de meios de transporte, mostra que existem formas racionais de se tratar conjuntamente a questão dos excluídos (aqui exemplificados como aqueles que têm dificuldades para se locomover) e a questão ambiental (representada pelas consequências que opções erradas podem trazer ao meio ambiente). Além desses dois fatores, os problemas gerados pela afluência econômica também podem ser abordados.

A protelação de uma solução para esses problemas já gerou medidas radicais e antidemocráticas, como os rodízios de veículos, tamanha a quantidade de automóveis nas ruas. A diminuição de áreas de estacionamento e o afluxo cada vez maior de carros nos centros urbanos acabarão levando à criação de políticas conjunturais de emergência mais duras ainda, como o estabelecimento de pedágios urbanos, rodízios duplos e penalidades por determinados tipos de usos indevidos do veículo.

Políticas públicas de transporte que privilegiem os menos favorecidos, consubstanciadas por meios de transporte de massa com características sustentáveis, inseridos em uma matriz energética predominantemente renovável, promoverão caminhos realistas para a humanização urbana no quesito transporte.

Outros enfoques dentro dos caminhos ambientalmente corretos que devem ser privilegiados são aqueles feitos por intermédio de ferramentas indutoras de processos, e não diretamente transformadoras. O zoneamento, o parcelamento e uso do solo e os códigos de postura podem acrescentar diversas características positivas ambientalmente dentro do planejamento urbano.

O zoneamento adequado com uma fiscalização efetiva pode preservar áreas de mananciais, conservando um recurso vital para o desenvolvimento das cidades – a água. Esse instrumento também pode determinar locais de recreação, como parques e reservatórios de água, que servem de lazer à população e funcionam como áreas-tampão dentro de centros urbanos poluídos. O zoneamento também pode estabelecer que áreas mais ensolaradas da cidade – face norte, no caso brasileiro – sejam privilegiadas para residências e as áreas mais sombrias e úmidas possam abrigar atividades industriais e comerciais. A determinação de áreas industriais em conformidade com diversos fatores, como tipo de solo, vegetação, ventos predominantes, lençol aquático etc., mitigaria significativamente a degradação ambiental, em geral associada aos distritos industriais.

A malha viária urbana pode ser planejada obedecendo, na medida do possível, o traçado natural das curvas de nível no espaço geográfico da cidade. Esse fato minimizaria a ocorrência de erosões, diminuiria a velocidade das águas e o consequente risco de enchentes e facilitaria, por exemplo, a implementação de um programa de estímulo ao uso de bicicletas, pois acompanhando as curvas de nível, as ruas apresentariam menor dificuldade em serem transpostas, isso porque as diferenças de níveis dentro das microbacias, que ocorrem no espaço geográfico das cidades, são sempre apontadas como fatores que dificultam ou impedem o uso de bicicletas em cidades com relevo montanhoso.

O parcelamento e o uso do solo urbano são ferramentas indispensáveis para o controle de degradação ambiental e no estabelecimento de políticas de ocupação dos espaços urbanos. O tamanho do lote determina uma série de fatores que podem desencadear problemas para outros serviços públicos. Tome-se como exemplo a capacidade-limite do solo de absorver a disposição local dos esgotos domésticos. Dependendo do tamanho do lote, essa capacidade pode ou não ser alcançada, o que determina se o tipo de tratamento dos esgotos domésticos será individual ou coletivo, o que altera sobremaneira a alocação dos recursos públicos para a área do saneamento básico.

Os códigos de postura podem levar à construção de prédios que priorizem o conforto térmico e acústico, utilizando-se de técnicas e tecnologia que promovam o uso de energia renovável e a minimização do uso de recursos naturais. Dispõe-se nessa área, de diversas tecnologias consolidadas e cujo uso depende mais de fatores políticos e culturais do que propriamente de fatores econômicos, que sempre predominam nas decisões do indivíduo. Os aquecedores solares para água são um exemplo de tecnologia bem-sucedida. Técnicas de construção que aproveitam ao máximo a luz solar podem promover maior conforto térmico, maior salubridade nas residências e consequente aumento na qualidade de vida dos indivíduos.

Técnicas de conforto acústico na construção de residências aumentam o conforto para os moradores e promovem ganhos significativos na produtividade do indivíduo. Utilização de fluxos corretos de ar também aumenta o conforto térmico e a salubridade das moradias.

Quando se imagina a cidade como um ecossistema, com seus fluxos de energia e circulação de materiais, verifica-se a complexidade da formação de conceitos que possam conduzir à construção de uma cidade utópica com efeitos positivos sobre a saúde dos indivíduos.

A circulação e a transferência de recursos materiais e energéticos atingiram, na fase atual do desenvolvimento humano, escalas nunca antes imaginadas por qualquer investigador. Existe uma gama de alternativas técnicas e tecnológicas que podem ser utilizadas para a redução dos efeitos das modificações ambientais sobre a saúde. Além disso, o esforço humano para a superação das limitações naturais tem produzido saltos vertiginosos na evolução natural.

O ser humano é o único ser vivo que tem consciência das limitações que o meio natural impõe à existência da vida. Esse conhecimento necessariamente será a fonte de inspiração para a criação de uma sociedade mais equilibrada, em que a equidade social e o entendimento das limitações biofísicas que a natureza determina para os sistemas culturais serão o foco de um desenvolvimento centrado em todos os cidadãos.

REFERÊNCIAS

BAASCH, S.S.N. A tomada de decisão e a complexidade dos sistemas ambientais. Santa Catarina: Universidade Federal de Santa Catarina, 1990.

BRASIL. Lei n. 6.938/81. Dispõe sobre a política nacional de meio ambiente, seus fins e mecanismos de formulação e aplicação, e dá outras providências. *Diário Oficial da Republica Federativa do Brasil*. Brasília, 1981.

DALY, H.E. Políticas para o desenvolvimento sustentável. In: CAVALCANTI, C. *Meio ambiente, desenvolvimento sustentável e políticas públicas.* São Paulo: Cortez, 1997.

HELLER, L. *Saneamento e saúde.* Brasília: Opas/OMS, 2000.

MALTHUS, T.R. *An essay on the principles of population.* Londres: Johnson, 1798.

MEADOWS, D.H.; MEADOWS, D.L.; RANDERS, J.E. et al. *The limits to growth: report for the Club of Rome's project on the predicament of mankind.* Nova York: Universe Books, 1972.

ODUM, E. *Fundamentals of ecology*. Filadélfia: Sanders, 1973.

SCHUMMACKER, E.F. *O negócio é ser pequeno*. Rio de Janeiro: Zahar, 1976.

SILVA, E.R. O curso da água na história: simbologia, moralidade e a gestão de recursos hídricos. Rio de Janeiro, 1998. Tese (Doutorado). Escola Nacional de Saúde Pública/Fundação Oswaldo Cruz.

WEBER, J. Gestão dos recursos renováveis: fundamentos teóricos de um programa de pesquisas. In: VIEIRA, P.V.; WEBER, J. *Gestão de recursos naturais renováveis e desenvolvimento*. São Paulo: Cortez, 1996.

[WHO] WORLD HEALTH ORGANIZATION. *Health and environment in sustainable development: five years after the Earth summit*. Geneva: WHO, 1997.

[WRI] WORLD RESOURCE INSTITUTE. Disponível em: http://www.wri.org/. Acessado em: 23 ago. 2001.

Bibliografia Consultada

FORMAN, R.T.T.; GODRON, M. *Landscape Ecology*. Nova York: John Wiley & Sons, 1986.

MOTA, J.A. *O valor da natureza: economia e política dos recursos naturais*. Rio de Janeiro: Garamond, 2001.

MOTA, S. *Urbanização e meio ambiente*. Rio de Janeiro: Abes, 1999.

PHILIPPI JR, A. (org). *Saneamento do meio*. São Paulo: Fundacentro, 1988.

PHILIPPI JR, A.; TUCCI, C.E.M.; HOGAN, D.J. et al. *Interdisciplinaridade em ciências ambientais*. São Paulo: Signus, 2000.

PORTO, M.F.A. Sistemas de gestão da qualidade das águas: uma proposta para o caso brasileiro. São Paulo, 2002. Tese (Livre Docência). Escola Politécnica da USP.

[WHO] WORLD HEALTH ORGANIZATION. Guidelines for drinking water quality. Cidade: WHO, 2003.

YASSI, A.; KJELLSTRÖM, T.; DE KOK, T. et al. *Basic environmental health*. Nova York: Oxford University Press, 2001.

Controle Ambiental da Água | 4

Lineu Bassoi
Engenheiro civil, Cetesb, SP

Nelson Menegon Jr.
Engenheiro químico, Cetesb, SP

NOÇÕES DE HIDROLOGIA

A gestão ambiental voltada para os recursos hídricos envolve duas dimensões significativas: uma referente à quantidade de água e outra relacionada à sua qualidade. Nesse sentido, convém observar que os elementos químicos se deslocam na natureza nos compartimentos ar, solo e água, e assim descrevem caminhos que são cíclicos. A manutenção desses caminhos é básica para o equilíbrio dos ecossistemas. Tais caminhos cíclicos são conhecidos como ciclos biogeoquímicos.

Entre os mais importantes estão os ciclos do nitrogênio, do fósforo, do carbono e da água. O caminho que a água descreve na natureza nada mais é do que o ciclo hidrológico, sendo este o grande veículo de transporte e de relações entre os demais ciclos descritos. A hidrologia é a ciência que estuda o comportamento, a ocorrência e a distribuição de água na natureza. Ocupa-se a ciência da hidrologia da ocorrência e do movimento da água na Terra e acima de sua superfície. Trata das várias formas que ocorrem e da transformação entre os estados líquido, sólido e gasoso na atmosfera e nas camadas superficiais das massas terrestres. Dedica-se também ao mar, que é a fonte e o reservatório de toda a água que ativa a vida do planeta.

A Importância da Água

A água é um recurso natural essencial, seja como componente de seres vivos ou como meio de vida de várias espécies vegetais e animais, seja como elemento representativo de valores sociais e culturais, seja como fator de produção de bens de consumo e produtos agrícolas.

A água é o constituinte inorgânico mais abundante na matéria viva. No homem, representa 60% do seu peso; nas plantas, atinge 90% e, em certos animais aquáticos, esse percentual chega a 98%.

Como fator de consumo nas atividades humanas, a água também tem um papel importante. No Brasil consumimos, em média, 246 m³/habitante/ano, considerados todos os usos da água, inclusive na agricultura e na indústria.

Como fator de produção de bens, a larga utilização na indústria e, notadamente, na agricultura, é um exemplo da importância desse recurso natural.

Em nível mundial, a agricultura consome cerca de 69% da água captada; 23% é utilizada na indústria, e os 8% restantes destinam-se ao consumo doméstico. No Brasil, esses percentuais são, respectivamente, 70, 20 e 10%.

Em termos globais, as fontes de água são abundantes. No entanto, quase sempre são mal distribuídas na superfície da Terra. Mesmo no Brasil, que possui a maior disponibilidade hídrica do planeta, com cerca de 13,8% do deflúvio médio mundial (5.744 km³/ano), essa situação não é diferente, visto que 68,5% dos recursos hídricos estão localizados na região Norte, onde habitam cerca de 7% da população brasileira; 6% estão na região Sudeste, com quase 43% da população e o maior parque industrial da América Latina. Na região Nordeste, onde vivem 29% da população, estão disponíveis apenas 3% dos recursos hídricos.

A Água no Planeta Terra

A água é a substância mais abundante no planeta. Distribuída nos seus estados líquido, sólido e gasoso pelos oceanos, rios e lagos, nas calotas polares e geleiras, no ar e no subsolo, a água é o elemento mais importante para a sobrevivência da espécie humana, bem como de toda a vida na Terra. A água dos oceanos representa cerca de 96% do total disponível no planeta. Se somado às águas salgadas subterrâneas e a de lagos de água salgada, totaliza 98% da água do planeta, a princípio, indisponível para diversos usos.

Da água doce restante, aproximadamente 2% do total, cerca de 70% está na forma de gelo e na atmosfera e 30% está distribuída nas águas subterrâneas, a maior parte em grandes profundidades (e, portanto, inacessíveis), e nas águas superficiais. Isso significa que o estoque de água doce que, de alguma forma, pode estar disponível para o uso do homem, é de cerca de 0,3%, ou 4 milhões de km^3 e se encontra principalmente no solo. A parcela disponibilizada nos cursos de água é a menor de todas; exatamente de onde retiramos a maior parte para uso nas mais diversas finalidades e onde, invariavelmente, lançamos os resíduos dessa utilização.

Tabela 4.1 – Água no Planeta.

Corpo de água		Volume (milhões de km^3)	% do total	% de água doce
Oceanos		1.338	96,5	
Geleiras e capa de gelo		24,1	1,74	68,7
Água subterrânea	Total	23,4	1,7	
	Doce	10,5	0,76	30,1
	Salgada	12,9	0,94	
Lagos total		0,176	0,013	
Lagos de água doce		0,091	0,007	0,26
Umidade do solo		0,017	0,001	0,05
Rios		0,002	0,0002	0,006
Atmosfera		0,013	0,001	0,04
Gelo no solo		0,300	0,022	0,86
Biosfera		0,001	0,0001	0,003

Fonte: Adaptado de Gleick (1996) e Sheneider (1996).

O Ciclo Hidrológico

O movimento cíclico da água do mar para a atmosfera e desta, por precipitação, para a terra, onde é reunida nos cursos de água para então voltar ao mar é chamado de ciclo hidrológico. Tal ordem cíclica de eventos realmente ocorre, porém não de maneira tão simplista. O ciclo pode experimentar um curto-circuito em vários estágios. Por exemplo, a precipitação pode ocorrer diretamente sobre o mar, lagos ou cursos d'água. Além disso, não há nenhuma uniformidade no tempo em que um ciclo ocorre. Durante as secas, pode parecer que esse ciclo cessou de vez; durante os períodos de cheias, pode parecer que o ciclo será contínuo. Também a intensidade e a frequência do ciclo dependem da geografia e do clima, uma vez que ele opera como resultado da radiação solar, a qual varia com a latitude e a estação do ano. Finalmente, as várias partes do ciclo podem ser de tal ordem complicadas que o homem só tem condições de exercer algum controle em sua última parte, quando a chuva já caiu sobre a terra e está empreendendo seu caminho de volta ao mar.

A Figura 4.1 esquematiza o ciclo hidrológico.

Figura 4.1 – O ciclo hidrológico.

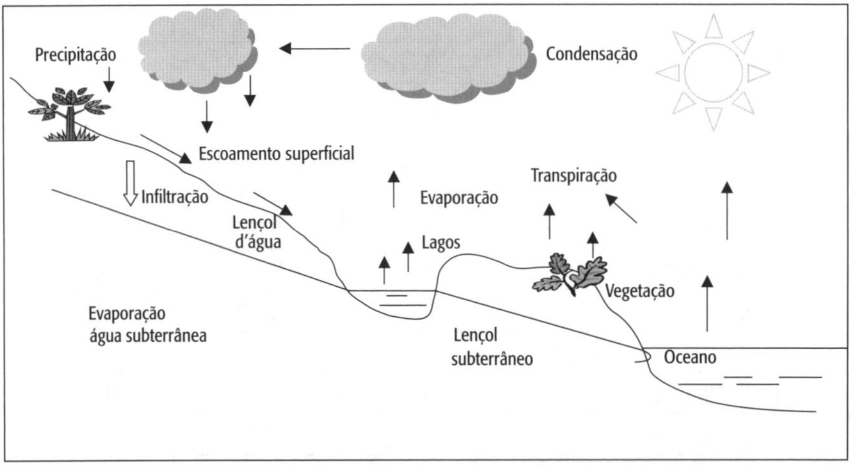

Por causa da radiação solar, a água do mar evapora e as nuvens de vapor de água se movem sobre áreas terrestres. A precipitação ocorre sobre a terra em forma de neve, granizo e chuva. Então, a água começa a fluir de volta ao mar. Parte dela se infiltra no solo e, por percolação, atinge a zona saturada do solo abaixo do nível do lençol freático, ou da superfície freática. Nessa zona, ela flui vagarosamente pelos aquíferos para os canais dos rios ou, algumas vezes, diretamente para o mar. A água infiltrada também alimenta a vida das plantas superficiais; parte dela é absorvida pelas raízes dessas plantas e, depois de assimilada, é transpirada a partir da superfície das folhas.

A água remanescente na superfície do solo evapora parcialmente, transformando-se em vapor de água; porém, a maior parte aglutina-se em riachos ou em regatos e corre como escoamento superficial para os canais dos rios. As superfícies dos rios e lagos também passam pelo processo de evaporação e então mais água é removida. Finalmente, a água remanescente que não se infiltrou nem evaporou volta ao mar pelos canais dos rios. A água subterrânea, que se move muito mais lentamente, emerge nos canais dos rios ou chega à linha costeira, e daí flui para dentro do mar. Então, todo o ciclo se inicia outra vez.

POLUIÇÃO DAS ÁGUAS

O conceito de poluição das águas deve associar o uso à qualidade. Assim, pode-se definir poluição das águas, de forma bastante simples mas abrangente, como a alteração de suas características físicas, químicas ou biológicas, que prejudicam um ou mais de seus usos preestabelecidos. Chamam-se usos preestabelecidos porque toda a água disponível, para ser utilizada, deve estar associada a usos atuais ou futuros, que deverão estar compatíveis com a sua qualidade, também atual ou futura.

Classificação das Águas

No Brasil, na esfera federal, foi a Portaria Minter n. GM 0013, de 15/1/76, que inicialmente regulamentou a classificação dos corpos de água superficiais, com os respectivos padrões de qualidade e os padrões de emissão para efluentes.

Em 1986, a Portaria GM 0013 foi substituída pela Resolução n. 20 do Conselho Nacional do Meio Ambiente (Conama), que estabeleceu uma nova classificação tanto para as águas doces como para as águas salobras e salinas do território nacional.

Em 17/03/2005 foi editada a Resolução Conama n. 357, que revogou a Resolução Conama n. 20 e introduziu nova classificação para as águas doces, salinas e salobras no território nacional, abrangendo treze classes:

Águas doces
Classe especial: águas destinadas:

a) ao abastecimento para consumo humano, com desinfecção;

b) à preservação do equilíbrio natural das comunidades aquáticas;

c) à preservação dos ambientes aquáticos em unidades de conservação de proteção integral.

Classe 1: águas que podem ser destinadas:

a) ao abastecimento para consumo humano, após tratamento simplificado;

b) à proteção das comunidades aquáticas;

c) à recreação de contato primário, tais como natação, esqui aquático e mergulho, conforme Resolução Conama n. 274, de 2000;

d) à irrigação de hortaliças que são consumidas cruas e de frutas que se desenvolvam rentes ao solo e que sejam ingeridas cruas sem remoção de película;

e) à proteção das comunidades aquáticas em terras indígenas.

Classe 2: águas que podem ser destinadas:

a) ao abastecimento para consumo humano, após tratamento convencional;

b) à proteção das comunidades aquáticas;

c) à recreação de contato primário, tais como natação, esqui aquático e mergulho, conforme Resolução Conama n. 274, de 2000;

d) à irrigação de hortaliças, plantas frutíferas e de parques, jardins, campos de esporte e lazer, com os quais o público possa vir a ter contato direto;

e) à aquicultura e à atividade de pesca.

Classe 3: águas que podem ser destinadas:

a) ao abastecimento para consumo humano, após tratamento convencional ou avançado;

b) à irrigação de culturas arbóreas, cerealíferas e forrageiras;

c) à pesca amadora;

d) à recreação de contato secundário;

e) à dessedentarão de animais.

Classe 4: águas que podem ser destinadas:

a) à navegação;

b) à harmonia paisagística.

Águas salinas

Classe especial: águas destinadas:

a) à preservação dos ambientes aquáticos em unidades de conservação de proteção integral;

b) à preservação do equilíbrio natural das comunidades aquáticas.

Classe 1: águas que podem ser destinadas:

a) à recreação de contato primário, conforme Resolução Conama n. 274, de 2000;

b) à proteção das comunidades aquáticas;

c) à aquicultura e à atividade de pesca.

Classe 2: águas que podem ser destinadas:

a) à pesca amadora;

b) à recreação de contato secundário.

Classe 3: águas que podem ser destinadas:

a) à navegação;

b) à harmonia paisagística.

Águas salobras

Classe especial: águas destinadas:

a) à preservação dos ambientes aquáticos em unidades de conservação de proteção integral;

b) à preservação do equilíbrio natural das comunidades aquáticas.

Classe 1: águas que podem ser destinadas:

a) à recreação de contato primário, conforme Resolução Conama n. 274, de 2000;

b) à proteção das comunidades aquáticas;

c) à aquicultura e a atividade de pesca;

d) ao abastecimento para consumo humano após tratamento convencional ou avançado;

e) à irrigação de hortaliças que são consumidas cruas e de frutas que se desenvolvam rentes ao solo e que sejam ingeridas cruas sem remoção de película, e à irrigação de parques, jardins, campos de esporte e lazer, com os quais o público possa vir a ter contato direto.

Classe 2: águas que podem ser destinadas:
a) à pesca amadora;
b) à recreação de contato secundário.

Classe 3: águas que podem ser destinadas:
a) à navegação;
b) à harmonia paisagística.

Para cada uma dessas classes são estabelecidas dezenas de indicadores ou parâmetros de qualidade físicos, químicos e biológicos, com seus respectivos valores. Tais valores devem ser atendidos para assegurar os usos preestabelecidos das águas.

USOS DA ÁGUA E FONTES DE POLUIÇÃO

Usos da Água

A utilização da água, tanto para as necessidades do homem como para a preservação da vida, pode ser separada em grandes grupos: abastecimento público, abastecimento industrial, atividades agropastoris, incluindo irrigação e a dessedentação de animais, preservação da fauna e da flora aquática, recreação, geração de energia elétrica, navegação, diluição e transporte de efluentes.

Abastecimento Público

É o uso mais nobre da água. Para esse uso, é considerada a água para beber, para higiene pessoal, limpeza de utensílios, lavagem de roupas, pisos e banheiros, cozimento de alimentos, irrigação de jardins, combate a incêndio etc. Em termos percentuais, a utilização de água para abastecimento público está entre 8 e 13% em função do desenvolvimento social da população do país.

Salvo em condições especiais, caso de residências isoladas ou ausência do Poder Executivo, como ocorre em muitas áreas periféricas de cidades, a água de abastecimento público é fornecida por meio de um sistema de abastecimento. Esse sistema engloba a sua captação e tratamento, a reservação e distribuição. Essas operações normalmente são executadas por um órgão da administração municipal ou uma concessionária de águas e esgotos.

Abastecimento Industrial

A água é utilizada pela indústria, em diversas situações, para a fabricação de seus produtos: lavagem de matérias-primas, caldeiras para a produção de vapor, refrigeração de equipamentos, lavagem de equipamentos e de pisos nas áreas de produção, composição dos produtos, reações químicas, higiene dos funcionários e combate a incêndio, entre outros. Em cada uma dessas situações, a água deve respeitar padrões mínimos de qualidade de forma a atender às exigências de cada uso. Em termos percentuais, países de alta renda têm no uso industrial o percentual de até 60% de toda a água utilizada. Nos países de baixa e média renda, esse percentual é de 10%.

Atividades Agropastoris

Nesse setor, as águas são utilizadas para a dessedentação de animais e para a irrigação, desde hortaliças até grandes áreas de lavouras de porte, nas quais são consumidas grandes quantidades de água.

A irrigação é a fonte de maior uso de água no mundo, atingindo 82% do seu consumo em países de baixa e média renda. Em países de alta renda esse percentual é de 30%. No Brasil, atualmente são irrigados cerca de 3 milhões de hectares, sendo aproximadamente 455 mil hectares no Estado de São Paulo, onde são consumidos $4,3 \times 10^9$ m³/ano, segundo Christofilis (1997). No entanto, a utilização de água para irrigação sem o devido registro é muito grande, o que eleva consideravelmente esse número.

A irrigação é uma forma de uso consumptivo da água, isto é, parte da água utilizada para esse fim não retorna ao corpo d'água original, havendo, portanto, redução da disponibilidade hídrica do manancial. Deve-se atentar também ao fato de que a água que retorna da irrigação tem qualidade inferior àquela captada, haja vista o carreamento de solo, fertilizantes e agrotóxicos, que alteram a qualidade da água do manancial.

Preservação da Fauna e da Flora

Para a preservação da fauna e da flora deve-se ter em mente que a qualidade da água adquire fundamental importância. Os diversos parâmetros utilizados para classificar as águas dentro dos seus vários usos têm seus valores muito rígidos para garantir a vida aquática, desde os microrganismos até os peixes, aves e outros animais. Para determinados parâmetros,

96 CURSO DE GESTÃO AMBIENTAL

como o mercúrio e o cádmio, os limites admissíveis para a preservação da vida aquática são mais restritivos que aqueles relativos ao padrão de potabilidade da água.

Assim, todas as alterações da qualidade das águas, provocadas sobretudo pela ação do homem, precisam ser cuidadosamente avaliadas e as medidas preventivas devem ser tomadas de modo a não interferir de forma prejudicial na vida aquática.

Recreação

O uso da água para a recreação envolve duas situações: quando há o contato direto com a água (contato primário) – no caso da natação, do mergulho, do esqui aquático, entre outros, e quando não há o contato – caso dos esportes náuticos com a utilização de barcos, além da pesca esportiva.

Nessas situações, notadamente naquelas de contato primário, a qualidade das águas está diretamente relacionada com a presença de microrganismos patogênicos que provocam agravos à saúde humana.

Além das duas situações descritas, o uso para fins paisagísticos também se insere nesse contexto.

Geração de Energia Elétrica

O uso da água para geração de energia é muito desenvolvido no Brasil, uma vez que o país detém o terceiro lugar na produção de energia hidrelétrica, com 10% da produção mundial, atrás do Canadá e dos Estados Unidos, cada um com 14% da produção mundial.

Exemplos da importância da água na geração de energia elétrica são: o complexo constituído por nove usinas hidrelétricas, desde Barra Bonita, no Rio Tietê, até Itaipu, no Rio Paraná, que produz em média 2,83 mW/m^3/s de água; e as duas usinas Henry Borden, localizadas em Cubatão, na Baixada Santista, que produziram, até 2004, em média 5,6 mW/m^3/s de água, em razão do desnível de quase 700 m entre o reservatório Billings e as turbinas da usina. Por questões ambientais, essa usina deixou de operar comercialmente porque o bombeamento das águas do rio Pinheiros para o reservatório Billings foi suspenso.

O uso da água para a produção de energia elétrica não modifica sua qualidade, no entanto, altera o ambiente e a vida aquática.

Navegação

A navegação é um tipo de uso da água que vem se difundindo muito nos últimos anos no Brasil, principalmente pela construção das barragens geradoras de energia elétrica. A Hidrovia Paraná-Tietê, por exemplo, possui cerca de 2.400 km de trechos navegáveis, sendo 1.642 km nos rios Paraná e Tietê, e 758 km nos seus afluentes principais. O tipo de comboio admitido para a Hidrovia do Tietê, é de 2.400 t, o que equivale a 120 caminhões com carga de 20 t, a um custo pelo menos três vezes menor por t/km. Isso explica a enorme vantagem desse modelo de transporte.

Diluição e Transporte de Efluentes

Este é o uso menos nobre das águas, sendo, muito embora, um dos mais empregados pelo homem. O volume da água nos rios é de cerca de 0,00009% da disponibilidade de água na biosfera. É dos rios que se subtrai a maior parte da água para o consumo humano e para outros usos nobres. E nesses mesmos rios o homem lança seus efluentes poluídos, quer de natureza doméstica, quer de origem industrial. Por isso, tem especial importância a forma com que os nossos efluentes são tratados e a maneira como são dispostos no meio ambiente, por causa da possibilidade de prejudicar o uso da águas receptoras.

Fontes de Poluição

As fontes de poluição das águas, pelos seus mais diversos usos, podem ser agrupadas como segue: poluição natural; poluição causada por esgotos domésticos; poluição causada por efluentes industriais; poluição causada pela drenagem de áreas agrícolas e urbanas.

Essas fontes estão associadas ao tipo de uso e ocupação do solo. Cada uma dessas fontes possui características próprias quanto aos poluentes que carreiam. Por exemplo, os esgotos domésticos apresentam compostos orgânicos biodegradáveis, nutrientes e bactérias. Já a grande diversidade de indústrias provoca uma variabilidade mais intensa nos contaminantes lançados aos corpos d'água que estão relacionados aos tipos de matérias-primas e processos industriais utilizados.

Poluição Natural

A poluição natural ocorre com o arraste, pelas águas das chuvas, de partículas orgânicas e inorgânicas do solo, de resíduos de animais silvestres, de folhas e galhos de árvores e vegetação em decomposição. Ocorre também pelas características do solo por onde percolam as águas subterrâneas que abastecem o corpo de água superficial. Esse tipo de poluição dificilmente altera as características das águas de forma a torná-las impróprias para o uso mais nobre, que é o abastecimento público. Quando um corpo de água sofre apenas o impacto da poluição natural, suas águas apresentam características físicas, químicas e biológicas que atendem aos padrões de qualidade mais restritivos, sendo comum utilizá-las para o abastecimento público após simples desinfecção, precedidas ou não de filtração.

Poluição devida aos Esgotos Domésticos

Os esgotos domésticos, tratados ou não, quando lançados num corpo de água, provocam alteração em suas características físicas, químicas e biológicas. Essa alteração será maior ou menor dependendo do grau de tratamento a que se submete o esgoto, ou então do nível de diluição proporcionado pelo corpo receptor.

Nos esgotos domésticos de uma cidade, além da fração residencial, podem ser englobados ainda os esgotos provenientes das seguintes atividades econômicas: postos de combustíveis, lavanderias, açougues, padarias, supermercados, laboratórios e farmácias, oficinas mecânicas, lava-rápidos, restaurantes e lanchonetes, hospitais e pronto-socorros, consultórios médicos e dentários e outras atividades. Provêm, inclusive, de indústrias de pequeno porte que, de alguma forma, geram, além dos esgotos sanitários, parcelas características daquela atividade específica.

Poluição devida aos Efluentes Industriais

As atividades industriais geram efluentes com características qualitativas e quantitativas bastantes diversificadas. Dependendo da natureza do processo industrial, seus efluentes podem conter elevadas concentrações de matéria orgânica, sólidos em suspensão, metais pesados, compostos tóxicos, microrganismos patogênicos, substâncias teratogênicas, mutagênicas, cancerígenas etc.

As Tabelas 4.2 e 4.3 mostram as características quantitativas e qualitativas (equivalente populacional) de alguns efluentes industriais.

Tabela 4.2 – Características quantitativas.

Fontes de despejos	Vazão específica
Esgotos domésticos	120 a 160 L/hab. dia
Abatedouro bovino	1.500 a 2.000 L/boi
Abatedouro avícola	17 a 20 L/ave
Fabricação de cerveja	6 L/L cerveja
Fabricação de refrigerantes	2 a 4 L/L refrigerante
Fabricação de álcool	15 L restilo/L álcool
Laticínios – queijos	20 L/kg queijo
Laticínios – leite	1 L/L leite
Fabricação de couros	800 a 1.000 L/couro
Fabricação de papel	50 a 100 L/kg papel

Tabela 4.3 – Características qualitativas.

Fontes de despejos	Equivalente populacional – Carga orgânica
Abatedouro bovino	55 hab./boi
Abatedouro avícola	200 hab./1.000 aves
Fabricação de cerveja	175 hab./m^3 cerveja
Fabricação de álcool	7 hab./L álcool (sem restilo)
Laticínios – queijos	2 hab./kg queijo
Laticínios – leite	20 hab./1.000 L leite
Fabricação de couros	40 hab./pele bovina
Fabricação de papel	460 hab./t papel

Poluição devida a Drenagens de Áreas Agrícolas e Urbanas

Em geral, o deflúvio superficial urbano contém todos os poluentes que se depositam na superfície do solo. Na ocorrência de chuvas, os materiais acumulados em valas, bueiros etc. são arrastados pelas águas pluviais para os cursos de água superficiais, constituindo-se numa fonte de poluição tanto maior quanto mais deficiente for a limpeza pública.

Já o deflúvio superficial agrícola apresenta características diferentes. Seus efeitos dependem muito das práticas agrícolas utilizadas em cada região e da época do ano em que se realizam as preparações do terreno para o plantio, a aplicação de fertilizantes, de defensivos agrícolas e a colheita. A contribuição representada pelo material proveniente da erosão de solos intensifica-se quando ocorrem chuvas em áreas rurais.

Efeitos da Poluição das Águas

O lançamento de efluentes líquidos, tratados ou não, nos corpos d'água provoca alterações em suas características físicas, químicas e biológicas. Essas alterações poderão ser ou não representativas para os usos a que as águas do corpo receptor se destinam, dependendo da intensidade da carga de poluentes lançada. Alguns efeitos na qualidade das águas para os diversos usos são apresentados a seguir.

Abastecimento Público

Os efeitos sobre o abastecimento público envolvem:

- Contaminação microbiológica: os esgotos domésticos contêm microrganismos patogênicos (bactérias, vírus e protozoários) que são causadores de doenças de veiculação hídrica. Essas doenças podem ser adquiridas a partir da ingestão de água contaminada.

- Variações rápidas e imprevisíveis na qualidade das águas do manancial: este é um dos principais problemas que interferem na qualidade das águas de abastecimento público, notadamente em pequenas comunidades. As atividades de origem industrial ou agropecuária, sobretudo, podem acarretar lançamentos imprevistos de poluentes nas águas localizadas a montante de uma captação para abastecimento público que as unidades da Estação de Tratamento de Água (ETA) não têm capacidade de remover. Exemplos desses poluentes são corantes, agrotóxicos, metais pesados e outras substâncias que podem prejudicar a qualidade da água tratada e pôr em risco a saúde da população abastecida. O lançamento de esgotos domésticos também pode proporcionar o crescimento excessivo de algas em reservatórios. Dessa forma, normalmente ocorre a liberação de toxinas pelas algas, com efeitos sobre a saúde do homem, e ainda outras substâncias que passam gosto e odor para as águas de abastecimento.

- Produtos químicos orgânicos e inorgânicos que causam dureza, corrosão, cor, odor, sabor e espumas ou provocam o desenvolvimento de algas na água.

- Encarecimento do tratamento da água: a poluição dos mananciais de abastecimento de uma cidade leva à busca por novas fontes, muitas vezes distantes do centro de consumo, o que encarece o produto. Um caso típico é a região metropolitana de São Paulo, que utiliza parte da água de abastecimento público proveniente das cabeceiras da Bacia do Rio Piracicaba. Além disso, enfrenta uma constante crise de abastecimento, haja vista a poluição dos seus mananciais de abastecimento, como os reservatórios Billings e Guarapiranga.

Abastecimento Industrial

No que se refere ao abastecimento industrial, os efeitos englobam:

- Limitação para uso em determinadas indústrias: a alteração na qualidade da água prejudica sua utilização em diversos tipos de indústrias, como as do ramo de bebidas, têxtil, alimentos, papel e celulose, abatedouros, químicas.

- Operação e manutenção de caldeiras: o excesso principalmente de cálcio e magnésio nas águas utilizadas em caldeiras causa obstruções nesses equipamentos, trazendo riscos de explosão. Isso gera a necessidade de um tratamento prévio das águas utilizadas na produção de vapor.

Indústria da Pesca

No caso da indústria da pesca, o lançamento de efluentes líquidos pode trazer efeitos como a destruição de peixes, o desaparecimento de organismos aquáticos, a degeneração e o enfraquecimento dos peixes, a obstrução de locais de deposição de ovos, a substituição de espécies e, também, a redução do valor econômico das áreas afetadas.

Navegação

Os efeitos sobre a navegação envolvem a formação de bancos de lodos em canais navegáveis, a ação agressiva das águas sobre estruturas de concreto e aço e em embarcações, além do encarecimento da conservação de canais e estruturas.

Agricultura e Pecuária

No que se refere à agricultura e à pecuária, os efeitos estão associados à contaminação bacteriana do leite e de hortaliças, à poluição por produtos químicos que causam a morte de animais e a destruição de plantações, à depreciação de terras e, consequentemente, ao aumento das despesas com o tratamento da água.

Recreação

Quanto à recreação, os efeitos envolvem a contaminação por bactérias, vírus, parasitas, entre outros, além de problemas estéticos e prejuízos às atividades esportivas e recreativas.

Os efeitos do lançamento de poluentes nas águas podem ser resumidos também em função do seu tipo.

A matéria orgânica nas coleções de água provoca o consumo de oxigênio pelos microrganismos no seu processo de oxidação. Por causa da presença de nutrientes, também provoca o crescimento de algas em reservatórios e o aparecimento de substâncias que causam odor e sabor, bem como de toxinas expelidas pelas algas, que prejudicam a saúde do homem.

As substâncias tóxicas, entre elas os metais pesados, interferem na cadeia alimentar dos organismos aquáticos, provocando sua morte.

Materiais que causam cor e turbidez nas águas trazem inconvenientes às ETAs e interferem na estética e no uso recreacional de reservatórios, bem como prejudicam a vida aquática.

Materiais flutuantes, como óleos e graxas, interferem na reoxigenação da água e nas operações de tratamento de água para uso industrial e de abastecimento público, prejudicando não só a vida aquática, mas também os aspectos estéticos e recreacionais.

Materiais sedimentáveis, notadamente os provenientes do uso indevido do solo, provocados pelo desmatamento ou pelas extrações minerais, provocam o assoreamento de rios e represas, a queda da velocidade dos rios e inundações de áreas ribeirinhas.

QUALIDADE DA ÁGUA

Significado Ambiental e Sanitário das Variáveis de Qualidade das Águas

Entre os diversos usos das águas, destacam-se o abastecimento público e a proteção da vida aquática. Tanto na Legislação Estadual (Decreto estadual n. 8468/76) quanto na Federal (Resolução Conama n. 357/2005), esses usos são os mais preponderantes do recurso hídrico.

No âmbito do abastecimento público, são essenciais os cuidados com a água sobre seus aspectos de saneamento. No tratamento dos esgotos domésticos e no tratamento da água bruta destinada ao abastecimento público existem diversas características da água que devem ser levadas em consideração, no sentido de operar de forma adequada os processos orgânicos e físico-químicos.

Com relação à proteção da vida aquática, a água presente no ambiente, nos rios e reservatórios deve apresentar condições de qualidade que protejam as comunidades aquáticas.

Dessa forma, este item objetiva indicar, para cada variável de qualidade, os aspectos mais relevantes do ponto de vista ambiental e de saneamento. As variáveis de qualidade mais comumente utilizadas na avaliação dos corpos hídricos foram agrupadas em função de suas características físicas, químicas e biológicas, de acordo com a Cetesb (2012).

Variáveis Físicas

Cor

A cor de uma amostra de água está associada ao grau de redução de intensidade que a luz sofre ao atravessá-la, em decorrência da presença de sólidos dissolvidos, principalmente material em estado coloidal orgânico e inorgânico. Entre os coloides orgânicos podem ser mencionados os ácidos húmico e fúlvico, substâncias naturais resultantes da decomposição parcial de compostos orgânicos presentes em folhas, entre outros substratos. Também os esgotos domésticos se caracterizam por apresentarem predominantemente matéria orgânica em estado coloidal, além de diversos efluentes industriais, que contêm taninos, anilinas, lignina e celulose.

Há também compostos inorgânicos capazes de alterar a cor da água. Os principais são os óxidos de ferro e manganês, que são abundantes em diversos tipos de solo.

O problema maior de cor na água é, em geral, o estético, já que causa um efeito repulsivo na população.

Série de Sólidos

Em saneamento, sólidos nas águas correspondem a toda matéria que permanece como resíduo, após evaporação, secagem ou calcinação da amostra a uma temperatura preestabelecida durante um tempo fixado.

Nos estudos de controle de poluição das águas naturais, principalmente nos estudos de caracterização de esgotos sanitários e de efluentes industriais, as determinações dos níveis de concentração das diversas frações de sólidos resultam em um quadro geral da distribuição das partículas com relação ao tamanho (sólidos em suspensão e dissolvidos) e com relação à natureza (fixos ou minerais e voláteis ou orgânicos). Esse quadro não é definitivo para se entender o comportamento da água em questão, mas constitui-se em uma informação preliminar importante. Deve ser destacado que, embora a concentração de sólidos voláteis seja associada à presença de compostos orgânicos na água, não propicia qualquer informação sobre a natureza específica das diferentes moléculas orgânicas eventualmente presentes.

Para o recurso hídrico, os sólidos podem causar danos aos peixes e à vida aquática. Eles podem sedimentar no leito dos rios, destruindo organismos que fornecem alimentos ou, também, danificar os leitos de desova de peixes. Os sólidos podem reter bactérias e resíduos orgânicos no fundo dos rios, promovendo decomposição anaeróbia. Altos teores de sais minerais, particularmente sulfato e cloreto, estão associados à tendência de corrosão em sistemas de distribuição, além de conferir sabor às águas.

Temperatura

Variações de temperatura são parte do regime climático normal e corpos de água naturais apresentam variações sazonais e diurnas, bem como estratificação vertical. A temperatura superficial é influenciada por fatores tais como latitude, altitude, estação do ano, período do dia, taxa de fluxo e profundidade. A elevação da temperatura em um corpo d'água geralmente é provocada por despejos industriais e usinas termoelétricas.

A temperatura desempenha um papel crucial no meio aquático, condicionando as influências de uma série de variáveis físico-químicas. Em geral, à medida que a temperatura aumenta, de 0 a 30°C, viscosidade, tensão superficial, compressibilidade, calor específico, constante de ionização e calor latente de vaporização diminuem, enquanto a condutividade térmica e a pressão de vapor aumentam. Organismos aquáticos possuem limites de tolerância térmica superior e inferior, temperaturas ótimas para crescimento, temperatura preferida em gradientes térmicos e limitações de temperatura para migração, desova e incubação do ovo.

Turbidez

A turbidez de uma amostra de água é o grau de atenuação de intensidade que um feixe de luz sofre ao atravessá-la (essa redução se dá por absorção e espalhamento, uma vez que as partículas que provocam turbidez nas águas são maiores que o comprimento de onda da luz branca), por causa da presença de sólidos em suspensão, tais como partículas inorgânicas (areia, silte, argila) e detritos orgânicos (algas e bactérias, plâncton em geral etc.).

A erosão das margens dos rios em estações chuvosas, que é intensificada pelo mau uso do solo, é um exemplo de fenômeno que resulta em aumento da turbidez das águas e que exige manobras operacionais, tais como alterações nas dosagens de coagulantes e auxiliares, nas ETAs.

Esgotos domésticos e diversos efluentes industriais também provocam elevações na turbidez das águas. Um exemplo típico desse fato ocorre em consequência das atividades de mineração, em que os aumentos excessivos de turbidez têm provocado formação de grandes bancos de lodo em rios e alterações no ecossistema aquático.

Alta turbidez reduz a fotossíntese de vegetação enraizada submersa e algas. Esse desenvolvimento reduzido de plantas pode, por sua vez, suprimir a reprodução de peixes. Logo, a turbidez pode influenciar nas comunidades biológicas aquáticas. Além disso, afeta adversamente os usos doméstico, industrial e recreacional da água.

Variáveis Químicas

Alumínio

O alumínio e seus sais são usados no tratamento da água, como aditivo alimentar, na fabricação de latas, telhas, papel alumínio, na indústria farmacêutica etc. Na água, o metal pode ocorrer em diferentes formas e é influenciado pelo pH, temperatura e presença de fluoretos, sulfatos, matéria orgânica e outros ligantes. A solubilidade é baixa em pH entre 5,5 e 6,0. Na água potável, os níveis do metal variam de acordo com a fonte de água e com os coagulantes à base de alumínio que são usados no tratamento da água. Estudos americanos mostraram que as concentrações de alumínio na água tratada com coagulante variaram de 0,01 a 1,3 mg/L, com uma concentração média de 0,16 mg/L. O aumento da concentração de alumínio está associado com o período de chuvas e, portanto, com a alta turbidez. Outro aspecto da química do alumínio é sua dissolução no solo para neutralizar a entrada de ácidos com as chuvas ácidas. Nessa forma, ele é extremamente tóxico à vegetação e pode ser escoado para os corpos d'água.

A Portaria n. 2.914, de 12 de dezembro de 2011, estabelece um valor máximo permitido de alumínio de 0,2 mg/L como padrão de aceitação para água de consumo humano.

Bário

Os compostos de bário são usados na indústria da borracha, têxtil, cerâmica, farmacêutica, entre outras. Ocorre naturalmente na água, na forma de carbonatos em algumas fontes minerais, geralmente em concentrações entre 0,7 e 900 µg/L. Não é um elemento essencial ao homem e em elevadas concentrações causa efeitos no coração, no sistema nervoso, constrição dos vasos sanguíneos, elevando a pressão arterial. A morte pode ocorrer em poucas horas ou dias, dependendo da dose e da solubilidade do sal de bário. O valor máximo permitido de bário na água potável é de 0,7 mg/L (Portaria n. 2.914, de 12 de dezembro de 2011).

Cádmio

O cádmio é liberado ao ambiente por efluentes industriais, principalmente, de galvanoplastias, produção de pigmentos, soldas, equipamentos eletrônicos, lubrificantes e acessórios fotográficos, bem como por poluição difusa causada por fertilizantes e poluição do ar local. Normalmente a concentração de cádmio em águas não poluídas é inferior a 1 µg/L. A água potável apresenta baixas concentrações, geralmente entre 0,01 e 1 µg/L, entretanto pode ocorrer contaminação pela presença de cádmio como impureza no zinco de tubulações galvanizadas, soldas e alguns acessórios metálicos.

A ingestão de alimentos ou água contendo altas concentrações de cádmio causa irritação no estômago, cujos efeitos são vômito, diarreia e, às vezes, morte. Na exposição crônica o cádmio pode danificar os rins. Experimentos com animais demonstraram que o metal produz efeitos tóxicos em vários órgãos, como fígado, rins, pulmão e pâncreas. É um metal que se acumula em organismos aquáticos, possibilitando sua entrada na cadeia alimentar. O padrão de potabilidade fixado pela Portaria n. 2.914, de 12 de dezembro de 2011, é de 0,005 mg/L.

Carbono Orgânico Dissolvido e Carbono Orgânico Total

O carbono orgânico total (COT) é a concentração de carbono orgânico oxidado a CO_2, em um forno a alta temperatura, e quantificado por meio de analisador infravermelho. Existem dois tipos de carbono orgânico no ecossistema aquático: carbono orgânico particulado (COP) e carbono orgânico dissolvido (COD). A análise de COT considera as parcelas biodegradáveis e não biodegradáveis da matéria orgânica, não sofrendo interferência de outros átomos que estejam ligados à estrutura orgânica, quantificando apenas o carbono presente na amostra. O carbono orgânico em água doce origina-se da matéria viva e também é componente de vários efluentes e resíduos. Sua importância ambiental deve-se ao fato de servir como fonte de energia para bactérias e algas, além de complexar metais. A parcela formada pelos excretos de algas cianofíceas pode, em concentrações elevadas, tornar-se tóxica, além de causar problemas estéticos. O carbono orgânico total na água também é um indicador útil do grau de poluição do corpo hídrico.

Chumbo

O chumbo está presente no ar, no tabaco, nas bebidas e nos alimentos. O chumbo tem ampla aplicação industrial, como na fabricação de baterias, tintas, esmaltes, inseticidas, vidros, ligas metálicas etc. A presença do metal na água ocorre por deposição atmosférica ou lixiviação do solo. O chumbo raramente é encontrado na água de torneira, exceto quando os encanamentos são à base de chumbo, ou soldas, acessórios ou outras conexões. A exposição da população em geral ocorre principalmente por ingestão de alimentos e bebidas contaminados. O chumbo pode afetar quase todos os órgãos e sistemas do corpo, mas o mais sensível é o sistema nervoso, tanto em adultos como em crianças. A exposição aguda causa sede intensa, sabor metálico, inflamação gastrintestinal, vômitos e diarreias. Na exposição prolongada são observados efeitos renais, cardiovasculares, neurológicos e nos músculos e ossos, entre outros. É um composto cumulativo que provoca envenenamento crônico denominado saturnismo. As doses letais para peixes variam de 0,1 a 0,4 mg/L, embora alguns resistam até 10 mg/L em condições experimentais. O padrão de potabilidade para o chumbo estabelecido pela Portaria n. 2.914, de 12 de dezembro de 2011, é de 0,01 mg/L.

Cloreto

O cloreto é o ânion Cl- que se apresenta nas águas subterrâneas, oriundo da percolação da água através de solos e rochas. Nas águas superficiais, são fontes importantes de cloreto as descargas de esgotos sanitários, sendo que cada pessoa expele pela urina cerca 4 g de cloreto por dia, que representam cerca de 90 a 95% dos excretos humanos. Tais quantias fazem com que os esgotos apresentem concentrações de cloreto que ultrapassam 15 mg/L.

Diversos são os efluentes industriais que apresentam concentrações de cloreto elevadas como os da indústria do petróleo, algumas indústrias farmacêuticas, curtumes etc. Nas águas tratadas, a adição de cloro puro ou em solução leva a uma elevação do nível de cloreto, resultante das reações de dissociação do cloro na água.

O cloreto não apresenta toxicidade ao ser humano, exceto no caso da deficiência no metabolismo de cloreto de sódio, por exemplo, na insuficiência cardíaca congestiva. A concentração de cloreto em águas de abastecimento público constitui um padrão de aceitação, já que provoca sabor "salgado" na água. Concentrações acima de 250 mg/L causam sabor detectável na água, mas o limite depende dos cátions associados. A Portaria n. 2.914, de 12 de dezembro de 2011, do Ministério da Saúde, estabelece o valor máximo de 250 mg/L de cloreto na água potável como padrão de aceitação de consumo.

Cobre

O cobre tem vários usos, como na fabricação de tubos, válvulas, acessórios para banheiro e está presente em ligas e revestimentos. Na forma de sulfato ($CuSO_4.5H_2O$) é usado como algicida. As fontes de cobre para o meio ambiente incluem minas de cobre ou de outros metais, corrosão de tubulações de latão por águas ácidas, efluentes de estações de tratamento de esgotos, uso de compostos de cobre como algicidas aquáticos, escoamento superficial e contaminação da água subterrânea a partir do uso agrícola do cobre e precipitação atmosférica de fontes industriais. O cobre ocorre naturalmente em todas as plantas e animais e é um nutriente essencial em baixas doses. Estudos indicam que uma concentração de 20 mg/L de cobre ou um teor total de 100 mg/L por dia na água é capaz de produzir intoxicações no homem, com lesões no fígado. Concentrações acima de 2,5 mg/L transmitem sabor amargo à água; acima de 1 mg/L produzem coloração em louças e sanitários. Para os peixes, muito mais que para o homem, doses elevadas de cobre são extremamente nocivas. Concentrações de 0,5 mg/L são letais para trutas, carpas, bagres, peixes vermelhos de aquários ornamentais e outros. Doses acima de 1,0 mg/L são letais para microrganismos. O padrão de potabilidade para o cobre, de acordo com a Portaria n. 2.914, de 12 de dezembro de 2011, é de 2 mg/L.

Condutividade

A condutividade é a expressão numérica da capacidade de uma água conduzir a corrente elétrica. Depende das concentrações iônicas e da temperatura e indica a quantidade de sais existentes na coluna d'água e, portanto, representa uma medida indireta da concentração de poluentes. Em geral, níveis superiores a 100 μS/cm indicam ambientes impactados.

A condutividade também fornece uma boa indicação das modificações na composição de uma água, especialmente na sua concentração mineral, mas não fornece nenhuma indicação das quantidades relativas dos vários componentes. A condutividade da água aumenta à medida que mais sólidos dissolvidos são adicionados. Altos valores podem indicar características corrosivas da água.

Cromo

O cromo é utilizado na produção de ligas metálicas, estruturas da construção civil, fertilizantes, tintas, pigmentos, curtumes, preservativos para madeira, entre outros usos. A maioria das águas superficiais contém entre 1 e 10 µg/L de cromo. A concentração do metal na água subterrânea geralmente é baixa (< 1 µg/L). Na forma trivalente, o cromo é essencial ao metabolismo humano e sua carência causa doenças. Na forma hexavalente, é tóxico e cancerígeno. Os limites máximos são estabelecidos basicamente em função do cromo hexavalente. A Portaria n. 2.914, de 12 de dezembro 2011 estabelece um valor máximo permitido de 0,05 mg/L de cromo na água potável.

Demanda Bioquímica de Oxigênio (DBO)

A DBO de uma água é a quantidade de oxigênio necessária para oxidar a matéria orgânica por decomposição microbiana aeróbia para uma forma inorgânica estável. A DBO é normalmente considerada como a quantidade de oxigênio consumido durante determinado período, numa temperatura de incubação específica. Um período de 5 dias numa temperatura de incubação de 20°C é frequentemente usado e referido como DBO5,20.

Como a DBO5,20 mede somente a quantidade de oxigênio consumido num teste padronizado, não indica a presença de matéria não biodegradável, nem leva em consideração o efeito tóxico ou inibidor de materiais sobre a atividade microbiana.

Os maiores aumentos em termos de DBO, num corpo d'água, são provocados por despejos de origem predominantemente orgânica. A presença de um alto teor de matéria orgânica pode induzir ao completo esgotamento do oxigênio na água, provocando o desaparecimento de peixes e outras formas de vida aquática.

Um valor elevado da DBO pode indicar um incremento da microflora presente e interferir no equilíbrio da vida aquática, além de produzir sabores e odores desagradáveis e, ainda, pode obstruir os filtros de areia utilizados nas ETAs.

Demanda Química de Oxigênio (DQO)

É a quantidade de oxigênio necessária para oxidação da matéria orgânica de uma amostra por meio de um agente químico, como o dicromato de potássio. Os valores da DQO normalmente são maiores que os da DBO5,20, sendo o teste realizado num prazo menor. O aumento da concentração de DQO num corpo d'água deve-se principalmente a despejos de origem industrial.

Fenóis

Os fenóis e seus derivados aparecem nas águas naturais através das descargas de efluentes industriais. Indústrias de processamento da borracha, colas e adesivos, resinas impregnantes, de componentes elétricos (plásticos) e as siderúrgicas, entre outras, são responsáveis pela presença de fenóis nas águas naturais.

Os fenóis são tóxicos ao homem, aos organismos aquáticos e aos microrganismos que tomam parte dos sistemas de tratamento de esgotos sanitários e de efluentes industriais. Nas águas naturais, os padrões para os compostos fenólicos são bastante restritivos, tanto na legislação federal quanto na do Estado de São Paulo. Nas águas tratadas, os fenóis reagem com o cloro livre formando os clorofenóis que produzem sabor e odor na água.

Ferro

O ferro aparece principalmente em águas subterrâneas por causa da dissolução do minério pelo gás carbônico da água, conforme a reação:

$$Fe + CO_2 + \frac{1}{2} O_2 \longrightarrow FeCO_3$$

O carbonato ferroso é solúvel e frequentemente encontrado em águas de poços que contêm elevados níveis de concentração de ferro. Nas águas superficiais, o nível de ferro aumenta nas estações chuvosas por causa do carreamento de solos e da ocorrência de processos de erosão das margens. Também poderá ser importante a contribuição devida a efluentes industriais, pois muitas indústrias metalúrgicas desenvolvem atividades de remoção da camada oxidada (ferrugem) das peças antes de seu uso, processo conhecido como decapagem, que normalmente é procedida pela passagem da peça em banho ácido.

O ferro, apesar de não se constituir em um tóxico, traz diversos problemas para o abastecimento público de água. Confere cor e sabor à água, provocando manchas em roupas e utensílios sanitários. Também traz o problema do desenvolvimento de depósitos em canalizações e de ferro--bactérias, provocando a contaminação biológica da água na própria rede de distribuição. Por esses motivos, o ferro constitui-se em padrão de potabilidade, tendo sido estabelecida a concentração limite de 0,3 mg/L na Portaria n. 2.914, de 12 de dezembro de 2011 do Ministério da Saúde.

No tratamento de águas para abastecimento público, deve-se destacar a influência da presença de ferro na etapa de coagulação e floculação. As águas que contêm ferro caracterizam-se por apresentar cor elevada e turbidez baixa. Os flocos formados geralmente são pequenos, ditos "pontuais", com velocidades de sedimentação muito baixa. Em muitas ETAs, esse problema só é resolvido mediante a aplicação de cloro, denominada de pré-cloração. Por meio da oxidação do ferro pelo cloro, os flocos tornam-se maiores e a estação passa a apresentar um funcionamento aceitável. No entanto, é conceito clássico que, por outro lado, a pré-cloração de águas deve ser evitada, pois em caso da existência de certos compostos orgânicos chamados precursores, o cloro reage com eles formando tri-halometanos, associados ao desenvolvimento do câncer.

Fósforo Total

O fósforo aparece em águas naturais por causa, principalmente, das descargas de esgotos sanitários. A matéria orgânica fecal e os detergentes em pó empregados em larga escala domesticamente constituem a principal fonte. Alguns efluentes industriais, como os de indústrias de fertilizantes, pesticidas, químicas em geral, conservas alimentícias, abatedouros, frigoríficos e laticínios, apresentam fósforo em quantidades excessivas. As águas drenadas em áreas agrícolas e urbanas também podem provocar a presença excessiva de fósforo em águas naturais.

O fósforo pode se apresentar nas águas sob três formas diferentes. Os fosfatos orgânicos são a forma em que o fósforo compõe moléculas orgânicas, como a de um detergente, por exemplo. Os ortofosfatos são representados pelos radicais, que se combinam com cátions formando sais inorgânicos nas águas e os polifosfatos, ou fosfatos condensados, polímeros de ortofosfatos. Essa terceira forma não é muito importante nos estudos de controle de qualidade das águas porque sofre hidrólise, convertendo-se rapidamente em ortofosfatos nas águas naturais.

Manganês

O manganês e seus compostos são usados na indústria do aço, ligas metálicas, baterias, vidros, oxidantes para limpeza, fertilizantes, vernizes, suplementos veterinários, entre outros usos. Ocorre naturalmente na água superficial e subterrânea, no entanto, as atividades antropogênicas são também responsáveis pela contaminação da água. Raramente atinge concentrações de 1,0 mg/L em águas superficiais naturais e, normalmente, está presente em quantidades de 0,2 mg/L ou menos. Desenvolve coloração negra na água, podendo se apresentar nos estados de oxidação Mn+2 (mais solúvel) e Mn+4 (menos solúvel). Concentração menor que 0,05 mg/L geralmente é aceita por consumidores, porque não ocorrem, nessa faixa de concentração, manchas negras ou depósitos de seu óxido nos sistemas de abastecimento de água. É muito usado na indústria do aço. O manganês é um elemento essencial para muitos organismos, incluindo o do ser humano. A principal exposição humana ao manganês é por consumo de alimentos. O padrão de aceitação para consumo humano do manganês é 0,1 mg/L (Portaria n. 2.914, de 12 de dezembro de 2011).

Mercúrio

O mercúrio é usado na produção eletrolítica do cloro, em equipamentos elétricos, amálgamas e como matéria-prima para compostos de mercúrio. No Brasil é largamente utilizado em garimpos para extração do ouro. Casos de contaminação já foram identificados no Pantanal, no norte brasileiro e em outras regiões. Está presente na forma inorgânica na água superficial e subterrânea. As concentrações geralmente estão abaixo de 0,5 µg/L, embora depósitos de minérios possam elevar a concentração do metal na água subterrânea. Entre as fontes antropogênicas de mercúrio no meio aquático destacam-se as indústrias cloro-álcali de células de mercúrio, vários processos de mineração e fundição, efluentes de estações de tratamento de esgotos, indústrias de tintas etc.

A principal via de exposição humana ao mercúrio é por ingestão de alimentos. O metal é altamente tóxico ao homem, sendo que doses de 3 a 30 gramas são letais. Apresenta efeito cumulativo e provoca lesões cerebrais. A intoxicação aguda é caracterizada por náuseas, vômitos, dores abdominais, diarreia, danos nos ossos e morte. Essa intoxicação pode ser fatal em 10 dias. A intoxicação crônica afeta glândulas salivares, rins e altera as funções psicológicas e psicomotoras. Em Minamata (Japão), o lançamento de grande quantidade de mercúrio orgânico – metil mercúrio – contaminou peixes e moradores da região, provocando graves lesões neurológicas e mortes. O pescado é um dos maiores contribuintes para a transferência de mercúrio para o homem, sendo que este se mostra mais tóxico na forma de compostos organo-metálicos. O padrão de potabilidade fixado pela Portaria n. 2.914, de 12 de dezembro de 2011 do Ministério da Saúde é de 0,001 mg/L.

Níquel

O níquel e seus compostos são utilizados em galvanoplastia, na fabricação de aço inoxidável, manufatura de baterias Ni-Cd, moedas, pigmentos, entre outros usos. Concentrações de níquel em águas superficiais naturais podem chegar a 0,1 mg/L; valores elevados podem ser encontrados em áreas de mineração. Na água potável, a concentração do metal normalmente é menor que 0,02 mg/L, embora a liberação de níquel de torneiras e acessórios possa contribuir para valores acima de 1 mg/L. A maior contribuição antropogênica para o meio ambiente é a queima de combustíveis, além da mineração e fundição do metal, fusão e modelagem de ligas, indústrias de eletrodeposição, fabricação de alimentos, artigos de panificadoras, refrigerantes e sorvetes aromatizados. Doses elevadas de níquel podem causar dermatites nos indivíduos mais sensíveis. A principal via de exposição para a população não exposta ocupacionalmente ao níquel e não fumante é o consumo de alimentos. A ingestão de elevadas doses de sais causa irritação gástrica. O efeito adverso mais comum da exposição ao níquel é uma reação alérgica; cerca de 10 a 20% da população é sensível ao metal. A Portaria n. 2.914, de 12 de dezembro de 2011 não estabelece um valor máximo permitido de níquel na água potável, já a Organização Mundial da Saúde recomenda o valor de 0,07 mg/L.

Óleos e Graxas

Óleos e graxas são substâncias orgânicas de origem mineral, vegetal ou animal. Essas substâncias geralmente são hidrocarbonetos, gorduras, ésteres, entre outros. São raramente encontrados em águas naturais, sendo normalmente oriundos de despejos e resíduos industriais, esgotos domésticos, efluentes de oficinas mecânicas, postos de gasolina, estradas e vias públicas.

Óleos e graxas, de acordo com o procedimento analítico empregado, consistem no conjunto de substâncias que consegue ser extraído da amostra por determinado solvente e que não se volatiliza durante a evaporação do solvente a 100°C. Essas substâncias, solúveis em n-hexano, compreendem ácidos graxos, gorduras animais, sabões, graxas, óleos vegetais, ceras, óleos minerais etc. Esse parâmetro costuma ser identificado também por material solúvel em hexano (MSH).

Os despejos de origem industrial são os que mais contribuem para o aumento de matérias graxas nos corpos d'água, entre eles os de refinarias, frigoríficos, saboarias etc. A pequena solubilidade dos óleos e graxas constitui um fator negativo no que se refere à sua degradação em unidades de tratamento de despejos por processos biológicos e causam problemas no tratamento d'água quando presentes em mananciais utilizados para abastecimento público. A presença de material graxo nos corpos hídricos, além de acarretar problemas de origem estética, diminui a área de contato entre a superfície da água e o ar atmosférico, impedindo, dessa maneira, a transferência do oxigênio da atmosfera para a água.

Em seu processo de decomposição, os óleos e graxas reduzem o oxigênio dissolvido, em razão da elevação da DBO5,20 e da DQO, causando prejuízos ao ecossistema aquático. Na legislação brasileira a recomendação é de que os óleos e as graxas sejam virtualmente ausentes para os corpos d'água de classes 1, 2 e 3.

Oxigênio Dissolvido (OD)

O oxigênio proveniente da atmosfera dissolve-se nas águas naturais, pela diferença de pressão parcial.

A taxa de reintrodução de oxigênio dissolvido em águas naturais através da superfície depende das características hidráulicas e é proporcional à velocidade, sendo que a taxa de reaeração superficial em uma cascata (queda d'água) é maior que a de um rio de velocidade normal, que por sua vez apresenta taxa superior à de uma represa, com a velocidade normalmente bastante baixa.

Outra fonte importante de oxigênio nas águas é a fotossíntese de algas. Essa fonte não é muito significativa nos trechos de rios à jusante de fortes lançamentos de esgotos. A turbidez e a cor elevadas dificultam a penetração dos raios solares e apenas poucas espécies resistentes às condições severas de poluição conseguem sobreviver. A contribuição fotossintética de oxigênio só é expressiva após grande parte da atividade bacteriana na decomposição de matéria orgânica ter ocorrido, bem como após terem se desenvolvido também os protozoários que, além de decompositores, consomem bactérias clarificando as águas e permitindo a penetração de luz.

Num corpo d'água eutrofizado, o crescimento excessivo de algas pode "mascarar" a avaliação do grau de poluição de uma água, quando se toma por base apenas a concentração de oxigênio dissolvido. Sob esse aspecto, águas poluídas são aquelas que apresentam baixa concentração de oxigênio dissolvido (por causa do seu consumo na decomposição de compostos orgânicos), enquanto as águas limpas apresentam concentrações de oxigênio dissolvido elevadas, chegando a um pouco abaixo da concentração de saturação. No entanto, um corpo d'água com crescimento excessivo de algas pode apresentar, durante o período diurno, concentrações de oxigênio bem superiores a 10 mg/L, mesmo em temperaturas superiores a 20°C, caracterizando uma situação de supersaturação. Isso ocorre principalmente em lagos de baixa velocidade da água, nos quais podem se formar crostas verdes de algas à superfície.

Uma adequada provisão de oxigênio dissolvido é essencial para a manutenção de processos de autodepuração em sistemas aquáticos naturais e em estações de tratamento de esgotos. Por meio da medição da concentração de oxigênio dissolvido, os efeitos de resíduos oxidáveis sobre águas receptoras e a eficiência do tratamento dos esgotos, durante a oxidação bioquímica, podem ser avaliados. Os níveis de oxigênio dissolvido também indicam a capacidade de um corpo d'água natural em manter a vida aquática.

Potencial Hidrogeniônico (pH)

Por influir em diversos equilíbrios químicos que ocorrem naturalmente ou em processos unitários de tratamento de águas, o pH é um parâmetro importante em muitos estudos no campo do saneamento ambiental.

A influência do pH sobre os ecossistemas aquáticos naturais ocorre diretamente em virtude de seus efeitos sobre a fisiologia das diversas espécies. Também o efeito indireto é muito importante, podendo, em determinadas condições de pH, contribuir para a precipitação de elementos químicos tóxicos como metais pesados; outras condições podem exercer efeitos sobre as solubilidades de nutrientes. Dessa forma, as restrições de faixas de pH são estabelecidas para as diversas classes de águas naturais, tanto de acordo com a legislação federal, quanto pela legislação do Estado de São Paulo. Os critérios de proteção à vida aquática fixam o pH entre 6 e 9.

Nos sistemas biológicos formados nos tratamentos de esgotos, o pH é também uma condição que influi decisivamente no processo de tratamento. Normalmente, a condição de pH que corresponde à formação de um ecossistema mais diversificado e a um tratamento mais estável é a de neutralidade, tanto em meios aeróbios como nos anaeróbios. Nos reatores anaeróbios, a acidificação do meio é acusada pelo decréscimo do pH do lodo, indicando situação de desequilíbrio. A produção de ácidos orgânicos voláteis pelas bactérias acidificadoras e a não utilização destes últimos pelas metanobactérias são uma situação de desequilíbrio que pode ser devido a diversas causas. O decréscimo no valor do pH, que a princípio funciona como indicador do desequilíbrio, passa a ser causa se não for corrigido a tempo. É possível que alguns efluentes industriais possam ser tratados biologicamente em seus valores naturais de pH, por exemplo, em torno de 5,0. Nessa condição, o meio talvez não permita uma grande diversificação hidrobiológica, mas pode acontecer de os grupos mais resistentes, algumas bactérias e fungos, principalmente, tornarem possível a manutenção de um tratamento eficiente e estável. Mas, em geral, procede-se à neutralização prévia do pH dos efluentes industriais antes de serem submetidos ao tratamento biológico.

Nas estações de tratamento de águas, são várias as etapas cujo controle envolve as determinações de pH. A coagulação e a floculação que a água sofre inicialmente é um processo unitário dependente do pH; existe uma condição denominada "pH ótimo" de coagulação que corresponde à situação em que as partículas coloidais apresentam menor quantidade de carga eletrostática superficial. A desinfecção pelo cloro é outro processo dependente do pH. Em meio ácido, a dissociação do ácido hipocloroso formando hipoclorito é menor, sendo o processo mais eficiente. A própria distribuição da água final é afetada pelo pH. Sabe-se que as águas ácidas são corrosivas, ao passo que as alcalinas são incrustantes. Por isso, o pH da água final deve ser controlado, para que os carbonatos presentes sejam equilibrados e não ocorra nenhum dos dois efeitos indesejados mencionados. O pH é padrão de potabilidade, devendo as águas para abastecimento público apresentar valores entre 6,0 a 9,5, de acordo com a Portaria n. 518/2004 do Ministério da Saúde. Outros processos físico-químicos de tratamento, como o abrandamento pela cal, são dependentes do pH.

No tratamento físico-químico de efluentes industriais muitos são os exemplos de reações dependentes do pH: a precipitação química de metais tóxicos e a oxidação química de cianeto ocorrem em pH elevado; a redução do cromo hexavalente à forma trivalente ocorre em pH baixo; a oxidação química de fenóis, em pH baixo; a quebra de emulsões oleosas mediante acidificação e o arraste de amônia convertida à forma gasosa ocorrem mediante elevação de pH etc. Dessa forma, o pH é um parâmetro importante no controle dos processos físico-químicos de tratamento de efluentes industriais. Constitui-se também em padrão de emissão de esgotos e efluentes líquidos industriais, tanto pela legislação federal quanto pela estadual. Na legislação do Estado de São Paulo, estabelece-se faixa de pH entre 5 e 9 para o lançamento direto nos corpos receptores (art. 18 do Decreto n.

8.468/76) e entre 6 e 10 para o lançamento na rede pública seguida de estação de tratamento de esgotos (art. 19-A).

Potássio

Potássio é encontrado em baixas concentrações nas águas naturais, já que rochas que contêm potássio são relativamente resistentes às ações do tempo. Entretanto, sais de potássio são largamente usados na indústria e em fertilizantes para agricultura, entrando nas águas doces através das descargas industriais e de áreas agrícolas.

O potássio é usualmente encontrado na forma iônica e os sais são altamente solúveis. Ele é pronto para ser incorporado em estruturas minerais e acumulado pela biota aquática, pois é um elemento nutricional essencial. As concentrações em águas naturais são usualmente menores que 10 mg/L. Valores da ordem de grandeza de 100 e 25.000 mg/L podem indicar a ocorrência de fontes quentes e salmouras, respectivamente.

Potencial de Formação de Tri-halometanos

A utilização de variáveis não específicas para avaliar a eficiência de um sistema de tratamento, bem como a qualidade da água de determinado manancial é uma prática comum nas ETAs. O parâmetro turbidez, por exemplo, é amplamente utilizado nas ETA para o controle e o monitoramento operacional da remoção de material particulado. Outras variáveis desse tipo utilizadas comumente são a cor e a densidade de coliformes termotolerantes. Essas variáveis não específicas podem ser uma valiosa ferramenta para uma primeira avaliação das características da qualidade de águas em mananciais destinados ao abastecimento público. Também podem ser de grande utilidade para verificar rapidamente mudanças na qualidade da água dentro do processo de tratamento.

Além disso, com a preocupação sobre a formação de compostos organoclorados leves (por exemplo, clorofórmio) durante o processo de cloração, chamados tri-halometanos, torna-se necessária uma avaliação do manancial em relação à quantidade de precursores desses compostos.

A utilização do potencial de formação de tri-halometanos como parâmetro não específico da medida de precursores de THMs pode servir para comparar a qualidade de vários mananciais de água bruta com potencial para abastecimento, com a possibilidade de produção de concentrações elevadas de THMs em água tratada durante os processos de tratamento e na distribuição.

Potencial Redox (E_H)

A condição biogeoquímica nos sedimentos está, muitas vezes, associada à transferência de elétrons entre as espécies químicas. Tais processos podem definir condições de deficiência de elétrons (meio redutor) ou transferência de elétrons (meio oxidante) e podem ser avaliados por meio de medidas *in situ*, denominadas medidas de potencial redox (EH).

Série de Nitrogênio
(Nitrogênio Orgânico, Amônia, Nitrato e Nitrito)

As fontes de nitrogênio nas águas naturais são diversas. Os esgotos sanitários constituem, em geral, a principal fonte, lançando nas águas nitrogênio orgânico, por causa da presença de proteínas, e nitrogênio amoniacal, pela hidrólise da ureia na água. Alguns efluentes industriais também concorrem para as descargas de nitrogênio orgânico e amoniacal nas águas, como algumas indústrias químicas, petroquímicas, siderúrgicas, farmacêuticas, conservas alimentícias, matadouros, frigoríficos e curtumes. A atmosfera é outra fonte importante por diversos mecanismos, como a biofixação desempenhada por bactérias e algas presentes nos corpos hídricos, que incorporam o nitrogênio atmosférico em seus tecidos, contribuindo para a presença de nitrogênio orgânico nas águas; a fixação química, reação que depende da presença de luz, também acarreta a presença de amônia e nitratos nas águas, pois a chuva transporta tais substâncias, bem como as partículas contendo nitrogênio orgânico para os corpos hídricos. Nas áreas agrícolas, o escoamento das águas pluviais pelos solos fertilizados também contribui para a presença de diversas formas de nitrogênio. Também nas áreas urbanas, a drenagem das águas pluviais, associada às deficiências do sistema de limpeza pública, constitui fonte difusa de difícil caracterização.

Como visto, o nitrogênio pode ser encontrado nas águas nas formas de nitrogênio orgânico, amoniacal, nitrito e nitrato. As duas primeiras são formas reduzidas e as duas últimas, oxidadas. Pode-se associar as etapas de degradação da poluição orgânica por meio da relação entre as formas de nitrogênio. Nas zonas de autodepuração natural em rios, distinguem-se as presenças de nitrogênio orgânico na zona de degradação: amoniacal na zona de decomposição ativa, nitrito na zona de recuperação e nitrato na zona de águas limpas. Ou seja, se for coletada uma amostra de água de um rio poluído e as análises demonstrarem predominância das formas reduzidas significa que o foco de poluição se encontra próximo; se prevalecerem o nitrito e o nitrato, denota que as descargas de esgotos se encontram distantes.

Os compostos de nitrogênio são nutrientes para processos biológicos e são caracterizados como macronutrientes, pois, depois do carbono, o nitrogênio é o elemento exigido em maior quantidade pelas células vivas. Quando descarregados nas águas naturais, conjuntamente com o fósforo e outros nutrientes presentes nos despejos, provocam o enriquecimento do meio, tornando-o eutrofizado. A eutrofização pode possibilitar o crescimento mais intenso de seres vivos que utilizam nutrientes, especialmente as algas. Essas grandes concentrações de algas podem trazer prejuízos aos múltiplos usos dessas águas, prejudicando seriamente o abastecimento público ou causando poluição decorrente da morte e decomposição desses organismos. O controle da eutrofização pela redução do aporte de nitrogênio é comprometido pela multiplicidade de fontes, algumas muito difíceis de controlar, como a fixação do nitrogênio atmosférico, por parte de alguns gêneros de algas. Por isso, deve-se investir preferencialmente no controle das fontes de fósforo.

Deve-se lembrar também que os processos de tratamento de esgotos empregados atualmente no Brasil não contemplam a remoção de nutrientes e os efluentes finais tratados lançam elevadas concentrações destes nos corpos d'água.

Nos reatores biológicos das estações de tratamento de esgotos, o carbono, o nitrogênio e o fósforo devem se apresentar em proporções adequadas para possibilitar o crescimento celular sem limitações nutricionais. Com base na composição das células dos microrganismos que formam parte dos tratamentos, costuma-se exigir uma relação DBO5,20:N:P mínima de 100:5:1 em processos aeróbios e uma relação DQO:N:P de pelo menos 350:7:1 em reatores anaeróbios. Essas exigências nutricionais podem variar de um sistema para outro, principalmente em função do tipo de substrato. Os esgotos sanitários são bastante diversificados em compostos orgânicos; já alguns efluentes industriais possuem composição bem mais restrita, com efeitos sobre o ecossistema a ser formado nos reatores biológicos para o tratamento e sobre a relação C/N/P. No tratamento de esgotos sanitários, esses nutrientes encontram-se em excesso, não havendo necessidade de adicioná-los artificialmente, ao contrário, o problema está em removê-los. Alguns efluentes industriais, como é o caso das indústrias de papel e celulose, são compostos basicamente de carboidratos, não possuindo praticamente nitrogênio e fósforo. Assim, a esses devem ser adicionados os nutrientes, de forma a perfazer as relações recomendadas, utilizando-se para isso ureia granulada, rica em nitrogênio, e fosfato de amônia, que possui nitrogênio e fósforo, entre outros produtos comerciais.

Pela legislação federal em vigor, o nitrogênio amoniacal é padrão de classificação das águas naturais e padrão de emissão de esgotos. A amônia é um tóxico bastante restritivo à vida dos peixes, sendo que muitas espécies não suportam concentrações acima de 5 mg/L. Além disso, como visto anteriormente, a amônia provoca consumo de oxigênio dissolvido das águas naturais ao ser oxidada biologicamente, a chamada DBO de segundo estágio. Por esses motivos, a concentração de nitrogênio amoniacal é um importante parâmetro de classificação das águas naturais, normalmente utilizado na constituição de índices de qualidade das águas.

Os nitratos são tóxicos, causando uma doença chamada meta-hemoglobinemia infantil, que é letal para crianças (o nitrato reduz-se a nitrito na corrente sanguínea, competindo com o oxigênio livre, tornando o sangue azul). Por isso, o nitrato é padrão de potabilidade, sendo 10 mg/L o valor máximo permitido pela Portaria n. 518/2004 do Ministério da Saúde.

Sódio

Todas as águas naturais contêm algum sódio, já que ele é um dos elementos mais abundantes na Terra e seus sais são altamente solúveis em água, encontrando-se na forma iônica (Na+), e nas plantas e animais, já que é um elemento ativo para os organismos vivos. O aumento das concentrações de sódio na água pode provir de lançamentos de esgotos domésticos, efluentes industriais e do uso de sais em rodovias para controlar neve e gelo, principalmente, nos países da América do Norte e Europa. A última fonte citada também contribui para aumentar os níveis de sódio nas águas subterrâneas. Nas áreas litorâneas, a intrusão de águas marinhas pode também resultar em níveis mais elevados de sódio.

As concentrações de sódio nas águas superficiais variam consideravelmente, dependendo das condições geológicas do local, descargas de efluentes e uso sazonal de sais em rodovias. Valores podem estender-se de 1 mg/L ou menos até 10 mg/L ou mais em salmoura natural. Muitas águas superficiais, incluindo aquelas que recebem efluentes, têm níveis bem abaixo de 50 mg/L. As concentrações nas águas subterrâneas frequentemente excedem 50 mg/L. Embora a concentração de sódio na água potável geralmente seja menor que 20 mg/L, esse valor pode ser excedido em alguns países, porém concentração acima de 200 mg/L pode dar à água um gosto não aceitável.

O sódio é comumente medido onde a água é utilizada para dessedentação de animais ou para agricultura, particularmente na irrigação. Quando o teor de sódio em certos tipos de solo é elevado, sua estrutura pode degradar-se pelo restrito movimento da água, afetando o crescimento das plantas.

Sulfato

O sulfato é um dos íons mais abundantes na natureza. Em águas naturais, a fonte de sulfato ocorre através da dissolução de solos e rochas e pela oxidação de sulfeto.

As principais fontes antrópicas de sulfato nas águas superficiais são as descargas de esgotos domésticos e efluentes industriais. Nas águas tratadas, é proveniente do uso de coagulantes.

É importante controlar a quantidade de sulfato na água tratada, pois sua ingestão provoca efeito laxativo. Já no abastecimento industrial, o sulfato pode provocar incrustações nas caldeiras e trocadores de calor. Na rede de esgoto, em trechos de baixa declividade onde ocorre o depósito da matéria orgânica, o sulfato pode ser transformado em sulfeto, ocorrendo a exalação do gás sulfídrico, que resulta em problemas de corrosão em coletores de esgoto de concreto e odor, além de ser tóxico.

Surfactantes

Analiticamente, isto é, de acordo com a metodologia analítica recomendada, detergentes ou surfactantes são definidos como compostos que reagem com o azul de metileno sob certas condições especificadas. Esses compostos são designados "substâncias ativas ao azul de metileno" (MBAS – *Metilene Blue Active Substances*) e suas concentrações são relativas ao sulfonato de alquil benzeno de cadeia linear (LAS) que é utilizado como padrão na análise.

Os esgotos sanitários possuem de 3 a 6 mg/L de detergentes. As indústrias de detergentes descarregam efluentes líquidos com cerca de 2000 mg/L do princípio ativo. Outras indústrias, incluindo as que processam peças metálicas, empregam detergentes especiais com a função de desengraxante.

As descargas indiscriminadas de detergentes nas águas naturais levam a prejuízos de ordem estética provocados pela formação de espumas.

Um dos casos mais críticos de formação de espumas ocorre no município de Pirapora do Bom Jesus, no Estado de São Paulo. Localizado às margens do Rio Tietê, a jusante da Região Metropolitana de São Paulo, recebe seus esgotos, em grande parte, sem tratamento. A existência de corredeiras leva ao desprendimento de espumas que formam continuamente camadas de pelo menos 50 cm sobre o leito do rio. Sob a ação dos ventos, a espuma espalha-se sobre a cidade, contaminando biologicamente e impregnando-se na superfície do solo e dos materiais, tornando-os oleosos.

Além disso, os detergentes podem exercer efeitos tóxicos sobre os ecossistemas aquáticos. Os sulfonatos de alquil benzeno de cadeia linear (LAS) têm substituído progressivamente os sulfonatos de aquil benzeno de cadeia ramificada (ABS), por serem considerados biodegradáveis. No Brasil essa substituição ocorreu a partir do início da década de 1980 e, embora tenham sido desenvolvidos testes padrão de biodegradabilidade, este efeito não é ainda conhecido de forma segura. Os testes de toxicidade com organismos aquáticos têm sido aprimorados e há certa tendência a serem mais utilizados nos programas de controle de poluição.

Os detergentes têm sido responsabilizados também pela aceleração da eutrofização. Além da maioria dos detergentes comerciais empregados possuir fósforo em suas formulações, sabe-se que exercem efeito tóxico sobre o zooplâncton, predador natural das algas.

Zinco

O zinco e seus compostos são muito usados na fabricação de ligas e latão, galvanização do aço, na borracha como pigmento branco, suplementos vitamínicos, protetores solares, desodorantes, xampus etc. A presença de zinco é comum nas águas superficiais naturais, em concentrações geralmente abaixo de 10 µg/L. Em águas subterrâneas ocorre entre 10-40 µg/L. Na água de torneira, a concentração do metal pode ser elevada por causa da dissolução do zinco das tubulações. O zinco é um elemento essencial ao corpo humano em pequenas quantidades. A atividade da insulina e diversos compostos enzimáticos dependem da sua presença. O zinco só se torna prejudicial à saúde quando ingerido em concentrações muito elevadas, o que é extremamente raro e, nesse caso, pode acumular-se em outros tecidos do organismo humano. Nos animais, a deficiência em zinco pode conduzir ao atraso no crescimento. O valor máximo permitido de zinco na água potável (Portaria n. 518/2004 do Ministério da Saúde) é de 5 mg/L. A água com elevada concentração de zinco tem aparência leitosa e produz um sabor metálico ou adstringente quando aquecida.

Variáveis Microbiológicas

Coliformes Termotolerantes

São definidos como microrganismos do grupo coliforme capazes de fermentar a lactose a 44-45°C, sendo representados principalmente pela Escherichia coli e também por algumas bactérias dos gêneros *Klebsiella*, *Enterobacter* e *Citrobacter*. Dentre esses microrganismos, somente a E. coli é de origem exclusivamente fecal, estando sempre presente em densidades elevadas nas fezes de humanos, mamíferos e pássaros, sendo raramente encontrada na água ou solo que não tenham recebido contaminação fecal. Os demais podem ocorrer em águas com altos teores de matéria orgânica, como efluentes industriais, ou em material vegetal e solo em processo de decomposição. Podem ser encontrados igualmente em águas de regiões tropicais ou subtropicais, sem nenhuma poluição evidente por material de origem fecal. Entretanto, sua presença em águas de regiões de clima quente não pode ser ignorada, pois não pode ser excluída, nesse caso, a possibilidade da presença de microrganismos patogênicos.

Os coliformes termotolerantes não são, dessa forma, indicadores de contaminação fecal tão bons quanto a *E. coli*, mas seu uso é aceitável para avaliação da qualidade da água. São disponíves métodos rápidos, simples e padronizados para sua determinação e, se necessário, as bactérias isoladas podem ser submetidas a diferenciação para *E. coli*. Além disso, na legislação brasileira, os coliformes fecais são utilizados como padrão para qualidade microbiológica de águas superficiais destinada a abastecimento, recreação, irrigação e piscicultura.

Enterococos

Os enterococos são um subgrupo dos estreptococos representados por *S. faecalis*, *S. faecium*, *S. gallinarum* e *S. avium*. Os enterococos são diferenciados dos demais estreptococos por sua capacidade de crescer em cloreto de sódio a 6,5%, em pH 9,6 e em temperatura entre 10°C e 45°C.

O grupo é um valioso indicador bacteriano para determinação da extensão da contaminação fecal de águas superficiais recreacionais. Estudos em águas de praias marinhas e de água doce indicaram que as gastroenterites associadas ao banho estão diretamente relacionadas à qualidade das águas recreacionais e que os enterococos são os mais eficientes indicadores bacterianos de qualidade de água.

Variáveis Hidrobiológicas

Clorofila *a*

A clorofila é um dos pigmentos, além dos carotenoides e ficobilinas, responsáveis pelo processo fotossintético. A clorofila *a* é a mais universal das clorofilas (*a*, *b*, *c*, e *d*) e representa, aproximadamente, de 1 a 2% do peso seco do material orgânico em todas as algas planctônicas e é, por isso, um indicador da biomassa algal. Assim, a clorofila *a* é considerada a principal variável indicadora de estado trófico dos ambientes aquáticos.

A feofitina *a* é um produto da degradação da clorofila *a*, que pode interferir grandemente nas medidas desse pigmento, por absorver luz na mesma região do espectro que a clorofila *a*. O resultado de clorofila *a* deve ser corrigido, de forma a não incluir a concentração de feofitina *a*.

Comunidades

O emprego de comunidades biológicas contribui para o caráter ecológico da rede de monitoramento, subsidiando decisões relacionadas à preservação da vida aquática e do ecossistema como um todo.

Comunidade Fitoplanctônica

Fitoplâncton é o termo utilizado para se referir à comunidade de vegetais microscópicos que vivem em suspensão nos corpos d'água e que são constituídos principalmente por algas: clorofíceas, diatomáceas, euglenofíceas, crisofíceas, dinofíceas e xantofíceas e cianobactérias. A comunidade fitoplanctônica pode ser utilizada como indicadora da qualidade da água, principalmente em reservatórios, e a análise da sua estrutura permite avaliar alguns efeitos decorrentes de alterações ambientais. Esta comunidade é a base da cadeia alimentar e, portanto, a produtividade dos elos seguintes depende da sua biomassa.

Os organismos fitoplanctônicos respondem rapidamente (em dias) às alterações ambientais decorrentes da interferência antrópica ou natural. É uma comunidade indicadora do estado trófico, podendo ainda ser utilizada como indicador de poluição por pesticidas ou metais tóxicos (presença de espécies resistentes ao cobre) em reservatórios utilizados para abastecimento (Cetesb, 2012).

A presença de algumas espécies em altas densidades pode comprometer a qualidade das águas, causando restrições ao seu tratamento e distribuição. Atenção especial é dada às cianobactérias (cianofíceas), que possuem espécies potencialmente tóxicas. A ocorrência desses organismos tem sido relacionada a eventos de mortandade de animais e danos à saúde humana.

Comunidade Bentônica

A comunidade bentônica corresponde ao conjunto de organismos que vive todo ou parte de seu ciclo de vida no substrato de fundo de ambientes aquáticos. Os macroinvertebrados (invertebrados selecionados em rede de 0,5 mm) que compõem essa comunidade têm sido sistematicamente utilizados em redes de biomonitoramento em vários países, porque ocorrem em todo tipo de ecossistema aquático, exibem ampla variedade de tolerância a vários graus e tipos de poluição, têm baixa motilidade e estão continuamente sujeitos às alterações de qualidade do ambiente aquático. Inserem o componente temporal ao diagnóstico já que, como monitores contínuos, possibilitam a avaliação a médio e longo prazo dos efeitos de descargas regulares, intermitentes e difusas, de concentrações variáveis de poluentes. Compõem em sua resposta os efeitos da poluição simples ou múltipla, de relações sinergísticas e antagônicas entre os contaminantes e de alterações físicas em seu habitat. Nos reservatórios, as comunidades de duas zonas de estudo foram consideradas sublitoral e profundal. A primeira, mais sensível à degradação recente, ou seja, a impactos com alterações na coluna d'água, e a segunda, ao histórico de degradação local, associada a alterações físicas do substrato e contaminantes acumulados nos sedimentos.

Variáveis Toxicológicas e Ecotoxicológicas

Os ensaios toxicológicos e ecotoxicológicos utilizados, bem como suas características, são descritos a seguir.

Ensaio de Toxicidade Aguda com *Vibrio fischeri* (Sistema Microtox®)

O teste de toxicidade aguda com bactéria luminescente de origem marinha *Vibrio fischeri* é também conhecido comercialmente como Sistema Microtox®. A bactéria emite luz naturalmente em ambientes aquáticos favoráveis, com concentrações de oxigênio dissolvido superiores a 0,5 mg/L. Embora a bactéria seja de origem marinha é também possível utilizá-la para a avaliação da toxicidade de amostras de águas doces e de sedimentos desses ambientes, após ajuste osmótico.

O teste baseia-se em expor a bactéria a uma amostra, durante 15 minutos. Na presença de substâncias tóxicas à bactéria, a luminescência diminui, sendo essa diminuição de intensidade de luz proporcional à toxicidade da amostra.

Em função da alta tolerância da bactéria *V. fischeri* a meios com baixas concentrações de oxigênio dissolvido, o teste é utilizado no monitoramento de corpos d'água Classe 4, como os trechos de rios localizados na Região Metropolitana de São Paulo. A Cetesb também utiliza o teste no monitoramento da qualidade de sedimentos (por meio da avaliação de sua água intersticial) e atendimento à emergências químicas envolvendo ecossistemas aquáticos.

Os resultados são expressos como concentração efetiva 20 (CE20) (15 minutos), que é a concentração de amostra (em % ou mg/L) que provoca 20% de redução de emissão de luz emitida pelo *V. fischeri*, após um tempo de exposição de 15 minutos. Assim, quanto menor o CE20, mais tóxica é a amostra.

Várias substâncias são tóxicas para o *V. fischeri*, entre elas metais, fenóis, benzeno e seus derivados, hidrocarbonetos aromáticos policíclicos, praguicidas, antibióticos, compostos clorados etc.

Ensaio Ecotoxicológico com *Ceriodaphnia dubia*

Com vistas ao aprimoramento das informações referentes à qualidade das águas, a Cetesb realiza, desde 1992, ensaios ecotoxicológicos com organismos aquáticos. Ensaios ecotoxicológicos consistem na determinação de efeitos tóxicos causados por um ou por uma mistura de agentes químicos, sendo tais efeitos detectados por respostas fisiológicas de organismos aquáticos. Portanto, esses ensaios expressam os efeitos adversos a organismos aquáticos, resultantes da interação das substâncias presentes na amostra analisada.

A Cetesb avalia os efeitos tóxicos agudos e crônicos no monitoramento da qualidade das águas, bem como no dos sedimentos. Os efeitos agudos caracterizam-se por serem mais drásticos, causados por elevadas concentrações de agentes químicos e, em geral, manifestam-se em um curto período de exposição dos organismos. Os efeitos crônicos são mais sutis, causados por baixas concentrações de agentes químicos dissolvidos e são detectados em prolongados períodos de exposição ou por respostas fisiológicas adversas na reprodução e crescimento dos organismos vivos.

O ensaio com Ceriodaphnia dubia é utilizado para avaliar a ocorrência de efeitos tóxicos, agudos e crônicos, em corpos d'água para os quais está prevista a preservação da vida aquática. O resultado do ensaio é expresso como agudo (quando ocorre letalidade de número significativo de organismos, dentro do período de 48 horas) e crônico (quando ocorre inibição na reprodução dos organismos, dentro do período de sete dias). A amostra é considerada não tóxica caso não haja detecção de quaisquer efeitos tóxicos aos organismos teste.

Índices de Qualidade das Águas

Os índices de qualidade das águas nasceram como resultado da crescente preocupação social com os aspectos ambientais do desenvolvimento, processo que requer um número elevado de informações em graus de complexidade cada vez maiores. Por outro lado, os índices tornaram-se fundamentais no processo decisório das políticas públicas e no acompanhamento de seus efeitos. Esta dupla vertente apresenta-se como um desafio permanente de gerar índices que tratem um número cada vez maior de informações, de forma sistemática e acessível, para os tomadores de decisão.

A Cetesb utiliza, desde 1975, o Índice de Qualidade das Águas (IQA) como informação básica de qualidade de água para o público geral, bem como para o gerenciamento ambiental das 22 unidades de gerenciamento dos recursos hídricos do estado de São Paulo. Na esfera federal, a Agência Nacional de Águas (ANA) também utiliza o IQA para obter uma visão comparativa da qualidade das águas superficiais entre os diversos estados da federação.

As principais vantagens dos índices são a facilidade de comunicação com o público leigo, o *status* maior do que as variáveis isoladas e o fato de representar uma média de diversas variáveis em um único número, combinando unidades de medidas diferentes em uma única unidade. No entanto, sua principal desvantagem consiste na perda de informação das variáveis individuais e suas interações. O índice, apesar de fornecer uma avaliação integrada, jamais substituirá uma avaliação detalhada da qualidade das águas de uma determinada bacia hidrográfica.

A crescente urbanização e industrialização de algumas regiões do Brasil têm como consequência maior comprometimento da qualidade das águas dos rios e reservatórios, por causa dos novos poluentes que estão sendo lançados no meio ambiente e das deficiências dos sistemas de coleta e tratamento dos esgotos domésticos.

Sendo assim, o surgimento de novos índices, incorporando variáveis mais complexas, tais como metais pesados, compostos orgânicos, substâncias que afetam as propriedades organolépticas da água e número de células de cianobactérias torna-se primordial.

Além do IQA, a Cetesb utiliza índices específicos para os principais usos do recurso hídrico.

Para a avaliação das águas costeiras, a Cetesb desenvolveu o Índice de Qualidade de Águas Costeiras (IQAC), empregando a metodologia do índice de qualidade elaborado pelo Canadian Council of Ministers of the Environment (CCME, 2001), pois se trata de uma ferramenta devidamente testada e validada com base estatística.

Índice de Qualidade das Águas

As variáveis de qualidade, que fazem parte do cálculo do IQA, refletem, principalmente, a contaminação dos corpos hídricos ocasionada pelo lançamento de esgotos domésticos. É importante também salientar que esse índice foi desenvolvido para avaliar a qualidade das águas, tendo como determinante principal a sua utilização para o abastecimento público, considerando aspectos relativos ao tratamento dessas águas.

A partir de um estudo realizado em 1970 pela National Sanitation Foundation dos Estados Unidos, a Cetesb adaptou e desenvolveu o IQA, que incorpora nove variáveis consideradas relevantes para a avaliação da qualidade das águas, tendo como determinante principal a sua utilização para abastecimento público.

A criação do IQA baseou-se numa pesquisa de opinião junto a especialistas em qualidade de águas, que indicaram as variáveis a serem avaliadas, o peso relativo e a condição com que se apresenta cada parâmetro, segundo uma escala de valores *rating*. Das 35 variáveis indicadoras de qualidade de água inicialmente propostos, somente nove foram selecionados. Para estes, a critério de cada profissional, foram estabelecidas curvas de variação da qualidade das águas de acordo com o estado ou a condição de cada parâmetro. Essas curvas de variação, sintetizadas em um conjunto de curvas médias para cada parâmetro, bem como seu peso relativo correspondente, são apresentados na Figura 4.2.

O IQA é calculado pelo produtório ponderado das qualidades de água correspondentes às variáveis que integram o índice.

A seguinte fórmula é utilizada:

$$IQA = \prod_{i=1}^{n} q_i^{w_i}$$

Em que:

IQA: índice de qualidade das águas, um número entre 0 e 100.

q_i: qualidade do i-ésimo parâmetro, um número entre 0 e 100, obtido da respectiva "curva média de variação de qualidade", em função de sua concentração ou medida.

w_i: peso correspondente ao i-ésimo parâmetro, um número entre 0 e 1, atribuído em função da sua importância para a conformação global de qualidade, sendo que:

$$\sum_{i=1}^{n} w_i = 1$$

Em que:

n: número de variáveis que entram no cálculo do IQA.

No caso de não se dispor do valor de alguma das nove variáveis, o cálculo do IQA é inviabilizado.

A partir do cálculo efetuado, pode-se determinar a qualidade das águas brutas, que é indicada pelo IQA, variando numa escala de 0 a 100, representada na Tabela 4.4.

Tabela 4.4 – Classificação do IQA.

Categoria	Ponderação
Ótima	$79 < IQA \leq 100$
Boa	$51 < IQA \leq 79$
Regular	$36 < IQA \leq 51$
Ruim	$19 < IQA \leq 36$
Péssima	$IQA \leq 19$

CONTROLE AMBIENTAL DA ÁGUA | **131**

Figura 4.2 – Curvas médias de variação de qualidade das águas.

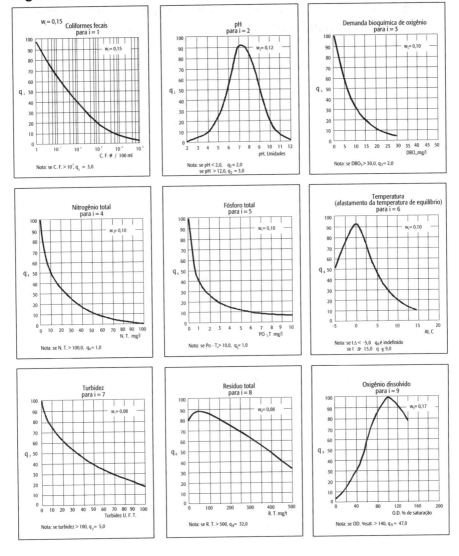

Índice de Qualidade das Águas Brutas para Fins de Abastecimento Público (IAP)

O IAP, comparado com o IQA, é o índice mais fidedigno da qualidade da água bruta a ser captada que, após tratamento, será distribuída para a população. Este índice deve ser utilizado em pontos de amostragem de rios e reservatórios que são utilizados para o abastecimento público.

O IAP é o produto da ponderação dos resultados atuais do IQA e do Índice de Substâncias Tóxicas e Organolépticas (ISTO), que é composto pelo grupo de substâncias que afetam a qualidade organoléptica da água, bem como de substâncias tóxicas.

Assim, o índice é composto por dois grupos principais de variáveis:

- IQA – grupo de variáveis básicas (temperatura da água, pH, oxigênio dissolvido, demanda bioquímica de oxigênio, coliformes termotolerantes, nitrogênio total, fósforo total, resíduo total e turbidez).
- ISTO – grupo de substâncias tóxicas e organolépticas
  - Variáveis que indicam a presença de substâncias tóxicas (Potencial de Formação de Tri-halometanos – PFTHM –, número de células de cianobactérias, cádmio, chumbo, cromo total, mercúrio e níquel);
  - Grupo de variáveis que afetam a qualidade organoléptica (ferro, manganês, alumínio, cobre e zinco).

A metodologia de cálculo do IAP pode ser consultada no site da Cetesb (www.cetesb.sp.gov.br).

Índices de Qualidade das Águas para Proteção da Vida Aquática (IVA)

Do mesmo modo, o IVA foi considerado um indicador mais adequado da qualidade da água visando à proteção da vida aquática, por incorporar, com ponderação mais significativa, variáveis mais representativas, especialmente a toxicidade e a eutrofização.

O IVA tem o objetivo de avaliar a qualidade das águas para fins de proteção da fauna e flora em geral, diferenciado, portanto, de um índice para avaliação da água para o consumo humano e recreação de contato primário.

O IVA leva em consideração a presença e a concentração de contaminantes químicos tóxicos, seu efeito sobre os organismos aquáticos (toxicidade) e duas das variáveis consideradas essenciais para a biota (pH e oxigênio dissolvido), variáveis essas agrupadas no Índice de Variáveis Mínimas para a Proteção da Vida Aquática (IPMCA), bem como o Índice do Estado Trófico (IET).

Dessa forma, o IVA fornece informações não só sobre a qualidade da água em termos ecotoxicológicos, como também sobre o seu grau de trofia.

A metodologia de cálculo do IVA pode ser consultada no site da Cetesb (www.cetesb.sp.gov.br).

Índice de Qualidade das Águas Costeiras (IQAC)

O método canadense consiste em uma análise estatística que relaciona os resultados obtidos nas análises com um valor padrão para cada parâmetro incluído no cálculo. Por ser um método estatístico, o modelo deve ser utilizado para no mínimo quatro valores.

A metodologia canadense contempla três fatores principais (Figura 4.3), que se referem às desconformidades em relação a um padrão legal ou valor de referência.

- Parâmetros ou abrangência (*scope*).
- Frequência.
- Amplitude.

Figura 4.3 – Modelo conceitual do índice.

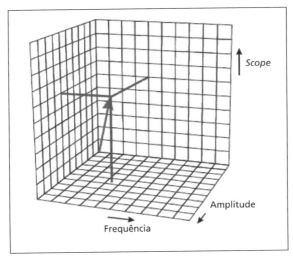

Abrangência: Parâmetros Desconformes

Esse fator do índice (denominado F_1) avalia a quantidade de parâmetros que apresenta não conformidades. Uma área que apresente desconformidade em poucos parâmetros será menos penalizada no cálculo que uma área que apresente desconformidade em muitos parâmetros analisados. Esse fator não considera a frequência das não conformidades de forma que apenas uma ocorrência é suficiente para a inclusão do parâmetro. O cálculo é porcentual simples como apresentado na equação 1:

$$F_1 = \frac{V_{NC}}{V_T} \times 100 \qquad (1)$$

Em que:

V_{NC}: número de variáveis que apresentaram não conformidade em relação aos valores de referência (por exemplo, os limites da Resolução Conama n. 357/2005).

V_T: número total de variáveis analisadas que possuem valores de referência.

Frequência de Desconformidade

Esse fator (F_2) avalia a quantidade de não conformidades como um todo e não diferencia os parâmetros entre si. Dessa forma, uma área que tenha poucos parâmetros com não conformidades e que esses parâmetros apresentem resultados sistematicamente não conformes será penalizada da mesma forma que uma área em que muitos parâmetros apresentem não conformidades ocasionais. O cálculo é apresentado na equação 2.

$$F_2 = \frac{A_{NC}}{A_T} \times 100 \qquad (2)$$

Em que:

A_{NC}: número total de amostras não conformes;

A_T: número total de amostras.

Nota: incluem-se todas as amostras de todos os parâmetros considerados para o cálculo, mesmo aqueles com menor número.

Amplitude da Desconformidade

Esse fator (denominado F3) avalia a amplitude das não conformidades. Neste caso a quantidade de amostras desconformes e o "tamanho" do desvio em relação ao padrão utilizado serão determinantes. Dessa forma, um valor 50% acima do padrão teria peso igual a dois valores que excedessem em apenas 25%. Cada amostra não conforme deve ser comparada ao padrão e o valor total dos desvios deve ser somado segundo as equações 3a, 3b e 4. A equação 3b deve ser usada nos casos em que existe um valor mínimo e não máximo, como é o caso do oxigênio dissolvido.

$$D_i = \frac{NC_j}{R_i} - 1 \qquad (3a)$$

$$D_i = \frac{R_j}{NC_j} - 1 \qquad (3b)$$

$$S = \frac{\sum_{i=t}^{n} D_i}{A_T} \qquad (4)$$

Em que:

D_i: desvio do valor da não conformidade em relação ao valor de referência.

NC_j: resultado das análises não conformes.

R_i: é valor de referência para o parâmetro analisado.

S: a somatória normalizada dos desvios.

A parcela F_3 é então calculada seguindo-se uma função assintótica que transpõe o resultado para um número em uma escala de 0 e 100, conforme a equação 5.

$$F_3 = \frac{S}{0,01 \times S + 0,01} \qquad (5)$$

Índice

O índice é então calculado segundo a equação 6.

$$\text{Índice costeiro} = \frac{\sqrt{F_1^2 + F_2^2 + F_3^2}}{1,732} \qquad (6)$$

O valor 1,732 advém do fato de que o valor máximo que cada fator do índice pode atingir é 100. A visualização gráfica dos três fatores mostra que o vetor resultante pode ser dado pela equação 7.

$$\sqrt{100^2 + 100^2 + 100^2} = \sqrt{30.000} = 173,2 \qquad (7)$$

Sendo 173,2 seu valor máximo. Dessa forma, faz-se necessário adicionar o divisor 1,732 para trazer a amplitude máxima do vetor para uma escala de 0 a 100.

O IQAC utiliza as mesmas faixas de classificação utilizadas no índice canadense, que se mostraram bastante satisfatórias em testes realizados pela Cetesb. As classificações são apresentadas na Tabela 4.5.

Tabela 4.5 – Faixas de classificação do IQAC

Faixa de valores do índice	Classificação da faixa
≥ 95	Excelente
< 95 e ≥ 80	Boa
< 80 e ≥ 65	Regular
< 65 e ≥ 45	Ruim
< 45	Péssima

MÉTODOS DE CONTROLE DE POLUIÇÃO DAS ÁGUAS

O campo da engenharia sanitária tem evoluído rapidamente no desenvolvimento de métodos para o tratamento de águas residuárias. Isso ocorre principalmente por causa das exigências cada vez maiores dos órgãos públicos de controle do meio ambiente, como resposta ao interesse da saúde pública, às crescentes condições adversas causadas pelas descargas de águas residuárias e a uma maior cobrança da sociedade na defesa do meio ambiente.

Tipos de Processos de Tratamento

Um sistema de tratamento de águas residuárias é constituído por uma série de operações e processos que são empregados para a remoção de substâncias indesejáveis da água ou para sua transformação em outras formas aceitáveis.

Os processos de tratamento são reunidos em grupos distintos, a saber:

- Processos físicos.
- Processos químicos.
- Processos biológicos.

A remoção de substâncias indesejáveis de uma água residuária envolve a alteração de suas características físicas, químicas e/ou biológicas. A utilização de qualquer um dos processos acima poderá concorrer para essas alterações.

Processos Físicos

Os processos físicos são assim definidos por causa dos fenômenos físicos que ocorrem na remoção ou transformação de poluentes das águas residuárias. Basicamente esse processos são utilizados para separar sólidos em suspensão nas águas residuárias. Também podem ser empregados para equalizar e homogeneizar um efluente. Nesse caso estão incluídos:

- Remoção de sólidos grosseiros.
- Remoção de sólidos sedimentáveis.
- Remoção de sólidos flutuantes.
- Remoção da umidade de lodo.
- Homogeneização e equalização de efluentes.
- Diluição de águas residuárias.

Os processos físicos utilizados para as finalidades acima envolvem dispositivos ou unidades de tratamento como:

- Grades.
- Peneiras estáticas, vibratórias ou rotativas.
- Caixas de areia.
- Tanques de retenção de materiais flutuantes.
- Decantadores.
- Leitos de secagem de lodo.
- Filtros prensa e a vácuo.
- Centrífugas.
- Adsorção em carvão ativado.

Essas unidades e dispositivos têm funções bem definidas. A utilização de uma muitas vezes substitui ou incorpora a de outras, dependendo das características das águas residuárias.

As grades e as peneiras de modo geral são utilizadas para a remoção de sólidos grosseiros. Sua função básica é proteger equipamentos, tubulações e unidades do sistema de tratamento.

As caixas de areia são empregadas para a remoção de partículas de areia. Sua função básica é também proteger equipamentos e tubulações contra abrasão e unidades do sistema contra assoreamento.

Os tanques de retenção de materiais flutuantes, quando necessários, são utilizados para a remoção de gorduras, óleos e graxas e outras substâncias com densidade menor que a da água.

Os decantadores têm como finalidade remover sólidos sedimentáveis, em suspensão na água residuária.

Os leitos de secagem de lodo são unidades de desidratação parcial do lodo, ao ar livre, às vezes cobertas, utilizadas para pequenos volumes. A mesma finalidade têm os equipamentos mecânicos, como centrífugas e filtros prensa.

A adsorção em carvão ativado costuma ser empregada para a remoção de sólidos dissolvidos nas águas residuárias, quer de natureza orgânica, que causam cor, quer de natureza inorgânica, como os metais pesados.

Processos Químicos

São os processos em que a utilização de produtos químicos é necessária para aumentar a eficiência de remoção de um elemento ou substância, modificar seu estado ou estrutura, ou simplesmente alterar suas características químicas. Quase sempre seu emprego é conjugado a processos físicos e, algumas vezes, a processos biológicos. Os principais são:

- Coagulação-floculação.
- Precipitação química.
- Oxidação.
- Cloração.
- Neutralização ou correção do pH.

Utilizam-se esses processos na remoção de sólidos em suspensão coloidal ou mesmo dissolvidos, substâncias que causam cor e turbidez, substâncias odoríferas, metais pesados e óleos emulsionados.

Processos Biológicos

São considerados processos biológicos de tratamento de águas residuárias aqueles que dependem da ação de microrganismos aeróbios ou anaeróbios. Os fenômenos inerentes à respiração e à alimentação desses microrganismos são predominantes na transformação da matéria orgânica, sob a forma de sólidos dissolvidos e em suspensão, em compostos simples, como sais minerais, gás carbônico, água e outros.

Os processos biológicos procuram reproduzir, em dispositivos racionalmente projetados, os fenômenos biológicos observados na natureza, condicionando-os em área e tempo economicamente justificáveis. Dividem-se em aeróbios e anaeróbios. Os processos biológicos usuais são:

- Lodos ativados e suas variações.
- Filtro biológico anaeróbio ou aeróbio.
- Lagoas aeradas.
- Lagoas de estabilização facultativas e anaeróbias.
- Digestores anaeróbios de fluxo ascendente.

O processo de lodos ativados é constituído de um reator biológico (tanque com água), em que uma massa de microrganismos em suspensão utiliza a matéria orgânica, presente nos esgotos afluentes ao tanque, como fonte de alimento para seu processo de crescimento. O efluente desse reator é submetido a um processo de sedimentação, onde a massa de microrganismos é separada da água tratada e continuamente recirculada ao reator biológico. Para o desenvolvimento desse processo é necessária a introdução de oxigênio por meio de difusores de ar ou aeradores superficiais.

A grande concentração de lodo biológico mantida no tanque de aeração permite que o processo de tratamento ocorra num período curto, se comparado com o processo natural de depuração que ocorre num corpo d'água.

As lagoas de estabilização facultativas ou anaeróbias são grandes tanques escavados no solo. Neles, as águas residuárias são tratadas por processos naturais controlados basicamente pela vazão dos efluentes. As lagoas anaeróbias são dimensionadas para receber elevadas cargas orgânicas e funcionam sem oxigênio livre (dissolvido). As lagoas facultativas possuem uma camada superior onde ocorre o desenvolvimento de algas e microrganismos aeróbios que se mantêm como em uma simbiose. Enquanto as algas realizam a fotossíntese, consumindo o gás carbônico e liberando oxigênio, os microrganismos oxidam a matéria orgânica, utilizando o oxigênio e liberando o gás carbônico. Na camada do fundo, o processo anaeróbio se desenvolve como numa lagoa anaeróbia.

As lagoas aeradas são providas de aeradores, ou dispositivos de introdução de oxigênio, suprindo a ausência de algas que ali não proliferam pela intensa agitação da massa líquida.

Nos filtros biológicos aeróbios, que são tanques com enchimento de pedras ou elementos plásticos, ocorre o desenvolvimento de uma fina camada de microrganismos aeróbios. A água residuária percolando pelo filtro e em contato com o filme biológico tem sua matéria orgânica adsorvida pela massa biológica, onde é estabilizada pelos microrganismos.

Os digestores anaeróbios de fluxo ascendente são unidades compactas de tratamento. Por meio da retenção e da concentração do lodo desenvolve-se nele o processo anaeróbio em condições otimizadas, diminuindo o tempo e acelerando o processo de degradação da matéria orgânica.

Classificação dos Sistemas de Tratamento

Os sistemas de tratamento de águas residuárias, englobando um ou mais dos processos descritos, são classificados em função do tipo de mate-

rial a ser removido e da eficiência de sua remoção em tratamento preliminar, primário, secundário, terciário, de lodos e físico-químico.

Tratamento Preliminar

Tem a finalidade de remover sólidos grosseiros; é aplicado normalmente a qualquer tipo de água residuária. Consiste de grades, peneiras, caixas de areia, caixas de retenção de óleos e graxas.

Tratamento Primário

Recebem essa denominação os sistemas de tratamento de águas residuárias de natureza orgânica, muito embora seja utilizado para qualquer
tipo de despejo. Tem a finalidade de remover resíduos finos em suspensão
dos efluentes. Consiste de tanques de flotação, decantadores, fossas sépticas, floculação/decantação.

Tratamento Secundário

É utilizado para a depuração de águas residuárias por meio de processos biológicos e tem a finalidade de reduzir o teor de matéria orgânica solúvel nos despejos. Consiste de lodos ativados e suas variações, filtros biológicos, lagoas aeradas, lagoas de estabilização, digestor anaeróbio de fluxo
ascendente e sistemas de disposição no solo, além de outros.

Tratamento Terciário

É um estágio avançado de tratamento de águas residuárias. Visa a remoção de substâncias não eliminadas nos níveis desejados nos tratamentos
anteriores, como nutrientes, microrganismos patogênicos, substâncias que
causam cor nas águas etc. Consiste de lagoas de maturação, cloração, ozo-
nização, radiações ultravioleta, filtros de carvão ativo e precipitação química em alguns casos.

Tratamento de Lodos

Utilizado para todos os tipos de lodos, a fim de desidratá-lo ou ade-
quá-lo para disposição final. Consiste de leitos de secagem, centrífugas, fil-

tros prensa, filtros a vácuo, prensas desaguadoras, digestão anaeróbia ou aeróbia, incineração e disposição no solo.

Tratamento Físico-Químico

Basicamente utilizado para a remoção de sólidos em todas as suas formas e para a alteração das características físicas e químicas das águas residuárias. Consiste em coagulação/floculação, precipitação química, oxidação e neutralização.

REFERÊNCIAS

[CETESB] COMPANHIA AMBIENTAL DO ESTADO DE SÃO PAULO. *Relatório de qualidade das águas interiores do estado de São Paulo – 2012.* São Paulo; 2012.

CHRISTOFILIS, D. Água e irrigação no Brasil. In: FÓRUM INTERAMERICANO DE GESTÃO DE RECURSOS HÍDRICOS. SRH/MMA. Fortaleza, 1997.

DERÍSIO, J.C. *Introdução ao controle de poluição ambiental.* 2.ed. São Paulo: Signus, 2000.

[IG] INSTITUTO GEOLÓGICO; [CETESB] COMPANHIA DE TECNOLOGIA DE SANEAMENTO AMBIENTAL; [DAEE] DEPARTAMENTO DE ÁGUAS E ENERGIA ELÉTRICA. *Mapeamento da vulnerabilidade e risco de poluição das águas subterrâneas no estado de São Paulo.* São Paulo, 1997.

MARA, D.D.; SILVA, S.A. *Tratamento biológico de águas residuárias: lagoas de estabilização.* Rio de Janeiro: Abes, 1979.

METCALF, E. *Wastewater engineering treatment disposal reuse.* 3.ed. New York: McGraw-Hill, 1992. 134p.

PESSOA, C.A.; JORDÃO, E.P. *Tratamento de esgotos domésticos.* 4.ed. Rio de Janeiro: Abes, 2005.

VON SPERLING, M. *Princípios do tratamento biológico de águas residuárias: lagoas de estabilização.* Belo Horizonte: Departamento de Engenharia Sanitária e Ambiental/Universidade Federal de Minas Gerais, 1996. v.3.

Controle Ambiental do Ar | 5

João Vicente de Assunção

Engenheiro químico e sanitarista, Faculdade de Saúde Pública — USP

A poluição do ar provavelmente acompanha a humanidade desde tempos remotos. No entanto, passou a ser sentida de forma acentuada quando as pessoas começaram a viver em assentamentos urbanos de grande densidade demográfica em consequência da Revolução Industrial, a partir de quando o carvão mineral começou a ser utilizado mais intensamente como fonte de energia. As inovações tecnológicas ocorridas no século XX e a utilização do petróleo como fonte de combustíveis acentuaram ainda mais essa poluição, bem como os processos industriais e a crescente utilização de automóveis e outros meios de transporte movidos a combustíveis fósseis, que passaram a predominar no cotidiano como agentes poluidores de destaque. Já há algum tempo, a poluição do ar tornou-se também um problema mundial, com reflexos em todo o planeta, como o efeito estufa e a redução da camada de ozônio (O_3) estratosférico.

A explosão demográfica ocorrida – considerando-se que no início do século XX a população do planeta era de aproximadamente 1,5 bilhão de pessoas, número que saltou para 6 bilhões no final do mesmo século e alcança 7 bilhões neste começo da segunda década do século XXI –, o aumento do padrão de vida e o consumismo colaboraram significativamente para o aumento de emissões nocivas na atmosfera. Ressalta-se ainda que as pessoas passam cada vez mais tempo em interiores, nas edificações, onde também ocorre emissão de poluentes, e permanecem mais tempo em meios de transporte, o que torna importante considerar a dose de poluentes respirados nesses ambientes e não só ao ar livre. Estatísticas de países desenvolvidos revelam que as pessoas permanecem, em média, cerca de 89% do seu tempo em interiores, 6% em meios de transporte e 5% ao ar livre, enquanto em países menos desenvolvidos a permanência ao ar livre está por volta de 21% nas áreas urbanas (Smith, 1993).

A atmosfera possui capacidade finita de assimilação (capacidade de autodepuração), que já foi ultrapassada, conforme mostra o aumento de concentração de diversos gases, em especial o gás carbônico (CO_2), o metano (CH_4), o óxido nitroso (N_2O) e os clorofluorcarbonos (CFC) (Figura 5.1). Comparadas a concentrações da era pré-industrial, o dióxido de carbono teve elevação de 35% (de 280 para 379 ppm), o metano 150% (de 715 para 1.774 ppb) e o óxido nitroso, 18% (de 270 a 319 ppb) (IPCC, 2007).

Figura 5.1– Alteração da concentração de gases de efeito estufa na atmosfera.

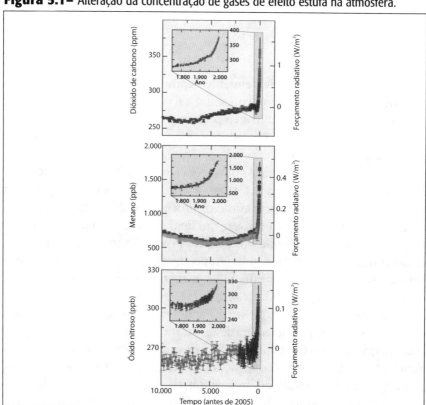

Fonte: IPCC (2007).

Assim, para uma boa qualidade do ar, é preciso agir para minimizar a geração de resíduos, definir e aplicar formas corretas de tratamento e de disposição dos resíduos gerados, bem como desconcentrar os grupos humanos e suas atividades econômicas poluidoras, de forma a ganhar tempo e espaço para sua autodepuração, o que, em última análise, significa mudanças no estilo de vida da sociedade e da sua relação com a natureza.

Vários eventos de graves consequências que ocorreram desde o século XIX, mas principalmente no século XX, demonstraram que a poluição do ar se constitui numa ameaça grave à saúde pública. Tais eventos, denominados episódios agudos de poluição do ar, caracterizam-se pela pequena duração (de minutos a alguns dias) e por provocar consequências graves.

Muitos desses episódios ocorreram em razão da permanência de condições desfavoráveis à dispersão dos poluentes por vários dias, como inversão térmica, ausência de chuvas, ventos calmos aliados à emissão continuada de poluentes e à topografia desfavorável (um vale, por exemplo). Alguns episódios ocasionaram a morte de centenas e até milhares de pessoas. Um desses episódios, geralmente citado na literatura, foi o do Vale do Mosela, na Bélgica, ocorrido entre 1 e 5 de dezembro de 1930, que ocasionou a morte de sessenta pessoas em cinco dias, por causa da inversão térmica e da ausência de ventos numa região com indústrias metalúrgicas.

O episódio mais grave ocorreu em Londres, em dezembro de 1952, durou cinco dias e ocasionou cerca de 4 mil mortes, uma taxa excessiva em relação à mortalidade normal da cidade. As mortes ocorreram principalmente entre os idosos. Esse episódio é um exemplo clássico, resultante da presença de altas concentrações de fumaça (material particulado) e de dióxido de enxofre (SO_2) na atmosfera; também é causado por condições meteorológicas desfavoráveis, com dominância de anticiclone, provocando inversão térmica, calmaria e neblina (*fog*). Outros episódios agudos ocorreram em Londres, ocasionando a morte de centenas de pessoas: em 1957 morreram oitocentas pessoas, e em 1962, setecentas.

Um episódio mais recente e de graves consequências ocorreu em Bhopal, na Índia, em 12 de março de 1984, onde houve liberação acidental de isocianato de metila (composto), provocando a morte de cerca de 2 mil pessoas.

O primeiro *smog* de que se tem notícia no Brasil ocorreu na cidade de São Paulo em 1972 e foi provocado por emissões de veículos e indústrias, em fenômeno de inversão térmica com ausência de vento e de chuvas. A cidade ficou coberta por uma densa névoa.

Ressalta-se aqui que a palavra *smog* se originou da junção das palavras inglesas *smoke* (fumaça) e *fog* (neblina) e descreve condições de poluição do ar em que há redução significativa da transparência da atmosfera (redução da visibilidade), provocada pela presença de partículas e de gases. Pode ser de formação fotoquímica, como o de Los Angeles (Estados Unidos), de coloração amarronzada pela presença de níveis mais altos de dióxido de nitrogênio (NO_2), ou não fotoquímica, como o de Londres, da década de 1950, com a atmosfera tornando-se cinzenta.

Em junho de 1976, um episódio crítico de poluição do ar ocorrido na cidade de Santo André (região do ABC paulista), com características industriais, perdurou por uma semana. O fenômeno foi ocasionado pela presença de anticiclone, com inversão térmica e ausência de vento e de chuva, aliadas à presença de altas concentrações de dióxido de enxofre e material particulado emitidos pelas indústrias da região, em especial as siderúrgicas e fundições. Não há informações sobre possíveis mortes ocasionadas por esse episódio, mas foi verificado, na ocasião, um aumento significativo de hospitalizações, principalmente por doenças e problemas respiratórios (Mendes e Wakanatsu, 1976). No início da década de 1980, na região de Cubatão, considerada um parque industrial de grande porte, registraram-se altos níveis de poluição do ar, principalmente com material particulado. O Estado de Atenção virou rotina na região, chegando, muitas vezes, ao Estado de Alerta e até ao Estado de Emergência.

Na década de 1990, aumentaram as preocupações em relação aos gases que atuam no efeito estufa, em especial o gás carbônico, o metano, o óxido nitroso e os clorofluorcarbonos, em razão da realização de reuniões internacionais mediadas pela Organização das Nações Unidas (ONU), como a de junho de 1992, no Rio de Janeiro, que resultou na Convenção Quadro da ONU sobre Mudança do Clima, seguida de reuniões (Conferências das Partes – COPs) realizadas em Berlim, em 1995 (COP1), Genebra, 1996 (COP2), Kyoto - Japão, em 1997 (COP3), que estabeleceu o Protocolo de Kyoto, com ações previstas até o ano de 2012 e com o objetivo de fixar e avaliar reduções na emissão de três desses gases, uma vez que os CFCs e demais produtos químicos destruidores da camada de ozônio estratosférico já estavam com sua produção em processo de paralisação dentro do cronograma do Protocolo de Montreal para proteção da camada de ozônio.

Outras 14 COPs foram realizadas até 2011, culminando com a COP17 em Durban, África do Sul, em novembro-dezembro de 2011, onde foi aprovado roteiro para elaborar, até 2015, um marco legal para ação contra a mudança climática (documento FCCC/CP/2011/L.10); prorrogou-se o Protocolo de Kyoto para além de 2012, até 2017 – com exceção do Canadá,

Japão e Rússia, que não concordaram com a prorrogação, e Estados Unidos, que não assinaram o Protocolo de Kyoto inicial – e determinou-se o início das atividades do Fundo Verde para o Clima (documento FCCC/CP/2011/L.9) – estipulado um ano antes, na COP16 de Cancun, no México. Uma importante modificação foi a introdução de metas de redução da emissão de gases de efeito estufa para outros países e não só para os países desenvolvidos, como era com o Protocolo de Kyoto, a partir de 2020. Isso fez com que os Estados Unidos aderissem à aprovação das resoluções (UNFCC, 2012).

Assim, tudo indicava que o século XX teria terminado com a tomada de consciência e o início do século XXI acenava para uma nova ordem mundial, rumo ao desenvolvimento sustentável, com processos industriais, produtos e combustíveis mais limpos ambientalmente, implementação de sistemas de gestão ambiental estruturados segundo os padrões da ISO 14001, assim como uma população em processo de conscientização da necessidade de ações pessoais que produzam menos resíduos. No entanto, nesta primeira década, o desenvolvimento sustentável ainda é somente um conceito e muito há que se fazer para que se torne realidade.

O AR E A ATMOSFERA

O ar é um elemento essencial para o ser humano, do qual não se pode prescindir por mais de alguns poucos minutos. É utilizado como fonte de oxigênio (O_2), para troca térmica e como receptor dos gases da respiração, principalmente o gás carbônico, da transpiração, de gases corporais em geral e de gases e partículas de suas atividades diárias, como o cozimento de alimentos ou o tabagismo. Cerca de 10 mil litros de ar passam, por dia, pelos pulmões de uma pessoa adulta. Esse ar, atingindo as partes mais profundas do aparelho respiratório, entra em contato muito íntimo com os alvéolos pulmonares, cuja superfície é muito extensa. Caso fosse possível abrir cada alvéolo e colocá-los lado a lado, ter-se-ia uma área de aproximadamente 95 metros quadrados, ou seja, a área útil de um apartamento de tamanho médio. O ar, através dos alvéolos, vai então entrar em contato com a corrente sanguínea, fornecendo o oxigênio necessário à vida humana.

Esse oxigênio é provido pela atmosfera, a camada de gases que envolve a Terra e que se estende até a altitude de 9.600 km. A atmosfera seca é constituída por cerca de 78% em volume de nitrogênio, 20,9% de oxigênio, 0,9% de argônio (Ar), 0,035% de dióxido de carbono (gás carbônico) e por vários outros gases em pequenas concentrações (Tabela 5.1). A atmosfera contém quantidades bastante variáveis de vapor de água, dependendo do local, da hora, da estação do ano etc., chegando a 0,02% em volume nas regiões áridas e até 4% em regiões equatoriais úmidas. A atmosfera contém também partículas sólidas e líquidas em suspensão (aerossóis), de composição química e concentração variáveis, e inclusive matéria viva (pólen, bactérias, vírus etc.).

Tabela 5.1– Exemplo de composição da atmosfera seca e limpa (1994).

Constituinte	Fórmula	% em volume	Ppm
Nitrogênio	N_2	78,08	780.800
Oxigênio	O_2	20,95	209.500
Argônio	Ar	0,93	9300
Dióxido de carbono	CO_2	0,0358	358*
Neônio	Ne	0,0018	18
Hélio	He	0,00052	5,2
Metano	CH_4	0,00017	1,7
Criptônio	Kr	0,00011	1,1
Hidrogênio	H_2	0,00005	0,5
Óxido nitroso	N_2O	0,00003	0,3
Ozônio	O_3	0,000004	0,04

* Em 2005, a concentração média de CO_2 na baixa troposfera já havia atingido 379 ppm (IPCC, 2007).

Fonte: Masters (1997).

A atmosfera se divide em camadas. A troposfera é a camada da atmosfera que vai do solo até a altitude de cerca de 10 a 12 km (5 a 8 km sobre os polos, podendo chegar a 18 km sobre a Linha do Equador) e a estratosfera é a camada que vai desde a troposfera até cerca de 50 km de altitude. Setenta e cinco por cento (75%) da massa da atmosfera está contida dentro da altitude de até 10 km, ou seja, basicamente, na troposfera, sendo que 99% da massa de ar está contida dentro da altitude de 33 quilômetros, envolvendo, portanto, a troposfera e parte da estratosfera. Acima da estratosfera se localiza a mesosfera (quimiosfera) e, acima, a termosfera (ionosfera).

A densidade e a pressão da atmosfera diminuem com a altitude, sendo que sua temperatura varia dependendo da altitude considerada, conforme mostra a Figura 5.2. Na troposfera, normalmente a temperatura diminui com o aumento da altitude. Processos, em geral naturais, podem alterar essa condição por pouco tempo, ocasionando o fenômeno denominado inversão térmica, muito prejudicial à dispersão dos poluentes. Na estratosfera, a temperatura aumenta com a altitude, voltando a cair na quimiosfera e invertendo-se novamente na ionosfera. Uma certa região da estratosfera, entre 20 e 30 km de altitude aproximadamente, denominada camada de ozônio, tem função importante pela maior quantidade de ozônio. Essa camada vem sendo destruída pela ação antrópica, em especial pelo cloro presente nos clorofluorcarbonetos, ou clorofluorcarbonos, substâncias popularmente conhecidas por CFCs.

Figura 5.2 – Estrutura vertical da atmosfera.

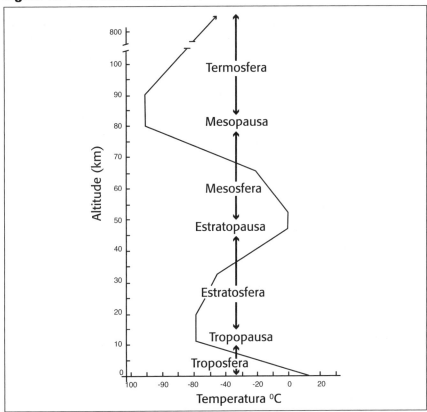

Fonte: Godish (1997).

NÍVEIS DE REFERÊNCIA

O conceito de ar limpo é relativo, considerando que os seres vivos já estão acostumados com concentrações normais de substâncias na atmosfera. No entanto, quando ocorrem alterações nesses níveis, alguns efeitos poderão ser observados, tanto em relação ao ser humano, quanto a outras formas de vida, e mesmo a materiais inertes. A poluição do ar ocorre quando a alteração da composição qualitativa ou quantitativa da atmosfera resulta em danos reais ou potenciais. Dentro desse conceito, pressupõe-se a existência de níveis de referência para diferenciar a atmosfera poluída da atmosfera não poluída. O nível de referência deveria ser o nível máximo de poluentes na atmosfera que não ocasionasse efeitos indesejáveis. Em geral, esses níveis são estabelecidos a partir de dados científicos de dose-resposta, obtidos por estudos toxicológicos e/ou epidemiológicos, ou mesmo por estudo de efeitos em vegetais e materiais inertes e também por informações de episódios ocorridos em diversas regiões do globo. A Organização Mundial de Saúde (OMS) estabeleceu alguns níveis de referência, conforme exposto na Tabela 5.2.

Tabela 5.2 – Níveis máximos de poluentes recomendados pela OMS.

Indicador	Concentração máxima recomendada ($\mu g/m^3$)	Tempo de exposição
Dióxido de enxofre (SO_2)	500	10 min.
	125	24 horas
	50	Anual
Dióxido de nitrogênio (NO_2)	200	1 hora
	40	Anual
Monóxido de carbono (CO)	100.000	15 min.
	60.000	30 min.
	30.000	1 hora
	10.000	8 horas
Ozônio (O_3)	100	8 horas
Material particulado inalável (MP_{10})	50	24 horas
	20	Anual
Material particulado respirável ($MP_{2,5}$)	25	24 horas
	10	Anual

Fonte: WHO (2000; 2006).

CONTROLE AMBIENTAL DO AR | **151**

O nível de referência, sob o aspecto legal, é denominado Padrão de Qualidade do Ar. No Brasil, os Padrões de Qualidade do Ar estão definidos pela Resolução Conama n. 3/90 e são válidos para todo o território nacional. Os poluentes considerados nessa resolução foram: Partículas totais em suspensão (PTS), fumaça, partículas inaláveis (PI), dióxido de enxofre, monóxido de carbono (CO), ozônio e dióxido de nitrogênio. Estabeleceram-se padrões primários, destinados à proteção da saúde pública, e padrões secundários, para mínimo efeito sobre o meio ambiente em geral e o bem-estar da população. Os valores fixados por essa resolução são mostrados na Tabela 5.3, e muitos se mostram desatualizados em relação ao material particulado, dióxido de enxofre e dióxido de nitrogênio, como demonstram os novos valores-guia da OMS (WHO, 2000; 2006).

Tabela 5.3 – Padrões nacionais de qualidade do ar.

Poluente	Padrão primário ($\mu g/m^3$)	Padrão secundário ($\mu g/m^3$)	Período de exposição
Partículas totais em suspensão	240	150	24 horas
	80	60	Anual
Partículas inaláveis	150	150	24 horas
	50	50	Anual
Fumaça	150	100	24 horas
	60	40	Anual
Dióxido de enxofre (SO_2)	365	100	24 horas
	80	40	Anual
Monóxido de carbono (CO)	40.000*	40.000*	1 hora
	10.000**	10.000**	8 horas
Ozônio (O_3)	160	160	1 hora
Dióxido de nitrogênio (NO_2)	320	190	1 hora
	100	100	Anual

* Correspondente a 35 ppm; ** Correspondente a 8,7 ppm.

Fonte: Brasil (1990).

PRINCIPAIS POLUENTES ATMOSFÉRICOS

Poluente atmosférico é toda e qualquer forma de matéria sólida, líquida ou gasosa e de energia que, lançada na atmosfera, pode ocasionar um efeito negativo mensurável. Ondas sonoras e eletromagnéticas são exemplos de poluentes atmosféricos na forma de energia. Os poluentes atmosféricos em forma de matéria podem ser classificados, inicialmente, em função do estado físico, dividindo-se em dois grupos:

- Material particulado.
- Gases.

Material Particulado

As partículas sólidas ou líquidas emitidas por fontes de poluição do ar, ou mesmo aquelas formadas na atmosfera, como as partículas de sulfatos, são denominadas de material particulado e, quando suspensas no ar, são denominadas de aerossóis. As partículas de maior interesse para a saúde pública são aquelas de menor tamanho, como as partículas inaláveis, e entre elas, em especial, as respiráveis, ou seja, aquelas que têm maior poder de penetração no trato respiratório inferior. São partículas com diâmetro aerodinâmico equivalente menor que 10 e 2,5 micrômetros[1]. Essas partículas são conhecidas como MP_{10} e $MP_{2,5}$, respectivamente (PM_{10} e $PM_{2,5}$ em inglês). O $MP_{2,5}$ constitui a fração fina do material particulado. O material particulado pode ser classificado, segundo o método de formação, em: poeiras (poeira de cimento, poeira de amianto, poeira de algodão, poeira de rua); fumos (fumos de chumbo, fumos de alumínio, fumos de zinco, fumos de cloreto de amônio); fumaça (material particulado da queima de combustíveis fósseis – carvão mineral, combustíveis originários do petróleo e do gás natural –, biomassa, como a madeira, e outros materiais combustíveis, envolvendo fuligem, partículas líquidas e, no caso de biomassa e carvão, uma fração mineral importante, que são as cinzas); névoas (partículas líquidas).

---

[1] Diâmetro aerodinâmico equivalente representa o diâmetro de uma partícula de densidade unitária [$1g/cm^3$] que apresenta o mesmo comportamento aerodinâmico da partícula em estudo, com densidade diferente da unitária, e que apresenta penetração de 50%. Um [1] micrômetro [μm] corresponde a 1 milionésimo do metro ou 1 milésimo do milímetro.

Gases

São poluentes na forma molecular, quer como gases permanentes, como o dióxido de enxofre, o monóxido de carbono, o ozônio ou os óxidos nitrosos, quer como aqueles na forma gasosa transitória de vapor, como os vapores orgânicos em geral (vapores da gasolina, vapores de solventes etc.). De acordo com sua origem, os poluentes em forma de matéria podem ser classificados em poluentes primários, emitidos já na forma de poluentes, e poluentes secundários, que são formados na atmosfera por reações químicas ou fotoquímicas, como é o caso da formação de ozônio no *smog* fotoquímico. No entanto, nenhum poluente é totalmente primário ou secundário, havendo aqueles que se enquadram predominantemente em um ou outro tipo. O ozônio, por exemplo, é predominantemente de origem secundária, enquanto o monóxido de carbono e o dióxido de enxofre são predominantemente primários.

Um exemplo de reação fotoquímica produzindo poluentes secundários envolve a formação de oxidantes fotoquímicos, especialmente ozônio. As emissões de NO, resultantes principalmente da combustão, convertem-se total ou parcialmente em dióxido de nitrogênio na atmosfera. Em condições propícias para a ocorrência da reação fotoquímica (insolação forte e temperaturas mais altas), ele é então quebrado por fotólise, o que produz oxidantes fotoquímicos, e dentre estes o ozônio é o que está presente em maior quantidade. A existência de hidrocarbonetos (HC) e outros compostos orgânicos voláteis (COV) promove o aumento da formação de oxidantes fotoquímicos. Ressalta-se aqui que o COV (VOC em inglês) é definido pela Agência de Proteção Ambiental dos Estados Unidos (CFR, 1992), como compostos de carbono com reatividade fotoquímica não desprezível, exceto dióxido de carbono, monóxido de carbono, ácido carbônico, carbetos e carbonatos metálicos e carbonato de amônio (CFR). Essa reatividade é medida pela reação do composto com radical hidroxila (OH). Carter (1994) desenvolveu uma escala que mostra o incremento máximo de ozônio de vários compostos orgânicos (escala MIR) (CFR, 1992). Assim, o metano não está incluído como COV, pois sua reatividade é muito baixa (0,0148), enquanto o benzeno apresenta MIR de 0,42, o tolueno, 2,7 e o formaldeído, 7,2.

Um resumo das principais reações é apresentado a seguir, no qual O é o oxigênio atômico, M uma terceira molécula (O_2 ou N_2, pela sua abundância na atmosfera – sem M, a molécula de ozônio teria muita energia para ser estável e voltaria a oxigênio atômico e oxigênio molecular) e RH representa um radical orgânico (Masters, 1997):

- Formação e destruição do ozônio
  - $2NO + O_2 \rightarrow NO_2$
  - NO_2 + hv (radiação UV do sol) $\rightarrow NO + O$
  - $O + O_2 + M \rightarrow O_3 + M$
  - $O_3 + NO \rightarrow NO_2 + O_2$

- Ação dos compostos orgânicos (RH)
  - $RH + OH^* + O_2 \rightarrow R^* + H_2O$
  - $R^* + O_2 \rightarrow RO_2^*$
  - $RO_2^* + NO \rightarrow RO^*$
  - $RO_2 + NO \rightarrow RO^* + NO_2$
  - $RO^* + O_2 \rightarrow HO_2^* + RCHO$ (aldeído)
  - $HO_2^* + NO \rightarrow NO_2 + HO^*$
  - R = radical orgânico
  - * = radical livre

- Formação do PAN (nitrato de peroxiacetila – $CH_3C(O)O_2 NO_2$)
  - CH_3CHO (acetaldeído) $+ O_2 + OH^* \rightarrow CH_3C(O)O_2^* + H_2O$
  - $CH_3C(O)O_2^* + NO_2 \rightarrow CH_3C(O)O_2 NO_2$

> As reações acima podem ser simplificadas em:
> NOx + HC + hv $\rightarrow O_3$ + PAN + aldeídos + outros oxidantes fotoquímicos

Essa série de reações compõe o ciclo fotoquímico de formação de ozônio troposférico, o qual está esquematizado na Figura 5.3. Sulfatos e nitratos são exemplos importantes de poluentes de origem secundária, ou seja, de reações na atmosfera pela oxidação de óxidos de enxofre (SOx) e de óxidos de nitrogênio (NOx).

Os poluentes também podem ser classificados, segundo a classe química, em orgânicos e inorgânicos.

Independentemente do estado físico, também são importantes subclassificações: substâncias causadoras de odores incômodos (gás sulfídrico [H_2S], mercaptanas, solventes orgânicos, entre outros) e poluentes altamente tóxicos (como as dioxinas e furanos, alguns compostos orgânicos aromáticos como o benzeno, os hidrocarbonetos policíclicos aromáticos

Figura 5.3 – Ciclo fotoquímico esquemático.

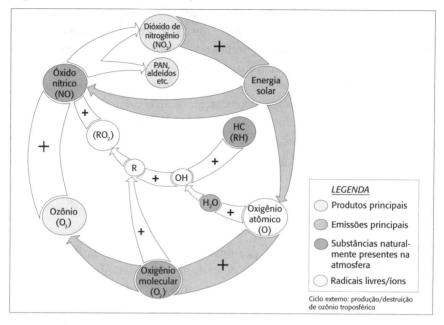

Fonte: adaptada de Dhew (1970).

[HPAs], metais pesados como cádmio, mercúrio, cromo hexavalente, níquel, entre outros, que ocasionam carcinogênese ou mutagenicidade, ou que são suspeitos de ocasioná-los em humanos).

Dioxinas e Furanos

As dibenzo-p-dioxinas policloradas (PCDD) e os dibenzofuranos policlorados (PCDF), comumente chamadas de dioxinas e furanos, são duas classes de compostos aromáticos tricíclicos, de função éter, com estrutura quase planar e que possuem propriedades físicas e químicas semelhantes. Os átomos de cloro se ligam aos anéis benzênicos possibilitando a formação de um grande número de congêneres: 75 para as dioxinas e 135 para os furanos, totalizando 210 compostos. Os isômeros com substituições de cloro nas posições 2, 3, 7 e 8 são de interesse especial por sua toxicidade, estabilidade e persistência. As PCDD e os PCDF 2, 3, 7, 8 substituídos são encontrados em quase todo o meio ambiente.

CURSO DE GESTÃO AMBIENTAL

Pesquisas têm mostrado que esses compostos ocorrem naturalmente, mas são frutos, principalmente, da era industrial, em especial do século XX, formados como subprodutos não intencionais de vários processos envolvendo o cloro ou substâncias e/ou materiais que o contenham, como a produção de diversos produtos químicos, em especial os pesticidas, o branqueamento de papel e celulose, os incêndios, os processos de combustão (incineração de resíduos de serviços de saúde, incineração de lixo urbano, incineração de resíduos industriais, veículos automotores) etc. A toxicidade aguda mais elevada é para a 2, 3, 7, 8-tetraclorodibenzo-p-dioxina (2, 3, 7, 8-TCDD), que é ultrapassada somente por algumas outras toxinas de origem natural (Assunção e Pesquero, 1999; Abrantes et al., 2011).

Hidrocarbonetos Policíclicos Aromáticos (HPA)

São compostos formados por dois ou mais anéis aromáticos condensados contendo somente átomos de carbono e hidrogênio, e que podem estar arranjados em linha reta, angular ou na forma de cluster. Quando contêm átomos de outros elementos, como nitrogênio, oxigênio e enxofre, passam então a ser denominados de compostos policíclicos aromáticos. Sua formação se dá principalmente por combustão incompleta ou pirólise de matéria orgânica. Dos muitos HPA que podem existir, dezessete são considerados prioritários pela United States Environmental Protection Agency (US.EPA) por causa de seu potencial tóxico, vários dos quais têm sido reconhecidos como carcinogênicos. Os dezessete mais importantes são: acenafteno, acenaftileno, antraceno, fenantreno, benzo[a]antraceno, benzo[a]pireno, benzo[e]pireno, benzo[b]fluoranteno, benzo[k]fluoranteno, benzo[ghi]perileno, criseno, dibenzo[a,h]antraceno, fluoranteno, fluoreno, indeno[1,2,3-cd] pireno, pireno e naftaleno.

FONTES DE POLUIÇÃO DO AR

Qualquer processo, equipamento, sistema, máquina, empreendimento etc. que possa liberar ou emitir matéria ou energia para a atmosfera de forma a torná-la poluída, pode ser considerado fonte de poluição do ar. Essas fontes podem ser subdivididas em fixas e móveis.

As emissões para a atmosfera podem vir de ações naturais e de ações antrópicas, ou seja, pela ação do homem.

As emissões naturais provêm de: erupções vulcânicas que lançam partículas e gases para a atmosfera, como os compostos de enxofre (gás sulfídrico e dióxido de enxofre); decomposição de vegetais e animais; ação do vento, causando ressuspensão de poeira do solo e de areia; ação biológica de micro-organismos no solo; formação de metano, principalmente nos pântanos (gás grisu); aerossóis marinhos; descargas elétricas na atmosfera, formando ozônio; incêndios florestais naturais, que lançam grandes quantidades de material particulado, gás carbônico, monóxido de carbono, hidrocarbonetos e outros gases orgânicos, óxidos de nitrogênio (NO_x), e outros processos naturais, como as reações na atmosfera entre substâncias de origem natural. As emissões naturais são muito significativas quando comparadas com as antropogênicas e, em muitos casos, são bem maiores que as últimas.

Entre as fontes antropogênicas, destacam-se os diversos processos e operações industriais; a queima de combustível na indústria para fins de transporte nos veículos a gasolina, a álcool, a diesel ou movidos por qualquer outro tipo de combustível e para aquecimento em geral e cozimento de alimentos; queimadas; queima de lixo ao ar livre; incineração de lixo; limpeza de roupas a seco; poeira fugitiva, em geral provocada pela movimentação de veículos, principalmente em vias sem pavimentação; poeiras provenientes de demolições na construção civil e movimentações de terra em geral; comercialização e armazenamento de produtos voláteis, como gasolina e solventes; equipamentos de refrigeração e ar-condicionado e embalagens tipo aerossol; pinturas em geral; estações de tratamento de esgotos domésticos e industriais e aterros de resíduos sólidos.

Os veículos são, atualmente, a principal fonte de emissão de poluentes para a atmosfera, em especial nos grandes centros urbanos. Na América Latina, merece destaque a poluição do ar na Cidade do México, em São Paulo, no Rio de Janeiro e em Santiago. Na região metropolitana de São Paulo, os veículos contribuem com cerca de 97% da emissão de monóxido de carbono, 77% dos hidrocarbonetos e 82% dos óxidos de nitrogênio, além de serem importantes contribuintes na emissão de dióxido de enxofre e material particulado inalável. A poluição causada por veículos é tão significativa que o uso destes é restringido na cidade de São Paulo por meio da operação denominada rodízio de veículos. Atualmente, os caminhões também têm restrição de horário de circulação em determinadas regiões ou vias da cidade. Isso também ocorre em outras grandes cidades, como Cidade do México, Santiago, Roma e Paris; em Londres foi adotado, em 2003, o sistema de pedágio para circulação de carros no centro da cidade.

158 | CURSO DE GESTÃO AMBIENTAL

Carros a álcool (etanol) e a gasolina (motor do ciclo Otto) são emissores importantes de monóxido de carbono, óxidos de nitrogênio e hidrocarbonetos, enquanto os veículos com motor de ciclo diesel, em especial os caminhões e ônibus, são emissores importantes de óxidos de enxofre, óxidos de nitrogênio e material particulado (fuligem), mas também emitem, em menor grau, monóxido de carbono e hidrocarbonetos.

A poluição dos veículos automotores é controlada por legislação federal, dentro do Programa de Controle da Poluição do Ar por Veículos Automotores (Proconve), com legislação iniciada pela Resolução Conama n. 18/86. Essa legislação age sobre veículos automotores terrestres leves (com massa até 3.856 kg, como os automóveis, peruas e camionetes), pesados (caminhões e ônibus) e também sobre as motocicletas e similares, sendo que estas passaram a fazer parte das exigências do Proconve em 2002, pela resolução Conama n. 297/2002.

Os limites de emissão nacionais são mostrados nas Tabelas 5.4 e 5.5; tais limites têm induzido uma sensível melhora no controle das emissões dos carros a álcool e a gasolina, com redução substancial nas emissões de monóxido de carbono, hidrocarbonetos e óxidos de nitrogênio, conforme pode ser visto nas Figuras 5.4, 5.5 e 5.6 para veículos leves; no caso de veículos pesados a diesel, também tem ocorrido uma sensível melhora, porém mais lenta que nos carros a gasolina e a álcool (etanol). No entanto, a média de emissão da frota circulante é muito maior que a dos veículos novos, o que mostra a importância da rápida substituição dos veículos antigos e da implantação de um sistema de inspeção que possibilite a manutenção das condições de emissão previstas para o veículo em uso. Apesar desse avanço, as medidas têm sido insuficientes para evitar a qualidade do ar inadequada em áreas urbanas congestionadas. Por exemplo, a cidade de Los Angeles, apesar da tecnologia de ponta utilizada nos veículos, em termos de controle de poluição do ar apresenta frequentemente níveis inadequados de qualidade do ar. Isso leva à hipótese de que só a tecnologia não resolverá o problema.

Tabela 5.4 – Limites de emissão para automóveis novos, a gasolina e a álcool.

Início (ano-modelo)	Monóxido de carbono (CO)	Hidro-carbonetos (HC)	Óxidos de nitrogênio (NOx)	Aldeídos (CHO)	Emissão evaporativa (g/teste)	CO em marcha lenta (%)
1989	24	2,1*	2	NR	6	3
1992	12	1,2*	1,4	0,15	6	2,5
Jan/1997	2	0,3*	0,6	0,03	6	0,5
Maio/2003	2	0,3*	0,6	0,03	2	0,5

(continua)

CONTROLE AMBIENTAL DO AR | 159

Tabela 5.4 – Limites de emissão para automóveis novos, a gasolina e a álcool. (*continuação*)

Início (ano--modelo)	Monóxido de carbono (CO)	Hidro-carbonetos (HC)	Óxidos de nitrogênio (NOx)	Aldeídos (CHO)	Emissão evaporativa (g/teste)	CO em marcha lenta (%)
Jan/2005	2	0,16**	0,25	0,03	2	0,5
2009	2	0,05**	0,12	0,02	2	0,5
Jan/2013	1,3	0,05**	0,08	0,02	1,5	0,2

* Hidrocarbonetos totais; ** Hidrocarbonetos totais exceto metano.

Fonte: Resoluções Conama n. 18/86, 8/93, 315/2002 e 415/2009.

Tabela 5.5 – Limites de emissão para motores de veículos pesados (caminhões e ônibus) novos.

Fase	Data de entrada em vigor[1]	Monóxido de carbono (CO) (g/kwh)	Hidrocar-bonetos (HC) (g/kwh)	Óxidos de nitrogênio (NOx) (g/kwh)	Partí-culas[2] (g/kwh)	Fumaça/ opacidade (k)[3] / (m⁻¹)	Amônia (NH₃) (ppm)
P1	Out/1987	NR	NR	NR	NR	2,5 k	
P2	Mar/1994	11,2	2,45	14,4	NR	2,5 k	
P3	Jan/1996	4,9	1,23	9,0	0,4	NR	
P4	Jan/2000	4,0	1,1	7,0	0,15	NR	
P5	Jan/2004	2,1	0,66	5,0	0,1	0,8 m⁻¹	
P6	Jan/2009	1,5	0,46	3,5	0,02	0,5 m⁻¹	
P7	Jan/2012	1,5	0,46	2,0	0,02	0,5 m⁻¹	25

(1) Refere-se à primeira data de entrada em vigor, independentemente de sua extensão a todos os veículos pesados ou não. Foram considerados os valores mais rígidos de emissão.
(2) Aplicável a motores do ciclo diesel.
(3) K é o fator que relaciona a concentração de fumaça com o fluxo de gases do escapamento.

Fonte: Resoluções Conama n. 18/86, 8/93, 315/2002 e 403/2008.

Figura 5.4 – Evolução das emissões de monóxido de carbono pelo escapamento de veículos leves novos a gasolina e a etanol.

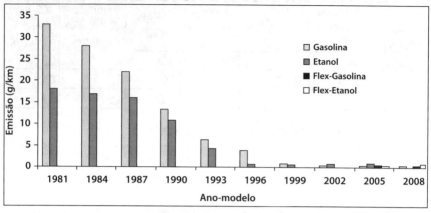

Fonte: Cetesb (2009).

Figura 5.5 – Evolução das emissões de hidrocarbonetos pelo escapamento de veículos leves novos a gasolina e a etanol.

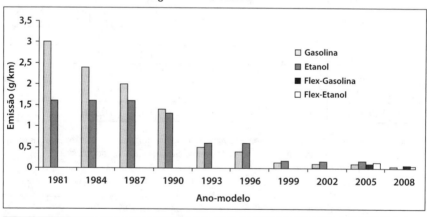

Fonte: Cetesb (2009).

Figura 5.6 – Evolução das emissões de óxidos de nitrogênio pelo escapamento de veículos leves novos a gasolina e a etanol.

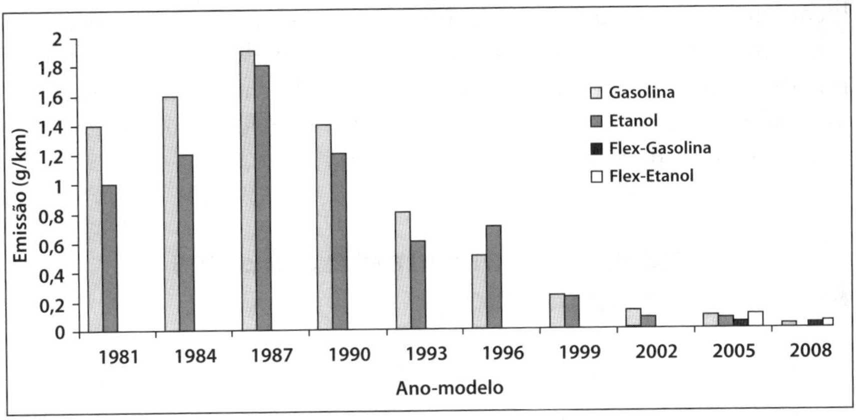

Fonte: Cetesb (2009).

Várias fases do Proconve foram estabelecidas. Em 2013, a fase 6 de controle de veículos leves (Proconve L6) exigirá emissões máximas de monóxido de carbono e de óxidos de nitrogênio em veículos novos que correspondem a uma redução de cerca de 95% em relação aos limites da sua primeira fase (Proconve L1), de 1988. Em janeiro de 2012, entrou em vigor uma exigência muito mais restritiva para os veículos pesados em relação a óxidos de nitrogênio e material particulado (Proconve P7), exigindo então óleo diesel de melhor qualidade (máximo de 50 ppm de enxofre) e sistemas tecnológicos mais sofisticados.A Resolução Conama n. 297/2002 trata do controle da poluição do ar por motocicletas e similares (Promot), em face da importância que as emissões desse tipo de veículo assumiram nos centros urbanos.

DISPERSÃO DE POLUENTES NA ATMOSFERA

O movimento dos poluentes na atmosfera é determinado, principalmente, pelas condições meteorológicas, como a turbulência mecânica provocada pelo vento e a turbulência térmica resultante de parcelas de ar aquecido (que ascendem da superfície terrestre, sendo substituídas pelo ar mais frio em sentido descendente, no perfil vertical de temperatura da atmosfera) e também pela topografia e rugosidade do terreno na região.

162 CURSO DE GESTÃO AMBIENTAL

Os poluentes lançados na atmosfera sofrem o efeito de processos complexos, sujeitos a vários fatores, que determinam a concentração do poluente no tempo e no espaço. Assim, emissões com conteúdos idênticos, sob as mesmas condições de lançamento no ar, podem produzir concentrações diferentes num mesmo local, dependendo das condições meteorológicas presentes, como chuva, condições de inversão térmica, rugosidade e características do terreno e de outras condições locais.

Fatores Externos à Fonte Intervenientes no Processo de Dispersão

Os fatores meteorológicos que influenciam a dispersão de poluentes são, principalmente, a velocidade e a direção dos ventos, o gradiente vertical de temperatura, a intensidade da radiação solar e o regime de chuvas.

As chuvas influenciam a qualidade do ar de maneira acentuada e são um importante agente de autodepuração da atmosfera, principalmente em relação às partículas presentes, bem como aos gases solúveis ou reativos com a água. Não se deve esquecer, no entanto, que a lavagem da atmosfera significa a transposição dos poluentes para o solo e águas superficiais, podendo ocasionar efeitos deletérios, em especial as águas de chuvas consideradas ácidas (chuvas ácidas).

É comum observarem-se diferentes formatos das plumas (fumaça) que saem de uma chaminé, mesmo para a mesma condição de emissão. Isso se deve às várias condições de estabilidade da atmosfera. Os movimentos verticais de massas de ar dependem, fundamentalmente, do perfil vertical de temperatura, ou seja, da variação da temperatura do ar com a altitude. O ar seco resfria-se à taxa de 1°C para cada cem metros de subida na atmosfera (taxa adiabática seca). O ar úmido resfria-se à taxa de aproximadamente 0,65°C para cada cem metros de subida na atmosfera (taxa adiabática úmida). Quando a temperatura do ar aumenta com a altitude, diz-se que há inversão térmica, fenômeno de origem natural, não decorrente da poluição do ar.

A reatividade dos poluentes na atmosfera é outro fator importante para sua transformação no ar, modificando sua concentração e ao mesmo tempo produzindo outras substâncias ou radicais livres. Por exemplo, os óxidos de nitrogênio e os hidrocarbonetos podem reagir fotoquimicamente na atmosfera, sob ação da radiação solar, em especial os raios ultravioleta, e produzir substâncias denominadas oxidantes fotoquímicos, em especial o ozônio, muito frequente na atmosfera da cidade de São Paulo. Outro exemplo é a reação dos óxidos de enxofre com amônia, formando partículas de sulfato de amônio, aerossóis de tamanho pequeno, próximo do comprimento de onda da luz visível, e que têm grande capacidade de reduzir a visibilidade da atmosfera.

A topografia da região exerce papel importante no comportamento dos poluentes na atmosfera. Fundos de vale são locais propícios para o aprisionamento dos poluentes, principalmente quando ocorrem inversões térmicas, que impedem a subida dos poluentes, transformando esses locais em verdadeiras câmaras de concentração e de reação, sobretudo na ocorrência do *smog* fotoquímico.

A concentração do poluente na atmosfera ocorre, portanto, em função da quantidade, das características e condições da emissão, das condições meteorológicas, da topografia da região, da rugosidade do terreno, da presença de edificações próximas à fonte de emissão, da reatividade do poluente e da ocorrência de chuvas.

Turbulência da Atmosfera

A turbulência da atmosfera exerce um papel importante no transporte, na difusão e na consequente diluição da poluição no ar. Essa turbulência é determinada pela velocidade do vento e pelo gradiente térmico na vertical. Pasquill (1961) dividiu as condições de estabilidade em seis classes, a saber:

* Classe A – extremamente instável.
* Classe B – instável.
* Classe C – ligeiramente instável.
* Classe D – neutra.
* Classe E – ligeiramente estável.
* Classe F – estável.

Alguns autores acrescentam uma sétima condição de estabilidade, denominada extremamente estável. As condições para ocorrência de instabilidade são a alta radiação solar e ventos de baixa velocidade. A condição instável é boa para a dispersão de poluentes. A condição de estabilidade ocorre na ausência de radiação solar, ausência de nuvens e de ventos leves e representa condição desfavorável à boa dispersão de poluentes. Céu nublado ou ventos fortes caracterizam a condição neutra da atmosfera.

A altura de mistura é a medida da camada da atmosfera que está num processo turbulento e, portanto, melhor para a dispersão dos poluentes.

A Tabela 5.6 mostra, de forma simplificada, a classe de estabilidade, em função da velocidade do vento, insolação e condições do céu, de acordo com Pasquill (1961). Existem vários outros métodos para determinar a classe de estabilidade.

Tabela 5.6 – Determinação da classe de estabilidade da atmosfera.

Velocidade do vento (m/s)	Período diurno Radiação solar incidente			Período noturno Nebulosidade	
	Forte	Moderada	Fraca	Nublado (<4/8)	Pouco nublado (>4/8)
< 2	A	A – B	B		
2 – 3	A – B	B	C	E	F
3 – 5	B	B – C	C	D	E
5 – 6	C	C – D	D	D	D
> 6	C	D	D	D	D

Fonte: Pasquill (1961).

A categoria A de Pasquill ocorre quando o ângulo solar é maior (cerca de 60 graus acima do horizonte) e quando o céu está praticamente sem nuvens. As categorias B e C ocorrem quando o ângulo solar é menor, ou quando o céu está mais nublado. À noite, a radiação solar cessa e a terra resfria, à medida que seu calor é irradiado de volta para o espaço. Na ausência do vento, o ar esfria e diminui de volume, tendendo a descer para a superfície terrestre. Isso resulta em ar frio com tendência a drenar morro abaixo.

A condição de estabilidade E ocorre com noites claras e ventos moderados ou noites parcialmente nubladas e ventos leves. A estabilidade F ocorre em noites claras e calmas, nas áreas rurais. A U.S.EPA utiliza a taxa de aumento da temperatura na vertical de 0,02ºC/m para a categoria E e de 0,03ºC/m para a categoria F.

Uma atmosfera que está bem misturada por causa de ventos fortes, ou seja, possui mistura mecânica vigorosa em termos meteorológicos sob céu nublado, é denominada *neutra*, conforme já exposto. Nessas condições, não há aquecimento superficial ou efeitos de resfriamento e a temperatura decresce verticalmente a uma taxa denominada *taxa de decréscimo adiabática*. A taxa de decréscimo adiabática seca é de 0,01ºC por metro e a taxa úmida é de cerca de 0,0065ºC por metro, ocorrendo somente em razão da turbulência mecânica.

A fonte primária de aquecimento da terra é a radiação solar. À medida que o sol sobe no horizonte, sob céu pouco nublado, uma grande quantidade de radiação atinge a superfície terrestre. Isso causa o aquecimento da camada de ar próxima à superfície e uma parte desse ar quente começa a ascender. A quantidade de radiação solar que atinge a superfície da terra depende da nebulosidade e da inclinação do sol. Quanto mais diretamente o Sol atinge a Terra, maior aquecimento causa no solo e maior a turbulência convectiva, induzida termicamente. À medida que uma parcela de ar ascende na atmosfera, ela é substituída por uma massa de ar mais fria descendente.

Sistemas de baixa e de alta pressão têm características de ventilação diferentes. O ar geralmente sobe através do centro de uma baixa pressão, na baixa atmosfera, em parte por causa do movimento friccionável do vento em direção à área de baixa pressão. Essa convergência causa um movimento ascensional próximo ao centro da área de baixa pressão. Embora os ventos na área central da região de baixa pressão sejam fracos, aqueles mais longe dessa região central são mais fortes, podendo ser caracterizados como moderados, resultando em melhor condição de ventilação. Os sistemas de baixa pressão, em geral, cobrem regiões pequenas e são muito transientes, raramente permanecendo na área por período de tempo significativo. Os sistemas de baixa pressão, geralmente, são acompanhados de céu nublado, o que pode causar precipitação (chuva). O céu nublado minimiza a variação da estabilidade atmosférica do dia para a noite (Boubel et al., 1994).

Sistemas de alta pressão têm características opostas aos de baixa pressão. Tendo em vista que os ventos fluem para fora do centro dos sistemas de alta pressão, parcelas de ar de subsidência dessas áreas compensam o transporte horizontal de massas de ar. Esse ar descendente causa uma inversão de subsidência. Parcialmente por causa desse movimento de subsidência vertical, o céu geralmente é claro, permitindo máxima radiação solar – em direção à Terra durante o dia e retornando para o espaço à noite, causando extremos de instabilidade durante o dia e estabilidade à noite, com frequentes inversões térmicas por radiação. Os sistemas de alta pressão, em geral, ocupam grandes áreas e, embora sejam transientes, quase sempre movimentam-se devagar. Os ventos sobre uma grande área quase sempre são leves, e por isso a capacidade ventilatória nas vizinhanças das áreas de alta pressão é menor que nas vizinhanças das áreas de baixa pressão (Boubel et al., 1994).

Nas regiões onde zonas de alta pressão ocorrem com muita frequência, podem ocorrer problemas sérios de poluição do ar, principalmente se o relevo também for desfavorável, ou seja, se houver também "paredões" que dificultam a movimentação do ar em direção ao interior.

Formato da Pluma *versus* Estabilidade da Atmosfera

É comum observarem-se diferentes plumas – aspecto visual da emissão na saída da chaminé – em diferentes ocasiões. Isso se deve à variação nas condições meteorológicas. A pluma tipo *looping* ocorre em condições de instabilidade A, B ou C. Nesse caso, a turbulência térmica é grande, o que provoca grande distúrbio na vertical, pela troca de calor entre as camadas da atmosfera. No caso de pluma tipo *coning*, o perfil correspondente é de condição neutra (categoria D). Já a pluma tipo *fanning* ocorre com atmosfera estável, categorias E e F, em que se verifica a condição de inversão térmica no perfil atual de temperatura. A existência de condição estável na camada mais próxima da Terra, seguida de condição instável a partir do topo de uma chaminé, determina o formato de pluma tipo *lofting*. A condição inversa, ou seja, instabilidade na primeira camada e estabilidade a partir do topo da chaminé, ocasiona o tipo de pluma denominada *fumigation* (fumigação). A Figura 5.7 mostra essas várias situações.

Modelo Matemático de Dispersão Atmosférica

A dispersão de plumas é um problema que envolve a turbulência do fluido. As soluções atuais contêm elementos teóricos e empíricos, em geral comparados com a situação real. Entretanto, a confiabilidade dos resultados não é alta e, em alguns casos, os erros envolvidos podem ser significativos.

Segundo Zlatev (1995), os cinco processos do fenômeno da dispersão de poluentes (emissão, advecção, difusão, deposição e reações químicas) devem ser estudados separadamente, como se os demais não acontecessem, e depois agrupados numa única equação diferencial, chamada Equação Básica de Dispersão Atmosférica, representando todas as etapas envolvidas no processo.

O modelo gaussiano é o de uso mais geral e, apesar das variações envolvidas, ele provê estimativas razoáveis para terrenos planos ou pouco acidentados. Entende-se como terreno pouco acidentado aquele cujos acidentes geográficos não superam em altura efetiva a altura da pluma (altura da chaminé mais altura da subida adicional da pluma).

Figura 5.7 – Aspecto da pluma em função da condição de estabilidade da atmosfera.

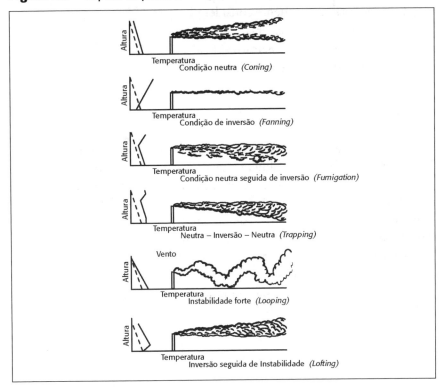

Fonte: Strauss (1971).

A Equação Básica de Dispersão Atmosférica, segundo o modelo gaussiano, é a seguinte:

$$C(x,y,z,H) = \frac{E}{2\pi\sigma_y\sigma_z u} Exp\left[-\frac{1}{2}\left(\frac{y}{\sigma_y}\right)^2\right]\left\{Exp\left[-\frac{1}{2}\left(\frac{z+H}{\sigma_z}\right)^2\right] + Exp\left[-\frac{1}{2}\left(\frac{z-H}{\sigma_z}\right)^2\right]\right\}$$

Em que:

C = concentração do poluente no ponto x, y, z (g/m^3)

x, y, z = coordenadas cartesianas, expressas em metros, medidas a partir da base da chaminé, sendo x e y na horizontal, com x na direção do vento e z na vertical acompanhando a chaminé

H = altura efetiva da chaminé (m)
E = emissão do poluente considerado (g/s)
sy = coeficiente de dispersão horizontal (m)
sz = coeficiente de dispersão vertical (m)
u = velocidade do vento (m/s)

obs: $Exp -\dfrac{a}{b}=e^{-a/b}$

A equação acima deve ser utilizada para emissão contínua e para poluentes que não reagem facilmente na atmosfera. A concentração obtida é válida para períodos curtos de tempo, geralmente considerados entre dez minutos e uma hora. Correções para outros períodos de tempo seguem a equação do tipo: $C_2 = C_1 (t_2/t_1)^{-a}$, sendo que a, em geral, varia de 0,17 a 0,57. Turner considera o valor de a = 0,17 para tempo de até 24 horas, considerando a concentração resultante do modelo em 3 minutos (Turner, 1994).

Para a determinação de concentrações no nível do solo no centro da pluma (y = 0 e z = 0), que são de grande interesse para verificar condições críticas nos receptores, tem-se:

$$C(x,O,O,H)=\dfrac{E}{\pi\,\sigma_y\sigma_z u}\,Exp\left[-\dfrac{1}{2}\left(\dfrac{H}{\sigma_z}\right)^2\right]$$

Para a emissão no nível do solo (H = 0), por exemplo, uma queima de lixo ao ar livre, tem-se:

$$C(x,0,0,0)=\dfrac{Q}{\pi\,\sigma_y\sigma_z u}$$

Altura Efetiva da Chaminé (H)

A altura efetiva da chaminé corresponde à soma da altura física mais a elevação da pluma acima da chaminé. Assim, H = h + Dh, em que H = altura efetiva (m), h = altura física da chaminé (m) e Dh = elevação da pluma (m).

Vários modelos matemáticos têm sido propostos para determinar a elevação da pluma, como o de Holland e o de Briggs. Em 1972, o modelo de Briggs foi incorporado aos modelos de dispersão da U.S.EPA.

Programas de Computador para Cálculo de Dispersão

Os cálculos de dispersão são feitos com o uso de programas de computador; no Brasil, os mais comuns são os da U.S.EPA, como o ISC3 e o Aermod. A U.S.EPA relaciona os seguintes modelos como preferidos:

- BLP – Buoyant Line and Point Source Dispersion Model.
- Caline 3 – modelo aplicável a fontes móveis (veículos) em terrenos não muito acidentados.
- Calpuff – modelo para distâncias maiores que 50 quilômetros, em que o campo de vento não pode mais ser considerado constante ou homogêneo.
- CTDMPLUS – Complex Terrain Dispersion Model Plus Algorithms for Unstable Situations, um modelo gaussiano refinado de fontes pontuais, para uso em todas as condições de estabilidade atmosférica em terrenos acidentados.
- AERMOD – modelo de pluma gaussiana em regime estacionário, que pode ser utilizado para estimar concentrações de poluentes de gama variada de fontes associadas com complexos industriais (fonte pontual, área, linha e volume). O modelo tem condições para levar em conta a sedimentação e deposição seca de partículas, e a descida rápida da pluma (*downwash*). Pode calcular concentrações de períodos curtos e longos. Nos Estados Unidos, o modelo AERMOD substituiu o ISC3.
- OCD – Offshore and Coastal Dispersion Model, modelo gaussiano desenvolvido para determinar o impacto de emissões em regiões costeiras de fontes pontuais, fontes área ou fontes lineares.

A U.S.EPA considera, caso por caso, a possibilidade de uso dos seguintes modelos: Adam, ADMS, AFTOX, Aspen, Avacta, CAMx, CDM2, CMAQ, Degadis, Ekma, ERT, HGsystem, Hotmac, Longz, Mesopuff II, MTDDIS, OZIPR, OBODM, PAL, Panache, PLUVUEII, PPSP, RAM, Remsad, RPMIV, Scipuff, SCSTER, SDM, Shortz, Simple Line Source, Slab, UAM-V, UAM-IV, Wyndvalley.

O modelo ADMS é de origem britânica, mas a Agência de Proteção Ambiental do Reino Unido não tem uma recomendação para o modelo a ser utilizado. No entanto, tem feito comparações entre o modelo ADMS e o Aermod da U.S.EPA (Ukea, s.d.).

Para a simulação da formação fotoquímica do ozônio e a de PM2,5 na troposfera, a Usepa atualmente recomenda o Models-3/CMAQ – Community Multi-scale Air Quality – em lugar do UAM-IV.

EFEITOS DA POLUIÇÃO DO AR

Os efeitos da poluição do ar caracterizam-se tanto pela alteração de condições consideradas normais como pelo aumento de problemas já existentes. Os efeitos podem ocorrer em nível local, regional e global.

Esses efeitos podem se manifestar na saúde, no bem-estar da população, na vegetação e na fauna, nos materiais e nas propriedades da atmosfera, passando pela redução da visibilidade, alteração da acidez das águas da chuva (chuva ácida), aumento da temperatura da Terra (efeito estufa) e modificação da intensidade da radiação solar (por exemplo, o aumento da incidência de radiação ultravioleta sobre a Terra, causado pela redução da camada de ozônio) etc.

Efeitos Relacionados à Saúde

A literatura especializada indica que os principais efeitos da poluição atmosférica à saúde humana são: problemas oftálmicos; doenças dermatológicas, gastrintestinais, cardiovasculares e pulmonares, além de alguns tipos de câncer. Efeitos sobre o sistema nervoso também podem ocorrer após exposição a altos níveis de monóxido de carbono no ar. Além disso, efeitos indiretos podem ser apontados em decorrência de alterações climáticas provocadas pela poluição do ar. Um aumento na temperatura do ar provoca impactos na distribuição da flora e da fauna e, consequentemente, influencia na distribuição de doenças transmitidas por vetores (Ribeiro e Assunção, 2002).

A exposição humana pode dar por inalação, ingestão ou contato com a pele, mas a inalação pode ser considerada a via mais importante e mais vulnerável.

A poluição do ar é caracterizada pela OMS como um fator de risco para várias doenças, como infecções respiratórias agudas, doenças pulmonares obstrutivas crônicas, asma, infecções respiratórias das vias aéreas superiores (garganta, nasofaringe, sínus, laringe, traqueia e brônquios) e câncer (WHO, 2000; 2001).

Estudos nacionais têm verificado associações positivas entre poluição do ar e doenças respiratórias e mesmo aumento da mortalidade. Os efeitos são sentidos principalmente por crianças e idosos (WHO, 2001; Böhm, 2001; Correia, 2001; Farhat, 1999; Gouveia e Fletcher, 2000; Lin et al., 1999; Massad et al., 1986; Miraglia, 1997; Ribeiro, 1971; Ribeiro et al., 1976; Ribeiro, 2000; Saldiva et al., 1994; Saldiva et al., 1995; Sobral, 1998).

Mendes e Wakanatsu (1976) verificaram associação positiva entre altos níveis de material particulado e dióxido de enxofre durante episódio de poluição do ar na região do ABC paulista em 1976 e picos de admissões hospitalares principalmente por doenças respiratórias e cardíacas. O grupo da faixa etária de um a quatro anos foi o mais afetado (Mendes e Wakanatsu, 1976).

Farhat (1999) considera como marcadores possíveis dos efeitos da poluição do ar sobre a saúde, além da mortalidade, parâmetros de morbidade como exacerbação de sintomas respiratórios, aumento das crises de asma, maior consumo de medicamentos, agravamento de sintomas cardiovasculares, aumento das crises de dor precordial, maior número de consultas em prontos-socorros e internações hospitalares.

Um levantamento realizado em quatro municípios do interior paulista – Atibaia, Campinas, Ribeirão Preto e São José dos Campos – mostrou que Ribeirão Preto apresentava índices menores de doenças respiratórias crônicas entre 1990 e 1992, de acordo com uma amostra de 5% dos prontuários de pacientes de cinco postos de saúde do município. A frequência relativa de doenças respiratórias crônicas no total dos postos pesquisados foi de: 1,58% (Ribeirão Preto), 1,80% (Atibaia), 4,27% (São José dos Campos) e 6,31% (Campinas). Os municípios com perfil mais industrial, como Campinas e São José dos Campos, apresentaram percentuais maiores. Apresentou-se uma tendência ao aumento de consultas em razão de doenças respiratórias nos períodos mais frios do ano (Miranda et al., 1994).

Material Particulado

Esse material compõe-se de partículas sólidas ou líquidas que ficam suspensas no ar, emitidas na forma de poeira, fumaça, fumo e névoa. O material particulado em suspensão é caracterizado pelas partículas de diâmetro aerodinâmico menor que 100 μm e as partículas inaláveis são aquelas cujo diâmetro aerodinâmico é menor que 10 μm (MP_{10}); poeiras respiráveis são partículas com diâmetro aerodinâmico menor que 2,5 μm ($MP_{2,5}$). As partículas de pequeno diâmetro aerodinâmico (<2,5 μm) são prejudiciais à saúde, pois podem atingir os alvéolos pulmonares. Quanto menor o tamanho da partícula, mais profundamente ela pode atingir e se depositar no aparelho respiratório. As principais fontes de material particulado são os processos industriais, a queima de combustíveis fósseis, especialmente em veículos automotores com motor a diesel, poeira de rua ressuspensa e a queima de biomassa e aerossol secundário, ou seja, partículas formadas na atmosfera. As fontes naturais são o pólen, o aerossol marinho e a poeira ressuspensa do solo. Essas substâncias causam efeitos significativos em pessoas com doenças pulmonares, como asma e bronquite, e aumentam o número de atendimentos nos serviços de saúde. Os efeitos, a longo prazo, também incluem aumento da mortalidade e da morbidade respiratória (Cetesb, 2002; WHO, 2000).

Vários estudos mostram associação positiva entre o aumento da mortalidade e a concentração de material particulado na atmosfera, seja em relação às partículas totais em suspensão, seja apenas em relação às inaláveis.

O estudo realizado por Saldiva et al. em área urbana metropolitana no período de maio de 1990 até abril de 1991 demonstrou uma associação estatisticamente significativa entre mortalidade diária de idosos e poluição por Partículas Inaláveis (PI), em que um aumento de 100 $\mu g/m^3$ na concentração de PI estava associado estatisticamente a um aumento de 13% na taxa de mortalidade diária de idosos (Saldiva et al., 1995).

Tem sido constatado também que o material particulado em suspensão pode causar efeitos mesmo em níveis abaixo dos padrões de qualidade do ar fixados em vários países desenvolvidos e também no Brasil. Estudos epidemiológicos têm sido incapazes de definir um nível abaixo do qual não haja ocorrência de efeitos à saúde humana. O aumento da mortalidade, o aumento da admissão hospitalar, o maior uso de broncodilatadores, a exacerbação de sintomas, a tosse e a diminuição do pico do fluxo expiratório estão diretamente associados à concentração de material particulado (WHO, 2000).

Estudando a cidade de São Paulo, Braga (1998) demonstrou haver associação estatisticamente significativa entre internações hospitalares e concentrações de material particulado inalável, ozônio e monóxido de carbono em população pediátrica.

Dióxido de Enxofre (SO₂)

O dióxido de enxofre é um gás incolor, com odor pungente, que na atmosfera pode ser transformado em trióxido de enxofre (SO_3) e, na presença de vapor de água, passa rapidamente a ácido sulfúrico (composto). Tem como principais fontes os processos de queima de carvão mineral e de óleo combustível, refinarias de petróleo, escapamentos de veículos a diesel e a gasolina, e produção de celulose. É um importante precursor dos sulfatos, um dos principais componentes das partículas inaláveis. Causam desconforto na respiração, doenças respiratórias e agravamento de doenças respiratórias e cardiovasculares já existentes. Pessoas com asma ou doenças crônicas de coração e pulmão são mais sensíveis a esse poluente (Cetesb, 2002; WHO, 2001).

Monóxido de Carbono (CO)

O monóxido de carbono é um gás incolor, inodoro e insípido. Provém da combustão incompleta, principalmente em veículos automotores. Sua primeira ação no organismo humano é a redução da habilidade do sistema circulatório de transportar oxigênio, por causa de sua maior afinidade com a hemoglobina do que com o oxigênio – 200 a 250 vezes maior –, formando a carboxihemoglobina (COHb) em vez da oxihemoglobina, que leva oxigênio para os tecidos. Altos níveis de monóxido de carbono estão associados a prejuízo nos reflexos, na capacidade de estimar intervalos de tempo, no aprendizado, no trabalho e na capacidade visual (Cetesb, 2002; WHO, 2001).

Dióxido de Nitrogênio (NO₂)

O dióxido de nitrogênio faz parte da família dos óxidos de nitrogênio presentes na atmosfera (NO, NO_2, N_2O), da qual o óxido nítrico (NO) é o de maior emissão e, em geral, transforma-se em dióxido de nitrogênio. É um gás marrom-avermelhado e muito irritante. A produção provém direta ou indiretamente da oxidação de óxido nítrico na atmosfera, de processos de combustão envolvendo veículos automotores, processos industriais, usinas térmicas que utilizam carvão, óleo, gás, biomassa e incineração de resíduos. Pode levar à formação de ácido nítrico, nitratos – que contribuem para o aumento das partículas inaláveis na atmosfera – e compostos orgânicos tóxicos. Esse gás aumenta a sensibilidade dos indivíduos que sofrem de asma ou bronquite e diminui a resistência às infecções respiratórias (WHO, 2000; Cetesb, 2002).

Os óxidos de nitrogênio podem tanto provocar efeitos diretos como serem precursores da poluição fotoquímica (ozônio). Além disso, os óxidos de nitrogênio contribuem de forma importante para a formação de chuvas ácidas, assim como o dióxido de enxofre. Estudos indicam que asmáticos e pessoas que sofrem de doenças pulmonares obstrutivas crônicas são muito sensíveis aos impactos dos óxidos de nitrogênio sobre a função pulmonar (Ribeiro e Assunção, 2002).

O aumento da mortalidade em crianças foi associado estatisticamente a níveis de dióxido de nitrogênio no ar por Saldiva et al. (1994). Também foi verificada, por Pereira et al., uma associação estatística significativa entre níveis de dióxido de nitrogênio no ar e mortalidade intrauterina (Pereira et al., 1998).

Ozônio (O_3)

Gás incolor e inodoro, é o principal componente da névoa fotoquímica nas concentrações ambientais. Não é emitido diretamente à atmosfera. A radiação solar o produz por processo fotoquímico sobre os óxidos de nitrogênio e compostos orgânicos voláteis. Ele provoca irritação nos olhos e vias respiratórias e diminuição da capacidade pulmonar. Exposição a altas concentrações pode resultar em sensações de aperto no peito, tosse e chiado na respiração. O ozônio tem sido associado ao aumento de admissões hospitalares (Cetesb, 2002; WHO, 2000).

Os oxidantes fotoquímicos resultam de uma série de reações químicas complexas que ocorrem na atmosfera, envolvendo principalmente hidrocarbonetos e óxidos de nitrogênio, sob a ação da luz solar e em condições meteorológicas propícias (inversão térmica e calmaria). Constituem-se basicamente de ozônio, nitrato de peroxiacetila e aldeídos (CHO), sendo que o ozônio está presente em maior concentração.

Os oxidantes fotoquímicos, como o nitrato de peroxiacetila, o formaldeído e a acroleína (CH_2CHCHO) causam irritação nos olhos e são os principais responsáveis pela sensação de ardor nos olhos nos grandes centros urbanos.

Hidrocarbonetos e Outros Compostos Orgânicos

Os efeitos diretos à saúde provocados pelos hidrocarbonetos gasosos (HC) têm de ser considerados para cada tipo de hidrocarboneto ou composto orgânico, uma vez que se trata de um conjunto muito amplo, com grande variação de toxicidade. De forma indireta, os reativos fotoquimicamente são importantes em função da participação no *smog* fotoquímico, produzindo outros compostos agressivos à saúde, como o ozônio, os aldeídos e o nitrato de peroxiacetila.

Os efeitos diretos de alguns hidrocarbonetos e outros compostos orgânicos voláteis em relação à saúde são preocupantes. O benzeno e os hidrocarbonetos policíclicos aromáticos são exemplos. Eles provêm principalmente da emissão de veículos, de refinarias de petróleo, de algumas indústrias químicas, da produção de tintas e de carvão. Os efeitos à saúde estão relacionados ao sistema formador do sangue, no caso do benzeno, e ao surgimento de neoplasias.

Dentre os aldeídos, o aldeído fórmico e a acroleína (acrilaldeído) são os que mais preocupam em relação à poluição do ar. Esses compostos são primariamente irritantes dos olhos, das vias respiratórias e das mucosas em geral.

Mistura de Poluentes

A atmosfera real envolve um conjunto de poluentes. Assim, os efeitos devem ser considerados em relação a esse conjunto. Numa mistura de poluentes, os efeitos podem ser aumentados em relação à exposição a um só poluente (efeitos sinérgicos ou aditivos).

Efeitos da Poluição do Ar sobre os Materiais

Efeito Estético

O primeiro efeito visível e de reconhecimento popular é a deposição de partículas, principalmente poeira e fumaça, nas edificações e em monumentos, sujando-os, exigindo, portanto, uma frequência maior de limpeza ou pintura.

A corrosão de partes metálicas é causada principalmente pelos gases ácidos, em especial o dióxido de enxofre. A corrosão também é influenciada pela umidade e temperatura. Entre os metais, os ferrosos (ferro e aço) são mais suscetíveis à corrosão por poluentes atmosféricos.

O ataque aos materiais de construção não metálicos ocorre principalmente pela ação do dióxido de enxofre, que reage com os carbonatos na presença de umidade, formando sulfatos mais solúveis, causando deterioração do material. O gás carbônico, na presença de umidade, forma o ácido carbônico, que converte a pedra calcária em bicarbonato, que é solúvel em água e pode ser lixiviado pela chuva. O mármore de monumentos e estátuas sofre efeitos idênticos aos dos materiais de construção. Portanto, verifica-se que a poluição afeta até mesmo o patrimônio cultural das cidades.

A borracha também sofre a ação da poluição do ar, em especial do ozônio, que ataca a borracha natural e a borracha sintética de estireno butadieno (SBR). Os efeitos são a perda de elasticidade e o enfraquecimento. Alguns tipos de borracha, como a de silicone, são mais resistentes ao ozônio.

Os tecidos e corantes também são afetados pela poluição do ar, não só pela deposição de partículas (sujeira), mas também pela redução de sua resistência, desbotando e reduzindo sua vida útil, pela maior frequência de lavagem que se faz necessária nas atmosferas poluídas. Além da poeira e da fumaça, os gases ácidos, principalmente dióxido de enxofre e os oxidantes (ozônio, nitrato de peroxiacetil e dióxido de nitrogênio), agem sobre os tecidos e os corantes.

O ataque ao couro e ao papel também se verifica com a desintegração da superfície e o enfraquecimento do material. Os agentes são o dióxido de enxofre e o ácido sulfúrico.

Nas tintas, a poluição do ar causa escurecimento, descoloração e sujeira, que resultam em aumento na frequência de pintura. As partículas e o gás sulfídrico são os agentes que mais afetam as tintas.

Efeitos da Poluição do Ar sobre a Vegetação

Os principais efeitos da poluição do ar na vegetação são: alteração do crescimento e da produtividade da planta; colapso foliar; envelhecimento precoce; descoloração, clorose e outras alterações da cor e necrose do tecido foliar.

Os danos podem ocorrer de forma aguda ou crônica e são ocasionados pela redução da penetração da luz, com consequente redução da capacidade fotossintética, geralmente por deposição de partículas nas folhas; pela penetração de poluentes pelas raízes, após deposição de partículas ou dissolução de gases no solo; pela penetração dos poluentes através de sua principal porta de entrada, os estômatos, que são pequenos poros na superfície das plantas, em geral nas folhas e na parte inferior, onde se dá a troca de gases ($O_2 - CO_2$).

Fatores que não envolvem a poluição devem ser considerados na análise da vegetação presumivelmente danificada pela poluição do ar. Os principais fatores a serem considerados são a quantidade e os tipos de nutrientes presentes, a quantidade de umidade, a temperatura, a idade das plantas e a presença de insetos e doenças.

Os principais poluentes presentes na atmosfera e que são importantes fitotóxicos são o ozônio e o nitrato de peroxiacetila, formados no *smog* fotoquímico, o dióxido de enxofre e, com menor importância, os óxidos de nitrogênio. Os fluoretos são altamente fitotóxicos, mas não estão presentes de forma frequente na atmosfera urbana.

Vários estudos realizados na região do Caminho do Mar, em Cubatão, mostraram efeitos fitotóxicos dos poluentes lançados pelo Parque Industrial ali existente. O biomonitoramento ativo realizado com *Nicotiana tabacum* nessa região mostrou efeitos fitotóxicos típicos do ozônio nas folhas dessa planta. Os sintomas, inicialmente, apareciam como pequenos pontos esbranquiçados na superfície foliar superior, especialmente na ponta das folhas, que gradativamente tornavam-se pontos necróticos acinzentados que ocupavam a lâmina foliar inteira (Klumpp et al., 1997; Klumpp et al., 1996; Klumpp et al., 1994; Domingos et al., 1998).

Óxidos de enxofre, óxidos de nitrogênio e amônia produzem compostos acidificantes e poluentes secundários, os quais causam efeitos deletérios intensos nas plantas, perdas de outros nutrientes das folhas e do solo e distúrbios nutricionais, entre outros efeitos (Domingos et al., 1998).

Efeitos Globais da Poluição do Ar

Os efeitos da poluição do ar em escala global, ou seja, em todo o planeta, estão atualmente caracterizados pela redução da camada de ozônio, pelo efeito estufa e, em menor escala, pela deposição ácida (chuva ácida). A grande emissão de poluentes na atmosfera, que caracteriza o estilo de vida da sociedade moderna e desenvolvida, faz prever a possibilidade da ocorrência de outros efeitos globais, tendo em vista que a concentração de poluentes na atmosfera vem aumentando em relação a diversos poluentes.

Redução da Camada de Ozônio

A concentração de ozônio da estratosfera tem diminuído mais acentuadamente nos últimos anos, sobretudo na Antártida, dando origem ao buraco na camada de ozônio que ocorre na primavera austral, nos meses de setembro e outubro, conforme observações científicas, especialmente da National Aeronautics and Space Administration (Nasa).

A teoria atualmente aceita é de que o ozônio da estratosfera está sendo eliminado em grande parte pelo cloro presente nos clorofluorcarbonos, substâncias muito estáveis quimicamente, que permanecem na atmosfera por dezenas de anos. Outros agentes dessa destruição são os óxidos de nitrogênio, as erupções vulcânicas e o gás halon, utilizado em sistemas de proteção contra incêndio. Outras substâncias a contribuir para isso são o brometo de metila, o tetracloreto de carbono e o metilclorofórmio.

Os clorofluorcarbonos são utilizados como gás refrigerante em sistemas de refrigeração (geladeiras, *freezers*, balcões, câmaras frigoríficas etc.) e em sistemas de ar-condicionado. Outros usos incluem a produção de espumas, na qual atuam como agentes expansores, como agentes de limpeza de dispositivos eletrônicos e como propelentes de aerossóis.

No Brasil, o Ministério da Saúde proibiu, em 1989, o uso de clorofluorcarbonos como propelentes de aerossóis, exceto em casos essenciais, como o uso medicinal. Vale lembrar, como já mencionado, que acordos internacionais, celebrados com a intermediação da ONU, forçaram a eliminação da produção de clorofluorcarbonos.

A camada de ozônio da estratosfera é um filtro natural para as radiações ultravioletas do sol; portanto, ela protege a Terra de níveis indesejáveis dessa radiação. Raios ultravioleta em excesso, principalmente na faixa do UV-B (280 a 320 nanômetros de comprimento de onda), têm como efeitos prováveis a maior incidência de catarata e doenças de pele, como queimaduras, câncer e envelhecimento mais rápido da pele pela sua degeneração elástica; prejuízo ao sistema imunológico; redução da camada de gordura com aumento de infecções fúngicas e bacterianas; efeitos negativos à vegetação, com prejuízos à agricultura; redução da fotossíntese do fitoplâncton, com consequente redução do seu crescimento e o aumento da concentração de gás carbônico na atmosfera, portanto, contribuindo indiretamente para o efeito estufa. Muitos outros efeitos negativos poderão advir desse desequilíbrio ambiental (Assunção, 1993).

Enquanto o consumo médio anual *per capita* estava próximo a 1 kg na década de 1980 nos países desenvolvidos, a média brasileira não chegava a 100 g por habitante por ano. Mesmo assim, várias providências foram tomadas para reduzir ainda mais a utilização dessas substâncias, e sua produção foi eliminada na primeira década do século XXI. Desde 1990 o Brasil é signatário do Protocolo de Montreal e deve atender às medidas cabíveis aos países em desenvolvimento, apresentando em 1994 seu primeiro plano de atendimento ao Protocolo.

Efeito Estufa

O efeito estufa significa o aumento da temperatura da Terra provocado pela maior retenção na atmosfera da radiação infravermelha por ela refletida, em função do aumento da concentração de determinados gases que têm essa propriedade, como o gás carbônico, o metano, os clorofluorcarbonos e o óxido nitroso. A camada de gases que envolve a Terra tem uma função importante na manutenção da vida no planeta pela retenção de calor que ela proporciona; portanto, há um efeito estufa natural por causa dessa camada. Mas o aumento dessa retenção, provocado pelo aumento da concentração de gases que absorvem radiação infravermelha (calor), tornou-se um problema.

O gás carbônico é considerado responsável por cerca de 55% do efeito estufa. Sua concentração no início do século XX era de cerca de 290 ppm e chegou ao final do mesmo século em torno de 365 ppm. Sua principal fonte de emissão é a queima de combustíveis fósseis e orgânicos (queimadas).

Metano e óxido nitroso são emitidos por atividades agrícolas, mudanças no uso da terra e outras fontes. A participação desses dois gases no efeito estufa é da ordem de 21% e os clorofluorcarbonos participam com 24% (IPCC apud Legget, 1992).

O aumento da temperatura da Terra foi de cerca de 0,6°C nos últimos cem anos, mas existem previsões de acréscimos significativos se a emissão desses gases continuar a crescer na taxa atual, o que pode resultar em aumentos de até 5,8°C até o final do século XXI, ocasionando maior degelo das calotas polares, com consequente aumento do nível dos mares, entre 9 e 88 cm, inundando áreas costeiras, além de causar alterações climáticas, com efeitos deletérios à agricultura e à vegetação em geral, além do aumento de tormentas, secas, inundações, pragas e doenças tropicais (IPCC, 2001).

Há incerteza sobre a origem do aquecimento recente da Terra. Alguns cientistas postulam a maior influência de processos naturais cíclicos de aquecimento e resfriamento, contudo, a hipótese mais aceita atualmente é a da influência das emissões antropogênicas.

Estimativas de 1991 colocavam o Brasil como o maior emissor de dióxido de carbono para a atmosfera, em consequência de queimadas e desmatamento, seguido da Indonésia e da Malásia. No entanto, suas emissões provenientes da queima de combustíveis fósseis e da produção de cimento são pequenas, não fazendo parte dos dez maiores emissores, que em 1992 eram, nesta ordem, Estados Unidos, China, Rússia, Japão, Alemanha, Índia, Ucrânia, Reino Unido, Itália e Canadá (WRI, 1996). Há que se levar em consideração que a estimativa de emissão por queimadas possui confiabilidade muito menor do que a por combustíveis fósseis. De qualquer forma, as queimadas representam um problema ambiental de graves consequências, não só em relação ao efeito estufa, mas também para a qualidade do ar da região, para a segurança de aeroportos e pela devastação rápida que provocam nas florestas.

As alterações climáticas e a necessidade de redução das emissões de gases causadores do efeito estufa vêm sendo alvo de reuniões internacionais, dentro da agenda da Convenção Quadro da ONU sobre Mudança do Clima (United Nations Framework Convention for Climate Change), como o Protocolo de Kyoto, resultante da reunião das partes em 1997.

Chuva Ácida

O termo chuva ácida foi utilizado pela primeira vez por Robert Angus Smith para se referir ao efeito que emissões industriais causavam nas chuvas na Inglaterra, no século XIX.

A chuva ácida provém da lavagem da atmosfera pelas chuvas, que arrastam os óxidos de enxofre e de nitrogênio nela presentes e outros elementos ácidos, alterando a acidez da água (redução do pH), pela formação de ácidos (sulfuroso, sulfúrico, nitroso e nítrico), com consequências indesejáveis para o meio ambiente, em especial para as plantas e para a vida aquática. Ocorre também a deposição seca, sendo atualmente utilizado o termo deposição ácida em vez de chuva ácida, para denominar ambos os fenômenos. Sua ação, apesar de sentida mundialmente, tem se apresentado mais no âmbito regional ou mesmo entre fronteiras, como entre Estados Unidos e Canadá e entre alguns países da Europa.

Normalmente, a chuva tem pH (acidez) próximo de 5,6, em razão do gás carbônico (CO_2) já presente no ar. A chuva é considerada ácida quando seu pH é menor que 5,6. Na região oeste dos Estados Unidos, 60 a 70% da acidez da chuva era atribuída aos ácidos sulfúrico e sulfuroso, e o restante principalmente aos ácidos nítrico e nitroso e a outros agentes. Essa situação tende a se alterar com a utilização de combustíveis que poluem menos e com o uso de sistemas de controle da poluição do ar.

No Brasil, já se sente uma preocupação em relação a esse problema. No entanto, os valores até aqui conhecidos não indicam a existência de chuva ácida severa. Um fato que contribui para que a chuva ácida não seja intensa no Brasil deve-se, em grande parte, à origem hidráulica da energia elétrica do país, sendo pequena a utilização de termelétricas movidas a combustíveis fósseis (carvão e óleo principalmente), como acontece nos países desenvolvidos.

Em Niterói, medições realizadas em curto período de tempo, em 1986, mostraram valores de pH variando de 4,3 a 5,3. Na Floresta da Tijuca, na cidade do Rio de Janeiro, o pH da chuva apresentou média ponderada de 4,7. No Parque Nacional do Itatiaia, foi verificada chuva com pH ácido além do esperado para emissões naturais. Os valores de pH variaram de 4,2 a 5,3 e indicaram contribuição de emissões antrópicas de compostos de enxofre e de nitrogênio (Mello e Almeida, 2004). Também na Amazônia têm sido observados valores de pH da chuva abaixo do nível normal, similares aos observados em regiões altamente urbanizadas, como Rio de Janeiro e São Paulo, por causa das condições naturais e da emissão de substâncias ácidas nas queimadas (Mello e Motta, 1987).

Regiões com termelétricas a carvão mineral são fortes candidatas a apresentar águas de chuva ácidas, e o estudo desses locais sob esse aspecto adquiriu mais importância.

PREVENÇÃO E CONTROLE DA POLUIÇÃO DO AR

Medidas de prevenção e correção devem ser tomadas com o objetivo de atingir o desenvolvimento sustentável. A busca de soluções para o problema da poluição do ar deve começar pela sua prevenção. Prevenir significa evitar a geração de poluentes, com a utilização de processos industriais e de combustíveis menos poluentes, além de medidas de redução de consumo de produtos poluidores e de energia, enquanto controlar refere-se a medidas de tratamento da emissão de poluentes.

182 CURSO DE GESTÃO AMBIENTAL

Sabe-se que a poluição significa perda de matéria-prima e/ou de energia. Uma caldeira que emite fumaça preta está trabalhando com pouca eficiência, desperdiçando combustível e ao mesmo tempo lançando mais poluentes no ar, visualmente observáveis nas chaminés, além de monóxido de carbono, hidrocarbonetos e outros. Um automóvel desregulado emite mais poluentes e ao mesmo tempo consome mais combustível. Assim, prevenir e controlar a poluição, em última análise, significa reduzir perdas de combustível e de matérias-primas.

É na prevenção que a população pode atuar mais intensamente, reduzindo o uso de veículos particulares e privilegiando o transporte coletivo, que, por seu turno, deve ser do tipo menos poluente, mais disponível e confortável, para que a população possa ficar satisfeita ao utilizá-lo. Menor produção de lixo pela população e o uso de eletrodomésticos e lâmpadas mais eficientes, em termos de consumo de energia, são medidas de grande importância.

Medidas tecnológicas são importantes, mas não têm conseguido resolver o problema, como é o caso dos veículos automotores, sendo necessária a atuação consciente e ambientalmente correta da população. Ninguém em sã consciência poderá questionar a importância da ciência e da tecnologia para o bem-estar da humanidade, não só para seu conforto, mas também para sua própria sobrevivência. A evolução da ciência e da tecnologia constitui a própria evolução do homem desde a Pré-História, propiciando sua adaptação ao meio e a busca da sobrevivência, da satisfação, do conforto e do bem-estar. No início, o homem buscou alimentos e abrigo para as intempéries, depois o combate a doenças e pragas, até o conhecimento de outras regiões do planeta e do universo.

Para a prevenção e controle da poluição do ar, usam-se medidas que envolvem desde o planejamento do assentamento de núcleos urbanos e industriais e do sistema viário até a ação direta sobre a fonte de emissão. A prevenção está ligada à tríade reduzir, reutilizar e reciclar. Pode-se considerar o processo de poluição do ar em duas fases: a fase de geração, emissão, transporte, difusão e transformação e a fase da recepção. Imagine, por exemplo, um incinerador de resíduos. Na queima do lixo, há a formação dos poluentes e, pela chaminé, há a emissão. No ar, esses poluentes são transportados, difundidos, transformados e, finalmente, atingem os receptores, sejam eles as pessoas, a vegetação, os animais ou os materiais, sejam quaisquer partes do meio ambiente em que exerçam seus efeitos.

A geração de poluentes está intimamente ligada ao consumismo. Quanto mais se consome, mais poluentes são produzidos, causando um aumento da poluição. Logicamente, o nível de poluição dependerá dos meios utilizados e dos cuidados envolvidos na produção do bem ou serviço. Há muitas formas de produzir que não geram poluentes. Estes podem ser eliminados totalmente pela substituição de combustíveis, matérias-primas e reagentes, e pela mudança de equipamentos e de processos. Um exemplo típico é a eliminação da emissão de compostos de chumbo por veículos a gasolina, quando o chumbo tetraetila, um aditivo antidetonante, deixou de ser adicionado à gasolina, substituído por álcool etílico (etanol) anidro. A substituição de combustíveis com enxofre por combustíveis sem esse elemento, como o gás natural, elimina a formação e a emissão de compostos de enxofre à atmosfera.

Na prática, a diminuição da quantidade de poluentes gerados é mais fácil de ser alcançada do que sua eliminação. Isso pode ser conseguido com a adoção destas medidas: operação dos equipamentos dentro de sua capacidade nominal; operação e manutenção adequada de equipamentos produtivos, caldeiras, fornos, veículos etc.; armazenamento adequado de materiais pulverulentos e/ou fragmentados, evitando a ação dos ventos; adequada limpeza do ambiente; utilização de processos, equipamentos, operações, matérias-primas, reagentes e combustíveis de menor potencial poluidor.

As medidas acima necessitam, sem dúvida, de adequado esclarecimento dos responsáveis pelas fontes poluidoras, e a participação da população é de fundamental importância no processo. A educação ambiental da população e dos empresários tem um papel importante para que a ação de controle funcione. Não adianta existirem boas leis se a população não estiver engajada no processo e se os meios empresariais não estiverem motivados para realizar essa ação.

Depois de esgotados todos os esforços com as medidas anteriormente mencionadas, sem que tenha sido conseguida a redução necessária na emissão ou na concentração no ambiente, deve-se então utilizar os equipamentos para tratamento das emissões (equipamentos de controle de poluentes – filtros).

A opção por implementar esses equipamentos pode estar relacionada à economia proporcionada ou à maior disponibilidade ou viabilidade para casos específicos.

Sempre em conjunto com o equipamento de controle de poluição industrial, existe um sistema de exaustão (captores, dutos, ventilador e chaminé) cuja função é captar, concentrar e conduzir os poluentes para serem filtrados, com posterior lançamento residual no ar.

Os equipamentos de controle de poluição do ar são divididos em função do tipo de poluente a ser considerado, ou seja, equipamentos de controle de material particulado e equipamentos de controle de gases.

No caso de veículos, um exemplo de dispositivo de tratamento de emissões muito conhecido pela população é o combustor catalítico, que reduz a emissão de monóxido de carbono, óxidos de nitrogênio e de compostos orgânicos (hidrocarbonetos).

O material particulado pode ser removido do fluxo gasoso poluído por sistemas secos (coletores mecânicos inerciais e gravitacionais, coletores centrífugos, como os ciclones, precipitadores eletrostáticos secos e filtros de tecido, como o filtro de mangas) e sistemas úmidos (lavadores dos mais variados tipos, em especial o lavador venturi, e precipitadores eletrostáticos úmidos). Os três tipos de equipamento mais eficientes para controle de material particulado são o filtro de manga, o precipitador eletrostático e o lavador venturi, mas com eficiências de retenção de poluentes que variam de acordo com o projeto e com as condições de operação e manutenção.

Os gases e vapores podem ser removidos do fluxo poluído por meio de absorvedores (lavadores de gases), de adsorvedores, em especial com o uso de carvão ativado, ou por incineração térmica ou catalítica (como os combustores catalíticos dos automóveis) e também por condensadores, biorreatores e processos especiais.

Para cada fonte de poluição deve ser estudada a melhor solução, tanto do ponto de vista do custo como do ponto de vista ambiental. A tecnologia de controle de poluição do ar disponível permite que a poluição seja reduzida, muitas vezes em mais de 99%.

Por outro lado, o planejamento urbano permite uma melhor distribuição espacial das fontes potencialmente poluidoras do ar, aumentando a distância entre fonte e receptor, diminuindo a concentração de atividades poluidoras próximas a núcleos residenciais, proibindo a implantação de fontes de alto potencial poluidor em regiões críticas, localizando as fontes preferencialmente a jusante dos ventos predominantes na região em relação a assentamentos residenciais, e controlando a circulação de veículos em áreas congestionadas, bem como atuando com vistas à melhoria do sistema viário. Nesse caso, é necessário tomar cuidado, pois a melhoria do sistema viário pode agir no sentido contrário, à medida que pode incentivar mais ainda o uso do transporte individual com o automóvel.

No que se refere à diluição, deve-se enfatizar que a utilização de chaminés altas visa à redução da concentração do poluente no nível do solo, sem a redução da quantidade emitida. Trata-se, portanto, de medida cuja eficácia fica dependente da distribuição espacial das fontes e das condições meteorológicas e topográficas da região. É uma técnica recomendável como medida adicional para a melhoria das condições de dispersão dos poluentes residuais na atmosfera, mas somente após a tomada de outras medidas para reduzir a geração de poluentes ou a sua emissão.

GESTÃO DO AR

Planos de gestão do ar devem considerar a necessidade de manter baixos níveis de poluição em regiões onde a qualidade do ar é boa e corrigir situações em que a qualidade do ar já apresenta níveis considerados inadequados. Em regiões ainda não poluídas, podem-se estabelecer limites de comprometimento da qualidade do ar, para cada tipo de fonte ou conjunto de fontes, e não simplesmente ter como base o padrão de qualidade do ar. Em regiões com altos níveis de poluição do ar, devem ser tomadas medidas para reduzir as emissões e ao mesmo tempo evitar ou dificultar a instalação de novas fontes nessa região.

Para saber quanto deve ser reduzido, existem metodologias, como a do modelo rollback simples ou modelo proporcional, que assume que a concentração no ar é diretamente proporcional às emissões. Assim, uma redução de emissão trará benefícios à qualidade do ar proporcionais à redução conseguida. Matematicamente esse modelo é descrito por:

$$C = B + k.E$$

Em que:

C é a concentração do poluente no ar
B é o nível de *background* (concentração de fundo) do poluente, ou seja, um nível mínimo do qual não é possível reduzir mais
k é uma constante de proporcionalidade
E é a emissão do poluente na região.

Esse modelo considera emissões igualmente distribuídas na região, poluente não reativo e condições de emissão que possam ser representadas por um valor médio (valor k). A redução necessária para atingir o nível desejado de determinado poluente em regiões já deterioradas pode ser calculada com base nesse modelo, por:

R necessária = [(fc. C máxima. – Nível desejado)/
(fc.C máxima – Nível de fundo)].100

Em que:

fc é a taxa de crescimento prevista para o período considerado
C máxima representa a máxima concentração observada no ar representativa das condições recentes, e que se quer enquadrar no nível desejado

A gestão do ar envolve mecanismos administrativos, legais, técnicos, tecnológicos, econômicos e socioculturais, além de necessitar da participação da sociedade. A estruturação de planos de controle da poluição do ar urbana deve ser feita com base em estratégias claras, com metas bem definidas. Os instrumentos de gestão (comando e controle, econômicos, autogestão e corregulamentação, segundo Bradfield et al. (1996) e os princípios a serem adotados (precaução; poluidor-pagador; prevenção da poluição; não deterioração significativa da qualidade do ar, por exemplo) devem ser claramente definidos. O controle da poluição do ar, causada por monóxido de carbono, por exemplo, necessita do uso de medidas tecnológicas, representadas pelas ações da indústria automobilística no desenvolvimento de automóveis, caminhões e ônibus com menor emissão, bem como pelo uso de sistemas de tratamento de emissões, como o conversor catalítico. No Brasil, essas ações têm sido tomadas em atendimento às exigências do Proconve, que existe desde 1986. No entanto, além das medidas tecnológicas, outras medidas relativas à circulação e ao uso e conservação dos veículos devem ser tomadas, como o sistema de rodízio de veículos em São Paulo, que proibiu a circulação de veículos de determinados finais de placas em determinados dias nas regiões mais complicadas em termos de poluição do ar ou de trânsito.

A gestão do ar necessita também do monitoramento sistemático da qualidade do ar na região, de forma a acompanhar sua evolução ou mesmo verificar a eficácia de programas implantados. Isso pode ser feito utilizando-se métodos passivos, mecânicos ou automáticos. Em geral, são escolhidos alguns indicadores específicos para determinada região, em função dos poluentes que podem estar presentes em nível significativo e de seus possíveis efeitos. A Resolução Conama n. 3/90 especifica os seguintes indicadores e respectivos métodos de medição:

- PTS: amostrador de Grande Volume (Hi-Vol).
- PI: Separação inercial seguida de filtração em amostrador de grande volume.
- Fumaça: refletância (método da OPS/OMS).
- Dióxido de enxofre: método da pararosanilina.
- Dióxido de nitrogênio: luminescência química.
- Ozônio: luminescência química.
- Monóxido de carbono: infravermelho não dispersivo.

Em relação a fontes industriais, um bom exemplo foi o plano de controle de dióxido de enxofre na região metropolitana de São Paulo, lançado em 1982, cuja estratégia estabeleceu em 66% a redução total necessária, com o uso do modelo rollback simples (Mesquita et al., 1981). Em 1982, 79% das emissões de dióxido de enxofre eram provenientes da queima de combustíveis em fontes estacionárias e as concentrações de dióxido de enxofre no ar chegavam próximas a 1.000 µg/m3 (valor em 24 horas). A dificuldade, em curto prazo, da redução do teor de enxofre no óleo diesel fez que com que fosse fixado em 80% o nível de redução pretendida nas emissões desse poluente por fontes estacionárias de combustão, a ser atingido até dezembro de 1985. Essa meta foi atingida em julho de 1986. O efeito da aplicação dessa estratégia na qualidade do ar foi bastante eficaz. As concentrações de dióxido de enxofre passaram a atender ao padrão de qualidade do ar primário e com tendência a atender também ao padrão secundário.

O problema da poluição do ar de Cubatão pode ser citado como o maior exemplo da degradação da qualidade do ar no Brasil. A região foi chamada de Vale da Morte e serve de exemplo sobre a capacidade brasileira de reverter a situação. A qualidade do ar de Cubatão era determinada quase que exclusivamente por fontes industriais, com níveis críticos de material particulado em suspensão registrados na região no começo da década de 1980, atingindo em 1983 picos de 1.000 $\mu g/m^3$ (média de 24 horas) em termos de material particulado, reduzidos atualmente a valores máximos de aproximadamente um terço desses picos (Guimarães et al., 1984).

Além dos possíveis danos à saúde da população na encosta da Serra do Mar, as proximidades das indústrias tiveram sua vegetação gravemente afetada e foram alvo de um programa de revegetação por parte do governo do estado.

A região foi colocada em vigilância permanente e, em relação à poluição do ar, foram exigidos limites de emissão dentro da melhor tecnologia prática disponível. O esforço realizado livrou Cubatão do incômodo título de Vale da Morte, apesar de ser necessário o prosseguimento de medidas que venham a melhorar ainda mais a qualidade do ar da região, em especial nos locais de maior densidade populacional.

Dados da Cetesb deixam claro que o grande desafio atual é o controle do ozônio, pois este tem sido o poluente com maior índice de ultrapassagem do padrão de qualidade do ar na região metropolitana de São Paulo, e não se observa tendência de decréscimo na sua concentração média (Cetesb, 2012). No interior do estado, o padrão de qualidade do ar também tem sido ultrapassado. O desafio é grande nesse caso, porque a ação deve ser dirigida aos poluentes precursores da reação – e não está bem caracterizado o nível de redução a ser aplicado em cada poluente – para reduzir a concentração do ozônio no ar e alcançar o nível satisfatório. Deve-se ressaltar que emissões naturais – emissões biogênicas – também participam da reação de formação do ozônio. Estudo preliminar feito por Martins et al. (2002) com a aplicação do modelo euleriano fotoquímico CIT, desenvolvido pelo California Institute of Technology, mostrou que a inclusão das emissões orgânicas biogênicas, representadas por isopreno e terpenos, produziu aumento médio de 15,3% na concentração de ozônio, 1,7% de dióxido de nitrogênio, 20,4% de nitrato de peroxiacetila e diminuição de 2,4% na concentração de óxido nítrico.

Além das ações normais, é necessário projetar ações para serem ativadas em caso de ocorrência de condições anômalas – situações de emergência – que podem ocorrer em regiões onde as emissões são altas, em função de condições meteorológicas adversas, como a inversão térmica de baixa altitude, tempo seco e ventos fracos (calmaria), que podem estar presentes ao mesmo tempo e por vários dias. Essas ações visariam proteger a população de danos agudos à saúde e do aumento das taxas de mortalidade.

REFERÊNCIAS

ABRANTES, R.; ASSUNÇÃO, J.V.; PESQUERO, C.R. et al. Comparison of emission of dioxins and furans from gasohol – and ethanol – powered vehicles. *J Air Waste Manage Assoc.* v.61, n.12, p.1344-52, 2011.

ASSUNÇÃO, J.V. *Viabilidade e importância da redução da emissão de clorofluorcarbonos (CFCs) por reciclagem e controle no uso.* São Paulo, 1993. Tese (Doutorado). Faculdade de Saúde Pública da USP.

ASSUNÇÃO, J.V.; PESQUERO, C.R. Dioxinas e furanos: origens e riscos. *Rev Saúde Pública.* v.33, 1999, p. 523-530.

BÖHM, G.M.; SALDIVA, P.H.N.; PASQUALUCCI, C.A. et al. Biological effects of air pollution in São Paulo and Cubatão. *Environ Res.* v.49, 1989, p. 208-216.

BOUBEL, R.W.; FOX, D.L.; TURNER, D.B. et al. *Fundamentals of air pollution.* San Diego: Academic Press, 1994.

BRADFIELD, P.J.; SCHULTZ, C.E.; STONE, M.J. Regulatory approaches to environmental management. In: MULLIGAN, D.R. (ed.). *Environmental management in the Australian minerls and energy eindustries.* Sydney, Austrália: University of New South Wales Press, 1996.

BRAGA, A.L.F. *Quantificação dos efeitos da poluição do ar sobre a saúde da população pediátrica da cidade de São Paulo e proposta de monitorização.* São Paulo, 1998. Tese (Doutorado). Faculdade de Medicina da USP.

BRASIL. Resolução Conama n. 1, de 23.01.1986. *Diário Oficial da República Federativa do Brasil.* Brasília, 1986.

_____. Resolução Conama n. 18, de 06.05.1986. *Diário Oficial da República Federativa do Brasil.* Brasília, 1986.

_____. Resolução Conama n. 3, de 28.06.1990. *Diário Oficial da República Federativa do Brasil.* Brasília, 1990.

_____. Resolução Conama n. 8, de 31.08.1993. *Diário Oficial da República Federativa do Brasil.* Brasília, 1993.

_____. Resolução Conama n. 315, de 29.10.2002. *Diário Oficial da República Federativa do Brasil.* Brasília, 2002.

_____. Resolução Conama n. 403, de 11.11.2008. *Diário Oficial da República Federativa do Brasil.* Brasília, 2008.

_____. Resolução Conama n. 415, de 24.09.2009. *Diário Oficial da República Federativa do Brasil.* Brasília, 2009.

CARTER, W.P.L. Development of ozone reactivity scales for volatile organic compounds. *Air Waste Manag Assoc.* v. 44, 1994, p. 881-889.

[CETESB] COMPANHIA DE TECNOLOGIA DE SANEAMENTO AMBIENTAL. Ação da Cetesb em Cubatão: situação em janeiro de 1991. São Paulo: Cetesb, 1991.

_____. Relatório de qualidade do ar no estado de São Paulo – 2001. São Paulo: Cetesb, 2002.

_____. Relatório de qualidade do ar no estado de São Paulo – 2008. São Paulo: Cetesb, 2009.

_____. Relatório de qualidade do ar no estado de São Paulo – 2011. São Paulo: Cetesb, 2012.

[CFR] CODE OF FEDERAL REGULATIONS. Part 51.100, 3 fev. 1992.

CORREIA, J.E.M. *Poluição atmosférica urbana e fluxo expiratório de pico (peak flow) em crianças de 7 a 9 anos na cidade de São Paulo, SP.* São Paulo, 2001. Dissertação (Mestrado). Faculdade de Saúde Pública da USP.

[DHEW] U.S. DEPARTMENT OF HEALTH, EDUCATION, AND WELFARE. *Air quality criteria for photochemical oxidants.* Washington: Dhew, 1970.

DOMINGOS, M.; KLUMPP, A.; KLUMPP, G. Air pollution impact on the Atlantic Forest at the Cubatão region, SP, Brazil. *Cien Cultura.* v. 50, 1998, p. 230-236.

FARHAT, S.C.L. *Efeitos da poluição atmosférica na cidade de São Paulo sobre doenças do trato respiratório inferior em uma população pediátrica.* São Paulo, 1999. Tese (Doutorado). Faculdade de Medicina da USP.

GODISH, T. *Air quality.* Chelsea: Lewis Publishers, 1997.

GOUVEIA, N.; FLETCHER, T. Time series analysis of air pollution and mortality: effects by cause, age and socioeconomic status. *J Epidemiol Community Health.* v. 54, 2000, p. 1-6.

GUIMARÃES, F.A.; GALVÃO FILHO, J.B.; CAMPOS, M.A. *Plano de ação de emergência para prevenção de episódios críticos de poluição do ar em Cubatão.* São Paulo: Cetesb, 1984.

[IPCC] INTERGOVERNMENTAL PANEL ON CLIMATE CHANGE. *Climate Change 2001: Impacts, Adaptation & Vulnerability. Contribution of Working Group II to the Third Assessment Report.* Cambridge University Press, 2001, p. 1000.

_____. IPCC WGI Fourth Assessment Report. Climate Change 2007: *The Physical Science Basis – Summary for Policymakers.* Geneva, 2007. Disponível em: http://www.slvwd.com/agendas/Full/2007/06-07-07/Item%2010b.pdf. Acessado em: 9 mar. 2012.

KLUMPP, A.; DOMINGOS, M.; KLUMPP, G. et al. Vegetation module in air pollution and vegetation damage in the tropics – the Serra do Mar as an example

– Final Report 1990-1996. In: KLOCKOW, D.; TARGA, H.T.; VAUTZ, W. (eds). *German/Brazilian Cooperation in Environmental Research and Technology, Shift (Studies on Human Impact on Forests and Floodplains in the Tropics) Programme.* GKSS – Forschungszentrum Geesthacht GmbH: Geesthacht, 1997, v.1-47.

_____. Bio-indication of air polution in the tropics: the active monitoring programme near Cubatão, Brazil. *Gefahrstoffe – Reinhaltung der Luft.* v. 56, 1996, p. 27-31.

_____. Plants as bioindicators of air pollution at the Serra do Mar near the industrial complex of Cubatão, Brazil. *Environ Pollut.* v. 85, 1994, p. 109-116.

LEGGET, J. *Aquecimento global – O relatório do Greenpeace.* Rio de Janeiro: Editora Fundação Getúlio Vargas, 1992, p. 12-39.

LIN, C.A.; MARTINS, M.A.; FARHAT, S.C.L. et al. Air pollution and respiratory illness of children in São Paulo, Brazil. *Paediatr Perinatal Epidemiol.* v. 13, 1999, p. 475-488.

MARTINS, L.D.; ANDRADE, M.F.; VASCONCELLOS, P.C. *Estimativa do impacto das emissões de hidrocarbonetos pela vegetação na formação de oxidantes fotoquímicos em São Paulo.* São Paulo: Global Conference, 2002.

MASSAD, E.; SALDIVA, P.H.N.; SALDIVA, C.D. et al. Toxicity and prolonged exposure to ethanol and gasoline autoengine exhaust gases. *Environ Res.* v. 40, 1986, p. 479-486.

MASTERS, G.M. *Introduction to environmental engineering and science.* New Jersey: Prentice-Hall, 1997.

MELLO, W.Z.; ALMEIDA, M.D. 2006. *Environmental Pollution.* v. 129, n. 1, 2004, p. 63-68.

MELLO, W.Z.; MOTTA, J.S.T. Acidez na chuva. *Ciência Hoje.* v. 6, n. 34, 1987, p. 40-43.

MENDES, R.; WAKANATSU, C.T. *Avaliação dos efeitos agudos da poluição do ar sobre a saúde, através de estudo de morbidade diária em São Caetano do Sul – junho de 1976 (estudo preliminar).* São Paulo: Cetesb, 1976.

MESQUITA, A.L.S.; SANTOS, J.C.D.; QUEIRÓZ, L.A. Estratégias alternativas para o controle de dióxido de enxofre na região da Grande São Paulo. In: 11° Congresso Brasileiro de Engenharia Sanitária e Ambiental. Fortaleza, 1981.

MIRAGLIA, S.G.E.K. *Análise do impacto de consumo de diferentes combustíveis na incidência de mortalidade por doenças respiratórias no município de São Paulo.* São Paulo, 1997. Dissertação (Mestrado). Escola Politécnica da USP.

MIRANDA, E.E.; DORADO, A.J.; ASSUNÇÃO, J.V. *Doenças respiratórias crônicas em quatro municípios paulistas.* Campinas: Ecoforça, 1994.

PASQUILL, F. The estimatin of the dispersion of windborne material. *Meteorol Mag.* v. 90, n. 1063, 1961, p. 33-49.

PEREIRA, L.A.A.; LOOMIS, D.; CONCEIÇÃO, G.M.S. et al. Association between air pollution and intrauterine mortality in São Paulo, Brazil. *Environ Health Perspect.* v. 106, 1998, p. 325-329.

RIBEIRO, H. Air pollution and respiratory disease in São Paulo (1986-1998): a contribution of medical geography. In: 9th International Symposium in Medical Geography. Montreal (CA), 2000.

RIBEIRO, H.E.; ASSUNÇÃO, J.V. Efeitos das queimadas à saúde humana. *Estudos Avançados.* v. 16, n. 44, 2002, p. 1-24.

RIBEIRO, H.P. Estudo das correlações entre infecções das vias aéreas superiores, bronquite asmatiforme e poluição do ar em menores de 12 anos em Santo André. *Pediatr Prática.* v. 42, 1971, p. 9.

RIBEIRO, H.P.; NOGUEIRA, D.P.; BONGIOVANNI, C.A.T. et al. Estudo da função ventilatória em escolares vivendo em áreas com diferentes níveis de poluição do ar. São Paulo: Santa Casa da Misericórdia de São Paulo, 1976.

SALDIVA, P.H.N.; LICHTENFELS, A.J.; PAIVA, P.S. et al. Association between air pollution and mortality due to respiratory diseases in children in São Paulo, Brazil: a preliminary report. *Environ Res.* v. 65, 1994, p. 218-225.

SALDIVA, P.H.N.; POPE, C.A. III; SCHWARTZ, J. et al. Air pollution and mortality of elderly people: a time series study in São Paulo, Brazil. *Arch Environ Health.* v. 50, 1995, p. 159-163.

SMITH, K.R. Fuel combustion, air pollution exposure, and health: the situation in the developing countries. *Ann Rev Energy Environ.* v. 18, 1993, p. 529-66.

SOBRAL, H.R. *Poluição do ar e doenças respiratórias em crianças da Grande São Paulo: um estudo de geografia médica.* São Paulo, 1998. Tese (Doutorado). Faculdade de Filosofia, Letras e Ciências Humanas da USP.

STRAUSS, W. *Air pollution control.* Nova York: Wiley-Interscience, 1971.

TURNER, D.B. *Workbook of Atmospheric Dispersion Estimates: An Introduction to Dispersion Modeling.* Cleveland: CRC Press, 1994.

[UKEA] UNITED KINGDOM ENVIRONMENT AGENCY. Air quality modelling and assessment unit (AQMAU). Disponível em: http://www.environment-agency.gov.uk/subjects/airquality. Acessado em: 8 jun. 2003.

[UNFCC] UNITED NATIONS FRAMEWORK CONVENTION ON CLIMATE CHANGE. Durban climate change conference. nov./dez. 2011. Disponível em: http://unfccc.int/meetings/durban_nov_2011/meeting/6245.php. Acessado em: 9 mar. 2012.

[WHO] WORLD HEALTH ORGANIZATION. Air quality guidelines for Europe. Geneva; 2000. (WHO Regional Publications. European series, n. 91). Disponível em: http://www.euro.who.int/en/what-we-publish/abstracts/air-quality-guidelines-for-europe. Acessado em: 9 mar. 2012.

_____. WHO strategy on air quality and health. Geneva, 2001. Disponível em: http://www.who.int/peh/air/Strategy.pdf. Acessado em: 8 jun. 2003.

_____. Air qualiy guidelines – global update 2005, particulate matter, ozone, nitrogen dioxide and sulfur dioxide. Geneva; 2006. Disponível em: http://www.euro.who.int/en/what-we-publish/abstracts/air-quality-guidelines.-global-update-2005.-particulate-matter,-ozone,-nitrogen-dioxide-and-sulfur-dioxide. Acessado em: 9 mar. 2012.

[WHO] WORLD HEALTH ORGANIZATION; [IARC] INTERNATIONAL AGENCY FOR RESEARCH ON CANCER. Overall evaluations of carcinogenicity to humans. Geneva, 2001. Disponível em: http://www.iarc.fr. Acessado em: 25 ago. 2001.

[WRI] WORLD RESOURCES INSTITUTE; [Unep] UNITED NATIONS ENVIRONMENT PROGRAMMES, [UNDP] UNITED NATIONS DEVELOPMENT PROGRAMME; THE WORLD BANK. *World resources 1996-1997: a guide to the global environment – the urban environment.* Oxford University Press, 1996. Disponível em: http:// www.igc.org/wri/wr-96-97/. Acessado em: 22 dez. 1999.

ZLATEV, Z. *Computer treatment of large air pollution models.* Dordrecht: Kluwer Academic Publishers, 1995. Disponível em: http://unfccc.int/meetings/durban_nov_2011/meeting/6245/php/view/decisions.php. Acessado em: 9 mar. 2012.

Bibliografia Consultada

ABRANTES, R.; ASSUNÇÃO, J.V.; HIRAI, E.Y. Caracterização das emissões de aldeídos de veículos do ciclo diesel. *Revista de Saúde Pública.* v. 39, n. 3, 2005, p. 479-485.

ABRANTES, R.; ASSUNÇÃO, J.V.; PESQUERO, C.R. Emission of polycyclic aromatic hydrocarbons from light-duty diesel vehicles exhaust. *Atmospheric Environment.* v. 38, n. 11, 2004, p. 1631-1640.

ABRANTES, R.; ASSUNÇÃO, J.V.; PESQUERO, C.R. et al. Emission of polycyclic aromatic hydrocarbons from gasohol and ethanol vehicles. *Atmospheric Environment.* v. 43, 2009, p. 648–654. (Resultado de pesquisa financiada pela Fapesp).

ASSUNÇÃO, J.V.; PESQUERO, C.R.; BRUNS, R.E. et al. Dioxins and furans in the atmosphere of São Paulo city, Brazil. *Chemosphere.* v. 58, n. 10, 2005, p.1391-1398. (Resultado de pesquisa financiada pela Fapesp).

BORSARI, V.; ASSUNÇÃO, J.V. Nitrous oxide emissions from light duty vehicles in Brazil. *Climatic Change.* Jul. 2011.

CALVERT, S.; ENGLUND, H.M. Handbook of air pollution technology. Nova York: John Wiley, 1984.

COLON, M.; PLEIL, J.D.; HARTLAGE, T.A.; et al. Survey of volatile organic compunds associated with automotive emissions in the urban airshed of São Paulo, Brazil. Atmospheric Environ. v.35, p.4017-31, 2001.

FERNÍCOLA, N.A.G.G.; LIMA, E.R. Avaliação do grau de exposição das amostras populacionais de São Paulo (Brasil) ao monóxido de carbono. *Rev Saúde Pública.* v. 13, 1979, p. 152.

FERREIRA, M.I.; DOMINGOS, M.; GOMES, H.A. et al. Evaluation of Mutagenic Potential of Contaminated Atmosphere at Ibirapuera Park, São Paulo - SP - Brazil, Using the Tradescantia Stamen-Hair Assay. *Environmental Pollution.* v. 145, 2007, p. 219-224.

GEE, I.L.; SOLLARS, C.J. Ambient air levels of volatile organic compounds in Latin America and Asian cities. *Chemosphere.* v. 36, 1998, p. 2497-2506.

MACHADO, R.A.; ASSUNÇÃO, J.V. Avaliação de compostos orgânicos voláteis em ambientes interiores e climatizados. In: PHILIPPI Jr., A.; COLACIOPPO, S.; MANCUSO, P.C.S. (org). *Temas de Saúde Ambiental.* São Paulo: Signus, 2008, p. 159-184.

MASKELL, K.; MINTZER, I.M.; CALLANDER, B.A. Basic science of climate change. *Lancet.* v. 342, 1993, p. 1027-1031.

PEREIRA, F.A.C.; ASSUNÇÃO, J.V.; SALDIVA, P.H.N. et al. Influence of air pollution on the incidence or respiratory tract neoplasm. *Journal of the Air and Waste Management Association.* v. 55, 2005, p. 83-87.

RIBEIRO, H.; ASSUNÇÃO, J.V. Transport air pollution in São Paulo, Brazil: advances in control programs in the last 15 years In: *Advances in city transport. Case studies.* Ashurst: WIT Press, 2006, p. 107-125.

SCHINDLER, D.W. Effects of acid rain on freshwater ecosystems. *Sci.* v. 239, 1988, p. 449.

SEINFELD, J.H.; PANDIS, S.N. *Atmospheric Chemistry and Physics – From Air Pollution to Climate Change.* 2.ed. Nova York: John Wiley & Sons, 2006.

SILVA, M.F.; ASSUNÇÃO, J.V.; ANDRADE, M.F. et al. Characterization of metal and trace element contents of particulate matter (PM10) emitted by vehicles running on Brazilian fuels – hydrated ethanol and gasoline with 22% of anhydrous ethanol. *Journal of Toxicology and Environmental Health. Part A.* 2010.

SIQUEIRA, L.C.G. *Tratamento de compostos orgânicos odoríferos tóxicos por biorreatores.* São Paulo, 2011. Tese (Doutorado), Faculdade de Saúde Pública, Universidade de São Paulo.

Resíduos Sólidos: Abordagem e Tratamento

6

Denise Crocce Romano Espinosa

Doutora em Engenharia Metalúrgica, Escola Politécnica – USP

Flávia Paulucci Cianga Silvas

Mestre em Engenharia Metalúrgica, Escola Politécnica – USP

Pode-se dizer que há 6 anos iniciou-se uma nova era nos marcos regulatórios relacionados ao manejo de resíduos no Brasil. A mudança começou no ano de 2007 com a promulgação, pela Lei n. 11.445[1], da Política Nacional de Saneamento Básico (PNSB). Além de estabelecer diretrizes para o saneamento básico, a referida regulamentação exigiu a inclusão dos resíduos sólidos pelos municípios nos seus planos de saneamento.

Três anos depois, e após 20 anos de tramitação no Congresso Nacional, é aprovada a Política Nacional de Resíduos Sólidos (PNRS), Lei n. 12.305, regulamentada pelo Decreto n. 7.404.

Se precisássemos usar poucas palavras para definir a PNRS, as palavras escolhidas seriam três:

- Sustentabilidade: a referida legislação cita a sustentabilidade em todas as suas formas – por meio do fortalecimento dos princípios da gestão integrada e sustentável de resíduos e também no aspecto de sustentabilidade socioambiental urbana.

- Inovadora: a PNRS propõe novos desafios como a responsabilidade compartilhada pelo ciclo de vida dos produtos e a logística reversa.

---

[1] Altera as Leis: n. 6.766/79, n. 8.036/90, n. 8.666/93, n. 8.98795; e revoga a Lei n. 6.528/78.

CURSO DE GESTÃO AMBIENTAL

- Otimista: no que tange às metas de redução de disposição final de resíduos em aterros sanitários e a disposição final ambientalmente adequada dos rejeitos em aterros.

Em alguns pontos do capítulo essas regulamentações serão retomadas, assim como serão citados nas páginas que seguem outros diplomas legais que estão em vigência no país.

RESÍDUOS SÓLIDOS: CONCEITUAÇÃO

Os conceitos de cadeia alimentar e dos ciclos de elementos, por exemplo, do carbono, fazem parte do ensino médio fundamental e servem como base para uma reflexão inicial do problema.

De uma forma simplista, na cadeia alimentar o ciclo de vida está fechado, ou seja, a transmissão de matéria e de energia passa de um nível para outro de forma harmônica e teoricamente sem perdas (Figueiredo, 1995).

Aparentemente o homem seria o único agente gerador de resíduos, causados pelos padrões de consumo da atual sociedade. Ora, essa formulação é bastante simplista, mas serve como ponto de partida para uma pequena reflexão.

Na verdade, o conceito de cadeia alimentar não é tão fechado e não é tão perfeitamente sustentável assim, o que efetivamente ocorre é que mesmo em espécies mais simples acontecem perdas e geração de resíduos, e esses não seriam contabilizados e, portanto o sistema não é tão perfeito quanto se imaginaria no início. Esses eventuais desequilíbrios são sempre muito pequenos, uma vez que as populações, na maioria dos casos, são pequenas. Muitas vezes fenômenos naturais localizados são suficientes para romper a harmonia local, causando mudanças nos ciclos e nas cadeias alimentares. Porém, em muitos casos o sistema tem mecanismos para, a médio e longo prazo, estabilizar o eventual desequilíbrio local.

Portanto, o ser humano não é o único agente causador de desequilíbrio localizado. Contudo, o homem tem uma capacidade que o torna único dentro desse quadro, uma vez que tem a capacidade de transformar em larga escala os materiais e tornar estáveis substâncias e produtos. Assim, o homem coloca no meio produtos em formas que este naturalmente não conhece e não tem capacidade de absorção nem mesmo em longo prazo.

Ainda assim, o homem não seria capaz de gerar uma instabilidade tão grande a ponto de comprometer a sua existência, mas a capacidade do homem de efetivamente transformar a matéria prima natural por meio de processos de larga escala não deve ser desprezada.

O agravamento só fica claro quando se une a essa capacidade o fenômeno do crescimento da população observado nas últimas gerações. Segundo o Fundo de População das Nações Unidas (UNFPA, 2013), a população mundial quase triplicou em 61 anos: eram 2,5 bilhões de habitantes em 1950 e em 2011 alcançou-se o valor de 7 bilhões de habitantes. Além disso, estima-se que até 2050 a população mundial chegará próximo a 9 bilhões de habitantes, deixando claro o fenômeno de explosão demográfica e sendo intuitivo o aumento das demandas com relação ao suprimento de matérias primas, alimento e energia.

Adicione-se ainda o fato de o crescimento da população ter se dado principalmente nas cidades. Portanto, os problemas associados ao crescimento da população ficam concentrados em pequenas regiões.

Os progressos da humanidade aumentaram a qualidade e a duração da vida. A contrapartida é um padrão de consumo que demanda matérias-primas de tal forma que pode estar havendo um comprometimento da qualidade de vida das gerações futuras. Esse compromisso com as gerações futuras é o princípio do que se denomina crescimento sustentável. Assim, entende-se por desenvolvimento sustentável aquele "que satisfaz as necessidades presentes, sem comprometer a capacidade das gerações futuras de suprir suas próprias necessidades" (CMMAD, 1987). Dessa maneira, espera-se da atual e das futuras gerações que usem a capacidade que o homem possui de transformar as matérias, porém de forma sustentável.

Os conceitos de resíduo e lixo são bastante próximos e muitas vezes entende-se que ambos sejam sinônimos. Consultando o Dicionário Aurélio encontra-se:

Resíduo: 1- Remanescente, 2- aquilo que resta de qualquer substância; resto, 3- o resíduo que sofreu alteração de qualquer agente exterior, por processos químicos, físicos e etc.
Lixo: 1- aquilo que se varre da casa, do jardim, da rua e se joga fora; entulho, 2- tudo o que não presta e se joga fora, 3- sujidade, sujeira, imundície, 4- coisa ou coisas inúteis, velhas, sem valor.

Portanto, fica clara a semelhança, não podendo haver distinção entre as palavras. Todavia, do ponto de vista ambiental existem 3 classes diferentes de poluição: a poluição atmosférica, a contaminação das águas e os resíduos sólidos. Assim, a palavra resíduos, junto com a palavra sólidos, possui um significado técnico específico definido por norma técnica. Segundo a NBR 10004:2004 define-se resíduo sólido como:

> Resíduos nos estados sólido e semissólido, que resultam de atividades de origem industrial, doméstica, hospitalar, comercial, agrícola, de serviços e de varrição. Ficam incluídos nesta definição os lodos provenientes de sistemas de tratamento de água, aqueles gerados em equipamentos e instalações de controle de poluição, bem como determinados líquidos cujas particularidades tornem inviável o seu lançamento na rede pública de esgotos ou corpos de água, ou exijam para isso soluções técnicas e economicamente inviáveis em face à melhor tecnologia disponível.

Destaca-se que a norma classifica resíduos no estado líquido como resíduo sólido, o que é bem compreensível quando se pensa na divisão da poluição em três categorias.

O conceito de resíduo tem sempre embutido o aspecto de serventia e de valor econômico para o seu possuidor. Assim, para uma determinada pessoa a embalagem passa a perder o seu valor a partir do momento que o conteúdo que ela guardava foi totalmente consumido, passando a ser um resíduo ou um problema para o seu possuidor. Por outro lado, este problema ou resíduo pode ter valor para um terceiro. Calderoni (1998) discute extensivamente essa relação entre possuidor, resíduo e valor agregado.

RESÍDUOS SÓLIDOS: CLASSIFICAÇÃO

A simples leitura da NBR 10004 mostra que a classificação dos resíduos sólidos envolve a identificação do processo ou atividade que lhes deu origem e de seus constituintes. Assim, são possíveis várias formas de classificação, entretanto a forma mais convencional é conforme a origem. Segundo essa metodologia, os resíduos são classificados como: industriais, urbanos, de serviços de saúde, de portos, aeroportos, terminais rodoviários e ferroviários, agrícolas, radioativos e resíduos de construção e demolição (RCDs) (Jardim, 1996).

Resíduos industriais: correspondem aos resíduos gerados em indústrias. Os resíduos industriais correspondem à cerca de 65 a 75% do total de resíduos gerados em regiões mais industrializadas. A responsabilidade pelo manejo e destinação destes resíduos é sempre da empresa geradora. Dependendo da forma de destinação, a empresa prestadora do serviço pode ser corresponsável. Por exemplo, quando um resíduo industrial é destinado a um aterro, a responsabilidade passa a ser também da empresa que gerencia o aterro. Em função da periculosidade oferecida por alguns desses resíduos, eles são divididos em 3 classes (Rocca et al., 1993):

* *Resíduos perigosos* (classe I) - podem apresentar riscos à saúde pública e ao meio ambiente em razão de suas características de inflamabilidade, corrosividade, reatividade, toxidade e patogenicidade.
* *Resíduos não perigosos* (classe II):
  * Resíduos não inertes (classe II A) - incluem-se nesta classe os resíduos potencialmente biodegradáveis ou combustíveis.
  * Resíduos inertes (classe II B) - perfazem esta classe os resíduos considerados inertes e não combustíveis.

A classificação dos resíduos industriais requer uma gama de procedimentos e testes que estão descritos em uma série de normas da ABNT:

* NBR 10004 – Resíduos Sólidos – Classificação.
* NBR 10005 – Lixiviação de Resíduos – Procedimento.
* NBR 10006 - Solubilização de Resíduos – Procedimento.
* NBR 10007 – Amostragem de Resíduos – Procedimento.

Resíduos urbanos: ao contrário do que se poderia imaginar intuitivamente, os resíduos urbanos são produzidos em menor escala do que os resíduos industriais. Incluem-se nesta categoria os resíduos domiciliares, o resíduo comercial (produzido, por exemplo, em escritórios, lojas, hotéis, supermercados e restaurantes) e os resíduos de serviços oriundos da limpeza pública urbana (como exemplos citam-se os resíduos de varrição das vias públicas, limpezas de galerias, terrenos, córregos, praias, feiras e podas).

Os resíduos urbanos são responsabilidade da prefeitura. Entretanto, no caso dos estabelecimentos comerciais, a prefeitura é responsável pela coleta e disposição de pequenas quantidades, geralmente abaixo de 50 kg/dia. Acima dessa quantidade a responsabilidade fica transferida para o estabelecimento.

Resíduos de construção e demolição: a rigor poderiam ser considerados como resíduos urbanos, entretanto, por suas características e volumes, os RCDs normalmente são classificados separadamente. Entulhos constituem-se basicamente de resíduos de construção civil: demolições, restos de obras, solos de escavações e materiais afins.

Analogamente aos resíduos urbanos, a prefeitura é corresponsável por pequenas quantidades.

Resíduos de serviços de saúde: são os resíduos produzidos em hospitais, clínicas médicas e veterinárias, laboratórios de análises clínicas, farmácias, centros de saúde, consultórios odontológicos, entre outros. Esses resíduos podem ser agrupados em dois níveis distintos:

- *Resíduos comuns*: compreendem os restos de alimentos, papéis, invólucros etc.

- *Resíduos sépticos*: constituídos de restos de material cirúrgico e de tratamento médico. O seu manejo exige atenção pelo potencial risco à saúde pública.

O responsável pelo gerenciamento dos resíduos provenientes de serviços de saúde é o gerador.

Resíduos de portos, aeroportos, terminais rodoviários e ferroviários: constituem-se nos resíduos sépticos que podem conter organismos patogênicos, tais como: materiais de higiene e de asseio pessoal e restos de comida. Possuem potencial capacidade de veicularem doenças de outras cidades, estados e países. Nesse caso, cabe ao gerador a responsabilidade pelo gerenciamento dos resíduos.

Resíduos agrícolas: correspondem aos resíduos das atividades da agricultura e da pecuária. Embalagens de adubos, defensivos agrícolas, ração, restos de colheita e esterco animal ilustram este tipo de resíduo. As embalagens de agroquímicos, pelo alto grau de toxidade que apresentam, são alvo de legislação específica. Da mesma forma que os resíduos industriais, o gerador é responsável pelo gerenciamento e a empresa que faz o tratamento ou disposição é corresponsável.

Resíduos radioativos: São resíduos provenientes dos combustíveis nucleares e de alguns equipamentos que usam elementos radioativos. A responsabilidade por esta categoria de resíduos é da Comissão Nacional de Energia Nuclear (CNEM).

A SITUAÇÃO DOS RESÍDUOS SÓLIDOS NO BRASIL

O Brasil é um país que possui notáveis deficiências do ponto de vista de saneamento básico. Nesse sentido, a questão dos resíduos sólidos não poderia deixar de ser um espelho desse quadro.

É sabido que dos 5.564 municípios brasileiros, 114 não fazem a destinação dos resíduos sólidos e 2 não possuem serviços de manejo destes resíduos (IBGE, 2008).

Estima-se que em 2011 foram gerados quase 62 milhões de toneladas de resíduos sólidos urbanos nos municípios brasileiros (Abrelpe, 2011).

Segundo a Pesquisa Nacional de Saneamento Básico (PNSB, 2000 e 2008), em 2008 foram coletados 66.973.120 t de resíduos sólidos domiciliares e/ou públicos, 21.245.555 t a mais do que no ano de 2000. Os valores divergem dos divulgados pela Associação Brasileira de Empresas de Limpeza Pública e Resíduos (Abrelpe, 2008), que em 2008 contabilizou 54.457.635 t de resíduos sólidos urbanos (RSU) coletados. A diferença entre os valores é provavelmente advinda da abordagem metodológica aplicada em cada pesquisa.

Comparando-se os anos de 2010 e 2011, verifica-se um crescimento de 1,8% na geração de resíduos sólidos urbanos e cerca de 0,8% na geração *per capita* (Figura 6.1b).

Em 2007, foram gerados cerca de 61,5 milhões de toneladas de RSU, entretanto só foram coletadas 51,4 milhões de toneladas (Abrelpe, 2007). Portanto, 10,5 milhões de toneladas de resíduos sólidos tiveram destinação final incerta e provavelmente incorreta. Em 2011, a quantidade de RSU que deixou de ser coletada foi de 6,4 milhões de toneladas[15] (Figura 6.1a).

Nos últimos 5 anos (2007-2011) houve uma leve queda na geração *per capita* de RSU: de 1,106 kg/hab./dia em 2007 para 1,045 kg/hab./dia em 2011. Sendo que o menor valor alcançado ocorreu em 2009: 0,985 kg/hab./dia de RSU (Figura 6.1).

Entretanto, segundo a PNSB de 2008, apesar do crescimento na geração de resíduos sólidos urbanos, a quantidade de resíduo por habitante por dia manteve-se a mesma de 2000: 1,1 kg/hab.dia. Verifica-se que o índice *per capita* na geração de RSU brasileiro encontra-se próximo aos dos países da União Europeia, cuja média é de 1,2 kg/hab./dia.

Segundo Godecke et al. (2012), a geração de resíduos é uma questão cultural. Para ilustrar esse pensamento, ele compara o Japão e os Estados Unidos. Ambos possuem alto poder aquisitivo, no entanto, o índice *per capita* do Japão é pouco mais de 1 kg/hab./dia, enquanto o dos Estados Unidos é de cerca de 2 kg/hab./dia.

Figura 6.1 – Perfil da geração e coleta de resíduos sólidos urbanos de 2007-2011.

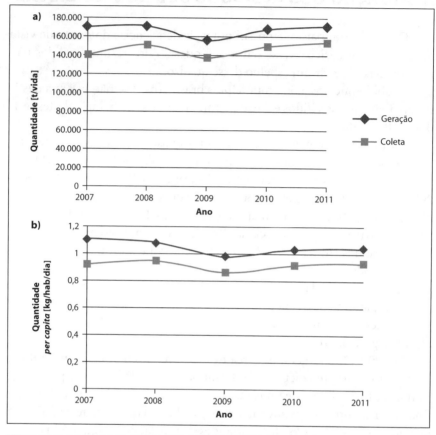

Fonte: Abrelpe (2007 a 2010).

Tanto para o ano de 2008 como em 2011, a região sudeste é a que apresentou o maior volume de resíduos sólidos urbanos coletados, seguida pelas regiões nordeste e sul (Tabela 6.1).

O cenário apresentado na Tabela 6.1 ocorre principalmente em razão da concentração populacional e do grau de desenvolvimento urbano de cada macrorregião brasileira.

A coleta de resíduos sólidos por si só não indica que o RSU será disposto de forma adequada, como pode ser verificado na Figura 6.2.

Em 2011 quase metade (42%) dos resíduos sólidos urbanos foram dispostos de forma inadequada: ou seja, em aterros controlados ou lixões. Mas esse número é ainda maior, uma vez que aqui só foram contabilizados os resíduos coletados pelos municípios e não o total gerado.

Tabela 6.1 – Volume de resíduos sólidos coletados por região (2008 e 2011).

| | RSU coletado ||||
| | IBGE (2008) || Abrelpe (2011) ||
	t/dia	%	t/dia	%
Brasil	183.488		177.995	
Norte	14.679	8	11.360	6
Nordeste	47.707	26	39.092	22
Centro-oeste	16.514	9	14.449	8
Sudeste	67.890	37	93.911	53
Sul	36.698	20	19.183	11

Fonte: Abrelpe (2001) e IBGE (2008).

Figura 6.2 – Destinação final dos RSU coletados no Brasil em 2011.

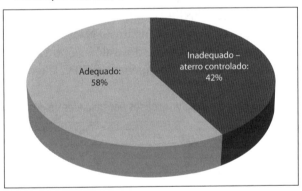

Fonte: adaptada de Abrelpe (2011).

Considerando-se apenas as unidades de destinação em solo (aterros controlados, aterros sanitários e vazadouros a céu aberto), verifica-se que em paralelo ao surgimento de novas unidades de aterros (controlados e sanitários) ocorre a diminuição do número de vazadouros a céu aberto (Tabela 6.2).

Em 19 anos (1989-2008) houve uma queda de 37,4 pontos percentuais na quantidade de vazadouros a céu aberto. Essa crescente redução da disposição em lixões pode ser relacionada ao fato de as 13 maiores cidades brasileiras coletarem mais de 35% do resíduo urbano e terem seus locais de disposição final adequados (Jacobi e Besen, 2011).

Tabela 6.2 – Destino final dos resíduos sólidos por unidades de destino dos resíduos, 1989/2008.

Ano	Destino final dos resíduos sólidos por unidade de destino dos resíduos (%)		
	Vazadouro a céu aberto	Aterro controlado	Aterro sanitário
1989	88,2	9,6	1,1
2000	72,3	22,3	17,3
2008	50,8	22,5	27,7

Fonte: IBGE (2008).

Apesar disso, em 2008, 50,8% das unidades de destino final de resíduos sólidos urbanos eram lixões, o que demonstra a situação de precariedade do sistema de saúde pública e de política ambiental do país.

Com essa taxa na redução de vazadouros a céu aberto será impossível cumprir o que estabelece a PNRS (Lei n. 12.305, de 2 de agosto de 2010) que prevê a eliminação de lixões do Território Nacional até o ano de 2014. Fazendo-se uma simples extrapolação dos valores obtidos até o momento, tem-se que os lixões serão exauridos apenas em 2035 (Figura 6.3).

Figura 6.3 – Destino final dos resíduos sólidos por unidades de destino: extrapolação.

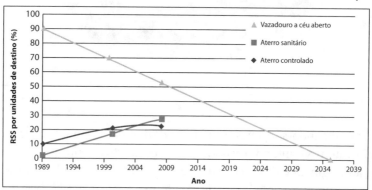

Quando se analisa a distribuição dos vazadouros pelos municípios, o quadro fica ainda mais alarmante, uma vez que eles estão concentrados nas regiões norte e nordeste: 89,3% dos municípios da região nordeste e 85,5% da região norte possuem lixões. Em contraposição, as regiões sul e sudeste apresentam as menores proporções: 15,8% e 18,7%, respectivamente. Ainda assim, os valores são bastante insatisfatórios apesar da grande diferença entre os quadros das regiões citadas. O que não é novidade, uma vez que a desigualdade social é uma das principais características do nosso país (Figura 6.4).

Figura 6.4 – Municípios, segundo a destinação final dos resíduos sólidos domiciliares e/ou públicos.

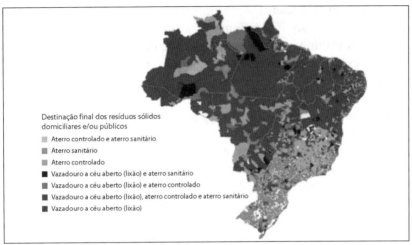

Fonte: IBGE (2008).

Vazadouros a céu aberto ou lixões são os depósitos onde o lixo é simplesmente descarregado sem qualquer tratamento. As consequências são os riscos à saúde pública, a poluição do solo e a contaminação das águas superficiais e subterrâneas. Em muitos casos, nestes vazadouros também são dispostos resíduos industriais e de serviços de saúde. Trata-se, portanto, de uma forma completamente descontrolada uma vez que não existem medidas prévias de proteção ao meio ambiente ou à saúde pública.

Embora proibidos pela Portaria n. 053 de 01/03/79, do Ministério do Interior, os lixões ainda são a principal forma de disposição de resíduos no Brasil. Os principais problemas associados a esse tipo de disposição são:

- Riscos da poluição do ar e contaminação do solo e das águas superficiais e de lençóis freáticos.
- Riscos à saúde pública: pela proliferação de diversos tipos de transmissões de doenças.
- Agravamento de problemas socioeconômicos pela ativa presença de garimpeiros de lixo.

- Poluição visual da região.
- Mau odor na região.
- Desvalorização imobiliária da região.

Outro grave problema associado à disposição de resíduos em vazadouros a céu aberto é a presença de catadores que garimpam o lixo para sobreviver. Segundo a Pesquisa Nacional de Saneamento Básico de 2008, 26,8% das entidades municipais que faziam o manejo dos resíduos sólidos em suas cidades sabiam da presença de catadores nas unidades de disposição final desses resíduos (IBGE, 2008).

Nos municípios das regiões centro-oeste e nordeste, foram registradas as maiores proporções de entidades prestadoras dos serviços de manejo dos resíduos sólidos que informam ter conhecimento da presença de catadores em seus vazadouros ou aterros: cerca de 46 e 43%, respectivamente. Enquanto as regiões sul e sudeste apresentaram as menores taxas: cerca de 11 e 15%, respectivamente. Os valores apresentados revelam mais uma vez a clara dívida social existente no país (Figura 6.5).

Segundo dados da SNIS publicados em 2010 foram contabilizados cerca de 8.500 catadores, dentre eles alguns menores de 14 anos, trabalhando rotineiramente em lixões e/ou aterros.

Figura 6.5 – Regiões por municípios com manejo de resíduos sólidos, onde as entidades têm conhecimento de catadores em seus vazadores ou aterros.

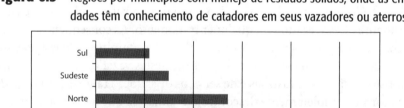

Fonte: adaptada de IBGE (2008).

Até o momento só foram considerados as unidades de destino final de resíduo sólido em solo (aterro controlado, aterro sanitário e vazadouro a céu aberto). No entanto, na Tabela 6.3 encontra-se a distribuição de resíduos sólidos domiciliares e/ou públicos por outras unidades de destinação.

Tabela 6.3 – Distribuição dos resíduos sólidos domiciliares e/ou públicos por unidade de destino final.

Destino final	2000		2008	
	t/dia	%	t/dia	%
Aterro sanitário	49.614,50	35,4	110.044,40	58,3
Aterro controlado	33.854,30	24,2	36.673,20	19,4
Vazadouro a céu aberto (lixão)	45.484,70	32,5	37.360,80	19,8
Unidade de compostagem	6.364,50	4,5	1.519,50	0,8
Unidade de triagem para reciclagem	2.158,10	1,5	2.592,00	1,4
Unidade de tratamento por incineração	483,10	0,3	64,80	<0,1
Vazadouros em áreas alagáveis	228,10	0,2	35,00	<0,1
Locais não fixos	877,30	0,6		
Outra unidade	1.015,10	0,7	525,20	0,3
Total	140.080,70		188.814,90	

Fonte: adaptada de Milanez e Massukado (2011).

Segundo a versão preliminar do Caderno de Diagnósticos de Resíduos Sólidos elaborado pelo Ipea (2011), a destinação final de resíduos em solo (aterro sanitário, aterro controlado e vazadouros) foi superior a 90% em ambos os anos: 92,1% em 2000 e 97,5% em 2008 (Milanez e Massukado, 2011). Na Holanda, Japão, Suíça e Dinamarca menos de 13% dos resíduos são dispostos em aterros sanitários (Tabela 6.4).

A escolha da destinação final do resíduo envolve fatores como o índice de desenvolvimento humano e a área territorial do país, sendo que o custo de disposição dos resíduos está atrelado a essas características. Por exemplo, o custo da tonelade de resíduos a ser tratada por incineração é mais elevado quando comparado ao custo para disposição em aterros sanitários. Essa afirmação é válida para locais que possuem áreas livres para construção de aterros, como é o caso de Brasil, Estados Unidos, México e Austrália, por exemplo. Entretanto, em países pequenos, como o Japão, as usinas de incineração e recuperação energética são mais viáveis, pois reduzem em até 90% o volume do resíduo que será destinado a aterros e ocupa uma área física bem menor do que o anterior.

Tabela 6.4 – Destino do RSU em diversos países.

	Reciclagem (%)	Compostagem (%)	Recuperação energética[a] (%)	Aterro sanitário (%)
Holanda	39	7	42	12
Suíça	31	11	25	13
Dinamarca	29	2	58	11
Estados Unidos	24	8	13	55
Austrália	20	<<1	<1	80
Alemanha	15	5	30	50
Japão	15	-	78	7
Israel	13	-	-	87
França	12[b]	n.i.	40	48
Brasil	8	2	-	90
Reino Unido	8	1	8	83
Grécia	5	-	-	95[c]
Itália	3	1	7	80
Suécia	3	5	52	40
México	2	-	-	98[c]

Fonte: Tolmasquim e Guerreiro (2008).

[a] Basicamente incineração; [b] As estatísticas incluem a compostagem; [c] Incluem aterros controlados e lixões.

Apesar de 51% (Figura 6.6) do resíduo urbano brasileiro ser composto por matéria orgânica, o envio de resíduos para unidades de compostagem tem diminuído: de 4,5% em 2000 para 0,8% em 2008 (Tabela 6.3). Segundo dados divulgados pelo Cempre em 2011, apenas 5% dos resíduos orgânicos são aproveitados em processos de compostagem, fato que pode ser explicado pela ausência de separação e classificação dos resíduos nas suas fontes produtoras. Uma vez que a matéria orgânica não é separada dos demais resíduos ocorre a contaminação do material, o que inviabiliza o processamento por compostagem e, assim, a matéria orgânica é destinada juntamente de outros materiais que não foram previamente selecionados. Mesmo em países desenvolvidos o processo de compostagem não é o mais representativo, sendo a Suíça o país que mais encaminha resíduos para composteiras (11%), seguido pelos Estados Unidos (8%), Holanda (7%), Suécia e Alemanha (5%) e os demais países possuem valores menores do que 2% (Tabela 6.4).

No Japão, quase 80% dos resíduos sólidos são incinerados. Holanda, Dinamarca, Suécia e França também encaminham para processos de recuperação energética mais de 40% dos resíduos sólidos coletados.

Figura 6.6 – Estimativa da composição gravimétrica dos resíduos sólidos coletados.

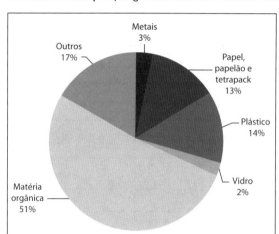

Fonte: baseada em Abrelpe (2011) e Milanez e Massukado (2011).

O Brasil possui 13 usinas de recuperação energética com capacidade instalada de 70 MW (menos de 1% da matriz brasileira) que aproveitam exclusivamente o biogás gerado em aterros sanitários ou por reatores anaeróbicos (Tolmasquim e Guerreiro, 2008).

A composição dos resíduos sólidos de um país ou cidade depende, dentre outros fatores: do clima, da cultura, do grau de industrialização e da renda *per capita*. A composição gravimétrica dos resíduos sólidos urbanos coletados no Brasil é apresentada na Figura 6.6. Nota-se que a maior parte dos resíduos é de natureza orgânica, ou seja, composto por sobras de alimentos e podas de árvores. Em países mais desenvolvidos, em geral, a quantidade de matéria orgânica é bastante inferior. Por exemplo, em Paris (França) a quantidade é 16,3%, em Viena (Áustria), 23,3% e na Austrália, 23,6% de matéria orgânica (Tabela 6.5).

Tabela 6.5 – Composição dos resíduos sólidos em diversas cidades do mundo.

Local	Resíduo (%)							Massa resíduo coletado/ dia (g)
	Orgânico	Papel	Metal	Vidro	Plástico, borracha, couro	Têxtil	Cerâmica, poeira, pedra	
Bangalore, Índia	75,2	1,5	0,1	0,2	0,9	3,1	19,0	400
Manila, Filipinas	45,5	14,5	4,9	2,7	8,6	1,3	27,5	400
Assunção, Paraguai	60,8	12,2	2,3	4,6	4,4	2,5	13,2	460
Seul, Coreia	22,3	16,2	4,1	10,6	9,6	3,8	33,4[a]	2.000[a]
Viena, Áustria	23,3	33,6	3,7	10,4	7,0	3,1	18,9[b]	1.180
Cidade do México, México	59,8[c]	11,9	1,1	3,3	3,5	0,4	20	680
Paris, França	16,3	40,9	3,2	9,4	8,4	4,4	17,4	1.430
Austrália	23,6	39,1	6,6	10,2	9,9	-	9,0	1.870
Sunnyvale, Califórnia, Estados Unidos	39,4[d]	40,8	3,5	4,4	9,6	1,0	1,3	2.000
Bexar Country, Texas, Estados Unidos	43,8[d]	34,0	4,3	5,5	7,5	2,0	2,9	1.816

Fonte: adaptada de Unep (2005).

[a] Inclui briquetes de cinzas (média); [b] Inclui todos os outros; [c] Inclui pequenas quantidades de madeira, feno e palha; [d] Inclui resíduo de poda.

Segundo o Programa Ambiental das Nações Unidas (United Nations Environment Programme – Unep, 2005), existem três tendências gerais ao se considerar a geração de resíduos sólidos:

- O aumento *per capita* na geração de resíduos ocorre paralelamente com o aumento no grau de desenvolvimento econômico de uma sociedade.
- O grau de desenvolvimento de um país está relacionado com o aumento na concentração de papel no fluxo de resíduos.
- A quantidade de material orgânico diminui à medida que o país torna-se mais desenvolvido.

Em geral, quanto maior o poder aquisitivo de uma sociedade maior a quantidade de resíduo gerado e maior também a proporção de materiais recicláveis oriundos de embalagens.

Segundo o art. 9º da Lei n. 12.305/2010 – PNRS, a reciclagem deve ser considerada uma etapa na gestão dos resíduos sólidos e não um tipo de tratamento.

Apesar da ampliação de programas de coleta seletiva, que passou de 451 em 2000 para 994 em 2008, a porcentagem de resíduos sólidos urbanos enviados a unidades de triagem para reciclagem permaneceu praticamente a mesma quando comparada com o levantamento feito em 2000 (de 1,5 passou para 1,4 em 2008) (IBGE, 2000 e 2008).

Os avanços nos programas de coleta seletiva ocorreram principalmente nas regiões sul e sudeste, onde 46,0 e 32,4% dos seus municípios, respectivamente, informaram programas de coleta seletiva que cobriam todo o município (IBGE, 2008).

Segundo a Abrelpe, em 2011, 58,6% dos municípios brasileiros indicaram a existência de iniciativas de coleta seletiva. Entretanto, muitas vezes, as cidades apenas dispõem de pontos de entrega voluntária à população ou simplesmente formalizam convênios com cooperativas de catadores para a execução dos serviços. Dados do Cempre (2010) indicam que apenas 12% da população tem acesso à coleta seletiva que compreende míseros 8% dos municípios brasileiros. A ampliação dos programas de reciclagem torna-se complicada quando são considerados os aspectos ligados ao planejamento dos municípios e os custos, cerca de quatro vezes maiores que os valores gastos na coleta tradicional.

Considerando-se apenas os materiais recicláveis, verifica-se que 41% do material é papel/papelão, seguido pelos plásticos: 28% filme e 14% rígido, 8% é vidro e, por último, os metais: 7% aço e 2% alumínio (Figura 6.7).

Na Figura 6.8, tem-se as taxas de reciclagem estimadas para diferentes materiais utilizados na fabricação de embalagens.

Figura 6.7 – Participação de cada material considerando-se 100% de material reciclável.

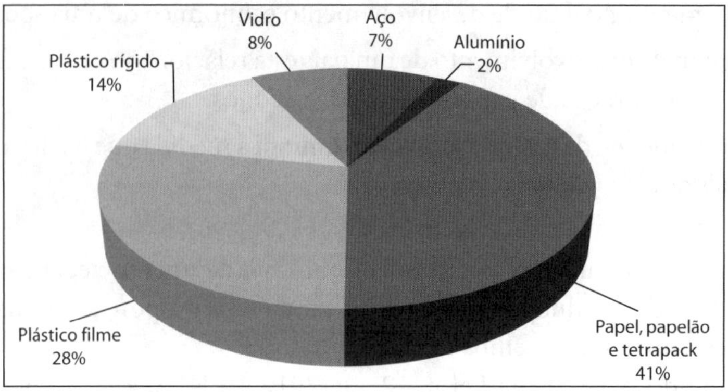

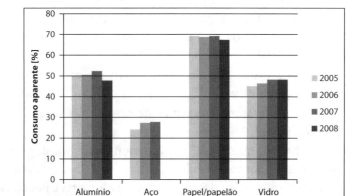

Fonte: adaptada de Abrelpe (2011).

Figura 6.8 – Taxa de reciclagem estimada de diferentes materiais.

Fonte: Milanez e Massukado (2011).

Apesar de o Brasil ser conhecido mundialmente pela alta taxa de reciclagem de alumínio, verifica-se que a a reciclagem de papel/papelão é a que apresenta maior desempenho.

Os resíduos de construção e demolição (RCD) representam 50% da massa dos RSU das cidades de médio e grande portes no Brasil. Em certos municípios, os resíduos oriundos de construções informais (por exemplo: obras, reformas e demolições realizadas pelo proprietário do imóvel) representam 75% do RCD gerado (Jacobi e Besen, 2011).

Em 2011 foram coletados quase 40 milhões de toneladas de RCD em todo o Brasil; 2,7 milhões a mais que no ano anterior (Tabela 6.6).

Apesar de a região centro-oeste apresentar o maior índice *per capita* para ambos os anos (0,923 e 0,988 kg/hab/dia), a região com maior coleta de RCD foi a sudeste: 51.582 e 55.817 t/dia nos anos de 2010 e 2011, respectivamente (Tabela 6.6).

A quantidade *per capita* de RCD coletado em 2011 apresentou um discreto crescimento quando comparado com 2010: de 0,618 para 0,656 kg/hab/dia. Assim como a quantidade diária coletada em cada região (Tabela 6.6).

Tabela 6.6 – Quantidade de RCD coletado pelas regiões no Brasil.

	2010		2011	
	t/dia	kg/hab/dia	t/dia	kg/hab/dia
Norte	3.514	0,301	3.903	0,330
Nordeste	17.995	0,464	19.643	0,502
Centro-oeste	11.525	0,923	11.231	0,988
Sudeste	51.582	0,691	55.817	0,742
Sul	14.738	0,634	14.995	0,638
Brasil	99.354	0,618	106.549	0,656

Fonte: Abrelpe (2010 e 2011).

A coleta e o tratamento dos resíduos de serviços de saúde (RSS) também são problemáticos no Brasil.

Em 2011, foram coletados 237.658 t de RSS, crescimento de pouco mais de 4% quando comparado com 2010. Entretanto, a quantidade *per capita* manteve-se praticamente a mesma: 1,418kg/hab/dia em 2010 e 1,464 kg/hab/dia em 2011 (Tabela 6.7).

A coleta de RSS apenas da região sudeste corresponde a aproximadamente 70% em ambos os anos. Tanto a quantidade coletada como a *per capita* apresentaram pequenas alterações de 2010 para 2011, como pode ser conferido na Tabela 6.7.

A maior parte dos municípios brasileiros (40%) tratam os RSS por incineração. Entretanto, 23% dos municípios não possuem sistemas de tratamento adequado e destinam o RSS à vazadouros a céu aberto (12%) e valas sépticas (11%) (Figura 6.9).

Tabela 6.7 – Coleta municipal de resíduos de serviço de saúde (RSS).

	2010		2011	
	t/ano	kg/hab./dia	t/ano	kg/hab./dia
Norte	8.313	0,713	8.640	0,730
Nordeste	33.455	0,862	34.995	0,894
Centro-oeste	17.198	1,378	17.851	1,411
Sudeste	157.113	2,104	163.722	2,176
Sul	11.988	0,515	12.450	0,532
Brasil	228.067	1,418	237.658	1,464

Fonte: adaptada de Abrelpe (2010 e 2011).

Figura 6.9 – Municípios por tipo de destinação dada ao RSS.

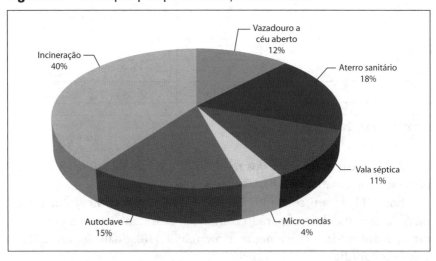

Fonte: adaptada Abrelpe (2011).

A capacidade total instalada para tratamento de RSS no Brasil em 2011 foi de 213.329 t/ano, 2.023 t a menos do que em 2007 (Tabela 6.8).

As principais instalações para tratamento de RSS no Brasil são autoclaves e incineradores, provavelmente em virtude do menor custo envolvido nesses processos quando comparado com os demais: desativação eletrotérmica (ETD) e micro-ondas.

Tabela 6.8 – Capacidade de tratamento de RSS instalada (t/ano).

	Autoclave	Incineração	ETD	Micro-ondas
2007				
Norte	-	1.460	-	-
Nordeste	6.205	23.543	-	-
Centro-oeste	6.570	10.950	-	-
Sudeste	52.925	30.113	36.500	15.695
Sul	27.193	1.643	-	2.555
Brasil	92.893	67.709	36.500	18.250
2011				
Norte	-	4.118	-	-
Nordeste	5.304	16.723	-	-
Centro-oeste	3.120	8.299	-	-
Sudeste	69.841	27.612	31.200	15.912
Sul	22.464	4.922	-	3.744
Brasil	100.729	61.744	31.200	19.656

Fonte: Abrelpe (2010 e 2011).

Ao comparar-se a capacidade de tratamento de RSS instalada por regiões brasileiras (Tabela 6.8, ano 2011) com a quantidade de RSS coletado (Tabela 6.7, ano 2011), verifica-se que:

- 52% dos RSS coletados na região norte, 37% na nordeste, 36% na centro-oeste e 12% na sudeste não receberam tratamento adequado em 2011 por falta de capacidade de processamento. Entretanto, no sul a capacidade de tratamento instalada é maior que a necessária.

- Considerando-se o país todo, 10% do RSS coletado não teria como receber tratamento com a atual capacidade de processamento instalada.

Segundo a PNRS, a destinação dos resíduos insdustriais é de obrigação do gerador, que pode fazê-lo por si mesmo ou contratando uma empresa terceirizada que se torna corresponsável pelo resíduo. Entretanto, quando o resíduo, apesar de ser de origem industrial, apresentar características semelhantes a de resíduos urbanos, os RSI podem ser coletados pelos serviços municipais de coleta de RSU e terem a mesma disposição final (art. 13º, Lei n. 12.305/10).

216 | CURSO DE GESTÃO AMBIENTAL

A composição dos resíduos industriais é bastante heterogênea e depende diretamente do processo industrial em questão. Apesar das legislações vigentes, ainda hoje não se têm números exatos a respeito da geração, coleta, composição e tratamento de resíduos sólidos industriais. Alguns estados possuem inventários dos RSI gerados em seus território. Por meio desses inventários e também do Panorama das estimativas de geração de resíduos industriais elaborado pela Abetre/FGV, a Abrelpe (2007) realizou uma compilaçao dos dados no período compreendido entre 2001 e 2005 de forma a compor uma visão parcial da geração dos resíduos sólidos industriais no Brasil (Tabela 6.9).

Tabela 6.9 – Geração de RSI no Brasil.

UF	Resíduos sólidos industriais (t/ano)		
	Perigosos	Não perigosos	Total
AC	5.500	112.765	118.265
PA	14.341	73.211	87.552
CE	115.238	393.831	509.069
GO	1.044.947	12.657.326	13.702.273
MG	828.183	14.337.011	15.165.194
PE	81.583	7.267.930	7.349.513
RS	182.170	946.890,76	1.129.070
PR	634.543	15.106.393	15.740.936
RJ	293.953	5.768.562	6.062.515
SP	535.615	26.084.062	26.619.677
Total	3.736.073	82.747.991	86.484.064

Fonte: Abrelpe (2007).

Dos 27 estados brasileiros se tem dados estatísticos apenas de 10, estes estados produziram cerca de 86,5 milhões de toneladas de resíduos industriais no período entre 2001 e 2005. Sendo cerca de 96% classificados como resíduos não perigosos (Tabela 6.9).

A maior geração de RSI ocorreu em São Paulo, com cerca de 26,6 mt/ano seguido por Paraná (15,7 mt/ano), Goiás (15,2mt/ano) e Ceará (13,7 mt/ano). Os demais estados tiveram geração abaixo de 8 mt/ano (Tabela 6.9).

Na Figura 6.10 tem-se uma visão geral da quantidade de diferentes resíduos coletados no país.

Figura 6.10 – Comparação entre os resíduos sólidos coletados no Brasil.

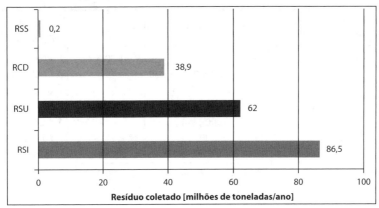

Fonte: Abrelpe (2007 e 2011).
Obs.: RSI – dados de 2001 a 2005; RSS, RCD e RSU – dados de 2011.

Verifica-se que das 187,6 mt de resíduos sólidos coletadas anualmente, a maior parcela, 46%, corresponde a RSI, 33% são RSU, 20,7% são RCD e os RSS correspondem a apenas 0,1% (Figura 6.10).

Na Tabela 6.10 tem-se um resumo dos diversos resíduos, suas fontes geradoras, os agentes responsáveis pela gestão e as modalidades de tratamento e disposição final utilizadas (Jacobi e Besen, 2011).

Segundo Godecke et al. (2012), na questão de resíduos sólidos, diversos fatores contribuem para o atual e problemático cenário brasileiro: questões culturais, barreiras políticas e institucionais e a resistência de segmentos empresariais. Segundo Pereira (2011), a ausência de políticas públicas voltadas à redução da geração de resíduos somada a um período de crescimento econômico contribuem para o aumento da geração de resíduos no país.

No Brasil, os diversos órgãos gestores têm se preocupado mais com os problemas de destinação de resíduos, ou seja, limitando-se ao planejamento imediato ou à solução ou à remediação dos problemas já concretizados. A ausência de definições e diretrizes nos três níveis de governo associada à escassez de recursos técnicos e financeiros para o equacionamento do problema, além das dificuldades na aplicação das determinações legais são a causa de inúmeros episódios críticos de poluição, relacionados com a ausência de tratamento e má disposição dos resíduos, gerando a contaminação do solo e dos recursos hídricos por metais pesados, solventes orgânicos halogenados e resíduos de defensivos agrícolas.

Tabela 6.10 – Características dos resíduos sólidos e sua gestão.

Resíduos sólidos	Fontes geradoras	Resíduos produzidos	Responsável	Tratamento e disposição final
Domiciliar (RSD)	Residências, edifícios, empresas, escolas	Sobras de alimentos, produtos deteriorados, lixo de banheiro, embalagens de papel, vidro, metal, plástico, isopor, longa vida, pilhas, eletrônicos, baterias, fraldas e outros	Município	1. Aterro sanitário 2. Central de triagem de recicláveis 3. Central de compostagem 4. Lixão
Comercial: pequeno gerador	Comércios, bares, restaurantes, empresas	Embalagens de papel e plástico, sobras de alimentos e outros	Município define a quantidade	1. Aterro sanitário 2. Central de triagem da coleta seletiva 3. Lixão
Comercial: grande gerador (maior volume)	Comércios, bares, restaurantes, empresas	Embalagens de papel e plástico, sobras de alimentos e outros	Gerador	1. Aterro sanitário 2. Central de triagem de recicláveis 3. Lixão
Público	Varrição e poda	Poeira, folhas, papéis e outros	Município	1. Aterro sanitário 2. Central de compostagem 3. Lixão
Serviços de saúde (RSS)	Hospitais, clínicas, consultórios, laboratórios, outros	Grupo A – biológicos: sangue, tecidos, vísceras, resíduos de análises clínicas e outros; Grupo B – químicos: lâmpadas, medicamentos vencidos e interditados, termômetros, objetos cortantes e outros; Grupo C – radioativos; Grupo D – comuns/ não contaminados: papéis, plásticos, vidros, embalagens e outros	Município e gerador	1. Incineração 2. Lixão 3. Aterro sanitário 4. Vala séptica 5. Micro-ondas 6. Autoclave 7. Central de triagem de recicláveis

(continua)

RESÍDUOS SÓLIDOS: ABORDAGEM E TRATAMENTO | **219**

Tabela 6.10 – Características dos resíduos sólidos e sua gestão. (*continuação*)

Resíduos sólidos	Fontes geradoras	Resíduos produzidos	Responsável	Tratamento e disposição final
Industrial (RSI)	Indústrias	Cinzas, lodos, óleos, resíduos alcalinos ou ácidos, plásticos, papel, madeira, fibras, escórias e outros	Gerador	1. Aterro industrial 2. Lixão
Portos, aeroportos e terminais	Portos, aeroportos, terminais	Resíduos sépticos, sobras de alimentos, material de higiene e asseio pessoal e outros	Gerador	1. Incineração 2. Aterro sanitário 3. Lixão
Agrícola	Agricultura	Embalagens de agrotóxicos, pneus e óleos usados, embalagens de medicamentos veterinários, plásticos e outros	Gerador	Central de embalagens vazias do Inpev
Construção civil (RCD)	Obras e reformas residenciais e comerciais	Madeira, cimento, blocos, pregos, gesso, tinta, latas, cerâmicas, pedra, areia e outros	Gerador, município e gerador pequeno e grande	1. Ecoponto 2. Área de transbordo e triagem (ATT) 3. Área de reciclagem 4. Aterro de RCD 5. Lixões

Fonte: Jocabi e Besen (2011).

GERENCIAMENTO DE RESÍDUOS SÓLIDOS URBANOS

Segundo a Constituição Federal de 1988, no art. 30, cabe ao poder público local a competência pelos serviços de limpeza pública, incluindo-se a coleta e a destinação dos resíduos sólidos urbanos. Portanto, cumpre ao município legislar, gerenciar e definir o sistema de saneamento básico local bem como a instituição e arrecadação de tributos de sua competência. Ainda segundo o art. 182 da Constituição Federal, o município deve estabelecer as políticas de desenvolvimento urbano, ordenando o pleno desenvolvimento das funções sociais e garantindo o bem-estar de seus habitantes.

A taxa de limpeza pública é o instrumento legal que estabelece o suporte financeiro para a execução das atividades supracitadas. A Constituição Federal, no art. 145, inciso II, estabelece as taxas como forma de tributo possível para a execução de serviços públicos prestados ou postos à disposição do contribuinte. Os recursos da taxa de limpeza pública normalmente estão de alguma forma vinculados ao Imposto Territorial, o qual tem como base de cálculo a área da edificação.

Em grande parte dos municípios brasileiros, os recursos oriundos da taxa de limpeza pública não cobrem as despesas necessárias à prestação do serviço. Assim, o restante dos recursos necessários deve vir de outras fontes de arrecadação.

Fica claro, então, que a gestão de serviços de limpeza pública estão, de maneira intransferível, a cargo do órgão público, cabendo a ele a opção de executar os serviços diretamente, ou terceirizá-los por meio de contratos específicos.

Durante muitos anos, o descarte de resíduos em aterros sanitários foi a única rota adotada. Mesmo a incineração era vista como apenas um método de redução de volume do resíduo, com a única função de aumentar a capacidade desses aterros.

O descarte indiscriminado de resíduos tóxicos por anos seguidos provocou episódios lamentáveis do ponto de vista ambiental. Um dos casos mais conhecidos é o de Love Canal, nos EUA, que ficou marcado como um símbolo de contaminação ambiental por resíduos tóxicos. A região de Love Canal foi usada durante o período entre 1940 e 1950, principalmente pela Hooker Chemical Co. (Lagrela et al., 1994), como local para o descarte indiscriminado de resíduos industriais perigosos. A partir da década de 1960, o local onde estava localizado o antigo depósito começou a ser urbanizado, com a construção de uma comunidade com centenas de casas.

Na década de 1970, um odor forte começou a assolar a região. Este odor causava náuseas e ardência nos olhos dos moradores. Pesquisas nessa região mostraram que pelo menos uma centena de enfermidades atacavam os moradores daquela comunidade, principalmente as crianças. A dioxina foi identificada como sendo o principal contaminante. A agência ambiental americana (EPA) declarou a região como imprópria para ser habitada, e até hoje a região passa por um longo processo de descontaminação.

Isso fez com que a política de descarte de resíduos em aterros fosse revista, com um aumento rigoroso na classificação do tipo de resíduo que pode ser descartado diretamente em aterros.

A incineração também não apresenta uma solução definitiva, já que os resíduos tratados por esse método sofrem principalmente uma redução de volume pela destruição da parte orgânica e evaporação da água. Além disso, há a geração de cinzas no processo, que representa a parte inorgânica do resíduo formada basicamente por metais. Estes são oxidados durante a combustão formando um resíduo que, de forma geral, deve ser descartado com cuidado, pois houve a concentração de elementos que estavam a princípio diluídos.

Técnicas para Tratamento de Resíduos Sólidos Urbanos

O gerenciamento de resíduos sólidos urbanos é entendido como sendo um conjunto de ações normativas, operacionais, financeiras e de planejamento que uma administração municipal desenvolve, baseada em critérios sanitários, ambientais e econômicos para coletar, tratar e dispor o lixo de seu município.

Denomina-se manejo ao conjunto de atividades envolvidas com os resíduos sólidos, sob o aspecto operacional, envolvendo coleta, transporte, acondicionamento, tratamento e disposição final. Já o gerenciamento abrange o manejo e também todos os aspectos relacionados ao planejamento, a fiscalização e regulamentação.

A Tabela 6.11, adaptada da apresentada originalmente por Tchobanoglous, contém um quadro resumido dos processos de transformação utilizados para o manejo de resíduos sólidos domiciliares.

O termo cominuição é muito usado em mineração, sendo usado para identificar as etapas de diminuição de tamanhos usando moinhos e britadores.

Os principais tratamentos serão apresentados e discutidos em tópicos separados. O aterro sanitário não é entendido como uma forma de tratamento e sim de disposição final e, portanto, não está incluído na Tabela 6.11. O fato de se utilizar uma determinada operação de tratamento não exclui o uso de outras. Assim, o resíduo domiciliar pode ser primeiro enviado para estações de triagem (tratamento físico), em seguida a parte orgânica segue para o incinerador (tratamento térmico) ou para a compostagem (tratamento biológico), enquanto os recicláveis podem ser triturados e compactados (tratamento físico) para venda. Outro exemplo é o tratamento de RCDs, que pode ser entendido como um processo de reciclagem, o qual envolve uma série de operações classificadas como de tratamento físico.

De forma geral, o conjunto de instrumentos de tratamento de resíduos é bastante limitado, como mostra a Tabela 6.11. Cabe ao município escolher, dependendo das condições locais, o melhor conjunto de operações de manejo. Portanto, não existe nenhum sistema clássico de gerenciamento de resíduos sólidos urbanos.

Tabela 6.11 – Técnicas de manejo de resíduos sólidos urbanos.

Processo de transformação	Métodos de transformação	Principal conversão em produtos
Físicos		
Separação de componentes	Manual ou mecânica	Componentes individuais encontrados nos resíduos domiciliares
Redução de volume	Métodos de compactação e embasamento	Redução de volume do material original
Redução de tamanho	Métodos de cominuição	Redução de tamanho dos componentes originais
Térmicos		
Combustão	Oxidação térmica	CO_x, SO_x, NO_x, outros produtos de oxidação, cinzas e escórias
Esterilização	Micro-ondas, desativação eletrotérmica (ETD), autoclavagem	Eliminação de microrganismos patogênicos
Pirólise	Destilação destrutiva	PHAs, óleos, alcatrão, gases combustíveis.
Biológicos		
Compostagem aeróbia	Conversão biológica aeróbia	Composto humificado
Digestão aeróbia	Conversão biológica aeróbia	CH_4, CO_x, húmus

Fonte: adaptada de Tchobanoglous et al. (1993).

Entende-se por disposição final o processo de disposição em aterros sanitários. Portanto, as demais formas de tratamento, incluindo incineração, não são denominadas de disposição final, uma vez que nesses processos existe uma fração que não pode ser tratada ou existem subprodutos que não podem ser tratados de outra forma que não seja o aterro.

Essa denominação é estabelecida correntemente na literatura e, portanto, será utilizada neste texto também. Todavia, o uso exclusivo do termo disposição final para a destinação em aterro sanitário também é sujeita a críticas, pois o próprio aterro gera resíduos que não são dispostos no aterro.

O coprocessamento em fornos de cimento, usado para resíduos industriais, também pode ser entendido como uma forma de disposição final, apesar de poder ser considerado um processo de incineração. Os processos de coleta seletiva também podem ser entendidos como de disposição final, dependendo simplesmente do seu gerenciamento.

Coleta

A coleta é a primeira etapa física do gerenciamento de resíduos. Normalmente é feita de porta em porta por caminhões que circundam as ruas dos bairros segundo uma programação previamente estabelecida e comunicada à população local.

Conforme foi mencionado anteriormente, todas as etapas relativas ao manejo podem ser feitas pela prefeitura ou por uma empresa contratada.

Excluindo-se os programas de coleta seletiva, que serão discutidos posteriormente, a coleta dos domicílios e estabelecimentos comerciais é obrigação do município até um determinado volume ou quantidade. Normalmente acima de 50 kg/dia ou 100 L/dia a responsabilidade é do gerador.

A coleta usando caminhões que promovem a trituração do resíduo faz com que haja um melhor aproveitamento da capacidade do veículo transportador, reduzindo assim os custos de transporte e consumo de energia. A principal desvantagem desse tipo de transporte é que ele promove uma acentuada mistura no resíduo. Assim, a parte orgânica fica ainda mais intimamente ligada à parte inorgânica. Isso causa dificuldades para uma eventual etapa de tratamento posterior, como triagem de matérias recicláveis, aproveitamento da parte orgânica para a compostagem ou reciclagem do conteúdo energético.

Estação de Transbordo

No caso de municípios de tamanho médio ou de grande porte, ou nos casos em que o destino do resíduo é relativamente distante, o uso de estações de transbordo causa a diminuição dos custos do sistema.

O objetivo imediato de uma estação de transbordo é o de armazenar temporariamente resíduos para que sejam transferidos para caminhões maiores. Como se trata de uma estação intermediária no trajeto dos resíduos, outras atividades podem ser feitas visando à otimização dos custos. Nas estações de transbordo podem ser feitas operações de tratamento físico como redução de tamanho (cominuição) e de volume (prensagem).

As estações de transbordo também podem servir como centro de distribuição dos resíduos para os diversos fins, destinando-se frações dos resíduos para aterros ou para estações de tratamento. Nesses locais, a triagem também pode ser feita, porém o mais comum é fazer isso em usinas de reciclagem ou de compostagem.

Aterro Sanitário

Segundo a Associação Brasileira de Normas Técnicas:

> Aterro sanitário de resíduos sólidos urbanos, consiste na técnica de disposição de resíduos sólidos urbanos no solo, sem causar danos ou riscos à saúde pública e à segurança, minimizando os impactos ambientais, método este que utiliza princípios de engenharia para confinar os resíduos sólidos à menor área possível e reduzi-los ao menor volume permissível, cobrindo-os com uma camada de terra na conclusão de cada jornada de trabalho ou a intervalos menores se for necessário. (ABNT, 1992)

O aterro sanitário ainda é o processo mais aplicado no mundo em virtude de seu baixo custo. É um processo bastante seguro e simples, além do fato de que os processos de tratamento de resíduos também geram resíduos que devem ser destinados a aterros. A incineração pode ser competitiva com relação ao aterro, dependendo da escala e da dificuldade de se encontrar um local para a implantação do aterro. Entretanto, os resíduos gerados na incineração necessitam de um aterro, portanto nesse caso, a incineração atua como um aumentador da vida do aterro.

A seguir serão apresentadas, resumidamente, algumas vantagens e desvantagens dos aterros sanitários.

Vantagens:

* Baixo custo comparado com os outros tratamentos.
* Utilizam equipamentos de baixo custo e de simples operação.
* É possível a implantação em terrenos de baixo valor.
* Evitam a proliferação de insetos e animais que transmitem doenças.
* Não estão sujeitos a interrupções no funcionamento por alguma falha (caso, por exemplo, e de incineradores e usinas de compostagem).

Desvantagens:

* Perda de matérias primas e da energia contida nos resíduos.
* Transporte de resíduos à longa distância.
* Desvalorização da região ao redor do aterro.
* Riscos de contaminação do lençol freático.
* Produção de chorume e percolados.
* Necessidade de manutenção e vigilância após o fechamento do aterro.

A construção de aterros sanitários é sujeita a uma série de regulamentações, conforme mencionado, entretanto, existe distinção entre aterros para resíduos urbanos e industriais. Entre os aterros industriais também existem diferenças. Estes são construídos visando receber um tipo específico de resíduo, portanto existem basicamente 3 tipo de aterros industriais, respectivamente para resíduos classe I, II e III. As principais normas relativas à aterros sanitários são:

* NBR 8.418 – Apresentação de projetos de aterros industrias perigosos.
* NBR 8.419 – Apresentação de projetos de aterros de resíduos sólidos urbanos.
* NBR 10.157 – Aterros de resíduos perigosos – critérios para construção, projeto e operação.

CURSO DE GESTÃO AMBIENTAL

- NBR 13.896 – Aterros de resíduos não perigosos – critérios para projeto, implantação e operação.

- NBR 15.849 – Aterros sanitários de pequeno porte – diretrizes para localização, projeto, implantação, operação e encerramento.

O licenciamento ambiental das instalações de tratamento e disposição final de resíduos sólidos no Brasil é realizado a partir da aplicação da Resolução Conama n. 001/86[2], que institui a obrigatoriedade do Estudo de Impacto Ambiental (EIA) e do Relatório de Impacto Ambiental (Rima), para as atividades modificadoras do meio ambiente. Entretanto, considerando o disposto no art. 12 da Resolução Conama n. 237/97, em novembro de 2008, o Conselho Nacional do Meio Ambiente publicou a Resolução n. 404, que estabelece critérios e diretrizes para o licenciamento ambiental de aterro sanitário de pequeno porte (até 20 t/dia) de resíduos sólidos urbanos. Essas instalações de pequeno porte estão dispensadas da apresentação de EIA/Rima.

No estado de São Paulo, a normatização dos procedimentos para o licenciamento ambiental foi estabelecida pela Resolução da Secretaria de Estado do Meio Ambiente n. 42/94, que institui dois instrumentos preliminares para a exigência ou dispensa de EIA e de Rima: o Relatório Ambiental Preliminar (RAP) e o Termo de Referência (TR). A Resolução n. 42/94 estabelece, ainda, que o licenciamento ambiental se dará por três etapas: Licença Prévia, Licença de Instalação e Licença de Operação. Em 2004, foi publicada a Resolução SMA n. 54, que dispõe sobre os procedimentos para o licenciamento ambiental no âmbito do Departamento de Avaliação de Impacto Ambiental (Daia) da Coordenadoria de Licenciamento Ambiental e de Proteção de Recursos Naturais (CPRN) da Secretaria de Estado do Meio Ambiente (SMA). Mesmo após a publicação da Resolução Conama n. 404/2008, a Cetesb considera como aterros de pequeno porte aqueles com capacidade até 10 t/dia conforme Resolução SMA n. 51, de 25 de julho de 97.

Elementos de um Aterro Sanitário

A implantação de aterros depende de uma série de critérios, os quais são, resumidamente, apresentados na Tabela 6.12.

---

[2] Alterada pelas seguintes Resoluções: n. 11/86 (alterado o art. 2º), n. 5/87 (acrescentado o inciso XVIII), e n. 237/97 (revogados os art. 3º e 7º).

Tabela 6.12 – Critérios para a avaliação das áreas para a instalação de aterro sanitário.

Dados necessários	Classificação das áreas		
	Recomendada	Recomendada com restrições	Não recomendada
Vida útil	Maior que 10 anos	10 anos, a critério do órgão ambiental	
Distância do centro atendido	Menor que 10 km	10 a 20 km	Maior que 20 km
Zoneamento ambiental	Áreas sem restrições no zoneamento ambiental		Unidades de conservação ambiental e correlatas
Zoneamento urbano	Vetor de crescimento mínimo	Vetor de crescimento intermediário	Vetor de crescimento máximo
Densidade populacional	Baixa	Média	Alta
Uso e ocupação das terras	Áreas devolutas ou pouco utilizadas		Ocupação intensa
Valorização da terra	Baixa	Média	Alta
Aceitação da população e de entidades ambientais não governamentais	Boa	Razoável	Inaceitável
Distância dos cursos d'água (córregos, nascentes etc.)	Maior que 200 m	Menor que 200 m, com aprovação do órgão ambiental	

Fonte: Jardim (1996).

A Figura 6.11 apresenta um esquema dos principais componentes de um aterro sanitário.

Os principais subprodutos de um aterro sanitário são o chorume, as águas percoladas e os gases. Todos esses materiais possuem sistemas de drenos específicos, e no caso dos efluentes líquidos do aterro (chorume e percolados) podem ser introduzidos no aterro de forma bastante controlada ou necessitam tratamento em uma estação separada. A seguir serão apresentados alguns conceitos relativos à aterros sanitários.

O chorume ou sumeiro é o líquido oriundo da decomposição do lixo e provém da umidade natural do lixo, da água de constituição dos vários materiais e do líquido gerado pela ação de microrganismos que atacam a matéria

Figura 6.11 – Esquema mostrando um corte transversal de aterro sanitário.

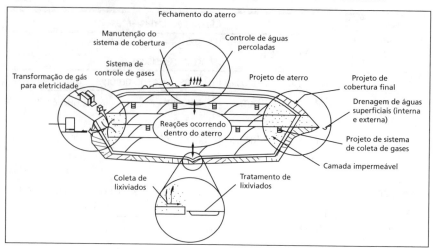

Fonte: Tchobanoglous et al. (1993).

orgânica. A produção de chorume se agrava sensivelmente nos períodos prolongados de chuva, principalmente se forem usados recipientes abertos no acondicionamento.

Os percolados ou águas percoladas são o conjunto de águas infiltradas no interior do corpo físico do aterro, resultantes entre diversas fontes eventuais de infiltrações (de chuvas, de lagoas vizinhas, do próprio lençol freático ou de nascentes). Assim, essa água que invade o aterro carrega parte do chorume e solubiliza elementos, havendo, assim, a possibilidade de contaminação do lençol freático e dos cursos de água. Esse processo tende a se agravar nos períodos de maior densidade pluviométrica.

Caso os percolados atinjam as águas superficiais ou profundas, pode haver a eutrofização, em razão de sua concentração de substâncias minerais. A contaminação das águas profundas por essas infiltrações depende da permeabilidade do solo, da profundidade do lençol e da capacidade de autodepuração do solo. Recomenda-se que a separação do fundo do aterro e o nível do lençol freático não seja inferior à 15 m. No caso de aterros para resíduos industriais, onde há uma camada inferior que isola o aterro, essa distância pode ser menor.

Para a coleta de percolados são propostos dois sistemas de drenagem: superficial e subsuperficial. O sistema de drenagem superficial tem como finalidade básica minimizar o acesso de águas de chuva para dentro do aterro, durante e após o fechamento do aterro. Dessa forma, é feito um conjunto de canais ou canaletas, envolvendo toda a área do aterro. Por outro lado, o sistema de drenagem subsuperficial visa evitar a contaminação do lençol freático e dos cursos de água adjacentes, por meio da coleta dos líquidos percolados direcionando-os para uma unidade de tratamento. Esse sistema é constituído por drenos horizontais, preenchidos com britas, com inclinação de fundo de 2%. Sobre as britas devem ser colocados materiais sintéticos para a simples retenção de materiais em suspensão, evitando o entupimento do dreno. Toda a estrutura de drenagem é preparada antes da montagem das células.

No interior das células ocorre a decomposição anaeróbia dos resíduos orgânicos com geração de gases, principalmente o metano. O acúmulo destes gases aprisionados dentro das células pode causar a expansão destas e a ruptura da camada de cobertura. Além disso, os gases são inflamáveis, podendo haver o perigo de combustão. Por fim, a liberação dos gases de forma descontrolada pode ser prejudicial à saúde humana. O controle da migração desses gases é realizado por um sistema de drenagem, constituído por tubos perfurados de concreto ou PVC, revestidos por uma camisa de brita. Esses drenos deverão distar entre 50 e 100 m uns dos outros.

De forma simplificada, a sequência natural de operações de um aterro é: escavação, impermeabilização de fundo, construção dos sistemas de drenagem verticais e horizontais, construção das células sanitárias e, finalmente, fechamento do aterro.

A forma de construção do aterro depende significativamente do tipo de solo, entretanto, a metodologia de acondicionamento dos resíduos é essencialmente a mesma, ou seja, o resíduo é acondicionado em células sanitárias. Portanto, as células são essencialmente o espaço físico onde o resíduo é acondicionado diariamente ou no período. Basicamente existem 3 métodos de acondicionamento nas células: trincheiras (Figura 6.12), rampas (Figura 6.13) e áreas (Figura 6.14).

A cada dia os resíduos são dispostos no solo, ocupando o lugar da célula, sendo compactados de baixo para cima contra uma elevação natural ou célula anterior. A altura típica de uma célula é de 2 a 4 metros. A compactação dos resíduos no talude é feita pela simples subida de tratores de esteiras de baixo para cima, visando uma maior uniformidade de compactação. O fechamento da célula é feito usando-se uma camada de terra de 15 a 30 cm, no final do dia ou quando a coleta estiver terminada. Com o objetivo de evitar a residência de água de chuva, a cobertura das células é sempre feita deixando-se um plano ligeiramente inclinado.

Figura 6.12 – Esquema do acondicionamento em células com a técnica de trincheiras.

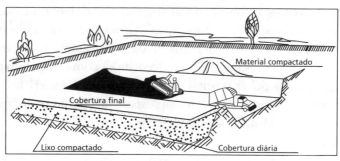

Fonte: Leite (1997).

Figura 6.13 – Esquema do acondicionamento em células com a técnica de rampas.

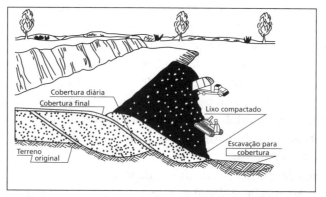

Fonte: Leite (1997).

Figura 6.14 – Esquema do acondicionamento em células com a técnica de áreas.

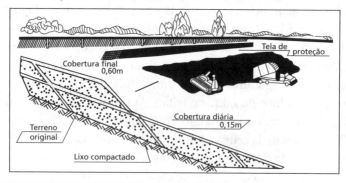

Fonte: Leite (1997).

Assim, o trabalho é repetido diariamente, de célula em célula, ficando as células sobrepostas aproveitando as irregularidades do terreno. Quando toda a área destinada ao aterro estiver esgotada, ele é selado por uma cobertura de terra de 60 cm. A Figura 6.15 apresenta esquematicamente a estrutura de células com o posicionamento dos drenos de saída de coleta de gases.

Figura 6.15 – Vista esquemática da estrutura de células com o posicionamento dos drenos de saída de gases.

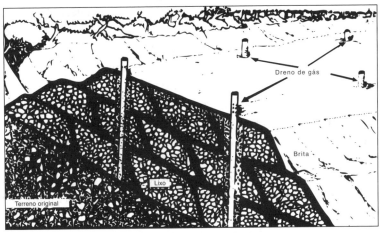

Fonte: Leite (1997).

Monitoramento do Aterro

Deverá constar do plano de monitorização do aterro sanitário uma inspeção periódica do estado dos solos, principalmente após o período das chuvas, de modo a detectar pontos potenciais de formação de erosões. Essa inspeção incluirá, entre outros, o solo, as obras de construção e drenagem propostas no projeto, poço de acumulação, equipamento de bombeamento, linhas de recalque etc. As observações decorrentes das inspeções deverão constar do livro de ocorrências do aterro para a tomada das providências cabíveis.

O sistema de drenagem do aterro deverá encaminhar os líquidos percolados para uma unidade de tratamento. Estes líquidos podem ainda, conforme especificações de projeto, serem bombeados e inoculados na massa de resíduos aterrados. Um programa de medição de vazão, coleta e análise desses líquidos permitirá o acompanhamento do desempenho do sistema, fornecendo subsídios para a correção de possíveis distorções construtivas e/ou operacionais. Essas coletas e análises deverão ser realizadas com frequência trimestral, obedecendo às recomendações contidas em normas de órgãos de controle ambiental.

Ao redor do aterro, deverão ser plantadas cercas verdes, de preferência com vegetação nativa. Visando à padronização do fluxo de veículos, deverão ser instaladas placas de sinalização interna e externamente ao aterro.

Deverá ser prevista com frequência semanal, ou em períodos mais curtos, caso haja necessidade, uma limpeza geral na área do aterro, principalmente nas proximidades da frente de trabalho.

O termo desativação do aterro sanitário compreende apenas o fim do recebimento de resíduos no local. Outras atividades deverão ter continuidade, a saber: recomposição do solo sobre as células e monitoração das águas superficiais e subterrâneas, com frequência semestral.

Deve-se levar em conta que o aterro sanitário deverá apresentar vida útil superior a 10 anos. Um plano para o uso futuro da área onde se deseja implantar um aterro sanitário deve fazer parte do projeto, para que seja submetido à apreciação e aprovação dos órgãos responsáveis pelo assunto. Dependendo do uso futuro proposto para a área do aterro, os órgãos competentes poderão exigir a correção do projeto frente às proposições apresentadas.

De maneira geral, as áreas recuperadas após a conclusão de aterro sanitário são transformadas em jardins, parques, praças esportivas e áreas de lazer. Precauções especiais devem ser tomadas caso se queira construir edificações nessas áreas, pois os recalques diferenciais que a área do aterro sofre em razão da compressão das camadas superiores e da decomposição do lixo são inevitáveis e variam de aterro para aterro.

Compostagem

A compostagem é sem dúvida um dos assuntos mais controversos em termos de tratamento de resíduos orgânicos, na medida em que uns o defendem fervorosamente e, com a mesma veemência, outros o rejeitam.

O processo de compostagem é classificado como um processo de reciclagem da parte orgânica do resíduo sólido urbano, o qual no Brasil representa cerca de pouco mais da metade dele. Nos aterros, o processo de decomposição é anaeróbio em virtude da escassez de ar dentro das células, no processo de compostagem ocorre uma digestão aeróbia do resíduo orgânico (Kiehl, 1985).

Todavia, não se pode considerar que o composto produzido é um adubo ou fertilizante, pois não possui a quantidade de macronutrientes exigida pelas especificações agrícolas. O composto geralmente contém uma quantidade total de N, P e K entre 1,5 a 2,5% em peso enquanto um adubo deve ter no mínimo 24%, ou seja, uma diferença de 12 vezes. Assim, o composto orgânico é usado como um condicionador de solo.

Principais vantagens da compostagem: valorização da parte orgânica do resíduo sólido e aumento da vida útil do aterro sanitário.

Principais desvantagens: mais caro do que o aterro sanitário por tonelada de resíduo, enormes dificuldades para a comercialização do composto.

Vantagens do uso de composto na agricultura: retenção da umidade do solo em períodos secos; preservação do solo contra a erosão; melhoria das propriedades biológicas do solo; aumento da permeabilidade; favorecem o estabelecimento de minhocas e besouros, os quais promovem o revolvimento da terra; fornecimento de macronutrientes (N, P e K); e fornecimento de micronutrientes (por exemplo, Zn, Mn, Fe e Ca).

Desvantagens do uso de composto: restrições de uso pelo aumento do pH do solo. Não é recomendado para o cultivo de plantas acidófilas (arbustos frutíferos, alface, feijão, cebola, cenoura, azaléas, coníferas, entre outras); contaminações com resíduos (vidros, metais, plásticos); e presença de metais pesados.

Usinas de compostagem são também usinas de triagem ou de reciclagem de materiais inorgânicos, pois existe a necessidade de separação prévia dos materiais inorgânicos. Assim, uma usina de compostagem e reciclagem trabalha com as seguintes etapas:

- Fossos ou pátios de recebimento e estocagem.
- Catação manual em esteira e/ou separação automatizada.
- Trituração.
- Compostagem.
- Peneiramento.

Os materiais inorgânicos são separados por classes (vidros, latas etc.) e vendidos ao mercado. A trituração visa dar maior homogeneidade ao material, o que facilita a formação das leiras. Apesar de muitas unidades possuírem sistemas de trituração (moinhos de martelos, *shredders* ou moinhos de bolas), elas eventualmente não os utilizam, pois é praticamente impossível separar todo o material inorgânico nas esteiras, ficando o material orgânico contaminado. Essa contaminação é parcialmente eliminada no peneiramento após a compostagem, mas se o material for triturado antes da compostagem a eficiência do peneiramento diminui consideravelmente. O material inorgânico que fica retido na peneira não possui qualidade para ser reciclado e é destinado ao aterro.

De forma geral, cerca de 50% do material que chega à usina retorna ao aterro sanitário.

O processo de compostagem é essencialmente composto por duas etapas:

* Etapa ativa de degradação.
* Fase de maturação e humificação da matéria orgânica.

O processo de digestão aeróbia, desenvolvido por uma população mista de microrganismos aeróbios e anaeróbios (bactérias, protozoários, fungos, actinornicetos etc.) causa o aumento da temperatura da massa, a qual deve ser controlada entre 45 e 65ºC. Essa faixa de temperatura é considerada ideal, pois acima dela os próprios agentes da fermentação não conseguem sobreviver e abaixo os ovos de insetos e larvas encontram condições de subexistir. No final da primeira etapa, o material atinge o estado de bioestabilização, no qual a decomposição ainda não foi completada.

A fase de maturação ou de cura do composto ocorre na segunda etapa. O processo termina quando o composto chega ao estado de umidificação, em que apresenta as melhores condições como condicionador de solo.

O tempo de compostagem varia basicamente da forma como ela é feita. A compostagem natural demora cerca de 2 a 3 meses para a primeira etapa e mais 3 a 4 meses para a segunda etapa, enquanto a compostagem por métodos mais acelerados demanda até a bioestabilização de 25 a 35 dias e de 30 a 60 dias para a umidificação.

Os parâmetros que mais influenciam o processo são (Diaz, 1993):

- **Carbono**: o carbono é usado pelos microrganismos como principal fonte de energia e constituinte das estruturas celulares. Parte da perda de massa e da geração de calor, característicos do processo de compostagem, deve-se à oxidação do carbono para dióxido de carbono. O carbono está presente na fração orgânica dos resíduos sólidos domésticos na forma de restos de alimentos (açúcares, proteínas, gorduras), facilmente degradáveis, e nos papéis e restos de limpeza de jardins (celulose e lignina) cujas moléculas são mais resistentes ao ataque microbiológico.

- **Nitrogênio**: o nitrogênio é o principal constituinte do protoplasma dos microrganismos participantes da compostagem. As células dos microrganismos possuem aproximadamente 50% de carbono e 5% de nitrogênio, na base de peso de material seco. Dessa forma, o crescimento dos microrganismos dá-se obrigatoriamente na presença de nitrogênio. Nos resíduos sólidos domiciliares, o nitrogênio é encontrado em materiais provenientes de limpeza de jardins, quintais, restos de alimentos e excreções de animais.

- **Relação C/N**: a taxa ótima para a relação C/N no início da compostagem fica entre 30:1 e 35:1. Quando a relação C/N é alta, com excesso de carbono sobre nitrogênio, as taxas de reprodução e crescimento celular declinam na proporção da exaustão do nitrogênio. Para esses casos, é aconselhável a adição de material rico em nitrogênio (exemplo: lodo de esgoto) ao resíduo a ser compostado. Quando a relação C/N é baixa, ou seja, há excesso de nitrogênio na massa compostável, este é eliminado pela volatilização da amônia, restabelecendo o equilíbrio da relação C/N. O composto para ser aplicado no solo deverá ter uma relação C/N inferior a 20:1. Um produto com relação mais elevada possibilitará aos microrganismos a utilização do excesso de carbono existente no composto, retirando o nitrogênio do solo, favorecendo, portanto, a escassez de nitrogênio para os vegetais. Esse nitrogênio será devolvido ao solo somente pela morte dos microrganismos. Quando liberada no solo, a amônia pode ser tóxica para raízes das plantas.

- **Temperatura**: A temperatura máxima deverá estar entre 55 e 60°C para evitar a morte dos microrganismos úteis ao processo. O modo mais simples de controle da temperatura é feito pelo revolvimento periódico das leiras de compostagem.

- **Aeração:** a aeração é importante para o controle da temperatura, aceleração da atividade microbiana e diminuição da emanação de odores. A taxa de aeração torna-se excessiva quando ultrapassa a taxa de geração de calor na massa de compostagem, causando esfriamento ou quando acelera a evaporação reduzindo a umidade a níveis que inibem a atividade microbiológica.

- **Umidade:** a umidade é o meio de transporte dos alimentos solúveis e dos detritos da reação. Para o metabolismo dos microrganismos, a umidade deverá estar na faixa de 40 a 60%, sendo este último valor aceitável para a fermentação em condições de aeração forçada e com o material em agitação; e o primeiro para leiras. Valores de umidade inferiores a 40% causam inibição na atividade dos microrganismos do processo de compostagem, enquanto o excesso de umidade, superior a 70%, pode provocar condições de anaerobiose, em razão da obstrução dos vazios pela água, restringindo a difusão de oxigênio.

Com relação ao ambiente, a compostagem pode ser feita de duas formas: em ambiente aberto, ou seja, as leiras são formadas em um pátio e revolvidas manualmente ou mecanicamente; ou em ambientes fechados como silos, digestores, torres e células de fermentação. Nos locais onde se necessita tratar uma grande quantidade de resíduo, os processos acelerados são mais usados. Nesses processos geralmente a massa é revolvida em equipamentos que promovem o revolvimento contínuo, normalmente tambores. O controle da velocidade de rotação permite o controle da movimentação da carga e, portanto, das variáveis que são função da aeração, como temperatura e umidade. Além disso, durante a rotação, o material é homogeneizado e sofre redução de tamanho de partículas causadas pela rolagem do material.

É muito conveniente ressaltar que uma quantidade significativa de usinas de compostagem está total ou parcialmente desativada, em virtude principalmente dos problemas apontados anteriormente. A falta de planejamento tanto operacional quanto tecnológico, aliada à falta de conhecimento técnico (principalmente dos problemas e custos) e também à facilidade com que se obteve financiamento para esse tipo de usina na década de 1980, também foram, em resumo, fatores decisivos para o fracasso de algumas instalações.

Incineração

A incineração, como técnica de eliminação de resíduos, é uma prática com aproximadamente 100 anos, quando a primeira unidade foi instalada na cidade de Nottinghan, Inglaterra (Dempsey e Oppelt, 1993). Os incineradores sempre foram associados a instalações que emitiam forte odor e uma fumaça preta característica. Mesmo nos dias atuais ainda não são vistos com bons olhos e têm tido suas operações encerradas na Suécia, Canadá, Bélgica e Holanda. Contudo, na Alemanha há um número crescente de licenciamentos concedidos às usinas que utilizam o processo de incineração (Tolmasquim e Guerreiro, 2008).

A princípio, a incineração visava unicamente à redução do volume dos resíduos, para aumentar a capacidade dos aterros industriais. Atualmente, a incineração tem também como meta a eliminação de resíduos tóxicos ou perigosos, provocando a sua combustão, gerando como subprodutos escórias, gases e cinzas volantes (Theodore e Reynolds, 1987).

É bastante comum na literatura encontrar à denominação destruição de resíduos, na realidade, a palavra destruição do ponto de vista formal não pode ser usada nesse sentido, entretanto, é aceita pelo seu uso disseminado pelo mundo inteiro. No incinerador ocorrem reações de oxidação e de decomposição dos resíduos. De forma bem simplificada, os produtos orgânicos (comida, tecidos, plásticos) são baseados em ligações envolvendo carbono (C) e hidrogênio (H), no incinerador acontece a oxidação (ou combustão) desses compostos, segundo a reação esquemática:

$$C_xH_{y+}(x + 0,25y)O_2 \rightarrow xCO_2 + 0,5yH_2O$$

A reação de combustão de produtos orgânicos normalmente libera calor. O calor é transferido para os gases e para o material sólido, e pode ser aproveitado na saída do forno usando trocadores de calor, sendo este o princípio para a reciclagem energética de resíduos (*waste to energy*). Independente do aproveitamento do potencial térmico das reações de oxidação da matéria orgânica, praticamente toda a matéria orgânica sólida pode ser transformada em gases dependendo das condições de incineração, havendo, portanto, uma efetiva redução do volume.

Por outro lado, os produtos inorgânicos podem sofrer decomposição térmica havendo também, nesse caso, a perda de massa. As equações abaixo mostram casos de decomposição térmica:

$$2NaOH \rightarrow Na_2O + H_2O$$
$$CaCO_3 \rightarrow CaO + CO_2$$

Há, portanto a formação de gases e de óxidos. Os metais eventualmente presentes se oxidam total ou parcialmente formando óxidos, esses óxidos por sua vez geram a escória que fica no reator.

Alguns compostos têm alta pressão de vapor na temperatura de trabalho sendo eliminados na forma de vapor, por exemplo: compostos halogenados e alguns óxidos metálicos. Esses vapores se condensam no sistema de tratamento de gases formando junto dos produtos de combustão incompleta as cinzas volantes.

Incineradores são basicamente reatores com câmaras de alta temperatura e atmosferas oxidantes. Para que a oxidação e/ou decomposição completa dos resíduos possa ocorrer devem-se controlar de forma criteriosa as condições de combustão. Os fatores que devem ser controlados são (Theodore e Reynolds, 1987):

- **Quantidade de oxigênio disponível na câmara de combustão.** Deve-se garantir que existe oxigênio suficiente para a total oxidação dos resíduos.

- **Turbulência.** Tem-se que garantir a constante mistura entre os resíduos e a atmosfera do forno. A maior turbulência favorece as reações de combustão e/ou decomposição térmica e diminui o tempo de residência dentro da câmara aquecida, garantindo assim o melhor rendimento do forno.

- **Temperatura de combustão.** É necessário manter o sistema em uma temperatura tal que se possa garantir a total degradação dos compostos orgânicos. De forma geral, o tempo de residência diminui com o aumento da temperatura. Não basta apenas trabalhar com temperatura elevada, é preciso que haja homogeneidade de temperatura no reator para se garantir o tempo de residência na faixa de temperaturas.

- **Tempo de residência dos compostos na temperatura de combustão.** Os resíduos devem permanecer na região de alta temperatura por tempo suficiente para a sua total combustão e/ou decomposição, para isso deve-se observar a cinética de oxidação dos compostos. A permanência dos compostos a altas temperaturas em tempos insuficientes provoca a formação de perigosos produtos de combustão incompleta. Tais produtos podem ser fontes de poluição do ar.

A Figura 6.16 mostra um esquema das condições, anteriormente mencionadas e explicadas, para a oxidação e/ou decomposição completa dos resíduos durante o processo de incineração.

Assim, todos esses quatro fatores devem ser continuamente controlados, a não atenção a apenas um deles resulta na eliminação incompleta dos resíduos, o que pode acarretar a geração de produtos perigosos de combustão incompleta. Para que todas essas condições possam ser alcançadas, para os diferentes tipos e formas físicas dos resíduos, foram desenvolvidos incineradores de diferentes configurações. São quatro os tipos mais comuns de incineradores: de injeção líquida, fornos rotativos, leito fixo e de leito fluidizado (Dempsey e Oppelt, 1993).

Figura 6.16 – Condições necessárias para a incineração completa de resíduos.

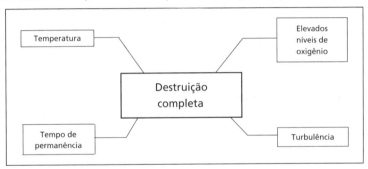

Além dos controles intrínsecos do processo de incineração, existe a necessidade do controle dos subprodutos do processo. Provavelmente a parte mais crítica de um incinerador está no controle das emissões, seja de material particulado, seja de gases. Portanto, tão importante quanto o reator propriamente dito é o sistema de controle de poluição.

Os gases saem do incinerador com temperaturas na faixa de 800 a 1.000ºC. Assim, é necessário o resfriamento dele para que seja feito o tratamento contra a poluição atmosférica. O resfriamento é normalmente feito em trocadores de calor, que além de resfriarem os gases aproveitam o seu calor transformando em energia ou vapor, que é usado para cobrir as despesas de incineração.

O material particulado resultante é controlado por equipamentos como filtros de manga, precipitadores eletrostáticos e lavadores venturi.

Em razão da presença de cloretos, enxofre e nitrogênio na carga, existe sempre a possibilidade de formação de gases ácidos na saída (HCl, SO_x e NO_x), e a forma considerada mais eficiente é o resfriamento dos gases com lavadores com jatos de água contendo cal, seguido por filtros de manga. Essa técnica permite a condensação dos metais e minimiza a formação de dioxinas e furanos.

Incineradores do Tipo Fornos Rotativos

Incineradores do tipo forno rotativo foram inspirados nos fornos de fabricação de cal virgem (Theodore e Reynolds, 1987). Em virtude da versatilidade desse tipo de incinerador, atualmente ele é o equipamento mais popular para a incineração de resíduos sólidos urbanos.

O esquema de funcionamento desse equipamento é mostrado na Figura 6.17, o qual consiste em um cilindro de aço revestido de material refratário e isolante montado sobre um sistema de rolamentos que impõe uma rotação de 0,5 até 2 rotações por minuto, com inclinação de 1 a 2°. A carga é transportada pelo rolamento ao longo do comprimento do forno (Theodore e Reynolds, 1987).

Figura 6.17 – Esquema demonstrando o incinerador do tipo forno rotativo com câmara de pós-combustão e locais de alimentação do forno.

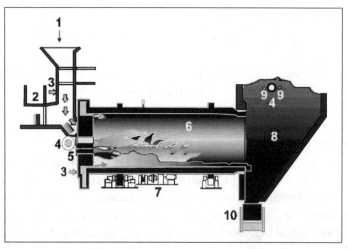

1) Alimentação do resíduo sólido; 2) Alimentação de tonéis; 3) Sistema de injeção de ar primário; 4) Queimador de resíduos líquidos; 5) Lanças para injeção de resíduos líquidos e pastosos; 6) Câmara de combustão; 7) Motor para a rotação do forno; 8) Câmara de pós-combustão; 9) Injeção de resíduo aquoso; 10) Descarregamento das cinzas.

Fonte: ABB Enertech Lta. (1998).

Nesse tipo de incinerador pode-se tratar resíduos líquidos, sólidos e pastosos com poder calorífico superior a 2.300 kJ/kg. Esse equipamento opera em temperaturas de 815 a 1.650°C. Em conjunto com a carga geralmente é introduzido óxido de cálcio para a neutralização de eventuais vapores ácidos gerados durante a queima (Dempsey e Oppelt, 1993; Theodore e Reynolds, 1987).

Os resíduos sólidos podem ser introduzidos junto à zona quente, ao lado da fonte de energia. Assim, a carga é submetida a uma velocidade de aquecimento elevada desde o início e segue em paralelo aos gases resultantes da combustão no queimador. Outra forma é a introdução dos resíduos na zona fria, com a carga caminhando em direção à zona quente. Nesse caso, os resíduos caminham em um fluxo contrário aos dos gases gerados na combustão do queimador, sofrendo um ciclo térmico de aquecimento que depende do perfil térmico do forno. Essa configuração é chamada de carregamento em contracorrente.

A Figura 6.18 mostra um esquema de carregamento e transporte concorrente e contracorrente da carga sólida em um incinerador do tipo forno rotativo. A configuração concorrente é indicada para resíduos que apresentem poder calorífico entrando como fonte energética do forno. O carregamento em contracorrente é indicado para resíduos que não apresentam poder calorífico e elevada umidade, pois com o aquecimento gradual o resíduo é seco, garantindo o controle de temperatura da zona quente. O carregamento em contracorrente apresenta as melhores condições de turbulência mas apresenta também uma maior dificuldade de controle de emissão de particulados (Theodore e Reynolds, 1987).

O tempo de residência do resíduo no forno é diretamente proporcional ao comprimento do forno e à rotação. A geometria do forno impõe todas as características de processo ao equipamento. Geralmente, o forno rotativo é caracterizado pela relação comprimento/diâmetro (C/D) do cilindro, sendo que essa relação está entre 2 e 10. A relação C/D e a velocidade de rotação do forno são elementos fundamentais para determinar o tipo de resíduo que pode ser processado. Altos valores para a relação C/D resultam em baixas velocidades de rotação, fornos com essa característica podem ser usados para destruição de resíduos que exijam elevados tempos de residência para a completa combustão.

No forno rotativo, a turbulência da carga é garantida pela rotação do forno. Com o movimento de rotação, a carga apresenta uma constante agitação pelo rolamento ao longo do percurso no forno. O volume que a carga ocupa é de cerca de 20% do volume total do forno.

Figura 6.18 – Esquema de transporte da carga e dos gases dentro do incinerador.

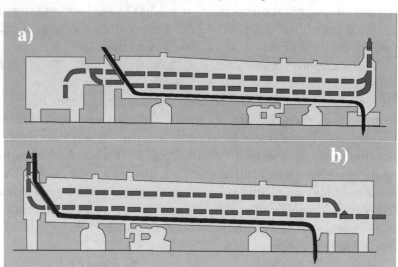

a) Carregamento concorrente: o fluxo de gases (tracejado) apresenta o mesmo sentido do transporte dos resíduos (preto contínuo); b) Carregamento contracorrente: o fluxo de gases apresenta sentido oposto ao do transporte dos resíduos.

Fonte: Head Wrigthson Associates Ltd. (1998).

Muitas vezes o perfil térmico do forno rotativo não garante um tempo de residência suficientemente longo para a oxidação dos compostos gasosos resultantes da queima. Nesse caso, os incineradores são acrescidos de câmaras de pós-combustão logo na saída dos gases e de sólidos, conforme mostrado na configuração do incinerador da Figura 6.18. Com estas câmaras garante-se que os componentes gasosos são completamente destruídos pelo aumento do tempo de residência dos compostos gasosos às altas temperaturas.

Essa configuração de forno permite a incineração de praticamente todos os tipos de resíduos existentes. Têm-se resíduos sólidos ou pastosos introduzidos diretamente ao forno como carga sólida, nesse caso, usam-se queimadores específicos para os resíduos que apresentam poder calorífico. Para resíduos líquidos sem poder calorífico, ou resíduos que apresentem reações endotérmicas (consumidoras de calor), colocam-se queimadores de combustível auxiliar para evitar a queda da temperatura do forno. Portanto, não é incomum a eliminação de resíduos clorados, como PVC, e de compostos usados antigamente em guerra química em incineradores de fornos rotativos (Dempey e Oppelt, 1993; Theodore e Reynolds, 1987).

Incinerador de Injeção Líquida

Como o próprio nome sugere, esse tipo de incinerador é usado para a combustão de resíduos líquidos e, portanto, é mais aplicável a resíduos industriais. Normalmente tem formato cilíndrico, podendo ser vertical ou horizontal.

A alta eficiência de combustão do resíduo é obtida pela mais intensa nebulização. Utilizam-se queimadores projetados para produzir gotículas com 1 μm de diâmetro médio. Enquanto queimadores convencionais trabalham com 10 a 50 μm. A Figura 6.19 apresenta um esquema da câmara de combustão desse tipo de incinerador.

Figura 6.19 – Esquema de um incinerador de combustão líquida.

Fonte: Dempsey e Oppelt (1993).

Incinerador de Leito Fixo

Conforme pode ser visto esquematicamente na Figura 6.20, nesse tipo de incineração a câmara é dividida em duas. Na primeira se injeta só de 50 a 80% da quantidade estequiométrica de ar, isso causa uma atmosfera parcialmente redutora o que favorece a volatilização ou pirólise do resíduo. Os produtos da pirólise (metano, etano e outros hidrocarbonetos e CO) junto dos produtos da combustão passam para uma câmara secundária, na qual injeta o ar restante para completar a combustão.

Por seu menor custo e também por causarem menores emissões de materiais particulados, esses equipamentos são mais competitivos, para pequenos volumes diários, que os fornos rotativos.

Figura 6.20 – Esquema de um incinerador de câmaras múltiplas tipo retorta.

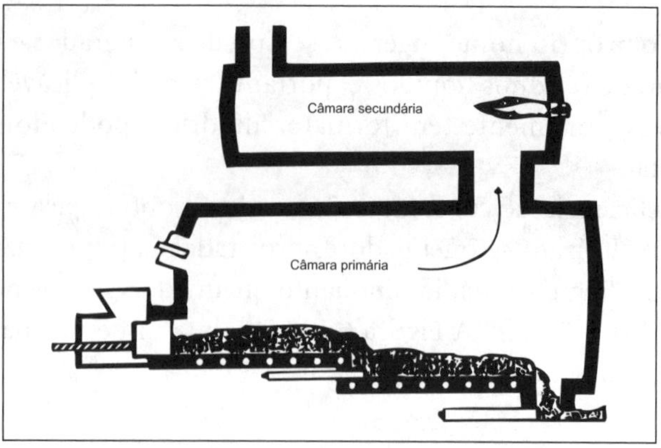

Fonte: Dempsey e Oppelt (1993).

Incinerador de Leito Fluidizado

Um incinerador de leito fluidizado é composto dos elementos indicados na Figura 6.21.

Figura 6.21 - Esquema de um incinerador de leito fluidizado.

Fonte: ABB Enertech Lta. (1998).

Basicamente, o que acontece é que o gás injetado atravessa uma placa de orifícios ficando pulverizado. Esse jato entra em contato com os resíduos sólidos e os deixam em suspensão e na suspensão aquecida ocorrem as reações. A vantagem do leito fluidizado é que o material do ponto de vista de troca de calor se comporta como se fosse um líquido, portanto, a homogeneidade de temperatura é bastante superior comparando-se com os demais tipos de incineradores, além disso, os tempos de residência também são maiores, de 5 a 8 segundos.

É bastante aplicado para incinerar resíduos contaminados com materiais orgânicos perigosos, como anilina, tetracloreto de carbono, clorofórmio, clorobenzeno, cresol, para-diclorobenzeno, metil-metacrilato, naftaleno, percloroetileno, fenóis, tetracloroetano, tricloroetano e tolueno.

Como existe maior turbulência e maior homogeneidade de temperaturas no leito, os incineradores de leito fluidizado podem trabalhar com menores temperaturas, comparando-se aos fornos rotativos, para uma mesma eficiência.

Aproveitamento Energético

A recuperação da energia proveniente dos resíduos sólidos não é um tipo de tratamento, mas sim uma forma de aproveitamento dos subprodutos gerados nos processos de incineração e biológicos (em biodigestores ou aterros sanitários).

A energia pode ser obtida por processos de queima do biogás gerado em aterros ou biodigestores, incineração ou gaseificação. Outra possibilidade é a utilização de celulignina catalítica como combustível (Secretaria de Energia de São Paulo, 2013). Este material é obtido a partir do aproveitamento da fração orgânica dos resíduos e pode ser usada como combustível sólido para a produção de energia elétrica, uma vez que possui poder calorífico de cerca de 4.500 kcal/kg (Sabiá et al., 2005). O processo de obtenção da celulignina catalítica foi desenvolvido no Brasil e ocorre por um processo de pré-hidrólise de biomassa composto por celulose e lignina globulizada (Pinatti et al., 2012).

A gaseificação consiste em um processo de conversão térmica para obtenção de um gás combustível utilizado na geração de energia. Já na incineração, o poder calorífico do material combustível existente no resíduo é aproveitado para a geração de energia térmica. Tendo em vista a geração de energia, o resíduo utilizado no processo de incineração deve possuir materiais com maior poder calorífico, como os plásticos e papéis (Sabiá et al., 2005).

CURSO DE GESTÃO AMBIENTAL

Figura 6.22 – Esquema de usina de incineração com obtenção de energia.

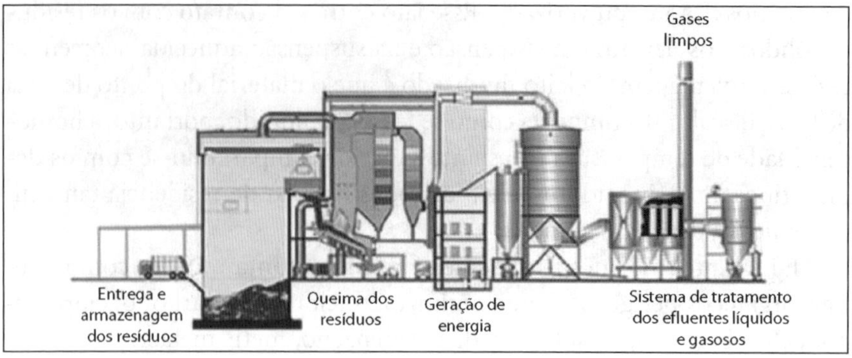

Fonte: Secretaria de Energia de São Paulo (2013).

Nos aterros e biodigestores o aproveitamento ocorre pela captação de biogás gerado durante a decomposição anaeróbica de materiais orgânicos. Os gases advindos desses dois processos são similares. Em geral, trata-se de uma mistura gasosa composta por 45 a 50% de metano e 50 a 55% de dióxido de carbono com pequenas quantidades de ácido sulfídrico e amônia (Zanette, 2009; Mesquita Júnior, 2007).

Na digestão anaeróbia em biodigestores as reações são análogas às que ocorrem nos aterros, entretanto o processo é acelerado e controlado.

Apesar de serem utilizados em grande escala desde 1975, os projetos para a recuperação e o aproveitamento do biogás gerado em aterros, experimentaram expressivo crescimento após a introdução do conceito do Mecanismo de Desenvolvimento Limpo (MDL) e a promulgação da Lei n. 11.145, de 05 de janeiro de 2007, que estabeleceu diretrizes nacionais para o manejo de resíduos sólidos, entre outras coisas.

Atrelado ao MDL encontra-se a possibilidade de obtenção de Reduções Certificadas de Emissões (RCEs), os chamados créditos de carbono, o que acabou por criar um mercado de comercialização das emissões (ou não) de gases. Assim, o aproveitamento energético a partir de resíduos tornou-se economicamente atrativo, uma vez que além da renda proveniente dos RCEs tem-se também a receita obtida a partir da negociação da energia gerada ou com o seu aproveitamento para uso na própria unidade.

Em ação conjunta, os Ministérios das Cidades e do Meio Ambiente estabeleceram o projeto "Mecanismo de desenvolvimento limpo aplicado à redução de emissões de gases gerados nas áreas de disposição final de resíduos sólidos". Cujo objetivo principal é incentivar os municípios a utilizar o MDL como ferramenta nos sistemas de gestão de resíduos sólidos.

A maioria dos aterros com recuperação de biogás está localizada nos Estados Unidos, entre os países em desenvolvimento que possuem estes aterros destacam-se China, Índia, Brasil, México e Coréia do Sul. Estima-se que o Brasil possa produzir cerca de 150 m^{3}CH4/t de resíduos sólidos, ou seja, cerca de 12,4 milhões de m^{3}CH4/dia poderiam ser gerados nos aterros do país. Já as plantas de digestão anaeróbica existentes possuem capacidade total instalada de cerca de 5 milhões de toneladas anuais.

A produção de metano nos aterros não é imediata. Em geral, inicia-se 2 anos após o início das atividades e aumenta gradualmente durante a utilização do aterro (Figura 6.23). Vários fatores podem alterar a geração de metano, entre eles: as características do resíduo disposto (principalmente a quantidade de matéria orgânica e a presença de materiais tóxicos para a sobrevivência dos microrganismos) e as características do próprio aterro (como temperatura, umidade, presença de oxigênio, grau de compactação e volume de resíduos).

Figura 6.23 – Produção de metano em um aterro com capacidade para atender a uma população de um milhão de pessoas para diferentes períodos de disposição de lixo.

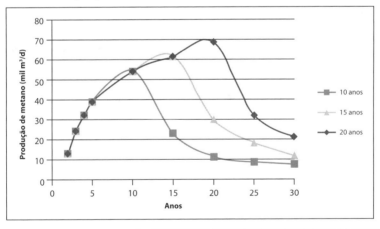

Fonte: adaptada de Zenette (2009).

A produção nominal de energia a partir da incineração é cerca de 5 vezes maior do que se comparado com o aproveitamento de biogás proveniente de aterros e quase 2 vezes maior que a energia alcançada pela digestão anaeróbia. Apesar de a produção de energia ser 3 vezes maior no método de digestão anaeróbia quando comparado com a captação e recuperação de biogás proveniente de aterros, a eficiência do segundo método é 10% maior (Tabela 6.13).

Tabela 6.13 – Produções nominais de energia elétrica para cada método.

Método de tratamento	kWh/t RSU	Eficiência (%)
Incineração	587	-
Digestão anaeróbia	300	30
Aproveitamento de biogás em aterros	102	40

Fonte: Puna e Baptista (2008).

Em ambos os casos, incineração ou processamento biológico, é necessário conhecer a composição do RSU a ser utilizado, uma vez que as características do resíduo interferem no aproveitamento energético. Assim, uma das ressalvas em relação à obtenção de energia a partir do RSU é a obtenção de informações sobre sua natureza.

Segundo o Plano Nacional de Energia 2030 (PNE 2030), desenvolvido pela EPE (2007), nos próximos 25 anos há a possibilidade de instalação de até 1.300 MW em termelétricas utilizando-se os resíduos sólidos urbanos (EPE, 2007).

Estima-se que o potencial de geração de energia aproveitando-se todo o resíduo brasileiro seja suficiente para abastecer em 30% a demanda de energia elétrica atual do país (Secretaria de Energia de São Paulo, 2013).

Na Figura 6.24, encontra-se um esquema das possíveis rotas energéticas a partir dos resíduos sólidos urbanos.

Figura 6.24 – Rotas energéticas de resíduos sólidos urbanos.

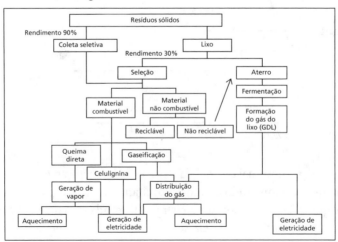

Fonte: adaptada de Bastos (2000).

Gerenciamento Integrado de Resíduos Sólidos Urbanos

O gerenciamento integrado de resíduos sólidos urbanos é a definição de um procedimento envolvendo várias técnicas de manejo que serão usadas pelo município visando otimizar o gerenciamento de resíduos sólidos urbanos. Portanto, o gerenciamento integrado de resíduos sólidos urbanos constitui-se em um conjunto de instrumentos e técnicas que o município deve aplicar visando aumentar a eficiência de cada um dos instrumentos de manejo. Além disso, visa aproveitar ao máximo os potenciais dos resíduos sólidos com relação a sua reutilização e a sua reciclagem.

A simples coleta, transferência para estação de transbordo (para cidades grandes e médias) e disposição em aterro sanitário é a forma mais barata de gerenciamento, dentre as aceitáveis do ponto de vista de saúde ambiental. A cidade de São Paulo usa essa estratégia para cerca de 90% dos seus resíduos urbanos.

Os sistemas mais complexos incluem princípios de valorização dos resíduos e de aumento da vida útil do aterro. Esses princípios são essencialmente o aproveitamento dos resíduos por meio de programas de coleta seletiva, usinas de reciclagem para o caso dos resíduos inorgânicos, e para os resíduos orgânicos os tratamentos usados são compostagem, biodigestão, e aproveitamento energético, ou seja, combustão controlada para a geração de energia (*waste to fuel*). A simples incineração é também uma forma de aumento da vida útil dos aterros.

Apesar de todo o valor econômico e energético dos resíduos, todas as estratégias de gerenciamento integrado incluem etapas de valorização de resíduos que implicam um custo total por tonelada maior do que o da simples coleta-transbordo-aterro, mesmo quando se contabilizam os custos indiretos, como a economia de aterro.

O trabalho de Calderoni (1998) mostra o potencial desperdiçado no lixo e sinaliza que não se pode aceitar o atual nível de gerenciamento e de tecnologia existentes havendo, portanto, uma meta a ser atingida: a minimização da geração e o aproveitamento mais racional. Em suma, mostra os desperdícios da forma de vida atual.

Assim, a opção por formas mais elaboradas de gerenciamento, por exemplo, pelo gerenciamento integrado, é uma opção política e não simplesmente técnica e, portanto, faz parte de um quadro mais abrangente denominado gestão de resíduos sólidos.

Apesar de ser a forma mais barata de destinação, a opção pela simples disposição em aterros sanitários não é a forma mais consequente de gerir o problema. O volume de matérias-primas e de energia desperdiçados nos resíduos sólidos se contrapõe ao compromisso do desenvolvimento sustentável. Entretanto, no gerenciamento dos resíduos sólidos a questão econômica é um fator que deve ser considerado pelos técnicos do município. Consequentemente, existe a necessidade de se criarem novas tecnologias de fabricação, novas formas de educação ambiental (as atuais têm-se demonstrado muito ineficientes e ineficazes) e novas tecnologias de tratamento.

Além dos problemas citados no parágrafo anterior, a disposição de resíduos sólidos urbanos diretamente em aterros, sem um tratamento prévio, acarreta em um volume elevado de material a ser colocado no aterro. A atual situação de escassez de novos locais para a construção de novos aterros sanitários leva à necessidade de se implementar novos sistemas de gerenciamento de resíduos, que apesar de mais caros diminuem consideravelmente a utilização de aterros.

Um programa de gerenciamento integrado é mais do que um simples programa de tratamento de resíduos, é um programa composto por várias etapas, todas com um objetivo comum. O gerenciamento integrado é composto por sistemas de estocagem, coleta, tratamento e destinação final, interligados de maneira a oferecer o melhor custo-benefício para a gestão de resíduos de uma determinada região. Alguns exemplos de estratégias de gerenciamento integrado são mostradas resumidamente a seguir (Kreith, 1994):

- Coleta dos resíduos sólidos sem implementação de coleta seletiva, seguida de uma etapa de triagem para a separação dos materiais que podem ser reciclados. O material restante é incinerado e as cinzas são encaminhadas para aterros sanitários.

- Coleta dos resíduos sólidos sem implementação de coleta seletiva, seguida de uma etapa de produção de combustível por meio do resíduo e da recuperação de metais. Incineração do material orgânico. As cinzas e o resíduo gerado na produção de combustível e recuperação de metais são encaminhados para aterros sanitários.

- Os resíduos sólidos municipais são encaminhados diretamente para aterros sanitários e os resíduos de poda vão para compostagem. O composto gerado é vendido e o resíduo desse processo é disposto em aterros sanitários.

RESÍDUOS SÓLIDOS: ABORDAGEM E TRATAMENTO | **251**

- Coleta seletiva de materiais orgânicos e inorgânicos. O material orgânico é disposto diretamente em aterros sanitários, enquanto o inorgânico segue para uma unidade de triagem e reciclagem. O material que não pôde ser aproveitado é disposto em aterros sanitários.

- Basicamente igual à estratégia 4, mas com a implementação de incineração dos resíduos orgânicos e a disposição final das cinzas.

- Coleta seletiva de materiais orgânicos e inorgânicos. O material orgânico é encaminhado para uma unidade de produção de combustível e para a recuperação de metais, o material restante é incinerado e as cinzas dispostas em aterros sanitários, enquanto o inorgânico segue para uma unidade de triagem e reciclagem. O material que não pôde ser aproveitado é disposto em aterros sanitários.

- Coleta seletiva de materiais orgânicos e inorgânicos. O material orgânico é encaminhado para uma unidade de produção de combustível e para compostagem, o material restante é disposto em aterros sanitários. Enquanto o inorgânico segue para uma unidade de triagem e reciclagem. O material que não pôde ser aproveitado é disposto em aterros sanitários.

- Coleta seletiva de materiais orgânicos e inorgânicos, e de resíduos de poda. O material orgânico é disposto em aterros sanitários e o inorgânico segue para uma unidade de triagem e reciclagem, sendo que o material que não pôde ser aproveitado é disposto em aterros sanitários. Os resíduos de poda vão para compostagem, os resíduos da compostagem são dispostos em aterros sanitários.

- Basicamente igual à estratégia 8, mas com a implementação de incineração dos resíduos orgânicos e a disposição final das cinzas.

Cada uma dessas estratégias para integração do gerenciamento de resíduos tem características próprias, por exemplo, as estratégias 1, 5, 6 e 9 são as que colocam menos material em aterros sanitários, pois incineram os produtos orgânicos. Já a estratégia 3 não propicia a reciclagem, não implementando formas de valorização dos resíduos.

Atualmente, entende-se que as formas de valorização dos resíduos domiciliares devem ser implementadas e, em virtude dos seus custos, devem ser otimizadas. A implementação do princípio do poluidor pagador é uma das formas de gerenciamento que pode diminuir os custos do sistema. Resumidamente, entende-se por poluidor pagador a empresa ou indústria (e não o consumidor ou agente que promove a venda) que coloca o produto no mercado, e que tem a sua sustentação econômica baseada no consumo do produto por ela produzido e é responsável pelo tratamento e/ou disposição do resíduo gerado pelo produto. Esse princípio faz com que os produtos tenham embutidos no seu preço o custo de tratamento do resíduo e também do desenvolvimento de tecnologias e programas de reciclagem.

Conclui-se que o compromisso com o desenvolvimento sustentável (que é uma questão de gestão, ou seja, está acima do gerenciamento) deve ser perseguido. Além disso, a valorização dos resíduos sólidos significa também a valorização do cidadão.

REFERÊNCIAS

ABB ENERTECH LTA. *Waste-to-Energy* - Industrial Waste Rotary Kiln. [on line]. Fev/1997. Disponível em: <http://www.abbenertech.ch/waste/ combustion_rotary_ill1.html>. Acesso em: 01 dez. 1998.

[ABRELPE] ASSOCIAÇÃO BRASILEIRA DE EMPRESAS DE LIMPEZA PÚBLICA E RESÍDUOS. *Panorama dos resíduos sólidos no Brasil.* 2011.

_____. *Panorama dos resíduos sólidos no Brasil.* 2007.

_____. *Panorama dos resíduos sólidos no Brasil.* 2008.

_____. *Panorama dos resíduos sólidos no Brasil.* 2009.

_____. *Panorama dos resíduos sólidos no Brasil.* 2010.

[ABNT] ASSOCIAÇÃO BRASILEIRA DE NORMAS TÉCNICAS. *NBR 10.005: Procedimento para obtenção de extrato lixiviado de resíduos sólidos.* 2004.

_____. *NBR 13.896: Aterros de resíduos não perigosos - critérios para projeto, implantação e operação.* 1997.

_____. *NBR 8.418: Apresentação de projetos de aterros industrias perigosos.* 1984.

_____. *NBR 8.419: Apresentação de projetos de aterros de resíduos sólidos urbanos.* 1992.

_____. *NBR 10.157: Aterros de resíduos perigosos – critérios para construção projeto e operação.* 1998.

_____. *NBR 10.004: Resíduos Sólidos – Classificação.* 2004.

_____. *NBR 10.006: Procedimento para obtenção de extrato solubilizado de resíduos sólidos.* 2004.

_____. *NBR 10.007: Amostragem de resíduos sólidos.* 2004.

_____. *NBR 15.849: Aterros sanitários de pequeno porte – diretrizes para localização, projeto, implantação, operação e encerramento.*

BRASIL. Decreto n. 7.404: Regulamenta a Lei n. 12.305. 23 de dezembro de 2010a.

_____. *Lei n. 12.305: Política Nacional de Resíduos Sólidos – PNRS.* 2 de agosto de 2010b.

_____. *Lei n. 11.445: Política Nacional de Saneamento Básico – PNSB.* 5 de janeiro de 2007.

CALDERONI, S. *Os Bilhões Perdidos no Lixo.* São Paulo: Humanitas/FFLCH–USP, 1998.

[CEMPRE] COMPROMISSO EMPRESARIAL PARA RECICLAGEM. *CICLO-SOFT 2010.* Disponível em: <www.cempre.org.br/ciclosoft_2010.php>. Acesso em: 20 maio 2013.

[CMMAD] COMISSÃO MUNDIAL SOBRE O MEIO AMBIENTE E DESENVOLVIMENTO. *Relatório Brundtland.* 1987.

_____. *Composto Urbano.* 2011. Disponível em: <http://www.cempre.org.br/ft_composto.php>. Acesso em: 05 abr. 2013.

[CONAMA] CONSELHO NACIONAL DO MEIO AMBIENTE. *Resolução n. 001.* 23 de janeiro de 1986.

DEMPSEY, C.R.; OPPELT, E.T. Incineration of Hazardous Waste: A Critical Review Update, *Air & Waste,* v. 43, p. 25-73, jan. 1993.

DIAZ, L.F. et al. *Composing and Recycling Municipal Solid Waste.* Lewis Publishers, 1993.

[EPE] EMPRESA DE PESQUISA ENERGÉTICA. Plano Nacional de Energia 2030. Rio de Janeiro: EPE, 2007.

FERREIRA, A.B.H. Novo Dicionário Aurélio da Língua Portuguesa. Rio de Janeiro: Nova Fronteira.

FIGUEIREDO, P. *A sociedade do lixo: os resíduos, a questão energética e a crise ambiental.* Piracicaba: Unimep, 1995.

GODECKE, M.V.; NAIME, R.H.; FIGUEIREDO, J.A.S. O consumismo e a geração de resíduos sólidos urbanos no Brasil. *Rev. Elet. em Gestão, Educação e Tecnologia Ambiental,* v. 8, p. 1700-1712, 2012.

HEAD WRIGHTSON ASSOCIATES LTD. *Rotary Dryers, Coolers and Kilns.* Disponível em: <http://www.hwal.demon.co.uk/ dryers.htm >. Acesso em: 01 dez. 1998.

[IBGE] INSTITUTO BRASILEIRO DE GEOGRAFIA E ESTATÍSTICA. *Pesquisa Nacional de Saneamento Básico.* 2008.

CURSO DE GESTÃO AMBIENTAL

_____. Pesquisa Nacional de Saneamento Básico IBGE Pesquisa Nacional de Saneamento Básico. 2000.

JACOBI, P.R.; BESEN, G.R. Gestão de resíduos sólidos em São Paulo: desafios da sustentabilidade. Estudos avançados, v. 25, p. 135-158, 2011.

JARDIM, N. Lixo municipal: manual de gerenciamento integrado. São Paulo: IPT, 1996.

KIEHL, E. Fertilizantes orgânicos. Piracicaba: Ceres, 1985.

KREITH, F. Handbook of solid waste management. Nova York: McGraw Hill. 1994.

LAGREGA, M.D. et al. Hazardous waste management, 1.ed. Nova York: McGraw-Hill, 1994.

LEITE, W.C.A. Estudo da gestão de resíduos sólidos: uma proposta de modelo tomando a unidade de gerenciamento de recursos hídricos (UGRHI) como referência. Tese de Doutorado apresentada à EESC-USP. São Carlos, 1997.

MESQUITA JÚNIOR, J.M. Gestão integrada de resíduos sólidos. Rio de Janeiro: IBAM, 2007. 40p.

MILANEZ, B.; MASSUKADO, L.M. Caderno de diagnostico: resíduos sólidos urbanos. Ministério do Meio Ambiente, 2011. (Versão Preliminar)

MULLEN, J.F. Consider fluid-bed incineration for hazardous waste destruction. Chemical Engineering Progress. p. 55-58. 1992.

OLIVEIRA, L. B. Aproveitamento energético dos resíduos sólidos urbanos e abatimento de emissões de gases do efeito estufa. Dissertação apresentada na engenharia UFRJ. Rio de Janeiro, 2000.

PINATTI, D.G.; VIEIRA, C. A.; SOARES, A.G. Combustível de celulignina catalítica. Patente n. PI9902606-6B1. Última revisão: 07 ago. 2012.

PREFEITURA DE SÃO PAULO. A coleta de lixo em São Paulo. Disponível em: <http://www.prefeitura.sp.gov.br/cidade/secretarias/servicos/coleta_de_lixo/>. Acesso em: 04 abr. 2013.

PUNA, J.F.B.; BAPTISTA, B.S. A gestão integrada de resíduos sólidos urbanos – perspectiva ambiental e econômicoenergética. Química Nova, v. 31, p. 645-654, 2008.

ROCCA, A.C.C. et al. Resíduos Sólidos Industriais. São Paulo. Cetesb, 1993.

SABIÁ, R.J.; DUARTE, P.H.G.; MARTINS, M.C.B. et al. Estudo da geração de energia a partir dos resíduos sólidos. In: 23º Congresso Brasileiro de Engenharia Sanitária e Ambiental. Campo Grande, 18 a 23 de setembro, 2005.

SECRETARIA DE ENERGIA DE SÃO PAULO. Resíduos Sólidos. Disponível em: <http://www.energia.sp.gov.br/portal.php/residuos-solidos>. Acesso em: 05 abr. 2013.

[SMA] SECRETARIA DO MEIO AMBIENTE DE SÃO PAULO. *Resolução n. 54.* 30 de novembro de 2004.

_____. *Resolução n. 51.* 25 de julho de 1997.

SECRETARIA NACIONAL DE SANEAMENTO AMBIENTAL – MINISTÉRIO DAS CIDADES. *Diagnóstico do manejo dos resíduos sólidos urbanos 2010.* Sistema Nacional de Informações sobre Saneamento – SNIS, 2010.

TCHOBANOGLOUS, G.; THEISEN, H.; VIGIL, S. *Integrated solid waste management – engineering principles and management issues.* USA: McGraw-Hill, 1993.

THEODORE, L.; REYNOLDS, J. *Introduction to hazardous waste incineration.* Nova York: John Wiley & Sons Inc., 1987.

TOLMASQUIM, M.T.; GUERREIRO, A. Avaliação preliminar do aproveitamento energético dos resíduos sólidos urbanos de Campo Grande, MS. *NOTA TÉCNICA DEN 06/08.* Série recursos energéticos. Rio de Janeiro, 2008.

[UNEP] UNITED NATIONS ENVIRONMENT PROGRAMME. *Solid waste management.* 2005.

[UNFPA] FUNDO DE POPULAÇÃO DAS NAÇÕES UNIDAS. *População.* Disponível em: <http://www.unfpa.org.br>. Acesso em: 04 abr. 2013.

ZANETTE, A. L. *Potencial de aproveitamento energético do biogás no Brasil.* Dissertação apresentada no Programa de Planejamento Energético UFRJ. Rio de Janeiro, 2009.

Controle Ambiental de Áreas Verdes | 7

Vera Lucia Ramos Bononi
Bióloga, Universidade Anhanguera Uniderp

A vegetação, por ser o principal local onde ocorre a fotossíntese, é vital para a manutenção da quase totalidade da vida no planeta Terra. Esse processo, a fotossíntese, é quando o gás carbônico da atmosfera, na presença da luz solar, produz açúcares na planta e libera oxigênio no ar. Segundo Esteves (2011), "toda a vida na Terra depende das plantas como uma fonte de energia e oxigênio, e sua sobrevivência é essencial para manter a saúde dos ecossistemas".

Todos os demais seres vivos, inclusive o homem, usam os vegetais como alimento e fonte de energia para seu crescimento e multiplicação e se beneficiam do oxigênio do ar para o processo da respiração. Portanto, a vegetação é a base da vida e como tal precisa ser protegida e preservada.

As áreas verdes urbanas, à medida que se tornam mais raras e menores, pressionadas pelo crescimento das cidades, são cada vez mais valorizadas. Imóveis próximos a ou com vistas para parques e praças são para poucos privilegiados e custam mais caro. O bem-estar transmitido pelo verde alia aspectos de um microclima mais agradável, presença da avifauna e beleza da paisagem. Por outro lado, ao anoitecer, são locais mais escuros, que podem abrigar desocupados ou marginais e são considerados perigosos, pois podem ser pontos de venda e consumo de drogas.

As áreas verdes rurais sofrem pressões antrópicas, seja pela expansão do meio urbano, seja pela atividade agrícola ou pela presença de rodovias e outras consequências da atividade humana. A valorização de áreas protegidas, Unidades de Conservação (UC), tem ocorrido pelo incremento do ecoturismo ou, mais atualmente, pelo enfoque mundial que vem sendo dado às mudanças climáticas globais e à necessidade de se trabalhar com tecnologias mais limpas e garantir o sequestro do gás carbônico (CO_2).

Desde o evento mundial da Eco-92, o tema das mudanças climáticas globais tem sido discutido pelos técnicos e diplomatas dos países desenvolvidos e em desenvolvimento, considerando a preservação e a ampliação das áreas verdes como a alternativa mais barata e viável para combater e minimizar os efeitos da poluição, até que mudanças tecnológicas permitam o desenvolvimento e o consumo a partir de energias não poluidoras.

Na maior parte dos casos, as áreas verdes protegidas representam fragmentos do que restou de ecossistemas ou são áreas degradadas em recuperação, como antigos lixões ou mesmo, mais atualmente, a recomposição de áreas vizinhas a grandes obras de infraestrutura. Muitos parques urbanos são importantes para absorção das águas das chuvas, funcionando como tampão no caso de enchentes.

As áreas verdes são também local de pouso e nidificação de aves migratórias e, por vezes, redutos significativos de biodiversidade, com a presença de numerosas espécies ameaçadas de extinção da fauna e flora silvestre, como o Jardim Botânico de São Paulo no Parque Estadual das Fontes do Ipiranga, sul do município de São Paulo, e o Parque Alberto Loefgreen, na zona norte da cidade. Isso não impede que as mesmas áreas sejam utilizadas para o lazer e a educação ambiental de todas as faixas sociais e idades. As unidades de conservação fora do meio urbano têm maior significado na proteção da biodiversidade, garantindo a sobrevivência das espécies silvestres para as gerações futuras. Seu tamanho, sua situação geográfica e seu estado de conservação podem dar a elas maior ou menor significado ecológico.

As matas ciliares estão diretamente relacionadas ao controle de erosão, recarga de aquíferos, alimentação de fauna aquática e funcionam até como cortina, impedindo que agrotóxicos sejam carreados diretamente para os mananciais. Quando interligam reservas florestais, têm papel importante na manutenção da biodiversidade, como corredores ecológicos.

Nem sempre os objetivos de criação das áreas verdes são alcançados e garantidos pela abundante legislação ambiental brasileira. Análises com bases científicas e imparciais precisam avaliar e propor novas e efetivas medidas preservacionistas. A criação de corredores ecológicos, permitindo o fluxo genético entre as diferentes áreas verdes, a preservação de áreas que, por condições de relevo e clima, são incompatíveis com a agricultura, a proteção de maciços florestais contínuos, em vez de 20% de reserva obrigatória de cada propriedade, são temas atuais e ainda não satisfatoriamente explorados.

O valor das áreas verdes, reconhecido por toda a humanidade, está longe de ser expresso em números, embora algumas tentativas possam ser citadas.

A publicação da *The World Conservation Union* (IUCN), de 1999, fornece alguns dados impressionantes sobre o ecoturismo em áreas protegidas. O Canadá tem 150 mil empregos criados pelo ecoturismo e movimenta cerca de US$ 6,5 bilhões ao ano, dos quais US$ 2,5 bilhões são recolhidos na forma de impostos. A Austrália estaria movimentando cerca de US$ 2 bilhões e a Costa Rica algo em torno de US$ 330 milhões.

Costanza et al. (1997) tentam estimar o capital natural do planeta em um valor de US$ 33 trilhões por ano. Nessa avaliação, considera-se que as áreas verdes prestam, no mínimo, dezesseis tipos de serviços, entre os quais se destacam a alimentação do homem e a produção de água. A Tabela 7.1 relaciona os serviços e sua influência nos ecossistemas e ainda fornece exemplos para auxiliar a compreensão dos serviços.

Tabela 7.1 – Serviços e funções de áreas naturais.

Serviços	Funções do ecossistema	Exemplos
Melhoria da qualidade do ar	Regulação da composição química do ar	Balanço gás carbônico/oxigênio (O_2) e ozônio (O_3) para proteção contra níveis elevados de UV e SO_x
Controle climático	Influência em processos climáticos como temperatura e precipitação global ou em âmbito local	Efeito estufa, produção de vapor d'água e nuvens
Equilíbrio de distúrbios do meio	Capacidade de ecossistemas íntegros de responder a flutuações do meio	Proteção contra tempestades, enchentes e secas pela estrutura da vegetação
Controle e suprimento de água	Reserva e retenção de água, controle do fluxo hidrológico e reserva de água	Fornecimento de água para abastecimento, agricultura ou indústria, reabastecimento de aquíferos

(continua)

260 | CURSO DE GESTÃO AMBIENTAL

Tabela 7.1 – Serviços e funções de áreas naturais. (*continuação*)

Serviços	Funções do ecossistema	Exemplos
Controle de erosão e retenção de sedimentos	Retenção de solo no ecossistema	Proteção contra a perda de solo pelo vento, erosão e acúmulo de resíduos em lagos e áreas úmidas
Formação do solo	Processo de formação do solo	Desgaste de rochas e acúmulo de material orgânico
Ciclagem de nutrientes	Acúmulo, reciclagem, processamento e aquisição de nutrientes	Fixação de nitrogênio (N), fósforo (P) e outros elementos
Tratamento de resíduos	Recuperação de nutrientes móveis ou remoção do excesso de nutrientes e outros compostos	Tratamento de resíduos, controle de poluição
Polinização	Movimento dos gametas florais	Prover polinizadores para a reprodução das populações vegetais
Controle biológico	Controle trófico dinâmico de populações	Controle de predadores e redução de herbívoros
Refúgio da fauna	Hábitat para populações residentes e transitórias	Viveiros, hábitat para espécies migratórias ou locais para atravessar o inverno
Produção de alimentos	Resultados do metabolismo primário usado como alimento	Produção de peixes, caça, cereais, nozes, frutos
Produção de matéria-prima	Produtos do metabolismo primário usados como matéria-prima	Produção de madeira e de combustível
Recursos genéticos	Fontes técnicas de material biológico e produtos	Remédios, genes resistentes a fitopatógenos
Recreação	Proporcionar oportunidade de atividades de recreação	Ecoturismo, pesca esportiva e outras atividades externas recreativas
Cultural	Promover oportunidades para usos não comerciais	Valores estéticos, artísticos, educacionais, espirituais e científicos dos ecossistemas

Fonte: Costanza et al. (1997)

A partir de 2005, com a difusão do conceito de *hotspots* de biodiversidade do planeta, ou seja, de áreas ricas em biodiversidade que se encontram sob fortes pressões de desaparecimento, a prioridade para a proteção e conservação, assim como o controle e gestão de áreas verdes, passou a ter enfoque na riqueza de espécies e na situação de ameaça a que estão sujeitas. Dentro dessa linha, a Secretaria do Meio Ambiente do Estado de São Paulo, em conjunto com a Fapesp, lançou em 2008 obra contendo as "Diretrizes para a Conservação e Restauração da Biodiversidade no Estado de São Paulo". O trabalho é constituído por um conjunto de mapas onde áreas prioritárias para a conservação, corredores ecológicos e necessidades de pesquisa são apontados por 160 especialistas nos diversos grupos de organismos vivos.

A gestão de áreas verdes urbanas ou no meio rural envolve questões e conhecimentos multidisciplinares, assim como enfrenta conflitos de interesses da mesma forma que qualquer aspecto da gestão ambiental. Biologia, Agronomia, Geologia, Administração, Educação Ambiental e Sociologia são áreas que, dentre outras, interagem no controle e gestão de áreas verdes.

O SISTEMA DE MEIO AMBIENTE

O controle ambiental de áreas verdes, compreendendo a flora e a fauna silvestre e também a proteção e a preservação de espécies exóticas, é uma obrigação legal dos municípios e estados, da União e de todos os cidadãos, segundo a Constituição Brasileira.

Como regra, desde a década de 1980 os municípios brasileiros começaram a criar uma estrutura voltada à gestão ambiental, os Conselhos Municipais de defesa do Meio Ambiente (Condemas), que constituíram um núcleo inicial para a criação e implantação das Secretarias Municipais de Meio Ambiente.

Na cidade de São Paulo, o procedimento não seguiu essa sequência. A Secretaria do Verde e do Meio Ambiente (SVMA) foi criada em 1993, contando com um Conselho de Meio Ambiente e Desenvolvimento Sustentável (Cades).

Em termos genéricos, os municípios ainda não têm infraestrutura suficiente para implementar um controle ambiental de áreas verdes com a qualidade necessária. Da mesma maneira, os estados e a União também não a possuem, e, em uma situação como essa, espera-se uma soma de esforços para a proteção e o controle das áreas verdes. Nem sempre ocorre essa desejável colaboração natural e espontânea entre as três esferas de poder, cada uma tentando realizar suas tarefas dentro dos recursos disponíveis.

As áreas verdes urbanas, em geral, são cuidadas, ou deveriam ser, pelas administrações municipais. Na cidade de São Paulo, as atividades relacionadas às áreas verdes são de competência da SVMA, por intermédio do Departamento de Parques e Áreas Verdes (Depave) ou ficam sob a tutela das subprefeituras, que cuidam da implantação e manutenção de praças, canteiros centrais de avenidas, arborização urbana, parques municipais e cemitérios públicos.

Os cuidados com a fauna silvestre são atribuições da SVMA, por meio de uma das divisões do Depave. A Divisão de Medicina Veterinária e Manejo da Fauna Silvestre é responsável pelos animais nativos ou exóticos que vivem nos parques municipais da cidade de São Paulo e ainda por outros animais silvestres encontrados no município. Para suprir, mesmo que parcialmente, a deficiência do Estado e da União, esse serviço atende ainda, quando possível, animais acidentados ou apreendidos pela Polícia Ambiental, pelo Corpo de Bombeiros ou pelo Instituto Brasileiro de Meio Ambiente (Ibama).

Os estados direcionam seus esforços para a proteção e controle das áreas verdes rurais e atuam apenas de forma suplementar aos municípios nos centros urbanos. Por vezes, alguma legislação específica, como é o caso do Decreto n. 40.433/89 – que considera patrimônio ambiental e declara imunes de corte exemplares arbóreos situados no município de São Paulo –, interfere diretamente no controle das áreas verdes urbanas da cidade de São Paulo.

Os órgãos do governo do Estado que atuam nessa área são, em geral, as Secretarias do Meio Ambiente, com a colaboração da Polícia Ambiental nos diversos estados brasileiros.

Dentro da Secretaria do Meio Ambiente do Estado de São Paulo participam da gestão de áreas verdes, hoje, as seguintes instituições: Fundação para a Conservação e a Produção Florestal, Instituto Florestal, Instituto de Botânica, Instituto Geológico, Coordenadoria de Proteção da Biodiversidade, Cetesb e Polícia Militar Ambiental. Os Institutos e a Fundação, em geral, administram áreas verdes constituídas pelos diferentes tipos de Unidades de Conservação (mais de 900.000 ha) cuidando de sua proteção, fiscalização, elaboração, implantação e atualização de planos de manejo, com diversos programas de educação ambiental, visitação pública, pesquisa científica, manutenção de coleções vivas e museus, administração e manejo.

A grande maioria das Unidades de Conservação sob a administração do estado de São Paulo está fora dos centros urbanos, mas algumas, como o Parque Estadual Alberto Löfgren e o Parque da Cantareira, assim como o Parque Estadual das Fontes do Ipiranga, que abriga o Jardim Botânico de São Paulo, o Parque Ecológico do Guarapiranga e o Parque Villa Lobos ficam, hoje, dentro da cidade de São Paulo. Em Campinas, o Parque Estadual Monsenhor Emílio José Salim também está localizado na cidade. O Instituto Florestal administra ainda algumas estações experimentais que, embora sejam áreas verdes, possuem vegetação exótica, constituída principalmente por pinheiros e eucaliptos.

As áreas verdes administradas pelo estado de São Paulo abrigam os diferentes ecossistemas dos biomas da Mata Atlântica e Cerrado.

A Coordenadoria da biodiversidade e de Recursos Naturais, criada em 2009, tem a atribuição de estabelecer diretrizes, políticas e incentivar medidas para a proteção e recuperação da biodiversidade e dos recursos naturais. Também é um elo com a Polícia Militar Ambiental do estado de São Paulo para a prevenção e repressão de infrações cometidas contra o meio ambiente em geral, incluindo agressões às áreas verdes, fauna e flora.

A Companhia Ambiental do Estado de São Paulo (Cetesb), a partir de 2009, passou a atuar também no controle de áreas verdes, cuidando do licenciamento para a supressão da vegetação em todo o estado.

O monitoramento e a recuperação de animais silvestres no estado de São Paulo são também feitos em nível estadual pela Fundação Parque Zoológico de São Paulo desde 2007, quando esta fundação passou a integrar a Secretaria do Meio Ambiente.

Outros estados do Brasil possuem organizações mais ou menos semelhantes às do estado de São Paulo, para atuar no controle e gestão de áreas verdes, incluindo fauna e flora. Nos estados que ainda não têm essa infraestrutura, a gestão é feita pelo governo federal.

A ação do governo federal, em relação às áreas verdes, está centralizada no controle da vegetação considerada por lei (Código Florestal e Constituição) patrimônio nacional ou de preservação permanente e nas UC federais como os Parques Nacionais, Áreas de Proteção Ambiental (APA) e Reservas da Biosfera. Desse modo, o controle da Mata Atlântica, do Pantanal, da Amazônia, das margens de rios, do entorno das nascentes, da vegetação em áreas com alta declividade (acima de 45°) dos topos dos morros, dos manguezais e da vegetação fixadora de dunas é feito por órgãos do Ministério do Meio Ambiente.

Do mesmo modo, a União é responsável pela proteção e manejo dos animais silvestres. Como estados e municípios, de modo geral, não têm estrutura para atuar com relação aos animais silvestres, essa atribuição tem sido do Ministério do Meio Ambiente. São insuficientes as instituições preparadas para trabalhar com a fauna, e até estados bem desenvolvidos economicamente, como o estado de São Paulo, dão os primeiros passos no sentido da implantação de centros de manejo de fauna silvestre.

No âmbito do governo federal, mais especificamente no Ministério do Meio Ambiente, o Ibama tem sido o principal gestor e responsável pelo controle da flora e fauna brasileira. Nos estados, o Ibama opera por meio de superintendências regionais e, em alguns, onde a infraestrutura de gestão do meio ambiente é muito falha, o Ibama é o único órgão oficial responsável pelo controle da fauna e da flora.

O Ministério do Meio Ambiente tem passado por reestruturações e possui alguns órgãos direcionados ao controle e proteção da flora e da fauna silvestre. Assim, hoje faz parte de sua estrutura um Departamento de Políticas para o Combate ao Desmatamento, a Secretaria da Biodiversidade e Florestas, o Instituto de Pesquisa Jardim Botânico do Rio de Janeiro e o Instituto Chico Mendes de Conservação da Biodiversidade, com atividades relacionadas diretamente à questão da preservação da biodiversidade.

Além disso, estão ligados ao Ministério do Meio Ambiente alguns Conselhos, como o Conselho de Gestão do Patrimônio Genético (CGEN), Comissão de Gestão de Florestas Públicas e Comissão Nacional de Florestas, todos voltados à proteção da biodiversidade e da vegetação em especial.

Em geral, o controle dos animais domésticos ou não silvestres nas regiões urbanas é realizado por órgãos vinculados aos municípios. Em São Paulo, é o Centro de Controle de Zoonozes, ligado à Secretaria Municipal de Saúde, que trata de questões relacionadas a animais sem donos abandonados nas vias públicas, vetores de doenças relacionadas à saúde humana ou, ainda, de problemas relacionados à incineração de animais mortos.

A caça de animais silvestres é proibida pela Constituição do estado de São Paulo, mas permitida em outros estados. A apreensão pela Polícia Ambiental sempre é problemática, porque a fiscalização não dispõe de infraestrutura mínima necessária para alojar, alimentar e fornecer cuidados médicos aos animais, que são encaminhados aos Centros de Triagem de Animais Silvestres (Cetas) ou, na indisponibilidade destes, aos zoológicos. Em todo o Brasil funcionam dezenas de Cetas, subordinados ao Ibama ou operando com termos de cooperação, sob a supervisão do Ibama.

Nos Cetas, os animais são avaliados e raramente apresentam condições de serem soltos na natureza. Animais sem perspectivas de recuperação são sacrificados e encaminhados a acervos de museus ou universidades. Alguns animais em melhores condições, após recuperação, são destinados a zoológicos e criadores.

Em situações irregulares ou ilegais, quando os animais silvestres são vítimas de atropelamentos, eletrocussão, incêndios, caça, desmatamentos ou até mesmo quando invadem domicílios à procura de alimentação, a Polícia Militar Ambiental e o Corpo de Bombeiros se responsabilizam pela sua apreensão.

O Ministério Público, órgão vinculado ao Ministério da Justiça, apesar de não fazer parte do sistema de meio ambiente, tem papel importante no controle de áreas verdes. O conhecimento e o aprimoramento técnico das questões relacionadas à recuperação e preservação ambiental e a utilização de instrumentos jurídicos, como o termo de ajuste de conduta, são preocupações dos promotores públicos, quando os infratores têm a obrigação de reparar danos ambientais. Por lei, o Ministério Público tem obrigação de proteger os animais em casos de processos jurídicos.

Cada vez mais são importantes a articulação e a integração dos poderes executivo e judiciário, para que o conhecimento gerado em instituições – sejam elas de pesquisa, planejamento ou controle ambiental – possa ser utilizado nas ações jurídicas voltadas para o restabelecimento de danos ambientais.

A Constituição torna todos os cidadãos responsáveis pela defesa do meio ambiente. Várias organizações não governamentais (ONG) ambientalistas dedicam-se à proteção das áreas verdes e dos animais que nelas vivem. Algumas delas contam com grande número de associados e recebem contribuições internacionais.

A LEGISLAÇÃO DE PROTEÇÃO E CONTROLE DE FAUNA E FLORA SILVESTRE

A Carta Magna de D. João VI já pregava a importância da proteção da flora e da fauna para as gerações futuras. Em função do desenvolvimento da consciência ambientalista e da crescente preocupação com o meio am-

266 CURSO DE GESTÃO AMBIENTAL

biente, a legislação é tão vasta que publicações anuais reúnem em compêndios as leis federais e estaduais, para auxílio aos interessados e aos que por força de seu trabalho estão a elas sujeitas (Assembleia Legislativa).

Um dos instrumentos legais mais eficazes e duradouros tem sido o Código Florestal, Lei Federal n. 4.771/65, posteriormente alterado pelas Leis n. 7.803/89 e 7.875/89 e medidas provisórias em 2001. O Código reconhece as florestas como bens comuns a todos os habitantes do país. Estabelece como de preservação permanente área coberta ou não por vegetação nativa, com função ambiental de preservar os recursos hídricos, a paisagem, a estabilidade geológica, a biodiversidade, o fluxogênico de fauna e flora, proteger o solo e assegurar o bem-estar das populações humanas. Considera ainda de preservação permanente as florestas e demais formas de vegetação natural, as margens dos corpos d'água numa largura de 30 a 500 m dependendo da largura do rio, nos topos de morro e encostas com declividade superior a 45° ou 100%, nas restingas fixadoras de dunas e estabilizadoras de manguezais, das bordas de tabuleiros ou chapadas e em áreas em altitudes superiores a 1.800 m.

São também consideradas áreas de preservação permanente pelo Código Florestal o patrimônio indígena e as áreas que assim foram criadas por ato do poder público, contendo florestas e outras formas de vegetação destinadas a: atenuar erosão, fixar dunas, proteger faixas em rodovias e ferrovias, proteger áreas consideradas de defesa nacional a critério das autoridades militares, sítios de excepcional beleza, de valor científico ou histórico, locais de asilo da fauna e flora ameaçada de extinção e ambientes para reprodução da fauna silvestre e áreas destinadas ao bem-estar público.

A supressão parcial ou total das áreas de preservação permanente só pode ser feita para obras de utilidade pública ou interesse social quando inexistir alternativa técnica e locacional ao empreendimento proposto e com prévia autorização.

O Código Florestal também prevê a existência de Reserva Legal em todas as propriedades rurais. Essa área protegida é considerada necessária ao uso sustentável dos recursos naturais, à conservação e reabilitação dos processos ecológicos, à conservação da biodiversidade e ao abrigo e proteção da fauna e flora nativas. Essa reserva é de 80% de propriedades com florestas situadas na Amazônia Legal, 35% em área de cerrado na Amazônia Legal e 20% nas demais regiões do Brasil.

O Código Florestal estabelece que os recursos florestais em terras indígenas só podem ser explorados pelas comunidades indígenas em regime de manejo florestal sustentável para atender a sua subsistência.

A supressão de vegetação em áreas de preservação permanente situadas no meio urbano dependerá de autorização do órgão competente, aprovado pelo Conselho Municipal do Meio Ambiente e dentro das orientações do Plano Diretor. São previstas medidas mitigadoras e compensatórias à supressão.

Outras medidas de proteção e gestão são previstas no Código Florestal, tais como: declaração de vegetação imune ao corte pelo Poder Público; proibição de derrubada de florestas em áreas com inclinação entre 25° e 45°, a extração de toras em regime de utilização racional que vise rendimentos permanentes.

O Código Florestal prevê penalidades para os que cometerem contravenções, a necessidade da reposição florestal pela exploração de madeira e a obrigatoriedade da mídia (rádio e TV) de transmitir, por cinco minutos semanais, assuntos de interesse florestal. Também prevê, a partir de 2003, a recomposição da Reserva Legal, mediante o plantio de espécies nativas.

O Código Florestal obriga o licenciamento das atividades que necessitam de corte de vegetação, que exploram florestas primitivas (floresta Amazônica e floresta de Araucária) e que comercializam plantas vivas oriundas de matas não cultivadas e também o registro de estabelecimentos que comercializam ou utilizam motosserras.

Além do Código Florestal, várias normas legais foram editadas, com o objetivo de proteger a fauna e a flora. Vale a pena citar o Decreto Federal n. 24.645/34. É a mais antiga legislação que versa sobre fauna, estabelecendo que todos os animais do Brasil são tutelados pelo estado e assistidos em juízo pela promotoria pública e pela Sociedade Protetora dos Animais. Já a Lei Federal n. 5.197/67 cria o Conselho Nacional de Proteção da Fauna e proíbe o comércio de animais silvestres.

Em 1981, a Lei Federal n. 6.938 estabeleceu a Política Nacional do Meio Ambiente e criou normas que protegem a fauna silvestre. Outras leis importantes para o controle e proteção da fauna são as Leis Federais n. 713/83, sobre a estrutura dos Jardins Zoológicos, e a Lei n. 7.643/87, que proíbe a pesca de cetáceos em águas brasileiras.

A Constituição brasileira de 1988 dá grande importância ao meio ambiente e à proteção de áreas verdes. Faz referência à flora e à fauna silvestres de forma direta e indireta em três de seus capítulos: do Meio Ambiente, da Organização Política e da Política Social. As constituições estaduais, seguindo a federal, também protegem a flora e a fauna. A Constituição do Estado de São Paulo, especificamente, trata do assunto no capítulo IV – do Meio Ambiente, dos Recursos Naturais e Saneamento.

O Decreto n. 97.946/89 estrutura o Ibama e cria o Conselho Nacional de Proteção à Fauna, na década de 1990. O Decreto Federal n. 750/93, conhecido como "da Mata Atlântica", que dispôs sobre o corte, a exploração e a supressão de vegetação primária ou nos estágios avançados e médio de regeneração, tem como principal objetivo preservar as florestas, conservando os remanescentes e ecossistemas associados, como restingas e manguezais. Esse decreto vincula a exploração seletiva de determinadas espécies a uma série de condicionantes, como a autorização pelo estado, estabelecendo ainda a necessidade de projeto que defina estoque e sustentabilidade nos limites da área de exploração. Trata também da exploração da Mata Atlântica pelas populações tradicionais. O Decreto foi substituído pela Lei n. 11.428/2006, que dispõe sobre a utilização e a proteção da vegetação nativa do bioma Mata Atlântica, que por sua vez é regulamentado pelo Decreto n. 660/2008.

O Decreto Federal n. 750/93 ainda protege a vegetação que compõe os corredores ecológicos e o entorno das UC. Mesmo depois de queimadas ou derrubadas ilegais, a floresta mantém seu *status* e permanece sob proteção legal, sendo destinada à recuperação e preservação. Esse decreto define também que a vegetação secundária (aquela que já sofreu interferência humana, não sendo mais considerada original), em estado médio ou avançado de regeneração, poderá ser suprimida apenas se:

- For prevista no plano diretor do município como para área de expansão urbana.
- Não for abrigo de espécies de flora e fauna ameaçadas de extinção.
- Não for área de proteção de mananciais, ou controle de erosão.
- Não ter excepcional valor paisagístico.
- For autorizada pelo estado.

Em 1998, foi editada a Lei Federal n. 9.605, conhecida como Lei dos Crimes Ambientais, que dispõe sobre as sanções penais e administrativas derivadas de condutas e atividades lesivas ao meio ambiente. Essa lei, além de introduzir as penas alternativas de caráter educativo, vem reforçar os instrumentos jurídicos destinados ao controle das atividades voltadas à exploração da fauna e da flora. Essa lei é complementada pelos Decretos n. 5.975/2006 e n. 6.514/2008.

CONTROLE AMBIENTAL DE ÁREAS VERDES | **269**

A fauna silvestre também é objeto de uma série de convenções assinadas pelo governo brasileiro. Entre elas podem ser citadas:

• Convenção para a Proteção da Flora, Fauna e das Belezas Cênicas dos Países da América, assinada em 1940, que prevê a proteção total das espécies ameaçadas de extinção.

• Convenção para o Comércio Internacional das Espécies da Flora e Fauna Selvagens em Perigo de Extinção, de 1973.

• Convenção sobre a Conservação das Espécies Migratórias Pertencentes a Fauna Silvestre, de 1979.

• Convenção Sobre a Biodiversidade de 1992 e a Agenda 21, também de 1992, que foram assinadas na Eco-92 e reconhecidas pelo Congresso Nacional em 1993.

• Convenção Sobre o Comércio Internacional de Espécies da Flora e da Fauna Selvagem em Perigo de Extinção, de 1993, que reconhece a flora e a fauna como insubstituíveis e que devem ser protegidas pelas gerações presentes e futuras.

• Metas de Aichi, 2011, Plano Estratégico para a Biodiversidade.

São muitas as leis municipais aprovadas ou elaboradas pelas Câmaras Municipais e elas variam de acordo com as prioridades e cultura dos diversos municípios brasileiros. Na cidade de São Paulo, por exemplo, é obrigatório haver pelo menos uma árvore na frente de todo imóvel com mais de dez metros de frente. É proibido colher flores ou plantas nas praças ou outras áreas públicas. Não é permitido plantar espécies com espinhos nas calçadas e praças públicas etc.

Finalizando esse relato, é possível ainda considerar as leis de recursos hídricos nacionais e estaduais e as leis estaduais de proteção aos mananciais como uma parte da legislação que indiretamente protege a fauna e a flora. A primeira Lei de Proteção dos Mananciais da região metropolitana de São Paulo, de 1975, prevê a proteção de aproximadamente 54% do território de sua região metropolitana, destinado a produzir água para o abastecimento público e a conservação da vegetação nas áreas consideradas de primeira categoria nos cinquenta metros mais próximos das represas.

Apesar da rigidez da legislação, as ocupações irregulares ocorreram, a urbanização clandestina é grande na área de proteção dos mananciais e, atualmente, quase 1 milhão de habitantes vivem em áreas antes destinadas a atividades predominantemente rurais ou de lazer com baixa densidade de ocupação.

Uma segunda Lei de Proteção dos Mananciais, de 1997, expande as áreas de proteção dos mananciais para todos os corpos d'água do estado de São Paulo, e, se obedecida, deverá provocar a ampliação das áreas verdes por recuperação de margens degradadas.

Em 2010 e 2011, propostas de alteração ou criação de um novo Código Florestal têm criado intensa polêmica, principalmente entre agricultores e ambientalistas, ocupando espaço na mídia.

Os principais pontos polêmicos são em relação à largura das matas ciliares ao longo dos rios e nascentes e à obrigatoriedade de recompor a vegetação em áreas agrícolas consolidadas. Por parte dos ambientalistas, o melhor argumento é que quanto maior a área preservada e reconstituída maior a garantia de conservação da biodiversidade. Pesa a favor dos agricultores e pecuaristas a importância da produção de alimentos como o arroz, cultivado em várzeas, ou dessendentação do gado nas margens de rios e açudes, e o fato de que a economia brasileira está baseada na produção e exportação de alimentos como soja e carne.

Cabe ao poder público a mediação dos interesses em função da proteção ambiental e desenvolvimento econômico com base em um zoneamento feito com conhecimentos científicos sobre solo, clima, vegetação, fauna e microbiologia.

Também as metas de Aichi, definidas pelo Plano Estratégico para a Biodiversidade estabelecido no ano de 2011 em Nagoya, Japão, salientam a necessidade do conhecimento baseado na pesquisa científica da biodiversidade.

O CONHECIMENTO E A PESQUISA CIENTÍFICA NA GESTÃO DE ÁREAS VERDES

O capítulo 35 da Agenda 21 brasileira focaliza a ciência como base para o desenvolvimento sustentável e destaca o papel do conhecimento no apoio ao manejo prudente do meio ambiente, garantindo a sobrevivência diária e o desenvolvimento futuro da humanidade. Acrescenta ainda que, diante das ameaças de danos ambientais irreversíveis, a falta de conhecimentos científicos não pode ser uma desculpa para adiar medidas de proteção ao meio ambiente.

A Agenda 21 preconiza também o fortalecimento da base científica para o manejo sustentável, a melhoria das avaliações e o aumento das capacidades, dos potenciais e dos conhecimentos científicos.

Em outras palavras, não é possível controlar ou gerenciar a flora e a fauna do planeta sem conhecer a biologia das espécies e a relação entre elas e com os demais componentes dos ecossistemas. Qualquer projeto de gestão, avaliação, monitoramento ou recuperação passa necessariamente pelo levantamento das espécies, suas frequências, da diversidade inter e intraespecífica e das interações com o meio físico. Levantamentos florísticos, faunísticos e fitossociológicos são indispensáveis para as tomadas de decisões.

Organismos macroscópicos são mais conhecidos e estudados. Alguns seres vivos microscópicos ou submicroscópicos, como os vírus, geralmente são estudados porque causam problemas na saúde humana, têm papel econômico importante na indústria ou, ainda, porque são decompositores de produtos úteis ao homem. No entanto, o conhecimento global da biologia das espécies macro ou microscópicas é ainda bastante limitada, principalmente nas regiões tropicais menos estudadas e reconhecidas como as mais ricas em biodiversidade do planeta.

Por falta de conhecimento, costuma-se assumir que protegendo a vegetação está se resguardando todos os seres vivos que aí vivem durante toda a sua vida ou pelo menos durante parte de seu ciclo de vida. Essa é a posição possível com o conhecimento disponível, mas ela não garante o sucesso do controle e da gestão de áreas verdes. Com a evolução do conhecimento, será permitido um melhor planejamento, controle mais seguro e monitoramento mais adequado.

Os conhecimentos ainda são deficientes, tanto no meio aquático como no terrestre. Trabalhos sobre algas, fito e zooplâncton e peixes são insuficientes e não cobrem todos os aspectos para balizar uma política de proteção e gestão de recursos hídricos.

Nos ambientes terrestres, o papel de liquens, briófitas (musgos) e pteridófitas (samambaias) como precursores na colonização de barrancos e áreas degradadas é indiscutível. Eles são essenciais na formação de solos e no estabelecimento de vegetação de maior porte. Mas ainda são poucos os trabalhos existentes e, nestes, são mais abordados os aspectos relacionados à taxonomia e à anatomia, faltando informações que amparem decisões para o bom gerenciamento das áreas verdes.

272 | CURSO DE GESTÃO AMBIENTAL

A vegetação de maior porte que constitui os biomas e ecossistemas brasileiros é um pouco mais conhecida, composta por plantas das muitas famílias das angiospermas (vegetais que possuem flores). Mesmo assim, ainda existem nas regiões tropicais muitas espécies não estudadas ou sequer mencionadas em trabalhos científicos. No Brasil são poucas as espécies de gimnospermas (vegetais de semente nua que não formam flores) destacando-se a *Araucaria augustifolia* ou pinheiro-do-paraná, que existe apenas nas regiões Sul e Sudeste. Floras regionais têm sido publicadas (Wanderley et al., 2009), assim como listas de espécies ameaçadas de extinção (Mamede et al., 2007). Está disponível na internet uma lista de espécies da flora do Brasil[1].

O conhecimento sobre os animais brasileiros também é limitado, principalmente quando se leva em conta espécies microscópicas. Atualmente o Jardim Botânico do Rio de Janeiro está coordenando uma publicação, que também estará disponível online, sobre levantamento de espécies silvestres brasileiras.

A eliminação de espécies que são elos de cadeia alimentar leva ao desequilíbrio ecológico dos ecossistemas, podendo resultar em degradação ou desaparecimento de outras espécies. São numerosos os casos relatados na literatura apontando esse tipo de problema (Mamede et al., 2007).

Os biomas brasileiros (Floresta Amazônica, Pantanal, Mata Atlântica, Caatinga, Cerrado e Campos do Sul) apresentam características típicas e espécies às vezes comuns, outras vezes endêmicas. Ainda não há estudos que reflitam toda a diversidade existente, embora existam programas nacionais como o Pronabio e programas estaduais como o Biota, da Fundação de Amparo à Pesquisa do Estado de São Paulo (Fapesp), que estão investindo para o conhecimento dos biomas e suas espécies. Os municípios também participam de programas de levantamentos da flora e fauna nativas. Por exemplo, o município de São Paulo é um ativo colaborador do Programa Flora do Estado de São Paulo, concentrando suas atividades dentro do limite do município.

A pesquisa científica que dá suporte ao controle e à gestão da flora e da fauna silvestre é realizada principalmente nas universidades e institutos de pesquisa em todo o mundo. No Brasil é grande a participação de estudan-

---

[1] Jardim Botânico do Rio de Janeiro. Lista de espécies da Flora do Brasil. Disponível em: http//reflora.JBRJ.gov.br/jabot/listaBrasil/ConsultaPublicaUC. Acessado em: 10 ago. 2013.

tes de pós-graduação nesse tipo de pesquisa, que em geral compreende um levantamento das espécies e estudos de sua biologia. A metodologia aplicada, em geral, começa por um levantamento bibliográfico seguido de coletas no campo, e, algumas vezes, envolve entrevistas com moradores do entorno à procura do conhecimento regional das populações tradicionais residentes na área.

As coletas seguem metodologias específicas para o estudo de cada grupo de seres vivos, que definem o tipo e o tamanho da amostragem, as datas e as características dos locais de coleta, como profundidade, substrato, altura etc. As observações realizadas durante a coleta são importantes, principalmente para os organismos que mudam suas características, como sua cor ou forma depois de mortos.

A documentação das espécies encontradas se faz através de fotos, desenhos e o depósito do material em coleções vivas, herbários ou museus. Os bancos de germoplasma que conservam espécies em meio de cultura são coleções vivas, mantidas por jardins botânicos e zoológicos.

Levantamentos de animais normalmente empregam métodos que envolvem a observação, gravação de sons, pegadas ou dejetos, procurando sacrificar o menor número possível de espécimes. Técnicas como o anilhamento ou colocação de *microchips* sob a pele facilitam o monitoramento de algumas espécies, como aves, mamíferos, tartarugas, entre outros (Cullen et al., 2004).

Desde 2001, a coleta de animais da fauna silvestre está sujeita à aprovação do Ministério do Meio Ambiente, Instituto Chico Mendes/Sisbio. Não está obrigada por lei a autorização do MMA para que se possa realizar a coleta de material botânico, mas é recomendável seu cadastro no Sisbio para evitar problemas com fiscalização durante a coleta e transporte. O acesso ao patrimônio genético das espécies silvestres está condicionado à aprovação do Conselho do Patrimônio Genético (CGEN), órgão vinculado ao MMA, e envolve, entre outras exigências, a distribuição de recursos, no caso de eventuais explorações econômicas, considerando as populações indígenas e tradicionais nas diferentes regiões do Brasil. A falta de agilidade do Conselho tem sido obstáculo ao desenvolvimento científico brasileiro.

A identificação das espécies endêmicas requer maior conhecimento, consulta a especialistas no Brasil e no exterior, e comparação com materiais de herbários ou museus.

Publicações como a *Flora de São Paulo* (Wanderley et al., 2009) e *Árvores da Floresta Estacional Semidecidual* (Ramos et al., 2008) podem ser indi-

274 CURSO DE GESTÃO AMBIENTAL

cadas para auxiliar na identificação de espécies vegetais no estado de São Paulo. Faltam chaves de identificação para todas as famílias vegetais brasileiras.

Além dos levantamentos, no caso da vegetação, chamados de florística, com duração mínima recomendável de dois anos, os estudos fitossociológicos são essenciais para a compreensão dos ecossistemas. Esses estudos também seguem metodologias próprias e partem do conhecimento das espécies já identificadas.

A biologia das diferentes espécies envolve conhecimentos básicos de taxonomia, fisiologia, ecologia, e ainda são poucas as espécies estudadas dos diferentes grupos. Há falta de especialistas, especialização, equipamentos e infraestrutura adequada, e ainda há muito a ser estudado para o gerenciamento e monitoramento ambiental em todo o país.

Alguns resultados de pesquisa vêm, gradativamente, dando suporte à gestão e ao controle de áreas verdes. Por exemplo, no âmbito mundial estão sendo elaborados os chamados livros vermelhos, ou seja, listagens de espécies ameaçadas e em perigo de extinção. A União Internacional para a Conservação da Natureza (IUCN) tem incentivado a publicação dessas listas de fauna e flora como instrumentos de gestão. O Brasil também tem publicado listas de espécies ameaçadas da flora e fauna.

O estado de São Paulo, por meio da Secretaria do Meio Ambiente, dispõe de uma lista de fauna ameaçada (Decreto Estadual n. 53.494/2008; Bressam et al., 2009) e um livro vermelho das espécies da flora ameaçadas de extinção (Mamede et al., 2007).

Os livros vermelhos alertam a sociedade sobre a situação da frequência e distribuição de espécies, permitindo a elaboração de programas para evitar seu desaparecimento e proteger áreas de ocorrência das espécies. A legislação algumas vezes se baseia na existência de espécies ameaçadas para permissão ou não da exploração ou uso de determinadas áreas.

Estudos recentes sobre fragmentos de vegetação encontrados no interior do estado de São Paulo mostram sua importância como bancos genéticos e a necessidade de sua preservação e interligação. Os planos de manejo de unidades de conservação são instrumentos de planejamento exigidos por lei, que levam em consideração principalmente os conhecimentos científicos sobre o local.

Os herbários e coleções são importantes ferramentas do registro da biodiversidade de um local. As ervas medicinais conhecidas desde a Antiguidade eram conservadas em herbários para fins de referência. Hoje, os herbários contêm exemplares de milhões de plantas secas, o nome e a família da espécie, sua distribuição geográfica e hábitat, e ficam disponíveis para estudos e comparações. São um grande arquivo e armazenam conhecimentos e documentação botânica. O *Index Herbariorum* é um guia para acesso a essas informações, editado pelo The New York Botanical Garden.

As mudanças climáticas globais têm desafiado a humanidade a estudar melhor e gerir de forma sustentável as florestas, além de propiciarem crescentes esforços de conservação de áreas verdes. Indicadores têm sido selecionados nos programas de florestas nacionais e sistemas de certificação.

Segundo a FAO (2006), a cobertura florestal global ocupa 3,9 bilhões de hectares, equivalentes a 30% da área terrestre do mundo, mas desmatamentos continuam a ocorrer numa previsão de 7,3 milhões de hectares/ano na América do Sul, África e Sudeste Asiático.

O Brasil possui potencial para implementação de programas de reflorestamentos voltados ao sequestro de carbono e à economia ambiental.

EDUCAÇÃO AMBIENTAL E ECOTURISMO EM ÁREAS VERDES

O capítulo 36 da Agenda 21 fala na promoção do ensino, da conscientização e do treinamento, pregando a reorientação do ensino no sentido do desenvolvimento e a promoção de treinamento para mão de obra qualificada a gerenciar o meio ambiente.

Em 1997, a Conferência Internacional sobre Meio Ambiente e a Sociedade teve a educação e a consciência pública para a sustentabilidade como temas e concluiu que as metas propostas na Agenda 21 não estavam sendo alcançadas. O Brasil apresenta, nessa reunião, a Declaração de Brasília para a Educação Ambiental com planos de ação a serem implantados.

Questões da flora e da fauna facilmente sensibilizam a população, principalmente crianças e jovens. Campanhas com base nesses temas têm sido realizadas pelos três níveis do governo e por ONG ambientalistas. Já é possível perceber na sociedade brasileira grande respeito às árvores, havendo oposição para a remoção ou poda, mesmo em caso de necessidade, como no caso de idade avançada ou espécimes doentes.

Conceitos de Educação Ambiental são introduzidos no currículo escolar desde a pré-escola e hoje existem cursos de pós-graduação sobre biologia vegetal, biodiversidade e meio ambiente no Brasil.

Mudanças de comportamento exigem tempo. O discurso de proteção à flora e fauna já está incorporado à cultura da população brasileira, mas as ações ainda deixam muito a desejar e problemas sociais precisam ser solucionados para garantir sucesso às campanhas de educação ambiental.

O uso dos parques e de outras unidades de conservação e Jardim Botânico para a educação ambiental é comum em todo o Brasil, bem como em outros países (Myers, 1985; Sema, 1999). Centros de recepção de visitantes, Centro de Educação Ambiental, museus interativos e trilhas interpretativas são utilizados em programas de educação ambiental tendo como público-alvo, principalmente, a rede de ensino e grupos de terceira idade.

Vale destacar dois programas implantados na Secretaria do Meio Ambiente de São Paulo em 2008 e 2009.

O programa Criança Ecológica prevê a excursão de crianças de escolas públicas e privadas aos parques estaduais. A agenda verde do projeto tem um Programa Flora e um Programa Fauna, além de outros temas, como água e poluição, envolvendo preparo prévio dos professores e alunos, o dia da visita e uma avaliação posterior com cada escola. Dispõe de livro (Graziano-Neto e Lima, 2009), vídeos e revistas ilustradas, além de contar com personagens para chamar a atenção das crianças para que participem da turma da criança ecológica.

Outro programa promove o ecoturismo nos parques. Os participantes adquirem um passaporte e desse modo têm acesso à visita a determinados número de parques e trilhas. O programa também prevê premiação aos participantes.

Muitos livros didáticos com conteúdo ambiental em linguagem acessível têm sido publicados em todo o Brasil.

As Unidades de Conservação do tipo Reserva Particular do Patrimônio Natural são áreas privadas onde programas de educação ambiental e ecoturismo são desejáveis e podem ser fonte de renda aos seus proprietários.

A retirada de plantas ornamentais, o corte de palmito, o depósito de resíduos sólidos orgânicos e inertes, o abandono de animais domésticos e outras formas de vandalismo são problemas detectados em áreas verdes e demonstram a deficiência dos programas educativos, que necessitam de maior constância e continuidade.

A infraestrutura para o turismo ecológico ainda é insuficiente no Brasil quando comparada à encontrada em países como Canadá, Nova Zelândia e Costa Rica, mas vem sendo melhorada gradualmente, inclusive com financiamentos internacionais.

UNIDADES DE CONSERVAÇÃO

Nas unidades de conservação, em terras de domínio público e em casos específicos em áreas privadas, o poder público possui instrumentos jurídicos que permitem o estabelecimento de normas diferenciadas, caso a caso. Nessas áreas, o plano de manejo, o zoneamento ambiental, a fiscalização, o monitoramento e o licenciamento são os principais instrumentos de gestão.

As áreas verdes privadas, fora das unidades de conservação, são administradas pelo poder público a partir da legislação genérica, sendo utilizados como instrumentos licenciamento, fiscalização e monitoramento.

Não se pode esquecer que existem outros mecanismos institucionais para o poder público gerenciar áreas verdes. Para ilustrar, podem ser citados a criação de espaços territoriais especialmente protegidos, como a Zona Costeira, o tombamento de áreas naturais como a Serra do Japi, a criação de jardins botânicos, herbários, coleções de culturas, zoológicos, bancos de germoplasma, museus etc.

A partir de 1990, esforços têm sido feitos, em todo o Brasil, com a finalidade de definir áreas prioritárias para a conservação e uso sustentável dos biomas nacionais. É um amplo trabalho de planejamento que envolve várias áreas de conhecimento na medida em que superpõe mapas de assentamentos urbanos, áreas de expansão urbana, área de recarga de aquíferos e situação da vegetação atual. Esses dados já estão publicados para o bioma Cerrado no estado de São Paulo (Kronka, 1998), e reforçados pela Lei do Estado de São Paulo n. 13.550/2009 e pela Resolução SMA 60/2009, que regulamenta[2].

Em 18 de julho de 2000, o governo federal sancionou a Lei n. 9.985, que estabelece o sistema nacional de unidades de conservação da natureza. O documento classifica as unidades de conservação em duas grandes categorias: as Unidades de Proteção Integral, cujo principal objetivo é a preservação da natureza, e as Unidades de Uso Sustentável, que têm como objetivo central a compatibilização da conservação da natureza, como o uso sustentável de parcela de seus recursos naturais.

---

[2] A Lei n. 13.550/2009 dispõe sobre a utilização e proteção da vegetação nativa do bioma do Cerrado no estado e dá providências correlatas. A Resolução SMA n. 64/2009 dispõe sobre o detalhamento das fisionomias da vegetação do cerrado e de seus estágios de regeneração conforme Lei estadual n. 13.550/2009 e dá providências correlatas.

Unidades de Proteção Integral

- Estação ecológica: área pública destinada à preservação da natureza e à pesquisa científica, em que é proibida a visitação pública, exceto se houver objetivo educacional. Alterações nos ecossistemas são permitidas somente para restauração e manejo de espécies com o fim de preservação. Pesquisas científicas com impacto devem ser limitadas a 3% da extensão total da estação, tendo no máximo 1.500 hectares.

- Reserva biológica: área pública, destinada à preservação integral e demais atributos naturais, onde é permitida a pesquisa científica não pertubatória ou sem impacto ambiental significativo, e também é proibida a visitação pública, exceto com objetivo educacional.

- Parque nacional: área pública criada para a preservação do ecossistema de grande relevância ecológica e beleza cênica, onde é permitida a visitação pública e a pesquisa científica.

- Monumento natural: área pública ou particular legalmente instituída para preservar sítios naturais raros, singulares e de grande beleza cênica, onde é permitida a visitação pública.

- Refúgio de vida silvestre: área pública ou particular destinada a proteger ambientes naturais onde se asseguram condições para a existência ou reprodução de espécies ou comunidades da flora ou fauna residente ou migratória. Nele é permitida a visitação pública e a pesquisa científica.

Unidades de Uso Sustentável

- Áreas de Proteção Ambiental (APA): área pública e/ou privada, extensa, com certo grau de ocupação humana, com atributos importantes para a qualidade da vida do homem. Os principais objetivos de sua implantação são: proteger a diversidade biológica, disciplinar o processo de ocupação humana e assegurar a sustentabilidade do uso dos recursos naturais. As normas e restrições também atingem o uso de propriedades privadas. São geridas por Conselhos que definem condições para a pesquisa científica e a visitação pública.

- Áreas de Relevante Interesse Ecológico (ARIE): área pública ou privada pequena em extensão, com pouca ou nenhuma ocupação humana

CONTROLE AMBIENTAL DE ÁREAS VERDES | **279**

e características naturais extraordinárias ou com exemplares raros da biota regional. Os objetivos são: manter os ecossistemas naturais e regular o uso compatível com a conservação da natureza. Poderá haver restrições no uso de propriedades privadas.

- Floresta Nacional: área pública com cobertura florestal de espécies predominantemente nativas. Seu objetivo é o uso sustentável dos recursos florestais e a pesquisa científica para a exploração sustentável de florestas nativas. Nessa área é admitida a permanência de populações tradicionais e a visitação pública. A gestão conta com um Conselho Consultivo.

- Reserva Extrativista: área pública com uso concedido às populações cuja subsistência se baseia no extrativismo, gerida por Conselho Deliberativo. O principal objetivo é proteger os meios de vida e cultura da população, assegurando o uso sustentável dos recursos naturais. A pesquisa científica é incentivada e a visitação pública é permitida. A exploração comercial da madeira só é permitida em bases sustentáveis em situações especiais e complementares às demais atividades desenvolvidas. São proibidas a caça e a exploração de recursos minerais.

- Reserva de Fauna: área pública natural que abriga populações animais destinadas ao estudo para o manejo sustentável de recursos de fauna. A caça é proibida e a visitação pode ser permitida, assim como a comercialização de produtos de pesquisa.

- Reserva de Desenvolvimento Sustentável: área pública natural que abrange populações tradicionais, permitindo a exploração sustentável dos recursos naturais. Seu objetivo é preservar a natureza e assegurar condições para a melhoria de qualidade de vida das populações tradicionais, valorizando sua cultura e aperfeiçoando técnicas de manejo desenvolvidas por essas populações. É gerida por um Conselho Deliberativo. A visitação pública e a pesquisa são incentivadas, e é admitida a exploração de componentes dos ecossistemas naturais em regime de manejo sustentável, com a substituição da cobertura vegetal por espécies cultiváveis, dentro de um zoneamento.

- Reserva Particular do Patrimônio Natural: área privada. Gravada com perpetuidade, seu objetivo é conservar a diversidade biológica mediante termo de compromisso assinado perante o órgão e averbado no Registro Público de Imóveis. A pesquisa científica e a visitação serão permitidas se dispuser de regulamento.

As reservas da biosfera têm sido criadas desde a década de 1970, quando a Organização das Nações Unidas (ONU), por intermédio da United Nations Educations, Scientific and Cultural Organization (Unesco), lançou o programa *Man and Biosphere* (MaB) para observar a amostragem representativa da diversidade mundial.

Hoje já existe uma rede mundial de reservas da biosfera com funções de conservação, protegendo recursos genéticos, espécies e ecossistemas, que preconiza o apoio à pesquisa e à educação ambiental e o uso racional e sustentável dos recursos naturais, em estreita cooperação com as populações humanas envolvidas. No Brasil estão implantadas a Reserva da Biosfera da Mata Atlântica, do Cerrado (no Distrito Federal), do Cinturão Verde da Cidade de São Paulo e a Reserva da Biosfera do Pantanal.

Os principais instrumentos de gestão de unidades de conservação são o zoneamento ambiental e os planos de manejo. O zoneamento ambiental considera as questões geomorfológicas bióticas e socioculturais e estabelece a compartimentação de determinado território em zonas diferenciadas de utilização do solo e dos recursos naturais. É um dos primeiros passos para o estabelecimento do plano de manejo e constitui uma parte deste.

O zoneamento, de modo geral, prevê uma área mais preservada e protegida destinada à vida silvestre e à pesquisa, chamada às vezes de zona intangível, uma faixa de transição no entorno dessa área, zonas de uso restrito, áreas para administração da unidade e zonas de uso mais intensivo, como as direcionadas à visitação pública, ao ecoturismo e à educação ambiental. Para as zonas de uso intensivo, liberadas à visitação pública, seria desejável contar com estudos de capacidade de suporte para facilitar o manejo e evitar degradação.

As reservas da biosfera também contam com um zoneamento definindo:

- Zonas núcleo: contêm os exemplos mais significativos das áreas naturais, sendo centros de endemismo e riqueza genética. Devem ser áreas totalmente protegidas, utilizadas somente para a ciência e a educação.

- Zonas de amortecimento: em torno das zonas núcleo, onde são permitidas atividades econômicas compatíveis com a integridade do núcleo.

- Zonas de transição: nas partes mais externas da reserva destinadas ao uso sustentável da terra, sem limites geográficos definidos e sujeitas a reajustes periódicos. O plano de manejo é um documento técnico previsto por lei que contempla o zoneamento ecológico e que contém, entre outras coisas, normas que orientam o uso da unidade de conservação e de seus recursos naturais, incluindo as estruturas físicas dessa unidade.

Todas as unidades de conservação devem ser gerenciadas por meio de um plano de manejo. A tendência mais atual é que esse planejamento seja participativo, envolvendo a sociedade como um todo, em especial as populações vizinhas e ONG ambientalistas. O ideal na elaboração do plano de manejo é que se disponha de um bom levantamento de flora e fauna e demais diagnósticos do meio físico.

Os planos de manejo preveem programas que incluem a administração da infraestrutura, a gestão da visitação pública, atividades de educação ambiental, proteção, fiscalização, interação socioambiental e apoio à regularização fundiária. A cada 5 anos os planos devem ser revistos e atualizados.

Os problemas que enfrentam os responsáveis pela gestão de unidades de conservação e áreas verdes no meio urbano e no meio rural são bastante diferentes. As principais preocupações na cidade estão voltadas para a segurança dos visitantes e para a limpeza das áreas, embora a conservação da biodiversidade e de outros atributos naturais sejam os objetivos finais.

As unidades de conservação do meio rural têm mais problemas relativos à regularização fundiária, seja na delimitação efetiva das unidades, seja por causa de precatórios por vezes milionários em decorrência de desapropriações indiretas e de polêmicas avaliações imobiliárias (Schwenck e Azevedo, 1998). Também é preocupante a ocupação irregular e o roubo de palmito e ornamentais.

A manutenção das unidades de conservação tem sido um sério problema a ser vencido pelos países mais pobres. A manutenção e a vigilância precisam ser permanentes e há dificuldades de obtenção de recursos para arcar com esses custos. Mesmo países mais privilegiados, como Canadá e Austrália, têm procurado alternativas econômicas compatíveis com a proteção ambiental. O ecoturismo tem se mostrado uma opção válida, movimentando números que já são impressionantes no turismo mundial.

Algumas tímidas tentativas têm sido feitas na expectativa de conseguir recursos para a melhor proteção e gestão das unidades de conservação no Brasil. Aluguel do espaço para eventos, venda de imagens e cobrança de ingressos já ocorrem, por exemplo, no Jardim Botânico de São Paulo e no Parque Estadual de Campos do Jordão. No entanto, é uma medida que não agrada a todos e, em locais mais pobres, limita a frequência. Outras medidas possíveis são a cobrança do uso de estacionamento, entradas em museus e exposições e terceirização da exploração de lanchonetes e restaurantes. A burocracia dos serviços públicos não facilita a implementação dessas medidas, que não são bem vistas por ambientalistas mais radicais, embora estes não apresentem alternativas, a não ser os recursos dos cofres públicos.

Alguns segmentos da sociedade como o Movimento dos Sem-Terra (MST), quilombolas e índios nômades reivindicam a ocupação de unidades de conservação para suprir suas necessidades básicas e criam situações de conflito com a preservação ambiental.

Existem ainda comunidades tradicionais de caiçaras ou caboclos que são posseiros em áreas de unidades de conservação, na maioria dos casos, antes mesmo que essas áreas fossem declaradas como tal. Portanto, o controle e a gestão de áreas verdes envolvem, na maioria das vezes, problemas sociais ou de ordem econômica que precisam ser considerados e negociados.

O LICENCIAMENTO AMBIENTAL

O licenciamento ambiental praticado a partir da década de 1980 trouxe novas ferramentas à gestão ambiental e ao controle das áreas verdes. Ele pode ser de âmbito federal, quando se trata de biomas protegidos pela legislação federal ou de empreendimentos que causam impactos em áreas interestaduais. A parte técnica é analisada pelo Ministério do Meio Ambiente e a proposta, dependendo da abrangência e do interesse, é apreciada pelo Conama.

O licenciamento de empreendimentos que afetam áreas verdes, dentro dos limites estaduais, que envolvem mais de um município, ou para supressão de vegetação em áreas fora dos perímetros urbanos, é feito em nível estadual. Em geral, a análise é feita por técnicos da Secretaria do Meio Ambiente e Cetesb, e, dependendo do interesse, é apreciado pelo Conselho Estadual de Meio Ambiente (Consema).

Alguns municípios, como São Paulo, já possuem o licenciamento para empreendimentos de impacto local. A análise técnica cabe aos especialistas do Sistema Municipal de Meio Ambiente, e os empreendimentos são apreciados pelo Condema ou Cades na cidade de São Paulo.

Existem normas, principalmente as resoluções do Conama n. 001/86 e n. 237/97, orientando os processos de licenciamento. No caso de pequenos

CONTROLE AMBIENTAL DE ÁREAS VERDES | 283

impactos previstos, o instrumento costuma ser um Relatório de Impacto Ambiental Prévio (Riap) ou rápido. No caso provável de impacto significativo, o empreendimento está sujeito ao Estudo de Impacto Ambiental (EIA) e ao Relatório de Impacto Ambiental (Rima). Os estudos de impactos ambientais exigem o levantamento do meio físico e biológico (fauna e flora). Ao longo dos anos os EIA/Rima de diferentes empreendimentos podem acumular dados que permitem um melhor conhecimento da vegetação e da fauna silvestre das localidades estudadas, porque incluem levantamento da biodiversidade do entorno. Os EIA/Rimas também propõem medidas mitigadoras do impacto e compensações ambientais por danos. Por decisões dos órgãos responsáveis ou dos Conselhos de Meio Ambiente (Lei n. 9.985/2000 e Decreto federal n. 4.340/2002), as compensações ambientais podem se constituir em importante fonte de recursos para a proteção e manejo de ares naturais ou a recuperação de áreas degradadas, mas são um instrumento a ser usado com cuidado para que não se transforme num comércio de recursos ambientais, no qual quem paga está autorizado a degradar ou poluir o meio ambiente.

Após dez anos de efetiva implantação dos processos de licenciamento, uma primeira avaliação técnica (Gouvêa et al., 1998) constata que houve progresso decorrente da avaliação ambiental e do consequente licenciamento quanto à manutenção da qualidade do meio ambiente, à inclusão da variável ambiental na etapa de planejamento do empreendimento e à redução de custos para o empreendedor e para o Estado.

Apesar dessa avaliação positiva, os usuários do sistema de licenciamento, de modo geral, reclamam da demora dos processos, que atrasa a implantação de empreendimentos com custos para os interessados, clamando pela necessidade de reduzir a burocracia e agilizar as análises, que hoje são pagas.

Todo o processo de licenciamento é público e envolve a divulgação dos projetos no Diário Oficial e imprensa de ampla circulação na localidade do empreendimento e em audiências públicas (Seara Filho, 1988). Assim, a legislação pretende evitar pressões de grupos econômicos mais fortes, cercear possíveis procedimentos que facilitem a corrupção de analistas e fiscais de obras e facilitar a participação da sociedade.

O licenciamento ambiental, em geral, prevê três fases, conhecidas como licença prévia, licença de instalação e licença de operação. No caso de áreas verdes, a licença prévia já permite a supressão da vegetação, tornando mais difícil corrigir eventuais enganos. No caso de licenças fornecidas pela

Cetesb para indústrias, mesmo após a fase de instalação, é possível corrigir o processo antes da licença de operação.

Licenças para a supressão de vegetação são dadas pelo Ibama, no âmbito federal, e pela Cetesb/SMA no Estado de São Paulo. Árvores isoladas em zonas urbanas, em geral, dependem de autorização municipal, mas podem depender também de autorização do estado quando existirem normas de proteção especial. Maciços florestais em áreas urbanas dependem de autorização estadual para supressão. A supressão ou poda drástica de vegetação, em geral, provoca reações contrárias de ambientalistas ou mesmo da população. No entanto, existem também outras atividades, principalmente as indústrias poluidoras e o trânsito pesado, que causam grandes impactos indiretos na vegetação e, por conseguinte, na fauna que dela depende, e são mais difíceis de identificar. A presença de enxofre ou fluoretos na atmosfera pode ocasionar chuvas ácidas, causando danos à vegetação e, dependendo da concentração e frequência, eliminando a flora e a fauna. A direção dos ventos também é um fator a ser considerado.

O efeito do ozônio na atmosfera começa a ser mais estudado, e variações para mais ou menos em sua concentração podem ser responsáveis pela diminuição do tamanho e da reprodução de espécies vegetais, que se tornam mais suscetíveis a pragas e doenças.

O ozônio afeta também a vida marinha, com diminuição da produtividade pesqueira, envolvendo alterações já comprovadas no plâncton, em peixes jovens, camarões e caranguejos.

Existe ainda muita subjetividade na análise e avaliação de impactos ambientais e nem sempre as decisões são tranquilas, mesmo dentro da área técnica.

Alguns índices ecológicos, como o índice de similaridade de Sorensen (Seara Filho, 1988), são utilizados para comparar os recursos biológicos de áreas, definir medidas mitigadoras e compensações ambientais ou, ainda, penalizar infratores. A comparação sempre é feita com uma área próxima bem preservada.

A literatura (Philippi Jr, 2005; Guerra e Cunha, 2004) discute vários métodos propostos e em uso para avaliações de impactos ambientais em áreas verdes.

FISCALIZAÇÃO E VIGILÂNCIA

Um dos instrumentos básicos para o controle das áreas verdes e a conservação de sua biodiversidade é a fiscalização. Diante de um quadro de degradação ambiental, a primeira a ser responsabilizada é a fiscalização. Em países mais ricos, a fiscalização possui melhor infraestrutura, treinamento mais adequado e trabalha com uma população de melhor nível cultural e social. A cultura predominante é de obediência e respeito à legislação.

A legislação que dá suporte à fiscalização no Brasil é ampla e rigorosa, sujeitando o infrator a medidas punitivas que passam por multas, prisão, penas alternativas e medidas compensatórias. Mas, nem assim a fiscalização tem sido efetiva num país onde o cumprimento das leis ainda não é realidade.

O governo federal, por meio das regionais do Ibama, é responsável pela fiscalização, mas o número de agentes é insuficiente para o tamanho do território do Brasil. Alguns estados, como São Paulo e Rio de Janeiro, possuem uma Polícia Florestal ou Ambiental, mais ou menos preparada, mas, ainda assim, a fiscalização é deficiente.

A experiência tem mostrado que a fiscalização só será mais eficiente se for associada a uma melhora nas condições socioeconômicas da população, o que deverá melhorar a educação e provocar mudanças culturais favoráveis.

As áreas verdes rurais sofrem principalmente com a caça, o tráfico de animais silvestres e a exploração ilegal de palmito, madeiras e outras espécies vegetais de interesse comercial. A expansão da agricultura e da agropecuária, assim como o estabelecimento de indústrias, agravam o problema. Algumas áreas naturais também sofrem com o turismo não controlado.

As áreas verdes urbanas sofrem pressões sociais, envolvendo necessidades de moradia, emprego e renda mínima para a sobrevivência. Os parques e praças abrigam mendigos, sem-tetos, ambulantes, e são palco de eventos artísticos, esportivos e religiosos que, direta ou indiretamente, provocam degradação. É uma situação de crescente violência e vandalismo.

A maioria dos municípios protege suas áreas verdes contratando um serviço de vigilância e/ou com a guarda civil. Considerando a necessidade de 24 horas diárias de vigilância, a segurança do próprio vigilante e os direitos trabalhistas, são necessárias 8 pessoas para cada posto de vigilância. Compreende-se então que a proteção significa altos custos aos cofres públicos. A presença de vigilantes armados ou não tem sido discutida, porque o porte de arma de fogo exige pessoal qualificado e pode ser um atrativo aos marginais que procuram obter armas e munição.

Na situação atual, a fiscalização passa a contar com a tecnologia eletrônica, como a implantação de câmeras, circuito fechado de TV, imagens de satélite e programas de computador. As novas tecnologias facilitam o mo-

RECUPERAÇÃO DE ÁREAS DEGRADADAS OU RESTAURAÇÃO ECOLÓGICA

nitoramento, mas não dispensam a presença física de vigilantes, postos e rondas de fiscalização.

RECUPERAÇÃO DE ÁREAS DEGRADADAS OU RESTAURAÇÃO ECOLÓGICA

À medida que aumenta a consciência ecológica, cresce também o conhecimento sobre a necessidade de recuperação de áreas degradadas. A situação de abundância de recursos naturais foi, ao longo dos anos, sendo substituída pelo reconhecimento de que os recursos não são inesgotáveis e que o desenvolvimento sustentável passa pela recuperação de áreas e sua restauração ecológica.

Uma das atividades humanas de maior impacto imediatamente visível sobre as áreas naturais é a mineração. A extração de produtos básicos, como areia, argila e minerais em geral, leva a uma completa alteração do ambiente natural. Para esse tipo de atividade, a legislação prevê um Plano de Recuperação de Áreas Degradadas (Prad), dando aos mineradores a responsabilidade de planejar e recuperar as áreas após o término da atividade. Orientações para esse trabalho podem ser obtidas na publicação *Minerais ao alcance de todos* (Aguiar, 2004).

Algumas áreas mineradas têm sido transformadas em áreas públicas após a recuperação. Exemplos no estado de São Paulo são o Parque Ecológico de Embu das Artes e a raia olímpica da USP, que são aproveitamentos de cavas de mineração.

Nas áreas urbanas, as causas de degradação das áreas verdes estão relacionadas principalmente à expansão urbana descontrolada ou mal projetada com os decorrentes lixões e ocupações irregulares. A sua recuperação passa pela solução de problemas habitacionais. Muitas vezes, nas cidades, as áreas verdes que resistiram à ocupação são íngremes, de baixa estabilidade e/ou correspondem a várzeas sujeitas a inundações. Sua ocupação irregular envolve também sérios riscos à população.

As áreas verdes em regiões rurais são mais ameaçadas pela expansão de atividades agrícolas ou pela agropecuária. No litoral, as áreas verdes competem com a expansão do turismo e principalmente com o crescimento imobiliário de casas de veraneio.

Nas regiões do entorno das cidades, predomina a degradação de origem industrial com a consequente poluição da área ou de seus efluentes.

A metodologia para a recuperação de áreas degradadas depende das causas da degradação e, de modo geral, necessita que o agente causador seja interrompido ou controlado. As técnicas disponíveis e seus usos dependem dos diferentes autores, com discordâncias e consensos, sendo possível trabalhar com várias medidas e técnicas não excludentes.

É consenso que cada caso é um caso, dependendo do fator de degradação, de intensidade, tamanho, tempo de duração e localização da área e, como tal, deve ser tratado, não havendo receitas únicas de recuperação.

O custo para a recuperação de uma área natural é sempre supervisar ao custo de proteção e preservação do verde e nunca a restauração, por melhor que seja realizada, será exatamente igual à situação anteriormente existente e quase que certamente haverá perda de biodiversidade.

Também é consenso que a recuperação precisa considerar a bacia hidrográfica, começando sempre pelo montante, e que o planejamento é indispensável, assim como o monitoramento por pelo menos 2 anos para garantir o sucesso do trabalho de restauração ecológica.

Existem situações em que basta proteger o local para que a vegetação se restabeleça a partir de bancos de sementes existentes em áreas vegetadas próximas. Outros locais exigem a recuperação do solo e até obras de contenção antes que a vegatação seja reintroduzida.

Como regra, a prioridade está em restaurar a vegetação original primária das áreas naturais degradadas. A restauração é sempre teórica, pois, na prática, nunca retorna ao original. Levantamentos florísticos, faunísticos e fitossociológicos são o primeiro passo recomendável para fornecer as informações básicas para a recuperação.

As técnicas para recuperação de áreas degradadas passam sempre pela melhoria das condições do solo que permita o desenvolvimento de vegetais. É recomendação constante que o solo superficial seja guardado e reposto para o início da recuperação, o que nem sempre é possível. Como a maioria dos solos brasileiros são ácidos, muitas vezes é necessário a correção do pH com calcário. A incorporação do calcário dolomítico deve ser feita com dois meses de antecedência ao período de plantio previsto, conforme recomendações da análise do solo.

Os primeiros trabalhos de recuperação de áreas degradadas foram feitos de forma empírica, com destaque para a recuperação de florestas da Tijuca no Rio de Janeiro, ainda no século XIX, e os trabalhos de recuperação da Serra do Mar em Cubatão, São Paulo (Bononi, 1989).

CURSO DE GESTÃO AMBIENTAL

Nos últimos vinte anos do século XX, técnicas de repovoamento vegetal, com base em princípios de sucessão vegetal, têm sido utilizadas com sucesso. O plantio é sempre iniciado com espécies pioneiras de crescimento rápido em pleno sol, acompanhado pelo plantio de espécies classificadas como intermediárias, ou clímax, que crescem mais lentamente e precisam da sombra a ser fornecida pelas espécies pioneiras.

Os principais trabalhos de revegetação com espécies nativas têm sido executados em áreas de mata ciliar, ao longo dos cursos d'água, atendendo à legislação específica de proteção de recursos hídricos e evitando a erosão do solo. O plantio heterogêneo é recomendado como forma de preservar a biodiversidade. As técnicas para a colheita e o armazenamento de sementes e produção de mudas são utilizadas.

Modelos de reflorestamento para as diversas situações, com base nos princípios da sucessão natural, estão disponíveis para ser usados por todos os interessados. A Secretaria do Meio Ambiente de São Paulo tem em sua série de manuais ambientais o *Manual sobre princípios de recuperação vegetal de áreas degradadas* (Barbosa, 2000).

A Tabela 7.2 mostra algumas características de espécies florestais nativas do Brasil, utilizadas em modelos de recuperação de áreas degradadas.

Tabela 7.2 – Algumas características de espécies florestais nativas do Brasil que compõem os estádios serais e que devem ser consideradas em modelos de recuperação vegetal com base na sucessão secundária.

Características	Espécies pioneiras	Espécies secundárias iniciais	Espécies secundárias tardias	Espécies climácicas
Ciclo de vida (anos)	Curto (1 a 3)	Curto (5 a 15)	Médio a longo (20 a 50)	Longo (mais de 100)
Tamanho e quantidade de sementes e frutos	Pequenas e grandes quantidades	Pequenas e grandes quantidades	Indefinida, depende da espécie	Grandes e pouca quantidade
Viabilidade de sementes	Longa, latentes, no solo	Longa, latentes, no solo	Curta e média	Curta
Disseminação de sementes	Pássaros, morcegos, vento	Pássaros, morcegos, vento	Principalmente pelo vento	Gravidade, mamíferos e coletores

(continua)

CONTROLE AMBIENTAL DE ÁREAS VERDES | 289

Tabela 7.2 – Algumas características de espécies florestais nativas do Brasil que compõem os estádios serais e que devem ser consideradas em modelos de recuperação vegetal com base na sucessão secundária. *(continuação)*

Características	Espécies pioneiras	Espécies secundárias iniciais	Espécies secundárias tardias	Espécies climácicas
Altura dos indivíduos (metro)	4 a 8 (alguns até 12)	10 a 20	20 a 30 (alguns até 50)	30 a 45 (alguns até 60)
Tempo para atingir altura máxima	Muito rápido (meses)	Rápido (meses/anos)	Variável com a espécie (mais de 1 ano) (alguns anos)	Lento (muitos anos, mais de 10)
Densidade da madeira	Muito leve	Leve	Intermediária, variando com a espécie	Pesada e rígida
Espessura do tronco – DAP	Muito finos, menores que 40 cm	Finos, entre 40 e 60 cm	Espessos, com mais de 80 cm	Muito espessos, com mais de 80 cm
Folhagem das espécies dominantes	Sempre verde	Sempre verde	Muitas são decíduas	Sempre verde
Forma de regeneração	Colonizam qualquer área, agressiva sob luz	Colonização de grandes clareiras	Colonizam pequenas e médias clareiras	Colonizam áreas sombreadas
Necessidade de luz	Muita luz (heliófitos)	Variável com a espécie	Variável com a espécie	Umbrófilas quando jovens, necessitam de luz quando adultas

DAP = diâmetro à altura do peito.

Fonte: Barbosa et al. (1996).

A velocidade com que uma área precisa ser recuperada também é um problema a ser previamente avaliado. Algumas áreas urbanas, se não forem imediatamente replantadas, correm o risco de ser invadidas. Dependendo da urgência da recomposição da vegetação, o método de plantio deve ser selecionado. Modelos de plantio precisam levar em conta a disponibilidade de sementes e mudas no momento do plantio.

As técnicas de plantio mais usuais envolvem, em geral, a limpeza da área. Quando se trata de áreas urbanas, a quantidade de lixo e entulho de construção a ser removida de determinadas áreas pode encarecer muito o trabalho e ser uma desagradável surpresa a enfrentar. Em áreas frágeis e sujeitas à erosão ou deslizamentos, a limpeza do terreno deve se restringir a roçadas, sem revolvimento do solo, e esse procedimento só deve ser realizado em caso de real necessidade. A vegetação cortada deve ser depositada sobre o próprio local, se preciso, triturada, e deve ser reincorporada ao solo.

As plantas invasoras podem competir por luz, água, nutrientes e gás carbônico ou liberar compostos alelopáticos, interferindo no crescimento das árvores plantadas. Por outro lado, às vezes as invasoras defendem o solo contra a erosão e são responsáveis pela incorporação de matéria orgânica ao solo. Portanto, a remoção ou não das plantas invasoras é um fato a ser considerado em cada caso em particular.

As covas devem ser previamente marcadas e precisam seguir um modelo escolhido. Em geral medem 0,40 x 0,40 x 0,40 m. Após a abertura das covas, será feito o coroamento, que consiste na limpeza ao redor destas num raio de 0,60 a 0,80 m, dependendo do adensamento desejado. As covas podem ser feitas manualmente ou com perfuratrizes acopladas em tratores agrícolas, quando então as paredes internas das covas precisam ser escarificadas com enxadão ou vanga, para evitar espelhamento e dificuldade de penetração das raízes. As covas devem ser preparadas 60 dias antes do plantio, regadas e estaqueadas.

A adubação depende da análise do solo e pode ser química ou orgânica. A adubação orgânica pode ser feita colocando em cada cova 6 L de esterco de curral ou 3 L de esterco de galinha. A adubação pode ser feita também em sulcos em torno das mudas. A melhor época de plantio é no início da estação chuvosa, para facilitar o pegamento e evitar despesas com regas.

Os tratos culturais envolvem todos os cuidados após o plantio, como o tutoramento das mudas, combate a formigas cortadeiras, irrigação, quando necessário, capina ou roçada para evitar o crescimento de plantas competidoras e incêndios, controle fitossanitário e poda de limpeza.

COLETA DE SEMENTES, PRODUÇÃO DE MUDAS E VIVEIROS

As sementes para produção de mudas de qualidade devem ser colhidas quando maduras e ser provenientes de matrizes sadias e vigorosas. Variam para cada espécie de planta as características que permitem avaliar a maturidade das sementes, por exemplo, a coloração dos frutos.

Após a colheita, as sementes são beneficiadas e armazenadas. Os processos de secagem, extração, beneficiamento e armazenamento de sementes são importantes para garantir sua viabilidade.

A primeira etapa da produção de mudas de espécies nativas é a seleção de maciços florestais em boas condições e localizados próximos à região a ser recuperada. Aspectos fitossanitários também precisam ser considerados. Além das sementes, outras partes do material botânico geralmente são coletadas para fins de identificação e confecção de exsicatas de herbário. As sementes devem ser provenientes de, no mínimo, quinze indivíduos, para garantir a variabilidade genética nos trabalhos de recomposição florestal.

A colheita de sementes pode ser manual, com tesoura de poda, de alta poda ou facão. No caso de sementes localizadas em lugares altos, há necessidade de escadas, cinturões de segurança, esporões, sistema de cadeirinha de alpinismo, linha indiana chumbada etc. Para não prejudicar a árvore matriz, a colheita não deve ultrapassar 50% do total dos frutos maduros.

Os viveiros precisam ser cadastrados no Ibama e, no estado de São Paulo, na Secretaria da Agricultura e Abastecimento. O viveiro deverá, de preferência, ser próximo à área a ser recuperada, com fácil acesso para o transporte de mudas. O local ideal deve ser plano, com ligeira declividade (de 1 a 2%) para facilitar o escoamento da água, protegido de ventos e com boa luminosidade natural, além de apresentar facilidades para instalação de rede elétrica. O tamanho de um viveiro varia em razão da quantidade de mudas que se pretende produzir (Barbosa, 2000).

As principais estruturas de um viveiro são:

*   Canteiros de semeadura, de madeira ou alvenaria, com módulos de 1 m de largura x 0,30 m de profundidade e comprimento variável até 10 m. Para facilitar o trabalho, podem ser suspensos, para que a superfície trabalhada fique a 0,80 m de altura. Os canteiros são preenchidos com uma camada de 5 a 10 cm de brita, uma camada de 5 cm de areia grossa e uma camada de um substrato adequado de 10 a 15 cm. Um bom substrato deve ser fértil, permeável e com capacidade de retenção de umidade. Os canteiros podem ser cobertos com telhados móveis com aproximadamente 50% de sombreamento.

CURSO DE GESTÃO AMBIENTAL

- Pátio de transplante ou galpão, isto é, uma área coberta onde as mudas, retiradas do canteiro de semeadura, são transplantadas para recipientes (repicagem), com substrato mais argiloso e fértil.

- As mudas permanecem em canteiros de mudas com dimensões semelhantes aos canteiros de semeadura até o transporte para o campo. Os canteiros são nivelados e cobertos por uma camada de areia fina. Podem ser cobertos com sombrite com índice de 50% de sombreamento.

As plantas que crescem a pleno sol dispensam cobertura a partir de 15 dias após a repicagem. Os canteiros de semeadura e de mudas deverão ser orientados no sentido norte-sul em relação a seu eixo longitudinal para melhor aproveitamento da luz solar. Um galpão para estoque de substrato, material agropecuário e ferramentas é recomendável, assim como uma sala com desumidificador para armazenamento de sementes. Os recipientes mais utilizados para a produção de mudas são sacos plásticos e tubetes de polipropileno. O tamanho depende das plantas a serem cultivadas.

Os substratos mais usados em tubetes são:

- Vermiculita (30%) + terra de barranco (10%) + matéria orgânica (60%).
- Terra de barranco (40%) + areia (40%) + esterco curtido (20%).
- Vermiculita (40%) + terra de barranco (20%) + palha de arroz carbonizada (40%).
- Terra de barranco (50%) + torta de filtro (50%).

Os substratos mais usados em sacos plásticos são:

- Terra de barranco (50%) + torta de filtro (50%).
- Terra de barranco (70%) + composto orgânico ou esterco curtido (30%).

Como matéria orgânica têm sido utilizados casca de pinheiro ou eucalipto, palha de café e resíduos de cana-de-açúcar, por exemplo, a torta de filtro proveniente das usinas de açúcar e álcool.

Para a recuperação de áreas degradadas, deve-se prever que 60% das mudas serão de espécies pioneiras e secundárias iniciais e 40% serão de espécies secundárias tardias e climácicas.

Principais doenças causadoras de sérios problemas em viveiros:

- *Dumping-off*, causada por diversos fungos do solo e causa da morte de plântula.
- Podridões de raiz, quando o patógeno provoca necrose dos tecidos de raiz.
- Doenças da época, que se apresentam como manchas e crestamento das folhas, necroses de tecidos do caule e morte das partes aéreas das plantas.

O controle de doenças é feito por redução do sombreamento e da irrigação, desinfecção prévia do solo e pulverização com fungicidas, quando aparecem os primeiros sintomas. Os cupins, lagartas, pulgões, cochonilhas e besouros são pragas comuns em viveiros e combatidas com inseticidas naturais ou químicos e o controle de ervas daninhas pode ser manual, mecanizado ou químico, com utilização de herbicidas.

ARBORIZAÇÃO URBANA

A arborização urbana no Brasil é de competência das administrações municipais. Um bom planejamento dá à arborização mais chances de sucesso e evita gastos. É imprescindível contar com o apoio da população e a compreensão das empresas prestadoras de serviços de utilidade pública que interferem na vegetação. A arborização urbana, além do aspecto estético, é responsável pelo conforto ambiental e bem-estar da comunidade, se corretamente realizada e conservada.

O tamanho da árvore adulta precisa ser conhecido na ocasião de seu plantio.

Alguns cuidados como a distância entre as árvores, as moradias e o tráfego intenso facilitam a sobrevivência das plantas. A escolha da espécie de árvore a ser plantada é primordial para a sua permanência no local. Um dos fatores importantes é a forma e o tamanho da copa, para que ela não se choque com edifícios, veículos e pedestres. O tipo de raiz também precisa ser levado em consideração quando da escolha da árvore. Plantas com raízes que levantam as calçadas ou que são muito profundas e atingem encanamentos subterrâneos, inevitavelmente serão substituídas por outras menos problemáticas. Portanto, as árvores plantadas em calçadas devem ser de pequeno a médio porte e, quando adultas, não devem medir mais que 6 m de altura.

Em relação à fiação elétrica, a municipalidade deve procurar concentrar os fios em um dos lados da rua, para a vegetação ocupar o lado oposto, ou optar pela fiação subterrânea. Em geral a poda drástica de árvores pelas companhias distribuidoras de eletricidade, além de cara, choca a população.

Como recomendações de caráter geral, as mudas para a arborização urbana devem ser sadias, de preferência com altura em torno de 2 m. Mudas menores têm pouca chance de sobreviver e mudas maiores podem ter dificuldades de se adaptar ao novo local. Para o plantio, é melhor evitar dias muito quentes e períodos do ano muito secos. Não se pode esquecer de retirar a embalagem da muda e regar bem, imediatamente após o plantio. A maioria das plantas precisa de um suporte, ou tutor, para crescer ereta. Nas calçadas e praças é imprescindível a colocação de um protetor de madeira, arame ou plástico.

Algumas árvores apresentam, durante certos períodos do ano, queda de folhas, que podem provocar entupimentos das calhas. É importante manter uma distância adequada entre árvores e telhados e, conforme o caso, evitar plantas que trocam de folhas anualmente. A queda de frutos sobre veículos ou sobre pedestres pode provocar acidentes e deve ser evitada.

A Companhia Energética de São Paulo (Cesp) e a Eletropaulo Metropolitana Eletricidade de São Paulo S.A. (Eletropaulo), com a Secretaria do Verde e do Meio Ambiente de São Paulo, publicaram interessantes guias para a arborização urbana com lista de espécies recomendadas, separando-as pela altura (Cesp, 1988; Eletropaulo, 1999). Espécies de até 4 m são citadas: aleluia (*Senna macranthera*), hibisco (*Hibiscus rosa-sinensis*), louro (*Laurus nobilis*) e manacá-da-serra (*Brinfelsia uniflora*), entre outras. Na faixa entre os 4 e 6 m de altura estão a bauinia (*Bauhinia blakeana*), a cana-fístula (*Cassia fistula*), a cássia excelsa (*Cassia excelsa*), a quaresmeira-rosa (*Tibouchina granulosa*), o resedá (*Tagerstrome indica*) etc. Entre as árvores mais altas e mais comuns estão o alecrim-de-campinas (*Holocalix gluziovi*), o ipê-amarelo (*Tabebuia alba*), o ipê-roxo de casca lisa (*Tabebuia avellanedae*), o jacarandá-mimoso (*Jacaranda mimosaefolia*), a magnólia-amarela (*Michelia champaca*), o pau-brasil (*Caesalpinia echinata*), a sibipiruna (*Caesalpinia peltophoroides*), entre muitas outras espécies. As árvores de maior porte devem ser reservadas aos parques e grandes praças.

Existem outros guias de arborização urbana para outras cidades do Brasil publicados (Santos e Teixeira, 2001) ou disponíveis na internet.

Muitos municípios têm leis que obrigam os munícipes ao plantio e manutenção de árvores em frente a residências, ou a proibição de vegetação com espinhos ou venenosa em áreas públicas.

O vandalismo é a principal causa da morte das árvores plantadas nas calçadas e praças. De cada 100 árvores plantadas, apenas 30 sobrevivem na cidade de São Paulo, e essa taxa cai para aproximadamente 10% quando próximas a campos de futebol, como o Morumbi ou o Pacaembu.

A poda ou remoção de árvores em ruas, em geral, é realizada pela administração municipal e carece de autorização, estando previstas multas a pessoas que intervirem sem licença.

Na cidade de São Paulo, as palmeiras dificilmente resistem ao ataque de lagartas que comem suas folhas sistematicamente. Os cupins também atacam árvores velhas ou que sofreram qualquer tipo de lesão, com perigo de queda sobre veículos ou pedestres. Parte desses problemas podem ser atribuídos à uniformidade ou falta de variedade da vegetação, à falta de cuidados fitossanitários, à eliminação de inimigos naturais ou mesmo à idade das árvores, que não são sistematicamente substituídas à medida que envelhecem.

COOPERAÇÃO INTERNACIONAL E INSTRUMENTOS ECONÔMICOS

A cooperação internacional para a proteção e preservação de áreas verdes no Brasil ocorre com maior ou menor ajuda, dependendo da economia internacional.

Algumas ONG ambientalistas internacionais podem ser citadas, como a União Internacional para a Conservação da Natureza (IUCN), a World Wildlife Foundation (WWF) e a International Conservation. Elas têm desempenhado importante papel na preservação da vida silvestre.

A IUCN é uma ONG muito ativa e procura dar diretrizes e propor ações para a proteção e gestão das áreas verdes. A cada dez anos realiza reuniões envolvendo o maior número de representantes e países, e gera documentos que serão os fundamentos do próximo decênio; tem regionais em diversos países e publicações. Em 1999, a IUCN lançou as diretrizes para a criação de áreas marinhas de proteção (Graemer, 1999).

296 CURSO DE GESTÃO AMBIENTAL

Os pagamentos por serviços ambientais (PSA) protegem áreas verdes direta ou indiretamente. Há vários tipos de PSA em vigor no Brasil, um deles é a redução certificada de emissões atmosféricas, associada ao desenvolvimento limpo (MDL). Os créditos de carbono são obtidos quando se consegue a redução da emissão de gases de efeito estufa. Por convenção, 1 tonelada de gás carbônico (CO_2) equivale a 1 crédito de carbono, que pode ser negociado no mercado internacional. Outros gases do efeito estufa, como metano, óxido nitroso, perfluorcarbonetos, hidroflúor, carbonetos e hexafluoretos de enxofre, também podem ser negociados utilizando-se o conceito de carbono equivalente, ou seja, o potencial de aquecimento global. Os projetos referem-se ao plantio de árvores e reflorestamento. Isso significa que a recomposição de florestas gera recursos, mas a proteção de áreas florestadas não.

A Lei Federal de Política Nacional de Mudanças Climáticas (n. 12.187/ 2009) procura compatibilizar o desenvolvimento socioeconômico com a proteção do sistema climático por meio da redução de gases de efeito estufa, além de incentivar a promoção de pesquisas científico-tecnológicas com objetivo de reduzir entre 36,1 e 38,9% das emissões brasileiras até 2020. Prevê também a operacionalização do Mercado Brasileiro de Redução de Emissões em bolsas de valores, mercadorias e futuros.

A reposição florestal surgiu em 1965 com a Lei Federal n. 4.771 e obriga consumidores de matéria-prima florestal a recompor o volume explorado com o plantio de espécies exóticas ou nativas. Os consumidores podem fazer o plantio ou recolher recursos a uma Associação de Reposição Florestal que fará a produção de mudas e doará para produtores rurais que se comprometerem a plantar e tratar por 5 anos, ficando com os lucros da venda da madeira ou outros produtos de origem vegetal.

A Compensação Ambiental é parte do processo de licenciamento ambiental, e seguindo a Lei n. 9.985/2000, os recursos são utilizados para a implantação e regularização fundiária de Unidades de Conservação. O valor da Compensação Ambiental é igual ou superior a 0,5% dos custos do empreendimento.

Reservas do Patrimônio Natural contam com isenção fiscal e, além disso, seus proprietários têm prioridade no recebimento de crédito rural e em recursos do Fundo Nacional do Meio Ambiente.

O Programa de Desenvolvimento Socioambiental de Produção Familiar Rural (Proambiente) paga a 4 mil famílias de agricultores e pecuaristas um valor equivalente a um terço do salário mínimo para a realização de práticas sustentáveis na Amazônia Legal.

O ICMS Ecológico repassa 5% do Imposto sobre a Circulação de Mercadorias e Serviços (ICMS) para projetos de preservação ambiental dos municípios. Muitos projetos de preservação ambiental municipais envolvem a produção de mudas e plantio de espécies nativas.

O Imposto de Renda Ecológico foi proposto em 2005, aprovado pela Comissão de Meio Ambiente e Desenvolvimento Sustentável da Câmara dos Deputados e Senado Federal.

Finalmente, o marketing ambiental pode melhorar a imagem de empresas junto ao público consumidor, se forem apresentados recursos aprovados para a ampliação ou proteção de áreas verdes.

ÁREAS VERDES URBANAS

As áreas verdes urbanas estão voltadas tanto ao atendimento imediato da população quanto à conservação da biodiversidade. São consideradas em todo o mundo como locais de convívio de todas as classes sociais e também de todas as idades. Pela disponibilidade de tempo, agregam crianças e idosos em um ambiente com espaços para brincadeiras e microclima mais ameno que permeia asfalto e prédios.

As praças e parques urbanos são, portanto, centro de integração e exercício de cidadania, ideais para o desenvolvimento de programas permanentes e campanhas de educação ambiental.

Em geral, parques e praças urbanos seguem padrões que procuram dar segurança, simplificar o manejo e, portanto, reduzir custos aos cofres públicos. Dessa forma, projetos paisagísticos tendem a se repetir, não primando pela criatividade e não refletindo a história e cultura local. Existem exceções e algumas praças e parques se destacam na paisagem urbana.

O Parque do Ibirapuera, que leva assinatura de Niemayer, é um dos pontos de maior frequência na cidade de São Paulo, sendo visitada por até 100 mil pessoas em um domingo de tempo bom e com algum atrativo musical.

Nas áreas verdes urbanas no Brasil predominam os gramados, folhagens e árvores de todos os portes. Plantas com flores são muito apreciadas pela população, mas são mais raras porque na maioria são plantas anuais, de vida curta, fazendo-se necessário o replantio anual. Esse manejo aumenta os custos de manutenção da área.

A manutenção de gramados varia com o período do ano. Na primavera e verão com alta pluviosidade, o gramado precisa ser aparado pelo menos duas vezes por mês. Na seca, basta um corte mensal. O corte de grama em áreas urbanas obriga, além da proteção do trabalhador que está executando a tarefa, a proteção de passantes e veículos pelo uso de redes.

Atualmente, a eliminação de plantas daninhas e exóticas invasoras que podem se propagar com facilidade competindo com a vegetação nativa por espaço e luz tem aumentado a preocupação dos responsáveis pela gestão e manejo de áreas verdes.

Plantas como leque-chinês (*Livistona chineusis*), pau-incenso (*Pittosporum undulatum*) e palmeira-real-da-austrália (*Archontophoenix cunninghamiana*) são preocupações do Jardim Botânico de São Paulo. Embora esteticamente vistosas, sua propagação incontrolável dificulta a ocupação do espaço pela vegetação nativa de Mata Atlântica.

Nas áreas urbanas, folhas e galhos caídos precisam ser removidos, em vez de serem deixados no local para que se decomponham e seus elementos reintegrem ao solo. A população, em geral, vê galhos e folhas secas como sinais de abandono. Os administradores recolhem esses materiais para locais menos visíveis, onde são transformados em composto e então recolocados no solo, ou mesmo dispensados no lixo com desperdício e prejudicando a ciclagem de nutrientes.

A fauna das áreas verdes urbanas é restrita e a predominância é, sem dúvida, de aves. Em determinadas condições de excesso de matéria orgânica, pode haver em alguns lagos um crescimento desequilibrado da população de peixe e aves, ocorrendo alta mortalidade de peixes em determinadas épocas do ano e um grande aumento das garças brancas, que, com seus dejetos, acabam por destruir a vegetação em torno de lagos e represas.

As áreas verdes urbanas também sofrem com o descarte de animais que a população desiste de criar em casa. Dessa maneira, gatos recém-nascidos, cachorros e, mais recentemente, lagartos, macacos ou jacarés são abandonados nos parques. A Sociedade Protetora dos Animais, em conjunto com as Administrações Municipais, tenta dar destino a esses animais, sendo comum a esterilização de gatos e macacos-pregos para diminuir as populações de animais indesejados.

Um planejamento elaborado com a participação da população, considerando as preocupações com a estética e a paisagem, poderia criar praças e parques com visual harmonioso e a baixo custo ou, pelo menos, ter a comunidade como aliada no combate ao vandalismo que predomina nos grandes centros urbanos.

A mão de obra especializada da administração ou operação de áreas verdes é, como em todas as atividades humanas, um fator-chave para o sucesso da sua proteção e conservação. Até 1970, praticamente toda a mão de obra nas áreas verdes públicas era constituída por funcionários públicos. Atualmente, é quase toda terceirizada.

Pouco a pouco, esses funcionários mais antigos foram se aposentando e não houve substituição. Os serviços passaram a ser terceirizados em todo o Brasil, com vantagens e desvantagens. A principal vantagem é a possibilidade de pronta substituição de maus empregados, e as maiores desvantagens são a não especialização e a pouca identificação do trabalhador com o seu local de trabalho. Por falta de recursos ou por causa de excessos burocráticos, muitas vezes não há continuidade dos serviços.

Hoje, com a maior conscientização ambiental e a proliferação de cursos de biologia, agronomia, engenharia florestal, ecologia, engenharia ambiental e gestão ambiental, há a formação de pessoal mais qualificado para assumir a administração de áreas verdes destinadas à conservação.

A identificação do funcionário com as áreas onde trabalha é um fenômeno interessante, comum entre os funcionários mais antigos, que, mesmo depois de aposentados e sem nenhuma vantagem econômica, continuam a frequentar a área e a colaborar como voluntários em alguns serviços.

Uma preocupação válida dos administradores de parques é a quantidade de visitantes que as áreas suportam sem sofrer impactos ambientais negativos. Para essa análise da capacidade de suporte, já existem alguns estudos feitos para determinar a quantidade de visitas em certas trilhas ou áreas específicas.

O cargo de administrador de parques no município de São Paulo é de livre provimento, não exigindo nenhum grau de conhecimento ou experiência anterior. Muitas vezes, os administradores são contratados por indicação política de vereadores, podendo também ser demitidos a qualquer instante em que não haja acordo político. Alguns poucos administradores permanecem tempo suficiente para conhecer suas áreas de trabalho, a população do entorno e conduzir sua administração com algum sucesso. No entanto, outros não se adaptam à função, prejudicando os parques e revoltando frequentadores.

O crescimento da violência tem provocado a construção de cercas no entorno de todas as áreas verdes e seu fechamento no período noturno.

Também são evitados maciços florestais que possam servir de esconderijo para malfeitores e até locais cobertos, que podem se tornar moradias de sem-tetos.

O número cada vez maior de ambulantes em parques e praças urbanos também acaba por desvirtuar o papel das áreas verdes para a população. Junto com esse comércio irregular, por vezes ocorre também o comércio de drogas, trazendo sérios problemas às administrações das áreas verdes.

Preocupações com a segurança e cuidados não têm evitado a degradação de áreas verdes, principalmente nos grandes centros urbanos, em que o problema precisa ser considerado dentro de um programa social, que envolva moradias e assistência social a desabrigados.

A maioria dos parques urbanos não cobram ingressos, exceto zoológicos e jardins botânicos.

A cobrança pela entrada em museus ou exposições situados em áreas verdes ou em eventos também pode trazer pequena parcela de recursos para a administração, assim como o aluguel de áreas para a instalação de lanchonetes, restaurantes ou loja de suvenires, ou ainda a cobrança para fotos e filmagens publicitárias.

Todas essas formas de arrecadação estão sujeitas à legislação que regulamenta o uso de recursos públicos, e são imediatamente recolhidas no "bolo" do orçamento, não retornando diretamente ao local de origem. Essa situação não estimula os administradores a desenvolver iniciativas que possam trazer retorno econômico. A lei que cria o Sistema Nacional de Unidades de Conservação prevê o retorno de parte dos recursos à área verde que o gerou e outras medidas para facilitar a geração e recebimento de recursos.

A cooperação internacional para a gestão de recursos naturais renováveis tem sido uma importante fonte de recursos. O Banco Mundial e o Banco Interamericano de Desenvolvimento, nos últimos dez anos, têm destinado pelo menos 10% de seus recursos à projetos ambientais. O banco alemão KFW financiou o Projeto de Preservação da Mata Atlântica (PPMA), no qual recursos foram destinados para a proteção de parques e para a fiscalização realizada pela Polícia Ambiental na Serra do Mar no estado de São Paulo. Um grande número de tratados e convenções internacionais reforça a proteção de áreas verdes. Cabe ressaltar a Convenção da Biodiversidade, assinada no Rio de Janeiro, em janeiro de 1992, por vários países, inclusive o Brasil, e reconhecida pelo Congresso Nacional em dezembro de 1993.

A convenção de Ramsar sobre zonas úmidas de importância internacional, especialmente como hábitat de aves aquáticas, é um importante instrumento de controle, assinada em 1971 e adotada pelo Brasil a partir de 1993. A convenção foi desdobrada em outros acordos, como o de Aichi, Nagoya, em 2011, que estabelece estratégias de ação para a conservação da biodiversidade.

Algumas leis criaram instrumentos econômicos para a gestão ambiental (Sema, 1998). Entre eles, podem ser citados a cobrança pelo uso de água (Lei n. 7.663/91), a compensação financeira em decorrência da exploração dos recursos naturais (Lei n. 7.990/89, regulamentada pela Lei n. 8.001/90), a compensação financeira por área de preservação (Lei do estado de São Paulo n. 9.146/95), o imposto por desmatamento (Lei n. 4.771/65 e Lei n. 7.803/89) e, principalmente, a Lei Federal n. 9.985/2000 e os Decretos Federais n. 4.340/2002 e n. 6.848/2009, que tratam da compensação no licenciamento ambiental.

Embora legalmente previstos, nem sempre esses recursos estão disponíveis e são destinados para o controle da fauna e da flora. Algumas leis ainda dependem de regulamentação para serem aplicadas.

No estado de São Paulo, os municípios que possuem unidades de conservação estaduais (170 municípios) recebem, desde 1998, porcentagem do valor do ICMS recolhido. No Mato Grosso do Sul, legislação semelhante está sendo implantada.

Alguns fundos brasileiros criados nos últimos anos têm fornecido recursos para o controle e manejo de áreas verdes. Entre eles pode ser citado o Fundo Nacional do Meio Ambiente (FNMA), vinculado ao Ministério do Meio Ambiente, que financia projetos ligados a políticas públicas, como os de saneamento básico, uso sustentável e/ou preservação dos recursos naturais, principalmente os realizados em áreas públicas. Outro fundo, o Fundo Estadual de Recursos Hídricos (Fehidro), no estado de São Paulo, tem colaborado fornecendo recursos a ONG e governos para o reflorestamento ciliar e programas de educação ambiental, entre outros.

O turismo ecológico, dependendo dos atributos naturais de alguns parques, pode ser uma fonte de renda e desenvolvimento para a população do entorno, como é o caso do Parque Nacional de Foz de Iguaçu. No entanto, cuidados com o uso dessas áreas precisam ser tomados para evitar fluxo de público acima da capacidade de suporte e degradação da área.

Nos últimos anos, na Secretaria do Meio Ambiente do Estado de São Paulo, a maior fonte de recursos para a proteção de parques e outras Unidades de Conservação foram recursos advindos dos Termos de Compromisso de Compensação Ambiental, decorrentes do licenciamento ambiental de empreendimentos industriais e comerciais.

CONSIDERAÇÕES FINAIS

O conhecimento científico é um suporte fundamental para a gestão, manejo e controle ambiental de áreas verdes rurais e urbanas. De modo geral, no Brasil, a vegetação é mais bem conhecida que a fauna e o conhecimento sobre microrganismos é muito limitado ainda. Como faltam dados sobre a biologia de todos os organismos que integram os diferentes ecossistemas, a compreensão das correlações entre organismos e o ambiente físico é prejudicada, dificultando a gestão e a definição dos melhores mecanismos de controle e recuperação. Programas como o Biota/Fapesp, no estado de São Paulo, e *Livro vermelho das espécies vegetais e da fauna ameaçadas do estado de São Paulo* são importantes instrumentos de auxílio à gestão ambiental.

As legislações ambientais federal e estadual incidem tanto sobre áreas rurais como urbanas. Os municípios observam essa legislação e podem ainda ter leis municipais para o controle de suas áreas verdes e fauna silvestre. Segundo a Constituição Brasileira, todos são responsáveis pela proteção do meio ambiente, incluindo os três níveis de poder e os cidadãos.

As áreas verdes urbanas, os parques e praças, além de trazerem benefícios ambientais às cidades, são considerados importantes do ponto de vista do desenvolvimento social e, em alguns casos específicos, podem ser polos de desenvolvimento regional.

Preocupações com a segurança e cuidados não têm evitado a degradação de áreas verdes, principalmente nos grandes centros urbanos, em que o problema precisa ser considerado dentro de um programa social maior, que envolva moradias e assistência social a desabrigados.

Hoje, com a maior conscientização ambiental e a proliferação de cursos de biologia, agronomia, engenharia florestal, ecologia, engenharia ambiental e gestão ambiental, há a formação de pessoal mais qualificado para assumir a administração de áreas verdes destinadas à conservação.

Os recursos para a manutenção de áreas verdes advêm, em sua maior parte, do tesouro público, e, em geral, não têm sido suficientes para proteção e manutenção adequadas. Responsáveis pela administração têm procurado encontrar alternativas econômicas que tragam mais recursos.

As áreas verdes fora dos centros urbanos são principalmente parques sob a posse da administração pública ou APA, RPPN ou ainda reservas de condomínios, áreas de preservação permanente e reservas legais de propriedades agrícolas que podem estar sob a administração pública ou, o que é mais comum, privada. A proteção e gestão dessas áreas enfrenta outros problemas, entre os quais poderiam ser destacados: ocupação pelo movimento dos sem-terra e quilombolas e, em alguns locais, a caça ilegal.

Criatividade, participação das comunidades do entorno no planejamento e gestão de áreas verdes, educação para a conservação, recuperação de áreas degradadas e créditos de carbono são os componentes a serem somados na difícil equação de gerir, manter e conservar as áreas verdes. Em muitos locais do Brasil, no interior, existem apenas fragmentos de vegetação, mas a conservação dessas áreas é fundamental para garantir a biodiversidade, até que medidas de recuperação ocorram.

A maioria das pessoas, principalmente as que vivem nas grandes cidades, mantém pouco contato com a natureza e não tem muito claro o conceito e a importância da biodiversidade para a sobrevivência do homem. Nem sempre se percebe o papel da vegetação como fonte de matéria-prima, alimentos, medicamentos, amenização do clima e estabilização de solos.

REFERÊNCIAS

AGUIAR, L. (ed). *Minerais ao alcance de todos*. São Paulo: Bei, 2004.

Assembleia Legislativa. Legislação Ambiental. Estado de São Paulo (Publicações Anuais). São Paulo.

BARBOSA, L.M. (coord). *Manual sobre princípios de recuperação vegetal de áreas degradadas*. São Paulo: Secretaria do Meio Ambiente, 2000.

BARBOSA, L.M.; ASPERTI, L.M.; BARBOSA, J.M. Características importantes de componentes arbóreos na definição dos estádios sucessionais em florestas implantadas. In: ANAIS DO 4º SIMPÓSIO INTERNACIONAL DE ECOSSISTEMAS FLORESTAIS. Piracicaba, 1996, p.242-5.

BONONI, V.L. (coord). *Recomposição da vegetação da Serra do Mar, em Cubatão, São Paulo, Brasil.* São Paulo: Instituto de Botânica, 1989.

BRESSAM, A.M.; KIERULFF, M.C.M.; SUGIEDA, A.M. *Fauna Silvestre ameaçada de extinção no estado de São Paulo: vertebrados.* São Paulo: Fundação Parque Zoológico de São Paulo/Secretaria do Meio Ambiente do Estado de São Paulo, 2009.

[CESP] Companhia Energética de São Paulo. *Guia de arborização.* 3.ed. São Paulo: Cesp, 1988.

COSTANZA, R. et al. The value of the world ecosystem services and antural capital. *Nature.* v. 387, 15 mai. 1997, p. 253-80.

CULLEN JR., L.; RUDAN, R.; VALLADARES-PADUA, C. *Métodos de estudos em Biologia da Conservação e Manejo da Vida Silvestre.* Curitiba: UFPR, 2004.

[ELETROPAULO] Eletropaulo Metropolitana Eletricidade de São Paulo S.A. *Guia de arborização urbana: manual de poda.* São Paulo: Secretaria do Verde e do Meio Ambiente, 1999.

ESTEVES, L.M. *Meio Ambiente & Botânica.* São Paulo: Senac, 2011.

[FAO] FOOD AND AGRICULTURE ORGANIZATION OF THE UNITED NATIONS. *The state of food insecurity in the world.* Roma: FAO, 2006.

GOUVÊA, Y.M.G.; VAN ACKER, F.Y.; SANCHEZ, L.E. *Avaliação de impacto ambiental.* São Paulo: Secretaria do Meio Ambiente, 1998.

GRAEMER, K. *Guidelines for marine protected areas.* Gland: IUCN, 1999.

GRAZIANO-NETO, F.; LIMA, M. *Criança Ecológica: sou dessa turma.* São Paulo: Secretaria de Estado do Meio Ambiente, 2009.

GUERRA, A.J.T.; CUNHA, S.B. *Impactos Ambientais Urbanos no Brasil.* Rio de Janeiro: Bertrand Brasil, 2004.

JAMES, N.A. Institucional constraints to protected area funding. In: *Parks.* Gland: IUCN, 1999, p. 15-26.

JARDIM BOTÂNICO DO RIO DE JANEIRO. *Lista de espécies da Flora do Brasil.* Disponível em: http//reflora.JBRJ.gov.br/jabot/listaBrasil/ConsultaPublicaUC. Acessado em: 10 ago. 2013.

KRONKA, F.J.N. (org). *Áreas de domínio do cerrado no estado de São Paulo.* São Paulo: Secretaria do Meio Ambiente, 1998.

[LEMA] LEGISLAÇÃO AMBIENTAL DO ESTADO DE SÃO PAULO. São Paulo: Lema, 2000.

LORENZI, H. *Árvores brasileiras: manual de identificação e cultivo de plantas arbóreas nativas do Brasil.* Nova Odessa: Editora Plantarum, 1992.

MAMEDE, M.C.H.; SOUZA, V.C.; PRADO, J. et al. *Livro Vermelho das espécies vegetais ameaçadas de extinção do estado de São Paulo.* São Paulo: Instituto de Botânica, 2007.

MURGIA, M.; VILLASEÑOR, J.L. *Clave para famílias de plantas com flores (Magnoliophyta) de México*. México: Associación de Biologos Amigos de la Computación, 1993.

MYERS, N. *The Primary Source. Tropical Florests and our Future*. New York: WW Norton Company, 1985.

MYERS, N.; MITTERMEIER, R.A.; MITTERMEIER, C.G. et al. Biodiversity hotspots for Conservation priorities. *Nature*. v. 403, 24 fev. 2005, p. 843-845.

PHILIPPI JR, A. *Saneamento, saúde e ambiente: fundamentos para um desenvolvimento sustentável*. Barueri: Manole, 2005.

RAMOS, V.S.; DURIGAN, G.; FRANCO, G.A.D.C. et al. *Árvores da Floresta Estacional Semidecidual: guia de identificação de espécies*. São Paulo: Fapesp/Edusp, 2008.

RODRIGUES, R.R.; BONONI, V.L.R. *Diretrizes para a Conservação e Restauração da Biodiversidade no Estado de São Paulo*. São Paulo: Instituto de Botânica, 2008.

SANTOS, N.R.Z.; TEIXEIRA, I.F. *Arborização das Vias Públicas: ambientes x vegetação*. Porto Alegre: Instituto Souza Cruz, 2001.

SÃO PAULO. Assembléia Legislativa. Legislação Ambiental do Estado de São Paulo. (Publicações Anuais).

SCHWENCK Jr., P.; AZEVEDO, P.U.E. (orgs). *Regularização imobiliária de áreas protegidas*. São Paulo: Centro de Estudos da Procuradoria Geral do Estado, 1998.

SEARA FILHO, G. (org). *Consema: mais cinco anos de atividades*. São Paulo: Secretaria do Meio Ambiente, 1988.

[SEMA] SECRETARIA DE ESTADO DO MEIO AMBIENTE. *Agenda 21: Conferência das Nações Unidas sobre Meio Ambiente e Desenvolvimento*. São Paulo: Secretaria do Meio Ambiente, 1997.

_____. *Fauna ameaçada no estado de São Paulo*. São Paulo: Secretaria do Meio Ambiente, 1998a.

_____. *Instrumentos Econômicos e financeiros*. São Paulo: Secretaria do Meio Ambiente, 1998b.

_____. *Conceitos para se fazer Educação Ambiental*. São Paulo: Secretaria do Meio Ambiente, 1999.

STRUFFALDI DE VUONO, Y.; BONONI, V.L.R. (orgs). *Espécies da flora ameaçadas de extinção no Estado de São Paulo: lista preliminar*. São Paulo: Secretaria do Meio Ambiente, 1998.

WANDERLEY, M.G.L.; SHEPERD, G.J.; MELHEM, T.S. et al. Flora de São Paulo. *Imprensa Oficial*. São Paulo, v. 6, 2009.

Controle do Ambiente de Trabalho: Riscos Químicos e Saúde do Trabalhador

8

Sérgio Colacioppo

Farmacêutico bioquímico, Faculdade de Saúde Pública – USP

TRABALHO E SAÚDE – UM POUCO DA HISTÓRIA

Desde os primórdios de sua existência o homem notou que, para sobreviver, precisava executar algumas tarefas como caçar, construir abrigos e armas, plantar, colher etc. Essas atividades exigem esforço e são cansativas, assim, os indivíduos mais fortes ou detentores do poder aprenderam, também, que podiam obrigar os mais fracos a executar essas tarefas. Nasciam assim o trabalho e o trabalho escravo.

O trabalho escravo está presente na história da humanidade, inclusive em antigas civilizações consideradas avançadas ou evoluídas, como a egípcia, a grega e a romana, porque consideravam que o trabalho era degradante, além de cansativo, e que os ricos e poderosos não deviam trabalhar; assim, grandes sábios, filósofos ou governantes possuíam escravos para diversas tarefas, inclusive para escrever, pois muitos deles eram analfabetos.

Na Idade Média, teve início o aprendizado de ofícios que os artesãos promoviam, ensinando inicialmente seus filhos e depois outros jovens do castelo do senhor feudal. Lentamente essas escolas foram crescendo, inclusive fora do castelo, formando cidades ou burgos. Com esse crescimento surgiu também uma nova classe social, a burguesia, que, embora não pertencesse à nobreza, começou a ter algum poder econômico.

Perto do final da Idade Média apareceram as primeiras fábricas, movidas por uma roda d'água ou moinho, daí a existência até hoje, em língua inglesa, da denominação *mills* (moinhos) para fábricas.

Com o advento da máquina a vapor e da Revolução Industrial, as fábricas puderam ser instaladas em outros locais que não necessariamente à beira de um rio, surgiram assim as fábricas nas zonas urbanas. Principalmente na Inglaterra, que foi o berço da Revolução Industrial, havia a necessidade de carvão para as caldeiras, além do aquecimento doméstico, o que originou grande desenvolvimento da indústria extrativa de carvão.

As indústrias de carvão utilizavam mão de obra infantil, uma vez que as crianças são pequenas e podem entrar em túneis baixos. Além dos salários reduzidos, as condições de trabalho eram as piores possíveis, nascendo daí, após muitas disputas sociais, uma das primeiras leis de proteção ao trabalhador, que restringia a dezesseis horas diárias o trabalho de crianças[1].

Muitas lutas foram travadas até o início do século XX, quando apareceram as primeiras grandes fábricas e os efeitos do trabalho sobre a saúde do trabalhador começaram a ser considerados mais seriamente, embora já no século XVIII Bernardino Ramazzini tenha descrito de forma sistemática as doenças características de diversas profissões (Ramazzini, 1971).

Mais acentuadamente na segunda metade do século XX, observou-se grande desenvolvimento das indústrias e, paralelamente, da saúde do trabalhador e das ciências a ela relacionadas ou subordinadas.

A versão mais aceita é que a palavra *trabalho* teve origem em *trapilho*, que significa chicote, com o qual os feitores obrigavam os escravos a trabalhar. Ainda hoje, há alguns grupos de trabalhadores que não parecem estar muito longe do trapilho, por outro lado, há também outros grupos que já têm suas necessidades básicas satisfeitas, inclusive de segurança e saúde, e buscam agora a qualidade de vida no trabalho, a realização profissional, o poder e outras exigências mais refinadas.

Todavia, são encontradas ainda pequenas e microempresas com processos produtivos muito primitivos, com pouca ou nenhuma preocupação com a saúde do trabalhador, ou sem recursos para a introdução de qualquer medida de controle. Em pleno século XXI persiste o trabalho escravo, como se tem noticiado pela imprensa brasileira.

---

[1] Uma boa revisão da história da saúde do trabalhador pode ser encontrada no livro *The Diseases of Occupation* (Hunter, 1970).

CONTROLE DO AMBIENTE DE TRABALHO: RISCOS QUÍMICOS E SAÚDE DO TRABALHADOR | **309**

Mas, por outro lado, há no Brasil de hoje empresas com processos que utilizam a mais recente tecnologia e com eficientes programas de promoção e proteção da saúde do trabalhador nos seus variados aspectos.

SAÚDE DO TRABALHADOR – UM POUCO DA REALIDADE BRASILEIRA

De maneira semelhante a que se verifica em outros países, grande parte da contaminação ambiental brasileira se origina nas atividades industriais. Dentro de um caráter preventivo, o controle na fonte implica a colocação de *filtros* em seus efluentes, evitando-se a contaminação da atmosfera, ou de um curso d'água, o que tornaria muito mais complexa sua correção.

Essa conduta, embora correta, não é completa, pois parte do princípio de que a atividade industrial é necessariamente poluidora e o controle deve ser focalizado em seu efluente. Contudo, a fonte da poluição não é a chaminé ou o efluente líquido ou seus resíduos sólidos, é preciso verificar dentro da indústria a real fonte de liberação dos agentes (Hughes, 1996).

Ao se estudar determinada atividade industrial, como a pintura de peças metálicas, por exemplo, verifica-se que as cabinas de pintura são os locais onde se originam as névoas de tintas e vapores de solventes orgânicos. Como o ar do local de trabalho torna-se extremamente contaminado, durante essa operação, um sistema de ventilação local exaustora retira os agentes químicos da zona respiratória do pintor, porém, remete-os para a atmosfera fora da fábrica.

É evidente que o problema está sendo apenas transferido de um local para outro, mudando inclusive de competência, passando de um órgão fiscalizador do Ministério ou Secretaria de Estado do Trabalho para outro órgão de meio ambiente. Mas, é necessário lançar os poluentes na atmosfera para proteger a saúde do pintor?

Considerando uma atitude preventiva de reduzir ou eliminar o risco na fonte, o correto seria intervir na operação de pintura, desde o projeto da empresa, com alternativas como:

- Utilizar ou produzir peças que não necessitem de pintura.
- Utilizar tintas a base de água, ou tinta em pó, o que eliminaria os solventes.

CURSO DE GESTÃO AMBIENTAL

- Utilizar processo de imersão das peças no lugar de *spray*, evitando a formação de névoas e vapores.
- Utilizar *spray* eletrostático, que reduz a dispersão e o desperdício da tinta.

Assim, ao encontrar no ambiente de trabalho a fonte primária do problema, deve-se agir de forma coordenada com ações que reduzam ou eliminem a exposição ocupacional, mas que, por outro lado, não provoquem uma exposição ambiental (no ambiente externo à indústria), lembrando-se que o trabalhador não respira apenas durante o horário de trabalho na empresa e, após sua jornada, ele estará exposto, juntamente com o restante da população, aos contaminantes que ele mesmo e seus colegas originaram.

Em 1950, um comitê misto da Organização Internacional do Trabalho (OIT) e da Organização Mundial da Saúde (OMS) definiu saúde ocupacional como a ciência que visa a promoção e manutenção do mais alto grau de bem-estar físico, social e mental dos trabalhadores em todas as ocupações.

No Brasil, mais recentemente, no intuito de melhor definir o âmbito de ação dessa ciência, seu nome foi trocado para saúde do trabalhador, justamente tendo em mente que os agravos à saúde das pessoas que trabalham não advêm exclusivamente do local de trabalho, mas de todos os locais onde trabalham e vivem.

Na realidade brasileira, mesmo com os grandes avanços da ciência, existem ainda diversas situações em que um trabalhador, ao realizar uma atividade, pode ficar exposto a um agente químico e, em decorrência, apresentar efeitos imediatos, como no caso de acidentes, ou ainda após algum tempo, como nas doenças ocupacionais.

Em determinadas situações, o trabalhador pode não receber atenção médica por estar fisicamente distante das equipes de saúde, como no caso de garimpeiros ou trabalhadores rurais. Em outros casos, mesmo nas grandes cidades, por não se dispor de um sistema de saúde pública e saúde do trabalhador bastante abrangente, alguns trabalhadores podem não receber atenção adequada, como no caso dos trabalhadores avulsos ou informais.

A maioria dos trabalhadores de grandes centros, por outro lado, tem acesso a médicos e pode ser adequadamente tratada. Contudo, se ocorrer apenas esse processo, pode-se estar criando um ciclo vicioso com o simples tratamento do trabalhador doente e seu regresso ao local de trabalho e, consequentemente, para a exposição ocupacional; algum tempo depois, o trabalhador retorna ao médico com os mesmos sinais e sintomas anteriores. Como um eletricista que conserta uma instalação apenas trocando um fusível sem se preocupar em saber o que provocou a sua queima, essa situação leva a uma evidente deterioração da saúde e, por conseguinte, a um custo socioeconômico cada vez mais elevado para o seu retorno às condições iniciais.

Esse ciclo só pode ser rompido quando, paralelamente ao tratamento do trabalhador doente, se fizer o *tratamento* do respectivo local de trabalho ou atividade, transformando esses ambientes em locais salubres, que é o objetivo da higiene ocupacional, deixando-os em harmonia com o trabalhador sadio, atingindo assim os objetivos maiores da saúde do trabalhador.

AMBIENTE DE TRABALHO E HIGIENE OCUPACIONAL

Historicamente, as raízes da higiene ocupacional se perdem no tempo e se confundem com os primórdios da medicina e da toxicologia, quando o homem aprendeu que determinadas atividades, envolvendo o manuseio ou exposição a agentes ambientais, poderiam ser prejudiciais à sua saúde, e começou a proteger-se. A higiene ocupacional, contudo, é relativamente nova como ciência e somente nas últimas décadas teve maior desenvolvimento, sendo considerada, inclusive, como ciência, com diferentes denominações como:

- *Higiene industrial* – característica dos Estados Unidos, onde teve grande desenvolvimento e exerce grande influência no restante do mundo.
- *Higiene do trabalho* – característica do Brasil por ter seu desenvolvimento atrelado ao Ministério do Trabalho, que criou as denominações: Medicina do Trabalho, Engenharia de Segurança do Trabalho, Enfermagem do Trabalho etc., para evitar que essas áreas de atuação fossem confundidas como pertencentes ao Ministério da Saúde; assinala-se que, historicamente, na Faculdade de Saúde Pública da Universidade de São Paulo, a denominação *Higiene do Trabalho* foi utilizada para a cátedra ocupada pelo Professor Benjamin Alves Ribeiro, todavia, o seu

conteúdo era eminentemente médico, sendo hoje ministrado na disciplina de Patologia Ocupacional, nos cursos de pós-graduação.

- *Higiene ocupacional* – mais difundida na Europa, recomendada pela OIT e aceita por vários autores, inclusive norte-americanos, sendo a que melhor expressa os seus objetivos em língua portuguesa.

Em 1948, Frank Patty, grande expoente da higiene ocupacional dos Estados Unidos, a definiu como "a ciência que visa antecipar e reconhecer situações potencialmente perigosas e aplicar medidas de controle de engenharia antes que agressões sérias à saúde do trabalhador sejam observadas" (Patty, 1948).

Pela definição anterior, já se verifica o caráter preventivo da Higiene Ocupacional, que alguns anos depois foi aprimorada pela American Conference of Governmental Industrial Hygienists (ACGIH) como:

A ciência e a arte devotadas à antecipação, ao reconhecimento, à avaliação e ao controle dos riscos ambientais e estresses originados no local de trabalho ou provenientes deste, que podem causar doença, comprometimento da saúde e do bem-estar, ou significativo desconforto e ineficiência entre os trabalhadores, ou membros de uma comunidade. (ACGIH, 1959)

Nessa definição, a ACGIH, além do caráter preventivo de antecipar ações corretivas, cita o método de trabalho e admite a possibilidade de um estudo não só prospectivo como também retrospectivo.

No Brasil, porém, ainda ocorre com frequência o estudo retrospectivo, ou seja, a busca das causas após o dano à saúde do trabalhador já ter sido causado.

Nota-se ainda que o higienista não deve se preocupar exclusivamente com doenças graves, mas também com pequenos desvios de saúde e do bem-estar, e, além disso, não deve atentar somente do trabalhador em seu local de trabalho, mas também de toda a comunidade na qual a empresa e o trabalhador estão inseridos.

Dentro dessa linha de pensamento, de modo semelhante à toxicologia ambiental, embora não seja muito aceito, alguns autores sugerem o termo higiene ambiental, que se articularia com diversos assuntos pertinentes a outras ciências, como Saneamento do Meio, Química Sanitária e Ambiental, Vigilância Ambiental em Saúde etc. Do ponto de vista prático, pode-se ob-

CONTROLE DO AMBIENTE DE TRABALHO: RISCOS QUÍMICOS E SAÚDE DO TRABALHADOR | **313**

servar que a tradicional American Industrial Hygiene Association (Aiha), uma associação dedicada à higiene industrial, possui em seu quadro milhares de associados, contudo, apenas cerca de um terço se dedica exclusivamente à higiene industrial, enquanto os outros dois terços lidam com os aspectos do meio ambiente externo.

Riscos ambientais, como citado na definição da ACGIH, é uma denominação genérica e utilizada pelos higienistas para se referir aos possíveis agentes de doenças ocupacionais que podem ser encontrados em dada atividade ou local de trabalho. Outras denominações podem ser utilizadas, como riscos ocupacionais, cargas de trabalho, fatores ambientais e agentes ambientais. No Quadro 8.1 há uma divisão didática dos riscos ambientais e exemplos.

Quadro 8.1 – Riscos ambientais e alguns exemplos.

Riscos ambientais	Exemplos
Químicos	Substâncias químicas na forma de: sólidos/líquidos/gases/vapores/poeiras/fumos/névoas/fumaças
Físicos	Radiações ionizantes ou não Ruído Vibrações Temperaturas extremas Pressão atmosférica anormal Iluminação
Biológicos	Micro e macrorganismos patogênicos
Outras situações	Interação física e psíquica entre tarefa-trabalhador (ergonomia/organização do trabalho)

Fontes: ACGIH (2003) e ILO (1989).

Além desses agentes, há outros, sobre os quais o higienista tem uma ação mais restrita, mas que interferem na atividade laborativa, levando a distúrbios somáticos ou psíquicos, tais como: alimentação, transporte, trabalho em turnos e noturno e nível socioeconômico e cultural.

Pela multiplicidade dos agentes, verifica-se que a higiene ocupacional é multiprofissional, ou seja, não pode ser praticada exclusivamente por uma única categoria profissional, sendo que diversos profissionais de nível superior e técnico podem se especializar nessa ciência.

Neste capítulo, embora abrangendo a higiene ocupacional amplamente e diversos conceitos aplicáveis a todos os riscos, será dada ênfase aos riscos químicos. Inicialmente, esse assunto está dividido em quatro níveis distintos: antecipação, reconhecimento, avaliação e controle.

ANTECIPAÇÃO DE RISCOS

O higienista deve estar capacitado a conhecer os riscos que eventualmente poderão ser encontrados e ter autoridade para servir como um dos elementos de aprovação de todos os projetos de instalações e/ou modificações a serem introduzidas em uma empresa.

É muito mais econômico e eficaz eliminar-se um risco à saúde quando este se encontra ainda no projeto, ocasião em que pequenas modificações podem ser agregadas e pode-se introduzir as medidas necessárias e suficientes para o controle dos riscos, o que muitas vezes se faz sem custo ou com um pequeno custo adicional.

Por outro lado, uma vez instalados os equipamentos ou realizadas construções ou reformas, o custo para qualquer modificação posterior visando a proteção dos trabalhadores poderá ser elevadíssimo em relação ao anterior, mormente quando devem ser introduzidas modificações que impliquem a remoção de equipamentos, modificações no sistema de ventilação ou mesmo, nos piores casos, a remoção de estruturas ou partes construídas inadequadamente do ponto de vista da higiene ocupacional.

Uma questão particularmente importante em indústrias é o custo de uma possível parada de produção para introduzir a medida de controle ou mesmo em decorrência de uma greve dos empregados que podem se recusar a trabalhar em condições inadequadas. Lembram-se ainda os elevados custos econômicos, sociais e da imagem da empresa, na administração de problemas legais, decorrentes de uma contaminação do ambiente de trabalho e/ou do ambiente geral.

RECONHECIMENTO DE RISCOS

Reconhecer um risco é identificar no local de trabalho ou tarefa a presença de um agente químico que pode estar afetando a saúde dos trabalhadores. Para essa atividade, o higienista deve ter conhecimento detalhado de toda a empresa, devendo contar para isso com a colaboração do pessoal de produção, manutenção e outros ligados ao processo industrial.

CONTROLE DO AMBIENTE DE TRABALHO: RISCOS QUÍMICOS E SAÚDE DO TRABALHADOR | **315**

O higienista deve examinar cuidadosamente os métodos de trabalho, processos e operações, matérias-primas e produtos finais ou secundários e utilizar os conhecimentos técnicos de higiene ocupacional e os fundamentos de toxicologia ocupacional, bem como da medicina do trabalho, para que possa identificar o risco à saúde, que pode se apresentar de uma forma invisível, pois nem sempre sua presença é notada com facilidade pelos trabalhadores (Levy e Wegman, 2000).

O higienista deve estar atento a todos os detalhes, pois um reconhecimento mal realizado pode comprometer todo o conjunto de atividades, além de não controlar os riscos à saúde do trabalhador exposto.

A realidade brasileira ainda apresenta sérias dificuldades na fase de reconhecimento de um risco químico. Isso se deve basicamente ao:

• Desconhecimento das propriedades químicas e toxicológicas do agente.

• Desconhecimento da presença do agente em determinado local, como componente de um produto industrial ou resíduo.

O conhecimento toxicológico é dinâmico. Uma substância pode ter sido considerada no passado como de baixa toxicidade e hoje ser classificada como carcinogênica, como no caso do cloreto de vinila. Embora com menor frequência, o inverso também ocorre, como no caso do tricloretileno, que inicialmente foi classificado como de relativamente baixa toxicidade e, após algum tempo, foi classificado como carcinogênico, o que se manteve por vários anos. Hoje, após novos estudos, não é mais classificado como carcinogênico, pois se descobriu que a atividade carcinogênica era fornecida por um resíduo, que agora não existe mais no produto industrial. Assim, deve-se observar, além da informação toxicológica, a data desta, pois, como no caso anterior, esta pode variar com o tempo.

Outro exemplo é o DDT, ao qual tanto deve a saúde pública no controle de insetos. Contudo, após décadas de utilização, hoje o DDT é banido em virtude dos efeitos colaterais para o homem e o ambiente, que, imperceptíveis no início, só apareceram com maior evidência após décadas de estudos epidemiológicos.

Essa situação se deve, em parte, ao grande número de substâncias químicas conhecidas hoje – mais de 72 milhões conhecidas, das quais 300 mil disponíveis comercialmente em julho de 2013 (CAS, 2013). Destas, cerca de mil substâncias possuem algum estudo e propostas de limites de exposi-

316 CURSO DE GESTÃO AMBIENTAL

ção ocupacional. Na legislação brasileira, contam-se menos de 150 substâncias com limites de tolerância estabelecidos pela Portaria n. 3.214, NR-15, anexos 11, 12 e 13 (Brasil, 1978).

Além do grande número de substâncias que podem ser empregadas, os usuários de produtos químicos dificilmente têm acesso à composição química deles. Mesmo com a legislação garantindo ao trabalhador o direito de saber o risco a que está exposto e a obrigatoriedade do empregador de informar esses riscos (Brasil, 1978), diversas empresas produtoras ou vendedoras negam-se a fornecer informações, alegando tratar-se de segredo industrial ou que apenas manipulam o produto e o revendem, quando, na realidade, desconhecem sua composição completa.

Quando surge a hipótese de realizar um estudo toxicológico de um produto, logo se verificam as dificuldades de elevado custo, que, nos casos mais complexos, pode chegar a milhões de dólares além do prazo para a realização do estudo, que pode levar vários anos.

Assim, sem recursos e sem tempo, a empresa usuária se vê obrigada a ter seus trabalhadores potencialmente expostos a um risco total ou parcialmente desconhecido, cuja amplitude pode ir desde um risco quase nulo, até sérios comprometimentos da saúde ou mesmo da vida, não só dos trabalhadores, mas da comunidade envolvida nos diversos passos do ciclo de vida do produto.

Soma-se a esse fato a falta de interesse ou mesmo de conhecimento, ainda existente em algumas empresas, sobre assuntos relativos à proteção da saúde do trabalhador e da comunidade.

Por outro lado, pode-se desconhecer a presença de uma substância em um local de trabalho. Produtos industriais não são quimicamente puros em sua grande maioria, é possível haver resíduos que, embora não afetem o processo industrial, podem ser prejudiciais à saúde. Citam-se as nitrosaminas, que eram formadas em óleos de corte a partir de nitritos e aminas (hoje os óleos solúveis são isentos de nitritos), e o benzeno, que pode aparecer em solventes ou tíneres para tintas ou mesmo na gasolina dos automóveis sem que ninguém o tenha colocado lá intencionalmente.

Outra dificuldade ainda é caracterizar uma substância corretamente, o que pode comprometer todo o estudo que se segue. Um exemplo disso envolve o benzeno, que possui nome semelhante à benzina, mas que é química e toxicologicamente diferente. O benzeno possui uma molécula com o anel aromático de seis carbonos, e a benzina é uma mistura de hidrocar-

CONTROLE DO AMBIENTE DE TRABALHO: RISCOS QUÍMICOS E SAÚDE DO TRABALHADOR | 317

bonetos alifáticos com cadeia aberta saturada de cinco, seis e sete carbonos, ramificada ou não.

Nos livros de língua inglesa, encontra-se *benzine*, que se pronuncia *benzaine*, e que é a benzina, encontra-se também *benzene*, que se pronuncia *benzin*, o benzeno. Complicando ainda mais, em alguns livros, se encontra *benzine* como sinônimo do nosso *benzol*, que é o benzeno industrial, não quimicamente puro.

Outros produtos ainda possuem nomes semelhantes, como *benzin*, do alemão, ou *benzina*, do italiano, mas que correspondem à gasolina, ao *petrol*, dos britânicos, à *essence*, dos franceses e à *nafta*, dos argentinos. Por outro lado, *gas* para os norte-americanos, além de gás, pode significar também gasolina; e *oil*, além de óleo, pode significar petróleo. Este, por sua vez, pode significar ainda querosene de iluminação para alguns portugueses; e querosene, em alguns pontos do Nordeste brasileiro, é conhecida como gás.

Verifica-se assim a necessidade de uma correta caracterização da substância objeto de estudo, pois além da dificuldade de nomenclatura, uma pequena alteração na posição de um átomo na molécula, como no caso dos solventes clorados, ou mesmo o estado de oxidação de um átomo, como no caso do cromo, é fundamental para a definição da toxicidade e periculosidade.

De posse da identificação correta do agente, deve-se ter um bom entrosamento com a toxicologia ocupacional e com a medicina do trabalho, pois para a perfeita execução de um programa de saúde do trabalhador há necessidade de ações bem articuladas e de conhecimento das propriedades toxicológicas como a toxicidade, periculosidade e toxicocinética dos agentes tóxicos para que se possam estabelecer ações e prioridades.

No entanto, outra dificuldade dessa fase envolve a obtenção de informações técnicas e toxicológicas a respeito do produto, pois se para algumas substâncias tem-se grande número de informações disponíveis, como no caso do chumbo ou benzeno, para outras, há pouca ou mesmo nenhuma informação, principalmente no caso de produtos novos ou de pouca utilização industrial. É oportuno rever alguns conceitos de toxicologia (Quadro 8.2).

CURSO DE GESTÃO AMBIENTAL

Quadro 8.2 – Alguns conceitos de toxicologia.

Produtos químicos são as matérias-primas, produtos intermediários ou finais de natureza química; podem ser puros ou mistura de diversas substâncias quimicamente definidas.

Veneno é toda substância que penetra no organismo e por ele é absorvida, provocando efeitos nocivos, desde um ligeiro distúrbio até a morte.

Toxicocinética é a parte da Toxicologia que estuda o movimento do agente tóxico, ou seja, a penetração no organismo, sua distribuição pelos diferentes fluidos e órgãos, e sua eliminação.

Toxicidade de uma substância é a sua capacidade de produzir um efeito nocivo ao organismo, quando por este absorvida e no sítio de ação (semelhante ao Perigo).

Sítio de ação é o local onde a substância efetua a ação tóxica, geralmente é no plano celular e dentro da célula, uma organela, e dentro desta, uma molécula, de enzima, por exemplo.

Risco é a capacidade ou probabilidade de uma substância atingir uma concentração efetiva no local de ação dentro do organismo.

Concentração efetiva é a concentração mínima capaz de produzir efeito.

Ação tóxica é a ação da substância ou seu metabólico em um sítio de ação que origina um efeito nocivo ao organismo.

Biotransformação é uma ação do organismo sobre a substância, alterando sua estrutura química (hidrólise, oxidação etc.), originando um metabólito mais solúvel.

Uma substância de elevada toxicidade pode não ser de elevado risco, e o inverso também ocorre. O ozônio, por exemplo, é uma substância de elevada toxicidade, pois necessita de concentrações de apenas 50 partes por milhão (ppm) para produzir efeito letal em ratos, por outro lado, apesar de sua elevada toxicidade, não se conhecem casos de intoxicação aguda e fatal em humanos por ozônio. Isso se deve à sua instabilidade, pois se decompõe com facilidade gerando oxigênio, o que equivale a dizer que é uma substância relativamente segura.

No caso do cianeto, tem-se uma substância de toxicidade moderada, pois necessita-se de cerca de 1.500 ppm para produzir efeito letal em ratos. No entanto, o cianeto reage rapidamente com ácidos, originando concentrações de gás cianídrico no ar muito mais elevadas que o mínimo necessário para causar efeito agudo. Por outro lado, o íon CN (originário do gás cianídrico) penetra e é absorvido com grande facilidade pelo organismo, chega rapidamente às células e inibe a respiração celular, *desligando* rapidamente o organismo. Tem-se assim o exemplo de uma substância de moderada toxicidade, mas de elevado risco.

AVALIAÇÃO DA EXPOSIÇÃO OCUPACIONAL

Após a fase de reconhecimento e obtenção das informações possíveis, a maior dificuldade ainda não foi vencida, pois a avaliação da exposição ocupacional dos trabalhadores a dado risco é mais difícil que o reconhecimento.

A avaliação da exposição ocupacional a um risco é realizada em três fases distintas:

- Definição do objetivo e da estratégia de amostragem.
- Coleta e análise de amostras.
- Interpretação dos resultados e comparação com os limites de exposição ocupacional.

Objetivos de uma Avaliação

A definição dos objetivos de uma avaliação é fundamental, pois toda a estratégia depende do tipo de resultado que se espera. Assim, uma avaliação ambiental poderá ter diversos enfoques, tais como:

- Descobrir o que está causando determinados sinais ou sintomas nos trabalhadores expostos aos riscos.
- Atender a uma reclamação trabalhista ou notificação de agente de fiscalização.
- Caracterizar a insalubridade do ponto de vista legal.
- Identificar as substâncias eventualmente presentes.
- Verificar a eficiência de uma medida de controle instalada.
- Realizar a avaliação prevista no Programa de Prevenção de Riscos Ambientais (PPRA) e dentro do Programa de Monitorização Ambiental e Biológica.

No primeiro caso, é muito difícil para o higienista ir a um local de trabalho a fim de avaliar a exposição ocupacional que ocorreu no passado e que provocou os sinais e sintomas agora detectados em um funcionário. Não que seja de todo impossível, mas será sempre uma estimativa, partindo-se da premissa de que o que está sendo observado hoje seja bastante próximo do que aconteceu no passado.

Idealmente, deve-se ter um programa de monitoração ambiental e biológica com uma série histórica de dados que permita a qualquer tempo estabelecer, ou não, o nexo causal entre a exposição ocupacional e eventual quadro clínico ou reclamação trabalhista.

Nos casos de processos judiciais, notificações etc., embora não se possa esquecer os aspectos técnicos e científicos envolvidos, os aspectos legais são prioritários e, sempre que possível, esses assuntos devem ser conduzidos por profissionais da área jurídica, cabendo ao higienista, quando houver possibilidade, dar apenas o suporte técnico.

Uma avaliação pode ainda ser realizada para testar a eficiência de uma dada medida de controle, como um sistema de ventilação. Nesse caso, são coletadas amostras geralmente em pontos fixos, antes e depois das modificações, tomando-se o cuidado de manter invariáveis todos os demais fatores intervenientes.

Finalmente, dentro de um programa de higiene e toxicologia ocupacional, as avaliações são realizadas de maneira sistemática e repetitiva, de modo a acompanhar a exposição ocupacional e introduzir medidas de controle sempre que necessárias. Numa situação ideal, a qualquer momento um membro da equipe de saúde do trabalhador ou o próprio trabalhador pode ter acesso às informações e resultados das avaliações ambientais e biológicas a que foi submetido, inclusive no caso do Brasil, de acordo com a Portaria n. 3.214, NR-1.

Identificação do Agente a Ser Avaliado

Tão importante quanto o *porquê de* avaliar é saber *o que* avaliar. Entre as milhares de substâncias químicas potencialmente presentes em um local de trabalho, deve-se ter certeza do que está sendo procurado. É comum o laboratório de higiene ocupacional receber amostras com a solicitação de análise genérica, como de fumos metálicos, sem especificar quais metais estão presentes, ou ainda, felizmente com menos frequência, solicitar análise de *agente químico*, que não diz nada, apenas que o solicitante não sabe o que existe no local que pretende avaliar.

Da definição exata do que se pretende avaliar depende toda a estratégia de amostragem, assim, para iniciar a avaliação, é necessário conhecer alguns pontos:

- Identificar a(s) substância(s) presente(s).
- Conhecer seus produtos de transformação ou degradação no processo produtivo.
- Conhecer o comportamento das substâncias no local de trabalho.
- Conhecer as propriedades toxicológicas, tais como: vias de penetração; efeitos a curto, médio e longo prazo; toxicidade; efeitos aditivos; e limites de exposição ocupacional.
- Verificar a possibilidade da substância provocar exposição ocupacional significativa.

Em determinadas situações de difícil identificação dos agentes químicos presentes, pode-se completar a fase de reconhecimento com a análise de algumas amostras, geralmente coletadas em pior situação, a fim de reconhecer as substâncias presentes. Essa seria uma avaliação preliminar, cujos resultados podem auxiliar a direcionar a estratégia que visa a avaliação completa da exposição ocupacional.

AMOSTRAGEM EM AMBIENTES DE TRABALHO

Uma vez que não se pode, e nem é necessário, medir a exposição ocupacional de todos os funcionários durante todos os dias de trabalho ao longo de suas vidas, a avaliação e a monitoração ambiental estão necessariamente baseadas em amostragem, que não deve ser confundida com a coleta de amostras, assim, é interessante fixar alguns conceitos utilizados em higiene e toxicologia ocupacional (Clayton e Clayton, 1989), que serão descritos a seguir:

Conhecimento dos Locais de Trabalho e das Atividades a Serem Avaliadas

Uma vez conhecida a substância, deve-se conhecer o local e as atividades envolvidas, a fim de determinar os fatores intervenientes na exposição e levantar os dados básicos para a elaboração de uma estratégia de amostragem. Não existe um procedimento único de avaliação que pode ser aplicado a todo e qualquer caso, pois diversos são os fatores intervenientes na exposição e na avaliação. Deve-se ainda realizar a avaliação de tal modo

CURSO DE GESTÃO AMBIENTAL

que permita sua reprodução no futuro, dentro de um programa de monitoração que origine resultados comparáveis ao longo do tempo. Assim, com relação aos locais de trabalho e atividades a serem avaliadas, deve-se conhecer detalhadamente os itens apresentados a seguir, segundo Colacioppo (2000).

Área

É importante definir a área onde se realiza a avaliação, utilizando-se referências fixas, como galpões, colunas, linhas e estações de trabalho, de maneira que se identifiquem-nas corretamente para, no futuro, ser possível reavaliá-las.

Número de Expostos

A determinação do número de expostos deve ser feita no local e por observação detalhada da situação, considerando todos os funcionários presentes e expostos ao longo do tempo e observando os diversos fatores intervenientes na exposição, tais como:

- Funções, tarefas ou atividades – são fatores determinantes da exposição, contudo, um funcionário que não manuseia um produto químico pode estar exposto pela proximidade com essa substância, como no caso do ajudante de pintor ou de soldador.

- Turnos, turmas e horários de trabalho – o número total de funcionários de uma seção pode estar dividido em diversos períodos de trabalho, originando a necessidade de definir se a avaliação será realizada, tendo em vista o posto de trabalho ou função, ou se será focalizada em determinado funcionário, acompanhando-o, por exemplo, quando realiza rodízio de função ou de local, ao longo da sua jornada ou mesmo mudando de horário ou turno. Deve-se observar ainda que, em empresas com dois ou mais turnos de trabalho, pode haver tarefas que, são executadas somente em determinado horário, o que origina exposições diferentes em cada turno, devendo-se, assim, avaliar cada turno como um grupo isolado.

- Movimentação de materiais e de pessoal – o local onde se realiza uma tarefa nem sempre é o mesmo e nem sempre os funcionários permanecem fixos em um posto de trabalho, assim, essas variáveis devem ser observadas detalhadamente. Casos típicos são os de operadores da indústria química, supervisores e pessoal de controle de qualidade e de manutenção. Por outro lado, um material que pode ser a fonte da exposição, por exemplo um solvente que foi aprovado para utilização em pintura em dado local, pode estar sendo levado para outro ambiente para limpeza. O próprio processo pode movimentar o material de uma seção para outra.

Frequência e Duração da Exposição

É importante conhecer a frequência de execução de determinada tarefa ao longo de uma jornada, ou mesmo durante a semana ou os meses, e considerar ainda as informações toxicológicas. Por exemplo, no caso de exposição ocupacional ao chumbo, a doença (saturnismo) só ocorre com exposições relativamente baixas e de longo prazo, semanas ou meses. Outros agentes se caracterizam pelo efeito de curto prazo, como o gás clorídrico, que provoca irritação do sistema respiratório imediatamente ao ser inalado.

Ritmo de Trabalho e Produção

A variabilidade no ritmo de trabalho e do tipo de peça ou produto sendo produzido pode interferir ou não na exposição ocupacional. Por exemplo, em uma indústria química que opera em sistema fechado, a quantidade de litros de produto produzida por hora não é relevante em relação à exposição do operador. Já num sistema aberto, em que deve ser feita a carga manual de reatores, com mais produção, pode haver mais cargas e mais exposição. Em outro exemplo, um soldador na mesma cabina, com as mesmas condições ambientais e de trabalho, pode ter exposição diferente dependendo da peça que está sendo soldada, pois, embora sejam semelhantes, uma peça pode receber mais solda que outra.

Ventilação e Condições Climáticas

Pode-se ter uma atividade executada em local com ventilação controlada e constante, como as cabinas de pintura de indústria automobilística, com temperatura, umidade e velocidade do ar sob rígido controle. Uma segunda possibilidade é uma operação semelhante, mas com sistemas de ventilação local exaustora que podem ou não estar funcionando, independentemente do processo produtivo. Outros locais, que não possuem ventilação mecânica, dependem exclusivamente das condições climáticas. Indústrias em edifícios mais fechados sofrem menos influências externas que as indústrias abertas, como uma petroquímica, que não possui paredes ou telhados e recebe influência direta das condições climáticas, por isso é necessário sempre verificar a temperatura, a velocidade e a direção dos ventos ao longo do dia e sua possível interferência na exposição ocupacional e nas avaliações.

Fatores Intervenientes na Coleta de Amostras

Durante a visita preliminar deve-se verificar a possibilidade de utilização dos equipamentos de coleta, pois existem fatores que determinam, favorecem ou mesmo impedem a realização de determinado tipo de coleta. Por exemplo, embora seja desejável a coleta de amostras pessoais com equipamentos portáteis, a poeira de algodão pode ser coletada apenas por equipamento de grande porte, como o elutriador vertical, que só permite coleta em pontos fixos.

Em locais com campo magnético muito forte há necessidade de utilizar baterias blindadas, pois baterias comuns podem perder a carga elétrica reduzindo o tempo de coleta de amostras. Em locais com possibilidade de vazamentos de inflamáveis, deve-se utilizar equipamentos que não produzam faíscas (intrinsecamente seguros). Em locais com umidade acima de 85%, deve-se utilizar elementos de captação adequados e que não sofram efeito da umidade.

DEFINIÇÃO DE ESTRATÉGIAS DE AMOSTRAGEM

Com base nos dados obtidos, conforme já descrito, elabora-se a estratégia de amostragem, conceituada da seguinte maneira:

> Estratégia de amostragem é o conjunto de procedimentos elaborados de forma sistemática que estabelece os métodos e técnicas de coleta de amostras.

Método é o conjunto amplo de todos os procedimentos, por exemplo: coleta e análise de fumos metálicos no ar. Técnica é o detalhamento específico de determinada operação, por exemplo: colocação do porta-filtro dentro do protetor facial ou análise com injetor automático.

Durante o processo de elaboração de uma estratégia, os tópicos mostrados a seguir devem ser contemplados.

Equipamentos para Coleta

Diversos equipamentos podem ser considerados, contudo, estes devem ser escolhidos de maneira criteriosa, dependendo do agente e de fatores como o tempo de coleta necessário e a metodologia empregada. Alguns permitem a coleta por várias horas, outros por apenas alguns minutos. A eficiência de coleta de determinado coletor pode ser alta para uma substância e nula para outra, e assim por diante. Considerações um pouco mais detalhadas desse assunto são feitas no item Coleta de Amostras.

Método a Ser Empregado

A definição do método empregado envolve todo o procedimento, desde a coleta até a análise do material coletado, devendo necessariamente ser feito contato prévio com o laboratório que realizará a análise, pois um pequeno detalhe pode pôr a perder todo o trabalho de campo. O laboratório tem meios de indicar o elemento de captação (filtro, tubo adsorvente etc.) mais adequado à coleta pretendida, além de fornecer indicações como os tempos mínimo e máximo de coleta, a conservação de amostras etc., o que pode inclusive determinar a escolha do equipamento.

Pessoal Necessário para Acompanhar as Coletas

A coleta de amostras nunca é uma atividade automatizada ou realizada pelo próprio trabalhador. Há sempre necessidade de acompanhamento das coletas, pois diversas podem ser as causas de obtenção de um resultado mais alto ou mais baixo que o esperado ou que o real. Todos os fatores intervenientes devem ser observados e anotados para se interpretar ou mesmo explicar adequadamente um resultado.

Por outro lado, quando se estabelece uma estratégia que prevê a coleta em dois ou três turnos ou em horários não usuais, é necessário pessoal capacitado e treinado para o acompanhamento nesses horários. Outra dificuldade com o pessoal de coleta é a entrada em locais perigosos ou de difícil acesso, ou ainda setores controlados por questões de segurança do produto ou mesmo patrimonial.

Amostras Pessoais ou em Pontos Fixos

Geralmente, é dada preferência à coleta de amostras pessoais, pois o interesse maior é a proteção do trabalhador eventualmente exposto, contudo, em alguns casos, como em galvanoplastia – em que o operador transfere sequencialmente um cesto de um tanque para outro e está exposto aos diversos vapores ou neblinas –, a avaliação pessoal exigiria a colocação do trabalhador em diversos equipamentos diferentes para a coleta simultânea de amostras, o que não é adequado. A alternativa seria realizar uma coleta em cada dia, o que prolongaria o período de coleta, além de se perder a simultaneidade das coletas. Se for possível determinar a pior situação, utiliza-se um ponto fixo na proximidade de cada tanque, simulando a presença do trabalhador naquele ponto durante todo o período avaliado.

Uma outra situação semelhante é quando diversos funcionários utilizam a mesma máquina, por exemplo, um tanque de lavagem de peças de uso coletivo.

A coleta em ponto fixo pode ainda ser indicada quando não se tem uma fonte definida e pontual, como no caso de uma área de passagem ou uso coletivo, por exemplo, um corredor, e se deseja verificar a extensão da contaminação do ar oriunda de uma seção próxima.

Outra possibilidade de indicação de coleta em ponto fixo envolve a procura da melhor ou da pior situação. Essa indicação determina que, mesmo na melhor situação da simulação, o trabalhador que se encontra parado na posição de menor possibilidade de exposição ainda sofre uma exposição elevada, indicando a necessidade urgente de medidas em todo o restante da área, ou, ao contrário, quando mesmo na pior situação de exposição os níveis são aceitáveis, não havendo necessidade de intervenção.

No caso de modificações de uma medida de controle, a avaliação em um ponto fixo pode ser a mais indicada, desde que seja possível reproduzir as situações anterior e posterior à modificação, obtendo-se resultados realmente comparáveis, tendo como única variável a medida de controle.

Avaliações de Funcionários e de Funções

No início de uma jornada, um trabalhador que está em um posto de trabalho realizando certa tarefa pode trocar de posto com outro trabalhador depois de alguns minutos, horas ou dias. O que fazer nesse caso? Passa-se o equipamento de coleta para o outro que realiza a mesma função, ou deve-se deixá-lo com o primeiro trabalhador?

Tudo depende do objeto de avaliação: se é a exposição ocupacional originada na função específica ou a exposição real do trabalhador, fruto de todos os locais possíveis durante uma jornada.

No primeiro caso, procura-se a pior situação de permanência no posto de trabalho durante toda a jornada, fixando a avaliação na função. No segundo caso, procura-se a situação real, acompanhando o trabalhador pelas diferentes funções.

> As estratégias de amostragem devem ser elaboradas de forma que os resultados permitam direcionar as medidas de controle, indicando os locais ou momentos em que devem ser realizadas as intervenções.

Grupos Homogêneos de Risco (GHR)

Para efeito de amostragem e considerando os fatores intervenientes anteriormente considerados, a população total dos funcionários eventualmente expostos deve ser dividida em grupos homogêneos em relação ao risco que se pretende avaliar.

Um grupo é homogêneo em relação a dado risco quando o avaliador, sem auxílio de instrumentos, não pode identificar um funcionário com maior ou menor risco de exposição ocupacional.

Alguns critérios podem ser utilizados para a divisão em GHR:

- Espaciais: departamento, seção, setor, unidade industrial ou operacional etc.
- Temporais: turno, turma, dias ou horários.
- Funcionais: operadores, supervisores, mecânicos etc.

Quando, ainda na fase de planejamento, em um GHR, é identificado um funcionário com maior exposição por um motivo qualquer, este não

328 | CURSO DE GESTÃO AMBIENTAL

deverá fazer parte do grupo homogêneo, devendo, contudo, ser avaliado em um grupo que pode ser de apenas um funcionário.

Verifica-se assim que esses critérios, sendo um pouco subjetivos, podem ser mais ou menos exigentes, notando-se que quanto mais grupos forem criados, maior será o número total de avaliações a serem feitas.

Número de Funcionários em Cada GHR

Em cada grupo homogêneo será escolhido aleatoriamente um subgrupo, que representará o GHR, sendo, porém, menor e proporcional em número de funcionários. A técnica mais aceita é a descrita por Leidel et al. (1977) e fornece tabelas com 90 e 95% de confiança, desde que se tenha pelo menos um funcionário nos 10% mais altos níveis de exposição (Tabela 8.1):

Tabela 8.1 – Número de trabalhadores amostrados em função do grupo homogêneo e grau de confiança de ter pelo menos um funcionário entre os 10% maiores níveis de exposição.

Confiança de 90%		Confiança de 95%	
Grupo homogêneo	Grupo de amostra	Grupo homogêneo	Grupo de amostra
8	7	12	11
9	8	13-14	12
10	9	15-16	13
11-12	10	17-18	14
13-14	11	19-21	15
15-17	12	22-24	16
18-20	13	25-27	17
21-24	14	28-31	18
25-29	15	32-35	19
30-37	16	36-41	20
38-49	17	42-40	21
50	18	51 e +	29
51 e +	22		

Fonte: Leidel et al. (1977).

CONTROLE DO AMBIENTE DE TRABALHO: RISCOS QUÍMICOS E SAÚDE DO TRABALHADOR | **329**

Devem ser avaliados todos os componentes dos grupos com sete ou menos funcionários para uma confiança de 90%, e com dez ou menos funcionários para uma confiança de 95%.

Número de Amostras Coletadas em Cada Funcionário e Tempo de Coleta de Cada Amostra

Tanto o número de amostras a ser coletado em cada trabalhador quanto a duração de cada coleta dependem basicamente de:

- Substância a avaliar, suas propriedades físicas, químicas e toxicológicas.
- Condições de trabalho e ambientais.
- Metodologia empregada.

No caso de substâncias de efeito imediato e grave – como o gás cloro, que produz grande irritação no sistema respiratório, podendo ser fatal –, há necessidade de monitoração constante, com coletas de curta duração e poucos segundos de intervalo, de preferência, além de um sistema de análise instantânea e alarme que inicie um procedimento de emergência e abandono de área.

Em outros casos mais comuns, as medidas podem ser de algumas horas; são exemplos: mercúrio, chumbo, solvente orgânico etc., cujos efeitos sobre o organismo só aparecem após exposição de médio e longo prazo.

Deve-se consultar a metodologia de coleta e análise, pois é fundamental que o tempo de coleta seja suficiente para obter material em quantidade mínima para análise. Por exemplo, não há metodologia comercialmente disponível para avaliação de sílica livre cristalina com coleta de curtos períodos para os níveis de concentração usualmente encontrados em ambientes de trabalho, devendo-se realizar coletas de amostras únicas de toda a jornada.

Com relação ainda à duração das coletas, uma questão frequente envolve a manutenção ou interrupção da coleta durante os períodos de inatividade, como paradas para café, banheiro, almoço e outras, rotineiras ou não. Usualmente, todas as interrupções durante uma atividade são consideradas integrantes dessa atividade. O horário de almoço, embora seja considerado de trabalho do ponto de vista trabalhista, é geralmente levado em conta pela higiene ocupacional como um período de não exposição, portanto, que não se avalia. É bom lembrar que os limites de exposição ocupacional estão estabelecidos para uma jornada de 8 horas diárias de trabalho, excluído, portanto, o intervalo para refeição.

Não devem ser esquecidas as jornadas não usuais, como turnos de 6, 8, 12 ou até mesmo 24 horas, com ou sem intervalo para refeição, que muitas vezes é feita no próprio local de trabalho. Cada caso deve ser estudado isoladamente.

Para uma jornada de 8 horas, uma amostra única de 8 horas fornece diretamente a estimativa da média ponderada pelo tempo naquele período, porém, pode-se querer verificar se há diferença entre, por exemplo, o período da tarde e o da manhã, portanto, se forem realizadas tarefas diferentes nesses períodos, é desejável que se faça a coleta de duas amostras durante a jornada.

Seguindo o mesmo raciocínio, uma estratégia que pode ser considerada é a de medir todos os diferentes níveis de exposição ao longo da jornada, com uma série de amostras, por exemplo, oito amostras de uma hora cada ou ainda, no limite deste raciocínio, uma série de amostras instantâneas e coletadas ao longo de toda a jornada, que configuraria o nível de exposição a cada instante.

Como visto, do ponto de vista toxicológico, essa estratégia não é aplicável a todas as substâncias e, além disso, poderá ou não ser tecnicamente realizável ou mesmo economicamente viável.

A duração e o número de amostras ao longo de uma jornada se compõem de várias formas:

- Cobrindo todo o período.
- Cobrindo parte ou partes do período (nunca inferior a 70% do total).
- Com uma única amostra de longa duração.
- Com várias amostras consecutivas de longa duração (mais de uma hora cada).
- Com várias amostras instantâneas ou de curta duração (alguns minutos cada).

A Tabela 8.2 mostra os números de amostras a serem coletadas no caso de avaliação por meio da coleta de amostras de curta duração, segundo o *Occupational Exposure Sampling Strategy Manual* (Leidel et al., 1977).

CONTROLE DO AMBIENTE DE TRABALHO: RISCOS QUÍMICOS E SAÚDE DO TRABALHADOR | **331**

Para substâncias de efeito em curto prazo e limites de exposição ocupacional com valor teto, a estratégia deve procurar a pior situação, ou seja, deve acompanhar as atividades e avaliar somente os momentos de maior possibilidade de exposição.

Tabela 8.2 – Número de amostras para avaliação da exposição a uma substância com limite de exposição de valor teto em função da duração da coleta.

Limite de confiança	Duração de cada coleta		
	15 min	10 min	5 min
0,90	16	17	22
0,95	19	21	28

Fonte: Leidel et al. (1977).

Para substâncias de efeito de longo prazo, a estimativa da média ponderada pelo tempo deve ter como base preferencial as amostras de longa duração, sendo que a utilização de amostras instantâneas é a pior alternativa. Contudo, se estas forem utilizadas, as coletas devem ser realizadas em intervalos aleatórios e fixos, independentemente da atividade ou tarefa.

Dias e Horários para Coletar Amostras

Para substâncias de efeito a curto prazo, usualmente, não se estima a média ponderada pelo tempo, mas são medidas as concentrações em um período relativamente curto de apenas alguns minutos, uma vez que imediatamente e durante o mesmo período de exposição podem aparecer os primeiros sinais e sintomas. Para essas substâncias, serão utilizados nessa avaliação os limites específicos, como será visto no item Limites de Exposição Ocupacional, e que não devem ser ultrapassados em momento algum.

Depois de se conhecer os fatores intervenientes na exposição e estabelecer os critérios básicos da estratégia de amostragem já mencionados, pode-se agendar a coleta para determinados dias que representem dias normais de produção e exposição ocupacional, e, dependendo do caso, essas avaliações podem ser realizadas no inverno e repetidas no verão, ou ainda realizadas nos três turnos de um mesmo dia ou em dias diferentes, se houver motivo para isso.

Observa-se ainda que a recomendação técnica é de realizar em um mesmo grupo homogêneo pelo menos três avaliações (repetidas em três dias na mesma situação), para que o resultado seja confiável e aumente a chance de encontrar situações de maior exposição.

COLETA DE AMOSTRAS

A coleta de amostras de agentes químicos da atmosfera é uma importante fase da avaliação ambiental. Antes de planejar as atividades de coleta, deve-se, além de identificar a substância, conhecer como esta se apresenta dispersa na atmosfera: gás, vapor, poeira, fumos, neblina (ou névoa) ou fumaça. Há uma grande quantidade de meios de coleta que podem ser empregados, dependendo da forma como uma substância se encontra na atmosfera, de suas propriedades físicas e químicas e ainda do tempo de coleta de amostra necessário.

Coleta de um Volume da Atmosfera

Uma maneira relativamente simples de coletar uma amostra é reunir um volume de toda atmosfera, por exemplo, a coleta de alguns litros de ar em um saco plástico. Como esse método tem muitas limitações, isso não permite uma aplicabilidade prática.

Essa forma de coleta é particularmente indicada para a coleta em ponto fixo e de substâncias com elevadas concentrações, como gás de escapamento de automóveis ou emissões fugitivas, quando se quer identificar os gases ou vapores presentes. No caso de exposição ocupacional em baixas concentrações, a massa da substância coletada é geralmente insuficiente para análise, ou ainda o fato de ela estar diluída no ar exige uma fase prévia de concentração no laboratório. Coletas de grandes volumes são impraticáveis. Não se aplicam ainda aos materiais particulados em suspensão.

Coleta com Análise Instantânea

Pode-se detectar a presença ou mesmo estimar a concentração de uma substância no ar diretamente com papéis reativos, tubos indicadores ou instrumentos de leitura direta. A maioria desses instrumentos aplica-se a gases e vapores, sendo alguns poucos utilizáveis para material particulado. Os instrumentos de leitura direta possuem detectores específicos para um número limitado de substâncias.

Coleta do Contaminante

Com a finalidade de aumentar o tempo de coleta e a representatividade da amostra em relação à jornada avaliada, e ainda poder utilizar os recursos de um laboratório bem instalado, pode-se coletar apenas o contaminante. Para tal, os métodos mais utilizados são: adsorção, absorção e filtração.

No caso particular da adsorção, pode-se utilizar o processo passivo ou ativo. O primeiro utiliza os amostradores/coletores passivos ou dosímetros, que combinam a técnica de passagem através de uma membrana e a retenção por adsorção em uma camada de carvão ativo sem auxílio de bombas de amostragem. São bastante práticos e simples de utilizar, sendo empregados geralmente para avaliações de longo período.

Os demais métodos utilizam um elemento de captação acoplado a uma bomba aspirante, que é geralmente portátil e deve ter sua vazão conhecida e calibrada antes e depois de cada coleta, segundo a norma brasileira NBR-10562, e o volume final coletado corrigido para pressão de 760 mmHg e temperatura de 25ºC.

Conservação e Remessa de Amostras

Os critérios para conservação e remessa de amostras devem ser previamente definidos e em conjunto com o laboratório que realizará as análises, dentro da metodologia validada de coleta e análise. Para algumas substâncias, o tempo decorrido entre a coleta e a análise é curto e crítico, devendo-se articular muito bem os prazos para não perder as amostras. Por outro lado, a maioria das substâncias permite intervalos razoáveis, de vários dias ou semanas. No caso de boa parte das substâncias, a conservação geralmente se faz por refrigeração.

ANÁLISE DO MATERIAL COLETADO E INTERPRETAÇÃO DOS RESULTADOS

Para a correta análise do material coletado, deve haver sempre contato prévio com o laboratório para se definir o elemento de captação, o tempo de coleta e as condições de armazenamento e transporte, além do fornecimento de outras informações necessárias para a análise, como temperatura de coleta, pressão e/ou altitude e definição clara do que deve ser analisado.

Uma vez realizada a medição, calculam-se as médias dos resultados de concentrações em cada ponto e passa-se à comparação destes com os padrões, o que leva às conclusões da necessidade ou não de medidas de controle, bem como da gravidade do risco a que possivelmente o trabalhador está exposto.

Esta é uma fase importante e com frequência se verifica a impossibilidade de correlacionar de modo correto os sinais e sintomas observados pela equipe médica nos trabalhadores com os resultados encontrados pela equipe de higienistas nas avaliações ambientais, o que, sem dúvida, compromete seriamente as medidas de controle, que, se introduzidas, poderão ser desnecessárias ou ainda insuficientes para a solução do problema.

Do ponto de vista teórico ou da toxicologia experimental, em laboratório demonstra-se com certa facilidade que a exposição a determinada substância gera sinais e sintomas ou, ainda, ao analisar um bom estudo epidemiológico, é igualmente fácil notar que os sinais e sintomas dependem diretamente de uma exposição ocupacional. Na prática da saúde do trabalhador, porém, há grande dificuldade de elaborar estudos prospectivos de longa duração e, na maioria dos casos, o objeto de estudo é uma população de trabalhadores que já apresenta sinais e sintomas, cabendo à higiene ocupacional estimar a exposição passada e propor as medidas de controle.

Mesmo em uma situação ideal, em que os sinais e sintomas não estejam presentes em um grupo de trabalhadores, dificilmente pode-se medir a exposição real de todos os componentes do grupo, o que, inclusive, nem sempre é necessário, além de ter custo muito elevado.

Exposição real é a exposição total a que o trabalhador está submetido e que somente pode ser conhecida com a mensuração, de forma instantânea e contínua, durante toda sua vida laborativa, dentro e fora do ambiente de trabalho, 24 horas por dia, todos os dias.

Exposição estimada é uma estimativa da exposição real baseada em uma amostragem no tempo e no espaço.

Para a higiene ocupacional não interessa a concentração pura e simples de dado agente químico no ar de um local de trabalho, mas sim a concentração que reflita a exposição dos trabalhadores.

Acrescenta-se ainda o fato de não se dispor no Brasil de normas ou legislação de maneira sistemática para a coleta e análise de interesse da higiene ocupacional, o que pode, com alguma facilidade, levar à obtenção de dados não comparáveis e consequente prejuízo à equipe de saúde do trabalhador. Tentando superar esse inconveniente, é comum utilizar-se o *Manual of Analytical Methods* (NIOSH), reconhecido internacionalmente.

Ao reduzir o número de amostras por imposição prática, é importante conhecer bem as limitações da estratégia que está sendo empregada para que a interpretação dos resultados mantenha a real perspectiva do que os dados representam, evitando uma verdadeira "dança" de números que poderão, ou não, representar a exposição do trabalhador.

De modo diferente da medição do ar de ambiente externo, em que se realiza a coleta em pontos fixos e protegidos, no caso da higiene ocupacional, quando está em jogo algum benefício que os trabalhadores poderão ou não receber, é possível que se forcem situações, aumentando consideravelmente a contaminação do local ou diminuindo-a, dependendo do que se quer provar.

O conceito de qualidade aplicado à higiene ocupacional é interessante, já que um trabalhador, quando perguntado sobre o que é uma avaliação da exposição ocupacional de boa qualidade, pode responder algo como:

> É uma avaliação cujo resultado sai rápido e indica, sem dúvida, que a exposição é altíssima.

Se a exposição for elevada, o trabalhador poderá ter seu salário aumentado por trabalhar em área insalubre, além de receber aposentadoria especial ou mesmo alguma indenização, que ainda hoje um grande número de trabalhadores procura. É interessante notar que uma avaliação bem feita e segundo os critérios técnicos e científicos, que resulte na implantação de medidas de controle adequadas, que preservem a saúde do trabalhador, pode ser mal interpretada por este. É comum, nesse caso, o trabalhador concluir que os profissionais trabalharam contra ele, pois o trabalho bem-feito implica a eliminação da exposição com a consequente perda do adicional de insalubridade e outros direitos trabalhistas.

Uma vez realizada a medição da concentração de um agente químico no ar que represente a exposição dos trabalhadores, passa-se à fase seguinte, que é a comparação com um padrão de referência.

LIMITES DE EXPOSIÇÃO OCUPACIONAL

Como primeira dificuldade a ser enfrentada na fase de comparação dos resultados com um padrão de exposição, apresenta-se a escolha da fonte desses padrões, diferentemente do que ocorre com os contaminantes ambientais da atmosfera externa, para os quais existem recomendações no caso de algumas poucas substâncias. No ambiente de trabalho há algumas centenas de substâncias, porém, segundo sua origem, encontram-se diferentes valores, como se observa nos exemplos da Tabela 8.3 (Colacioppo, 2000).

Tabela 8.3 – Limites de exposição ocupacional para algumas substâncias e por diferentes fontes.

Substância	ACGHI	Osha	NR 15	Unidade
Cobre/fumos	200	100	–	$\mu g/m^3$
Cobre/poeira/névoas	1.000	–	–	$\mu g/m^3$
Manganês	200	5.000	1.000	$\mu g/m^3$
Ferro	5.000	10.000	–	$\mu g/m^3$
Chumbo	50	50	10	$\mu g/m^3$
Níquel/óxido	100	1.000	–	$\mu g/m^3$
Tolueno	20	200	78	ppm
Cloreto de vinila	1	10	156	ppm
Acetato de celossolve	5	100	78	ppm

Fontes: ACGIH (2009), Osha (2013) e Brasil (1978).

A Tabela 7.3 pode ser ampliada tanto em relação às substâncias quanto aos países ou fontes. Os dados apresentados mostram bem as flutuações dos valores, que chegam a centenas de vezes, sendo inclusive, variáveis ao longo do tempo. Dessa maneira o higienista depara-se com o sério problema de qual valor utilizar como padrão, lembrando ainda que não existem padrões para todas as substâncias utilizadas industrialmente.

Deve-se, em contrapartida, observar uma outra questão muito pertinente a esse assunto: há necessidade de se ter um padrão legalmente definido ou pode-se ter apenas uma orientação de caráter técnico?

CONTROLE DO AMBIENTE DE TRABALHO: RISCOS QUÍMICOS E SAÚDE DO TRABALHADOR | **337**

É evidente que o higienista deverá obedecer aos valores ditados pela legislação vigente, mas deve-se notar que, embora exigente demais em alguns casos, a legislação pode ser omissa ou ainda permissiva demais em outros, se comparada com os dados científicos da literatura mundial. O higienista necessita de bons conhecimentos e, sobretudo, de bom senso para escolher adequadamente o padrão ou a conduta em cada caso em particular.

Como orientação, é aconselhável utilizar sempre que possível os Threshold Limit Values (TLV), padrões preconizados pela ACGIH, pois estes são técnica e cientificamente recomendados e revisados todos os anos, e não são tão sensíveis às influências político-sociais normalmente encontradas na legislação. Embora várias críticas possam ser feitas a esses valores, constituem a melhor fonte atualmente.

No Brasil, os TLV da ACGIH são indicados pela NR-9 como os padrões a serem seguidos quando não existirem limites de tolerância preconizados na NR-15. A Associação Brasileira de Higienistas Ocupacionais (Abho) traduz e edita anualmente esse livrete.

Relação Dose-Efeito e Dose-Resposta

A presença de uma substância química no ar pode originar uma exposição ocupacional, que por sua vez provoca indiretamente os efeitos sobre o organismo, pois o efeito está diretamente relacionado com a dose, ou seja, a quantidade ou concentração de uma substância que atinge determinado ponto sensível do organismo em determinado tempo.

Quando se considera mais que um organismo isolado, uma população de trabalhadores, como é o caso do objeto de estudo da higiene ocupacional, deve-se levar em conta não somente o efeito, mas também a resposta a certo agente, que é a incidência de um efeito em uma população provocado pela exposição a esse agente.

Paracelcius, precursor da química e da toxicologia, afirmou há cerca de 500 anos que: "só a dose faz o veneno, a dose correta diferencia o veneno do medicamento".

Embora esse princípio seja conhecido há muito, estudos atuais de toxicologia e patologia ocupacional ainda procuram estabelecer a correlação entre dose e resposta e entre dose e efeito, nem sempre com resultados satisfatórios.

Sabe-se que a dose real, aquela que realmente existe nos sítios de ação dentro do organismo, dificilmente poderá ser conhecida, podendo apenas ser estimada. Do ponto de vista da higiene ocupacional, a única maneira possível de estimar a dose é por meio da concentração da substância no ar respirável. Dessa forma, deve-se buscar um valor de concentração no ar que represente todas as possíveis concentrações que influem na exposição do trabalhador, ao longo de dado período ou atividade.

A dificuldade de estabelecer corretamente a dose, associada ainda a uma dificuldade de identificar e quantificar adequadamente os efeitos, leva às discrepâncias que se observam em estudos semelhantes que, aparentemente, deveriam originar resultados também semelhantes e que, na prática, podem ser divergentes.

Além da dificuldade de caracterização da dose, vários fatores interferem na penetração e absorção de um agente químico pelo organismo, e existem ainda diferenças na distribuição e metabolismo dentro do organismo (toxicocinética) e tipos de ação tóxica (toxicodinâmica) que levam a diferentes tipos ou intensidade de efeitos, dependendo do organismo e das populações em estudo.

É importante notar que a concentração que será comparada com o padrão pode ser obtida de duas maneiras. Uma média que represente a exposição de um trabalhador em particular ou uma média que seja calculada por meio das médias individuais que represente a exposição de um grupo de trabalhadores homogêneos em relação a um risco químico. No primeiro caso, emprega-se o cálculo da média ponderada pelo tempo que é representada pela equação a seguir:

$$MPT = \frac{(C1 \times T1) + (C2 \times T2) + ... + (Cn \times Tn)}{\text{Tempo total}}$$

Em que:
MPT = Média ponderada pelo tempo.
C = Concentração obtida em um tempo.
T = Tempo em que dada concentração existiu.

Essa forma de cálculo de média, embora muito estudada por diversos autores, como Atherley (1985), não é muito utilizada na prática, ou muitas vezes é utilizada incorretamente, principalmente ao se definir o tempo total. Deve-se estar atento ao comportamento da exposição durante toda a jornada que se deseja avaliar para ponderar adequadamente.

Se, por exemplo, for medida a concentração de um agente químico apenas no período na manhã, por três horas, pode-se obter um valor que deve ser multiplicado pelo seu respectivo tempo, três horas e, posteriormente, dividido pelo tempo total que pode ser três ou não, dependendo do conhecimento que se tem da exposição em questão.

Se houver exposição ao agente químico somente no período amostrado de três horas, o período restante da jornada deverá entrar no cálculo, com concentração zero multiplicada pelo respectivo tempo, por exemplo, cinco horas e o resultado deve ser dividido pelo tempo total, de oito horas, o que refletirá mais adequadamente a diluição que ocorre ao longo do dia.

Se, por outro lado, existirem boas razões para admitir que as três horas amostradas representam as oito horas totais, ou seja, não há nenhuma diferença desde o início até o fim da jornada, calcula-se a média levando em conta somente o período amostrado, no caso, três horas, usando três no denominador. Tem-se dessa forma uma MPT maior que a da situação anterior, o que reflete a maior quantidade total do agente absorvida pelo organismo do trabalhador durante toda a jornada.

Observa-se ainda que, ao se estimar a exposição de um grupo de trabalhadores homogêneos em relação ao risco, realiza-se uma amostragem de alguns trabalhadores, obtendo uma concentração que representa todo o grupo e não apenas os elementos amostrados, devendo-se, nesse ponto, calcular uma média das médias ponderadas individuais.

É possível extrair uma média aritmética das MPT. Essa conduta, porém, não é correta e leva a resultados falsamente mais elevados. Deve ser usada uma média geométrica das MPT, pois a distribuição de frequência dos valores das exposições individuais segue uma distribuição log-normal e a média geométrica é a que melhor representa a tendência central, sendo que a média geométrica pode ser até 45% menor que a aritmética nos casos práticos.

Outra dificuldade brasileira atual é a duração da jornada semanal. Pequenas diferenças, de algumas horas, devem ser consideradas apenas em avaliações mais exatas e complexas, e somente para substâncias de meia-vida biológica longa, como os metais, sendo muito discutível uma redução proporcional dos limites de exposição ocupacional para gases e vapores de meia-vida biológica curta, pois em questão de algumas horas, ou mesmo minutos, todo o agente químico absorvido é eliminado e ao final da jornada a carga corpórea é bastante reduzida.

CURSO DE GESTÃO AMBIENTAL

As pequenas diferenças observadas na correção do limite de exposição – como no caso da legislação brasileira, que reduziu, por exemplo, o valor para monóxido de carbono de 50 ppm para 39 ppm – foram uma tentativa louvável de proteger a saúde do trabalhador, mas, por outro lado, em avaliações até grosseiras – como a preconizada pela própria NR-15 anexo 11, que indica a avaliação com coleta instantânea e com tubos indicadores – essa diferença fica irrelevante.

Jornadas não Usuais

Usualmente, os limites de exposição ocupacional referem-se a jornadas de 8 horas diárias e 40 horas semanais. Existem, todavia, diversos grupos de trabalhadores com jornadas muito diferentes desse padrão, variando grandemente desde 6 a 12 horas por dia, e de 36 a 48 horas por semana, com todas as combinações possíveis. Outras situações também ocorrem, como os casos de exposição contínua (24 horas ou mais de trabalho).

Existem algumas maneiras de adaptar os limites para essas diferentes jornadas, contudo, cada caso deve ser estudado isoladamente, pois, além da duração da jornada, há a necessidade de conhecer os efeitos esperados no organismo. Por exemplo, se for apenas uma pequena irritação simples das vias respiratórias, não há grande diferença em ocorrer essa irritação por oito ou dez horas, e ainda, se a exposição acabar, cessa-se o efeito.

No caso do chumbo, por exemplo, o limite de 50 $\mu g/m^3$ foi estabelecido considerando 8 horas de exposição e 16 de não exposição, sendo que o período de não exposição permite a eliminação de algum chumbo que tenha sido absorvido.

Uma vez que o chumbo tem uma meia-vida biológica longa, isto é, demora muito tempo para reduzir sua concentração à metade, uma jornada de maior duração gera uma situação em que o tempo reservado para a eliminação torna-se insuficiente e, no reinício da jornada, o trabalhador ainda possui no organismo algum chumbo da jornada anterior, advindo daí um acúmulo de chumbo no organismo e, em consequência, o aparecimento de efeitos após algumas semanas de trabalho.

Outra situação envolve a exposição inferior a 8 horas por dia. Em teoria, pode-se supor um aumento proporcional dos limites de exposição ocupacional, contudo, não há base científica para isso e a correlação entre os limites e o tempo da jornada não é linear. E para casos de exposição de até quinze minutos existe um limite específico, *Short Term Exposure Limit* (Stel), da ACGIH e o valor máximo da NR-15, anexo 11.

Efeitos Combinados

Dentro da multiplicidade de riscos oferecidos à saúde pelo meio ambiente geral ou ambiente de trabalho, tem sido comum o estudo de um agente em particular, como se esse fosse o único agente presente. Nos últimos anos, contudo, diversos autores têm se preocupado com os efeitos combinados dos diferentes estressores ambientais que vão além dos clássicos agentes químicos, físicos, mecânicos e biológicos, estudando também a interação da ergonomia, organização do trabalho e trabalho em turnos e em período noturno (Fischer et al., 1997).

As interações entre agentes podem ser aditivas ou antagônicas. As interações aditivas ocorrem, por exemplo, quando se tem material particulado na atmosfera, que pode ser classificado apenas como irritante das vias aéreas, independentemente de sua composição química, e adicionam-se todas as substâncias presentes, assim há o chamado particulado inalável total ou não classificado de outra maneira.

A interação de dois agentes pode produzir um terceiro, por exemplo, neblina de cloreto de sódio com dióxido de enxofre, que, além da ação aditiva de irritação, provoca o aparecimento no ambiente de ácido clorídrico, muito mais irritante; outro exemplo é dos solventes clorados, que apesar de não inflamáveis e não combustíveis podem ser decompostos pela radiação ultravioleta ou calor excessivo, como ao passar pela brasa de um cigarro, ou, em caso de incêndio, originando o fosgênio, poderoso irritante pulmonar.

Além disso, há a ação aditiva de dois agentes que, mesmo atuando de modos diferentes no organismo, potencializam o efeito, como o esforço físico e o calor, que aumentam a respiração e a circulação sanguínea, favorecendo a absorção e distribuição de um agente químico pelo organismo; ou o caso do dióxido de enxofre ou da neblina de ácido sulfúrico, cuja ação irritante facilita a ação de outras substâncias sobre o pulmão.

Uma ação antagônica pode ocorrer, por exemplo, na neutralização com amônia, da névoa ácida provocada pelo dióxido de enxofre, como ocorreu no passado em Londres em um episódio agudo de poluição do ar. Diversas ações antagônicas que ocorrem no organismo são conhecidas, e muitas são utilizadas na prática médica para tratamento de intoxicações crônicas ou agudas.

Existem ainda outras interações. Diversos trabalhos foram publicados sobre cronotoxicologia, que é o estudo da ação tóxica de uma substância em relação ao ciclo circadiano, ou seja, a hora do dia, aos períodos de exposição e ainda aos ritmos e à organização do trabalho[2].

Quando se estuda uma exposição de alta intensidade a determinado agente, o efeito é observado praticamente sem nenhuma dúvida, e com facilidade podem ser realizados o diagnóstico, o eventual tratamento e introduzidas medidas de controle. Com a diminuição da intensidade de exposição (dose), os diversos fatores intervenientes passam a ter significado importante no aparecimento ou não de determinados efeitos.

Assim, o conhecimento dos efeitos combinados é particularmente interessante quando se trata de exposição ocupacional de baixa intensidade, em empresas com boas medidas de controle, embora não 100% eficientes; ou ainda quando se trata de exposição ambiental da população geral, pois os fatores intervenientes podem mascarar ou mesmo produzir efeitos em situações não esperadas. Essas situações poderiam ser consideradas como paradoxos da ciência que os pesquisadores tentam explicar com as informações atuais, mas quase sempre culminam na aquisição de novos conhecimentos.

Efeitos Combinados entre Agentes Químicos

Duas ou mais substâncias presentes em um ambiente de trabalho, ou atividade, podem produzir um mesmo efeito e, em consequência, ocorrerá uma adição de efeitos sobre o organismo do trabalhador. Nesse caso, deve-se somar as concentrações padronizadas segundo a equação a seguir:

$$\frac{(C1)}{L1} + \frac{(C2)}{L2} + ... + \frac{(Cn)}{Ln}$$

Em que:
C = Concentração de cada substância.
L = Limite de exposição de cada substância.

---

[2] Uma revisão desse assunto e a importância do estudo da ritmicidade biológica para a saúde dos trabalhadores e população em geral pode ser vista em Colacioppo e Smolensky (2003).

CONTROLE DO AMBIENTE DE TRABALHO: RISCOS QUÍMICOS E SAÚDE DO TRABALHADOR | **343**

Essa soma deve ter um valor igual ou menor que 1, valores superiores indicam a ultrapassagem do limite de exposição para o conjunto de substâncias.

Nessa fase, o higienista deve buscar informações na toxicologia ocupacional para determinar quais substâncias possuem efeitos aditivos. Se o somatório não for realizado, erros graves de avaliação serão apresentados e, nesses casos, contra o trabalhador, pois a conclusão de que cada uma das substâncias isoladamente não apresenta risco não é verdadeira e o trabalhador poderá permanecer exposto até a uma condição que mereceria controle imediato.

Exemplo disso é a exposição ocupacional a vapores de solventes industriais que são misturas de várias substâncias químicas, a maioria delas com efeito aditivo no sistema nervoso central. Outra situação semelhante é a exposição a fumos metálicos em operação de soldagem, cujos efeitos são aditivos no pulmão. As tabelas de TLV da ACGIH possuem uma coluna específica indicando os efeitos para os quais os limites foram estabelecidos, auxiliando nessa tarefa.

É possível que haja ainda outros tipos de interações entre os agentes químicos, como no caso de CO (monóxido de carbono) e CO_2 (gás carbônico), em que não há uma interação direta entre os agentes, porém, como demonstrado pela fisiologia, com o exercício físico, ocorre acúmulo de CO_2 no pulmão e este tem a propriedade de acelerar os movimentos da respiração, com a finalidade de aumentar a ventilação pulmonar e, por consequência, aumentar a absorção de oxigênio e a eliminação de CO_2. Assim, em uma situação de incêndio, por exemplo, a presença de CO no ambiente provocará determinado efeito, porém, se em outra situação houver a mesma concentração de CO, mas em conjunto com CO_2, haverá uma absorção de CO maior, em virtude de a pessoa exposta respirar mais (efeito provocado pelo CO_2), absorvendo assim mais CO. Existem diversas outras situações em que a presença de CO_2 em excesso pode favorecer a absorção de outros agentes em razão do aumento da ventilação pulmonar.

Situação semelhante a esses casos pode ser verificada em relação à atividade exercida pelo trabalhador, pois é diferente uma exposição a um agente qualquer em um local tranquilo e em que o trabalhador esteja sentado com poucos movimentos e outra situação em que o trabalhador executa exercício físico pesado. Na segunda situação, o volume de ar respirado durante toda a jornada é bem maior que no primeiro caso, originando, assim, maior absorção de um agente químico eventualmente presente.

Efeitos Combinados entre Calor e Agentes Químicos

A temperatura ambiente interfere de várias maneiras, tanto na exposição ocupacional quanto na avaliação desta. O volume de ar coletado deve ser corrigido para a temperatura usual de 25°C, caso contrário, a estimativa da concentração que representaria a exposição do trabalhador estará inadequada (ressalta-se que os limites são estabelecidos para 25°C).

A temperatura ambiente interfere igualmente na exposição, pois se observa que em dias quentes pode haver maior evaporação de solventes, e, em contrapartida, há mais ventilação natural ou forçada (janelas abertas e ventiladores ligados). Em dias mais quentes o trabalhador se cansa mais e poderá trabalhar menos ou produzir menos, além de ter mais dificuldade de usar equipamentos de proteção individual, como luvas, aventais e outros equipamentos que aumentam a sensação de calor.

Se uma substância pode ser absorvida pela pele, é possível que em um dia mais quente o trabalhador tenha mais superfície cutânea exposta, aumentando a probabilidade de contato e penetração por essa via. Contudo, é possível também que esteja suando, formando com isto uma camada superficial de umidade que impede a penetração de uma substância pela pele, ou ao contrário, como no caso do fenol, pois este se dissolve na umidade da pele e depois penetra no organismo.

Vê-se assim que essas combinações devem ser estudadas individualmente, pois cada combinação de agentes pode ter um tipo de interação.

Efeitos Combinados entre Ruído e Solventes Orgânicos

Em pesquisa realizada por uma equipe na Faculdade de Saúde Pública da Universidade de São Paulo, envolvendo ainda o National Institute for Occupational Safety and Health (Niosh), o Conselho Nacional de Desenvolvimento Científico e Tecnológico (CNPq), a Pontifícia Universidade Católica (PUC) e a Toxikon Higiene Industrial, estudou-se a interação de diversos agentes estressores na saúde dos trabalhadores de indústria gráfica (Fischer et al., 1997).

A população estava exposta a níveis de ruído próximos ao limite de exposição ocupacional. Por meio de metodologia estatística de logística de regressão múltipla, observou-se que a chance de produção de surdez ocupacional estava correlacionada não apenas à dose de ruído, mas também à idade e à exposição ao tolueno.

É relativamente fácil de aceitar que a chance de adquirir surdez ocupacional aumenta com a idade, pois há maior tempo de exposição a ruído, mesmo que em baixo nível, e ainda ocorre o envelhecimento do aparelho auditivo, o que o torna mais sensível ao efeito, ou ainda, à perda natural de sua capacidade.

No entanto, como a exposição a tolueno, que classicamente nada tem a ver com surdez ocupacional, seria explicada? Diversos trabalhos já aparecem na literatura científica indicando a possibilidade de ação tóxica no aparelho auditivo, por ação no sistema nervoso.

Os resultados dessa pesquisa indicam uma correlação com o ácido hipúrico urinário (indicador biológico da exposição a tolueno), que vai até próximo de exposição zero, ou seja, só se está protegido contra o risco de surdez ocupacional em níveis em que a exposição a tolueno é nula. Em outras palavras, a exposição ao tolueno deve ser evitada.

CONTROLE DA EXPOSIÇÃO OCUPACIONAL

As medidas de controle da exposição, quando implantadas, devem ser realmente necessárias e suficientes para eliminar a exposição ocupacional ou ao menos reduzi-la a nível aceitável. Algumas medidas, embora tecnicamente estudadas e recomendadas, são de ordem administrativa:

- Interdição ou paralisação de atividades ou operações, total, parcial ou setorialmente.
- Proibição de uso de certos produtos.
- Proibição de emprego de certas técnicas de trabalho.
- Limitação do tempo de exposição.
- Limitação do número de expostos.
- Segregação no tempo.
- Treinamento dos trabalhadores.
- Instituição de comissões técnicas para controlar assuntos específicos, de emergências, de segurança ou outros adequados à empresa.

Outro grupo de medidas de controle é de ordem técnica:

- Eliminação do agente.
- Substituição do agente.

346 | CURSO DE GESTÃO AMBIENTAL

- Modificação do método, processo ou técnica de trabalho.
- Segregação física do agente ou atividade.
- Melhoria das condições de ventilação.
- Utilização de equipamentos de proteção individual.

Além da dificuldade para a implantação, deve-se enfatizar que uma medida de controle adequada é uma medida realmente necessária e, sobretudo, suficiente para a redução da exposição ocupacional.

Várias são as causas que levam a medidas inadequadas, pois a simplicidade da higiene ocupacional é apenas aparente, sendo frequentemente necessária a participação de profissionais especializados em diversas áreas para se introduzir uma medida de controle adequada, profissionais estes que pela sua diversidade e especialização não são facilmente encontrados.

Medidas desnecessárias podem ser assim definidas não só pelos trabalhadores como pela comunidade em geral, e levam toda a equipe de saúde ao descrédito, uma vez que podem ser questionados os conhecimentos técnicos e até suspeitar-se de suborno ou corrupção para obrigar a venda deste ou daquele produto. Isso pode dificultar qualquer outra ação de saúde pública, mesmo que não seja relacionada diretamente aos fatos.

Medidas insuficientes, por sua vez, além dos prejuízos mencionados, levam ainda ao comprometimento da saúde do trabalhador ou mesmo da população geral do entorno da empresa, com todos os envolvimentos éticos, morais e inclusive legais daí decorrentes. Por outro lado, a responsabilidade civil e criminal do pessoal de higiene ocupacional vem sendo gradativamente definida no Brasil.

CONSIDERAÇÕES FINAIS

Estruturada da maneira como foi vista, a higiene ocupacional está intimamente ligada ao ambiente de trabalho e ao meio ambiente, além de possuir um vasto e importante papel a desempenhar nos diversos programas de saúde do trabalhador, tais como: controle de exposição a determinado agente químico; conservação auditiva; proteção respiratória; higiene materna e diversos outros.

Todos esses programas possuem em maior ou menor escala um importante capítulo de higiene ocupacional, que deve ser executado de modo a monitorar o ambiente, ou seja, deve ser feita a avaliação da exposição ocupacional de maneira sistemática e repetitiva ao longo do tempo, o que proporcionará uma série histórica de exposições, indicando a necessidade da introdução de medidas de controle sempre que necessárias.

A monitoração biológica é uma tarefa paralela e complementar à monitoração ambiental, para avaliar de forma sistemática os indicadores biológicos de exposição que, juntamente com as atividades de medicina do trabalho, compõem a vigilância da saúde.

Os responsáveis pelas áreas de higiene ocupacional, medicina ocupacional e demais áreas direta ou indiretamente envolvidas com determinado agente ou com a saúde do trabalhador devem elaborar e executar o programa em questão. Periodicamente, os dados de monitoração ambiental e biológica devem ser analisados e discutidos em conjunto, visando, sobretudo, à eficiência do programa. Dessa forma, torna-se possível caminhar em direção à efetiva proteção da saúde do trabalhador e o controle do meio ambiente em geral.

REFERÊNCIAS

[ACGIH] AMERICAN CONFERENCE OF GOVERNMENTAL INDUSTRIAL HYGIENISTS. Industrial Hygiene – Definition Scope Function and Organization. *Am Ind Hyg Assoc J.* v. 20, n. 428, 1959.

_____. *Fundamentals of Industrial Hygiene.* Cincinnati: ACGIH, 2003.

_____. *Limites de exposição (TLV´s) para substâncias químicas e agentes físicos e limites biológicos de exposição.* Cincinnati: ACGIH, 2009. Tradução da Associação Brasileira de Higienistas Ocupacionais: São Paulo (SP): ABHO, 2009.

ATHERLEY, G.A. Critical Review of Time-Weighted Average as an Index of Exposure and Dose, and of its Key Elements. *Am Ind Hyg Assoc J.* v. 46, n. 9, 1985.

BRASIL. MINISTÉRIO DO TRABALHO. Portaria ministerial número 3.214, normas regulamentadoras número 1 a 28 e anexos. *Diário Oficial da União.* Brasília, 28 dez. 1978.

[CAS] CHEMICAL ABSTRACT SERVICE. *Chemical Registry,* 2013. Disponível em: http//www.cas.org/sgi-bin/regreport.pl. Acessado em: jul. 2013.

CLAYTON, G.D.; CLAYTON, F.E. (eds). *Patty's Industrial Hygiene and Toxicology.* Nova Iorque: John Wiley, 1989.

COLACIOPPO, S. *Avaliação da exposição ocupacional a agentes químicos*. Florianópolis: Associação Nacional de Medicina do Trabalho, 2000.

_____. Limites de exposição ocupacional. In: FISHER, F.M.; GOMES, J.R.; COLACIOPPO, S. *Tópicos de Saúde do Trabalhador*. São Paulo: Hucitec, 1989.

COLACIOPPO, S.; SMOLENSKY, M.H. Importância do Estudo da Ritmicidade Biológica para a Higiene e Toxicologia Ocupacional. In: FICHER, F.M. et al. *Trabalho em Turnos e Noturno na Sociedade 24 horas*. São Paulo: Atheneu, 2003.

FISCHER, F.M. et al. Toluene-induced hearing loss among rotogravure printing workers. *Scandinavian Journal of Work Environmental Health*. v. 23, n. 4, 1997, p. 289-98.

HUGHES, W.W. *Essential of Environmental Toxicology – The effects of environmentally hazardous substances on human health*. Washington DC: Taylor & Francis, 1996.

HUNTER, D. *The Diseases of Occupations*. Londres: The English University Press, 1970.

[ILO] INTERNATIONAL LABOUR OFFICE. *Encyclopaedia of occupational health and safety*. Geneva: Parmeggiani L. Editor, 1989.

LEVY, B.S.; WEGMAN, D.H. (eds). *Occupational Health – Reconizing and Preventing Work Related Disease and Injury*. Filadélfia: Lippincott W. & Wilkins, 2000.

LEIDEL, N.A.; BUSH, K.A.; LYNCH, J.R. *Occupational Exposure Sampling Strategy Manual*. DREW (NIOSH). Cincinnati: Niosh Publication n. 77-173, 1977.

NIOSH, D. *Manual of Analytical Methods*. Cincinnati: NIOSH Publication n. 2005-151, 2005.

OGA, S. (org). *Fundamentos de Toxicologia*. 3.ed. São Paulo: Atheneu, 2008. [OSHA] OCCUPATIONAL SAFETY AND HEALTH ADMINISTRATION. *Permissible exposure levels*, 2013. Disponível em: http://search.osha-slc.gov/search97cgi/s97is.dll. Acessado em: jul. 2013.

PATTY, F.A. (ed). *Industrial Hygiene and Toxicology*. Nova Iorque: Interscience Publisher, 1948.

RAMAZZINI, B. *As doenças dos trabalhadores*. Rio de Janeiro: Liga Brasileira Contra os Acidentes de Trabalho, 1971.

PARTE III

Fundamentação Sociopolítica e Cultural

Capítulo 9
Fundamentos de Saúde Pública
Helene Mariko Ueno e Delsio Natal

Capítulo 10
Fundamentos de Epidemiologia
Helene Mariko Ueno e Delsio Natal

Capítulo 11
Trajetória do Movimento Ambientalista
Andréa Focesi Pelicioni

Capítulo 12
Saúde Pública e as Reformas de Paula Souza
Phillip Gunn (in memoriam) e Telma de Barros Correia

Capítulo 13
Fundamentos da Educação Ambiental
Maria Cecília Focesi Pelicioni

Capítulo 14
O Projeto da Paisagem e a Sustentabilidade das Cidades
Paulo Renato Mesquita Pellegrino

Capítulo 15
Linguagem e Percepção Ambiental
José de Ávila Aguiar Coimbra

Capítulo 16
Tecnologias e Comunicações:
da Natureza ao Ambiente
Antônio R. de Almeida Jr.

Capítulo 17
Desenvolvimento e Economicidade Socioambiental
Gilberto Montibeller-Filho

Capítulo 18
Contabilidade Ambiental
Maisa de Souza Ribeiro

Capítulo 19
Direito Ambiental Aplicado
Antonio Fernando Pinheiro Pedro

Capítulo 20
Política e Gestão Ambiental
Arlindo Philippi Jr e Gilda Collet Bruna

Fundamentos de Saúde Pública | **9**

Helene Mariko Ueno
Bióloga e biomédica, Escola de Artes, Ciências e Humanidades — USP

Delsio Natal
Biólogo, Faculdade de Saúde Pública — USP

Neste capítulo, apresentamos conceitos básicos em saúde pública, relevantes e pertinentes à gestão ambiental. A saúde pública possui raízes nas ciências médicas, enquanto a gestão ambiental articula dimensões das ciências humanas (gestão), com ciências da natureza (ambiental). Assim, amplas e interdisciplinares, essas áreas do conhecimento percorreram trajetórias distintas, mas que evidenciam o compartilhamento de objetos e ferramentas de estudo que convergem para uma meta comum: melhorar a qualidade de vida, promover, manter e recuperar a saúde humana e ambiental de forma compatível com a capacidade-suporte do planeta e com o progresso científico, tecnológico e social.

CONCEITOS DE SAÚDE E DOENÇA

Para o profissional de gestão ambiental, é importante compreender conceitos básicos em saúde pública. Nesse sentido, apresentamos algumas definições e noções gerais que norteiam a área da saúde pública.

Gradiente de Sanidade

Conceituar saúde como uma condição oposta à doença estaria muito aquém da complexidade desses dois termos, embora essa noção permeie o senso comum. Se adotarmos essa lógica de oposição dos conceitos, as condições saúde e doença seriam excludentes, algo como tudo *versus* nada, positivo *versus* negativo, sadio *versus* doente.

O conceito de saúde não é compatível com a noção de oposição à doença, o que nos leva a pensar na existência de um gradiente de variação sem limite definido entre essas duas condições (Leavell e Clark, 1965). Assim, podemos imaginar, num extremo, uma condição ideal de saúde e, no outro extremo, uma condição próxima da morte.

Surge então a pergunta: alguém vive em estado ideal de saúde? Do ponto de vista individual, a resposta incluiria fatores subjetivos sobre o que se entende como ideal: valores relacionados à satisfação, bem-estar, qualidade de vida, entre outros. Portadores de doenças crônicas podem referir se sentirem com saúde. Indivíduos com alguma incapacidade física, mas bem adaptados, podem auto-referir sua saúde como boa. Por outro lado, indivíduos fisicamente sãos podem se sentir sem saúde, "doentes".

Normalidade

Ao examinar um paciente, um médico busca diagnosticar um estado de normalidade. Pressão arterial, frequência cardíaca, glicemia, gorduras no sangue, temperatura e outros fatores permitem a comparação com valores de referência – se o valor obtido naquele paciente estiver de acordo com esses valores, então ele está normal. Atualmente, há equipamentos e tecnologias capazes de esquadrinhar tecidos e células em busca de alterações que indiquem o bom ou mau funcionamento de um órgão. Muitas vezes, a medicina moderna abusa desses exames em detrimento de uma boa anamnese, por meio da qual o médico busca compreender os motivos que levaram o paciente à consulta, questionar sobre sintomas e obter informações importantes para a suspeita diagnóstica, com base na qual deveria solicitar os exames laboratoriais.

A noção de normalidade advém do conceito de homeostasia, "termo usado em fisiologia para designar a manutenção de condições estáticas ou constantes no meio interno" (Guyton e Hall, 1998). Do ponto de vista fisiológico, o homem vive em estado de equilíbrio dinâmico, em que os sistemas funcionam em inter-relação com os demais. O organismo é dotado de mecanismos de resposta aos estímulos internos e externos que busquem restaurar e manter esse estado de equilíbrio. Nesse sentido, Berlinguer (1988) afirma que "a doença é um processo, um movimento de ação-reação, um conflito entre agressão e defesa".

Conceitos Holísticos

Segundo a Organização Mundial da Saúde (WHO, 1946), saúde é "o estado de completo bem-estar físico, mental e social, e não apenas a ausência de doença". Essa definição torna claro que o conceito de saúde extrapola o sistema fisiológico e físico do corpo humano. A definição é adequada para atribuir a abrangência e a complexidade do conceito, que considera o estado psicológico do homem em seu ambiente social. Porém, aqui também cabe se perguntar: quem tem essa saúde? Como medi-la? Como alcançá-la?

Em saúde pública, a abordagem ocorre em nível populacional. Segundo a Organização Pan-americana da Saúde (1992), a saúde, tanto individual como coletiva, é resultado das complexas inter-relações entre os processos biológicos, ecológicos, culturais e socioeconômicos que se dão na sociedade, ou seja, é o produto das inter-relações que se estabelecem entre o homem e o ambiente social e natural em que vive.

Buscando articular os dois conceitos apresentados à população, dificilmente existe algum lugar onde um agrupamento humano viva em estado de completo bem-estar físico, mental e social. A abordagem populacional exige a compreensão de que constantemente há uma parcela da população sofrendo as consequências de doenças, em maior ou menor escala. Qualquer comunidade apresenta, concomitantemente, indivíduos sadios, portadores sãos, convalescentes, portadores de doenças agudas e crônicas ou incapacidades, refletindo o gradiente de sanidade anteriormente apresentado.

Semelhantemente, toda comunidade possui infraestrutura de saneamento básico, atividades econômicas, serviços de saúde, administração pública, setor privado, rede de ensino e outros. Assim, em 1986, na VIII Conferência Nacional de Saúde, em Brasília, definiu-se que:

> Saúde é resultante das condições de alimentação, habitação, educação, renda, meio ambiente, trabalho, transporte, emprego, lazer, liberdade, acesso e posse da terra e acesso aos serviços de saúde. É assim, antes de tudo, o resultado das formas de organização social da produção, as quais podem gerar grandes desigualdades nos níveis da vida.

Esse conceito reflete a abrangência e a complexidade do conceito de saúde, ao mesmo tempo em que procura traduzi-lo em variáveis mensuráveis do ponto de vista operacional. Além disso, esse conceito revela a necessidade de integrar vários componentes socioambientais que, na esfera pública, encontram-se setorizados. Assim, o gestor ambiental surge como um profissional capaz de articular esses setores para promover saúde.

Outro conceito que contextualiza a saúde, também pertinente à saúde pública e à gestão ambiental, é o de saúde ambiental:

> Saúde ambiental são todos aqueles aspectos da saúde humana, incluindo a qualidade de vida, que estão determinados por fatores físicos, químicos, biológicos, sociais e psicológicos no meio ambiente. Também se refere à teoria e prática de valorar, corrigir, controlar e evitar aqueles fatores do meio ambiente que, potencialmente, possam prejudicar a saúde de gerações atuais e futuras. (WHO, 1993)

Percebe-se que o conceito de saúde ambiental preocupa-se com a origem ambiental – ambiente natural e social – dos fatores que afetam a saúde humana. Vai além, sinalizando a noção de sustentabilidade, conceito amplamente debatido na atualidade e que tem como elemento comum de suas diversas definições o bem-estar das gerações futuras.

Por fim, considerando os conceitos de saúde e saúde ambiental, temos a saúde pública como uma grande área que busca promover, proteger e recuperar a saúde humana e ambiental, por meio de um esforço organizado pela sociedade. Tal esforço deve se refletir em ações de motivação coletiva, valendo-se de conhecimento científico, habilidades e crenças (Last, 2001).

Nesse sentido, esperamos que o gestor ambiental compreenda melhor como a saúde pública e a gestão ambiental visam à mesma meta: promover e proteger a saúde humana e ambiental.

Visão Ecológica

Enquanto a medicina preocupa-se, de maneira geral, com a saúde do indivíduo, a saúde pública tem como meta lidar com a saúde coletiva ou das populações.

A vida no planeta Terra é altamente organizada e obedece a um espectro biológico (Odum, 1988). Do mais simples para o mais complexo e de forma bastante simplificada tem-se: protoplasma, célula, tecido, órgão e organismo. Nessa escala hierárquica, os organismos representam as unidades com maior nível de organização. Mas os organismos não vivem sós, pois necessitam uns dos outros e, em conjunto, compõem uma população. Populações de diferentes espécies se inter-relacionam e formam as comunidades. Estas, porém, não estão livres no espaço, pois ocupam um lugar representado pelo ambiente. Quando estudamos as inter-relações do ambiente com as comunidades e vice-versa, reportamo-nos ao ecossistema. Uma vez mais, no globo terrestre, os ecossistemas não estão isolados, pois uns se relacionam e trocam materiais com os outros. O somatório de todos os ecossistemas do planeta constitui a biosfera. Esta nada mais é que os espaços no ambiente terrestre nos quais a vida é possível.

Enquanto o médico atua mais diretamente no âmbito do organismo no espectro biológico, a saúde pública aborda níveis mais complexos de população, comunidade, ecossistema e biosfera. A abordagem da saúde coletiva está alicerçada nos princípios da ecologia. Aos que pretendem aprofundar os conhecimentos nessa direção, recomenda-se a leitura de *Ecologia, epidemiologia e sociedade* (Forattini, 1996).

A saúde pública é bastante antropocêntrica, pois preocupa-se com a condição humana. Entretanto, contentar-se com uma abordagem focalizada na população humana não é suficiente. Mesmo que a preocupação central seja a saúde humana, no relacionamento dessa espécie com outras (conceito de comunidade) podem surgir agravos, como zoonoses, parasitoses, doenças transmitidas por vetores, acidentes com animais peçonhentos, entre outros. Quando o homem e outras espécies se relacionam com o ambiente (conceito de ecossistema), uma série de fatores pode atuar como determinante da saúde ou da doença, como: clima, topografia, posição geográfica, insolação, fenômenos naturais (inundações, terremotos, furacões e tornados) e outros. A preocupação geral com a biosfera torna-se cada vez mais importante à medida que se compreende o homem como gerador de poluição e de outras agressões que provocam mudanças na camada de ozônio e no teor de gás carbônico atmosférico, apresentando novos riscos para a vida na Terra (Watson et al., 1996). O estudioso de saúde pública que possui fundamentação ecológica tem a vantagem de ter visão integradora e sistêmica.

A Doença na Sociedade

Existem numerosos agravos à saúde e doenças que afetam o homem (OMS, 1997). Em uma dada área geográfica, algumas doenças emergem como problema de saúde pública. Para Forattini (1996), trata-se de doenças com frequência de impacto, causando morbimortalidade. Geralmente são conhecidas cientificamente, de modo que existem métodos de prevenção e controle. Entretanto, há falhas no monitoramento e na vigilância e a doença persiste, mesmo quando são dirigidas campanhas para combatê-las. Doenças infecciosas, como a tuberculose, a malária e a dengue são marcantes em determinadas áreas do território brasileiro, constituindo-se em verdadeiros problemas de saúde pública. Agravos como acidentes de trânsito, uso de drogas, alcoolismo e violência seriam outros exemplos não ligados às infecções. Em uma abordagem mais integral, pode-se expandir o conceito para situações que colocam o homem sob o risco de adoecer. Assim, entre outros exemplos, a precariedade social, a desnutrição e a poluição ambiental ilustram cenários típicos, geradores de uma infinidade de agravos que são verdadeiros desafios para as sociedades contemporâneas.

CONCEITO DE EPIDEMIOLOGIA

Para compreender o real significado de saúde pública, torna-se necessário introduzir a conceituação de epidemiologia, o que se propõe a seguir.

Referencial Etimológico

O leigo compreende que epidemiologia é o estudo das epidemias. Em certa extensão, esse entendimento estaria correto, pois de fato essa ciência também trabalha com as epidemias. Porém, a epidemiologia é mais abrangente. Pode-se muito bem abordar agravos não epidêmicos sob a óptica epidemiológica. Além do mais, na epidemiologia não se investigam apenas os efeitos representados pelas doenças, mas busca-se identificar seus determinantes. O desdobramento dos componentes da palavra, derivados do grego (*epi-demio-logia*), esclarece melhor o conceito (Forattini, 1992). EΠi (Epi) significa "sobre" (entende-se a ocorrência de algum processo sobre a população), δEμos (Demos) corresponde à população afetada por algum processo mórbido; o último radical (Logos) significa "estudo". Nesse sentido, epidemiologia seria o estudo de algum processo que ocorre sobre a população. Esse processo pode ser interpretado como as doenças que incidem ou como seus fatores determinantes interagem.

Visão Médica *versus* Epidemiológica

Para compreender o conceito de epidemiologia, podemos nos valer da comparação entre a atuação de um médico clínico e de um epidemiologista. Ao atender um paciente, o médico realiza a anamnese, faz o exame clínico do paciente e, eventualmente, solicita exames laboratoriais. Com base nesse conjunto de informações, levanta uma hipótese diagnóstica e prescreve o tratamento.

O epidemiologista cumpre as mesmas etapas, mas seu objeto de estudo é a população. Num primeiro momento, o epidemiologista verifica a frequência de determinada doença, caracteriza as pessoas ou grupos afetados, sua distribuição espacial e temporal. Com base nessas informações, levanta hipóteses sobre os possíveis fatores determinantes da doença ou agravo em questão. Testadas as hipóteses, i.e., confirmados os determinantes da doença, é possível indicar a profilaxia.

Embora utilize dados de morbimortalidade, a epidemiologia não se limita a eles. Ao estudar uma doença, há sempre uma preocupação com a parcela ainda não afetada por ela, mas que eventualmente pode estar sujeita ou exposta aos determinantes dessa doença. Assim, enquanto a medicina ocidental concentra esforços no diagnóstico e tratamento do indivíduo, a epidemiologia visa a população: quem são os afetados, quantos são e porque o são, como sua saúde pode ser restabelecida e a que custo; quem são os não afetados, porque não são ou (ainda) não foram afetados e como protegê-los.

O Exemplo da Dengue

Numa área de transmissão, ao atender um paciente, o médico pode suspeitar que se trata de um caso de dengue com base nos sinais e sintomas. Como a dengue pode ser confundida com outras doenças, o médico deve fazer um diagnóstico diferencial com base em exames clínicos e laboratoriais. Confirmado o diagnóstico, o médico deve notificar o caso e encaminhar o paciente para tratamento.

Na mesma localidade, um epidemiologista busca definir o número de casos na população, caracterizar as pessoas afetadas, a distribuição espacial e temporal dos casos, mas também avaliar a densidade de *Aedes aegypti* na região e, especialmente, controlar esses vetores nos locais onde houve a provável transmissão. Assim, deve ser feito um levantamento sobre os possíveis criadouros do mosquito, que, muitas vezes, refletem falhas no abastecimento de água ou no manejo de resíduos sólidos. Porém, é possível que se trate de residências de veraneio fechadas, mas com piscinas descobertas;

ou, ainda, bromélias nos jardins de condomínios. Portanto, verifica-se que é necessário identificar os determinantes locais das doenças e as medidas profiláticas específicas, respeitando-se os conhecimentos, atitudes e práticas da comunidade, infraestrutura local, capacidade técnica, operacional e financeira de implantação e sustentabilidade dessas medidas.

Aqui fica claro que a noção de causa em saúde pública considera como determinante qualquer fator que facilite o contato entre o vírus dengue e um hospedeiro suscetível através da picada de uma fêmea infectada de *Aedes aegypti*. Por conseguinte, fica evidente que o gestor ambiental tem a contribuir para evitar epidemias de dengue, por meio de ações relacionadas ao ambiente que reduzam a oferta de criadouros do mosquito.

O Exemplo da Poluição do Ar

Em uma metrópole com elevado número de veículos a motor, tráfego intenso, indústrias, incineradores e outras fontes lançando diariamente toneladas de poluentes na atmosfera, principalmente nos períodos de inversão térmica, detecta-se um aumento da ocorrência de complicações respiratórias, com maior número de atendimentos em prontos-socorros, além de internações em hospitais, ou mesmo acréscimo de mortalidade em grupos mais vulneráveis, como crianças e idosos. Na realidade, o aumento da frequência desse tipo de agravo é a ponta de um *iceberg*. Nessas circunstâncias, entende-se que toda a população está exposta a essa atmosfera poluída e, mesmo que subclinicamente, sofre em decorrência desse problema ambiental. Nessa situação, enquanto profissionais de saúde estariam empreendendo esforços para amenizar os efeitos nos atingidos e para evitar complicações clínicas e mortes, o epidemiologista estaria preocupado com o grande contingente de pessoas aparentemente saudáveis, porém expostas. Surge a questão sobre quais medidas poderiam ser adotadas para diminuir as emissões de poluentes, enfraquecendo o determinante desses agravos.

Nesse contexto, o gestor ambiental desempenha papel importante na gestão territorial e elaboração de políticas públicas de qualidade do ar; esse profissional deve estar apto a interpretar dados de monitoramento da qualidade do ar, inspeção veicular e de outros programas para fazer um diagnóstico adequado da situação e avaliação dessas medidas.

Outros Conceitos

Dentre diversas definições de epidemiologia, Peterson e Tomas (1978) destacam algumas:

- É a ciência do fenômeno da doença em massa (ou população).
- É o estudo das leis e fatores que governam a ocorrência de doenças ou anormalidades em um grupo populacional.
- É o estudo da distribuição e dos determinantes da doença no homem.
- É a arte e a ciência da ocorrência da doença.
- Epidemiologia é a ecologia médica.

Segundo a Associação Internacional de Epidemiologia (Last, 2001), epidemiologia é o estudo da distribuição de estados relacionados à saúde ou eventos em populações específicas, bem como seus determinantes, visando a sua aplicação no controle de problemas de saúde.

Assim, caracterizada como estudo, a epidemiologia pressupõe um método; trata-se de descrever e analisar fenômenos relacionados à saúde da população. Para tanto, há uma vertente quantitativa que se baseia na contagem de óbitos ou casos de doenças numa dada área, produzindo dados numéricos que podem ser analisados ao longo do tempo. A caracterização de eventos relacionados à saúde segundo local de ocorrência também é fundamental em epidemiologia. Tal caracterização é complementada pela descrição das pessoas afetadas: sexo, idade, ocupação, por exemplo, permitem inferir se determinado agravo acomete mais homens do que mulheres, em todas as idades ou de forma mais acentuada em algum grupo etário, ou ainda segundo determinadas ocupações.

Essa vertente quantitativa baseia-se em forte referencial estatístico, já que a epidemiologia lida com populações ou grupos populacionais. Espera-se que as observações encontradas no grupo estudado (amostra) valham para toda a população de origem (ou grande parte dela). Além disso, estudos qualitativos têm se mostrado importantes para a compreensão dos conhecimentos, atitudes e práticas da população em relação à própria saúde, fundamental para avaliar o impacto de agravos e a viabilidade de propor medidas preventivas em determinados grupos. A pesquisa qualitativa se baseia na análise de informação subjetiva, obtida por observação ou depoimentos e entrevistas, refletindo a percepção individual sobre sua condição e determinantes de sua saúde.

A Interdisciplinaridade e o Caráter Científico

Os conceitos de epidemiologia anteriormente apresentados mostram que essa área do conhecimento é fundamental para a saúde pública. Sua abrangência e complexidade evidenciam a necessidade de integrar diversos profissionais de saúde, da área de ciências exatas e da natureza e humanidades, podendo envolver: médicos, enfermeiros, dentistas, veterinários, biólogos, farmacêuticos, geógrafos, estatísticos, matemáticos, demógrafos, gestores, sociólogos, antropólogos, educadores, entre outros.

É importante lembrar que nem sempre o epidemiólogo lida diretamente com doentes. Muitos estudos são desenvolvidos a partir da análise de registros de casos ou óbitos, amostras de sangue para identificar risco ou sinais de doenças, incluindo intoxicações por contaminantes ambientais; busca-se identificar fatores associados a esses indicadores de agravos – por exemplo, fatores comportamentais, demográficos, socioeconômicos, indicadores ambientais e outros. Há estudos que se baseiam na informação autorreferida pelo grupo estudado - sadio, sob risco de adoecer ou acometido por algum agravo; institucional ou atendido em determinado serviço de saúde, ou ainda, residente em áreas endêmicas de transmissão de determinada doença. Outros estudos se baseiam em modelos matemáticos para estimar impacto, seja de agravos ou de medidas preventivas por meio da simulação de cenários. Isso exige, conforme as variáveis estudadas, uma equipe interdisciplinar.

Do ponto de vista metodológico, uma etapa fundamental da pesquisa em epidemiologia refere-se aos estudos descritivos. A caracterização da distribuição de um agravo segundo tempo, lugar e pessoas, permite levantar hipóteses sobre determinantes do agravo estudado. Discussão mais detalhada sobre estudos descritivos será apresentada adiante.

É de se esperar que os resultados dos vários estudos epidemiológicos nem sempre concordem. Além dos graus de incerteza inerentes aos testes estatísticos baseados em probabilidades ou chances, deve-se considerar a variabilidade biológica das pessoas, dos microrganismos ou dos vetores biológicos no tempo e no espaço.

Nesse sentido, um dos critérios importantes de validação dos estudos epidemiológicos, assumindo-se um delineamento adequado do estudo, é a consistência dos resultados. Se a associação entre determinado fator e doença é estabelecida em estudos com diferentes populações ou grupos, mediante o uso de ferramentas de coleta de dados e análise distintas, locais e épocas diferentes, então dizemos que a associação é consistente. Associações consistentes estabelecem e sustentam paradigmas epidemiológicos.

Por outro lado, o rigor científico considera como critério importante a reprodutibilidade dos estudos. Desse modo, o delineamento deve ser estabelecido, conduzido e descrito com tal rigor que possa ser reproduzível em outros estudos ou servir de ponto de partida para modificações e adaptações para investigação em outras localidades e/ou períodos, visando identificar outros determinantes.

FATORES DETERMINANTES

No senso comum, causa é aquilo que faz algo acontecer, é o determinante de um efeito. A causa estabelece uma relação linear e precede seu efeito. Por exemplo, diante de um congestionamento de veículos, podemos pensar em várias causas: um acidente, um protesto, manutenção da pista, excesso de veículos, veículo quebrado, entre outras. São causas conhecidas, após inúmeras observações de vias de tráfego congestionadas. Porém, possivelmente apenas uma delas bastaria para explicar aquele congestionamento; a ocorrência de duas ou mais causas resultaria num congestionamento pior.

Em epidemiologia, pode-se pensar em uma multiplicidade de condições que desencadeiam, facilitam ou intensificam a ocorrência de determinado agravo à saúde. Tais fatores são comumente referidos como determinantes e interagem entre si, como elementos de um sistema. É comum que os determinantes sejam referidos como causas, que por sua vez, podem ser classificadas como causas proximais e distais, ou ainda, causas necessárias e suficientes. A identificação dos determinantes deve ser feita localmente, pois alguns determinantes podem desempenhar papel mais importante em certa comunidade do que em outra. Por exemplo, as infecções diarreicas podem ocorrer sazonalmente em determinados locais, especialmente no verão, causadas por vírus ou associadas a alimentos contaminados. Em comunidades vivendo sob condições precárias, sem saneamento básico, elas podem ocorrer durante o ano todo. Assim, para esse agravo, podemos pensar em determinantes de natureza biológica, ambiental – ambiente natural e antrópico – e sociocultural.

Essa multifatorialidade ocorre de forma estruturada, de modo a representar graus variáveis de risco de ocorrência da doença. Isso porque os fatores podem interagir de forma sinérgica, ou seja, o risco proporcionado por vários fatores associados é maior que a atuação de cada fator isoladamente; ou antagônica, isto é, um fator anula ou reduz o efeito do outro; os fatores podem, ainda, ter seus efeitos somados. De qualquer forma, a abordagem sistêmica pressupõe que a alteração no estado de um fator altera o estado de todos os outros elementos do sistema. Seguindo essa lógica, a identificação dos fatores determinantes é fundamental para o estabelecimento de medidas preventivas, ainda que os mecanismos de ação de cada fator e sua interação não estejam completamente esclarecidos, especialmente em relação à patogênese. Por exemplo, mesmo antes de se chegar ao estado atual do conhecimento sobre o vírus HIV, as campanhas de prevenção já recomendavam o uso de preservativo, tão logo a transmissão sexual foi identificada.

O Conceito de Risco

Quando uma doença incide sobre uma população, cabe ao epidemiologista caracterizar seus determinantes, ou seja, traçar a chamada rede multicausal, considerando as especificidades locais relacionadas às características sociodemográficas, culturais e biológicas da população, bem como as ambientais. A rede multicausal pode ser entendida como uma série de fatores determinantes que, atuando no tempo e em determinado espaço, aumentam a chance de ocorrência do agravo em questão.

Assim, um risco remete à probabilidade maior de ocorrer um agravo diante de certas condições. Portanto, um indivíduo exposto a um risco não necessariamente adoece, embora possa ter uma chance maior de adoecer em comparação com alguém vivendo em situação diferente.

Por exemplo, um trabalhador que lida com substâncias perigosas tem maior risco de adoecer em decorrência da exposição a essa substância do que a população não ocupacional. Nessa situação, a saúde pública e, particularmente, a saúde ocupacional visam à redução desse risco, por meio de medidas de proteção específicas. O risco será substancialmente reduzido se a substância for manipulada em sistemas fechados e automatizados, mas eventuais falhas nesses sistemas implicam risco de acidentes graves; de outro modo, a adoção de equipamentos de proteção coletiva e/ou individual torna-se fundamental para reduzir o risco à saúde desse trabalhador.

Preâmbulo Histórico

A epidemiologia passou a integrar a ciência há cerca de um século e meio. Entre outros de seus pioneiros, destaca-se John Snow, que em meados do século XIX praticamente desenvolveu e aplicou o método epidemiológico no estudo da cólera em Londres (Snow, 1999). Naquela época, essa doença dizimava a população de muitas cidades europeias e sua letalidade parecia ser característica da própria doença ou, para alguns, castigo divino. Ainda não se conheciam os microrganismos e a ciência, filosofia e religião se misturavam com crenças e explicações místicas. Havia uma corrente, que incluía muitos cientistas, que acreditava que as doenças tinham origem miasmática, isto é, emanações nocivas do ambiente. O grande mérito de Snow foi desprender-se da medicina individual e clínica, ampliando sua visão para a ocorrência da doença na população. Ele registrou e mapeou a frequência de casos e óbitos, observou o comportamento das pessoas, inferiu que a causa da cólera estava na água e, com base nisso, propôs medidas preventivas.

A EVOLUÇÃO DA CONCEPÇÃO CAUSAL

O homem sempre buscou entender a doença ou a saúde e os fatores a ela relacionados. Para efeito didático, com base em Maletta (1988), apresentamos períodos históricos marcados pelas ideias predominantes em relação às causas das doenças.

Primeiro Período – Unicausalidade Miasmática

É difícil estabelecer a origem da teoria miasmática, mas ela muito provavelmente surgiu nas sociedades antigas, influenciada por crenças e religiões que interpretavam a doença como castigo. Esse tipo de crença prevaleceu até o século XIX. Acreditava-se no domínio de forças externas como determinantes das doenças, forças invisíveis que emanavam do ambiente. Esses miasmas entravam no corpo das pessoas, trazendo sofrimento, doença e morte; se eles deixassem o indivíduo, sua saúde era restabelecida. Essa ideia era aceita também entre cientistas que buscavam evidências empíricas para fundamentar a teoria. Muitas vezes, a isso se associava a desobediência do homem a divindades, a doença sendo vista como castigo do qual não se poderia fugir.

O trabalho de Franco (1969) sobre a história da febre amarela no Brasil retrata bem esse período, quando a doença era referida como "peste desconhecida":

> E irada, a justiça divina de nossa costumácia prosseguirá êste contágio enquanto se não reformarem nossos péssimos costumes; esta doença é particularmente castigo de Deus pelos pecados dos homens.

A malária é assim denominada por influência dessa crença; significa "maus ares". Acreditava-se que os maus ares emanavam dos pântanos mal cheirosos. Não se conhecia o papel dos anofelinos, hoje reconhecidos como transmissores do plasmódio, mas de fato, esses vetores se associam a grandes corpos d'água como criadouros. Isso evidencia que nesse período já se faziam associações entre doenças e meio ambiente, algumas até corretas. Mas é importante destacar o predomínio de explicações únicas para cada doença.

E razão da crença de que a doença vinha do meio externo, muitas medidas de combate eram voltadas à sua purificação. Referindo-se à primeira campanha contra a febre amarela no Brasil, Franco (1969) descreve uma passagem em Recife, no final do século XVII:

> Antes de tudo impunha-se atacar a infecção do ar, purificando-o por meio de quarentena de fogo em tôdas as ruas. O Provedor faria o rol dos moradores de cada rua, atribuindo a cada grupo de cinco a obrigação de acender uma fogueira com ervas cheirosas, durante trinta dias. Nas fogueiras se lançariam ramos de murta, incenso, almécega, bálsamo, óleo de copaíba e galhos de aroeira e de erva-cidreira. Eram aconselhados os estrondos de artilharia "porque a violência do fogo é uma fera faminta, avidíssima e explicável que tôdas as coisas desfaz". Os tiros deveriam ser disparados "na declinação do dia, já nos crepúsculos da noite, e também no fim da noite nos crepúsculos do dia".

Segundo Período – Unicausalidade Biológica

A ciência evoluiu muito a partir do século XVII, destacando-se a invenção do microscópio por Leeuwenhoek em 1676, revelando os microrganismos (Rosen, 1994). A aplicação da microbiologia na área médica aconteceu bem mais tarde, protagonizada por Pasteur, Kock e Klebs (Arouca, 1976). Os experimentos de Pasteur se destacaram no período de 1865 a 1878, e culminaram na "descoberta de um micróbio em forma de bastonete que causava o temido antrax bovino" (Breilh, 1991). Na época, as pesquisas eram voltadas para a descrição e classificação dos microrganismos.

À medida que muitos microrganismos eram isolados de enfermos, passou-se a admitir que toda doença deveria ter como determinante algum agente biológico. Bastaria descobrir e caracterizar o agente para então combatê-lo, e o problema de saúde seria resolvido. Uma característica notável desse período, iniciando-se no final do século XIX, invadindo o seguinte e chegando até a atualidade, foi ter proporcionado um grande avanço nos estudos imunológicos e, consequentemente, no desenvolvimento de vacinas. Embora a ideia da vacina fosse bem anterior (sua funcionalidade foi revelada em 1796, com a experiência do médico inglês Jenner) (Rosen, 1994), foi somente a partir da demonstração científica do envolvimento de microrganismos na causa de muitas doenças que a vacina passou a assumir relevância. Um outro marco notável do período biológico foi a descoberta da penicilina, em 1929, por Fleming, na Inglaterra, que iniciou a "era dos antibióticos" (Lacaz, 1975). Todos esses progressos induziram a ideia de que um dia as doenças seriam dominadas pela tecnologia e o homem do futuro passaria a ser mais saudável. Apesar de promissora, essa ideia não se sustentou diante de quadros mórbidos descritos por Ramazzini, ainda no século XVII, associando doenças e ocupações (Felton, 1997). Porém, é inegável o avanço das descobertas sobre as causas das doenças hoje classificadas como infecciosas. Passou-se, entretanto, para um período de determinismo biológico unicausal dessas doenças, marcado pelo reducionismo positivista (Breilh, 1991). Essa direção tomada pela ciência teria, segundo Barreto (1994), "diminuído a importância de disciplinas com predomínio observacional como a Epidemiologia", pois o microrganismo era a única causa da doença.

O período biológico se consolidou no início do século XX, com ideias fortemente defendidas na sua primeira metade. Para uma leitura mais aprofundada da revolução pasteuriana no Brasil cobrindo o período pré--Oswaldo Cruz, recomenda-se a obra de Benchimol (1999).

Terceiro Período – Multicausalidade

O determinismo puramente biológico começou a ruir quando os estudiosos das doenças descobriram que havia infecção sem doença e que também, para muitas doenças, hoje reconhecidas como não infecciosas, não se conseguia encontrar um agente biológico. Assim, a compreensão da tuberculose, agravo que historicamente sempre acompanhou o homem, foi de grande importância. A existência de portadores sãos do bacilo incomodou o meio científico. Se era possível ao agente conviver com o hospedeiro sem provocar quadro clínico, então o que motivava a doença não era exclusivamente o agente biológico, mas outros fatores, que deveriam estar atuando em conjunto (Leavell e Clark, 1965). De outro lado, observações como as de Goldberger (1988) sobre a pelagra foram de grande importância na demonstração de que nem todas as doenças possuíam etiologia biológica.

"O modelo unicausal em pouco tempo se mostrara insuficiente para explicar uma gama de novas questões que surgiam com a produção de novos conhecimentos científicos" (Barreto, 1994). Progressivamente e sob forte influência da ecologia, vai se desenvolvendo a ideia da multicausalidade, cujos princípios básicos estão reunidos em *Epidemiologic methods* (MacMahon et al., 1960), em que se preconiza que a doença não é consequência exclusiva da ação de um único agente, mas que vários fatores interagem para que ela se manifeste. A etiologia de uma doença tem no microrganismo um fator necessário, mas nem sempre suficiente para desenvolver a doença no indivíduo (Leser et al., 1985). Entre outros fatores, podemos destacar o estado imunitário deficiente, a má alimentação, o excesso de trabalho e fatores climáticos. Essa concepção também mostrou-se aplicável às doenças não infecciosas, que possuem determinação complexa e são geradas pela atuação de múltiplos fatores.

Embora essa maneira de conceber a determinação das doenças possa representar um grande passo no aprimoramento e na discussão da saúde pública, ela ainda é dotada de limitações e o modelo carecia de aperfeiçoamento.

Quarto Período – a Tríade Ecológica

Constituindo um avanço em relação aos fatores desagregados apresentados em *Epidemiologic methods*, surgiu a proposta de Leavell e Clark (1965). Aceita-se a multicausalidade, porém, agrupam-se os fatores em três categorias, provenientes do agente, do hospedeiro e do ambiente. Compreende-se que a saúde ou a doença estão na dependência das interações estabelecidas entre as referidas categorias que compõem a tríade ecológica. Preconiza-se a existência de um suposto equilíbrio dessas três partes, levando à saúde. No entanto, qualquer ruptura do sistema ou sua desestabilização seria suficiente para gerar um estado de doença.

O Agente

Os agentes patogênicos são considerados fatores necessários para o desencadeamento do processo mórbido. Em uma classificação dos agentes segundo sua natureza, torna-se possível reconhecer os agentes biológicos, químicos e físicos.

Agentes Biológicos

Representados por organismos vivos, como vírus, bactérias, protozoários, fungos, helmintos e alguns artrópodes. Nesse terreno, encontram-se todos os agentes de infecção ou infestação. São bastante comuns as doenças associadas aos agentes biológicos, reconhecidas como doenças infecciosas ou transmissíveis.

Agentes Químicos

Representados por quaisquer produtos dessa natureza, naturais ou artificiais, que possam provocar agravos à saúde humana. Entre os agentes químicos naturais estão os gases tóxicos liberados em erupções vulcânicas. Entre os artificiais, servem de exemplos os agentes da poluição ambiental, de origem industrial, emissões veiculares, insumos agrícolas, aditivos alimentares, poluentes lançados em efluentes líquidos, entre outros. No mundo moderno, os agentes químicos vêm assumindo importância cada vez maior. As indústrias sintetizam novos produtos que acabam atingindo o ambiente e as populações, inclusive a humana. Em muitas situações, a exposição é involuntária e inevitável.

Agentes Físicos

Representados pela luz, ruído, radiações, ondas eletromagnéticas e outros fatores ambientais podem ser desencadeantes de doenças. Tanto o ambiente natural como aquele produzido pelo homem podem ser fontes desses fenômenos. É certo que a própria Terra emite radiações, mas que na maioria das situações são benéficas. Podem estar mais concentradas em pontos específicos da superfície e agir como fator de risco. A luz solar é importante para a síntese de determinadas vitaminas, mas a exposição excessiva pode provocar câncer de pele. É no ambiente artificial e principalmente nos processos mal gerenciados de produção industrial que esses agentes são mais intensos, como nas siderúrgicas, tornando fundamental a proteção e o monitoramento da saúde do trabalhador.

O Hospedeiro

Na epidemiologia, o hospedeiro de interesse central é o próprio homem. Muitas características do homem podem constituir fatores que *ajudam* (facilitadores ou precipitadores) a provocar o surgimento da doença. A seguir serão citados alguns deles.

Sexo

Por questões biológicas ou de exposição ocupacional, por exemplo, o homem pode se apresentar mais vulnerável a algumas doenças que a mulher e vice-versa. Algumas doenças são próprias do sexo masculino ou do feminino, por causa da simples diferença anatômica ou fisiológica. Na epidemiologia, a identificação de que um sexo se expõe mais que outro a um fator específico fundamenta a adoção de medidas ou abordagens específicas.

Idade

No processo de desenvolvimento biológico, o organismo humano passa por notável processo de modificação. Quando se considera o aspecto imunitário, o recém-nascido é bastante vulnerável às infecções no início da vida. As crianças que se beneficiam do leite materno ficam protegidas através do aleitamento, que transfere anticorpos da mãe para o filho. À medida que as crianças entram em contato com os agentes infecciosos, elas adquirem imunidade (por vacina ou infecção natural), e quando atingem a puberdade, são geralmente resistentes a uma série de infecções. As mudanças hormonais e comportamentais processadas na adolescência expõem indivíduos nessa fase a outros riscos, que podem ser influenciados pelo estilo de vida (comportamento em relação à atividade física, alimentação, tabagismo, consumo de bebidas alcoólicas etc.). Também é nessa fase que os adolescentes e jovens podem se expor aos riscos de adquirir infecções sexualmente transmissíveis e agravos por causas externas (acidentes e violência); frequentemente, eles também podem se expor a riscos ocupacionais. Na vida adulta, a depender do estilo de vida, surgem sinais de doenças degenerativas. O idoso pode manifestar doenças decorrentes de fatores que atuaram durante o transcorrer de sua vida, além da perda de resistência imunológica, ficando mais suscetível a infecções.

Assim, os riscos podem diferir segundo faixa etária por questões biológicas, mas também psicológicas, comportamentais, ocupacionais, socioculturais; deve-se considerar também que o mesmo agente infeccioso pode produzir quadros clínicos distintos segundo grupo etário.

Condição Socioeconômica

Pessoas vivendo sob diferentes condições podem se expor a fatores específicos e adoecer de modo distinto. Diante desse fato, pode-se concluir que pessoas de diferentes níveis socioeconômicos estão sujeitas a riscos diferenciados para diversos agravos à saúde. Educação, saneamento ambiental, habitação, alimentação, acesso à assistência médica-sanitária, entre outros, são fatores que atuam na determinação da saúde ou da doença. Assim, é importante identificar os riscos diferenciais e específicos à saúde. Em termos populacionais, a chamada transição epidemiológica se refere à mudança no padrão de morbimortalidade, com redução da ocorrência de doenças infecciosas e aumento das não infecciosas à medida que ocorre a transição populacional.

Raças e Etnias

Qualquer agrupamento humano deve ser investigado quanto a esses componentes. Dificilmente uma população é homogênea em sua constituição. Em cada população existem grupos de raças e etnias. O termo raça refere-se à linhagem biológica. São grupos que se mantiveram reprodutivamente isolados e conservaram patrimônio genético e características fenotípicas compartilhadas entre seus indivíduos. Nesse contexto, doenças para as quais há determinantes genéticos poderão incidir de forma diferente nas raças. Contudo, a epidemiologia se interessa também sobre as questões étnicas. Grupos étnicos conservam e compartilham cultura e, assim, padrões de comportamento definido que podem ser protetores ou de risco em relação a doenças.

Ocupação

Durante a vida, o homem passa por diferentes estágios de ocupação. Logo nos primeiros anos tem como atividades principais brincar e aprender. Se tem acesso, passa pelo período escolar, faz cursos técnicos, universitários, especializa-se. Sem oportunidade, começa a trabalhar mais cedo, muitas vezes em uma fase precoce da vida. É natural que as pessoas entrem em uma fase produtiva que pode se estender até a velhice, quando param de trabalhar por aposentadoria ou invalidez. A sociedade humana caracteriza-se pela variedade de ocupações. Muitas delas são leves e até saudáveis; outras, porém, são agressivas ao organismo. Diz-se que uma ocupação é agressiva quando propicia a interação do trabalhador com agentes físicos, químicos, biológicos, psicológicos, entre outros, que podem provocar doenças.

O que se discutiu anteriormente já é suficiente para demonstrar que fatores associados ao hospedeiro podem, em diversas circunstâncias, desequilibrar o sistema pressuposto por Leavell e Clark (1965), provocando doenças. Muitos exemplos poderiam ser dados, cabendo ao leitor interessado buscar textos específicos sobre o assunto.

O Ambiente

Agente, hospedeiro e ambiente interagem de forma sistêmica. Fatores ambientais associados às doenças podem ser de natureza física e biológica. Há autores que incluem fatores sociais na discussão do ambiente, pois o homem produz *um ambiente social*. Neste texto, optou-se por abordar as questões sociais quando se discutiu o hospedeiro. O meio físico é propiciador de numerosos fatores que, em certas situações, podem favorecer a ocorrência da doença por meio da facilitação ou promoção do contato agente-hospedeiro.

O Clima

Variações anuais de temperatura podem ter influência sobre várias doenças. Praticamente todas aquelas que são transmitidas por vetores têm, nos períodos mais quentes do ano, o favorecimento da transmissão. Muitos agentes infecciosos de transmissão respiratória, como vírus e bactérias, têm sua veiculação aumentada no inverno. Agravos não infecciosos podem ter associação com a temperatura em sua etiologia. Nos meses quentes, as pessoas andam com roupas leves e se expõem mais à luz do sol. Os raios solares podem provocar queimaduras graves, além de câncer de pele. Nas áreas onde o inverno é prolongado e a paisagem permanece durante vários meses coberta por gelo, a população pode sofrer problemas de ordem psicológica. Os níveis de precipitação também podem influenciar a ocorrência de doenças; na época da chuva, em ambientes antrópicos onde o saneamento é precário, intensifica-se a contaminação biológica dos corpos d'água, compondo cenário facilitador de transmissão de doenças como hepatites, diarreias, leptospirose, entre outras; nos períodos de seca, agravos do aparelho respiratório podem ter sua frequência aumentada. Outros fatores climáticos, como pressão atmosférica, umidade relativa do ar e ventos podem, direta ou indiretamente, exercer influência sobre a saúde humana.

A Topografia

A topografia constitui fator que pode ter associação com determinadas doenças. Aquelas com veiculação hídrica têm área de transmissão geralmente próxima a corpos aquáticos, estabelecidos em fundos de vales ou planícies de inundação de rios. A malária, por exemplo, está associada, na maioria das vezes, aos charcos que se formam nas imediações do leito principal dos rios. Esses braços podem ser criadouros de anofelinos, os mosquitos vetores da doença. O mesmo é válido para a esquistossomose, pois os caramujos hospedeiros intermediários proliferam em águas paradas. Na própria área urbana, a já citada leptospirose ocorre com maior frequência nos fundos de vales sujeitos às inundações.

O Meio Biológico

O meio biológico pode também estar correlacionado com a saúde ou a doença. No mundo atual, a preservação do ambiente é de extrema importância para a sobrevivência humana. Unidades de conservação ambiental são mantidas visando à proteção da biodiversidade. Reconhece-se que espécies silvestres de animais ou plantas podem conter importantes princípios ativos, muitos ainda desconhecidos, que servirão de base para a síntese de medicamentos. Nas áreas urbanas, a manutenção de espaços verdes torna-se cada vez mais necessária, pois eles servem como áreas-tampão para equilibrar o clima e amenizar a poluição. Por outro lado, áreas nativas podem comportar fatores perigosos ao homem. Agentes biológicos fazem parte de biocenoses naturais, e circulam geralmente entre os vertebrados, possuindo estratégias de passagem de um animal ao outro. Toda vez que o homem penetra no ambiente natural, corre o risco de se inserir em um desses ciclos de transmissão enzoótica. Quando o ambiente natural é pressionado pelo homem, geralmente por causa da exploração de recursos naturais ou desmatamento para implantação de sistemas agropecuários industriais, moradias etc., há risco de transmissão desses agentes ao homem. Dessa forma, podem surgir doenças novas ou as chamadas emergentes.

Quinto Período – Influência Social

A abordagem social surge como crítica aos períodos anteriores, vistos como demasiadamente biológicos ou ecológicos. Não se trata de crítica àqueles campos do saber que já se consagraram como ciência, e que fundamentam a compreensão da biosfera e propiciam avaliações das inter-relações que se processam na natureza entre os organismos e o ambiente. O que se coloca é o perigo de se parafrasear os conceitos das referidas ciências, por meio de um sequenciamento de ideias, a ponto de provocar o convencimento de que o vilão da doença é a própria natureza. Se em outro período explicava-se tudo em razão do determinismo unicausal biológico, no subsequente, o determinismo ecológico-funcional "reduziu a vida humana à sua dimensão animal e converteu a produção ou cultura da sociedade num elemento a mais do meio ambiente" (Barreto, 1994).

Foi nas últimas décadas do século XX que a epidemiologia recebeu a influência dos movimentos sociais e viu nascer a abordagem da epidemiologia crítica (Almeida Filho, 1989). Concretizou-se um movimento cuja linha mestra é a "rejeição à biologização da Saúde Coletiva" (Almeida Filho e Rouquayrol, 1992). Se a ênfase do modelo anterior recaía sobre o ambiente, centraliza-se agora a discussão no hospedeiro, no caso, o homem. Seriam então as próprias contradições de nossa espécie que gerariam os fatores de risco. As desigualdades entre as classes sociais são vistas como as grandes desencadeadoras dos fatores associados às doenças. O homem adoece porque a sociedade é injusta. Nesse contexto, as populações só alcançariam um estado de saúde satisfatório se ocorresse uma profunda transformação social, o que seria inaceitável para as minorias dominantes.

De forma semelhante ao ocorrido nos períodos anteriores, parte-se, nesse período, para o determinismo social. De fato, para os defensores dessa escola, a quase totalidade das doenças passa a ser discutida sob o ponto de vista social. Como exemplo, não é difícil entender que a mortalidade infantil tenha uma incidência maior nos bolsões pobres da sociedade, onde a população se caracteriza por seu baixo nível educacional, pela falta de acesso adequado aos serviços de saúde, pela deficiência calórico-proteica e por condições precárias de saneamento, além de enfrentar outras situações adversas. Nesse contexto agressivo, a morte ocorre precocemente. Na visão sociológica da epidemiologia, o grande motivador do processo seria a marginalização desses grupos, que os torna vulneráveis. Não se pode deixar de considerar que a população humana ocupa um *habitat* e que os agentes infecciosos que provocaram doenças e mortes eram adaptados a esse ambiente, e que possivelmente tenha havido contaminação hídrica ou de alimento. Moscas poderiam estar envolvidas no processo de disseminação mecânica de agentes virulentos e essa transmissão teria ocorrido em um período chuvoso e de excesso de calor. Fica evidente que a transmissão esteve, em última instância, na dependência de fatores ecológicos também. Assim, é importante considerar que a análise de aspectos sociais vem complementar a análise dos fatores ambientais, do agente e do hospedeiro, adicionando novos elementos ao sistema.

Sexto Período – Atualidades

A compreensão da causalidade seguiu sofrendo influências nas décadas finais do século XX e continua sua evolução no presente.

Destaca-se a importância do desenvolvimento da epidemiologia clínica (Fletcher et al., 1991), que se fundamentou na discussão de questões técnicas, dando pouca ou nenhuma importância às influências sociais. Sobre esse ramo, que atraiu a atenção de muitos pesquisadores dos países desenvolvidos, Almeida Filho (1989) frisou: "resulta que, afinal, os epidemiologistas também se afirmaram como metodólogos da investigação na área médica, abrindo a possibilidade de uma epidemiologia clínica, regredida à negação do caráter social da disciplina".

O desenvolvimento dos computadores e dos softwares permitiu o rápido processamento e compartilhamento de grandes bancos de dados e informações, facilitando o trabalho da epidemiologia (Almeida Filho e Rouquayrol, 1992), mas afastou o pesquisador do campo e restringiu sua capacidade de observação direta da realidade, limitando as investigações a uma visão puramente quantitativa. As associações demonstradas por estatísticas passaram a ser demasiadamente valorizadas.

O avanço na biologia molecular, levando ao conhecimento do genoma humano de diversos organismos, tem contribuído para o aumento do conhecimento da etiologia de muitas doenças mas, por outra parte, estimula uma visão reducionista, agora molecular, levando-se à sensação de que, por meio da descrição dos genomas, muitos problemas de saúde serão solucionados. Mapeado o genoma humano, os estudos enfocam agora a dimensão proteômica, o que demandará mais pesquisas.

Sensoriamento remoto, sistemas de informação geográfica, sistemas de posicionamento global e estatísticas espaciais (Kitron, 1998), quando aplicados à epidemiologia, permitem uma nova concepção na análise espacial das doenças, mas essas inovações não podem ser vistas como substitutas do exame *in loco*, prática da tradicional epidemiologia paisagística, que é fundamental para a apreensão de particularidades que só são evidenciadas pela vivência direta da realidade. É na visita técnica ao local onde se apresenta o cenário da doença que o pesquisador consegue reunir informações qualitativas, passando a compreender melhor as inter-relações que definem as redes multicausais.

O conflito entre o determinismo ecológico e o social continua seu curso, com autores inclinados a defender seus respectivos referenciais. Seria bastante coerente com a epidemiologia atual reunir e aplicar todo o conhecimento acumulado historicamente, pois, conforme Forattini (1996), "o estudo epidemiológico deve necessariamente focalizar os vários níveis de atuação da pesquisa, desde o ecológico até o molecular, passando pelo orgânico, fisiológico, psicológico e outros". Continuando a discorrer sobre as oposições entre as diferentes correntes, o autor acrescenta que: "na construção do conhecimento epidemiológico, a verdade deverá ser buscada na concordância e na colaboração das várias teorias, e não no antagonismo maniqueísta".

HISTÓRIA NATURAL DA DOENÇA E A ABRANGÊNCIA DA PREVENÇÃO

Considerando o que foi apresentado anteriormente, admite-se que a doença é consequência da ação de fatores determinantes que interagem em redes multicausais para provocar a doença. Com base nesse conceito complexo de causalidade, aqui se pretende discutir o efeito, ou seja, a doença propriamente dita no contexto da epidemiologia e saúde pública: sua definição, seu início, evolução, manifestação, danos provocados e seu desaparecimento na população.

A ciência epidemiológica ou, mais amplamente, a saúde coletiva preocupa-se com todos os fatores que aumentam a chance de ocorrência de uma doença, muito antes de sua própria manifestação na população. Vale lembrar que para um fator possuir natureza *causal,* é necessário que ele preceda o efeito – no caso, a doença. Parece bastante óbvio, mas discutiremos adiante que quando se discute a ocorrência das doenças e agravos na população, particularmente os não transmissíveis, muitas vezes é difícil estabelecer o que é causa e o que é efeito.

A história natural da doença refere-se à descrição dos eventos que promovem o contato agente-hospedeiro e de toda a patogênese até os possíveis desfechos de uma doença numa determinada população. Essa descrição permite estabelecer formas e momentos mais adequados para intervir, no sentido de evitar a progressão da doença na população e seu agravamento nos indivíduos, do ponto de vista clínico.

A seguir, serão apresentados os períodos da história natural da doença e discutidas as respectivas estratégias preventivas possíveis em cada período. Como recurso didático, a descrição será baseada na progressão da doença no indivíduo, deixando como exercício para o leitor aplicar os conceitos apresentados em escala populacional. A subdivisão adotada está baseada no trabalho de Leavell e Clark (1965), porém procura-se ampliar a discussão para além do determinismo puramente ecológico que marcou a época dos referidos autores. O mesmo assunto, também referido como "epidemiologia descritiva da doença" (Last, 2001), tem sido abordado de diferentes maneiras por outros autores (Forattini, 1996; Leser et al., 1985; Rouquayrol e Almeida Filho, 1999). Para uma visão mais crítica, recomenda-se a leitura de *Epidemiologia, economia, política e saúde* (Breilh, 1991).

Prevenção Primária – Período Pré-Patogênico

Quando se discute a história natural de uma suposta doença Y sob o ponto de vista individual, reconhece-se um primeiro período, chamado pré-patogênico. Trata-se daquele lapso de tempo existente antes que um estímulo desencadeante e necessário do processo da doença Y possa interagir com um determinado hospedeiro humano a ser considerado.

CURSO DE GESTÃO AMBIENTAL

Supondo que o indivíduo em estudo seja saudável e nunca tenha se deparado com o estímulo (agente patogênico), mas que outros componentes da população na qual ele está inserido tenham sido acometidos pela doença Y, deduz-se que fatores associados à doença estão atuando na população e que esse indivíduo vive em uma situação de risco.

Assim, é no período pré-patogênico que atuam as chamadas precondições para a ocorrência da doença (Rouquayrol e Almeida Filho, 1999), que nada mais são que fatores que de alguma forma aumentam as chances de a doença incidir no indivíduo ou na população. Por essa razão, muitos epidemiologistas usam o termo fator de risco para se referir a essas precondições. Termos sinônimos incluem causa, fator causal, determinante, variável independente, entre outros.

É no período pré-patogênico que se adotam as medidas de prevenção primária. Nesse contexto, esse tipo de prevenção busca trabalhar a causalidade da doença. Como já é sabido, podem ser muitos os fatores associados às doenças. Se a intenção é evitá-las, seria coerente suprimir os fatores que facilitam o contato agente-hospedeiro. A prevenção primária é geralmente dividida em dois níveis, primeiro e segundo, apresentados a seguir.

Primeiro Nível – Fase Pré-Patogênica Imediata

Em sua forma mais básica, é no primeiro nível de prevenção primária que se adotam as medidas de promoção à saúde. Tal prevenção não atua diretamente sobre os fatores estritamente relacionados às doenças, mas interfere nos determinantes mais gerais. Nesse período da história natural as estratégias adotadas são, portanto, de caráter inespecífico e atingem os fatores indiretamente associados a diversas doenças. Medidas dessa natureza extrapolam o setor da saúde e são tomadas com vistas à melhoria da qualidade de vida.

Segundo a Política Nacional de Saúde (Ministério da Saúde, 2006), a promoção da saúde visa promover a qualidade de vida e reduzir vulnerabilidade e riscos à saúde relacionados aos seus determinantes e condicionantes – modos de viver, condições de trabalho, habitação, ambiente, educação, lazer, cultura, acesso a bens e serviços essenciais. As diretrizes da promoção da saúde são: integralidade, equidade, responsabilidade sanitária, mobilização e participação social, intersetorialidade, informação, educação e comunicação, sustentabilidade.

Desse modo, a promoção à saúde relaciona-se ao desenvolvimento local, levando em consideração seus componentes econômicos, sociais e ambientais. Portanto, o simples desenvolvimento econômico não é suficiente para melhorar a qualidade de vida. Se a economia evolui, mas de forma centralizada, beneficiando uma minoria, entende-se que o restante da população deve passar por um processo de empobrecimento. Desigualdades na distribuição da riqueza geram conflitos sociais, com desdobramentos sobre fatores associados a agravos à saúde. Por outro lado, o desenvolvimento deve ocorrer respeitando-se o meio ambiente na concepção do "desenvolvimento autossustentado" (Goodland, 1995). Isso significa dizer que o modelo adotado não deve comprometer as gerações futuras com a exaustão dos recursos naturais ou prejuízos à qualidade ambiental (Cima, 1991).

Nesse contexto, o gestor ambiental tem muito a contribuir na promoção da saúde de uma população.

Segundo Nível – Fase Pré-Patogênica Imediata

No período pré-patogênico, o segundo nível da prevenção primária corresponde à proteção específica, isto é, proteção contra determinada doença ou grupo de doenças. A proteção específica inclui medidas que visam impedir ou bloquear a interação agente-hospedeiro. Para algumas doenças infecciosas, uma excelente medida de proteção é a vacina, que representa uma *barreira imunológica* artificialmente estabelecida. É evidente que a vacina não impede a interação agente-hospedeiro, mas quando esse contato ocorre, o agente infeccioso é eliminado pelo sistema imunológico do hospedeiro. Apesar de a vacina ser um recurso disponível contra poucas doenças, essa estratégia tem produzido resultados historicamente surpreendentes. É o caso da erradicação da circulação do vírus da varíola, cujo último registro de infecção humana natural no mundo foi notificado em outubro de 1977 (OPS, 1997); no Brasil, o último caso de poliomielite por poliovírus selvagem foi registrado em 1989 e a Organização Pan-americana da Saúde certificou a erradicação da doença nas Américas em 1994; a febre amarela tem sido mantida sob controle no país, sem casos de transmissão do vírus amarílico por *Aedes aegypti* desde 1942 (Ministério da Saúde, 2010). O calendário nacional de vacinação tem sido ampliado nas últimas décadas e as pesquisas sobre desenvolvimento de novas vacinas segue progredindo na busca do controle e erradicação de diversas doenças que persistem como problema de saúde pública. Embora a vacina possa constituir uma boa estratégia de controle de doenças, por si só não representa a solução definitiva, especialmente quando sua eficácia e efetividade são limitadas, ou ainda, quando seus custos de produção são elevados, quando há riscos de reações adversas, entre outros problemas.

Uma alternativa, ainda para as doenças infecciosas, é estabelecer uma barreira física para evitar o contato com o agente. Por exemplo, o uso de preservativo para proteção contra infecções sexualmente transmissíveis e o uso de luvas ou máscaras em procedimentos clínicos, cirúrgicos ou laboratoriais, o qual evita que o profissional de saúde se exponha a possíveis agentes infecciosos do paciente. Essas medidas, quando adequadamente adotadas, têm garantido a segurança das pessoas e evitado a infecção com doenças de elevada periculosidade, como diversas formas de hepatite, meningites, aids etc.

Para agravos não infecciosos, medidas específicas são comumente adotadas para garantir a saúde no ambiente de trabalho, como equipamentos de proteção individual e coletiva. A colocação de uma barreira para evitar que a mão deslize para a prancha de uma máquina ou o uso de botas pelo trabalhador rural para evitar picadas de serpentes são exemplos de proteção individual específica; exemplos de proteção coletiva são sistemas de ventilação ou exaustão, pisos antiderrapantes, isolamento acústico de setores de trabalho, sensores de máquinas, entre outros.

Em relação a todas as doenças que envolvem vetores, o uso de telas, repelentes e o controle de vetores representam medidas de proteção específica. Quando se tem por objetivo combater o *Aedes aegypti* nas cidades, entende-se que a luta é contra a dengue. Se a febre amarela urbana reemergir, o combate ao mesmo mosquito servirá também para evitar essa. Da mesma forma, pode-se entender que o esforço na redução da densidade do *Anopheles darlingi* na Amazônia é ação de controle da malária, ou se a meta for diminuir a transmissão da filariose em algumas cidades do Norte e Nordeste, deve-se levar em consideração as estratégias de controle do *Culex quinquefasciatus*. Ao se tratar da diminuição de alguma zoonose, como a raiva e a leptospirose, deve-se priorizar respectivamente o combate aos morcegos e aos ratos.

Note que as medidas de proteção específica são acentuadamente artificiais. A vacina é útil e tem evitado a mortalidade provocada por várias doenças, mas tem levado o homem a uma dependência cada vez maior dessa tecnologia. O que não se sabe é até que ponto o não enfrentamento direto das infecções pelo sistema imunológico interfere no processo evolutivo da humanidade e dos agentes infecciosos. Seria ideal que o ambiente das cidades fosse saneado o suficiente para evitar que ratos se proliferassem e colocassem a população sob risco de leptospirose. Seria inteligente garantir uma qualidade ambiental que impedisse que criadouros artificiais de mosquitos se concentrassem nos espaços urbanos, reduzindo a proliferação de *Aedes aegypti*. Destaca-se também que quando a promoção à saúde fracassa, as medidas de proteção específica passam a assumir importância maior.

Prevenção Secundária – Período Patogênico

De maneira semelhante à prevenção primária, a prevenção secundária pode ser desdobrada em dois níveis de prevenção: o terceiro e o quarto nível. A forma secundária de prevenção implica a atuação na história natural em momentos em que a doença já está em processo de desenvolvimento, envolvendo a fase subclínica e a de manifestação dos sintomas.

Terceiro Nível – Fase Subclínica

Nesta fase da história natural, a doença, a interação agente-hospedeiro já ocorreu. No caso das doenças infecciosas, embora a infecção esteja seguindo seu curso, deve-se considerar o período de incubação de cada doença. Esse período varia muito entre as doenças: por exemplo, em infecções alimentares, provocadas por toxinas produzidas por determinadas bactérias, o período de incubação dura poucas horas; em doenças transmitidas por via respiratória, como o sarampo, esse período dura poucos dias; a malária tem período de incubação entre 20 e 30 dias; doenças infecciosas crônicas, como esquistossomose e Chagas, apresentam incubação de anos ou décadas. Nas doenças não infecciosas, estimar a duração da fase assintomática é mais difícil, pois o agente não se multiplica, mas pode se acumular. Em intoxicações por metais pesados, o indivíduo pode ter sido exposto ao elemento (agente) por muitos anos, sem apresentar sintomas. É comum o agente estar se acumulando em algum tecido, mas a concentração ainda está abaixo de um limiar detectável e os danos ainda não se evidenciaram. Para essa situação, usa-se o termo período de latência, que é análogo ao período de incubação das doenças infecciosas: tempo entre o contato com o agente e a manifestação de sinais e sintomas. Nesse caso, os atingidos ainda se sentem saudáveis, vivendo regularmente, trabalhando, estudando, viajando, se divertindo; se nenhuma medida for tomada, muitos deles evoluirão para a forma clínica. É por isso que, mesmo nessa fase da história

CURSO DE GESTÃO AMBIENTAL

natural, qualquer medida tomada visando impedir o avanço para um quadro clínico ainda é vista como medida de caráter preventivo. A dificuldade em realizar a prevenção reside no fato de que o acometido não sabe que está com uma doença em curso. Admite-se, de maneira geral, que para qualquer doença deve existir um contingente de pessoas na população que está no período de incubação ou latência. É nesse contexto que a saúde pública tem a preocupação de identificar esses indivíduos na população para iniciar tratamento e evitar que haja complicações e que eles infectem indivíduos suscetíveis.

Na atualidade, há numerosas técnicas e recursos disponíveis que, com alto grau de especificidade e sensibilidade, confirmam ou descartam casos suspeitos de determinada doença. Esse *rastreamento da população* pode ser desencadeado pelos serviços de saúde, sempre que a situação exigir.

Há que se considerar que os indivíduos preocupados com a própria saúde procuram o serviço médico para realizar um conjunto de exames clínicos e laboratoriais regularmente, conhecido como *check-up*, mais comum entre indivíduos com maior renda. Nesse contexto, geralmente são feitos exames detalhados e de alta tecnologia. É muito provável o encontro de desvios ocultos, às vezes já considerados de alto risco para o suposto indivíduo saudável. Na área cardiológica é frequente o encontro de alguma válvula danificada ou alguma artéria preenchida por placas de colesterol. Diante desse diagnóstico, o indivíduo supostamente saudável já fica internado para um tratamento preventivo de caráter emergencial.

Exames periódicos a partir de determinada faixa etária são recomendados, para a prevenção de alguns tipos de câncer, como o do colo do útero, das mamas e da próstata. Nessas condições, a detecção do tumor precoce é extremamente importante, pois permite evitar a complicação da doença. De forma semelhante, há exames periódicos de saúde previstos para trabalhadores em diversas ocupações. Deve-se lembrar, no entanto, que muitos trabalhadores informais não os fazem ou sequer sabem de sua obrigatoriedade e importância.

A prevenção secundária de terceiro nível é tarefa bastante relacionada à medicina preventiva. Pode-se depreender que se a saúde pública não funcionou corretamente na prevenção primária, o problema se transfere para o campo da medicina.

Quarto Nível – Fase Clínica

Avançando na história natural, segue-se o período de manifestação clínica da doença. Isso significa que o problema evoluiu e está provocando sintomas. O paciente percebe alguma queixa clínica e procura por auxílio médico, embora seja fato que muitas vezes o indivíduo espera passar, se automedica ou recorre à medicina alternativa. Somente quando o quadro persiste e o incômodo torna-se mais evidente ou grave, o indivíduo recorre ao serviço médico. A rede de atendimento dos prontos-socorros e hospitais públicos e privados constitui a principal porta de entrada dos pacientes no sistema de saúde.

O diagnóstico da doença é feito na maioria das vezes na fase de manifestação clínica, com base no conjunto de sinais e sintomas. Além de uma boa anamnese, os exames clínicos e laboratoriais são fundamentais para o diagnóstico correto, com base no qual o paciente deve ser encaminhado para tratamento; essa forma de atendimento é reconhecida como prevenção secundária de quarto nível ou limitação da incapacidade. Dessa maneira, justifica-se porque o termo prevenção continua a ser utilizado, já que o tratamento visa resgatar a cura e estará prevenindo a morte ou possíveis sequelas.

No Brasil a medicina curativa retrata muitos conflitos. Equipamentos de alta tecnologia, comparáveis aos de países do primeiro mundo, convivem com serviços sucateados, funcionando precariamente. Enquanto a população de alta renda tem acesso a tratamentos privados de primeira qualidade, a população de baixa renda tem de recorrer às instituições públicas ou filantrópicas, onde as condições de instalações e recursos deixam a desejar; além disso, muitas vezes é necessário se submeter a longo tempo de espera para agendar uma consulta e, no momento desta, enfrentar filas ou ser destratada por funcionários estressados diante da situação caótica que vivenciam no cotidiano.

É oportuno questionar: por que os hospitais públicos estão sempre lotados e não conseguem dar conta da demanda? Recai sobre essas instituições o grande nó do sistema de saúde, como se fosse o ponto de estrangulamento. É comum a exploração televisiva de tragédias, quando a mídia sensacionalista exibe um indivíduo que morre em um pronto-socorro sem ter recebido a mínima assistência, depois de ter passado por vários serviços que, pela superlotação, não puderam atendê-lo. Monta-se uma cena em que a equipe de reportagem exibe imagens de equipamentos fora de uso por falta de reposição de peças ou por não ter funcionários habilitados para colocá-los em operação; mostra-se então o teto que está para desabar e a unidade de terapia intensiva que foi desativada. Transmite-se a mensagem de que o hospital é o responsável pelo fracasso da saúde pública e que essa instituição é culpada pela mortalidade e sofrimento da população.

É nesse contexto que a população desassistida ou marginalizada vai em busca de soluções alternativas, nem sempre confiáveis ou seguras.

Mas essa grande demanda em busca da cura revela falhas na prevenção primária, que traz qualidade de vida e saúde para a população. Se houvessem mais investimentos na prevenção, a outra ponta, ou seja, o sistema de saúde, não estaria tão sobrecarregado. A consciência política das autoridades, no que tange à importância da promoção da saúde, parece que ainda não foi desenvolvida, e a população frequentemente desconhece essa importância.

Prevenção Terciária – Fase do Desfecho

Na última fase da história natural da doença, depois da fase clínica, naturalmente ocorrerá um desfecho. Quando alguém adoece, a evolução final do processo levará a uma das seguintes possibilidades: morte, recuperação ou sequelas.

Quinto Nível – Fase do Desfecho

No caso daqueles que morreram, deverá ser preenchida uma declaração de óbito. Esse documento possui vários campos para recolhimento de informações, como estado civil, idade, sexo, ocupação, local de residência, causa da morte etc. Convém salientar que toda estatística de mortalidade, no país e fora dele, é feita com base na informação originalmente levantada na referida declaração. A não consciência da importância do preenchimento correto da declaração de óbito prejudica as estatísticas de mortalidade. O médico ou outro profissional da área de saúde deve prestar atenção ao preencher o campo sobre a *causa da morte*. É a partir do correto preenchimento desse item que se explicita a causa básica que levou o indivíduo à morte. Em epidemiologia, pode-se, a partir do estudo do efeito (a morte), estudar seus fatores determinantes e, portanto, a informação correta sobre mortalidade é de grande valor.

Para algumas doenças infecciosas de alta transmissibilidade, o lacramento do caixão é de extrema importância para evitar o contato e a passagem do agente para os participantes do período cerimonial. Os cemitérios devem estar alocados em áreas que não provoquem impactos como a contaminação do ambiente. Áreas de fundo de vale, com lençol freático aflorante, são desaconselháveis por atrasarem a decomposição, prolongando-a por vários anos e levando à contaminação das águas subterrâneas. Cemitérios tradicionais, com suas tumbas, estátuas e oratórios, permitem a proliferação de artrópodes, como baratas e escorpiões, que podem invadir áreas habitadas. Cemitérios do tipo jardim são os mais adequados, desde que bem localizados topograficamente. O manejo adequado de cadáveres e o sepultamento em local digno sem dúvida são formas de prevenir doenças e garantir a qualidade de vida da população do entorno desses locais.

Os recuperados voltam para o contingente dos saudáveis. Continuarão correndo o risco de adquirir novas doenças ou ter uma recaída, caso não haja imunidade permanente. Embora algumas medidas possam ser tomadas em relação aos mortos e curados, a ênfase da prevenção no período do desfecho da história natural refere-se aos sequelados, e é categorizada como prevenção terciária de quinto nível.

Muitos agravos, após a recuperação, deixam deformações físicas permanentes. Doenças cujos agentes têm tropismo para os tecidos do sistema nervoso podem provocar danos irreversíveis. É o caso das encefalites por arbovírus, da malária cerebral, das meningites, da poliomielite e outras. Acidentes do cotidiano, associados à violência ou à saúde do trabalhador, frequentemente provocam sequelas. No caso de traumatismos leves, pode haver total recuperação, ao passo que aqueles mais graves, que afetam o tecido nervoso, podem produzir um estado permanente de limitação. Muitas enfermidades congênitas, como as malformações, afetam o indivíduo ainda em estágio fetal, e a criança já nasce com problemas de saúde. Em outro sentido, podem-se mencionar os traumas psicológicos decorrentes principalmente de doenças graves que, uma vez *curadas,* deixam um resíduo de insegurança ou temor de sua possível volta. O envelhecimento é um fator que, por si só, progressivamente vai levando a uma série de restrições e redução da capacidade visual, auditiva e de locomoção.

A prevenção terciária de quinto nível tem por objetivo reintegrar a vítima da sequela, aproximando-a de uma vida normal no âmbito familiar ou social, além de procurar estimulá-la a tornar-se produtiva e ter uma ocupação. A fisioterapia e a terapia ocupacional têm papel fundamental nessa estratégia de prevenção.

Certamente, uma das maiores barreiras desse quinto nível de prevenção está ligada às questões educativas. De maneira geral, as pessoas não estão preparadas para o convívio com outras que evidenciam algo anormal e tendem a rejeitá-las. Há poucos exemplos de empregadores que se predispõem a investir em um ambiente ergonômico adequado para utilizar essa força de trabalho geralmente marginalizada.

A engenharia e a robótica vêm desempenhando nos últimos tempos um papel de extrema importância no desenvolvimento de novos equipamentos que tentam resgatar funções perdidas de maneira cada vez mais aproximada a de um organismo saudável. Prevê-se um grande desenvolvimento nessa área. Infelizmente, a tecnologia avançada é, geralmente, cara, favorecendo somente as populações de alto poder aquisitivo.

A organização do ambiente deve facilitar a vida de quem tem limitações físicas. Calçadas rebaixadas, elevadores especiais, corrimãos, sanitários adaptados, acesso livre de obstáculos a veículos de transporte urbano e bancos reservados são alguns exemplos que, quando implementados, significam consciência e respeito da sociedade a essa parcela sofrida da população.

A história natural da doença permite identificar medidas preventivas para a promoção, manutenção e recuperação da saúde da população. Considerando a definição de saúde como resultante das condições de alimentação, habitação, trabalho, educação, acesso a lazer, posse de terra e a serviços de saúde, fica claro que sua promoção depende da integração de diversos setores da gestão pública, destacando-se a gestão ambiental. É importante que esses setores trabalhem de forma cooperativa e articulada.

O envelhecimento populacional tem aumentado a incidência e prevalência de doenças cuja história natural ainda não é conhecida, aumentando a importância da prevenção. A identificação e a classificação de fatores de risco têm permitido o estabelecimento de estratégias específicas segundo natureza do agravo, características do agente, do hospedeiro e do ambiente. Os chamados *fatores de risco modificáveis* são associados ao estilo de vida e incluem sedentarismo, alimentação de baixa qualidade, tabagismo e consumo de bebidas alcoólicas. Embora sejam modificáveis, devem ser respeitados os valores culturais e a dificuldade de mudanças de hábitos, tornando importante o investimento na promoção de estilo de vida saudável precocemente na vida dos indivíduos. Ao mesmo tempo, doenças conhecidas, mas persistentes na população, aumentam o conjunto de problemas de saúde pública a ser enfrentado em escala local e global.

REFERÊNCIAS

ALMEIDA FILHO, N. *Epidemiologia sem números: uma introdução crítica à ciência epidemiológica.* Rio de Janeiro: Campus, 1989.

ALMEIDA FILHO, N.; ROUQUAYROL, M.Z. *Introdução à epidemiologia moderna.* Belo Horizonte: Coopmed/APCE/Abrasco, 1992.

AROUCA, A.S.S. A história natural das doenças. *Rev Centro Brasileiro de Estudo de Saúde – Saúde em Debate.* v.1, p.15-19, 1976.

BARRETO, M.L. A epidemiologia, sua história e crises: notas para pensar o futuro. In: COSTA, D.C. (org). *Epidemiologia: teoria e objeto.* São Paulo: Hucitec/Abrasco, 1994.

BENCHIMOL, J.L. *Dos micróbios aos mosquitos: febre amarela e a revolução pasteuriana no Brasil.* Rio de Janeiro: Fiocruz/UFRJ, 1999.

BERLINGUER, G. *A doença.* São Paulo: Hucitec/Centro Brasileiro de Estudos da Saúde, 1988.

BREILH, J. *Epidemiologia, economia, política e saúde.* São Paulo: Ed. Unesp/Hucitec, 1991.

[CIMA] COMISSÃO INTERMINISTERIAL PARA PREPARAÇÃO DA CONFERÊNCIA DAS NAÇÕES UNIDAS SOBRE MEIO AMBIENTE E DESENVOLVIMENTO. O desafio do desenvolvimento sustentável: relatório do Brasil para a Conferência das Nações Unidas sobre meio ambiente e desenvolvimento. Brasília: Cima, 1991.

COHEN, M.L. Resurgent and emergent disease in a changing world. *BRS Med Bull.* v.54, p.523-532, 1988.

FELTON, J.S. The heritage of Bernardino Ramazzini. *Occup Med.* v.47, n.3, p.167-179, 1997.

FLETCHER, R.H.; FLETCHER, S.W.; WAGNER, E.H. *Epidemiologia clínica: bases científicas da conduta médica.* Porto Alegre: Artes Médicas, 1991.

_____. *Clinical epidemiology: the essentials.* Williams & Wilkins, 1996.

FORATTINI, O.P. *Ecologia, epidemiologia e sociedade.* São Paulo: Artes Médicas/Edusp, 1992.

_____. *Epidemiologia geral.* São Paulo: Artes Médicas, 1996.

FRANCO, O. *História da febre amarela no Brasil.* Rio de Janeiro: Ministério da Saúde/Departamento Nacional de Endemias Rurais, 1969.

GOLDBERGER, J. Consideration on pellagra. In: [PAHO] PAN AMERICAN HEALTH ORGANIZATION. *The challenge of epidemiology: issues and selected readings.* Washington; PAHO – Scientific Publication, 1988.

GOODLAND, R. The concept of environmental sustainability. *Ann Rev Ecol Syst.* v.26, p.1-24, 1995.

GUYTON, A.C.; HALL, J.E. *Fisiologia humana e mecanismos das doenças.* Rio de Janeiro: Guanabara Koogan, 1998.

KITRON, U. Landscape ecology and epidemiology of vector-borne diseases: tools for spatial analysis. *J Med Entomol.* v.35, p.435-445, 1998.

LACAZ, C.S. *Antibióticos.* São Paulo: Edgard Blücher/Edusp, 1975.

LAST, J.M. *A dictionary of epidemiology.* Nova York: Oxford University Press, 2001.

LEAVELL, H.R.; CLARK, E.G. *Preventive medicine for the doctor in his community: an epidemiological approach.* Nova York: McGraw-Hill, 1965.

LESER, W.; BARBOSA, V.; BARUZZI, R.G. et al. *Elementos de epidemiologia geral.* São Paulo: Atheneu, 1985.

MACMAHON, B.; PUGH, T.F.; IPSEN, J. *Epidemiologic methods.* Boston: Little, Brown and Company, 1960.

MALETTA, C.H.M. *Epidemiologia e saúde pública.* São Paulo: Atheneu, 1988.

MINISTÉRIO DA SAÚDE. *Política Nacional de Promoção da Saúde.* Brasília: Ministério da Saúde, 2006.

MINISTÉRIO DA SAÚDE; SECRETARIA DE VIGILÂNCIA EM SAÚDE. *Guia de Vigilância Epidemiológica.* Brasília: MS/SVS/DVE, 2010.

ODUM, E.P. *Ecologia.* Rio de Janeiro: Guanabara Koogan, 1988.

[OMS] ORGANIZAÇÃO MUNDIAL DA SAÚDE. *Classificação internacional de doenças e programas relacionados à saúde CID-10: 10ª revisão.* Trad. Centro Colaborador da OMS para Classificação de Doenças em Português. São Paulo: Edusp, 1997.

[OPS] ORGANIZAÇÃO PAN-AMERICANA DA SAÚDE. *Desarrollo y fortalecimiento de los sistemas locales de salud: la administración estrategica.* Washington: OPS-HSD/Silos, 1992, p.6-41.

_____. *Manual para el control de las enfermedades transmisibles.* Washington: OPS - Publicación Científica, 1997.

PAVLOVSKY, E. Natural nidality of transmissible diseases in relation to landscape epidemiology of zoantroponoses. In: [PAHO] PAN AMERICAN HEALTH ORGANIZATION. *The challenge of epidemiology. Issues and selected readings.* Washington: PAHO - Scientific Publication, 1988.

PETERSON, D.R.; THOMAS, D.E. *Fundamentals of epidemiology.* Lexington: Lexington Books, 1978.

ROSEN, G. *Uma história da saúde pública*. São Paulo: Unesp/Hucitec/Abrasco, 1994.

ROUQUAYROL, M.Z. *Epidemiologia e saúde*. Rio de Janeiro: Médica e Científica, 1986.

ROUQUAYROL, M.Z.; ALMEIDA FILHO, N. *Epidemiologia e saúde*. Rio de Janeiro: Médica e Científica, 1999.

SPIVERY, G.H. The epidemiological method. In: DRAPER, W.M. (ed). *Environmental epidemiology. Effects of environmental chemicals on human health*. Washington: California Departament of Health Services – Advances in chemistry series 241/American Chemical Society, 1994.

SNOW, J. On the mode of communication of cholera. In: [PAHO] PAN AMERICAN HEALTH ORGANIZATION. *The challenge of epidemiology. Issues and selected readings*. Washington: Scientific Publication, 1988.

_____. *Sobre a maneira de transmissão do cólera*. São Paulo/Rio de Janeiro: Hucitec/Abrasco, 1999.

WATSON, R.T.; ZINYOWER, A.M.C.; MOSS, R.H. *Climate change 1995 – impacts, adaptations and mitigation of climate change: scientific-technical analysis*. Nova York: Intergovernmental Panel on Climate Change/Cambridge University Press, 1996.

[WHO] WORLD HEALTH ORGANIZATION. Definition of health. In: International Health Conference.1946, Nova York. Disponível em: http://www.who.int/about/definition/en/print.html. Acessado em: 6 nov. 2012.

_____. Definition of Environmental Health. In: WHO consultation. 1993, Sofia. Disponível em: http://health.gov/environment/DefinitionsofEnvHealth/ehdef2.htm. Acessado em: 6 nov. 2012.

Fundamentos de Epidemiologia | **10**

Helene Mariko Ueno
Bióloga e biomédica, Escola de Artes, Ciências e Humanidades – USP

Delsio Natal
Biólogo, Faculdade de Saúde Pública – USP

Este capítulo apresenta conceitos básicos para que o profissional de gestão assimile o raciocínio crítico da epidemiologia, com ênfase em seu método, tomando como ponto de partida a leitura do capítulo anterior. Com base nesse conteúdo, espera-se que os profissionais da gestão ambiental compreendam a importância da epidemiologia no contexto da saúde pública e, particularmente, da saúde ambiental, mas também suas limitações. Além disso, cabe lembrar que o gestor ambiental tem muito a contribuir na promoção da saúde da população e não pode permitir que os padrões de ocupação e uso do meio físico prejudiquem ou coloquem em risco a saúde da população.

QUANTIFICAÇÃO DA DOENÇA OU ÓBITO

Conforme definido anteriormente, a epidemiologia estuda a distribuição dos fatores relacionados aos eventos que afetam a saúde, incluindo doenças e óbitos. Vimos também que esses fatores integram as chamadas redes multicausais, que devem incluir fatores necessários para deflagrar casos da doença na população, mas também os fatores locais que aumentam a chance de a doença incidir na população.

Por causa da complexidade das interações que ocorrem na rede multicausal, na prática, o epidemiologista procura avaliar a força de cada fator. Interessa investigar, diante da atuação de um fator Y, bem específico, conhecido e definido, qual foi o incremento da doença X. Torna-se necessário, portanto, contar ou estimar a frequência da doença, pois assim pode-se ter uma aproximação do impacto sobre a saúde da população e sobre os serviços de saúde, quando o fator está atuando.

A epidemiologia é uma ciência comparativa. Ainda que os dados sejam produzidos pontualmente e de forma descritiva, é intuitiva a comparação entre momentos ou grupos populacionais na mesma localidade, bem como a comparação entre localidades ou, ainda, a comparação de situação antes e após mudanças (por exemplo, campanhas preventivas, implantação de unidade de saúde, descoberta de tratamento contra determinada doença, implantação de parque industrial, construção de estradas etc.).

A expressão da frequência da doença pode ser feita na forma de valores absolutos ou relativos (Rouquayrol, 1986). A seguir será feito breve comentário a respeito dessas duas estratégias de contagem de eventos na população.

Valores Absolutos

A contagem bruta implica em, simplesmente, enumerar a ocorrência de determinado evento. Os valores absolutos assim obtidos podem ser úteis para efeito administrativo em uma determinada área de cobertura de um serviço de saúde. Para planejamento é necessário saber quantas pessoas estão sendo acometidas ou quantos doentes estão inscritos em um programa de distribuição de medicamentos para tratamento para, a partir daí, estimar-se a demanda de equipamentos, medicamentos, recursos humanos, leitos hospitalares, entre outros itens. Essa estimativa será necessária para o atendimento adequado. Além dessa aplicação, dados brutos podem ser usados somente em condições muito especiais, como referiu Rouquayrol (1986):

> Sua utilidade na investigação e descrição epidemiológica se restringe a eventos localizados no tempo e espaço não ensejando, portanto, possibilidade de comparações temporais ou geográficas.

Valores Relativos

Os valores relativos mais utilizados para comparar dados em epidemiologia são os *coeficientes* (taxas) ou *índices* (razões) para a elaboração de indicadores de saúde por meio da quantificação da doença ou óbito na população (Laurenti, 1992).

Coeficientes e Índices

A partir do valor absoluto de casos da doença Y que ocorrem em uma determinada área geográfica, basta dividi-lo pelo número de habitantes da população daquela área que se obtém um coeficiente ou taxa. Assim, o numerador corresponde ao evento estudado (dados sobre morbidade ou mortalidade) e o denominador, à população sob risco. Assim, o coeficiente de mortalidade infantil em uma localidade é calculado através do quociente entre os óbitos ocorridos em menores de um ano e o número de nascidos vivos naquela área em um determinado período de tempo, geralmente um ano. Observa--se no exemplo que no numerador irá o número de óbitos e no denominador, a população sob risco. Numa área onde as condições ambientais são boas, espera-se encontrar um coeficiente de mortalidade infantil baixo quando comparado a lugares com falta de infraestrutura de saneamento básico e problemas sociais. Para Laurenti et al. (1987), esse coeficiente "expressa o risco de um nascido vivo morrer antes de completar um ano de vida". Sendo o numerador bem menor que o denominador, pelo fato de a doença ou morte usualmente serem fenômenos de baixa frequência, os coeficientes obtidos diretamente do quociente já discutido são números fracionários expressos em decimais. Para facilitar a leitura e as comparações, eles podem ser multiplicados por cem, por mil, por 10 mil, por 100 mil ou qualquer expoente de 10, dependendo da raridade do evento. Dessa forma, os resultados ficam com a feição de números inteiros, facilitando as comparações e o dimensionamento da situação, considerando que cada evento corresponda a um indivíduo. Coeficientes que serão comparados devem ser multiplicados sempre pelo mesmo valor (10^n) para evitar distorções, sendo obrigatória a menção em casos ou óbitos por 10^n habitantes (por exemplo, o coeficiente de mortalidade infantil no Brasil em 2008 foi de 17,6 óbitos/1000 nascidos vivos) (Ministério da Saúde, 2010). É nesse sentido que alertaram Rouquayrol e Almeida Filho (1999): "nos estudos de Epidemiologia comparativa deve-se tomar cuidado para que os coeficientes comparados tenham a mesma base, que pode ser tomada como expressão do número de pessoas expostas ao risco".

Como na lógica de probabilidades, os coeficientes são considerados estimativas de risco, já que representam a ocorrência de eventos (casos da doença ou óbitos) entre eventos potenciais (população).

Os índices diferem dos coeficientes por serem estimados a partir de um quociente em que numerador e denominador são eventos da mesma natureza. O numerador corresponde ao evento mais específico que se quer considerar, e o denominador representa o evento geral, de modo que o primeiro é subconjunto do segundo. Os índices nada mais são que proporções, sendo expressos geralmente sob a forma percentual (Rouquayrol, 1986). Pode-se, por exemplo, estimar a mortalidade proporcional por doenças do aparelho respiratório dividindo-se o total de óbitos decorrentes dessas doenças pelo número total de óbitos na mesma área e ano. Se a área em estudo tem má qualidade do ar, muito possivelmente a mortalidade por problemas respiratórios terá uma proporção elevada em relação ao total de óbitos. Em outra área, isenta de poluição atmosférica, espera-se encontrar uma proporção menor.

Ao se calcular a mortalidade proporcional por grupos de causas no Brasil, destacam-se as doenças do aparelho circulatório, que representaram a causa de 31% do total das mortes em 2009 (Ministério da Saúde, 2010). Assim, os índices estimam a magnitude desse problema, que atualmente representa a principal causa de morte no Brasil e nos países de renda média e alta (WHO, 2012).

Incidência e Prevalência

Em epidemiologia, é importante compreender a dinâmica de transmissão das doenças na população, conforme discutido no capítulo anterior. Assim, deve-se considerar as propriedades do agente infeccioso, as características dos hospedeiros e do ambiente para compreender como a doença pode afetar a população, incluindo o espectro de manifestações clínicas da doença, sendo importante conhecer a proporção de casos assintomáticos, oligossintomáticos, típicos, graves e os que evoluem a óbito na população. A depender da letalidade (proporção de mortes entre os casos), da existência ou não de profilaxia dos mecanismos de transmissão da doença, do potencial epidêmico, entre outras características, a doença passa a ser considerada problema de saúde pública.

A melhor compreensão dessa dinâmica de ocorrência das doenças, portanto, é necessária para orientar as medidas de controle. Se considerarmos que uma população está sujeita a diversos agravos e muitos deles podem compartilhar sinais e sintomas, o diagnóstico correto assume importância no plano individual e coletivo. No primeiro caso, para que o indivíduo receba tratamento e recupere sua saúde. No segundo caso, em relação às doenças transmissíveis, deve-se lembrar que os infectados atuam como fonte de infecção para os suscetíveis, sendo seu tratamento importante para o bloqueio da transmissão da infecção. Nesse contexto, inserem-se os conceitos de incidência e prevalência abordados a seguir, com base nos trabalhos de Laurenti (1996), e Rouquayrol e Almeida Filho (1999).

A incidência se refere aos casos novos da doença, considerando determinada unidade de tempo e espaço. Se simplesmente são contados os casos, tem-se a incidência avaliada em número absoluto. Como já foi considerado, melhor será, para efeitos comparativos, usar o coeficiente de incidência, que é usualmente expresso em casos novos por mil, 10 mil ou 100 mil habitantes.

A incidência é mais apropriada para quantificar doenças agudas, por exemplo gripe, dengue, conjuntivite, sarampo etc., mas também é utilizada para quantificar agravos crônicos, infecciosos ou não, como neoplasias, diabete, aids, tuberculose. Uma doença de curta duração não tende a se acumular, pois rapidamente tem um desfecho e desaparece. É de grande importância para se compreender a dinâmica da sua disseminação na população, quantos casos novos aparecem à medida que o tempo transcorre. A incidência é uma medida aproximada da velocidade com que surgem os casos no tempo em uma determinada localidade. A incidência depende de ferramentas de diagnóstico válidas e confiáveis.

Se, de outra maneira, forem considerados todos os casos de uma doença (novos + em curso) em um período especificado, o valor obtido será o de prevalência da doença. Levando em consideração a população exposta, transforma-se o absoluto em relativo, estimando-se o coeficiente de prevalência que deverá ser multiplicado por 10^n para facilitar a leitura ou comparações.

Doenças de longa duração ou crônicas são monitoradas por sua prevalência e incidência. Considerando sua história natural, a patogênese pode ser demorada, ou seja, o caso permanecerá na população. O sentido da medida de prevalência aproxima-se ao de uma avaliação da quantidade de doença que existe em um momento histórico escolhido para estudo. Interessa saber qual o tamanho do subconjunto dos doentes quando se considera o conjunto da população total.

Assim, o coeficiente ou taxa de incidência de uma doença reflete o risco de um indivíduo adoecer, enquanto a prevalência reflete a magnitude do problema, em função dos indivíduos que permanecem doentes na população. Deve-se considerar que o aumento da incidência eleva a prevalência; em outra situação, o desenvolvimento de um tratamento que aumente a sobrevida dos pacientes também elevará a prevalência dessa doença. Por outro lado, os desfechos opostos – morte ou cura – terão, numericamente, o mesmo efeito de redução do nível de prevalência de uma doença. Essas situações deixam claro que a interpretação dos dados de incidência e prevalência das doenças exige um bom conhecimento sobre a história natural da doença, seu espectro clínico na população, características do agente e da dinâmica de ocorrência da doença na população.

Uso de Indicadores

Modelos para determinação dos principais coeficientes e índices mais empregados em saúde pública são apresentados por Rouquayrol e Almeida Filho (1999). A combinação dessas expressões é utilizada como indicador da situação de saúde em grupos populacionais.

O Ministério da Saúde, por meio do DataSUS, divulga anualmente os Indicadores e Dados Básicos para a Saúde (IDB Brasil) (Rede Interagencial de Informação para a Saúde, 2008). O acesso é aberto e gratuito, e o IDB refere-se a um conjunto de indicadores, agrupados em: demográficos, socioeconômicos, de mortalidade, de morbidade, de fatores de risco e de proteção, de recursos e de cobertura. Esses indicadores devem ser sempre analisados em conjunto e são limitados quanto à lista de doenças e unidades territoriais (região, unidade da federação e, para alguns indicadores, capitais ou região metropolitana). O DataSUS permite outras consultas, sendo uma ferramenta importante para o gestor e pesquisador que precise de dados sobre a saúde da população brasileira. Os agravos são apresentados segundo a Classificação Estatística Internacional de Doenças e Problemas Relacionados à Saúde (CID10).

METODOLOGIA EPIDEMIOLÓGICA

A epidemiologia, reconhecida como ciência, reúne uma série de conceitos e formas próprias de raciocínio. Até aqui foram abordados vários aspectos dessa linguagem, que aos poucos o leitor assimilará. A epidemiologia está centrada na discussão ou compreensão de como os fatores determinantes produzem doença, e sua metodologia permite entender melhor o real significado dessa ciência-arte. O que se propõe a partir desse ponto é apresentar de forma resumida alguns desenhos de estudo que são disponibilizados aos investigadores e, por meio de uma visão geral das alternativas, compreender melhor quais são os verdadeiros objetivos da epidemiologia, para que é destinada, quando deve ser levada em consideração ou qual embasamento proporciona para a compreensão da própria saúde pública no controle das doenças. Para uma leitura crítica sobre o método epidemiológico, recomenda-se a leitura de *Epidemiologia sem números: uma introdução crítica à ciência epidemiológica* (Almeida Filho, 1989).

A Descrição Epidemiológica

Trata-se do estudo da frequência de qualquer doença ou agravo na população, segundo características das pessoas acometidas, do tempo e do local. O que se faz, na prática, são distribuições de frequência, procurando entender qual é o perfil epidemiológico do agravo ou, na concepção de Forattini (1996), conhecer o "quadro epidemiológico" da doença ou agravo.

O Tempo

Essa maneira de distribuir o agravo permite conhecer suas possíveis variações à medida que o tempo se sucede. Dependendo do problema em foco, podem-se obter distribuições em diferentes escalas de tempo, como será apresentado a seguir.

Tipos de Distribuição

- Distribuição horária: procura-se verificar em quantas horas o agravo se distribuiu. O monitoramento da doença em horas é empregado quando se pesquisa surtos com fonte comum, como as infecções alimentares. Com período de incubação muito curto, os casos surgem poucas horas após a infecção, que geralmente ocorreu durante uma refeição coletiva. A entrevista com os indivíduos permite identificar o local provável da contaminação e, em função do período de maior concentração dos casos (pico da curva), pode-se suspeitar qual agente etiológico provocou o problema e, antes mesmo da confirmação laboratorial, iniciar tratamento de suporte e monitorar o estado de saúde daqueles que estiveram sob risco, mas ainda não manifestaram sintomas.

CURSO DE GESTÃO AMBIENTAL

- Distribuição diária: trata-se do registro diário da frequência de um agravo, sendo útil para estudo de surtos ou epidemia de doenças infecciosas agudas de alta transmissibilidade. A confecção de gráficos revela a evolução do evento, mostrando as fases de progressão, pico e regressão (Rouquayrol e Almeida Filho, 1999). O período de cobertura é variável, podendo ser de alguns dias a meses, dependendo da doença e das variáveis que determinaram a evolução do evento.

- Distribuição mensal: o monitoramento mensal de agravos ao longo do ano permite identificar a ocorrência sazonal de algumas doenças, como aquelas de transmissão respiratória, infecções intestinais, leptospirose, malária, dengue, entre outras.

- Distribuição anual: a unidade de tempo é o ano, e a doença pode ter sua distribuição analisada por períodos longos, de vários anos. Usando-se a representação gráfica, pode-se ter noção de tendências de curvas, podendo-se, a partir do comportamento histórico da doença, prever sua evolução no futuro e analisar sua tendência secular ou histórica (Forattini, 1996).

O estudo do tempo em epidemiologia pode ter várias aplicações, destacando-se:

- Avaliação da qualidade de vida: mudanças nas condições socioeconômicas e ambientais se refletem em indicadores de saúde. O estudo histórico desses indicadores é muito útil na avaliação dos efeitos dessas alterações.

- Avaliação de programas de controle: diante do estudo cronológico histórico, pode-se verificar qual o impacto desses programas por meio da redução de número de casos da doença ou agravo.

- Avaliação de implantação de um serviço de melhoria pública: como no caso da instalação de um sistema adequado de tratamento e abastecimento de água. Comparando-se os dados do período anterior com aqueles levantados na fase de operação do sistema, pode-se ter ideia se o melhoramento alterou algum indicador, por exemplo, o coeficiente de mortalidade infantil tardia e a incidência geral de doenças diarreicas agudas.

- Avaliação de impactos provocados por projetos de desenvolvimento como hidrelétricas, obras de irrigação, exploração mineral, assenta-

FUNDAMENTOS DE EPIDEMIOLOGIA | **397**

mentos para exploração agrícola etc.: esses projetos, que geralmente são de grande envergadura, alteram diretamente o ambiente e modificam a estrutura social, com repercussões na saúde da população. A compreensão da distribuição cronológica de frequência de doenças antigas e de outras introduzidas nessas áreas, em todas as fases de implantação do projeto, deve ser conhecida.

• Estudo de eventos epidêmicos: nesse sentido, só se pode constatar uma dessas variações se estiverem registrados dados dos anos anteriores sobre a ocorrência da doença. Em outras palavras, é com base no estudo do comportamento passado da curva cronológica de distribuição de uma doença que se pode identificar uma epidemia. O desdobramento em maiores detalhes desse procedimento, levando à elaboração do diagrama de controle e à definição estatística do significado de epidemia e endemia, pode ser encontrado no trabalho de Leser et al. (1985). Para o gestor ambiental, o mais importante é compreender que epidemia é a ocorrência de uma doença em níveis acima do esperado, definidos com base na frequência da doença nos anos anteriores.

A Pessoa

O estudo da distribuição da doença deve considerar as características da população atingida, como: sexo, idade, condição socioeconômica, ocupação, raça, etnia, religião etc.

Na abordagem da pessoa, parte-se do princípio de que a doença atinge de maneira desigual os indivíduos na população, que podem ser agrupados segundo determinadas características: as diferenças anatômicas dos grupos ou comportamentais quando se aborda o sexo, as diferenças genéticas quando se abordam as raças, as diferenças de suscetibilidade dos grupos quando se abordam as faixas etárias, a diferença de exposição a fatores quando se aborda qualquer tipo de grupo constituído. Observa-se que há situações em que podem atuar fatores endógenos, como genéticos, anatômicos e do envelhecimento, fatores comportamentais, além de exposições a agentes externos que podem diferir entre grupos.

Há doenças e agravos que incidem mais sobre o homem, como a tuberculose, doenças isquêmicas do coração, e as causas externas, que incluem acidentes e violência; outras incidem mais no grupo feminino, como a depressão, hipotireoidismo, câncer de mama. Há doenças mais frequentes na infância, como a poliomielite e as infecções respiratórias, outras da puberdade, como a hepatite A em áreas de saneamento precário; outras na fase adulta, como as doenças profissionais e ainda aquelas mais comuns entre idosos, como as doenças degenerativas. Em locais com melhor infraestrutura socioeconômica, são mais comuns as doenças infecciosas; as doenças profissionais atingem as pessoas expostas no ambiente do trabalho e que exercem determinadas atividades de risco. Raças, etnias e religiões acabam por constituir grupos bem definidos com certos padrões comportamentais, levando-os ao contato mais intenso com alguns fatores de risco e expondo-os menos a outros. Como consequência, esses grupos adoecem de maneira diferente.

O estudo da distribuição da doença segundo a pessoa atingida tem várias aplicações em epidemiologia, como:

- Indicação de grupos mais vulneráveis a doenças, permitindo eleger prioridades no controle e/ou abordagens específicas.
- Suspeição de fatores de risco supostamente associados ao grupo mais atingido.
- Distribuição segundo a pessoa, quando vista em sequência temporal, permite detectar mudanças no perfil de ocorrência das doenças, como tem se observado nas infeções por HIV.

O Lugar

A distribuição do agravo segundo o lugar onde ocorreu permite mapear a doença, facilitando a compreensão de sua epidemiologia. Constitui parte da história da epidemiologia o mapa da cólera em Broad Street, Golden Square, Londres, em meados do século XIX (Snow, 1999). No presente trabalho, para fins didáticos, a distribuição espacial será discutida segundo sua abrangência da área.

Tipos de Distribuição

A *distribuição restrita* refere-se ao mapeamento do local. Esses mapas são comumente vistos em serviços de vigilância epidemiológica, quando o pesquisador usa um cartograma de seu local de trabalho, geralmente um bairro ou município, e coloca alfinetes coloridos em todos os pontos em que foram detectados casos de alguma doença em estudo. É natural observar a maior concentração dos casos em determinado setor do mapa, sugerindo uma área de risco.

Para todas as doenças, há fatores que podem favorecer uma ocorrência mais localizada, em que o problema pode se manifestar com mais intensidade. Algumas doenças têm distribuição bastante restrita, como a leptospirose urbana, com surtos que ocorrem em épocas de inundação, nos fundos de vales. Outro exemplo refere-se aos agravos consequentes da poluição ambiental associada a um complexo industrial. Os problemas de saúde surgem geralmente em suas proximidades. Ainda em áreas endêmicas de esquistossomoses, podem surgir focos frequentemente associados a uma única represa.

A *distribuição intermediária* trata de mapeamentos que cobrem uma considerável extensão de um território representado, como unidade da federação ou país. É de interesse dos serviços de saúde e de toda a comunidade identificar a área de abrangência do agravo. No Brasil atual, quando se refere à malária, reporta-se imediatamente à região amazônica. Graças às condições ecológicas e outros fatores, seu extenso território é favorável à manutenção do ciclo dos parasitas. Dentro dessa grande extensão ocorrem epidemias pontuais e toda a região pode ser tida como área de risco ou endêmica.

A *distribuição ampla* refere-se às doenças que não se restringem a determinada área geográfica. Tendem a se dispersar ocupando novos ambientes e ultrapassando barreiras geográficas, como cadeias de montanhas e oceanos. Podem, com relativa rapidez, ocupar extensas regiões do planeta, estendendo-se por vários continentes. Chega-se, dessa maneira, ao conceito de pandemia, que significa a "ocorrência epidêmica caracterizada por uma larga distribuição espacial, atingindo várias nações" (Rouquayrol e Almeida Filho, 1999). São exemplos atuais a aids, a influenza, a dengue, a cólera e outras doenças. Aquelas com estrutura epidemiológica simples, cuja forma de transmissão transcorre sem envolvimento de reservatório silvestre ou vetores, como a aids e a influenza, têm potencial de se dispersar para todo o globo. Sem dúvida, a facilidade de transporte do mundo atual tem contribuído para incrementar essa dispersão. Doenças como a dengue, por ter transmissão vetora, restringem-se aos trópicos e subtrópicos, ocorrendo em locais que permitem a sobrevivência do mosquito transmissor. Por outro lado, a cólera, sendo caracterizada como de contaminação ambiental, afeta países onde as condições sanitárias são precárias. Como exemplos de agravos não transmissíveis que afetam a população em escala intercontinental, podemos citar os problemas associados ao tabagismo; a dependência de bebidas alcoólicas e drogas; a violência urbana; a poluição do ar nas metrópoles; acidentes de tráfego; a obesidade e outras.

O estudo das características do lugar de ocorrência das doenças contribui para a epidemiologia considerando que:

- Mapas com distribuição restrita ajudam a eleger áreas prioritárias onde os esforços do controle devem ser concentrados.
- Mapas de agravos de distribuição restrita ilustram ou permitem dimensionar problemas provocados na saúde do homem nas imediações de projetos de impacto.
- Esses mesmos mapas geram hipóteses sobre a etiologia do agravo.
- Mapas de distribuição intermediária ou ampla, quando sequenciados no tempo, servem para ilustrar o avanço ou a restrição de eventos epidêmicos.
- Esses mesmos mapas servem para alertar os serviços de saúde sobre a geografia das doenças, auxiliando a medicina na definição do diagnóstico.
- A distribuição em áreas intercontinentais permite alertar viajantes internacionais sobre áreas de risco, auxiliando-os na prevenção de doenças não comuns em seus territórios de origem.

A Formulação da Hipótese

Já foi discutido que a principal preocupação da epidemiologia é procurar as possíveis inter-relações entre um suposto fator e uma doença. Na prática epidemiológica, as hipóteses são causais e visam esclarecer o papel de determinados fatores na produção da doença, por meio do estudo de variáveis independentes (fatores) e determinada dependente (a doença).

A formulação e o teste da hipótese exigem base empírica. Trata-se do exercício do pensamento científico que motiva a curiosidade e encaminha para uma investigação subsequente à procura de sua comprovação (Rouquayrol, 1986).

A descrição permite conhecer o perfil epidemiológico da doença. Ao estudar sua frequência e procurando representar sua distribuição segundo o tempo, o lugar e a pessoa, salienta-se a relevância das descrições epidemiológicas que podem ser consideradas geradoras de hipóteses (Leser et al., 1985; Forattini, 1996), sustentadas por comparações como:

FUNDAMENTOS DE EPIDEMIOLOGIA | **401**

- Comparações na sequência temporal: alterações inesperadas da frequência de uma doença em um estudo temporal em um determinado lugar podem indicar a atuação de algum fator novo.

- Comparações no espaço: alta frequência de uma doença em um lugar pode indicar relação com algum fator que atue especificamente no referido lugar. Quando alguma doença está presente ao mesmo tempo em diferentes lugares, sugere-se a atuação de algum fator comum. Quando um fator conhecido varia em intensidade em sua atuação sobre diferentes lugares e essa variação apresenta correspondência na frequência de uma doença, é provável que o referido fator esteja associado ao problema.

- Comparações segundo grupos da população: alta frequência de uma doença em um grupo da população pode indicar a atuação de algum fator específico nesse grupo. Quando alguma doença está presente simultaneamente em diferentes grupos da população, sugere-se a atuação de algum fator comum. Se um fator conhecido varia em intensidade em sua atuação sobre diferentes grupos da população e essa variação é observada na frequência de uma doença, o referido fator deve estar associado ao problema.

- Comparações entre perfis epidemiológicos: quando duas ou mais doenças apresentam um perfil epidemiológico semelhante na descrição, devem ter em sua etiologia a preponderância de um fator comum ou que atue de forma semelhante.

Além da epidemiologia descritiva, a metodologia epidemiológica se vale do conhecimento da ecologia e, consequentemente, das relações que se estabelecem nos ecossistemas para a compreensão de numerosos fatores que podem afetar a saúde das populações; da geografia e geologia na avaliação da área de trabalho para compreender os diversos determinantes ambientais que podem estar associadas às doenças; da sociologia no estudo de fatores dessa natureza; da medicina, por meio das informações sobre o espectro clínico da doença e sobre os antecedentes do acometido. Devem ser considerados também os conhecimentos, atitudes e práticas da população em relação à doença, pois podem constituir fatores de risco ou de proteção.

Percebe-se dessa maneira que o epidemiologista necessita ter visão ampla e não segmentada da problemática que envolve as doenças. Nessa linha de raciocínio, torna-se bastante ilustrativa a colocação de Rouquayrol (1986):

O ato da criação da hipótese não é lógico, é psicológico. O conhecimento do problema, a experiência pessoal, o trabalho árduo sobre o tema, a reflexão, a inteligência e a criatividade, às vezes a intuição, a sorte, ou mesmo o acaso, outras vezes a genialidade, conduzem à formulação da hipótese produtiva.

O Teste da Hipótese

Deve-se ter em mente que uma hipótese epidemiológica sempre pressupõe a discussão de um possível fator causal, considerando o conceito ampliado de causalidade discutido no capítulo anterior.

A seguir, apresentamos uma breve descrição dos principais estudos para testar hipóteses em epidemiologia.

Estudo Experimental

Quando o assunto envolve a experimentação, subentende-se a existência de controle de variáveis pelo pesquisador. Dessa forma, o estudo experimental se caracteriza por ter a variável independente diretamente controlada ou manipulada pelo pesquisador (Rouquayrol, 1986).

Está bastante evidente que a principal preocupação da epidemiologia se relaciona à saúde do homem e, particularmente, na identificação de fatores que a prejudicam. Nessa situação, o leitor pode se perguntar se seria aceitável ou admissível um experimento no qual o pesquisador testaria uma variável X, possível fator causal de alguma doença. Em termos práticos, ele escolheria dois grupos de voluntários da população, de forma aleatória, para evitar vícios de seleção dos indivíduos. Em um dos grupos, aplicaria o fator suspeito e no outro, um placebo. Esperaria decorrer um tempo e mediria os resultados, quantificando a frequência do agravo no grupo onde aplicou o fator e comparando com o grupo controle, em que esperaria encontrar pouca ou nenhuma doença. Dessa maneira, ficaria demonstrada diretamente a validade ou não de sua hipótese.

Embora o método descrito no parágrafo anterior pudesse ser bem delineado do ponto de vista lógico, seria antiético colocar deliberadamente em risco a saúde das pessoas. Por mais relevante que seja a doença, um experimento dessa natureza seria hoje inadmissível. Assim, a epidemiologia admite os estudos dessa natureza com humanos somente para o estudo de fatores de proteção, como medicamentos e vacinas, que previamente tenham demonstrado resultados promissores em modelos de experimentação animal. O estudo desses produtos em humanos – chamados ensaios clínicos, antes de serem liberados no mercado – envolve testes rigorosos em grupos humanos de tamanhos limitados, para avaliação da segurança e eficácia dessas medidas, identificação de reações adversas não observadas nos modelos animais testados, a curto, médio e longo prazo. E mesmo após a comercialização, os pacientes que utilizam o novo medicamento são monitorados.

No ensaio clínico, é o pesquisador que administra a droga ou vacina a um grupo e simultaneamente aplica o placebo em outro grupo, conhecido como controle. O ideal é trabalhar em um esquema de ensaio duplo-cego, em que o aplicador, a pessoa submetida à droga e a que recebe o placebo desconhecem a composição dos grupos e o que cada um recebe. Há, naturalmente, um coordenador que supervisiona o trabalho e detém essas informações. Essa tática visa eliminar qualquer viés de sugestão. As pessoas que concordam em participar desses estudos são voluntários e todo o procedimento deve ser feito dentro dos princípios estabelecidos pela ética (Hulley e Cummings, 1988; Rothman, 1987; Conep, 2012).

Há, porém, um fato a se considerar. Mesmo que tudo seja conduzido com o maior rigor científico e na conformidade ética, há um grupo de humanos no qual um pesquisador decidiu aplicar um fator de proteção. Sim, esse grupo estará correndo o risco de manifestar algum efeito colateral do medicamento ou vacina, não observado nos estudos com animais de laboratório. Embora esse risco exista, se a intervenção não for testada em pequenos grupos de humanos, com que segurança o produto seria liberado para o mercado consumidor? Por isso, a participação do indivíduo deve ser voluntária e ele deve estar esclarecido dos possíveis riscos envolvidos no estudo; além disso, o indivíduo deve estar ciente de que tem o direito de retirar sua participação a qualquer momento. Essas informações devem constar no chamado Termo de Consentimento Livre e Esclarecido, conforme determina o Conselho Nacional de Ética em Pesquisa, seguindo os princípios da Declaração de Helsinki (WMA, 2008).

Como mencionado anteriormente, o teste de fatores de risco em estudos controlados de intervenção só é admitido em animais. Aplicando-se o fator em questão em um grupo de animais e utilizando outros grupos como controle, torna-se possível avaliar o efeito ou agressão provocada em algum tecido ou órgão. Dada a possibilidade de dissecar os animais para se verificar os danos causados, os experimentos geram muita informação e a possibilidade de esclarecer mecanismos de ação desses fatores. A grande

CURSO DE GESTÃO AMBIENTAL

vantagem de experimentos desse tipo é que neles são controladas diversas variáveis, de modo que a única diferença entre os grupos é que em um deles está sendo aplicado o fator discutido em uma hipótese epidemiológica. Fica explícito que é o pesquisador quem *dosa* a variável independente ou fator (Fletcher et al., 1991; Fletcher et al., 1996; Florey e Leeder, 1982).

Outro tipo de utilização de animais na discussão de hipóteses pode ser feito sem que o pesquisador manipule a variável independente. Esse método é bastante útil para testar, em campo, fatores que já estão atuando na natureza, independentemente da vontade do pesquisador. Na maioria das vezes são fatores ambientais antropogênicos, como é o caso da poluição ambiental; nesse caso, o pesquisador expõe grupos de animais em ambientes com diferentes níveis de poluição, colocando grupos controles em áreas sem poluição ou respirando ar filtrado. Depois de algum tempo, os efeitos serão observados diretamente, procurando-se detectar alterações no comprometimento da saúde desses organismos (Saldiva, 1992).

Animais têm sido usados em testes de medicamentos, de vacinas, de diversos fatores de proteção e de fatores provocadores de doenças. Não há dúvidas de que experimentos dessa natureza têm contribuído muito, ajudando a esclarecer diversos aspectos das ciências da saúde e da vida (Gartt et al., 1986). Mesmo reconhecendo sua praticidade, os animais não devem ser maltratados ou utilizados de forma indiscriminada ou abusiva. Há uma ética que deve ser honrada nos biotérios e laboratórios, que tem o objetivo principal de evitar o sofrimento desnecessário (SBCAL, 2012; CCAC; 1984).

Certamente não há forma melhor de se discutir a relação causal do que nos experimentos controlados. Diante do rigor estabelecido no laboratório ou no campo, em que quaisquer outros fatores intervenientes são controlados, torna-se possível avaliar o efeito da variável independente sobre a variável dependente.

Por outro lado, os resultados obtidos em experimentos com animais não são válidos para o homem. Por mais semelhanças que possam ter com o ser humano do ponto de vista celular ou fisiológico, os resultados observados em uma espécie não podem ser extrapolados para outra. Dessa forma, as hipóteses testadas em animais são indicativos de que o mesmo possa estar ocorrendo em populações humanas quando expostas ao fator em discussão.

Como então testar hipóteses sobre fatores suspeitos de provocar danos à saúde no homem? "Claro está que a experimentação tem limitada aplicabilidade em epidemiologia. Por esse motivo, a grande maioria dos estudos fundamenta-se na observação" (Forattini, 1992). Essa colocação de Forattini (1992) deixa evidente a necessidade das estratégias de observações em diversas condições, que permitem os chamados estudos observacionais, abordados a seguir.

Estudo Ecológico

O estudo ecológico da epidemiologia difere quanto à complexidade das investigações levadas a efeito no terreno das ciências biológicas. Ao ecologista seria interessante conhecer a estrutura e o funcionamento dos ecossistemas. Nesse sentido, é de extrema importância saber quantas espécies de determinados grupos taxonômicos vivem nas biocenoses reconhecidas, ou possivelmente, dever-se-ia investigar como se dá o fluxo de energia através da teia alimentar. Entender as interações estabelecidas entre a parte viva e a não viva, sem dúvida, é o objeto desses estudos que, de maneira geral, levam em consideração as interações estabelecidas entre as espécies e seu ambiente (Odum, 2008).

Na epidemiologia, o estudo ecológico ou estudo de agregados populacionais preocupa-se com a possível interação entre fator e doença em unidades ambientais. Estas podem ser: municípios, cidades, distritos ou qualquer outra unidade territorial. Em geral, esses estudos focalizam um número razoável de áreas para que os dados possam ser tratados estatisticamente. Para cada área é necessário ter informações sobre a doença em questão (variável dependente), bem como sobre o possível fator que está em discussão (variável independente). A variável dependente é avaliada por meio de indicadores de frequência do agravo estudado na população. Também os fatores em estudo devem atuar nessas áreas e necessita-se, portanto, ter informação sobre sua frequência ou nível em cada unidade territorial (Almeida Filho e Rouquayrol, 1992; Rouquayrol e Almeida Filho, 1999). Assim, os dados são considerados para todo o agregado populacional, ou seja, correspondem às taxas de incidência ou prevalência da doença e taxas de ocorrência dos fatores. Portanto, embora a hipótese seja de natureza causal, os estudos ecológicos não permitem saber se os indivíduos acometidos pela doença foram expostos ao fator. O que se sabe é a taxa de ocorrência da doença e do fator estudado na população.

Em meio a outras aplicações, os estudos ecológicos servem para testar hipóteses sobre fatores ambientais, sejam eles de natureza antrópica ou naturais. Entre os primeiros, há o exemplo dos efeitos da poluição do ar sobre a saúde humana. Para um estudo com esse propósito seria necessário sele-

406 | CURSO DE GESTÃO AMBIENTAL

cionar várias localidades com variações no teor de poluentes e a seguir recolher informações sobre alguma morbidade relacionada às doenças do aparelho respiratório. Sobre modelos multivariados para análises ecológicas, pode-se consultar *Epidemiologia moderna*.

Estudos ecológicos permitem avaliar a influência de fatores socioeconômicos sobre determinado aspecto da saúde-doença em diferentes territórios ou unidades ambientais. Há também estudos que, em vez de uma unidade ambiental, utilizam uma sequência temporal.

Um problema que deve ser contornado nesse tipo de investigação é a falácia ecológica, ou seja: "aceitar como verdadeira a inferência para o nível individual de algum fenômeno tido como válido para os grupos em estudo" (Morgenstern, 1982). O problema surge quando se utilizam indicadores gerais para áreas às vezes extensas. Uma grande área geográfica pode apresentar variações internas importantes na composição da população e heterogeneidade ambiental e socioeconômica. Como se trabalha com indicadores gerais (por exemplo concentração de poluentes, renda média *per capita*, cobertura por saneamento básico), esses representam um valor que pode não corresponder à exposição dos indivíduos acometidos pela doença estudada. Vale lembrar que indicadores são medidas-síntese, e situações muito distintas podem produzir indicadores numericamente iguais ou semelhantes; ou, ainda, os indicadores do país podem estar acima ou abaixo dos indicadores em uma de suas unidades da federação. Nesse caso, o problema poderia ser contornado, trabalhando-se com unidades menores e mais homogêneas.

Esses estudos podem ser conduzidos em caráter descritivo sem necessariamente testar hipóteses, já que suas características têm poder de inferência causal bastante limitada. No entanto, devido à possibilidade de trabalhar com dados secundários e grande quantidade de informações, eles contribuem para selecionar hipóteses mais plausíveis a partir da análise do panorama geral de agregados populacionais.

Estudo Transversal

Pela própria natureza de seu desenho, esses estudos são considerados de curta duração. Dá-se a noção de um corte no tempo, quando em um intervalo relativamente curto procede-se ao levantamento dos dados necessários ao estudo. Mediante esse aspecto, o estudo é também chamado de seccional ou de prevalência (Forattini, 1996). De fato, o indicador usado para estimar a variável dependente é o de prevalência, ou seja, refere-se à quantidade de afetados pelo agravo em um determinado agrupamento de pessoas ou território.

Medidas de prevalência são amplamente utilizadas na epidemiologia descritiva, já discutida em tópico anterior. Naquele contexto, objetivava-se apenas caracterizar os casos segundo a pessoa, o tempo e o lugar, sem que houvesse alguma hipótese em discussão. Estudos epidemiológicos que testam hipóteses são chamados de analíticos. Dessa forma, o leitor deverá estar apto a distinguir se determinada pesquisa tem natureza descritiva ou analítica quando se deparar com uma publicação científica nessa área.

Entre muitas variantes, o delineamento de um estudo transversal básico pode ser bastante simples. Pressupõe-se, a título de ilustração, duas áreas, A e B, afetadas por uma doença Z. Na área A, atua um fator suspeito Y, enquanto na área B, esse fator é ausente. Se tal fator for de risco, espera-se encontrar na área A uma prevalência maior da doença Z (Rouquayrol e Almeida Filho, 1999). Na sua forma mais abreviada, trata-se da simples comparação de prevalências entre as duas áreas, que diferem em relação à presença do fator estudado.

Para verificar a existência de associação entre as variáveis independente (fator Y) e dependente (doença Z) para as áreas A e B, obtêm-se as respectivas prevalências P_A e P_B da doença. Pode-se, em seguida, estimar a Razão de Prevalência (RP), através da expressão:

$$RP = P_A/P_B$$

O valor obtido será um número puro, que de certa forma dimensiona a força de expressão do fator. Torna-se óbvio aceitar que quanto maior for a RP, maiores são as chances de ser verdadeira a associação entre o fator Y e a doença Z. Outra expressão útil é a Diferença de Prevalência (DP), sendo obtida por uma simples subtração:

$$DP = P_A - P_B$$

Sob o ponto de vista epidemiológico, o valor resultante significará a prevalência motivada exclusivamente pelo fator suspeito. Para uma visão sobre o tratamento estatístico aplicado ao desenho de estudo aqui tratado, aconselha-se a leitura dos métodos da Organização Pan-americana da Saúde (OPS, 1997).

Nota-se que o estudo transversal difere do ecológico, pois neste é necessário levar em consideração um número relativamente grande de situações, implicando geralmente a inclusão de diversas áreas homogêneas, ao passo que nos transversais podem-se idealizar desenhos muito simples, como aqueles que comparam apenas duas situações, nas quais em uma atua e na outra não atua o fator suspeito.

As informações necessárias para compor o estudo referem-se à frequência da doença e a atuação do fator, coletadas simultaneamente para os indivíduos da população estudada. Os estudos seccionais podem ser conduzidos levantando-se dados de ocorrência do agravo a partir de registros secundários, buscando-se informações em serviços de atendimento ou de atenção primária à saúde, bem como pela pesquisa direta na população por meio de inquérito domiciliar para detecção de casos. Em todas essas situações, deve-se ter o cuidado para que as amostras sejam representativas e também para que a base populacional para a estimativa da prevalência represente a população em risco. As fontes de informação sobre os fatores são as mais variadas, dependendo das respectivas naturezas dos mesmos.

Deve-se esclarecer que os estudos de prevalência não podem ser muito longos. Isso decorre da própria definição de seu conceito. Uma estimativa dessa frequência que se estenda por um período duradouro perde seu significado. Melhor seria, nesse caso, usar medidas de incidência, quando se contam os casos novos que vão surgindo ao longo de um período, que pode ultrapassar anos. De forma diferente, os estudos de prevalência são feitos delimitando-se o tempo, geralmente em semana, quinzena ou mês e raramente tolerando-se um tempo um pouco maior. Sobre esse aspecto, alertaram Almeida Filho e Rouquayrol (1992):

> um estudo seccional que, por dificuldades operacionais, estenda sua coleta de dados por um período, digamos, maior que três meses, por exemplo, poderá apresentar defeitos metodológicos graves nesse aspecto. Ao final do trabalho de campo, muitos dos sujeitos que seriam diagnosticados no começo já terão sua sintomatologia alterada o bastante para não serem incluídos na estimativa de prevalência e vice-versa.

A grande limitação desses estudos no que tange à inferência causal decorre do fato de que "fator e efeito são observados num mesmo momento histórico" (Rouquayrol e Almeida Filho, 1999). Como não se conhece o passado de atuação do fator, que para ser *causal* deve preceder o efeito (doença), o que se pode atestar nas conclusões desses trabalhos é simplesmente a existência ou não de associação entre o fator e a doença.

Apesar dessa limitação, os estudos transversais são bastante frequentes em epidemiologia na discussão de muitos fatores, pela sua praticidade, pela rapidez em que se obtêm os resultados, pela facilidade de encontrar situações adequadas ao método e pela economia de recursos, entre outras vantagens.

Estudo de Coortes

Historicamente, coorte era "o nome pelo qual os antigos romanos, em sua organização militar, designavam a décima parte de uma legião, e que correspondia a número variável de trezentos a seiscentos homens" (Forattini, 1996). Na epidemiologia, o termo consagrou-se indicando grupos de indivíduos selecionados que devem ser observados ao longo do tempo em estudos longitudinais (MacMahon e Trichpoulos, 1996), mas pode também se referir às coortes demográficas, que se referem aos nascidos no mesmo ano em uma determinada localidade. Estudos de coorte podem levar anos ou décadas de acompanhamento, razão pela qual são considerados estudos longitudinais ou de seguimento da população.

Entre outras variações, tanto o fator em estudo pode ter atuado no passado como a doença já pode ter se manifestado no momento do estabelecimento dos grupos. Nesse caso, trabalha-se com registros sobre a ação do fator e também com dados da doença ocorrida. Por lidar com fato consumado, esses estudos são referidos como de coortes retrospectivo. Outra possibilidade é estabelecer um momento inicial, a partir do qual se procede à coleta das informações sobre a doença. Pressupõe-se que o fator suspeito ou variável independente já tenha atuado e/ou esteja atuando durante o período de acompanhamento do estudo, durante o qual são registrados os casos novos da doença. Esse seria um estudo de coortes prospectivo (Kelsey et al., 1986; Forattini, 1996).

Uma desvantagem dos estudos retrospectivos é que muitas vezes os dados disponíveis haviam sido registrados para outros fins, estando disponíveis em determinado banco de dados ou instituição, e podem ter confiabilidade e validade variáveis. Nos estudos prospectivos, os dados podem ser coletados diretamente pelo pesquisador, de acordo com seus objetivos e de forma rigorosamente padronizada. Informações sobre a atuação do fator, dependendo de sua natureza, podem ser obtidas em fontes como: empresas de monitoramento ambiental, setor industrial, setor agrícola e serviços de vigilância em saúde.

CURSO DE GESTÃO AMBIENTAL

Na sua forma mais básica, o desenho de um estudo de coortes inicia-se pela escolha de dois grupos de indivíduos na população que diferem em relação à exposição ao fator em discussão, isto é, um grupo exposto e um grupo não exposto ao fator. Durante o período estabelecido para a observação, os casos novos do agravo em estudo podem ser identificados em ambos os grupos. A demonstração que será conduzida a seguir aparece sob diferentes versões nos compêndios de epidemiologia citados nas referências deste capítulo.

Decorrido o período de estudo, os dados podem ser apresentados em uma tabela de dupla entrada ou 2 x 2, para análise, como a Tabela 10.1.

Tabela 10.1 – Tabela de um estudo de coorte.

Grupos	Doentes	Não doentes	Total
Expostos	a	b	a + b
Não expostos	c	d	c + d
Total	a + c	b + d	a + b + c + d

Observa-se nessa tabela a possibilidade de se estimar a incidência da doença entre os expostos Ie. Isso é possível, pois a corresponde aos indivíduos que adoeceram no decorrer do estudo, representando os casos novos no grupo exposto $(a + b)$. Portanto, Ie poderá ser expressa da seguinte maneira:

$$Ie = a/a + b$$

Aplicando-se o mesmo raciocínio do parágrafo anterior, pode-se também estimar a incidência do agravo entre os não expostos, Io, por meio da expressão:

$$Io = c/c + d$$

É importante lembrar que essa incidência não tem relação com o fator em discussão e, portanto, deve estar relacionada a outros fatores que, no contexto, não estariam sendo estudados, mas que atuam na rede multicausal da doença. Diante dessa discussão, ao subtrair Io de Ie, temos o risco atribuível (RA) ao fator estudado, dado pela expressão:

$$RA = Ie - Io$$

FUNDAMENTOS DE EPIDEMIOLOGIA | **411**

Pela simples comparação entre Ie e Io já se poderiam tecer considerações sobre a possível atuação do fator na produção da doença. Torna-se lógico admitir que, quanto maior for Ie em relação a Io, mais se poderá acreditar que o fator é de risco.

Outra estimativa importante é a do *risco relativo* (RR), que em estudo de coorte é dada pela expressão: $RR = Ie/Io$. Pelo fato de a operação ser uma divisão em que numerador e denominador possuem a mesma unidade, RR é um número puro. Em última instância, e na suposição que se coloca nesse parágrafo, o valor assumido pelo risco relativo reflete quantas vezes a frequência da doença é aumentada, diante da atuação do fator estudado.

Embora matematicamente o valor de RR possa variar de zero a infinito, é possível que a Ie assuma valor muito semelhante ao de Io e, portanto, o RR seja próximo a um. Porém, se houve exposição do fator em discussão e a incidência continuou parecida com a situação de não exposição, certamente o fator não interferiu na gênese da doença. Assim, ao se deparar com um valor de RR próximo a um, pode-se interpretar que o fator não está relacionado à doença em estudo.

Em outra situação, se a Ie for menor que a Io, o RR assumiria um valor menor entre zero e um. O fator atuou e diminuiu a incidência da doença. Logicamente, esse fator não será causal, mas sim de proteção, significando que o mesmo poderia ser adotado como medida profilática.

Em uma última situação, pode-se supor que a Ie seja maior que a Io, gerando um RR maior que um. O fator atuou e provocou um acréscimo de doença. A incidência do agravo, na sua presença, foi maior do que na sua ausência. Esse seria um fator de natureza causal. Nesse sentido, torna-se evidente que quanto maior for o valor de RR, em direção ao infinito positivo, maior será a relevância do fator na produção da doença.

Para uma decisão sobre a aceitação ou refutação da hipótese em um estudo de coorte, é necessária a aplicação de testes estatísticos e o detalhamento destes, que está fora do propósito deste capítulo. Sobre a utilização do instrumental estatístico nesse desenho de estudo, convém consultar *Monographs in epidemiology and biostatistics* e os métodos de investigação da OPS (Kelsey et al., 1986; OPS, 1997).

Por suas características, os estudos de coortes são caros e sujeitos a perdas em ambos os grupos, os quais devem ser constituídos mediante o estabelecimento de critérios de inclusão e de exclusão; também não são adequados para estudar doenças raras, pois, por maiores que sejam os grupos e duração do estudo, podem não ocorrer. Porém, eles permitem estudar a história natural da doença e detectar outros agravos inicialmente não

CURSO DE GESTÃO AMBIENTAL

previstos, mas que eventualmente estejam associados ao fator estudado. Além disso, no caso de exposições raras (por exemplo acidente nuclear), é possível iniciar coortes de acompanhamento e oportunizar avanços no conhecimento sobre os efeitos decorrentes desse tipo de exposição.

Estudo de Caso-Controle

O estudo de caso-controle se inicia com a constituição de grupos que diferem em relação à presença da doença estudada (doentes e não doentes) para se analisar o histórico de exposição a um ou mais fatores entre os indivíduos de ambos os grupos. Assim sendo, esse tipo de estudo é retrospectivo, significando que o fator em estudo deve ter atuado no passado.

A questão em um estudo de caso-controle envolve a existência de alguma relação entre um fator suspeito contido em uma hipótese e a doença em questão (MacMahon e Trichpoulos, 1996). O método é de natureza comparativa, sendo os grupos de estudo montados preferencialmente com base em critérios estatísticos de aleatoriedade. Essa exigência é requerida para que os resultados possam ter validade para o conjunto populacional em que o estudo está sendo executado. Kelsey et al. (1986) apresentaram métodos de amostragem e estimativas de tamanhos de amostras aplicáveis a esse desenho de estudo. Considerações complementares sobre a escolha dos casos e dos controles podem ser consultadas em *Epidemiologia geral* (Forattini, 1996).

Na sua forma mais básica, em um estudo de caso-controle o grupo de *casos* é composto exclusivamente de acometidos pela doença em estudo, o que implica que seus elementos devam ter diagnóstico comprovado. O segundo grupo, de *controle*, não deverá ter portadores da doença que está contida na hipótese (Schlesselman, 1982). Portanto, como nos estudos de coorte, é necessário estabelecer critérios claros de inclusão e de exclusão para constituir adequadamente ambos os grupos.

Após a formação dos grupos, passa-se para a etapa de observação. É interessante tecer um paralelo com o já visto estudo de coortes. Naquelas circunstâncias, por meio de um segmento temporal, prospectivo ou retrospectivo, em um grupo de expostos, estimava-se a incidência. Fazia-se o mesmo no grupo de não expostos. O risco relativo (RR) era obtido por meio do quociente entre as respectivas incidências estimadas. Nessas circunstâncias, e refletindo sobre os estudos de caso-controle, não há significado em estimar incidência, e não se pode calcular o RR. O modo de se chegar a um equivalente de RR se apresenta na demonstração que se segue.

Após o levantamento de dados, deve-se proceder à análise, construindo-se, da mesma forma que em estudos de coortes, uma tabela 2 x 2, como a apresentada na Tabela 10.2.

Tabela 10.2 – Tabela de um estudo de caso-controle.

Grupos	Doentes	Não doentes	Total
Expostos	a	b	a + b
Não expostos	c	d	c + d
Total	a + c	b + d	a + b + c + d

Enquanto em estudos de coortes a análise era nas linhas da tabela, comparando-se a incidência da doença no grupo de expostos com o de não expostos, no estudo de caso-controle a leitura se faz nas colunas, avaliando-se a exposição entre os casos (doentes), em comparação com os controles (não doentes). Pode-se, assim, estimar a taxa de exposição entre os doentes (*ted*), que é dada pela expressão:

$$ted = a/a + c.$$

Igualmente, na coluna seguinte, estima-se a taxa de exposição entre os não doentes (*tend*), que será equivalente a:

$$tend = b/b + d.$$

A simples comparação entre essas duas taxas já permite admitir que se o fator está produzindo doença, a *ted* deve ser maior que a *tend*.

Dada a impossibilidade de se calcular diretamente o risco relativo (RR) por meio do quociente das incidências, estima-se um valor aproximado de RR por intermédio da razão entre os produtos cruzados da tabela 2 x 2 (ad/bc). Entretanto, convém demonstrar que o *odds ratio* (OR) é a razão entre a chance de os casos terem sido expostos e a chance de os controles terem sido expostos.

Chance de exposição entre os casos
$$= a/(a+c) \div c/(a+c) = a/c$$
Chance de exposição entre os controles
$$= b/(b+d) \div d/(b+d) = b/d$$
$$OR = a/c \div b/d =$$
$$OR = ad/bc$$

A interpretação da OR é análoga à do RR. Isso significa que se OR assumir valores menores que a unidade, o fator em estudo poderá ser interpretado como *de proteção*. Quando OR se aproximar da unidade, o fator poderá ser considerado *sem efeito* sobre a doença. Para valores acima da unidade e tendendo ao infinito, ter-se-á um fator possivelmente *de risco* para a doença.

Para tratamentos estatísticos mais elaborados nesse desenho de estudo, o leitor pode consultar Kelsey (1986); Rothman (1987) e OPS (1997).

CONSIDERAÇÕES FINAIS

Procurou-se apresentar ao leitor os conceitos básicos da saúde pública e da epidemiologia, áreas interdisciplinares que podem se integrar à gestão ambiental na busca pelo desenvolvimento sustentável.

As medidas de saúde pública voltadas ao controle de doenças geram preocupações relativas à duração das intervenções e à sua efetividade. O que se vê, tradicionalmente, são intervenções isoladas de combate, voltadas a romper o ciclo de transmissão de uma doença, ao controle de uma determinada fonte de poluição ou à implementação de uma campanha educativa pontual, além de muitas outras ações específicas de natureza semelhante às ações exemplificadas. Muitas dessas medidas são de natureza vertical, reforçando no senso comum a noção equivocada de que a saúde é responsabilidade do governo. Este desempenha, sim, papel fundamental na promoção da saúde, mas como apresentado nas diretrizes da promoção da saúde, a mobilização e participação social são importantes para que a população desenvolva autocuidado e entenda o quanto sua saúde depende da qualidade ambiental.

Nesse sentido, a saúde pública requer uma gestão ambiental adequada que busque, seguindo princípios da abordagem ecossistêmica, promover a saúde ambiental e o desenvolvimento social, garantindo a saúde e a qualidade de vida da população. Trata-se de um sistema de gestão territorial, da organização dos espaços habitados e revisão dos padrões de uso e ocupação do meio físico com base conceitual alicerçada no desenvolvimento sustentável. Dentro dessa proposta, o principal desafio passa a ser a visão de conciliar desenvolvimento socioeconômico e ao mesmo tempo garantir proteção ao ambiente. O elemento comum das várias definições de desenvolvimento sustentável refere-se à garantia da sobrevivência do homem hoje, sem comprometer as gerações futuras. No que concerne ao controle de doenças, busca-se um modelo de gestão ambiental em que o ecossistema seja preservado e a doença mantenha-se em baixo nível de ocorrência, dentro de padrões normais; que o turismo ecológico não insira o homem em ciclos enzoóticos de transmissão de doenças; tampouco que o desmatamento para desenvolvimento, agropecuário ou não, implique riscos semelhantes, além da geração de contaminação pelo uso excessivo de insumos que aumentem a produtividade; que o desenvolvimento industrial traga crescimento econômico sem degradar o ambiente e/ou prejudicar a saúde dos trabalhadores e da população do entorno.

Para Goodland (1995), a sustentabilidade só pode ser compreendida na sua dimensão global, e, dessa forma, para efeito didático, foi desdobrada em seus componentes social, econômico e ambiental. Segundo essa concepção, e exemplificando, uma região ou país que se esforça com ênfase exclusiva ao desenvolvimento econômico, esquecendo-se dos demais componentes, não chegaria ao *status* de sustentável. Em outra suposição, mesmo que haja uma política socioeconômica levada a efeito com base na superexploração do ambiente, o sistema estaria fadado ao colapso no futuro.

Em um ecossistema sob severa influência humana, pode-se deduzir a impossibilidade de separação entre os seus componentes sociais (incluindo-se os econômicos) e aqueles de natureza ecológica. O que ocorre na realidade é uma verdadeira fusão, configurando, como resultante, um sistema socioecológico. Com esse grau de complexidade, não se pode ser reducionista para implementar as medidas de saúde pública, combatendo-se apenas os determinantes diretamente ligados à doença. Há que se inserir no contexto o homem e suas complexas relações sociais, econômicas e ambientais.

A conquista da sustentabilidade, em seu aspecto teórico, só seria atingida com a implantação das medidas de saúde pública sob a ótica de uma abordagem ecossistêmica. É nesse ponto que se torna necessária uma melhor compreensão do real significado desse tipo de enfoque. Urge apreender que o ecossistema possui uma organização *holárquica*, sendo sua unidade definida como *holon*. Basta ter a noção, nesse contexto, que o *holon* pode ser definido como um todo que pertence a um todo maior e ao mesmo tempo contém todos menores. Um exemplo de sistema holárquico na organização de um país seria na sequência: indivíduos – famílias – cidade – país. Explicando, pode-se visualizar que um conjunto de indivíduos forma uma família; as cidades seriam compostas por numerosas famílias; uma série de cidades compõe um país. O que se depreende é que, por tratar-se de um sistema, uma possível interferência em qualquer elemento afeta todos os demais. Funcionando assim, uma campanha educativa voltada exclusivamente para atingir famílias estará, indiretamente, afetando os indivíduos, como terá também repercussão nas cidades e na extensão de todo o país.

Torna-se necessário entender que qualquer atuação do homem nos sistemas socioecológicos, por serem esses holárquicos, pode gerar uma rede de influência, com *loops* positivos e negativos. Exemplificando, pode-se tomar uma região pioneira, que inicia seu desenvolvimento centrado em atividades como:

- Desmatamento para implantação de agricultura.
- Funcionamento de sistema de irrigação.
- Exploração de minérios.

Como *loops* positivos, pode-se imaginar que haverá, a partir do início da colonização, como consequência dessas atividades, melhora das condições socioeconômicas da região, gerando prosperidade. Uma população mais próspera construirá mais estradas, as quais facilitarão a circulação de mercadorias, gerando progresso. Provavelmente, a população mais abastada exigirá mais escolas. Considerando-se esse sistema funcionando ao longo de anos, espera-se encontrar, como produto, uma população com um nível melhor de escolaridade e, possivelmente, com mais aptidão para resolver problemas sociais e de saúde pública. É nessa fase que o cidadão torna-se consciente e passa a reconhecer que o modelo de desenvolvimento implantado produz também *loops* negativos, como degradação ambiental, consequente do desmatamento, estresse sobre o ambiente, provocado pelos desvios das águas para irrigação, e poluição originada na mineração.

O parágrafo anterior deixa claro que é possível interferir no sistema. A lógica correta seria a de estimular *loops* positivos e inibir aqueles negativos, mas pensar em intervenções intencionais em sistemas holárquicos gera insegurança em relação às consequências, nas quais *holons* maiores e menores poderão ser abalados e haverá riscos de estabelecimento de novos *loops* negativos desencadeados pelas modificações. Pode-se deduzir que, diante de uma intervenção, há sempre um alto nível de imprevisibilidade em relação às possíveis consequências. Como tomar decisões diante de uma situação de incerteza? Como confiar que as medidas estão na direção correta?

Assim, a intervenção em sistemas ecológicos é tarefa de grande responsabilidade. De certa forma, a equipe técnica, geralmente externa à comunidade, não consegue por si só compreender ou assimilar as complexas interações e eleger com segurança os pontos que deverão ser alterados. É diante dessa situação, e como conduta mais segura, que se aconselha o envolvimento da comunidade no processo, desde a fase inicial de estudo. Assim, os membros da comunidade devem fazer parte do processo de identificação de importantes elementos do sistema, e devem ainda ajudar a definir os problemas e suas soluções. Dessa forma, mesmo que os membros da comunidade da região afetada possam estar de acordo com uma intervenção, será necessário prestar atenção a todos os elementos do sistema que sofrerá intervenção.

É nesse sentido que se torna necessário ressaltar que o processo só virá a ocorrer como consequência do firme estabelecimento de inter-relações da equipe técnica com a comunidade e uma boa gestão dos conflitos de interesses. A participação comunitária deve ocorrer no planejamento, na discussão de suas adaptações para implantação, no monitoramento das atividades e avaliação dos resultados.

Nesse contexto, pode-se reconhecer que os ditos *loops* positivos e negativos, em muitas situações, correspondem ou envolvem o que chamamos aqui de fatores de proteção ou de risco, respectivamente. Nesse sentido, o estudo epidemiológico pode tornar-se uma importante ferramenta na avaliação de associações que se estabelecem entre variáveis independentes e dependentes nos referidos diagramas de influências ou redes multicausais, que servirão como referência para as decisões de intervenção.

A implementação da saúde pública utilizando o método epidemiológico sob a ótica de uma abordagem ecossistêmica pode ser colocada como um desafio a todos que pretendem amenizar os problemas relativos às doenças, contribuindo para o estabelecimento de um ambiente mais saudável e uma melhor qualidade de vida.

REFERÊNCIAS

ALMEIDA FILHO, N. *Epidemiologia sem números: uma introdução crítica à ciência epidemiológica.* Rio de Janeiro: Campus, 1989.

ALMEIDA FILHO, N.; ROUQUAYROL, M.Z. *Introdução à epidemiologia moderna.* Belo Horizonte: Coopmed/APCE/Abrasco, 1992.

[CCAC] CANADIAN COUNCIL ON ANIMAL CARE. *Guide to the care and use of experimental animals.* Vol. I, II. Ottawa: CCAC, 1984.

[CONEP] COMISSÃO NACIONAL DE ÉTICA EM PESQUISA. Disponível em http://conselho.saude.gov.br/web_comissoes/conep/index.html. Acessado em: 11 ago. 2012.

FLETCHER, R.H.; FLETCHER, S.W.; WAGNER, E.H. *Epidemiologia clínica: bases científicas da conduta médica.* Porto Alegre: Artes Médicas, 1991.

_____. *Clinical epidemiology: the essentials.* Baltimore: Lippincott Williams & Wilkins, 1996.

FLOREY, C.V.; LEEDER, S.R. *Methods for cohort studies of chronic airflow limitation.* Copenhagen: WHO Regional Office for Europe, 1982.

FORATTINI, O.P. *Ecologia, epidemiologia e sociedade.* São Paulo: Artes Médicas/ Edusp, 1992.

_____. *Epidemiologia geral.* São Paulo: Artes Médicas, 1996.

GART, J.J.; KREWSKI, D.; LEE, P.N. et al. *Statistical methods in cancer research.* Lyon: Iarc, 1986. v.3. The design and analysis of long-term animal experiments. (Iarc Scientific Publications, 79).

GOODLAND, R. The concept of environmental sustainability. *Ann Rev Ecol Syst.* Vol. 26, 1995; p.1-24.

HULLEY, S.B.; CUMMINGS, S.R. *Designing clinical research: an epidemiologic approach.* Baltimore: Lippincott Williams & Wilkins, 1988.

[IDRC] INTERNATIONAL DEVELOPMENT RESEARCH CENTRE. Disponível em: http://www.idrc.ca. Acessado em: 28 set. 2012.

KELSEY, J.L.; THOMPSON, W.D.; EVANS, A.S. *Monographs in epidemiology and biostatistics: methods in observational epidemiology.* Nova York: Oxford University Press, 1986.

LAURENTI, R. Medida das doenças. In: FORATTINI, O.P. *Ecologia, epidemiologia e sociedade.* São Paulo: Artes Médicas/Edusp, 1992; p. 369-398.

_____. Medidas das doenças. In: FORATTINI, O.P. *Epidemiologia geral.* São Paulo: Artes Médicas, 1996; p. 51-81.

LAURENTI, R.; MELLO JORGE, M.H.P.; LEBRÃO, M.L. et al. *Estatísticas de saúde.* São Paulo: EPU, 1987.

LESER, W.; BARBOSA, V.; BARUZZI, R.G. et al. *Elementos de epidemiologia geral.* São Paulo: Atheneu, 1985.

MACMAHON, B.; TRICHOPOULOS, D. *Epidemiology, principles and methods.* Boston: Little, Brown and Company, 1996.

MINISTÉRIO DA SAÚDE. IDB-Indicadores e dados básicos 2010. Taxa de mortalidade infantil. Disponível em http://tabnet.datasus.gov.br/cgi/idb2010/c01b.htm. Acessado em: 28 set. 2012.

MORGENSTERN, H. Uses of ecologic analysis in epidemiologic research. *Am J Public Health*. Vol. 72, 1982; p. 1336-1344.

ODUM, E.P. *Fundamento de Ecologia*. São Paulo: Cengage Learning, 2008.

[OPS] ORGANIZAÇÃO PAN-AMERICANA DA SAÚDE. *Métodos de investigação epidemiológica em doenças transmissíveis*. Brasília: Fundação Nacional de Saúde e Centro Nacional de Epidemiologia, 1997. Vol. II, Manual do Instrutor.

REDE INTERAGENCIAL DE INFORMAÇÃO PARA A SAÚDE. *Indicadores básicos para a saúde no Brasil: conceitos e aplicações*. Brasília: Organização Pan-Americana da Saúde, 2008.

ROTHMAN, K.J. *Epidemiologia moderna*. Madrid: Ediciones Díaz de Santos, 1987.

ROUQUAYROL, M.Z. *Epidemiologia e saúde*. Rio de Janeiro: Médica e Científica, 1986.

ROUQUAYROL, M.Z.; ALMEIDA FILHO, N. *Epidemiologia e Saúde*. Rio de Janeiro: Médica e Científica, 1999.

SALDIVA, P.H.N. et al. Respiratory alterations due to air pollution: an experimental study in rats. *Environ Res*. Vol. 57, n.1, 1992; p.19-33.

SBCAL-COBEA. Sociedade Brasileira de Ciência em Animais de Laboratório. Disponível em: http://www.cobea.org.br/. Acessado em: 28 set. 2012.

SCHLESSELMAN, J.J. *Case-control studies*. Nova York: Oxford University Press, 1982.

SNOW, J. *Sobre a maneira de transmissão do cólera*. São Paulo/Rio de Janeiro: Hucitec/Abrasco, 1999.

[WHO] WORLD HEALTH ORGANIZATION. The top 10 causes of death. Fact sheet n. 310, updated June 2011. WHO, 2012. Disponível em: http://www.who.int/mediacentre/factsheets/fs310/en/index.html. Acessado em: 28 set. 2012.

[WMA] WORLD MEDICAL ASSOCIATION DECLARATION OF HELSINKI. Ethical principles for medical research involving human subjects. Seoul: WMA 59th General Assembly, 2008.

Trajetória do Movimento Ambientalista 11

Andréa Focesi Pelicioni

Administradora pública e geógrafa, Secretaria do Verde e do Meio Ambiente do Município de São Paulo

Este capítulo pretende chamar a atenção para fatos, personalidades e contextos históricos que contribuíram para a emergência de novas sensibilidades, em grupos específicos e no público em geral, em relação à problemática socioambiental e ao delineamento de formas de enfrentamento.

A preocupação com a degradação humana e ambiental não é nova. Muito antes de a problemática socioambiental configurar-se como uma crise global houve vários alertas a esse respeito ao longo da História. Alguns exemplos esparsos encontrados na literatura oferecem indicações a esse respeito.

Na Antiguidade, Platão, por exemplo, já denunciava problemas de erosão dos solos e desmatamento nas colinas da Ática. Posteriormente, no primeiro século da Era Cristã, em Roma, Columela e Plínio, o Velho, indicavam em seus escritos que a inadequação da ação do homem ameaçava produzir quebras de safra e erosão do solo (McCormick, 1992; Ponting, 1995).

Em 1669, a fim de reverter o problema de escassez de madeira na França, Colbert, na condição de primeiro-ministro, promulgou o decreto das águas e florestas. Na realidade, Colbert e outros que agiram em favor de regulamentações protecionistas estavam imbuídos de interesses econômicos. Em relação à poluição ácida, no século XVII John Evelyn e John Graunt sugeriram que fossem usadas chaminés mais altas para dispersar a poluição (McCormick, 1992).

No século XIX, uma série de publicações evidenciou o agravamento e a generalização da degradação socioambiental pelo mundo, em virtude da ação humana.

José Bonifácio de Andrada e Silva, em 1815, fazia a seguinte reflexão:

> Se a navegação aviventa o comércio e a lavoura, não pode haver navegação sem rios, não pode haver rios sem fontes, não há fontes sem chuvas, não há chuva sem umidade, não há umidade sem florestas [...] sem umidade não há prados, sem prados não há gado, sem gado não há agricultura, assim tudo está ligado na imensa cadeia do Universo e os bárbaros que cortam as suas partes pecam contra Deus e a natureza e são os próprios autores de seus males. (Pádua, 1997, p.16)

Também os apontamentos do naturalista alemão Alexandre von Humboldt, considerado o precursor da geografia moderna, relacionavam a ocorrência de alterações no regime hídrico de um lago na Venezuela ao desmatamento que ocorrera em suas margens (Sobral, 1994); e o relato de Friedrich Engels, em 1825, mostrava a degradação ambiental de cidades inglesas e as insalubres condições de vida dos trabalhadores de suas indústrias (Engles, 1985).

Na segunda metade do século XIX, os trabalhos do geógrafo anarquista francês Élisée Reclus detalhavam os efeitos do crescimento desordenado em cidades de vários países, denunciavam a falta de medidas preventivas e políticas públicas de saneamento ambiental, a exploração colonial, a dominação das elites, os impactos sobre as comunidades tradicionais, entre outros temas (Andrade, 1985).

As descrições do diplomata e político norte-americano George Perkins Marsh na obra *Man and nature: or physical geography as modified by human action* (Homem e natureza: ou geografia física modificada pela ação humana), publicada em 1864, relacionavam problemas ambientais como inundações de algumas cidades europeias, erosão de solo, rebaixamento de lençol freático e alterações climáticas nos países mediterrâneos, causadas pela derrubada das coníferas naturais nas montanhas alpinas do sul da Europa (Acot, 1990; Sobral, 1994).

Joaquim Nabuco, em 1883, fazia um diagnóstico desalentador da situação ambiental brasileira, falando do esgotamento da fertilidade dos solos no Rio de Janeiro, da decadência das antigas monoculturas no Nordeste, do aumento do flagelo da seca e da ganância da indústria extrativista na Amazônia (Pádua, 1997).

Apesar de as denúncias sobre a degradação humana e ambiental terem sido feitas desde a Antiguidade, foi apenas no século XIX que essas manifestações começaram a configurar-se como um movimento.

OS PRIMÓRDIOS DO AMBIENTALISMO

Na Europa e nos Estados Unidos, segundo exaustiva pesquisa histórica realizada por McCormick, as raízes de um movimento popular mais amplo, voltado para as questões ambientais, podem ser identificadas na segunda metade do século XIX (McCormick, 1995).

O crescimento do interesse pela história natural, o Romantismo, as descrições de ambientes paradisíacos feitas pelos viajantes naturalistas, a industrialização e urbanização crescentes em nome do progresso, trazendo em seu bojo a degradação humana e ambiental, a caça de animais como lazer e o desenvolvimento de pesquisas científicas criaram um substrato fértil para o surgimento de iniciativas voltadas à proteção ambiental.

O primeiro grupo ambientalista privado do mundo, Commons, Footpaths and Open Spaces Preservation Society, fundado em 1865, promoveu campanhas bem-sucedidas pela preservação de espaços para lazer, particularmente em relação às áreas verdes urbanas para os trabalhadores das indústrias.

Entretanto, segundo Pádua (1997), pesquisas desenvolvidas em diversos centros de conhecimento, em particular pelo historiador Richard Grose, da Universidade de Cambridge, descobriram que a preocupação ambientalista mais profunda e consistente, de cunho político, não nasceu originalmente na Europa e nos Estados Unidos, como geralmente se divulga, mas nas periferias, nas áreas coloniais. Assim, pode-se dizer que a preocupação ambientalista surgiu no Caribe, na Índia, na África do Sul, na Austrália e na América Latina, onde estavam sendo implantadas práticas de exploração colonial maciças e predatórias; o Brasil foi um dos principais focos dessa vertente ambientalista.

No Caribe e na Índia, funcionários da Companhia das Índias, comprometidos com o sistema colonial, percebiam a inadequação das formas produtivas implantadas nas colônias e alertavam para a necessidade de medidas que pudessem conferir eficácia e sustentabilidade ao modelo de exploração colonial.

No Brasil ocorreu o contrário: a preocupação com os efeitos da degradação ambiental desenvolveu-se principalmente entre os críticos do modelo de exploração colonial, ou seja, entre aqueles que tinham uma preocupação política, numa perspectiva de rompimento com o sistema vigente (Pádua, 1997).

O AMBIENTALISMO NA VIRADA DO SÉCULO XIX

Nos Estados Unidos, um movimento ambientalista bipartido, representado por preservacionistas e conservacionistas, marcou o último quartel do século XIX. Nesse período, a ênfase dos preservacionistas recaía principalmente sobre a necessidade de proteção de determinadas espécies da flora e da fauna e sobre a preservação de áreas naturais, daí o estímulo à constituição de parques protegidos. O primeiro parque nacional do mundo, o Yellowstone National Park, foi criado em 1872, nos EUA. Já os conservacionistas apoiavam a utilização dos recursos naturais, por meio de um manejo adequado e planejado, isto é, defendiam a exploração racional (Diegues, 1994; George, 1973; Thomas, 1998).

Seguindo a tendência mundial de implantação de parques, o Brasil criou, em 1896, onde se localiza o Parque da Luz, o primeiro parque brasileiro, o Parque Estadual da Cidade de São Paulo, que precedeu a criação do atual Horto Florestal.

Durante esse período destacou-se a atuação do jurista carioca Alberto Torres, que abordava sob uma perspectiva política a problemática envolvida na destruição da natureza (Pádua, 1997). Na década de 1930, Torres inspirou a criação da Sociedade Amigos de Alberto Torres que, entre outras atividades, pregava o uso racional dos recursos naturais. A Sociedade contribuiu muito para a formulação do primeiro Código de Águas e Minas e do primeiro Código Florestal brasileiro, os quais foram influenciados por políticas públicas norte-americanas, que tinham por objetivo controlar o uso dos recursos minerais e florestais (Drummond, 1997).

O historiador norte-americano Warren Pear chama a atenção para o ano de 1934, quando ocorreu no Brasil "uma verdadeira revolução em termos de gestão ambiental" (Drummond, 1997, p.24), pois foram feitas diversas propostas quanto à gestão dos recursos naturais existentes no país. No entanto, com a instalação da ditadura do Estado Novo houve uma desmobilização generalizada, inclusive no que se refere à proteção ambiental.

O movimento conservacionista também influenciou a educação nessa época. De acordo com Nash (apud Disinger, 1985), a mentalidade originária do impacto do *Dust Bowl*[1], nos EUA, na década de 1930, propagou a educação conservacionista nesse país. Seu objetivo era chamar a atenção dos norte-americanos para os problemas ambientais e a importância da conservação dos recursos naturais, o que já havia sido iniciado por algumas agências governamentais de gestão de recursos naturais.

A educação conservacionista baseava-se no princípio do uso sensato (*wise use*) ou gestão dos recursos naturais. A perspectiva educacional formulada nessa época por John Dewey ("educação progressiva") que advogava o exercício da visão integrada da realidade e a libertação das potencialidades individuais, valorizando a iniciativa, a criatividade e a cooperação associada às idéias da "educação ao ar livre" estavam presentes na educação conservacionista e continuam presentes em muitas propostas da atualidade (Pelicioni, 2002; Pelicioni, 2005).

Em âmbito mundial, as bombas lançadas sobre Hiroshima e Nagasaki, a destruição e a morte generalizadas suscitaram o sentimento de que a humanidade, como um todo, estava ameaçada pelas conquistas da modernidade. Era preciso reordenar prioridades e agir em favor de mudanças positivas. Ao serem consideradas como um atentado contra a humanidade, as bombas atômicas constituíram um ponto de inflexão em direção à reavaliação de valores materiais e subjetivos.

O AMBIENTALISMO NO PÓS-GUERRA

Em relação à fase posterior à Segunda Guerra Mundial, Acot faz a seguinte interpretação:

> A mundialização efetiva do problema [ambiental], reclamada desde o Congresso de 1923, foi materialmente favorecida pelo desenvolvimento das comunicações durante o pós-guerra e ideologicamente [favorecida] pela tomada de consciência, pelo público, de uma internacionalização objetiva de todas as grandes questões do momento – uma guerra mundial acabara de terminar, a guerra fria desenvolvia-se em escala planetária e os armamentos termonu-

---

[1] *Dust Bowl* diz respeito aos graves problemas ocorridos nas Grandes Planícies dos EUA em razão de práticas agrícolas inadequadas, que deixavam o solo suscetível à erosão. Segundo McCormick (1992), entre os anos de 1934 e 1937, mais de duzentos episódios de fortes ventos, após um período prolongado de seca, geraram verdadeiras tempestades de poeira, afetando seriamente 16 estados e comprometendo a produção de trigo no país.

cleares nascentes representavam uma ameaça que punha em perigo a espécie humana. (Acot, 1990, p.166)

Neste período, importantes tratados de ecologia passaram a abordar, sistematicamente, temas relativos às consequências das atividades humanas sobre o ambiente, e várias pesquisas e publicações científicas contribuíram progressivamente para os avanços nos conhecimentos referentes à temática socioambiental (Deléage, 1991).

No âmbito da geografia pode-se citar, por exemplo, a obra *Rencontres*, de autoria do francês Maximilien Sorre, por meio da qual o autor alertava, em 1957, a respeito de uma possível crise do petróleo e do desequilíbrio ecológico provocado pela poluição e devastação da natureza (Megale, 1984).

Em 1948, Sorre já havia feito a seguinte crítica, em *Les Fondements de la Géographie Humaine*, a respeito do desperdício e do consumismo, problemas que estão no cerne da crise ambiental atual:

> a humanidade encerrou-se no ciclo produção para consumo e consumo para produção numa espécie de delírio. Caminha para o esgotamento dos recursos energéticos e minerais, dirige-se para o limite de extensão das terras cultiváveis, sem cessar de deteriorar os solos que, por esgotamento ou pela ação de agentes naturais, tornam-se inutilizáveis. Os defensores do progresso técnico não se dão conta disto e a noção de limite desapareceu de seu espírito. (Megale, 1984, p.1984)

Ele também marcou sua posição por incentivar uma abordagem interdisciplinar das questões relativas ao homem e ao ambiente. Ele entendia a geografia humana como uma disciplina ecológica, no sentido de que deveria prover um entendimento global do processo permanente e dinâmico de busca por um equilíbrio físico e biológico da natureza (atribuição da ecologia) em sua relação com o homem ou com grupos sociais (Megale, 1984).

Em 1955, a Fundação Wenner-Gren para Pesquisa Antropológica organizou um pioneiro simpósio internacional intitulado "Man's role in changing the face of the Earth" nos Estados Unidos. Um dos mais significativos resultados do evento foi a recomendação, com a contribuição de especialistas de diferentes áreas do conhecimento, de uma avaliação urgente a respeito da interferência humana no meio ambiente (Sobral, 1997).

Outra característica desse período em alguns países industrializados, como EUA e França, foi a crescente insatisfação pública com as desigualdades sociais e com o funcionamento do sistema capitalista. Downs observa que a elevação do padrão de vida (afluência) no pós-guerra promoveu uma atitude mais crítica dos norte-americanos quanto ao desempenho do sistema, que tendia a aumentar as iniquidades sociais (McCormick, 1992).

Ao longo das décadas de 1950 e 1960, várias questões sociais e políticas criaram um intenso ativismo público, que acabou influenciando a formação de um movimento ambientalista mais amplo.

Nos EUA, por exemplo, as primeiras de tais questões no pós-guerra diziam respeito à pobreza, ao racismo e à desigualdade de direitos civis. Os protestos de massa, as estratégias empregadas por Martin Luther King e por outros líderes para levar a cabo uma confrontação pacífica com as autoridades, a exemplo de Gandhi, educaram uma nova geração quanto à potencialidade e à necessidade de tais manifestações públicas. Entretanto, nesse período ainda não havia laços formais entre os movimentos por direitos civis e os ambientais; ambos tinham valores e seguidores muito diferentes.

À medida que os grupos que reivindicavam por maior participação foram se fortalecendo e ampliando a consciência a respeito das falhas na estrutura da sociedade, as questões ambientais passaram a estar cada vez mais presentes em suas pautas de reivindicações.

Nesse sentido, segundo Eckersley (1992), nos Estados Unidos, na década de 1960, a primeira onda de ativismo ambiental foi percebida como mais uma faceta da luta pelos direitos civis, no sentido da obtenção de maior participação democrática nas decisões da sociedade quanto ao uso e distribuição do espaço e dos recursos naturais.

A EXPLOSÃO DO MOVIMENTO AMBIENTALISTA

Para McCormick, alguns fatores em particular desempenharam um papel decisivo para a formação de um amplo movimento ambientalista na década de 1960: a tomada de consciência a respeito dos efeitos da afluência no pós-guerra e das consequências dos testes atômicos; a ampla divulgação de uma série de desastres ambientais e as denúncias de contaminação ambiental mostradas por Rachel Carson no periódico *New Yorker* e no livro *Primavera Silenciosa* (*Silent Spring*); os avanços no conhecimento científico no tocante à temática ambiental; a publicação de estudos antropológicos a respeito dos valores e do estilo de vida dos povos tradicionais e a influência de outros movimentos sociais (McCormick, 1992).

OS TESTES ATÔMICOS

Na visão de McCormick, a primeira questão ambiental verdadeiramente global do pós-guerra foi o perigo de precipitação nuclear, provocado pelos testes nucleares. O debate a respeito do fenômeno e dos efeitos da precipitação nuclear espalhou-se rapidamente dentro da comunidade científica. Os testes tornaram-se alvo de maior apreensão pública em março de 1954, em virtude do teste da bomba de hidrogênio norte-americana realizado no Atol de Bikini, no Oceano Pacífico.

Em consequência desses acontecimentos, ao final da década de 1950, nos EUA, vários cientistas, líderes religiosos e congressistas manifestaram preocupação quanto aos perigos da precipitação nuclear, particularmente para a saúde humana. Entretanto, as opiniões estavam divididas, pois havia, mesmo entre os cientistas, aqueles que argumentavam que a radiação era uma preocupação menor.

Enquanto se discutia o assunto, entre os anos de 1945 e 1962 um total de 423 detonações nucleares foram realizadas, com a seguinte distribuição entre os países: EUA, 271; URSS, 124; Grã-Bretanha, 23; e França, 5, apesar de os esforços em direção ao desarmamento nuclear terem começado semanas após a detonação das bombas em Hiroshima e Nagasaki. Todavia, o primeiro resultado concreto ocorreu apenas em 1963, com o Tratado de Proibição Parcial de Testes Nucleares, que pôs fim aos testes atmosféricos, mas deixou uma brecha para os testes subterrâneos (McCormick, 1992).

OS DESASTRES AMBIENTAIS

Em 1948, em Donora (centro siderúrgico da Pensilvânia, EUA), uma inversão térmica, que durou cinco dias, provocou a morte de vinte pessoas e deixou 43% da população doente por causa de um nevoeiro sulfuroso que se formou sobre a região. Em 1952, em Londres, uma mistura de nevoeiro e gases poluentes (*smog*) foi responsável pela morte imediata de 445 pessoas e, ao todo, mais de 4 mil pessoas morreram, principalmente em decorrência de complicações circulatórias e respiratórias de longo prazo. O acontecimento foi diretamente responsável pela aprovação, em 1956, da Lei do Ar Limpo. Nesse mesmo ano foram identificados alguns casos de desordem neurológica em uma pequena comunidade de pescadores que habitava o entorno da baía de Minamata, no Japão. Suspeitou-se, então, que a indústria química Chisso-Minamata teria sido a responsável pela contaminação, pois os catalisadores que utilizava continham mercúrio e eram despejados na baía quando gastos. Somente em 1969 a indústria foi processada e, até dezembro de 1974, haviam sido registrados 798 casos oficiais, 107 mortes e 2.800 casos aguardavam verificação (McCormick e Carvalho, 1989).

Em outubro de 1957 aconteceu outro acidente. A usina nuclear de Windscale, ao norte da Inglaterra, pegou fogo em razão do superaquecimento dos reatores. Embora tenha havido liberação de radioatividade, a contaminação foi limitada. O acontecimento causou profunda preocupação na indústria de energia nuclear. Entretanto, a população e os meios de comunicação de massa – ainda não familiarizados com as implicações de tais acidentes – mal chegaram a reagir (McCormick, 1992).

Tempos depois, entre 1966 e 1972, outra série de desastres ambientais começou a ter um efeito catalisador sobre as inquietações da época. Também ganhou muito destaque o caso do petroleiro Torrey Canyon, que ao chocar-se contra um recife na costa inglesa, em março de 1967, derramou cerca de 117 mil toneladas de petróleo cru. A utilização de detergentes não testados para diluir o óleo aumentou o dano biológico. O desastre, além de revelar a falta de preparo dos órgãos governamentais para enfrentar esse tipo de intercorrência, deixou clara a existência de lacunas na organização de pesquisas e no assessoramento científico. Na mesma época, nos EUA, episódios de derramamento de petróleo e diversas situações de desequilíbrio ambiental – como a eutrofização do lago Erie, causada pelo despejo de efluentes orgânicos das cidades do entorno – começaram a mobilizar o povo norte-americano para a proteção ambiental (McCormick, 1992).

O efeito desses e de tantos outros problemas ambientais foi de atrair maior atenção do público no tocante às ameaças que recaíam sobre o meio ambiente, pois os custos potenciais de um desenvolvimento econômico descuidado eram visíveis, daí o apoio crescente a uma série de campanhas ambientais locais e nacionais, as quais passaram a receber, progressivamente, ampla cobertura dos meios de comunicação de massa.

PRIMAVERA SILENCIOSA

A publicação de *Primavera Silenciosa*, de Rachel Carson, em 1962, foi um dos acontecimentos apontados como mais significativos para o impulso da revolução ambiental, por ter gerado muita indignação, aumentando a consciência pública quanto às implicações das atividades humanas sobre o meio ambiente e seu custo social, e por ter gerado reações por parte de governos de vários países, visando regulamentar a produção e a utilização de pesticidas e inseticidas químicos sintéticos.

Primavera Silenciosa não foi a primeira advertência a respeito do impacto dos pesticidas sobre o meio ambiente pois, desde a década de 1940 já haviam sido realizadas várias pesquisas, cujos dados e conclusões eram divulgados em revistas científicas (Acot, 1990). Seu grande diferencial foi ter explicado ao público, em linguagem acessível, os mecanismos e efeitos adversos da contaminação ambiental, bem como os riscos envolvidos.

OS AVANÇOS NO CONHECIMENTO CIENTÍFICO

A falta de precisão científica era o argumento que servia de base a oponentes e críticos do ambientalismo nas discussões. Os cientistas compreenderam a argumentação tanto quanto os ambientalistas, daí o empenho para a realização de novas e substanciais iniciativas em pesquisas de âmbito internacional.

Durante a década de 1960, gradativamente os relatórios publicados por entidades científicas e de proteção à natureza passaram a ressaltar os efeitos nocivos das atividades humanas, especialmente os decorrentes do processo industrial. Contudo, a ênfase recaía sobre os resultados dos avanços da ciência (responsáveis pela ruptura dos equilíbrios naturais) e sobre a necessidade de ações técnicas (isoladas) para a correção dos problemas ambientais decorrentes.

Contudo, nesse período, poucos cientistas estavam envolvidos com uma militância política, pois tinham receio de que um envolvimento dessa natureza pudesse gerar efeitos indesejáveis nas pesquisas que desenvolviam e em sua própria respeitabilidade.

AS NOVAS VISÕES DE MUNDO E OS VALORES DAS SOCIEDADES TRADICIONAIS

Trabalhos de antropólogos como Pierre Clastres e Marshall Sahlins, bem como de Lévi-Strauss e outros, a respeito de comunidades tradicionais e indígenas, também obtiveram bastante repercussão junto à intelectualidade europeia ao final da década de 1960.

Essas publicações explicitavam o quão diversas eram as necessidades e os valores daquelas sociedades. Mostravam que o *modus vivendi* dos grupos tradicionais era produto de uma lógica social consciente, que proporcionava a manutenção de uma simbiose com o ambiente por meio de práticas ecológicas, demográficas, técnicas e culturais; salientavam também que o progresso técnico não advinha da ânsia por produção de excedentes ou de acumulação, mas sim de um desejo de ter o trabalho facilitado ou de trabalhar por menos tempo; enfim, suas necessidades eram autolimitadas e, com isso, evitavam os malefícios do poder, da divisão e da perda de liberdade decorrentes do controle estatal (Alphandéry et al., 1992).

O PERÍODO DE CONTESTAÇÕES E OS NOVOS MOVIMENTOS SOCIAIS

Pouco a pouco, a insatisfação gerada por uma série de situações, como o crescimento desordenado das cidades, a exclusão social, as formas de dominação, o artificialismo do modo de vida, a dilapidação de recursos não renováveis, a ameaça nuclear, os desastres ambientais, os esforços para o desenvolvimento industrial e tecnológico a qualquer preço, entre outros problemas, foi congregando um número cada vez maior de pessoas em torno de questões relativas ao meio ambiente, à qualidade de vida e à cidadania.

Assim como a discriminação racial, a corrida armamentista e a Guerra do Vietnã pareciam ser sintomas de uma enfermidade do sistema, a degradação ambiental também parecia sê-lo (McCormick, 1992).

Na Grã-Bretanha, nos EUA e em outros países, muitas pessoas que apoiavam o movimento ambientalista haviam sido introduzidas no ativismo por meio de outros movimentos sociais e de experiências em campanhas de protesto (Alphandéry et al. 1992).

Embora tivessem motivações semelhantes, essas organizações e indivíduos que compunham o movimento ambientalista possuíam – tanto quanto hoje – objetivos, tendências e métodos variados. O caráter difuso e heterogêneo do movimento, ao mesmo tempo que o tornou rico em termos de abrangência temática e de grupos envolvidos, também acabou trazendo problemas com relação à efetividade de suas propostas.

A ausência de um sujeito histórico ou social preciso e a multiplicidade de visões a respeito das relações de causalidade e das possíveis soluções para as diferentes escalas de problemas ambientais têm dificultado, ainda hoje, o equacionamento de questões locais e internacionais.

1968 – ECLODEM AS MANIFESTAÇÕES

Na França, a mobilização popular atingiu seu apogeu durante o ano de 1968, quando vários movimentos sociais, principalmente de estudantes, artistas, intelectuais e operários articulados em lutas políticas, sociais e ideológicas expuseram de forma contundente suas contestações, insatisfações e reivindicações por meio de uma grande greve nacional.

As manifestações populares também aconteceram em outros países como Brasil, Japão e Tchecoslováquia, porém, em cada lugar a tônica recaía sobre um aspecto da problemática em particular – ditadura, ocupação soviética, guerras, entre outros.

Em setembro de 1968, com a finalidade de avaliar os problemas do meio ambiente global e sugerir ações corretivas, foi organizada a Conferência Intergovernamental de Especialistas sobre as Bases Científicas para Uso e Conservação Racionais dos Recursos da Biosfera ou, simplesmente, Conferência da Biosfera, pela Organização das Nações Unidas (ONU), por meio do órgão responsável pela Educação, Ciência e Cultura (Unesco); contou-se com a colaboração da Organização para Alimentação e Agricultura das Nações Unidas (FAO), da Organização Mundial da Saúde (OMS), da União Internacional para a Conservação da Natureza e dos Recursos Naturais (UICN) e do Conselho Internacional das Uniões Científicas.

Segundo Acot, a noção de ecossistema mundial apareceu com força, mas os trabalhos dessa conferência ficaram restritos a temas voltados para os recursos biológicos (Sader, 1992). A visão estreita de conservação da natureza por meio da instalação de santuários foi abandonada em proveito de uma concepção mais complexa, que contribuísse para a saúde física e mental do ser humano e para o desenvolvimento da civilização.

A Conferência da Biosfera, como o próprio nome diz, promoveu a discussão a respeito dos impactos humanos sobre a biosfera, incluindo os efeitos da poluição do ar e da água, o excesso de pastagens, o desmatamento e a drenagem das *wetlands* (pântanos).

Um dos resultados mais significativos foi a ênfase no caráter inter-relacionado do meio ambiente. Os delegados concluíram que a deterioração ambiental tinha como principais responsáveis o crescimento populacional, a urbanização e a industrialização, que ocorriam em ritmo acelerado. Reconheceu-se que os problemas ambientais não respeitavam fronteiras regionais ou nacionais, o que mostrava a necessidade da adoção de políticas ponderadas e abrangentes para a gestão ambiental. Eles incentivaram também a realização de outra conferência, para que fossem abordadas as dimensões políticas, sociais e econômicas da questão ambiental que haviam ficado fora da esfera de ação naquela oportunidade (McCormick, 1992).

O ano de 1969 marcou a formação de duas das mais importantes e atuantes organizações ambientalistas internacionais: o Friends of the Earth (Amigos da Terra) e o Greenpeace.

No ano em que o homem chegou à Lua, para muitos veio à tona a percepção da fragilidade do planeta e da responsabilidade coletiva em relação ao meio ambiente.

DÉCADA DE 1970 – A CRISE É GLOBAL

Por volta de 1970, a crise ambiental não mais passava despercebida. Um movimento significativo havia surgido no cenário mundial e a evolução dos estudos científicos comprovava cada vez mais a existência de vários problemas ambientais que poderiam comprometer a vida no planeta.

Se a década de 1960 pode ser considerada como o período de mobilização, a década de 1970 marcou a construção de uma nova fase no mundo, em que a responsabilidade pela sustentabilidade disseminou-se entre diversos atores sociais. Esse foi o período em que a educação ambiental foi delineada (Pelicioni, 1998; 2000; 2002) e várias organizações ambientalistas e "partidos verdes" foram formados pelo mundo.

No entanto, mesmo diante dos problemas econômicos e energéticos mundiais, muitos empresários, sindicatos, partidos políticos, entre outros, ainda consideravam o movimento ambientalista um fenômeno de moda e de revolta idealista, sustentado por uma elite de ricos "fora de propósito" (Alphandéry et al., 1992).

Desde o final da década de 1960 começou a surgir um clima de alarme, motivado por estudos e projeções desenvolvidos por cientistas de renome, como Ehrlich, Commoner, Hardin, Meadows e outros. Em termos gerais, suscitaram debates em torno de três questões: a poluição, o crescimento populacional e a tecnologia. Apesar de terem sido muito criticados por apresentarem dados, argumentos e metodologias de análise controversos, seus esforços foram reconhecidos como importantes para que a reflexão e o debate sobre essas questões se generalizassem, abrindo caminhos para mudanças nas atitudes sociais e políticas (McCormick, 1992).

Um desses trabalhos polêmicos foi o relatório Limites do Crescimento (The Limits to Growth), publicado em 1972, elaborado por cientistas do Massachusetts Institute of Technology (MIT), a partir de solicitação do Clube de Roma.

A origem do Clube de Roma remonta ao ano de 1968, quando um grupo de trinta especialistas, entre economistas, cientistas, educadores e industriais, reuniu-se em Roma com o objetivo de aprimorar a "compreensão dos componentes econômicos, políticos, naturais e sociais interdependentes do "sistema global" e encorajar a adoção de novas atitudes e políticas públicas, e instituições capazes de minorar os problemas".

A tese desse relatório apontava que as raízes da crise ambiental decorriam do crescimento exponencial da economia e da população. Para os autores, a catástrofe seria inevitável ao final do século XX, por causa da exaustão dos recursos naturais, da poluição e da carência de alimentos. Tornava-se imperativo agir rapidamente para a obtenção do equilíbrio global, por meio do reconhecimento dos limites do crescimento econômico e populacional, daí terem recomendado uma política de não crescimento ou crescimento zero (McCormick, 1992).

AS GRANDES CONFERÊNCIAS INTERNACIONAIS

Atendendo a uma das recomendações procedentes da Conferência da Biosfera e à solicitação da delegação sueca presente à XXIII Assembleia Geral da ONU (1969), em favor de uma conferência sobre meio ambiente, a cidade de Estocolmo, na Suécia, sediou a Conferência da Organização das Nações Unidas sobre o Meio Ambiente Humano, em 1972, reunindo representantes de 113 países.

Pela primeira vez as questões políticas, sociais e econômicas geradoras de impactos no meio ambiente foram discutidas em um fórum intergovernamental, com a perspectiva de suscitar medidas corretivas e de controle.

No caso do Brasil e de outros países em desenvolvimento, como Índia e China, que vislumbravam um desenvolvimento agroindustrial acelerado, inspirados no modelo proposto pelos países desenvolvidos, as recomendações quanto à necessidade de investimentos e medidas relativas à proteção ambiental pareciam constituir entraves ao progresso, além de uma estratégia de ingerência na autonomia interna, com vistas ao congelamento do *status quo* das relações internacionais; por isso, os representantes desses países resistiram ao reconhecimento da problemática ambiental como uma realidade que também deveria ser considerada.

Apesar de toda a controvérsia ocorrida entre os favoráveis à ideia de crescimento zero e os desenvolvimentistas, o evento gerou saldos bastante positivos. O reconhecimento generalizado da profunda relação entre meio ambiente e desenvolvimento – no sentido de que as preocupações ambientais não deveriam constituir uma barreira ao desenvolvimento, porém ser parte do processo –, a formulação de uma legislação internacional concernente a algumas questões ambientais, a recriminação à opressão e ao colonialismo, a emergência das ONGs como atores sociais importantes, o incentivo à implementação de políticas públicas, de órgãos ambientais estatais e de cooperação internacional, o incentivo à criação do Programa das Nações Unidas para o Meio Ambiente (Pnuma), bem como a recomendação de que fosse realizada uma conferência internacional específica para se discutir a educação ambiental – considerada como elemento fundamental para o combate à crise ambiental –, foram alguns de seus principais resultados (McCormick, 1992).

Assim, de acordo com as recomendações de Estocolmo, em outubro de 1975 um grupo de especialistas do mundo inteiro reuniu-se em Belgrado (Iugoslávia) no Seminário Internacional sobre Educação Ambiental, também conhecido como Workshop de Belgrado, a fim de discutir e delinear referenciais teóricos para a educação ambiental e preparar a conferência internacional. O evento contou com a participação fundamental de educadores latino-americanos e resultou na formulação de um documento muito importante denominado Carta de Belgrado que, entre outras questões, chamava a atenção mundial para a necessidade de uma nova ética global, bem como de um desenvolvimento racional, da distribuição equitativa dos recursos do mundo, da erradicação das causas da pobreza, do analfabetismo, da dominação e da poluição (Pelicioni, 2004).

Em Belgrado foram formulados os objetivos do processo de educação ambiental, a saber: a conscientização, a aquisição de conhecimentos, a formação de atitudes, o desenvolvimento de habilidades e de capacidade de avaliação e a participação. É importante chamar a atenção para o fato de que a educação ambiental só se realiza quando todos esses objetivos são contemplados em um processo educativo contínuo e permanente e se transformam em práticas sociais efetivas. Ou seja, se os objetivos trabalhados não resultarem em ação, não se pode considerar que houve educação ambiental.

Finalmente, em 1977 realizou-se em Tbilisi (Geórgia, antiga União Soviética) a Conferência Intergovernamental sobre Educação Ambiental, organizada pela Unesco em colaboração com o Programa das Nações Unidas para o Meio Ambiente. Em Tbilisi, apresentaram-se algumas experiências de trabalho e estruturaram-se princípios diretores, conteúdos, estratégias de abordagem e recomendações para sua implementação, enfatizando a necessidade da interdisciplinaridade para se resgatar a percepção do todo, muitas vezes fragmentado em diversas áreas do conhecimento (Ibama, 1997). As recomendações provenientes de Tbilisi constituem ainda hoje um importante referencial para os programas educativos.

A partir desses eventos internacionais, confirmou-se o entendimento de que o meio ambiente deveria ser abordado e compreendido na sua totalidade, ou seja, tanto em seus aspectos naturais quanto nos criados pela humanidade. Chegou-se, também, à conclusão de que a educação ambiental deveria considerar várias estratégias e escalas de atuação em um processo contínuo, participativo e permanente, voltado para todas as idades e fases do ensino formal e informal, sem perder de vista o objetivo de motivar a adoção de novas práticas individuais e coletivas.

Nessa época, a área da Saúde Pública também evoluiu no sentido de uma abordagem mais abrangente a respeito das condições que promovem a saúde, explicitando cada vez mais a necessidade de se enfrentar as questões socioambientais com o propósito de se alcançar a tão almejada melhoria da qualidade de vida (Pelicioni et. al, 2008) que, em última instância, também é o objetivo do movimento ambientalista.

Ao analisar os impactos dos acontecimentos do período, Reigota identificou a formação de três vertentes do pensamento ambientalista (Reigota, 1999). A primeira, baseada na noção de ecologia global, teve sua origem no Movimento de 68, o qual gerou, em vários países, profundos questionamentos em relação à estrutura social vigente e aos modelos político-econômicos. A segunda, influenciada pelas conclusões do relatório do Clube de Roma, foi identificada como alarmista e a última, originada em consequência da Conferência de Estocolmo, foi nomeada pelo autor como vertente técnico-administrativa. A segunda e a terceira vertentes ensejaram um

O AMBIENTALISMO BRASILEIRO

grande debate teórico e influenciaram a implementação de políticas e programas como a expansão do parque industrial no Brasil e na Índia e os programas de controle demográfico na África.

O AMBIENTALISMO BRASILEIRO

No Brasil, durante a década de 1960, foram produzidas novas leis voltadas à proteção ambiental, como o novo Código Florestal e a nova Lei de Proteção aos Animais; além disso, foram criados alguns parques nacionais e estaduais. Contudo, como ressalta Drummond,

> temas como a poluição do ar, qualidade da água, aglomeração urbana, zoneamento das atividades urbano-industriais e isolamento de certas atividades de maior impacto sobre o meio ambiente ainda não suscitavam o debate público. [...] A consciência ambientalista no Brasil [foi] muito prejudicada pelos altos e baixos da democratização do país. A ditadura de 64 desmobilizou a cidadania, resultando numa atuação estatal tímida e particularmente voltada para a preservação do chamado ambientalismo geográfico, naturalista. (Drummond, 1997, p.25)

Segundo Antuniassi et. al (1989) temas referentes ao meio ambiente começaram a ser mais frequentes nos noticiários dos jornais paulistas a partir da década de 1970, principalmente depois da Conferência de Estocolmo. Grande parte dos artigos e notícias relativos a problemas ambientais tinha como referência a atuação e declarações provenientes da Fundação Brasileira para a Conservação da Natureza (FBCN). Destacavam-se também pronunciamentos de especialistas e entidades como a Sociedade Brasileira de Silvicultura e a Sociedade Brasileira para o Progresso da Ciência (SBPC). A Transamazônica, a Rio-Santos e a Rodovia dos Imigrantes foram alvos frequentes de denúncias de degradação.

O início da década de 1970 foi marcado por acontecimentos importantes na história ambientalista brasileira. Foram significativos, por exemplo, em 1973, os protestos de mulheres em São Paulo contra os danos ambientais causados por uma fábrica de cimento; o gesto audaz e amplamente divulgado pela mídia do pintor Miguel Abellá, que saiu às ruas com uma máscara contra gases e com cartazes que chamavam a atenção da população para a poluição de São Paulo; e a Exposição de Arte Ecológica que tinha um caráter

CURSO DE GESTÃO AMBIENTAL

itinerante e constituiu um espaço importante de debate a respeito de questões ambientais conferindo as bases para a criação, no ano seguinte, do Movimento Arte e Pensamento Ecológico (Antuniassi et. al, 1989).

Em 1978 o artista polonês naturalizado brasileiro Frans Krajcberg, em companhia de Sepp Baendereck e Pierre Restany, esteve na Amazônia. As queimadas e as condições de vida dos índios lhes causaram muita indignação, resultando no "Manifesto do Rio Negro" (Lima et. al., 2009).

O governo brasileiro, acompanhando a tendência mundial desse período, implantou em 1973 a Secretaria Especial do Meio Ambiente (Sema), vinculada à Presidência da República. Suas atribuições principais recaíam sobre o controle da poluição, o uso racional dos recursos naturais e a preservação do estoque genético.

Dentre os motivos que levaram à criação desse órgão, destacam-se os grandes protestos públicos, liderados pela Associação Gaúcha de Proteção do Ambiente Natural (Agapan), em Porto Alegre, no ano de 1972, contra a poluição do rio Guaíba e o mau cheiro gerado pelos efluentes da indústria Borregard Celulose, que influenciaram na decisão do governo para a criação de um órgão federal de controle ambiental (Cunha, 1996).

A Agapan foi fundada em 1971 e, segundo Viola, pode ser considerada a primeira associação ambientalista do Brasil e da América Latina (Viola, 1987). Seus objetivos principais na época eram: a defesa da fauna e da flora, o combate ao uso exagerado de máquinas na agricultura e à poluição causada por indústrias e veículos, o combate ao uso indiscriminado de pesticidas, o combate à poluição hídrica decorrente de despejos de resíduos industriais e domiciliares não tratados, o combate à destruição de belezas paisagísticas, a luta pela salvação da humanidade, promovendo a ecologia como ciência da sobrevivência e difundindo uma nova moral ecológica.

Inaugurava-se um período em que os organismos financiadores internacionais vinculavam a liberação de empréstimos para obras públicas à existência de órgãos da natureza da Sema e à realização de estudos de impacto ambiental nas áreas onde se pretendiam instalar os futuros empreendimentos.

A partir de 1974, de acordo com Antuniassi et. al (1989), o movimento ambientalista paulista foi se fortalecendo na medida em que conquistava espaços na mídia. Nesse período foram criadas algumas entidades cujas reivindicações ganharam destaque como a Comissão de Defesa da Billings, que se mobilizava em torno do problema de lançamento de esgotos na represa, a Sociedade de Ecologia e Turismo de Itanhaém que, entre várias pautas de reivindicação, lutava em favor da proteção de determinadas áreas no litoral, bem como a criação de uma reserva ecológica no município de Iguape.

Para os autores, a tentativa de construção de um aeroporto em Caucaia do Alto (Cotia) nos anos de 1977/78 foi o marco da "grande batalha do movimento na década de 1970 e que representa o momento de sua consolidação no Estado de São Paulo" (p.25). Ao lutar contra o governo de Paulo Egydio Martins, as entidades ambientalistas foram apoiadas pelo Movimento Democrático Brasileiro (MDB), por várias associações de classe e personalidades ilustres como os professores da Universidade de São Paulo Aziz Ab'Saber e Nanuza Luiza de Menezes (Antuniassi et. al,1989).

Em 1978 o movimento recebeu apoio da Igreja Católica, por meio de D. Paulo Evaristo Arns, nas manifestações contrárias à instalação da usina nuclear de Angra dos Reis e, pouco depois, no início da década de 1980, ganhou a adesão do movimento pacifista. A partir de meados da década de 1980, a atenção dos ambientalistas e simpatizantes voltou-se aos problemas relativos ao desmatamento e à poluição gerados pelas indústrias de Cubatão e às eleições da Assembleia Constituinte, o que amplificou o debate a respeito dos papéis que a sociedade civil e o Estado deveriam assumir em relação à proteção ambiental (Antuniassi et al., 1989).

Ainda de acordo com Antuniassi et al. (1989), com o fim do regime autoritário, o governo paulista procurou conquistar a simpatia dos ambientalistas abrindo espaços para suas reivindicações como a participação no Conselho Consultivo Exterior da Secretaria da Agricultura e no Conselho Estadual do Meio Ambiente (Consema). Nesse período, também merece destaque a atuação da Assembléia Permanente de Defesa do Meio Ambiente (Apedema), instituição que congregou um grande número de entidades ambientalistas.

Segundo Viola (1987), durante a década de 1970 ocorreu um processo de baixíssimo impacto do movimento ambientalista sobre a opinião pública brasileira. Entretanto, segundo o autor, a partir do início da década de 1980, quando o país deixou de ser o campeão mundial do crescimento econômico, o impacto sobre a sociedade foi grande, marcando o crescimento da consciência ambiental. Assim, o ambientalismo brasileiro deixou de ser restrito a pequenos grupos da sociedade civil e aos órgãos estatais para tornar-se multissetorializado .

No âmbito estatal, a partir de 1986 a Sema ampliou seu campo de atuação. Além das questões referentes ao controle da poluição, aos impactos ambientais resultantes de grandes empreendimentos e à preservação de

CURSO DE GESTÃO AMBIENTAL

ecossistemas, a Sema promoveu a disseminação da problemática ambiental dentro da estrutura estatal e a interação das agências ambientais entre si e entre a comunidade científica.

Apesar dessa evolução, Moraes chama a atenção para o fato de a área ambiental ter sido "montada como mais um setor do aparelho governamental, isto é, foi estruturada como gestora de um conjunto específico e próprio de políticas" (Moraes, 1994, p.23). Segundo sua análise, tal fato acarretou um desempenho insatisfatório desse setor. Para Moraes, a área ambiental deveria ser transversal aos diversos programas e ações estatais, contribuindo para sua articulação.

O ano de 1987 constituiu um marco na evolução do pensamento ambientalista mundial, em razão da publicação do relatório *Nosso Futuro Comum* pela Comissão Mundial sobre Meio Ambiente e Desenvolvimento, também referida como Comissão Brundtland, que fora especialmente constituída pela ONU, em 1983, sob a direção da então primeira-ministra da Noruega Gro Harlem Brundtland, bastante respeitada por sua atuação na área ambiental.

O documento intitulado *Nosso Futuro Comum* foi elaborado a partir de um estudo minucioso da problemática ambiental em todo o mundo, cujos resultados tornaram evidentes a necessidade da erradicação da pobreza – vista como causa e efeito dos problemas ambientais –, por meio da polêmica proposta de "desenvolvimento sustentável", definido no relatório como aquele que "atende às necessidades do presente sem comprometer a capacidade de as gerações futuras atenderem também às suas" (Comissão Mundial Sobre Meio Ambiente e Desenvolvimento, 1988).

O ano de 1988 constituiu um ponto de inflexão na política ambiental brasileira ao assegurar na Constituição Federal uma moderna legislação ambiental e um capítulo dedicado ao meio ambiente, onde se lê:

> Art. 225. Todos têm direito ao meio ambiente ecologicamente equilibrado, bem de uso comum do povo e essencial à sadia qualidade de vida, impondo--se ao poder público e à coletividade o dever de defendê-lo e preservá-lo para as presentes e futuras gerações. (Brasil, 1988)

Na esfera internacional, na Europa e nos Estados Unidos, ao final dos anos de 1970 e início dos anos de 1980, ampliou-se a compreensão de que a problemática ambiental advinha de uma crise cultural, ou seja, uma crise na estrutura de valores sociais (Eckersley, 1992). Nesse sentido, pode-se dizer que a dimensão social das questões ambientais conquistou espaço em meio à abordagem tecnocêntrica que era dominante.

Nash, citado por Hannigan (1995), chama a atenção para o período posterior à década de 1980, nos Estados Unidos e na Grã-Bretanha, quanto à problemática relativa à justiça social ambiental. Para o autor, a preocupação ambientalista com essa questão configurava-se como uma construção social diferenciada em relação ao momento anterior, pois se deixou de priorizar os "direitos" da natureza face à contaminação ambiental e passou-se a ressaltar os direitos civis das pessoas afetadas, questão que havia sido confinada a contextos localizados ou mesmo relegada a segundo plano.

Apesar dos avanços em relação à problemática ambiental, a década de 1980 também conheceu terríveis desastres ambientais. Em 1984, falhas técnicas foram responsáveis pelo vazamento de pesticidas em Bhopal (Índia) causando a morte de 2 mil pessoas e sérias lesões em 200 mil. Dois anos mais tarde, a explosão de um reator nuclear na usina de Chernobyl (ex--URSS), matou imediatamente 32 pessoas, além de causar doenças de origem radioativa em milhares de sobreviventes e contaminar um área extensa na Ásia, Europa e Escandinávia. No Brasil, a contaminação radioativa por Césio-137 ocorrida em 1987, em Goiânia, em decorrência da manipulação inadequada de um equipamento de radioterapia abandonado atingiu muitas pessoas e algumas foram a óbito. E, em 1989, o petroleiro Exxon Valdez provocou um grande derramamento de petróleo no Alasca.

O AMBIENTALISMO DA DÉCADA DE 1990 AOS DIAS ATUAIS

Vinte anos depois da Conferência de Estocolmo, a ONU promoveu no Rio de Janeiro um novo encontro internacional, a Conferência da Organização das Nações Unidas sobre Meio Ambiente e Desenvolvimento, para que se pudesse avaliar como os países haviam promovido a proteção ambiental desde a primeira conferência e discutir encaminhamentos para algumas questões específicas, como as mudanças climáticas, a proteção da biodiversidade e outras.

O evento reuniu os principais representantes de 178 países e contou com a participação maciça da sociedade civil, lançando as bases sobre as quais os diversos países do mundo deveriam, a partir daquela data, empre-

442 CURSO DE GESTÃO AMBIENTAL

ender ações concretas para a melhoria das condições sociais e ambientais, tanto no âmbito local quanto planetário.

Apesar de sua importância, a principal crítica que se faz à Rio-92 refere-se ao fato de as causas estruturais dos problemas ambientais – o capitalismo, o modelo de desenvolvimento econômico dos países, os valores sociais, as relações de poder entre os países – não terem sido discutidas em profundidade.

Nesse sentido, Carvalho et al. chamam a atenção para

> o caráter conservador/retrógrado [do evento] ao omitir, de sua pauta, qualquer crítica efetiva à totalidade pertinente à questão: o sistema capitalista mundial. Portanto, as estratégias desenhadas na Eco-92 têm suas limitações no próprio sistema vigente, uma vez que não enfrentam as contradições da totalidade pertinente à questão. Somente enfrentando estas contradições pode-se enfrentar a questão ambiental numa abordagem transformadora/ progressista. (Carvalho et al., 1994, p.111-8)

Também Ribeiro, participante do Fórum Global, assinala que a Rio-92 não discutiu o modelo de desenvolvimento econômico gerador dos problemas ambientais. Seu trabalho de doutoramento mostra claramente a ordem ambiental como parte do sistema internacional, e os Estados atuando de acordo com seus próprios interesses (Ribeiro, 1999).

Dez anos após a Conferência do Rio de Janeiro, a ONU promoveu em Johannesburgo (África do Sul) um novo encontro internacional intitulado "Cúpula Mundial sobre Desenvolvimento Sustentável" a fim de analisar os progressos alcançados na implementação dos acordos firmados na Rio-92, fortalecer os compromissos assumidos nessa ocasião, identificar novas prioridades de ação, além de proporcionar trocas de experiências e o fortalecimento de laços entre pessoas e instituições de diversas nações. Destacaram-se no evento as propostas dos brasileiros Prof. Dr. José Goldemberg, que propôs que pelo menos 10% da matriz energética de cada país tenha origem em fontes renováveis, e do Prof. Dr. Paulo Nogueira Neto, que recomendou maior proteção às florestas secundárias, ou seja, as matas em estágio de regeneração, uma vez que, por meio de seu crescimento, essas contribuem para uma fixação significativa de carbono, contribuindo para a redução da poluição atmosférica e suas danosas consequências locais e globais.

Em junho de 2012, o Rio de Janeiro sediou a Conferência das Nações Unidas sobre Desenvolvimento Sustentável (Rio+20) tendo como temas principais: a economia verde no contexto do desenvolvimento sustentável e da erradicação da pobreza; e o quadro institucional para o desenvolvimento sustentável (UNCSD, 2011). Há grande expectativa no sentido de que os compromissos presentes no documento resultante do evento, intitulado "O futuro que queremos", sejam concretizados.

ASPECTOS DA PROBLEMÁTICA AMBIENTAL

Martin traz à baila os aspectos político-econômicos da questão ambiental ao analisar as relações de poder entre os países ocidentais do hemisfério norte e os do sul. De acordo com as palavras do autor,

> a divisão Norte/Sul que nasceu econômica, hoje cada vez mais ganha a conotação de uma disputa política. [...] O que ocorre com a Austrália e Nova Zelândia é a esse respeito emblemático. Nações meridionais e no entanto ricas, apresentam-se porém completamente impotentes para impedir, por exemplo, as experiências nucleares francesas no atol de Mururoa, as quais colocam vastas áreas sob a ameaça da poluição radioativa. [...] Por outro lado, o reconhecimento de que "drogas e poluição" constituem problemas que "ultrapassam as fronteiras" tem servido de argumento para que não se respeite o "princípio da inviolabilidade das fronteiras", como se viu na invasão norte-americana do Panamá, no final de 1989. E foi de François Mitterrand a proposta de uma diminuição da soberania de países como o Brasil, para permitir o controle internacional de reservas ecológicas de importância mundial, como a Amazônia. (Martin, 1998, p.66)

Há autores que discutem a existência de problemas ambientais a partir de suas relações com a pobreza e a riqueza. Chamam a atenção para o fato de existir um desequilíbrio socioecológico no planeta (Becker, 1996).

No chamado Primeiro Mundo, a maioria da população tem um padrão de consumo suntuário; daí dizer-se que produzem problemas ambientais relacionados à riqueza. São exemplos disso a chuva ácida, o efeito estufa e a destruição da camada de ozônio, que decorrem dos altos níveis de poluentes jogados na atmosfera, o lixo radioativo advindo das usinas nucleares, as acumulações crescentes de lixo que, por falta de espaço para ser aterrado, chega a ser exportado para outros países. Assim, os problemas ambientais relacionados à riqueza são decorrentes da manutenção de um estilo de vida com base no consumismo e no desperdício, que preconiza altos níveis de consumo de energia, água e de matérias-primas para sustentar altos níveis de produção de bens e produtos.

No chamado Terceiro Mundo, problemas ambientais bastante frequentes – como a poluição e a contaminação da água e do solo em virtude da inadequada disposição de resíduos industriais e da falta de saneamento básico; a falta de água; os lixões a céu aberto; a destruição da biodiversidade em decorrência de desmatamentos e queimadas; grandes impactos ambientais decorrentes da exploração desenfreada das fontes de matérias-primas, entre outros – têm uma profunda relação com a situação de pobreza em que essas populações se encontram.

A situação é muito complexa. Por um lado, esses países possuem reais dificuldades financeiras, que restringem o investimento necessário em infraestrutura, educação, saúde, agricultura, habitação e assim por diante. Por outro, generalizam-se a precariedade dos serviços, a omissão do poder público na promoção da melhora da qualidade de vida da população como um todo e o desrespeito de indivíduos que impingem à sociedade a inadequada disposição de seus resíduos ou a apropriação de bens coletivos. Há que se ressaltar que os problemas relacionados à riqueza e à pobreza coexistem dentro de cada país, não sendo exclusivos dos países do Primeiro e do Terceiro Mundo.

Outros autores, apesar de reconhecerem que a ganância causa danos ambientais, tendem a deslocar a discussão para os impactos da pobreza, não trazendo à baila, porém, os processos geradores dessa pobreza, como a exploração colonial e a degradação socioambiental, a divisão internacional do trabalho, a sujeição dos Estados às recomendações das instituições financiadoras de empréstimos, como o Fundo Monetário Internacional (FMI) e o Banco Mundial, entre outros fatores.

Felizmente, depois de quase três décadas de aparente marasmo contestatório mundial, as grandes manifestações contra a globalização neoliberal, que tiveram início em Seattle (EUA), em 1999, e o ativismo demonstrado nos diversos encontros do Fórum Social Mundial, que teve início em 2001, ao mostrar um crescente inconformismo em relação às condições impostas pelos sistemas político-econômicos que geram degradação humana e ambiental, estão contribuindo para mobilizar a reversão desse processo.

CONSIDERAÇÕES FINAIS

A variação de entendimento do que seja uma luta ambientalista contribui para a heterogeneidade de práticas dentro do movimento. Para alguns, trata-se tão somente de melhorar as condições ambientais do meio que os circunscrevem, daí a ênfase em ações pontuais do tipo plante uma árvore, deixe o carro em casa e utilize o transporte coletivo, não compre produtos que contenham CFC, reduza o consumo, reutilize e recicle os materiais para minimizar a produção de lixo, proteja a espécie X, não desperdice água, vamos ensinar as crianças a monitorar a qualidade do ar e das águas, vamos propiciar às pessoas momentos de contato com a natureza etc.

Outros entendem que essas ações são importantes, mas só atingem a ponta do iceberg, o que leva à necessidade de se trabalhar com questões mais profundas, como a ética nas relações, a solidariedade entre as gerações atuais e futuras, a construção de conhecimentos, o desenvolvimento de habilidades e a formação de atitudes que potencializem práticas sociais sustentáveis, a luta pela equidade social, pela melhoria da qualidade de vida e pela superação da lógica dos sistemas de dominação, alimentados pelos meios de comunicação, publicidade, capitalismo e imperialismo, o que, portanto, exige capacitação para interferir nos aspectos econômicos, sociais e políticos da vida moderna. Esse é o desafio que a educação ambiental, entendida como educação política, está enfrentando.

No entanto, de modo geral, pode-se dizer que as lutas pela conservação ambiental, pela preservação de enclaves naturais e pela redução da poluição perderam o peso relativo, em favor de questões atreladas a aspectos socioeconômicos, como a justiça social ambiental e a melhoria das condições de vida de segmentos sociais desfavorecidos.

No âmbito mundial, o ambientalismo vem mostrando uma crescente integração com outros movimentos sociais, a exemplo do que ocorre nas manifestações antiglobalização neoliberal, pois cada vez mais as pessoas estão percebendo que, por trás das crescentes disparidades sociais, da degradação ambiental e dos abusos aos direitos humanos, estão as estruturas econômicas globalizadas, o que exige, portanto, uma estratégia política de enfrentamento global para garantir a construção e a consolidação das sociedades sustentáveis.

REFERÊNCIAS

ACOT, P. *História da ecologia*. 2.ed. Rio de Janeiro: Campus, 1990.

ALPHANDÉRY, P.; BITOUN, P.; DUPONT, Y. *O equívoco ecológico: riscos políticos da inconseqüência*. São Paulo: Brasiliense, 1992.

ANDRADE, M.C. (org.). *Élisée Reclus*. São Paulo: Ática, 1985.

ANTUNIASSI, M.H.R.; MAGDALENA, C.; GIANSANTI, R. *O movimento ambientalista em São Paulo: análise sociológica de um movimento social urbano*. São Paulo: CERU, 1989.

BECKER, E. Ecología global y sociedad mundial. In: DEUTSCHER, E.; JAHN, T.; MOLTMANN, B. (eds.). *Modelos de desarrollo y visiones del mundo*. Frankfurt: Fundação Alemã para o Desenvolvimento Internacional/Societäts – Verlag, 1996, p.28-48.

BRASIL. Constituição da República Federativa do Brasil – 1988. Brasília (DF): Senado Federal, 1988.

BROWN, L. Descortina-se uma nova era. In: WORLD WATCH INSTITUTE. *Qualidade de Vida – 1993: salve o planeta!* São Paulo: Globo, 1993, p.23-45.

CARVALHO, L.M. A temática ambiental e a escola de 1o grau. São Paulo, 1989. [Tese de Doutorado – Faculdade de Educação da Universidade de São Paulo].

CARVALHO, P.F.; MOURA, C.A.; COSTA, J.L.R. A questão ambiental demandando uma nova ordem mundial. In: SOUZA, M.A.A. et al. *O novo mapa do mundo – natureza e sociedade de hoje: uma leitura geográfica*. São Paulo: Hucitec, 1994, p.111-8.

COMISSÃO MUNDIAL SOBRE MEIO AMBIENTE E DESENVOLVIMENTO. *Nosso futuro comum*. Rio de Janeiro: FGV, 1988.

CUNHA, I.A. *Sustentabilidade e poder local: a experiência de política ambiental em São Sebastião, costa norte de São Paulo (1989-1992)*. São Paulo, 1996. [Tese de Doutorado – Faculdade de Saúde Pública da Universidade de São Paulo].

DELÉAGE, J.P. *Une histoire de l'écologie*. Paris: Éditions La Découverte, 1991.

DIEGUES, A.C.S. *O mito moderno da natureza intocada*. São Paulo: Nupaub/USP, 1994.

DISINGER, J.F. What research says. *School Sci Mathem*. 1985, v.85, n.1, p.59-68.

DRUMMOND, J.A. A visão conservacionista (1920 a 1970). In: SVIRSKY, E.; CAPOBIANCO, J.P.R. (orgs.). *Ambientalismo no Brasil: passado, presente e futuro*. São Paulo: Instituto Socioambiental/Secretaria do Meio Ambiente do Estado de São Paulo, 1997, p.19-26.

ECKERSLEY, R. *Environmentalism and political theory: toward an ecocentric approach.* London: UCL Press, 1992.

ELLIOTT, L. *The global politics of the environment.* Londres: Macmillan, 1998.

ENGELS, F. *A situação da classe trabalhadora na Inglaterra.* São Paulo: Global, 1985.

GEORGE, P. *O meio ambiente.* São Paulo: Difusão Europeia do Livro, 1973.

GUAY, L. Aspectos da proteção ambiental no Canadá: atores, políticas, instituições. In: SOUZA, M.A.A. et al. *O novo mapa do mundo – natureza e sociedade de hoje: uma leitura geográfica.* São Paulo: Hucitec, 1994, p.153-69.

HANNIGAN, J.A. *Environmental sociology: a social constructionist perspective.* London: Routledge, 1995.

HEMPEL, L.C. Cornucopians, catastrophists and optimizers. In: *Environmental governance – the global challenge.* Washington (DC): Island Press, 1996, p.226-48.

[IBAMA] INSTITUTO BRASILEIRO DO MEIO AMBIENTE E DOS RECURSOS NATURAIS RENOVÁVEIS. *Educação ambiental: as grandes orientações da Conferência de Tbilisi.* Brasília (DF): Ibama, 1997.

LIMA, A.T.; REIGOTA, M.A.S.; PELICIONI, A.F.; NOGUEIRA, E.J. Frans Krajcberg e sua contribuição à educação ambiental pautada na teoria das representações sociais. *Cad. CEDES,* Campinas, v. 29, n. 77, abr. 2009 . Disponível em: <http://www.scielo.br/scielo.php?pid=S0101-32622009000100008&script=sci_arttext>. Acesso em: 4 mai 2013.

MARTIN, A.R. *Fronteiras e nações.* São Paulo: Contexto, 1998.

MCCORMICK, J. *Rumo ao paraíso: a história do movimento ambientalista.* Rio de Janeiro: Relume-Dumará, 1992.

MEGALE, J.F. (org.). *Maximilien Sorre.* São Paulo: Ática, 1984.

MORAES, A.C.R. *Meio ambiente e ciências humanas.* São Paulo: Hucitec, 1994.

PÁDUA, J.A. Natureza e projeto nacional: as origens da ecologia política no Brasil. In: _____ (org.). *Ecologia e política no Brasil.* Rio de Janeiro: Espaço e Tempo/Iuperj, 1987, p. 11-62.

_____. Natureza e projeto nacional: nascimento do ambientalismo brasileiro. In: SVIRSKY, E.; CAPOBIANCO, J.P.R. (orgs.). *Ambientalismo no Brasil: passado, presente e futuro.* São Paulo: Instituto Socioambiental/Secretaria do Meio Ambiente do Estado de São Paulo, 1997, p.13-26.

PELICIONI, A.F. *Educação ambiental na escola: um levantamento de percepções e práticas de estudantes de 1o grau a respeito de meio ambiente e problemas ambientais.* São Paulo, 1998. [Dissertação de Mestrado – Faculdade de Saúde Pública da Universidade de São Paulo].

_____. Fundamentos filosóficos e históricos da educação ambiental. *O Biológico* jul./dez. 2000, v.62, n.2.

_____. *Educação ambiental: limites e possibilidades de uma ação transformadora.* São Paulo, 2002. [Tese de Doutorado – Faculdade de Saúde Pública da Universidade de São Paulo].

_____. O Movimento Ambientalista e a Educação Ambiental. In: PHILIPPI Jr. A.; PELICIONI, M.C.F. (eds.). *Educação Ambiental e Sustentabilidade.* Barueri: Manole, 2004, p. 353-79.

_____. Desvelando representações e práticas sociais em educação ambiental. In: RIBEIRO, H. (Org) *Olhares geográficos: meio ambiente e saúde.* São Paulo: Senac, 2005, p.163-80.

_____. Ambientalismo e educação ambiental: dos discursos às práticas sociais. O Mundo da Saúde. São Paulo, out/dez 2006, v.30, n.4, p.532-543. Disponível em: http://www.saocamilo-sp.br/pdf/mundo_saude/41/02_Ambientalismo.pdf. Acesso em: 5 jan 2010.

PELICIONI, M.C.F.; PELICIONI, A.F.; TOLEDO, R.F. A Educação e a Comunicação para a Promoção da Saúde. In: ROCHA, A.A.; CÉSAR, C.L.G. (orgs). *Saúde Pública.* São Paulo: Atheneu, 2008, p.165-77.

PONTING, C. *Uma história verde do mundo.* Rio de Janeiro: Bertrand Brasil, 1995.

PORRIT, J. *Salve a Terra.* São Paulo: Globo/Círculo do Livro, 1991.

REIGOTA, M. *A floresta e a escola: por uma educação ambiental pós-moderna.* São Paulo: Cortez, 1999.

RIBEIRO, W.C. *A ordem ambiental internacional.* São Paulo, 1999. [Tese de Doutorado – Faculdade de Filosofia, Letras e Ciências Humanas da Universidade de São Paulo].

SADER, E. A ecologia será política ou não será. In: GOLDENBERG, M. (org.). *Ecologia, ciência e política: participação social, interesses em jogo e luta de idéias no movimento ecológico.* Rio de Janeiro: Revan, 1992, p.135-42.

SOBRAL, H.R. Metodologia, evolução dos estudos e bibliografia básica sobre meio ambiente. In: LEITE, J.L. (org.). *Problemas-chave do meio ambiente.* Salvador: Instituto de Geociências da UFBA/Espaço Cultural Expogeo, 1994, p.15-32.

_____. Globalização e meio ambiente. In: DOWBOR, L.; IANNI, O.; RESENDE, P.E.A. *Desafios da globalização.* Petrópolis: Vozes, 1997.

THOMAS, K. *O homem e o mundo natural.* São Paulo: Companhia das Letras, 1988.

[UN] UNITED NATIONS. The future we want. Disponível em: < http://daccess-dds--ny.un.org/doc/UNDOC/GEN/N11/476/10/PDF/N1147610.pdf?OpenElement>. Acesso em: 4 maio 2013.

[UNCSD] UNITED NATIONS CONFERENCE ON SUSTAINABLE DEVELOP-MENT. Disponível em: <http://www.uncsd2012.org/rio20/index.php?menu=61>. Acesso em: 9 dez 2011.

VIOLA, E.J. O movimento ecológico no Brasil (1974-1986): do ambientalismo à ecopolítica. In: PÁDUA, J.A. (org.). *Ecologia e política no Brasil*. Rio de Janeiro: Espaço e Tempo/IUPERJ, 1987, p.63-109.

VIOLA, E.J.; LEIS, H.R. Desordem global da biosfera e a nova ordem internacional: o papel organizador do ecologismo. In: LEIS, H.R. (org.). *Ecologia e política mundial*. Rio de Janeiro: Vozes, 1991, p.23-50.

VIOLA, E.J.; LEIS, H.R.; FERREIRA, L.C. Confronto e Legitimação (1970 a 1990). In: SVIRSKY, E.; CAPOBIANCO, J.P.R. (orgs.). *Ambientalismo no Brasil: passado, presente e futuro*. São Paulo: Instituto Socioambiental/Secretaria do Meio Ambiente do Estado de São Paulo, 1997, p.27-49.

Saúde Pública e as Reformas de Paula Souza

12

Phillip Gunn (*in memoriam*)
Arquiteto, Faculdade de Arquitetura e Urbanismo – USP

Telma de Barros Correia
Arquiteta, Instituto de Arquitetura e Urbanismo – USP

RELAÇÕES INTERNACIONAIS NA SAÚDE PÚBLICA E O ACASO DA GUERRA

A "Mensagem à Assembleia" do presidente estadual Altino Arantes Marques, em 1916, lembrou o "Grito de Independência" homenageado no ano anterior pela construção do monumento do Ipiranga, baseado no projeto do arquiteto paisagista E. F. Cochet. Em meio à Primeira Guerra Mundial, a independência do Brasil acabou por se refletir em um quadro de mudanças nas relações com os países em guerra. As consequências foram, às vezes, inesperadas para os profissionais que estavam trabalhando em São Paulo. Da Inglaterra veio o arquiteto Barry Parker com as convicções pacifistas de Letchworth, para escapar da guerra e trabalhar na Cia. City, onde conheceu o engenheiro Victor de Silva Freire, membro do conselho consultivo daquela empresa imobiliária. Na saúde pública, com o médico Arthur Neiva na direção do Serviço Sanitário, também houve consequências. Nas crises sucessivas do Instituto de Bacteriologia, o alemão Martim Fricker, microbiologista da Universidade de Berlim, que chegou como consultor em 1913, apresentou mais um projeto de reforma do Instituto em 1915. Nesse momento, entretanto, Fricker decidiu voltar à Europa. Segundo Antunes et al. (1992), o navio em que ele tentava voltar à Alemanha, no fim do mesmo ano, foi capturado pela marinha britânica e Fricker tornou-se prisioneiro de guerra por vários meses. Por sua vez, em 1916, o navio brasileiro *Paraná* foi torpedeado por submarinos alemães e, em São Paulo, houve distúrbios consequentes em Rio Claro, sendo registrado o empastelamento do jornal *Diário Alemão* (Egan, 1927).

Entretanto, as relações entre a França e o Brasil melhoraram em 1915, especialmente na área da engenharia sanitária, com a publicação e lançamento em Paris do livro *Notes sur le tracé sanitaire des villes*, do engenheiro Saturnino de Brito (Brito, 1944). O reconhecimento francês dos trabalhos brasileiros nessa área se acentuou no ano seguinte, quando o Serviço Sanitário do governo paulista pediu admissão no Office International d'Higiene Publique francês, formado por convenção em 1907. Apesar desses registros, antes e depois da Primeira Guerra, foi a influência norte-americana que predominou na área de saúde pública, sobretudo, por causa dos planos da Fundação Rockefeller para a América Latina e o Brasil, em particular.

Desde o início da República, a presença do engenheiro Fuertes e seu papel na elaboração de um plano de saneamento para Santos indicaram o prestígio da engenharia sanitária norte-americana no país[1]. Quase vinte anos depois, a Comissão de Saneamento de Santos registrou a conclusão da Planta Geral de Melhoramentos da Cidade e uma outra influência norte-americana, com a chegada em 1910 do material para o tratamento de esgotos dessa cidade portuária: "Já se acha em Santos o material para instalação de estação experimental, que vai ser montado para o tratamento de 500 mil galões de despejos em 24 horas, pelo processo de Santa Monica, nos Estados Unidos" (mensagem de Manuel Joaquim de Albuquerque Lins em 1911) (Egan, 1927).

Também na área laboratorial de apoio ao serviço sanitário de São Paulo, a influência norte-americana durante a Primeira Guerra Mundial foi registrada. Na ocasião das crises no Instituto de Bacteriologia e na fabricação dos produtos enfrentadas pelo substituto do diretor Theodoro Bayma, o médico Antônio de Ulhoa Cintra contou com o apoio de autoridades de saúde pública em Washington. Segundo Benchimol e Teixeira (1993), o fornecedor principal das toxinas aos soros padrões entre 1918 e 1919 foi

---

[1] O engenheiro Estevam A. Fuertes – professor de engenharia sanitária da Universidade de Cornell – foi contratado em 1892 para realizar este plano.

o Hospital de Saúde Pública, em Washington. Em uma referência mais específica à toxina tetânica padrão usada pelo Instituto Butantan, o fornecedor principal foi o Public Health Marine Hospital de Washington. No momento de responder à crise que resultou na saída de Vital Brasil e outros colegas para um novo instituto localizado em Niterói, as opções de Arthur Neiva foram limitadas pela indisponibilidade de profissionais, pois eles estavam envolvidos em intercâmbios com a Fundação Rockefeller. Em função de bolsas de estudo dessa fundação, o Dr. Florêncio Gomes (convidado para substituir Vital Brasil) e o Dr. Afrânio do Amaral (ex-colega de Vital Brasil no Instituto Butantan) expressaram suas intenções para embarcar para os Estados Unidos em junho de 1919 (Egan, 1927). Dois anos antes, a mensagem de Altino Arantes Marques em 1917 noticiava negociações de um acordo entre o governo estadual, o Serviço Sanitário e a Fundação Rockefeller, que solicitava permissão para realizar uma campanha no estado contra ancilostomíase (Egan, 1927).

No início do século XX, as ações do milionário John D. Rockefeller no campo de saúde receberam comentários favoráveis no Brasil. O Dr. Oswaldo Cruz, em 1901, após visitar um novo laboratório fundado por John D. Rockefeller, qualificou o empreendimento como um dos melhores do mundo (Egan, 1927). Às vésperas da Primeira Guerra Mundial, Rockefeller alterou as diretrizes de seu altruísmo. Segundo o depoimento do Dr. Victor Heiser, contratado pela Fundação Rockefeller em 1914 para chefiar seus trabalhos no Oriente, o milionário procurava, depois de financiar por vários anos a pesquisa ao ensino na área médica, alvos médicos mais práticos, como uma doença com determinadas características: possibilidade de 100% de cura e uma doença evitável por meios simples. O milionário acrescentou outra exigência quanto às características do alvo a ser atacado, que se tratasse de

Uma doença cuja causa possa ser vista – não por meio de indecisas bactérias microscópicas, mas uma coisa visível a olho nu. Se podem me indicar uma doença assim, não precisarão de fazer discursos declamando vagas generalidades sobre a saúde pública, mas terão alguma coisa concreta, que as massas possam compreender, e a respeito da qual seja possível convencê-las por demonstrações em larga escala (Egan, 1927).

Segundo Benchimol e Teixeira (1993), a resposta foi dada imediatamente por dois dos convidados, os médicos Stiles e Ashford, conhecidos autores de trabalhos sobre a ancilostomíase nos Estados Unidos e em Porto Rico. Essa doença foi o primeiro alvo das ações sanitárias no sul dos Estados Unidos e no exterior, pelos efeitos de anemia que atingiam o rendimento da força de trabalho e por preencher as demais exigências postas por Rockefeller. O milionário contribuiu com US$ 1 milhão para o desenvolvimento de profilaxias para o controle da ancilostomíase no sul dos Estados Unidos, criando uma comissão chefiada por Wickliffe Rose, professor na Universidade do Tennessee. Segundo os mesmos autores, nessa campanha contra a ancilostomíase, o médico John H. Ferrer foi responsável, na Carolina do Norte, pela disseminação de postos de saúde que dispensavam gratuitamente exames e o vermífugo timol, e por uma campanha educativa visando a construção de latrinas e o uso de calçados. Benchimol e Teixeira (1993) também mencionam a campanha chefiada pelo médico Bailey K. Ashford em Porto Rico e sua profilaxia contra a ancilostomíase, em moldes quase idênticos às profilaxias das campanhas concomitantes de Arthur Neiva e Belisário Pena contra a opilação no interior do Brasil. Em maio de 1913, com o sucesso do programa norte-americano, aquela comissão transformou-se na International Health Commission. Esta, com sede em Nova York, era mantida pela Fundação Rockefeller e foi fundada por um poderoso grupo, constituído a partir da Standard Oil, em aliança com a Igreja Batista.

Esses autores acrescentaram, ainda, a seguinte opinião sob a fachada da filantropia:

> Os objetivos reais da instituição seriam, de acordo com muitos autores, maximizar os lucros das empresas extrativas e agropecuárias dos norte-americanos e expandir sua supremacia política e ideológica no cenário do imperialismo mundial. (Egan, 1927)

Em fevereiro de 1916, vieram ao Brasil três médicos ligados à International Health Commission – os doutores Ashford, Richard Pierce e John Ferrer – com a missão de convencer o governo brasileiro a executar, com seu auxílio, a profilaxia da ancilostomíase, segundo os métodos empregados no sul dos Estados Unidos, nas Antilhas e nas Filipinas,

> Assim, em 9 de maio de 1917 – mais de um ano depois da chegada da comissão ao Brasil – começou a "demonstração" no município de Rio Bonito, com o apoio do presidente do estado do Rio de Janeiro que, não obstante houves-

se desmontado o que restava da campanha de Osório de Almeida, sentiu-se muito honrado em recriar o serviço de profilaxia da opilação. Em agosto, os membros da Rockefeller fundaram outro posto de demonstração na ilha do Governador, transferido para Jacarepaguá quando Belisário Pena começou a criar as réplicas do que fundara em Vigário Geral. (Egan, 1927)

Benchimol e Teixeira (1993) acrescentam que:

Consta que em São Paulo, as ações ambulatoriais foram empreendidas a partir de novembro de 1917, sob a coordenação de uma comissão mista da qual faziam parte Richard Pearce, J. Ferrer e membros da Faculdade de Medicina de São Paulo. O governo federal limitou-se, de início, à supervisão dos acordos firmados entre a instituição norte-americana e os estados, mas a partir de 1918 dispôs-se a cobrir a maior parte dos gastos efetuados nas campanhas. No serviço sanitário, Arthur Neiva tinha feito uma proposta ao governo de São Paulo no sentido de um padrão de relacionamento "paritário" com a equipe de Rockefeller, diverso do que ocorria nos demais estados onde a Fundação atuava. Em relatório ao secretário do Interior em fevereiro de 1917, Neiva discordava da interpretação que concebia os médicos da Fundação como agentes enviados ao Brasil para persuadir as autoridades locais a implementar sua política, com a mera promessa de fornecer aos médicos nativos uma formação técnica adequada. Neiva propunha ainda uma contrapartida efetiva do Serviço Sanitário, duplicando o número de lugares atingidos nas campanhas propostas em São Paulo.

Benchimol e Teixeira mencionam, ainda, o perigo de esquematismo nas citações da fonte de uma tese que afirma que o modelo de saúde pública baseado nos serviços ambulatoriais foi encampado de formas diferenciadas pelos sanitaristas brasileiros,

Alguns, na linha de John Hopkins School [...] entendiam que esses serviços eram parte de uma transição para os serviços ambulatoriais gerais de saúde pública [...]. Essa linha entendia que a natureza do processo saúde/doença é a mesma para qualquer fenômeno coletivo de saúde. Outros, na linha de Arthur Neiva, que vinham de uma formação mais presa às experiências do modelo campanhista policial, encararam esses serviços especializados como a própria finalidade das ações sanitárias, procurando modernizar as ações campanhistas [...]. (Mehry, 1992 apud Benchimol e Teixeira, 1993)

Não houve abandono da linha campanhista, nem pelos médicos norte-americanos financiados por Rockefeller, nem pelos colegas brasileiros. Além da ancilostomíase, a Fundação definiu a febre amarela como um novo alvo mundial a ser combatido. Segundo Benchimol e Teixeira (1993), em 1915 o Conselho Sanitário Internacional formou uma comissão contra a febre amarela, presidida pelo general William Gorgas, que anteriormente chefiou a missão militar norte-americana contra a doença em Cuba. Em outubro de 1916, Gorgas visitou o Brasil portando uma resolução do II Congresso Científico Pan-americano, pedindo esforços maiores contra a doença. Em um relatório posterior de George E. Vincent, da Fundação Rockefeller, citado por Neiva, foi indicada a missão do inspetor médico Gorgas para dar início no verão de 1917 a uma campanha

> Para erradicar do mundo a febre amarela. Estudos de 1916 indicaram os focos de infeção em Guaiaquil na costa ocidental da América, numa região que margeia a costa sul do Mar das Antilhas, numa faixa de terra da costa norte do Brasil e numa certa parte da costa ocidental da África [...]. O general Gorgas teve, porém, de se dedicar às operações de guerra e foi preciso adiar o grande empreendimento, mas agentes do Bureau continuam a vigiar certas regiões. (Benchimol e Teixeira, 1993)

Neiva (1918) também apresentou a transcrição de um telegrama da United Press publicado no jornal *O Estado de São Paulo* de 27 de novembro de 1918, no qual George E. Vincent confirmava uma viagem do General William Gorgas à América Central e à do Sul, para retomar as investigações suspensas em abril de 1917, quando os Estados Unidos entraram na guerra. Mas Benchimol e Teixeira (1993) deixam a sugestão de uma gradual transição à linha da escola de John Hopkins, cujo modelo de saúde pública se baseava nos serviços ambulatoriais.

A REFORMA DO SERVIÇO SANITÁRIO DE PAULA SOUZA

Em 1918, mais um bolsista da Fundação Rockefeller seguiu viagem para Baltimore, nos Estados Unidos. Trata-se do médico Geraldo Horácio de Paula Souza, um membro de família republicana de Itu, em São Paulo. Geraldo Horácio nasceu nessa cidade em 1889, e, segundo as informações biográficas apresentadas por Lacaz e Mazzieri (1995), diplomou-se em Farmácia em 1908, pela Escola de Farmácia de São Paulo. Depois, em 1913, diplomou-se em Medicina pela Faculdade Nacional de Medicina. Durante o curso no Rio de Janeiro, seguiu, nos anos de 1910 e 1911, cursos nas Universidades de Berna, na Suíça, com os professores Sahlt e Langhans, e em Munique, na Alemanha, com os professores Von Muller e Schminke. Paula Souza iniciou sua carreira acadêmica em 1914, como assistente de química médica da nova Faculdade de Medicina de São Paulo, dirigida pelo doutor Arnaldo Vieira de Carvalho. Nessa faculdade, o assistente foi designado em 1918 para exercer a função de professor substituto de higiene e auxiliar do professor Samuel Darling. Nesse mesmo ano, continuando seus estudos, seguiu com a bolsa da Fundação para a América do Norte, onde cursou doutorado na Escola de Higiene da John Hopkins University, em Baltimore. Após dois anos de estudos (1919-1920), Paula Souza recebeu o diploma de doutor em higiene e saúde pública, na primeira turma daquela escola. Os dados biográficos ainda registram uma passagem por Boston, no Nutrition Laboratory, da Carnegie Foundation, com o Professor Francis G. Benedict. Durante esse período, Paula Souza teve oportunidade de percorrer um grande número de regiões dos Estados Unidos, observando institutos e obras de caráter sanitário. De volta ao Brasil, Paula Souza foi nomeado professor catedrático da Faculdade de Medicina de São Paulo, em 1922. Iniciou sua atuação política no governo de Washington Luis no mesmo ano e foi encarregado da direção geral do serviço sanitário do estado, cargo que ocupou até 1927.

Na reforma do serviço sanitário, em 1925, entre os melhoramentos que foram introduzidos no serviço de saúde pública distinguem-se a organização dos serviços especializados de alimentação pública, de fiscalização do exercício da medicina e a inspetoria da lepra. Mas a biografia apresentada por Lacaz e Mazzieri (1995) menciona três outros temas de saúde pública pelos quais a reforma ficou mais conhecida: a introdução do regime de tempo integral, a prática da cloração das águas de abastecimento e a criação no Brasil dos centros de saúde. A introdução do regime de tempo integral no funcionalismo público foi concomitante com a reorganização dos laboratórios do serviço sanitário. Uma das duas importantes decorrências da reforma de 1925, conforme Camargo (1992), foi a unificação em uma só organização dos laboratórios de diagnóstico e produção de vacinas no Instituto Butantan. Trata-se de uma medida que tentava resolver um dos graves problemas de financiamento do serviço sanitário apontados em décadas anteriores. Nos institutos do serviço sanitário foram registradas desavenças institucionais, associadas ao declínio das verbas na primeira década do século. Foi nesse sentido que Silva (1992) interpretou o convite feito a Oswaldo Cruz e a volta de Adolfo Lutz ao Instituto de Manguinhos no Rio de Janeiro em 1908. Outro declínio das verbas na segunda década do século XX embasou as desavenças institucionais que fomentaram uma decadência nos rumos do Instituto Butantan, com a ida de Vital Brasil, entre outros, para fundar em moldes privados um novo instituto em Niterói. A incapacidade quase permanente da saúde pública nas primeiras décadas do século XX de remunerar adequadamente seus profissionais e servidores gerou diversas tentativas de alterar os regimes de trabalho, reduzindo-os, a fim de permitir aos médicos clinicar fora dos institutos e, aos servidores, ter mais de um emprego. Nas desavenças entre Arthur Neiva e Carlos Chagas, especialmente depois da morte de Oswaldo Cruz, o primeiro formulou uma crítica às ações do colega nos seguintes termos:

> Mesmo no tempo em que vivia o Doutor Oswaldo Cruz, o seu sucessor, o ilustre Doutor Carlos Chagas, tomou uma desastrosa deliberação [...] abriu um consultório de clínica, e isto com grande escândalo para a generalidade da classe médica, porque é uma coisa sem precedentes para os Institutos de todo o Universo: os diretores de tais estabelecimentos não podem clinicar. (Benchimol e Teixeira, 1993)

Além de um debate ético na redefinição de direitos e deveres dos profissionais médicos e cientistas como homens públicos, a questão tratava das tentativas dos laboratórios de sobreviver se aproximando do mercado e, para alguns participantes, da transformação de laboratórios públicos em fábricas de medicamentos e oficinas de serviços de saúde. O mercado falhou algumas vezes, como foi o caso das dificuldades, pressões e prejuízos da medicina privada durante o período da Primeira Guerra Mundial. Em 1916, quando Arthur Neiva era diretor do serviço sanitário, o Instituto Pasteur foi entregue ao governo do estado e surgiu mais uma vez na mensagem do presidente estadual Altino Arantes Marques a proposta de reorganizar todos os institutos em um Instituto de Higiene de São Paulo (Egan,

1927). Na reforma de Geraldo Horácio de Paula Souza, a instituição do regime de tempo integral para profissionais e servidores públicos e a reorganização dos laboratórios foram apresentadas como medidas que visavam restringir a privatização branda dos laboratórios e sua transformação efetiva em fábricas de medicamentos.

No caso da prática da cloração das águas de abastecimento, a apresentação por Lacaz e Mazzieri (1995) do resumo biográfico de Geraldo Horácio de Paula Souza indica que pela primeira vez o cloro foi aplicado para essa finalidade no Brasil, medida que teve como resultado a diminuição notável da morbidade pela febre tifoide na capital paulista. De fato, com essa reforma, o diretor do serviço sanitário pôs fim a diversas desavenças e discórdias entre médicos e engenheiros e dentro das respectivas corporações.

O Tratamento das Águas de Abastecimento em São Paulo em 1904

Na parte referente ao saneamento, a mensagem de Fernando Prestes de Albuquerque, em 1899, anunciava que havia crescido o volume de água potável disponível na capital e indicava que "a título de experiência, abriram-se três poços artesianos; deu-se começo à construção de uma galeria filtrante sobre o Tietê". Esse relatório acrescentava que:

A comissão do saneamento, encarregada dos serviços em todo o estado foi dissolvida, com apreciável economia para o Tesouro, em consequência criou-se a repartição de Águas e Esgotos da Capital, cujo cárácter permanente se impunha. (Egan, 1927)

Entretanto, em mensagem posterior de Rodrigues Alves em 1901, o relato sobre obras de saneamento mencionava que "a galeria filtrante do Belenzinho ainda não fora utilizada". Já a mensagem de Bernardino de Campos, em 1904, revelava uma alteração na situação por causa da "seca anormal que se manifestou nos meses de agosto a dezembro do ano passado". As águas do Tietê para abastecimento tornaram-se, nesse momento, necessárias.

De fato, no final do século XIX, depois da encampação da Cia. Cantareira, a cidade apresentava uma captação de água insuficiente diante de seu crescimento demográfico (Ribeiro, 1993). O principal manancial, o da Serra da Cantareira, mostrava-se incapaz de suprir as necessidades. Desencadeou-se um debate acerca das alternativas de suprimento de água, que incluíam poços artesianos e a captação das águas de outros rios e mananciais. Ribeiro (1993) esclarece que a polêmica entre alternativas de suprimento em termos de poços artesianos e captação das águas de outros rios se transformou em debate público em 1904, na Sociedade de Medicina e Cirurgia de São Paulo.

Na abordagem da autora, a divisão na Sociedade não foi uma diferença claramente profissional, mas uma oposição entre profissionais vinculados à estrutura da higiene pública e outros sem ligação ao setor. No primeiro campo, posicionaram-se médicos ligados ao serviço sanitário, inspetores sanitários e diretores de órgãos, como Arnaldo Vieira de Carvalho, Afonso Azevedo, Clemente Ferreira e Sérgio Meira. No segundo bloco, situavam-se médicos independentes e clínicos sem vínculos com os organismos de saúde pública, como Augusto César Miranda Azevedo – terceiro presidente da Sociedade de Medicina e Cirurgia de São Paulo (SMCSP) e lente da matéria Medicina Legal e Higiene na Faculdade de Direito –, Rubião Meira e Luiz Pereira Barreto – primeiro presidente da SMCSP. Segundo Ribeiro (1993),

> O ponto da discórdia era a utilização das águas do rio Tietê para completar o abastecimento de água da Capital, já que o volume de água captado junto à Serra da Cantareira era insuficiente. A Repartição de Águas e Esgotos, órgão ligado à Secretaria da Agricultura, preparou um projeto para a utilização das águas do Tietê, elaborado pelo engenheiro Rebouças, que previa a depuração das águas do Tietê por meio de sulfato de alumínio, a elevação das águas até a Penha e a distribuição pela gravidade a uma parte da cidade. As vantagens do projeto, segundo o diretor da Repartição de Águas e Esgotos, dr. Arthur Motta, eram econômicas, pois a elevação e a canalização das águas teriam um custo reduzido. Propunha, porém, ao invés do uso de sulfato de alumínio, o emprego de filtros de areia e a ozonização. O diretor da Repartição de Águas e Esgotos defendia a qualidade das águas do Tietê empregadas no abastecimento dos bairros do Brás e do Belenzinho (as quais não recebiam qualquer tratamento), concluindo que as águas do Tietê não eram "funestas à população" e nem traziam "prejuízos à salubridade pública", como atestavam as estatísticas demográfico-sanitárias. [...]. O doutor Miranda Azevedo abriu o debate na Sociedade de Medicina e Cirurgia condenando as águas poluídas do Tietê para o abastecimento da cidade de São Paulo. Apoiava seu julgamento na única análise bacteriológica feita das águas do rio pelo doutor Arthur de

Mendonça, no Instituto Bacteriológico, cujo resultado fora desfavorável ao seu emprego no abastecimento da população de São Paulo.

As águas do Tietê recebiam, no seu curso, todo o esgoto da cidade e, nas suas margens em Mogi das Cruzes, Guarulhos e São Miguel, existiam criadores de gado e de porcos que se serviam do rio como depósito de excrementos. Auxiliando sua argumentação, o doutor Miranda Azevedo citava os clínicos que atuavam no bairro do Brás, doutores Mello Barreto, Almeida Lima e A. Zuquim, que constatavam o flagelo da população atingida por graves afecções gastrintestinais. Era justamente para a população moradora do Brás que a Repartição de Água e Esgotos destinava as águas do rio Tietê.

Para completar o abastecimento de água, já que o sistema Cantareira e Ipiranga estava em colapso, os médicos Miranda Azevedo e Rubião Meira e o engenheiro sanitário e ex-diretor da Repartição de Águas e Esgotos (RAE), Theodoro Sampaio, propunham a captação das águas dos mananciais e das cabeceiras circunvizinhas à cidade. O manancial do rio Cotia era o de maior volume e estava à distância de 30 a 40 km da capital. A captação das águas era defendida como a melhor solução para o abastecimento de São Paulo.

Resumindo, conforme Ribeiro (1993), duas propostas foram discutidas na assembleia da SMCSP: uma, formulada pelo doutor Afonso Azevedo, propondo a aprovação do uso das águas do Tietê, e outra, formulada pelo doutor Rubião Meira, reivindicando o uso das águas originalmente puras. A SMCSP aprovou a segunda proposta. Essa decisao não foi mencionada na mensagem de Bernardino de Campos em 1904, que relatou as medidas tomadas para aumentar o suprimento no ano anterior:

> Atendendo-se, porém, a que essas despesas que consistiram no aproveitamento das águas do Tietê para o abastecimento da cidade e na montagem de uma bomba a vapor para a elevação de 8 milhões de litros de água na represa do Engordador, foram apenas um recurso de ocasião para suprir a deficiência constante do volume de água, agravada pela depressão dos mananciais da Serra da Cantareira, é oportuno lembrar a necessidade urgente que há de recorrer a novos mananciais e efetuar novas captações, que garantam o abastecimento da capital. (Campos Jr., 1904)

Nos anos seguintes, a busca de novas fontes de água foi frequentemente acompanhada por outras práticas, incluindo o uso das águas do Tietê.

No relato da situação do abastecimento de água e serviço de esgotos da capital, incluído na mensagem de Jorge Tibiriçá, em 1906, o presidente estadual relatou que:

> As bombas do Belenzinho, para a elevação das águas do Tietê, trabalharão durante todo o ano, com maior ou menor intensidade, de acordo com as necessidades do abastecimento da zona por elas servida, continuando em boas condições os reservatórios da Consolação e da Avenida. (Egan, 1927)

No governo subsequente de Manuel Joaquim de Albuquerque Lins, 1908 a 1912, houve relatos de mais dificuldades na construção dos reservatórios de Cabuçú e Engordador na Cantareira, e em 1910 verificou-se mais uma crise de abastecimento em ano de estiagem. Em fim de mandato, a mensagem de 1912 relata a decisão da RAE a favor de aproveitar a captação e a adução das águas do ribeirão Cotia, sem dispensar o uso do reservatório do Cabuçú, e a captação e adução do Ribeirão da Barrocada na Cantareira. Na época, registraram-se opiniões de profissionais e de médicos a favor e contra o uso das águas do Tietê. O próprio Paula Souza surgiu na *Revista Médica*, em 1913, sugerindo, junto a outros colegas, como Roberto Mange e R. Hottinger, que o problema do abastecimento da água potável de São Paulo poderia ser resolvido pela utilização do rio Tietê (Mange et al., 1913). Por outro lado, Martim Ficker, do Instituto Bacteriológico, associou à contaminação das águas de abastecimento o aparecimento de febre tifoide em São Paulo, em 1914. Na mensagem de Francisco de Paula Rodrigues Alves, em 1915, ele dizia que as bombas do Belenzinho agora foram denominadas "Estação experimental de captação de água do rio Tietê no Belenzinho". Em 1917, novas divergências surgiram sobre a qualidade das águas captadas no ribeirão de Cotia, e dessa vez entre o diretor da RAE, o engenheiro Arthur Motta, e o doutor Theodoro Bayma, diretor do Instituto Bacteriológico (Antunes et al., 1992).

Diante das polêmicas assinaladas, a reforma sugerida pelo diretor do Serviço Sanitário para o tratamento das águas para abastecimento em meados da década de 1920 parece extremamente importante. No caso da prática da cloração das águas de abastecimento, Paula Souza introduz pela primeira vez o uso do cloro com essa finalidade no Brasil, medida que teve como resultado imediato uma diminuição notável da morbidade pela febre tifoide na capital paulista e como resultado a longo prazo o uso dessa profilaxia até os dias de hoje.

A Introdução no Brasil dos Centros de Saúde

Em mais um contrato entre a Fundação Rockefeller e o governo do estado, Geraldo Horácio de Paula Souza conseguiu que fosse oficializado, em 1925, o Instituto de Higiene, criado com o apoio dos recursos dessa Fundação. O próprio Paula Souza foi nomeado seu diretor, na reforma que dava ao instituto atribuições de uma escola de saúde pública. Com a reorganização dos laboratórios no Instituto Butantan, o serviço sanitário tendeu a separar as funções pedagógicas e ambulatoriais e as laboratoriais nos respectivos institutos. No novo Instituto de Higiene, a gestão do médico Paula Souza foi particularmente associada com a proposta da criação de "centros de saúde" por todo o estado. Segundo Camargo (1992), o primeiro posto no país foi "criado em 1925 como anexo do Instituto de Higiene com o nome 'Centro Modelo de Aprendizagem para Pessoal de Saúde Pública'".

Na evolução dos antecedentes do Centro de Saúde desde o começo do século XX em São Paulo, encontram-se citados na literatura pelo menos dois exemplos. O primeiro foi um centro chamado policlínica, associado ao nome do médico Carlos Botelho. Este, filho do conde de Pinhal, foi o segundo presidente da SMCSP, em 1895, e, segundo Ribeiro (1993), "um dos fundadores da policlínica, posto médico mantido pela SMCSP para atender a população pobre de São Paulo". Ressalta-se, aqui, que Carlos Botelho foi Secretário de Agricultura no governo estadual na gestão 1904 a 1907, quando foi realizado o "Convênio de Taubaté" entre os estados cafeicultores. Botelho também foi autor de projetos para núcleos coloniais, com a venda de lotes agrícolas para imigrantes.

Mais de duas décadas depois, em programa apresentado por Arthur Neiva ao conselheiro Rodrigues Alves para a Reforma de Higiene no Brasil, com data de 23 de novembro de 1918, Neiva compara os equipamentos de saúde pública de Buenos Aires com os do Rio de Janeiro, destacando os hospitais gerais e as policlínicas:

> Neiva comparava os hospitais gerais de Buenos Aires, que estavam entre os melhores do mundo, com a vigência no Rio da tradição da Santa Casa, concluindo que os poderes municipais tinham obrigação de encarar o problema com mais seriedade. Neiva achava que a municipalidade deveria arcar também com a assistência infantil, ampliando não só as policlínicas como criando "gotas de leite" nos bairros afastados [do Rio de Janeiro]. (Benchimol e Teixeira, 1993)

464 CURSO DE GESTÃO AMBIENTAL

Outro exemplo de antecedentes envolve os postos descentralizados das campanhas sanitárias empreendidas pelo governo estadual. Na mensagem de Altino Arantes Marques, em 1916, na parte do relatório referente à saúde pública durante a gestão de Arthur Neiva, o presidente estadual menciona as campanhas de vacinação inauguradas em São Paulo e nas cidades com dependências locais das Comissões Sanitárias e Inspetoras. O relatório mencionava especificamente as dependências em Santos usadas nas campanhas da brigada contra moscas e mosquitos, desde 1904 (Egan, 1927). Sobre a reorganização do serviço sanitário promovida por Arthur Neiva em São Paulo, em 1917, empreendida antes dos efeitos da gripe espanhola, Benchimol e Teixeira (1993) mencionam um aumento dos postos ambulatoriais em campanhas contra ancilostomíase (opilação). Esses autores também se referiram às ações de caráter similar empreendidas pelo médico Belisário Pena, que liderou as campanhas públicas da Liga Pró-Saneamento nos postos de saúde na periferia suburbana e rural do Rio de Janeiro:

> Foram instalados na Gávea, Pilares (Inhaúma), Madureira, Penha, Bangú, Campo Grande, Guaritiba e Santa Cruz. Criaram-se depois os postos de Anchieta e Marechal Hermes. Cada posto era chefiado por um inspetor sanitário e contava com médicos auxiliares, microscopista, escriturário, guardas sanitários e serventes, todos nomeados em comissão. (Benchimol e Teixeira, 1993, p. 107)

Uma pretensa opção por postos vinculados a campanhas específicas de saúde pública não se configurou em uma alternativa específica às experiências no Brasil. Nas profilaxias para o controle da ancilostomíase no sul dos Estados Unidos, o milhão de dólares da Fundação Rockefeller mencionado anteriormente, financiou, em 1910, a disseminação de postos de saúde exemplificados pelos da Carolina do Norte, onde o médico John H. Ferrer foi responsável pela campanha que fornecia gratuitamente exames e o vermífugo timol, além de uma campanha educativa com o objetivo de construir latrinas e incentivar o uso de calçados (Benchimol e Teixeira, 1993). Com o sucesso do programa, aquela comissão transformou-se em Comissão Sanitária Internacional. Seus agentes vieram ao Brasil para persuadir as autoridades locais a implementar o programa com a promessa de fornecer aos médicos locais uma formação técnica adequada. Na segunda década do século XX, essas campanhas foram frequentemente associadas ao quadro de saúde pública, seja no meio rural ou suburbano. Neiva, em São Paulo, se referiu à importância do novo Código Rural, que destacava o papel dos postos de saúde campanhistas nos subúrbios para o policiamento das "miseráveis habitações dos arredores da cidade" (Bechimol e Teixeira, 1993).

Na literatura, o trabalho de Emerson Mehry, *A saúde pública como política*, de 1992, foi alvo de uma crítica indireta sobre os perigos de esquematismo, que poderia ser aplicada nas interpretações sobre as origens dos centros de saúde locais. A crítica implícita sobre o trabalho de Mehry foi contra a simplificação de um argumento que contrapõe o modelo da Escola de John Hopkins, que se baseia numa medicina ambulatorial geral, contra uma suposta posição de Arthur Neiva, a favor de postos descentralizados que poderiam modernizar as ações campanhistas (Benchimol e Teixeira, 1993).

Entretanto, a conceituação de Mehry contrapondo uma medicina ambulatorial geral às experiências das ações das campanhas locais poderia ser discutida no âmbito de um debate maior sobre a tendência urbana de separar espacial e territorialmente, por um lado, uma medicina de intervenções clínicas e laboratoriais, cujo modelo, na maior parte do século XX, seria o Hospital Central das Clínicas e, por outro lado, uma medicina preventiva e ambulatorial descentralizada na mancha urbana de uma cidade. Não se trata de uma conceituação especificamente brasileira do médico Paula Souza, nem de um plano norte-americano de Rockefeller ou da Escola de John Hopkins, mas de uma tendência internacional do urbanismo a partir das décadas de 1920 a 1940 no sentido de aceitar a descentralização de policlínicas locais ou postos de saúde nos bairros das cidades. No caso do Reino Unido, o plano para o condado de Londres, preparado pelo urbanista Sir Patrick Abercrombie, em 1943, faz referência a uma previsão futura de um "centro comunitário" (Abercrombie e Forshaw, 1943). O conceito foi detalhado por Lewis Keeble em 1952. Na primeira edição do manual *Principles and Practice of town and country planning*, o autor detalha uma proposta programática de uma clínica de saúde pública no plano de zoneamento para um centro de vizinhança numa cidade nova, hipotética (Keeble, 1964). O apelo dos "centros de vizinhança" tornou-se central nas cidades planejadas em meados do século XX e converteu-se em parte programática das propostas urbanísticas, como no caso das superquadras de Brasília, nos projetos de Lúcio Costa ou de Rino Levi.

A contrapartida da proposta das clínicas de saúde nos bairros ou unidades de vizinhança, que nascem na década de 1920 na reforma proposta por Paula Souza, foi a proposta dos hospitais centrais. Enquanto Paula Souza progrediu como eficiente representante do Brasil em diversos fóruns oficiais fora do país, a experiência internacional promoveu o fim dos hospitais de isolamento e o surgimento de grandes hospitais centrais, dotados de capacidade de intervenção clínica e cirúrgica com o apoio estrito da medicina laboratorial. Nicolas Pevsner discutiu no começo do século a mudança na conceituação dos hospitais, que se fundamentam em ideias de isolamento. Para ele, as profilaxias de microbiologia de Pasteur e, particularmente, o uso de procedimentos antissépticos pelo médico Lister para intervenções cirúrgicas e para limpeza hospitalar tornaram relativos os procedimentos de isolamento. Em oposição aos hospitais horizontais, compostos por diversos pavilhões, o novo conceito de hospital central propunha que este fosse dividido em blocos que aproximam as infraestruturas de serviços e que diminuem as distâncias internas para pacientes e equipes médicas. Nos Estados Unidos, um primeiro exemplo de um hospital do novo tipo foi o Columbia Presbyterian Medical Center, em Manhattan, Nova York, cuja construção foi iniciada em 1928 com base em projeto de James Gamble Rodgers. Pevsner (1976) também cita o hospital do Cornell Medical Center, em Manhattan, cuja construção foi iniciada em 1933, seguindo um projeto de Coolidge et al. Atualmente, o hospital possui 27 andares e 1.451 leitos. Em relação à Europa, Pevsner menciona os exemplos do Cité Hospitaleire de Lille, com o projeto que foi desenvolvido por George Nelson em 1933, e o Hospital Beaujon, em Clichy, construído entre 1932 e 1935, com doze andares e projetado por J. Walter. Também são mencionados o Hospital Karolinsky, em Estocolmo (1932 a 1939), projetado por Westman e Ahlbom, e o Burgerspital, em Basileia, projetado por Baur et al. e construído entre 1939 e 1946.

No Brasil, os trabalhos para a construção de um novo hospital central em São Paulo foram iniciados em 1928, e os primeiros detalhes do projeto foram divulgados no ano seguinte, porém, nesse mesmo ano os trabalhos do escritório técnico da Faculdade de Medicina foram interrompidos por razões de economia e a equipe foi desmobilizada. A retomada dos trabalhos pelo mesmo escritório técnico, agora sob a direção do prof. Luiz M. de Rezende Puech, aconteceu em 1938. A construção se iniciou no mesmo ano e o Instituto Central foi inaugurado em abril de 1944 pelo interventor em São Paulo, Fernando Costa (Lacaz e Mazzieri, 1995).

A reforma do serviço sanitário, empreendida em 1925 sob o comando de Paula Souza, articulou-se a múltiplos campos de conhecimento de ação – que vão de concepções médicas a urbanísticas, passando por legislação, exercício da medicina e política pessoal –, atuando em aspectos centrais da organização da metrópole que então se constituía.

REFERÊNCIAS

ABERCROMBIE, P.; FORSHAW, J.H. *County of London Plan*. Londres: MacMillan, 1943.

ANTUNES, J.L.F. São Paulo – saúde e desenvolvimento (1870-1903) – a instituição de uma rede de saúde pública. In: ANTUNES, J.L.F. et al. *Instituto Adolfo Lutz 100 anos do laboratório de saúde pública*. São Paulo: Letras & Letras, 1992.

ANTUNES, J.L.F. et al. *Instituto Adolfo Lutz 100 anos do laboratório de saúde pública*. São Paulo: Letras & Letras, 1992.

BENCHIMOL, J.L.; TEIXEIRA, L.A. *Cobras, lagartos & outros bichos – uma história comparada dos institutos Oswaldo Cruz e Butantan*. Rio de Janeiro: Editora UFRJ, 1993.

BRITO, S. *Obras completas do Saturnino de Brito*. Vol. XX. Rio de Janeiro: Imprensa Nacional, 1944.

CAMARGO, A.M.F. Instituto Bacteriológico 1892-1934 tendências das políticas de saúde pública em São Paulo. In: ANTUNES, J.L.F. et al. *Instituto Adolfo Lutz 100 anos do laboratório de saúde pública*. São Paulo: Letras & Letras, 1992.

CAMPOS Jr., B.J. *Mensagem do Congresso do Estado*. 1904, p.17.

EGAN, E. *Galeria dos presidentes de São Paulo – Período republicano 1889-1920*. São Paulo: Publicação Oficial do Estado de São Paulo/Seção de Obras do Estado de São Paulo, 1927.

KEEBLE, L. *Principles and practice of town and country planning*. 3.ed. Londres: Estates Gazette, 1964.

LACAZ, C.S.; MAZZIERI, B.R. *A Faculdade de Medicina e a USP*. São Paulo: Edusp, 1995.

LAPA, J.R.A. *A cidade: os cantos e os antros – Campinas 1850-1900*. São Paulo: Edusp, 1996.

MANGE, R.; HOTTINGER, R.; SOUZA, G.H.P. O problema do abastecimento da água potável de São Paulo resolvido pela utilização do Rio Tietê. In: *Revista Médica de São Paulo*. São Paulo, n.10, 1913, p.189-96.

MEHRY, E. *A saúde pública como política: um estudo dos formuladores de política*. São Paulo: Hucitec, 1992.

NAVA, P. *Baú de ossos*. Cotia: Ateliê Editorial, 1999, p.212.

NEIVA, A. *Programa para a reforma de higiene no Brasil*. Apresentado ao Conselheiro Rodrigues Alves no Rio de Janeiro em 23 nov. 1918.

PEVSNER, N. *A history of building types*. Londres: Thames & Hudson, 1976.

RIBEIRO, M. *História sem fim – Inventário da saúde pública*. São Paulo: Unesp, 1993.

SILVA, L.F.F. Adolph Lutz (1855-1940). In: ANTUNES, J.L.F. et al. *Instituto Adolfo Lutz 100 anos do Laboratório de saúde pública*. São Paulo: Letras & Letras, 1992, p.157-71.

Fundamentos da Educação Ambiental | 13

Maria Cecília Focesi Pelicioni
Assistente social e sanitarista, Faculdade de Saúde Pública – USP

EDUCAÇÃO

Educação, do vocábulo latino *educere*, significa conduzir, liderar, puxar para fora. Baseia-se na ideia de que todos os seres humanos nascem com o mesmo potencial, que deve ser desenvolvido no decorrer da vida. O papel do educador é, portanto, criar condições para que isso ocorra, criar situações que levem ao desenvolvimento desse potencial, que estimulem as pessoas a crescer cada vez mais.

Apesar desse desenvolvimento ser contínuo, ele é mais intenso na infância. Isso não significa que os adultos não possam se educar nas diferentes fases da vida, pois a curiosidade leva o ser humano a sempre buscar conhecer algo. Todas as pessoas têm a capacidade de incorporar novas ideias e agir em função daquilo em que acreditam durante a vida toda.

Segundo Paulo Freire, famoso educador brasileiro, hoje reconhecido internacionalmente, ninguém educa ninguém, ninguém conscientiza ninguém, ninguém se educa sozinho (Gadotti, 1981). Isso significa que a educação, dependendo de adesão voluntária, depende de quem a incorpora e não de quem a propõe.

A Educação para o Futuro

No Relatório para a Unesco de 1996, da Comissão Internacional sobre Educação para o século XXI, a educação aparece como indispensável à humanidade na construção dos ideais da paz, da liberdade e da justiça social e também para o desenvolvimento contínuo, tanto das pessoas quanto das sociedades, do século XXI em diante.

Nesse documento, escrito por Delors (1999), com a contribuição de outros especialistas do mundo, ficou muito claro que o progresso econômico e social acabou desiludindo todos os que nele acreditavam, principalmente por causa das desigualdades de desenvolvimento e da degradação ambiental de diferentes países.

Segundo a comissão, as bases da educação são: aprender a aprender, aprender a conhecer, aprender a fazer e aprender a ser. Esse aprendizado deve preparar as pessoas para aprender sobre e acompanhar as inovações tanto na vida privada quanto na vida profissional, mas também, para compreender melhor o outro e o mundo. Aprender a viver com o outro e com os outros, a conhecer os outros, a sua história, suas tradições e a entender a interdependência entre todos os seres humanos. Essa maneira de ver a educação possibilitará o surgimento de um mundo novo. Aprender a conhecer implica uma cultura geral vasta e o domínio profundo de um número reduzido de assuntos. Aprender a fazer significa o preparo para a aquisição de uma profissão, mas também a competência para enfrentar situações quase sempre imprevisíveis e também a vida em grupo. Aprender a ser exige uma grande capacidade de discernimento, exige autonomia e responsabilidade pessoal para a realização de um destino coletivo. Aprender a desenvolver todas as potencialidades: memória, raciocínio, imaginação, capacidades físicas, sentido estético e facilidade de comunicação com os outros, entre outros.

Com o desenvolvimento da sociedade da informação, a educação deve possibilitar a todos o acesso a diferentes dados, permitindo recolher, selecionar, ordenar, gerir e utilizá-los, bem como atualizar os conhecimentos sempre que necessário. Essas ideias foram consideradas uma utopia necessária, capaz de fazer surgir uma nova forma de pensar a sociedade, um novo projeto de vida para a coletividade.

Ao realizar a apresentação da edição brasileira do livro de Edgar Morin, *Os sete saberes necessários à educação do futuro*, Jorge Werthein, coordenador do programa Unesco no Brasil e no Mercosul, comentou que as teses do relatório de Delors (1999) foram acolhidas com entusiasmo pela comunidade educacional brasileira e passaram a integrar os eixos norteadores da política educacional, já que os quatro pilares da educação contemporânea são aprendizagens indispensáveis e a política educacional

FUNDAMENTOS DA EDUCAÇÃO AMBIENTAL | **471**

considera que uma educação só pode ser viável se for uma educação integral do ser humano.

Morin (2000), ao aprofundar a visão transdisciplinar da educação, considerou que sete saberes são fundamentais para garantir um ensino de qualidade:

- Ensinar a conhecer o conhecimento para preparar o indivíduo para o enfrentamento dos riscos de erro e ilusão que parasitam a mente humana, a fim de garantir a lucidez, identificar dispositivos, enfermidades, dificuldades, enfim, conhecer a natureza do conhecimento, suas características cerebrais, mentais e culturais.

- Ensinar os princípios do conhecimento pertinente, isto é, promover o conhecimento capaz de apreender problemas globais e fundamentais para neles inserir os conhecimentos locais em sua complexidade, em seu conjunto sem fragmentação. Ensinar métodos que permitam estabelecer relações mútuas e as influências recíprocas entre as partes e o todo.

- Ensinar a condição humana – considerando que a natureza humana é ao mesmo tempo física, biológica, psíquica, cultural, social e histórica. Assim, é impossível conseguir fazer isso por meio de disciplinas separadas.

- Ensinar que a identidade terrena deve se tornar um dos principais objetos da educação. Ensinar a história da era planetária que se iniciou no século XVI, com a comunicação entre todos os continentes do mundo. Eles se tornaram solidários, mas assim mesmo as opressões e a dominação devastaram a humanidade e não desapareceram até hoje. É preciso indicar a crise planetária que marcou o século XX mostrando o destino comum de todos os seres humanos.

- Ensinar a enfrentar as incertezas que surgiram nas ciências físicas, biológicas e históricas, os imprevistos, o inesperado e modificar seu desenvolvimento com as informações adquiridas, abandonando as concepções deterministas.

- Ensinar a compreensão em todos os níveis educativos e em todas as idades, a partir da reforma das mentalidades enfocando as causas do racismo, da xenofobia e, do desprezo como base na educação para a paz e para o futuro.

- Ensinar a ética do gênero humano, formando as mentes com base na consciência de que o ser humano é ao mesmo tempo indivíduo, parte da

472 | CURSO DE GESTÃO AMBIENTAL

sociedade e parte da espécie. Essa tripla realidade deve ser desenvolvida junto das autonomias individuais e com participação comunitária.

Então, as duas grandes finalidades ético-políticas do novo milênio são: estabelecer uma relação de controle mútuo entre a sociedade e os indivíduos pela democracia e conceber a humanidade como comunidade planetária. A educação deve, portanto, na opinião de Morin (2000), contribuir para a tomada de consciência da Terra-Pátria e permitir que essa consciência se traduza em vontade de realizar a cidadania humana.

Percebe-se claramente que os objetivos da educação ambiental como processo político estão incluídos na educação do futuro proposta por Delors (1999) e por Morin (2000), de maneira bastante explícita.

Cabe, portanto, ao educador criar condições para que isso ocorra, e a educação ambiental seja incorporada como filosofia de vida e se expresse por meio de uma ação transformadora. Não existe educação ambiental apenas na teoria, o processo de ensino-aprendizagem na área ambiental implica exercício de cidadania proativa.

A educação ambiental nada mais é do que a própria educação, com sua base teórica determinada historicamente e que tem como objetivo final melhorar a qualidade de vida e ambiental da coletividade e garantir sua sustentabilidade. Isso significa que é obrigatório que o educador ambiental conheça e compreenda a história da educação e os pensamentos pedagógicos aí gerados; seja capaz de escolher as melhores estratégias educativas para atuar sobre os problemas socioambientais e, com a participação popular, tente resolvê-los.

Sua ação transformadora deve estar apoiada na ética, na justiça social e na equidade. Os conhecimentos das outras ciências (como filosofia, psicologia, sociologia e, principalmente, as ciências ambientais) incorporados à educação vão contribuir com importantes subsídios para a consolidação de um novo projeto civilizatório, de uma nova visão do ser humano em suas relações com a natureza (Philippi Jr e Pelicioni, 2000).

A interdisciplinaridade, então, é inerente à educação ambiental. Se os problemas ambientais são muito complexos e suas causas são modelos de desenvolvimento adotados até hoje, suas soluções dependem de diferentes saberes, de pessoas com diferentes formações voltadas para o objetivo comum de resolvê-los.

Entre os diferentes conhecimentos disciplinares que possibilitam uma visão integral desses problemas, pode-se destacar as ciências ambientais. O

FUNDAMENTOS DA EDUCAÇÃO AMBIENTAL | **473**

educador ambiental precisa ter noções gerais sobre essas ciências, incluindo a ecologia e a biologia, mas deve saber corretamente a diferença entre a educação ambiental enquanto educação política de intervenção para transformação da sociedade e a ecologia que estuda seres vivos e não vivos e as relações entre eles e o meio onde vivem. Deve conhecer a diferença entre um processo educativo planejado e atividades educativas de apoio, tais como realização de trilhas, visitas a museus ecológicos, plantio de árvores em escolas ou praças e separação de lixo para reciclagem.

Concepções da Educação

A concepção de educação vem mudando ao longo da história e acaba por refletir as diferentes situações que a sociedade tem vivido. A filosofia, a história, a psicologia e a sociologia da educação têm contribuído muito para que seja possível compreender as alterações pelas quais essa concepção tem passado. Assim, desde os povos primitivos, passando pela Antiguidade, a educação tem sido influenciada por diferentes fatos históricos e por diferentes momentos socioeconômicos e políticos, produzindo assim diferentes concepções: o pensamento pedagógico oriental, o grego, o romano, o medieval, o renascentista, até chegar ao pensamento pedagógico moderno.

Em cada um desses períodos, destacaram-se escolas de pensamento significativas, citadas por ordem cronológica e analisadas por Gadotti (2001) em *História das ideias pedagógicas*, segundo o qual, seguiram-se então, o pensamento pedagógico iluminista (Rousseau, Pestalozzi, Herbart); o pensamento pedagógico positivista (Spencer, Durkheim, Whitehead), que reforça a educação tradicional; o pensamento pedagógico socialista (Marx, Lenin, Makarenco, Gramsci); o pensamento pedagógico da Escola Nova (Dewey, Montessori, Claparède, Piaget); o pensamento pedagógico fenomenológico-existencialista (Buber, Korczak, Gusdorf, Pantillon); o pensamento pedagógico antiautoritário (Freinet, Rogers, Lobrot); e o pensamento pedagógico crítico (Bordieu-Passeron, Baudelot – Establet, Giroux). O pensamento pedagógico do terceiro mundo tem representantes na África (Cabral, Nyerere, Faundez) e na América Latina (Gutiérrez, Torres, Nidelcoff, Emília Ferrero e Tedesco) (Gadotti, 2001).

O pensamento pedagógico brasileiro pode ser ainda subdividido em pensamento brasileiro liberal (Fernando Azevedo, Lourenço Filho, Anísio Teixeira, Maciel de Barros) e pensamento brasileiro progressista (Paschoal

Lemme, Vieira Pinto, Paulo Freire, Rubem Alves, Mauricio Tragtenberg e Demerval Saviani, Moacir Gadotti).

Resultante dessas maneiras de pensar o homem, o mundo, a cultura, a sociedade e a escola no Brasil, as teorias mais utilizadas foram, segundo Mizukami (1986), a teoria ou abordagem tradicional (Durkheim, Chartier), a teoria comportamentalista ou behaviorista (Skinner), a teoria humanista (Neill, Rogers), a teoria cognitivista (Piaget, Bruner, Aebli, Furth) e a teoria sociocultural (Paulo Freire, Moacir Gadotti). Todas as teorias tiveram, de alguma maneira, influência sobre as que se seguiram. Algumas perduraram no tempo e são utilizadas até hoje, principalmente a abordagem tradicional.

Para Morin (2000),

> As sociedades domesticam os indivíduos por meio de mitos e ideias, que, por sua vez, domesticam as sociedades e os indivíduos, mas os indivíduos poderiam, reciprocamente, domesticar as ideias, ao mesmo tempo que poderiam controlar a sociedade que os controla [...] uma ideia ou teoria não deveria ser simplesmente instrumentalizada, nem impor seu veredicto de modo autoritário; deveria ser relativizada e domesticada. Uma teoria deve ajudar e orientar estratégias cognitivas que são dirigidas por sujeitos humanos [...]. Entretanto, são as ideias que nos permitem conceber as carências e os perigos da ideia. Daí resulta este paradoxo incontornável: devemos manter uma luta crucial contra as ideias, mas somente podemos fazê-lo com a ajuda de ideias.

Teoria Tradicional ou Clássica

Também chamada de educação bancária por Paulo Freire, tem como característica depositar no aluno conhecimentos, informações, dados e fatos que são acumulados como um produto (Mizukami, 1986). Ela propicia a formação de hábitos e reações estereotipadas, isto é, aplicáveis apenas às situações que sejam idênticas às vivenciadas anteriormente. O passado é visto sempre como um modelo para conservar a sociedade e manter o *status quo*. É centrada na transmissão, na passagem de conhecimentos historicamente acumulados por meio da memorização do educador para os educandos. A relação entre o professor e o aluno é vertical, autoritária e não há intenção de reflexão sobre as informações recebidas, o professor expõe o conteúdo e os alunos memorizam e reproduzem por meio da expressão verbal escrita e oral a sua fala ou a temática apresentada em livro-texto. As

FUNDAMENTOS DA EDUCAÇÃO AMBIENTAL | **475**

atividades intelectuais são privilegiadas e a experiência prática é desconsiderada. Preferencialmente são utilizadas a aula expositiva e a palestra. A avaliação é feita por meio de exames do conteúdo do currículo transmitido pelo professor, organizado em disciplinas separadas.

Teoria Crítica

A teoria crítica se contrapõe aos conceitos da escola tradicional e se baseia em algumas ideias humanistas e cognitivas de Giroux e de Piaget, na fenomenologia existencialista de Buber e Pantillon, no socialismo de Marx, e, principalmente, nas ideias socioculturais de Paulo Freire, representando uma síntese de todas elas.

A abordagem sociocultural de Paulo Freire é interacionista e situa o ser humano no tempo e no espaço, inserido num contexto socioeconômico, político e cultural que o influencia. Enquanto sujeito da educação, o ser humano reflete criticamente sobre o seu ambiente concreto e sobre sua realidade, ao se tornar gradualmente consciente e comprometido, fica capaz de intervir e transformar o mundo.

Para esse autor, o ser humano possui raízes, está no mundo e com o mundo, é um ser da práxis, entendida como *ação e reflexão sobre o mundo*, com objetivo de transformá-lo. Ao refletir e criticar, cria a cultura, responde aos desafios que encontra, estabelece relações com os outros homens e enfrenta as estruturas sociais. Cultura, segundo Freire (2001a), é o resultado do esforço criador e recriador da atividade humana, de seu trabalho por transformar e estabelecer relações dialogais com outros homens.

A história é feita, então, a partir das respostas dadas pelo ser humano à natureza, aos outros seres humanos e às estruturas sociais. É feita por uma cadeia contínua de épocas, caracterizada por valores, aspirações, necessidades e motivos.

A educação se faz pela aproximação, pelo desvelamento crítico e contínuo da realidade e, portanto, pelo processo de conscientização. Assim, "é preciso que se faça desta tomada de consciência o objetivo primeiro de toda educação: provocar e criar condições para que se desenvolva uma atitude de reflexão crítica, comprometida com a ação" (Mizukami, 1986).

A educação crítica e problematizadora tem de ser forjada com o oprimido e não para o oprimido. E a pedagogia do oprimido, base da teoria sociocultural, faz da opressão e de suas causas o objeto de sua reflexão, possibilitando que o ser humano possa lutar por sua libertação, superar a relação opressor-oprimido por meio de uma situação de ensino-aprendizagem que desenvolva a consciência crítica e a liberdade, isto é, que possa transformar a situação concreta que gera a opressão.

A relação educador-educando é dialógica e horizontal. O educador engajado em uma prática transformadora busca desmistificar a cultura dominante, as mensagens dos meios de comunicação de propriedade de grupos oligárquicos, tenta analisar as contradições da sociedade, preparar os educandos para uma reflexão crítica, para a cooperação, para a organização, para solucionar problemas comuns, trabalhando em grupo. A educação não se restringe às instituições formais, mas realiza-se também entre os diferentes grupos da sociedade, de maneira informal.

Para Freire (1998), a educação tem caráter utópico. Quando deixa de ser utópico, isto é, quando deixa de anunciar – denunciar –, é porque o futuro já não significa nada para o ser humano ou porque este teme arriscar seu futuro por ter conseguido dominar a situação presente.

Essa utopia não diz respeito a alguma coisa que nunca será alcançada, mas a algo que ao ser obtido se transforma, fazendo surgir novos objetivos a serem atingidos. A educação traz sempre uma esperança utópica, pois envolve compromissos de ação transformadora.

Para esse autor, assim como a ciência, a educação nunca é neutra. Tendo ou não consciência disso, a atividade educativa desenvolve-se para a libertação dos seres humanos, para sua humanização ou para a domesticação, para gerar domínio sobre eles.

EDUCAÇÃO AMBIENTAL: PROCESSO DE EDUCAÇÃO POLÍTICA

A educação ambiental, como processo de educação política, tenta fazer com que a cidadania seja exercida e busca gerar uma ação transformadora, a fim de melhorar a qualidade de vida da coletividade.

A abordagem sociocultural permite que a ação proativa e transformadora, proposta pela educação ambiental, se efetive, já que implica em formação para uma reflexão crítica.

O educador não é aquele que educa, mas sim aquele que cria condições para que as ideias e o conhecimento sejam incorporados pelo educando. Esse conhecimento, para fazer parte da vida do educando, precisa ser aceito como verdade, ser valorizado e corresponder às necessidades sentidas. O educador estimula o educando que, motivado, valoriza as ideias, de modo a ter certeza de que elas serão significativas para a sua vida.

Quando o educando incorpora essas ideias, passa a agir de acordo com elas. Caso contrário, as ideias permanecem durante um tempo limitado, enquanto houver controle, vigilância ou na empolgação de alguma ação a ser realizada em conjunto com seus pares.

A conscientização ocorre, da mesma maneira: depende de cada sujeito, o educador só apresenta os problemas, levanta soluções, problematiza e possibilita uma reflexão crítica sobre o assunto. Se a educação se realiza na relação com o outro, mediatizada pelo mundo, ainda segundo as ideias de Freire, realmente ninguém se educa sozinho.

Nas relações sociais, as pessoas trocam diferentes saberes, não apenas nas instituições formais, mas também nos grupos informais. Esses saberes se transformam, então, em um novo saber, em um novo conhecimento construído, diferente do anterior.

A educação sempre provoca mudanças, mesmo que inconscientes. Essas mudanças são internas e vêm de dentro para fora. Daí se dizer que "educação é a transformação do sujeito que ao transformar-se, transforma o seu entorno" (OPS, 1995).

Para essa ação transformadora é preciso ir além do ato de conhecer, o que se obtém a partir de informações colhidas; é preciso apreender, refletir criticamente sobre o objeto de conhecimento, compreender, tomar consciência, acreditar naquilo como uma verdade (possuir conhecimento correto), valorizar esse conhecimento (ter atitude positiva, considerar importante), saber como agir em relação a esse novo saber (ter competência e habilidades corretas) e agir em função disso (realizar ações ou práticas corretas, ter comportamentos ou condutas compatíveis com o saber).

É preciso viver de acordo com o que se pensa e com valores éticos e de justiça social. A atitude é que vai predispor à ação. A educação faz com que a ação corresponda ao conhecimento valorizado.

Essa maneira de ver leva a identificar diferentes áreas: a área cognitiva (do conhecimento), a área afetiva (da atitude) e a área psicomotora (das habilidades e da ação), todas intimamente ligadas. No entanto, sendo o ser humano sujeito e objeto da história, isto é, responsável pela ação transformadora da realidade, mas também influenciado por ela, representada pelas estruturas socioeconômicas, políticas e culturais, pode-se dizer que a educação não pode estar voltada apenas para mudanças individuais, mas também para mudanças coletivas e, principalmente, para a transformação do

478 CURSO DE GESTÃO AMBIENTAL

sistema social, a fim de garantir melhor qualidade de vida para a humanidade e para os demais seres vivos.

Trata-se de uma transformação cultural e de valores, de uma revolução de ideias, isto é, de mudanças urgentes e contundentes no ideário vigente nesse sistema capitalista, baseadas no humanismo moderno, em que deve prevalecer o bem da coletividade sobre o bem individual, sobre o egoísmo da sociedade consumista em que predominam os interesses de poucos sobre a pobreza da maioria. O ser humano deve ser valorizado pelo que ele é, não pelo que ele tem, por seus bens e acesso a recursos.

Essa transformação deve ocorrer de modo que não reforce uma visão antropocêntrica, que tem gerado tanta degradação e que coloca o ser humano como centro do universo e acima de todos os outros seres vivos. Deve-se deixar claro que o equilíbrio de todos os ecossistemas, e portanto do planeta, depende de relações equilibradas entre todos os seres vivos e não vivos da Terra, da qual o ser humano faz parte. O desequilíbrio provocado geralmente por ações antrópicas tem sido, muitas vezes, irreversível. Ao atingir qualquer ser vivo, de uma maneira ou de outra, acaba atingindo também homens e mulheres.

A educação implica um processo de formação política, isto é, que prepara para o exercício da cidadania ativa, que dá condições para o ser humano conhecer, refletir e analisar criticamente as informações, exigir seus direitos e cumprir seus deveres, de modo que esteja apto a participar da construção de políticas públicas e de mecanismos legais que não só atendam às suas necessidades básicas, mas melhorem suas condições de vida, dando possibilidades para que todos conquistem autonomia, liberdade, justiça social e, portanto, possam assumir o controle sobre suas próprias vidas (*empowerment*) e a vida da coletividade, tornando-a cada vez melhor e mais saudável.

Para transformar a realidade é preciso conhecê-la profundamente, conhecer as necessidades, interesses, dificuldades, sonhos e expectativas dos grupos sociais que formam a sociedade. Definem-se a partir daí os instrumentos e a metodologia a ser utilizada em função dos objetivos educativos estabelecidos. A ação educativa deve ser planejada junto com a população investigada e deve prever uma avaliação constante.

A educação se traduz em um processo de ensino-aprendizagem, no qual ao mesmo tempo em que se ensina, aprende-se e reaprende-se o aprendido, repensa-se o pensado, reconstrói-se o caminho da curiosidade, desvelam-se os significados para reconstruir o saber.

Segundo Freire (2001b, p.33), "o fato, porém, de que ensinar ensina o ensinante a ensinar um certo conteúdo não deve significar, de modo algum, que o ensinante se aventure a ensinar sem competência para fazê-lo. Não o autoriza a ensinar o que não sabe".

A responsabilidade ética, política e profissional do ensinante lhe coloca o dever de se preparar, de se capacitar e de se formar antes mesmo de iniciar sua atividade docente. Essa atividade exige que sua preparação, sua capacitação e sua formação se tornem processos permanentes... Formação que se funda na análise crítica de sua prática.

Essa formação do educador a que Freire (2001b, p.33) se refere, implica estudar e ler criticamente a palavra, os textos, adquirir uma boa fundamentação teórica, mas também refletir, "ler o mundo, observar, entender os significados, buscar a compreensão do lido", sem separar a teoria da prática, sem dicotomizar, valorizando a experiência de vida e de trabalho que cada indivíduo acumulou em seu cotidiano, reconhecendo as relações aí existentes.

Para Reigota (2000, p.34), o compromisso político e a competência técnica são inerentes à práxis da educação ambiental. O compromisso político com a sustentabilidade tem

> Como princípio a utopia de uma sociedade baseada na justiça e no direito à vida digna, não só da espécie humana, mas, de todas as formas de vida. As opções cotidianas são opções políticas [...] O compromisso político de toda pessoa interessada em praticar a educação ambiental deve estar relacionado com a possibilidade (utópica) de construção de uma sociedade sustentável baseada na justiça, dignidade, solidariedade, civilidade, ética e cidadania. E na desconstrução revolucionária, radical, persistente e pacífica do poder político, institucionalizado e simbólico, daqueles que primam pela estupidez, brutalidade, vulgaridade, cinismo e arrogância. A competência técnica é condição básica para a conservação do compromisso político. Isto é, para uma intervenção social de dimensão política, ambiental e como diz o autor, revolucionária e baseada no radicalismo pacifista de Gandhi, de John Lennon e no legado de Paulo Freire.

A educação como promotora da cidadania social, de acordo com Sobral (2000), tem origem no pensamento de Marshall, que vinculava o conceito de cidadania ao desenvolvimento dos direitos civis, políticos e sociais. Para a autora,

Os direitos civis referem-se aos direitos necessários à liberdade individual, os direitos políticos compreendem a participação no exercício do poder e os direitos sociais, que surgem no século XIX, correspondem ao desenvolvimento das leis trabalhistas e à implantação da educação primária pública. São esses direitos que constituem a cidadania social, diferentemente da cidadania política mais característica do período anterior e que se limitava sobretudo à participação no poder.

Na realidade, a educação é fundamental para diminuir as desigualdades sociais. Essa visão é compartilhada por inúmeros autores contemporâneos, principalmente pelos adeptos da educação crítica.

O caráter político da prática pedagógica não depende, porém, dos que trabalham na área da educação. Não é que alguns educadores, devido às suas convicções políticas e ideológicas, façam de seu trabalho um trabalho político, assim como outros o manteriam em sua esfera específica, resguardando a sua pureza original. Queiram ou não os educadores, tenham ou não consciência dessa realidade, seu trabalho é necessariamente político. Nem mesmo a "santa" ingenuidade dos que têm plena convicção do caráter desinteressado de sua prática educativa elimina essa dimensão política. Numa palavra, o político constitui o próprio ser do ato educativo enquanto ato humano e, como tal, inserido na luta concreta dos homens (Coelho, 1998).

Para Coelho (1998), se a educação tem servido à alienação, à manutenção do *status quo*, à conservação da ordem econômica, social e política opressora, ela pode também ser um importante instrumento à serviço da elaboração e concretização de um novo projeto social.

Segundo Freire (1998), a educação enquanto ato de conhecimento é também, e por isso mesmo, um ato político.

A sociedade sempre determina a educação e é por ela determinada. Um trabalho pedagógico que não conduza a uma organização da sociedade civil não pode ser eficaz e acaba comprometendo boa parte de seu sentido educativo. O fortalecimento de associações, conselhos e comitês (mecanismos legais de participação) e dos movimentos sociais é importante para a transformação da sociedade. É do enfrentamento que ocorre no interior desses movimentos, dessa prática coletiva, que surge o saber realmente transformador, a educação política.

A educação ambiental, segundo Luzzi (2000), está muito além de ser um tema transversal a mais, emergindo da comunidade educativa. Para o autor, a educação ambiental

É o produto, em construção, da complexa história dinâmica da educação, um campo que tem evoluído de aprendizagens por imitação, e ao mesmo tempo, das perspectivas de aprendizagem construtiva, crítica, significativa, meta cognitiva e ambiental. É uma educação produto do diálogo permanente entre concepções sobre o conhecimento, a aprendizagem, o ensino, a sociedade, o ambiente e como tal, é depositária de uma cosmovisão sócio-histórica determinada. Por isso, é que o binômio educação/ambiente deverá desaparecer com o tempo.

Ao citar Bianchini, Luzzi (2000) afirma que "a educação é ambiental ou não é, no sentido de permitir conduzir-nos para uma nova sociedade sustentável e na medida humana".

Realmente, se a educação não incluir a complexidade da problemática ambiental como uma característica inerente ao processo educativo, tratando-a de forma interdisciplinar, ela não será educação *de fato* e não cumprirá seu papel de estabelecer um espaço para o diálogo de saberes.

Pelicioni (2002) afirma que a consideração de que a educação ambiental é educação, portanto um processo, e que representa uma resposta ao complexo quadro de degradação socioambiental e é um dos alicerces que sustentam a possibilidade da reversão desse quadro, de modo que, deve ser desenvolvida de maneira contínua, a partir de encaminhamentos integrados, entre os quais figuram a definição de objetivos claros, metodologia coerente com o referencial teórico desenvolvido, e a superação das dificuldades reveladas pelos(as) educadores(as).

Educação Ambiental na Gestão Ambiental do Município

A educação ambiental é fundamental na obtenção dos objetivos e metas estabelecidos para uma adequada gestão ambiental, em qualquer localidade. A eficiência da gestão de uma área urbana ou rural é determinada pelo grau de educação da população local.

Com a descentralização política gerada pela Constituição Brasileira de 1988, a autonomia das cidades foi fortalecida, dando início à organização dos sistemas locais de planejamento, de licenciamento, controle e educação ambiental na busca de mecanismos de sustentabilidade para a construção democrática da sociedade, iniciando no plano municipal.

Os sistemas de gestão ambiental do espaço urbano devem ser concebidos segundo cada realidade e necessidades locais, buscando, cada vez mais, a melhoria da qualidade de vida da coletividade e a construção plena da cidadania.

Autores como Philippi Jr e Zulauf (1999) consideram que os municípios, ao se estruturarem para a implementação ou aperfeiçoamento do seu sistema de gestão ambiental em termos técnicos, tecnológicos e operacionais, devem identificar suas atribuições e as inúmeras possibilidades (ou exigências) de intervenção existentes, que deverão corresponder às responsabilidades ambientais do município. No que se refere à estrutura executiva, as atividades a serem desenvolvidas pelo sistema de gestão municipal dizem respeito ao planejamento ambiental, ao desenvolvimento de áreas verdes, ao controle da qualidade ambiental e à educação ambiental.

O planejamento ambiental deve estar voltado à definição de planos, programas e projetos que atendam aos interesses da sociedade como um todo e deve partir de uma análise tanto da situação imediata quanto pregressa dos espaços, territórios e demais setores envolvidos, definindo um diagnóstico que possa subsidiar as decisões políticas sobre investimentos e a formulação de políticas públicas saudáveis. A promoção, a proteção, a conservação e a recuperação das áreas verdes urbanas contribuirão para a melhoria das condições ambientais e da paisagem urbana.

O monitoramento e controle da qualidade ambiental, englobando as ações preventivas e curativas rotineiras, deve ter como parâmetro o princípio da maior necessidade socioambiental, a identificação do degradador e o acionamento jurídico-administrativo dos responsáveis pelos problemas gerados.

A educação ambiental, por sua vez, deve permear todas as ações, com a aplicação de seus conceitos, teorias, princípios e diretrizes embasados pela legislação vigente.

Como atividade transversal, a educação ambiental depende de correta articulação entre os agentes envolvidos; integração com os demais atores; espírito de cooperação institucional e pessoal; equipe de trabalho competente e coesa;

envolvendo e construindo parcerias comprometidas com avanços institucionais voltados à melhoria das condições ambientais e de vida da sociedade [...] Cumpre ainda ressaltar que todo e qualquer plano, programa e projeto ambiental deve necessariamente ter o seu componente de educação ambiental, cabendo ao gestor ambiental zelar pela fiel observância deste preceito. (Philippi Jr e Zulauf, 1999)

A Política Nacional de Educação Ambiental, Lei n. 9795/99, anteriormente citada, também destacou a importância de desenvolver ações e práticas educativas voltadas à sensibilização e organização da coletividade sobre as questões ambientais e a participação na defesa da qualidade do meio.

Como responsabilidade do poder público, a lei determina que os níveis federal, estadual e municipal deverão incentivar a ampla participação das empresas públicas e privadas em parceria com a escola, com a universidade e com organizações não governamentais (ONGs) na formulação e execução de programas e atividades vinculadas à educação ambiental. Assim, entre os objetivos da educação ambiental está preparar os indivíduos para uma efetiva participação popular.

A participação da sociedade civil possibilitará uma interferência positiva na gestão pública, constituindo-se como fator determinante na escolha de prioridades e na tomada de decisões. Essa participação, que é um direito social, deve ter um caráter processual, coletivo e ser transformadora, gerar uma intervenção consciente, feita por cidadãos críticos, sobre situações que lhes dizem respeito e dizem respeito à comunidade de que fazem parte e que representam. Essa participação inclusiva e que se constitui também uma necessidade humana básica e universal indica que indivíduos e grupos, no exercício de sua cidadania, são capazes de se mobilizar para obter objetivos sociais por meio da criação de mecanismos legais de representatividade, conselhos, comitês, entre outros, e de políticas públicas compatíveis com os interesses da maioria.

Tomar parte implica formular e propor diretrizes e estratégias para atender aos diferentes segmentos sociais, implica escolher e votar em pessoas honestas e justas, implica assumir o controle social da gestão do município e de seus componentes, implica colaborar na avaliação do processo e do impacto das atividades realizadas, independentemente do partido político que esteja no poder.

Constitui-se em uma nova relação entre o Estado e a sociedade que só se efetivará na medida em que houver solução de continuidade na gestão pública, apesar da mudança dos partidos que se sucederem no poder e na medida em que cada indivíduo estiver preparado para assumir verdadeiramente a representatividade do seu grupo, atuando como interlocutor de suas bases, mas também defendendo ideias e ações socialmente favoráveis. Isso só será possível alcançar por meio da educação ambiental que, incorporada na vida de cada um, possibilitará o crescimento gradativo do envolvimento participativo da sociedade brasileira na sua totalidade.

A Agenda 21 – Planejamento Estratégico para a Sustentabilidade e a Educação Ambiental

Agenda 21 e o Desenvolvimento Sustentável

A gestão de um município deve ter sob controle o modo de vida urbano por meio da construção e implementação de políticas públicas e de programas de ação com enfoque sistêmico e intersetorial que levem em consideração a Agenda 21, o Plano Diretor da localidade e a agenda da Cidade Saudável, se houver. O planejamento desses programas de ação deve considerar, ainda, toda a legislação vigente, a Constituição Federal, a Constituição Estadual, a Lei Orgânica e o Estatuto da Cidade. Todas essas Agendas devem estar articuladas e em hipótese alguma poderão ser contraditórias.

Com representação de aproximadamente 98% da população da Terra, os participantes da Rio-92 (Conferência da Organização das Nações sobre o Meio Ambiente e Desenvolvimento) decidiram firmar um compromisso de promover o desenvolvimento sustentável no século XXI buscando identificar ações combinadas de proteção ao meio ambiente com desenvolvimento, a fim de alcançar a melhoria da qualidade de vida da população. Por desenvolvimento sustentável entende-se garantir a qualidade de vida das gerações futuras por meio da utilização racional dos recursos existentes hoje (Philippi Jr e Pelicioni, 1998).

O conceito de desenvolvimento sustentável usado pela Comissão Brundland no relatório *Nosso futuro comum*, de 1987, foi retomado na Rio-92. Tem sido muito discutido e utilizado com enfoques muito diferentes, inclusive, com o intuito de ratificar posições político-ideológicas que defendem os interesses capitalistas e de manutenção da situação socioeconômica, política e cultural atual, com todas as desigualdades e com o injusto processo de exclusão crescente que a caracteriza.

Desse modo, Minayo (1998), assim como outros autores, conclui que esse conceito é "capaz de inspirar mais problemas do que soluções, em um mundo que conseguiu globalizar fomes continentais, conflitos éticos, comprometer a qualidade de vida", provocar diferentes tipos de poluição e de degradação ambiental, e onde o desemprego é crescente e estrutural, há violência abusiva de drogas, esgotamento de recursos naturais e constantes ameaças de extinção às espécies.

Durante a Rio-92 recomendou-se que:

> A educação ambiental deveria reorientar a educação para o desenvolvimento sustentável de forma a compatibilizar os objetivos sociais (de acesso às necessidades básicas), os objetivos ambientais (de preservação da vitalidade e diversidade do planeta garantindo como direito aos cidadãos um ambiente ecologicamente saudável) e os objetivos econômicos; além de aumentar a conscientização popular, considerar o analfabetismo ambiental e promover treinamento. (Pelicioni, 1998)

A Agenda 21, considerada o principal plano global para contornar e superar problemas ecológicos e econômicos da atualidade, não pode ser um documento estático, acabado, pois a própria realidade é dinâmica e mutável, assim como as necessidades e interesses da população. Baseia-se na premissa de que o desenvolvimento sustentável é factível com vontade política e participação popular, mas a efetiva execução de suas propostas requer uma profunda reorientação da sociedade humana (Philippi Jr e Pelicioni, 1998).

A educação ambiental permeia todo o documento e aparece relacionada aos diferentes temas abordados. Procurando mostrar uma nova visão de mundo, busca a valorização da vida, a formação de um novo estilo de vida, de uma nova maneira de ver a vida, sem consumismo excessivo, sem o desperdício de recursos e sem degradação ambiental. Uma vida com justiça social e atendimento às necessidades dos excluídos (Pelicioni, 1998).

O reconhecimento da existência de grande diversidade ecológica, biológica e cultural entre os povos levou, então, a se considerar que esses diferentes modos de vida, com diversas opções econômicas e tecnológicas, influenciadas por variados processos históricos e pelos sistemas de gestão adotados em cada época, deram origem a diferentes sociedades, umas mais sustentáveis do que outras.

Em 1994, no Fórum Global sobre Meio Ambiente realizado em Manchester (Inglaterra), a cidade de São Paulo, representada por seu prefeito,

486 CURSO DE GESTÃO AMBIENTAL

assumiu o compromisso de elaborar a Agenda 21 Local de São Paulo. Coordenado pela Secretaria Municipal do Verde e do Meio Ambiente (SVMA) da Prefeitura do Município de São Paulo, foi publicado em 21 de setembro de 1996 o documento *Agenda 21 Local – Compromisso do Município de São Paulo*, com base na estrutura básica da Agenda 21 Global (SVMA-SP, 1996). A educação ambiental vista como elemento integrador e instrumento de cidadania também fez parte de todas as ações propostas nesse documento de planejamento estratégico.

Nesse mesmo evento, ONGs também se reuniram num fórum global e lançaram o Tratado de Educação Ambiental para as Sociedades Sustentáveis e Responsabilidade Global, estabelecendo princípios muito importantes, dos quais podem-se citar:

- A educação é um direito de todos, somos todos aprendizes e educadores.

- A educação deve ter como base o pensamento crítico e inovador em qualquer tempo ou lugar em seus modos formal, não formal e informal, promovendo a transformação e a construção da sociedade.

- A educação é individual e coletiva. Tem o propósito de formar cidadãos com consciência local e planetária que respeitem a autodeterminação dos povos e a soberania das nações.

- A educação ambiental não é neutra, mas ideológica.

- A educação deve integrar conhecimentos, aptidões, valores, atitudes e ações, convertendo cada oportunidade em experiências educativas de sociedades sustentáveis.

À educação ambiental cabe, então, contribuir para transformar a sociedade atual de modo a torná-la cada vez mais sustentável.

A Agenda 21 reflete um consenso mundial e um compromisso político em relação ao desenvolvimento e à necessária cooperação ambiental. Sua execução é responsabilidade dos governos e, portanto, sua implementação depende de novas estratégias, planos, políticas e processos nacionais e de apoio internacional a esses esforços, e é coordenada pela Organização das Nações Unidas (ONU). Isso implica recursos financeiros adicionais externos para os países em desenvolvimento, destinados a cobrir os custos dos problemas ambientais, mantendo a sustentabilidade.

FUNDAMENTOS DA EDUCAÇÃO AMBIENTAL | 487

A mobilização e o envolvimento da sociedade civil e demais setores de organizações governamentais e ONGs é condição *sine qua non* para garantir sua participação ativa.

Agenda 21 Global

As áreas de programas da Agenda 21 são descritas em termos de bases para a ação, objetivos, atividades e meios de implementação. Constituída por quarenta capítulos subdivididos em quatro seções, estão assim distribuídas. No Capítulo 1 está o Preâmbulo, contendo explicações sobre o que é a Agenda 21 (Global), como foi gerada. A Seção I trata das dimensões sociais e econômicas dos países e vai do Capítulo 2 ao 8, incluindo a necessidade de uma cooperação internacional para acelerar o desenvolvimento sustentável dos países em desenvolvimento e políticas internas correlatas; combate à pobreza, e de mudanças dos padrões de consumo. Comenta a dinâmica demográfica e a sustentabilidade. Trata ainda da importância da proteção e promoção das condições de saúde humana, da promoção do desenvolvimento sustentável dos assentamentos humanos e da integração entre o meio ambiente e o desenvolvimento na tomada de decisões.

A Seção II trata da conservação e do gerenciamento dos recursos para o desenvolvimento, incluindo, nos capítulos 9 ao 22, os seguintes assuntos: proteção da atmosfera; abordagem integrada do planejamento e do gerenciamento dos recursos terrestres; combate ao desflorestamento; manejo de ecossistemas frágeis – a luta contra a desertificação e a seca –; gerenciamento de ecossistemas frágeis – desenvolvimento sustentável das montanhas –; promoção do desenvolvimento rural e agrícola sustentável; conservação da diversidade biológica; manejo ambientalmente saudável da biotecnologia; proteção dos oceanos e de todos os tipos de mares – inclusive mares fechados e semifechados – e das zonas costeiras e proteção, uso racional e desenvolvimento de seus recursos vivos; proteção da qualidade e do abastecimento dos recursos hídricos – aplicação de critérios integrados no desenvolvimento, manejo e uso dos recursos hídricos –; manejo ecologicamente saudável das substâncias químicas tóxicas, e a prevenção do tráfico internacional ilegal dos produtos tóxicos e perigosos; manejo ambientalmente saudável dos resíduos perigosos, e a prevenção do tráfico internacional ilícito de resíduos perigosos; manejo ambientalmente saudável dos resíduos sólidos e das questões relacionadas com os esgotos; manejo seguro e ambientalmente saudável dos resíduos radioativos.

A Seção III diz respeito ao fortalecimento do papel dos grupos principais. Nos capítulos 23 a 32, além do preâmbulo, trata da ação mundial pela mulher, com vistas a um desenvolvimento sustentável e equitativo; da infância e da juventude no desenvolvimento sustentável; do reconhecimento e do fortalecimento do papel das populações indígenas e suas comunidades; do do fortalecimento do papel das ONGs; das parcerias para um desenvolvimento sustentável; das iniciativas das autoridades locais em apoio à Agenda 21 e fortalecimento do papel dos trabalhadores e de seus sindicatos; do fortalecimento do papel do comércio e da indústria; da comunidade científica e tecnológica; do fortalecimento do papel dos agricultores.

A IV e última Seção trata (nos capítulos 33 ao 40) dos meios de implementação de: recursos e mecanismos de financiamento; transferência de tecnologia ambientalmente saudável, cooperação e fortalecimento institucional; ciência para o desenvolvimento sustentável; promoção do ensino, da conscientização e do treinamento; mecanismos nacionais e cooperação internacional para fortalecimento institucional nos países em desenvolvimento, arranjos institucionais internacionais; instrumentos e mecanismos jurídicos internacionais e informação para a tomada de decisões.

Pode-se perceber que, embora o Capítulo 36 trate da promoção do ensino, da conscientização e do treinamento, a educação ambiental foi incluída em todo o documento e tem um papel extremamente importante em todas as seções.

A Agenda 21 e o Poder Local

Sem o compromisso, a participação e a cooperação de cada municipalidade não será possível alcançar os objetivos firmados na Agenda Global. De acordo com o Capítulo 28 da Agenda (Cnumad, 1997),

> As autoridades locais constroem, operam e mantêm a infraestrutura econômica, social e ambiental, supervisionam os processos de planejamento, estabelecem as políticas e regulamentações ambientais locais e contribuem para a implementação de políticas ambientais nacionais e subnacionais.

Como instância do governo mais próxima da população, desempenham um papel essencial na educação, na mobilização e na viabilização de respostas ao público, em favor de um desenvolvimento sustentável. Cada autoridade local deve iniciar um diálogo com seus cidadãos, com as organizações locais e empresas privadas e aprovar uma Agenda 21 Local

FUNDAMENTOS DA EDUCAÇÃO AMBIENTAL | **489**

por meio de consultas, da promoção de consenso e, principalmente, por meio da participação da sociedade civil, organizações governamentais e ONGs e setores do comércio e da indústria.

A Unesco lançou em janeiro, na cidade de Nova York, o *Relatório de Monitoramento Global de Educação para Todos* (2010), elaborado anualmente para avaliar os progressos realizados mundialmente para o alcance dos objetivos de Educação para Todos fixados em 2000, em Dacar, no Senegal, compromisso assumido por mais de 160 países.

Com o título em português *Alançando os Marginalizados*, esse documento apresenta e analisa alguns dos mais expressivos avanços obtidos no campo da educação ao longo da última década, mas adverte que, apesar desses progressos, a comunidade internacional dificilmente alcançará o objetivo de universalização do ensino fundamental até 2015.

Como possíveis causas, o estudo destaca a incapacidade dos governos de combater as desigualdades extremas existentes em âmbito nacional, bem como a dos doadores (países ricos) de conseguir mobilizar o volume de recursos necessários para isso.

O estudo adverte que milhões de crianças dos países mais pobres do mundo correm o risco de serem privadas de escola por consequência da crise financeira mundial. Com 72 milhões de crianças ainda fora da escola, a desaceleração do crescimento econômico, conjugada com o aumento da pobreza, conjugada com a as pressões exercidas sbre os orçamentos públicos dos países, pode comprometer os progressos realizados no âmbito da educação nos últimos anos.

Os autores do Relatório estimam que, para que sejam atigindos os objetivos de Educação para Todos, será necessário cobrir o déficit de financiamento anual estimado em 16 bilhões de dólares, em soma consideravelmente maior do que a prevista em avaliações anteriores.

REFERÊNCIAS

BRASIL. Lei ordinária n. 9795/99. *Diário Oficial da União*. Brasília (DF), 28 abr. 1999: 1. col 1.

COELHO, I.M. A questão política do trabalho pedagógico. In: BRANDÃO, C.R. (coord). *O educador: vida e morte – escritos sobre uma espécie em perigo*. Rio de Janeiro: Edições Graal, 1998.

[CNUMAD] CONFERÊNCIA DAS NAÇÕES SOBRE O MEIO AMBIENTE E DESENVOLVIMENTO. *Agenda 21.* Brasília: Senado Federal, Subsecretaria de Edições Técnicas, 1997.

COMISSÃO MUNDIAL PARA MEIO AMBIENTE E DESENVOLVIMENTO. *Relatório Nosso Futuro Comum.* Rio de Janeiro: Fundação Getulio Vargas, 1988.

DELORS, J. *Educação. Um tesouro a descobrir. Relatório para a Unesco da Comissão Internacional sobre Educação para o século XXI.* Brasília: Cortêz Editora/MEC/ Unesco, 1999.

FREIRE, P. Educação: o sonho possível. In: BRANDÃO, C.R. (coord). *O educador: vida e morte – escritos sobre uma espécie em perigo.* Rio de Janeiro: Edições Graal, 1998, p.91-101.

_____. *Pedagogia do oprimido.* Rio de Janeiro: Paz e Terra, 2001a. (Coleção O mundo hoje, v. 21)

_____. Carta de Paulo Freire aos professores. Ensinar, aprender: leitura do mundo, leitura da palavra. *Estudos Avançados.* São Paulo, v. 15, n.42, 2001b, p.259-268. (Dossiê Educação).

GADOTTI, M. Concepção dialética de educação e educação brasileira contemporânea. *Educação e Sociedade.* v. 3, n. 8, 1981, p.5-32.

_____. *História das Ideias Pedagógicas.* São Paulo: Ática, 2001. (Série Educação)

LUZZI, D. La ambientalización de la educación formal, un diálogo abierto en la complejidad del campo educativo. In: LEFF, E. (coord). *La complejidad ambiental.* México: Siglo Veintiuno Editores, 2000, p.158-92.

MINAYO, M.C.S. Saúde e Ambiente no processo de desenvolvimento. *Ciência Saúde Coletiva.* v. 3, n. 2, 1998, p.4-5.

MIZUKAMI, M.G.N. *Ensino: as abordagens do processo.* São Paulo: EPU, 1986. (Coleção Temas Básicos de Educação e Ensino)

MORIN, E. *Os sete saberes necessários à Educação do Futuro.* Brasília: Cortêz Editora/Unesco, 2000.

[OPS] ORGANIZACIÓN PAN-AMERICANA DE LA SALUD. *La administración estrategica: lineamientos para sus desarrollos: los contenidos educacionales.* Washington: OMS/OPS, 1995, p.35-45.

PELICIONI, A.F. Educação Ambiental: limites e possibilidades de uma ação transformadora. São Paulo, 2002. Tese (Doutorado). Faculdade de Saúde Pública da Universidade de São Paulo.

PELICIONI, M.C.F. Educação ambiental, qualidade de vida e sustentabilidade. *Saúde e Sociedade.* v.7, n.2, 1998, p.19-31.

PELICIONI, M.C.F.; PHILIPPI Jr, A. Agenda 21 Local – instrumento de controle social. *Jornal da USP*. 8 a 14 mar. 1999, p.2.

PHILIPPI Jr, A.; PELICIONI, M.C.F. Agenda 21 – o que, por que, para que? *Jornal da USP*. 9 a 15 mar. 1998, p.2.

_____. Alguns pressupostos da Educação Ambiental. In: PHILIPPI Jr., A.; PELICIONI, M.C.F. (org). *Educação Ambiental. Desenvolvimento de cursos e projetos.* São Paulo: Signus/USP, 2000.

PHILIPPI Jr, A.; ZULAUF, W.E. Estruturação dos municípios para a criação e implementação do sistema de gestão ambiental. In: PHILIPPI Jr, A.; MAGLIO, I.C.; COIMBRA, J.A.A. et al. *Municípios e meio ambiente: perspectivas para a municipalização da gestão ambiental no Brasil.* São Paulo: Associação Nacional de Municípios e Meio Ambiente (Anamma), 1999.

REIGOTA, M. Educação Ambiental: compromisso político e competência técnica. In: PHILIPPI Jr, A.; PELICIONI, M.C.F. *Educação Ambiental: desenvolvimento de cursos e projetos.* São Paulo: Signus, 2000, p.33-35.

SOBRAL, F.A.F. Educação para a competitividade ou para a cidadania social? Educação, estrutura e mudanças: São Paulo em perspectiva. *Revista Fundação Seade.* v.14, n.1, 2000, p.3-11.

[SVMA-SP] SECRETARIA MUNICIPAL DO VERDE E DO MEIO AMBIENTE. *Agenda 21 Local. Compromisso do Município de São Paulo.* São Paulo: PMSP/SVMA, 1996.

[UNESCO] UNITED NATION EDUCATIONAL, SCIENTIFIC AND CULTURAL ORGANIZATION. *Relatório de Monitoramento Global de Educação para Todos* 2010. Disponível em: http://www.unesco.org/pt/brasilia/single-view/news/2010_education_for_all_global_monitoring_report_is_being_launched_19_january_in_new_york/back/9669/cHash/c79019d132/. Acessado em: 11 fev. 2010.

O Projeto da Paisagem e a Sustentabilidade das Cidades

14

Paulo Renato Mesquita Pellegrino
Arquiteto urbanista, Faculdade de Arquitetura e Urbanismo – USP

A PAISAGEM COMO ESTRATÉGIA

Houve um tempo em que o fornecimento dos recursos naturais, que fazem com que as nossas cidades sejam habitáveis, era dado como certo. Por incrível que possa parecer hoje, era aceito que o atendimento de necessidades básicas, como abastecimento de água, controle climático e de áreas de risco, entre outras tantas necessárias para o contínuo crescimento e prosperidade das cidades, não tinha nada a ver com o reconhecimento dos processos naturais que atuam em seus sítios, nem era inerente ao conjunto dos espaços abertos ao longo dos seus rios, na área dos seus mananciais, nas montanhas, morros e florestas que as cercam, em toda a vegetação remanescente ou implantada que entremeava sua malha de vias e lotes. Aceitava-se que a conservação desses espaços fosse condicionada aos interesses do momento. Árvores, parques e jardins, rios, córregos e represas com suas margens e nascentes conservadas, ar puro e uma paisagem local valorizada para o usufruto da população eram vistos como um luxo, algo bom de se ter, mas um extra opcional que poderia vir a ser considerado, depois que todos os demais usos essenciais, como habitação, saúde, educação, segurança e transporte, já tivessem sido adequadamente atendidos.

No entanto, milhões de habitantes depois, a realidade dos fatos mostra que esses mesmos espaços abertos, onde são conservados os solos, a vegetação e as águas, são uma parte essencial da própria estrutura da cidade, e que, por meio dos processos que abrigam, são capazes de nos dar graciosamente um grande arsenal de serviços para a sobrevivência, a saúde e o bem-estar de todos os cidadãos. Além disso, foi descoberto agora que quando as paisagens que contêm esses elementos são conservadas ou recuperadas valoriza-se a imagem das cidades, fortalecendo a identidade dos seus habitantes, traz-se a possibilidade de recreação e lazer para milhões de pessoas e sustenta-se o setor do lazer, diversão e turismo; melhoram-se as condições de saúde pública, e criam-se, ainda, condições próprias para um posicionamento mais vantajoso da cidade na rede urbana do país e do mundo. E, quando os sinais de mudanças climáticas começam a se fazer sentir, essa rede de espaços abertos mostra-se ainda mais importante, com sua capacidade de fixar carbono, absorver e reter o excesso de água e conduzir com eficiência o escoamento das chuvas pelas áreas urbanizadas, ajudando a amenizar os extremos climáticos. Enfim, esses espaços e os elementos que contêm, entremeados na malha urbana, passam a ser vistos como uma das suas redes de infraestrutura, e uma das mais estratégicas com que se pode contar para garantir e ampliar as condições de habitabilidade e prosperidade das cidades, onde as tecnologias naturais podem ser engendradas em soluções paisagísticas inovadoras, integradas nas edificações e demais redes infraestruturais como elementos que se complementam e que, assim combinados, podem avançar para novos níveis de sustentabilidade urbana.

Como um dos resultados desse processo de amadurecimento da sociedade, os recursos dados pela natureza passam a ser tratados e incorporados aos planos e projetos urbanos, tanto em decorrência dos novos conhecimentos que foram sendo acumulados pelas ciências da natureza no último século, quanto pelas mudanças de percepção, valores e crenças que mediavam as relações da sociedade com a natureza, principalmente nas cidades, onde se chegou até a pensar que esta teria sido exilada para sempre (Oseki e Pellegrino, 2004). Isso se coloca como parte de uma história mais longa, da luta entre os que retirariam o homem da paisagem e da natureza e aqueles que pensam que é preciso interagir ativamente com a paisagem e o meio ambiente. Mas, se nos planos e projetos urbanísticos, as condicionantes ambientais passaram a ser observadas e melhor aproveitadas, o mesmo não sucedeu no âmbito do próprio projeto da paisagem dos empreendimentos urbanísticos públicos ou privados, onde bons planos e projetos na escala das cidades ou de setores urbanos acabam sendo comprometidos quando são detalhados em projetos executivos, sendo assim implantados, quase como se fosse para serem resolvidos *in loco*. Isto, na realidade das cidades brasileiras, se entende como sendo o projeto básico, que é o exigido para as licitações, em uma atitude que demonstra a desconsideração, ou até mesmo o desconhecimento, sobre o que sejam projetos paisagísticos completos no meio técnico-administrativo público. Assim, vê-se com frequência, por esse processo perverso de desvalorização do projeto de paisagem no Brasil, as boas ideias e princípios definidos na macroescala sendo perdidos nos excessos de áreas pavimentadas, no mau trato do solo e do plantio equivocado ou displicente, no não entendimento das funções e especificidade do lugar, na precariedade das soluções técnicas, na perda de oportunidades e no desperdício de recursos públicos. Esses fatos podem ser debitados na desqualificação que a atividade de projeto e execução dos espaços abertos sofreram no país, tanto por parte de setores públicos quanto da iniciativa privada, associados a estes. A esquálida situação que apresentam os espaços abertos públicos no Brasil não pode ser, portanto, imputada à falta de educação da população ou a outros tipos de racionalizações advindas de preconceitos sociais, mas ao próprio sistema técnico-administrativo que viceja nessa zona cinzenta, à qual o projeto da paisagem está ligado em nosso país. Assim, sempre será um espanto, quando em viagem a outros países onde essa área de projeto foi mais desenvolvida, a qualidade que apresentam os espaços públicos de cidades visitadas quando comparadas ao descalabro das calçadas, praças, parques, condomínios etc. do Brasil.

Com este capítulo, procura-se fornecer a oportunidade de rever conceitos e métodos de planejar e projetar os espaços abertos como parte de uma concepção mais inclusiva da infraestrutura das cidades, e de ver que este é um momento estratégico – de expansão e modernização de suas redes de infraestrutura – no país. Isso apresenta um potencial que podemos apenas vislumbrar, afinal, muitas cidades ainda têm a chance de otimizar o desempenho de seus parques, praças e arborização, de recuperar e valorizar seus rios, lagos e orlas, e de pensar um novo modelo de infraestrutura a ser implantado, integrado ao projeto de sua paisagem. Herdeiros de um patrimônio natural excepcional, e ao mesmo tempo com um conjunto vibrante de cidades que se ampliam, de áreas agrícolas que aumentam suas produções, e da correlata necessidade de novos projetos de infraestrutura a serem implantados, é preciso ver este momento no país como estratégico, para que se possa conservar todo esse patrimônio e ampliar seu legado direto. Podemos dizer que este é o momento certo de acomodar uma nova infraestrutura urbana e rural, que venha a ser tão revolucionária como foram em seu tempo os planos dos desbravadores e colonizadores desse imenso território.

Esse patrimônio natural com que se conta é uma vantagem, mas também um desafio, pois um crescimento sem limites pode ter como resultado a perda desses espaços abertos e de todos os serviços gratuitos que fornecem, além de vir a trazer aumento de custos em relação a abastecimento de água, enchentes, riscos urbanos em saúde pública etc. Apesar de ainda não se quantificar o valor total que esses espaços com solo, água e vegetação abundante podem ter, a longo prazo, a sua conservação e recuperação deve custar menos do que o esgotamento de seus recursos, além de permitir que seus benefícios continuem sendo colhidos. É preciso olhar para futuros cenários de crescimento e sustentabilidade e tentar mapear como esses espaços abertos poderiam ter seus desempenhos, em serviços que fornecem para a sociedade, multiplicados por projetos, baseados em sólidos conhecimentos dos solos, clima, hidrologia, ecologia e da cultura local, e vir a se tornar uma estrutura ecológica (Magalhães, 2001) das cidades e suas regiões.

Algumas estratégias de desenvolvimento urbano que incorporam as tecnologias naturais (Wenk, 2002) são: a combinação da força da gravidade com o substrato e a vegetação para um controle e tratamento das águas pluviais urbanas, os fluxos de polinização e sementes que corredores verdes propiciam para uma sustentabilidade da vegetação urbana, e a arborização para ruas mais confortáveis. Muitos projetos já podem ajudar a visualizar o que seriam cidades vibrantes, em que a natureza e a sociedade pudessem ser harmonizadas. Todas as cidades que optem por essa nova visão de sustentabilidade urbana podem se aproveitar desses exemplos como um conjunto de táticas adaptáveis às condições que são encontradas nas mais diversas situações urbanas, de grandes vias e parques urbanos a jardins e calçadas em bairros residenciais. São modelos que podem ser implantados em diversos momentos, podendo ser adequados aos programas de obras, de modo que seus efeitos benéficos sejam acumulativos e multipliquem-se pelas suas sinergias. E, assim, em prazos possíveis, essas intervenções podem complementar e substituir parte da infraestrutura tradicional que necessita de ampliação e modernização, diminuindo seus custos de manutenção crescentes e que já não atendem aos objetivos desejados.

O que se precisa é: que o projeto da paisagem assuma um papel não só qualificador, mas também estruturador da cidade, com os projetos urbanos e edificações; que sejam desenvolvidos e implantados projetos que atendam às especificidades ecológicas do meio em que são inseridos, e que essas paisagens resultantes sejam o outro lado do sucesso econômico e da prosperidade das cidades; que se demonstre que a divisão entre cidade e natureza não é uma decorrência inseparável dos processos de urbanização; que se mostre que a pesquisa acadêmica na área da arquitetura da paisagem pode ser diretamente aplicada no fazer técnico, contribuindo efetivamente para que uma das áreas de projeto do ambiente humano mais promissoras possa revelar sua real potencialidade.

O que se espera das cidades é muito pouco perto do que elas podem proporcionar, e uma das saídas para conseguir mais dos espaços em que se vive é ter as informações certas e projetar com a sensibilidade daquilo que cada lugar requer. Isso significa que não se pode mais admitir projetos de arquitetura paisagística defasados, anacrônicos e incompletos, nem o desleixo na sua execução e manutenção, algo a que os espaços abertos públicos brasileiros parecem ainda condenados; significa também não aceitar que os dados de clima, da hidrologia, do solo, da vegetação e dos animais que interagem com os homens nas cidades sejam desconsiderados em projetos específicos, decorrentes de planos e projetos urbanos; e entender que os dados da paisagem local são tão ou mais importantes que os demais que dizem respeito aos usos, técnicas e materiais. Deve-se encontrar formas de vencer a resistência ao novo nas administrações públicas e privadas, bem como a que existe em setores do meio técnico-profissional, e conseguir que os espaços do cotidiano apresentem a qualidade que se deseja, que as cidades prosperem e que todo o espaço de vida seja uma expressão da mais refinada arte da sobrevivência (Yu e Padua, 2006).

OS PROJETOS DE PAISAGEM COMO PARTE DE UMA INFRAESTRUTURA VERDE

Em um artigo publicado por Weber et al. (2006), era apresentada uma avaliação da infraestrutura verde do estado de Maryland, Estados Unidos, como uma ferramenta de trabalho desenvolvida no Departamento de Recursos Naturais desse estado norte-americano, com o intuito de classificar as áreas de maior interesse ecológico e em maior risco de perda para todo o estado. Este artigo começa com a definição de *"Green infrastructure"* (assim, entre aspas) como um termo que descrevia a quantidade e a distribuição dos aspectos naturais de uma paisagem, como florestas, várzeas e cursos d'água, que, tal qual as infraestruturas construídas, como estradas e serviços públicos, é necessária para a sociedade contemporânea, pois provê serviços ambientais que são igualmente necessários para o seu bem-estar.

Consideravam-se as áreas não urbanizadas do estado como sua infraestrutura verde, pois dessas áreas provém a maior parte dos serviços naturais de que o estado depende. Entre esses serviços eram enumerados: limpeza do ar, filtragem e resfriamento das águas, estocagem e ciclagem de nutrientes, conservação e geração de solos, polinização de colheitas e outras plantas, controle climático, sequestro de carbono, proteção de áreas de risco, controle de enchentes e manutenção dos regimes hidrológicos (Costanza et al., 1997; Conservation Fund, 2000 apud Weber et al. 2006), e completava-se com bens e serviços comerciais, como pesca, caça e recreação; habitat para espécies selvagens, manutenção da variedade genética, usufruto estético, saúde e qualidade de vida em geral para a população daquele estado.

Argumentava-se que, quando essas áreas são convertidas para outros usos, existem custos relativos à perda dos serviços que prestavam, que não são considerados pelas forças do mercado, e que são embutidos para a população. Como, no passado, os serviços que essas áreas forneciam eram tão abundantes e resilientes, eles eram considerados como dados. Hoje, tanto com o aumento da população quanto com um intenso uso do solo, percebeu-se que esses serviços têm de passar a ser considerados e valorados, pois a sua falência causa danos que são difíceis e custosos de reparar, com impacto no desenvolvimento da sociedade (Moore, 2002 apud Weber et al., 2006).

No planejamento da paisagem, vários conceitos já avançavam sobre o entendimento dessas redes interligadas de espaços eminentemente vegetados ou naturais, com suas várias funções, inserções e escalas (Frischenbruder e Pellegrino, 2006), dando as bases para que esse conjunto de espaços fosse percebido para além de mais uma categoria de uso dos solos, ou tipologia urbanística, que era como se apresentava nos planos urbanos mais avançados da época. Já no planejamento urbano e regional, o conjunto de espaços era convencionalmente visto como espaços vazios, como um estoque de área a ser construída, ou aquelas áreas que foram forçosamente deixadas desocupadas por injunções legais. Também aparece como um sistema de espaços livres a ser sobreposto ao tecido urbano, como uma herança da cidade modernista, na qual uma das quatro funções básicas da cidade, a diversão, deveria acontecer nesse fundo verde indiferenciado, preferencialmente gramado, pontuado por algumas árvores adultas, onde os edifícios lâmina se assentariam sobre pilotis.

Também em 2006, um livro intitulado *Green Infrastructure* (McMahon, 2006) era lançado, e nele argumentava-se que aquilo que o diferenciava dos outros enfoques de planejamento ambiental, ecológico ou paisagístico, era o fato de ver a proteção, manejo e restauração dos espaços de conservação de maneira integrada à implantação das redes de infraestrutura convencionais, que acompanham o processo de desenvolvimento dos usos urbanos e rurais. Propunha que essa rede interconectada de áreas naturais e outros espaços abertos que fornecem os sistemas naturais de suporte à vida, como a necessária estrutura ecológica que sustenta o bem-estar social e econômico, fosse vista como uma necessidade, não apenas como algo agradável de se ter. Propunha, ainda, que estes espaços não podiam ser mais percebidos como espaços fora do (ou em oposição ao) desenvolvimento, mas como o próprio quadro de sustentação dos lugares onde se mora, trabalha, circula e se diverte.

Nesse sentido, cria-se um conceito que vê as áreas a serem protegidas, manejadas ou restauradas como parte das áreas ocupadas, ou a serem ocupadas, pelos demais usos e redes de infraestrutura. Ahern, em 2007, expande este conceito, entendendo-o como uma infraestrutura verde urbana, como uma maneira de otimizar o uso do solo com os espaços abertos intraurbanos, como um meio de organizar espacialmente os ambientes urbanos de forma a sustentar um conjunto de funções ecológicas e culturais e, assim, abarcar um *continuum* de paisagens construídas e naturais. Ahern (2007) aponta que há diversas escalas apropriadas para analisar as conexões físicas existentes e propostas entre os elementos da infraestrutura verde, que vão desde a escala da região ou da cidade, dos distritos ou vizinhanças, até a de locais específicos. Apoiado nos princípios da ecologia da paisagem, de que o funcionamento de uma paisagem é determinado pela composição e pela configuração espacial dos seus elementos (Turner, 1989 apud Ahern, 2007), e de que o conceito de estrutura ecológica é raramente aplicado em contextos urbanos, esse autor propõe que a infraestrutura verde também seja vista como parte do tecido urbano. No enfoque da ecologia da paisagem, a estrutura e os elementos da paisagem urbana são mais analisados no sentido de verificar quanto facilitam ou impedem o fluxo de energia, materiais, nutrientes, espécies e pessoas. Sendo assim para os processos ecológicos como a fragmentação e isolamento das áreas naturais, para a degradação dos corpos d'água como uma alteração no ciclo hidrológico e para as pessoas com construção de estradas. Desse modo, tendo como ferramenta de análise e proposição os princípios da ecologia da paisagem, a visão de Ahern sobre a infraestrutura verde urbana é ainda muito restrita e defensiva, basicamente a de garantir a manutenção dos processos ecológicos nas áreas urbanas, como com o "esverdeamento" das infraestruturas existentes.

Kongjian Yu editou um livro, também em 2006, baseado em projetos e planos realizados na *Turenscape*, empresa de projetos paisagísticos, arquitetônicos e urbanísticos associada à Universidade de Pequim, China. Nele, com uma linguagem formal inovadora, às vezes denominada um "vernacular poético" (Yu e Padua, 2006), são apresentados projetos de paisagem em várias escalas que se originam de um intenso conhecimento dos processos naturais e humanos que interagem em cada área.

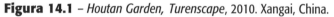
Figura 14.1 – *Houtan Garden, Turenscape*, 2010. Xangai, China.

Yu faz uso do termo "infraestrutura ecológica" para indicar que projetos na escala urbana e regional podem estabelecer, seguindo níveis de segurança estabelecidos para a manutenção dos processos vitais das paisagens, ou seja, níveis de maior ou menor garantia na continuidade de fornecimento, ou restauração dos serviços ambientais que os espaços abertos fornecem. Esses níveis dependem da alternativa adotada, do plano de infraestrutura ecológica, do fato de ser a infraestrutura mais ou menos abrangente na previsão das áreas abertas, e dos projetos locais que se complementam. O que cabe destacar, nesses trabalhos apresentados, é que eles demonstram a integração e a passagem entre as escalas de planejamento e de projeto, sendo assim, apresentam-se como um dos primeiros a resolver, de forma satisfatória, o aparente impasse que dividia o campo do projeto do campo das ciências naturais, principalmente da ecologia, no qual, desde meados do século passado, parecem se dividir os que advogam a autonomia da atividade de criação projetual, dos que tentam seguir estritamente as exigências ambientais, como se o homem não pudesse contribuir para a melhoria ambiental de um lugar, e como se esta só fosse alcançada, seguindo essa lógica, se o homem fosse retirado ou proibido de ficar ali.

Mas essa dissonância entre projeto e ciência não ocorre apenas com relação às ciências da natureza, mas também quanto às ciências exatas. Estratégias fomentadas pelo estado e pelo mercado para melhorar o desempenho das infraestruturas são focadas na eficiência tecnológica e na inovação dos métodos de construção, e são tratadas por técnicos especializados como um problema técnico único, a ser resolvido atendendo precipuamente a função a que foram definidas (apesar de que, agora, tais estratégias têm também de considerar o desafio de ter de limitar o impacto ambiental). Longe ainda parece estar o momento em que as obras de infraestrutura voltariam a ser vistas também como uma oportunidade de melhorar a paisagem. No entanto, as dificuldades crescentes que vêm surgindo para atender a demanda por recursos naturais, para o financiamento da modernização da rede e em planejar novas obras de infraestrutura, sugerem que a raiz do problema está muito mais relacionada com o modo como as redes de serviços públicos são projetadas e manejadas. Está se tornando claro que as estruturas existentes, os processos e a lógica do seu de manejo, frequentemente não conduzem à conservação dos recursos e à prevenção da poluição, e mais ainda, que os antigos meios usados para minimizar o uso de recursos não têm se mostrado eficazes sob as novas normas institucionais requeridas para o manejo das infraestruturas (Guy et al., 2001).

Um novo paradigma para as infraestrutras urbanas foi colocado pelo conceito de manejo de fluxos, que tem como base a definição de metas para a redução de fluxos, como no exemplo da drenagem urbana, de redução do escoamento superficial das águas das chuvas, e dos impactos ambientais que gera. Foram desenvolvidos, em contraste com os dos an-

502 | CURSO DE GESTÃO AMBIENTAL

tigos, meios de manejo do uso de material e energia pelas redes de infraestrutura, que eram basicamente pautados por considerações econômicas e limitações técnicas. O novo conceito exige focar, de modo sistemático, todo o ciclo de vida dos materiais e produtos que são utilizados e fornecidos pelos serviços públicos, com o objetivo de otimizar o uso dos recursos, tanto nos aspectos ambientais quanto nos econômicos (Fring, 1995; Friege, 1998 apud Guy et al., 2001). Os grandes desafios passam a ser identificar instrumentos e estratégias adequados para o atendimento desses objetivos, e promover a transição das infraestruturas urbanas convencionais existentes para esse novo estágio de seu desenvolvimento, já que a introdução dessas novas tecnologias na escala local, onde havia um sistema centralizado, não apenas reordena as estruturas técnicas, como também chama à responsabilidade a sociedade, desafiando as estruturas e processos tradicionais (Moss, 2000 apud Guy et al., 2001). A rede de tratamento da água pluvial, por exemplo, passa a não ser mais do domínio de uma única empresa; um maior número de atores é agora envolvido, como os proprietários, empreendedores, arquitetos e o setor da administração pública que cuida dos parques e áreas verdes, cada qual com um conjunto de responsabilidades: empreendedores de construí-los, proprietários de mantê-los, arquitetos de incluí-los em seus projetos dos espaços abertos e o departamento de áreas verdes de acompanhar o desenvolvimento da vegetação.

Trazer a infraestrutura à pauta muda o comportamento frente a esta, as responsabilidades e os custos são rearranjados, os moradores passam a ver qual é o seu trecho e a ser responsabilizado pelos danos que possam causar, e os investimentos na sua instalação e manutenção ao longo das ruas, por exemplo, passam a ser mais dos moradores e empreendedores que dos órgãos públicos. Nos estudos de caso discutidos no livro de Guy et al. (2001), constatou-se que a opinião da população sobre esse sistema, nos locais onde foi implantado, é dividida, exceto a respeito do próprio elemento em si e mais sobre como deve ser mantido. Os arquitetos reclamam das restrições que acarretam sobre os seus projetos, já que equivalem, nestes casos, a 10 a 15% da área total impermeabilizada; e o setor de parque e áreas verdes reclama do ônus da fiscalização, cujos benefícios financeiros ele não recebe de volta. Outra preocupação que expressam é que, com o sistema existente de cobrança da água e esgoto, não há incentivo para os proprietários desconectarem suas áreas. São narrados planos, em algumas cidades, de ser introduzida uma taxa separada de disposição da água da chuva, porém, isso criaria uma taxa a mais para aqueles mais despossuídos, ou que não têm área para cumprir as novas normas. Enfim, termina o autor, nesse exemplo de manejo da água pluvial dentro desse novo paradigma, dizendo que a busca da melhor solução está sempre na negociação de conflitos pelos diferentes atores, na busca de quem é realmente o responsável por qual parte da sua implantação e manejo.

A ARQUITETURA DA PAISAGEM QUE É NECESSÁRIA

Precisa-se de projetos que respondam a essas necessidades. Mas qual tipo de projetos? Por certo, de projetos que vão além do que, durante os últimos anos, convencionou-se como paisagismo, no Brasil, ou dos projetos urbanos que se baseiam apenas na morfologia das edificações, mas mais ainda, do ramo dos projetos para os espaços abertos que pretende ser a contrapartida para uma arquitetura contemporânea de "alto estilo", que se apresenta como novidades em exposições ou em projetos residenciais ou corporativos de prestígio, mas que, no fim, se mostram projetos descartáveis. E, pior, para cada projeto significativo, o mercado parece produzir uma dezena de imitações de qualidade inferior. O sentimento que fica, nos trechos mais valorizados das cidades, ou nos empreendimentos que querem se destacar, é o mesmo que se tem na maioria das galerias de arte e lojas de design: uma enorme quantidade de trabalho e a mediocridade da maioria. Isso pode fazer com que o trabalho de separar os bons dos ruins seja um esforço imenso.

As bordas precisas, as superfícies limpas e o apelo do controle, que muitos dos projetos comerciais e institucionais atuais apresentam, ofuscam o que há de melhor nos projetos de paisagem. Assim, quem poderia defender mais desses projetos egocêntricos? Os arquitetos paisagistas detêm uma notável capacidade, dada pelo seu próprio meio de projeto, de poder incorporar os elementos naturais nos espaços abertos, entre os edifícios, das ruas, praças e parques que permeiam a cidade. Esse esforço de misturar as plantas, o solo, a luz e a água com a cultura e o uso de um lugar é capaz de moderar os sentimentos que os locais por onde se passa podem suscitar, e é capaz até de evocar locais que já foram amados, e dos quais, agora, é quase incapaz de se lembrar; onde o capim, as flores silvestres e as poças d'água zuniam com insetos, pássaros e vitalidade. Apoiado nessa mesma natureza de seus elementos e processos, o projeto da paisagem é parte dessa tensa composição de elementos nas realidades, que às vezes são até conflitantes, em que se interpõem.

As mudanças que se percebe na paisagem da maioria das cidades podem ser vistas como uma inconveniente exposição dos conflitos entre os espaços públicos e os privados, com a inevitável consequência do processo de expulsão dos destituídos, como uma exposição da falta de sustentabilidade que apresentam. Nas grandes cidades brasileiras, e mesmo em alguns empreendimentos na periferia e no campo, esse processo tornou-se particularmente selvagem. Os espaços abertos foram divididos entre empresas, que veem as novidades no paisagismo como um meio de inflar os preços de seus empreendimentos; uma administração pública que busca prestígio político imediato, apoiada por um corpo técnico que não aceita nenhuma mudança em seu *status quo*; e uma população que se distribui entre consumidores alienados e massas marginalizadas.

Nós, que projetamos na paisagem, não inventamos esse mundo, mas muitos de nós sabemos que nossos projetos são usados para vender imóveis ou fortalecer políticos, e que formas novas e atraentes podem, sob uma vistosa capa de desenvolvimento urbano, disfarçar os danos ambientais causados pelas forças de um mercado sem freios. Mas, como muitos dos nossos colegas, procuramos manter o princípio, que alguns podem até chamar de ingênuo, de que os projetos da paisagem podem, ao invés de esconder, ajudar a nos fazer ficar alertas a esses caminhos sociais e ambientais sem saída.

Em meio à paisagem opaca que vai cobrindo as cidades, essa atitude começa a ser percebida nos sinais que alguns projetos implantados em nossas cidades começam a emitir, com suas formas irregulares, em ângulos inusitados, refletindo fragmentos do entendimento que foi perdido sobre o aproveitamento das forças naturais, oferecendo um contraponto às superfícies secas e figuras geométricas que o restante dos espaços apresentam. Pode ser argumentado que essas criações fornecem apenas a aparência de natureza, em um ambiente que está caminhando, mais e mais, para a insustentabilidade. Para os que mantêm esses objetivos, no entanto, a procura de uma paisagem sustentável pode ser uma referência sobre como navegar em um caminho mais esclarecido numa era de extremos.

Não é uma utopia, mas uma demonstração do que o arquiteto pode alcançar no projeto da paisagem quando foca sua atenção em um pequeno canto da cidade. E é típico de um movimento emergente de projeto paisagístico com consciência ambiental. Nos últimos anos, quando as mudanças climáticas se tornaram mais óbvias – apesar dos céticos de plantão, que preferem esperar para ver –, os custos com os desastres naturais começa-

O PROJETO DA PAISAGEM E A SUSTENTABILIDADE DAS CIDADES | **505**

ram a crescer, e alguns arquitetos começaram a defender um enfoque para o projeto da paisagem que integrasse as preocupações ambientais tradicionais – sustentabilidade, biodiversidade, restauração, conservação – com uma sensibilidade estética e uma flexibilidade de atendimento a diversas funções, que os ambientalistas do passado não demonstravam possuir. Essa limitação e ortodoxia em estritas normas, estabelecidas pela boa intenção de conservar uma natureza idealizada, cristalizou-se em uma legislação na qual o poder público é encarregado de seguir para aprovar e fiscalizar os projetos, foi ainda associada a uma falta de sensibilidade, por parte desses setores normativos, aos aspectos de linguagem dos projetos. Isso fez com que muitos arquitetos bem intencionados ficassem insatisfeitos com muitas das normas sobremaneira rígidas e prescrições esquemáticas extremamente restritivas, que passaram a reger sua atividade de projeto nos espaços abertos.

Como se sabe, a conquista do apoio da maioria da população a uma maneira mais sustentável de vida urbana é mais eficaz quando se faz uso de projetos tanto ambientalmente bem fundamentados, quanto visualmente sedutores. Em alguns casos, essa sedução envolve pequenos ajustes nas práticas ambientais mais tradicionais, diminuindo as resistências que uma parte da população possa ter, por exemplo, por plantas nativas em um uso mais livre, bem como por outras alternativas de menor uso de recursos e manutenção. Isso poderia ser mais facilmente alcançado se a comunidade percebesse que ter um lugar que não é parecido com todos os demais serve para aumentar o orgulho de seus espaços abertos. Mas não se deve esquecer que é possível forçar a opinião pública só até certo ponto, para que não se perca a credibilidade, e desse modo, nesse exemplo, associar o uso de plantas nativas de forma mais livre com elementos de projeto que sejam marcantes, e assim, fazer com que esses elementos desempenhem o papel de âncoras visuais, de modo que o usuário se sinta mais relacionado com o lugar. Talvez esses projetos possam até, no âmbito de uma vizinhança, ser mais convencionalmente atrativos e reconhecidos, como um jardim.

Muitos arquitetos tentam entrar mais profundamente nos anseios e interesses de seus clientes, particularmente quando se trata de um grande projeto. Muitos, inclusive, procuram se esconder do fato de serem os seus criadores, atrás das necessidades e desejos dos usuários, no interesse de atendê-los. Mas, de qualquer modo, o ponto de partida tem de ser o lugar. Os moradores têm suas casas; os empreendedores, seus negócios; e os políticos, suas razões para bancar determinados projetos, e cabe aos arquitetos paisagistas descobrir esses interesses e trazê-los para o lugar. O projeto de

CURSO DE GESTÃO AMBIENTAL

paisagem tem meios de ajudar as pessoas a apreciarem o contexto físico do seu lugar e entenderem que podem se tornar os guardiões da cidade à sua volta, mesmo além de seus próprios terrenos. Nunca é demais enfatizar o poder transformador de um lugar, tanto no projeto quanto na comunicação do projetista com os usuários, já que, muitas vezes, parece que estes acham que tudo o que esteja originalmente em seu terreno ou vizinhança deva ser desinteressante ou indesejável, e necessita ser substituído por algo novo. Nunca é demais focar as lentes na beleza do próprio lugar, em como pode ser melhor aproveitar a geologia local, as plantas e as formas de manejo que ali existem – tanto as nativas quanto as introduzidas.

Um projeto de paisagem nunca é feito apenas de simbolismo: ele só se mantém se estiver de acordo com as forças de suporte da sociedade e da natureza. Por razões práticas e ecológicas, é preciso tentar usar materiais locais que se fundam no e com o ambiente do lugar, além de ser necessário economizar os recursos em uma obra e a energia na manutenção de um lugar. Mas, algumas vezes, descobre-se que o que está mais ao alcance das mãos não é o que mais atrai as pessoas. Considerando o fato de que elas frequentemente são atraídas por elementos importados mais exóticos, e que uma pedra trazida da China pode ser mais barata de usar, mesmo considerando o transporte, é um desafio manter tais princípios em face dos condicionantes financeiros e culturais com que se lida diariamente. Mas, depois de todos esses anos estragando paisagens, com todos falando de questões ambientais e de sustentabilidade, pode-se encontrar clientes que queiram realmente se engajar de maneira mais significativa, e pensar sua propriedade, sua vizinhança e sua cidade de forma mais holística. Hoje, tem-se um momento totalmente diferente, em que todos estão pensando, em diferentes graus, nessas questões de sustentabilidade ambiental.

É possível observar que, até recentemente, procurar uma certificação de qualidade ambiental para uma obra era uma escolha cara, que podia acrescentar um custo significativo. Hoje, as características requeridas por essas certificações são mais acessíveis e se tornaram um ativo para o empreendedor. As pessoas estão mais receptivas às mudanças, sabem que as coisas têm de avançar. Talvez não vislumbrem como podem ser essas novas soluções de projeto, mas desejam algo que aponte nessa direção. Contudo, principalmente, a mensagem de uma maior responsabilidade ambiental e de conservação não pode ser passada em termos punitivos, caso precise ser bem-sucedida. As pessoas não devem ser levadas a decidir entre o que lhes agrada e interessa e o que é sustentável. O trabalho dos arquitetos na paisagem deve ser o de tornar o que é sustentável algo interessante e atraente, além de responder ao escopo do projeto. Estrategicamente, não é mais eficiente apresentar um plano que necessite de uma total mudança imediata, mas sim, um no qual projetos incrementalistas possam ser trazidos e aceitos pouco a pouco.

Além desse lado prático, não se deve menosprezar a força da honestidade de trazer à superfície a história de áreas intensamente usadas e processadas, com as quais usualmente as pessoas defrontam, cujas paisagens naturais imaculadas parecem tão distantes quanto o paraíso perdido. Por exemplo, hoje, uma área típica de projeto para um parque nas cidades é uma área industrial abandonada, um terreno contaminado, as margens de um córrego que serve de captação de águas servidas e depósito de entulho, onde antes havia uma favela. Nos grandes centros urbanos, nenhum outro tipo de terreno está mais disponível. Um projeto dirigido a recuperar essas áreas, pode conter múltiplas referências a essas camadas do passado, das quais os seus usuários podem se valer, ou não, pois para cada um que usa um parque, este representa uma coisa diferente. No uso de um lugar, selecionam-se informações e, com estas, faz-se uma interpretação pessoal do que seja esse lugar. Cada um tem um método de combinar a informação existente, e não se deve esperar que todos os usuários façam uso de todas as camadas de informação que um projeto como esse possa ter (Pellegrino, 1995). Paisagens podem ser desenhadas para oferecer a cada usuário a oportunidade de interpretá-la da sua própria maneira. Como é inerente às paisagens, estas contam com camadas de significados, deixados pela sua história geológica, pelo clima, pela vida, pelos usos, que podem ser lidos por especialistas, ou mesmo por leigos, mas não em sua totalidade, já que os padrões que os fazem legíveis podem estar visíveis apenas em outras escalas. E, não importa o quão pouco se queira intervir, também será colocada outra camada de informação com a implantação do projeto. Porque, então, não deixar também que todos possam fazer um uso próprio da história daquela paisagem?

Desde o movimento da *Land Art*, nos anos 1960, há a consciência de que se pode trabalhar com processos geológicos, de cristalização, de crescimento e de entropia, entre outros. Desde o movimento ambientalista, iniciado nessa mesma época, tenta-se integrar os processos ecológicos nos projetos. E, desde que sustentabilidade se tornou uma palavra obrigatória para se anexar aos projetos, os arquitetos paisagistas passam, necessariamente, a ter de compreender que as suas criações se desenrolam ao longo

CURSO DE GESTÃO AMBIENTAL

do tempo e que o que fazem, basicamente, é engendrar um processo e o pôr em movimento, enquanto se tenta manter algum controle sobre este. Essa compreensão é um grande avanço, que oferece uma grande pista de como devem ser os projetos, de que estes não precisam ser só a sobreposição de mais uma nova camada, mas que também podem ajudar a decompor camadas anteriores, revelando novos significados e funções.

Tomados juntos, esses entendimentos sobre o projeto da paisagem podem trazer novos padrões arquitetônicos para a infraestrutura urbana, principalmente onde esta se mostra mais ineficiente. É uma grande mudança, em relação às décadas passadas, quando os burocratas urbanos consideravam que um bom projeto era um supérfluo caro, e se permitiu que a qualidade da infraestutura urbana fosse reduzida até um limite mínimo. Esta mensagem de indiferença oficial contribuiu para o clima de ceticismo do público sobre como pode ser a paisagem da cidade, e abaixou as expectativas sobre as grandes ou pequenas melhorias urbanas. Mas, agora, começa-se a vislumbrar paisagens multifuncionais para as cidades, que podem ser ao mesmo tempo atraentes e ainda ajudar a atingir os objetivos de sustentabilidade, conservação e recuperação ambiental de modo mais eficiente. E se essas paisagens puderem também desempenhar o papel de uma infraestrutura viva, que ajude a sustentar as cidades, tornando-as mais prósperas, saudáveis e belas com o passar do tempo?

UMA AGENDA PARA A GARANTIA DE UM FUTURO MAIS SUSTENTÁVEL

Cada vez mais veem-se paisagens multifuncionais, que resultam da colaboração profissional de arquitetos paisagistas, engenheiros e cientistas naturais. Algumas se tornam bastante populares, como alguns projetos implantados nos últimos 10 anos em cidades do Noroeste do Pacífico, na América do Norte. Em Seattle e Portland, nos Estados Unidos, e Vancouver, no Canadá, têm sido construídos sistemas naturais de drenagem urbana, que, além de serem um modo de atender a normas mais exigentes de controle da qualidade das águas (Cormier e Pellegrino, 2008), passaram a ser integrados a outros projetos paisagísticos de caráter ecológico e social. Esses projetos, associados a planos mais abrangentes de áreas de preservação e de urbanização, são reconhecidos como a infraestrutura verde dessas cidades, já englobando as diversas funções que os espaços abertos podem desempenhar para as cidades e suas regiões. Indo além do que postulam as práticas de baixo impacto em drenagem[1], já englobam também várias funções, como melhoria da mobilidade urbana, recreação e lazer, controle microclimático etc.

Outros termos, como *Landscape Urbanism* (Waldhein, 2006) e *Ecological Urbanism* (Mostafavi e Doherty, 2010) passam a ser ouvidos nos últimos anos, tendo em comum a estratégia de se aproveitar a oportunidade das obras de infraestrutura, com o foco principal no projeto dos espaços abertos, ao invés de investimentos na construção de edifícios icônicos como ações mais eficazes na recuperação e reposicionamento de setores urbanos deprimidos econômica, social e ambientalmente. Aparece, então, o conceito de uma infraestrutura de alto desempenho (para além, ou complementar, da infraestrutura verde ou ecológica) e sua decorrência, a arquitetura da paisagem sustentável ou ecológica, com as soluções de projeto para que os espaços abertos possam desempenhar múltiplas funções e serviços, indissociados do resto da cidade. Esses termos podem encerrar uma contradição, talvez insuperável desde os gregos, entre o sujeito total – a sociedade – e o objeto total – a natureza, para aqueles que consideravam a ecologia vista como a "economia da natureza", como proposto por Carl von Lineus, em 1735 (Oseki e Pellegrino, 2004), porém, há projetos que parecem indicar a superação dessa contradição.

Fazendo um exercício de imaginação, pode-se visualizar um futuro sustentável para as cidades que criarem primeiramente a sua infraestrutura verde no intuito de garantirem uma urbanização mais duradoura. A partir dessa abordagem, surgem modelos mais eficazes para a proteção da paisagem local como parte de uma estratégia para a regeneração dos ecossistemas naturais que ali estão. O desenvolvimento de uma rede integrada de infraestrutura verde permitirá que uma ampla gama de inestimáveis serviços ambientais possa ser protegida para as futuras gerações. Embora a cada ano surjam muitos materiais inovadores e equipamentos que empregam alta tecnologia em nome da sustentabilidade, é mais estratégico o emprego de tecnologias de baixo valor agregado, de modo a oferecer soluções que

---

[1] Essas melhores práticas são conhecidas, em inglês, como *Low-Impact Development* (LID). Nessa mudança de paradigma na drenagem urbana, o enfoque de condução e detenção passa para o de retenção e infiltração, por meio de um sistema pulverizado de tipologias que mimetizam os processos naturais.

possam sobreviver no ambiente desafiador das grandes cidades. Uma das vantagens de se usar os sistemas vivos locais ao invés de máquinas com grande valor agregado é o fato de que os primeiros se tornam mais valiosos e duráveis ao longo do tempo, ao contrário das últimas. Enfrenta-se, desse modo, o desafio de reverter décadas de degradação em aproveitamento das próprias forças de regeneração da natureza.

O relatório das Nações Unidas, *Millennium Ecosystem Assessment* (ONU, 2006), estabelece quatro grandes categorias de serviços ambientais: os relacionados à regulação, os de abastecimento, os de suporte e os culturais. Serviços regulatórios servem para manter os sistemas em equilíbrio, para resistirem às mudanças climáticas e às doenças. A forma como a água é gerida é fundamental para a regulação pelo enfoque de uma infraestrutura verde. Pode-se implantar um sistema de drenagem natural, para o tratamento das águas pluviais e de alagados construídos, para o polimento das águas residuárias. Serviços de abastecimento se relacionam com a produção de alimentos, fornecimento de água e outros insumos básicos para a vida. Uma variedade de áreas produtivas, incluindo aquelas com árvores frutíferas e outras plantas comestíveis, viveiros de árvores nativas e espaços para hortas comunitárias são perfeitamente integrados à infraestrutura verde.

Serviços de suporte incluem, por exemplo, a ciclagem de nutrientes e a polinização de culturas, aspectos essenciais para a conservação das funções dos ecossistemas. Corredores ecológicos para abrigo e alimento para a vida selvagem foram o início do movimento de infraestrutura verde, e assim, fomentam a biodiversidade. Serviços culturais incluem atividades recreativas, meios de circulação e de fruição da paisagem, além de parques ricos em atrações, que manterão os seus usuários ativos e engajados.

Pode-se visualizar essa rede de infraestrutura verde como uma sobreposição de camadas interdependentes, que reforçam mutuamente os processos que fornecem os serviços ambientais e sociais. Os sistemas de manejo das águas, pluviais e residuárias, devem se adequar às topografias naturais e construídas, arranjados em sub-bacias. Espécies vegetais a serem utilizadas nos novos plantios, tanto de plantas nativas quanto adaptadas, podem ser estabelecidas a partir de listas locais com fornecedores. Essas redes verdes e azuis formarão a matriz para a expansão de uma rede extensiva de caminhos de pedestres e de ciclovias, conectando toda a cidade, propiciando, ao mesmo tempo, o fluxo desimpedido das pessoas, das águas e da vida selvagem por meio de uma paisagem altamente produtiva.

A principal estratégia a ser adotada para o projeto dos espaços abertos da cidade pode ser definida por três principais ações: servir, apreciar e integrar. Servir refere-se aos serviços ambientais já mencionados, como fornecimento de água, controle e tratamento das águas pluviais, controle climático, controle de erosão e sedimentação. Apreciar remete à importância fundamental de reconectar os moradores das cidades com os elementos únicos de sua paisagem, e os espaços abertos oferecem essa opção de imersão na paisagem, estimulando uma vivência ao criarem condições para demonstrar as relações que devem existir entre ecossistemas saudáveis e comunidades resilientes. Integrar refere-se à implantação de elementos de infraestrutura verde em ruas, passagens, praças e jardins. Nesse enfoque, a criação dessa rede de espaços públicos estabeleceria uma matriz espacial, ao mesmo tempo forte e flexível, unificadora dos diversos programas e partidos arquitetônicos, que dão forma às edificações existentes na cidade e às novas que as substituirão, ou que irão ocupar novas áreas. As ruas serão projetadas de forma a privilegiar os fluxos de pedestres e bicicletas, do mesmo modo que abrigarão cafés, barracas de alimentação e até eventos públicos. Praças e jardins integrarão de forma casual usos culturais e sociais, além de cumprir suas funções como parte da infraestrutura verde, como o manejo das águas das chuvas. O enfoque será o de prefigurar os espaços abertos com suas capacidades programáticas essenciais, sua geometria obrigatória e de suas necessidades de infraestrutura. Ao entretecer essas lógicas dentro do próprio tecido da cidade, o sucesso da infraestrutura verde não ficará assim, sujeito a obras únicas, mas na apropriação dos espaços abertos existentes, públicos, institucionais ou privados. Como não está presa a um padrão rígido, existe uma considerável flexibilidade para a adaptação da infraestrutura verde a variadas dimensões e configurações, sem o comprometimento do desempenho geral de toda a estrutura construída já existente ou prevista.

As cidades que acolherem essa visão podem vir a se tornar um exemplo de urbanismo sustentável e antecipar as etapas de reconversão e expansão previstas para ocorrer em suas redes de infraestrutura convencionais que apresentam custos crescentes para que sejam implantadas ou mantidas. Os elementos principais do sistema de espaços públicos continuarão a integrar a cidade, e a infraestrutura verde os conectará aos novos espaços, física e visualmente. A infraestrutura existente e os espaços abertos tradicionais serão requalificados para novos usuários, enquanto a infraestrutura verde se torna mais valiosa, e serão componentes essenciais de uma estratégia de criação de uma marca para a cidade ao estenderem as características memoráveis desses lugares para os novos moradores, trabalhadores e visitantes. Empreendedores imobiliários aproveitarão para construir áreas de recreação e de fruição da natureza entre os elementos trazidos, como as ruas adequadas aos pedestres, conectando as novas quadras às áreas esportivas. Como nem todas as quadras e lotes são ocupados simultaneamente, pode-se propor que os últimos a serem ocupados sejam utilizados nesse ínterim como viveiros de plantas, para abastecer de mudas o repovoamento vegetal para as novas áreas a serem tratadas, ou mesmo como hortas e pomares e demais culturas sazonais. Esses tipos de usos, simples e produtivos, impulsionarão a implantação das primeiras etapas de uma infraestrutura verde nas cidades, ao mesmo tempo que já contribuirão para a melhoria da qualidade de vida dos moradores.

Os espaços abertos oferecem um imenso legado de áreas públicas, que podem ser atualizados com rede de caminhos em áreas de uso restrito, atendendo tanto os serviços e funções existentes quanto os novos empreendimentos. Esse enfoque propicia um uso compacto do solo urbano, o qual atende também razões de conveniência e de segurança. Essas áreas de ocupação densa podem ser perfuradas por conexões e equipamentos públicos, de forma a maximizar a oferta desses espaços ao público e permitir a expansão desses locais para as comunidades do entorno. As áreas remanescentes podem ser compostas de novos usos residenciais, comerciais, de serviços e institucionais, bem como de seus espaços abertos e infraestrutura. Isso vai influenciar as características e o desempenho dos novos empreendimentos nesse cenário ideal, como a disposição das quadras e a orientação dos edifícios, e, assim, reduzir suas exposições solares e maximizar a ventilação para o conforto térmico. Pode-se visualizar faixas de edifícios de uso misto, com moradia em cima de lojas, restaurantes e serviços comunitários no andar térreo, interrompidos por parques lineares e ruas adequadas aos pedestres, de modo a ampliar o acesso à luz natural e às vistas. Cada terreno para construção pode ter uma fachada pública voltada para a rua e uma fachada mais privativa, voltada para um parque linear, de forma que todos terão acesso às áreas de recreação e lazer nas bordas das áreas de conservação.

Uma verdadeira integração com a expressão de um modo de vida ativo e saudável para pessoas de todas as idades será crítica para o sucesso desse novo modelo. Talvez seja possível chamar isso de um urbanismo ecológico. Esse novo modo de vida é, obviamente, um aspecto crítico para a estratégia de viabilização econômica das cidades, mas também é fundamental para as estratégias voltadas para sua sustentabilidade social e ambiental. Andar, caminhar e pedalar serão os modos preferenciais de circulação, e haverá fácil acesso aos meios de transporte públicos, para viagens maiores. Lugares para jogos e jardins comunitários entretecidos ao tecido urbano vão atrair famílias e membros da terceira idade para o ar livre e a interação social. Essa é a proposta de uma infraestrutura verde para a melhoria da vida das pessoas, mas também para revelar como o bem-estar de cada um está intimamente ligado à saúde do ambiente urbano como um todo.

REFERÊNCIAS

AHERN, J. Green Infraestructure for Cities: the Spatial Dimension. In: NOVOTNY, V.; BROWN, P. (eds.). *Cities of the Future towards integrated sustainable water and landscape management*. London: IWA Publishers, 2007.

BENEDICT, M.A.; McMAHON, E.T. *Green infraestructure: linking landscape and communities*. Washington, DC: Island Press, 2006.

CORMIER, N.; PELLEGRINO, P.R.M. Infraestrutura Verde: uma estratégia paisagística para a água urbana. *Paisagem e Ambiente: ensaios*. n. 25, p. 125-142, 2008.

FRISCHENBRUDER, M.T.M.; PELLEGRINO, P.R.M. Using Greenways to reclaim nature in Brazilian cities. *Landscape and Urban Planning*. v. 76, n. 1-4, p. 67-78. 2006.

GUY, S.; MARVIN, S.; MOSS, T. *Urban Infrastructure in Transition: Networks, Buildings, Plans*. London: Earthscan, 2001.

MAGALHÃES, M.R.A. *Arquitetura Paisagista: morfologia e complexidade*. Lisboa: Editorial Estampa, 2001.

MOSTAFAVI, M; DOHERTY, G. (ed). *Ecological Urbanism*. Cambridge: Harvard University/Graduate School of Design, 2010.

[ONU] ORGANIZAÇÃO DAS NAÇÕES UNIDAS. *Millenium Ecosystems Assessment*. New York: UN, 2006.

OSEKI, J.H.; PELLEGRINO, P.R.M. Paisagem, sociedade e ambiente. In: PHILIPPI Jr, A. et al. (org). *Curso de Gestão Ambiental*. Barueri: Manole, 2004 (Col. Ambiental), p. 485-523.

PELLEGRINO, P. Paisagens Temáticas, Ambiente Virtual. São Paulo, 1995, 160 f. Tese (Doutorado em Arquitetura e Urbanismo). Faculdade de Arquitetura e Urbanismo, Universidade de São Paulo.

VOGEL, M. Moving toward high-performance infrastructure. *Urban Land*, out. 2006, p. 73-79.

WALDHEIN, C. (ed). *The Landscape Urbanism Reader*. New York: Princeton Architectural Press, 2006.

WEBER, T.; SLOAN A.; WOLF, J. Maryland's Green Infraestructure Assessment: development of a comprehensive approach to land conservation. *Landscape and Urban Planning*. v. 77, n. 1-2, 2006, p. 94-110.

YU, K.; PADUA, M. (org). *The Art of Survival: recovering landscape architecture*. Victoria: Images Publishing Group, 2006.

Linguagem e Percepção Ambiental | 15

José de Ávila Aguiar Coimbra
Filósofo e mestre em Teologia, Núcleo de Apoio à Pesquisa em Mudanças Climáticas – USP

Ninguém que tenha o mínimo de percepção da realidade e consciência do passado do planeta Terra duvidaria da grave situação que afeta a "casa comum" nesta crise ambiental global. A grande interrogação que se coloca gira em torno da sustentabilidade do ecossistema planetário e da sobrevivência da própria espécie humana quando os sistemas vivos que compõem as teias da vida se encontram ameaçados.

Esta reflexão introdutória retoma a questão ambiental – da qual já se tem alguma forma de conhecimento – para tratá-la o tanto quanto possível de maneira orgânica, como uma realidade total, que interessa à sobrevivência do planeta, que é o hábitat da espécie humana em interação com as demais espécies vivas e os seres não vivos que compõem o globo terrestre.

A conceituação atualizada de meio ambiente é incompatível com as ideias reducionistas e as formulações de cunho emocional, às quais, de certo modo, a humanidade se acostumou. Por isso, os conceitos correntes e vulgares, quase sempre imprecisos e simplistas, devem ceder espaço a uma conceituação científica que envolva várias ciências, como as biológicas, as exatas e as humanas. E, no andar desse processo, é necessário fazer um juízo crítico sobre a própria formação profissional recebida e, mais ainda, sobre o exercício da profissão: como se tem agido, cívica e profissionalmente, diante das sérias interrogações da questão ambiental.

Esses são os caminhos da gestão ambiental – um processo contínuo de aproximação da realidade, a qual nos cerca –, portanto ela tem muito a contribuir na administração do meio ambiente. E note-se: a gestão ambiental incumbe ao poder público, em suas mais altas esferas, e alcança o cidadão comum em sua vida cotidiana, passando por profissionais e gestores especializados.

É indispensável (re)pensar o mundo natural como uma realidade concreta, valiosa em si e por si, isto é, dotada de valor intrínseco. Isso significa também pensar o meio ambiente como realidade histórica, em seus aspectos naturais acrescidos das transformações feitas pelo ser humano (indivíduo e sociedade), e também como uma realidade social.

No atual estágio de ocupação do espaço e da civilização tecnológica, pouco ou quase nada se pode encontrar do mundo natural em estado puro. Isso conduz à necessidade de uma visão multifocal do meio ambiente e à aceitação da *complexidade* como hipótese de trabalho.

INTRODUÇÃO À QUESTÃO AMBIENTAL

Alguns Dados Históricos

A questão ambiental, nos termos em que é colocada hoje, está incluída entre os temas que dizem respeito à modernidade. Ela ganhou espaço a partir da Conferência da Organização das Nações Unidas (ONU) sobre o Ambiente Humano, realizada em Estocolmo em 1972, e por vinte anos agitou debates, fundamentou programas de governos e ações decisivas de organizações não governamentais (ONGs), alterou significativamente a geopolítica mundial e vem inspirando o ideal de novos modelos de civilização. Em outros termos, pode-se dizer que ela provocou uma verdadeira revolução cultural, ainda em curso.

Nesse meio tempo apareceu o relatório *Nosso futuro comum*, da Comissão Mundial sobre Meio Ambiente e Desenvolvimento (CMMAD, 1987) – dando contornos ao *desenvolvimento sustentável* –, que é uma explicitação mais ampla das ideias e práticas do ecodesenvolvimento, cuja essência está na harmonização do desenvolvimento socioeconômico com os requisitos da qualidade ambiental e do gerenciamento correto dos recursos naturais. Por fim, a Conferência da Organização das Nações Unidas sobre o Meio Ambiente e Desenvolvimento, realizada no Rio de Janeiro, em junho de 1992, consolidou muitas das bases teóricas e políticas do desenvolvimento sustentável, incentivando diversas convenções e acordos internacionais e lançando a *Agenda 21*. Esta tem o intuito de superar as contradições existentes no processo de desenvolvimento, eliminar as gritantes diferenças regionais do planeta, erradicar a miséria e assegurar os direitos das gerações futuras.

No Brasil, em pleno regime militar (1973), criou-se a Secretaria Especial do Meio Ambiente (Sema), como um escalão subalterno dentro do então Ministério do Interior. Na ilusão do "milagre brasileiro", as preocupações ambientais não faziam parte do governo federal nem da sua tecnoburocracia; mas as pressões políticas internacionais e dos organismos financiadores oficiais forçaram o nascimento da primeira agência ambiental brasileira que, por longos anos, sobreviveu apesar da falta de recursos orçamentários e das frequentes alterações institucionais que procuravam atender a interesses imediatos do momento, inclusive *lobbies* políticos adversos. Com efeito, a Sema passou por vários ministérios até que, em fins de 1988, cedeu lugar ao Instituto Brasileiro do Meio Ambiente e dos Recursos Naturais Renováveis (Ibama), e a ele foi incorporada juntamente com órgãos setoriais então existentes – Instituto Brasileiro de Desenvolvimento Florestal (IBDF), Superintendência do Desenvolvimento da Pesca (Sudepe) e outros.

A Rio-92 (Conferência das Nações Unidas sobre Meio Ambiente e Desenvolvimento – Rio de Janeiro, junho de 1992) abriu novas esperanças para o enfrentamento da questão ambiental. Houve mesmo um clima de otimismo com a Cúpula da Terra naquela ocasião; porém, as diversas crises políticas, econômicas e sociais que se seguiram minaram paulatinamente as esperanças dos países do Hemisfério Sul diante da teimosia de países do Hemisfério Norte, ricos na sua maioria, notadamente os Estados Unidos, preocupados acima de tudo em manter o ritmo e o estilo do seu crescimento econômico. Foi isso que, na Cúpula de Johannesburgo (Rio + 10, em agosto e setembro de 2002), desencadeou essa sensação momentânea de ceticismo e pessimismo em relação aos programas ambientais e ao próprio ideal de desenvolvimento sustentável. O evento de Johannesburgo foi como um contraponto ao evento do Rio de Janeiro, mas o que se espera desse processo todo é uma visão mais realista e objetiva do estado da Terra, mesmo que haja compassos alternados de esperanças e desesperanças. Independentemente da espécie humana e das suas crises cíclicas, o planeta seguirá a sua própria trajetória no ordenamento cósmico. É precisamente o ordenamento natural da Terra que realizará os ordenamentos jurídico, econômico, social e político – tarefa da humanidade.

A Questão Ambiental Hoje

A questão ambiental ocupou os horizontes da humanidade, vem sendo debatida em toda parte, não se trata de simples modismo. Ela instalou-se em caráter definitivo. A razão é simples: enquanto houver a presença de humanos no planeta Terra, em todo o tempo que durarem as relações homem-natureza, essa questão estará presente, embora num processo contínuo de mudanças e adaptações necessárias.

Esta época é de "planetarização" crescente, sob todos os aspectos. Desde que os processos tecnológicos da comunicação transformaram a Terra numa aldeia global, o que há de bom e o que há de mau, o verdadeiro e o falso entram inevitavelmente nas cadeias de relações dos homens entre si, na esfera da sociedade, e nas relações da espécie humana com seu pequeno planeta – a *oikos*; enfim, tudo se faz presente na esfera do meio ambiente. A tal ponto a espécie humana e a Terra são ligadas por vínculos vitais que, sem qualquer alternativa, o que suceder a um dos termos dessa relação sucederá igualmente ao outro.

À diferença de outras revoluções que se instalaram na sociedade humana, a única a apresentar características globais é a questão ambiental – também uma *revolução*, sim, porquanto abala os fundamentos naturais e sociais da civilização pós-industrial, contestando a era do avanço tecnológico sem limites, a era do consumo e do desfrute, também sem limites, dos bens que a natureza pode oferecer, transformando a economia.

Essa é a nova e a maior das questões sociais: a sobrevivência. A segunda metade do século XIX foi marcada pela chamada "questão social", no confronto entre capital e trabalho. Na questão ambiental, o confronto se estabelece entre os limites do ecossistema terrestre e a falta de limites na produção e no consumo. Esta falta insustentável de limites sustentáveis gera conflitos com efeitos cumulativos, que podem chegar ao paroxismo: conflitos ecológicos com o planeta e conflitos sociológicos de variadas ordens no seio da humanidade, já profundamente dividida. Os homens prosseguem brigando, entre si e com a Mãe-Terra, pela cobiça irracional dos recursos naturais.

As Múltiplas Faces da Questão Ambiental

Como Jano, jovem rei do Lácio, lendário e divinizado, a questão ambiental tem duas ou mais faces. Jano vigiava, assim, as entradas e as saídas da cidade, era também uma espécie de porteiro do céu; em tempos de paz, as portas do seu templo permaneciam fechadas, porém, em tempos de guerra, eram abertas para que ele, a qualquer momento, pudesse sair em socorro dos romanos. A questão ambiental, com suas múltiplas faces, volta-se para os muitos aspectos do meio ambiente; não é uma questão fechada sobre si mesma, ao contrário, é uma questão em aberto porque, de muitos lados e a todo momento, deve apontar a saída, um socorro para a vitória das soluções ambientalmente acertadas e a continuidade da vida em favor do homem e da natureza.

Com efeito, essa questão multifacetada tem seus aspectos científico, econômico, social, cultural e político. E cada um desses aspectos pode subdividir-se em outros, à medida que são aprofundados por estudos e experiências. A amarração desses diferentes aspectos deve conduzir a um novo humanismo, ou seja, a uma nova forma de ser e de atuar no mundo. Sem isso não haverá um tipo de gestão do meio ambiente que possa responder, passo a passo e instante a instante, aos desafios incessantes da problemática ambiental.

- O aspecto científico centra-se inicialmente na ecologia, enquanto ciência básica e referencial. Mas, conquistas anteriores da ciência acumularam-se ao longo de milênios e hoje constituem uma espécie de *thesaurus*, um arsenal de conhecimento e de sabedoria. Este arsenal deve ser guardado e explorado; todavia, ele não é suficiente. Várias das ciências modernas registram avanços significativos que não poderão ser desconsiderados pela visão cristalizada da problemática ambiental ou pelas práticas rotineiras de gestão do meio ambiente, sob risco de grandes desacertos nas intervenções sobre o ecossistema planetário. No rol das descobertas ou inovações indispensáveis encontram-se a nova biologia com suas explorações e descobertas acerca dos sistemas vivos; a física, com o aprofundamento e as aplicações da teoria do caos, assim como os avanços em torno da energia; a geometria e a matemática que, em suas aplicações cosmológicas e ecológicas, ajudam a enxergar os números da natureza, assim como as variações e variáveis inseridas na constituição do mundo (por exemplo, a teoria dos fractais); a antropologia e a psicologia social, que contribuem para analisar em profundidade as formas de relacionamento das comunidades com seu entorno e com o mundo natural em seu conjunto. Seria extensa a menção das numerosas contribuições da ciência na abordagem da questão ambiental, no controle de todas as "entradas" e "saídas" nos sistemas de monitoramento dos recursos naturais e do metabolismo planetário.

- Já o aspecto econômico, as relações entre recursos, produção e consumo precisam de uma revisão profunda. É pressuposto elementar que, para se administrar a casa, é preciso antes conhecê-la bem. Como *administração da casa*, a economia deve repensar suas doutrinas e suas práticas em relação ao meio ambiente, sob a pena de aumentar os *déficits* do planeta e levá-lo à falência. Busca-se *sustentabilidade* de toda a Terra, não apenas a dos agrupamentos humanos. O *desenvolvimento sustentável* é um processo, um modelo – não é um objetivo em si mesmo. Por sua vez, ele será impraticável se não lhe agregarem *a produção* e o *consumo sustentáveis*. Como já foi dito com propriedade, "a economia é um capítulo da ecologia". Evidentemente, o aspecto econômico da questão ambiental não pode ser encarado sem as lentes proporcionadas pelos demais aspectos; aliás, entre todos eles, há um nexo de cumplicidade, uma vez que o conhecimento, o usufruto e a perpetuação do planeta fazem parte da convergência geral para aquele fim último, que a ciência, a filosofia e a ética procuram explicar.

- O aspecto social mostra as implicações decorrentes da consideração do meio ambiente como uma realidade social, não apenas como um conjunto de condições (de ordem física, química e biológica) ou como um estoque de recursos naturais a ser explorado por quem pode mais. As desigualdades socioeconômicas entre as nações, assim como as gritantes diferenças no seio de cada nação, não podem ser separadas da questão ambiental. Além disso, importa observar como determinada sociedade se posiciona perante o meio ambiente concreto em que ela está inserida.

Eis uma pergunta muito simples e, sem embargo, de difícil resposta: quais são as expectativas e as demandas da sociedade a respeito do mundo natural e vice-versa, o que o mundo natural espera e pede da sociedade humana? O meio ambiente é realmente considerado e tratado como patrimônio da coletividade e do planeta Terra? Ou, como diz a Constituição Federal (1988) em sua conceituação patrimonialista, é ele, efetivamente, "bem de uso comum do povo, essencial à sadia qualidade de vida"?

A necessidade de um ordenamento social e jurídico das relações homem-natureza, ou da sociedade humana-meio ambiente, surge como corolário óbvio. Do mesmo modo que acontece nos aspectos científicos e econômicos, também nos aspectos sociais da questão ambiental – que envolvem fatores comportamentais e normativos – existe muita variação sobre o mesmo tema.

- O aspecto cultural revela as cosmovisões ou maneiras de enxergar o mundo e posicionar-se diante dele. Revela também os valores, as representações sociais que se encontram nas formas de pensar e agir da família humana diante do universo que está em sua volta. O meio ambiente, caso fosse considerado como é preciso ser, provocaria grande mudança cultural, incentivaria uma autêntica revolução já desencadeada pela questão ambiental.

- Por fim, o aspecto político. Este atravessa todas as escalas do universo político-administrativo, do micro ao macro, do mini ao mega. Vai de uma comunidade isolada à sociedade das nações. Envolve o local, o regional, o nacional, o internacional, o planetário. A geopolítica e o papel dos Estados-nações devem ser radicalmente revistos e reformulados, sob pena de os interesses menores de países ou blocos de países superporem-se aos da comunidade internacional, da coletividade humana e do ecossistema planetário, valendo-se de doutrinas e práticas que denotam uma injustiça arraigada e quase sempre cruel dos fortes contra os fracos. A ação de oligarquias e *lobbies*, em qualquer escala política que seja – do local ao transnacional –, contribui para enfraquecer a legitimidade (e até mesmo a legalidade) do poder político, seja este infenso ou simplesmente omisso com relação aos requisitos ambientais. Tal qual visto anteriormente, com referência a outros aspectos, também o aspecto político é passível de muitos detalhamentos.

A integração desses cinco aspectos é imprescindível na análise objetiva da questão ambiental e, mais além, influirá na formulação de políticas para o meio ambiente. Não poderá haver gestão ambiental lúcida e eficaz sem a consideração dessas múltiplas faces da problemática. O escamoteamento de um problema não conduz à sua solução; ao contrário, poderá impedi-la ou minimizá-la, tornando mais difícil sair do impasse em que a humanidade se encontra: qual o caminho de reconciliação da espécie humana com seu ambiente ideal?

Por um Humanismo Planetário

Faz-se necessário um arremate a essas considerações: a importância de um novo humanismo que ensine a ser e a agir com sabedoria no mundo concreto. O pensamento humanista veio séculos atrás para resgatar e desenvolver os valores e ideais humanos. Há muitíssimo tempo se trabalha sobre isso. No entanto, o humanismo que os tempos atuais exigem não se contenta com o "homem ideal" abstrato: ele objetiva o homem concreto no mundo concreto. Dir-se-ia, acertadamente, ele visa a uma espécie de simbiose renovadora da sociedade humana com o planeta Terra. Por isso se fala de um humanismo planetário, que resgate e desenvolva os ideais e valores do homem como ser ambiental.

Isso pode parecer uma meta demasiado vaga e remota ou mesmo uma utopia. De fato, trata-se precisamente desse terreno. As metas remotas e as utopias não permitem acomodação; antes, elas inspiram metas intermediárias e utopias menores que se pode planejar. As metas existem para chamar os homens a um objetivo proposto. As utopias aparecem para impulsionar a humanidade em direção a essas metas e objetivos.

Esse processo, sem dúvida, é parte do processo maior de evolução da vida, em todas as suas formas, e – o que muito releva – é parte do ordenamento último do mundo. Ou se pensa que o mundo se aniquila, ou se deve aceitar que ele tem uma finalidade a atingir, seguindo um ordenamento e objetivos que ainda não se pode compreender com clareza. É certo que o cosmos – e, no seu contexto, o planeta Terra – não é um amontoado de inutilidades sem destino. A natureza está prenhe de mistérios e é forçoso respeitá-los.

À guisa de conclusão, constata-se que o futuro não pode ser previsto, porém, pode ser planejado. Esse é o desafio da atualidade, principalmente tendo-se em vista a globalização sob todos os seus ângulos, não somente a economia global. Daí a necessidade de novo entendimento entre as nações e dentro das próprias nações, de modo que surja um pacto de sobrevivência e solidariedade. Ademais, não há dúvidas sobre a necessidade de uma instância de poder supranacional, resta saber como ela será constituída.

Independentemente das estruturas formais da sociedade, parte da solução da problemática ambiental encontra-se no âmbito do exercício da cidadania, com a prática dos seus direitos e deveres. É a hora e a vez da consciência ecológica. Trata-se de uma tarefa irrecusável no âmbito dos vários segmentos da sociedade, das classes socioprofissionais e da ação do poder público. Mas a raiz dessas ações está fincada na consciência ambiental dos cidadãos preocupados com as gerações vindouras e, também, com o destino deste planeta em um futuro muito próximo.

O MEIO AMBIENTE COMO A REALIDADE POR EXCELÊNCIA

O meio ambiente é uma preocupação que veio para ficar. Essa preocupação supera as coordenadas de tempo e espaço e constitui-se em fundamento para a sobrevivência não só da família humana mas também do próprio planeta. Acompanhando as diferentes civilizações, a preocupação com o meio ambiente foi adquirindo características e dimensões próprias às épocas e regiões do globo. Se antes ela era localizada e setorial, no atual estágio da sua evolução, ela é global e vital.

No intuito de abrir caminho para uma percepção ambiental mais objetiva, aqui repassam-se os constitutivos do meio ambiente, os riscos globais e a relação ser humano-mundo natural ou sociedade-meio ambiente.

Constitutivos do Meio Ambiente

No processo de tomada de consciência da questão ambiental, muitas das entidades ambientalistas escorregaram no reducionismo, ou seja, centraram sua ação em um elemento determinado (recursos naturais, poluição urbana, grandes biomas) sem se preocupar com a visão de conjunto ou o enfoque sistêmico. Evidentemente, importa que as ações sejam centradas num objeto preciso; contudo, devem levar em conta um contexto amplo e, ademais, serem articuladas.

Já desde a definição etimológica, "meio ambiente é tudo o que vai à volta, tudo o que nos arrodeia". Não se contam apenas os recursos bióticos e abióticos, mas as relações existentes entre eles. E, mais ainda, as transformações introduzidas pelo homem. Assim, meio ambiente é o conjunto de seres que povoam, ou melhor, constituem o planeta e suas relações, entre as quais merecem destaque os fatores antrópicos, ou seja, a influência (positiva ou negativa) do ser humano nas transformações que se operam.

O planeta Terra, por si, é um gigantesco e abrangente ecossistema e – convém lembrar – trata-se de um ecossistema fechado, mesmo considerando-se a energia solar e a gravitação que, embora provindas de fora da esfera terrestre, estão relacionadas à vida e à situação da Terra no cosmos.

A noção de ecossistema (disposição conjunta, organização da casa) é fundamental. Pode aplicar-se a um conjunto de seres vivos e não vivos, entre os quais existem determinados tipos de relação (cadeia trófica, transporte de matéria, energia e informação), que se mantêm num estado de equilíbrio dinâmico, mediante interações incessantes. Por conseguinte, o ecossistema enquanto tal não tem fronteiras, a menos que seja tomado determinado território como unidade de planejamento ou intervenção humana.

Os ecossistemas naturais formam um conjunto extremamente variado e rico que, sem a intervenção antrópica, se autorregularia para manter o próprio equilíbrio. A ação humana interfere poderosamente (e quase sempre de maneira desastrosa) nas relações ecossistêmicas em função das atividades produtivas, por causa da economia, da tecnologia e de fatores culturais associados.

Os ecossistemas sociais (em que pese a novidade do termo e sua aceitação ainda restrita) resultam das construções e realizações da espécie humana em todos os campos, quando ela ocupa um espaço, organiza assentamentos e desenvolve determinados tipos de atividade.

Há uma interação necessária, inevitável, entre os ecossistemas naturais e sociais. O que importa nessa interação é revê-la sempre, seja numa perspectiva de manutenção da vida biológica em toda a Terra, seja no estabelecimento de condições de existência dignas para todos os seres humanos em harmonia com o mundo natural.

A questão ambiental, pela sua enorme complexidade, precisa de uma abordagem holística, de um enfoque sistêmico e de um tratamento interdisciplinar. Tais requisitos se explicam por si, uma vez que o meio ambiente é uma realidade total e abrangente, constitui uma teia com infinitas implicações e, por fim, não pode ser estudado e tratado por uma ou algumas ciências isoladamente. Mais adiante se poderá considerar melhor esses três requisitos.

Riscos Globais

O meio ambiente não tem fronteiras e as intervenções que se fazem nele também desconhecem limites. Com propriedade se pode dizer que as reações são em cadeia e que os efeitos são sinérgicos, isto é, qualquer alteração repercute no(s) ecossistema(s) e os efeitos de uma ação somam-se aos efeitos de outras, e, por essa sinergia, produzem um resultado inesperado. No encadeamento dos fenômenos e dos fatores ambientais, verifica-se que os efeitos de uma causa tornam-se causa de outros efeitos.

Voltando aos problemas ambientais: eles situam-se em determinado espaço e tempo, por exemplo, os problemas de uma indústria siderúrgica ou de celulose parecem restritos àquele espaço e àquele tempo, todavia, a soma dos efeitos ambientais de siderúrgicas e papeleiras provocam determinados impactos que se somam a outros fatores, como poluição urbana ou desmatamentos. O que há de comum em todos esses casos (aspectos ecológicos, tecnológicos, sociais, econômicos, sanitários etc.) torna-se, por assim dizer, universal. Por isso, a soma de todos esses inúmeros fatores constitui a questão ambiental com seus aspectos mais complexos. A questão ambiental é a globalização dos problemas locais; o problema ambiental é a localização determinada e identificada da questão ambiental.

Na realidade, trata-se de um processo histórico. Com o incremento da sociedade industrial e a multiplicação de tecnologias inadequadas, as intervenções humanas sobre o mundo natural tornaram-se insuportáveis e, muitas vezes, perversas. Como consequência dessa desordem, os efeitos negativos se avolumaram quase exponencialmente e, assim, surgiram os chamados riscos globais. Pode-se relembrar alguns deles:

- O risco nuclear, que facilmente foge ao controle e pode provocar efeitos devastadores em escala planetária, com total impossibilidade de retorno à vida em muitas regiões.

- O crescimento demográfico, que acarreta no aumento das necessidades dos seres humanos e o decréscimo de possibilidade de atender a tamanha demanda.

- Os grandes desequilíbrios climáticos, que desencadeiam desequilíbrios biológicos. Efeito estufa, ruptura da camada protetora de ozônio e outras anomalias congêneres afetam várias formas de vida, ameaçam espécies, alteram o nível dos oceanos e constituem ameaças em grande

526 | CURSO DE GESTÃO AMBIENTAL

proporção para extensas áreas do planeta; inclusive, afetando plantações, reduzem o potencial alimentar. As consequências das mudanças climáticas são visíveis, avolumaram-se demasiadamente e são uma das maiores preocupações no momento.

* O desperdício energético, causado por excessiva demanda e dispersão de energia, resulta no estado generalizado de entropia, contrariando as leis da termodinâmica. As matrizes energéticas baseadas em combustíveis fósseis não podem mais continuar, sob pena de agravarem o risco global.

* A perda do patrimônio genético, que decorre da conjunção de dois ou mais fatores mencionados anteriormente e de outros fatores, incluindo ações predatórias sobre ecossistemas significativos e redução da biodiversidade.

Além dos que já foram mencionados, há outros riscos globais que decorrem dos chamados "efeitos limiares", ou seja, consequências imprevisíveis de determinadas intervenções perigosas nos sistemas naturais do planeta. Isso se deve ao caráter ecossistêmico do meio ambiente: rompe-se o equilíbrio, alteram-se as condições de vida, desencadeiam-se fenômenos incontroláveis. É a ação desastrada do homem como "aprendiz de feiticeiro".

Nesta era de globalização, também os riscos ambientais tendem a tornar-se cada vez mais globais, visto que se avolumam ou se multiplicam, interagindo entre si. A globalização, na sua vertente econômica, já é preocupante sob a égide do neoliberalismo, mas as vertentes cultural e política do mundo globalizado representam também desvios sérios na civilização, na memória dos povos e na convivência política. O meio ambiente, por sua natureza, não pode sair ileso dessas novas investidas; se elas não podem ser impedidas ou controladas, que sejam ao menos revistas e planejadas em função da sobrevivência das sociedades num planeta saudável. Haverá outro paradigma de globalização?

Os riscos globais não são imaginários. Ao contrário, são cada vez mais palpáveis, e clamam por uma reformulação total da tecnologia, porquanto esta, por si só, não poderia salvar a Terra de uma catástrofe. Ao que parece, há mais tecnologias sofisticadas para depredar e destruir do que para prolongar a vida no planeta.

A ameaça maior, de caráter histórico, está em fazer a Terra e seus grandes ecossistemas chegarem a um ponto exaustivo de não retorno, à medida que as civilizações predatórias avançam. Nesse caso, é importante estender ao máximo possível o princípio da precaução e, coerentemente, contar com as limitações da tecnologia que não pode dar resposta pronta nem cabal a tantos problemas que ela mesma criou.

Felizmente esboçam-se reações positivas em vários meios, de modo que uma nova ética ambiental vai se impondo em muitos segmentos da sociedade humana. Nesse contexto, empresas, sindicatos, comunidades locais e poderes públicos acabam por comprometer-se positivamente com a consciência e a solidariedade planetárias.

A Relação Ser Humano-Mundo Natural

As relações do ser humano com o mundo natural são determinadas pelas mais diversas concepções, que, em geral, focalizam o homem como elemento extrínseco ao meio ambiente e superior a ele. Em particular, a concepção antropocentrista (que predominou na cultura judaico-cristã do Ocidente) pretendeu dar ao ser humano poderes ilimitados e inquestionáveis sobre o planeta Terra.

Essa problemática pode ser considerada sob o ponto de vista geral e amplo do relacionamento do ser humano com o mundo natural ou de determinada sociedade com o meio ambiente – não apenas o do seu entorno imediato mas, ainda, aquele que é atingido por uma ação à distância – uma vez que as demandas de recursos naturais e a produção de rejeitos não conhecem limites e levam seus impactos para longe, aonde não se cogitava chegar. Basta olhar para o comércio internacional e as guerras tecnológicas da atualidade.

Na gestão ambiental é imprescindível retomar uma reflexão sobre a relação homem-natureza. Relacionar-se significa dizer respeito a, referir-se a, ter a ver com. Toda relação supõe os termos e os fundamentos relacionais. Termos relativos são aqueles que não podem existir sem o outro em contexto dado; por exemplo, pai e filho são termos relativos, um supõe o outro. O fundamento relacional, no caso, é a paternidade ou a filiação.

Ser humano e mundo natural são termos relativos: um não pode prescindir do outro, mesmo porque a espécie humana faz parte do mundo natural e não pode viver sem ele. Por seu turno, o ecossistema planetário não pode prescindir da espécie humana, seja como sua integrante, seja como responsável histórica pelos seus destinos. Ser humano e mundo natural, assim como sociedade e meio ambiente, são termos relativos, porque há um compromisso entre ambos, laços de interesse mútuo; em síntese, um tem a ver com o outro. O fundamento relacional é a qualidade ambiental para o planeta e a qualidade de vida para a espécie humana.

A grande questão envolve a natureza e a qualidade dessas relações. Se os motivos e os modos de o ser humano (indivíduo e sociedade) se relacionar com a natureza são acertados, que objetivos concretos tem ele? Que desvios há? Que correções de rota devem ser feitas? Que prioridades devem ser adotadas? Eis um exame que não se esgota facilmente.

Não é difícil concluir, com a história das civilizações e do desenvolvimento socioeconômico, que essas relações não são saudáveis: a posição antropocêntrica maltrata e tiraniza o mundo natural; a natureza, por sua vez, reage e faz suas cobranças que se traduzem em desastres e catástrofes, resultando na insegurança da vida sobre a Terra. A poluição, a degradação do ambiente natural, a malversação dos recursos, os conflitos econômicos e sociais confirmam o mau relacionamento, mas é sempre possível reverter o caminho do abismo, desde que haja tempo hábil e vontade política.

Pelo visto, pode-se concluir que a essência da questão ambiental situa-se precisamente no relacionamento da espécie humana com o conjunto do mundo natural. Em poucas palavras, os fundamentos relacionais (científicos, econômicos, sociais, culturais e políticos) precisam ser radicalmente revistos com aquela atenção que se dedica às autópsias.

Felizmente, há reações salutares, embora tímidas. A evolução dos tempos e a conscientização da questão ambiental forçam a mudança dessas concepções, paradigmas ou modelos científicos de organização dos conhecimentos. O amadurecimento das instituições culturais, sociais e políticas está redirecionando a sociedade, de modo a rever suas relações com o meio ambiente. Como decorrência, a universidade é compelida a rever-se também, e isso – é verdade – não é tarefa fácil. A visão chamada *holística* do mundo (a sua totalidade) e a abordagem ecossistêmica (o encadeamento de todas as estruturas do mundo natural e sua interdependência) muito contribuíram para despertar a consciência ecológica científica e questionar as atuais relações existentes entre o ser humano (indivíduo e sociedade) e o mundo natural.

É claro que, diante do atual quadro planetário, desenha-se a necessidade de mudanças profundas nos estilos de civilização (estilo e nível de vida, modos de produção, padrões de consumo etc.), dado que é muito clara a percepção do risco que ameaça o planeta e, com ele, a própria espécie humana.

PERCEPÇÃO E LINGUAGEM DO MEIO AMBIENTE COM VISTAS À GESTÃO AMBIENTAL

O meio ambiente, realidade ao mesmo tempo natural e social, é ainda uma realidade extremamente diferenciada e complexa. Diferenciada porque reúne uma infinidade de componentes vivos e não vivos, racionais e irracionais, materiais e imateriais. Complexa, por todos esses componentes que, além da sua singularidade, participam de uma teia de relações diversas. É isso que caracteriza cada ser, cada elemento natural; e, além de ser o que é, ele é *assim* no mundo. Tanto a diferenciação quanto a complexidade existentes na Terra são indescritíveis, contribuindo para que o mundo conserve esse seu caráter de mistério e sagrado, até mesmo para renomados e insuspeitos cientistas.

Daí resulta que a questão ambiental constitui um quebra-cabeças sem similar. Resulta igualmente, por outro lado, em uma série sem fim de ambiguidades, equívocos e falácias no diagnóstico e no tratamento da problemática do meio ambiente, da mesma maneira que surgem contradições e paradoxos nas relações da humanidade com sua Terra-Pátria. Isso é parte da limitação humana em conhecer e escolher o mais acertado.

Mas, retornando ao tema da linguagem e da percepção, esses dois fatores têm sido mal distinguidos e inadequadamente manuseados, quer no diagnóstico dos problemas ambientais, quer nas práticas de gestão do meio ambiente. Uma falha ou um erro de percepção introduz um vício na base do diagnóstico e do planejamento das ações ambientais. Por sua vez, falhas e erros na linguagem suscitam ou agravam desvios em qualquer ação ambiental. Vem daí a necessidade elementar de os atores sociais e agentes ambientais cuidarem, com especial atenção, de perceber e expressar com clareza os fatos ou fenômenos de que querem tratar.

Para se chegar a esse *desideratum* é de fundamental importância a precisão conceitual. É metodologicamente indispensável ter ideias claras e distintas das coisas, dos fatos e dos fenômenos, e também das suas causas, incluindo-se aí a relação causa-efeito.

Não é possível, no espaço deste texto, discorrer satisfatoriamente sobre a temática proposta. Não obstante, é possível levantar alguns itens básicos que se prestam a desdobramentos posteriores. Seguem-se alguns traços rápidos sobre a percepção e a linguagem que interessam ao agente ambiental, seguidos de noções preliminares de gestão ambiental.

Percepção Ambiental

Percepção é um substantivo que se aplica ao ato, ao processo de perceber, assim como ao resultado dessas ações. Perceber, por sua vez, vem da língua latina: *percípere* (*per* = bem, como intensidade + *cápere* = apanhar, pegar, captar). Nesse sentido, perceber um fato, um fenômeno ou uma realidade, significa captá-los bem, dar-se conta deles com alguma profundidade, não apenas superficialmente. É o que se espera dos agentes ambientais em suas análises e diagnósticos: uma percepção correta e, quanto possível, abrangente ("compreensiva", como se diz na filosofia do conhecimento).

A percepção é o primeiro passo no processo de conhecimento. Dela dependem aspectos teóricos e aplicações práticas. Se esse primeiro passo falseia, o conhecimento não atingirá seu objetivo; e a inteligência (ou entendimento) pode seguir numa direção errada. Se a percepção é falha, os juízos e raciocínios chegarão a conclusões falsas ou equivocadas. As experiências desses desvios na vida cotidiana são numerosas; no dia a dia a percepção falha a respeito de uma pessoa, de um fato ou, de uma realidade pode chegar até a erros e males irreparáveis. O mesmo sucede quanto a análises e práticas relacionadas ao meio ambiente.

Qual a percepção que se pode ter do meio ambiente como um todo? Ou de um ecossistema determinado? Ou de uma intervenção positiva ou negativa que o homem pratica no mundo natural? Ou de um fenômeno, natural ou desencadeado por ação antrópica? Ou de uma decisão política ou econômica? Será essa percepção lúcida, bem informada, objetiva? Ou será confusa, falha, meramente subjetiva? Estas e outras perguntas serão sempre pertinentes no processo de abordagem de um tema ambiental.

As percepções deveriam passar por um crivo, até mesmo a percepção científica e a técnico-científica. Aliás, no pensamento de Morin e Kern (1995), a ciência produz conhecimentos; "descobrimos, porém, que a Ciência também pode produzir ignorância, pois o conhecimento fecha-se na especialização". E, conforme o filósofo espanhol Ortega y Gasset (1961), "o especialista é o bárbaro dos tempos modernos"; apega-se à sua especialidade e investe contra o resto que não lhe interessa. Em outra passagem ele cita os versos de Goethe: "eu me declaro da linhagem desses que do obscuro para o claro aspiram" (apud Ortega y Gasset, 1961).

Esse é o esforço consciente que se incumbe: passar da obscuridade à claridade, do subjetivismo à objetividade, da dúvida à certeza. Por isso a

LINGUAGEM E PERCEPÇÃO AMBIENTAL | 531

percepção ambiental deverá ser trabalhada nas esferas específicas do indivíduo, da comunidade, da profissão e da cidadania.

Percepção Individual: o Sensorial e o Racional

O Sensorial

No processo do conhecimento próprio da espécie humana, nada pode estar no intelecto sem que antes tenha passado pelos sentidos. Com efeito, os sentidos, como órgãos de relação do organismo animal com o seu mundo exterior, têm sua modalidade própria de apreender o objeto conhecido e enviar sua representação para o sistema nervoso central, por intermédio das sensações. Uma vez elaborada pelo cérebro, essa imagem impressa que vem dos sentidos converte-se em imagem expressa para o sujeito cognoscitivo: ele se torna, então, capaz de expressar para si próprio o que foi captado ou percebido pelos sentidos (coisa, pessoa, fato, fenômeno). O estoque de sensações dá lugar a um estoque de ideias, ainda confusas e não organizadas. Quando o sujeito cognoscitivo retoma essas ideias, relacionando umas com as outras, afirmando ou negando qualquer atributo ao que essas mesmas ideias representam, ele faz um juízo. Depois, quando concatena juízos e discorre mentalmente sobre eles, parte para um raciocínio, que é um verdadeiro discurso encadeado no espírito e pelo espírito. É no decorrer desse processo continuado e progressivo que se forma na mente o próprio "banco de dados", que se aciona a cada momento, vida afora.

Esse é, em linhas gerais, o circuito do conhecimento segundo a lógica aristotélica, que se difere do pensamento platônico idealista e de outros modelos da filosofia clássica, mas que influenciou de maneira decisiva o pensamento ocidental. Na sucessão das correntes filosóficas, surgiram muitas variações sobre a teoria do conhecimento, como a empirista (Hume, Locke) e a racionalista (Descartes, Kant), que não vem ao caso retomar. O que importa acentuar, aqui, é a integrabilidade dos processos de percepção e de conhecimento racional, ou seja, o fato de que o conhecimento é uma ação do ser cognoscitivo por inteiro, não de uma parte desse ser. Sou eu que conheço, eu como um todo; não é uma parte isolada de mim, nem requer um órgão dos sentidos. Não há dúvida de que todo animal, ou senciente, é dotado de uma forma de conhecimento que lhe é apropriada. Resta saber até que ponto, e sob quais aspectos, os demais seres vivos *conhecem*. Sabe-se que a percepção sensorial dos animais não humanos leva-os para as ações que

CURSO DE GESTÃO AMBIENTAL

"interessam" aos seus instintos. Sabe-se, ademais, que algumas espécies mais desenvolvidas têm impressões e reflexos condicionados a determinadas imagens ou associações de imagens; trata-se, portanto, de percepções associadas. Nunca, porém, se pode conhecer e acompanhar o *raciocínio* de um cachorro, cavalo, elefante, abelha ou castor, uma vez que esses e todos os animais não humanos são destituídos de linguagem concatenada e, por isso, não podem construir uma cultura própria; são os humanos que devem pensar por eles.

E que dizer das plantas que *conhecem*? Esta já é uma outra questão.

O indivíduo humano, que tem integradas em si as vidas vegetativa, sensitiva e racional, é dotado da faculdade de conhecer e de expressar seus conhecimentos mediante a linguagem e a cultura, valendo-se de sinais. E tudo principia pela percepção sensorial. Se fosse possível imaginar uma criança que não vê, não ouve, não tem sensações olfativas e gustativas, não tem sensações tácteis (dor, calor ou frio, atrito e outras), estar-se-ia seguramente diante de um monstro da natureza, totalmente impossível de decifrar – ou mesmo imaginar – o seu mundo interior (aliás, já é tão difícil entender os seres humanos que possuem sua capacidade sensorial intacta).

Em termos de percepção sensorial, o homem perde feio para muitas outras espécies animais, que têm alguns sentidos extraordinariamente desenvolvidos. Isso representa para essas espécies a garantia de defesa e sobrevivência; contudo, elas não podem ir além da simples impressão sensorial e da correspondente reação dos seus instintos. Em compensação, o animal homem pode processar o seu conhecimento sensorial e avançar por outros tipos de conhecimentos. Ou então, ele pode *criar* ideias e sempre novos conhecimentos, a partir daquilo que adquiriu e construiu anteriormente.

No que concerne ao meio ambiente como objeto de conhecimento, a percepção sensorial desempenha um grande papel ao detectar sinais específicos da qualidade ambiental, seja ela boa ou positiva, seja má ou negativa. Aliás, é por meio deles que se pode aferir os sintomas e incômodos da poluição ou da degradação ambiental que influem diretamente na qualidade de vida e na saúde humana. São os sensores (e também censores) dos efeitos indesejáveis da ação antrópica sobre o meio físico, os primeiros a acusar o que se fez de errado no quadro do desconforto ambiental.

Essa percepção, como primeiro passo, conduz a uma série de medidas auxiliares da gestão ambiental: a sensação dos fenômenos, a identificação das causas, a relação causa-efeito, os estudos técnicos, as ações práticas para

LINGUAGEM E PERCEPÇÃO AMBIENTAL | **533**

remover o negativo e potencializar o positivo, e até as conclusões científicas e as medidas políticas.

É da percepção sensorial que decorrem impulsos relacionados aos instintos primitivos (conservação do indivíduo e da espécie, a territorialidade, atração e repulsa, entre outros), aos processos vitais (respiração, alimentação e outros) e à expressão artística, por exemplo. É essa percepção que fornece valiosos indicadores da qualidade de vida – no caso, a vida considerada um fato biológico ligado diretamente aos processos naturais –, ou seja, basicamente a vida animal com a sua variada gama de ações e reações. É claro que não se pode dissociar desses processos o que é peculiar aos homens: o sentir, o pensar e o agir como animais humanos contextualizados em determinado ambiente.

Enfim, a percepção sensorial é o conhecimento primeiro que se tem do mundo natural e dos próprios homens. É o processo alimentador do conhecimento racional que formulará *juízos* (atribuindo ou negando uma qualidade ao sujeito) e, com estes últimos, encadeará *raciocínios*. Juízos e raciocínios constituem os elementos do discurso mental que, a seu tempo, virá expresso por intermédio da *linguagem* falada ou escrita, aplicável também à questão ambiental.

O Racional

Já a percepção racional é um processo aperfeiçoado de conhecimento, que se desenvolve no âmbito da inteligência considerada como faculdade espiritual, isto é, apta a trabalhar com elementos imateriais de maneira concatenada, seguindo a lógica estrutural do pensamento (p. ex., premissas, nexo entre elas, consequência, conclusão). O conhecimento humano parte de elementos concretos para trabalhar com ideias. Enquanto os sentidos trabalham com coisas (matéria e energia, em síntese), o intelecto trabalha com abstrações (os universais) e signos.

O signo é um sinal, uma representação de algo. Inicialmente se chega aos signos pelas impressões sensoriais; porém, na sequência, os signos como que adquirem vida própria, desenvolvem-se e se associam. Tornam-se mais numerosos e variados, criam outros signos, prestam-se a infinitas combinações, e é graças a estas combinações que se consegue elaborar, desenvolver e aperfeiçoar a linguagem. Ao longo de milhões de anos, a espécie humana – um elo na infindável cadeia da evolução – construiu muitas formas de linguagem que ainda hoje são utilizadas.

É interessante observar que os bancos de dados pessoais dos homens, esse estoque inesgotável de signos, essas formas tão variegadas de linguagem, formaram-se a partir do mundo natural. É desse processo que se originaram as representações, a cultura. Todas as formulações matemáticas, filosóficas, científicas, técnicas e artísticas estão ligadas umbilicalmente à observação da natureza, porquanto a natureza contém todas elas em seu desenho, por mais despercebido que passe esse desenho. Da mesma maneira, criaram-se as representações (entre as quais se destacam os *mitos* que tanta importância tiveram na simbologia das relações do homem com o mundo natural), os diferentes tipos de arte, o senso comum considerado como uma forma de conhecimento.

A linguagem não é mais do que a codificação mental dos elementos naturais associados a outras criações do espírito humano que, sem embargo, tiveram sua raiz última na linguagem da natureza. A linguagem e a cultura tornam explícitos o mundo natural e o universo do homem, comunicando tudo isso para fora, mobilizando os conhecimentos acumulados em direção a novos conhecimentos. E, assim, linguagem e cultura movimentam-se em contínua expansão.

Os signos e a linguagem humana adquiriram vida própria sim, entretanto, não se emanciparam do mundo, nem poderão fazê-lo, porque a ciência e a cultura são parte integrante do ecossistema planetário, tanto quanto as colmeias das abelhas e as construções dos castores e, assim sendo, com ele devem se identificar. Por conseguinte, a tecnologia do homem não pode separar-se da tecnologia da natureza. E, ainda por cima, jamais poderá caminhar em sentido oposto, contrariando as leis físicas, sob pena de perder-se num vazio imenso e perigoso. É nessa mesma cartilha que se devem ler as ciências e as técnicas, assim como a gestão ambiental, a fim de ajudar a natureza a ser ela mesma.

Nem sempre a "racionalidade" da administração e da economia coincidem, na prática, com a racionalidade da natureza. Com efeito, a curiosa racionalidade baseada exclusivamente na relação custo-benefício pode olhar apenas a rentabilidade do empreendimento, não levando em conta o prejuízo dos ecossistemas locais e, muito menos, os prejuízos do planeta. Tal modelo de racionalidade é paradoxal e contraditório, torna-se uma falácia em termos de percepção ambiental e raciocínio, e, por fim, um prejuízo em termos de macroeconomia.

A percepção sensorial e a racional são inseparáveis, como duas faces da mesma moeda. É essa moeda que paga o custo da percepção individual do meio ambiente por parte do homem. Assim, essa moeda precisa tornar-se produtiva, comprar muito mais conhecimentos. A insensibilidade e a ignorância por parte de gestores ambientais esvaziam as relações desejáveis do homem com a natureza; e isso pode aplicar-se da mesma maneira a todo cidadão que, tendo condições de enxergar e julgar o que vai à sua volta em termos ambientais e de exercer a sua cidadania nesse campo, acaba por omitir-se.

Já em 1902, o cientista social alemão Georg Simmel, ao analisar os nexos existentes entre saúde mental e a vida na metrópole (metrópole de cem anos atrás), alertava para a atitude *blasé*, consistente num caráter de impessoalidade devida à intensificação dos estímulos nervosos que afetam os fundamentos sensoriais da vida psíquica. Por força da saturação desses estímulos, a vida torna-se inexpressiva, sem graça e sem significação para o indivíduo e seu grupo social, que andam sempre inquietos, à busca de algo novo, de estímulos mais fortes. Esse homem *blasé* torna-se impessoal, deixa de sentir, raciocinar e agir como deveria, na medida necessária e conveniente para o seu verdadeiro bem-estar (Simmel, 1967). Associado a isso está o fato de a metrópole ter sido sempre a "sede da economia monetária", estando a economia monetária e o domínio do intelecto intrinsecamente vinculados. Ora, nesse quadro psicossocial, praticamente tudo se transforma em números, inclusive as relações homem-natureza e, por cúmulo, até as relações emocionais e racionais entre as pessoas. As ponderações de Simmel (1967) são pertinentes e também válidas para os dias atuais. Os meios de comunicação de massa vão levando, aos poucos, a cabeça urbana e metropolitana para as regiões do interior; por isso, a síndrome por ele descrita generalizou-se, independente do espaço geográfico das cidades.

Pode-se concluir que é necessário trabalhar estrategicamente a percepção ambiental das pessoas individuais – e dos grupos também –, desenvolvendo a sensibilidade e os juízos corretos com respeito à realidade ambiental. Esse tipo de percepção é um ingrediente necessário para o exercício da cidadania e da gestão do meio ambiente.

Percepção Social e Comunitária

A sociedade tem suas representações sociais sobre o meio ambiente que traduzem o modo de ver ou a opinião corrente sobre a realidade am-

536 | CURSO DE GESTÃO AMBIENTAL

biental. Sabe-se que essas representações variam segundo as diferentes regiões e os estamentos sociais, porém, estão ligadas à cultura dominante (Reigota, 1995).

Com efeito, essas representações geralmente resultam de fatores históricos, culturais e naturais. Nisso se inclui o paradigma que presidiu a formação nacional, a visão religiosa do mundo, a organização política, os modelos econômicos adotados; e, por outro lado, há também os vários componentes do ambiente natural e as influências mesológicas, entre muitos outros fatores.

Quanto ao Brasil, é indispensável destacar a sua história colonial, o fato de ser um prolongamento da península ibérica com suas tradições judaico-cristãs e mouriscas, o generalizado sentimento de inferioridade perante os países industrializados e o famigerado Primeiro Mundo, o aporte cultural e técnico das imigrações, o mau exemplo das classes dominantes e vários outros fatores.

A par com o desperdício e as variadas agressões ao meio ambiente – frutos da inconsciência, da ignorância ou da ganância –, convive uma sensibilização vaga e tímida acerca dos problemas ambientais da região e do país. Por seu turno, os meios de comunicação social produzem ou retransmitem mensagens e programas de interesse ambiental, porém, muitas vezes inadequados ou reducionistas; por essa razão, os seus efeitos são duvidosos em termos de percepção ambiental pela sociedade. É evidente que há nessa área exceções, assim como no conjunto da população que é em geral pouco consciente há grupos esclarecidos de militância e de pensamento ecológicos.

Na prática, a linha da emotividade diverge bastante da linha da racionalidade ecológica, porque o homem procede seguindo a conjunção de ideias, sentimentos e ações, nem sempre em equilíbrio. Dadas a índole do brasileiro e a sua formação histórica, o componente emocional predomina e, com frequência, há "muito barulho por nada". É óbvio que isso dificulta a percepção objetiva e a solução dos problemas ambientais.

Esse fenômeno contraditório é facilmente perceptível quando se comparam as representações sociais do meio ambiente com as representações sociais do desenvolvimento e do progresso. As práticas adotadas são incoerentes com o pensamento e o discurso ambiental. É fato incontestável que a sociedade de consumo vem se impondo, se não na prática cotidiana da maior parte da população, ao menos nas fantasias e nos desejos das pessoas. A adoção sem questionamentos de modelos alienígenas de desenvolvimento e de padrões de consumo prevalece sobre a consciência ecológica e, assim, sobre a consciência ética, social e cidadã. Infelizmente, essa percepção retrata o ânimo geral da sociedade. Uma transformação radical se impõe.

O caminho de mudanças a trilhar aponta para as comunidades locais ou pequenas comunidades, para os grupos de militância e os formadores de opinião. Já que o meio ambiente significa transformação cultural, requer-se um trabalho de educação ambiental nos moldes da Lei n. 9.795/99. Tratada em sua amplitude, a questão ambiental pode, sem dúvida, sensibilizar grupos sociais mais receptivos e preparados; mas, se detalhada em temas de interesse local, ela pode modificar para melhor a percepção social do meio ambiente e, em decorrência, criar motivações para uma ação ambiental participativa.

Vale para a percepção social do meio ambiente um velho aforismo filosófico: "nada pode ser desejado se antes não for conhecido". A reorientação e o desenvolvimento de tal percepção constituem um dos pontos altos da gestão ambiental, visto que esta última se faz sobre os fatores humanos, mais do que sobre os elementos naturais.

Percepção Profissional

A formação da sociedade industrial condicionou o mercado de trabalho às especializações técnicas. Por sua vez, a burocracia (no sentido que lhe dá Max Weber) impôs, como necessárias, a hierarquia e a especialização das funções dentro das organizações. Tais condicionamentos ou imposições contribuíram para a construção dos modelos de gestão ainda em voga, profundamente marcados pelo pragmatismo e pela frieza racional.

No plano científico, as especializações em cadeia já tinham sido impulsionadas pela visão mecanicista do mundo natural, segundo o paradigma cartesiano-newtoniano. A ciência se propusera, então, a "desmontar" essa máquina para conhecer todas as suas peças. Tal processo, iniciado em meados do século XVII, entrou no ritmo e no estilo da civilização industrial e continua em voga: basta ver a formação universitária extremamente fragmentada que forma recursos humanos para o indecifrável mercado de trabalho, com predominância do ensino para a capacitação técnica, que está em alta. A tendência, no assim chamado sistema educacional, é formar profissionais-autômatos, bons para determinadas tarefas e, em contrapartida, incapazes de enxergar a complexidade, e inabilitados para exercer a cidadania ambiental no âmbito da sua profissão. É possível que isso seja parte de um processo de manipulação intelectual e de uma espécie de inconsciência programada.

Consequência óbvia desse sistema, a preparação técnica da esmagadora maioria de profissionais que saem das instituições de ensino superior é dramaticamente falha na visão e no trato do meio ambiente. Não foram preparados para trabalhar com teias ou redes complexas, nem com as abordagens holística e sistêmica. Para essa geração despreparada (e, por vezes, deslumbrada consigo mesma), o meio ambiente não é considerado uma realidade ao mesmo tempo natural e social. Tampouco a maioria das instituições de tecnologia e de ensino superior está preocupada com os limites que a natureza impõe à ciência e à realidade em geral; em última análise, trabalham com alienações e valem-se de falácias cheias de riscos para o desenvolvimento autêntico, a médio e longo prazos.

Resta ainda a evidência de que a percepção profissional do meio ambiente – até mesmo entre profissionais da biologia e da geografia – é muito claudicante, quando não cega, surda e muda. O sentido ambiental profissional, que poderia funcionar como uma espécie de sexto sentido agregado àqueles cinco tratados anteriormente, quando muito está embrionário. Obviamente, essa situação contempla exceções bonitas que todos conhecem.

A autocrítica profissional ou a crítica serena à formação universitária recebida tem sido tema constante nos cursos de especialização ambiental, tanto na gestão e na educação quanto no direito. Os cursos de pós-graduação procuram, de algum modo, corrigir as distorções da graduação acadêmica. No entanto, o esforço que se faz, além de ser reduzido no tempo de duração, é prejudicado pelas falhas acumuladas na formação universitária e no exercício profissional. Não obstante tantas adversidades, a percepção profissional do meio ambiente pode ser incentivada e, cada vez mais, aperfeiçoada. Núcleos e pesquisas interdisciplinares podem ajudar a corrigir desvios e reducionismos na universidade. A interação com entidades ambientalistas e movimentos ecologistas concorrerá para a mudança de enfoques e para a sensibilização da consciência crítica. Também os estímulos de auditorias e certificações (em que eventualmente pese o risco de aparência e de mera formalidade que as acompanha) constituem estímulos para aprofundar o estudo das variáveis ambientais nos processos tecnológicos, industriais e empresariais em geral, assim como nos sistemas educacionais.

Sem dúvida, o papel da educação ambiental em suas novas concepções é da maior importância, porquanto essas concepções compreendem áreas

LINGUAGEM E PERCEPÇÃO AMBIENTAL

até agora pouco exploradas na formação da consciência ecológica e na capacitação de profissionais de todos os ramos do saber.

É relevante enfatizar que as raízes da percepção ambiental profissional estão plantadas no solo da formação acadêmica, ainda muito pobre de nutrientes do saber ambiental. Não obstante, o fato de se ter chegado a essa percepção já constitui uma promessa de reação à inércia e aos desvios que deixam de lado a sensibilização para o meio ambiente. A percepção das falhas abrirá caminho para a percepção maior da questão ambiental no preparo e no exercício profissional das novas gerações.

Percepção Ética do Meio Ambiente

Pode parecer estranho falar de percepção ética. A ética tem sido identificada com normas morais, preceitos abstratos, condutas e comportamentos mal definidos. Pode-se até aceitar tudo isso em seu conjunto, todavia, além dos preceitos e das normas e formulações teóricas, a ética desenvolve no espírito humano uma percepção do valor intrínseco das coisas e das ações que compõem o universo. Com ela o homem torna-se mais homem, mais ser-no-mundo.

As percepções sensoriais processam-se mediante os sentidos, que fazem a ligação entre o mundo interior da pessoa e o seu universo exterior. Além deles, há sentidos internos, em cujo rol aceita-se a inclusão da fantasia e da memória. Ora, isso é aceito, mas seria possível falar de um "sentido ético" que se aproximasse dos já mencionados? É óbvio que não se pode, em rigor, afirmar isso, porquanto a percepção ética é relacionada com a consciência crítica, faculdade de natureza imaterial. Esse é um assunto controvertido, mas houve e há muitas reflexões filosóficas a respeito.

Kant, ao esbarrar com os limites da razão pura, e não podendo deixar de fundamentar as ações práticas do homem em argumentos de razão, apelou para a razão prática, algo à moda de um sentido interior que, por meio do seu imperativo categórico, passa a impor o que deve ou não ser praticado. Diga-se de passagem que o pensamento de Kant, embora admiravelmente construído, não é de fácil compreensão; mesmo assim, o seu imperativo categórico apresenta-se como uma construção muito bela e condizente com o pensar, o sentir e o agir humanos.

Já em outro campo filosófico, o aristotélico-tomista, o sentido ético é explicado de maneira distante e meramente analógica com o desempenho dos outros sentidos, uma espécie muito particular de percepção. Haveria no íntimo do ser humano uma sorte de órgão ético, algo entre o inato e o adquirido, que acusa o valor moral das ações humanas. Seria como um núcleo interior sólido de força espiritual que desabrocha na consciência[1].

Nas últimas décadas, tem-se desenvolvido muito rapidamente a preocupação ética com os destinos do planeta Terra. Essa abordagem, antiga e ao mesmo tempo inovadora, ganha espaço cada vez mais amplo nas consciências individuais, no pensamento comum de grupos sociais e, de algum modo, na opinião pública.

É interessante verificar que a ética ambiental brota dos conhecimentos científicos e da constatação do estado do mundo, mais do que de pressupostos apriorísticos da filosofia e da teologia. A ameaça crescente aos sistemas vivos, a intensificação dos riscos globais, a perigosa predação dos recursos ambientais (notadamente dos recursos naturais), a capacidade finita da Terra para atender a demandas e receber lixos e resíduos – tudo isso e mais outros fatores – falam da dupla necessidade ético-ambiental: respeitar os limites da natureza e cuidar do planeta que é considerado a casa, condições absolutas para alcançar uma convivência harmoniosa dos seres humanos entre si e com o ecossistema planetário. No contexto de uma ética mundial, também ela de características globais, desponta a compaixão pela Terra, alimentada por documentos científicos, sociais e políticos, como a Carta da Terra[2].

A filosofia e a teologia, por sua vez, reforçam o respeito aos limites e a necessidade do cuidado, critérios estes de ordem natural, mas com ênfase dada à responsabilidade perante o bem comum e a obra criadora de Deus. Da mesma forma, o direito natural acrescenta argumentos jusnaturalistas ao cuidado do patrimônio coletivo, uma vez que o direito positivo se pronuncia apenas juridicamente – não eticamente – sobre o assunto.

É certo que se pode desenvolver a percepção ética do meio ambiente, assim como em relação às demais percepções ambientais. Aliás, pode-se e deve-se fazer isso, mesmo porque a ciência impulsiona os homens.

---

[1] Na linha de pensamento citada, a inteligência prática tem três estados profundos: a sindérese, a consciência e a deliberação prudente. Destes, a sindérese (a mais profunda) e a prudência funcionam como sensores (e censores) do agir humano, segundo Alonso (2002).

[2] O pensador e filósofo Leonardo Boff escreveu, entre muitas outras obras, dois livros que interessam diretamente ao assunto: *Saber cuidar: ética do humano – compaixão pela Terra* (2000a) e *Ethos mundial: um consenso mínimo entre os humanos* (2000b). Neste último livro o autor faz uma análise sucinta da Carta da Terra (Disponível em: http://www.data-terra.org.br/CARTA_DA_TERRA.htm. Acessado em: 18 jun. 2003.).

Na linha da percepção ética, têm-se elaborado novos ramos da ética ambiental: a ecologia profunda e a ecologia interior. Por vezes, uma e outra se mesclam.

A ecologia profunda vai além das formulações ético-ambientais mais correntes, questionando o antropocentrismo que persiste teimosamente na sociedade contemporânea e, inclusive, insinua-se de maneira sutil no desenvolvimento sustentável; ademais, ela disseca com o bisturi da reflexão crítica o corpanzil da sociedade de consumo e os flácidos modelos de desenvolvimento materialista, refugando estilos de vida e padrões de civilização incompatíveis com a administração planetária e a manutenção das teias da vida. Seu enfoque é nitidamente ecocêntrico ou biocêntrico.

A ecologia interior leva para dentro do espírito humano, ao âmago da consciência, a revisão da vida pessoal em função de maiores valores transcendentes, buscando sentido na comunhão mais íntima da pessoa com a Mãe-Terra. A ecologia interior alimenta a subjetividade necessária para que os homens possam se sentir seres ambientais solidários com as formas de vida e apegados ao essencial.

Uma abordagem sumária de temas tão relevantes é insatisfatória, dada a magnitude do objeto, todavia, se se pegar o fio da meada, é possível descobrir que a percepção ética do meio ambiente traz em si um enorme potencial de transformação. Transformação lenta, mas segura, que certamente enriquecerá as demais percepções tratadas até aqui.

Todas essas percepções são necessárias, cada qual merece ênfase no seu contexto específico. Contudo, a percepção social e a percepção ética são as mais apropriadas para o exercício da cidadania ambiental. Vale, porém, repetir: as percepções aqui abordadas são ângulos diferentes da mesma e única realidade – a vida de seres humanos como seres ambientais. Elas se iluminam umas às outras. E é mediante esse clarão que se espera discernir os caminhos para uma gestão ambiental acertada e segura.

Linguagem Ambiental

A percepção do meio ambiente é, a uma só vez, processo e resultado. Como processo, ela é o ponto de partida para o conhecimento ambiental. No entanto, a percepção, como resultado, pode significar também todo o conhecimento adquirido a respeito do meio ambiente. Princípio e término do conhecimento, a percepção ambiental vai se transformar em linguagem apropriada para se referir à realidade ambiental e discorrer sobre ela em termos igualmente apropriados. Para tanto, usam-se, com certeza, o discurso e o linguajar próprios do posto de observação em que se encontram com as situações concretas, levando em conta as muitas diferenças existentes na percepção humana; o intercâmbio de saberes e experiências aumentará significativamente as bases perceptivas.

A multiplicidade desses ângulos e a variedade de interesses contidos nas análises ambientais constituem por si só uma dificuldade metodológica de tratamento da questão ambiental. Sabe-se que a "linguagem é uma fonte de mal-entendidos". Não é para menos: cada ciência e cada técnica têm seu vocabulário próprio, o jargão profissional (o "economês", o "biologuês", o "advogadês" e outros dialetos análogos).

O senso comum, a mitologia, a arte têm suas representações peculiares. De modo igual, a filosofia e a ciência também se distinguem por suas peculiaridades. Neste capítulo é necessária uma linguagem filosófico-científica, visto que se ocupa do saber ambiental num nicho acadêmico, ou seja, em função de estudos especializados que, em tempo oportuno, serão postos em prática por intermédio da gestão.

Para expressões científicas e técnicas há excelentes dicionários e glossários que podem ser consultados com proveito[3]. Mas aqui serão tratados apenas os conceitos fundamentais que ajudem na organização dos conhecimentos e do discurso ambiental. O ponto de partida são fundamentos necessários à linguagem científica inspirados pela epistemologia, um ramo do saber filosófico que se ocupa do conhecimento. É claro que essa abordagem sintética é feita especificamente para o saber ambiental. A fim de complementá-la, usam-se algumas definições propostas como hipótese de trabalho, sabendo de antemão que o campo está continuamente aberto para outras formulações. Em última análise, o que importa são a clareza e a abrangência dos conceitos.

---

[3] As seguintes obras, indicadas na bibliografia, prestam-se às definições conceituais e operacionais de que pode precisar o gestor ambiental: Aciesp (1987); Botkin e Bormann (1998); Lima-e-Silva (1999); Moreira (1992).

Natureza da Ciência Ambiental

A ciência ambiental é um ramo complexo e abrangente do saber humano que ainda está em fase de estruturação e requer pesquisa e adoção de uma epistemologia própria, capaz de superar os vieses profissionais e os particularismos decorrentes de uma visão mecanicista do mundo – o mundo como uma máquina que se desmonta e se remonta sem maior compromisso com a sua organização e finalidade intrínsecas. Essa visão paradigmática se funda nas múltiplas divisões da(s) ciência(s) com as respectivas especialidades, processo que se iniciou há quase quatro séculos, culminando na atual atomização do saber e na desorientação prática em relação às medidas correlatas para administrar a Terra.

Ressalta-se aqui que ainda se discute sobre a designação do saber organizado que tem como objeto o meio ambiente. Há quem prefira ciências ambientais, no plural; outros defendem ciência ambiental, no singular. Como é uma questão em aberto, não se pode, por ora, tomar uma posição radical nem definitiva. Prefere-se o singular, ciência ambiental, porque essa organização de saberes não anula a individualidade das ciências ou disciplinas que se ocupam da questão ambiental, visto que cada uma delas conserva seu objeto específico e sua metodologia própria. Ecologia, biologia, economia, geografia, física, química, sociologia, direito e tantas outras, embora focalizem temas relativos ao meio ambiente, procedem sempre em conformidade com seus respectivos objetos e métodos. Seria possível dizer que a ciência ambiental, enquanto reunião de saberes provindos das mais diversas fontes, é uma supraciência (que não aspira, em absoluto, a ser uma superciência). Ou seja, a ciência ambiental forma-se com a contribuição de todas as ciências e disciplinas que, à sua própria maneira, trabalham os dados e as variáveis ambientais, contribuindo para dar unidade ao conhecimento holístico da questão ambiental.

Nas universidades, nos institutos de pesquisa e nas escolas de diferentes graus, já se procura uma síntese capaz de esclarecer e orientar os espíritos, seja na teoria, seja na prática do conhecimento. Tal esforço encontra-se também em outros campos da atividade humana, como a organização da sociedade e a produção de bens e serviços. A falta de uma visão de conjunto e de um paradigma unificador inquieta muitas pessoas mais esclarecidas e conscientes. Daí decorre a procura por uma abordagem holística, da qual participam a visão sistêmica (ou ecossistêmica) do mundo natural e o tratamento interdisciplinar dos problemas colocados pela administração da Terra e pela sobrevivência da família humana em harmonia com seu ambiente.

Já é pacificamente aceito que a questão ambiental não se confina aos limites das ciências biológicas. Ao contrário, tornou-se evidente que ela reclama o concurso de outros ramos do saber científico e, em todos os setores da atividade humana, exige procedimentos técnicos compatíveis com os métodos das várias ciências que se ocupam do meio ambiente.

A contribuição dos conhecimentos que versam sobre o mundo natural não humano é essencial; sem dúvida, de certo modo eles servem como ponto de partida para a investigação e a construção do saber ambiental. O meio ambiente, por outro lado, abriga e compreende também a espécie humana com todas as suas produções. Da mesma forma que o homem é um ser ambiental, o meio ambiente é uma realidade social que precisa da ação conjugada de muitas disciplinas das ciência sociais para ser bem conduzida.

Alargar a visão sobre essa problemática, e mesmo aprofundar o quanto possível a natureza da questão ambiental, eis o escopo dessa espécie de propedêutica às demais disciplinas que se ocuparão de aspectos específicos do gerenciamento ambiental e suas implicações científicas e técnicas. Contudo, não se pode esquecer que o alvo principal da gestão ambiental é a sociedade humana, muito mais do que os recursos naturais.

Deduz-se, então, que tratar científica e tecnicamente a questão ambiental significa uma verdadeira mobilização na construção do saber e da *práxis*, visando modificar o modelo de relações hoje existentes entre sociedade humana e mundo natural.

Requisitos da Ciência Ambiental e da sua Linguagem

No decorrer deste texto, por algumas vezes, referem-se certas características ou requisitos que devem acompanhar o tratamento da questão ambiental. Os três termos empregados devem ser internalizados de forma contínua na percepção e na linguagem da gestão ambiental, não por mera regra metodológica mas, sobretudo, pelo fato de seus conteúdos estarem estreitamente ligados à estrutura e à dinâmica do meio ambiente, que é uma realidade complexa.

Visão Holística

A superação do paradigma cartesiano-newtoniano, a substituição das abordagens reducionistas que negam a complexidade do ecossistema planetário, a cura do estrabismo e da profunda miopia demonstrados em muitas percepções da realidade ambiental somente podem ser alcançadas com exercícios contínuos e perseverantes de correção das falhas. Esse é um aprendizado que não pode se resumir em esforços individuais, pelo contrário, requer intercâmbio de ideias e participação em debates e análises de temas ambientais, seja no campo teórico, seja no prático.

Holos, na língua grega, é a totalidade, que pode aplicar-se a um todo pequeno como a um todo de grandes proporções, até alcançar o todo planetário. No estudo da questão ambiental, o exame do todo, ou a análise da totalidade, deverá levantar toda a "população" de determinado meio ou ambiente, os seus componentes e as suas relações. Entenda-se por população o conjunto de elementos presentes e interagentes, como se diria em estatística.

É oportuno observar que a totalidade que interessa não pode ser entendida apenas como o conjunto de fatores, o que poderia limitar-se a uma visão quantitativa. O que realmente caracteriza a visão (ou a abordagem) holística é o fato dela levar em conta a complexidade desafiadora desse determinado meio ambiente e da sua problemática.

Se as diferentes faces da questão ambiental forem reconsideradas será possível dizer, por exemplo, que a abordagem holística do meio ambiente precisa contemplar os aspectos científicos, técnicos, econômicos, sociais, culturais e políticos daquilo que é objeto do conhecimento e da gestão ambiental que se pretende desenvolver.

Esse tipo de abordagem – ou visão teórico-prática – de amplo alcance é tão essencial que já se fala, com propriedade, de medicina holística, administração holística. Não são meros modismos, mas formas de traduzir as necessidades relativas à complexidade do conhecimento e da aplicação prática desse mesmo conhecimento.

Visão holística já superou os limites do jargão, converteu-se numa expressão que ganha espaço, sentido e consistência palpáveis. É indispensável habituar-se a isso e, mais ainda, a trabalhar com essa abordagem, que, no momento atual, é a única possível e capaz de abrir caminhos para a implantação de um novo paradigma de conhecimento e administração da Terra.

Enfoque Sistêmico

Como o feixe de luz que se dirige e se concentra sobre determinado objeto, o enfoque sistêmico no conhecimento e na gestão do meio ambiente consiste no direcionamento da atenção para as teias e as redes que se encontram em todas as manifestações de organização e de vida no planeta. "Há uma ligação em tudo", advertia o cacique Seattle. Aliás, muito antes dele, o imperador filósofo Marco Aurélio, em suas *Meditações*, consagrava o respeito a essa ligação como uma das condições para bem administrar a Terra: "pensa sempre no liame que une todas as coisas no universo e em sua mútua dependência. Todas as coisas estão ligadas umas com as outras e por esta razão vinculam-se por laços de amizade, pois elas estão em relação umas com as outras devido à unidade de todas as substâncias"(Antonino, 1995). Entre os filósofos pré-socráticos, depois da busca aprofundada dos constitutivos primeiros do mundo físico, houve aqueles que concluíram pela ligação íntima de todos os elementos primordiais na realidade do universo conhecido, ao mesmo tempo estável e mutante.

Com efeito, há uma secreta cumplicidade entre os elementos que compõem a estrutura ou a arquitetura dos ecossistemas, extrapolando para o próprio ecossistema planetário em seu conjunto. Não se mexe num elemento nem se altera uma relação sem que outros elementos e outras relações sejam afetados. Cada vez mais a ciência moderna se ocupa e se extasia com essas redes ou teias, que mostram a importância das amarrações existentes na constituição e no funcionamento do planeta Terra como um organismo vivo *sui generis*[4].

A realidade sistêmica (ou ecossistêmica) do mundo natural alerta para certa intangibilidade desse mesmo mundo natural, para as suas conexões ocultas e para a extrema delicadeza de suas tramas. Assim como uma pedrinha atirada à superfície serena de um lago vai provocar a expansão concêntrica de ondas, do ponto em que ela caiu até as margens extremas, assim também o efeito de uma intervenção na teia dos sistemas vivos e nas estruturas que os suportam se alastrará indefinidamente. De acordo com a natureza e a intensidade dessas intervenções, o homem arrisca-se a perder o controle sobre os fenômenos delas decorrentes: é o alerta da própria Terra para os limites e os pontos de mutação ou de retorno.

É nesse sentido que a Constituição Federal Brasileira, no art. 225, I, aborda "ambiente ecologicamente equilibrado" e "processos ecológicos essenciais" (Brasil, 1988).

---

[4] O assunto é tratado por Capra (1997), de reconhecida autoridade científica e visão holística, e está igualmente relacionado com a teoria de Gaia, de Lovelock (1991), e com a nova biologia.

A ciência vem avançando no estudo aprofundado das teias da vida e das conexões ocultas, da espantosa rede que dá sustentação ao planeta e permite o seu funcionamento. Esse é um limite que não pode ser ultrapassado porque na articulação sistêmica, mais do que na visão holística, a complexidade é, ao mesmo tempo, o mistério da natureza e a chave para abri-lo e decifrá-lo.

Tratamento Interdisciplinar

É o terceiro termo da trilogia necessária à linguagem ambiental, vale dizer, à percepção e à gestão do meio ambiente.

Interdisciplinaridade não é sinônimo de multidisciplinaridade. O multidisciplinar remete a um conjunto, a uma justaposição descomprometida de disciplinas ou de formações acadêmicas. Em determinado caso, pode haver três, cinco, dez ou mais profissionais de diferentes formações; não é por isso que, desse ajuntamento, decorrerá uma ação orgânica e conjunta sobre um mesmo objeto, porque cada qual não sai do seu reduto para olhar, com os olhos dos demais, um novo conhecimento ou um projeto a ser executado.

A multidisciplinaridade permite que uns vivam sem os outros, sem sequer tomar notícia do que pensam e pretendem fazer. Já a interdisciplinaridade cria vínculos, compromissos e cumplicidades entre os que se propõem a colocá-la em prática.

A interdisciplinaridade toma emprestados os olhares de outros saberes e disciplinas a fim de examinar o mesmo objeto sob diferentes ângulos teóricos (científicos e técnicos), assim como sob diferentes ângulos práticos (operacionais, administrativos, gerenciais). Ela requer, ao mesmo tempo, o desejo eficaz de aprender a visão de outros profissionais, a empatia para colocar-se no lugar e na situação deles e a humildade para abrir mão dos seus próprios pontos de vista quando isso for necessário para aprender e avançar no conhecimento científico, técnico e operacional de um objeto comum.

Uma das características fundamentais da interdisciplinaridade consiste na sua intencionalidade, ou seja: é imprescindível que se queira conhecer e agir interdisciplinarmente. Ora, isso não ocorrerá por acaso nem como consequência de um dom gratuito vindo de não se sabe onde – é preciso juntar lucidez, abertura de espírito e determinação para alguém ser interdisciplinar e agir como tal (Coimbra, 2000).

É bom prevenir que, por vezes, será necessário transgredir os rigores metodológicos desta ou daquela disciplina para que se alcance o método e a prática interdisciplinares, e, ainda, a visão holística. Mais do que os métodos, o rigor científico consiste na abordagem mais objetiva e completa possível do objeto que se quer conhecer e dar a conhecer.

Como síntese, é lícito dizer que a visão holística, o enfoque sistêmico e o tratamento interdisciplinar constituem o tripé estável da ciência ambiental e, por conseguinte, da percepção e da gestão que se pretende praticar na solução da questão ambiental. A observância desse tríplice requisito diminuirá sensivelmente as margens de erro nas análises ambientais, além – é óbvio –, de ampliar os horizontes do conhecimento e tornar a realidade ambiental mais compreensível e empolgante. O que mais se poderia esperar do homem, um ser ambiental tão privilegiado?

Proposta de Definições como Hipótese de Trabalho

Da mesma maneira que não se pode provar a evidência, é praticamente impossível simplificar a complexidade. Por outro lado, como um paradoxo, sabe-se que quanto mais simples é uma coisa ou realidade, mais complexa ela é, porque contém muito no pouco.

Desafio parecido é definir alguns conceitos, expressões já triviais que andam de boca em boca e cujo significado completo não se pode expressar facilmente. Há coisas e ideias que se intuem e que teimosamente escapam a definições rígidas. É isso que se passa com o meio ambiente, e ainda é possível ressalvar os inúmeros casos em que falhas e erros na percepção de um tema ambiental dificultam o entendimento e as explicações desse mesmo tema.

Estão propostas aqui algumas definições sobre conceitos relacionados ao meio ambiente e à sua administração. Não se pode esperar por definições sucintas e precisas como a singela definição aristotélica de homem – *Homo est animal rationale*. Quando se fala de animal racional, com segurança e exclusividade pensa-se no ser humano, quando se fala do ser humano no contexto do ecossistema planetário, sabe-se, sem pestanejar, que se trata de um animal racional.

As definições que se seguem são, de certo modo, mais descritivas do que essenciais, porquanto não há como traduzir tanta complexidade em tão poucos vocábulos. A tentativa, nesses casos, é ter em conta – sempre e de maneira clara – os componentes estruturais do meio ambiente (seres), as funções ecossistêmicas (circulação de matéria, energia e informação) e as variadas *relações* que se estabelecem em virtude das interações desenvolvidas na biosfera.

O importante, em todo caso, é ter um ponto de partida para o entendimento dos temas, que poderão ser revistos e aperfeiçoados. Importante também, sem dúvida, é adotar uma linguagem comum, mesmo que a título provisório, caso contrário, corre-se o risco de entabular um "diálogo de surdos" e de não se chegar à convergência necessária.

Questão Ambiental

Convém recordar uma vez mais a distinção entre problemas ambientais e a questão ambiental. Os problemas ambientais são inúmeros e das mais diversas ordens, como se pode deduzir. Eles, em geral, estão localizados – embora possam repetir-se em muitos outros lugares da Terra – e costumam reproduzir uma ou mais formas de degradação do meio, poluição ou agressão, que afetam o entorno, sua biota, o equilíbrio ecológico, a qualidade ambiental e a qualidade de vida. São sempre nocivos à saúde humana e aos sistemas vivos, e trazem associados fatores técnico-científicos, sociais, econômicos e políticos, como já visto.

Já a questão ambiental resulta da soma ou da potenciação desses mesmos problemas, de maneira a constituir uma ameaça difusa e permanente ao ecossistema planetário. A questão ambiental compreende, por assim dizer, a generalidade dos problemas ambientais, inclusive os fatores já citados. Os problemas ambientais seriam particularizações, a questão ambiental seria a generalidade, a síntese dos males de que padece a Terra em decorrência da ação antrópica.

Por outro lado, os problemas ambientais seriam a presença materializada e localizada da questão ambiental. É por meio deles que se tem uma amostra dos males que afetam o planeta como um todo. Dessa constatação pode-se muito bem, e com propriedade, revalidar o conhecido provérbio ou mote ambientalista: "Pensar globalmente, agir localmente".

Questão ambiental é a conjunção de fatores de ordem técnico-científica, econômica, social, cultural e política, entre outros, que criou tensões crescentes nas relações de convivência da espécie humana com os demais componentes do ecossistema da Terra, resultando em riscos globais e ameaças à sobrevivência de ambas as partes.

Meio Ambiente

O importante é partir de uma conceituação clara do meio ambiente que é, ao mesmo tempo, uma realidade natural e social. No meio ambiente, como em qualquer ecossistema, são encontradas sempre a respectiva estrutura (os elementos que estão presentes) e as funções (o transporte permanente de matéria, energia e informações). A vida perpetuada é o valor máximo referencial no caso do planeta Terra. É preciso acrescentar à estrutura e às funções o fator importantíssimo das relações, que se processam por conta da interação de todos os fatores presentes nesse meio, especialmente aquelas relações em que entra o fator humano.

Ora, a conjugação de estrutura, funções e relações resulta numa grande complexidade, que envolve as muitas teias existentes nos ecossistemas naturais e nos sociais. Por isso, definir o meio ambiente, condensando tamanha complexidade em poucas palavras, é um desafio.

Seguem-se três tentativas de definição, como hipótese de trabalho:

- Meio ambiente é o conjunto dos elementos abióticos (físicos e químicos) e bióticos (flora e fauna), organizados em diferentes ecossistemas naturais e sociais em que se insere o homem, individual e socialmente, num processo de interação que atenda ao desenvolvimento das atividades humanas e à preservação dos recursos naturais e das características essenciais do entorno, dentro das leis da natureza e de padrões de qualidade definidos (Coimbra, 2002).

- Meio ambiente é o conjunto dos elementos físicos, químicos e biológicos e de suas múltiplas relações, ordenados para a perpetuação da vida e organizados em ecossistemas naturais e sociais, constituindo uma realidade complexa e marcada pela ação da espécie humana (Coimbra, 2002).

- Meio ambiente é a realidade complexa resultante da interação da sociedade humana com os demais componentes do mundo natural, no contexto do ecossistema da Terra (Coimbra, 2002).

Essas definições procuram fugir ao reducionismo, que é incompatível com a visão holística e com a natureza sistêmica do meio ambiente. Todas as definições são bastante densas, porém, há uma complexidade decrescente na sua formulação: a primeira é mais explícita e abrangente do que as outras duas, e a terceira é a mais concisa. Seja qual for a preferência, é necessário que a definição seja analisada em seu conteúdo.

Gestão Ambiental

A gestão ambiental consiste numa série de intervenções humanas sobre o patrimônio ambiental que se localiza em determinado território. Os atores dessas intervenções são o poder público, a coletividade e, em certos casos, pessoas físicas individuais.

É certo que o meio ambiente é uma realidade sem fronteiras; todavia, as intervenções que nele se operam precisam ser bem delimitadas, pois obedecerão a leis, critérios e métodos precisos, adequados ao escopo gerencial que o gestor adota em relação à área ou espaço da sua intervenção.

As definições servem para fixar conceitos essenciais. É preciso que se tenham "ideias claras e distintas" da composição do meio ambiente e da sua complexidade. Caso contrário, as ações que forem desencadeadas na gestão ambiental poderão ser tendenciosas, falhas, ambíguas e até falaciosas, na medida em que não derem o devido peso às estruturas, às funções e às relações que se acham presentes no meio ambiente.

Por essa razão, também a gestão ambiental deve ser definida em função da complexidade do seu objeto. São propostas, a seguir, duas definições: uma da gestão ambiental em geral, outra da gestão ambiental na esfera municipal. Vale lembrar, essas definições são igualmente hipótese de trabalho e servem para preencher eventuais lacunas no plano conceitual.

- *Gestão ambiental* é um processo de administração participativo, integrado e contínuo, que procura compatibilizar as atividades humanas com a qualidade e a preservação do patrimônio ambiental, por meio da ação conjugada do poder público e da sociedade organizada em seus vários segmentos, mediante priorização das necessidades sociais e do mundo natural, com alocação dos respectivos recursos e mecanismos de avaliação e transparência (Coimbra, 2002).
- *Gestão ambiental municipal* é o processo político-administrativo que incumbe o poder público local (executivo e legislativo) de, com a participação da sociedade civil organizada, formular, implementar e avaliar políticas ambientais (expressas em planos, programas e projetos), no sentido de ordenar as ações do município, em sua condição de ente federativo, a fim de assegurar a qualidade ambiental como fundamen-

to da qualidade de vida dos cidadãos, em consonância com os postulados do desenvolvimento sustentável, e a partir da realidade e das potencialidades locais. (Coimbra, 2002)

Desenvolvimento Sustentável

Tornou-se obrigatório falar de desenvolvimento sustentável como uma fórmula mágica para esconjurar os males do crescimento econômico e exorcizar os riscos que rondam o meio ambiente. Durante uma década pareceu a panaceia indicada para qualquer desarranjo ambiental.

Visto que não foi aprofundado e cultivado como era necessário, o desenvolvimento sustentável quase se reduziu a uma simples expressão idiomática de semântica incerta. Esta e outras expressões surgiram, e continuaram a aparecer, ameaçadas pelos ventos das novidades que sopram sem parar. Isso quer dizer que conceitos importantíssimos, como o de desenvolvimento sustentável, não têm tempo de criar raízes, amadurecer, e dar flores ou frutos. Depois de dezesseis anos de seu aparecimento, há um vazio em torno do desenvolvimento sustentável; é conceitual, sem dúvida, porém, é mais ainda um vazio de experiências sólidas e bem-sucedidas que possam ser ampliadas.

Por isso, na Conferência de Johannesburgo (que ocorreu em 2002 na África do Sul, dez anos após a Rio-92), houve um clima de ceticismo a respeito. A culpa não é do desenvolvimento sustentável em si: é dos doutrinadores, dos gestores públicos e da falta de interesse da universidade pelo tema. A pregação fica por conta de alguns poucos idealistas mal municiados de ideias claras e de experiências convincentes.

Definir o desenvolvimento sustentável como aquele que permite o uso dos recursos naturais por parte das gerações presentes sem comprometer o seu uso pelas gerações futuras – conceito corrente e simplificado –, é muito pouco. Há a necessidade de reflexões sistemáticas e debates mais aprofundados, assim como de esforços para traduzir a proposta em normas operacionais e decisões políticas.

Apesar dos pesares, esse é um conceito que não se pode perder. O que importa é extrair dele quantos elementos for possível. Na realidade, todo desenvolvimento deveria ser sustentável, assim como toda educação deveria ser ambiental. Os adjetivos vêm para reforçar substantivos cuja carga conceitual ainda não foi devidamente explorada; aprofundar ideias é tarefa mais difícil do que repetir chavões.

A preocupação mais clara e generalizada neste início do terceiro milênio é com a sustentabilidade global, que abarca os três aspectos que são complementares e indissociáveis: o ecológico, o econômico e o social.

Não é possível aos atores sociais e aos agentes e gestores ambientais dispensarem-se do aprofundamento do assunto. A tarefa é grande, talvez requeira uma vida toda, dado que a insustentabilidade corre mais depressa do que a sustentabilidade.

Como hipótese de trabalho, são propostas a seguir duas definições: desenvolvimento e sustentabilidade, que podem indicar algum rumo para a exploração do assunto.

*   *Desenvolvimento* é um processo contínuo e progressivo, gerado na comunidade e por ela assumido, que leva as populações a um crescimento global e harmonizado de todos os setores da sociedade, pelo aproveitamento dos seus diferentes valores e potencialidades, de modo a produzir e distribuir os bens e serviços necessários à satisfação das necessidades individuais e coletivas do ser humano por meio de um aprimoramento técnico e cultural, e com o menor impacto ambiental possível (Coimbra, 2002).

*   *Sustentabilidade* é a condição ou o resultado do equilíbrio nas relações entre uma determinada sociedade humana e o meio natural em que ela vive e se organiza, de modo que as demandas e ofertas recíprocas atendam às necessidades dos ecossistemas naturais e sociais, sem prejuízo das gerações futuras, dos sistemas vivos e dos ecossistemas do planeta Terra.

CONSIDERAÇÕES FINAIS

Parece pouco apropriado neste momento falar de conclusão. O que concluir afinal? Na realidade, a vastidão do assunto e o muito que se poderia perguntar a respeito deixam este texto, de alguma forma, inconcluso.

No entanto, o velho e bom método de elaboração de textos insiste em que o trabalho deve ter começo, meio e fim. Acredita-se que essas etapas foram formalmente percorridas; porém, questões ainda pairam no ar e as ideias não podem ficar suspensas, na expectativa de complementos. Por isso, o que foi exposto ao longo do texto deve enfeixar algumas considerações finais que retomem as ideias já em vista de aplicações na prática gerencial.

Ao longo desta reflexão, foi possível retomar a linguagem e a percepção do meio ambiente e dar-lhes uma roupagem diferente do que vai nos meios de comunicação e nas conversas casuais. Passo a passo, a questão ambiental e a gestão do meio ambiente foram associadas por intermédio de um processo essencialmente humano e racional que é perceber, dar-se conta de uma realidade e, em seguida, pronunciar-se sobre ela mediante expressões e conceitos que sejam tão corretos e objetivos quanto possível.

Estas considerações finais, à guisa de conclusão, procuram estabelecer uma passagem da esfera conceitual para a esfera prática; e, por prática, não se referem fórmulas e receitas simplificadas, mas algumas pistas que ajudem a trilhar com segurança e eficácia o roteiro delineado pelas ideias. Afinal, o caminho se faz com o caminhar, porém, é indispensável saber de onde se parte e para onde se vai.

A percepção da realidade e a linguagem com ela relacionada constituem, em parte, um exercício acadêmico necessário, pois se trata de elaborar o conhecimento. No entanto, por outro lado, elas são apontadas como ferramentas para a gestão ambiental. É precisamente nesse ponto que os objetivos se encontram: subsidiar cientificamente os atores sociais e agentes ambientais. Seguem-se umas poucas considerações de caráter geral e, para finalizar, compartilham-se alguns pensamentos de um sábio e cientista que pensou nos processos ecológicos como teria pensado nos sonhos da Terra.

Considerações Finais de Caráter Geral

Não se pode desconhecer que falta ainda muito em ideias claras e experiências bem fundamentadas para se conduzir a gestão ambiental. Todavia, isso é parte do processo do desenvolvimento ambiental *humano*.

Algumas ideias básicas merecem ser lembradas para melhor compreensão da proposta de gestão:

- A gestão ambiental é um processo e, como tal, não pode sofrer solução de continuidade. Ações isoladas e esporádicas não podem constituir um processo no sentido rigoroso do termo.

- O planejamento – que também é processo – é um recurso instrumental para ser utilizado na gestão ambiental, assim como é utilizado em muitas outras gestões, quer na administração pública, quer na iniciativa privada.

- As competências dos entes federativos são definidas em lei; porém a lei não faz milagres. Educação ambiental e ética ambiental são indispensáveis. O exercício da cidadania, com seus direitos e deveres agregados, é a mola propulsora da participação da comunidade. Daí a importância da percepção ampla do meio ambiente.

- A atribuição de responsabilidades próprias ao poder público e à sociedade civil, como diz a Constituição Federal, é requisito de eficiência e eficácia, inerente a um Estado democrático de direito e de fato. A definição clara dos direitos e dos deveres com referência ao meio ambiente, mediante conceitos claros e linguagem apropriada, é essencial para formar a consciência ecológica e a cidadania ambiental.

- As atividades humanas devem se adequar às potencialidades e aos limites de um determinado ecossistema ou ambiente concreto. O inverso seria uma aberração, porque o mundo natural não pode fugir às leis que o regulam somente para conformar-se com as distorções conceituais e os caprichos humanos. As tecnologias precisam se espelhar nas realidades naturais.

- É preciso afastar definitivamente a ideia de que preservação ambiental e desenvolvimento econômico são incompatíveis. O simples crescimento econômico, limitado a si mesmo como fim último, este, sim, é incompatível com a consciência ecológica. Desenvolvimento e meio ambiente fundem-se na busca e na realização do desenvolvimento sustentável, num progresso para toda a comunidade terrestre. A meta maior é a sustentabilidade; o desenvolvimento sustentável é tão somente um processo para alcançá-la.

- O contexto biorregional deve ser levado em conta, desde logo, porquanto é necessário respeitar as características dos ecossistemas. A escolha acertada de uma unidade de planejamento e gestão é o melhor ponto de partida.

- É importante ter em mente que gestão ambiental não é simples gerenciamento de projetos ou manejo de recursos naturais de fauna e flora, assim como de recursos abióticos do solo e do subsolo. É o processo integral que preside a implantação das políticas ambientais, quer as gerais, quer as setoriais. Por conseguinte, a gestão ambiental é incumbência do poder público e da sociedade, em particular dos segmentos organizados, como as empresas, por exemplo.

- É igualmente elementar distinguir planos, programas e projetos. De cima para baixo, a amplitude ou o alcance desses instrumentos é decrescente; em compensação, sua concretude aumenta. O plano, que é mais amplo, para ter seus objetivos gerais atendidos, precisa que os programas sejam implantados, pois estes trazem em si os objetivos específicos que detalham o objetivo geral. Por sua vez, um programa só se realiza à medida que os projetos que o integram são implementados. A execução dos projetos se faz mediante a realização das atividades previstas e requeridas para a sua implementação. Em síntese, o plano decompõe-se em programas e estes, por seu turno, se subdividem em projetos.

- Tanto os planos quanto a gestão ambiental supõem diretrizes e políticas bem definidas. Não há ventos favoráveis para nau sem rumo.

Estes são apenas alguns lembretes para quem pretende comprometer-se com a gestão ambiental. A preocupação, aqui, está relacionada às técnicas: estão em vista apenas a clareza de conceitos e o domínio da nomenclatura básica. Enfim, o que se busca é a alma dos processos, aquilo que pode garantir-lhes o dinamismo interno.

Recomendações Finais

Para concluir, apresentam-se alguns princípios elaborados pelo cientista ambiental e historiador da cultura Thomas Berry (1991), expostos e comentados a seguir.

- As técnicas humanas deveriam funcionar em um relacionamento equilibrado com as técnicas da Terra, não de maneira despótica ou destruidora, nem sob a metáfora de conquista do mundo natural, mas antes de uma maneira evocativa, isto é, lembrando os processos da própria Natureza.

- É preciso se preocupar claramente com a ordem de grandeza das mudanças que se tornam necessárias. É preciso mudar radicalmente o modo de ver e de administrar o planeta. A era industrial alienou e condicionou a tal ponto o ser humano, que se tornou muito difícil a sobrevivência fora da bolha industrial.

- O progresso sustentável deve significar progresso para toda a comunidade terrestre. Cada membro da comunidade (não apenas os humanos) deve participar do processo. Por que não se pensa em termos de desenvolvimento ambiental?

- As técnicas não devem destruir o equilíbrio da natureza. Devem, sim, tratar cuidadosamente os resíduos industriais. A recusa em lidar com os seus próprios resíduos industriais é um dos aspectos mais comuns, persistentes e repulsivos das técnicas contemporâneas. É indispensável observar o ciclo de vida dos produtos.

- É preciso que haja uma cosmologia funcional, uma cosmologia que propicie a mística indispensável para essa presença equilibrada do homem no contexto natural. Isso significa ampliar sensivelmente a percepção do meio ambiente.

- A natureza tanto pode ser violenta quanto também benigna. As técnicas devem desenvolver esse papel defensivo do mundo natural. A natureza é simultaneamente bondosa e terrível, mas consistentemente criadora nos seus grandes padrões de atividade. É a autopoiese, essa força criativa e renovadora dos sistemas vivos descrita pela nova biologia. A dificuldade das técnicas não reside nos seus aspectos tenebrosos, mas sim no fato de esses aspectos tenebrosos serem tão estéreis e funestos a ponto de exterminar a vida, em vez de promover um maior desenvolvimento dela.

- As novas técnicas, com vistas à cura da Terra, precisam funcionar dentro de um contexto biorregional, não simplesmente em escala nacional ou global. Isso leva em conta os sistemas vivos e as relações ecossistêmicas maiores. A Terra não se dá em uma só e global igualdade de condições: ela se articula em regiões diferenciadas.

Ao introduzir o pensamento de Thomas Berry, o conhecido físico e cientista ambiental Brian Swimme comenta:

> Ele volta e começa a falar sobre as coisas mais simples deste mundo: o céu, os rios, o solo, o sorriso humano, a comunidade dos seres vivos. Fala da Terra, de uma visão que tem encontrado em toda a parte, até no mais remoto passado, até no futuro ainda em gestação. (Berry, 1991)

Uma percepção aguda do meio ambiente levará em consideração, infalivelmente, os seus aspectos científicos, históricos, sociais e – por que não? – os aspectos existenciais. Vale insistir, estes e outros aspectos são vistos em escala planetária.

Definitivamente, a questão ambiental é séria.

O problema agora é muito maior e bem mais grave: o homem modificou perniciosamente não só as estruturas e o funcionamento da sociedade. Também modificou até a química do planeta, alterou os biossistemas, mudou a topografia e até as estruturas geológicas da Terra, estruturas e funções que se tinham formado ao longo de milhões e mesmo bilhões de anos. Essas modificações, tanto em sua natureza como também em sua magnitude, jamais haviam ocorrido antes, nem na história da Terra nem na consciência humana. (Berry, 1991)

Resta, pois, o tríplice desafio para o gestor ambiental: pensar o impensável e o não pensado; modificar o que parece imutável e fatalmente determinado por um desenvolvimento mal concebido; entender esse mundo natural, que é sempre novo e sempre o mesmo. Por fim, após essa percepção renovadora, cabe-lhe perguntar-se sobre o último destino comum da espécie humana e do planeta Terra.

REFERÊNCIAS

A literatura sobre meio ambiente tem crescido muito nos últimos quinze anos, até mesmo com títulos originais e traduções na língua portuguesa. Valeria a pena ter acesso a esses títulos que, por si só, revelam a abrangência e a complexidade do assunto. É uma empresa quase impossível.

Para atender ao escopo dos assuntos tratados neste texto, a bibliografia é restrita às obras referenciadas e a algumas sugestões para aprofundar os temas.

Bibliografia Consultada

ALONSO, F.R. Revisitando os fundamentos da ética. In: COIMBRA, J.A.A. (org). *Fronteiras da ética*. São Paulo: Editora Senac, 2002, p.75-119.

ANTONINO, M.A. *Meditações*. Edição bilíngüe. São Paulo: Iluminuras, 1995.

BERRY, T. *O sonho da Terra*. Petrópolis: Vozes, 1991.

BOFF, L. *Ethos Mundial: um consenso mínimo entre os humanos*. Brasília: Letraviva, 2000a.

_____. *Saber cuidar: ética do humano – Compaixão pela Terra*. 6.ed. Petrópolis: Vozes, 2000b.

BRASIL. *Constituição da República Federativa do Brasil – 1988*. Brasília: Senado Federal, 1988.

COIMBRA, J.A.A. Considerações sobre a interdisciplinaridade. In: PHILIPPI Jr, A. et al. *Interdisciplinaridade em ciências ambientais*. São Paulo: Signus, 2000, p.52-70.

_____. *O outro lado do meio ambiente: uma incursão humanista na Questão Ambiental*. 2.ed. Campinas: Millenium, 2002.

COMISSÃO DA CARTA DA TERRA. Carta da Terra. 2000. Disponível em: http://www.data-terra.org.br/CARTA_DA_TERRA.htm. Acessado em: 18 jun. 2003.

[CMMAD] COMISSÃO MUNDIAL SOBRE MEIO AMBIENTE E DESENVOLVIMENTO. *Nosso futuro comum*. 2.ed. Rio de Janeiro: Editora da Fundação Getulio Vargas, 1991.

LOVELOCK, J. *As eras de Gaia: a biografia da nossa Terra viva*. Rio de Janeiro: Campus, 1991.

MORIN, E.; KERN, A.B. *Terra-Pátria*. Porto Alegre: Sulina, 1995.

ORTEGA Y GASSET, J. *Que é filosofia?* Rio de Janeiro: Lial (Livro Ibero-Americano), 1961.

REIGOTA, M. *Meio ambiente e representação social*. São Paulo: Cortez, 1995.

SIMMEL, G. A metrópole e a vida mental. In: VELHO, O.G. (org). *O fenômeno urbano*. Rio de Janeiro: Zahar, 1967, p.13-28.

Bibliografia Sugerida

As obras elencadas a seguir são indicadas para ampliar o conhecimento da questão ambiental, seja no seu conjunto, seja em alguns dos seus aspectos mais significativos. Há também indicações para se fundamentar o próprio conhecimento ambiental e estabelecer as suas bases epistemológicas.

[ACIESP] ACADEMIA DE CIÊNCIAS DO ESTADO DE SÃO PAULO. Glossário de ecologia. São Paulo: CNPq/Academia de Ciências do Estado de São Paulo, 1987.

BOTKIN, D.; BORMANN, F.H. *Dicionário de ecologia e ciências ambientais*. São Paulo: Melhoramentos, 1998.

BRANCO, S.M. *Ecossistêmica: uma abordagem integrada dos problemas do meio ambiente*. 2.ed. São Paulo: Edgard Blücher, 1999.

CAPRA, F. *As conexões ocultas: ciência para uma vida sustentável*. São Paulo: Cultrix, 2002.

_____. *A teia da vida: uma nova compreensão científica dos sistemas vivos*. São Paulo: Cultrix, 1997.

_____. *O ponto de mutação: a ciência, a sociedade e a Cultura emergente*. São Paulo: Cultrix, 1999.

DREW, D. *Processos interativos homem-meio ambiente*. 3.ed. Rio de Janeiro: Bertrand Brasil, 1994.

DYSON, F.J. *De Eros a Gaia: o dilema ético da civilização em face da tecnologia*. São Paulo: Bestseller/Círculo do Livro, 1997.

GUATTARI, F. *As três ecologias*. 8.ed. Campinas: Papirus, 1999.

HORGAN, J. *O fim da ciência: uma discussão sobre os limites do conhecimento científico*. São Paulo: Companhia das Letras, 1998.

JAMIESON, D. (coord). *Manual de filosofia do ambiente*. Lisboa: Instituto Piaget, 2005.

LEFF, E. *Ecologia, capital e cultura: racionalidade ambiental, democracia participativa e desenvolvimento sustentável*. Blumenau: Edifurb, 2000.

LEIS, H.R. *O labirinto: ensaio sobre ambientalismo e globalização*. São Paulo/Blumenau: Editora Gaia (Global)/Edifurb, 1996.

LIMA-E-SILVA, P.P. *Dicionário brasileiro de ciências ambientais*. Rio de Janeiro: Thex, 1999.

MOREIRA, I.V.D. *Vocabulário básico de meio ambiente*. Rio de Janeiro: Fundação Estadual de Engenharia do Meio Ambiente (Feema)/Petrobrás, 1992.

MORIN, E. *Os sete saberes necessários à educação do futuro*. São Paulo/Brasília: Cortez/Unesco, 2000.

NALINI, J.R. *Ética ambiental*. 2.ed. Campinas: Millenium, 2003.

NASR, S.H. *O homem e a natureza*. Rio de Janeiro: Zahar, 1977.

NICOLESCU, B. *O manifesto da transdisciplinaridade*. São Paulo: Triom (Centro de Estudos Marina e Martin Harvey Editorial e Comercial), 1999.

PENNA, C.G. *O estado do planeta: sociedade de consumo e degradação ambiental*. Apresentação de Ibsen de Gusmão Câmara. Rio de Janeiro: Record, 1999.

PHILIPPI Jr, A. et al. *Interdisciplinaridade em ciências ambientais*. São Paulo: Signus, 2000.

SAHTOURIS, E. *A dança da Terra: sistemas vivos em evolução – uma nova visão da Biologia*. Rio de Janeiro: Record/Rosa dos Tempos, 1998.

SHELDRAKE, R. *O renascimento da natureza. O reflorescimento da ciência e de Deus.* São Paulo: Cultrix, 1992.

SILVA, J.B.A. *Projetos para o Brasil.* São Paulo: Companhia das Letras, 1998.

SIMMONS, I.G. *Humanidade e meio ambiente: uma ecologia cultural.* Lisboa: Instituto Piaget, 2001.

SMITH, M.J. *Manual de Ecologismo: rumo à cidadania ecológica.* Lisboa: Instituto Piaget, 2001.

TIEZZI, E. *Tempos históricos, tempos biológicos: a Terra ou a morte – os problemas da nova ecologia.* São Paulo: Nobel, 1988.

TUAN, Y.F. *Topofilia: um estudo da percepção, atitudes e valores do meio ambiente.* São Paulo: Difel, 1980.

Tecnologias e Comunicações: da Natureza ao Ambiente

16

Antônio R. de Almeida Jr.
Engenheiro florestal e agrônomo,
Escola Superior de Agricultura Luiz de Queiroz – USP

Expressar relações ambientais não é tarefa simples. Palavras como envolvimento, pertencimento e engajamento são muito utilizadas para representar as relações humanas com o ambiente. Assim, fala-se que estamos envolvidos pelo ambiente, que a ele pertencemos ou ainda que estamos engajados em complexas relações com o ambiente. Tudo isso expressa parte importante de nossa situação atual, mas está longe de atingir o núcleo de nossas relações com o ambiente, ou de definir claramente o que entendemos por ambiente. É também um engano afirmar que o ser humano interage com o ambiente. Não se trata de um engano absoluto, pois, esta interação é perfeitamente palpável, visível, mensurável e composta também por elementos materiais facilmente quantificáveis. Mas, quando usamos essa expressão, estamos sutilmente afirmando que o ser humano é distinto de seu ambiente e que pode, portanto, ser considerado como separado dele. Se a afirmação "o ser humano é o ambiente" é drástica demais e deixa em segundo plano a capacidade humana de se distinguir dentro do ambiente, a afirmação de que interagimos com o ambiente é drástica demais no sentido de afirmar a autonomia e a separação dos seres humanos em relação ao mundo no qual estão imersos. Devemos escolher manter tanto a autonomia quanto a integração com o meio externo, que ocorrem na multiplicidade de interações, na possibilidade de escolha das conexões, na separação momentânea, mas também em uma dependência necessária em relação ao mundo material e simbólico. A interação não é uma opção, mas uma realidade inevitável e, em larga medida, incontrolável e inexprimível.

Resultamos de nossa vida no ambiente, dele fazemos parte e nele somos agentes com algum grau de consciência, intenção e independência. É a nossa presença e a nossa atividade que transformam a Natureza em ambiente. Historicamente, este ambiente possuía ao menos quatro componentes: a natureza inimiga, a sociedade cindida, o corpo culturalmente definido e a psique reprimida. Tentando traduzir tais relações, aquilo que consideramos interno (corpo e psique) resulta de nossa inserção na Natureza e na sociedade (externo). Assim, cada novo corpo e cada nova psique recebe os resultados daquilo em que a Natureza e a sociedade se transformaram por processos naturais ou artificiais. Mas, cada novo corpo e cada nova psique, cada nova geração, desencadeia uma série de alterações mais ou menos intensas no mundo. Os riscos são mútuos ainda que possam parecer assimétricos (Arendt, 2009).

Criados por nós, os artefatos e os símbolos atingiram a condição de intermediários indispensáveis à construção de nossas interações com outros seres animados ou inanimados, representando nosso conhecimento, nossas intenções e nossa própria condição humana. No entanto, eles também liberaram forças poderosas que atuam de modo inesperado, gerando tensões, desequilíbrios e fortes dinâmicas de transformação. Disso tudo emergem vantagens e riscos difíceis de serem avaliados e contidos. Uma multiplicidade de fatores e interações ocorre sem que possamos prevê-la ou mesmo considerá-la apropriadamente. A revolução tecnológica e discursiva dos últimos séculos foi e é motivadora de expectativas extraordinariamente auspiciosas, mas o fato é que acabou resultando também em um impasse civilizatório de proporções inéditas (Leff, 2006; Diamond, 2006; Santos, 2004). As tecnologias e os discursos são apontados como limitados e, ao mesmo tempo, como capazes de gerar a degradação ambiental que passamos a perceber e a temer. Tecnologias e discursos confrontam-se com o desconhecido, o imprevisível, o incontrolável e o inexprimível. No entanto, os objetos e os discursos que criamos foram e são nossas únicas esperanças para sonhar; elaborar e encarnar nossas visões de mundo; perceber e vivenciar nossos corpos; constituir nossas identidades e imaginações; e compartilhar tudo isso com os outros seres humanos e com a Natureza. Para o período anterior à Revolução Industrial, esse entrelaçamento pode ser expresso graficamente como na Figura 16.1.

Figura 16.1 – A intermediação realizada por artefatos técnicos e símbolos nas condições anteriores à Revolução Industrial e à ciência moderna[1].

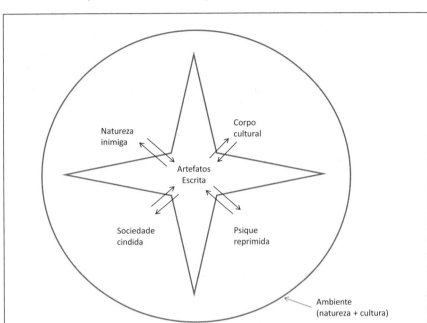

A Figura 16.1, mostra que, antes da Revolução Industrial e da ciência moderna, as mediações promovidas pelas técnicas e pelos símbolos (em especial a escrita) tinham limitações que, sem qualquer intencionalidade, preservavam espaços não mediados por esses elementos. O natural e o orgânico eram maiores do que as mediações, as interações com o artificial estavam contidas pela limitação técnica e discursiva. Por sua grandiosidade e importância, a Natureza era vista como inimiga, algo a ser conquistado, dominado. Ainda que muito poderosos, como atestado pelas linguagens, culturas e técnicas desenvolvidas pelos povos do passado[2], os artefatos e os símbolos permaneciam menores do que a Natureza, o corpo, a sociedade e

---

[1] Esta figura tem em conta apenas as sociedades capazes de escrever e constituídas sob um Estado, deixando de lado as sociedades ágrafas, nas quais o entrelaçamento organiza-se de outro modo.

[2] Povos contemporâneos também produzem artefatos e símbolos com essas características, mas o surgimento das tecnologias com fundamento científico e das comunicações mediadas colocou estes artefatos e símbolos em uma condição de constante ameaça de supressão ou de colonização.

a psique. Eram suficientemente importantes para transformar a Natureza em inimiga, cindir a sociedade em grupos antagônicos, transformar culturalmente o corpo e reprimir a psique. Mas, eles não chegavam a por em causa as relações ambientais em que esses elementos estavam entrelaçados. Assim, estes permaneciam como objetos do mundo, até certo ponto, fora do alcance humano. Podemos assumir que os seres humanos eram decisivos e que os artefatos e símbolos constituíam parte do mundo com o qual lidavam, da mesma forma que a Natureza e a sociedade. Uma parte importante, significativa, imensa, mas ainda submetida a fortes limitações em sua capacidade de reconstruir o mundo e as pessoas (corpo, psique e sociedade) que estavam submetidas à Natureza, mas em contrapartida, estavam também organicamente equipadas para suportar essa condição. É bom notar ainda que, nesta figura, o ambiente é muito mais e muito menos do que Natureza. O ambiente é o resultado do entrelaçamento (interação, competição, sinergia, cooperação, evolução etc.) entre humanos (corpo, psique, sociedade) e Natureza por meio dos artefatos e símbolos. Com seus símbolos e artefatos técnicos, a atividade humana (trabalho, vida cotidiana, lazer) modifica definitivamente a Natureza; o resultado é o ambiente. A Figura 16.2 mostra as condições que emergem a partir do mercantilismo, da ciência moderna e da produção industrial.

O primeiro fato que se deve destacar é que as técnicas transformaram-se em tecnologias. Isto é, sua concepção, constituição e desenvolvimento não mais dependem de um discurso e de um conhecimento fundados na tradição ou na religião, mas de um elemento cultural específico: a ciência moderna. A tecnologia também passa a ser produzida em larga escala, encomendada, financiada antecipadamente pelos Estados e pelas empresas privadas (Johnson, 1996), o que não acontecia anteriormente. A revolução produtiva é incessante e redefine cada elemento dos processos de trabalho e da vida das pessoas. A interação simbólica também deixou de ser fundada na interação face a face e passou a ser crescentemente mediada por veículos de comunicação, para além da fala e da escrita a mão. A imprensa (livro impresso, jornal, revista, panfleto), o telégrafo, o telefone, o rádio, a televisão, o celular, a internet e tudo o mais que a tecnologia possibilitou e possibilitará em futuro próximo assumiram o controle dos processos comunicativos. A interação simbólica e a produção cultural também se industrializaram, atingindo uma preocupante concentração (Adorno e Horkheimer, 1986; McChesney, 2008; McChesney, 2003; McChesney, 1997; Klein, 2002).

Figura 16.2 – A transformação desencadeada por meio da tecnologia e da comunicação na Era Industrial e Pós-Industrial.

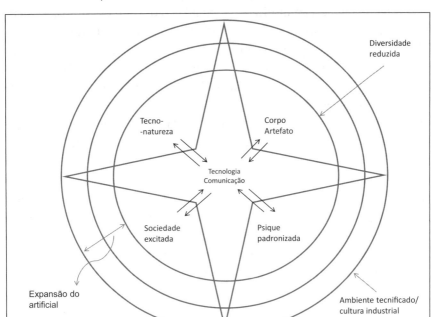

Os artefatos técnicos e símbolos, inclusive a escrita, podem ser considerados ainda como extensões dos seres humanos (McLuhan, 2007; Leroi-Gourhan, 1985 e 1987) e, portanto, instrumentos para a interação com o mundo. As tecnologias e as comunicações mediadas sugerem uma situação inversa. Em outras palavras, artefatos técnicos e escrita podem ser considerados parte de um ambiente criado pelos seres humanos e ainda sob seu controle, com efeitos limitados sobre a Natureza, a sociedade, o corpo e a psique. Já as tecnologias e a comunicação mediada ganham vida própria. Elas transformam a Natureza, a sociedade, o corpo e a psique humanas em seu ambiente, invertendo as relações em uma espécie de obsessão tecno-comunicacional. Nosso corpo, nossa psique e sociedade tornam-se extensões das tecnologias e do ambiente simbólico criado pelas comunicações mediadas, e o mesmo ocorre com a Natureza. A capacidade crescente de intervenção das tecnologias e das comunicações ameaça criar um ambiente potencialmente mais inóspito para os seres humanos (corpo, psique e sociedade) e para os demais seres atualmente viventes. A destrutividade tornou-se um fenômeno ameaçador (Fromm, 1987).

A tecnologia e a comunicação mediada colonizam os corpos, as mentes, as sociedades e as naturezas, transformando tudo segundo suas possibilidades, sem que sejam considerados os malefícios que podem derivar para estes corpos, mentes, sociedades e naturezas. A globalização provocada por esse processo desagrega e degrada o local, homogeneizando-o, nele interferindo fortemente, colocando-o em contatos permeados por etnocentrismo, preconceitos e hierarquias, fundamentadas no conhecimento científico e nas tecnologias (Santos, 2007). Os corpos, as mentes, as sociedades e as naturezas vão perdendo suas distinções, suas singularidades, sua antiga rivalidade e integração, amalgamando-se em um novo todo, um novo ambiente; um tecno-ambiente, desconhecido, instável, imprudente e potencialmente mais perigoso. Há uma significativa perda de diversidade em todos os elementos ambientais, exceto naqueles produzidos pela comunicação mediada e pela tecnologia. Os desdobramentos do artificial erodem a Natureza, o corpo, a psique e a sociedade. Esse novo todo, no entanto, é também autoconsciente, cientificamente consciente, cientificamente sedutor, constituído como armamento contra o corporal, o psíquico, o social e o natural. O ambiente tecnificado opõe-se ao antigo ambiente (mais orgânico, natural) por ser novidade, mas também por ser seu antípoda, privilegiando não o orgânico, mas o mecânico e o cibernético; não a diversidade, mas a homogeneidade; não o natural, mas o artificial; não o equilíbrio das relações livres, mas o controle das relações impostas. Trata-se, evidentemente, de um forte processo de desconstituição. A tecnificação busca romper as relações orgânicas anteriormente estabelecidas em nome do desenvolvimento, do controle, da eficácia, do consciente, do intencional. O corpo se torna corpo artefato, cujos limites orgânicos estão em constante questionamento, dependendo mais da tecnologia e da vontade dos indivíduos do que da cultura. A psique é o palco para uma acirrada disputa pelo seu controle e submissão. Ao que parece, quanto mais padronizada ela for, menos ameaçadora para o poder tecno-comunicacional. A sociedade vive sob estímulos constantes no mundo do trabalho e também no chamado tempo livre. Como os demais elementos ambientais, a Natureza perde diversidade e é capturada pelas redes de conhecimento e produção, sendo transformada em atração turística, perde seu caráter desafiador, mistura-se com as tecnologias e acaba conduzida à condição de tecnonatureza, algo a ser administrado .

Na Figura 16.2, tecnologia e comunicações não são simplesmente intermediários, mas representam também separações fortes entre os elementos constitutivos do ambiente. Aquilo que parece expansão das possibilidades é, na realidade, expansão do artificial à qual corresponde uma retração da diversidade anteriormente existente. Não simplesmente como redução da diversidade biológica, mas também como redução da diversidade sociocultural, psíquica e corporal. A Natureza é tecnificada e amplamente transformada em artefato, o mesmo ocorre com o corpo. A aceleração dos ritmos de trabalho e de comunicação produzem uma sociedade composta por indivíduos altamente excitados, atrelados à busca por sensação e com elementos psíquicos característicos de um processo de padronização (Türcke, 2010), de saturação psíquica (Gitlin, 2011) e de sincronização do imaginário (Virilio, 2000).

Por meio da tecnologia e da comunicação mediada, esse ambiente que emerge empurra os seres humanos para um crescente processo competitivo, projetando no humano uma máquina de competição (Dawkins, 1979), um ser solitário para o qual são oferecidas liberdades individuais e solitárias (Arendt, 2009). Esse novo ambiente dissocia o humano da Natureza, mas também do corpo e da psique. Premia aqueles que se colocam a serviço da multiplicação das tecnologias e das comunicações mediadas, e tenta marginalizar ou mesmo massacrar os discursos e as ações dissidentes. O ser humano é transformado em órgão reprodutor das tecnologias e dos meios de comunicação (McLuhan, 2007).

A competição maquinal e cibernética dilui a comunidade do face a face, constituindo comunidades virtuais altamente vigiadas e controladas. A redes virtuais ameaçam tornarem-se sinônimos da palavra sociedade (Bauman, 2008). Conforme o artificial expande-se, as sociedades também têm sua diversidade reduzida (Santos, 2007) e a qualidade de suas relações é transmutada. Qualquer tipo de limitação ao comércio, à exploração de elementos naturais, do trabalho, do tempo livre e da infância é representado como um moralismo superado. Aquilo que gerava vínculos entre as pessoas: seus valores morais, sua cultura, sua proximidade física, sua religião é reelaborado em espaços virtuais que podem aproximar os distantes, mas também distanciar os próximos.

À expansão do conhecimento corresponde uma contração do mundo que, aparentemente, passa a ser mais controlável, previsível, domesticável, confortável e sedutor. No entanto, as incertezas também aumentam (Santos, 2004), pois aparecem elementos artificiais novos para os quais a Natu-

570 | CURSO DE GESTÃO AMBIENTAL

reza, a sociedade, o corpo e a psique não estão adaptados e que colocam em risco as suas capacidades recíprocas, longamente constituídas e organicamente implicadas. O mundo artificial desencadeia tensões e reações que não podem ser antecipadas em toda a sua abrangência. São tensões e reações de longuíssimo alcance espacial e temporal. Só podemos avaliá-las, parcialmente, quando já estão em curso (Castoriadis, 1987; Santos, 2002; Santos, 2004). Mesmo quando tomamos consciência dos problemas, em inumeráveis casos, não há possibilidade de interrupção dos processos desencadeados. Deixadas livres, as inovações construirão seus caminhos singulares cujo destino não conhecemos ou mesmo suspeitamos. Por exemplo, o abaco é um precursor dos computadores, quer dizer, nele já estavam encarnadas ideologias relativas ao cálculo que iriam se desdobrar nos sistemas computacionais e cibernéticos (Sternberg, 1999). Criado para apontar mais precisamente as horas de louvor ao divino, o relógio acaba por permitir um controle do tempo para fins mundanos e produtivos (Postman, 1993).

Qualquer crítica às tecnologias e às comunicações mediadas é vista como suspeita e como tecnofobia (Postman, 1993). Poderosas instituições que as criam e que se beneficiam delas tendem a atuar como seus zelosos guardiões. São compreensíveis, portanto, nossas dificuldades para questioná-las e para separar os benefícios coletivos daqueles restritos à determinadas instituições e/ou grupos. Todo tipo de conflito de interesses interpõe-se a uma análise efetiva das tecnologias (Krimsky, 2004; Rampton e Stauber, 2002; Stauber e Rampton, 1995) e das comunicações (Herman e Chomsky, 2003; Noble, 2009). Mas, como os estudiosos desses assuntos não deixam de apontar, toda inovação tem duas vertentes. Por um lado as inovações são um benefício, por outro, são um fardo (Postman, 1993). As críticas contra a ciência que produz os discursos que se incorporam às tecnologias, recebem a mesma desconfiança e ceticismo (Castoriadis, 1987; Stengers, 2002; Santos, 2002).

É importante perceber, desde o início, que para os veículos de comunicação as questões ambientais estão limitadas a uma estreita interpretação das relações com algo que chamamos de natureza. É como se a sociedade, o corpo e a psique não fossem constituídos nestas relações, como se não fossem elementos do ambiente. As suas condições não são tomadas como indicadores das relações ambientais. Discute-se a saúde, por exemplo, mas é tênue a percepção de que esta resulta de um entrelaçamento ambiental. A tecnologia é vista preferencialmente como potencial fonte de resolução das questões ambientais e marginalmente como fonte dos problemas (Santos, 2006). Grande parte do debate funciona apenas como marketing ambiental dos

TECNOLOGIAS E COMUNICAÇÕES: DA NATUREZA AO AMBIENTE | 571

próprios veículos de comunicação que precisam parecer críticos e responsáveis. Os discursos científicos, técnicos, estatais e empresariais são invocados como caminhos para a resolução dos problemas ambientais, esquecendo-se que foram exatamente estes discursos e as tecnologias a eles associadas que geraram a atual condição ambiental (Santos, 2004; Santos, 2002). Esperamos que seus formuladores tenham se transformado e que, agora, seus objetivos possam beneficiar a todos. Essa falsa esperança não deriva de uma ingenuidade que nos seja intrínseca, ela é fabricada continuamente pelos meios de comunicação. Como afirmam Guattari e Rolnik (2005), a subjetividade submissa é o principal produto do industrialismo atual.

Nessa análise das relações entre comunicação mediada e questões ambientais, é considerada o contexto social e histórico que foi descrito brevemente, pois, se assim não fosse feito, cairia sob um desnecessário risco de distorção dos fatos. As tecnologias e a comunicação mediada são não apenas meios para a interação, intermediando relações, mas implicam também separações fortes entre a Natureza, o corpo, a psique e a sociedade. Precisamos entender por que muitos pensam o ambiente como mero sinônimo de natureza, deixando de lado a sociedade, o corpo, a psique, os artefatos técnicos, os símbolos, a tecnologia. A comunicação mediada é, hoje, um elemento constitutivo do ambiente e, portanto, de enorme relevância. Sua importância para os demais elementos do ambiente merece ser analisada com atenção, principalmente no momento atual em que há uma proliferação de suas potencialidades tanto positivas quanto negativas.

MEIOS DE COMUNICAÇÃO E QUESTÕES AMBIENTAIS

O campo de estudos das relações entre os veículos de comunicação e as questões ambientais é, evidentemente, interdisciplinar. Ele exige que seus pesquisadores tenham formação significativa sobre as teorias da comunicação, os processos comunicativos e também sobre diversas questões ambientais. Nos programas de pós-graduação atualmente existentes, esse perfil interdisciplinar não é comum. Em geral, os docentes e os discentes que têm boa formação em comunicação não estão acostumados com as questões ambientais, e aqueles que têm boa formação sobre as questões ambientais são deficientes em conhecimentos a respeito das teorias e dos processos comunicativos.

Em praticamente todos os veículos de comunicação de massa aparecem imagens, comentários, informações, publicidade e outros elementos que remetem ao ambiente e às questões ambientais. Algumas vezes, essas mensagens possuem intenção ambiental, quer dizer, elas estão lá para debater questões ambientais. Em outros casos, bastante numerosos, o ambiente aparece como cenário, como acessório. No entanto, isto não significa que não sejam mensagens sobre o ambiente ou as questões ambientais, significa apenas que essa não parece ser sua intenção principal. Os efeitos destas mensagens não intencionais também podem ser importantes para a cultura, produzindo na audiência certo senso estético, certa construção imaginária sobre como a Natureza, a sociedade, o corpo e a psique são e sobre como devem ser nossas relações com esses elementos. Por exemplo, em uma sociedade desenvolvida nos trópicos, como a nossa, qual é a origem do apreço pelos pinheiros e pelas paisagens de clima temperado? Ou pela neve? Ou por animais polares que nunca encontramos? Dificilmente poderíamos atribuir esse apreço apenas a uma antiga colonização europeia. Nele, há origens midiáticas difíceis de ser separadas de outros conteúdos que nos colonizam. Este apreço por uma natureza temperada, em lugar de um saber conviver com uma natureza destemperada, tem também relação com as ideias e os ideais de domínio sobre a Natureza, igualmente herdados das colonizações antigas e atuais de nossa subjetividade. Os resultados são, sem dúvida, mestiços. Nossas sociedades, subjetividades, corpos e o mundo natural ainda não sucumbiram completamente, mas as ameaças são crescentes e potencialmente devastadoras.

Há uma evidente e preocupante tentativa de domesticação e docilização das naturezas que habitamos e que nos habitam. Naturezas no plural, como termo preventivo contra todas as tentativas de redução controladora produzidas por "cientistas", mais preocupados com a fama, o poder e os negócios do que com qualquer coisa que possamos designar como objetividade. Os filósofos negociantes são, é claro, muito pragmáticos, programáticos e metódicos. Eficazes e cuidadosos em tudo o que promova seu poder pessoal, suas posições na Universidade e no mundo empresarial. Seus currículos engordam enquanto a Ciência míngua. Naturezas no plural para prevenir contra o epistemicídio (Santos, 2007), contra a ignorância proposital (Chomsky, 2004), contra o conhecimento que visa suprimir, mais do que entender ou dialogar. Há muitas naturezas que a Ciência e os meios de comunicação desconhecem, outras tantas que ignoram intencionalmente e aquelas que querem silenciar e suprimir. Há ainda naturezas futuras que não viveram, não brilharam. Apesar de as desconhecermos, nelas interferimos impiedosa e imprudentemente. Uma natureza, nesse sentido, é um fenômeno tanto do mundo natural quanto social (um ambiente).

Mas, apesar de sua evidente importância, essas mensagens não intencionais não estão no foco deste capítulo. Há uma grande e crescente quantidade de mensagens intencionais sobre as questões ambientais que são continuamente difundidas pelos meios de comunicação de massa e que merecem uma atenção cuidadosa. Como muitos autores têm reconhecido, as definições dos termos em que o debate ambiental se dá é um campo de disputas (Leff, 2006; Alexandre, 2000; DeLuca, 1999; Neuzil e Kovarik, 1996), no qual o papel das publicações científicas não deve ser subestimado. No entanto, os veículos de comunicação de massa escolhem o que será divulgado, em quais proporções e em qual formato. Assim, se no longo prazo o debate científico tem um papel relevante, no curto prazo a divulgação de massa é o elemento mais importante. Essa divulgação é crucial para a formação da opinião pública e para o apoio ou rejeição que as pessoas dão aos projetos de lei, à fiscalização, às ações de contestação ambiental, à implementação de políticas públicas, às práticas de educação ambiental, entre outros assuntos. As mensagens intencionais sobre as questões ambientais afetam as nossas atitudes e as nossas ações em relação ao ambiente. Sobre isso há amplo consenso.

No entanto, não há qualquer consenso sobre em que medida isso ocorre e muito menos sobre as formas que esses fenômenos assumem. Nesse ponto, cada linhagem teórica privilegiará determinados aspectos em detrimento de outros. Cada autor terá suas preferências em termos de objetos de estudo, abordagem teórica, técnicas de investigação, formas de interpretar os dados. Entre as técnicas encontramos, por exemplo, a Análise de Conteúdo (Bardin, s/d); a Análise de Discurso (Schiffrin et al.,2003; Fairclough, 2008; Discini, 2005; Marcuschi, 2007; Savioli e Fiorin, 2006); a Semiótica (Machado, 2007; Barthes, 2003); a Análise Ideológica (Chandler, 2013); a Análise Retórica (McQuarrie e Mick, 1996). As disputas são acirradas. Elas são agravadas pela presença de inumeráveis conflitos de interesse. Isto é, os pesquisadores não são totalmente independentes em suas teorizações e em suas opiniões. Eles possuem histórias de vida, posturas ideológicas, afiliações partidárias, fontes de financiamento, limitações pessoais de várias espécies que perturbam as suas pesquisas e a sua independência intelectual. Os próprios veículos de comunicação preferem os pesquisadores que não fazem muitas críticas às suas mensagens e muitos deles desejam fama fácil. As investigações sobre os conflitos de interesse mostram que os resultados das pesquisas são, frequentemente, distorcidos (Krimsky, 2004; Rampton e Stauber, 2002; Stauber e Rampton, 1995). Além de tudo isso, a própria multiplicidade das tecnologias, dos meios de comunicação, dos gêneros comunicativos, dos programas e a complexidade das mensagens complicam ainda mais a obtenção de análises acuradas dos fenômenos da comunicação e de suas relações com as questões ambientais.

Há pelo menos quatro formas distintas de se abordar as relações entre as questões ambientais e os meios de comunicação. Na primeira, tenta-se compreender as representações sobre a natureza, as questões ambientais, a cobertura dos desastres ambientais, o ambientalismo e a tecnologia, entre outros fenômenos que os meios de comunicação divulgam ou promovem. Nessa abordagem, podemos focar as notícias, as publicidades, os filmes, a cobertura do debate político, as animações, a imagem projetada pelas grandes corporações e pelo Estado, e todos os demais gêneros comunicativos que pensarmos conter representações sobre as nossas relações com o ambiente. Por esta via, podemos analisar as mensagens a que uma determinada população está exposta. Estudos desse tipo têm sido conduzidos por autores pertencentes a diversas tradições teóricas e seus resultados são bastante reveladores do ambiente simbólico (Almeida Jr. e Andrade, 2009). Às vezes, estes estudos concentram-se em como as mensagens são construídas e, outras vezes, em seus conteúdos.

Uma segunda abordagem procura determinar quais são os efeitos das mensagens sobre a população. Em sua atividade, portanto, está pressuposto que sabemos quais são as mensagens às quais as pessoas ficam expostas. Nessa abordagem, temos também várias correntes de pensamento e de interpretação dos dados (Bryant e Zillmann, 2002). Em várias destas correntes predomina uma atividade experimental, isto é, grupos de pessoas são expostos a determinadas mensagens e suas reações são medidas, tentando-se descobrir seus potenciais efeitos. Mas, mesmo entre os estudos sobre os efeitos da mídia, existem correntes que não têm esse predomínio da experimentação. Por exemplo, a teoria do cultivo, desenvolvida inicialmente por George Gerbner (Morgan, 2002), tenta medir os efeitos das mensagens na própria sociedade. Para isso, seus seguidores desenvolveram metodologias específicas para controlar os outros fatores que podem influenciar as representações e os comportamentos das pessoas (Shanahan e Morgan, 1999; Gerbner e Gross, 2001; Shanahan e McComas, 1999). Outro exemplo é o trabalho de Meyrowitz (2008) sobre a influência da mídia, apontando a busca de poder, de prazer e a normatização como narrativas fundamentais para a compreensão dos processos comunicativos.

A maior parte dos estudos realizados para conhecer os efeitos das mensagens é empreendida com a finalidade de conhecer as reações dos consumidores, eleitores e de outros grupos em que os Estados ou as empresas possam ter interesse. Por esse motivo, quase sempre, os resultados dessas pesquisas não são divulgados ou o são apenas parcialmente. Como a opinião pública sobre as questões ambientais é relevante para uma série de agentes sociais poderosos, muitos destes estudos têm sido conduzidos para orientar as mensagens ambientais destes agentes.

A novidade do tema e as dificuldades enfrentadas por Estados e empresas na construção de suas imagens ambientais levaram a situações novas e potencialmente perigosas para o movimento ambientalista (Beder, 2002; Alexandre, 2000). Em outras palavras, organizações de cunho ambiental, como algumas ONGs, têm fornecido aos Estados e às corporações privadas informações e consultoria sobre as questões ambientais. Elas participam da construção da imagem ambiental destes agentes vendendo projetos socio-ambientais, fornecendo prêmios e testemunhos ambientais que são empregados na publicidade ambiental (Almeida Jr. et al., 2009; Gomes e Almeida Jr., 2013; Cezarino, 2013). No entanto, quando consultamos os sites da Justiça Brasileira, descobrimos que alguns dos maiores anunciantes ambientais foram multados, tiveram que pagar indenizações, tiveram outros tipos de condenação ou estão sendo processados pelos danos que suas atividades causam ao ambiente ou à sociedade. Assim, percebemos que pode haver uma distância considerável entre a imagem ambiental projetada pela publicidade ou pelas relações públicas e o efetivo comportamento ambiental dos agentes sociais.

Essa distância deveria ser alvo de pesquisa que permitiria a distinção das imagens que são coerentes com as práticas ambientais daquelas que visam apenas confundir a opinião pública. Até o momento, no entanto, é pequeno o esforço feito nessa direção. Na literatura científica revista também não foi constatado um esforço significativo dos autores para entender o novo papel das ONGs na construção da imagem ambiental dos Estados e das empresas (Gomes e Almeida Jr., 2013). Certamente, os efeitos dessa participação das ONGs na publicidade e nas relações públicas têm sido avaliados com cuidado pelos agentes que, com o preciso objetivo de obtê-los, pagam por esta participação. Frequentemente, esses pagamentos são lançados nas contas de marketing das empresas.

Gomes e Almeida Jr. (2013) sugerem que essa relação entre ONGs, empresas capitalistas e Estados está levando à emergência de um novo sistema de comunicação publicitária para atender às demandas por mensagens ambientais. No entanto, o esforço de pesquisa sobre esse tema ainda é pequeno, permitindo que as informações sobre esses processos permaneçam insuficientes para uma avaliação mais precisa dos fenômenos.

Em uma terceira abordagem, as mensagens são vistas como refletindo os interesses institucionais de seus produtores em sua relação com os receptores das mensagens, com as empresas anunciantes, com as agências governamentais, com poderosas fontes de informação, com os controladores ou acionistas das empresas de comunicação, com os agentes sociais eventualmente citados ou criticados pelas mensagens e com o corpo de funcionários que trabalha para as empresas de comunicação. Algumas dessas abordagens dão maior peso para a capacidade de construção da opinião pública pelos produtores das informações (Herman e Chomsky, 2003; Chomsky, 1997; McChesney, 1997) enquanto outros privilegiam os receptores como agentes mais importantes e determinantes, contudo, sem desprezar as tentativas institucionais de impor suas opiniões e visões de mundo (Thompson, 2001; Hall, 1973).

Uma quarta abordagem, bem menos frequente, tenta olhar para as mensagens como problemas ambientais em si mesmas (Leiss et al., 1997; Kilbourne, 1999; Debord, 1997; Türcke, 2010). Assim, por exemplo, pensa-se a publicidade como um elemento contaminante da cultura, muitas vezes estimulando comportamentos que, para o convívio social, são indesejáveis (Leiss et al., 1997; Kilbourne, 1999; Williamson, 1998). Em algumas dessas abordagens, não é tanto o elemento simbólico que predomina, mas os aspectos físicos das mensagens: sua velocidade, intensidade, coloração, ritmo, recursos gráficos, entre outros (Türcke, 2010; Gitlin, 2011).

Em pesquisas recentes, tem-se constatado que há uma transformação acentuada das imagens da televisão e do cinema, tais como: aceleração do ritmo das imagens; redução do tempo entre os cortes; câmeras em movimento; câmeras balançando intensamente; câmeras desfocadas; utilização mais intensa do zoom; fragmentação em várias telas simultâneas; imagens que deslizam; imagens que giram; imagens confusas; imagens sobrepostas; imagens em velocidade vertiginosa; sequência muito rápida de fotos; utilização intensa de flashes; legendas em movimento; margens em movimento; legendas sem relação com a fala; imagens fortes (sangue, incêndios, mortes). Além dessas transformações visuais tem-se observado também modificações nos sons: aceleração das falas (palavras/minuto); sons estridentes ou incômodos (ritmo cardíaco, sirenes, apitos, buzinas, sinos etc.), fala e imagem sem conexão, música estridente, constantes e perturbadores sons de fundo. Ao que tudo indica, o principal resultado disso é um excesso de estímulos.

Türcke (2010) analisou extensivamente essas questões e mostra preocupação com as consequências neuronais da exposição ao excesso de estímulos. Ele aponta uma crescente adicção às pequenas descargas de adrenalina e outros estimulantes orgânicos entre as pessoas mais expostas à comunicação mediada. Há ao menos um caso bem relatado pela literatura no qual o uso de flashes vermelhos desencadeou episódios de convulsão entre os telespectadores da série Pokémon (Shashi e Carmant, 2005; Shoja et al., 2007; Fisher, 2005). Em alguns jogos eletrônicos aparecem advertências para que pessoas suscetíveis não os utilizem. No entanto, a literatura não apresenta avaliações mais detalhadas sobre os potenciais efeitos da exposição ao conjunto de imagens transformadas pela edição computadorizada.

As críticas tradicionais às mensagens midiáticas centravam-se mais em seus aspectos culturais, deixando em segundo plano os aspectos neuronais. Assim, os problemas ambientais apontados estavam relacionados aos comportamentos culturais desencadeados pelas mensagens. Por exemplo, há uma extensa literatura sobre disseminação de violência (Gerbner e Gross, 2001; Carlsson e Feilitzen, 1999), consumismo (Bauman, 2008; Baudrillard, 2008), racismo (Jahlly e Lewis, 2006; Dijk, 2008; Hall, 2011; Said, 2007), sexismo (Kilbourne, 1999; Jhally, 2006), homofobia (Kimmel, 2003), preconceitos de classe (Mantsios, 2003) e militarismo (Herman e Chomsky, 2003; Johnson, 2007) pelos veículos de comunicação de massa. As consequências sociais apontadas são devastadoras. Schiller (1992) afirma que os meios de comunicação podem ser pensados como armamentos para o controle da população. Na mesma direção, Fraser (2003) e outros autores utilizam a expressão "armas de distração em massa" (*weapons of mass distraction*).

A edição digital possibilita um nova série de modificações nas imagens (Gitlin, 2011) e seus impactos evidentemente também serão culturais. No entanto, as consequências neuronais parecem ser ainda mais importantes. As mensagens podem desencadear transtornos psíquicos diversos, tais como: ansiedade difusa, problemas de atenção, desorientação, confusão, pânico, distúrbios do sono, excitação generalizada, convulsões, vício pelos veículos, programas ou jogos. Em outras palavras, as mensagens transformaram-se em problemas ambientais de primeira ordem, capazes de causar danos à saúde pública e ao convívio em sociedade. A gestão ambiental do mundo simbólico tornou-se uma necessidade que não tem sido considerada com a mesma atenção dada à gestão ambiental da natureza.

Investigamos brevemente as potencialidades e as limitações dessas quatro abordagens para o nosso entendimento das relações entre os veículos de comunicação e as questões ambientais. A intenção é destacar esta quarta abordagem cujos estudos são ainda preliminares mas que, dado os desenvolvimentos recentes dos processos comunicativos, parece ser uma opção promissora e necessária se quisermos entender o que está ocorrendo.

Outras divisões do campo dos estudos da comunicação ambiental são perfeitamente plausíveis e têm sido propostas por diversos autores dedicados a esses assuntos. As escolhas aqui feitas têm o propósito de ressaltar alguns aspectos relevantes, sem qualquer pretensão de esgotar os temas aqui debatidos. Antes a liberdade do explorador a um rigor ineficaz.

EDUCAÇÃO PARA A MÍDIA (*MEDIA LITERACY*) E O SILÊNCIO DA ACADEMIA

Dados os potenciais efeitos dos veículos de comunicação sobre as pessoas e particularmente sobre as crianças e adolescentes (Linn, 2004; Steinberg e Kincheloe, 2001; Feilitzen e Carlsson, 2002), nas últimas décadas desenvolveu-se nos Estados Unidos, Canadá e Europa um vasto movimento social por uma educação que vise preparar as pessoas para conviver com a mídia. Este movimento tem um caráter bastante crítico e visa alertar as pessoas para as formas de funcionamento dos veículos de comunicação e para os potenciais vieses das mensagens transmitidas. Entre os assuntos mais visados estão a violência na TV, o racismo explícito e velado dos filmes e das mensagens escritas, a discriminação dos idosos e das mulheres, a homofobia, a construção da masculinidade, a cobertura dos conflitos armados e a relação da infância e da juventude com a comunicação mediada. Em uma vasta coletânea, com 57 capítulos, organizada por Macedo e Steinberg (2007), todos esses assuntos são amplamente tratados. Curiosa e sintomaticamente, nessa coletânea nenhum capítulo tem como foco principal o relacionamento dos veículos de comunicação com as questões ambientais.

Evidentemente, existem importantes estudos sobre essas questões, mas eles estão longe de ocupar um lugar privilegiado entre as preocupações dos pesquisadores. Tal situação é surpreendente, pois vivemos uma crise

TECNOLOGIAS E COMUNICAÇÕES: DA NATUREZA AO AMBIENTE | **579**

civilizatória que tem como um de seus epicentros as questões ambientais (Leff, 2006). A falta de atenção da academia e dos órgãos de fomento à pesquisa é chocante. Há abundantes estudos de caráter administrativo que visam investigar como projetar de modo eficaz a imagem ambiental das corporações privadas e estatais. Um número muito menor de estudos procura mostrar se esta imagem projetada corresponde efetivamente às práticas de gestão ambiental adotadas pelas corporações (Cezarino, 2013).

Por exemplo, no Brasil, um grande banco digital de teses de doutorado é mantido pela Capes (http://www.capes.gov.br/servicos/banco-de-teses). Quando lá pesquisamos o período 1987-2011 e digitamos o termo mídia, aparecem 1.024 teses, entre elas apenas 11 ou 1,07% têm relação com as questões ambientais, pelos critérios adotados aqui. Em outras palavras, no Banco de Teses da Capes, em média, são registradas 0,46 teses/ano sobre o tema mídia e ambiente. Assim, podemos estimar que formamos um pesquisador a cada dois anos sobre esse assunto, que é da maior importância para o conhecimento a respeito das condições em que está ocorrendo o debate sobre as questões ambientais. Esse relativo silêncio da academia brasileira e internacional sobre o assunto permite que a cobertura dos veículos de comunicação sobre as questões ambientais seja bastante problemática, pois não há análises muito qualificadas. Os veículos de comunicação não se sentem obrigados a ter especialistas em ambiente entre seus repórteres e editores. Assim, além das investigações administrativas com claro viés pró- -imagem ambiental das corporações, os centros de pesquisa precisam também realizar investigações sobre a qualidade das informações ambientais transmitidas pelo jornalismo, pela publicidade, pelas relações públicas e por outras mensagens. Minhas pesquisas indicam um grande distanciamento entre a imagem ambiental projetada pelos veículos de comunicação e pelo marketing ambiental em relação as efetivas práticas de gestão ambiental.

No caso do jornalismo, algumas questões ambientais são amplamente cobertas (mudanças climáticas, por exemplo), podendo mesmo ocorrer exageros na informação dos problemas. Parece claro que estes existem efetivamente e que eles são bastante graves, mas a cobertura midiática ainda os exagera. Sobre outros assuntos há um silêncio que incomoda. Por exemplo, discutimos há anos a questão do desmatamento na Região Amazônica, mas se perguntarmos quais são as 10 maiores empresas responsáveis pelo desmatamento na Amazônia, há um silêncio quase que absoluto. Estas empresas foram multadas, possuem processos e/ou condenações judiciais e, portanto, poderiam ser expostas pelos veículos de comunicação. Mesmo que não quebrem a lei, devem ser chamadas para demonstrar como realizam o desmatamento de modo sustentável. Nesse último caso, os políticos também deveriam ser chamados para explicar o que ocorre com as leis e com a fiscalização. Um fato curioso sobre esse tema: no dia 24/05/2011, a Câmara Federal aprovou a proposta do novo Código Florestal, que seguiu para o Senado. No dia seguinte, 25/05/2011, na televisão brasileira, foram lançadas campanhas publicitárias para vender motosserras.

Em pesquisa realizada por uma de minhas alunas de doutorado, investigamos nove veículos impressos de comunicação a respeito da cobertura dos agrotóxicos no Brasil (Lopes, 2010). Os resultados são surpreendentes, pois o que encontramos é um silêncio sobre os problemas e uma apologia do uso dos agrotóxicos tanto pelo jornalismo, quanto pela publicidade. Alguns veículos de grande circulação não possuíam qualquer cobertura sobre o assunto. Isso é curioso, pois nesta pesquisa também se constatou que no Brasil ocorre um grande número de contaminações agudas e que o país tornou-se recentemente o maior consumidor mundial de agrotóxicos.

Em uma pesquisa que realizei com outra professora de meu Departamento, percebemos que o mesmo silêncio ocorria em relação aos problemas causados pelos transgênicos (Smith, 2009), antes da aprovação da Lei de Biossegurança (Almeida Jr. e Barros, 2005). Nesse caso, as omissões eram tão expressivas que decidimos chamar os transgênicos de Organismos Genética e Midiaticamente Modificados.

Outra aluna pesquisou a cobertura do Globo Repórter sobre a Amazônia e encontrou diversas distorções nas mensagens, tais como, emprego de linguagem metonímica e ufanista; sonegação de informações, em especial dos conflitos; sobrevalorização do próprio repórter como fonte de informações; exaltação da forma de viver dos ribeirinhos em flagrante contradição com as mensagens consumistas da emissora; desvalorização das informações prestadas pela população local; valorização de informações oficiais (Vicentini, 2013).

Pesquisando a cobertura do Jornal Nacional da Rede Globo sobre a proposta de construção de duas hidrelétricas no rio Madeira, um de meus alunos de mestrado constatou que a cobertura era bastante enviesada e pró-construção. As matérias examinadas continham omissões muito significativas sobre os problemas ambientais e sociais que as hidrelétricas poderiam causar, sobre o papel do Ibama, das ONGs, do Governo Boliviano, das populações afetadas e de outros agentes importantes. Tratava-se de uma cobertura pró-construção das hidrelétricas, pró-governo Lula e pró--PAC (Lestinge, 2008; Lestinge e Almeida Jr., 2009).

Outro aluno de mestrado investigou a cobertura do Jornal Regional da EPTV, a emissora filiada à Rede Globo na região de Campinas, em relação às questões da água. Descobrimos que essa cobertura privilegia as fontes estatais de informação, é incoerente em relação às causas dos problemas ambientais, privilegia a cobertura dos eventos sobre ambiente em lugar de cobrir as questões ambientais e, de modo geral, dá pouco espaço às questões ambientais (Corrêa, 2007; Côrrea e Almeida Jr., 2006).

Mauro (2005) analisou duas revistas de turismo, acompanhando a cobertura sobre a região da Chapada Diamantina. Ela descobriu que os problemas ambientais ou sociais não são citados pelas revistas de turismo. Os aspectos positivos do turismo e da região são enaltecidos. A linguagem promove uma poética do lugar, os moradores locais são representados como exóticos, mas acolhedores. Os impactos do turismo sobre o ambiente são negligenciados.

Esses e outros estudos conduzidos pelo Laboratório de Mídia e Ambiente da Escola de Agronomia Luiz de Queiroz (Esalq) revelam que a cobertura dos assuntos ambientais é altamente enviesada, pró-indústria e pró-negócios, sendo insensível à necessidade de um debate democrático sobre os assuntos ambientais. Evidentemente, cada veículo e cada assunto tem seus próprios condicionantes que são, na maior parte dos casos e pela ausência de pesquisas, desconhecidos. Os assuntos ambientais são também tratados de modo oportunista, como parte de estratégias de marketing verde dos veículos de comunicação. Nada disso recebe muita atenção dos pesquisadores ou dos órgãos de fomento à pesquisa.

Alguns pesquisadores tentam afirmar que a presença da internet rompeu o controle dos grandes veículos de comunicação sobre as informações às quais a população tem acesso. Isso é verdade apenas para alguns casos. Poucas pessoas têm tempo ou habilidade para checar pela internet as informações que recebem dos grandes veículos. A navegação na internet é bastante dirigida para os sites dos próprios veículos de comunicação de massa (Barabási, 2003). Em outras palavras, a internet possibilita alguma democratização das informações, mas não é capaz de dissolver o controle exercido pelos grandes veículos de comunicação.

A democracia, nos lembra Chomsky (1997), depende de uma cidadania bem informada. No caso das questões ambientais estamos muito distantes dessa condição. As informações que circulam são exageradas, distorcidas, incompletas. Em outros casos, elas são simplesmente omitidas. Os problemas não são meramente éticos ou técnicos, mas estruturais. Alguns efeitos de longo prazo desta situação podem ser: o cultivo da ignorância em relação às questões ambientais, a adesão a propostas inadequadas de solução dos problemas e a passividade dos cidadãos. Se queremos uma democracia forte, precisamos rever nossas relações com os grandes veículos de comunicação, multiplicando as vozes atuantes.

Strate e Lum (2006) apontam a solução proposta por Lewis Mumford: responsabilidade pessoal e coletiva pelos objetos e símbolos que colocamos no mundo. Precisamos fazer gestão não apenas do ambiente biofísico, mas também do ambiente simbólico no qual vivemos e que vive em nós. Nossas esperanças serão maiores se conseguirmos entrelaçar as ecologias do mundo natural às ecologias do artificial e do simbólico.

REFERÊNCIAS

ADORNO, T.; HORKHEIMER, M. *Dialética do esclarecimento*. Rio de Janeiro: Jorge Zahar, 1986.

ALEXANDRE, A.F. *Perda da radicalidade do movimento ambientalista*. Blumenau: Edifurb, 2000.

ALMEIDA JR., A.R.; ANDRADE, T.N. *Mídia e ambiente: estudos e ensaios*. São Paulo: Hucitec, 2009.

ALMEIDA JR., A.R.; BARROS, Z.P.B. Ilusórias sementes. *Revista Ambiente & Sociedade*, v.3, n.1, 2005.

ALMEIDA JR., A.R.; GRAGNANI, J.G.; MAO, J.B. et al. Publicidade ambiental: um estudo sobre anúncios em revistas brasileiras. In ALMEIDA JR., A.R.; ANDRADE, T.N. *Mídia e ambiente: estudos e ensaios*. São Paulo: Hucitec, 2009.

ANDERSON, A. *Media, culture and the environment*. New Brunswick, NJ: Rutgers University Press, 1997.

ARENDT, H. *Entre o passado e o futuro*. São Paulo: Perspectiva, 2009.

BARABÁSI, A.L. *Linked: how everything is connected to everything else, and what it means to business, science and everyday life*. New York: Plume Book, 2003.

BARDIN, L. *Análise de conteúdo*. Lisboa: Edições 70, s/d.

BARTHES, R. *Mitologias*. Rio de Janeiro: Difel, 2003.

BAUDRILLARD, J. *A sociedade de consumo*. Lisboa: Edições 70, 2008.

BAUMAN, Z. *Vida para consumo: a transformação das pessoas em mercadoria*. Rio de Janeiro: Jorge Zahar, 2008.

BEDER, S. *Global spin: the corporate assault on environmentalism*. White River – Vermont: Chelsea Green Publishing Company, 2002.

BRYANT, J.; ZILLMANN, D. (Eds.). *Media effects: advances in theory and research*. Mahwah, NJ: Lawrence Erlbaum Associates, 2002.

CARLSSON, U.; FEILITZEN, C.V. (Orgs.). *A criança e a violência na mídia*. São Paulo: Cortez/Unesco, 1999.

CASTORIADIS, C. *As encruzilhadas do labirinto*. v.1. Rio de Janeiro: Paz e Terra, 1987.

CEZARINO, K.M.S. *Gestão e imagem ambiental: um estudo do grupo Cosan (Raízen)*. Piracicaba, 2013. Xp. Dissertação (Mestrado). Esalq-Cena.

CHANDLER, D. *Marxist media theory*. Disponível em: http://www.aber.ac.uk/media/Documents/marxism/marxism/html. Acessado em: 01 ago. 2013.

CHOMSKY, N. *O império americano: hegemonia ou sobrevivência*. Rio de Janeiro: Elsevier, 2004.

_____. *Media control: the spectacular achievements of propaganda*. New York: Seven Stories Press, 1997.

CORRÊA, E.L.P. *Mídia regional e ambiente: a água no jornalismo da EPTV*. Piracicaba, 2007. Xp. Dissertação (Mestrado). PPGI-EA -Esalq-Cena.

CORRÊA, E.L.P.; ALMEIDA Jr., A.R. As mensagens sobre a água no jornalismo da EPTV. *Estudos em jornalismo e mídia*, v.3, n.2, 2006.

DAWKINS, R. *O gene egoísta*. Belo Horizonte: Itatiaia; São Paulo: Edusp, 1979.

DEBORD, G. *A sociedade do espetáculo*. Rio de Janeiro: Contraponto, 1997.

DeLUCA, M. *Image Politics: the new rhetoric of environmental activism*. Mahwah, NJ: The Guilford Press, 1999.

DIAMOND, J. *Collapse: how societies choose to fail or succeed*. New York: Penguin Books, 2006.

DIJK, T.A.V. *Racismo e discurso na América Latina*. São Paulo: Contexto, 2008.

DISCINI, N. *Comunicação nos textos: leitura, produção, exercícios*. São Paulo: Contexto, 2005.

FAIRCLOUGH, N. *Discurso e mudança social*. Brasília: Editora da Universidade de Brasília, 2008.

FEILITZEN, C.V.; CARLSSON, U. (Orgs.). *A criança e a mídia: imagem, educação, participação*. São Paulo: Cortez/Unesco, 2002.

FISHER, R. et al. *Photic and pattern-induced seizures: a review for the Epilepsy Foundation of America Working Group*. Epilepsia, v.46, n.9, 2005.

FRASER, M. *Weapons of mass distraction: soft power and American empire*. Toronto: Key Porter Books, 2003.

FROMM, E. *Anatomia da destrutividade humana*. Rio de Janeiro: Guanabara, 1987.

GERBNER, G.; GROSS, L. O mundo assustador daqueles que assistem muito à TV. *Revista da ESPM*, v.8, ano 7, n.1, 2001.

GITLIN, T. Supersaturation and speed and sensibility. In VACKER, B. *Media environments*. San Diego, CA: Cognella, 2011.

GOMES, H.L.R.M.; ALMEIDA JR., A.R. *Private sector and NGOs partnerships: environmental or image concern?* Berlin: Lambert Academic Publishing, 2013.

GUATTARI, F.; ROLNIK, S. *Micropolítica: cartografias do desejo*. Petrópolis: Vozes, 2005.

HALL, S. *Da diáspora*. Belo Horizonte: Editora da UFMG, 2011.

_____. *Encoding and Decoding in the Television Discourse*. Centre for Cultural Studies, University of Birmingham, CCS Stencilled Paper, n.7, 1973.

HERMAN, E.; CHOMSKY, N. *A manipulação do público: política e poder econômico no uso da mídia*. São Paulo: Futura, 2003.

JHALLY, S. *The spectacle of accumulation: essays in culture, media & politics*. New York: Peter Lang, 2006.

JHALLY, S.; LEWIS, J. Affirming inaction: television and the politics of racial representation. In: JHALLY, S. *The spectacle of accumulation: essays in culture, media & politics*. New York: Peter Lang, 2006.

JOHNSON, C. *As aflições do império: militarismo, operações secretas e o fim da república*. Rio de Janeiro: Record, 2007.

JOHNSON, P. *The birth of the modern: world society 1815-1830*. London: Phoenix, 1996.

KILBOURNE, J. *Can't by my love: how advertising changes the way we think and feel*. New York: Touchstone, 1999.

KIMMEL, M. Masculinity as homophobia: fear, shame, and silence in the construction of gender identity. In: KIMMEL, M; FERBER. *Privilege: a reader*. Cambridge, MA: Westview, 2003.

KLEIN, N. *Sem logo: a tirania das marcas em um planeta vendido*. Rio de Janeiro: Record, 2002.

KRIMSKY, S. *Science in the private interest: has the lure of profits corrupted biomedical research?* Maryland: Rowman & Littlefield, 2004.

LEFF, E. *Racionalidade ambiental: a reapropriação social da natureza*. Rio de Janeiro: Civilização Brasileira, 2006.

LEISS, W.; KLINE, S.; JHALLY, S. et al. *Social communication in advertising: persons, products and images of well-being*. New York: Routledge, 1997.

LEROI-GOURHAN, A. *O gesto e a palavra: técnica e linguagem*. Lisboa: Edições 70, 1985.

_____. *O gesto e a palavra: memória e ritmos*. Lisboa: Edições 70, 1987.

LESTINGE, R. *A visão da ecologia no Jornal Nacional*. Piracicaba, 2008. Dissertação (Mestrado). PPGI-EA- Esalq-Cena.

LESTINGE, R.; ALMEIDA JR., A.R. *Eletricidade no ar: a cobertura do Jornal Nacional sobre as hidrelétricas do rio Madeira*. Teoria & Pesquisa, v.17, n.2, 2009.

LINN, S. *Consuming kids: the hostile takeover of childhood*. New York: New Press, 2004.

LOPES, M.E.B.M. *Agrotóxicos na imprensa: análise de algumas revistas e jornais brasileiros*. Piracicaba, 2010. Xp. Tese (Doutorado). PPGI-EA-Esalq-Cena.

MACEDO, D.; STEINBERG, S. *Media literacy: a reader*. New york: Peter Lang, 2007.

MACHADO, I. (Org.). *Semiótica da cultura e semiosfera*. São Paulo: Annablume, 2007.

MANTSIOS, G. Media magic: making class invisible. In: KIMMEL, M.; FERBER. *Privilege: a reader*. Cambridge, MA: Westview, 2003.

MARCUSCHI, L.A. *Cognição, linguagem e práticas interacionais*. Rio de Janeiro: Lucerna, 2007.

MAURO, F. *Mensagens sobre a natureza: um estudo de duas revistas de turismo*. Piracicaba, 2005. Dissertação (Mestrado). PPGI-EA-Esalq-Cena.

McCHESNEY, R. *The political economy of media: enduring issues, emerging dilemmas*. New York: Monthly Review Press, 2008.

_____. Mídia global, neoliberalismo e imperialismo. In: MORAES, D. *Por uma outra comunicação: mídia, mundialização cultural e poder*. Rio de Janeiro: Record, 2003.

_____. *Corporate media and the threat to democracy*. New York: Seven Stories Press, 1997.

McLUHAN, M. *Os meios de comunicação como extensões do homem*. São Paulo: Cultrix, 2007.

McQUARRIE, E.; MICK, D.G. Figures of rhetoric in advertising language. *Journal of consumer research*, 1996.

MEYROWITZ, J. Power, pleasure, patterns: intersecting narratives of media influence. *Journal of Communication*, n.58, p.641-663, 2008.

MORGAN, M. (Ed.). *Against the mainstream: the selected works of George Gerbner.* New York: Peter Lang, 2002.

NEUZIL, M; KOVARIK, W. *Mass media & environmental conflict: America's green crusades.* London: Sage Publications, 1996.

NOBLE, D. O golpe climático corporativo. In: ALMEIDA JR., A.R.; ANDRADE, T.N. (Orgs.). *Mídia e ambiente: estudos e ensaios.* São Paulo: Hucitec, 2009.

POSTMAN, N. *Technopoly: the surrender of culture to technology.* New York: Vintage Books, 1993.

RAMPTON, S.; STAUBER, J. *Trust us, we're experts: how industry manipulates science and gambles with your future.* New York: Jeremy Tarcher/Putnam, 2002.

SAID, E. *Orientalismo: o oriente como invenção do ocidente.* São Paulo: Companhia das Letras, 2007.

SANTOS, B.S. *Renovar a teoria crítica e reinventar a emancipação social.* São Paulo: Boitempo, 2007.

_____. *A gramática do tempo: para uma nova cultura política.* São Paulo: Cortez, 2006.

_____. (Org.). *Conhecimento prudente para uma vida decente: um discurso sobre as ciências revisitado.* São Paulo: Cortez, 2004.

_____. *A crítica da razão indolente: contra o desperdício da experiência.* São Paulo: Cortez, 2002.

SAVIOLI, F.P.; FIORIN, J.L. *Lições de texto: leitura e redação.* São Paulo: Ática, 2006.

SCHIFFRIN, D.; TANNEN, D.; HAMILTON, H. *The handbook of discourse analysis.* Malden - Massachusetts: Blackwell Publishing, 2003.

SCHILLER, H. *Mass communication and American empire.* New York: The Perseus Book Group, 1992.

SHANAHAN, J.; McCOMAS, K. *Nature Stories: depictions of the environment and their effects.* Cresskill, NJ: Hampton Press, 1999.

SHANAHAN, J.; MORGAN, M. *Television and its viewers: cultivation theory and research.* Cambridge: Cambridge University Press, 1999.

SHASHI, S.; CARMANT, L. Visual-sensitive epilepsies: classification and review. *The Canadian Journal of Neurological Sciences*, v.32, n.3, 2005.

SHOJA, M. et al. Video game epilepsy in the twentieth century: a review. *Childs nervous system*, v.23, 2007.

SMITH, J. *Roleta genética: riscos documentados dos alimentos transgênicos sobre a saúde*. São Paulo: João de Barro, 2009.

STAUBER, J.; RAMPTON, S. *Toxic sludge is good for you! Lies, damn lies and the public relations industry*. Monroe - Maine: Common Courage Press, 1995.

STEINBERG, S.; KINCHELOE, J. *Cultura infantil: a construção corporativa da infância*. Rio de Janeiro: Civilização Brasileira, 2001.

STENGERS, I. *A invenção das ciências modernas*. São Paulo: Editora 34, 2002.

STERNBERG, J. The abacus: the earliest digital computer and its cultural implications. Proceedings of the 48th Annual Conference of the New York State Speech Communication Association, 1999.

STRATE, L.; LUM, C.M.K. Lewis Mumford and the ecology of technics. In: LUM, C.M.K. *Perspectives on culture, technology and communication: the media ecology tradition*. Cresskill, NJ: Hampton Press, 2006.

THOMPSON, J. *A mídia e a modernidade: uma teoria social da mídia*. Petrópolis: Vozes, 2001.

TÜRCKE, C. *Sociedade excitada: filosofia da sensação*. Campinas: Editora da Unicamp, 2010.

VICENTINI, J.O. *O discurso ambiental da TV: a Amazônia do Globo Repórter*. Piracicaba, 2013. Dissertação (Mestrado). Esalq/Cena.

VIRILIO, P. *Estratégia da decepção*. São Paulo: Estação Liberdade, 2000.

WILLIAMSON, J. *Decoding advertisements: ideology and meaning in advertising*. London: Marion Boyars, 1998.

Desenvolvimento e Economicidade Socioambiental | **17**

Gilberto Montibeller-Filho
Economista, Universidade Federal de Santa Catarina

Nos vários capítulos do presente livro são abordadas diversas maneiras de dar encaminhamento a questões relativas aos principais componentes do ambiente físico e que afetam a vida dos homens em sociedade. Mais ainda, são problemas com dimensão política, no sentido de que tanto sua geração quanto a busca de soluções para estes estão vinculadas à ação ou à vontade de pessoas, agindo de modo individual ou coletivo. O enfrentamento de cada questão – relacionada à água, ao ar, aos resíduos, às áreas verdes, ao ambiente de trabalho, à energia, aos meios de transporte e outras – e sua resolução significam avanços socioambientais importantes. Os temas referidos representam requisitos mínimos para a vida das pessoas, dizem respeito principalmente ao meio urbano e a ausência ou mal-funcionamento de qualquer desses aspectos reflete-se em danos significativos para a população.

Toda aglomeração humana cuja população aumenta desmesuradamente, e passa a produzir e a consumir quantidades crescentes de bens e serviços, tende a projetar-se negativamente sobre o ambiente e os recursos naturais. Crescimento econômico é o conceito que caracteriza um processo como o descrito, e que se observa em muitas cidades, especialmente nas metrópoles da América Latina. O aglomerado em si gera em grande quantidade rejeitos e resíduos a partir do uso ou consumo (esgoto, embalagens, fumaça dos veículos); também o descarte industrial e outros tipos de descarte comprometem a qualidade do ar e das águas para consumo; a redução de áreas verdes; a mobilidade urbana prejudicada e outros problemas, que decorrem do crescimento desordenado em que as necessidades não correspondem às disponibilidades. Assim, o crescimento econômico se caracteriza como eminentemente quantitativo, no sentido de mais produção e consumo, sem atentar para os problemas dos rejeitos e do desgaste da natureza. Outra situação é quando, pelo contrário, com o aumento da população, com o qual normalmente cresce a produção e o consumo de bens e serviços, esses problemas obedecem a um novo padrão, que observa as questões ambientais. Além disso, ocorre um processo de resiliência, no qual, concomitantemente, aumentam a disponibilidade e a qualidade das condições para uma existência digna e saudável, tanto na perspectiva material (água, ar puro, mobilidade) quanto em perspectiva subjetiva (espaços de contemplação e diversão, como áreas verdes urbanas), de forma durável, inclusive no sentido de garantir condições para que as gerações vindouras tenham as suas próprias possibilidades. Aqui se tem o novo paradigma do desenvolvimento sustentável, cuja característica é sua dimensão qualitativa – não é preciso haver mais quantidade das mesmas coisas, mas sim outras coisas condizentes com novos valores, inclusive éticos e morais, como soa ser a busca de relação mais equilibrada com a natureza.

Buscam-se outras formas de organização; outro padrão, reduzido e ecologicamente direcionado, de consumo; outros produtos e formas de produzir; transporte coletivo eficiente, enfim, reestruturações que caracterizam a essência qualitativa do conceito de desenvolvimento sustentável. As diversas formas de intervenção visando a melhoria de condições do ambiente físico relacionado a sociedades humanas, tratadas em muitos capítulos do presente livro, constituem elementos de política pública visando a melhorar as condições socioambientais e da vida em geral, e, nesse sentido, integram políticas que visam a sustentabilidade. São, portanto, alguns componentes de gestão socioambiental, compreendida como um conjunto de ações que incluem desde a decisão até o monitoramento de resultados. Assim, gestão, estratégias ou política ambiental, na concepção dos autores, são todos os processos que dizem respeito a:

- Decisão quanto ao que fazer.
- Acompanhamento das ações ou das medidas postas em prática, e monitoramento de resultados obtidos.
- Monitoramento de resultados obtidos.

O presente capítulo apresenta, de maneira sintética, algumas das contribuições relevantes que a ciência econômica socioambiental tem prestado à política do meio ambiente. Isso será exposto após um apanhado a respeito das mudanças paradigmáticas verificadas ao longo do tempo que culminaram no paradigma da sustentabilidade e que, portanto, dizem respeito ao surgimento e à difusão da gestão socioambiental.

DO CRESCIMENTO ECONÔMICO AO DESENVOLVIMENTO SUSTENTÁVEL

A relação entre economia e natureza, até por volta do final dos anos 1970, era vista como totalmente inconciliável, tendo um estudioso como Passet (1979) afirmado que as leis da economia se contrapunham àquelas da natureza. Entre as condicionantes dos fenômenos econômicos no sistema de mercado, destaca-se como essencial a necessidade da obtenção de lucro e, em relação a este, a lei do valor como regra. A lei econômica do valor implica que cabe ao capitalista não comprar mercadorias acima do valor, seja para o processo produtivo ou para revenda, e não vender os produtos abaixo do valor, para assim conseguir o maior e mais imediato lucro e em taxa adequada, isto é, superior à taxa de juros. Por seu lado, os fenômenos naturais são regidos pelas leis da natureza, entre as quais, a existência de ciclos: um tempo próprio para o desenvolvimento de cada etapa até chegar à maturidade, a época da colheita ou uso. A economia, contudo, no afã de atender seus interesses, age sobre a natureza; de um lado, conspurcando os ciclos e, de outro, degradando o meio ao descartar nele quantidade de rejeitos da produção e do consumo superior à capacidade de suporte e da oferta de serviços ambientais dos sistemas naturais. Assim se explicaria porque a economia era percebida como a "grande vilã da natureza". A partir também do início da década referida anteriormente, desponta novo entendimento, de que seria possível conciliar desenvolvimento econômico com natureza preservada. Foi então construído o conceito de ecodesenvolvimento para representar a nova visão, constituindo-se em paradigma do movimento ambientalista. Em meados dos anos 1980, no conhecido Relatório Brundland, surge a noção de desenvolvimento sustentável para expressar a preocupação das gerações atuais com o processo de desenvolvimento associado à preservação ambiental, garantindo a mesma possibilidade para as próximas gerações. A partir de então, desenvolvimento sustentável passou a ser o novo paradigma do movimento ambientalista.

A cronologia referida é coberta na teoria do desenvolvimento por conceitos que representam bem a preocupação, ou ausência desta, com as questões sociais e ambientais à época. É o caso de crescimento econômico, paradigma predominante até meados dos anos 1960, expressando um processo no qual se verifica apenas a expansão de forma persistente e significativa da produção e consumo por um período médio, sem que haja preocupação com os aspectos sociais nem com os ambientais. Nesse sentido, crescimento econômico caracteriza-se como eminentemente quantitativo e não qualitativo, pois significa somente produzir maior quantidade de bens e serviços com a mesma estrutura produtiva.

Desenvolvimento econômico, o paradigma das décadas de 1960 e 1970, por seu lado, implica transformações sobretudo qualitativas. O qualitativo, no caso, é representado pela diversificação da produção e melhoria da produtividade, o que implica alterações na estrutura de produção. Mas o paradigma do desenvolvimento econômico, ideia que guiou a política pública e aspirações sociais, principalmente dos povos latino-americanos, no período referido, revelou-se antiecológico e antissocial em muitos casos. O Brasil, por exemplo, como resultado desse período, passou a apresentar uma das maiores desigualdades socioeconômica do mundo, com concentração da estrutura de rendas só sobrepujada por dois ou três pequenos e empobrecidos países africanos. Para expressar a preocupação com resultados sociais, ausente no conceito de desenvolvimento econômico, nos anos 1980 e 1990, difundiu-se o paradigma do desenvolvimento socioeconômico. Com ele, enfatiza-se a necessidade de alterações na estrutura de rendas no sentido de maior equanimidade, isto é, melhor resultado social, associada às demais alterações estruturais inerentes aos processos de desenvolvimento, porém sem atentar para questões ambientais.

Por último, a partir dos anos 1990, tendo ampla disseminação em quase todas as áreas – social, política, econômica, jurídica, científica e acadêmica, e em vários segmentos do meio empresarial –, o paradigma da sustentabilidade passou a colocar-se como aspiração maior para quase todos os povos. O desenvolvimento sustentável é então construído como conceito para expressar processos que compreendem avanços qualitativos na forma de produzir, na composição de produtos, no padrão de consumo com ampla disseminação social dos benefícios econômicos, acompanhados de avanços na conservação e na preservação da natureza.

Deriva do novo paradigma a necessidade de políticas públicas e de decisões das organizações visando à sustentabilidade. Estas aparecem como necessidade, em decorrência dos resultados das décadas anteriores haverem demonstrado que o sistema de mercado apresenta tendência geral à concentração, especialmente no que diz respeito à estrutura de rendas, e também tende à localização geoespacial de populações e da produção e consumo, levando à degradação do meio. As políticas que visam à sustentabilidade têm sido destinadas, contudo, quase que exclusivamente a esse último aspecto, na tentativa de regular as atividades econômicas, sobretudo as de produção, para atuações mais adequadas às demandas ambientais.

ECONOMIA DA SUSTENTABILIDADE

Economia da sustentabilidade, ou *economicidade socioambiental,* designa a relação entre a produção continuada e o consumo de bens e serviços com a condição ambiental preservada, inclusive para o desfrute das futuras gerações, e com o compromisso de resultados sociais positivos, disseminados indiscriminadamente. Em suma, a ciência econômica socioambiental estuda o processo do desenvolvimento sustentável, no sentido de verificar maneiras pelas quais se consegue avançar na direção de resultados positivos do ponto de vista social, econômico e ambiental. Além disso, busca compreender o alcance ou limites que o processo deve encontrar dependendo do tipo de economia, isto é, do modo de produção e consumo no qual se manifesta ou é considerado. Trata-se, portanto, de campo de pesquisa bastante amplo, o que faz necessário delimitar o enfoque dado no presente trabalho.

Conforme se observa nos diversos capítulos, a ênfase recai na problemática brasileira e, portanto, a análise que segue estará sempre considerando tratar-se de uma economia predominantemente de mercado. Assim, os produtores de bens e serviços são empresas privadas, públicas ou mistas cujas ações ou procedimentos são conduzidos pelo mercado, isto é, em essência, por custos, preços, demanda, lucro e competitividade. Os consumidores são a população em geral, inclusive a que caracteriza a demanda internacional, sensíveis às condições de seu nível de renda, do preço e da qualidade do produto. Com a disseminação do ambientalismo, um e outro dos componentes do mercado, isto é, alguns dos ofertantes e também muitos dos demandantes demonstram sensibilidade também às questões da sustentabilidade relacionada aos produtos e seus produtores.

O comportamento econômico, isto é, a decisão racional por excelência, como quer Leff (1994), é capaz, nas condições atuais da consciência ecológica, de induzir processos que pela via do mercado por si só conduzam a bons resultados socioambientais. A atuação de uma empresa inovadora buscando diferenciar-se para ampliar mercado e conseguir lucro extra mediante uma inovação, como seria o caso da introdução de produtos com a característica de serem ecologicamente sustentáveis, é ilustrativo a respeito. O processo de obtenção de lucro extra é analisado por J. Schumpeter e seus seguidores (para detalhes pode ser consultado Montibeller, 2008), segundo os quais a empresa, mediante a introdução de inovações, persegue um lucro superior ao normal ou àquele médio vigente no mercado: ela busca o lucro extra ou superlucro. E o obterá, enquanto for o único ou um dos poucos inovadores. Quando muitas outras empresas lançarem o mesmo produto ou processo, este deixará de ser elemento de estratégia competitiva e, portanto, o superlucro desaparecerá – mas a então novidade estará agora incorporada na economia.

O sistema econômico, regra geral, não absorve custos ambientais por seus próprios mecanismos, nem contempla nos preços os valores dos bens e serviços ambientais. E não o faz mesmo quando utiliza diretamente a natureza como fonte de matérias-primas e de energia, ou como repositório de seus descartes, que os recicla naturalmente (serviço ambiental) ou é impactada por poluição e contaminação. A constatação refere-se tanto a empresas na sua individualidade quanto a agregados produtivos, assim como a formas agregadas de demanda. Um exemplo da desconsideração dos custos ambientais pode ser o caso dos danos causados pelo funcionamento das turbinas dos aviões (lançamento de gases de efeito estufa), completamente ausentes das planilhas contábeis das companhias; e pelo comportamento coletivo da cidade que decide ampliar seu aeroporto sem considerar o valor econômico total (VET), isto é, valores de uso e valores de não uso da área física adicional necessária à ampliação – adiante voltaremos a este assunto a partir do estudo do VET.

Os agentes econômicos e a economia precisam, então, ser estimulados, induzidos; sofrer restrições, proibições e sanções, em suma, serem regulados, no sentido amplo do conceito de regulação legal e comportamental, tendo-se como objetivo a sustentabilidade. Os meios com os quais a ciência econômica socioambiental contribui nesse sentido dizem respeito principalmente a:

- Oferecer ferramentas para os processos de decisão em que estão envolvidas questões ambientais.
- Construir indicadores e índices de sustentabilidade que são ao mesmo tempo ferramentas de decisão e de monitoramento das ações e resultados correspondentes.
- Possibilitar o uso de uma série de instrumentos econômicos de estratégias ou de gestão ambiental.
- Analisar e verificar os limites da política ambiental em economia de mercado.

Os itens que se desdobram a seguir são detalhamento, restrito à possibilidade de um capítulo, dessas várias maneiras.

VALORAÇÃO AMBIENTAL E PROCESSOS DE DECISÃO

Um conjunto de ferramentas de natureza econômica importante para a finalidade da política do meio ambiente são as que auxiliam para a tomada de decisões mais adequadas sob o ponto de vista ambiental em novos empreendimentos ou projetos. A contribuição mais significativa a esse respeito é oferecida por duas vertentes da economicidade socioambiental, a saber, a economia ambiental neoclássica e a economia ecológica. A vertente neoclássica pauta-se por buscar atribuir valor monetário aos bens e serviços ambientais, e com isto, aprimorar a apreciação dos componentes naturais nos cálculos relativos à análise custo-benefício. Os valores desses bens e serviços normalmente não estão expressos nos preços e, então, para considerá-los nos processos de decisão, é necessário que sejam obtidos por outros meios – conforme alguns apresentados a seguir.

Um exemplo da consideração do valor do bem ambiental nos processos de tomada de decisão visando conduzir a resultados mais favoráveis à questão ecológica é a decisão do governo britânico de fazer com que, nos grandes projetos de infraestrutura dos quais o setor público participe, sejam considerados os custos do dano ambiental que o projeto implantado irá gerar (*The Guardian*, 2007). Mesmo quando previsto que não ocorra de fato dispêndio monetário ou financeiro correspondente à reparação do dano, ainda assim o valor deve ser considerado nos processos de decisão baseados em análise custo-benefício. Os custos desse tipo são também chamados preços-sombra; eles interferem no resultado dos cálculos e na decisão, apesar de não representarem dispêndio monetário real. Com medidas como essa, pretende-se obter decisões mais favoráveis ao meio ambiente, pois elas mostram a importância do uso do cálculo econômico e dos métodos de economicidade socioambiental como instrumentos ou ferramentas da política ambientalista.

Há vários métodos para determinar o valor monetário de um bem, como uma floresta preservada, de recurso natural, como de uma jazida de minério a ser explorada, ou de um serviço ambiental, como o valor de uma floresta na regulação do clima, por exemplo. O conjunto de valores considerados pela economia passível de concentrar-se num bem ambiental é expresso pela fórmula valor econômico total dos bens e serviços ambientais (VET). O VET considera os valores de uso e os valores de não uso relativos ao bem. Os primeiros, valores de uso, referem-se ao valor instrumental, isto é, derivado do fato de o bem, direta ou indiretamente, de imediato ou futuramente, servir a interesses do ser humano. Os segundos, valores de não uso, pelo contrário, não possuem o caráter utilitarista, eles devem o seu valor simplesmente ao fato de existir. Por isso, esses valores são também denominados valores de existência. Por vezes, o bem considerado tem relações na cadeia trófica e então é valor relacional; em outros casos, não tem nenhuma relação, "apenas existe", e mesmo assim é valor.

As formas de obter o montante dos valores que não são reconhecidos nos preços do bem ambiental são muitas, e novos métodos são seguidamente propostos. Por exemplo, o método da disposição ao trabalho voluntário para a identificação do valor econômico de existência de uma lagoa: o montante de horas destinadas pelas pessoas voluntariamente à limpeza e ao cuidado do bem ambiental multiplicado pela renda média nos seus trabalhos profissionais foi assumido como o valor monetário do bem (Fonseca e Drummond, 2003). O mais conhecido dos métodos para a definição dos valores de existência é o método da disposição a pagar (DAP). Trata-se, em suma, de pesquisar junto à população – geralmente por meio de amostragem estatística – o quanto ela estaria disposta a pagar, em mercado hipotético, para a preservação e o cuidado de determinada área, por exemplo, uma floresta. Como é hipotético, no sentido de "se fosse necessário pagar", o método é também denominado avaliação contingencial. Ele é fortemente criticado pelo fato de o resultado estar submetido a elevado grau de subjetividade, sofrer influência do padrão de renda da população e pelo problema da incomensurabilidade intergeracional, segundo a qual os indivíduos, hoje, não teriam como avaliar corretamente a importância do bem ambiental para as próximas gerações. Por suas fragilidades, formas alternativas à avaliação contingencial são constantemente buscadas, como a relatada anteriormente. A existência de vários métodos – alguns dos quais podem ser vistos em Seroa da Motta (1998) – de valoração econômica dos bens ambientais demonstra a importância de imputar valor àquilo que normalmente o mercado não considera, para incorporar esses valores nas análises custo-benefício ambiental e, então, conseguir decisões ambientalmente mais adequadas. Uma aplicação alternativa, trabalhada pelo autor em artigo ainda não publicado, é a consideração dos componentes da fórmula por grau de importância e não necessariamente buscando uma valoração monetária.

A vertente da ciência econômica ambiental denominada economia ecológica, que se coloca frontalmente crítica à economia ambiental neoclássica em vários aspectos, considera, ela também, válida a atribuição de valores monetários aos bens e serviços ambientais. Contudo, a economia ecológica pretende, com isso, mostrar que os preços normalmente não absorvem o valor total dos bens e serviços da natureza (VET). Para que os preços absorvessem o VET, ainda que apenas parcialmente, teria que haver pressão de fora do mercado – pressão que pode vir, em diversas formas, do movimento ambientalista. Uma dessas formas seria a preferência do indivíduo enquanto consumidor por produtos que, embora relativamente mais caros que seus substitutos, contemplem no preço a produção segundo preceitos ecológicos e sociais condizentes com o princípio da sustentabilidade. Os economistas ecológicos, como premissa, enfatizam não a análise pelo ângulo monetário e sim pela consideração dos quantitativos físicos de energia e de materiais na economia. Representados principalmente por Martinez-Alier (1994), assumem ser a análise multicriterial o seu método por excelência. A análise multicritérios considera, em sua matriz de elementos para tomadas de decisão, componentes de variada natureza; diversas maneiras de medir os valores monetários; quantitativos físicos; elementos políticos; aspectos de segurança; componentes sociológicos e outros. Tendo em vista a sustentabilidade, receberiam ponderação mais elevada os componentes relacionados à dimensão socioambiental.

As considerações anteriores mostram, de maneira sintética, como nos processos de decisões que envolvem programas, projetos ou empreendimentos, públicos ou privados, na área ambiental, a ciência econômica – compreendida como sinônimo de racionalidade – possui instrumental capaz de contribuir para as decisões mais adequadas, pela consideração do valor pleno do bem natural e dos serviços do meio ambiente. Na sequência, apresentam-se outros instrumentos econômicos de apoio a decisões e à gestão ambiental como um todo; eles se distinguem daqueles considerados no item que se encerra, porquanto estes são gerais e aqueles a serem apresentados são específicos, no sentido de envolverem fortemente o setor governamental ou público (macrogestão) e o setor empresarial ou privado (microgestão).

ÍNDICES DE SUSTENTABILIDADE: FERRAMENTA DE IDENTIFICAÇÃO DE PROBLEMAS E DE MONITORAMENTO

Denominam-se *instrumentos de macrogestão ambiental* aqueles colocados à disposição do poder público ou que normalmente são utilizados pelos governos federal, estadual ou municipal, direcionados à sustentabilidade. Dizem respeito a mecanismos da esfera pública para a regulação (em amplo sentido) das atividades empresariais, bem como a instrumentos para estimular comportamentos individuais no que tange a questões socioambientais. Inicialmente, serão consideradas algumas ferramentas de apoio à condução da economia em sentido amplo – a macroeconomia. Nessa área, relativamente nova, como o é todo o campo das ciências ambientais, muito já foi construído e bastante ainda está por ser feito. Dentre os instrumentos de apoio a decisões e ao monitoramento dos processos de intervenção governamental, destacam-se os indicadores e índices de sustentabilidade.

O PIB Verde é um desses indicadores. O cálculo do Produto Interno Bruto (PIB) apenas soma o resultado da atividade econômica sem levar em conta as chamadas externalidades, isto é, os custos sociais e ambientais envolvidos na produção da riqueza do país, estado ou município. Então, o PIB Verde corresponde a subtrair do valor total produzido na economia no ano, isto é, do seu PIB, o desgaste socioambiental decorrente dessa produção: deduzir, por exemplo, em valor monetário, a degradação do meio e a redução do estoque de recurso natural não renovável. A equação do PIB Verde é:

$$PIB\ Verde = PIB - desgaste\ socioambiental\ (em\ valor)$$

Outro macroindicador é o denominado *Contas Nacionais Sustentáveis* (CNS), mais preciso do ponto de vista socioambiental do que o "PIB Verde". Trata-se de considerar, deduzindo do PIB, além do desgaste ambiental, todos os dispêndios a que a população teve que se submeter por causa da má qualidade ambiental, como, por exemplo, gastos para tratamento de doenças decorrentes de problemas atmosféricos ou de contaminação das águas. Tanto o PIB Verde quanto as CNSs são, contudo, ainda de certo modo, apenas exercícios conceituais, pois não há registros de que sejam efetivamente considerados por governos para o fim de políticas ecoeconômicas – apesar de alguns ensaios de construção desses indicadores, realizados na Costa Rica (que foi pioneira na América Latina), no Chile, na Finlândia, na Alemanha e em alguns outros países, conforme relatado por Claude (1997).

Índices de sustentabilidade são, por sua vez, macroindicadores bastante difundidos. Eles sintetizam um conjunto de indicadores de avaliação e são também instrumentos para decisão e monitoramento de ações decorrentes de políticas públicas que visam ao desenvolvimento sustentável. Instituições de caráter mundial, como a Organização das Nações Unidas (ONU); regional, como a Comissão Europeia (Eurostat) e a Organização para Cooperação Econômica e Desenvolvimento (OECD), na sigla em inglês, divulgam os indicadores que, a seu ver, devem ser considerados. Todas destacam, na composição dos índices, indicadores que reflitam a condição social, a econômica e a dimensão ambiental, componentes essenciais da sustentabilidade. A partir da relação de indicadores em geral para aplicações específicas, são procedidas adaptações. Vale indicar, nesse sentido, a consulta ao excelente trabalho de tese doutoral de Castro-Bonaño (2002) na construção de indicadores de sustentabilidade urbana para Málaga, na Espanha. Outro exemplo de indicadores ambientais, econômicos e sociais, e sua adaptação a uma condição específica é o trabalho de construção coletiva de um conjunto de indicadores para uma das primeiras cidades na qual isto foi feito, Seattle (Estados Unidos), que é reproduzido no Quadro 17.1.

Quadro 17.1 – Indicadores de Seattle Sustentável.

Meio ambiente	Número de salmões selvagens presente nos canais locais Biodiversidade na região Dias/ano com boa qualidade do ar Quantidade de solo útil perdido % de ruas para pedestres
População e recursos	População e taxas de crescimento Litros de água consumida/pessoa Resíduos sólidos gerados e reciclados/pessoa/ano Consumo de energia renovável e de fonte não renovável Uso do espaço: residencial, comercial, lazer e outros Quantidade de alimentos exportados e importados
Economia	% de empregos nos dez setores da economia que mais empregam Horas de trabalho pagas Desemprego real, inclusive subemprego Taxa de poupança por família Utilização de fontes locais ou renováveis de recursos naturais % de crianças que vivem na pobreza Gasto com higiene/pessoa
Cultura e sociedade	% de recém-nascidos com baixo peso em cada etnia Diversidade étnica do professorado Taxa de delinquência juvenil Bibliotecas, casas com jardim, participação pública e outros

Fonte: adaptado de Castro-Bonaño (2002).

Sabe-se que o Índice de Desenvolvimento Humano (IDH), calculado pela ONU, considera a dimensão econômica e a social, porém não a dimensão ambiental – portanto, não é um índice de sustentabilidade. Na concepção de índices de desenvolvimento deste capítulo, procurou-se dar uma contribuição no seguinte sentido: buscando inspiração no IDH, construiu-se o índice de desenvolvimento social e ambiental (IDSA). Ele procura sintetizar informações de dados que representam as três dimensões clássicas, da seguinte maneira:

$$IDSA = ID\ social + ID\ econômico + ID\ ambiental\ /\ 3$$

DESENVOLVIMENTO E ECONOMICIDADE SOCIOAMBIENTAL | **601**

Isto é, o índice geral, IDSA, é a média que considera o índice social, o econômico e o ambiental, sendo cada índice a interpolação do valor do indicador entre valores que representam a melhor e a pior situação em uma escala de referência. Assim, obtêm-se resultados que não são muito expressivos, já que a média permite a compensação entre variáveis, mas que têm a favor do seu uso a facilidade de obtenção dos dados para os cálculos e a possibilidade de ampla comparação com outras sociedades.

Uma alternativa ao método descrito anteriormente, de formulação mais rigorosa, já que não permite a compensação referida, é o cruzamento entre o IDH com o índice de qualidade ambiental (IQA), como é feito em análise que compara graus de sustentabilidade entre as regiões metropolitanas de Belo Horizonte e de São Paulo (Moreira-Braga, 2006). Este cruzamento é o barômetro da sustentabilidade. Assim, um local somente é considerado sustentável quando o nível de IDH é alto e também o é o nível do IQA, conforme o Quadro 16.2. Quando ambos são muito baixos ou se o nível de qualquer um dos índices for muito baixo, o processo é caracterizado como insustentável. Situações intermediárias indicam transição para a sustentabilidade ou para a insustentabilidade, conforme sintetiza o Quadro 17.2.

Quadro 17.2 – Barômetro da sustentabilidade.

IDH →	Muito baixo	Baixo	Bom	Alto
IQA ↓				
Alto	I	pI	pS	S
Bom	I	pI	pS	pS
Razoável	I	pI	pI	pI
Baixo	I	I	I	I

IDH = índice de desenvolvimento humano; IQA = índice de qualidade ambiental; I = insustentável; pI = potencialmente insustentável ou em transição para a insustentabilidade; pS = potencialmente sustentável ou em transição para sustentável; S = sustentável.

Esse método é um barômetro da sustentabilidade que possibilita avaliar e definir estágios de uma realidade social, assim, mostra-se mais adequado que o anterior. Ele evita eventuais compensações entre as dimensões, por exemplo, fraco desempenho ambiental compensado na média por elevado padrão socioeconômico – ainda que no cálculo do IDH haja possibi-

602 | CURSO DE GESTÃO AMBIENTAL

lidade de, por exemplo, elevado desempenho econômico estar compensando fraco resultado social.

Os indicadores e índices têm se revelado importantes instrumentos para as políticas públicas. Por exemplo, o estado de Santa Catarina criou mecanismos de estímulo econômico-financeiro aos municípios em pior situação no IDH. A Lei estadual n. 13.342/2005 estabelece condição favorecida por meio do Programa de Desenvolvimento da Empresa Catarinense (Prodec), para empreendimentos a serem localizados "em municípios com IDH igual ou inferior a 95% (noventa e cinco por cento) do índice do Estado".

Há outro exemplo, também no estado de Santa Catarina, utilizando o IDH. Pelo decreto n. 2.094/2009, todo município que apresente IDH inferior a 90% do IDH médio do estado (que é de 0,822) fica isento de apresentar contrapartida em convênios de natureza financeira com órgãos ou entidades da administração estadual direta ou indireta. Progressivamente, à medida que se aproxima da média estadual, o município terá de oferecer contrapartida maior, até o montante mínimo de 30% do valor do convênio. O Quadro 17.3 apresenta de modo completo os critérios estabelecidos.

Quadro 17.3 – Política de contrapartida dos municípios em convênios com o estado, segundo o IDH do município, em Santa Catarina.

IDH municipal em % do IDH médio estadual	Contrapartida mínima
IDH município < 90% IDH estadual	0%
IDH município ≥ 90% e < 90% IDH estadual	15%
IDH município ≥ 90% e < 100% IDH estadual	25%
IDH município ≥ 100% IDH estadual	30%

Fonte: Decreto n. 2.094/2009, Governo do Estado de Santa Catarina.

O IDH, na forma como concebido no âmbito da ONU, é de fato um índice de desenvolvimento social, pois considera apenas as dimensões: longevidade, educação e renda *per capita*. A condição humana abrange dimensões para além destas. Segundo seus formuladores, o IDH cobre as aspirações naturais e sociais de todo ser humano, a saber: ter vida longa e saudável; apropriar-se de conhecimento; e, como decorrência, obter nível de renda compatível com um padrão digno de vida. A ONU não incorpora a variável ambiental, talvez por entender que esta ainda não seja uma aspiração universal.

Mas, por um lado, com a forte disseminação do movimento ambientalista nos últimos anos, a preocupação com o meio ambiente alcança praticamente todos os povos; de outro, os indicadores e índices possuem também caráter pedagógico e, então, cabe aos cientistas em suas pesquisas e formulações avançar as questões, disseminar resultados e influenciar políticas públicas. Por exemplo, as áreas de preservação ambiental permanente no Brasil foram criadas, sobretudo, a partir do trabalho de biólogos e de outros cientistas, mostrando sua importância ecológica. Assim, à medida que incorporarem a dimensão ambiental, os índices de desenvolvimento estarão mais próximos aos interesses das sociedades, em seus diversos segmentos. E, nesse sentido, os índices de sustentabilidade, como os referidos anteriormente, representam mais adequadamente o conjunto de condições para atingir melhor nível de qualidade de vida.

Agora serão examinados os instrumentos econômicos de gestão ou de política ambiental geralmente abordados na literatura especializada disponível.

INSTRUMENTOS ECONÔMICOS DE POLÍTICA AMBIENTAL

Na questão dos mecanismos econômicos normalmente disponíveis ou utilizados para a consecução das políticas ambientais, três categorias de classificação aparecem em diversos autores: regulação; comando e controle (C&C); e instrumentos econômicos. Não há consenso entre os vários autores quanto a considerar os instrumentos econômicos da política ambiental como pertencentes ao amplo espectro de instrumentos regulatórios ou distingui-los destes: sendo regulatório não seria econômico; ou sendo regulatório é também econômico? Todavia, o mais comum é considerar os mecanismos econômicos da política ambiental como sendo compostos por dois tipos: os de mercado e os de não mercado. Nessa concepção, os instrumentos de C&C, assim como os de regulação, pertenceriam à categoria de instrumento econômico de não mercado. Mas a discussão continua.

Assim, para o organismo da ONU, a Comissão Econômica para América Latina e Caribe (Cepal, 2000), "os instrumentos econômicos constituem uma categoria de instrumentos de regulação ambiental". Segundo a Cepal, instrumentos econômicos são todos aqueles que afetam custos e benefícios dos agentes, tais como a rentabilidade de processos produtivos e os preços relativos dos produtos e, consequentemente, as decisões de produtores e consumidores, tendo em vista, no caso específico, a busca da sustentabilidade por meio dos mecanismos de mercado. Objetivam atuar sobre preços, custos e sobre o mercado do agente produtor de bens ou serviços. Ocorrem na forma de taxas, tributos, impostos; isenções fiscais ou tarifárias, subsídios creditícios; rotulação ambiental, licenças comercializáveis e outras de igual natureza.

Pode-se considerar como integrante dos mecanismos de regulação também o aspecto comportamental individual ou coletivo. Compreende basicamente educação ambiental e cidadania, e tem igualmente implicações econômicas quando, por exemplo, enquanto consumidor, o indivíduo expressa preferência por produtos originários de processos "verdes". Nesse sentido, o poder público pode também atuar estimulando o consumo de bens com padrão ambiental, mediante a disseminação de informação oficial sobre desempenho ambiental, certificação, etiquetação e outras fontes de pressão externa com consequências econômicas sobre os agentes. Essa visão mais abrangente converge para a da denominada Escola Francesa da Regulação, que conceitua todas as formas de afetar a economia, desde a legislação ou atuação governamental ao comportamento autônomo dos indivíduos enquanto consumidores, formas de regulação (Conceição, 1987). Nessa linha de abordagem, a Cepal (2000) considera a existência da regulação direta, que se manifesta nos marcos legais; e da regulação indireta, expressa por todas as demais formas, incluindo a regulação informal, como a do último caso descrito anteriormente.

Por sua vez, Seroa da Motta e Young (1997), em seu muito difundido trabalho *Instrumentos econômicos para a gestão ambiental no Brasil*, iniciam incluindo no conjunto dos instrumentos os regulamentos de C&C. Mas, em seguida, distinguem-nos, passando a considerar, de um lado, os de regulação e de outro, os instrumentos econômicos de gestão ambiental. Para eles, então, os instrumentos de política ambiental seriam de duas ordens:

- Instrumentos regulatórios.
- Instrumentos econômicos.

Instrumentos de Comando e Controle

Instrumentos regulatórios, na visão de Seroa da Motta e Young (1997), são os denominados de C&C. Instrumentos de C&C são os que fixam normas, regras, procedimentos e padrões para as atividades econômicas a fim de assegurar que cumpram os objetivos da política em questão. Por exemplo, reduzir a poluição do ar ou da água segundo normas de controle da poluição atmosférica ou hídrica que estabelecem determinados padrões de qualidade, de emissão ou de tecnologia a ser utilizada; e as regras de zoneamento, estabelecendo restrições para a utilização de áreas protegidas. Os instrumentos de C&C são impositivos, expressos em leis do ordenamento jurídico e em regulamentos. Trata-se de determinação pelo poder público aos entes privados e públicos do que estes devem fazer ou não quanto a questões relacionadas ao meio ambiente. Compõem-se de padrões, exigências, proibições e licenciamentos. Regra geral, são instantâneos na aplicação e apresentam resultados duradouros, sejam estes positivos ou negativos. Por exemplo, uma empresa poluidora, ao ser levada ao encerramento de atividades, representa ganho ambiental imediato, porém, permanente perda social e econômica.

Instrumento importante com o qual o setor governamental regula a si próprio e ao setor privado é a legislação, no caso o direito econômico-ambiental. Nesse sentido, a própria Constituição Federal que, no Brasil, entre outras medidas, delimita *a priori* áreas de proteção e de preservação ambiental, por exemplo, as florestas naturais ou plantadas em situações específicas, como margeando lagos, rios e barragens, ou acima de certa quota quando em montanhas e assim por diante. Seguem-lhe as leis federais, estaduais e municipais criando restrições, exigências e, eventualmente, estímulos à iniciativa privada ou empresarial. Assim, por exemplo, as restrições impostas pelo zoneamento econômico-ecológico em qualquer dos níveis de governo; a exigência de licenciamento ambiental para a implantação e operação de empreendimentos tais como a Licença Ambiental Prévia. E, no caso desta última, dependendo do potencial de impacto sobre o meio, a exigência do Estudo de Impacto Ambiental (EIA) e o Relatório de Impacto sobre o Meio Ambiente (Rima) para debates em audiência pública.

Ainda que distinguidos dos instrumentos econômicos, os regulatórios acabam por ter, embora em grau moderado, implicação econômica. A presença do poder público federal, estadual ou municipal é indispensável na aplicação desses instrumentos, pois a ele compete tanto o estabelecimento das normas por meio da legislação e de regulamentos, quanto a fiscalização do seu cumprimento, por meio do seu poder de polícia. A aplicação dos mecanismos de C&C gera custos aos agentes produtivos, mediante os quais se busca incentivar mudanças de suas condutas nas questões ambientais. Esse é o sentido também da aplicação dos instrumentos econômicos, que pretende, por outros meios, igualmente alterar favoravelmente à natureza a ação dos agentes econômicos e sociais, conforme se tratará a seguir.

Instrumentos Econômicos de Indução Indireta

Os instrumentos econômicos procuram atuar sobre os agentes econômicos e sociais, públicos ou privados em seu processo normal de produção, consumo ou de comportamento visando melhor adequá-los ao interesse ambiental. Os instrumentos econômicos, ao invés de criarem normas determinantes de comportamentos obrigatórios, voltam-se à indução de comportamentos preservacionistas do meio ambiente na medida em que atuam diretamente nos custos de produção e consumo dos agentes. Podem ser de mercado e de não mercado, como será abordado adiante. Os exemplos são os tributos em geral e os preços públicos, que podem ser criados, majorados ou reduzidos. Estes estão sendo crescentemente utilizados como mecanismos eficientes do ponto de vista econômico e eficazes para objetivos ambientais, concomitantemente às abordagens de C&C, tanto para direcionar investimentos quanto para implantar políticas públicas que visam a preservação do meio ambiente. A sua utilização como meio importante na busca do desenvolvimento sustentável é destacada na Declaração da Conferência Rio-92 sobre Meio Ambiente e Desenvolvimento.

O Quadro 17.4 sintetiza os principais instrumentos de macropolítica ambiental de que o governo se utiliza. Nas duas colunas da direita encontram-se instrumentos específicos de C&C e de responsabilização legal por dano. Nas duas colunas intermediárias e na central estão mecanismos orientados ao mercado: a aplicação de taxas, impostos e outros mecanismos de cobrança direcionados a afetar a esfera da produção; intervenção sobre a demanda final do mercado mediante a exigência de rotulagem ambiental e a divulgação da informação ao consumidor sobre o significado desta; a criação de mercado, tais como as quotas de licenças de poluição comercializáveis entre empresas e o exemplo dos créditos de carbono negociados internacionalmente, são alguns exemplos.

Ainda, o Quadro 17.4 apresenta as vantagens e desvantagens de cada mecanismo considerado, tais como: requerer muita ou pouca regulação ou controles; a eficiência econômica no sentido de afetar significativamente ou não a empresa ou agente; o aspecto jurídico, no sentido de exigir legislação especial ou acarretando muita demora na solução de conflitos; gerar ou não gerar receita fiscal com a finalidade de fazer com que o poder público possa arcar com os subsídios oferecidos ou com o custo de aplicação dos instrumentos legais de comando e controle; e o problema do tempo que decorre para efetiva implementação, sendo que somente os mecanismos de controle são de implementação imediata.

Quadro 17.4 – Mecanismos de política ambiental que incorporam incentivos econômicos de controle orientados para o mercado de litígio.

Regulamentos e sanções	Taxas, impostos e cobranças	Criação de mercado	Intervenção de demanda final	Legislação de responsabilização
Exemplos gerais				
Padrões: governo restringe a natureza e a quantidade de poluição ou do uso de um recurso para poluidores individuais ou usuários do recurso. Há fiscalização e sanções (multas, fechamento, detenção) quando descumpridas as regras	Cobranças por uso ou emissão: governo estabelece cobranças a poluidores individuais ou usuários de um recurso com base na quantidade de poluição ou de uso do recurso e na natureza do meio receptor. A taxa é alta o suficiente para criar um incentivo à redução de impactos	Licenças comercializáveis: governo estabelece sistema de licenças de poluição ou de uso de recursos comercializáveis. O órgão ambiental leiloa ou distribui e monitora o cumprimento das licenças. Os poluidores ou os usuários do recurso comercializam as licenças a preços de mercado	Selos ambientais: governo cria programa de rotulação exigindo que se divulguem as informações ambientais sobre produção e disposição final. Aplicam-se selos ambientais aos produtos "ambientalmente saudáveis"	Legislação da responsabilização estrita: o poluidor ou o usuário do recurso é obrigado por lei a pagar às partes afetadas por quaisquer danos. Estas recebem indenizações por meio de litígios ou do sistema judiciário
Vantagens e desvantagens				
Requer muita regulação Baixa eficiência econômica Longas e dispendiosas disputas judiciais Não gera receita fiscal	Requer pouca regulação Alta eficiência econômica/alta adesão Necessidade de legislação para superar restrições fiscais	Requer pouca regulação Altíssima eficiência econômica/alta adesão Necessidade de legislação sobre os direitos de propriedade	Requer pouca regulação Alta eficiência econômica Normas autoimpostas Necessita de subsídio Implementação demorada	Não necessita de regulação Moderada eficiência econômica Legislação geral/dispendiosas disputas judiciais O governo é um possível litigante/discrimina os pobres

(*continua*)

Quadro 17.4 – Mecanismos de política ambiental que incorporam incentivos econômicos de controle orientados para o mercado de litígio.
(*continuação*)

Regulamentos e sanções	Taxas, impostos e cobranças	Criação de mercado	Intervenção de demanda final	Legislação de responsabilização
Vantagens e desvantagens				
Implementação imediata	Gera receitas fiscais/problemático para as atividades governamentais Implementação demorada	Não gera receita recorrente/ transferência de renda entre os agentes econômicos Implementação demorada		Implementação demorada

Fonte: Seroa da Motta e Young (1997).

Os regulamentos e sanções requerem muita regulação e têm baixa eficiência econômica no sentido de não afetarem a empresa de maneira duradoura. Além disso, normalmente implicam longas e dispendiosas disputas judiciais, em que aquele que causa o dano ambiental procura adiar a conclusão do processo pelos diversos mecanismos que a lei propicia. Têm também o inconveniente de não gerar receita fiscal para que o poder público possa compensar os custos destes com o sistema de controle. As vantagens mais evidentes são sua implementação imediata e os resultados são a curto prazo.

Os instrumentos orientados para o mercado, por sua vez, requerem pouca regulação e possuem elevada eficiência econômica, por afetarem, positiva ou negativamente, a empresa de maneira duradoura. Alguns necessitam de legislação específica, para superar restrições fiscais ou sobre direitos de propriedade ou pela necessidade de criar subsídios, por exemplo. Em consequência, sua implementação é demorada.

No caso de litígio ou da aplicação da legislação de responsabilização por danos ambientais por meio do sistema judiciário, em que aquele prejudicado pelo dano recebe indenização, a eficiência econômica é pouca por afetar a empresa apenas momentaneamente. Além disso, os processos normalmente são dispendiosos, o que afasta aqueles com menores recursos para suportá-los. A implementação é demorada, dados os prazos normais no setor judiciário.

Alguns tipos de aplicação dos mecanismos de política ambiental que incorporam elementos econômicos são apresentados, de maneira sintética, na segunda e na terceira colunas do Quadro 17.5.

Os instrumentos de não mercado, de indução a ações e comportamentos ambientalistas, por seu lado, utilizam-se do poder governamental de tributar. Por meio deste, são criados estímulos, ao setor público e a indivíduos, a atitudes favoráveis ao meio ambiente, e desestímulos a comportamentos negativos. É o caso, por exemplo, do Imposto sobre Circulação de Mercadorias e Serviços – Ecológico (ICMS-Ecológico). Mediante o ICMS-Ecológico, o estado destina proporcionalmente maior parcela de recursos desse imposto a municípios que apresentem comportamento consentâneo ao propósito ambientalista. A utilização do Imposto Predial e Territorial Urbano – Ecológico (IPTU-Ecológico), de competência municipal, é outra possibilidade nesse sentido, para estimular proprietários de moradias – casas e apartamentos – e empresas e organizações da cidade à adoção de preceitos de inspiração ecológica.

Quadro 17.5 – Exemplos de aplicação de mecanismos econômicos de política ambiental.

Regulamentos e sanções	Taxas, impostos e cobranças	Criação de mercado	Intervenção de demanda final	Legislação da responsabilização
• Padrões de emissão • Licenciamento para atividades econômicas e relatório de impacto ambiental • Restrições ao uso do solo • Normas sobre o impacto da construção de estradas, oleodutos, portos ou redes de comunicações • Diretrizes ambientais para o trafegado das vias urbanas • Multas sobre vazamentos em instalações de armazenagem situadas no porto ou em terra • Proibições aplicadas a substâncias consideradas inaceitáveis para os serviços de coleta de resíduos sólidos • Quotas de uso de água	• Taxas por não cumprimento da legislação ambiental • Tributos convencionais colocados sob ótica ambiental • *Royalties* e compensação financeira para a exploração de recursos naturais • Bônus de desempenho para padrões de construção (IPTU ecológico) • Impostos afetando as opções de transporte intermodal • Impostos para estimular a reutilização ou reciclagem de materiais problemáticos (por exemplo, impostos sobre pneus e baterias) • Cobrança por disposição de resíduos sólidos em aterro sanitário • Cobranças pelo uso de recurso natural	• Licenças comercializáveis de direitos de captação de água e de emissões poluidoras no ar e na água • Desapropriação para construção, incluindo valores ambientais • Direitos de propriedade ligados aos recursos potencialmente impactados pelo desenvolvimento urbano (florestas, solo, pesca artesanal) • Sistemas de depósito-to-reembolso para resíduos sólidos de risco	• Rotulação de produtos de consumo referente a substâncias problemáticas (por exemplo, fosfatos em detergentes) • Educação para a reciclagem e a reutilização • Legislação sobre divulgação, exigindo que os fabricantes publiquem a geração de resíduos sólidos, líquidos e tóxicos • Lista negra dos poluidores	• Compensação de danos • Responsabilização legal por negligência dos gerentes de empresa e das autoridades ambientais • Bônus de desempenho de longo prazo para riscos possíveis ou incertos na construção de infraestrutura • Exigências de "impacto líquido zero" para o traçado de rodovias, oleodutos ou direitos de passagem de serviços públicos e passagem sobre água

Fonte: Seroa da Motta e Young (1997).

ICMS-Ecológico

O Paraná foi o primeiro estado brasileiro a implantar o ICMS-Ecológico, no início dos anos 1990. Nessa mesma década, mais seis estados o fizeram, e no início dos anos 2000, isso ocorreu em outros quatro. Assim, segundo levantamento realizado em 2005 (Marra, 2005), até então onze estados tinham implantado o instrumento, conforme o Quadro 17.6.

Quadro 17.6 – Estados que possuem ICMS-Ecológico implementado ou em fase de implementação, ano de aprovação da lei e percentuais para o repasse de recurso financeiro em relação aos critérios: unidades de conservação e outros.

Estado	Ano	Unidades de conservação, terras indígenas e outras áreas especialmente protegidas (%)	Outros critérios ambientais (%)
Paraná	1991	2,5	2,5
São Paulo	1993	0,5	–
Minas Gerais	1995	0,5	0,5
Rondônia	1996	5,0	–
Amapá	1996	1,4	–
Rio Grande do Sul	1998	7,0	–
Espírito Santo	1998	–	–
Mato Grosso	2001	5,0	2,0
Mato Grosso do Sul	2001	5,0	–
Pernambuco	2001	1,0	5,0
Tocantins	2002	3,5	9,5

Fonte: Marra (2005).

Os objetivos pelos quais se deu a criação, embora em percentuais diferentes em cada caso, vinculam-se a viabilizar economicamente a manutenção de Unidades de Conservação e de Áreas Especialmente Protegidas, além de outros critérios ambientais. No estado do Paraná, por exemplo, a Lei do ICMS-Ecológico, em relação à conservação da biodiversidade, tem por objetivos:

- Aumento do número e da superfície de unidades de conservação e de outras áreas especialmente protegidas (dimensão quantitativa).
- Regularização, planejamento, implementação e busca da sustentabilidade das unidades de conservação (dimensão qualitativa).

- Incentivo à construção dos corredores ecológicos, por meio da busca da conexão de fragmentos vegetais.
- Adoção, desenvolvimento e consolidação institucional, tanto em âmbito estadual quanto municipal, com vistas à conservação da biodiversidade.
- Busca da justiça fiscal pela conservação ambiental.

O Quadro 17.7 apresenta maior nível de detalhe acerca do que a legislação, em casos selecionados, prevê. Observa-se que, regra geral, o incentivo diz respeito a uma compensação ao município em cujo território existam unidades de conservação, terras indígenas e outras áreas especialmente protegidas, e, portanto, restrição ou proibição ao desenvolvimento de atividades econô-

Quadro 17.7 – Critérios do ICMS-Ecológico em estados selecionados.

Estado	Ano	Abrangência
Paraná	1989	Compensação aos municípios com parte do seu território restrito ao uso produtivo por ser manancial de abastecimento público a municípios vizinhos, ou ainda por possuírem UC. Poderá haver criação de novas áreas pelo município para este fim
São Paulo	1993	O correspondente a 0,5% dos recursos do ICMS deve ser destinado aos municípios que possuem UC e outros 0,5% aos que possuem reservatórios de água destinados à geração de energia elétrica
Minas Gerais	1995	Abrange, além dos critérios, UC e mananciais de abastecimento, outros ligados ao saneamento ambiental, coleta e destinação final do lixo e patrimônio histórico
Rio Grande do Sul	1997	Destina aos municípios 7% com base na relação percentual entre a área do município, multiplicando-se por 3 as áreas de preservação ambiental e aquelas inundadas por barragens, exceto as localizadas nos municípios-sede das usinas hidrelétricas, e a área calculada do Estado
Rondônia	1996	Critério ligado às UC e terras indígenas; possibilidade da redução do ICMS-Ecológico aos municípios cujas unidades de conservação sofram invasões ou outros tipos de agressões
Espírito Santo	1998	Lei n. 5.265/98. Estabelece mecanismos de compensação financeira aos municípios com áreas protegidas

Fonte: Loureiro (2009).

micas. No Paraná, Mato Grosso e, especialmente, Pernambuco e Tocantins, a lei prevê significativa participação no ICMS por outros critérios ambientais. Estes últimos dizem respeito ao município conter reservatório de água, dar destinação correta ao lixo e preservar o patrimônio histórico.

O ICMS-Ecológico tem sido, portanto, regra geral, um instrumento de compensação, de incentivo e, em alguns casos, uma contribuição complementar à conservação ambiental. É de incentivo quando, como no caso do Paraná, estimula os municípios que não possuem unidades de conservação a criá-las; e aqueles municípios que já as possuem em seu território a tomarem parte de iniciativas relacionadas a regularização fundiária, planejamento, implementação e manutenção das unidades de conservação (UC). Também quando estimula novas ações, tendo em vista questões socioambientais, como no caso de Minas Gerais, em relação aos municípios que implantam coleta seletiva e destinação final do lixo.

No levantamento de 2005, sete estados apresentavam-se em fase de discussão na Assembleia Legislativa acerca da adoção do ICMS-Ecológico, seus critérios e percentuais, conforme aponta o Quadro 17.8.

Quadro 17.8 – Estados com o ICMS-Ecológico em fase de discussão e percentuais propostos para os repasses em relação aos critérios UC e outros.

Estado	Unidades de conservação, terras indígenas e outras áreas especialmente protegidas (%)	Outros critérios ambientais (%)
Bahia	2,5	2,5
Ceará	0,625	1,875
Espírito Santo*	5,0	3,0
Goiás	1,5	1,5
Rio de Janeiro	5,0	–
Santa Catarina	1,25	3,75
Pará	8,75	5,0

* Iniciativa para ampliação dos critérios.

Fonte: Marra (2005).

Embora a eficácia da adoção do ICMS-Ecológico deva ser ainda profundamente investigada por meio da pesquisa científica, a implantação desse sistema em alguns estados da Federação, seguidos por vários outros, sugere ser um importante instrumento para os fins da política do meio ambiente.

IPTU-Ecológico

Outro instrumento de incentivo econômico para fins ambientais, no Brasil, é o IPTU-Ecológico. De competência municipal, recai sobre a área geográfica na qual o imóvel privado se assenta e sobre a área construída, seja para fins de moradia, comércio ou indústria, localizada no perímetro urbano. Operacionaliza-se pela redução, em forma de desconto sobre o valor original do imposto, isto é, sobre o montante de IPTU que a propriedade teria de arcar sem o componente ambiental que apresenta. A adoção do IPTU-Ecológico é ainda muito recente e poucos municípios o implantaram. No Quadro 17.9, são apresentados alguns casos selecionados, destacando a diversidade de utilizações.

Quadro 17.9 – IPTU-Ecológico no Brasil: casos selecionados.

Município	Ano de implantação	Tipo de uso
São Bernardo do Campo (SP)	2007	Concede desconto no IPTU para imóveis que estejam recobertos por vegetação significativa, podendo chegar a 80% do valor quando o terreno não tem construção
Niterói (RJ)	2005	Isentas de IPTU áreas em UC de proteção integral e em áreas de preservação permanente
Mogi das Cruzes (SP)	2009	Imóveis e prédios residenciais que incluam sistema de captação de águas da chuva, de reúso d'água, de aquecimento solar e que sejam construídos com material sustentável
Palmas (TO)	2006 (Plano Diretor Participativo)	"O IPTU Ecológico visa conceber incentivos fiscais aos proprietários de lotes que os mantêm com o máximo possível de sua qualidade ambiental urbana, considerando para tanto a arborização, a permeabilidade do solo, a adoção de áreas verdes públicas e a relação com o saneamento ambiental. Adicionalmente, o Plano prevê: Fica instituído o ISSQN Socioambiental do Município de Palmas, como instrumento de estímulo à proteção ambiental, conforme regulamentação instituída por Lei."
Porto Alegre (RS)	2005	Isenta de IPTU propriedades consideradas áreas de interesse ambiental, como aquelas remanescentes de vegetação nativa, com recursos hídricos e riqueza de biodiversidade

(continua)

Quadro 17.9 – IPTU-Ecológico no Brasil: casos selecionados. *(continuação)*

Município	Ano de implantação	Tipo de uso
Ribeirão Pires (SP)	2003	Descontos aos moradores no IPTU como forma de incentivo à preservação da Mata Atlântica
São Carlos (SP)	2005	"O contribuinte do IPTU de imóvel residencial com árvore(s) na calçada pode obter desconto de 1% ou 2% no imposto de 2008. Depende da testada e do número de árvores na calçada. Também imóvel residencial com área permeável no seu terreno pode obter desconto de 1% ou 2% no mesmo imposto. Os descontos são cumulativos. Estes benefícios, denominados incentivo ambiental, estão previstos na Lei 13.692/2005."
Petrópolis (RJ)	2004	"Os proprietários de terrenos situados em APPs – Áreas de Preservação Permanente – e em RPPNs – Reservas Particulares do Patrimônio Natural – têm direito a isenção de IPTU – Imposto Predial e Territorial Urbano em Petrópolis (RJ)."

Fontes: Santos (2008); Palmas (2006); Ecolmeia (1997); Niterói (2005).

Como se observa, na maioria dos casos citados, a implantação do IPTU-Ecológico deu-se recentemente, no início da década passada. A exemplo do uso do ICMS para fins ambientais, o principal imposto municipal, o IPTU, regra geral, é igualmente utilizado com a finalidade de compensar proprietários de terrenos situados em áreas de preservação. Apenas em alguns casos visa incentivar o comportamento do cidadão para que em sua propriedade adote padrões ecológicos.

Outro instrumento de regulação, de natureza mercadológica, portanto não de C&C, é a adoção, pelas empresas e demais organizações, dos denominados Sistemas ISO (International Organization for Standardization). Diz-se que não é C&C e sim de mercado porquanto a implantação do sistema ISO por uma organização é de sua livre vontade e decisão. Contudo, não é próprio do regime de mercado o ser magnânimo por parte do empresário, pois há o problema de competitividade do seu produto. Assim, uma organização racional, isto é, econômica, adotará preceitos que a façam incorrer em custos se, e somente se, estes forem de alguma forma compensados: poder repassá-los aos preços dos seus produtos ou serviços; melhoria da sua imagem, e então ampla divulgação do seu feito em adotar ISO; melhor e maior aceitação do produto no mercado, e outras de idêntica natureza.

A ISO, organização não governamental de padronização, a partir de um comitê técnico específico instalado em 1993, criou um conjunto de normas técnicas internacionais de gestão ambiental, denominado ISO-14000, sintetizadas no Quadro 17.10. Essas normas compreendem especificações para implantação de um sistema de gestão ambiental (SGA) na empresa; normas para auditoria ambiental; rotulagem ambiental; avaliação do desempenho ambiental do sistema de gerenciamento SGA e dos sistemas de operação; para análise do ciclo de vida (ACV), que considera o produto desde as condições socioambientais na produção da matéria-prima até as condições do descarte final de embalagens e reciclagens; até a ISO-14070, que normatiza a criação de impostos ambientais.

Quadro 17.10 – Normas da série ISO-14000.

14001	SGA Especificações para implantação de SGA na empresa (2/12/1996)
14004	SGA – Diretrizes gerais (2/12/1996)
14010	Auditoria ambiental – diretrizes gerais (30/12/1996)
14011-1	Auditoria ambiental – diretrizes e procedimentos Parte 1: princípios gerais para auditoria dos SGA (30/12/1996)
14012	Auditoria ambiental – critérios para qualificação de auditores (30/12/1996)
14020	Rotulagem ambiental – princípios básicos
14021	Rotulagem ambiental – termos e definições para aplicação específica
14022	Rotulagem ambiental – simbologia para rótulos
14023	Rotulagem ambiental – testes e metodologias de verificação
14031	Avaliação da *performance* ambiental do sistema de gerenciamento SGA
14032	Avaliação da *performance* ambiental dos sistemas de operação
14040	ACV – princípios gerais e prática (1997)
14041	ACV – inventário (1997)
14042	ACV – análise dos impactos (1998)
14043	ACV – mitigação dos impactos (1998)
14050	Termos e definições
14060	Guia de inclusão dos aspectos ambientais nas normas de produto
14070	Impostos ambientais – diretrizes para o estabelecimento de impostos ambientais

* SGA = Sistema de gestão ambiental; ACV = análise do ciclo de vida.

Fonte: Universo Ambiental (2007); Santiago (2009).

A ACV constitui a versão mais completa de um SGA, pois considera as condições socioambientais relacionadas a um produto desde a matéria-prima até o descarte final e reciclagens de materiais – das embalagens e do próprio produto, após sua utilização. Essa versão converge para a análise do *espaço socioambiental*, isto é, para a consideração das condições de sustentabilidade nos lugares onde a empresa (ou economia) se abastece de recursos e onde descarta seus rejeitos (Montibeller, 2008). Na prática, porém, há dificuldades na operacionalização da ACV. A empresa pode não ter informações e não ter como agir em relação tanto a fornecedores quanto a compradores para a qualidade do seu espaço ambiental. Pois, conforme Christophe (2002, p. 73), "para que uma ACV seja perfeita, a empresa deve ter um profundo conhecimento do que se passa em *amont* (com os fornecedores) e em *aval* (junto aos clientes)". E, continua o autor, "na prática, nem sempre é fácil ter acesso a este tipo de informação". Por isso, é mais comum a utilização dos princípios da ISO-14000 em relação aos aspectos ambientais internos a empresa, isto é, do SGA, sobre os quais ela tem estrito controle. A empresa, assim, pode avançar progressivamente, por etapas, no domínio da proteção do meio ambiente.

Em suma, uma série de mecanismos ou instrumentos econômicos está em uso e, portanto, de certa maneira, foram testados e validados para contribuir na política ambiental de forma a modificar comportamentos de agentes econômicos – produtores e consumidores – visando avanços nas questões relacionadas ao meio ambiente. São componentes de gestão socioambiental, que é compreendida como um conjunto de ações que incluem desde os processos de decisão, passando pela adoção de medidas, até o monitoramento de resultados. Assim, vê-se a contribuição da valoração ambiental, por meio do VET, na composição das análises de custo-benefício ambientais, isto é, nos processos de decisão; os índices de sustentabilidade como macroindicadores, seja como formas de monitoramento ou como instrumentos de decisão; os mecanismos de C&C; e os instrumentos de mercado na busca de ganhos ambientais.

Pesquisas indicam ser a utilização dos instrumentos econômicos a forma que apresenta maior eficiência na concretização da política ambiental, conforme Ekins e Speck (1998). Todavia, o uso destes, assim como todo o processo de regulação, encontra limites de aplicação. Na sequência será abordada, teórica e sinteticamente, essa questão.

Com efeito, os instrumentos econômicos da política ambiental encontram, na própria lógica econômica, os limites do seu alcance. Os mecanismos pelos quais os limites se impõem são diferentes para empresas e para as ações do poder público. Enquanto para empresas é essencial a questão do lucro, para o poder público é o assim chamado equilíbrio das contas e o crescimento econômico. A seguir será examinada, resumidamente, essa questão, desde já esclarecendo que na visão do autor a compreensão dos limites é chave para entender o alcance das ações enquanto ambientalistas. Portanto, ela é necessária para não haver alienação quanto a isto; porém, compreender os limites não significa a restrição absoluta das ações: em qualquer hipótese, é melhor um sistema ambientalmente menos insustentável.

LIMITES DA SUSTENTABILIDADE

A compreensão teórica da existência de barreiras às ações visando à sustentabilidade forte, em sistemas de mercado, dá-se pela análise do funcionamento e a consideração da essência do modo de produção e consumo, e sua relação com o meio ambiente. Assim, um conceito-chave para compreender a razão de limites na gestão socioambiental está na consideração das trocas econômicas desiguais. O intercâmbio desigual como uma fonte de superlucro é o que garante a dinâmica da economia capitalista (Possas, 1987). A troca é desigual, isto é, a compra e a venda de um bem ou serviço é não equivalente quando o preço é diferente do valor do produto. Foi referido anteriormente a essa possibilidade, frequente no caso dos bens e serviços ambientais que geralmente não têm seu valor pleno incorporado no preço – e então se dá a troca ecoeconômica desigual. No caso de bens ambientais, há "trabalhos da natureza" não pagos, tais como o tempo por "ela" dedicado na formação do bem, trabalhos de recomposição, de reciclagem natural e de serviços ambientais, por exemplo, de regulação climática. Quando há uso de recursos naturais, o preço destes corresponde apenas ao pagamento dos custos de extração – pagos pelo valor quando os salários são iguais ao Valor da Força de Trabalho (VFT). Mas os demais valores na forma de VET não são absolutamente, apenas parcialmente, incorporados nos preços.

A troca desigual corresponde não à obtenção de lucro normal, mas de lucro extra, extraordinário ou de superlucro. Aquele produtor ou comerciante que, por condições favoráveis do mercado ou por posição de monopólio ou de monopsônio (único comprador), pode desfrutar do benefício da troca desigual procura adquirir o bem ou os insumos por preço inferior ao valor, e quando da venda, o faz por preço superior ao valor. São condições próprias da condição do monopsonista e do monopolista, respectivamente, que com posição privilegiada pode impor suas condições. No geral, é a busca dessas posições que tem movido a economia capitalista desde 1880, marco a partir do qual ela se torna predominantemente monopolista. Essa busca por parte de empresas as torna inovadoras, em um processo denominado neoschumpeteriano, visando conseguir lucro extra, e que dá ao sistema a sua dinâmica. Portanto, a dinâmica do sistema é resultado de processos de busca de posição privilegiada, visando auferir rendas extras – superlucros – provenientes da troca desigual.

Transferida a concepção geral da troca desigual descrita anteriormente para a questão socioambiental, tem-se que o desfrutar de bens e serviços ambientais sem pagar seu valor representa, para a empresa, uma fonte de superlucro. Mesmo que o preço se iguale ao VET, Martinez-Alier (1994) aponta que este não contempla de fato todo o valor do bem ambiental, em função da tendência das gerações atuais, que fazem a avaliação do bem em subestimarem o valor no futuro para as próximas gerações. Portanto, seja para a obtenção de lucro normal e, mais ainda, para o lucro extra, o sistema não pode absorver integralmente custos sociais ou externalidades do sistema, entre os quais os ambientais.

Não podendo, por sua condição intrínseca de obtenção do maior e imediato lucro, incorporar plenamente os valores econômicos ambientais, o sistema apresenta a tendência de exaurir os recursos naturais e degradar o meio, ao mesmo tempo em que necessita destes para sua reprodução continuada. Solapando as suas próprias bases de sustentação, anuncia-se assim a Segunda Contradição Fundamental, a ecológica, conforme tese de O'Connor (1991). É uma analogia com a Primeira Contradição Fundamental do capitalismo, a que se manifesta na relação do capital com a força de trabalho: ao mesmo tempo em que o trabalho humano assalariado é essencial para o lucro, o sistema o degenera, inclusive pela eliminação do trabalhador do processo produtivo e da economia, conduzindo-o à miséria e à indigência, como ocorre em alguns países africanos e no mundo subdesenvolvido em geral. Da mesma maneira, necessitando da natureza como fonte de recursos naturais e de serviços ambientais, o capital a solapa e degrada, a ponto de comprometer suas possibilidades. Assim, seja pela primeira ou pela segunda contradição, o sistema solapa as bases de sua própria sustentação e, nesse sentido, seria um modo de produção e consumo insustentável – tendo a gestão ambiental o sentido apenas de torná-lo "menos insustentável".

620 | CURSO DE GESTÃO AMBIENTAL

Um dos recursos naturais essenciais à produção de bens e serviços é a disponibilidade de energia barata para uso sob diversas formas. Será examinada esta questão, que é chave para a abordagem da economia ecológica. Tomando-se o período a partir dos anos 1970, quando passa a se difundir o movimento ambientalista até o presente, período em que medidas concretas visando reduzir o impacto antrópico sobre o meio são adotadas, e a projeção da tendência, verifica-se grande crescimento no consumo de energia. Conforme os dados do Quadro 17.11, nas três décadas, esse consumo aumentou em mais de 5 megatons, ou megatoneladas equivalentes de consumo de petróleo; a previsão para o final das próximas três décadas, isto é, para o ano de 2030 é de que novamente mais de 5 megatons sejam acrescentados. A produção de combustíveis renováveis em 2004 mantém a participação que tinha 30 anos antes, em torno de 10%, e a de fonte solar, dos ventos e outras, embora tenham crescido, têm participação quase insignificante no contexto geral. A projeção para 2030 aponta um cenário sem mudanças significativas. Será necessário acrescer novamente mais de cinco megatoneladas equivalente em petróleo na produção, e a previsão da International Energy Agency quanto a fontes renováveis, energia solar e outras alternativas, é que elas contribuirão com apenas 11,8% do total.

Quadro 17.11 – Mundo: produção e consumo de energia (em Mtoe).

Ano	Total (a)	Combustíveis renováveis (b)	Outros (solar, vento etc.) (c)	b+c/total (%)
1973	6.153,59	674,50	6,00	11,0
2004	11.223,28	1.173,02	57,43	10,7
2030*	16.500,28			11,8

(*) Cenário projetando a tendência atual.

Fonte: IEA (2006).

Portanto, como necessita cada vez mais de energia, o sistema como um todo se vê na contingência de aumentar a sua produção. Para consegui-la em grande volume, obriga-se a utilizar crescentemente recursos naturais esgotáveis como carvão, petróleo, gás, cujos usos são também poluidores, e impactar a natureza com a implantação de grandes represas para a geração de hidroeletricidade – ou, ainda, com a implantação das temíveis, na perspectiva socioambiental, centrais nucleares. Sem considerar o problema dos gases de efeito estufa e consequente aquecimento global com os catastróficos resultados sociais e econômicos previstos, acelerando o processo destrutivo do sistema, tem-se que as tendências apontam condições próprias do funcionamento deste, que conduzem naturalmente ao solapamento das bases de sua própria reprodução, em um processo autodestrutivo que indica a insustentabilidade de longo prazo do próprio sistema e, por necessidades essenciais, o limite dos processos de gestão da sustentabilidade nesse tipo de economia.

Os limites em relação à utilização dos instrumentos econômicos de política ambiental por parte do poder público – nacional, estadual ou municipal – pelo menos no Brasil, são dados pelos condicionantes de política fiscal. Assim, por exemplo, nos dois casos aqui sumariamente examinados, o ICMS-Ecológico e o IPTU-Ecológico. Constrangimentos legais, como os previstos na Lei de Responsabilidade Fiscal e outros, implicam equilíbrio das contas, em cada conta. Assim, por exemplo, para que um município receba benefício do ICMS-Ecológico, outro ou outros deverão estar abdicando de uma parcela de seu ICMS. O interesse econômico-financeiro de cada município aponta a dificuldade da adoção de novo critério de distribuição do ICMS em montantes expressivos, no qual a grande maioria deve abrir mão de parcela que recebe para esta ser redistribuída em benefício de alguns municípios segundo critérios ambientais, conforme verificado.

CONSIDERAÇÕES FINAIS

O objetivo principal no presente capítulo foi o de, considerando a relação entre a produção e o consumo de mercadorias no sistema capitalista e o meio ambiente, apresentar diversos instrumentos econômicos da política socioambiental e analisar teoricamente a questão de que a gestão ambiental, embora importante e desejável, encontra limites em seu alcance. Começou-se pela abordagem de instrumentos de apoio a decisões nas questões socioambientais, incluindo-os no leque de instrumentos econômicos de política ambiental e do processo de gestão da sustentabilidade. A consideração da ferramenta VET dos bens e serviços ambientais revela-se importante nas decisões que envolvem a questão ambiental por inserir, nestas decisões, os elementos do valor econômico total dos bens e serviços do meio ambiente, que normalmente não estão incluídos nos preços de mercado.

Foram apresentados, na sequência, alguns dos principais instrumentos da macrogestão, destacando as ações possíveis, algumas de uso comum, de governos regulando principalmente o setor empresarial por meio da imposição da legislação ambiental (instrumentos de C&C). Nessa linha, também se situam os indicadores e índices de sustentabilidade, sendo esses mecanismos de monitoramento de resultados da política socioambiental posta em execução. Eles são também importantes para a indicação de áreas problemáticas sobre as quais são necessárias ações; portanto, são igualmente instrumentos para a decisão.

Outros instrumentos de ação governamental referem-se a formas de incentivar ou de desestimular comportamentos dos agentes econômicos por meio do mercado. Para alguns autores seriam apenas estes os instrumentos econômicos e de regulação, os demais seriam de C&C. De toda sorte, uns e outros afetam o comportamento da economia, e então, no conjunto, todos seriam instrumentos econômicos e de regulação. Um quadro geral, no texto, expõe a referida série de instrumentos, cujo detalhamento não caberia nos limites de um capítulo como este.

Apresentou-se com mais detalhes, pela importância e disseminação que têm assumido no Brasil o ICMS-Ecológico e o IPTU-Ecológico. Observou-se que, no caso do primeiro instrumento, o incentivo tem sido utilizado mais frequentemente como compensação ao município em cujo território existem unidades de conservação, terras indígenas e outras áreas especialmente protegidas e, portanto, representa restrição ou proibição para conter atividades econômicas. Apenas em alguns casos a lei prevê significativa participação no ICMS por outros critérios ambientais. Estes últimos dizem respeito ao município ter reservatório de água, dar destinação correta ao lixo, ou preservar patrimônio histórico. A redução da carga de IPTU para propriedades que adotem critérios ecológicos é um instrumento poderoso, assim como o ICMS, para fins ambientalistas, pois cria compensação financeira direta ao cidadão, no primeiro caso, e ao município, no segundo.

Depois, tratou-se da microgestão, no sentido da organização ou empresa adotar medidas em relação ao meio ambiente, seja pelo cumprimento a determinações legais, seja por buscar atender exigências de mercado (concorrência) ou por estratégias para diferenciar-se e obter lucro extra, a partir de oportunidades verdes. Para a adoção voluntária de medidas ambientalistas pelas empresas, há necessidade de algum estímulo – seja pela via da preferência de seus produtos no mercado, ou por alguma vantagem que lhe é oferecida. Dado o problema da competitividade, nenhuma empresa sozinha incorre em custos adicionais sem que encontre uma maneira de compensação para isso.

Finalmente, discutiu-se especificamente a questão de limites à gestão socioambiental em economias de mercado, pela consideração de características próprias do sistema configuradas na sua Segunda Contradição Fundamental, a ecológica, e na dinâmica possibilitada pela troca desigual, no caso a troca ecoeconômica desigual. Identificou-se no detalhamento de alguns itens a indicação de barreiras à sustentabilidade referida. Assim, na imputação de valor monetário aos bens e serviços ambientais para as análises de custo-benefício ambiental há o problema da subavaliação decorrente da incomensurabilidade intergeracional. Essa mesma tendência à subavaliação afeta a proposição de alguns economistas ecológicos de forçar o mercado para que absorva o valor ambiental pleno nos preços, pois qual seria este valor pleno já que é subavaliado? Por seu lado, a regulação instituída pelos governos não está isenta de pressão de grupos de interesse, no caso aqueles que porventura tenham os lucros ou a possibilidade da sua obtenção dificultados por determinações legais. Igualmente, a adoção pelos governos de estímulos fiscais ou a setores para a adoção de medidas ou produção com características ambientalistas depende da pressão de grupos de interesse. Essas, além disso, se subordinam a condicionantes da política fiscal, no caso brasileiro, especificamente da Lei da Responsabilidade Fiscal.

Essas considerações são finalmente corroboradas pela análise específica dos limites dados pela tendência do sistema em solapar as bases sobre as quais se assenta. Assim, é o caso da necessidade crescente de recursos naturais, dentre os quais a de fontes para a geração de energia, essencial à economia: por um lado esgota recursos; por outro, compromete a natureza pelo impacto ambiental na geração e no uso dos recursos energéticos. Acresce-se a isso o fato de o capitalista, em relação aos custos sociais presentes na relação preço-valor, tender à troca desigual. Na busca do superlucro, ele necessita de situação privilegiada monopólica ou monopsônica, que lhe permita usufruir os benefícios da troca desigual – e a troca ecodesigual implica justamente a não absorção do valor ambiental nos custos e nos preços. Portanto, dessa maneira, conclui-se que os processos de gestão socioambiental encontram as barreiras que se compreendem pela análise do funcionamento e dos condicionantes do próprio modo de produção dominante. Essa constatação não implica, todavia, serem inválidos os esforços de encaminhamentos visando à sustentabilidade, mesmo no atual sistema, pois a substituição do modo de produção por outro que não dê todo o privilégio ao lucro e à acumulação privada, e, portanto, em tese, de característica mais ecológica e socialmente eficaz, não aparenta estar, para as presentes gerações, visível no horizonte.

Em suma, foi vista uma série de instrumentos econômicos de política ambiental que têm sido utilizados com frequência. Essa série não esgota absolutamente o conjunto de instrumentos econômicos existentes – por exemplo, não foi abordada a possibilidade de utilização de política de aumentar preços do combustível com a finalidade de conseguir resultado ecológico. De toda sorte, os demais são instrumentos menos utilizados e, por certo, também não caberia um levantamento exaustivo no presente capítulo. Tampouco foram abordados mecanismos exclusivos de mercado, tal como o criado no Protocolo de Kyoto, cuja análise apresentada no Relatório do Desenvolvimento Humano (UNDP, 2007/2008) mostrou sua ineficácia e demonstrou a incapacidade do fundamentalismo de mercado contribuir significativamente para os problemas ambientais. Essa é uma razão pela qual especialistas na questão propõem a conjugação de mecanismos de mercado com os de C&C.

Frente a essas observações e constatações, conclui-se ser importante a presença da regulação, no sentido amplo que inclui instrumentos de C&C e mecanismos econômicos – basicamente normas, incentivo, desincentivo e informação – pois o sistema de mercado, por si só, não é capaz de responder de modo eficaz à problemática socioambiental. Ainda que, considerando os limites das ações por causa dos condicionantes do sistema, pode-se, todavia, buscar diminuir a insustentabilidade deste pela ampliação de alguns dos instrumentos que demonstram eficácia e pela amplificação das políticas públicas na questão, enquanto a ciência econômica ambiental pesquise novas concepções e novos instrumentos capazes de influenciar decisivamente o comportamento dos agentes econômicos em direção à causa ambientalista. Esta, hoje, é um reclamo social maior, revelado pela magnitude da participação de representantes da sociedade civil organizada e de governos na recente Conferência de Copenhagen sobre Mudança Climática. De resto, a posição de resistência da maior potência econômica mundial e de maior nível de emissão de dióxido de carbono por habitante a adotar medidas ambientalistas internas condicionando-as a igual ação de economias com renda *per capita* e emissão de CO_2 *per capita*, relativamente muito inferiores, veio convalidar o que se procurou demonstrar no presente capítulo: a profunda implicação econômica da questão e a necessidade de avançar pesquisas para o aprimoramento e a ampliação da gama de instrumentos econômicos de política ambiental como forma de reduzir o impacto das ações humanas sobre a natureza, mesmo em regimes mercadológicos de produção e consumo.

REFERÊNCIAS

AMBIENTE BRASIL. Porto Alegre implanta IPTU Ecológico. *Ambiente Brasil,* 2003. Disponível em: http://noticias.ambientebrasil.com.br/noticia/?id=12267. Acesso em: 13 set. 2009.

ANDRADE, R.O.B.; TACHIZAWA, T; CARVALHO, A.B. *Gestão Ambiental.* São Paulo: Makron Books, 2002.

CÂMARA MUNICIPAL DE RIBEIRÃO PRETO. IPTU Ecológico é defendido por Silvana Resende. Disponível em: http://www.camararibeiraopreto.sp.gov.br/snoticias/i33principal.php?id=391. Acesso em: 10 set. 2009.

CASTRO-BONAÑO, J.M. *Indicadores de Desarollo Sostenible Urbano: una aplicación para Andalucia.* Málaga, Tese (Doutorado), 2002. Disponível em: www.eumed.net/tesis/jmc/index.htm. Acesso em: 13 set. 2009.

[CEPAL] COMISSÃO ECONÔMICA PARA A AMÉRICA LATINA E CARIBE. *Aplicación de instrumentos económicos em la gestión ambiental em América Latina y el Caribe: desafios y factores condicionantes.* Santiago de Chile: CEPAL – Naciones Unidas, División de Médio Ambiente y Asentamientos Humanos, 2000.

CHRISTOPHE, B. L'entreprise, l'environnement e l'information. *Ecologie et Politique.* n. 25, 2002.

CLAUDE, M. *Cuentas pendientes: estado e evolución de las cuentas del medio ambiente en América Latina.* Equador: Fundación Futuro Lationoamericano, 1997.

CONCEIÇÃO, O.A.C. Crise e Regulação: a metamorfose restauradora da reprodução capitalista. *Ensaios FEE,* Porto Alegre, v. 8, n. 1, 1987.

ECOLMEIA. Prefeitura Municipal de São Bernardo do Campo, SP: IPTU Ecológico incentiva a conservação e o incremento de áreas verdes. *Ecolmeia.* 1997. Disponível em: http://www.ecolmeia.org.br/legislacao/Lei-4558-97.html. Acesso em: 10 jan. 2010.

EKINS, P.; SPECK, S. The impacts of environmental policy on competitiveness: theory and evidence. In: BARKER, T.; KOHLER, J. *International competitiveness and Environmental Policies.* UK : Edward Elgar Publishing Limited, 1998, p. 33-70.

FOLHA DE SÃO PAULO. Floresta será mantida em troca de serviços ambientais. *Jornal Folha de São Paulo*. Caderno Ciência, A20, 28 mar. 2008.

FONSECA, S.M.; DRUMMOND, J.A. O valor de existência de um ecossistema costeiro tropical através da disposição ao trabalho voluntário: o caso da lagoa de Itaipu (Niterói, RJ). *Ambiente & sociedade*, Campinas, v. 5, n. 2, 2003.

[IEA] INTERNATIONAL ENERGY AGENCY. *Key world energy statistics*. 2006. Disponível em: http://www.worldbank.com. Acesso em: 9 jan. 2009.

LEFF, E. *Ecologia y capital: racionalid ambiental, democracia participativa y desarollo sustentable*. 2.ed. México: Siglo Veintiuno, 1994.

LOUREIRO, W. *O ICMS ecológico, um instrumento econômico de gestão ambiental aplicado aos municípios*. Ano de publicação? Disponível em: http://www.ambiente-brasil.com.br/composer.php3?base=./snuc/index.html&conteudo=./snuc/artigos/icms.html. Acesso em: 12 out. 2009.

MARRA, F. M. S. *ICMS Ecológico como instrumento para o desenvolvimento sustentável*. Goiânia, 2005. Disponível em: http://agata.ucg.br/formularios/ucg/institutos/nepjur/pdf/pos_08.pdf. Acesso em: 12 out. 2009.

MARTINEZ-ALIER, J. *De la economía ecológica al ecologismo popular*. Barcelona: Icaria Editorial, 1994.

MONTIBELLER, G.F. *Empresas, Desenvolvimento e Ambiente*. São Paulo: Manole, 2007.

_____. *O Mito do Desenvolvimento Sustentável: meio ambiente e custos sociais no moderno sistema produtor de mercadorias*. São Paulo: EdUFSC, 2008.

MOREIRA-BRAGA, T. Sustentabilidade e condições de vida em áreas urbanas: medidas e determinantes em duas regiões metropolitanas brasileiras. *Revista Eure*, Santiago de Chile, v. XXXII, n. 96, p. 47-71, ago. 2006.

MUNDIM, P. Preservação garante redução no IPTU. *Correio de Uberlândia*. Edição de 21/5/2008. Disponível em: http://www.correiodeuberlandia.com.br/texto/2006/ 07/08/19555/preservacao_garante_reducao_no_iptu.html. Acesso em: 26 set. 2009.

NITERÓI. Câmara aprova IPTU Ecológico. 2005. Disponível em: blogdogerhardsardo.blogspot.com/.../cmn-aprova-iptu-ecolgico.html. Acesso em: 10 jan. 2010.

O'CONNOR, J. On the two contradictions of capitalism – theoretical notes. *Capitalism, nature, socialim*, v. 2, n. 3, p. 107-110, 1991.

PALMAS, Município de Palmas, Estado de Tocantins. *Plano Diretor Participativo*. 2006. Disponível em: http://palmasplanodiretor.blogspot.com/. Acesso em: 10 jan. 2010.

PASSET, R. *L'économique et le vivant*. Paris: Payot, 1979.

POSSAS, M.L. *A dinâmica da economia capitalista: uma abordagem teórica.* São Paulo: Brasiliense, 1987.

SANTOS, F. O. *Prevenção ambiental e o IPTU-ecológico.* LFG, 17 nov. 2008. Disponível em: http://www.lfg.com.br. Acesso em: 10 jan. 2010.

SANTIAGO, L. Série ISO – Normalização. *Avaliação do Ciclio de Vida.* 2009. Disponível em: http://acv.ibict.br/normas. Acesso em 10 out. 2009.

SEROA DA MOTTA, R. *Manual para Valoração Econômica de Recursos Ambientais.* Brasília: Ministério do Meio Ambiente, dos Recursos Hídricos e da Amazônia Legal, 1998.

SEROA DA MOTTA, R; YOUNG, C. E. F. (coords). *Instrumentos econômicos para a gestão ambiental no Brasil.* Rio de Janeiro: Ministério do Meio Ambiente, 1997.

THE GUARDIAN. Ministers ordered to assess climate cost of all decisions: Government says new "carbon price" will favour eco-friendly policy choices. *The Guardian.* 22 fev. 2007.

TRIBUNA IMPRESSA. Rumo ao IPTU Ecológico. *Tribuna Impressa.* 4 maio 2006. Disponível em: http://www.tribunaimpressa.com.br/Conteudo/Rumo-ao-IPTU-ecologico, 35968,35976. Acesso em: 27 set. 2009.

[UNDP] UNITED NATIONS DEVELOPMENT PROGRAMME. *Human Development Report 2007/2008.* Disponível em: http://hdr.undp.org/en/media/HDR_2 0072008_EN_Complete.pdf. Acesso em: 11 jan. 2010.

UNIVERSO AMBIENTAL. Conjunto de Normas da Série IS0-14000. *Universo Ambiental.* 3 jul. 2007. Disponível em: http://www.universoambiental.com.br/novo/artigos_ler.php?canal=6&canallocal=10&canalsub2=28&id=64. Acesso em: 09 jan. 2010.

Contabilidade Ambiental | 18

Maisa de Souza Ribeiro
*Cientista contábil, Faculdade de Economia, Administração
e Contabilidade de Ribeirão Preto – USP*

O CONTEXTO DA (IN)SUSTENTABILIDADE

A contribuição da contabilidade para a sustentabilidade do planeta se dá por meio do fornecimento de informações para avaliação de medidas tomadas em prol do meio ambiente e, também, daquelas que foram contra ele, ainda que involuntariamente. E, para isso, surgiu uma segmentação especial – a contabilidade ambiental.

As questões ambientais ganharam destaque na década de 1970, embora os problemas decorrentes dos impactos ambientais das atividades empresariais acompanhassem a evolução econômica e a globalização dos mercados. A Primeira Conferência Mundial sobre o Meio Ambiente das Nações Unidas (CNUMAD) aconteceu em 1972, em Estocolmo, na Suécia. Os primeiros trabalhos de Rob Gray – destacado pesquisador britânico da área – datam da década de 1980. Foi nessa época a emissão do relatório Brundtland ou Nosso Futuro Comum, no qual se ressaltam as fragilidades socioambientais do planeta e cria-se o conceito de desenvolvimento sustentável, que prevê a proteção e preservação do meio ambiente para o presente e para o futuro.

As empresas surgiram para gerar o maior lucro possível, seja para atender ao retorno esperado pelos acionistas, seja para motivar os demais detentores a confiarem seus recursos a ela. Logo, a política utilizada ao longo dos séculos foi a de reduzir toda a forma de consumo possível, de modo a garantir os melhores resultados; não havia consciência generalizada sobre as crescentes degradações que se avolumam ao longo do tempo. A prática constante de desconsiderar os limites naturais e o crescente aumento da quantidade de empresas e da população fez com que a natureza passasse a demonstrar sua incapacidade de se autorregenerar. Por pressão ou por conscientização, várias grandes empresas começaram a mudar sua postura em relação ao meio ambiente e, também, passaram a dar publicidade aos seus atos e resultados, ainda que com ênfase aos aspectos positivos.

Voluntariamente, ou não, toda entidade gera impactos ambientais. O próprio desconhecimento dos limites da natureza e das propriedades destrutivas dos elementos produzidos propiciaram tal condição, além, é claro, do expressivo aumento populacional e empresarial. Entretanto, a partir do parque operacional instalado e em pleno funcionamento, via de regra, não há como promover mudanças bruscas e imediatas, mas sim, promovê-las, gradativamente, seja por restrições financeiras ou pela ausência de tecnologias capazes de corrigir todos os efeitos negativos. Há de se considerar que mesmo que os dirigentes das organizações quisessem eliminar seus impactos ambientais, em algumas situações isso poderia implicar a liquidação da atividade econômica, tal o volume de recursos financeiros necessários. Além disso, encerrar todas as entidades cujas atividades provocam impactos ambientais geraria, certamente, desabastecimento de muitos produtos e os problemas sociais decorrentes do desemprego em massa. Portanto, a gradatividade é vital para conciliar os interesses econômicos, sociais e ambientais.

Já que a conciliação é fundamental para se ter o desenvolvimento sustentável, o monitoramento constante é o meio para avaliar, permanentemente, a evolução e providenciar medidas corretivas imediatas para evitar desvios inadequados. Vários fatores têm contribuído para que um crescente número de empresas mude seu comportamento, entre eles, a concorrência, a conscientização e pressão dos grandes investidores, financiadores, consumidores e governo.

Uma das maneiras de tornar os processos produtivos ambientalmente corretos foi a implantação de sistemas de gerenciamento ambiental, os quais têm exigido uma série de melhorias e aquisição de novas tecnologias, seja para evitar, reduzir ou tratar os resíduos das atividades econômicas diretamente ou de seus produtos. E, como todo sistema de gerenciamento necessita de controle para avaliação de resultados, a contabilidade ambiental surge para auxiliar as empresas na busca pelo desenvolvimento sustentável.

A CONTABILIDADE AMBIENTAL

A contabilidade na sua forma ampla tem por objetivo retratar a riqueza e o desempenho de entidades específicas e juridicamente constituídas: privada, pública ou sem fins lucrativos. Tais informações permitem aos seus usuários conhecer o resultado de ações empreendidas pela entidade, bem como o patrimônio de que dispõe – seria algo como "tomar-lhe o pulso" para saber se seu desenvolvimento está de acordo com o esperado. Isso é vital para assegurar a continuidade do empreendimento, pois pode indicar o grau de acerto nas medidas tomadas, a necessidade de mudanças e ajustes. Todo aquele que coloca qualquer forma de recurso em uma empresa espera por uma forma de retorno e, para manter tais recursos, as companhias têm de se esmerar para satisfazer aos anseios daqueles que lhes proporcionam condições de continuidade.

A ciência contábil define mecanismos para identificar, mensurar e divulgar eventos e transações de natureza econômica e financeira que possam afetar o patrimônio das empresas e entidades similares, bem como o desempenho destas ao longo de cada período. Dessa forma, afirma-se que a contabilidade tem por finalidade prover informações úteis ao processo decisório daqueles que têm interesse, direto ou indireto, na continuidade e desempenho de uma organização específica. Assim, a contabilidade ambiental pode propiciar subsídios para o acompanhamento da inter-relação da entidade com o meio ambiente e para demonstrar esforços direcionados à compatibilização das atividades econômicas com a preservação e proteção ambiental.

Ribeiro (2005) ressalta a contribuição da contabilidade como ciência:

> A contabilidade deve desempenhar sua função ao lado das demais ciências, na proteção e preservação do meio ambiente, tendo como objetivo gerar informações que envolvam a interação da empresa com o meio ambiente, e que sejam úteis para a tomada de decisão dos usuários internos e externos.

Em uma visão mais específica, Martins e De Luca (1994) veem como objetivo da contabilidade ambiental conhecer os recursos de capital consumidos no processo de produção, incluindo os recursos naturais, e evidenciar o montante dos gastos para restabelecer o meio ambiente afetado.

Segundo Ferreira (2003), a contabilidade ambiental é um conjunto de informações que relatam em termos econômicos as ações de uma entidade que modificam seu patrimônio. A autora ressalta que não se trata de uma

632 | CURSO DE GESTÃO AMBIENTAL

nova abordagem científica, mas sim de segmentação da variável ambiental dentro da contabilidade tradicional, por meio da identificação, mensuração, registro e divulgação dos eventos referentes ao meio ambiente.

A contabilidade ambiental não nasceu junto com a tradicional e pioneira contabilidade financeira, e sim a partir da evolução do cenário econômico e das várias interfaces com o meio externo. Se, primeiramente, a função era a de informar aos proprietários a situação das empresas e o desempenho em cada período, ao longo do tempo, com o desenvolvimento econômico e tecnológico, a necessidade de capital para expansão e manutenção dos negócios levou as companhias a buscarem recursos externos, aumentando, assim, o grupo de interessados, mas agora, não só no resultado final, mas também nas condições de sua continuidade. A evolução no tempo demonstrou que as empresas utilizavam outros recursos externos, além dos financeiros, os de propriedade coletiva – água, ar, solo – e, por assim ser, precisavam demonstrar sua responsabilidade na utilização de tais recursos, vista sua escassez e os direitos da comunidade atual e futura. Nesse sentido, Gray et al. (1987) e Mathews (1997) apresentam a contabilidade socioambiental como um instrumento de comunicação dos efeitos sociais, ambientais e econômicos para usuários internos e externos. Fato que tem exigido a ampliação da prestação de contas em função do aumento de responsabilidade da companhia, que vai além dos interesses particulares dos acionistas. Observa-se que os autores não tratam as questões ambientais de maneira isolada, mas já em conjunto com as variáveis que afetam, dado que é comum haver problemas de saúde da população associados com ambientes poluídos e/ou lençóis freáticos contaminados.

A informação contábil deve ser periódica e com formato padrão. Assim, entre os vários relatórios produzidos pela contabilidade, dois serão destacados: o "balanço patrimonial", que é uma demonstração que retrata o que a empresa possui em determinada data, quanto deve a terceiros e o montante de recursos próprios; e a "demonstração de resultado", que evidencia o desempenho em cada período, podendo ser positivo/lucro ou negativo/prejuízo. Tais demonstrações contábeis podem dar tratamento específico à parte do patrimônio ou do desempenho que refletem a ligação da companhia com o meio ambiente.

A identificação, nessas demonstrações, dos eventos e transações de natureza ambiental permite ao usuário da informação analisar os investimentos ambientais realizados pela entidade diante do seu potencial de impactos ambientais, às exigências legais, ao volume de recursos alocados, ao seu parque operacional, ao total de suas dívidas, do seu patrimônio líquido; enfim, são muitas as análises possíveis. Ou ainda, por meio da avaliação da demonstração de resultados podem-se realizar inferências sobre a relação entre os custos para reparação de danos ambientais com o volume de receita ou resultado operacional; ou ainda, do volume de gastos de prevenção com o resultado operacional ou receita total. Espera-se que quanto maior os investimentos, maior seja a redução dos custos de reparação, o valor das multas e penalidades de natureza ambiental.

Balanço Patrimonial

O balanço patrimonial tem suas informações estruturadas no formato de ativos, passivos e patrimônio líquido, procurando evidenciar o montante de recursos que a empresa tem à disposição, o total de dívidas para com terceiros e, por fim, o montante da sua riqueza líquida que fica acumulado no patrimônio líquido. Sob o ponto de vista da contabilidade ambiental, segregará os ativos e passivos ambientais.

Ativos Ambientais

Os ativos de uma determinada entidade são aqueles recursos que estão sob o seu controle, que têm potencial de geração de benefícios futuros e que são passíveis de mensuração. Se tais benefícios possuem natureza exclusivamente ambiental, têm-se os ativos ambientais; são, portanto, tecnologias (máquinas, equipamentos e similares) que têm a finalidade de proteger, preservar ou recuperar o meio natural, como os filtros, estações de tratamentos de efluentes, coletor de resíduos dispersos em área pública, cursos d'água e solo, retentor de resíduos e insumos que lhes permitem operar e que foram adquiridos em quantidades adicionais ao consumo do período em curso. Portanto, são recursos que podem reduzir, tratar ou evitar os impactos ambientais inerentes a certas atividades econômicas.

Há, no entanto, tecnologias direcionadas para a produção limpa, cuja finalidade precípua é a realização das atividades para as quais a empresa se constituiu. Esses são os tipos de bens que devem predominar no futuro, pois são capazes de produzir sem poluir, ou poluir menos. Nesse caso, embora os ativos tenham sido adquiridos com a intenção de produzir mais com menos impactos, não são ambientais, visto que estão direcionados para a produção operacional, propriamente.

Passivos Ambientais

Os passivos de uma entidade representam suas obrigações presentes para com terceiros, cuja liquidação envolve o sacrifício futuro de ativos que sejam passíveis de mensuração e decorrentes de fatos geradores ocorridos no presente ou no passado. Tratando dos aspectos gerais das exigibilidades, Iudícibus (2009) menciona as seguintes características dos passivos:

> 1- As exigibilidades deveriam referir-se a fatos já ocorridos (transações ou eventos), normalmente a serem pagas em um momento específico futuro de tempo, podendo-se, todavia, reconhecer certas exigibilidades em situações que pelo vulto do cometimento que podem acarretar para a entidade (mesmo que os eventos caracterizem a exigibilidade legal apenas no futuro), não podem deixar de ser contempladas. Poderiam estar incluídos nesta última categoria, digamos, o valor atual das indenizações futuras....
>
> 2- Note-se, todavia, que, embora os fatos que provocam a exigibilidade legal se configurem às vezes no futuro, de alguma forma o fato gerador da exigibilidade está relacionado a eventos passados ou presentes, não se podendo, apenas, prever exatamente quanto e quando, senão recorrendo a cálculos previsionais e atuariais.
>
> 3- Por outro lado, se é prática comercial comum indenizar, total ou parcialmente, terceiros por eventos que, mesmo não sendo considerados obrigações legais, de certa forma foram devidos a falhas de cumprimento de condições usuais de comércio (devoluções etc.) seria viável o provisionamento de tais encargos...

Nas situações em que tais obrigações tenham origem em fatos de natureza ambiental, diz-se que os passivos são ambientais; assim, estes podem ser decorrentes de prejuízos de natureza ambiental, como no caso de vazamentos de óleos, famosos entre as empresas do setor de petróleo, os quais geram exigibilidades no formato de multas, de recuperação da área danificada e de ressarcimento da perda imputada às atividades de terceiros. Também conhecidos são os casos das mineradoras que são, legalmente, obrigadas a reurbanizarem a área escavada após o término das explorações.

Conforme Ferreira (2003), os passivos ambientais são decorrentes de contingências formadas durante longo período, sem que a administração ou as partes interessadas percebam. E, por assim ser, seu reconhecimento pode envolver julgamento e conhecimento específico, necessitando, com isso, envolver a alta administração, classe contábil, engenheiros, advogados juristas etc.

O reconhecimento da existência do passivo deve se dar no momento da ocorrência do fato gerador ou quando se toma conhecimento de sua existência.

Tal reconhecimento contábil se dá por força de legislação, por motivos éticos ou pela natureza construtiva. No primeiro caso, está condicionado à exigência legal de recuperar danos ambientais, indenizar terceiros, pagar multas, entre outras. A obrigação decorrente da ética reflete os princípios e valores morais da empresa que a induzem a reparar os efeitos nocivos de suas atividades operacionais por consciência de sua responsabilidade socioambiental e respeito aos direitos alheios. As obrigações construtivas são aquelas assumidas espontaneamente pela companhia e que superam penalidades ou recuperação de danos; não têm qualquer característica de imposição legal ou ética e visam ao bem-estar dos beneficiados, que no caso ambiental, podem ser os compromissos assumidos para ampliar as alternativas do desenvolvimento sustentável.

Em 1997, um grupo de especialistas em contabilidade da ONU (UN-ISAR, 1997), estudando os gastos e as exigibilidades ambientais passíveis de serem tratadas pela contabilidade, deixou expresso que o reconhecimento do passivo ambiental deveria ocorrer quando:

- Houver uma obrigação de prevenção, redução ou retificação de dano ambiental.
- O valor da exigibilidade puder ser razoavelmente estimado.

A agência de meio ambiente norte-americana (EPA) emite normas ambientais, fiscaliza o comportamento das empresas e penaliza os infratores. Em 1996, ampliando sua esfera de ação, reuniu diretrizes e técnicas para definir o tratamento contábil para os eventos relacionados com o meio ambiente, inclusive, o conjunto de itens que podem compor o passivo ambiental:

- Conformidades: obrigações previstas na legislação quanto à produção, ao uso, à disposição, ao lançamento de substâncias químicas e outras atividades que afetam o meio ambiente.
- Remediações: obrigações relacionadas com contaminações, podendo incluir provisão para suprimento de água potável para residências de comunidades afetadas, aquisição de propriedades contaminadas e despesas com mudanças, entre outros.
- Multas e penalidades: obrigações decorrentes de não conformidade com os regulamentos.
- Compensações: compensação a terceiros por danos provocados pelo uso de substâncias poluentes.

636 | CURSO DE GESTÃO AMBIENTAL

- Indenizações punitivas: multas adicionais às compensações e de valor mais expressivo.

- Danos em recursos naturais: pagamentos por uso de recursos naturais públicos, como exigibilidades por lançamento de substâncias poluentes no ar, água e solo.

Ressalte-se que o passivo ambiental não tem o mesmo significado de dano ambiental. Na realidade, o último gera o primeiro. A partir do prejuízo causado ao meio ambiente é que se definem as consequências financeiras com as quais a empresa envolvida tem de arcar. O dano é físico e o passivo é financeiro. Normalmente, o dano ambiental, configurado na alteração da flora, da fauna, da qualidade do ar, da água e do solo, não é passível de completa recuperação. O passivo ambiental pode representar o montante de gastos (p.ex., honorários de técnicos especializados, produtos para o tratamento do dano ambiental) que a empresa terá de pagar em momento futuro para amenizar os efeitos dos danos ambientais.

De modo geral, os passivos ambientais têm origem em eventos ou transações que refletem a relação da companhia com o meio socioambiental e envolverá o consumo de recursos para sua liquidação no futuro, enfim, pode-se generalizar, afirmando que são todos os gastos necessários para recuperar ou amenizar os aspectos danosos da relação da companhia com as condições de sustentabilidade ambiental. Porém, nem sempre a identificação do valor da obrigação é tarefa fácil ou rápida, tendo em vista que os impactos ambientais assumem, normalmente, características bastante distintas entre si, bem como as tecnologias apropriadas nem sempre estão disponíveis ou são de fácil acesso, além disso, os gastos podem ser expressivos e incompatíveis com a capacidade financeira do responsável.

Em algumas situações, apesar de o fato gerador já ter ocorrido, pode ser que não haja condições de mensurar o montante das obrigações existentes. Nesse caso, não há registro contábil cabível, todavia, as informações contábeis devem ter uma nota explicativa especial para informar a existência da exigibilidade e as razões que impedem a mensuração. Merecem o mesmo procedimento as situações em que a responsabilidade pela obrigação não é nítida, tampouco passível de verificação. Isso pode ocorrer, por exemplo, nos casos de contaminação do solo ou da água. É preciso fazer um estudo técnico e detalhado para identificar o tipo de poluente e sua capacidade de contaminação. A partir daí, passa-se a procurar qual dos agentes econômicos locais tem as mencionadas características em seus processos produtivos. Portanto, a responsabilidade pela exigibilidade ambiental depende de fatores externos e fora do controle da companhia, que são as contingências ambientais.

Deve-se ressaltar, ainda, que há obrigações que são imputadas por corresponsabilidade, como no caso de matérias-primas adquiridas de fornecedores que não possuem política ambiental adequada. Tal fato justifica a postura de empresas como a Petrobras, Natura e Sadia, que mantêm sistemas permanentes de treinamento de seus fornecedores, de modo a adequá-los às diretrizes ambientais e de qualidade estabelecidas ao processo operacional. As instituições financeiras também podem ser acionadas em funções de danos ambientais provocados por seus clientes. Os defensores dessa linha de raciocínio entendem que os estragos foram feitos ou majorados com a ajuda dos recursos que a instituição financeira colocou à disposição do poluidor. Considerando que estas fazem uma análise prévia da solicitante do crédito, situações de riscos ambientais também deveriam ser identificadas antes da concessão do crédito. Tanto no exterior quanto no Brasil, instituições financeiras foram condenadas a assumir a responsabilidade pelos danos ambientais deixados por empresas falidas para as quais concederam financiamentos. No caso brasileiro, em 2007, os envolvidos foram o Banco do Brasil e uma empresa na região de Campinas, São Paulo, a respeito da contaminação do lençol freático da região.

Entre os exemplos rotineiros de danos ambientais, citam-se:

- Vazamentos de empresas de petróleo, como a Petrobras, BH, Chevron, entre outras tantas.
- Contaminação do lençol freático por atividades químicas das empresas ou por aterros sanitários instalados em condições inadequadas ou que recebem resíduos contendo contaminantes. A contaminação do lençol freático também pode ocorrer na criação de animais, principalmente suínos, cujas fezes produzem o gás metano, muito mais poluente que o gás carbônico (21 vezes mais). Postos de combustíveis também são agentes que podem causar a poluição do lençol freático se as instalações não tiverem as condições adequadas e revisadas periodicamente.
- Queimadas que destroem flora, fauna e causam doenças de natureza respiratória.
- Desmatamento desregrado, causando alteração das propriedades do solo e meio ambiente local.
- Emissão de resíduos para a atmosfera, provocando doenças.

A segregação dessas informações nos relatórios emitidos pelas empresas permite a visualização da *performance* ambiental, fato que é de grande relevância, tendo em vista a crescente demanda pela sustentabilidade dos negócios.

Sob o ponto de vista de Guarneri (2001), a divulgação de passivos ambientais por tipo, probabilidade de ocorrência ou estimativa de valor proporciona às seguradoras e à comunidade financeira condições para avaliar os riscos e a extensão destes sobre o patrimônio. Também é importante para ressaltar a imagem institucional junto aos demais interessados na continuidade da companhia. As informações qualitativas sobre a natureza e a extensão do dano ambiental e os métodos utilizados para sua valoração são úteis para auxiliar na avaliação do impacto financeiro relacionado com a questão ambiental.

O total dos ativos, menos as obrigações existentes, resulta no patrimônio próprio ou na riqueza própria das empresas e reflete todos os tipos de recursos e obrigações existentes. A segregação dos ativos e passivos ambientais, no entanto, não leva ao patrimônio ambiental sob o ponto de vista contábil, tendo em vista que os recursos que ingressam na empresa por meio dos sócios e dos resultados gerados pelas atividades não têm, via de regra, utilidade específica, mas sim, servem ao atendimento das necessidades gerais da empresa, sejam ambientais ou apenas operacionais. Insere-se neste contexto também o resultado de cada período, o qual é apurado na demonstração de resultado.

Dessa maneira, a contabilidade ambiental, utilizando-se do arsenal desenvolvido ao longo dos séculos, permite visualizar a influência do meio ambiente na estrutura patrimonial das empresas, bem como os esforços que estas têm realizado para reduzir seus impactos. A seguir, é apresentado um modelo do formato que pode ter a informação contábil dentro de um balanço patrimonial formal elaborado pelas empresas, que, infelizmente, não é prática corrente, embora sua utilidade seja casa vez mais reconhecida.

Tabela 18.1 – Balanço patrimonial.

Balanço patrimonial	
Ativo circulante	Passivo circulante
Itens usuais	Itens usuais
Bens/direitos de natureza ambiental	Passivo ambiental
Não circulante	Passivo não circulante
• Realizável a longo prazo	Itens usuais

(continua)

Tabela 18.1 – Balanço patrimonial. *(continuação)*

Balanço patrimonial	
• Investimentos	Passivo ambiental
• Imobilizado	
• Intangível	Patrimônio líquido
Itens usuais	Itens usuais
Bens/direitos de natureza ambiental, relacionados exclusivamente à preservação e recuperação ambiental/perda de potencial de uso ou serviços	Reserva de lucros (incluindo os efeitos ambientais líquidos)

No balanço patrimonial retratado, os ativos ambientais estão segregados dos itens usuais e próprios do processo operacional da empresa, assim como os passivos ambientais. Eles estão, também, separados entre circulantes e não circulantes. Esses grupos têm o objetivo de demonstrar os ativos e passivos por grau de realização ou exigibilidade. Logo, os primeiros vão se realizar ou se tornam exigíveis no próximo exercício social, enquanto os elementos dos grupos não circulantes devem se realizar no período posterior ao próximo exercício social, o qual se configura nos próximos doze meses ou no próximo ciclo operacional da companhia, se este for superior aos doze meses. Há atividades que demandam mais do que um ano para completar um ciclo operacional, como construção de pontes ou navios; situação em que se usa o referido período para definir a periodicidade de elaboração das demonstrações contábeis. Quanto ao período de doze meses, pode ser o ano calendário, ou outros doze meses quaisquer, definidos pela companhia. Por exemplo, é comum ao setor sucroalcooleiro utilizar o período de abril a março do ano seguinte, em função das características da cultura.

Demonstração de Resultados

A demonstração de resultado evidencia de forma dedutiva o resultado do período. Da receita auferida deduz-se o custo necessário para a realização da receita referida, culminando no resultado bruto, a partir do qual se subtraem as despesas administrativas, de vendas, financeiras e os impostos incidentes sobre lucro.

Em todo investimento está embutida a expectativa de sucesso, requerendo, portanto, monitoramento. Quando uma indústria têxtil adquire equipamentos e matéria-prima para produzir camisetas, espera produzir a maior quantidade possível desse produto com o menor volume de insumos. Imagine-se que a companhia tenha, costumeiramente, a produção de águas residuais carregadas de elementos de suas matérias-primas. Porém, quanto maior for o volume de resíduos produzidos em cada processo, menor será a produção final. Nesse caso, tem-se um evento de natureza ambiental e econômica, pois pagou-se por um recurso que não gerou retorno econômico, mas sim dano ao meio ambiente, podendo originar a obrigação de restaurar áreas danificadas, indenizar prejudicados ou pagar multas.

Deixar a produção mais limpa pode exigir o consumo de elementos que reduzam impurezas nocivas ao meio ambiente e mão de obra específica para o manuseio de tais elementos. Surgem, assim, os custos ambientais, os quais se caracterizam por atuarem diretamente na redução ou eliminação dos impactos ao meio ambiente – como os insumos usados para eliminar ou amenizar a produção de resíduos do processo produtivo – ou pelo reconhecimento da depreciação dos equipamentos e máquinas ambientais, que se constitui na distribuição do custo de aquisição ao longo da vida útil do referido ativo.

Os gastos ambientais têm características específicas:

- Capacidade de geração de benefício ambiental futuro (tratamento e/ou redução de resíduos), identificando-se, portanto, como ativos ambientais.

- Os gastos cujos benefícios ambientais se restringem ao período em curso são computados no resultado do período como custos, despesas ou perdas ambientais.

- Os gastos associados diretamente com a execução da gestão ambiental se caracterizam como custos ambientais.

Segundo a UN-ISAR (1997), compreendem os gastos para gerenciar os impactos ambientais das atividades de uma empresa de maneira ambientalmente responsável e aqueles direcionados aos objetivos e exigências ambientais.

Os custos ambientais podem ser preventivos, reativos ou proativos, de acordo com o momento em que ocorrem e a natureza do seu fato gerador; assim, custos preventivos são os gastos realizados com a educação ambiental periódica dos funcionários e envolvidos no processo operacional para evitar a ocorrência de impactos ambientais; os gastos reativos são realizados para neutralizar os impactos ambientais, como aqueles relacionados com a manutenção de estações de tratamento de resíduos; e, finalmente, os custos proativos estão relacionados às alternativas inovadoras que visam avançar rumo ao desenvolvimento sustentável, como pesquisas de novos produtos e insumos.

As despesas ambientais representam gastos genéricos realizados dentro de uma organização com o fito de adequação às normas e padrões ambientais ou necessários para obtenção de autorização de funcionamento e, via de regra, são incorridas na área administrativa. Por fim, as perdas ambientais são relativas a gastos que não geram benefícios, como multas, sinistros, resíduos.

Há atividades realizadas por algumas companhias que, embora relacionadas com a redução de impactos ambientais, não se caracterizam como receitas ambientais, mas sim como redutoras de custos operacionais. Por exemplo, o caso da venda de resíduos ou de reciclagem. Considerar o produto de tais atividades como receitas ambientais implicaria, naturalmente, na otimização da destruição dos recursos naturais para obter maior vantagem, pois, quanto mais resíduos se produzisse, mais aumentariam tais receitas. Portanto, não é correto denominar o produto da venda de sucatas como receitas, mas sim como recuperação ou redução dos custos de produção. No entanto, como lembra Guarneri (2001), a identificação da natureza das atividades econômicas é fundamental para aplicar corretamente os conceitos contábeis ambientais, pois algumas empresas exploram diretamente o meio ambiente ou têm por função o tratamento de resíduos e, nesse caso, o que prevalece é a receita da atividade operacional para a qual a empresa foi constituída, não cabendo na situação em questão o tratamento como redução de custos.

Todavia, novos elementos têm surgido com características de receitas ambientais, como as decorrentes dos "serviços ambientais", que se constituem na remuneração recebida pela preservação de áreas de floresta nativa, da comercialização dos títulos de Reduções Certificadas de Emissões ou créditos de carbono, os quais representam compensação financeira pela redução da emissão ou remoção de gases de efeito estufa

O resultado de uma companhia também pode ser afetado pelas perdas ambientais, que são decorrentes de prejuízos realizados, ou seja, gastos que não proporcionam benefícios.

O regime de competência é exigido para a elaboração das informações contábeis, assim, os gastos ambientais devem ser reconhecidos à medida que geram benefícios para o exercício em curso, redução de impactos ambientais ou perdas destes.

642 CURSO DE GESTÃO AMBIENTAL

Tabela 18.2 - Demonstração do resultado do período.

Receita bruta
(-) Custos de produção
Normais
Custos socioambientais:
Depreciação de equipamentos antipoluentes
Insumos antipoluentes
Mão de obra utilizada no controle ambiental
(=) Lucro bruto
(-) Despesas operacionais
Normais
Despesas socioambientais
Gastos incorridos na área administrativa
Taxas/despesas com regulamentação ambiental
(=) Resultado das operações
Multas por infração à legislação ambiental
Penalidades por razões socioambientais
= Lucro líquido

Observa-se na demonstração de resultados esquematizada na Tabela 18.2 que os eventos e transações de natureza ambiental podem ficar bem segregados das operacionais normais, permitindo uma visão mais transparente da relação da empresa com o meio onde está inserida.

A segregação das informações ambientais dentro da demonstração de resultados permite ao leitor interessado na postura da empresa em relação ao meio ambiente avaliar os impactos ambientais sobre o resultado operacional, sobre os gastos preventivos e reativos, sobre os investimentos ambientais e, ainda, frente aos passivos ambientais existentes. Conhecer tais informações é de fundamental importância para o processo de gestão ambiental das companhias.

Todavia, ainda se encontram grandes resistências das empresas em tornar públicas tais informações de natureza ambiental, essencialmente quanto aos valores envolvidos, dado o risco de elas serem usadas contra a própria companhia. Trata-se de uma situação dúbia, pois ao mesmo tempo em que são requeridas a demonstrarem seus desempenhos ambientais, também correm o risco de serem questionadas quanto ao grau de satisfação das necessidades existentes em função de comportamentos inadequados no passado.

Codificação dos Eventos Ambientais – Plano de Contas

O plano de contas constitui-se de uma listagem de eventos e transações econômico-financeiras passíveis de ocorrer dentro de uma organização, portanto, seu desenvolvimento deve ser, sempre, personalizado; cada empresa deve elaborar o seu com suas características particulares e deve, ainda, aperfeiçoá-lo ao longo da sua existência e do surgimento de novas atividades. Sua função é sistematizar o processo de registro dos fatos ocorridos em cada período. Implantado o plano de contas, torna-se mais fácil padronizar as informações contábeis, independente da rotatividade dos profissionais que as elaboram. Caso contrário, não se poderia falar em informações comparáveis, pois cada profissional poderia denominar os eventos ocorridos da forma que lhes fosse mais apropriada, inclusive de um relatório para outro, criando inconsistência e insegurança nos usuários quanto à veracidade e confiabilidade das informações disponíveis.

O plano de contas deve estar estruturado para representar os eventos e transações relacionados com os ativos, passivos, receitas, custos, despesas e perdas ambientais. Para agilizar seu manuseio, além das descrições dos possíveis eventos, o plano de contas é atribuído a estes códigos numéricos, facilitando as atribuições dos profissionais de informática para automatizar o processamento das informações contábeis e elaboração das demonstrações.

Tal instrumento permite que se introduzam as aquisições de bens de longa duração destinados à recuperação, proteção e preservação do meio ambiente, às atividades de correção de danos ambientais, e ainda, as obrigações de natureza ambiental, os custos, as reduções de custos, as despesas e as perdas decorrentes de fatores ambientais. Logo, o plano de contas é a base para o sistema contábil ambiental, inclusive para deixá-lo automático e ágil.

Um dos grandes entraves da contabilidade ambiental é a identificação dos eventos e transações ambientais e sua informação para o departamento contábil, responsável pela produção das informações contábeis. Assim, treinados todos os profissionais que atuam nas diretrizes do sistema de gestão ambiental estabelecido pela empresa, quando ocorrer um evento ou transação que tenha natureza ambiental e econômico-financeira, deverão dar início a um fluxo de informações sobre o ocorrido, devidamente registrado com o código estabelecido no plano de contas.

Para viabilizar tal fato, por ocasião da elaboração do plano de contas, os profissionais envolvidos com o sistema de gerenciamento ambiental deverão fazer uma lista dos possíveis eventos e transações de natureza ambiental que podem ocorrer e informá-los para o setor contábil com a finalidade de complementar o rol de atividades descritos no plano de contas e, ao mesmo tempo, essa lista com a previsão de atividades de natureza ambiental deve ser passada para os profissionais de todas as áreas de trabalho com a orientação de que devem identificar cada um dos eventos e transações ambientais com a codificação pré-estabelecida e no momento em que o fato gerador ocorre.

SISTEMA DE GESTÃO AMBIENTAL (SGA)

Um SGA tem a função de gerenciar os aspectos ambientais da operação de uma empresa. Várias diretrizes têm sido desenvolvidas, contudo, cada realidade exige uma estrutura própria e adequada às suas peculiaridades.

Segundo Robles e Bonelli (2006), gestão ambiental é "[...] um conjunto de medidas e procedimentos definidos e adequadamente aplicados que visam a reduzir e controlar os impactos introduzidos por um empreendimento sobre o meio ambiente [...]".

O SGA deverá ter como princípio básico a identificação dos meios necessários para reduzir impactos ambientais da atividade empresarial em questão, envolvendo toda a cadeia de produção: da matéria-prima até o descarte das embalagens. Em outro sentido, abrange os fornecedores, os recursos humanos que realizam o processamento interno, os consumidores e os responsáveis pelo descarte dos restos do produto e suas embalagens. Isso equivale a afirmar que o SGA tem de treinar e conscientizar as pessoas envolvidas em cada etapa do ciclo de vida do produto para assegurar o maior grau de sustentabilidade ao produto em si e a seu processo de elaboração, forma de consumo e descarte. Isso ocorre porque, se há irregularidade na produção ou no manejo e coleta da matéria-prima, como a utilização de produtos químicos inadequados ou em quantidade indevida, todo o processo restante estará comprometido. Portanto, a companhia deve zelar também pela capacitação e conscientização de seus fornecedores.

De acordo com Tinoco e Kraemer (2004), o conceito de gestão ambiental expressa um sistema da estrutura organizacional que inclui atividades de planejamento, responsabilidades, práticas, procedimentos, processos e recursos para desenvolver, implementar, atingir, analisar criticamente e sustentar a política ambiental.

A empresa Natura, do setor de cosméticos, declara em seus relatórios de sustentabilidade capacitar seus fornecedores para que cultivem as essências para seus produtos com procedimentos-padrão e nível de qualidade previamente definido. A Petrobras é outra que também declara fazê-lo. O interessante é que além da produção limpa, dissemina-se o uso de tecnologias sustentáveis entre empresários de menor porte.

O treinamento do pessoal interno é fundamental porque sempre há uma grande mescla de formação técnica e cultural, além das complexidades decorrentes do porte da companhia, sua distribuição física e distintas funções de cada área de trabalho. Todo o corpo de colaboradores internos deve estar consciente das crenças e valores adotados como diretrizes para a empresa e das políticas estabelecidas para seu cumprimento. Os consumidores, por sua vez, precisam receber informações sobre os potenciais de impactos ambientais que os produtos ou formas inadequadas de uso podem oferecer. Eles precisam ser orientados também quanto à forma mais adequada de descarte das partes residuais e embalagens. Todos esses procedimentos não ocorrem sem que haja gastos. A confrontação dos referidos gastos com o êxito, ou não, das medidas é de grande relevância para avaliar os resultados auferidos, frente ao que se esperava.

Outros aspectos de grande relevância são o controle no uso de recursos não renováveis, elementos nocivos ao meio ambiente; e o controle da geração de desperdícios e dos demais aspectos inerentes aos insumos para a viabilização das atividades da companhia. Tais aspectos, se não gerenciados adequadamente, podem abreviar a existência da empresa e da humanidade. Estudar as melhores alternativas e testar novas possibilidades requer também gastos.

A escolha da matéria-prima e do seu processamento deve antever o processo de descarte final dos resíduos, seja do produto, seja das embalagens. As matérias-primas e processos escolhidos devem se constituir na melhor alternativa para a sustentabilidade futura da companhia. Porém, com a evolução do conhecimento, novidades sempre aparecem, seja de novas alterativas de preservação e recuperação do meio ambiente, seja na descoberta de aspectos nocivos em procedimentos considerados adequados e fora de suspeita por longos períodos de tempo. Razão pela qual o monitoramento dos resultados físicos e financeiros deve ser permanente, com vistas às necessidades de constante melhoria de resultado.

Além de outros instrumentos, o SGA pode ser estabelecido a partir do Estudo dos Impactos Ambientais (EIA), que é um documento exigido para a emissão de autorização para funcionamento, essencialmente das empresas potencialmente poluidoras, e no qual estão revelados os pontos mais frágeis da relação da companhia com o meio ambiente e os meios de contê-los ou tratá-los. O Relatório de Impacto Ambiental (Rima) também pode auxiliar no processo, já que relata fatos ocorridos em relação ao meio ambiente durante o processo operacional. Ambos podem se constituir no ponto de partida para a identificação dos fatos geradores dos passivos ambientais e dos recursos necessários para liquidá-los.

SGA e contabilidade ambiental se complementam e podem agilizar a adequação da empresa à meta do desenvolvimento sustentável. Segundo Ferreira (2003), "o [...] desenvolvimento da Contabilidade Ambiental é resultado da necessidade de oferecer informações adequadas às características de uma gestão ambiental."

AUDITORIA AMBIENTAL

A auditoria consiste na verificação sistemática ou vistoria técnica e especializada de processos. A auditoria contábil está preocupada com a parte financeira e a auditoria ambiental com os aspectos operacionais.

Segundo as diretrizes para realização das Auditorias no Sistema de Gestão Ambiental da ISO 14011, auditoria ambiental é

> Um processo de verificação sistemático e documentado para obter e avaliar evidências de modo objetivo, que determina se o sistema de gestão ambiental de uma organização está conforme os critérios de auditoria de SGA estabelecidos pela organização e para comunicar os resultados desse processo à administração. (ABNT, 2004)

A auditoria ambiental se faz a partir da análise dos fatos ocorridos comparativamente ao que estava determinado no SGA da empresa, ou seja, trata-se de uma auditoria operacional, que faz verificações que vão desde o processo produtivo da matéria-prima pelo fornecedor, passa pela análise dos procedimentos internos de produção e sua adequação às regras ambientais e, por fim, pela análise da maneira de descarte de embalagens e partes residuais dos produtos. A auditoria ambiental deve estar prevista no próprio sistema de gerenciamento ambiental, e o certificado emitido pelos auditores pode ser reivindicado por clientes e agentes de crédito. Um dos parâmetros de diretrizes de auditoria ambiental foi definido e divulgado pela ISO em suas subséries 14000 e tem sido adotado como diretriz internacional.

A auditoria contábil verifica se a documentação e registros contábeis estão refletindo os eventos e transações econômicos e financeiros tradicionais e gerais ocorridos dentro da companhia em cada período. A conciliação da auditoria ambiental com a contábil pode ser muito benéfica para melhor acompanhar e avaliar resultados e o formato do gerenciamento ambiental, podendo criar potenciais de análise e correção de encaminhamentos quando forem devidos.

Donaire (2008) argumenta que "a auditoria ambiental é importante na [...] efetiva política de minimização dos impactos ambientais das empresas e redução de seus índices de poluição."

INDICADORES AMBIENTAIS CONTÁBEIS

Os indicadores são utilizados para medir desempenho de produtos, processos, períodos, enfim, o que se queira controlar. Sendo assim, são bastante aplicáveis para a área de gerenciamento da interação da empresa com o meio no qual está inserida. Podem evidenciar o montante de redução de poluentes, de resíduos tratados, de treinamentos concedidos, de áreas preservadas e recuperadas, consumo de recursos naturais renováveis e não renováveis, impactos provocados pelo transporte de matéria-prima e produto final, multas ambientais, entre outros. A partir deles, índices podem ser construídos para demonstrar a relação entre variáveis distintas, por exemplo, o total de investimentos ambientais e a variação no volume de poluentes; volume de produção e treinamentos oferecidos; gastos ambientais e desempenho econômico em cada período ou gastos ambientais e volume de multas, entre outras alternativas. Portanto, as variáveis podem ser quantitativas ou financeiras.

MECANISMOS DE DESENVOLVIMENTO LIMPO – CRÉDITOS DE CARBONO

As discussões sobre os efeitos das mudanças climáticas conduziram ao acordo em âmbito mundial – Protocolo de Kyoto –, assinado em 1997 por vários países desenvolvidos que se comprometeram em reduzir seus volumes de emissões em torno de 5%, comparativamente ao que emitiam em 1990. Entre os instrumentos previstos no referido Protocolo estava o Mecanismo de Desenvolvimento Limpo (MDL), que previa que os países desenvolvidos deveriam realizar os esforços de redução em suas respectivas áreas, contudo, diante da impossibilidade de atingir as metas estabelecidas, poderiam realizar o referido processo em países em desenvolvimento, por meio da implantação de empreendimentos ecologicamente corretos e capazes de evitar ou remover os gases de efeito estufa (GEEs) da atmosfera ou fazer acordo com empresas já instaladas no país para que estas promovam as reduções de emissões mediante compensação financeira.

As reduções de emissões se transformaram em Reduções Certificadas de Emissões, que podem ser utilizadas para comprovar o cumprimento de redução ou vendidas para quem precisa fazer tal comprovação, mas não a conseguiu inteiramente com esforços próprios. O Protocolo de Kyoto prevê que a redução não pode ser realizada apenas com certificados adquiridos de terceiros, uma parte dela deve vir das atividades da própria empresa.

O MDL é considerado um programa interessante e confiável para o desenvolvimento sustentável porque estabelece algumas diretrizes importantes: a adicionalidade, o estabelecimento de uma linha de base, o plano de monitoramento e critérios para identificação das fugas. A adicionalidade se refere a uma melhora em relação ao estágio referencial, que é 1990. A linha de base refere-se às emissões que existiriam sem um MDL específico; essa linha é que permite verificar a adicionalidade proporcionada pelo projeto, além de ser o marco para definir a quantidade de emissões reduzidas e, portanto, das Reduções Certificadas de Emissões. O plano de monitoramento deve prever os procedimentos apropriados para o acompanhamento das reduções proporcionadas pelo projeto ao longo do seu desenvolvimento, considerando cada uma das fontes passíveis de emissões e durante o período de obtenção de créditos.

Assim, as empresas situadas em países em desenvolvimento ganharam a oportunidade de receber recursos externos para reduzir suas emissões de GEEs a partir da melhoria de seus processos operacionais. Além dessa nova alternativa de receita, as empresas passaram a ter melhor produtividade em função de maior aproveitamento da matéria-prima que deixou de se perder na forma de GEEs. Pode-se afirmar que a implantação dos MDLs em países em desenvolvimento, especialmente, pode proporcionar uma receita ambiental decorrente da venda das Reduções Certificadas de Emissões, também denominadas de créditos de carbono; das economias de custos a partir da redução de perdas de insumos do processo produtivo; da redução de multas e penalidades por infração à produção de resíduos; e das receitas operacionais adicionais obtidas com a venda de produtos excedentes gerados a partir da implementação de MDLs, como a energia gerada na cogeração de energia. Além disso, as Reduções Certificadas de Emissões podem representar um ativo ambiental de sua detentora, dado que possui potencial de geração de benefícios econômicos futuros. Entretanto, até o momento, nenhuma autoridade competente o reconheceu como um título financeiro passível de negociação no mercado aberto, como já se faz informalmente. Nessa condição, seu reconhecimento contábil tem sido feito apenas no momento da venda.

CONSIDERAÇÕES FINAIS

A contabilidade ambiental é um instrumento de grande relevância na busca pelo desenvolvimento sustentável porque permite um acompanhamento mais acurado das ações empresariais e, portanto, possibilita a correção imediata de atividades que não estejam proporcionando os resultados esperados.

A mensuração dos gastos realizados deve acompanhar os resultados auferidos pela gestão ambiental, visto que a escassez de recursos dita prioridades na condução dos investimentos.

O envolvimento cada vez maior das empresas com o rol crescente de interessados nas condições de continuidade dos negócios tem conduzido à maior transparência, tratamento equitativo e prestação de contas, fato que deve levar a um reconhecimento das vantagens da implantação dos relatórios integrados contábil-ambiental, os quais serão amplamente subsidiados pela contabilidade ambiental.

REFERÊNCIAS

[ABNT] ASSOCIAÇÃO BRASILEIRA DE NORMAS TÉCNICAS. *NBR ISO 14000, 14001, 14004: – sistema de gestão ambiental.* Rio de Janeiro: ABNT, 2004.

DONAIRE, D. *Gestão ambiental na empresa.* São Paulo: Atlas, 2008.

FERREIRA, A.C.S. *Contabilidade ambiental: uma informação para o desenvolvimento sustentável.* São Paulo: Atlas, 2003.

GRAY, R., OWEN, D.; MAUNDERS, K. *Corporate Social Reporting – Accounting & Accountability.* Cidade: Prentice-Hall, 1987.

GUARNERI, L.S. A Contabilidade e o desenvolvimento sustentável: um enfoque nas informações contábeis, sociais e ambientais da indústria siderúrgica. Rio de Janeiro, 2001. 179p. Dissertação (Mestrado). Faculdade de Administração e Finanças, Universidade do Estado do Rio de Janeiro.

IUDÍCIBUS, S. *Teoria da Contabilidade.* São Paulo: Atlas, 2009.

KRAEMER, M.E.P. A evolução internacional e nacional de normas e recomendações da contabilidade ambiental. *Revista do Conselho Regional de Contabilidade do Rio Grande do Sul.* n. 122, 2002, p. 38-55.

MARTINS, E.; DE LUCA, M.M.M. Ecologia via Contabilidade. *Revista Brasileira de Contabilidade.* n. 86, mar. 1994, p. 12-14.

MATHEWS, M.R. Twenty-five years of social and environmental accounting research: is there a silver jubilee to celebrate? *Accounting, Auditing & Accountability Journal.* v. 10, n. 4, 1997, p. 481-531.

RIBEIRO, M.S. *Contabilidade Ambiental.* São Paulo: Saraiva, 2005.

ROBLES JR, A.; BONELLI, V.V. *Gestão da qualidade e do meio ambiente.* São Paulo: Atlas, 2006.

TINOCO, J.E.P.; KRAEMER, M.E.P. *Contabilidade e gestão ambiental.* São Paulo: Atlas, 2004.

[UN-ISAR] INTERGOVERNAMENTAL WORKING GROUP OF EXPERTS ON INTERNATIONAL STANDARDS OF ACCOUNTING E REPORTING. *Accounting e Reporting for Environmental Liabilities e Costs within the existing Financial Reporting Framework.* Geneve: Draft, 1997.

Direito Ambiental Aplicado | 19

Antonio Fernando Pinheiro Pedro
Advogado, Associação Brasileira de Advogados Ambientalistas

RAÍZES DO DIREITO AMBIENTAL

Economia e Direito Ambiental

Qual a relação do direito com a economia?

A razão da organização humana está na economia. De fato, não há possibilidade de sobrevivência do homem sem que sua atividade seja economicamente orientada.

De início, importa compreender o termo economia. Atribuída a Xenofonte – soldado, mercenário, proprietário rural e discípulo de Sócrates, na Grécia Antiga – a palavra economia resulta etimologicamente da soma de *oikos* (casa – meio onde vivemos) com *nomh* (distribuição) – ou *nomo* (lei).

A distribuição dos recursos e suas normas em nosso meio interligam a ciência da ecologia (de mesma raiz da economia) e o direito. Economia se define, portanto, como a ciência da administração da escassez.

O gerenciamento ecológico dos recursos ambientais, em função do risco ou sua efetiva escassez, é, portanto, uma atividade econômica.

É necessário, assim, garantir funcionalidade econômica ao recurso ambiental para orientar devidamente seu uso, em função dos interesses de produção, distribuição e consumo prevalentes.

Como predadores inseridos no topo da cadeia alimentar e dotados de inteligência e habilidade, os humanos passaram a administrar a escassez dos recursos ambientais, destinando-os à sua sobrevivência.

Cientes da sua necessidade econômica para continuar a viver, os homens aprenderam muito cedo a usar o espírito de liderança, inato em alguns, imposto pela força física em outros, como forma de solucionar conflitos em comunidade e, por esse meio, confiaram sua organização social a um semelhante que passou a monopolizar o poder de dirimir conflitos e impor normas de conduta, se necessário com o uso da força. Surge aí a vinculação da economia ao chamado Princípio da Autoridade.

Jean-Jacques Rousseau identificou nessa sistemática aquilo que denominou Contrato Social. De acordo com o Contrato Social, confia-se a autoridade ao Estado (Soberano) em benefício dos contratantes, que a ele se submetem. Os contratantes são denominados cidadãos (súditos) e regidos por normas de poder coativo (leis). Cria-se, a partir de então, um sistema jurídico próprio com o objetivo de determinar como a gestão dos recursos se realizará.

O chamado contrato social, por sua vez, também acaba por considerar e cristalizar nuanças ditadas pela conjugação povo-território, propiciando a unidade cultural e étnica, característica do conceito de nação.

Os conceitos de cidade, pátria e nação são agregados aos elementos do contrato, articulando-se os conceitos de estado, cidadão e leis, de modo que formem um sistema organizativo responsável pela hegemonia da raça humana diante da natureza selvagem que a ameaçava.

Se a hegemonia da humanidade, obviamente traduzida no uso dos recursos da natureza, ocorre sem reposição alguma, a interação homem-natureza gera, por sua vez, modificações de ordem física, química e biológica, crescentes à medida que aquela se desenvolve.

A escassez dos recursos necessários à manutenção do equilíbrio ecológico é uma consequência dessa hegemonia humana. Como efeito, verifica-se a necessidade de maior intervenção da autoridade, para administrar novos ciclos de escassez.

Não se pode, no entanto, pensar economicamente a administração da escassez dos recursos necessários à vida humana, sem fazê-lo também ecologicamente. A chave do desenvolvimento econômico, no entanto, mais uma vez, está no próprio significado do termo economia.

O termo *oikos* forma a raiz da palavra economia e, também, é o termo de regência na palavra ecologia, ciência criada pelo biólogo Haeckel, no século XIX.

Ecologia advém da junção dos termos eco, do grego *oikos* (casa, ambiente), e *logos* (estudo), ou seja, estudo do ambiente, visando à interação dos seres vivos com seu habitat.

O direito (do latim *directum*), inserto no termo *nomo*, constitui arte, por meio da qual desenvolve-se, de forma abstrata, instrumentos de comando e autorização com os quais o homem confere forma à sua vida em sociedade, destacando-se o Princípio da Autoridade, base do Estado, sem o qual não há gestão econômica.

Portanto, a etimologia do termo economia revela íntima ligação dessa ciência com a ecologia e o direito, não havendo como dissociar o uso dos recursos econômicos, do estudo do meio ambiente e da aplicação do direito.

Nesse sentido, em termos históricos, é fato que a economia sempre demandou a tutela, pela autoridade, dos recursos ambientais disponíveis. Quanto maior o reconhecimento da escassez dos recursos, mais presente a necessidade de intervenção da autoridade e aplicação consequente do direito.

Na Antiguidade, a abundância de recursos ambientais naturais, como a água, a flora e a fauna não justificava, é fato, uma ação econômica em escala da autoridade. No entanto, normas legais já ocorriam visando à proteção ambiental de determinados recursos naturais, vistos isoladamente.

Na era moderna, pós-Revolução Industrial, no entanto, a progressiva escassez de insumos energéticos da água e dos recursos pesqueiros, obrigou operadores das grandes economias a planejar saídas para os impasses que se avizinhavam.

Não por outro motivo, o vetor ambiental constitui parte integrante do atual planejamento econômico e integra a formulação do produto interno bruto de todos os países.

Esses fatores constituem a razão de ser da chamada nova Economia Verde, tema da Conferência das Nações Unidas sobre o Desenvolvimento Sustentável, ocorrida em 2012 no Rio de Janeiro.

A Economia Verde pode ser definida como uma articulação de princípios, normas, métodos e instrumentos de implementação para conferir funcionalidade ambiental à atividade econômica e funcionalidade econômica à proteção ambiental.

Essa articulação de funcionalidades ecossistêmicas, por óbvio, demanda transferência de recursos financeiros e consagra, portanto, o caráter econômico que deve ser conferido ao moderno direito ambiental.

Breve Histórico da Evolução das Normas de Proteção Ambiental no Ocidente e no Brasil Pré-Revolução Industrial

Examinando a formação do Direito Ambiental, é possível identificar basicamente duas fases: a primeira, na qual a proteção ambiental é segmentada; e a segunda, em que a proteção dos recursos ambientais é buscada de forma sistêmica – induzindo ao nascimento da disciplina.

A preocupação legal com a preservação da natureza encontra respaldo em preceitos religiosos da Antiguidade, que determinavam o respeito à vida silvestre e aos animais. A existência de lugares e animais sagrados, principalmente nas religiões politeístas, são um exemplo disso.

Com maior ou menor enlace entre religião e economia, o bom uso dos elementos da natureza é determinado no Código de Hamurabi, na Média Mesopotâmia, entre 2067 e 2025 a.C. e no Código de Manu, na Índia, entre 1300 e 800 a.C.

No regime de castas estabelecido no Código de Manu, flatulência ante um brâmane era conduta gravemente punida. No Código de Hamurabi, havia sanção para atos como soltar animais de criação em pomares, impedir o curso de águas pluviais ou caçar sem autorização do proprietário da terra.

De fato, na Antiguidade, os animais, a começar pela enorme restrição à caça, figuravam como fonte de alimento e propriedade dos soberanos; ademais, representavam a força motriz, o insumo para a agricultura e o comércio.

Redigida pelos romanos entre 451 e 450 a.C. – A Lei das XII Tábuas, matriz do direito ocidental – trazia dispositivos regulando a caça e a pesca, o escoamento das águas e o uso das árvores. Embora os dois primeiros fossem tratados em função da propriedade, e os dois últimos em função do direito de vizinhança, em que pese o caráter privatista, a preocupação ambiental estava presente.

A Magna Carta, editada pelo rei São João Sem Terra, da Inglaterra, em Runnnymede, no mês de junho de 1215, também trazia cláusulas regulando o uso dos recursos florestais. Sendo considerada a mãe das constituições, a Magna Carta continha parágrafos que, unidos, foram intitulados Carta da Floresta. O documento, destacado pelo sucessor, Henrique III, que reeditou o diploma, em outubro de 1216, deu origem ao primeiro Código Florestal da história.

Os parágrafos constantes da Carta, além de introduzirem tempo de permanência dos viajantes em uma floresta, limitar a caça apenas ao necessário à sobrevivência local e estabelecer quem estaria autorizado e como poderia se dar o corte de um arvore, estabelecia um sistema peculiar de justiça florestal, como se pode ver no seguinte texto:

> § 44 – Quem vive fora da floresta não precisará atender às convocações gerais para comparecer ao Juízo Real da Florestal, a menos que seja parte do processo ou responsável pelas cauções em favor de alguém que foi apreendido por uma ofensa florestal.
>
> §47 – Todas as florestas existentes ao tempo de nosso reinado devem ser imediatamente protegidas. Bancos de rios, bancos existentes sob domínio real devem ser tratados da mesma forma.
>
> §48 – Toda e qualquer infração ou mau costume relativo a florestas, viveiros, silviculturas, envolvendo protetores, xerifes e seus agentes, abrangendo banco de rios e suas tocas, serão ao mesmo tempo investigados e julgados, em cada condado, por doze cavaleiros jurados do conselho, e dentro de quarenta dias do início do inquérito os maus costumes serão suprimidos total e irremediavelmente. Nós, porém (o Rei) ou o nosso Chefe de Justiça, caso não estejamos na Inglaterra, seremos os primeiros a ser de tudo informados. (Davis, 1977)

Essas limitações refletiam crescente inquietação e ansiedade decorrentes da tendência real de estender as divisas das propriedades em floresta real, sobre a qual o rei gozava de poderes especiais e jurisdição.

Tendo em vista que se tratava do regime feudal, tais restrições eram consequência da própria relação de poder existente na época, ou seja, a limitação do uso dos recursos naturais dava-se segundo interesses dos senhores feudais e da Coroa, nem por isso, contudo, deve ser desconsiderado o caráter de controle ambiental.

Ao se observar a evolução das normas de proteção ambiental a partir de referências mais próximas na história da nação, verifica-se que o sistema jurídico ao qual o Brasil Colônia estava submetido, o da metrópole, trazia preceitos relativos ao uso dos recursos naturais.

As Ordenações Afonsinas, no século XIV, mencionavam que "o que ácinte cortar arvores alheas que dem fruito era enquadrado no Crime de Lefa-Mageftade". Tendo sido tipificado o corte deliberado de árvores como crime, tal "Injúria a El Rei" deveria ser desembargada pelos juízes das terras e pelos vereadores. Tudo em proveito da Coroa, destinatária dos recursos naturais escassos no reino português – sendo o Estado lusitano da Idade Média, portador da modernidade absolutista caracterizadora da economia mercantilista pós-feudal.

As Ordenações Manoelinas, de 1514, por sua vez, vedavam a caça com instrumentos que causassem dor e sofrimento aos animais, dando indícios de preocupações de cunho imaterial à proteção ambiental.

Já as Ordenações Filipinas, de 1702, acrescentaram alguns dispositivos que impediam a pesca com redes (tarrafas) em determinadas condições e outros meios que provocavam poluição das águas.

Em consonância com o sentido da proteção ambiental da economia luso-brasileira, baixou-se no Brasil Colônia, em 1760, um Alvará Real de Proteção dos Manguezais. Diversas eram as justificativas de ordem, em geral material, para essa determinação: vinculação dos estuários com a pesca, construção de estratégia militar na costa (os manguezais dificultavam o desembarque de naves inimigas, sendo que a maioria das fortalezas portuguesas disso se aproveitavam para fincar suas muralhas tendo na retaguarda o bioma) e evitar a ocupação urbana. Tratou-se de imposição legal suficiente para conservar os manguezais quase intactos em todo o litoral brasileiro até meados do século XIX, quando, então, a norma foi revogada.

Nessa evolução, em 1786, a coroa portuguesa criou, por Carta Régia, a figura do juiz conservador das matas. É válido mencionar, ademais, o desenvolvimento de normas sanitárias, em especial editadas pelas edilidades municipais.

Todos esses exemplos demonstram como a preocupação com os recursos naturais anda par e passo com a evolução do direito. Esses fatos também revelam que a tutela do meio ambiente já era exercida pela autoridade, associada à preocupação com o uso econômico do bem tutelado.

A Demanda Ambiental Pós-Revolução Industrial

A conformação do indivíduo, tendo em vista a imutabilidade de sua condição na sociedade, perdurou até a Revolução Industrial e a Revolução Francesa.

Foram brutais as transformações sociais advindas da revolução industrial que modificaram o perfil ideológico dos direitos do homem e o direcionamento da economia – com grande consequência na forma de gerir os recursos ambientais disponíveis, ante as novas demandas industriais e tecnológicas produzidas em escala.

A Revolução Industrial, de início, libertou seus agentes econômicos de grilhões morais agrários, feudais, estamentais e religiosos, que reduziam o indivíduo comum à perspectiva transcendental da subordinação, humildade e desapego dos bens materiais (postos na Terra para o desfrute dos senhores do antigo regime).

A economia, a partir dessa libertação ideológica, criou um novo padrão ético, que atendeu às ânsias de lucro, de posse, prazer e prestígio, fatores que, segundo Adam Smith (*A Riqueza das Nações*), determinariam que se alcançasse a felicidade da imensa maioria dos indivíduos.

O arcabouço de direitos dessa primeira geração de demandas, portanto, buscou atender à liberalização de consumo e produção para o consumo em escala, instituindo a possibilidade de ter-se propriedade de bens e a liberdade de contratar, como tradução da liberdade individual.

A partir do momento em que a liberdade de contratar mostrou-se insuficiente para a resolução dos problemas da camada social marginalizada, foi-se perdendo o entusiasmo com a ideologia do liberalismo econômico. Os efeitos da exploração da mão de obra despertaram uma paulatina insurreição contra o estabelecimento do progresso tecnológico a qualquer custo. A prevalência da vontade individual sobre o bem-estar social passou a ser questionada por uma grande massa de excluídos. O nível de repulsa às máximas do Estado moderno se tornou tal que somente o acolhimento, pelo Direito, de certas demandas permitiria atenuar o conflito entre dominados e dominadores.

Os conflitos não tardaram a surgir. Décadas de sangrentos conflitos e batalhas ideológicas seguiram-se até formar-se uma segunda geração de direitos tutelando relações de natureza coletiva, visando à melhoria das condições de trabalho, de previdência, garantia das relações sindicais e trabalhistas e implementação de mecanismos de soberania popular, tudo dentro de uma perspectiva social.

Sobre a base dessa segunda geração de direitos, deu-se a nova expansão da economia, sob o comando de Estados intervencionistas e planejadores. Se, de um lado, o fato gerou políticas de bem-estar e consumo em massa nunca antes imaginadas, de outro lado propiciou governos de cunho totalitário, afirmações nacionais expansionistas e conflitos armados que geraram aniquilações em larga escala.

Após a segunda grande guerra, em especial nas três últimas décadas do século XX, novas demandas por participação da sociedade civil na gestão do Estado por formas de satisfação socialmente articuladas, denominadas como busca pela qualidade de vida, e, por fim, pela solução de conflitos, tendo em conta as mais variadas formas de autonomia de cunho comunitário, social, étnico, sexual ou nacional, geraram o que denominamos a terceira geração de direitos, tutelando relações e interesses de natureza difusa – transindividual, indeterminada, indivisível e fática – que apontam para o surgimento de um Estado dominado por mecanismos de estrutura participativa, atento e sensível aos conflitos setoriais, exposto ao fluxo de informação massificado e diversificado, menos partidarizado e com linhas menos definidas de separação dos poderes.

> Como que liberto das profundas camadas do inconsciente coletivo junguiano, surge das ruas, dos guetos, das comunidades afetadas pela ganância de um especulador imobiliário, ou pela irresponsabilidade e corrupção administrativas, das minorias étnicas, dos afetados pela economia desmesurada de consumo, o brado por um direito que exprima uma nova ideologia, ou seja, um sistema de representação social que atenda a essa nova demanda por autonomia, participação, cogestão e solidariedade, a qual não se confunde com a ideologia individualista do liberalismo econômico industrial, muito menos com as normas estatizantes (que resguardam o "Público" para o "Poder Público") de defesa de direitos sociais, tais como concebidas pela ideologia estadista, classista, contida nas estruturas de poder dos países socialistas, ou nas estruturas corporativas, burocráticas dos sistemas estatais previdenciários e de representação das classes trabalhadoras nos Estados capitalistas. Tal demanda impingiu à burocracia governamental o dever de tornar-se "permeável" à massa de reivindicações dos cidadãos, no interesse dos mais variados grupos de pressão, destruindo liturgias e vulgarizando a imagem pública da "autoridade". (Pedro, 2004, p. 5)

Tendo em vista o fato do Direito, sob determinada perspectiva, ser interesse juridicamente protegido, o tempo de exclusiva tutela aos interesses individuais é superado, dando-se a vez para a ideologia dos interesses difusos (isto é, interesses cuja quantificação numérica ou delimitação social de titulares não é possível, nem mesmo sua segmentação, corporificação ou divisão. Daí o termo difuso adotado para qualificá-los) tornar-se, nesse contexto, o sistema de ideias adequado a contemplar a demanda por participação proativa da comunidade, dada a autonomia das esferas de poder e a busca da qualidade de vida. (Pedro, 2004)

ENQUADRAMENTO IDEOLÓGICO DO DIREITO AMBIENTAL

A Geração dos Interesses Difusos

Interesses difusos são intrinsecamente conflituosos. Nunca haverá unanimidade para a resolução dos conflitos de natureza difusa. Assim, a motivação do ato da autoridade e a legitimação obtida no processo de resolução do conflito constituem requisitos essenciais para a validade da decisão adotada pelo poder público ao aplicar o Princípio da Autoridade no direcionamento econômico do uso e da proteção dos recursos ambientais.

Diante do conflito intrínseco ao interesse tutelado, é de se esperar que descontentes se manifestem, seja acorrendo às ruas, seja buscando a judicialização do descontentamento.

Interesses e direitos difusos são transindividuais, possuem natureza indivisível e abrangem objetos cuja titularidade é indeterminada, gerada por razões de fato.

No Brasil, esses direitos encontram-se conceitualmente definidos no inciso de um parágrafo de um artigo do Código de Defesa do Consumidor (art. 81, Parágrafo único, I, da Lei n. 8.078/90).

O conflituoso rol de interesses e direitos de natureza difusa, no entanto, é colorido pela tintura das demandas civis que essa geração de direitos da era moderna visa atender: a proteção das minorias, as demandas por autonomia, a inclusão social dos politicamente hipossuficientes, a qualidade de vida para a população e o equilíbrio ambiental.

O mestre Gofredo da Silva Telles, professor emérito da Universidade de São Paulo, já falecido, lecionava que "onde há fracos e fortes, a liberdade escraviza, o direito liberta". Ora, a liberdade que se busca na tutela de interesses difusos é vinculada ao conflito cuja medida do interesse em causa não é mensurada pela quantidade de interessados, mas pela qualidade da participação – algo ainda novo e muito complexo para ser facilmente compreendido por governantes, operadores do direito, gestores públicos e privados, quando não pelos próprios interessados beneficiados pela tutela.

A participação, no entanto, é a pedra de toque para o atendimento a demandas de natureza difusa. A participação envolve transformação política e impõe mudanças estruturais no tradicional regime democrático representativo em que vivemos. Justamente por isso, repita-se, dá-se a crise de legitimidade que explode nas ruas, mundo afora e no Brasil, desde as primaveras estudantis de 1968.

Demandas por autonomia, inclusão social e qualidade de vida podem ser identificadas na intervenção das forças de segurança do Estado em uma favela do Rio de Janeiro ou em Bogotá, na introdução de um *bunker* imobiliário em um bairro tradicional consolidado na cidade de São Paulo ou em Paris, na implantação de uma usina hidrelétrica em área de interesse dos índios, no Brasil, no estabelecimento de normas teocráticas no sistema político laico da Turquia, no conflito palestino-israelense na Faixa de Gaza, na afirmação nacional do Curdistão ante o estado Iraquiano, na legalização do casamento entre homossexuais etc.

Várias dessas demandas se desenvolvem em um banho de sangue. Outras são atendidas de forma pacífica. Todas, no entanto, permanecerão intrinsecamente conflituosas, ainda que momentaneamente pacificadas.

O Princípio da Participação

A Organização das Nações Unidas, ao tratar da proteção ambiental como um interesse difuso, entendeu que não poderia a moderna administração pública pretender tutelá-la sem a participação sistemática e obrigatória da comunidade interessada no processo de decisão.

Foi então que, em 1992, todos os mais de cem países que compareceram à Conferência da ONU sobre Meio Ambiente e Desenvolvimento, no Rio de Janeiro, firmaram a Carta de Princípios (ratificada em 2012) cujo Princípio 10 constitui um verdadeiro manifesto em prol do pluralismo, da inclusão e da participação democrática, transcendendo em muito a questão meramente ambiental.

Reza o Princípio 10:

A melhor maneira de tratar as questões ambientais é assegurar a participação, no nível apropriado, de todos os cidadãos interessados. No nível nacional, cada indivíduo terá acesso adequado às informações relativas ao meio ambiente de que disponham as autoridades públicas, inclusive informações acerca de materiais e atividades perigosas em suas comunidades, bem como a oportunidade de participar dos processos decisórios. Os Estados irão facilitar e estimular conscientização e a participação popular, colocando as informações à disposição de todos. Será proporcionado o acesso efetivo a meca-

DIREITO AMBIENTAL APLICADO | **661**

nismos judiciais e administrativos, inclusive no que se refere à compensação e reparação de danos.

Com efeito, seja nas estruturas públicas de gestão, seja na implantação de investimentos privados, a interferência da coletividade há de provocar mudanças consideráveis no resultado de projetos de impacto ambiental, social, bem como nos rumos de políticas públicas.

Não mais pode o administrador decidir sozinho e a solidão pode significar a rejeição do empreendimento ou da política proposta, quando não do próprio administrador.

A tutela pública de interesses difusos, aliada aos avanços tecnológicos nos meios de informação, transformou o cidadão comum, de observador passivo, mero destinatário resignado de produtos e serviços, a um agente crítico, uma espécie de sócio palpiteiro dos empreendimentos ou políticas que lhe são afetos, direta ou indiretamente, que não hesita em buscar no judiciário ou na mídia o reconhecimento de seus interesses, quando não as ruas como meio de manifestar o seu inconformismo.

Os governos democráticos, nos últimos quarenta anos, ante a crescente demanda por participação popular, procuraram aparelhar-se, instituindo conselhos (comunitários, ambientais etc.), audiências públicas, organismos reguladores vinculados a deliberação colegiada, pesquisas de opinião dirigidas, mecanismos de acesso rápido à justiça, ouvidorias administrativas, reuniões periódicas com representantes da sociedade civil organizada etc. No entanto, esses instrumentos, difundidos no executivo, no legislativo e até no judiciário, não só recebem tratamento de mecanismos paliativos, como, pouco a pouco, retiram nitidez dos limites de esfera desses poderes constituídos, chegando mesmo a confundi-los.

Os poderes e as formas representativos de gestão republicana, de fato, estão se afogando em um mar de interesses difusos, atormentado por ondas de informações transmitidas em rede e por correntes de participação popular demandadas para a resolução dos conflitos.

Não mais basta gerir mecanismos jurídicos de primeira geração (garantias individuais e proteção dos contratos) e de segunda geração (direitos coletivos massificados, instrumentos tradicionais de soberania popular), para resolver conflitos complexos como os de natureza difusa.

O Princípio da Participação no Brasil vem sendo parcialmente implementado, com a introdução de mecanismos de gestão cooperada em vários entes federados. Há um imperativo constitucional, inserido no art. 225, que institui um dever-poder conjunto do poder público e da coletividade (Estado e Sociedade), que em tese deveria propiciar participação dos diferentes grupos e segmentos interessados na formulação e execução de políticas ambientais, culturais e sociais. Essa participação, no entanto, pressupõe o direito à informação.

O acesso à informação confere melhores condições de interação social, de mobilização eficaz para atender desejos, gerar ideias e fazer parte ativa nas decisões de assuntos que lhe interessem e afetem diretamente as pessoas.

Essa terceira geração, de direitos e interesses difusos, portanto, forma a base normativa para a nova economia sustentável, em que questões ambientais constituem fator determinante.

Assim, o perfil ideológico do desenvolvimento sustentável vincula-se às demandas por participação popular na formulação de políticas públicas e tomada de decisão, demandas por melhor qualidade de vida e autonomias. Vincula-se a sustentabilidade também à necessidade econômica de racionalização do uso da energia, de utilização controlada de recursos naturais cada vez mais escassos, de manutenção de qualidade no saneamento básico (abastecimento, esgotamento sanitário, tratamento e destinação final de resíduos), de eliminação de modos de produção e consumo desconformes e, sobretudo, da busca pela redução da pobreza como fator de profundo desequilíbrio ambiental.

Megatendências do Direito Ambiental

Na transição entre a Antiguidade e a Modernidade, a legislação de cunho ecoeconômico difundiu-se proporcionalmente à escassez de recursos ambientais e à frequência de manifestações negativas em relação à interação nas dimensões natural e humana do ambiente; essas manifestações negativas tornam-se visíveis em catástrofes e acidentes cada vez mais chocantes ao mundo.

Os problemas ambientais em âmbito transfronteiriço ocorrem tendo como causa a utilização de produtos e/ou de métodos com reduzida eficácia ambiental em resposta a descobertas científicas destinadas à produção em grande escala e à desenfreada relação de consumo. Todos esses processos encontram-se relacionados também a um colossal aumento do número de pessoas.

Traçando um paralelo entre as duas eras, observam-se duas megatendências históricas no trato jurídico da questão ambiental:

- A internacionalização da tutela dos recursos ambientais.
- A progressiva publicização dos recursos ambientais, categorizando-os em bens de interesse público.

O alastramento global dos problemas ambientais trouxe como consequência o incremento da legislação ambiental elaborada pela comunidade internacional. A fim de se discutir e decidir sobre o recurso ambiental, com valor majorado à prevenção da escassez, a relação entre os países intensificou-se particularmente sob o aspecto ambiental.

Um marco nesse sentido é a criação, em 1949, da Agência Internacional de Energia Atômica – a primeira agência internacional com caráter ambiental do mundo.

Do final da Segunda Grande Guerra até hoje, inúmeros tratados, convenções e conferências internacionais foram firmados (Soares, 2001).

Apenas a título de exemplificação, podem ser citadas a Convenção das Nações Unidas sobre o Direito do Mar, subscrita em Montego Bay, na Jamaica, em 10 de dezembro de 1982 (Ratificação: Decreto legislativo n. 5, de 9.11.1987. Promulgação: Decreto n. 99.165, de 13.03.1990, e Decreto n. 1.530, de 22.06.1995); a Convenção-Quadro das Nações Unidas sobre Mudança do Clima, adotada em Nova York, em 9 de maio de 1992 (Ratificação: Decreto legislativo n. 1, de 3.02.1994. Promulgação: Decreto n. 2.652, de 1.07.1998).

No que diz respeito à publicização, afirmar que o bem ambiental é ou está sendo publicizado significa colocá-lo sob o exercício da autoridade do poder público.

Os primeiros indícios de publicização dos recursos ambientais são encontrados em normas da Antiguidade, naqueles exemplos de regulação do uso do recurso da natureza, que têm como força motriz o poder do Estado. Entre eles, a legislação feudal sobre florestas.

Mas é no começo do século XIX, quando a economia industrializada se consolida, que os efeitos da internacionalização e publicização tornam-se evidentes. A tendência da internacionalização vai permitir, então, a disseminação de preceitos e conceitos relativos à proteção ambiental, tanto em termos do assunto abordado (visão integrada) quanto de espaço (geograficamente alcançando os âmbitos locais e globais); dando-se, dessa forma, por demarcada a segunda fase de formação do Direito Ambiental, prontamente caracterizada por tratar explicitamente da questão ambiental como reflexo da evolução da economia.

CURSO DE GESTÃO AMBIENTAL

Se descontroladamente aplicadas, porém, as tendências mencionadas provocariam injustiças de desmedido excesso de poder ao poder público e desrespeito às bases de soberania que tornam os países, além de autônomos, particulares e especiais um em relação ao outro.

Sendo o Direito, primeiramente, um instrumento da sociedade civil organizada, de harmonização de conflitos, ele se remodelará para impedir que a sobrevinda das tendências de publicização e internacionalização dos recursos ambientais extrapole limites, inviabilizando a vida no ambiente.

Certos Estados – e o Brasil é um deles – acolhem uma articulação das teorias do Direito de forma a adaptar a Ciência do Direito à justiça social, ânsia daqueles que são vítimas do domínio exclusivo do poder ou de atitudes imperialistas.

Sem se restringir à onda pacificadora, outrora levantada pelos países da Organização das Nações Unidas, geralmente limitada à esfera internacional, vários sistemas jurídicos nacionalmente adotam a classificação dos direitos humanos – podendo-se, sob essa abordagem, incluir o direito ao meio ambiente ecologicamente equilibrado.

De acordo com as gerações de Direito: a 1ª geração, seria a da liberdade individual e política; a 2ª geração, a dos direitos econômicos e sociais; a 3ª geração, a da paz, do desenvolvimento, da cultura e do ambiente saudável. Como prova, podem ser apontadas a implantação de políticas públicas e a edição de normas ambientais partidárias do aliviamento da fome de justiça além do indivíduo isoladamente considerado, isto é, reconhecendo vantagens em dar atenção à satisfação dos interesses, em trajeto evolutivo, difusamente distribuídos.

A Economia Verde e Suas Armadilhas

O gerenciamento ecológico dos recursos ambientais, em função do risco ou sua efetiva escassez, é, portanto, atividade da economia. Necessário, assim, garantir funcionalidade econômica para orientar devidamente seu uso.

A Economia Verde pode ser definida, portanto, como a articulação de princípios, normas, métodos e instrumentos de implementação, visando conferir funcionalidade ambiental à atividade econômica e funcionalidade econômica à proteção ambiental.

Essa articulação de funcionalidades ecossistêmicas demanda transferência de recursos financeiros.

O Programa das Nações Unidas para o Meio Ambiente estimou em 2% do PIB global o aporte anual – cerca de US$ 1,3 trilhão, entre 2012 e 2050 –, para fazer funcionar uma economia de baixo carbono e ecoeficiente. Esse investimento deve ser destinado a dez setores-chave: agricultura, edificações, energia, pesca, silvicultura, indústria, turismo, transporte, água e gestão de resíduos.

A energia, se observarmos bem, perpassa todos os demais setores, bem como a gestão de resíduos. A água passará a ser a grande "pegada" da economia global e, com certeza, integrará o rol dos recursos estratégicos a serem garantidos militarmente em um futuro muito próximo. Portanto, é preciso, para impedir que a sustentabilidade sirva de pretexto para práticas políticas desumanas, firmar a democracia como pressuposto da Economia Verde.

O Estado de Direito Democrático é o terceiro ponto do triângulo formado pela economia e pela ecologia. Deverá conduzir a construção da estrutura normativa na nova Economia Verde, fundada nos 27 princípios estabelecidos pela Declaração de Princípios das Nações Unidas editada na Conferência Sobre Meio Ambiente e Desenvolvimento do Rio de Janeiro, em 1992, Carta esta integralmente ratificada na Conferência Rio+20, de 2012.

A estrutura legal da nova Economia Verde situa o humanismo como elemento central e a erradicação da pobreza e das disparidades regionais como objetivo.

É o que dispõe o Princípio 1 da Declaração do Rio de Janeiro sobre Meio Ambiente e Desenvolvimento, que aponta o ser humano como "centro das preocupações do desenvolvimento sustentável". Estabelece o mesmo documento, também, no Princípio 5, que

Todos os Estados e todos os indivíduos, como requisito indispensável para o desenvolvimento sustentável, devem cooperar na tarefa essencial de erradicar a pobreza, de forma a reduzir as disparidades, nos padrões de vida e melhor atender às necessidades da maioria da população do mundo.

Por sua vez, o Princípio 4 da Declaração sentencia: "Para alcançar o desenvolvimento sustentável, a proteção ambiental constituirá parte integrante do processo de desenvolvimento e não pode ser considerada isoladamente deste."

O Princípio 4, acima reproduzido, firma-se como um alerta contra as armadilhas comportamentais da nova economia globalizada. São elas: o biocentrismo, a estatolatria ecofascista e o neocolonialismo ecocêntrico.

O biocentrismo forma uma doutrina que desloca o ser humano do centro das preocupações com o equilíbrio ambiental. Para o biocentrista, a "natureza original" opõe-se à "barbárie humana".

Na visão dos biocêntricos, a segregação das necessidades humanas ocorre na medida em que a natureza e os animais tornam-se, também, sujeitos de direito ante a norma ambiental. É a chamada revolta do objeto – termo muito utilizado por operadores do direito investidos de autoridade, em especial no Brasil.

De fato, pressurosos em brandir a espada da justiça em prol da natureza primitiva, muitos biocentristas ignoram a sua identidade de propósitos com o nazifascismo. Desconhecem que o uso do termo revolta do objeto estava inserido no discurso do Reich Führer Hermann Göring, quando apresentadas as leis que compunham o Código Ecológico do Terceiro Reich.

A estatolatria ecofascista é a prática política do biocentrismo. O Estado-pai passa a relativizar direitos fundamentais, estigmatiza progressivamente comportamentos individuais e opções comportamentais. O que não é politicamente correto torna-se contrário ao interesse público. Como em um pesadelo orwelliano, condutas "nocivas", uma vez criminalizadas, são reprimidas didaticamente, por meio do medo, usado como meio de controle coletivo.

O constrangimento moral passa a ser regra e o efeito burocrático disso no governo é devastador: entropia corporativa cartorial. Como consequência, a concentração regulatória induz à concentração econômica em larga escala e estimula a suspeição integral da livre-iniciativa.

O desestímulo aos investimentos, por sua vez, decorre da chamada economia de risco integral, na qual todos perdem, com exceção dos bancos que ganham com o risco, pois asseguram seu financiamento aplicando taxas extorsivas.

Na outra ponta, o neocolonialismo ecocêntrico relativiza a soberania nacional.

O ecocentrismo neocolonialista concentra poderes em uma suposta governança mundial. Essa governança procura submeter a soberania dos países de economia emergente ou fragilizada a um chamado interesse global no bom uso dos recursos naturais.

O combate às políticas públicas desenvolvimentistas, à expansão da agricultura, à instalação de infraestrutura e ao incremento industrial nos países emergentes, encabeçado por organismos não governamentais multinacionais, articula-se com interesses urdidos por grupos econômicos de espectro globalizado. Nessa base de conflitos difusos, barreiras não tarifárias são erguidas, relativizando o valor dos produtos exportados pelos países emergentes, impondo embargos, reduzindo e substituindo importações de fontes de proteína, insumos energéticos, fitofármacos, minérios e bens industrializados.

Para controlar esse jogo, organismos como a OMC e sistemas multilaterais de arbitragem vêm ganhando corpo, desde os anos 1990. É o comércio internacional procurando reduzir a ação nefasta da armadilha neocolonialista fundada em critérios ecocentristas.

Contudo, no mar bravio das crises cíclicas e cada vez mais frequentes, a economia mundial segue seu rumo em direção à sustentabilidade, não por opção, mas sim, por ser condição de sobrevivência. As economias nacionais chegarão a um porto relativamente seguro se orientar sua navegação aportando verbas para os setores-chave enumerados pelas Nações Unidas e, assim, programar atividades econômica mais ecoeficientes. A Economia Verde deve navegar, portanto, sem motins a bordo.

Para tanto, há que se resgatar o humanismo, a busca pela igualdade de armas no comércio internacional e o respeito às instituições democráticas. Sem esses elementos a Economia Verde, como as demais, sucumbirá manchada pelo sangue de uma humanidade em guerra pelos recursos mais elementares existentes em nosso planeta.

PRINCÍPIOS GERAIS E INTERNACIONAIS DO DIREITO AMBIENTAL

Certas orientações de comportamentos ideais diante do ambiente são definidas internacionalmente pela sociedade. Trata-se de princípios ambientais que apresentam soluções relativas aos problemas ambientais. Esses princípios, uma vez declarados em acordos internacionais, farão parte dos sistemas jurídicos e, por conseguinte, receberão o qualificativo jurídico. A partir daí, as orientações de bom comportamento neles contidas serão extraídas. Uma vez inscritas e abarcadas pelas normas (podendo-se incluir os princípios, ao lado das regras, entre as espécies de normas jurídicas), serão elevadas a determinações de caráter obrigacional – quando, então, deverão ser respeitadas em absoluto, sob pena dos beneficiados pelo sistema jurídico que as adota fazer uso de mecanismos jurídicos próprios a exigir o cumprimento ao mandamento ideal imposto pela norma.

668 | CURSO DE GESTÃO AMBIENTAL

Ainda que os princípios sejam considerados a partir de uma teoria conservadora como sendo não vinculadores dos comportamentos – e por isso sejam tidos como não obrigatórios –, eles possuem mesmo assim um valor essencial na construção e na aplicação das normas de proteção ambiental, posto que informam a formação das legislações nacionais. Daí a importância e a necessidade de o princípio ambiental ser aceito nos sistemas jurídicos nacionais, internalizando-se os tratados internacionais, o que ocorre geralmente após a ratificação dos acordos – no caso, mediante a expedição de Decreto legislativo pelo Congresso Nacional.

Entre os princípios ambientais que imediatamente aportam efeitos sobre toda a terra, destacam-se princípios de orientação, como o princípio do ambiente no sentido de patrimônio comum da humanidade e patrimônio de cada nação em particular, sugestão direcional, no tratamento das questões ambientais, plena de controvérsias, uma vez que, simultaneamente, a soberania de cada Estado precisa ser mantida, e sem a conservação de recursos ambientais ao redor de todo o planeta o equilíbrio ecológico mundial fica comprometido.

Ao lado desses, há os princípios de ação, segundo os quais, o modo de agir sobre o meio ambiente, seja de forma direta ou indireta, deve seguir a recomendação de uma atuação que caminhe no sentido de um desenvolvimento sustentável.

Sabe-se que o desenvolvimento, para que seja dotado de sustentabilidade ou durabilidade, necessita realizar-se de acordo com o estabelecido por tratados internacionais estratégicos, que vincularam a interação homem-ambiente a uma diretriz concebida em consonância com a ideologia pós-Revolução Industrial, qual seja, a do funcionamento de qualquer sistema jurídico ambiental a partir da ideia de desenvolvimento.

Com a Declaração de Estocolmo, de 16 de junho de 1972, sobre Desenvolvimento e Meio Ambiente Humano, da primeira Conferência das Nações Unidas sobre Meio Ambiente, decisões sobre a fragilidade dos ecossistemas foram tomadas em todo o mundo. Ficou definido que o homem só pode se desenvolver – nas mais diversas acepções do termo – se, em face da interdependência da humanidade com o meio ambiente, buscar equilíbrio entre a dimensão humana e a dimensão natural do ambiente. Sob esse ponto de vista, na ocasião, foram definidos 26 princípios.

Anos depois, em 15 de junho de 1992, a Declaração do Rio sobre Meio Ambiente e Desenvolvimento (Rio 92) definiu mais 27 princípios esclarecedores e complementadores dos primeiros. Todos estes princípios fundados têm como base o denominado Princípio do Desenvolvimento sustentável, estabelecedor de um processo que não admite o uso irracional dos recursos ambientais, mas pelo contrário, procura evitar o comprometimento do capital ecológico do planeta.

Nesse sentido, na XV Sessão do Conselho de Administração do Programa das Nações Unidas para o Meio Ambiente (Pnuma), considera-se que a consecução do desenvolvimento sustentável envolve cooperação dentro das fronteiras nacionais e por meio delas. Implica progresso na direção da equidade nacional e internacional, inclusive assistência aos países em desenvolvimento de acordo com seus planos de desenvolvimento, prioridades e objetivos nacionais.

Dada a abrangência desse primeiro conceito assim fixado, para efeito de verdadeira manutenção do meio ambiente ecologicamente equilibrado, foram eleitos mais três princípios fundamentais que, organizados segundo a ordem básica do gerenciamento ambiental, condicionam todos os demais à sua correta aplicação.

O núcleo da regência do direito ambiental moderno pode, assim, ser conformado como um tetraedro de princípios, tendo por base a orientação humanística e transcendental e, por faces dessa pirâmide, os aspectos territorial, político e econômico, que demandam as preocupações com o equilíbrio ecológico do globo terrestre. São eles os Princípios do Desenvolvimento Sustentável, Prevenção e Precaução, Participação e Poluidor-Pagador.

Vários, no entanto, são os princípios estabelecidos pelas declarações internacionais, cartas aparentemente sem valor legal, mas que primam por informar as legislações, na medida em que adotadas pelos tratados internacionais e absorvidas pelas normas nacionais.

Com referência ao esforço internacional para equacionar o grave problema da degradação ambiental, deve-se destacar a Declaração de Estocolmo sobre o Ambiente Humano, firmada em 1972, a qual contém 26 princípios, e a Declaração do Rio sobre Meio Ambiente e Desenvolvimento, firmada em 1992, contendo 27 princípios. Ambas as declarações foram firmadas por centenas de chefes de Estado, e muitos dos princípios ali estabelecidos encontram-se adotados em vários textos legais pertinentes à moderna gestão do meio ambiente.

No entanto, acredito que os demais princípios decorrem da correta aplicação daqueles inseridos na figura piramidal em referência, posto que acabam por nortear, tendo por base a preocupação humanista do desenvolvimento sustentável, a forma de aplicação e os padrões de gestão ambiental, tendo por faces a gestão territorial (Prevenção), a gestão política (Participação) e a gestão econômica (Poluidor-Pagador).

Princípio do Desenvolvimento Sustentável

A questão ambiental forma o núcleo central do conceito de desenvolvimento sustentável e é moldada por demandas de natureza difusa que caracterizam a terceira geração dos direitos da era moderna e refletem as preocupações da sociedade pós-Era Industrial.

Gerado no desenvolvimento dos trabalhos da Comissão Brudtland, nomeada pela ONU, na década de 1980, que resultou na redação do relatório *Nosso Futuro Comum*, o conceito do desenvolvimento sustentável foi adotado como referência pelas Nações Unidas para a Conferência sobre Meio Ambiente e Desenvolvimento, realizada em 1992, no Rio de Janeiro.

A Conferência, chamada Cúpula da Terra de 1992, inseriu o conceito de sustentabilidade no quadro dos princípios, que constitui a Declaração do Rio sobre Meio Ambiente e Desenvolvimento, a qual o traduz como "o direito dos seres humanos a viver e produzir em harmonia com a natureza" (Princípio 1 da Declaração) e o caracteriza como forma de manutenção de uma economia compatível com as "necessidades de desenvolvimento ambiental das gerações presentes e futuras" (Princípio 3 da mesma Carta).

O desenvolvimento sustentável, portanto, norteia hoje a chamada nova economia global e é uma resposta conceitual, de cunho ideológico, à escassez provocada pela apropriação hegemônica, milenar, unilateral e destrutiva, pelo homem, dos recursos naturais do planeta.

Na verdade, o desenvolvimento sustentável não dissocia a administração racional dos escassos recursos naturais remanescentes como fonte primária de economia em relação ao necessário controle do meio ambiente resultante das modificações físicas, sociais, estéticas e biológicas ocasionadas pela ação humana, enquanto fontes de novos recursos econômicos e novas demandas.

Esse conceito de sustentabilidade, portanto, envolve uma nova postura ideológica dos seus operadores, pois implica adoção de limites ao crescimento econômico, direcionando-o de maneira a não permitir que suas naturais externalidades sejam, como sempre foram, socializadas, arcando, a partir de agora, com a conta, os geradores e beneficiários das atividades de impacto ambiental social.

Princípio da Prevenção

O Princípio da Prevenção é aquele norteador dos mecanismos de gestão do meio ambiente, dado sua característica marcadamente territorial. Como leciona o mestre Paulo Nogueira Neto: "homem é território". Já estabelecia a Declaração do Estocolmo sobre o Ambiente Humano (1972) que "deve-se aplicar o planejamento tanto na ocupação do solo para fins agrícolas como na urbanização com vistas a evitar efeitos prejudiciais sobre o meio e a obter o máximo benefício social, econômico e ambiental para todos" (Princípio 15), devendo ser "confiada às instituições nacionais competentes a tarefa de planejar, administrar e controlar a utilização dos recursos ambientais com a finalidade de melhorar a qualidade do meio" (Princípio 17), cujo planejamento racional é: "um instrumento indispensável para conciliar diferenças que possam surgir entre as exigências do desenvolvimento e a necessidade de proteger e melhorar o meio".

Dessa forma, os mecanismos de controle territorial para orientar a ocupação do solo e o uso dos recursos ambientais disponíveis assumiam caráter preventivo, envolvendo conceitos de previsão e previsibilidade, nos quais o planejamento é o principal instrumento dessas ações.

No ano de 1990, o Fórum de Siena sobre Direito Internacional do Meio Ambiente, na Itália, relacionou que a abordagem setor por setor, característica do modelo, reaja e corrija o adotado tradicionalmente pelo poder público, deveria ser suplantada pela abordagem integrada, adotada pelo modelo preveja e previna, reduzindo-se aquele modelo a complemento deste último, de forma a melhor tratar os assuntos relacionados ao meio ambiente.

Isso significava uma quebra no paradigma tradicional da administração pública, pois o conceito ordinário de licença, para atuar, empreender atividades, não mais se daria pela simples satisfação de requisitos legais ou cumprimento de regras, *postas adrede*, respondendo o infrator *a posteriori* por eventuais danos ou desvios de conduta. A administração pública deveria, a partir de então, transferir ao empreendedor e não mais prover critérios de planejamento territorial. Deveria o poder público licenciador obter ações de prevenção, planos de contingência e emergência e demais medidas compensatórias do empreendedor antes de autorizar o empreendimento, de maneira a minimizar a necessidade de agir *a posteriori*.

Assim, recomendava-se, ao poder público, que adotasse políticas públicas que envolvessem, de maneira integrada aos instrumentos de controle econômico-territorial, medidas de previsão e prevenção relacionadas, em especial, ao planejamento econômico e ao licenciamento de atividades de risco ambiental.

A Declaração do Rio sobre o Meio Ambiente e Desenvolvimento relacionou, também, o critério da precaução, entendendo que "quando houver perigo de dano grave ou irreversível, a falta de certeza científica absoluta não deverá ser utilizada como razão para se adiar a adoção de medidas eficazes em função dos custos para impedir a degradação do meio ambiente".

Com isso, adicionou-se a precaução como critério auxiliar, dirimente de conflitos na adoção de medidas de controle e licenciamento de atividade que ponha em risco o equilíbrio ambiental.

A Avaliação de Impacto Ambiental foi, por sua vez, consagrada pela Declaração do Rio como o "instrumento nacional, a despeito de qualquer atividade proposta que provavelmente produz impacto negativo considerável no meio ambiente e que esteja sujeito à decisão de uma autoridade nacional competente".

Sem informação organizada e sem pequisa, não há prevenção. Como ensina Machado (1993, p.398):

> Divido em cinco itens a aplicação do princípio da prevenção: 1°) identificação e inventário das espécies animais e vegetais de um território, quanto à conservação da natureza e identificação das fontes contaminantes das águas e do mar, quanto ao controle da poluição; 2°) identificação e inventário dos ecossistemas, com a colaboração de um mapa ecológico; 3°) planejamento ambiental e econômico integrados, 4°) ordenamento territorial ambiental para a valorização das áreas de acordo com a sua aptidão; 5°) Estudo de Impacto Ambiental (EIA).

Com efeito, verificamos que o Estudo de Impacto Ambiental, aqui mencionado, refere-se não a um instrumento assim nominado, mas ao gênero Avaliação de Impacto Ambiental, parte integrante do licenciamento ambiental, sua renovação e auditoria das atividades potencialmente degradadoras do ambiente, que se desenvolvem em determinado território.

Já estabelecia a Declaração de Estocolmo sobre o Ambiente Humano (1972) que "deve-se aplicar o planejamento tanto na ocupação do solo para fins agrícolas como na urbanização com vistas a evitar efeitos prejudiciais sobre o meio e a obter o máximo benefício social, econômico e ambiental para todos" (Princípio 15), devendo ser "confiada às instituições nacionais competentes a tarefa de planejar, administrar e controlar a utilização dos recursos ambientais, com a finalidade de melhorar a qualidade do meio" (Princípio 17), cujo planejamento racional é "um instrumento indispensável para conciliar diferenças que possam surgir entre as exigências do desenvolvimento e a necessidade de proteger e melhorar o meio" (Princípio 14).

O posicionamento do mestre acima referido indica, ainda, um roteiro cronológico que não deve ser invertido, cabendo ao poder público estabelecer, como cenário macroeconômico, os quatro primeiros instrumentos, sob pena de politizar, invariavelmente, o licenciamento ambiental, ao exigir medidas de gestão macroterritorial no bojo da Avaliação de Impacto Ambiental de cada empreendimento que for autorizar.

O Princípio da Prevenção é o princípio fundamental para o estabelecimento de uma correta política de preservação do meio ambiente, pois a ocorrência do dano em matéria ambiental pode significar a perda irreparável de todo um ecossistema.

Princípio da Participação

O Princípio da Participação, por sua vez, conforma politicamente os instrumentos de implementação da sustentabilidade ambiental, pois, como visto acima, tratando-se a questão ambiental de objeto diversificado e difuso, não poderia a moderna administração pública pretender tutelá-la sem a interferência sistemática e obrigatória da comunidade em todas as circunstâncias de decisão.

Com efeito, seja nas estruturas públicas de gestão ambiental, seja nos sistemas privados, a interferência da coletividade provoca hoje mudanças consideráveis no resultado de projetos de impacto ambiental e social. Não mais pode o administrador decidir sozinho, podendo a solidão significar a rejeição do empreendimento ou da política proposta.

A tutela pública de interesses difusos, como os de consumo e minorias, entre outros, aliada aos avanços tecnológicos nos meios de informação, transformou o cidadão comum de observador passivo e destinatário resignado de produtos e serviços em um agente crítico, uma espécie de sócio palpiteiro dos empreendimentos ou políticas que lhe são afetos, direta ou indiretamente, e que não hesita em buscar no judiciário ou na mídia o reconhecimento de seus interesses.

Para atender a essa nova demanda, o Estado procura aparelhar-se com instrumentos estruturais paliativos, tais como conselhos comunitários, ambientais etc., mecanismos de audiência pública, métodos de deliberação colegiada, pesquisas de opinião dirigidas, bem como mecanismos de acesso à justiça e ao sistema de ouvidorias administrativas, as quais, pouco a pouco, retiram nitidez dos limites de esfera dos poderes constituídos, confundindo-o.

O fruto disso é a ascensão de uma nova democracia participativa, que tende a reduzir os poderes das formas representativas de gestão republicana de primeira e segunda geração, como hoje são conhecidas.

A Declaração do Rio consagra a participação no seu Princípio 10, que diz, *in verbis*: "O melhor modo de tratar as questões do meio ambiente é assegurando a participação de todos os cidadãos interessados, no nível pertinente".

Podemos verificar a implementação do mecanismo de gestão cooperada, com a devida participação da comunidade, no direito de petição ao poder público; na possibilidade de realização de audiências públicas; na formação de órgãos colegiados (Conselhos); na conquista e manutenção da soberania popular, por meio do sufrágio universal, plebiscito, *referendum* e no direito constitucionalmente consagrado de acesso à justiça.

Vale lembrar que o Princípio da Participação pressupõe o direito da informação, pois com o acesso às informações, a comunidade tem melhores condições de atuar sobre a sociedade, de formar uma mobilização eficaz para atender aos desejos e ideias e de fazer parte ativa nas decisões de assuntos que lhes interessem e afetem diretamente.

Princípio do Poluidor-Pagador

A vertente econômica determinante da sustentabilidade é constituída pelo Princípio do Poluidor-Pagador, que surge cristalino no Princípio 16 da Declaração do Rio, consubstanciado na máxima de que "aquele que contamina deve, em princípio, arcar com os custos da contaminação".

Para tanto, os Estados e organismos públicos desenvolvem instrumentos econômicos destinados a obrigar os usuários dos recursos ambientais, com fins de insumo e consumo, a contribuir retributivamente pela manutenção e melhoria da disponibilidade do próprio recurso, reconhecida a sua escassez e valoração econômica. Esse mecanismo, caracterizado pela chamada parafiscalidade, vem sendo admitido em todos os países e está no cerne do moderno gerenciamento dos recursos hídricos e de geração de energia.

Já os poluidores, pela adoção do princípio, passam a obrigar-se a internalizar os custos ambientais de sua atividade.

A internalização dos custos ambientais revela a adoção de um contra-conceito à tradicional noção de externalidade, efeito indesejável da atividade econômica que, em geral, sempre foi, e ainda é, socializada, ou seja, transferida para a sociedade.

Pelo novo conceito de internalização dos custos, obrigam-se os poluidores, ainda que potenciais, a mensurar jurídico-contabilmente o seu passivo ambiental avaliado pela impactação de sua atividade, com reflexos no custo final de sua atividade econômica.

A revolução ocasionada pela aplicação do Princípio do Poluidor-Pagador, portanto, é imensurável, e as crises decorrentes dessa implementação já podem ser sentidas na adoção de importantes tratados internacionais, como o de mudanças climáticas, ou em casos de responsabilização de fabricantes, por efeitos pós-consumo de seus produtos, como as indústrias tabagista, eletroeletrônica, farmacêutica etc.

CONCEITO E CONSTITUCIONALIDADE DO DIREITO AMBIENTAL

A Constituição Federal e a Especificidade do Direito Ambiental

Entre os países que consagraram o direito ao meio ambiente ecologicamente equilibrado em suas legislações – tenha sido por previsão, em seus sistemas jurídicos de direito interno, consequente da internalização de tratado internacional, ou como consequência de evolução autônoma de seu direito interno –, uma coisa é certa: o simples fato de o terem feito traz em si latente o reconhecimento da importância em tratar a questão ambiental admitindo-se sua especificidade a partir do acompanhamento dos princípios gerais do Direito Ambiental.

Tanto isso é verdade que países que incluíram esse direito em suas constituições (diga-se de passagem, entre eles o Brasil; ao lado de Holanda, Grécia, Peru e Portugal) vêm estabelecendo, de forma explícita, inúmeras determinações que contêm em si as orientações dos citados princípios dentre as obrigações que impõem.

Uma constituição analítica, como é a Constituição da República Federativa do Brasil de 1998, claramente absorve a orientação dos princípios gerais do Direito Ambiental, ao, por exemplo, prever o Estudo de Impacto Ambiental – um dos instrumentos de implementação do Princípio da Prevenção – para toda atividade potencialmente degradadora do meio ambiente.

Na realidade, o próprio *caput* do artigo reservado ao meio ambiente, na Constituição Federal de 1988, é uma releitura do Princípio 1 da Declaração de Estocolmo. A redação de ambos os dispositivos apresenta semelhanças, o que não é mera coincidência.

Enquanto a Declaração de Estocolmo afirma que o homem tem um direito fundamental à liberdade, à igualdade e a condições de vida satisfatórias, em um ambiente cuja qualidade lhe permita viver com dignidade e bem-estar; que ele tem o dever solene de proteger e melhorar o ambiente para as gerações presentes e futuras; e que, sob esse ponto de vista, as políticas que encorajam ou permitem que se perpetuem o Apartheid, a segregação racial, a discriminação, as formas coloniais ou outras, de opressão e de dominação estrangeiras são condenadas e devem ser eliminadas (Princípio 1, Declaração de Estocolmo – 1972); a Constituição Federal determina que "todos têm direito ao meio ambiente ecologicamente equilibrado, bem de uso comum do povo e essencial à sadia qualidade de vida, impondo-se ao poder público e à coletividade o dever de defendê-lo e preservá-lo para as presentes e futuras gerações" (art. 225, *caput*, Constituição Federal de 1988).

No caso do Brasil, a maior parte das declarações e convenções internacionais sobre a matéria é recepcionada em seu sistema jurídico, ao mesmo tempo que leis nacionais ambientais, explícita e especificamente, são promulgadas, compondo uma legislação que culminará na formação de um exército brasileiro – ainda em formação – incumbido de lutar pela paz no mundo ambiental. Além disso, promove-se a abertura de espaços de atuação ambiental.

Ainda que se afirme serem óbvias as orientações dos princípios de Direito Ambiental, não são elas redundantes. Se, na cultura folclórica brasileira é comum encontrar provérbios como "prevenir é melhor do que remediar", isso se dá por sabedoria popular e jamais por desperdício de palavras.

Assim, sendo parte dela em um sistema, o Direito Ambiental desponta como ramo autônomo, contudo, relativamente dependente dos demais, o que reforça a abordagem integrada própria da concepção de uma teoria do Direito Ambiental.

Definição e Amplitude do Bem Jurídico Ambiental

O objeto dessa relação jurídica, sobre o qual recai o Direito, é o meio ambiente ecologicamente equilibrado, de modo que as prestações relacionadas à função jurídica ambiental devem estar associadas ao alcance do bem ambiental ecologicamente equilibrado. Isso, tanto ao bem ambiental classificado em macrobem (universalidade de bens, obrigando o exercício da função ambiental) quanto ao classificado como microbem (bens de natureza ambiental individualizados e que, somados, compõem a universalidade de bens – por exemplo, um ecossistema determinado com as características de um espaço extremo, como as áreas desérticas).

Sendo todos titulares do direito ao meio ambiente ecologicamente equilibrado, ainda que o bem ambiental possa ser usufruído individualmente, o fato é que o direito a ele correlacionado é de caráter geral e transindividual, portanto, difuso.

Promotores, magistrados, fiscais e outros integrantes da burocracia do Estado brasileiro não raro perdem-se em imprecisões quanto ao bem jurídico a ser efetivamente protegido pela norma ambiental. Há quem ouse dizer que, "pelo princípio da indisponibilidade do bem ambiental" sequer pedras deveriam ser movidas do meio do caminho. Regras jurídicas equiparadas a dogmas, irretroatividades e outros engessamentos principiológicos impedem a resolução dos conflitos, entre outros absurdos.

No entanto, a simples leitura do art. 225 da Constituição Federal revela constituir o meio ambiente ecologicamente equilibrado um bem de uso comum do povo, essencial à sadia qualidade de vida e direito de todos.

A norma vincula meio, ecologia e equilíbrio. Sendo o equilíbrio ambiental de domínio comum do povo, voltado para o ser humano, dele beneficiário. Equilíbrio não é algo que se encontre em um cemitério, no quadro de natureza morta pendurado na parede, no aquário e muito menos no couro da sandália da mocinha natureba. Equilíbrio não é estático; pelo contrário, é dinâmico. Está na expansão das moléculas, na expansão do cosmos, na interação dos seres vivos, na expansão urbana e até mesmo na morte de bilhões de bactérias em uma estação de tratamento de esgoto.

A Constituição é sábia, permite entendimento flexível, factível e aplicável do conceito de equilíbrio, e a noção de equilíbrio ambiental varia de acordo com as demandas relacionadas ao avanço da economia, à participação popular, à autonomia das comunidades ou à necessidade de inclusão tecnológica e social.

Equilíbrio ecossistêmico está muito além da visão estreita dos que buscam indispor o meio ambiente com o desenvolvimento econômico e social, tão necessário à melhoria da qualidade de vida do povo brasileiro. O equilíbrio ambiental também está na infraestrutura, na barragem das hidrelétricas, na produção agrícola e na urbanização.

O resgate do equilíbrio na definição do bem ambiental constitucionalmente protegido é fundamental para entendermos qual meio ambiente devemos preservar.

A ONU definiu no Princípio 4 da Carta de Princípios da Conferência do Rio de 1992, ratificada integralmente em 2012, que "para alcançar o desenvolvimento sustentável, a proteção ambiental constituirá parte integrante do processo de desenvolvimento e não pode ser considerada isoladamente deste". Claro está que o bem ambiental protegido pela Constituição é aquele integrante do nosso processo de desenvolvimento, resguardados os critérios de sustentabilidade.

Titularidade e Beneficiários do Bem Jurídico Ambiental

É importante, na análise da relação jurídica ambiental, visualizar os beneficiários da função ambiental – aos quais cabe o múnus da tutela do patrimônio ambiental (os titulares do direito ao meio ambiente ecologicamente equilibrado e aqueles que virão [futura geração], mas já possuem expectativa de direito, apesar de ainda não serem sujeitos de direito).

Ademais, podem-se rotular beneficiários da proteção dada pela norma jurídica ambiental, além desses mencionados, os estrangeiros não residentes no país (para aqueles que não se consideram incluídos no termo todos, por não serem brasileiros ou estrangeiros residentes no país).

O próprio ambiente, com todo o respeito às filosofias atributivas de personalidade aos animais e plantas, tem o seu valor à medida que o ser humano demonstre amor às criaturas não humanas; não como sujeitos de direito, mas beneficiadas pela proteção.

Adverte-se que tais associações devem ser diferenciadas da classificação beneficiários do uso exclusivo do bem ambiental[1], o qual refere-se aos usuários do recurso ambiental e que devem integrar funções jurídicas: a

---

[1] Nesse sentido, ver Frangetto e Gazani (2002, p.116).

propriedade, a ordem econômica, os bens públicos, a tríplice responsabilidade pelo dano ambiental e as competências legislativa e funcional dos entes federados.

Tendo apresentado a relação jurídica ambiental, faz-se útil mencionar algumas previsões constitucionais que determinam os limites de certas atividades e de certos direitos, por força da função jurídica ambiental.

Primeiramente, é válido citar o direito de propriedade, o qual nascendo limitado, mantém a legalidade em seu exercício na proporção com que se realiza a função ambiental da propriedade. No caso da propriedade rural, sua função social é cumprida quando atende, simultaneamente, segundo critérios e graus de exigência estabelecidos em lei, ao aproveitamento racional e adequado, à utilização adequada dos recursos naturais disponíveis e à preservação do meio ambiente.

O mesmo raciocínio é útil à compreensão do art. 170 da Constituição Federal de 1988, o qual dispõe que a ordem econômica, fundada na valorização do trabalho humano e na livre-iniciativa, tem por fim assegurar a todos uma existência digna, conforme os ditames da justiça social, observando, dentre outros, o Princípio da Defesa do Meio Ambiente. Assim, desde que com respeito ao meio ambiente, a livre-iniciativa pode acontecer.

Sendo os bens ambientais de possível uso exclusivo de uma pessoa (ou mais de uma, determinada em um coletivo), importa refletir sobre sua natureza jurídica.

Sabe-se que, pelo antigo Código Civil, os bens públicos podem ser classificados como bens de uso comum do povo, tais como mares, rios, estradas, ruas e praças; bens de uso especial, como os edifícios ou terrenos aplicados a serviço ou estabelecimento federal, estadual ou municipal; e bens dominicais, isto é, os que constituem o patrimônio da União, dos estados, ou dos municípios, como objeto de direito pessoal ou real de cada uma dessas entidades.

Na tentativa de classificar o bem jurídico ambiental como público ou privado, poder-se-ia recair no equívoco de tratá-lo somente por seu domínio (domínio de um bem, cuja titularidade do direito respectivo não se resume à pessoa física ou à privada, já que todos são titulares do direito ao meio ambiente ecologicamente equilibrado). Assim, é necessária uma ponderação, caso a caso, para verificar qual a natureza jurídica do bem, que parece difusa, admitindo o regime de direito público em certas situações, e o de direito privado em outras. Portanto, trata-se de um regime que intercala ambos (o público e o privado) conforme os limites do uso exclusivo do bem ambiental à prestação da função jurídica ambiental (regime que por ser tanto público quanto privado, envolve interesse difuso) (Frangetto e Gazani, 2002, p. 116).

De nada adiantaria a sustentação da função jurídica ambiental pela Constituição Federal de 1988 se no sistema jurídico não fossem previstas estruturas para a verificação da sua realização, bem como de exigência coercitiva de respeito no caso de desobediência em fazê-lo.

Por isso, revelam-se indispensáveis os dispositivos da Lei Maior brasileira concernentes à competência material, determinando atribuições aos municípios, estados e União para proteger o meio ambiente, controlando a poluição; resguardando os recursos naturais em sua conservação, preservação e recuperação. Assim, o art. 23 da Constituição Federal estabelece que é competência comum da União, dos estados, do Distrito Federal e dos municípios proteger os documentos, as obras e outros bens de valor histórico, artístico e cultural, os monumentos, as paisagens naturais notáveis e os sítios arqueológicos; impedir a evasão, a destruição e a descaracterização de obras de arte e de outros bens de valor histórico, artístico ou cultural; proteger o meio ambiente e combater a poluição em qualquer de suas formas; preservar as florestas, a fauna e a flora.

Também indispensáveis são os artigos referentes à responsabilização por danos ambientais (art. 225, § 3º da Constituição Federal).

Verifica-se que até os mais frágeis sinais de justificativas de normas de proteção ambiental (isto é, aquelas fundamentadas em razões de ordem imaterial) permitiram suprir a carência existente na área de proteção ambiental (de implícita e puramente setorial, para explícita e global).

Razões dessa ordem forneceram as bases para as normas de proteção atuais na área de meio ambiente sob sua dimensão humana: repletas de valores subjetivos, como reconhecimento estético, de beleza da paisagem e memória, religioso, cultural e da importância do bem-estar; satisfação pessoal e social diante da vida em grupo. Todos esses aspectos são essenciais no delineamento das tendências de evolução do Direito Ambiental.

A POLÍTICA NACIONAL DO MEIO AMBIENTE

Costuma-se falar em hierarquia das leis, porém isso não é correto, exceto no que tange ao uso dos instrumentos legais, no que deve-se obedecer a uma ordem, interpretando-se qualquer norma conforme a Constituição.

Nesse sentido, somente as emendas são uma espécie normativa que, em termos de hierarquia, estão no mesmo patamar das normas constitucionais.

A respeito da não superioridade de uma norma à outra, o professor Celso Bastos explica:

> O que distingue uma espécie normativa da outra são certos aspectos na elaboração e no campo de atuação de cada uma delas. [...] se cada uma das espécies tem o seu campo próprio de atuação, não há que falar em hierarquia. Qualquer contradição entre essas espécies normativas será sempre por invasão de competência de uma pela outra. Se uma espécie invadir o campo de atuação da outra, estará ofendendo diretamente a Constituição. Será inconstitucional. (Bastos, 1996, p. 325)

As principais leis que instituem diretrizes gerais ambientais são as leis do tipo ordinária (a título de exemplificação, a Lei n. 6.938, de 31.08.1981, Lei da Política Nacional do Meio Ambiente – LPNMA; a Lei n. 9.605, de 12.02.1998, Lei de Crimes Ambientais – LCA). Essas leis infraconstitucionais são regulamentadas por decretos (como o Decreto n. 99.274, de 06.06.1990, que dispõe sobre a LPNMA; e o Decreto n. 3.179, de 21.09.1999, que regulamenta a LCA).

Deve-se citar, além desses, também o Decreto n. 99.733, de 12.02.1998, que dispõe sobre a inclusão, no orçamento, de projetos e obras federais, de recursos destinados a prevenir ou corrigir os prejuízos de natureza ambiental e social decorrentes da execução desses projetos e obras.

Entre as leis ambientais brasileiras de peso – sem desconsiderar a contribuição de todas as outras, como a Lei sobre Responsabilidade Civil e Criminal por Danos Nucleares (1977) – é importante citar a Lei n. 6.803, de 02.07.1980 (dispõe sobre as diretrizes básicas para o zoneamento industrial nas áreas críticas de poluição e estabelece outras providências).

Não é demais mencionar, também, estas regras: Lei n. 7.661, de 16.05.1988, que institui o Plano Nacional de Gerenciamento Costeiro, prevendo o zoneamento de usos e atividades na zona costeira (regulamentada pelo Decreto n. 9.193, de 27.03.1990, que dispõe sobre a atividade relacionada ao zoneamento ecológico-econômico, e Decreto n. 99.540, de 21.09.1990, que institui a Comissão Coordenadora do Zoneamento Ecológico-Econômico do Território Nacional); Lei n. 8.171, de 17.01.1991, que dispõe sobre a política agrícola, determinando a realização de zoneamentos agroecológicos (art. 19, inc. III; Lei n. 10.257, de 10.02.2001, que institui o Estatuto da Cidade; Lei n. 10.650, de 16.04.2003, Lei de acesso à informação ambiental).

Conceitos Legais de Meio Ambiente, Poluição e Poluidor

A Lei da Política Nacional de Meio Ambiente (Lei n. 6.938, de 31.08.1981) fornece o conceito de meio ambiente (conforme o art. 3º, inc. I – "meio ambiente: o conjunto de condições, leis, influências e interações de ordem física, química e biológica, que permite, abriga e rege a vida em todas as suas formas"); de poluidor (art. 3º, inc. IV – "poluidor: a pessoa física ou jurídica, de direito público, responsável, direta ou indiretamente, por atividade causadora de degradação ambiental"); de degradação da qualidade ambiental (art. 3º, inc. II – "degradação da qualidade ambiental: a alteração adversa das características do meio ambiente"); de poluição (art. 3º; inc. III – "poluição: a degradação da qualidade ambiental resultante de atividades que direta ou indiretamente: a) prejudiquem a saúde, a segurança e o bem-estar da população; b) criem condições adversas às atividades sociais e econômicas; c) afetem desfavoravelmente à biota; d) afetem as condições estéticas ou sanitárias do meio ambiente; e) lancem matérias ou energia em desacordo com os padrões ambientais estabelecidos").

O Sistema Nacional do Meio Ambiente (Sisnama)

A Lei n. 6.938/81 instituiu o Sistema Nacional de Meio Ambiente (Sisnama), constituído por órgãos e entidades da União, dos estados, do Distrito Federal, dos municípios, bem como as fundações instituídas pelo poder público, responsáveis pela proteção e melhoria da qualidade ambiental.

A estrutura do Sisnama, segundo o art. 6º da Lei, é a seguinte :

I – Órgão Superior: o Conselho de Governo, com função de assessorar o Presidente da República na formulação da política nacional e nas diretrizes governamentais para o meio ambiente e os recursos ambientais;

II – Órgão Consultivo e Deliberativo: o Conselho Nacional do Meio Ambiente–(Conama), com a finalidade de assessorar, estudar e propor ao Conselho de Governo diretrizes de políticas governamentais para o meio ambiente e os recursos naturais e deliberar, no âmbito de sua competência, sobre normas e padrões compatíveis com o meio ambiente ecologicamente equilibrado e essencial à sadia qualidade de vida;

III – Órgão Central: o Ministério do Meio Ambiente e da Amazônia Legal;

IV – Órgão Executor: o Instituto Brasileiro do Meio Ambiente e dos Recursos Naturais Renováveis, com finalidade de executar e fazer executar, como órgão federal, a política e as diretrizes governamentais fixadas para o meio ambiente;

V – Órgãos Setoriais: os órgãos ou entidades integrantes da Administração Federal direta ou indireta, bem como as fundações instituídas pelo Poder Público, cujas atividades estejam associadas às de proteção de qualidade ambiental ou àquelas de disciplinamento do uso de recursos ambientais;

VI – Órgãos Seccionais – os órgãos ou entidades estaduais responsáveis pela execução de programas, projetos e pelo controle e fiscalização de atividades capazes de provocar a degradação ambiental;

VII – Órgãos Locais: os órgãos ou entidades municipais, responsáveis pelo controle e fiscalização dessas atividades, nas suas respectivas jurisdições.

Não obstante esse seja o formato previsto pela lei, o Sisnama ainda não está totalmente estruturado. O problema ainda não é a manutenção do sistema, mas sua implantação eficaz.

Quanto à atuação dos órgãos seccionais e órgãos locais, algumas observações sobre o equilíbrio entre as ações dos municípios e estados são necessárias.

Tendo adotado o Brasil um sistema federativo, é concedida autonomia a cada uma das unidades federativas. Para os assuntos ambientais, foi determinada competência legislativa privativa à União em determinadas questões; e outras concorrentes distribuídas aos demais, sobrando aos municípios material legislar suplementarmente e sobre assuntos de interesse local. Em termos materiais, foi estabelecido o regime de competência comum – incumbindo a todas as entidades federativas executarem as medidas de proteção do meio ambiente.

A Lei Complementar n. 140, de 08.12.2011, ao instituir as regras de cooperação entre entes federados, solucionou conflitos latentes entre as unidades da federação, definindo regras de competência claras, entre elas a de que:

684 | CURSO DE GESTÃO AMBIENTAL

Art. 13. Os empreendimentos e atividades são licenciados ou autorizados, ambientalmente, por um único ente federativo, em conformidade com as atribuições estabelecidas nos termos desta Lei Complementar.

§ 1º Os demais entes federativos interessados podem manifestar-se ao órgão responsável pela licença ou autorização, de maneira não vinculante, respeitados os prazos e procedimentos do licenciamento ambiental.

§ 2º A supressão de vegetação decorrente de licenciamentos ambientais é autorizada pelo ente federativo licenciador.

§ 3º Os valores alusivos às taxas de licenciamento ambiental e outros serviços afins devem guardar relação de proporcionalidade com o custo e a complexidade do serviço prestado pelo ente federativo.

Art. 14. Os órgãos licenciadores devem observar os prazos estabelecidos para tramitação dos processos de licenciamento.

§ 1º As exigências de complementação oriundas da análise do empreendimento ou atividade devem ser comunicadas pela autoridade licenciadora de uma única vez ao empreendedor, ressalvadas aquelas decorrentes de fatos novos.

§ 2º As exigências de complementação de informações, documentos ou estudos feitas pela autoridade licenciadora suspendem o prazo de aprovação, que continua a fluir após o seu atendimento integral pelo empreendedor.

§ 3º O decurso dos prazos de licenciamento, sem a emissão da licença ambiental, não implica emissão tácita nem autoriza a prática de ato que dela dependa ou decorra, mas instaura a competência supletiva referida no art. 15.

§ 4º A renovação de licenças ambientais deve ser requerida com antecedência mínima de 120 (cento e vinte) dias da expiração de seu prazo de validade, fixado na respectiva licença, ficando este automaticamente prorrogado até a manifestação definitiva do órgão ambiental competente.

Art. 15. Os entes federativos devem atuar em caráter supletivo nas ações administrativas de licenciamento e na autorização ambiental, nas seguintes hipóteses:

I - inexistindo órgão ambiental capacitado ou conselho de meio ambiente no Estado ou no Distrito Federal, a União deve desempenhar as ações administrativas estaduais ou distritais até a sua criação;

II - inexistindo órgão ambiental capacitado ou conselho de meio ambiente no Município, o Estado deve desempenhar as ações administrativas municipais até a sua criação; e

III - inexistindo órgão ambiental capacitado ou conselho de meio ambiente no Estado e no Município, a União deve desempenhar as ações administrativas até a sua criação em um daqueles entes federativos.

Art. 16. A ação administrativa subsidiária dos entes federativos dar-se-á por meio de apoio técnico, científico, administrativo ou financeiro, sem prejuízo de outras formas de cooperação.

INSTITUTOS RELEVANTES PARA O DIREITO AMBIENTAL BRASILEIRO

Responsabilidade Penal Ambiental da Pessoa Jurídica

Crime é um fato típico, antijurídico e culpável. A dificuldade, no entanto, surge para o operador do Direito quando o crime é ambiental e atribuído a pessoas jurídicas, entes morais, não naturais. Esse tema enseja grandes discussões e possibilidades doutrinárias.

O propósito do presente capítulo é esmiuçar um pouco a questão da aferição da responsabilidade penal da pessoa jurídica ante o crime ambiental.

A Constituição Federal estendeu imputabilidade penal à pessoa jurídica ao dispor, no art. 225, § 3º, que "condutas e atividades consideradas lesivas ao meio ambiente sujeitarão infratores, pessoas físicas ou jurídicas, a sanções penais e administrativas, independentemente da obrigação de reparar os danos causados".

A Lei de Crimes Ambientais (Lei federal n. 9.605/98), dez anos após a promulgação da Carta, definiu a responsabilidade penal da pessoa jurídica, bem como das pessoas naturais (diretores e funcionários daquela), dispondo as hipóteses nos seus arts. 2º e 3º.

Diz a lei que a pessoa jurídica responde criminalmente, quando a infração for cometida "por decisão de seu representante legal ou contratual, ou de seu órgão colegiado, no interesse ou benefício da sua entidade".

A hipótese de imputação é bastante estreita. Segue a escola do jurista Otto Gierke, mestre do direito corporativo alemão. Gierke desenvolveu a Teoria da Realidade ou da Personalidade Real. Nela, a pessoa jurídica possui personalidade e vontade própria, é capaz para agir e, também, incorrer em ilicitude penal.

A natureza do direito penal ambiental é econômica.

Nesse complexo campo, os agentes econômicos possuem vontade própria. Obedecem fluxogramas, organogramas, *roadmappings*, gerados a par-

686 CURSO DE GESTÃO AMBIENTAL

tir do somatório da vontade individual de seus membros dirigentes. Essa vontade se manifesta pela reunião, pela deliberação e pelo voto de seus membros, acionistas, conselho e direção. O fenômeno dessa manifestação da vontade do ente jurídico por meio do seu órgão foi denominado por Pontes de Miranda como "presentação".

O juízo de culpabilidade do ente encontra-se, portanto, moldado às suas próprias características estruturais e a reprovação na conduta da pessoa jurídica baseia-se na exigência de uma conduta diversa que seja perfeitamente possível nessas condições orgânicas.

Assim, há necessidade de buscar um liame entre a atitude dos responsáveis legais e o ato atribuído à entidade, não só para definir a responsabilidade do ente como também a responsabilidade dos agentes naturais que o compõem. Essa busca também é importante para que se possa inocentar sócios minoritários e dirigentes sem relação com a infração cometida.

A investigação deve apurar, objetivamente, indícios de participação das instâncias decisórias da empresa na conduta criminosa imputada. Atas, protocolos, memorandos, circulares, manuais técnicos, planos de emergência e treinamento, poderão tornar-se objeto de investigação criminal, na busca de elementos de culpa da empresa nos delitos ambientais.

A aferição da prova testemunhal não raro sofre ingerência de conflitos de ordem trabalhista e pessoal, e pode resultar viciada por depoimentos de ex-empregados rancorosos, acionistas descontentes, cônjuges de diretores e proprietários em processo de separação ou mesmo concorrência desleal.

Medidas de controle para evitar abusos de autoridade e corrupção tornam-se, portanto, necessárias por parte do poder público. Procedimentos gerenciais e preventivos mais rigorosos merecem ser, por sua vez, adotados pelas empresas.

Outro aspecto a ser apontado é a fraca jurisprudência originada da apuração de crimes ambientais praticados por grandes empresas, corporações multinacionais ou pessoas jurídicas de direito público de expressão nacional. Não que não existam fatos imputáveis a esses grandes agentes econômicos, mas o fato é que a persecução penal aparenta fragilizar-se ante o poderio econômico e isso traz consequências funestas para a efetividade da lei penal.

A proposta da Lei de Crimes Ambientais é, portanto, buscar efetivamente a responsabilização das grandes corporações, das pessoas jurídicas de direito público, dos grandes empreendedores, os quais, não raro, por mera decisão orçamentária ou conveniência financeira, adotam posturas de risco e provocam desastres de proporções sinérgicas, cujos efeitos se farão sentir muitos anos após cometido o delito.

O Licenciamento Ambiental

Reza o art. 10 da Lei n. 6.938/81 – Política Nacional do Meio Ambiente, que:

> A construção, instalação, ampliação e funcionamento de estabelecimentos e atividades utilizadores de recursos ambientais, efetiva ou potencialmente poluidores ou capazes, sob qualquer forma, de causar degradação ambiental dependerão de prévio licenciamento ambiental.
>
> § 1º Os pedidos de licenciamento, sua renovação e a respectiva concessão serão publicados no jornal oficial, bem como em periódico regional ou local de grande circulação, ou em meio eletrônico de comunicação mantido pelo órgão ambiental competente.

Como ferramenta econômica, o licenciamento ambiental confere funcionalidade social, segurança jurídica e sustentabilidade aos investimentos e ao desenvolvimento das atividades humanas.

Como atividade de planejamento e gestão, o licenciamento ambiental expressa o controle territorial do Estado, permitindo a correta distribuição geográfica das atividades econômicas e das estruturas de suporte estratégico.

Como instituto jurídico, o licenciamento ambiental atua preventivamente no controle da poluição e da qualidade ambiental. Ele oxigena o direito público e administrativo ao ancorar sua efetividade no binômio "preveja e previna", de forma integrada e interdisciplinar, reduzindo sensivelmente o uso do modelo "reaja e corrija", milenarmente adotado no direito administrativo.

Uma excelente definição jurídica de licenciamento ambiental nos é dada pelo advogado Antonio Inagê de Assis Oliveira (1999, p.37):

> Portanto, não pode haver dúvida que o licenciamento ambiental se constitui de uma sucessão de atos administrativos vinculados, que examinando uma perspectiva de direito existente, baliza e regula o exercício deste direito, reconhecido diante da verificação do atendimento dos pressupostos legais.

O licenciamento ambiental renova-se constantemente e constitui o vértice da pirâmide principiológica que dá forma ao direito ambiental – um tetraedro formado pelos princípios gerais da Prevenção, da Participação e do Poluidor-Pagador, tendo por base o Princípio do Desenvolvimento sustentável.

Como expressão da soberania nacional e do controle territorial do Estado, o licenciamento ambiental pressupõe o exercício, pelo poder público, de três importantes tarefas afirmativas, sucessivas e cronologicamente interdependentes:

* O conhecimento geográfico do domínio.
* O planejamento integrado do desenvolvimento econômico e social.
* O ordenamento territorial.

Essas tarefas respondem a três perguntas básicas:

* Sabemos onde estamos?
* Sabemos para onde vamos?
* Sabemos por onde vamos?

Obter respostas efetivas a essas questões pressupõe governança eficaz dotada de espírito planejador e autoridade no controle dos recursos ambientais.

Como meio de controle, o instituto do licenciamento autoriza a disposição territorial das atividades humanas efetiva ou potencialmente poluidoras, formando um casamento do estado regulador com a atividade licenciada.

A autoridade ambiental licenciadora negará ou autorizará a atividade, apondo, nesse caso, no anverso da licença expedida, o que foi licenciado, onde, como e prazo de validade da autorização. No verso da mesma licença constará o rol de condicionantes e exigências a serem assumidas pelo empreendedor.

O empreendedor diz "o que", o Estado responde "onde", "como" e "até quando".

Esse casamento permite ao Estado, por outro lado, transferir ao empreendedor uma série de instrumentos de planejamento e gestão ambiental, no âmbito da atividade, desafogando atribuições e custos de monitoramento, para reforçar a atividade fiscalizatória e regulatória, imanente à atividade de um órgão de implementação de política ambiental.

O licenciamento ambiental, portanto, da mesma forma que outros mecanismos constitutivos de direitos ou autorizativos de atividades inseridos no âmbito da gestão de interesses difusos, expressa atividade típica de um ambiente de regulação. Como tal, atua de forma dinâmica, não raro modificando o próprio empreendimento a ele submetido, como alterando exigências e condicionantes a serem aplicadas à atividade – morfologia de difícil compreensão para burocratas pouco afetos à atividade de regulação da economia e completamente estranha a empreendedores pouco acostumados a submeter sua atividade e um mecanismo transparente e permeável ao controle social do uso da propriedade.

Reza o art. 19, do Decreto federal n. 99.274 de 06.06.1990 – Regulamentador da Lei n. 6.938/81, que:

> O Poder Público, no exercício de sua competência de controle, expedirá as seguintes licenças:
>
> I - Licença Prévia (LP), na fase preliminar do planejamento de atividade, contendo requisitos básicos a serem atendidos nas fases de localização, instalação e operação, observados os planos municipais, estaduais ou federais de uso do solo;
>
> II - Licença de Instalação (LI), autorizando o início da implantação, de acordo com as especificações constantes do Projeto Executivo aprovado; e
>
> III - Licença de Operação (LO), autorizando, após as verificações necessárias, o início da atividade licenciada e o funcionamento de seus equipamentos de controle de poluição, de acordo com o previsto nas Licenças Prévia e de Instalação.
>
> 1º Os prazos para a concessão das licenças serão fixados pelo Conama, observada a natureza técnica da atividade.
>
> 2º Nos casos previstos em resolução do Conama, o licenciamento de que trata este artigo dependerá de homologação do Ibama.

O procedimento da licença ambiental, no Brasil, ocorre, portanto, de forma trifásica, resultando em um sistema único no mundo, emissor de três licenças sucessivas.

A fase mais conflituosa é a primeira, na qual se descarta a proposta ou se emite uma declaração de viabilidade ambiental do empreendimento – a Licença Prévia. Nesta fase é o momento de se analisar informações, fazer consultas aos interessados, definir mitigações, compensações ambientais e condicionantes.

Nessa fase, deverá o empreendedor avaliar o impacto ambiental do empreendimento proposto, para análise da autoridade.

Prevista na Lei de Política Nacional de Meio Ambiente (Lei federal n. 6.938/81), a Avaliação de Impacto Ambiental (AIA), é gerida pelo ambiente de regulação existente no Sistema Nacional de Meio Ambiente (Sisnama). Segue critérios, termos e procedimentos, diretamente relacionados à complexidade da atividade proposta e à complexidade do ambiente atingido – mensurando a significância ou não dos impactos.

Audiências públicas e reuniões técnicas conferem transparência à fase de avaliação e análise dos estudos. Têm por objetivo garantir o direito à participação e definir os conflitos a serem enfrentados pela autoridade que vai decidir a viabilidade ambiental, ou não, da atividade proposta. Quanto mais transparente o procedimento, maior a possibilidade de resolução dos conflitos decorrentes dos impactos identificados, do empreendimento proposto.

Reunião de equipe é atividade inerente à interdisciplinaridade da gestão ambiental. A engenharia informará o direito no curso do licenciamento ambiental.

Essa simbiose fornecerá os elementos a serem considerados na resolução dos conflitos e no estabelecimento dos parâmetros normativos e técnicos que conduzirão o processo.

Portanto, a capacidade técnica e profissional dos atores envolvidos é determinante em toda a primeira fase relacionada à Licença Prévia.

A segunda fase é de obtenção do direito de construir – a Licença de Instalação, na qual apresentam-se o Plano Básico Ambiental do empreendimento, as medidas de controle e mitigação das atividades de implantação e as atividades relacionadas, bem como o cumprimento de condicionantes.

Nessa fase, a atenção para a resolução dos conflitos remanescentes, em especial compensações e indenizações, reassentamentos, regularização fundiária etc. deve ser redobrada.

Obtida a Licença de Instalação é fundamental a existência de um sistema de gestão ambiental instalado para monitorar a construção e seus efeitos na área diretamente afetada, na área de impacto direto e, também, na área de impacto indireto, especialmente no controle de inconformidades que venham a ocorrer nas obras e na administração dos impactos vinculados à atividade construtiva.

Instalado o projeto, ocorrerá a fase de obtenção da Licença de Operação. Esta pode vir a ser obtida, não raro, automaticamente, consecutivamente, ou caso haja uma ou outra pendência, após o cumprimento da exigência. A operação da atividade licenciada naturalmente se dará em um ambiente em contínua transição.

É próprio da economia que ocorram evoluções na tecnologia disponível, mudanças no uso do solo e incremento nas restrições e padrões de qualidade ambiental.

Por isso, a licença deverá guardar relação temporal de validade, proporcional à magnitude do empreendimento e sua complexidade.

Avaliação de Impacto Ambiental

A Avaliação de Impacto Ambiental (AIA) talvez seja o instrumento de maior complexidade na gestão ambiental, pois o que se define a partir dela produz efeitos diretos sobre o meio ambiente impactado pela atividade avaliada, em exata correspondência ao Princípio da Prevenção. A avaliação integra e informa o licenciamento ambiental.

Define Antonio Inagê ser a AIA:

> Conjunto de métodos e procedimentos que, aplicados a um caso concreto, permite avaliar as consequências ambientais de um determinado Plano, Programa, Política (ou até mesmo de empreendimentos pontuais), aproveitando ao máximo suas consequências benéficas e diminuindo, também ao máximo possível, seus efeitos deletérios do ponto de vista ambiental e social. [...] Os métodos e procedimentos do AIA, portanto, nada mais são que instrumentos colocados à disposição do empreendedor, público ou privado, para apoio de sua decisão sobre a execução ou não de um empreendimento, assim como, no caso positivo, a melhor maneira de ele ser implementado. (Oliveira, 2005)

A AIA cumpre quatro importantes papéis:

> Instrumento de ajuda à decisão;
> Instrumento de concepção de projeto e planejamento;
> Instrumento de negociação social; e
> Instrumento de gestão ambiental. (Luís Enrique Sánchez)

Tem por função prever a diferença entre o futuro com e sem um projeto, levando em consideração a dinâmica do meio ambiente.

A AIA é, portanto, uma ferramenta de administração, um método de planejamento encerrado em um procedimento persecutório e dinâmico que visa conferir segurança material à tomada de decisões da administração pública. No Brasil, a AIA está elencada como instrumento da Política Nacional de Meio Ambiente, constante na Lei federal n. 6.938/81 (PNMA).

A Constituição Federal prevê o Estudo Prévio de Impacto Ambiental como espécie de AIA a ser implementado no licenciamento de atividades de significativo impacto ambiental, sendo a regra de desenvolvimento do estudo disposta na Resolução Conama n. 1/86 e na Resolução Conama n. 237/97 que regulam aspectos do licenciamento, Federal (Ibama).

O art. 6º da Resolução Conama n. 1/86, estipula um roteiro mínimo a ser seguido por quem deve realizar um Estudo de Impacto Ambiental:

• Diagnóstico ambiental da área: meio físico, meio biótico, meio socioeconômico.

• Análise dos impactos e alternativas.

• Medidas mitigadoras.

• Programas de monitoramento e acompanhamento.

Sendo considerado:

• Meio físico: o subsolo, as águas, o ar e o clima, destacando os recursos minerais, a topografia, os tipos e aptidões do solo, os corpos d'água, o regime hidrológico, as correntes marinhas, as correntes atmosféricas.

• Meio biótico: fauna, flora, destacando espécies indicadoras da qualidade ambiental, de valor científico e econômico, raras e ameaçadas de extinção e as áreas de preservação permanente.

• Meio socioeconômico: uso e ocupação do solo, usos da água e a socioeconomia, destacando os sítios e monumentos arqueológicos, históricos e culturais da comunidade, as relações de dependência entre a sociedade local, os recursos ambientais e a potencial utilização futura desses recursos.

Posto isso, o instrumento da AIA deve ser visto até mesmo como meio de indução à modificação de projetos no curso do licenciamento, ou ainda via de prevenção de conflitos, por meio da análise de risco e prevenção de impactos negativos.

Vários são os tipos previstos de avaliações de impactos na legislação brasileira, podendo-se destacar os seguintes: Estudo de Impacto Ambiental e Relatório de Impacto Ambiental (EIA/Rima) – Resolução Conama n. 1/86 e n. 237/97; Relatório Ambiental Preliminar (RAP) – Resolução SMA-SP n. 42/95; Relatório Ambiental Simplificado (RAS) – Resolução Conama n. 279/01; Análise de Risco (AR); Relatório de Avaliação Ambiental (RAA) – Resolução Conama n. 23/94; Estudo de Viabilidade Ambiental (EVA) – Resolução Conama n. 23/94.

Há, ainda, uma gama de estudos específicos, que podem ser requeridos no bojo do licenciamento ambiental, nos quais também incorre a Avaliação de Impactos: Projeto Básico Ambiental (PBA) – Resolução Conama n. 6/87; Plano de Controle Ambiental (PCA) – Resolução Conama n. 9/90; Plano de Gerenciamento de Risco (PGR); Plano de Atendimento a Emergências (PAE); Relatório de Controle Ambiental (RCA) – Resolução Conama n. 10/90;

Audiência Pública

No meio intrinsecamente conflituoso do Direito Ambiental, a audiência pública torna-se uma verdadeira "caixa preta", geralmente aberta após ocorrerem acidentes de percurso no licenciamento de grandes empreendimentos, não raro encaminhados ao judiciário.

Expressão dos Princípios da Participação, da Publicidade e da Transparência nos processos de tomada de decisão no licenciamento ambiental, a audiência pública é parte integrante da análise do EIA e respectivo Rima (versão simplificada do estudo, redigido para melhor compreensão do público interessado).

O EIA-Rima, como já dito, é o instrumento usual de Avaliação de Impacto Ambiental de empreendimentos complexos ou que impactem ambientes complexos.

A Resolução Conama n. 01/86, que disciplina o EIA-Rima, determina ao órgão ambiental, julgando necessário, promover realização de audiência pública, para expor aos interessados o conteúdo do Rima, dirimir dúvidas, recolher críticas e acolher sugestões a respeito.

CURSO DE GESTÃO AMBIENTAL

O instituto reproduz a intrínseca conflituosidade dos interesses difusos em causa de um licenciamento ambiental, e constitui sim um meio de expressão política, embora não possa ser politicamente instrumentalizado. Não é por outro motivo que a Resolução Conama n. 09/87, que regula o instituto, embora aprovada naquele ano, ficou no limbo cinco anos até ser publicada por um constrangido governo federal, às vésperas da Conferência da ONU Sobre Meio Ambiente e Desenvolvimento, no Rio de Janeiro, em 1992.

Dada ciência do recebimento do EIA/Rima aos interessados, terão estes prazo de 45 dias para solicitação de audiência. O prazo de 45 dias mencionado na Resolução n. 9/87, portanto, é para requerer audiência.

Nada impede que a autoridade licenciadora designe ou o próprio empreendedor já requeira, desde logo, a audiência. Não há, todavia, prazo entre convocação e realização da audiência pública. O hiato, aliás, costuma ser causa, não raro, de conflitos judiciais.

Deve haver, na verdade, prazo hábil e razoável para que os interessados possam organizar suas agendas, tomar conhecimento do Rima e comparecer à audiência.

Assim, não há efetivamente prazo legal entre a publicação do recebimento do EIA/Rima e a convocação de audiência pública, ou entre a abertura de período para solicitação dos interessados e a realização do evento solicitado.

O prazo para receber comentários independe do prazo para a solicitação de audiência pública (§ 2°, do art. 11, da Resolução Conama n. 01/86) e, assim, não pode justificar adiamentos ou inúteis protelações, principalmente quando quem alega não ter tido o prazo razoável para analisar o Rima é o Ministério Público – o qual, apesar de parecer, não é o destinatário da audiência pública, apenas um tutor do interesse difuso em causa.

A ausência de análises ou comentários anteriores à audiência pública também não invalida a realização desta nem invalida o ato o *quórum* obtido na audiência – se compareceram alguns poucos interessados no assunto ou uma multidão.

A audiência pública não é assembleia deliberativa nem reunião de condôminos ou acionistas para a qual se deva observar protocolos de anterioridade e convocação previstos em estatutos para garantir apoios para o que ali se vai decidir.

Não se trata de uma passagem bíblica em que empreendedor e empreendimento são espancados e expostos à turba, a fim de crucificá-los para permitir que outras opções locacionais e tecnológicas, ou mesmo a natureza intacta, sigam livres o seu caminho. Não se confunde com um jogo de vôlei, em que torcidas uniformizadas aplaudem os saques e cortadas do seu time e apupam insistentemente o adversário. Muito menos se trata de uma assembleia sindical, na qual companheiros sustentam intermináveis considerações, aborrecem os presentes e esvaziam o recinto, para melhor conduzir votações e deliberações da categoria.

A audiência pública é um momento a ser registrado no procedimento de licenciamento ambiental, para que posteriormente seja considerado pela autoridade que vai decidir sobre a viabilidade ou não do projeto proposto; ela não delibera nada, nem poderia, caso contrário a Ordem Pública estaria invertida, retirando-se a responsabilidade indelegável da autoridade ambiental, por decidir autorizar ou não o empreendimento. Não há nenhum mandato popular advindo de assembleia ou órgão colegiado deliberativo, como muitas vezes se imputa, ao arrepio da lei, ao caráter das audiências públicas.

Deve-se observar o Princípio da Razoabilidade no que tange às condições para realização das audiências públicas e à proporcionalidade no que diz respeito ao número de audiências acerca do mesmo empreendimento.

Não é a quantidade de audiências e a quantidade de presentes em cada uma delas que conta para a legitimidade do ato, mas sim, a qualidade do ato e das informações obtidas em registro.

Ocorrendo potenciais impactos abrangendo mais de um Estado, pode ocorrer do órgão ambiental do estado inserido na área de influência direta ou indireta dos impactos requerer uma audiência. Isso já ocorreu e foi inclusive objeto de análise de nosso escritório, no caso da Usina Nuclear de Angra III, quando o estado de São Paulo, por manifestação expressa da Secretaria de Estado do Meio Ambiente, solicitou ao Ibama que efetuasse uma audiência em Ubatuba, inserida na área de impacto do empreendimento, que é situado no estado do Rio de Janeiro.

Audiências públicas, no entanto, não podem se espalhar por todos os rincões abrangidos pelo impacto de uma obra. Haveria perda da finalidade de constituir-se um momento do licenciamento. A audiência pública deve ocorrer com a máxima disciplina. As autoridades, em especial, não devem se ater a debates inflamados. Nada se delibera em uma audiência. As discussões devem resultar em ganho qualitativo para a informação a ser trabalhada pelo órgão licenciador em um segundo momento. A audiência pública, portanto, não forma juízo natural de causa alguma. Isso serve para o cidadão, ONGs, autoridades administrativas e membros do Ministério Público, que, não raro, compareçam à audiência pública a fim de deduzir nela o que já está deduzido em ação judicial própria, pretendendo ganhar "no berro" pretensão ali não tutelada.

Autoridades administrativas têm oportunidade de se manifestar por escrito junto ao órgão licenciador (art. 11, § 1º, da Resolução Conama n. 01/86). Assim, podem registrar sua posição sem ferir a ordem hierárquica do sistema ao qual estão jurisdicionadas. Não devem, por sua vez, até por isso mesmo, deduzir em público matéria controvertida a ser dirimida tecnicamente pela administração competente.

Zoneamento Ambiental e Espaços Territoriais Especialmente Protegidos

A legislação nacional do passado segue a orientação do Princípio da Prevenção no que diz respeito à organização do espaço. O uso do espaço ambiental se dá segundo a destinação que lhe é permitida pela lei. Se essa previu uma limitação, especificando uma função própria para o local, aquele território deverá ser utilizado daquela maneira, ou estará na ilegalidade.

Organizar o meio a um uso ambiental predefinido é zoneá-lo ambientalmente, relacionando-o ao sistema de uso do recurso ambiental no qual essas regras estão definidas de acordo com a localidade. Dá-se a esse processo o nome de zoneamento ambiental. Nele, a atenção é dada principalmente para a proteção do ambiente em sua dimensão sobretudo natural, mas também humana. A título de exemplo, vários objetivos podem ser buscados com o uso de um espaço natural. Tentando definir a utilização mais adequada tendo em vista certas características, a Lei n. 6.902, de 27.04.1981, foi promulgada dispondo sobre a criação de estações ecológicas – observando-se que a Lei n. 6.938/81, de 31.08.1981, em sua redação original, explicitamente incluía sua criação como um dos instrumentos da Política Nacional de Meio Ambiente.

Em 18.07.2000, a Lei n. 9.985 passou a regular a questão, adotando o sentido provindo da Convenção da Biodiversidade (ratificada pelo Brasil por intermédio do Decreto legislativo n. 2/94) de "área protegida" a "uma área definida geograficamente que é destinada, ou regulamentada, e administrada para alcançar objetivos específicos de conservação" (art. 2º, da Convenção).

Assim, essa Lei institui o Sistema Nacional de Unidades de Conservação da Natureza (Snuc). Esclarece o que vem a ser uma unidade de conservação, explicando-a como o espaço territorial e seus recursos ambientais, incluindo as águas jurisdicionais, com características naturais relevantes, legalmente instituído pelo poder público, com objetivos de conservação e limites definidos, sob regime especial de administração, ao qual se aplicam garantias adequadas de proteção (art. 9º, inc. I).

Ademais, para que objetivos específicos de proteção ambiental sejam alcançados, o uso é estritamente regulamentado, inclusive, por vezes, impedindo que certas atividades humanas se desenvolvam na área. De acordo com a aptidão certificada daquele espaço, a área fica enquadrada em uma categoria de zona ambientalmente protegida. No sistema brasileiro, as categorias estão subdivididas em dois grupos, o das Unidades de Proteção Integral e o das Unidades de Uso Sustentável.

No primeiro, o objetivo básico é a preservação da natureza. Ele representa as seguintes categorias: estação ecológica, reserva biológica, parque nacional (estadual ou municipal), monumento natural e refúgio da vida silvestre. Somente os dois últimos podem ser de domínio particular, e ainda com a condição de o proprietário respeitar regras de uso e manutenção ajustadas ao objetivo da unidade. Mas em todos, por uma boa causa, o uso é restrito. As atividades que ali são permitidas dependem de autorização do órgão responsável pela unidade.

O segundo grupo, por sua vez, é composto pelas seguintes categorias: área de proteção ambiental, área de relevante interesse ecológico, floresta nacional (estadual ou municipal), reserva extrativista, reserva da fauna, reserva de desenvolvimento sustentável, reserva particular do patrimônio natural. Nelas, o uso é um pouco mais diversificado que nos anteriores. Nas florestas nacionais, por exemplo, embora o domínio seja público, a existência de populações tradicionais que as habitam quando da sua criação é permitida. Verifica-se, nesse aspecto, certa analogia com a concessão de uso para fim especial de moradia, prevista no Estatuto da Cidade; em ambos os casos, para o alcance do objetivo maior de conservação, um do espaço natural, outro do espaço urbano. Nas duas hipóteses, projetos de cunho socioambiental podem ser positivamente encaminhados.

Uma série de outras particularidades pode ser visualizada na Lei. Importa ainda dizer que as unidades de conservação são criadas por ato do poder público. Dependerá, porém, sempre de estudos técnicos e de consulta pública que permitam identificar a localização, a dimensão e os limites mais adequados para a unidade – é isso que prevê o art. 22, § 2º.

Sanções Administrativas

Considerando ser a finalidade do Direito reger as relações humanas para que a vida em sociedade seja melhor, instituindo-se uma autoridade que o aplique e exija o mesmo dos demais que governa, é necessário haver um modo de sustentá-lo como obrigação.

Ao lado das sanções premiais (aplicáveis em hipóteses de respeito a mandamento legal), não se encontra modo mais tradicional de vigiar a submissão ao Direito senão o de sancionar punitivamente aquele que não respeita o que deve ser respeitado. As formas de sancionar variam segundo as opções de restabelecimento da ordem jurídica lesada pela conduta contrária ao Direito.

É importante conceituar o que é infração administrativa e responsabilidades. Na relação entre administrado e administrador, a vigilância ocorre a partir da configuração da inobservância a uma exigência jurídica administrativa qualquer. Como consequência do desrespeito à norma administrativa surge a sanção punitiva administrativa. No caso de norma administrativa de proteção ao meio ambiente, a não prestação da conduta ambiental nela inscrita, ou justamente a prática daquela que se procura reprimir, implica recorrer à medida de responsabilização interna junto à administração.

Isso se dá mediante um procedimento jurídico, em outras palavras, uma sucessão itinerária de atos tendendo todos a um resultado final e conclusivo que aponte ser real o indício de não observância da norma e que, por isso, então a sanção punitiva deva ser aplicada. Qualquer sanção dessa natureza que fosse automaticamente aplicada sem as garantias da bilateralidade, do contraditório e da ampla defesa (ainda que em casos excepcionais, permite-se serem dadas em momento posterior à ação punitiva sancionatória), poderia ter sua validade e justiça questionadas. O devido processo legal, nesse contexto, é direito indisponível do cidadão, antes que sofra uma sanção punitiva.

Competências, Tipos de Sanções

Para tipos diferentes de preceito jurídico há tipos diferentes de sanção punitiva. Um mesmo comportamento antijurídico pode, eventualmente, necessitar, de acordo com o entendimento do legislador, de mais de uma das naturezas de sanção punitiva. É o caso do Direito Ambiental, pois que, para ter maior eficácia, é tutelado na esfera administrativa, civil e penal.

Tratando-se de um direito que deva ser mais preventivo que corretivo nos assuntos ambientais, o primeiro ponto a dar acento na política ambiental certamente é a realização da gestão ambiental e, somente secundariamente, a responsabilização pela não concretização daquilo que a norma ambiental vigente previu como deve ser. Obviamente, porém, sempre que ficar demonstrada no devido processo legal hipótese de não observância a preceito jurídico ambiental, a sanção punitiva deverá ser tão logo aplicada.

Processo Administrativo

Quem aplica a sanção punitiva (administrativa), no caso do processo administrativo, é, pela lógica, a Administração Pública como poder institucionalizado – aliás, o faz a partir de decisão própria. Assim, por exemplo, exigirá multa do infrator da norma ambiental mediante um ato executivo emitido diante do caso concreto no qual verificou ilegalidade.

O procedimento (como forma de realizar o processo) jurisdicional refere-se a duas espécies de processo, o penal ou o civil. O processo penal, em matéria ambiental, ocorre por meio do itinerário relativo à ação penal pública incondicionada. No processo civil, uma das grandes conquistas em nosso sistema jurídico é a ação civil pública em defesa do meio ambiente, nos moldes da Lei n. 7.347, de 24.07.1985 (disciplina a Ação Civil Pública de Responsabilidade por Danos Causados ao Meio Ambiente) e respectivas alterações posteriores.

A Lei de Crimes Ambientais (Lei n. 9.605, de 12.02.1998) dispôs sobre as sanções, além das penais, as administrativas (intitulando todo um capítulo – VI – Da Infração Administrativa), derivadas de condutas e atividades lesivas ao meio ambiente.

A citada lei considera infração administrativa ambiental toda ação ou omissão que viole as regras jurídicas de uso, gozo, promoção, proteção e recuperação do meio ambiente. Ela determina os funcionários de órgãos ambientais integrantes do Sisnama – designados para as atividades de fiscalização – e os agentes das Capitanias dos Portos do Ministério da Marinha como sendo as autoridades competentes para lavrar auto de infração ambiental e instaurar o processo administrativo.

Essa lei não impede, contudo, que qualquer pessoa, uma vez constatando infração ambiental, dirija representação àquelas autoridades, para efeito do exercício do seu poder de fiscalização.

700 | CURSO DE GESTÃO AMBIENTAL

As garantias normais aos procedimentos jurídicos, com nitidez, são previstas no procedimento administrativo. O § 4º, do art. 70 da Lei n. 9.605, de 12.02.1999, esclarece que "As infrações ambientais são apuradas em processo administrativo próprio, assegurado o direito de ampla defesa e o contraditório".

As infrações administrativas podem ser punidas com as sanções do tipo advertência; multa simples; multa diária; apreensão dos animais, produtos e subprodutos da fauna e flora, instrumentos, apetrechos, equipamentos ou veículos de qualquer natureza utilizados na infração; destruição ou inutilização do produto; suspensão de venda e fabricação do produto; embargo de obra ou atividade; demolição de obra; suspensão parcial ou total de atividades; ou restritiva de direitos.

Responsabilidade Civil Ambiental

Se todos têm direito ao meio ambiente ecologicamente equilibrado, por trás da boa vontade do legislador existe a concepção de uma sistemática de respeito aos preceitos jurídicos ambientais.

Assim é que, tanto o poder público como a coletividade, tendo em vista o dever de defender e preservar o meio ambiente para as presentes e futuras gerações estão obrigados a responder à não obediência caso não o façam. E dada a gravidade de uma lesão ambiental para a vida, a ofensa à norma jurídica ambiental é regida pelas regras de responsabilização não só no campo administrativo, mas também civil e penal.

Esse é o sentido do Princípio 13, da Rio 92, quando afirma que os Estados devem elaborar uma legislação nacional sobre a responsabilidade pela poluição e por outros danos ao meio ambiente, bem como sobre a indenização de suas vítimas.

O legislador brasileiro, se ainda carece de uma definição bem fundamentada de algumas matérias, na responsabilização ambiental, se mostra avançado. Vê-se que estabelece, no § 3º, do art. 225, da Constituição Federal de 1988, a tríplice responsabilização (administrativa, civil e penal), dispondo que condutas e atividades consideradas lesivas ao meio ambiente sujeitarão os infratores, pessoas físicas ou jurídicas, a sanções penais e administrativas, independentemente da obrigação de reparar os danos causados.

Considerando responsabilidade como a obrigação de incorrer em sanções impostas, a responsabilização ambiental é a forma encontrada pelo

Direito para compelir o responsável pelo meio ambiente ecologicamente equilibrado a satisfazer sua obrigação de gestão ambiental dentro de um processo de desenvolvimento sustentável.

Quando a verificação da não prestação da conduta ambiental adequada, contida em preceito jurídico ambiental, é confirmada por poder institucionalizado que não seja a administração (poder executivo) é geralmente no âmbito do poder judiciário que se impõe o cumprimento de uma obrigação de fazer ou não fazer algo em relação ao meio ambiente. O procedimento, dessa vez jurisdicional, dá-se nessa esfera e a aplicação da sanção ocorre por intermédio de ato judicial.

Determina o art. 14, § 1º, da Lei da Política Nacional do Meio Ambiente, que o poluidor é obrigado a indenizar ou reparar os danos causados ao meio ambiente e a terceiros afetados por sua atividade, independentemente da existência de culpa. Ou seja, segundo a teoria da responsabilidade civil objetiva, pouco importa a culpa contratual ou extracontratual do agente poluidor para que lhe seja imposta a obrigação de reparar o dano causado. Basta a demonstração da existência de um nexo de causalidade entre sua atividade e o dano.

Na tutela civil, as principais ações processuais existentes e que contribuem em seus objetos para a proteção ambiental são a ação civil pública, a ação popular, sem esquecer das ações de vizinhança, essas de natureza mais individual que as primeiras, que são coletivas. Delas, somente a primeira é ação típica à defesa de interesses difusos como o ambiental, podendo inclusive ser interposta por autarquia, empresa pública, fundação, sociedade de economia mista ou por associação, além do Ministério Público, União, estados e municípios.

Vale ressaltar que as dificuldades dos operadores do Direito Ambiental na prática da ação civil pública estão situadas principalmente em aspectos independentes das leis ambientais, mas concernentes à falta de envolvimento ideológico e conhecimento relativo à questão ambiental. Embora salientando que, para existir defesa ambiental efetiva, deve-se dar prioridade aos mecanismos não processuais, conclui-se que, apesar de a ação civil pública ser o instrumento processual jurisdicional mais adequado à proteção do meio ambiente (Frangetto, 1998), torna-se incapaz de solucionar os conflitos das relações jurídicas ambientais em sua plenitude, uma vez que essa solução só é viável por meio da conscientização, sensibilização e tomada de posição da causa ambiental por parte do poder público e de toda a sociedade.

Diante do exposto, espera-se que, em conjunto, os instrumentos de implementação dos princípios ambientais continuem sendo reforçados, organizados e efetivamente utilizados, para que todos, exercendo os respectivos papéis de atores ambientais, viabilizem a vida saudável almejada no processo de desenvolvimento sustentável, por meio de mecanismos de harmonização entre as chamadas dimensões humana e natural do meio ambiente.

Resíduos Sólidos

A Política Nacional de Resíduos Sólidos (PNRS), instituída pela Lei federal n. 12.305 de 02.08.2010, determina a gestão integrada dos resíduos sólidos e impõe responsabilidade compartilhada entre poder público e geradores.

A PNRS introduz conceitos novos que afetam diretamente a gestão dos resíduos sólidos urbanos, como a diferenciação entre resíduos e rejeitos, a responsabilidade compartilhada pelo ciclo de vida dos produtos e a logística reversa.

Rejeitos são os resíduos sólidos que, depois de esgotadas todas as possibilidades de tratamento e recuperação por processos tecnológicos disponíveis e tecnicamente viáveis, não apresentem outra possibilidade que não a disposição final ambientalmente adequada. Para que se chegue ao rejeito, o processamento prévio do que for coletado e a segregação do que for destinado será incumbida aos municípios.

A logística reversa compete aos fabricantes, importadores, distribuidores e comerciantes dos produtos, elencados na lei (pilhas e baterias, pneus e produtos eletroeletrônicos) e no seu decreto regulamentador (produtos comercializados em embalagens plásticas, metálicas ou de vidro, e aos demais produtos e embalagens, "considerando-se prioritariamente, o grau e a extensão do impacto à saúde pública e ao meio ambiente dos resíduos gerados").

Com efeito, os aterros sanitários, estações de transbordo, centros de reciclagem e os serviços de coleta estão vocacionados para dispor de tecnologias de tratamento, beneficiamento, segregação e inertização

A lei estabelece hierarquia nas ações e no manejo dos resíduos sólidos – não geração, redução, reutilização, reciclagem, tratamento e disposição final adequada dos rejeitos. Essa hierarquia implica no inventário e na criação de mecanismos de fluxos do material destinado. Caberá aos municípios criar taxas para manter um sistema permanente de declaração de volume e tipo de resíduos gerados.

Esse controle não deve estar restrito aos grandes geradores. Deve destinar-se ao setor de serviços, o qual deve arcar com os custos dos resíduos comerciais – neles inseridos embalagens, material eletroeletrônico e material de escritório. Esses resíduos, descartados hoje de forma difusa, vistos em escala, engrossam o fluxo da logística reversa. Assim, é imperativo que sejam segregados dos resíduos domésticos, gerando receita adicional para o município.

O município deve fazer uso das parcerias público-privadas, mas, também, receber parcela da taxa de administração do fluxo de materiais da logística reversa, pois, na coleta dos resíduos domésticos, necessariamente colherá material destinado a esse fluxo.

Haverá necessidade de ajustar uma política de preços mínimos, para catadores e gestores dos fluxos de materiais de reciclagem e logística reversa. Esse sistema de preços é que irá garantir o funcionamento do sistema, impedindo a sazonalidade prejudicial à continuidade e segurança do serviço.

Embora não tenha sido previsto na Lei federal, a política de preços mínimos deve ser gerida por um sistema de entidades gestoras dos resíduos, nos moldes europeus, integradas aos acordos setoriais de logística reversa. De outra forma, difícil será evitar fugas, especulações e abandonos de resíduos por falta de interesse econômico momentâneo. A resistência observada à criação dessas entidades no Brasil, revela ignorância do seu papel na economia resultante da nova gestão dos resíduos.

Os Planos Oficiais de Resíduos Sólidos são verdadeiros planos econômicos, instituindo instrumentos de gestão de fluxos de materiais, geração de energia e metas. Há ainda que se implementar atividades de recuperação de materiais, mineração de aterros antigos e instalação de sistemas de tratamento de cogeração de energia.

Recursos Hídricos

A gestão de nossos cursos d'água e mananciais é regida pela Lei federal n. 9.433/1997 – Política Nacional de Recursos Hídricos –, que introduziu no território nacional um conceito de inspiração francesa, de administração por bacia hidrográfica, sendo cada bacia considerada uma unidade de planejamento relativamente autônoma.

Três anos após sua entrada em vigor, contudo, o marco foi alterado pela Lei federal n. 9.984/2000 – que criou uma agência reguladora de âmbito nacional para todo o sistema, a Agência Nacional de Águas (ANA).

A centralização da regulação do recurso reduziu o sotaque francês do marco legal e introduziu uma *water authority* com estilo canadense e sotaque norte-americano.

De fato, as bacias americanas são geomorficamente interligadas, com clássicas exceções. No caso brasileiro, nosso relevo é acidentado: varia em um mesmo bioma e em cada um deles, com diversas características de clima e altitude. Tudo isso resulta em uma biodiversidade única no mundo.

A ferramenta de gestão das águas brasileiras possui, hoje, linguagem própria e perdeu os sotaques que tinha. Já está próxima de atingir a maioridade. No entanto, não exerce autoridade territorial satisfatória, planeja programaticamente, quando o faz e, efetivamente, não tem servido para a resolução dos conflitos de uso do recurso econômico, essencial e estratégico, que deveria tutelar.

Nosso planejamento territorial é intrinsecamente conflituoso. A navegabilidade dos rios é obstruída por barragens de hidrelétricas, que conflitam com terras indígenas e preservação de florestas, e não raro esbarram nos projetos agrícolas e de mineração, que fazem uso intensivo do recurso que deveria, prioritariamente, atender ao consumo das populações e ao saneamento, o qual, em nenhuma hipótese, paga o sistema. Hidroportos sucumbem em uma burocracia que contamina o setor de transportes e envolve o Serviço de Patrimônio da União – que cobra o uso do espelho d'água adjacente ao atracadouro, criando novos embaraços para a navegabilidade.

Existem aproximadamente dois mil quilômetros de hidrovias em condições naturais de uso, ainda não aproveitadas, e outros milhares potenciais, na dependência de planos e programas estruturantes.

Assim, o Plano de Bacias, o Inventário, o Sistema de Outorga, a reservação e o pagamento pelo uso da água, previstos na Lei federal, constituem os instrumentos mais importantes para a gestão dos recursos hídricos.

REFERÊNCIAS

BASTOS, C. *Curso de direito constitucional*. 17.ed. São Paulo: Saraiva, 1996.

BRASIL. *Lei do sistema nacional de unidades de conservação*. Lei n. 9.985, de 18/06/2000.

_____. *Política nacional do meio ambiente*. Lei n.6.938, de 31/08/1981.

DAVIS, G.R.C. *Magna carta*. Londres: Oxford University Press, 1977.

FRANGETTO, F.W. *Ação Civil Pública em Defesa do Meio Ambiente*. São Paulo: Ceppe/PUC, 1998.

FRANGETTO, F.W.; GAZANI, F.R. *Viabilização Jurídica no Mecanismo de Desenvolvimento Limpo (MDL) no Brasil: o Protocolo de Kyoto e a cooperação internacional*. São Paulo: Peirópolis, 2002, p.116.

MACHADO, P.A..L. Princípios Gerais de Direito Ambiental Internacional. In: BENJAMIN, A.H.V. *Dano Ambiental, Prevenção, Reparação e Repressão*. s.l.: Ed. Revista dos Tribunais, 1993, p.398.

NOGUEIRA NETO, P. Uma lei que mudou o Brasil. *Ambiente Legal*. Ano 1, n. 4, dez. 2001, jan./fev. 2002. Disponível em: www.pinheiropedro.com.br/amblegal1004/capa.htm. Acessado em: 5 jun. 2013.

OLIVEIRA, A.I.A. *O licenciamento ambiental*. São Paulo: Iglu, 1999.

_____. *Introdução à Legislação Ambiental Brasileira e Licenciamento Ambiental*. Rio de Janeiro: Lumen Juris, 2005.

PEDRO, A.F.P. Aspectos Ideológicos do Meio Ambiente. In: SILVA, B.C. (org). *Direito Ambiental – Enfoques Variados*. São Paulo: Lemos e Cruz, 2004, p.15.

_____. Breves considerações sobre os conceitos tradicionais do uso da propriedade. *Revista de Direito Ambiental*, 1995.

_____. Parâmetros Ideológicos da gestão dos interesses difusos aplicados ao gerenciamento ambiental – o Sisnama. *Revista de Direito Ambiental*. v. 6, 1997.

_____. Abrindo a Caixa Preta do Licenciamento Ambiental. *Eagle View (Blogger)*. Disponível em: http://afppview.blogspot.com.br/2013/04/abrindo-caixa-preta--da-audiencia.html. Acessado em: 21 ago. 2013.

PEDRO, A.F.P.; BENJAMIN, A.H.V. Brasil – Nation Report – Environmental Protection – Potentials and Limits of Criminal Justice – Evaluation of Legal Structures. In: [UNICRI] UNITED NATIONS INTERREGIONAL CRIME AND JUSTICE RESEARCH INSTITUTE. Unicri Publication, 1997.

SOARES, G.F.S. *Direito internacional do meio ambiente – emergência, obrigações e responsabilidades*. São Paulo: Atlas, 2001.

Política e Gestão Ambiental | **20**

Arlindo Philippi Jr
Engenheiro civil e sanitarista, Faculdade de Saúde Pública – USP

Gilda Collet Bruna
Arquiteta e urbanista, Universidade Presbiteriana Mackenzie

UMA JANELA PARA O MUNDO

Deve ser uma experiência fascinante olhar o planeta Terra a bordo de uma nave espacial distante, encantar-se com sua beleza feita de um azul-celeste – se é que se pode empregar tal adjetivo – e, ao mesmo tempo, surpreender-se com a insignificância de seu tamanho ao lado dos demais astros na imensidão do sistema solar.

Das alturas, talvez a Terra se assemelhe a um grão de areia. Em terra firme, entretanto, os sentidos humanos confirmam sua grandeza sem tamanho avaliada pelos frequentes e rotineiros sinais de enfado e aborrecimento quando se trata de percorrer as distâncias no momento em que é preciso locomover-se de um lugar para outro, seja a pé, por avião ou por outro meio qualquer.

Mas esse insignificante grão de areia é, talvez, o único lugar onde existe vida, muita vida. O único planeta que se encontra penetrado e envolvido pelo que os cientistas chamam de biosfera, no seu sentido etimológico pleno: a vida do globo ou, se preferir, o globo da vida. Aquele invólucro que, em relação ao tamanho do globo terrestre, pode ser comparado a uma tênue e frágil folha de celofane, apesar da sua espessura de 10 km resultantes da soma dos 5 km acima da crosta terrestre e outro tanto abaixo dessa mesma crosta. Esse é o mundo, imenso ambiente dos seres vivos, com o qual são feitos os primeiros contatos tradicionalmente por meio dos estudos da História e da Geografia, nos bancos escolares.

Com efeito, na época em que se estudavam disciplinas com esse enfoque, povoando o desenvolvimento do conhecimento da juventude, esse mundo foi apresentado tanto pelos fatos históricos, que nele aconteceram e revelaram ações e atitudes, quanto pelas suas características geográficas, quer do relevo físico, quer do perfil humano.

Como consequência do saber transmitido por essas disciplinas, despertava-se a curiosidade para o conhecimento das ações sociais, da organização dos diferentes grupos populacionais no território, mostrando como eram formados os variados assentamentos, em decorrência da topografia do relevo, ou de acordo com as condições do clima e do solo, bem como conforme as variáveis culturais, políticas e religiosas.

Nesses estudos, destacavam-se a conquista dos territórios e o desenvolvimento de técnicas de produção, desde aquelas que levavam à criação de instrumentos de cobre ou ferro, até a descoberta de outros materiais mais resistentes que permitiam aos povos atingir novos patamares de desenvolvimento ou alcançar novas conquistas territoriais.

Esses insumos do passado, fornecidos pelos cursos de formação básica, mostram que aqueles fenômenos, característicos da evolução da humanidade, forjaram com o passar do tempo um inconsciente coletivo, voltado para um crescimento das populações, cada vez mais concentradas em áreas urbanas, gerando riqueza em regiões e países. Áreas urbanas despontavam assim, como a força motora da economia local e regional.

Contudo, algumas regiões se mostraram mais privilegiadas quando se tratava de gerar economia, como descrito no livro *Bandeirantes e pioneiros*, de Moog (1974). Sua obra expõe a tese de que os países de clima frio e temperado oferecem melhores condições de desenvolvimento que os países de clima quente, como o Brasil, em grande parte tropicais; por isso, demonstra cabalmente que, nos países de clima frio, como nos Estados Unidos, o principal impulso do seu desenvolvimento se baseou na necessidade de se preparar para enfrentar os invernos rigorosos. Pode-se dizer que essa tese reflete uma versão mais moderna dos ensinamentos de La Fontaine contidos na fábula *A cigarra e a formiga* (Braga, 1973), que mostrava uma formiga labutando todos os dias, principalmente no verão, como um mau exemplo para a cigarra, que cantava e cantava, dia e noite. Mas, chegando o inverno, a cigarra precisou suplicar à formiga um prato de comida para sobreviver. A moral se traduzia pela forma cruel que o viver sem preparo oferece: "*et bien, vous chantiez tout l'été, dancez maintenant!*" ("muito bem, você cantou o verão todo, agora dance!").

Por muitos e muitos anos, então, o desenvolvimento resultante do trabalho humano foi pregado como meta a ser atingida por um país que desejasse ser considerado entre os mais influentes. Em contrapartida, pouco ou quase nada se mencionava a respeito das consequências desse desenvolvimento, consumindo o meio ambiente natural e gerando o construído. Ocorria assim uma exploração irracional dos recursos do planeta, até mesmo tornando-o depositário da sujeira gerada pelas atividades humanas, espalhando vários tipos de doenças. Assim, sem que a humanidade percebesse, a questão ambiental se torna importante, historicamente. Ou seja, criou-se um problema para o meio ambiente, tanto natural, como também o ambiente urbano, ambos marcados por uma ocupação indiscriminada do território e pela aceitação ingênua ou inescrupulosa de qualquer tecnologia, desde que gerasse lucro e haveres comerciais. Isto se constituiu no estopim de crises ambientais em que o patrimônio natural da humanidade veio sendo dilapidado. Lovelock (2007), traduzindo discussões internacionais, em que associa a Terra às interações entre suas partes componentes no tempo e no espaço, afirma que os seres humanos estão afetando sua configuração, aumentando a degradação do território ao acumular poluição e destruição da biodiversidade.

Tal panorama incluía os países em desenvolvimento, entre os quais o Brasil, que continuava a estimular o crescimento a todo custo, seja pela política de substituição de importações – no início do século XX, abrindo espaço para o fortalecimento da indústria nacional – seja pela transferência de tecnologias estrangeiras, absorvendo, então, os processos produtivos antigos e ultrapassados, que tinham sido substituídos por outros mais avançados no país de origem. Nessa trajetória, não havia preocupação com nenhum tipo de poluição. O desenvolvimento vinculava-se diretamente à dependência dos países desenvolvidos, tanto em termos de tecnologia para a produção industrial, quanto em termos de mercado para a absorção da produção primária. Furtado (1992a) defende que a industrialização no Brasil não resultou tão somente de uma política de caso pensado, ela se deveu muito mais às pressões do sistema produtivo, tanto as motivadas pela conjuntura internacional nos períodos de depressão e de guerra, quanto pela ação do governo na defesa dos interesses dos produtos de exportação.

Pode-se dizer que no outro lado dessa teoria, como complementação, está o subdesenvolvimento, hoje mencionado como economia de países em desenvolvimento, por meio da qual o progresso tecnológico é feito com base na demanda de bens finais de consumo, o que levou o país a importar tecnologias muitas vezes já ultrapassadas nos países de origem (Furtado, 1992b).

Os resultados ambientais dessas pressões do sistema produtivo se fizeram sentir em diversos pontos do país. Com efeito, a descomunal concentração de indústrias em São Paulo foi acompanhada de um crescimento urbano igualmente descomunal. Houve, pois, a formação de grandes complexos industriais, pontos de partida do processo de degradação ambiental provocado pelos despejos de seus efluentes na água, no ar e no solo.

Os complexos industriais e o crescimento urbano, que provocaram intensa ocupação do solo, tornaram-no impermeável e resultaram em um aumento de áreas urbanas inundáveis. Terrenos impróprios e com sensível declividade foram ocupados; tornaram-se novas áreas com risco de deslizamento de terra, soterrando pessoas e fazendo desabar construções precárias.

À alta densidade demográfica seguiu-se uma não contida geração de lixo que se acumulou em locais inadequados, transformando-os em focos de artrópodes e roedores nocivos à saúde das pessoas. Os assentamentos humanos, por sua vez, surgidos pela corrida dos tempos modernos, na medida em que as taxas de urbanização cresceram em ritmo acelerado, não foram acompanhados pela provisão de infraestrutura urbana: lançam seus esgotos *in natura*, agravando cada vez mais o estado das águas nos rios, córregos e reservatórios.

Em São Paulo, as diversas formas de poluição e degradação geraram uma situação de descalabro da saúde pública, em uma respeitável região metropolitana que, atualmente, abriga cerca de 19 milhões de habitantes (IBGE, 2007) ameaçados pela falência dos sistemas urbanos. Essa ameaça afeta também outras regiões vizinhas, das quais a cidade passou a importar água e a exportar processos produtivos, sem o devido controle da poluição e da degradação. Pode-se dizer que há uma atuação desastrosa – ou mesmo gananciosa – do ser humano, enquanto este deveria respeitar os ciclos da natureza, dando-lhe tempo e condições de se recompor por conta própria.

O acelerado processo de desenvolvimento industrial, mesmo trazendo inegáveis benefícios para a humanidade, acabou comprometendo de modo assustador a qualidade desse grão de areia que é o planeta Terra. Já se podia antever que os recursos da natureza, ilusoriamente considerada depositária de jazidas eternas, principalmente aquelas não renováveis, iam se esgotando. Apesar de todo o progresso trazido pela industrialização – mesmo que para uma minoria privilegiada –, estava-se colocando em risco a vida neste pequeno e frágil planeta.

Entretanto, nessa conjuntura internacional ocorre uma síntese cultural mundial formando o que se chamou de globalização, termo este que, conforme mostram Abascal et al. (2008), "a partir de 1960, passou a ser utilizado nos meios acadêmicos, nos trabalhos de McLuhan", que mencionava a "aldeia global".

> Mas no fim da década de 1990, o termo "globalização" já se referia à "econômica internacional", dos estados nacionais. Daí falar-se em interligação do desenvolvimento econômico com o desenvolvimento ambiental, tratando dos fenômenos globalmente associados, como gestão ambiental e mudança climática, dentre outros. (Abascal et al., 2008)

Mesmo no período pós-industrialização, em que as grandes concentrações urbanas se tornam típicas pela presença do setor terciário da economia – comércio e serviços, dentre os quais os avançados –, toda a ocupação das áreas urbanas necessita de ordenamento do uso do solo e de gestão ambiental, para permitir um desenvolvimento equilibrado e com qualidade de vida. Essas áreas se tornam peculiares pelo uso e ocupação do solo, globalmente interligados, agora gerando novas hierarquias globais e novos mercados, como os dos países do Mercosul (América do Sul), ou da região da Alca (América do Norte), ou da União Europeia, entre outros.

Conclui-se, pois, que mesmo em países industrializados tidos como desenvolvidos, o preço desse modelo de progresso se tornou muito alto em termos ambientais. A conscientização sobre os cuidados que deveriam ser tomados em relação à capacidade de sustentação ambiental vem sendo feita muito lentamente ao longo da história e, por isso mesmo, talvez tenha se perdido com as civilizações que desapareceram. Provavelmente desapareceram porque sua sociedade escolheu o fracasso, como diz Diamond (2005), ao comprometer e danificar seu meio ambiente com práticas não sustentáveis, escolhendo desmatar florestas, levando à erosão do solo e perda de sua fertilidade; criando problemas de gestão dos recursos hídricos, pesca e caça excessiva; introduzindo impactos no território e no crescimento da população. Mais recentemente, entretanto, verifica-se um esforço mundial em prol do reconhecimento da necessidade de preservar o meio ambiente e da importância de se buscar modos de desenvolvimento autossustentáveis, a fim de viabilizar a vida no planeta Terra. Esse esforço deve ser feito tanto por parte dos países desenvolvidos quanto daqueles em desenvolvimento.

Essa conscientização é promovida, muitas vezes, por organismos internacionais, como a Organização das Nações Unidas (ONU), por meio de conferências – como, em 1972, em Estocolmo (Suécia); em 1976, o Habitat I, em Vancouver (Canadá); em 1992, no Rio de Janeiro (Brasil); em 1996, o Habitat II, em Istambul (Turquia); em 1997, em Kyoto (Japão); e a Conferência das Partes 15 (COP-15), em 2009. Certamente estas foram precedidas de inúmeras outras formas de difusão (mídia impressa, rádio, TV, internet e suas combinações), seja por fábulas, por ensaios e obras descritivas da natureza, ou mesmo de aventuras, como as aventuras nos mares do oceano Pacífico sul em *Deuses, túmulos e sábios* (Ceram, s.d) ou as *Vinte Mil Léguas Submarinas*, de Verne (1960).

Mais recentemente, tem-se assistido a inúmeros seminários técnicos, congressos e conferências em âmbito nacional e internacional, destacando--se os meios universitários, levantando questões polêmicas sobre a ocupação indiscriminada do território e a aceitação de tecnologias que visam primeiramente ao lucro e não se adaptam à capacidade de suporte dos ambientes em que se inserem. Em muitas ocasiões, é a mídia impressa que aponta os resultados danosos dessas tecnologias, mostrando o desaparecimento de espécies vegetais e animais, como o do mico-leão-dourado, na Amazônia e em outras áreas ao norte do Brasil. Há casos também de regiões necessitando de receber água de outras bacias para seu abastecimento, como é o caso da região metropolitana de São Paulo, em que os assentamentos das bacias da região – bacia do Alto Tietê – já não são suficientes para o abastecimento de sua própria população.

Enfrentando problemas similares, aqueles que moram em cidades se conscientizam da necessidade da gestão ambiental por meio de pesadelos que vêm se tornando realidade, como o racionamento de água e de energia e, portanto, a necessidade de rodízio de dias em que determinada zona urbana é suprida com água, ou, então, períodos em que a cidade fica às escuras.

Aqueles que vivem no campo chegam à realidade dos problemas ambientais e, da mesma maneira, conscientizam-se da necessidade de gestão quando veem desaparecer espécies vegetais e animais, quando a chuva ácida queima suas plantações, quando a seca se torna mais frequente por causa dos desmatamentos e do desaparecimento das florestas tropicais.

Por essas razões, a questão ambiental incita a sociedade a conhecer os esforços feitos por certos países para agir sobre as condições do meio ambiente, a partir do controle da poluição das águas, do ar e do solo. Como exemplo desse controle, cabe destacar a Inglaterra, que se orgulha de ter conseguido devolver a qualidade das águas ao rio Tâmisa e também por ter controlado a poluição atmosférica nas áreas industriais dos *Middlands*, em especial a cidade de Manchester, então símbolo de tudo o que era mais poluído. Em Paris, na França, a cidade devolveu a vida ao rio Sena. Na Alemanha, a região industrial do Ruhr conseguiu controlar sua poluição atmosférica.

No caso brasileiro, muito provavelmente a poluição ambiental está relacionada com a qualidade de vida, pois é como as pessoas a "visualizam", por meio da água que precisa de tratamento para poder ser utilizada para beber, por meio da qualidade do ar que acaba influenciando doenças respiratórias, por meio dos desastres ambientais, como desmoronamentos e inundações, entre outros. Mas também, frente às queimadas e desmatamentos das florestas tropicais, os países desenvolvidos procuram interferir contestando, pois atos como esses acabam influenciando as condições de vida de populações do hemisfério norte.

Em face dessa poluição ambiental global, a pergunta que se delineia é: como os vários níveis de governo do hemisfério sul podem exercer o controle ambiental em seus territórios por meio de uma gestão ambiental urbana adequada e, assim, melhorar a qualidade do ambiente global?

Para esclarecer questões como as descritas anteriormente, este capítulo foi organizado para propor e focalizar aspectos conceituais relacionados com a gestão ambiental no Brasil. Neste sentido, a pergunta mestra é: como o poder público pode intervir e controlar a qualidade ambiental?

As respostas a essa indagação básica certamente contribuirão para esclarecer dúvidas e mostrar os principais desafios da humanidade adiante da necessidade de crescer e instalar suas comunidades, respeitando o meio ambiente natural e o construído, segundo o padrão de desenvolvimento baseado na sustentabilidade ambiental.

Apesar desses e de muitos outros exemplos, a questão ambiental continua mundialmente contundente e, portanto, permanece na ordem do dia, sobretudo no Brasil que, se de um lado avançou a passos largos no caminho do crescimento econômico, de outro caminhou muito pouco no que diz respeito à solução de problemas ambientais ou à degradação dos recursos naturais. Sem exageros pode-se afirmar: progressão geométrica aquele; progressão aritmética este.

Esse descompasso explica porque até hoje tem sido mundialmente marcante, na sociedade e em seus governos, a visão míope que enxerga uma incompatibilidade entre o ritmo de desenvolvimento e a defesa de valores ambientais. Essa visão acaba reforçando a ideia de que a questão ambiental está limitada a um problema insolúvel.

Toda ação gera uma reação, determina dogmaticamente a lei da física. Ora, perante a questão ambiental, a reação surge por meio de uma visão que coloca no extremo oposto a defesa incondicional do meio ambiente, em geral do ambiente natural, raramente do ambiente construído.

Surgem, então, duas facções: o time daqueles que querem o desenvolvimento a qualquer custo e o daqueles que preferem não arredar pé de uma posição defensiva dos valores da natureza. Lamentavelmente, muitos governos ainda preferem o desenvolvimento a qualquer custo, contribuindo para criar o antagonismo: meio ambiente *versus* desenvolvimento.

E assim se manifesta a questão ambiental, como uma reação muitas vezes negativa a uma questão empresarial. Colocado nesses termos, o assunto evoca Shakespeare: desenvolver ou não desenvolver? Eis a questão ambiental em muitos países.

Desde o momento em que as bases da economia deixaram de ser essencialmente agrícolas e se lastrearam na produção industrial, as relações entre o processo de desenvolvimento e as questões do ambiente entraram em rota de colisão; no Brasil, isso ocorreu principalmente a partir da implantação da indústria automobilística, pelos idos de 1950.

De lá para cá, essas relações tornaram-se tensas e frágeis e acabaram se transformando em luta de gigantes no final dos anos 1960: desenvolvimento econômico *versus* meio ambiente. Com nitidez, o desenvolvimento parece, até há pouco tempo, ter vencido diversos *rounds*, o que tem se refletido em sérios prejuízos para a própria economia.

A esse propósito, aliás, é curioso lembrar que na Conferência de Estocolmo em 1972 sobre o Meio Ambiente Humano, a delegação brasileira, em nome da geração de emprego, defendeu a tese do desenvolvimento econômico sem restrição alguma, principalmente de natureza ambiental.

Marx, citado por Gaarder (1997), em *O mundo de Sofia*, dizia que, em geral, a classe que predomina em uma sociedade também estabelece os parâmetros daquilo que é certo e do que é errado. Ora, se a classe dominante pauta o desenvolvimento econômico dessa sociedade pelo padrão capitalista ortodoxo, em um primeiro momento, pode-se concluir que cuidar do meio ambiente não é uma estratégia a ser adotada; ou, na melhor das intenções, esses cuidados poderiam ficar para outra oportunidade.

Acontece que não se trata de resolver os problemas ambientais pela visão capitalista ortodoxa; seria muito simplismo apenas tratar de fazer o que é certo ou o que é errado seguindo os parâmetros da classe dominante.

Na época em que tomou força o movimento em prol da defesa intransigente do meio ambiente, o movimento ecológico com ênfase na proteção do mundo natural se distinguiu por um antagonismo acentuado e exacerbado.

Destacavam-se claramente duas visões: a desenvolvimentista e a ecologista. Esta tentando proteger as riquezas naturais e procurando o desenvolvimento em bases ecológicas; aquela procurando gerar riquezas materiais, estimulando o desenvolvimento econômico a qualquer custo.

Ora, para enfrentar esse dilema, "o desenvolvimento global tem levado as empresas a um maior nível de organização, tanto em seus processos de impactos ambientais como em relação ao produto final oferecido, que se torna mais competitivo mundialmente" (Cortese e Bruna, 2008). Isso é uma vantagem também para o poder público, mostrando que suas políticas estão atingindo os objetivos e o setor empresarial cada vez mais se torna ambientalmente responsável. Cresce assim uma espécie de prevenção de problemas ambientais, em especial aqueles relacionados com os chamados passivos ambientais, em que as firmas que se mudam de localização acabam deixando um passivo de poluição a ser mitigado, cujos custos costumam ser muito altos. Nos países desenvolvidos já se observa que os empresários contam com seguros para poder arcar com esses custos. Há necessidade, então, de avaliação periódica do "estado" do meio ambiente, avaliação essa adotada como uma maneira de prevenção de desastres ecológicos, o que pode ser feito por uma auditoria ambiental periódica ou mesmo ocasional (Cortese e Bruna, 2008). A legislação ambiental e as normas ganham assim espaço como instrumentos de gestão ambiental, podendo-se avaliar a eficiência ecológica e o desempenho econômico ambiental.

ECONOMIA *VERSUS* ECOLOGIA

Na visão ecologista, a questão econômica estava agredindo o meio ambiente brasileiro. Na visão econômica, a questão ecológica estava dificultando o desenvolvimento do país. Ambas as visões julgam-se corretas nos seus direitos. Ora, é sabido que, cada vez que o direito de um se contrapõe ao do outro, a pendência se decide pela força ou por algum tipo de compromisso recíproco.

Não se pode esquecer, entretanto, que ambas as questões – retrato de uma causa econômica e de uma causa ecológica – têm sua importância na base do significado último que é dado pela raiz etimológica do prefixo desses dois vocábulos. *Eco* se origina da palavra grega *oikos* que significa *casa*. Trata-se, pois, de proteger em última instância *essa casa*, o planeta Terra, indistintamente.

Oikos + nomia, etimologicamente significando *administração e governo da casa*, representa a economia. São pertinentes aqui as reflexões de Coimbra (1985) sobre a evolução da economia a partir de suas formas arcaicas que a conduziram até os requintes dos dias de hoje, passando num momento impreciso do passado a identificar-se com a própria história do meio ambiente. Identificação que se percebe nítida nas várias fases da economia – de subsistência, feudal, colonial, industrial, terciária – em que as diferentes sociedades se utilizam dos recursos da natureza, podendo se dar a ruptura que provocou o mal-estar dos economistas e dos ecologistas, impedindo a visão global do mundo e dificultando a administração e o destino de uma mesma *oikos*.

Daí porque esse falso antagonismo tem de ser desmascarado, fato que ocorrerá quando todos compreenderem que não existe nenhum antagonismo e que o desenvolvimento econômico deve ser promovido, contribuindo para a melhoria da qualidade do meio ambiente, sem comprometer os recursos da natureza. E vice-versa, o meio ambiente com seus recursos naturais precisam ser protegidos para evitar que sejam utilizados como obstáculos para o crescimento econômico. Afinal, ambos devem ter por objetivo a evolução, o bem-estar, a qualidade ambiental e de vida dos seres vivos.

Trata-se, pois, de duas faces de uma mesma moeda. Ou, com mais precisão de base etimológica, trata-se dos diversos compartimentos de uma mesma e única *oikos*.

Já é tempo de acabar com essa dicotomia e começar a considerar os dois lados não mais como facções, mas como parceiros – sem prejuízo das partes – na árdua tarefa de promover uma única e mesma causa: o benefício da natureza e do homem. Não mais como *versus*, mas sim como *e*, uma conjunção aditiva e não adversativa. É, pois, com muita propriedade que a Constituição do Estado de São Paulo insere o capítulo sobre o meio ambiente no título que trata da Ordem Econômica.

Mais uma reflexão, entretanto, se impõe: ao se considerar um mesmo e único objetivo, por que falar apenas de questão ambiental? Por que não falar também de questão econômica? O vezo ambiental se justifica porque até agora – como já analisado – sua importância diante do panorama desenvolvimentista ficou relegada a um patamar significativamente secundário.

Por outro lado, não custa nada pensar que o vocábulo questão tem sua origem no verbo questionar. Entre outros sentidos, essa expressão significa também: discutir, levantar um problema, uma dúvida ou um ponto que precisa ser resolvido. Não seria, pois, mais objetivo e coerente com a parceria proposta discutir valores ambientais e valores econômicos?

Questão ambiental e questão econômica: que dúvidas ambas suscitam? Estaria a defesa do meio ambiente prejudicando o desenvolvimento do povo? Estaria o desenvolvimento do povo acarretando prejuízos para o meio ambiente? Seria, então, o caso de questionar esses dois modelos que estão se digladiando? É desnecessário.

Com essa perspectiva, questão ambiental deixa de ser sinônimo de um problema e passa a ser apenas um desafio que deve ser reconhecido, enfrentado e resolvido por todos.

Claro que esse tipo de desafio não se resolve com simples declarações de boas intenções. Requer conhecimentos técnicos sobre o meio ambiente e sobre suas possibilidades de gestão, que irão oferecer argumentos fortes para mostrar a viabilidade de se conquistar o bem-estar, procurando tanto o desenvolvimento material quanto a qualidade ambiental esperada.

A gestão ambiental, em última análise, é a busca do equilíbrio entre o homem e o seu ambiente, seja natural, seja urbano. Na linguagem atual, esse equilíbrio se manifesta por meio da expressão desenvolvimento sustentável. Sustentável quando se trata de metas que deverão ser atingidas. Sustentado quando já aplicado na prática.

De maneira bastante singela, a expressão desenvolvimento sustentável significa o modelo de crescimento da economia que leva em consideração as possibilidades de exaustão de recursos naturais, as possibilidades de reutilização de produtos ou subprodutos originados desses recursos, o controle de danos que os produtos e resíduos possam provocar no ambiente e as possibilidades de minimizar seus impactos negativos.

Jocosamente, pode-se exemplificar com a fábula "A galinha de ovos de ouro", de Esopo, autor grego (600 a.C.), na qual colher ovos é uma prática sustentável do recurso galinha; entretanto, torcer o seu pescoço para comê-la é, por consequência, um uso não sustentável desse recurso em relação à produção de ovos.

Outro exemplo é o de um elástico utilizado para envolver pacotes de dinheiro. Até que comprimento pode ser esticado? Pode crescer? Desenvolver? É fácil entender que o desenvolvimento sustentável desse elástico tem limites.

Esses exemplos, apesar de sua simplicidade, têm um objetivo claro. Mostrar que nem sempre a sustentabilidade do crescimento econômico pode ser explicada com essa facilidade. O conceito é flexível e serve para explicitar uma diretriz geral. O que constitui um emprego aceitável de tal diretriz será determinado pelas circunstâncias e pelo valor das decisões que forem tomadas sobre esse paradigma de sustentabilidade. Com efeito, o que é crescimento ou desenvolvimento para uns pode não o ser necessariamente para outros, mesmo tendo por base o conceito de sustentabilidade.

Na verdade, crescimento ou desenvolvimento sustentável não é apenas crescer dentro de padrões de respeito à natureza e de harmonia com ela. É também crescer respeitando os valores e culturas das pessoas e comunidades. As atividades turísticas estão se expandindo, crescendo; lugares maravilhosos estão sendo explorados racionalmente para lazer, cultura, educação ambiental, diria com entusiasmo alguma autoridade. Pode-se, entretanto, perguntar: expandindo, crescendo em benefício de quem? As comunidades, as pessoas desses lugares ou dos caminhos que conduzem a esses lugares foram consultadas? Estão tendo a mesma sensação de que estão sendo beneficiadas por essa expansão? Ou, ao contrário, ficarão para elas as sobras do turismo? Lixo, invasão da comunidade, fim do sossego, ameaça de destruição do patrimônio cultural, tradições etc.? Enfim, desenvolvimento sustentável para quem? Seria, talvez, para aqueles que estão à procura de um precioso emprego?

É preciso considerar, assim, as decisões políticas adotadas pelos países em suas cidades e regiões. E, para tanto, no Brasil, o governo federal, em 2001, aprovou a Lei n. 10.257/2001, também conhecida como Estatuto da Cidade. Essa Lei instituiu que cabe aos municípios (cujas cidades são suas sedes), organizar sua política de desenvolvimento urbano, considerando os impactos de vizinhança no meio ambiente (arts. 36, 37 e 38). Cabe aos municípios ainda garantir a gestão democrática da cidade (art. 43)

Como se observa, o conceito de desenvolvimento sustentável está umbilicalmente comprometido com critérios de valores, o que envolve aspectos socioeconômicos, políticos e culturais da população. Ser capaz de reconhecer e hierarquizar valores, portanto, ajudará a delinear um programa de gestão ambiental.

O que significa o vocábulo valor? Tudo aquilo que é usado ou apreciado por alguma razão tem valor. Isso significa também que o que tem valor para uns pode não ter necessariamente o mesmo valor para outros.

Além disso, deve-se considerar que muitos e diferentes valores formam o sistema de valores de uma pessoa, de um grupo ou de uma sociedade. Dentro desse sistema, alguns valores são mais fortemente percebidos do que outros.

Essa percepção tem muito a ver com os interesses pessoais de cada um; entretanto, influências culturais, éticas e religiosas, por exemplo, exercem papel preponderante nessa percepção.

Em linhas gerais, podem ser classificados três tipos de valores: os não tangíveis – éticos, estéticos, culturais, recreativos, científicos, educativos; ecológicos; e econômicos (Berkemüller, 1989).

Em suma: gestão ambiental é também uma questão de princípio. Princípio que emana do verdadeiro desenvolvimento sustentável que deve sempre levar em conta um juízo de valor formado a partir de uma escala de valores baseada nos três tipos mencionados anteriormente.

Essas considerações conduzem a aceitar a definição proposta por Coimbra (1985) que, de modo descritivo, procura salientar o conceito de desenvolvimento econômico centrado onde realmente deveria estar: na pessoa humana.

Desenvolvimento é um processo contínuo e progressivo, gerado na comunidade e por ela assumido, que leva as populações a um crescimento global e harmonizado de todos os setores da sociedade, pelo aproveitamento dos seus diferentes valores e potencialidades, de modo a produzir e distribuir os bens e serviços necessários à satisfação das necessidades individuais e coletivas do ser humano por intermédio de um aprimoramento técnico e cultural e com o menor impacto ambiental possível.

SAÚDE PÚBLICA E QUALIDADE DE VIDA

Culturalmente, o conceito de saúde está associado à ausência de doença. Dessa forma, quem não tem doença tem saúde; quem tem doença não tem saúde.

Apesar da recíproca ser verdadeira, a cultura de conceituar saúde apenas pela ausência de alguma enfermidade não é completa, pois dessa cultura nascem consequências que nem sempre conduzem a resultados satisfatórios. Com efeito, tendo como ponto de partida o fato de que a sociedade também cultiva o uso frequente e indiscriminado de remédios para a solução de muitos dos seus males, a indústria farmacêutica foi incentivada a criar inúmeros pontos de venda que a tradição chama de farmácias. Aliás, a proliferação das farmácias ocorreu na razão direta da proliferação da cultura da enfermidade.

Com o passar do tempo, tais hábitos foram reforçando o conceito de saúde dentro desse paradigma, a ponto de provocar o desenvolvimento de métodos terapêuticos e técnicas cirúrgicas voltados quase exclusivamente para o exercício da medicina curativa em detrimento de uma medicina preventiva, com resultados significativos na (re)conquista da saúde danificada pela doença.

Esses avanços, porém, deixaram à margem da promoção da saúde uma série de fatores que interferem na etiologia de cada doença e na perda gradativa ou repentina da saúde das pessoas.

Considerando-se, entretanto, que não é estimulante expressar um conceito que se pretende positivo – no caso, a saúde – por uma premissa que se supõe negativa – a enfermidade ou a não saúde –, a Organização Mundial da Saúde (OMS) estabeleceu uma definição que leva em conta determinados fatores que interferem na vida das pessoas, com possíveis repercussões na sua saúde. Por isso, para a OMS, saúde é um estado de completo bem-estar físico, mental e social, ou seja, uma definição mais ampla do que aquela ideia que faz menção unicamente à ausência de doenças.

Complexo e abrangente, esse conceito alarga os horizontes do entendimento do que é saúde e, principalmente, abre uma perspectiva de atuação positiva sobre todos os fatores que, de uma maneira ou de outra, possam interferir na sua promoção ou manutenção. Assim, saúde associa-se à ideia de completo bem-estar físico, mental e social (biopsicossocial), e não simplesmente à ausência de doença, devendo ser entendida como meta fundamental de qualidade de vida e resultante do pleno atendimento das necessidades básicas e do acesso a bens e serviços.

Com certeza, a OMS, ao conceituar abrangentemente a saúde em termos de sua posse ou usufruto, mostra que essa é uma meta a ser atingida pelos seres humanos. Com efeito, da maneira como é definida, ainda que seja uma meta a atingir, revela-se na prática ser um alvo utópico para qualquer um, a obtenção do pleno gozo da saúde. Na verdade, a certeza da morte e a probabilidade de sua chegada iminente ou não iminente esvaziam toda a expectativa de um estado de completo bem-estar, seja ele físico, mental ou social. Até para os mais otimistas.

Apresentada, entretanto, como uma meta a ser conquistada, a saúde reflete um conceito de um ideal a atingir, a exemplo do que acontece com o ideal da paz entre os povos; esse ideal nunca morre em cada ser humano, apesar de todas as dificuldades resultantes de guerras e desentendimentos que tentam, mas não conseguem desestabilizá-lo. Mesmo porque, ainda em relação ao conceito de saúde, a OMS, talvez melhor do que qualquer outra organização, conhece perfeitamente a incomensurável distância que existe entre o ideal da saúde que propugna e a realidade de vida de bilhões de seres humanos que, pelos mais variados motivos, estão longe de atingir algum tipo de bem-estar que se coadune com o que vem sendo definido como saúde. Pode-se dizer que, para a OMS, saúde é um direito universal e não simplesmente uma meta.

Como corolário da abrangência embutida nessa conceituação, deriva-se o conceito de saúde pública definido pela OMS como sendo uma ciência e uma arte por meio das quais será possível promover, proteger ou recuperar a saúde aplicando medidas que atinjam toda a população.

Se a medicina curativa desenvolve a saúde removendo a enfermidade, a saúde pública se baseia na promoção da saúde do indivíduo, removendo *a priori* as causas de uma possível doença. Sob esse aspecto, a saúde pública prende-se à identificação e à prevenção das causas físicas, ambientais e sociais das doenças. Em decorrência das causas ambientais de doenças, as ações do campo da saúde pública voltam-se para o saneamento ambiental, envolvendo o controle da poluição das águas e do solo, a poluição do ar e sonora, o fornecimento de água de qualidade, a higiene de modo geral e, de modo especial, dos alimentos, a segurança do trabalho e a moradia. Como causas sociais, os especialistas em saúde pública analisam também as doenças originadas pelo desemprego e pela pobreza que levam à inanição, ao contato com dejetos e lixo, dentre outros. Diferentemente de muitos ramos da medicina que cuidam diretamente do indivíduo, a saúde pública tem sua atenção voltada para grupos, comunidades e para a sociedade como um todo.

A descrição anterior não deixa dúvidas de que a saúde, no contexto de saúde pública, tem um vínculo direto com o estado em que se encontra o meio ambiente em geral, destacando-se os aspectos do saneamento básico e do abastecimento de água. Na área da administração pública, a saúde pública está relacionada, por exemplo, com os recursos hídricos, o saneamento e o meio ambiente, colocados em forma de gestão que envolve a

722 | CURSO DE GESTÃO AMBIENTAL

bacia hidrográfica como unidade de intervenção, de acordo com o previsto pelas políticas públicas de recursos hídricos, no estado de São Paulo[1] e em âmbito nacional[2]. Convém salientar, então, que a administração pública, principalmente ao cuidar da saúde do povo, deve valorizar essa relação de maneira contínua e sistemática, sempre que possível desenvolvendo políticas conjuntas que se complementem. Inúmeras dificuldades parecem justificar que isso nem sempre aconteça e que, ao contrário, se dê ênfase a uma desconexão total, com resultados desastrosos para as populações envolvidas.

O desencontro de programas entre órgãos de governo de competências concorrentes, nos distintos níveis de governo, que de alguma maneira cuidam da saúde, tende a ser causa da ineficiência de todo o sistema de saúde no país.

Daí provavelmente o fato de se encontrar uma série de hospitais públicos não equipados, com capacidade de atendimento saturada e com deficiência crônica de recursos financeiros e mesmo de funcionários. Situações como essa, aterrorizantemente frágeis, chegam a comprometer até mesmo a própria conduta preventiva do sistema de saúde, que, no Brasil, já se encontra normalmente relegado a um segundo plano, dada a premência do tratamento dos doentes. A ausência de uma política de ações preventivas de saúde – seja no caso da falta de saneamento ou do fornecimento de água potável – mostra o estado agravante da questão mais crucial ainda ao se responsabilizar a sobrecarga de atendimentos que ocorrem nos ambulatórios de hospitais, postos de saúde e clínicas médicas pelo estado de ineficiência encontrado nesses locais, que quase sempre carecem dos equipamentos necessários para atender a população ou então apresentam aparelhagem danificada, mostrando falta de manutenção.

A desconexão de programas de saúde na administração pública com a necessidade de saneamento básico é agravada ainda mais por reduzidos investimentos em infraestrutura, sobretudo nas áreas periféricas das grandes

---

[1] Lei n. 7.663/91. Estabelece normas de orientação à Política Estadual de Recursos Hídricos, bem como ao Sistema Integrado de Gerenciamento de Recursos Hídricos (Lei do Estado de São Paulo). Disponível em: http://www.ceivap.org.br/downloads/leispn7663-91.pdf. Acessado em: 13 jan. 2010.

[2] Lei n. 9.433/97. Institui a Política Nacional de Recursos Hídricos, cria o Sistema Nacional de Gerenciamento de Recursos Hídricos, regulamenta o inciso XIX do art. 21 da Constituição Federal, e altera o art. 1º da Lei n. 8.001/90, que modificou a Lei n. 7.990/89. (Lei federal).

cidades, assim como em outras regiões mais pobres do país. Esse tipo de desbalanceamento ambiental favorece a proliferação de doenças, principalmente as tropicais, que se multiplicam por meio de surtos e de epidemias. O surto da dengue, que continua atacando muitas cidades do país, é um exemplo atualizado que mostra o contraste entre as gestões de governos despendendo volumosos recursos financeiros em gastos hospitalares, quando poderiam atuar a partir da economia dessas despesas e trabalhar com programas de saneamento, com a extinção dos focos de crescimento do mosquito que transmite a dengue, com campanhas de prevenção e de educação ambiental.

Esse conceito de saúde pública dirige a reflexão diretamente para o conceito de saúde ambiental, dando a entender que existe um vínculo ontológico entre ambos. Assim, a análise do papel de políticas econômicas voltadas para os setores produtivos, em especial, indústria, energia, transporte, agricultura e mineração, é fator essencial para a avaliação de seus efeitos sobre a qualidade ambiental e de vida. Como ilustração, destaca-se a importância de estradas de rodagem como vetores de doenças que se difundem por regiões afora. Como figurino desenvolvimentista brasileiro dos anos 1970, estradas foram abertas visando à integração nacional; em consequência, recrudesceram no país doenças tropicais então quase totalmente erradicadas.

Em termos práticos, pode-se recorrer ao ideário recente de saúde ambiental no Brasil, voltando-se para os idos de 1972, no período pós-Conferência das Nações Unidas sobre Meio Ambiente Humano, realizada naquele ano, em Estocolmo. Este é considerado um marco das questões ambientais, quando o mundo procura compreender e discutir os problemas do meio ambiente em escala global, buscando respostas a sérias questões e controvérsias, coordenando ações e procurando definir linhas de atuações futuras simultâneas.

O impacto da conferência de Estocolmo se fez sentir oficialmente no Brasil no início da década de 1980, como testemunha a Lei Federal n. 6.938/81, instituindo a Política Nacional do Meio Ambiente ao criar o Sistema Nacional de Meio Ambiente (Sisnama), que passou a contar com um Conselho Nacional de Meio Ambiente (Conama). A este foi atribuída a missão de regular o uso dos recursos naturais, tendo por isso mesmo sido associado a um "Parlamento Ambiental", conforme afirma Paulo Nogueira-Neto (Conama, 2010).

Já na década de 1980, em alguns municípios, foram criadas diversas secretarias estaduais de meio ambiente. A década seguinte – 1990 – assiste ao despertar de uma consciência na esfera do poder público que o leva a tratar com mais cuidado as áreas verdes naturais e os espaços urbanos construídos. É verdade que a questão do verde – o chamado verde ecológico – tomou maior impulso e passou a concorrer e a disputar espaço com o saneamento básico na atenção dos administradores públicos.

Com o passar do tempo, os conhecimentos na área ambiental vêm se fortalecendo no país, se aprofundando e evoluindo; tanto no campo da saúde quanto nos de saneamento, recursos hídricos, transportes públicos, entre outros, visualizam-se ações de desenvolvimento sustentável que se afirma como um campo multidisciplinar.

Essa nova filosofia do desenvolvimento sustentável se apoia em diretrizes originadas do próprio modo de pensar sobre o meio ambiente, discutidas pela ONU em 1972. E na esteira da declaração dos princípios e das resoluções de Estocolmo, foi criada, no ano de 1983, a Comissão Mundial sobre Meio Ambiente e Desenvolvimento. Entraram, assim, em cena os elementos necessários para delinear estratégias de ação à maneira da apresentação de uma *avant-première* que ensaia uma agenda global para mudanças. Os trabalhos dessa comissão foram desenvolvidos durante os anos seguintes e, culminando com os conhecimentos públicos debatidos em 1987, que foram apresentados com o sugestivo título *Nosso futuro comum*, ainda que sob a forma de um relatório final também conhecido como Relatório Brundtland, fazendo menção direta à coordenadora da comissão, Gro Harlem Brundtland, primeira-ministra da Noruega.

Desde essa época, a sociedade passou a ter em mãos um plano que se transformou numa referência básica de abrangência internacional para que a Organização das Nações Unidas pudesse preparar a Conferência sobre o Meio Ambiente e Desenvolvimento (Cnumad), realizada no Rio de Janeiro, conhecida por Rio-92 ou Eco-92.

Nessa época, os debates focalizaram uma série de acordos e compromissos coletivos firmados pelas representações governamentais dos países que então estiveram presentes no Rio de Janeiro.

Dessa série, cumpre destacar a Agenda 21, a Convenção sobre Diversidade Biológica, a Convenção sobre Mudança Climática e o documento final da Declaração do Rio de Janeiro sobre Meio Ambiente e Desenvolvimento, com 27 princípios sobre os direitos de todos a um ambiente saudável e os deveres dos governantes de promover o exercício desse direito.

Fruto de grande significado da Eco-92, a Agenda 21 é o documento que estabelece o programa de ação dirigido à aplicação de princípios voltados à obtenção de melhoria das condições ambientais e, consequentemente, de uma vida das sociedades em todos os Estados Nacionais. Disposto em quarenta capítulos que refletem o consenso universal sobre os assuntos tratados, registra ainda o grande esforço a ser despendido na construção de uma pauta comum.

Acordos mundiais não se limitaram ao período da duração da Conferência do Rio de Janeiro. Em 1993, houve a Reunião dos Chefes de Estados do Continente Americano, realizado em Salvador (Brasil); em 1994 reuniu-se a Cúpula das Américas, em Miami (Estados Unidos); ambos os eventos à procura de uma integração regional das Américas em cujas pautas, entre outros temas, focalizaram detidamente os assuntos saúde e ambiente.

Desde 1995 estão sendo focalizadas as mudanças climáticas. Anualmente são desenvolvidas Conferências das Partes (COP)[3] focalizando as mudanças climáticas. A última foi realizada em dezembro de 2009, em Copenhagen, na Dinamarca, a COP-15 (Prado, 2009), focalizando o aquecimento global e o destino da civilização humana. Destaca-se que a temperatura da Terra não pode aumentar mais do que 2ºC em relação à era pré-industrial e final do século passado. Daí a importância de reduzir os gases de efeito estufa na atmosfera, devendo os países assumir o princípio das responsabilidades comuns para estabilizar, até 2017, a emissão de carbono em níveis 80% menores do que eram em 1990[4] (Prado, 2009).

Dessa maneira, nota-se que a trajetória das questões ambientais e suas implicações com o meio ambiente e a saúde estão seguindo o caminho da integração mundial na busca de soluções globalizadas, porque governos e governados estão descobrindo que um país não resolve isoladamente seus

---

[3] Mudanças climáticas, realizadas em diferentes locais, como Bali, na Indonésia; Nairóbi, no Quênia; no Canadá; Buenos Aires, na Argentina; Milão, na Itália; Nova Deli, na Índia; Marraqueche, no Marrocos; Bonn e Berlim, na Alemanha; Haia, na Holanda; e Kyoto, no Japão; vide: 14 Conferências das Partes. Disponível em: http://www.mct.gov.br/index.php/content/view/27182.html. Acessado em: 13 jan. 2010.

[4] Para tanto, é preciso reduzir o uso de combustíveis fósseis por energias mais limpas e renováveis, não desmatar e devastar as florestas, ou seja, mudar os hábitos de consumo e estilos de vida. Mas os países participantes não se comprometeram a mudar essa atitude e continua-se a correr riscos de impactos ambientais negativos, com possível transformação da floresta amazônica em savana, redução de rios e peixes, bem como redução da produção de alimentos, derretimento de geleiras, entre outros. A Convenção focalizou o princípio das responsabilidades comuns, em que os países ricos deveriam assumir, até 2020, uma redução de 25 a 40% de suas emissões de carbono em relação a 1990, e os países em desenvolvimento deveriam reduzir o aumento de suas emissões. O objetivo comum é estabilizar a emissão de carbono até 2017, para que venha a ser 80% menor que em 1990.

problemas. Aliás, não poderia ser diferente, uma vez que todos os povos estão conectados pela biosfera e, hoje, com maior intensidade, unidos pelos elos do intercâmbio mercadológico. A necessidade de integração torna prementes os processos de globalização ou de regionalização da economia, como é o caso dos países da América do Sul que, em 1995, formaram o Mercado Comum do Cone Sul, o Mercosul, destinado a unir economicamente Brasil, Paraguai, Uruguai e Argentina, e, recentemente, Venezuela, correspondendo, em termos de população e PIB a 76% de toda a América do Sul (Mercosur Educativo, 2010).

A partir desse dado político-econômico, manifesta-se a urgência de se estabelecerem negociações regionais para promover uma integração normativa que vá ao encontro dos novos fluxos de mercadorias, de bens e serviços e de recursos humanos e, nas pegadas desses novos fluxos, promover igualmente uma integração que favoreça a promoção e a manutenção da qualidade do meio ambiente e da saúde.

A integração das ações de saúde e ambiente com vistas ao desenvolvimento econômico globalizado ou regionalizado baseia-se em três princípios originários da Reforma Sanitária: a universalização, a equidade e a integralidade (Brasil, 1995).

A universalização consiste em estender a toda a população o acesso a bens e serviços, independentemente dos vínculos de contribuição financeira e das condições socioeconômicas de cada indivíduo; a equidade consiste em fazer com que todos – em cada região – disponham dos bens e serviços mais apropriados às suas necessidades, independentemente da vinculação funcional, da posição social na hierarquia ocupacional ou do local de moradia ou trabalho; a integralidade consiste na realização do conjunto completo de atividades de cada setor institucionalmente organizado, abrangendo as fases de planejamento, execução, avaliação e controle (Brasil, 1995). A perspectiva de uma gestão ambiental como esteio para programas de saúde ganhou novo alento em outubro de 1995, com a realização, por iniciativa da Organização Pan-americana da Saúde (Opas), da Conferência Pan-Americana sobre Saúde e Ambiente no Desenvolvimento Sustentável (Copasad), em Washington, Estados Unidos. Esse novo alento exigiu esforços prévios dos participantes para a elaboração de diretrizes nacionais a serem adaptadas e que resultaram no Plano Nacional de Saúde e Ambiente no Desenvolvimento Sustentável – Diretrizes para Implementacão, que, com este sugestivo e abrangente título, foi apresentado pela delegação brasileira. O relatório foi desenvolvido sob a coordenação do Ministério da Saúde, envolvendo os seguintes ministérios: Relações Exteriores, de Minas e Energia, de Planejamento e Orçamento, do Meio Ambiente, Recursos Hídricos e Amazônia Legal, da Educação e Desportos e do Trabalho.

A participação de instituições governamentais, não governamentais e entidades civis no âmbito nacional, envolvendo a União, os estados e os municípios e a colaboração internacional, propiciaram as condições para estabelecer um documento com alto teor participativo. Cumpre ressaltar que as discussões foram realizadas em importantes centros polarizadores de diferentes regiões do Brasil, como Belém, Recife, Brasília e Rio de Janeiro.

A eficiência e a eficácia de diretrizes das políticas decorrem dos caminhos que elas apontam; da precisa identificação das responsabilidades dos setores envolvidos com sua implementação; da definição de ações de curto, médio e longo prazo; dos meios necessários e do papel estimulador da democracia participativa. Mas não apenas estimulador; cada cidadão deve igualmente exercer o papel de fiscalizador e cobrador das ações que resultam da implantação de projetos de caráter público. É preciso que haja pressão por parte da sociedade civil sem a qual o poder público tende a não dar continuidade aos projetos, planos e programas estabelecidos. Isso tem sua importância em face das diretrizes traçadas para a ação no campo da saúde e ambiente com vistas ao desenvolvimento sustentável. Passa-se a enfrentar, então, os problemas da sua implementação, que se manifestam com muita regularidade, ora na iniciativa da ação, ora na alocação dos recursos necessários; quando não, na definição dos executores diretos ou na discussão das formas de viabilização dessas diretrizes. Há, enfim, muito trabalho a ser desempenhado pela União, pelos estados e também pelos municípios.

Pode-se entender as mudanças latentes focalizando-se as expressões linguísticas em uso. Assim, observa-se que "ser useiro e vezeiro" é uma expressão adjetiva da língua portuguesa, mas que está caindo em desuso, em processo de extinção, a exemplo de outros vocábulos e, o que é pior, a exemplo do que está acontecendo com muitas espécies da nossa fauna e flora. Seu significado é: usar ou fazer repetidas vezes a mesma coisa. Ao contrário, a expressão "qualidade de vida" está na ordem do dia. Ela vem sendo consagrada e difundida de modo useiro e vezeiro na sociedade, mesmo sem uma definição precisa, sem a compreensão correta do seu conteúdo.

Desse modo, no seio de uma sociedade formada por membros que se apresentam como consumistas – onde impera soberana tão somente a lei de mercado – tem-se a cada momento a atenção voltada para os apelos publicitários oferecendo os mais variados e tentadores padrões de qualidade de vida; seja em forma de plano de saúde, seja por meio das ofertas de apartamentos e mesmo de sofisticados condomínios fechados. Ou então, oferecendo a estada em hotéis que imitam o "paraíso terrestre", e também induzindo a aquisição de um carro suntuoso. Tudo em nome da qualidade de vida. Infelizmente, as chamadas desse jargão publicitário chegam ao exagero de oferecer qualidade de vida até para a aquisição de um jazigo em cemitério de luxo.

Como se a vida – biológica ou existencial – fosse constituída apenas de momentos que uma hora teriam esse padrão de qualidade, outra hora não teriam. Dentro desse raciocínio de premissas meramente mercadológicas, haverá situações em que se pode ter qualidade de vida e outras situações em que esta não poderá ser usufruída. Tudo ao sabor da conta bancária de cada indivíduo.

Infelizmente, uma sociedade que se comporta de acordo com os ditames dessa cartilha está, de certa maneira, coerente com o critério que define o crescimento econômico de cada país com base no crescimento do seu PIB e na renda *per capita*. Crescendo, portanto, a renda *per capita,* automaticamente aumentam as chances de se atingir a qualidade de vida. Mas tal critério não considera o modo como a riqueza está sendo distribuída entre os cidadãos.

Também não interessa ao cidadão tal versão superficial e momentânea do conceito de vida com qualidade. Certamente essa não é a intenção da OMS ao estabelecer um padrão de saúde cujo ponto de partida seja o estado de completo bem-estar físico, mental e social.

Claro que, a exemplo da busca da saúde, a qualidade de vida que se almeja, manifesta-se também como um ideal a ser conquistado a cada momento ou, pelo menos, que estimule a chegar o mais perto possível dele.

A esse propósito, o Relatório de Desenvolvimento Humano de 1994 da ONU não se satisfaz em avaliar o crescimento econômico apenas pelo critério da renda *per capita*. Ele estabelece um paradigma mais abrangente cujo eixo é o que se chama de Índice de Desenvolvimento Humano (IDH). Assim, qualidade de vida, para a ONU, deve ser avaliada por três indicadores: a expectativa de vida, a escolaridade e o poder aquisitivo da população com a moeda do país. Precisa, portanto, poder contar com uma gestão ambiental, que coordene a execução dos passos que serão dados para atingir essa qualidade de vida.

Sem, entretanto, negar o peso desses e de muitos outros fatores nessa mesma linha, os passos da gestão ambiental – objeto do relatório em foco – não caminham nessa direção. Nesse caso específico, interessa mais de perto aquele conceito de qualidade de vida que vem essencialmente vinculado à qualidade daquele meio ambiente em que o indivíduo está inserido em cada momento e em cada circunstância de toda a sua vida; seja o meio ambiente natural, seja o meio ambiente construído. E que, por isso mesmo, é preciso partir do princípio de que quanto melhor a qualidade desse meio ambiente, mais perto se estará do estado de completo bem-estar físico, mental e social e, consequentemente, com uma melhor predisposição para a saúde.

Essa é uma meta difícil de ser alcançada pela maneira como o ser humano se comporta. Não é sem motivo que Gaarder (1997) cita o testemunho de Kierkergard (1813-1855), pai da filosofia existencialista, que disse que a maioria das pessoas se relaciona de forma extremamente inconsequente com a vida. Parafraseando o filósofo, pode-se dizer também que o homem moderno se relaciona de forma extremamente inconsequente com a natureza, ou, para ser mais preciso, com o meio ambiente natural ou construído. Ora, sabendo que o meio ambiente é o substrato da vida, chega-se à conclusão que aquele filósofo existencialista estava com a razão; ou seja, muitas pessoas parecem viver descompromissadas com a própria vida ou com a vida dos outros.

Merecem destaques as ponderações de Coimbra (1985), que confessa o estado de transitoriedade da saúde humana pelo fato de a saúde ambiental ser muito instável, pois veio sendo vítima, em um primeiro momento, de uma sociedade industrial, e, em outro, de uma sociedade pós-industrial que provoca uma série de impactos no ambiente natural. E, nessa linha de pensamento, a qualidade de vida será mais permanente à medida que a sociedade estiver assentada em um ambiente de qualidade mais duradoura. Relembra-se que, em 1990, a Assembleia Geral das Nações Unidas, procurando enfrentar o problema, criou o Comitê Intergovernamental de Negociação para a Convenção-Quadro sobre Mudança do Clima, que preparou o documento para ser discutido em junho de 1992, na Cúpula da Terra, no Rio de Janeiro, em que 154 países participaram e, em 1995, em Berlim (COP-1), quando foram adotadas as decisões como compromisso das partes envolvidas para as primeiras décadas do século XXI. Essas decisões abrangiam a estabilização da emissão de gases de efeito estufa, de modo que os ecossistemas possam se ajustar às mudanças necessárias para assegurar a produção de alimentos e o desenvolvimento econômico sustentável.

Diante das considerações aqui discutidas, pode-se concluir que existe uma relação intrínseca entre qualidade de vida e qualidade do meio ambiente; isto é, a saúde do homem é diretamente proporcional à saúde da natureza.

A descrição e a conceituação apresentadas permitem salientar ainda mais a necessidade do estabelecimento de uma gestão ambiental voltada para a implantação de políticas de saúde pública, tendo como meta a promoção e a manutenção da qualidade de vida. Tal fato torna a gestão ambiental uma questão de indiscutível relevância.

Ora, como assegurar a efetividade de uma gestão ambiental para que leve a um desenvolvimento sustentável?

POLÍTICA AMBIENTAL – POLÍTICA E POLÍTICA PÚBLICA

A importância do estudo e a compreensão do meio ambiente em maior profundidade, levando em consideração uma abordagem abrangente que seja integrada e sistêmica, leva a afirmar que política e gestão possuem uma relação intrínseca e até mesmo ontológica, permitindo concluir que, pelo menos em teoria, uma não pode existir sem a outra. Isso significa que as políticas ambientais, por sua vez, para serem implementadas, necessitam de um sistema de gestão adequado. Em outras palavras, é preciso poder contar com uma gestão integrada dos temas pertinentes ao setor, o que se materializa por meio de políticas públicas que geram planos, programas e projetos.

É importante, pois, explicitar aqui o sentido do vocábulo política, aprofundar o conhecimento do conceito de políticas públicas e de políticas ambientais e caracterizar a necessidade de implantar um sistema de gestão ambiental urbana e regional.

A compreensão exata da palavra política tem o objetivo de despertar para uma responsabilidade maior nas relações com a sociedade e, com certeza, será de grande valia quando se tratar de assumir compromissos com a solução de problemas. Com efeito, essa mesma sociedade e o ambiente em que foi edificada, dependendo das diretrizes dos políticos – como são popularmente chamados os seus dirigentes –, podem tomar os rumos mais estapafúrdios, até mesmo os que se voltam contra eles próprios.

Política é uma expressão muito usada. Cada vez que ela vem à tona, emerge com conteúdos diferentes. Às vezes seu significado depende da pessoa, do objeto ou do fato que se queira qualificar com o vocábulo. Com fatos negativos, por exemplo, política pode adquirir conotações pejorativas ou de pilhéria.

O sentido mais comum e amplamente conhecido pelo povo é o que, a cada momento, se ouve nos meios de comunicação, quer seja o rádio quer seja a televisão, ou se lê diariamente nos jornais e internet, e que transmite a ideia de uma prática que se resume ao exercício da luta pelo poder ou por cargos no governo, disputados pelos grupos que se organizam em partidos políticos. Com muita frequência, esse modelo de política encontra distorções quando transmite ao público em geral, e aos eleitores em particular, a impressão de total ausência de compromisso com a sociedade, com o serviço do bem comum.

Não se trata apenas da existência de uma acirrada concorrência entre grupos partidários; na verdade, os partidos são a base da gestão democrática. Trata-se de saber que a política vai muito mais ao fundo do que apenas a legítima disputa pelo exercício do poder. É preciso aprofundar seu significado de modo a envolver o compromisso de todos os cidadãos e não simplesmente o compromisso daqueles que se propõem a exercer uma função pública.

Algumas considerações sobre as raízes etimológicas e a prática da política na Antiguidade grega, berço da civilização democrática, são importantes para entender como o vocábulo se originou e, principalmente, com que sentido era empregado.

O termo política, tal como é conhecido nos dias de hoje, já era usado pelos filósofos e escritores da Grécia antiga. A obra denominada *Política*, por exemplo, escrita por Aristóteles (348-322 a.C.), é especialmente importante para a compreensão de seu significado. Aliás, Sócrates (470-399 a.C.), que era o mais conhecido dos filósofos entre os gregos, mas não deixou nenhuma obra escrita, também se manifestava de maneira politizada. Era de seu feitio filosofar oralmente no círculo de amigos e admiradores onde estavam presentes também outros filósofos e políticos (Bowder, 1982). Nesses encontros, deixava clara sua oposição à democracia, pois se manifestava partidário de uma aristocracia intelectual, ensinando que o governo deveria pertencer aos mais sábios (Thonnard, 1953).

Platão (429-348 a.C.) não deixou por menos; igualmente se manifestou a respeito da política ensinando que Estado ou República é a organiza-

732 | CURSO DE GESTÃO AMBIENTAL

ção social dos homens e que a sociedade é de direito natural porque sem ela o homem não pode atingir o seu fim, a felicidade (Thonnard, 1953). Como filósofo que era, Platão, entretanto, achava que somente os filósofos, pelo fato de terem uma visão global e crítica da realidade, teriam condições de ser os governantes dessa sociedade (Bowder, 1982).

Polis, termo do qual deriva a palavra política, era o nome que os gregos davam à cidade, isto é, ao lugar onde as pessoas viviam juntas ou discutiam seus problemas. Por esse conceito de cidade, na Grécia daqueles tempos, cada *polis* tinha suas constituições internas e formava verdadeiro estado autônomo.

Segundo Aristóteles, o homem é um animal político pelo fato de sua natureza requerer a vida em sociedade. Dessa forma, política significa a vida na *polis,* ou seja, a vida com suas regras para a organização de vida em comum. Daí se entender que política é a conjugação de ações voltadas para um determinado fim, idealizadas e realizadas individualmente, ou em grupo.

Da minúscula *polis* da Antiguidade à gigantesca *cosmópolis,* ou às *megacidades,* dos tempos modernos, foi dado um prodigioso passo na história política da humanidade. Muitos séculos se passaram e todos eles já não mais permeados de cidades apenas, mas de países, regiões, blocos e continentes, fazendo surgir a necessidade de outros modelos políticos que extrapolem os ideais da convivência em comum dos limites geográficos de qualquer assentamento humano. Hoje, além das políticas de cada cidade ou país, a sociedade se vê na contingência de exigir políticas globais que se manifestam principalmente por meio dos organismos internacionais, como é o caso da ONU, instituição supranacional cujo objetivo precípuo é trabalhar politicamente pela paz, segurança e cooperação entre as nações do mundo.

Na trilha desse raciocínio de caráter histórico, o planeta transformou-se também em uma cidade, e os homens subverteram as limitações geofísicas das repúblicas independentes, características do mundo grego do passado. McLuhan (1972), conhecido como o humanista da era das comunicações, referindo-se a essas mudanças da história – principalmente em relação à rapidez e ao imediatismo das comunicações –, dizia que o planeta Terra virou uma aldeia global. É a cosmópolis, da mesma maneira carecendo de um ordenamento político para conduzir a humanidade à construção de uma convivência para o bem de todos, por onde, forçosamente, passa aquele bem comum representado pela preservação e conservação do meio ambiente, avaliadas agora em âmbito planetário.

Repetindo, pois, o Estado, como representante das comunidades humanas, tem o dever de proporcionar-lhes um ambiente de qualidade. E, para a execução dessa empreitada, precisa do apoio de conhecimentos técnicos que lhe deem possibilidades de controle da qualidade ambiental. Por meio de seus governos, será capaz de elaborar políticas públicas prevendo intervenções diretas e indiretas, quer no ambiente natural, quer no construído.

As políticas públicas ambientais são assim consideradas como condição necessária e suficiente para se estabelecer um *modus vivendi* compatível com a capacidade de suporte territorial e, por conseguinte, com o desenvolvimento autossustentável. Por isso, costuma-se responsabilizar o Estado pelos problemas ambientais gerados pelas comunidades humanas que vislumbram unicamente nesse Estado o poder de sanear todos os males encontrados. Conceitualmente, o fato de atribuir ao Estado o dever de sanear o meio ambiente, controlando a qualidade do ar, da água, do solo, bem como a poluição gerada pelas atividades humanas, de certa maneira não encontra opositores; pode-se mesmo dizer que é uma voz corrente que vem se prolongando ao longo de muitos anos.

Há muitos problemas decorrentes de situações de falta de atendimento pelo poder público e grande parte das situações têm sua parte de relação com as transformações culturais e tecnológicas, que, no entanto, não vêm atingindo as instituições públicas que, via de regra, têm demonstrado seu gradual empobrecimento com relação ao atendimento dos problemas da comunidade. Muitos desses problemas são provocados pela ausência de sua atuação, levando a consequências funestas para o meio ambiente, inclusive para os seres vivos. Situações como essas, no Brasil, significam grandes chuvas e inundações que atingem áreas residenciais, pousadas e habitações para turismo e outras atividades; são acompanhadas de deslizamentos de terra com soterramento das estruturas construídas e perdas de vidas humanas. Estes desastres estão entre os mais visíveis pela população. Exemplos desses desastres ecológicos são as inundações e deslizamentos que ocorreram nos últimos anos em Angra dos Reis, Ilha Grande, Petrópolis, Teresópolis e Nova Friburgo, no estado do Rio de Janeiro; além daqueles desastres ocorridos no estado de Santa Catarina e em outras regiões do país. Tragédias que destruíram esses locais, afetando o fornecimento de água, energia e o sistema de telefonia, além de matar muitas pessoas.

Pode-se lembrar também que desastres ecológicos como esses acontecem como resultado de uma ocupação antrópica desordenada e, pior ainda, despreocupada com as consequências funestas para o meio ambiente, natural e construído. Parece haver uma falta de consciência que transforma

734 CURSO DE GESTÃO AMBIENTAL

o fenômeno em um moto-contínuo formado pelo ocupar e poluir, típico do egoísmo humano que só se interessa pelo seu próprio prazer e bem-estar individual, completamente desvinculado das necessidades de outros grupos sociais menos afortunados. Essa é também uma das razões da insistência em fundamentar a necessidade de desenvolver a consciência política e o espírito de cidadania de todos esses grupos, que, apesar de menos afortunados, são membros de uma mesma sociedade.

É por isso que vem se tornando cada vez mais comum observar os noticiários que polvilham os meios de comunicação: "Inundação mata dez e deixa uma cidade de desabrigados", "Fome e doença devastam a região", "Deformações físicas humanas chegam com a poluição".

Será que situações como essas sempre ocorreram historicamente através dos tempos? Como reagiriam as sociedades nessas circunstâncias? Se ocorressem, que fatos sociais poderiam ser apontados como causadores de tais fenômenos? Como atuavam os políticos e as políticas públicas?

As reações humanas diante de fenômenos do meio ambiente ocorrem continuamente numa espécie de diálogo com as forças da natureza e com as tradições da sociedade. Basta observar as várias conformações do Estado através da história até se configurar na forma como hoje se apresenta. A sociedade veio acompanhando essas mudanças e vivenciando intensamente as sutis graduações trazidas pelas modificações institucionais. Pode-se tomar como referencial para análise a transformação do Estado a partir do século XVI e as consequentes mudanças de comportamento da sociedade, trazendo aqui de volta a lembrança das considerações anteriores sobre o conceito de política.

Foi no século XVI, na Europa, que o Estado se tornou a instituição encarregada de organizar as relações da sociedade. Essa instituição estruturou-se tomando o vulto e a expressão com que hoje é conhecida, transformando-se em um sistema organizado, sem precedentes e com ampla capacidade de expansão. O surgimento do Estado se deu com o gradual desaparecimento das unidades feudais em decorrência de sucessivas guerras e epidemias. Aqueles feudos, que antes eram sistemas autossuficientes, pois possuíam exército, moeda e autoridade próprios, passam cada vez mais a negociar entre si. O comércio, então, recrudesceu, assim como o intercâmbio social, de onde surgiam problemas de grandes dimensões, em que o comerciante em ascensão, na época conhecido como o burguês, torna-se responsável pela criação de alianças com os monarcas e passa a financiar os feudos. Dessa maneira, com o tempo, ocorreu a unificação do poder.

Nesse contexto, desenha-se um novo figurino para o desenvolvimento econômico, com a centralização do poder e a regulação das relações sociais. Nasce, assim, o que veio a ser conhecido como o Estado Capitalista, que passou a conglomerar os feudos, criando, dessa forma, os reinos que culminaram com a formação dos Estados Nacionais.

As monarquias absolutas surgiram, pode-se dizer, como resultado desse conglomerado de feudos em reinos, constituindo o que veio a ser conhecido como o Antigo Regime, em que o monarca se identificava com o Estado; este, por sua vez, confiava-lhe a própria legitimação do poder. Desse modo, dos escombros do feudalismo nasceu um Estado que se apresentava comumente coligado com o poder religioso, cujos compromissos com o rei se voltavam para a manutenção de seu poder e da ordem social, mas não se relacionavam com nenhuma intenção de representar seus cidadãos.

Com a evolução, as monarquias absolutas deram origem ao Estado Constitucional, em que os direitos individuais passaram a ser previstos pelas constituições. Como registrado anteriormente, foram necessários vários movimentos da sociedade para ocasionar tal transformação social que convergiu para a formação do Estado Constitucional. Na Inglaterra, destacou-se a influência do pensamento liberal fundamentado na filosofia de Locke (1632-1704), cerca de 70 anos antes da Revolução Francesa (1789), cujo lema todos conhecem: Liberdade, Igualdade, Fraternidade.

Nos Estados Unidos, praticamente uma década antes do ano da tomada da Bastilha – símbolo do fim do regime monárquico e início da geração de uma nova ordem econômica –, o processo de independência também culminou com o nascimento de um Estado Constitucional. O que talvez passe despercebido para muitos é que esse novo Estado foi fruto não só de movimentos políticos, mas é essencialmente o resultado das mudanças tecnológicas trazidas pela Revolução Industrial iniciada na Inglaterra. Com essa revolução, acelerou-se o fenômeno da urbanização e, como consequência, as transformações sociais foram muito significativas, provocando outras modificações na ordenação espacial e exigindo igualmente uma nova organização política.

Os conflitos sociais que deram origem a tais mudanças passaram a ser interpretados pelas classes políticas como questões que reconhecidamente necessitavam do controle do Estado. Enquanto na Idade Média as insurreições camponesas eram rápida e habilmente abafadas pelos exércitos dos senhores feudais, já no tempo das monarquias absolutas do *Ancien Regime,* as rebeliões que se formavam nas cidades, lideradas pelas hordas dos excluídos, eram mais visíveis e constantes, adquirindo, pois, uma nova dimensão. Em decorrência, estabeleceu-se a noção de direitos individuais, como o direito à vida, o direito de ir e vir, o direito de propriedade e o direito de liberdade de credo, direitos esses que passaram a constituir a base do Estado Burguês. A sociedade torna-se mais complexa, passando a ser regida por uma constituição e por leis que levam ao controle dos indivíduos.

Esse Estado Constitucional conseguiu sobreviver até o fim do século XIX e início do século XX, quando começou a surgir nos bastidores da sociedade um novo tipo de Estado que promovia o liberalismo econômico; sua característica era garantir às comunidades uma liberdade perante as restrições de mercado. Assim, emergiu no cenário mundial o Estado Liberal, também conhecido como Estado Guardião. Acreditava-se, então, que, ao conceder o direito de propriedade, o mercado se tornava autorregulável. Sendo a sociedade a soma de indivíduos dotados de racionalidade e possuidores de determinados interesses, daí poderia surgir uma conduta adequada que lhes permitisse ajustar os meios e atingir os fins apropriados ao bem-estar coletivo. Consequentemente, não haveria mais a necessidade de o Estado intervir em prol do bem comum.

Com a ausência de sua intervenção nos conflitos, entretanto, principalmente nos conflitos entre o capital e o trabalho, aumentaram sobremaneira as desigualdades entre as classes sociais. Historicamente, o século XX é conhecido pela espoliação desumana da força de trabalho, que se achava constantemente submetida a jornadas de 12 a 14 horas de atividades, sem direito a férias nem a descanso semanal remunerado. Além disso, ocorria da mesma maneira a exploração abusiva do trabalho infantil. Assim, recrudesceram os graves problemas sociais, inclusive ambientais, e de saúde pública, já presentes na época da Revolução Industrial.

Nas primeiras décadas do século XX, os problemas sociais que estavam latentes vieram a eclodir e transformaram esse período em palco de levantes operários e de muitas revoluções, porque a classe trabalhadora ainda não era reconhecida e muito menos legalizada. Essas instabilidades vieram culminar na Primeira Guerra Mundial, em 1914, e na Revolução Russa, em 1917, esta de repercussões imprevisíveis. Pela primeira vez na história questionavam-se as contradições existentes nas formas de produção de riqueza, isto é, os conflitos entre a força do capital e a força do trabalho, que provocaram grandes comoções nos centros do poder. A sociedade e o Estado viram-se assim na contingência de repensar as possibilidades e as limitações de condução do processo social e econômico, e de orientar suas políticas públicas por intermédio de um desenvolvimento empírico construído sobre degraus de erros e acertos.

Na cultura ocidental, a partir do século XX, o processo de repensar a organização da sociedade deu origem à criação de um Estado Social, fruto do pensamento democrático. Trata-se da criação da política do *Welfare State*, ou seja, a política do estado de bem-estar social, em que, uma vez reconhecida a existência de conflitos de classe, o Estado procura administrar as carências, diminuindo as desigualdades entre o capital e o trabalho, criando para tanto um sistema de previdência que procura assistir, de modo geral, os desempregados e os carentes.

Fazem parte da organização social, como citado anteriormente, a discussão e a solução dos problemas inerentes à busca de um convívio harmonioso do elemento humano e do elemento natureza. Fica fácil deduzir, pois, que o desenvolvimento da sociedade dos seres humanos deve correr ao alcance da proteção do ambiente em que está inserido. Com efeito, não se pode esquecer ainda que dessa proteção dependem a promoção e a manutenção da qualidade de vida de todos e de cada um, enraizadas na qualidade do ambiente natural ou construído.

Mas, pode-se dizer que a própria sociedade coloca barreiras ao desenvolvimento sustentável, criando dificuldades para atingir um patamar de controle ambiental que signifique atingir um estágio desejável de permanente qualidade de vida para todos ao mesmo tempo.

A dinâmica social, com efeito, possui uma espécie de instinto inconsciente que, com muita frequência, arrasta os membros de uma sociedade a procurar apenas seus interesses personalistas e imediatos. Aqueles que pensam e agem dessa maneira perdem a visão dos objetivos do bem comum e da coisa pública (*res publica*) de que todos podem usufruir. Como consequência, tal fenômeno acarreta não a perda, mas o obscurecimento ou a atrofia de sua dimensão social. Daí se recorrer ao apoio da legislação cuja aplicação, procurando sempre compreender o bem comum, constitui os mecanismos do equilíbrio de forças entre os mais variados e díspares interesses dos membros de um grupo social. Quando se fala, então, de políticas públicas, as referências são as ações emanadas dos homens públicos – os governantes e os dirigentes – que, em razão de uma investidura e movidos principalmente pelo espírito do bem de todos, devem elaborar leis.

As leis ambientais fazem parte de um conjunto de regras de organização da *polis*, portanto como constitutivo de uma política pública, necessariamente se prestam para a execução de uma eficaz gestão ambiental cujo resultado, quer imediato, quer não, deverá ir ao encontro dos interesses e das necessidades dos membros da sociedade.

A importância de um arcabouço jurídico em qualquer sociedade pode ser avaliada pelas consequências das lutas entre fracos e fortes, pois essa liberdade indistinta é propriamente uma escravidão, que só a lei tem poder para modificar e controlar. A legislação ambiental se coloca precisamente nesse caso, pois existem desentendimentos homéricos entre as facções do poderio econômico – sempre se apresentando em nome do progresso – e a extrema fraqueza dos bens da natureza – sempre rotulada como intocável –, provocados inúmeras vezes por uma visão distorcida e desinformada das questões ecológicas ou ambientais. Mais do que nunca, portanto, a lei ambiental se impõe para dar liberdade à natureza e para estabelecer os limites do poder econômico.

Copérnico e Galileu escandalizaram a sociedade renascentista porque ousaram proclamar a teoria heliocêntrica – posteriormente confirmada – contrariando, assim, as evidências do geocentrismo que, com o decorrer dos tempos, tinha se solidificado em uma política de caráter religioso. Ao colocarem o planeta Terra em seu devido lugar, ambos pagaram caro pela ousadia, mas acabaram provocando uma reviravolta nos conhecimentos científicos da humanidade, contribuindo para a abertura em direção às grandes conquistas espaciais. Foi novamente confirmado que a Terra fazia parte de um sistema heliocêntrico quando o astronauta americano Neil Armstrong pousou na Lua: foi possível ter uma nova imagem do planeta.

Essa nova imagem se torna mais impressionante pela certeza de que no planeta vivem centenas de milhões de seres vivos, com dezenas de milhões de seres humanos apreensivos com a acelerada deterioração do seu hábitat e a possível destruição desse seu mundo.

As grandes descobertas científicas no macrocosmo e as espetaculares conquistas siderais revelam a grandeza do cérebro humano, embora coloquem em xeque a teoria daqueles que julgam que a Terra é sua propriedade exclusiva e que podem fazer com ela o que bem entenderem. Os que assim pensam, na verdade não têm consciência da responsabilidade social, ou seja, consciência de que há uma relação biunívoca entre a natureza e o indivíduo, entre o mundo e seus habitantes. E mais ainda, é preciso poder contar com maneiras de organizar essa ocupação e desenvolvimento sem comprometer as possibilidades de vidas das gerações vindouras.

Como divulgar os conhecimentos da ciência e da técnica para que os moradores deste planeta possam continuamente avaliar e controlar seu desenvolvimento em prol da sustentabilidade?

A espécie humana vive organizada em grupos que formam povoados, vilas, cidades, estados e nações; são bilhões de habitantes desse imenso território social. Este planeta possui uma instituição que tem por missão orientar e harmonizar a vida de seus donos. Conforme mencionado anteriormente, trata-se da ONU.

Por iniciativa da ONU, foram realizados importantes eventos, de cunho governamental, deixando transparecer a preocupação com os rumos da humanidade, no trato das questões ambientais diante do processo do crescimento econômico das nações. São sobejamente conhecidas as conferências sobre desenvolvimento e meio ambiente realizadas em Estocolmo (Suécia), em 1972, e no Rio de Janeiro (Brasil), em 1992, assim como as conferências sobre assentamentos humanos, o Habitat I, de Vancouver (Canadá), em 1976, e o Habitat II, de Istambul (Turquia), em 1996, bem como as conferências das partes sobre a mudança climática, destacando-se a COP-15, realizada em dezembro de 2009, em Copenhagen.

Esses encontros mundiais registraram momentos importantes na história das relações do homem com o meio ambiente natural e construído, bem como momentos de aprimoramento político-social entre as nações, discutindo e afirmando princípios que acabam se tornando marcos do conhecimento e formando diretrizes orientadoras de políticas ambientais.

As declarações de princípios das duas primeiras conferências não deixam dúvidas quanto à imperiosa necessidade e urgência do estabelecimento de políticas ambientais que sustentem um desenvolvimento harmônico das nações, tanto como responsabilidade dos organismos de alcance internacional ou regional, quanto como obrigação dos governos nacionais. Ambas foram unânimes em apresentar uma Declaração de Princípios sintetizando as principais iniciativas que cada governo deve tomar, seja para equacionar os problemas ambientais em seu próprio país, seja também para aquelas pendências que ultrapassam suas fronteiras, comprometendo a qualidade do meio ambiente dos países vizinhos. E não devem ser entendidos de outra maneira o Princípio 11 da Conferência de Estocolmo e o Princípio 11 da Conferência do Rio de Janeiro (Governo do Estado de São Paulo, 1993), cuja importância obriga um destaque à parte.

Princípio 11 da Conferência de Estocolmo

As políticas ambientais de todos os Estados deveriam orientar-se para o aumento do potencial de crescimento dos países em desenvolvimento e não deveriam coagir esse potencial nem criar obstáculos à consecução de melhores condições de vida para todos, e os Estados e organizações internacionais deveriam tomar todas as providências competentes, com vistas a chegar a um acordo, a fim de enfrentar as consequências econômicas que pudessem advir, tanto no plano nacional, quanto no plano internacional, da aplicação de medidas ambientais.

Princípio 11 da Conferência do Rio de Janeiro

Os Estados deverão promulgar leis eficazes sobre o meio ambiente. As normas ambientais e os objetivos e prioridades em matérias de regulação do meio ambiente deveriam refletir o contexto ambiental e de desenvolvimento ao quais se aplicam. As normas aplicadas por alguns países podem ser inadequadas e representar um custo social e econômico injustificado para outros países, em particular para os países em desenvolvimento.

Tratando-se especificamente de questões relacionadas com assentamentos humanos, o Habitat I e o Habitat II enfatizaram a necessidade de os governos da esfera municipal adotarem e implementarem uma filosofia de cunho ecológico – em seu sentido mais abrangente – em suas responsabilidades de planejar comunidades sustentáveis, não descuidando de providenciar abrigo adequado no contexto de um mundo que está se urbanizando a cada dia.

No caso da Conferência das Partes (COP), em sua primeira reunião, em 1995 em Berlim, a COP-1 adotou decisões importantes sobre as possibilidades dos ecossistemas se adaptarem à mudança do clima, de modo a permitir o desenvolvimento econômico sustentável, promovendo o intercâmbio de informações sobre as medidas adotadas pelas partes.

Política Pública Ambiental

O sistema político congrega um conjunto de objetivos que informam determinados programas de ação de governo e condicionam sua execução. Como política é o conjunto de diretrizes advindas da sociedade, por meio de seus vários grupos, os programas de ação e sua execução destinam-se a atingir seus objetivos. Quando esses objetivos estão relacionados com a proteção do meio ambiente, tem-se a política ambiental. Uma vez submetida e aprovada pelos parlamentos, em seus diversos níveis, tem-se a política ambiental.

O registro da história mostra que muitas populações nômades não tinham uma política ambiental. Passavam determinado tempo em um dado local, morando e explorando as redondezas, explorando frutas silvestres e outros vegetais comestíveis, ou a caça e a pesca, de maneira que, sem uma política ambiental, seu território se tornava em certo tempo praticamente inabitável. Era, então, o momento de procurar novo espaço para acomodar a população por mais um tempo, iniciando um novo ciclo em que procuravam a subsistência em outro território, assim fugindo de doenças decorrentes da qualidade do ambiente por ela degradado. Assim, configuravam-se as condições para a ausência de saúde ambiental.

Uma vez que a saúde ambiental é a ciência que procura dar condições de saúde aos locais habitados, tal entendimento está diretamente vinculado com a implementação de uma política ambiental, ou seja, a fixação de interesses e prioridades entre grupos, dirigidos para a criação e a implementação de planos, programas e projetos ambientais.

Nesse sentido, a palavra *política* define aquilo que diz respeito a toda sociedade em geral ou a um grupo específico, que tanto pode ser uma comunidade social quanto uma empresa. Aqui se incluem as políticas setoriais, como a política agrícola ou a habitacional, a política de transportes, de saneamento e de educação ambiental, entre outras. Esses enfoques setoriais constituem-se como partes de uma visão sistêmica.

Com tais características, a saúde ambiental e a política ambiental são milenares. Para aquelas populações nômades, a procura de outro local para se fixarem significava talvez sua política. Entretanto, o desenvolvimento da agricultura e o uso da madeira para cozinhar e aquecer no inverno levaram as populações a se assentar em forma de povoados e cidades, que assim foram surgindo, ao mesmo tempo em que foram criadas as normas ambientais e de saúde, as quais foram se tornando mais numerosas e mais detalhadas. O lixo, por exemplo, começou a ser transportado para fora dos limites das cidades, onde, aliás, ficavam as atividades consideradas sujas, como matadouros e trabalhos correlatos. Os camponeses quase sempre moravam fora dos muros da cidade que demarcavam o perímetro urbano, dentro do qual permaneciam os nobres e seus súditos mais diretos, os visitantes e os comerciantes enriquecidos.

Uma das "regras" ambientais bastante significativas para as comunidades urbanas era: não cortar as florestas mais próximas; elas deviam ficar como reservas para necessidades prementes e mesmo para defesa da comunidade. A lenha, contudo, deveria ser buscada em florestas bem distantes das aglomerações urbanas. Outro exemplo do período é a proibição da construção de novas usinas que utilizassem madeira como combustível, feita por Francisco I, da França (1516) (Drouet, 1979).

Estas, provavelmente, foram as primeiras políticas ambientais de que se tem notícia, adotadas em função da necessidade de sobrevivência e, portanto, da preservação do ambiente em que vivia essa gente. Talvez fosse mesmo possível dar o nome de *política sustentável* a essas ações, como sendo o melhor que pudesse ser feito para os padrões daqueles tempos.

Cada uma das políticas públicas setoriais mantém uma estreita relação com a questão ambiental, pois elas têm maior ou menor ingerência no âmbito do meio ambiente. A compreensão dos benefícios que trazem para as comunidades permite dizer que elas podem ser compatíveis com a utilização sustentável do meio ambiente natural e construído. Podem, no entanto, ser incompatíveis com a sustentabilidade pretendida ao procurar resolver problemas com projetos incoerentes com o tratamento requerido pelas exigências da preservação do meio ambiente levando, consequentemente, a resultados que provavelmente virão a ser catastróficos: erosão, deslizamento de terra, verminoses, epidemias etc.

Como, então, implantar uma política ambiental eficaz que forme a base de sustentação do meio ambiente? Seria o caso de aumentar indefinidamente o número de fiscais da natureza com poder de impor multas pelo fato de cidadãos, comportando-se como não cidadãos, não respeitarem seu meio ambiente? Desconhecem que precisam desse seu ambiente para sobreviver numa dimensão futura?

Trata-se, antes de tudo, de destacar a importância da preservação ambiental, principalmente porque a humanidade vive uma época de mudanças bruscas nas tecnologias dos processos produtivos e de novos hábitos de consumo. Tais fenômenos de cunho econômico e social provocam novos impactos no ambiente. Com muita frequência, esses impactos não se mostram saudáveis e passam a exigir modificações nos processos industriais ou alterações radicais nos costumes da população.

Exemplo recente de avanço tecnológico, acompanhado da descoberta de novos produtos, são os aerossóis; eles contêm o gás clorofluorcarbono (CFC), que altera a camada de ozônio que envolve e protege o planeta; os transtornos ambientais que acarretam exigem inexoravelmente a revisão dos padrões de qualidade.

Como procurar um caminho saudável em que possa existir um desenvolvimento sustentável?

Nas políticas ambientais, é preciso salientar que essa pergunta, formulada em tom de dúvida, traz subjacente uma série de respostas que abrangem desde a educação ambiental até aquelas que dão a entender e supõem mudanças tecnológicas nos processos de produção industrial, sem excluir, é óbvio, as respostas dadas pelo cumprimento ou implementação da legislação ambiental pertinente.

Com relação a esta última, entretanto, e a que interessa neste momento, é preciso deixar evidente que existe uma distinção entre políticas públicas e políticas de governo.

As políticas públicas referem-se àquelas que são propostas tanto diretamente por membros do Poder Legislativo quanto as que são encaminhadas ao Poder Legislativo pelo Executivo. Visam sempre ao bem comum da sociedade, com a devida ponderação dos interesses de diferentes grupos sociais. Podem ainda ser elaboradas com a participação da comunidade, seja através de organizações não governamentais (ONGs), seja por determinados comitês ou conselhos.

Política pública é, portanto, o conjunto de diretrizes estabelecido pela sociedade, por meio de sua representação política, em forma de lei, visando à melhoria das condições de vida dessa sociedade.

As políticas de governo são aquelas que trazem propostas implementadas pelo governo e estão diretamente vinculadas à administração que está exercendo o poder e que as tem como prioridade de ação durante seu mandato. Constituem políticas que podem ou não ter continuidade – de acordo com a importância do que vem sendo realizado ou com a demanda dos cidadãos para que continuem –, pois refletem um programa de governo, podendo, assim, imprimir um aspecto específico conforme o grupo que está no poder. Consideradas as mais rotineiras, tais políticas podem ter caráter transitório e, não raro, são aleatórias, uma vez que sua existência se deve à inspiração de partidos políticos ou até mesmo à pressão de interesses pessoais ou de grupos. Em alguns casos, pode-se igualmente dizer que uma política de governo tem um alto teor personalista e de liderança, se assim for, a característica do alto dignitário em comando.

A iniciativa da implementação de uma política pública tanto pode partir do governo quanto da comunidade. O gestor dos recursos, contudo, é o próprio governo nos seus três níveis: federal, estadual e municipal.

Como exemplo da proposição de política pública, registre-se aqui a atuação da Associação Nacional de Municípios e Meio Ambiente (Anamma), entre outras entidades, a qual, em seus eventos de âmbito nacional, tem a participação ativa de um número significativo de profissionais, técnicos, políticos e representantes da sociedade civil. Tal fato não deixa de ser uma expressiva base de ação para a obtenção de apoios políticos, sociais e institucionais que geram o estabelecimento de políticas públicas no âmbito dos municípios, estados e União (Philippi Jr et al., 1999).

Deve-se levar em conta a necessidade de *políticas nacionais* que indiquem os grandes rumos a serem seguidos, e que fixem aqueles objetivos considerados fundamentais a serem alcançados. Sua implementação deverá ser feita através de políticas governamentais.

Neste momento, podem ser destacadas cinco das principais leis que manifestam políticas públicas nacionais que se relacionam com questões do meio ambiente: Política Nacional do Meio Ambiente (Lei n. 6.938/81), Política Nacional de Saúde (Lei n. 8.080/90), Política Nacional de Recursos Hídricos (Lei n. 9.433/97, alterada pela Lei n. 9.984/2000); Política Nacional de Educação Ambiental (Lei n. 9.795/99), Política Nacional de Desenvolvimento Urbano (Lei n. 10.257/2001), Política Nacional de Saneamento Ambiental (Lei n. 11.445/2007), Política Nacional sobre Mudança do Clima (Lei n. 12.187/2009) e Política Nacional de Resíduos Sólidos (Lei n. 12.305/2010 que altera a Lei n. 9.605/98).

A ordem cronológica desses dispositivos legais permite constatar uma defasagem de tempo entre a primeira e as três últimas. Se, de um lado, a realidade mostra um hiato de quase duas décadas, de outro, existe a certeza de que esse intervalo foi marcado por um despertar da consciência ambiental que movimentou a sociedade brasileira. Com certeza também tal movimento teve sua expressão maior na inclusão do capítulo sobre meio ambiente na Constituição de 1988 e na realização da Conferência das Nações Unidas sobre Meio Ambiente e Desenvolvimento, no Rio de Janeiro, em 1992, da qual, além da Declaração de Princípios, originou-se o documento batizado com o nome de Agenda 21, onde está registrado que o êxito na execução dos programas de desenvolvimento sustentável é de responsabilidade, antes de mais nada, dos governos.

Especificamente em relação ao mais antigo dos cinco dispositivos anteriormente registrados, a Política Nacional de Meio Ambiente pode ser considerada como sendo a expressão de uma política ambiental na perspectiva do desenvolvimento sustentável.

Além disso, ela estabelece uma relação de acompanhamento, cooperação e avaliação em termos de sua interação com as demais políticas públicas a ser implementadas pelo Sistema Nacional do Meio Ambiente (Sisnama), o qual congrega todos os órgãos e entidades do Brasil envolvidos com o uso do ambiente natural e construído e os responsáveis pela proteção e melhoria das condições ambientais do país. Essa política é a forma institucional de dar resposta às questões formuladas: tece diretrizes para o país e está incumbida da gestão dessa política por meio de instrumentos e estruturas nos três níveis da administração pública.

Há, entretanto, problemas a enfrentar: desvios de funções entre organismos e entidades executoras da política ambiental; intromissões de índole partidária formando circunstâncias desfavoráveis à implantação de qualquer política ambiental; cenários políticos em que, a cada mandato, ocorre substituição de executivos de órgãos e entidades, levando à interrupção de políticas em implementação; falta de políticas públicas setoriais nacionais que forneçam base de apoio para cobrança por parte da população.

Verifica-se, portanto, que a implementação dos instrumentos de execução da Política Nacional de Meio Ambiente é precária, pois os problemas surgem nos vários níveis de governo – nacional, estadual e municipal, bem como as demandas por solução ainda são díspares, com cada comunidade solicitando alternativas peculiares, exigindo posicionamento dos diversos setores envolvidos.

Para facilitar a solução desses problemas, os estados podem detalhar mais determinados setores conforme suas características de ocupação humana e de recursos naturais. Os municípios, por sua vez, também podem impor suas restrições e propor programas e projetos que mitiguem os efeitos negativos de determinadas ações no meio ambiente. Consequentemente, empreendimentos que possam provocar impactos ambientais significativos serão submetidos a licenciamento ambiental para o debate das vantagens e desvantagens de sua implantação. Dessa maneira, surgirão, conforme o caso, propostas de alternativas e exigências para sua aprovação.

746 CURSO DE GESTÃO AMBIENTAL

Fica evidente, mais uma vez, que as políticas ambientais devem receber insumos dos cidadãos ao passar pela interferência de seus representantes eleitos. Tal afirmação traz embutida a necessidade e a importância de os membros da sociedade cobrarem a criação e a implementação de políticas públicas, pois esse gesto é um direito do cidadão, da mesma maneira como é direito dele ter informações sobre ocorrências ambientais. O cidadão deve poder cobrar os resultados de uma política ambiental, dela participando com a proposição de estudos e soluções para os problemas da sociedade.

A poluição atmosférica nas regiões metropolitanas, por exemplo, São Paulo, é resultado de uma política de transportes que privilegiou o veículo motor utilizando combustível fóssil e também o modo individual de locomoção (atualmente outros tipos de combustíveis vêm sendo utilizados, como o etanol, a hidrogênio e o modo elétrico). Caberia ao cidadão, portanto, cobrar a existência de uma política pública de transporte coletivo que priorize modos de transporte mais eficazes e com tecnologia menos poluidora. Faz parte do *modus vivendi* do paulistano saber que, nos períodos críticos de inverno, aumentam as probabilidades da inversão térmica, que contribui para a retenção e a concentração de poluentes, destacando-se o predomínio das emissões provocadas por veículos automotores. Da mesma maneira, a população tem conhecimento de que, nessa época, as pessoas são afetadas diretamente, primeiramente aquelas mais suscetíveis às doenças do aparelho respiratório.

Por essa razão, talvez alguém pudesse propor uma política voltada para o controle da poluição do ar com base em uma ação pontual – a restrição do uso de veículos automotores – desassociada de uma política pública de transporte, como anteriormente mencionado.

Assim é que, ao adotar um programa de restrição de uso de veículos como política dissociada de uma coerente política pública de transporte coletivo, com maior eficácia e menor emissão de poluentes, estimula-se a alienação do cidadão quanto às reais necessidades de investimentos em projetos de infraestrutura, que englobam, entre outros, modos de transporte, equipamentos, energia. Esse tipo de medida revela ação sobre efeitos, em detrimento de ação sobre causas. Dessa feita, ao agir sobre a circulação de veículos, está se agindo apenas sobre os efeitos – congestionamento e poluição. Não se atingem as causas – insuficiente oferta de transporte coletivo e não utilização de insumos ambientalmente compatíveis –, portanto, não se corrige o problema.

Como se pode observar, existem medidas que podem ser utilizadas em situações específicas, sem o recurso do emprego de novos instrumentos

POLÍTICA E GESTÃO AMBIENTAL | **747**

legislativos. O que se faz necessário, entretanto, é despertar a população para que participe de modo ativo e consciente. Mesmo porque, não é somente a circulação de veículos que contribui para a contaminação atmosférica; o que leva a deduzir que outras providências serão importantes; outros caminhos podem ser seguidos para a melhoria e a manutenção da qualidade do ar, caminhos esses já previstos na legislação em vigor.

Fica evidente que a elaboração e a execução de planos, programas e projetos nessa direção devem ser articulados com os respectivos setores das administrações, nos diferentes âmbitos de governo.

O sucesso, portanto, do estabelecimento de uma política setorial depende de modo significativo de sua inserção em uma política ambiental abrangente. Da mesma maneira, exige efetiva conscientização da sociedade civil sobre as medidas adotadas, uma vez que seus membros, vivendo e sentindo na própria pele os efeitos nocivos dos problemas ambientais, se veem diante de situações em que devem exercer sua cidadania cobrando de seus governantes as necessárias intervenções.

Por outro lado, o exercício da cidadania não pode tão somente restringir-se à cobrança das intervenções governamentais, como sendo um direito do cidadão. Na verdade, a cidadania plena tem como pressuposto também o cumprimento de um dever da parte da sociedade, cujos membros não só vivem e sentem os efeitos nocivos da má qualidade do ar, como, muitas vezes, são eles próprios que criam essa situação nociva. Efetiva conscientização da sociedade baseia-se tanto no direito e dever de cobrar quanto no dever de não poluir.

Essas colocações são tão complexas que se tornam mais difíceis ainda quando se dá conta de que uma política pública pode estar sendo implementada por meio de poderes exercidos em diferentes esferas de governo, às vezes até mesmo em caráter concorrente. Isso significa a necessidade de atuarem de modo suplementar ou complementar nessas várias esferas. O êxito de uma gestão ambiental exige, portanto, que os três níveis de governo tenham política compatibilizada e coerente entre si, para não acarretar, como no exemplo mencionado de transporte, sobrecarga nas vias públicas das cidades ou das rodovias que atravessam aglomerações urbanas.

Em termos de Política Ambiental, observa-se que as diversas políticas nacionais – do Meio Ambiente, de Saúde, de Recursos Hídricos, de Educação Ambiental, de Desenvolvimento Urbano, Mudança do Clima e Resíduos Sólidos – devem encontrar respaldo em políticas estaduais e municipais. As legislações pertinentes são organizadas de modo que suas hierarquias sejam respeitadas. Da mesma maneira, há que considerar ainda a hierarquia do poder decisório, quando ocorrerem conflitos entre instâncias de poder do mesmo nível.

Daí a importância da definição de uma autêntica política pública, entendida como aquela que cria condições para a existência de equilíbrio entre as ações de governo – nas suas três esferas – e as aspirações da sociedade, com vistas ao bem comum.

Gestão Ambiental – Gestão Pública

O campo da gestão ambiental é muito extenso. Essa extensão se explica porque o tema meio ambiente precisa ser entendido em sua complexidade como um conjunto de fatores que constitui o todo. Acontece que a extensão dos problemas costuma não ser conhecida como decorrência das diversas facetas que compõem as questões ambientais, como se fossem compartimentos independentes cuja importância e emergência dependem do problema a ser resolvido.

Ocorre assim que, em certas comunidades, priorizam-se alguns desses compartimentos por parte dos respectivos poderes públicos. Como exemplo, a preocupação mundial com o clima, por causa do chamado efeito estufa, está associada principalmente à emissão de gases, em especial o dióxido de carbono (CO_2), que advém da queima de combustíveis fósseis. Esse efeito leva a um aquecimento global produzido pelo uso de tecnologias associadas a comportamentos e necessidades sociais relacionados com um estilo de vida ainda altamente dependente do consumo energético baseado na combustão fóssil. A busca de soluções para esse sério problema passa necessariamente pela revisão de modelos de desenvolvimento abrangendo questões tecnológicas, industriais, econômicas, culturais, entre outras, embora todas estejam associadas ao estilo de vida predatório das sociedades atuais.

O tratamento multidisciplinar é, dessa maneira, um requisito básico para o enfrentamento de problemas desse tipo, o que exige o trabalho de profissionais de diferentes formações atuando de forma articulada e envolvendo a sociedade.

Em circunstâncias como essa, em que toda a sociedade se vê afetada, pode ser necessária a discussão em termos planetários, como vem ocorrendo nas várias conferências internacionais promovidas pela ONU – a exemplo das Conferências das Partes, como a COP-15 de Copenhagen, na Dinamarca (2009) – cujas discussões se voltaram para frear o aquecimento global relacionado-o com a diminuição dos gases que produzem o efeito estufa; e decorrente modificação do modelo de desenvolvimento econômico e social, adotando um modelo energético mais limpo e renovável; assim, propondo o fim do desmatamento e da devastação florestal, bem como uma mudança radical de consumo e estilo de vida.

Os temas ambientais cada vez mais ocupam um espaço respeitável entre as grandes preocupações contemporâneas. Permitem estruturar uma espécie de radiografia da realidade, que, diante dos problemas emergentes, exige uma tomada de consciência e, principalmente, uma solução imediata. A manifestação mais sensível e eficiente, mas nem sempre eficaz, dessa preocupação é o surgimento de uma literatura ambiental estimulada por eventos que vêm discutindo aspectos variados do desenvolvimento, buscando o controle e a melhoria da qualidade ambiental. Surgem e aprofundam assim conhecimentos técnicos e científicos em busca de fórmulas capazes de encaminhar a solução de problemas ambientais que afligem a humanidade, devendo contribuir para gerar um processo adequado ao desenvolvimento industrial, social e econômico.

Em termos práticos, os poderes públicos estão diante de necessidades imediatas. Por exemplo, prover o abastecimento de água potável à população torna-se dispendioso, pois em muitos casos já não se dispõe de água com qualidade. A principal fonte de poluição dessas águas são os dejetos humanos e demais rejeitos da comunidade que, por vezes, poluem mais que as indústrias, ainda que a população não se tenha dado conta desse fato.

A água tem se mostrado um bem escasso perante a concentração de pessoas em regiões metropolitanas do país. Há certas evidências de que o Brasil vive um desenvolvimento insustentável em decorrência da escassez qualitativa e quantitativa de água. A região metropolitana de São Paulo importa água de outras bacias hidrográficas. Muitos pensam que é um problema local, porém o interesse é regional, pois ao importar água de outra região esta pode ficar desabastecida. A ONU afirma que a falta ou a contaminação das águas, ou ambas as situações, vão afetar praticamente todos os habitantes do planeta nos próximos 50 anos.

Problemas como esse indicam a necessidade de contar com literatura dirigida a aspectos setoriais que, entretanto, não podem prescindir de conhecimentos voltados para enfoques mais amplos que reúnam a reflexão em termos globais. Mesmo a existência de textos e produção científica sobre a matéria exige revisão e atualização constantes que permitam o avanço do conhecimento.

Necessidades emergentes e problemas crônicos acabam por demandar estudos relacionados com formas de gestão, ainda que voltados a temas setoriais, que exigem compreensão e ação integradas.

O mesmo acontece na esfera do governo quando se focaliza certa legislação e suas diretrizes, regulamentos e formas de controle; muitas vezes esse almejado controle não é obtido. A lei induziu a geração de efeitos contrários aos seus objetivos, como ocorreu no caso da Proteção dos Mananciais da Região Metropolitana de São Paulo (Lei Estadual n. 898/75 e Lei Estadual n. 1.172/76)[5], que, pela grande restrição imposta, acabou contribuindo para maneiras de ocupação ilegal, organizadas por grupos da sociedade. Essa urbanização perversa é hoje uma das maiores responsáveis pela poluição das represas das bacias do Guarapiranga e Billings, por causa do lançamento de esgotos domésticos e de lixo em córregos nas vertentes dos reservatórios ou mesmo nas próprias represas. E as duas bacias estão sendo alvo de atuação do governo estadual, cuja Assembleia Legislativa aprovou leis específicas (respectivamente, Lei estadual n. 12.233/2006 e Lei estadual n. 13.579/2009), procurando controlar essa poluição gerada por uma ocupação indevida do solo.

Essas legislações refletem uma preocupação com o controle da poluição nesses mananciais metropolitanos, e se estendem ao estabelecer uma nova política de proteção e recuperação dos mananciais de interesse regional do estado de São Paulo, (Lei estadual n. 9.866/97), mostrando que o governo do estado, em conjunto com os governos municipais, está repensando soluções com detalhamentos específicos para cada caso.

A visão aqui explicitada é de gestão ambiental com uma abordagem integrada, que procura abranger simultaneamente as questões que interferem no meio ambiente – natural ou construído – bem como as interações envolvendo diferentes sistemas, como o abastecimento de água e suas relações com o sistema de recursos hídricos.

O método cartesiano de conhecimento mostra que é fundamental dividir o todo em partes para a melhor compreensão de cada uma, embora o

---

[5] Essa Lei estadual de proteção aos mananciais foi estendida para todo o estado de São Paulo, pela Lei n. 9.866/97 para a proteção e recuperação das bacias hidrográficas dos mananciais de interesse regional do estado. As Áreas de Proteção e Recuperação dos Mananciais (APRMs) serão delimitadas por proposta do Comitê de Bacia Hidrográfica e por deliberação do Conselho Estadual de Recursos Hídricos, ouvidos o Conselho Estadual de Meio Ambiente (Consema) e o Conselho de Desenvolvimento Regional (CDR), conforme art. 4º desta Lei.

comportamento do todo seja distinto daquele das partes, mostrando a importância de se construir uma visão holística. Essa contribuição de Descartes é de inegável valor quando aplicada às múltiplas facetas da temática ambiental. Aliás, cabe dizer que essa temática historicamente sempre se manifestou por meio de questões setoriais divorciadas de uma visão integrada e abrangente.

Por causa, entretanto, da complexidade do universo ambiental, o método cartesiano – enfatizando as partes – embute o risco de perder a visão holística. Ora, sabendo que quando se trata de meio ambiente, por mais importante que seja o conhecimento das partes, todas elas, absolutamente todas, mantêm um vínculo de relacionamento vital entre si; daí a importância da visão sistêmica, que deve orientar o estudo das questões ambientais do planeta Terra, seja do Brasil, seja dos estados, seja das regiões metropolitanas. Essa visão sistêmica mostra muitas inter-relações entre as diferentes escalas aqui mencionadas, desde partes desérticas até outras densamente ocupadas, ou ainda, áreas de florestas que têm sofrido modificações, em grande parte com invasões de moradia ou desmatamento para a criação de gado.

O fato de as diversas áreas que compõem o complexo ambiental estarem estreitamente correlacionadas fornece as bases para dar início ao estabelecimento de propostas de gestão ambiental que abranjam as complexidades do meio ambiente, fundamentadas numa integração físico-territorial, social, política, econômica e cultural.

Vêm a propósito os pensamentos representados pelos novos conceitos, no campo da física, que possibilitaram uma profunda mudança na visão do mundo, isto é, uma visão que passou de uma concepção mecanicista de Descartes e Newton para uma visão holística e ecológica da concepção do universo a partir do conhecimento da estrutura atômica. Desse ponto de partida, a percepção é diferente do mundo cartesiano. A visão global leva a interligar os fenômenos biológicos, psicológicos, sociais e ambientais de maneira interdependente. Esta abandona a visão cartesiana e passa a ser tratada numa perspectiva ecológica, ou seja, uma nova visão de realidade, baseada em pensamentos, percepções e valores.

A abordagem da gestão ambiental exige ainda dois olhares. O primeiro refere-se à compreensão do significado da expressão meio ambiente, abrangendo tanto o meio natural como o construído, isto é, aquele alterado pela ação do homem. Este identificado com o espaço urbano ou o agrícola; aquele com a natureza em seu estado primitivo ou recomposto. O segundo diz respeito à característica abrangente da gestão ambiental que envolve a saúde pública e o planejamento territorial.

Deve-se, entretanto, tomar cuidado com uma espécie de reducionismo que limita o campo do conhecimento ambiental apenas àqueles ambientes que se identificam com o estado natural do planeta, onde é dada uma ênfase à fauna e à flora, como objetos de preservação ou de conservação. Há que se ampliar reflexões e estudos sobre o espaço urbano em seu sentido ecológico. Afinal, a cidade é por excelência o ambiente do homem (Coimbra, 1985). É nesse ambiente – ecossistema construído – que são encontrados os mais graves indicadores de desequilíbrio. Este, provocado pelo estágio de degradação dos elementos da natureza, exige urgente atuação da gestão ambiental.

A promoção da qualidade de vida, escopo último da gestão ambiental, tem fortes vínculos com a saúde pública e o planejamento territorial. Fonte de inquietações para vários segmentos da comunidade são os problemas da sociedade industrial e tecnológica, responsáveis por vastos estragos que esse tipo de progresso vem espalhando pelo mundo natural. Inquietações para o homem comum com as condições de moradia, alimentação e trabalho. Inquietações para o cidadão, cuja estabilidade econômica depende das incertezas que enfrenta em seu dia a dia, contribuindo até inconscientemente para aumentar a poluição de seu ambiente.

Trata-se de equacionar os problemas da convivência humana com os seus impactos negativos sobre a saúde pública e o meio ambiente. Daí a importância da gestão ambiental.

O significado etimológico dos dois vocábulos – gestão e ambiental – tem suas raízes na língua latina. Gestão originou-se de *gestioni*, que exprime o ato de gerir. Gerir é um verbo incomum no linguajar de cada dia, cujo significado é ter gerência sobre, administrar, reger, dirigir. Desses sinônimos, o mais usado é o substantivo derivado: gestão, ou seja, o ato de gerir, de administrar. O vocábulo ambiental também tem origem na língua-mãe latina. É o adjetivo aplicado para referir-se às coisas do ambiente; tanto ambiente construído, quanto ambiente natural.

A palavra ambiente, por sua vez, foi formada de outros dois termos latinos: a preposição *amb* (ao redor de, à volta de) e o verbo *ire* (ir). A soma dos dois resultou *ambire*, cujo particípio presente, ainda em latim, é *ambiens, ambientis*. Em conclusão, é fácil entender que ambiente é tudo o que está ao redor (Coimbra, 1985). Indo um pouco mais adiante no conceito etimológico, ambiental é o adjetivo que qualifica as coisas e os elementos que estão à volta de determinado ser. Cabe destacar ainda que os termos meio, ambiente e meio ambiente são frequentemente usados como sinônimos.

Com base nesses conceitos, gestão ambiental é o ato de gerir o ambiente, isto é, o ato de administrar, dirigir ou reger as partes constitutivas do meio ambiente.

Para entender a abrangência e o alcance dessa definição, destaca-se que gestão ambiental é o ato de administrar, de dirigir ou reger os ecossistemas naturais e sociais em que se insere o homem, individual e socialmente, em um processo de interação entre as atividades que exerce, buscando a preservação dos recursos naturais e das características essenciais do entorno, de acordo com padrões de qualidade. O objetivo último é estabelecer, recuperar ou manter o equilíbrio entre natureza e homem.

Se o vocábulo gestão é entendido como sendo o ato de gerir, o conceito de ato conduz à ideia de que a administração do meio ambiente só acontece quando há de fato o equilíbrio ambiental, quando se dá a harmonia entre o homem e a natureza, o que significa que a harmonia entre homem e seu meio está acontecendo, ou a caminho de acontecer.

Uma analogia com alguns conceitos filosóficos ajuda a compreender melhor os aspectos teóricos e práticos da gestão ambiental. Na metafísica, o estudante aprofunda a noção de potencial e de ação em relação à existência e ao conhecimento dos seres; como se comportam na realidade, verificando pela observação, pela experiência e pela consciência que as coisas mudam; constata-se então que onde há mudança, há passagem.

Chega-se dessa forma à conclusão de que as coisas não estão fechadas nem lacradas. Têm dentro de si o poder ser outra coisa ou outra maneira de ser. Esse poder ser é algo real, embora apenas "poder ser" não signifique nada, pois, na verdade, não existe. É somente um potencial.

A ação, por sua vez, será então para os filósofos a realização do poder ser, a concretização do potencial, do que está latente nas coisas.

Mas esse potencial pode acabar não se realizando. A cidade, por exemplo, está em contínua mudança e apresenta inúmeras potencialidades, que só se realizarão na medida em que houver ação. Com o que se costuma chamar gestão ambiental pode ocorrer o mesmo fenômeno da não realização: gestão ambiental potencial e gestão ambiental ação.

O que se entende por gestão ambiental enquanto potencial? É, com certeza, a existência de leis, normas, decretos, regulamentos, escritos dirigidos e determinados com o objetivo de solucionar as questões do ambiente. Sua mera existência, por si só, não constitui gestão propriamente dita. Para que realmente aconteça e se concretize a gestão ambiental, é preciso que aquela potencialidade se transforme em ação concreta, deixando de ser apenas leis e normas, tornando-se *gestos* transformadores resultantes da aplicação daqueles instrumentos. Em suma: concretizando a mudança do poder ser real para o ser real.

O mesmo pode-se afirmar em relação ao que acontece no campo da administração como hoje é praticada. Com certeza os métodos modernos, que têm como base os distintos conceitos de eficiência e eficácia, se apoiam na lição filosófica dos conceitos teóricos de potencial e ação. Portanto, gestão ambiental eficiente corresponde à existência e utilização de um conjunto de instrumentos. Só será eficaz, porém, quando esse conjunto se transformar em ações que se traduzam em problemas resolvidos.

Enquanto a sociedade se desenvolve apenas na direção meramente econômica, privilegiando uns em detrimento da maioria, não se pode dizer que exista gestão ambiental, mesmo que em nome desta se elaborem leis e decretos, se produzam normas e estratégias, ou se estabeleçam diretrizes e políticas. Na verdade, nada acontece automaticamente apenas com instrumentos de controle ambiental ou com declaração de princípios. Precisa-se contar com a conscientização e participação da população, o que já vem expresso no Estatuto da Cidade (Lei n. 10.257/2001), art. 43, 44 e 45, ao tratar da gestão democrática da cidade.

Assim, não bastam os esforços que partem das autoridades governamentais ou dos técnicos da área. É certo que esses têm valor, à medida que produzam os efeitos pretendidos pelas políticas públicas. Essas considerações vêm à tona porque é comum valorizar esse arsenal de regras, leis e normas colocando-lhes o rótulo de gestão ambiental. E o que é mais grave, a sociedade parece satisfeita com sua existência e continua a desconhecer o modo como pode participar nesse processo.

Isso é cada vez mais importante, pois, na realidade, o ambiente vai se deteriorando cada vez mais e a atuação de uma gestão ambiental pode se tornar irrisória. Como é possível contribuir para uma efetiva gestão ambiental?

Instrumentos de Atuação de Políticas Públicas

Registradas as especulações anteriores sobre os conteúdos da palavra política, torna-se oportuna uma nova leitura do conceito de gestão ambiental definido anteriormente: gestão ambiental é o ato de administrar, dirigir ou reger os ecossistemas naturais e sociais em que se insere o ser humano, individual e socialmente, em um processo de interação que atenda ao desenvolvimento das atividades humanas, à preservação dos recursos naturais e das características essenciais do entorno, dentro de padrões de qualidade definidos, tendo como finalidade última estabelecer, recuperar ou manter o equilíbrio entre a natureza e o homem (Coimbra, 1985).

Essa releitura feita agora em um contexto de políticas públicas permite penetrar mais ao fundo no universo de uma sociedade que exige, hoje, uma qualidade de vida, que não pode prescindir de uma legislação específica de proteção do meio ambiente, como também não deve se esquivar do fiel cumprimento dessa mesma legislação.

A mensagem que semelhante conceito transmite dá a entender que está em jogo uma preservação ambiental com todos os seus componentes, cujo objetivo nada mais é do que a busca da harmonia entre os seres do mundo natural onde as pessoas ocupam um espaço privilegiado, e, junto com os seus semelhantes, organizam-se em sociedade.

Todas essas considerações se prestam para desenhar um pano de fundo no qual é situada a importância da gestão ambiental, cujo pressuposto é a existência de uma política ambiental no contexto do exercício da cidadania de todos os membros da sociedade.

Na verdade, pelo que se depreende do conceito de gestão ambiental, sua finalidade última é a busca da harmonia entre o homem – aquele ser social – e seu meio ambiente natural ou construído. Em outras palavras, a gestão ambiental fundamenta sua razão de ser na conquista de um nível ideal de qualidade de vida, para a sociedade e todos os seus membros. Ora, qualidade de vida é um dos direitos fundamentais do homem; por conseguinte, é dever do Estado promovê-la por meio de ações políticas que pressuponham uma estrutura de leis específicas, tendo como contrapartida seu cumprimento por parte de todos aqueles que formam o Estado. Políticas públicas envolvem, pois, iniciativas de governantes e de governados em benefício do bem comum, em um convívio de cidadãos de ambos os lados.

O caminho para uma solução é a gestão ambiental, pois equivale a conseguir uma administração integral e integrada de todos os setores que influenciam a qualidade ambiental. Contempla assim todos os temas pertinentes à questão e se materializa por meio de políticas e planos decorrentes. A operacionalização da gestão é feita pelo gerenciamento voltado a preocupações de ordem prática do dia a dia na execução de programas e projetos de ação.

Como implementar, então, uma gestão ambiental?

No âmbito do poder público observa-se esta gestão sendo implantada, no estado de São Paulo, nas 22 unidades de bacias hidrográficas que foram definidos como unidades de gerenciamento de recursos hídricos e como unidades de planejamento.

Desse modo, programas, planos e projetos vêm sendo elaborados, baseados em normas e legislações e contam com a participação dos governos envolvidos, e também da sociedade civil, que atua nos conselhos de gestão e comitês de bacias. Pode-se dizer assim que se trata de uma gestão tripartite, que conta com a participação do estado, municípios e da sociedade civil atuando num órgão colegiado, o qual estabelece as normas peculiares a cada região, assim conhecida como unidade de gerenciamento.

Está se procurando implantar normas de controle preventivo e corretivo, e não apenas de repressão, envolvendo os municípios e ainda estimulando a atuação local de poder de polícia, num trabalho conjunto com o estado. O suporte financeiro conta com a colaboração das instituições envolvidas. De fato, os usuários dos recursos hídricos recolhem a um fundo específico contribuições correspondentes ao uso da água. Usuários, portanto, oriundos da sociedade e que atuam junto aos órgãos e entidades dos poderes públicos.

A gestão ocorre assim de modo descentralizado, relacionada a cada unidade de planejamento, ou seja, cada bacia hidrográfica. Esse é um conceito definitivamente acatado pelos planejadores ambientais e uma das recomendações feitas pela Agenda 21. Mais ainda: é um sistema de gestão que conta com a participação da população, bem como com a obrigatoriedade de realização de Planos de Bacias e com Áreas de Proteção de Recuperação de Mananciais, com o objetivo de articular as ações e maximizar o aproveitamento dos recursos financeiros do setor hídrico. Para organizar esse sistema de gestão busca-se implantar um Sistema Gerencial de Informações que dará as condições para o monitoramento da qualidade das águas e corrigirá eventuais distorções.

Destaca-se que uma gestão descentralizada, com a participação da população, do estado e dos municípios envolvidos é uma mudança total da forma de atuação do poder público. Os resultados que já despontam permitem visualizar um grande interesse da sociedade civil em torno dos planos de bacias e do acompanhamento da aplicação dos recursos financeiros em projetos a que foram destinados. Passa a ser incentivada a formação de parcerias com a iniciativa privada, para a implantação de políticas públicas ambientais, levando à maior conscientização da população em sua contribuição com as decisões a serem tomadas.

Outro exemplo de gestão que vem sendo praticado no estado de São Paulo e que inclui, entre outras, as questões ambientais é a gestão metropolitana instituída pelo Estado, de acordo com o Art. 25 § 3º da Constituição Federal, em que "os estados poderão, mediante lei complementar, instituir regiões metropolitanas, aglomerações urbanas e microrregiões, constituídas por agrupamentos de Municípios limítrofes, para integrar a organização, o planejamento e a execução de funções públicas de interesse comum".

Os exemplos já institucionalizados são os da região metropolitana da Baixada Santista e da região metropolitana de Campinas. Estas já se encontram organizadas conforme as diretrizes da Constituição do Estado de São Paulo, de 1989 e de sua Lei Complementar n. 760/94, contando com um Conselho de Desenvolvimento metropolitano – da Baixada Santista, (o Condesb) – e o Conselho de Desenvolvimento da região metropolitana de Campinas. São conselhos paritários entre estado e municípios. Em sua atuação, esses Conselhos contam com Câmaras Temáticas em que ocorre a participação da sociedade civil e que desenvolvem os trabalhos solicitados pelo Conselho. Uma vez terminados esses trabalhos, as Câmaras Temáticas se extinguem.

Entre essas Câmaras Temáticas há a Câmara do Meio Ambiente, que vem tratando do zoneamento, do plano e do programa para o Parque Estadual da Serra do Mar. Trata-se, pois, simultaneamente de uma gestão ambiental, com uma gestão de interesse metropolitano. As decisões das Câmaras, bem como as do Conselho, são públicas e disponibilizadas por publicação no *Diário Oficial* do Estado.

As regiões metropolitanas da Baixada Santista e de Campinas contam com um fundo específico, para o qual devem contribuir o estado e cada um dos municípios da região. Esse fundo não se confunde com outros existentes no estado. Prevista nas leis que criaram as regiões metropolitanas, há uma agência, a Agência Metropolitana (Agem), que funciona nos moldes de uma autarquia especial. Os trabalhos de gestão são dirigidos pelo Conselho, que, ordinariamente, se reúne uma vez por mês.

É importante destacar, de qualquer modo, o trabalho de gestão metropolitana, nela incluída a gestão ambiental. É um novo modo de trabalhar e sabe-se que mudanças de hábito não são fáceis de conseguir. Só as vantagens do novo processo de gestão é que podem levar aos objetivos pretendidos com a implementação desse novo sistema. O primeiro grande objetivo é a tomada de decisão descentralizada. Mas o segundo é tão importante quanto o primeiro, pois diz respeito à participação da população no âmbito de Câmaras Temáticas e do Conselho de Desenvolvimento. As primeiras cuidam de programas e projetos que foram solicitados pelo Conselho. Como se observa, a sociedade está em pleno período de transição, de um sistema determinista e autoritário de planejamento para outro descentralizado, democrático e participativo.

Os primeiros resultados já podem ser observados nas regiões metropolitanas da Baixada Santista e de Campinas, que vêm atendendo às expectativas da comunidade, a partir de sua participação no Conselho e nas Câmaras Temáticas.

Além dessas mudanças do tipo e qualidade de gestão, o poder público vem enfrentando períodos de dificuldades financeiras crescentes, ao mesmo tempo em que precisa atender às necessidades da população, também crescentes. Exemplos de casos que estão na mesma situação podem ser observados em outros países, onde tiveram de restringir o escopo de sua atuação. Passaram então a definir as áreas de intervenção, já que, financeiramente, não podiam arcar com a solução de todos os problemas.

A Inglaterra é um exemplo para analisar esse tipo de intervenção, pois passou a tratar seus problemas urbanos de modo diferente. Assim é que, dispondo de parcos recursos financeiros, implantou um planejamento flexível, pois os problemas diferiam significativamente conforme a área considerada. Aquelas áreas urbanas que podiam, espontaneamente, desenvolver-se a partir de suas empresas comercialmente atuantes no mercado não necessitavam de recursos do poder público. Podiam receber estímulos, entretanto, em termos de planejamento, sendo alvo de medidas desregulamentadoras de normas e indicadores típicos do planejamento restritivo. Nesses casos, a responsabilidade técnica do profissional era suficiente para levar adiante os empreendimentos. Outras áreas urbanas, em geral constituídas por espaço territorial ocupado por grupos sociais de renda familiar mais baixa, viam a possibilidade de receber recursos parciais do governo, na forma da construção de habitações populares, por exemplo, recursos esses que se constituíam em uma forma de alavancagem do desenvolvimento, pois se achava que, a partir desse impulso, poderiam se desenvolver normalmente, conforme as regras de mercado. Um terceiro grupo de áreas, que abrangia locais mais desfavorecidos em termos socioeconômicos e, portanto, com menores condições de autodesenvolvimento, é que se revelou necessitar mais de investimentos do poder público em infraestrutura, para só então poder atrair a iniciativa privada e incluí-la livremente nas condições de desenvolvimento do mercado local, a exemplo do caso das docas de Londres. Destaca-se, assim, que o planejamento ambiental urbano passou a se organizar de forma que a iniciativa privada pudesse atuar de acordo com a legislação e as normas.

Casos como esse, em que o planejamento passa a ser diferente conforme as características da área em questão, também podem ser encontrados no estado de São Paulo, uma vez que, tanto as inovações feitas no planejamento de regiões metropolitanas anteriormente mencionadas, quanto as ocorridas no planejamento de bacias hidrográficas, mostram que esse planejamento assume peculiaridades e flexibilidades, ainda que de forma diversa daquelas do planejamento inglês. As peculiaridades se referem a um planejamento voltado para as 22 unidades de gerenciamento de recursos hídricos em que o estado foi dividido. As flexibilidades se relacionam com uma forma de planejamento participativo, cujas decisões são tomadas em Comitês de Bacias, com representantes do estado, dos municípios abrangidos e da sociedade civil.

Tanto no caso do planejamento metropolitano quanto no de bacias hidrográficas, as limitações financeiras do poder público têm de ser superadas por iniciativas inovadoras. Sem estas, torna-se praticamente impossível implementar planos e projetos. Assim, têm-se buscado formas de parcerias entre os setores público e privado.

Segundo algumas pesquisas, observa-se que a iniciativa privada vem sendo considerada uma possível administradora dos bens públicos e que sua interação no mercado lhe dá a oportunidade de obter o rendimento esperado. Muito tem sido feito no Brasil para abrir novas possibilidades de gestão, quando se vem assistindo a uma transformação, ainda que lenta, no papel do Estado. No caso da gestão de rodovias, por exemplo, o estado de São Paulo conta com a gestão de empresas privadas como a Ecovias (sistema Anchieta--Imigrantes), a AutoBan (rodovias Anhanguera e Bandeirantes), a CCR e a ViaOeste (rodovias Castello Branco e Raposo Tavares), entre outras concessões ao setor privado. O Estado, cada vez mais, vem deixando de ser um executor de serviços e obras para ser um gestor.

Cumpre ressaltar que a adoção desse modelo de gestão necessita ter o acompanhamento da sociedade e a avaliação dos resultados para a melhoria da qualidade de vida da população.

REFERÊNCIAS

ABASCAL, E.H.S.; STUEMER, M.M.; BRUNA, G.C. et al. Globalização e reconfiguração espacial: São Paulo e Buenos Aires, uma perspectiva comparada. *Exata*. São Paulo, vol. 6, n. 2, p. 273-281, jul./dez. 2008.

BERKEMÜLLER, K. *Educación ambiental sobre el bosque lluvioso*. Trad. Hernán Torres. Washington (DC): International Union for Conservation of Nature and Natural Resources (IUCN), 1989.

BOWDER, D.E. *Quem foi quem na Grécia Antiga*. São Paulo: Art Editora/Círculo do Livro, 1982.

BRAGA, T. *Fábulas. Estudo crítico de Teófilo Braga*. 4.ed. Lisboa: Editorial Minerva, 1973.

BRASIL. [MCTI] MINISTÉRIO DA CIÊNCIA, TECNOLOGIA E INOVAÇÃO. Conferências das Partes (COP). Portal do Ministério da Ciência, Tecnologia e Inovação. Disponível em: http://www.mct.gov.br/index.php/content/view/27182. html. Acessado em: 13 jan. 2010.

_____. Convenção-Quadro das Nações Unidas sobre Mudança do Clima. Portal do Ministério da Ciência, Tecnologia e Inovação. Disponível em: http://www.mct. gov.br/index.php/content/view/3996.html. Acessado em: 13 jan. 2010.

_____. Principais resultados. Portal do Ministério da Ciência, Tecnologia e Inovação. Disponível em: http://www.mct.gov.br/index.php/content/view/78054. html. Acessado em: 13 jan. 2010.

_____. MINISTÉRIO DA SAÚDE. Plano nacional de saúde e ambiente no desenvolvimento sustentável. Conferência Pan-americana... Plano nacional... Brasília (DF): Ministério da Saúde; 1995. Diretrizes para implementação. In: Conferência Pan-americana sobre Saúde Humana e Ambiente no Desenvolvimento Sustentável. 1995, Brasília (DF).

BRINDLEY, T.; RYDIN, Y.Z.; STOKER, G. *Remaking Planning. The Politics of Urban Change in the Thatcher Years*. London: Unwin Hyman, 1989.

CERAM, C.W. *Deuses, túmulos e sábios*. Trad. de João Távora. São Paulo: Melhoramentos, s.d.

[CNUMAD] CONFERÊNCIA DAS NAÇÕES UNIDAS SOBRE MEIO AMBIENTE E DESENVOLVIMENTO. *Agenda 21*. Brasília (DF): Senado Federal, 1997.

COIMBRA, J.A.A. *O outro lado do meio ambiente*. São Paulo: Convênio Cetesb/ Ascetesb, 1985.

POLÍTICA E GESTÃO AMBIENTAL | **761**

[CONAMA] CONSELHO NACIONAL DO MEIO AMBIENTE. Disponível em: http://www.mma.gov.br/conama/. Acessado: em 13 jan. 2010.

CORTESE, T.T.P.; BRUNA, G.C. Avaliação da Certificação ISO 14001 no Setor Automotivo. In: PHILIPPI JR, A.; COLACIOPPO, S.; MANCUSO, P.C.S. *Questões de saúde ambiental*. São Paulo: Signus, 2008.

DIAMOND, J. *Collapse. How Societies Choose to Fail or Succeed*. Nova York, Londres: Viking Penguin, a member of Penguin Group (USA) Inc, 2005.

DROUET, D. Adaptation urbaine et mutations energetiques. *Urbanisme*. Vol. 51, n. 171, 1979.

FURTADO, C. *A construção interrompida*. São Paulo: Paz e Terra, 1992a.

_____. *Os ares do mundo*. São Paulo: Paz e Terra, 1992b.

GAARDER, J. *O mundo de Sofia*. Trad. João Azenha Jr. São Paulo: Cia. das Letras, 1997.

GOVERNO DO ESTADO DE SÃO PAULO. *Meio ambiente e desenvolvimento*. São Paulo: Secretaria do Meio Ambiente/Organização das Nações Unidas/Organizações Não Governamentais, 1993. (Série Documentos)

[IBGE] INSTITUTO BRASILEIRO DE GEOGRAFIA E ESTATÍSTICA. *População estimada dos municípios acima de 60 mil habitantes das regiões metropolitanas (inclusive todas as capitais)*. 2007. Disponível em: http://ibge.gov.br. Acessado em: 15 jan. 2010.

LOVELOCK, J. *The revenge of Gaia. 'Riveting...a stark warning to mankind'. The Times*. Londres: Penguin Group, 2007.

MCLUHAN, M. *Os meios de comunicação como extensões do homem. (Understanding Media)*. São Paulo: Cultrix, 1972.

MERCOSUR EDUCATIVO. Com Venezuela, Mercosul passa a ter 76% do PIB sul-americano. Disponível em: http://www.sic.inep.gov.br/index.php?Itemid=28&id=154&option=com_content&task=view. Acessado em: 14 jan. 2010.

MOOG, V. *Bandeirantes e pioneiros. Paralelo entre duas culturas*. 11.ed. Porto Alegre: Globo, 1974.

O PAÍS ON LINE. Inundações e deslizamentos de terra fazem 76 mortos no Brasil. *O País on line*. 4 jan. 2010. Disponível em: http://www.opais.co.mz/opais/index.php?option=com_content&view=article&id=3781:inundacoes-e-deslizamentos-de-terra-fazem-76-mortos-no-brasil&catid=56:internacional&Itemid=166. Acessado em: 14 jan. 2010.

PHILIPPI Jr, A. et al. *Município e meio ambiente. Perspectivas para a municipalização da gestão ambiental no Brasil*. São Paulo: Anamma – Associação Nacional de Municípios e Meio Ambiente, 1999.

CURSO DE GESTÃO AMBIENTAL

PRADO, T. Entenda a COP-15. *Planeta Sustentável.* 18 set. 2009. Disponível em: http://planetasustentavel.abril.com.br/noticia/desenvolvimento/cop-15-o-que-e--conferencia-partes-copenhague-499684.shtml. Acessado em: 13 jan. 2010.

THONNARD, F.J. *Compêndio de história da filosofia.* Trad. Valente Tombo. Paris/ Roma: Sociedade de São João Evangelista/Desclée Editores Pontifícios, 1953.

VERNE, J. *Vinte mil léguas submarinas.* Rio de Janeiro: Livro Ibero-Americano Ltda., 1960. (Coleção Lial Viagens e Aventuras)

Bibliografia Consultada

ALMEIDA, L.T. *Política Ambiental: uma análise econômica.* São Paulo: Papirus/ Fundação Editora da Unesp, 1998.

BENAKOUCHE, R.; CRUZ, R.S. *Atualização monetária do meio ambiente.* São Paulo: Makron Books do Brasil, 1994.

BERNSTEIN, J.D. *Alternative approaches to pollution control and waste management: regulatory and economic instruments.* Washington (DC): World Bank Urban Management Programme, 1993.

BRUGGER, E.A.; LIZANO, E. *Eco Eficiencia: la vision empresarial para el desarrollo sostenible en América Latina.* Bogotá: Oveja Negra, 1992.

BURSZTYN, M.A.A. *Gestão ambiental: instrumentos e práticas.* Brasília: Ibama, 1994.

CAUBET, C.G.; FRANK, B. *Manejo ambiental em bacia hidrográfica: o caso do rio Benedito (Projeto Rio – Itajaí): das reflexões teóricas às necessidades concretas.* Florianópolis: Fundação Água Viva, 1993.

[CIMA] COMISSÃO INTERMINISTERIAL PARA PREPARAÇÃO DA CONFERÊNCIA DAS NAÇÕES UNIDAS SOBRE MEIO AMBIENTE E DESENVOLVIMENTO. *O desafio do desenvolvimento sustentável: relatório do Brasil para a Conferência das Nações Unidas sobre o Meio Ambiente e Desenvolvimento.* Brasília (DF): Secretaria de Imprensa da Presidência da República, 1991.

[CNUMAD] CONFERÊNCIA DAS NAÇÕES UNIDAS SOBRE MEIO AMBIENTE E DESENVOLVIMENTO, Rio de Janeiro; 1992. *Agenda 21: resumo.* Rio de Janeiro/São Paulo: Centro de Informação das Nações Unidas no Brasil/Secretaria de Estado do Meio Ambiente, 1993.

_____. *Agenda 21 Global.* Brasília: ONU, 1994.

CONFERÊNCIA PAN-AMERICANA SOBRE SAÚDE HUMANA E AMBIENTE NO DESENVOLVIMENTO SUSTENTÁVEL. Washington (DC); 1995. *Plano na-*

cional de Saúde e ambiente no desenvolvimento sustentável. Brasília (DF): Ministério da Saúde, 1995.

CORDANI, U.G.; MARCOVITCH, J.; SALAT, E. (orgs). *A Rio-92 cinco anos depois: avaliação das ações brasileiras em direção ao desenvolvimento sustentável, cinco anos após a Rio-92.* São Paulo: Alphagraphics, 1997.

CORRALIZA, J.A. *La experiência del ambiente. Percepción y significado del medio construido.* Madri: Editorial Tecnos, 1987.

DONAIRE, D. *Gestão ambiental na empresa.* São Paulo: Atlas, 1995.

GOVERNO DO ESTADO DE SÃO PAULO. *Brasil'92: perfil ambiental e estratégias.* São Paulo: Secretaria do Meio Ambiente, 1992.

GUTBERLET, J. *Produção industrial e política ambiental: experiências de São Paulo e Minas Gerais.* São Paulo: Konrad Adenauer, 1996.

HAMMON, A.; ADRIAANSE, A.; RODENBURG, E. et al. *Environmental indicators: a systematic approach to measuring and reporting on environmental policy performance in the context of sustainable development.* Washington (DC): World Resources Institute, 1995.

[ICLEI] INTERNATIONAL COUNCIL FOR LOCAL ENVIRONMENTAL INITIATIVES. *The Local Agenda 21. Planning Guide: An introduction to sustainable development planning.* Toronto: Iclei, 1996.

[IOCU] INTERNACIONAL ORGANIZATION OF CONSUMERS UNIONS. *Beyond the year 2000 the transition to sustainable consumption: a policy document on environmental issues.* The Hague: Iocu, 1993.

LEONARD, H.J. (org). *Meio ambiente e pobreza: estratégias de desenvolvimento para uma agenda comum.* Rio de Janeiro: Jorge Zahar, 1992.

MACEDO, R.K. *Gestão ambiental: os instrumentos básicos para a gestão ambiental de territórios e de unidades produtivas.* Rio de Janeiro: Abes-Aidis, 1994.

MACNEILL, J.; WINSEMIUS, P.; YAKUSHIJI, T. *Para além da interdependência: a relação entre a economia mundial e a ecologia da Terra.* Rio de Janeiro: Jorge Zahar Editor, 1992.

MAY, P.T.; MOTTA, R.S. (orgs). *Valorizando a natureza. Análise econômica para o desenvolvimento sustentável.* São Paulo: Campus, 1994.

[NEPAM] NÚCLEO DE ESTUDOS DE PESQUISAS AMBIENTAIS. *Ambiente e sociedade: possibilidades e perspectivas de pesquisas.* Campinas: Nepam, 1992.

[OMS] ORGANIZAÇÃO MUNDIAL DA SAÚDE. *Nuestro planeta, nuestra salud: informe de la Comizión de Salud y Medio ambiente de la OMS.* Washington (DC): Opas, 1993.

_____. *Vidas caras y productivas en armonía con la naturaleza: una estrategia mundial de la OMS para la salud y el medio ambiente.* Genebra: WHO/EHE, 1994.

[OPAS] ORGANIZACIÓN PANAMERICANA DE LA SALUD; ORGANIZACIÓN DE LOS ESTADOS AMERICANOS; PROGRAMA DE LAS NACIONES UNIDAS PARA EL MEDIO AMBIENTE; BANCO INTERAMERICANO DE DESARROLLO; BANCO MUNDIAL. *Américas en armonía: la salud y el ambiente en el desarrollo humano sustenible; una oportunidad para el cambio y un llamado a la acción.* Washington (DC): OPAS, 1996.

PHILIPPI JR, A. *Controle da Poluição Urbana.* Brasília: Instituto Sociedade, População e Natureza, 1993.

PHILIPPI JR, A.; ALVES; A.C.; ROMÉRO, M.A. et al. *Meio ambiente, direito e cidadania.* São Paulo: Sinus, 2002.

PHILIPPI JR, A.; ELIAS, E.O. (coords). *A questão ambiental urbana: cidade de São Paulo.* São Paulo: Secretaria do Verde e do Meio Ambiente/Prefeitura do Município de São Paulo, 1993.

PHILIPPI JR, A.; MARCOVITCH, J. Mecanismos governamentais para o desenvolvimento sustentável. In: II Encontro sobre Gestão Empresarial e Meio Ambiente. 1993, São Paulo, p.45-74.

PHILIPPI JR, A.; PELICIONI, M.C.F. (eds). *Educação ambiental – Desenvolvimento de cursos e projetos.* São Paulo: USP/Faculdade de Saúde Pública/Nisam/Signus, 2000.

PHILIPPI JR, A.; TUCCI, C.E.M.; HOGAN, D.J. et al. *Interdisciplinaridade em ciências ambientais.* São Paulo: Signus, 2000.

PORTER, M.E. *The competitive advantage of nations.* Nova York: The Free Press, 1990.

REBOUÇAS, A.C.; BRAGA, B.; TUNDISI, J.G. (orgs). *Águas doces no Brasil. Capital ecológico, uso e conservação.* São Paulo: Escrituras, 1999.

RIO, V.; OLIVEIRA, L. (orgs). *Percepção ambiental. A experiência brasileira.* São Paulo: Studio Nobel/Editora Ufscar, 1996.

ROHDE, G.M. *Epistemologia ambiental: uma abordagem filosófico-científica sobre a efetuação humana alopoiética.* Porto Alegre: Edipucrs, 1996.

SCHMIDHEINY, S. *The business council for sustainable development. Changing Course: a global business perspective on development and the environment.* Cambridge (MA): The MIT Press, 1992.

SCHMIDHEINY, S.; CHASE, R.; DE SIMONE, L. *Signal of change: business progress towards sustainable development.* Geneva: World Business Council for Sustainable Development, 1997.

SECRETARIA DO MEIO AMBIENTE. *Consema: dez anos de atividades.* São Paulo: Secretaria do meio ambiente, 1993. (Série Documentos).

_____. *Diretrizes para a política ambiental do estado de São Paulo*. São Paulo: Secretaria do meio ambiente, 1993. (Série Documentos).

SECRETARIA DO MEIO AMBIENTE; COORDENADORIA DE EDUCAÇÃO AMBIENTAL. *Política e gestão de recursos hídricos no estado de São Paulo*. São Paulo: Secretaria do meio ambiente, 1993. (Série Seminários e debates).

SECRETARIA MUNICIPAL DO VERDE E DO MEIO AMBIENTE. *Agenda 21 local: Compromisso do Município de São Paulo*. São Paulo: Secretaria do verde e do meio ambiente, 1997.

TOMMASI, L.R. *Estudo de Impacto Ambiental*. São Paulo: Cetesb/Terragraph Artes e Informática, 1993.

[UCN] UNIÃO INTERNACIONAL PARA CONSERVAÇÃO DA NATUREZA; [PNUMA] PROGRAMA DAS NAÇÕES UNIDAS PARA O MEIO AMBIENTE; FUNDO MUNDIAL PARA A NATUREZA. *Cuidando do planeta Terra: uma estratégia para o futuro da vida*. São Paulo: UICN/PNUMA/WWF, 1991.

VALLE, C.E. *Como se preparar para as Normas ISO 14000: Qualidade ambiental*. São Paulo: Pioneira, 1995.

_____. *Qualidade Ambiental. O Desafio de ser Competitivo Protegendo o Meio Ambiente*. São Paulo: Pioneira, 1995.

WILLUMS, J.O.; GOLÜKE, U. *From ideas to action: business and sustainable development*. Olso: International Chamber of Commerce Adhotam Guyldendal, 1992.

ZULAUF, W.E. *A ideologia do verde e outros ensaios sobre meio ambiente*. São Paulo: Geração editorial, 1995.

_____. *Brasil ambiental: síndromes e potencialidades*. São Paulo: Konrad Adenauer Stiftung-Centro de Estudos, 1994.

PARTE IV

Planejamento e Gestão Ambiental

Capítulo 21
Questão Urbana e Participação no Processo de Decisão
Geraldo Gomes Serra

Capítulo 22
Governança Municipal como Ferramenta para o
Desenvolvimento Sustentável
Paula R. Jorge e Gilda Collet Bruna

Capítulo 23
Conselhos e Gestão Ambiental Local: Processos
Educativos e Participação Social
Elaine Cristina da Silva e Maria Cecília Focesi Pelicioni

Capítulo 24
Política e Planejamento Territorial
Wilson Edson Jorge

Capítulo 25
Estudo de Impacto Ambiental como Instrumento de
Planejamento
Helena Ribeiro

Capítulo 26
Avaliação de Sustentabilidade e Gestão Ambiental
Carla Grigoletto Duarte e Tadeu Fabrício Malheiros

Capítulo 27
Gerenciamento de Riscos Ambientais
Carlos Celso do Amaral e Silva

Capítulo 28
Planejamento Territorial como Instrumento do Gerenciamento de Riscos de Acidentes Industriais Maiores
Rafael Alexandre Ferreira Luiz e Adelaide Cassia Nardocci

Capítulo 29
Auditoria Ambiental
Arlindo Philippi Jr e Alexandre de Oliveira e Aguiar

Capítulo 30
Gestão de Áreas Urbanas Deterioradas
Heliana Comin Vargas

Capítulo 31
Gestão de Áreas Contaminadas
Ana Luiza Silva Spínola, Elton Gloeden e Arlindo Philippi Jr

Capítulo 32
Transporte e Meio Ambiente
Gilda Collet Bruna

Capítulo 33
Energia nos Edifícios e na Cidade
Marcelo de Andrade Roméro

Capítulo 34
Geoprocessamento como Instrumento de Gestão Ambiental
Vicente Fernando Silveira

Questão Urbana e Participação no Processo de Decisão | **21**

Geraldo Gomes Serra
Arquiteto, Faculdade de Arquitetura e Urbanismo – USP

O espaço urbano, uma aglomeração de adaptações espaciais decorrentes do processo de cooperação no trabalho desenvolvido para a satisfação de necessidades humanas socialmente definidas, é um espaço de conflitos. De fato, por causa da divisão social do trabalho que ocorre nessa cooperação, diversos indivíduos, mas principalmente inúmeros grupos sociais, não têm interesses totalmente iguais no que se refere à localização das diversas adaptações sociais, à intensidade dessas adaptações e principalmente às segregações funcionais e sociais do espaço.

O processo de decisão sobre essas questões espaciais é conflituoso, levando a constantes debates. Como se verá neste capítulo, ele não pode ter somente tratamento técnico ou mera estruturação burocrática, uma vez que essas decisões são, em geral, de cunho político. O presente capítulo trata desse processo e das diversas abordagens ideológicas da questão, em especial daquelas que propõem um tratamento técnico e metodológico e também daquelas que propõem como melhor saída a participação de todos os cidadãos.

ALGUMAS QUESTÕES PRELIMINARES
Representação e Participação

As propostas de participação da sociedade na administração municipal centram-se, em geral, no processo de decisão. Melhor ainda seria se os cidadãos também tivessem interesse em participar da execução de muitas das decisões tomadas, dentro de um espírito de trabalho comunitário.

Os defensores da *arquitetura comunitária* entendem que o ambiente funciona melhor se os usuários tomam parte na sua criação e administração, em vez de serem tratados como meros consumidores (Wates e Knevitt, 1987). Da mesma forma, é possível falar num *planejamento comunitário*, num *projeto comunitário* e, de maneira geral, num *apoio técnico comunitário*.

Para Kowarick (1985), existe uma descrença generalizada nos meios convencionais de resolver os problemas urbanos. É dessa forma que esse autor vê surgirem as propostas para a descentralização das decisões e para a participação dos cidadãos no processo.

Castells (1980) diz que a participação dos cidadãos na gestão

> Trata-se da possibilidade e da necessidade de estender as formas de democracia, de não reduzi-las às simples instituições de delegação do poder político, com o intuito de completar as instituições representativas com formas de associação dos cidadãos mais diretamente ligadas às condições de sua vida cotidiana.

Por outro lado, a participação pode ser vista como uma oposição à marginalidade, que é entendida como uma forma de não participação. Graciarena (1979) divide a participação em função da legitimidade dos grupos e de suas atividades. Contudo, o autor reconhece que os limites da legitimidade são muito cambiantes. Mas Arkes (1981) considera que, apesar dessa variação na legitimidade, existe uma dimensão moral na política urbana.

A participação também pode ser benéfica em relação à responsabilidade social. As vantagens da participação são assim apresentadas por Sanoff (1988, p. 28)

> Do ponto de vista social a participação resulta numa maior satisfação das necessidades sociais e numa crescente utilização efetiva dos recursos à disposição de uma determinada comunidade. [...] para o grupo usuário, ela representa uma maior sensação de ter influenciado o processo de tomada de decisões do projeto e uma maior consciência das consequências das decisões tomadas [...] para o projetista, ela representa informações mais relevantes e atualizadas do que antes era possível obter.

O presente capítulo examina a possibilidade da participação dos cidadãos no planejamento, no desenho urbano, no projeto e na gestão das obras urbanas, dos conjuntos habitacionais, da infraestrutura e dos equipamentos sociais urbanos. Contudo, antes de examinar a questão da participação, é necessário verificar a ideologia do processo técnico e administrativo da decisão.

A Ideologia da Decisão

Boa parte da literatura sobre administração trata dos processos de *decision making* e de *problem solving*. Grande parcela dos problemas urbanos seria passível de definição objetiva e encontraria respostas pela correta aplicação de determinadas metodologias. Assim, as dificuldades do processo de decisão decorreriam da incorreta definição do problema ou da insuficiência metodológica. Esse tipo de abordagem, de Descartes a Drucker (1954), serve para obnubilar o conflito subjacente a todo processo de decisão, principalmente na administração pública. A distorção pode chegar ao ponto de todo o aparato teórico e metodológico servir apenas para fundamentar *a posteriori* decisões tomadas intencionalmente (Drucker, 1954).

Sanoff (1988) entende que não existe "melhor solução" para problemas de projeto. Para o autor, os problemas de planejamento e de projeto são baseados em dois conjuntos de critérios: os fatos, refletidos nos dados empíricos disponíveis, e as atitudes, que são interpretações dos fatos e julgamentos de valor. Isso conduz à conclusão de que as decisões técnicas não são necessariamente melhores que as leigas. Desse modo, uma forma de participação é o técnico trazer as propostas de planejamento à discussão, debatendo com a comunidade de forma transparente. O modo de levar essa recomendação a cabo é, para Sanoff (1988), um foro aberto, no qual todos os indivíduos e grupos de interesse participem. Finalmente, lembra ele, o processo é contínuo e sempre cambiante.

Lojkine (1977), na crítica aos trabalhos de Sfez e Crozier, ressalta a qualificação ideológica dos processos de decisão (Serra, 1991). O álibi fundamental é o bem comum. Se o bem comum existe, então o problema se resume ao desenvolvimento das técnicas e metodologias que permitam identificá-lo e atingi-lo linearmente. Se, ao contrário, o espaço urbano é visto como o lugar dos conflitos gerados pela aglomeração e pela gestão do excedente, o planejamento e a gestão são vistos como processos de alocação de recursos escassos, sendo que o principal deles é o próprio espaço. Nessa última visão não cabe a abordagem do *problem solving*, mas sim a busca de uma consciência crítica sobre os conflitos aceitos e explicitados, com vistas ao estabelecimento de pactos (planos) e de sua administração.

Sistemas de Decisão

Lojkine (1977) cita os três níveis de decisão definidos por Crozier: um nível administrativo, para as questões rotineiras; um político, para as questões não rotineiras; e um extralegal, para lidar com reivindicações, pressões e questionamentos ao sistema de decisão.

O nível administrativo é aquele ao qual as pessoas se referem quando mencionam a *máquina* da prefeitura. Supostamente, a prestação de serviços, a aprovação de plantas, a operação dos equipamentos sociais urbanos e daquela infraestrutura que ainda está correlacionada a ela deveriam ser feitas pela burocracia da prefeitura rotineiramente, sem intervenção do prefeito nem dos vereadores, na maioria das vezes pelas administrações regionais ou subprefeituras.

O nível político envolve as decisões sobre grandes obras no sistema viário e na infraestrutura, a formulação de diretrizes de desenvolvimento urbano, a alocação de recursos na preparação do orçamento etc.

O nível extralegal é o dos *lobbies*, o das reivindicações das sociedades amigos de bairro, o das invasões e favelas.

Existe, portanto, um sistema organizado para tomar decisões, que funciona facilmente para os dois primeiros, ainda que nem sempre com eficiência e eficácia. Já as decisões extralegais exibem com maior crueza os conflitos existentes no espaço da cidade. O sistema tem dificuldade de lidar com essas decisões, e essa dificuldade fica maior à medida que esse sistema for mais centralizado e menos transparente.

PLANEJAMENTO E GESTÃO

Centralização e Descentralização

Está claro que qualquer processo de incentivo à participação dos cidadãos no planejamento e na gestão das coisas urbanas mantém estreita relação com os níveis de descentralização administrativa existentes. Isso é tanto mais verdadeiro quanto maior for a dimensão da cidade considerada. No caso brasileiro e em diversos países da América Latina, a história recente esteve marcada pela presença de fortes tendências centralizantes e autoritárias.

Em um continente como a América Latina, em que o centralismo transbordou, não só em suas manifestações físicas, tal como a própria macrocefalia metropolitana, como também na nudez de seus traços econômico, social e politicamente concentradores e excludentes, parece estranho perguntar pelo papel que possa caber, dentro desse processo, à participação dos cidadãos. (Tomic, 1985, p. 66)

Como reação às práticas do centralismo autoritário, a palavra de ordem no Brasil atualmente é descentralização. Assim, na proposta de reforma administrativa da prefeitura de São Paulo afirma-se que se deve

> Privilegiar o máximo possível a descentralização das decisões [...] Mas reconhece-se que [...] essa descentralização não significa dividir a cidade em partes autônomas, mas dar um tratamento às questões regionais, de acordo com suas especificidades, com maior interação com a população e a realidade local. (Sera, 1991, p. 23-4)

Participação no Processo de Planejamento

Dentre as posições críticas mais radicais sobre o planejamento centralizado está a de Alexander et al. (1985), segundo os quais a própria existência de um plano geral aliena os usuários. Uma das razões para essa alienação seria a impossibilidade de os usuários introduzirem modificações significativas no plano. Esse seria um congelamento das expectativas de modificação e construção do meio ambiente. Além disso, os detalhes técnicos do plano impediriam as pessoas de entender o que realmente está planejado. Segundo Alexander et al. (1985, p. 24),

> Qualquer que seja a ferramenta que se use para guiar o crescimento deve ser uma ferramenta que as pessoas entendam em termos simples e humanos e de acordo com a experiência cotidiana.

A proposta do autor, contudo, é a utilização de *padrões* desenvolvidos pelos técnicos; esses padrões seriam empregados pelas pessoas para projetarem seu ambiente. O autor termina por recomendar a organização de uma equipe de planificação, a qual tem caráter eminentemente representativo, isto é, a comunidade participaria por meio de representantes, que trabalhariam com técnicos.

Alexander et al. (1985) afirmam ainda que a participação pode criar uma ordem rica e variada no espaço. Mas na ausência de um plano diretor e estando cada um livre para construir o que quiser e da maneira que mais lhe aprouver, o autor reconhece que o resultado mais provável seria o caos. Daí a introdução dos padrões:

> Um princípio geral de projeto e de planejamento através do qual se formula um problema concreto que pode apresentar-se repetidas vezes em qualquer processo de projeto. (Alexander et al., 1985)

A fragilidade dessas proposições, principalmente quando são retiradas do ambiente ascético em que foram formuladas e lançadas na realidade do planejamento e do projeto no contexto de uma grande região conturbada ou da periferia metropolitana, mostra por si só que, se a participação da sociedade é importante, certamente a forma de participação não é a indicada pelo autor.

Além disso, é preciso destacar que a *participação* poderá ser utilizada apenas para legitimar processos de decisão pouco democráticos ou decisões já tomadas, pois:

> Harvey já havia demonstrado que os diversos atores no jogo decisório têm poderes diferentes e que grupos pequenos, porém bem organizados e situados, podem vencer interesses de grupos sociais muito mais amplos. (Serra, 1991).

Participação no Processo de Gestão

Da mesma forma que no planejamento e no projeto, a participação na gestão do espaço e dos serviços públicos é importante. Em algumas cidades norte-americanas nas quais o planejamento urbano tem um papel secundário em relação à gestão, ela pode assumir o aspecto dos conselhos de cidadãos, que devem opinar sobre os grandes projetos.

Na reforma administrativa da prefeitura de São Paulo no início da década de 1990, foi proposta a "instituição de mecanismos de participação nas decisões do governo, em nível central e regional" (Sera, 1991). Essa reforma utiliza diversos mecanismos para a maior participação dos municípios na gestão da cidade. Em primeiro lugar, procura criar maiores facilidades para o acesso à informação. De fato, talvez essa seja a forma fácil para qualquer administração aumentar o grau de participação na gestão.

Em segundo lugar, proliferam os conselhos, em parte como consequência da Lei Orgânica. No patamar do prefeito existem o Conselho de Governo e o Conselho de Planejamento e Coordenação da Ação Governamental. Já

QUESTÃO URBANA E PARTICIPAÇÃO NO PROCESSO DE DECISÃO | **775**

no das subprefeituras, há os conselhos regionais de planejamento e coordenação da ação governamental. Para as secretarias, propõem-se os conselhos técnicos e as câmaras setoriais.

Consequentemente, embora não seja direta, a participação será feita por meio de uma representação muito ampla, dividida entre algumas centenas de conselheiros. Nesse caso, o número de subprefeituras, isto é, o nível de compartimentação do espaço, determinará o número final de conselheiros e o grau de representatividade e participação.

No caso específico de São Paulo, identificam-se três classes de compartimentos administrativos: o município, as subprefeituras e os distritos (Sera, 1991). Lamentavelmente, a constituição desses conselhos, no caso da reforma administrativa de São Paulo, aponta para uma participação dominante do *staff* sobre a participação dos cidadãos. Dessa forma, o processo de decisão, apesar de descentralizado, continuará nas mãos dos técnicos. O vezo positivista de uma tal colocação é por demais evidente: parte do pressuposto de que os técnicos são donos de um saber específico, que lhes permite *resolver problemas*, os quais não são percebidos como conflitos, isto é, como questões de poder referidas ao espaço urbano.

COMPARTIMENTAÇÃO DO ESPAÇO

Subdividir para Compreender

A ideia de compartimentar o espaço para uma melhor operação das formas e técnicas de participação tem algo de cartesiano. A perplexidade dos políticos, administradores e planejadores diante da dimensão das aglomerações urbanas modernas tem levado à criação de propostas de compartimentação em partes mais apreensíveis e mais manejáveis. Das propostas de compartimentação emergem instituições como subprefeituras, distritos e subdistritos. Esse método encontra diversas dificuldades.

A primeira delas origina-se no fato de que alguns problemas têm, de fato, dimensões metropolitanas. Em São Paulo, os problemas hidrológicos e de drenagem associados aos rios Tietê e Pinheiros não podem ser tratados em compartimentos da cidade nem sequer no município de São Paulo; pelo contrário, exigem uma abordagem que abranja as bacias hidrográficas.

A segunda dificuldade emerge do fato de que a compartimentação conveniente para o trato de determinadas questões não é necessariamente a mais conveniente para outro aspecto da administração municipal. Por exemplo, a compartimentação ideal para o planejamento e a administração da rede escolar certamente não será a mesma daquela conveniente para o combate às enchentes ou para o planejamento do transporte coletivo.

A terceira dificuldade decorre do próprio processo de participação. Pretendendo-o puro e direto, pode-se chegar a dimensões muito reduzidas, como indica o infeliz exemplo do inspetor de quarteirão[1].

Administrações Regionais e Subprefeituras

O sistema de administrações regionais existente em São Paulo é uma dessas formas de compartimentação do espaço. A crítica que se tem feito a esse sistema é o fato de que o administrador não é eleito e a população tem pouca participação na administração. Além disso, reivindicam-se orçamento próprio, mais autonomia etc. A proposta de reforma administrativa da prefeitura de São Paulo pretende corrigir esses problemas com a subprefeitura:

> A subprefeitura será o novo centro no âmbito regional, respondendo pelos serviços locais, executando e gerenciando com orçamento próprio os equipamentos, projetos, programas e atividades da região, coordenando e desenvolvendo políticas específicas visando à melhoria progressiva dos serviços da região. (Sera, 1991)

Espera-se que essa nova entidade, até como decorrência dos novos dispositivos introduzidos pela Lei Orgânica, permita uma maior participação dos cidadãos, por meio do Conselho de Representantes, das associações de moradores, dos movimentos populares e até individualmente.

Para remediar as dificuldades referidas, as secretarias e o gabinete do prefeito são encarados como o centro dos centros, capaz agora de se dedicar apenas aos grandes problemas da cidade e da sua administração, uma vez que as subprefeituras estão cuidando da administração cotidiana.

---

[1] Inspetor de quarteirão é o cargo não remunerado criado após a Independência, mas que adquiriu um sentido negativo durante a ditadura Vargas, como se fosse um "espia" ou "alcaguete" do governo nas unidades de vizinhanças.

Limites da Compartimentação do Espaço

As formas usuais de participação tendem à compartimentação progressiva do espaço, em decorrência das dificuldades inerentes às técnicas de participação em grupos maiores, envolvidos com problemas espaciais de maiores dimensões. Isso não quer dizer que não existam técnicas para permitir maior transparência e maior participação dos cidadãos nas decisões metropolitanas, inclusive por meio de plebiscitos e pesquisas de opinião.

Contudo, participação direta sugere a redução na dimensão do grupo e, consequentemente, do compartimento espacial abrangido. Ora, está claro que isso termina por implicar uma redução no objeto em consideração, isto é, na obra ou no serviço que são objeto da decisão. As decisões relativas à pavimentação de uma pequena rua ou à construção de um posto de saúde podem ser tomadas em grupos muito pequenos. Todavia, as decisões relativas a um sistema de transporte de massa ou à localização de um novo aeroporto não podem ser tomadas com uma participação social mais ampla, porém dentro de compartimentos espaciais pequenos. Assim, verifica-se que a ideia de subdividir o espaço urbano até atingir dimensões compatíveis com participação direta de uma pequena comunidade tem como limite o tipo de obra cuja área de influência seja determinada pela dimensão do compartimento.

SETORIZAÇÃO E HIERARQUIZAÇÃO ADMINISTRATIVA

Política e Tecnocracia

No Brasil, a tecnocracia esteve intimamente ligada ao autoritarismo, principalmente no processo de urbanização (Serra, 1991). Alva (1985, p. 63) amplia essa constatação para toda a América Latina:

> Em geral, nos países em desenvolvimento, muito especialmente na América Latina, os técnicos têm uma tendência muito clara a se assumirem como representantes da população. O técnico crê que seu grau de instrução maior o habilita e lhe permite tomar decisões em nome da população.

Trata-se de uma consciência ingênua, no sentido que Álvaro Vieira Pinto dava a essa expressão, isto é, uma consciência que nunca pergunta a origem das próprias ideias. Aquele que sabe é o mensageiro da salvação!

O evidente sentido paternalista dessa atitude leva o técnico a imaginar que não apenas pode, mas deve pensar pelos cidadãos. Acreditam que a população tem visão limitada e que é incapaz de enxergar além dos problemas que a afeta diretamente, fazendo reivindicações limitadas e egoístas. Por isso, alguns defendem que a atuação do técnico tenha algo de pedagógico e que por isso mesmo deve ser didática. Trata-se de uma missão.

É por isso que Alva (1985) recomenda radicalmente que a contribuição do técnico seja de informação e de método, não de decisão, o que seria uma prerrogativa absoluta da população.

O Legislativo como Dispositivo de Participação

A Câmara de Vereadores é, também, um dispositivo de participação por meio da representação. Entre nós, a ausência do voto distrital, aliada ao corporativismo promovido pelo centralismo autoritário, tem obscurecido o sentido dessa participação. Isso ocorre à medida que os cidadãos não enxergam o vereador como seu legítimo representante.

Com o voto distrital, associa-se uma determinada compartimentação do espaço da cidade ao sistema representativo. Ora, tendo em vista que quase todas as formas de participação propostas implicam também compartimentações espaciais e formas de representação, é de supor que elas tenham de se associar ao distrito eleitoral. Conflitos de representação podem até ser conjecturados, devendo nesse caso prevalecer a representação do vereador.

Essa questão é de suma importância, uma vez que muitas propostas de participação popular no processo decisório são formuladas não em associação com os parlamentares mas, na verdade, em oposição a eles.

Recursos para Obras Urbanas

A centralização das decisões é, com frequência, decorrente da centralização dos recursos. Durante o período do centralismo autoritário, o controle dos recursos do Fundo de Garantia pelo BNH (Banco Nacional da Habitação) permitiu ao governo federal impor seu projeto de urbanização a todos os estados e municípios.

QUESTÃO URBANA E PARTICIPAÇÃO NO PROCESSO DE DECISÃO | 779

As administrações municipais centralizam também suas receitas, distribuindo-as segundo orçamento aprovado pela Câmara de Vereadores. Por esse motivo, têm surgido diversas propostas para uma maior participação da população na elaboração dos orçamentos municipais. Pode-se, entretanto, antever as decepções que essa solução gerará. De fato, pelo menos enquanto durar o processo recessivo, o grau de liberdade que o Executivo e o Legislativo têm é muito reduzido, isso porque, de um lado, as despesas de custeio consomem a quase totalidade da receita e, de outro, as vinculações constitucionais liquidam a pouca margem de liberdade que eventualmente restar.

Uma vez que os resultados obtidos com a participação na atividade de planejamento e aprovação do orçamento não sejam muito significativos, a atenção dos munícipes pode deslocar-se para a gestão de sua aplicação.

A participação na gestão orçamentária está associada à compartimentação do espaço. Propõe-se regionalizar o orçamento proporcionalmente à arrecadação ou à população, ou de acordo com outro critério, e espera-se que as decisões relativas à efetiva e final alocação dos recursos sejam tomadas pelos conselhos regionais associados às administrações regionais ou às subprefeituras.

Ora, considerando-se a redução significativa que as funções municipais vêm experimentando e o reduzido grau de liberdade orçamentária, conclui-se que as decisões locais podem restringir-se a opções muito estreitas, em geral relativas à localização de determinado equipamento ou à infraestrutura.

Resta lembrar que a atividade dos conselhos regionais pode ser muito mais importante do que simplesmente discutir limitadas opções de um orçamento debilitado, se as diretrizes do plano diretor deixarem mais abertas as decisões relativas às intervenções privadas.

Se o plano diretor tem como base uma legislação de parcelamento e uso do solo e estabelece diretrizes precisas e finais sobre os diversos compartimentos do espaço urbano, então o que se precisa é apenas de um tecnoburocrata que analise as propostas apresentadas pelos diversos interessados, aprovando as que estiverem de acordo com a lei e rejeitando as demais. O que agora se propõe é que essas diretrizes sejam mais flexíveis, deixando ampla margem de decisão para os conselhos de cidadãos e para as câmaras de vereadores.

É claro que se pode argumentar que as decisões desses conselhos ou das câmaras não são suficientemente claras do ponto de vista técnico, ou que podem estar sujeitas a pressões de grupos de interesses. O primeiro argumento, como já se viu, é caracterizadamente um desvio ideológico de tipo positivista, além do que nunca foi dito que os conselhos e as câmaras não possam se aconselhar adequadamente quando julgarem necessário. Quanto aos grupos de pressão, basta verificar como eles atuam junto ao corpo técnico e burocrático das prefeituras, de forma muito menos transparente e muito mais suspeita, pois, na melhor das hipóteses, poderia-se questionar a capacidade dos funcionários de resistirem a essas pressões.

PERSPECTIVAS DA PARTICIPAÇÃO

O Conceito de Participação

O conceito de participação refere-se principalmente à participação direta dos cidadãos nos processos decisórios. Essas decisões podem dizer respeito à organização do espaço urbano, à construção de obras públicas de infraestrutura, de equipamentos sociais urbanos ou de habitações, e mesmo aspectos administrativos ou de prestação de serviços públicos.

A participação não implica a tomada de decisão exclusivamente pelos cidadãos. Ela não exclui – e nem poderia fazê-lo – a participação das autoridades municipais e dos técnicos. Diante dessa conceituação, está claro que nas diversas formas de participação, mais ou menos adequadas a diferentes decisões, a influência direta dos cidadãos poderá ser mais ou menos intensa.

Formas de Participação

Sanoff (1988) sugere diversas técnicas para obter a participação comunitária no planejamento e na gestão urbana: levantamentos de opinião, reuniões de vizinhos, conferências, grupos de trabalho, seminários e entrevistas. Dentre as diversas alternativas, o autor descreve os centros de projetos comunitários. Seu objetivo é

> Oferecer serviços de projeto e de planejamento para habilitar os pobres a definirem e implementarem seus próprios objetivos de planejamento. As premissas que guiavam a operação dos CPCs eram que as comunidades devem ter o direito de participar no planejamento do seu próprio futuro. (Sanoff, 1988)

Esse tipo de esforço é chamado pelo autor de *advocacy planning*, pois, como um advogado, o CPC representa o cliente e o ajuda a definir e expressar suas ideias. Trata-se de fornecer recursos técnicos adequados às reivindicações populares, pois o monopólio da técnica é visto como uma forma de exercício do poder. A habilitação técnica dos pobres é vista, assim, como uma forma de redistribuição do poder.

A participação é classificada por Burns em quatro categorias: a consciência, envolvendo a descoberta e a redescoberta da realidade do ambiente e da situação; a percepção, que se segue à tomada de consciência da situação para compreender suas determinações físicas, sociais, econômicas e culturais; a tomada de decisão, quando os participantes programam e projetam suas prioridades; e finalmente a implementação, quando as pessoas participam da resposta às questões do tipo "como?", "onde?", "quando?" e "quem?".

Em algumas experiências de planejamento participativo, foi possível observar a evolução das três primeiras fases da classificação de Burns. Na elaboração dos planos diretores de Santa Maria (RS), Porto Velho (RO) e Santa Bárbara d'Oeste (SP), a participação da sociedade foi incentivada pela realização de seminários abertos à população para discutir cada etapa do processo (Sanoff, 1988).

Em Santa Maria, foram realizados oito seminários temáticos: objetivos, quadro atual, diagnóstico, critérios de avaliação, alternativas de desenvolvimento, avaliação das alternativas, diretrizes e instrumentação legal. Com exceção da primeira reunião, realizada pela manhã, as demais foram iniciadas às 20h, prolongando-se até quase meia-noite. Elas eram amplamente divulgadas na televisão, no rádio e nos jornais, que divulgavam não só o horário e o local onde as reuniões seriam realizadas, mas também do que tratariam.

As etapas de conscientização e de percepção da problemática urbana ocorrem de forma clara, pois embora as pessoas conheçam muito bem suas necessidades, a maioria nunca viu um mapa de sua cidade, muito menos uma fotografia aérea ou uma imagem de satélite. Estatísticas disponíveis nos anuários do IBGE são recebidas com espanto. Os levantamentos do uso do solo e os diagnósticos do sistema viário são sempre acompanhados com muito interesse.

Já a etapa de decisões não pode se processar com a mesma facilidade. Alguns grupos de interesse comparecem organizados: comerciantes de determinadas áreas, grupos de defesa do meio ambiente, corretores de imóveis, dentre outros. No caso de Santa Bárbara d'Oeste e de Limeira, os grupos ambientalistas fizeram-se presentes e exerceram pressões eficazes sobre os rumos do plano.

Fruet (1985) cita muitas formas de participação em diversos setores da administração de Curitiba. Além das reuniões com a população interessada no próprio bairro ou região, ele descreve o uso do telefone para a apresentação de reivindicações e para a solicitação de serviços públicos e até mesmo de certidões.

Cavalcanti (1985, p. 103-9) relata a forma encontrada no Recife para a participação:

> Adotamos o Sistema de Ação Comunitária (SAC), que hoje já conta com 26 barracões avançados. Esses barracões são uma espécie de miniprefeituras instaladas em todas as áreas carentes.

Esta é a solução da compartimentação e descentralização: primeiramente, divide-se o espaço em compartimentos mais manejáveis, mais fáceis de entender; a seguir, cria-se uma administração descentralizada, com certo grau de autonomia.

É interessante considerar outra proposição de Cavalcanti (1985): a transparência administrativa seria uma forma de participação. De fato, a ampla disponibilidade de informações sobre todas as decisões tomadas pelo Executivo, a abertura de canais de informação, o amplo acesso à imprensa e aos políticos (principalmente os da oposição) pela população em geral, além de informações sobre os atos e fatos da administração municipal são um pressuposto de que há uma certa forma de participação e que se está com meio caminho andado para ela.

A participação pode assumir as mais variadas formas. Ela está sempre ligada às ideias de descentralização, acessibilidade, transparência e responsabilidade, como foi bem colocado na reforma administrativa da prefeitura de São Paulo (Sera, 1991).

A Democracia Direta

Para alguns autores, o processo de participação poderia ampliar-se ilimitadamente, até atingir os níveis de uma autêntica democracia direta. Castells (1980) defende a autonomia dos movimentos citadinos de participação, para que eles mesmos possam decidir qual a amplitude de sua atuação. Ele atribui à tradição burguesa e liberal a noção de que "a participação dos cidadãos no processo de decisão limita-se à sua filiação a um partido político e/ou à emissão de seu voto". Compreende-se que, dessa forma, caminha-se para a autogestão: "A crescente aspiração pela autogestão significa concretamente isso: a capacidade dos movimentos sociais autônomos de incidir diretamente no funcionamento do sistema político" (Castells, 1980).

O autor vê na participação "a grande possibilidade histórica de ampliar as formas de democracia representativa articulando-as com elementos de democracia direta" (Castells, 1980). Eis, portanto, a proposta da democracia direta.

Os argumentos contrários à maior participação dos cidadãos nas decisões de planejamento, projeto e gestão são de dois tipos. O primeiro descreve um modelo radicalizado de participação, no qual todas as decisões seriam tomadas com a participação de todos os cidadãos, decretando assim o fim da democracia representativa e propondo uma espécie de democracia direta. Após a construção dessa quase caricatura da participação, o argumento pode tomar duas variantes. A primeira expõe tal proposta ao ridículo, mostrando sua patente e óbvia inviabilidade em qualquer município que tenha mais que alguns milhares de habitantes. A segunda variante tenta provar que já existem condições para a operação de um tal sistema por meio de determinados avanços tecnológicos na área da informática e da comunicação, o que tende a vincular a implementação da proposta a uma era de ficção científica.

O segundo tipo de argumento parte do reconhecimento de todas as vantagens da participação comunitária nos países centrais, mas aponta o despreparo do povo para poder discernir corretamente as complexas questões urbanas. Ora, é fácil reconhecer aqui o viés positivista: a questão urbana não seria política, mas técnica.

LIMITES DA PARTICIPAÇÃO

Na verdade, Castells (1980) deixa muito claro que vê os movimentos urbanos e as reivindicações por participação como *elementos táticos*, isto é, instrumentalizados para outros objetivos políticos mais amplos. Da mesma forma, De Angelis (1985) acredita que os projetos técnicos de participação popular só terão sentido quando levarem junto consigo a fermentação de uma consciência política de transformação da sociedade.

De outro lado, Padrés (1985) alerta para os riscos da anarquia. A solução encontrada no México foi apoiar-se nas diversas organizações existentes na sociedade:

> Convidam-se todas as organizações sociais, as diferentes câmaras de comércio, as organizações profissionais, ou seja, praticamente toda a comunidade participa. O único que se pede é que a participação seja de forma organizada, isto é, que a pessoa que vai participar represente alguma instituição, algum grupo de vizinhos, para que haja ordem.

Ou seja, para que haja ordem, é necessário voltar a um sistema representativo, e este sem o controle da legitimidade da representação e com um laivo corporativo.

Outro limite do sistema de participação aparece quando se considera a aprovação do orçamento municipal. Dallari (1985) imagina haver uma possibilidade de participação, mesmo reconhecendo que o próprio sistema de representação, isto é, a Câmara de Vereadores, tem dificuldade para exercer profundas influências nas propostas orçamentárias.

Em relação aos movimentos de favelados em São Paulo, aparece outro limite no processo de participação. Nesses casos, o objetivo principal é a regularização da posse da terra, não a participação no planejamento ou no projeto do futuro conjunto. Essa participação pode surgir mais tarde, em geral induzida por técnicos do governo ou de diversos grupos infiltrados no movimento. No caso da favela de Heliópolis, na cidade de São Paulo,

> Agentes externos interferiram na dinâmica de organização e atuação da Comissão de Moradores, como a Fabes/Ipiranga, o Centro Acadêmico XXII de Agosto, a Pastoral da Favela, além de partidos políticos, especialmente o Partido dos Trabalhadores. (Sampaio, 1990)

Outras dificuldades também podem se apresentar. Em Cuiabá (MT), o projeto Promorar, do BNH, foi desenvolvido pela Cohab-MT para um conjunto de onze favelas, com um contingente de mais de 20 mil moradores. O método utilizado para facilitar o processo de participação popular foi trabalhar, na fase de anteprojeto – quando as decisões principais são tomadas –, sobre uma fotografia aérea colorida e ampliada em tamanho A3. De fato, torna-se muito mais fácil para os moradores compreender o espaço da favela, propor e discutir as diversas intervenções, quando o desenho é elaborado diante deles sobre a fotografia.

Mesmo no caso de Cuiabá, está claro que a elaboração dos anteprojetos não foi feita em reuniões de 2 ou 3 mil pessoas, mas com grupos das lideranças de cada favela, em reuniões com 10 ou 15 participantes, além dos técnicos. Após se chegar a uma conclusão, eram então realizadas reuniões maiores, com 80 a 100 pessoas, para apreciar as propostas e eventuais modificações.

Em Cuiabá, foi possível constatar dois fatores de perturbação no processo de participação, comuns a muitos outros casos. Em primeiro lugar, a situação de penúria e instabilidade é de tal ordem que as reivindicações para regularização da posse minimizam o debate em torno da organização do espaço. Em segundo lugar, a grande mobilidade dos moradores, associada com sua recente urbanização, dificilmente permite utilizar a expressão comunidade para aquela aglomeração de pessoas. De fato, um comportamento comunitário apenas se esboça durante as discussões do projeto.

CONSIDERAÇÕES FINAIS

Existe certa contradição entre a reivindicação por maior participação dos cidadãos nas decisões do planejamento e da gestão urbana e as formas de representação política. Essa contradição revela-se de forma mais aguda quando a dimensão das aglomerações, dos problemas ou dos projetos torna uma participação direta de todos os cidadãos impossível, passando a exigir níveis cada vez maiores e mais distantes de representação.

Contudo, a maior ameaça que os processos de decisão dos assuntos urbanos sofrem não vem dessa contradição, mas sim da concepção linear e positivista desse processo, a qual o vê como passível de tratamento técnico, não relacionado com as questões do poder. A decorrência é a tecnocracia.

A percepção da contradição entre a proposta de participação e a necessária representação proporcional à dimensão dos objetos e questões em pauta leva à proposta da compartimentação do espaço e, consequentemente, da população. Ora, essa compartimentação tem como limite a dimensão dos objetos, setores, problemas e projetos.

Todavia, isso não significa que a participação dos cidadãos não seja possível e conveniente. Pelo contrário, ela será sempre possível, desde que se considere uma gama mais variada de formas de participação, reconhecendo, a princípio, a legitimidade e a importância das representações constitucionalmente definidas, ainda que elas sejam passíveis de aperfeiçoamento – por meio do voto distrital, por exemplo.

A informação e a transparência dos processos decisórios são a forma mais elementar de iniciar a participação. Seguem-se os seminários e reuniões, as enquetes de opinião, o *advocacy planning* e outros processos, que podem ser desenvolvidos de acordo com o quadro cultural e o tipo de questão que está sendo tratada.

Finalmente, em ambientes de carências muito pronunciadas, a participação pode ser manipulada para corroborar as decisões tomadas.

REFERÊNCIAS

ALEXANDER, C.; DAVIS, H.; MARTINEZ, J. et al. *The production of houses.* Nova York: Oxford University Press, 1985.

ALVA, E.N. Participação e descentralização: um avanço democrático necessário. In: COMISSÃO ECONÔMICA PARA A AMÉRICA LATINA; UNIVERSIDADE DAS NAÇÕES UNIDAS. *América Latina: crise nas metrópoles.* São Paulo: Prefeitura do Município de São Paulo, 1985, p.59-64.

ARKES, H. *The philosopher in the city – the moral dimensions of urban politics.* Princeton: Princeton University Press, 1981.

CASTELLS, M. *Cidade, democracia e socialismo.* São Paulo: Paz e Terra, 1980.

CAVALCANTI, J. Recife: dividindo responsabilidades. In: COMISSÃO ECONÔMICA PARA A AMÉRICA LATINA; UNIVERSIDADE DAS NAÇÕES UNIDAS. *América Latina: crise nas metrópoles.* São Paulo: Prefeitura do Município de São Paulo, 1985, p.103-9.

DALLARI, P. Participação no orçamento? In: COMISSÃO ECONÔMICA PARA A AMÉRICA LATINA; UNIVERSIDADE DAS NAÇÕES UNIDAS. *América Latina: crise nas metrópoles.* São Paulo: Prefeitura do Município de São Paulo, 1985, p.81.

DE ANGELIS, W. Participação ou cooptação? In: COMISSÃO ECONÔMICA PARA A AMÉRICA LATINA; UNIVERSIDADE DAS NAÇÕES UNIDAS. *América Latina: crise nas metrópoles.* São Paulo: Prefeitura do Município de São Paulo, 1985, p.79.

DRUCKER, P.F. *The practice of management.* Nova York: Harper & Row, 1954.

FRUET, M. Curitiba discute com a comunidade. In: COMISSÃO ECONÔMICA PARA A AMÉRICA LATINA; UNIVERSIDADE DAS NAÇÕES UNIDAS. *América Latina: crise nas metrópoles.* São Paulo: Prefeitura do Município de São Paulo, 1985, p.94.

GRACIARENA, J. Urbanização, estrutura de poder e participação. In: PEREIRA, L. *Urbanização e subdesenvolvimento.* Rio de Janeiro: Zahar, 1979, p.166-89.

KOWARICK, L. O estado e a participação popular. In: COMISSÃO ECONÔMICA PARA A AMÉRICA LATINA; UNIVERSIDADE DAS NAÇÕES UNIDAS. *América Latina: crise nas metrópoles*. São Paulo: Prefeitura do Município de São Paulo, 1985, p.73-6.

LOJKINE, J. *Le marxisme, l'état e la question urbaine*. Paris: Presses Universitaires de France, 1977.

PADRÉS, F. Participação ou anarquia? In: COMISSÃO ECONÔMICA PARA A AMÉRICA LATINA; UNIVERSIDADE DAS NAÇÕES UNIDAS. *América Latina: crise nas metrópoles*. São Paulo: Prefeitura do Município de São Paulo, 1985, p.80.

SAMPAIO, M.R.A. Heliópolis – o percurso de uma invasão. São Paulo, 1990. Tese (Livre-Docência). Faculdade de Arquitetura e Urbanismo da USP.

SANOFF, H. Participatory design in focus. *Architecture & comportement/architecture & behaviour*. v.4, n.1, 1988, p.27-42.

[SERA] SECRETARIA ESPECIAL DA REFORMA ADMINISTRATIVA. *Proposta de novo modelo organizacional da PMSP*. São Paulo: Prefeitura Municipal de São Paulo, 1991.

SERRA, G. *Urbanização e centralismo autoritário*. São Paulo: Nobel/Edusp, 1991.

TOMIC, B. Participação e mobilização popular: o caso chileno. In: COMISSÃO ECONÔMICA PARA A AMÉRICA LATINA; UNIVERSIDADE DAS NAÇÕES UNIDAS. *América Latina: crise nas metrópoles*. São Paulo: Prefeitura do Município de São Paulo, 1985, p.65-71.

WATES, N.; KNEVITT, C. *Community architecture*. Londres: Penguin, 1987.

Bibliografia Consultada

ALEXANDER, C. et al. *Urbanismo y participación – el caso de la Universidad de Oregón*. Barcelona: Gili, 1976.

ASSIS, E.S. et al. Experiência de planejamento participativo na urbanização de favelas de Belo Horizonte. In: *Desenho urbano – Anais do II Sedur*. São Paulo: Pini, 1986, p.263-93.

CARDOSO, R.C.L. Participação política e democracia. *Novos Estudos Cebrap*. v. 26. São Paulo: Cebrap, 1990, p.15-24.

CASTELLS, M. *La question urbaine*. Paris: MaspeRO, 1977.

CLARK, H.; MANZO, L. Community gardens: factors that influence participation. *People's needs/planet management – paths to co-existence*. v.19. Washington: Edra, 1988, p.57-61.

MARCUS, C.C.; SARKISSIAN, W. *Housing as if people mattered*. Berkeley: University of California Press, 1986.

WILHEIM, J. A pedagogia da participação. In: COMISSÃO ECONÔMICA PARA A AMÉRICA LATINA; UNIVERSIDADE DAS NAÇÕES UNIDAS. *América Latina: crise nas metrópoles.* São Paulo: Prefeitura do Município de São Paulo, 1985, p.78.

Governança Municipal como Ferramenta para o Desenvolvimento Sustentável

22

Paula R. Jorge
Arquiteta e urbanista, Universidade Presbiteriana Mackenzie

Gilda Collet Bruna
Arquiteta e urbanista, Universidade Presbiteriana Mackenzie

Muitas vezes, o ambiente natural nas cidades, as sedes dos municípios, é mais reduzido, principalmente naquelas mais urbanizadas e que, muitas vezes, possuem áreas urbanas fragmentadas e dispersas. Não são muitas as cidades que criaram parques e corredores ecológicos, a exemplo de Londrina, no Paraná, formando, junto com os recursos hídricos, um sistema de áreas verdes que, nos períodos de cheias dos rios, pode receber e absorver essa água.

Sistemas como estes são valiosos para os cidadãos, pois contribuem para amenizar o clima urbano e consequentemente diminuir o efeito estufa. Como se depreende, o ambiente natural, mesmo sendo reduzido nas cidades, presta serviços insubstituíveis aos cidadãos. O banco genético de fauna e flora ou a absorção dos resíduos gerados pelas cidades, por exemplo, dependem de disponibilidade de área natural. Além disso, no campo é que são produzidos alimentos, energia e materiais importados pelas cidades, embora seja nas cidades que se encontram os laboratórios que dão suporte para as atividades do campo (Jacobs, 1969).

No ambiente construído das cidades ocorrem as relações entre o sistema natural, formado pelos meios físico e biológico, e o sistema antrópico, composto pelo elemento humano e suas atividades, constituindo o que se chama ecossistema urbano. As necessidades e dinâmicas desse ecossistema que abriga o ser humano vão além das biológicas, abrangendo também aspectos culturais, sociais e econômicos (Mota, 1999). O estudo dessas questões veio sendo tratado ao longo do tempo focalizando o ecossistema urbano; uma contribuição importante foi aquela produzida pela escola de ecologia urbana de Chicago, nos Estados Unidos, realizada no início do século XX. Nesses estudos, a ecologia das cidades foi associada aos seres humanos e suas formas de vida e organização do espaço territorial. Procurava-se compreender as populações urbanas, suas relações e movimentações baseadas nos princípios de dominação e expulsão de grupos sociais. A Escola de Chicago procurou interpretar esses deslocamentos a partir de sucessivos modelos de ocupação do solo urbano, em que essas populações acabaram ocupando a cidade de determinada forma e assim moldaram-na conforme seu desenvolvimento no território, associado a tecnologias de transporte e localização dos setores produtivos. Conforme essas transformações urbanas foram ocorrendo, formaram-se modelos distintos, cada qual mais complexo. Estudava-se a cidade pelas causas dos movimentos populacionais. Estes, muito provavelmente, foram impulsionados por fatores econômicos, sociais e ambientais que geraram movimentação em diversos locais das cidades, seja porque a população estava próxima de áreas produtivas em que trabalhavam, seja porque preferia morar mais afastada das áreas centrais, e assim por diante. Desse modo, os velhos bairros guardaram pouco de sua fisionomia, ou as novas áreas foram ocupadas de um novo modo, substancialmente diferente dos antigos bairros mais centrais. Com essa movimentação, o espaço foi se modificando: morros preservados passaram a ser ocupados; várzeas locais típicas para o extravasamento dos rios nos períodos de cheia foram ocupadas com habitações precárias; grande parte destas formaram favelas, em geral ocupando áreas públicas (em alguns casos também invadiam áreas privadas, como no bairro de Paraisópolis em São Paulo).

E essas modificações, com o tempo, se constituíram em novos motivos de atração ou expulsão de pessoas. Atração principalmente ligada às possibilidades de emprego, acesso viário e mesmo outros fatores como saneamento, saúde e educação. Expulsão, quando constituíam áreas nobres frequentadas por classes sociais mais altas, muitas vezes ocupando bairros antes ocupados por pessoal de renda mais baixa que acabou vendendo suas áreas para a implantação de um novo projeto, oferecido para as classes de alta renda.

Estudos desse tipo, que conseguem levantar o que aconteceu nas diferentes áreas da cidade em determinado espaço de tempo relacionando-as com novos projetos e renovações urbanas, são ferramentas poderosas para diagnosticar problemas e potencialidades e planejar a sustentabilidade do crescimento ou da adequação urbana. Observou-se, assim, que tanto o ambiente natural como o ambiente construído e o ambiente social interagem na urbe. Para Sirks (2003), o grande desafio da ecologia urbana é reconhecer esses movimentos de população que muitas vezes ocorrem em megaescala, em que há uma série de inter-relações complexas constantemente se formando ou se desmanchando nas grandes cidades, ocupando, muitas vezes, áreas que deveriam ser protegidas e mantidas preservadas em prol da qualidade ambiental.

Por exemplo: em cada período, como diz Reissman (1970), o uso do solo vem sendo ocupado de acordo com decisões das classes dominantes. Assim, fala-se das largas avenidas feitas para permitir as paradas militares dos exércitos vitoriosos. Dos arranha-céus, diz-se que são como um "brado" também vitorioso das guerras econômicas, mostrando a valorização do preço da terra. Dos bairros desvitalizados, olha-se a superpopulação, ainda que no futuro possam aumentar de valor com o crescimento da cidade e necessidade de solo para acomodar esse crescimento.

Assim, diz Reissman (1970), a cidade pode ser considerada como um grande invento humano e para tanto precisa organizar esse sistema de viver em área urbana e ocupar o meio ambiente, ou seja, organizar sua gestão. Muitos dos problemas dessa gestão da cidade hoje são os mesmos de antigamente, talvez em escala diferente devido ao tamanho da comunidade. A água para beber e o tratamento do esgoto sempre foram necessários, mas atualmente a escala desses serviços é extremamente grande, demandando maior atenção e melhor tecnologia para o desenvolvimento desses serviços.

Destaca-se, assim, que situações complexas como essas não podem prescindir de um sistema de gestão urbana ambiental e começa-se a visualizar a necessidade premente de a estrutura urbana contar com uma organização específica para fazer a sua gestão ambiental.

Os ecólogos procuraram entender os princípios e fatores que modificam a ocupação do espaço urbano, em se tratando da população e das instituições, ao observar e avaliar diferentes situações ocorrendo nas cidades. Essa relação de uso e ocupação do solo urbano é resultante do comportamento das pessoas, agindo como um organismo social (Reissman, 1970), agindo, pois, em uma analogia entre a sociedade e a biologia. Assim, um meio urbano pode ser considerado uma unidade orgânica, sendo transformado em ecologia urbana, em que os processos naturais de competição, cooperação, assimilação e conflito ocorrem ainda hoje em dia, mostrando uma cultura específica latente, típica da vida urbana. Essa cultura em formação é que absorve conhecimento e tecnologia, e forma áreas de especialização na cidade.

Também, nesse processo ecológico, são utilizados insumos do meio natural e ficam os rejeitos, e mais insumos são usados e mais rejeitos são produzidos, formando um desafio para as gerações atuais e as futuras: como cooperar com as condições do meio ambiente produzindo um equilíbrio entre o uso de recursos naturais sem desgastar o planeta, de modo que as novas gerações ainda possam viver com qualidade ambiental?

O INDICADOR ECOLÓGICO E A GESTÃO AMBIENTAL URBANA

Uma ferramenta que vem sendo entendida como auxiliar no enfrentamento deste desafio é o indicador *pegada ecológica*. Este indicador relaciona a oferta e a demanda entre cidade e meio natural (Rees e Wackernagel, 1996). Em 1992, William Rees criou este indicador de modo que se pudesse aplicá-lo em qualquer escala, seja do indivíduo, da residência, da empresa, da comunidade, da cidade, do país ou planeta. Em outras palavras, trata-se de um sistema ecológico. A pegada ecológica mostra o quanto de natureza é usado para manter o modo de vida de determinado sistema. Este sistema precisa de insumos, como energia, alimentos e produtos de consumo ou permanentes. Além disso, não se pode esquecer que este sistema gera resíduos sólidos, líquidos ou emissões de gases.

Deste modo, entende-se que a pegada ecológica utiliza uma área de planeta necessária para gerar todos os insumos, somada àquela área usada para absorver ou depositar todos os resíduos de um determinado sistema ecológico.

Apesar das limitações por conta da dificuldade para gerar dados precisos, a pegada ecológica serve como parâmetro para que se conheçam as limitações impostas pelos diversos estilos de vida, pois aqueles grupos sociais que levam uma vida simples, por exemplo, junto às áreas rurais, geram uma pegada ecológica muito menor que aqueles que primam pelo grande consumo de recursos, como as populações de alguns países desenvolvidos. Pode-se aplicar este conceito às cidades, de modo que a pegada ecológica se refira à área impactada no processo de produção – necessária à vida humana e aos próprios processos produtivos – somada à área para a deposição e a assimilação dos resíduos produzidos. Assim sendo, pode-se ter em mente que a soma de todas as pegadas ecológicas do planeta (medida por superfície) deveria ser menor ou igual à área total do planeta, para que neste se mantenha a vida humana tal como se conhece hoje.

Ao se mensurar essa pegada ecológica nas cidades, destaca-se um alto consumo de energia concentrada, fazendo com que essas áreas se tornem pontos quentes do planeta, pois consomem 100 vezes mais energia que o equivalente rural em área (Franco, 2001).

Como se observa, há um "consumo" do planeta na medida em que a população gasta recursos naturais para se estabelecer e viver. Assim sendo, seja em países desenvolvidos, seja em países do terceiro mundo, o planeta está sendo consumido e, dependendo da qualidade dessa operação de consumo, haverá futuramente maior ou menor possibilidade de vida e de qualidade dessa vida. Com essa preocupação, já em 1970, James Lovelock (1995) difundiu sua teoria de Gaia (a Terra), afirmando que a Terra é um ser vivo e inteligente, e a humanidade é parte de seus tecidos. Na mesma época, Reissman (1970) diz que o planeta produz a sensação de vontade própria quando cria circunstâncias de autorregeneração de áreas degradadas, pois os meios naturais tendem a buscar um equilíbrio, enquanto as atividades antrópicas acabam comprometendo este equilíbrio ao romper com a estabilidade biológica e a biodiversidade.

Assim como o planeta, as urbes também podem ser relacionadas aos seres vivos, como coloca Tickell (apud Rogers, 2001), comparando as cidades com organismos que "absorvem recursos e emitem resíduos". O Ministério do Meio Ambiente brasileiro também faz raciocínio semelhante quando afirma que as cidades são como usinas, que consomem energia e produzem dejetos, precisando buscar seus insumos cada vez mais longe (Bezerra e Fernandes, 2000).

De fato, a cidade precisa de recursos para manter sua população e seus processos produtivos. Como já mencionado, necessita de energia em suas várias formas para abastecer a produção de sua população. Necessita também de alimentos, tanto agropecuários quanto industrializados, para manter viva a população. Necessita ainda de produtos naturais, como matérias-primas e água, e produtos industrializados. Em termos de meio ambiente, sabe-se que esse processo produtivo acaba impactando o meio natural de diversas formas, por vezes consumindo recursos naturais não renováveis.

Na outra extremidade da produção está a emissão de resíduos que atuam poluindo o ar, misturando a água potável a efluentes líquidos e resíduos sólidos que acabam se transformando na natureza – solo e subsolo, principalmente, mas também o ar com as emissões produzidas, muitas vezes tóxicas – e seus elementos químicos em elementos altamente poluidores, formando, por exemplo, água salobra ou contendo metais pesados e hidrocarbonetos altamente cancerígenos.

Este metabolismo, em geral, costuma ser associado à cidades não sustentáveis, em que se observam os fluxos de entrada de recursos e saída de resíduos de uma forma linear (Vendramini et al., 2004). Procurando uma forma sustentável, Girardet (apud Rogers, 2001) propõe um metabolismo urbano que chama de circular; neste, prioriza a eficiência energética, a diminuição do consumo e o aumento da reciclagem de materiais. Nesse sentido, esse metabolismo busca diminuir tanto os fluxos de entrada como de saída de materiais das cidades, procurando gerar ciclos internos à cidade.

No entanto, para se poder implementar um sistema de metabolismo circular nas cidades, torna-se imprescindível contar com uma forma de gestão que consiga balancear o sistema, diminuindo o impacto da produção de insumos com o controle do desperdício, racionalização do uso de matérias-primas, reciclagem de resíduos ou programas de descarte adequado, entre outros, e assim trabalhar os processos para reduzir o impacto das emissões de resíduos da urbe, conforme sintetizado nos quadros 22.1 e 22.2, apresentados a seguir.

Quadro 22.1 – Formas de diminuir o impacto da produção de insumos para a cidade.

	Políticas	Educação
Energia	• aparelhos elétricos eficientes • formas de produção de energia menos impactantes • matéria-prima para a produção energética com origem no que é considerado resíduo • redução das emissões gasosas	• cidadãos mais conscientes – escolha de produtos econômicos
Alimentos	• os desperdícios são reduzidos no transporte e armazenamento dos alimentos	• os cidadãos sabem escolher melhor a forma de se alimentar • os desperdícios na cozinha são reduzidos
Produtos	• produtos mais duráveis • menos impactantes • melhores processos produtivos • projetados para descarte adequado	• escolha consciente dos produtos • diminuição do consumo

Quadro 22.2 – Formas de diminuir o impacto da emissão de resíduos da cidade.

	Políticas	Educação
Resíduos sólidos	• alteração na forma de tratamento dos resíduos • resíduos orgânicos e inorgânicos com destinos distintos e tornando-se insumos para a cidade • reciclar tudo que é reciclável • lixo industrial e hospitalar descartado adequadamente	• mudanças de conduta no consumo de recursos • resíduos orgânicos, inorgânicos e recicláveis com destinos distintos e adequados
Efluentes líquidos	• tratados na região urbana ou em área próxima, tornando-se fonte de energia e nutrientes para os processos produtivos	• diminuição no consumo de água • reúso de água e reaproveitamento da água da chuva
Emissões gasosas	• troca-se a frota das cidades • torna-se eficiente a estrutura de transporte público • alteração dos processos produtivos • instalação de filtros ou de processos químicos de limpeza do ar • maiores e melhores áreas verdes intra e extraurbanas	• escolha de veículos limpos e/ou transporte coletivo

Nesses quadros, as ações foram classificadas segundo a forma de intervenção entre políticas públicas dependentes do Estado, ou seja, um ato de gestão urbana ambiental, e atitude da população que precisa aceitar essas políticas, que, em última análise, são dependentes de educação ambiental.

PROCESSO DE GESTÃO E DESENVOLVIMENTO AMBIENTAL

Nesse processo de gestão, cabe ressaltar dois pontos importantes: o primeiro é que essas ações de políticas e atitudes tornam-se novos paradigmas. Transcender paradigmas parece ser a forma mais eficiente de resolver questões. Meadows (1997) propõe pontos para alavancar a eficiência na solução de problemas e, ao elencar tipos de ação que trazem resultados mais expressivos, também aponta como mais eficiente o item:

transcender paradigmas. Transcender paradigmas, no entanto, mesmo que venha a ser muito eficiente, necessita de tempo para ser assimilado pela população e então, quebrando os velhos modelos, vir a se incorporar na cultural local.

O segundo ponto importante a destacar é o envolvimento de outros atores, tais como ONGs (Organizações Não Governamentais), igrejas, escolas e até a mídia em processos de melhoria ambiental, uma vez que estes atores também auxiliam no processo educativo para a mudança de atitude, enriquecendo a política educacional, como aconteceu com as iniciativas de reciclagem, dentre outras. De qualquer forma, é através da gestão ambiental urbana que se pode garantir o avanço em direção a um desenvolvimento mais sustentável.

Desse modo, o controle local entre consumo de recursos naturais e produção de resíduos está a cargo dos municípios, cujos governos procuram a melhoria da qualidade de vida de seus cidadãos, buscando um desenvolvimento sustentável. Por isso, é importante compreender como a ação governamental se concretiza e como se moldam as políticas públicas.

Focalizando as políticas públicas, Souza (2006) menciona a definição de Laswell (1936 apud Souza, 2006), que diz ser essencial, nas análises de políticas públicas, saber quem ganha o que, e por quê. A autora ressalta também a definição de Dye (1984 apud Souza, 2006), para quem a política pública se identifica com aquilo que "o governo escolhe fazer ou não fazer". Ou ainda a definição de Peters (1986 apud Souza, 2006), que diz que política pública é composta pelas atividades dos governos que, de forma direta ou delegada, influenciam a vida dos cidadãos. E, nesta mesma linha, Guerra (2006) define política pública como um sistema de cooperação em matéria de ação pública.

Alguns críticos veem essas definições como sendo de caráter muito técnico, desprezando o ambiente político no qual essas ideias são geradas. Estas definições também concentram a atenção no governo, deixando de lado as interações e cooperações que podem acontecer durante o processo. Apesar dessas críticas sobre as diversas definições de políticas públicas, tem-se em mente que o todo é mais importante que a soma das partes, uma vez que a ideologia, as instituições, os interesses, os indivíduos e as interações são considerados pelos diversos autores, em proporção distinta, conforme varie o destaque dado a cada elemento. Ora, como as políticas têm forte impacto na economia e na sociedade, é relevante que expressem as relações entre estado e sociedade (Souza, 2006).

GOVERNANÇA MUNICIPAL COMO FERRAMENTA PARA O DESENVOLVIMENTO SUSTENTÁVEL | **797**

Observa-se que, diferentemente das políticas públicas que são aprovadas por lei, as políticas de governo têm seu processo vinculado ao plano de governo do candidato eleito. Assim, este plano, aprovado pela eleição do candidato, é a política de governo vigente, embora possa oferecer parâmetros para a formulação de políticas públicas que podem se desdobrar em planos, programas e projetos, para que possam se materializar (Philippi Jr e Bruna, 2004).

Quando o governo assume que deve agir sobre determinada questão, ou quando há demanda de interesse eleitoral, essa questão entra na agenda política. Ora, para chamar a atenção do governo sobre determinado assunto, é preciso poder contar com indicadores que claramente apontem para a necessidade de intervenção ou indiquem que se possa desconsiderar a questão administrativamente. Desse modo, fica clara a necessidade de a administração municipal contar com um sistema de informações, construído com a participação da população, e que preferivelmente sintetize essas informações na forma de indicadores; estes visam sensibilizar o governo de um lado, e de outro, apoiar a tomada de decisão.

Dessas considerações, podem-se destacar quais serão os principais elementos das políticas de governo, tornadas públicas. Focalizando, em primeiro lugar, a política de governo, esta mostra claramente aquilo que o governo pretende realizar, de modo que é possível identificar o que, de fato, foi feito. Ora, como política envolve vários atores e níveis de decisão, embora seja materializada através dos governos, não deve se restringir a participantes formais, já que os informais também são importantes, estes últimos tanto atuando na forma de participação da sociedade civil organizada como por meio de grupos de pressão. Assim é que a política pública assumida pelo governo é abrangente, explicitamente refletida pelos planos, programas e projetos em execução. Desse modo, é uma política de ação intencional, pois indica objetivos e metas a serem alcançados. Também não se pode esquecer que a política pública, embora tenha impactos no curto prazo, tem alcance de longo prazo. Nesse sentido, embora envolva processos subsequentes e proposições, implica também a implementação, execução e avaliação de seus resultados (Souza, 2006).

Observa-se ainda que, de um modo geral, cada vez mais a legislação dos diversos países encoraja a formulação de políticas por meio de processos participativos. Com isso, além do arcabouço legal, vários partidos utilizam propostas participativas para se diferenciar dos demais e, quando assumem governos, criam possibilidades de participação. Nesse âmbito dos processos participativos, destacam-se os conselhos setoriais e o orçamento participativo no Brasil como duas formas de participação que surgiram deste processo (Pinho e Santana, 1988).

Com as distintas formas de participação na gestão municipal, a ideologia, os valores e as ideias assumem papel importantíssimo, e o sistema de formulação de políticas públicas pode ser influenciado conforme os acertos das coalizões, que se diferenciam justamente por estes atributos (Souza, 2006).

ANÁLISE E DISCUSSÕES: SOBRE AS POLÍTICAS DE GOVERNO

Em primeiro lugar, pode-se, como Faria (2003), apontar um alargamento da gama de atores que participam do processo de formulação e implementação de políticas públicas de governo. O que inicialmente era realizado por políticos, burocratas e grupos de interesse, amplia-se, somando-se a estes os mercados financeiros e os atores não governamentais, que aqui são entendidos como sociedade civil em suas diversas formas de organização.

A ênfase dos estudos sobre políticas públicas recai, em geral, sobre o processo de formulação, e não sobre o de avaliação destas políticas. Isto ocorre, talvez, pelo status positivo do processo decisório e, em contrapartida, devido à possível exposição das fragilidades das gestões municipais que pode decorrer de avaliações de suas políticas.

Já a avaliação de políticas aborda duas etapas importantes. A primeira diz respeito à tomada de decisão, envolvendo valores e disputas. Por isso, este é um processo mais complicado de ser avaliado, uma vez que envolve a verificação de resultados segundo uma escala de valores. A outra etapa é relativa ao resultado da política atuando por seus planos, programas e projetos. Além disso, esses resultados podem ser explicitados por indicadores, sendo, assim, mais pragmáticos e mensuráveis. Nesse sentido é que se procura trabalhar com modelos de formulação de políticas; estes, em sua concepção, já devem incluir formas de aferição de resultados por meio de indicadores.

Pode-se dizer, como Alvim (2006), que para avaliar políticas públicas de governo é necessário gerar indicadores, tanto qualitativos, quanto quantitativos, que permitam verificar em que grau o resultado das políticas foram alcançados, assim como conhecer a qualidade do processo de tomada de decisão. Para tanto, pode-se definir o objetivo geral de uma política e dividi-lo em objetivos específicos com metas mensuráveis por indicadores.

Já no caso de se instituir políticas públicas procurando avançar na implementação de cidades sustentáveis, torna-se necessário agora compreender o governo municipal e como este consegue formular, implantar e avaliar suas políticas. Nesse sentido, para que se possam potencializar as oportunidades que as cidades oferecem e, paralelamente, minimizar seus impactos negativos, é necessário que os governos locais apoderem-se de instrumentos de gestão adequados tanto a estas exigências, quanto àquelas do cidadão que, neste início de século XXI, torna-se mais participativo e mais questionador.

É preciso distinguir também os governos tradicionais que contam com instituições sustentadas por uma autoridade formal com a habilidade de tomar decisões e a capacidade de fazê-las cumprir (Stoker, 1998). Nesse caso, esses governos são sustentados pelo poder de polícia, pelo qual podem garantir a implementação das políticas instituídas (Rosenau, 2000 apud Gonçalves, 2006). No entanto, o conceito de governo evoluiu muito a partir das últimas décadas do século passado, modificando essa visão tradicional.

Na mesma época em que o conceito de desenvolvimento sustentável se cristalizava nos anos de 1980, outro fenômeno mundial também eclodia: a globalização. Para Eaty e Ivanova (2005), a globalização é um fenômeno que influencia o comportamento humano e, por si só, não é boa nem má, mas deve ser compreendida e administrada. No entanto, para Bauman (1999), "'globalização' é o destino irremediável do mundo, um processo irreversível", e "ser local num mundo globalizado é sinal de privação e degradação social". Com a globalização, parece haver uma nova liberdade de movimento, então chamado de processo globalizante, que redistribui os privilégios e carências, como diz Bauman (1999), formando uma "reestratificação mundial", enquanto "a opção livre para alguns, abate-se sobre outros como um destino cruel, [...] sem perspectiva". Para estes, diz Bauman (1999), "é melhor falar em glocalização" exprimindo as pressões globais e locais. Então, é necessário mostrar qual a influência da globalização na forma como os municípios são governados neste início de século.

A produção mundial está fortemente concentrada em grandes empresas. Aproximadamente um quarto de tudo o que é produzido no planeta é feito por cerca de 500 grandes companhias. Estas empresas se organizam em grandes redes que se fazem sentir até nos mais longínquos municípios (Dowbor, 1994). Paralelamente, surgem algumas organizações não governamentais (ONGs) de âmbito global, muitas nascidas para suprir demandas ambientais. Esses dois fenômenos descritos ganham expressão na década de 1980 e as nações passam a ter de lidar com esta nova realidade de compartilhamento de poder no âmbito global. Como terceiro elemento, deve-se considerar a crise econômica que aconteceu naquela época. Esse contexto provocou uma forte pressão sobre os governos de cima para baixo.

Ainda na década de 1980, o Brasil passava por uma quebra do crescimento econômico do período militar e por um grande endividamento do governo. Isto é associado à explicitação dos problemas urbanos relacionados à desigualdade. E, como diz Alvim (2006), estes fatores convergiram para a formação dos fortes movimentos de redemocratização do país. Este contexto nacional também provocou forte pressão no governo, mas agora, de baixo para cima.

Estas pressões, tanto de cima para baixo quanto de baixo para cima, foram exercidas não apenas no Brasil, mas sobre os diversos governos. Na América Latina, por exemplo, houve vários governos autoritários que deram lugar a democracias nas décadas de 1970 e 1980. As nações foram compelidas a repensar as relações entre sociedade e governo, uma vez que passou a se formar um "governo regional global", como o da Alca (Área de Livre Comércio das Américas) e do Mercosul (Mercado Comum do Sul), por exemplo. Houve, assim, uma alteração nas relações internacionais dessas regiões globais e uma imensa discussão sobre novas formas de articulação entre governos locais e esses governos regionais globais, bem como seus cidadãos, empresas e ONGs. O governo deixa de ser entendido como o tomador e executor de decisões e passa a precisar incorporar novas formas de gestão (Gonçalves, 2006).

Nesta época – final do século XX –, buscam-se modelos de gestão que se distanciem dos modelos tradicionais e autoritários como descrito anteriormente. Procuram-se formas que insiram participação da sociedade e maior transparência (Silva et al., 2007).

Em face deste novo paradigma governamental que vem surgindo, o desenvolvimento com bases sustentáveis torna os aspectos econômico, social, ambiental e institucional mais complexos, o que exige uma nova forma de gestão, que, por ser compartilhada e democrática, denominou-se governança.

Ainda na década de 1980, três fatores importantes trouxeram para a discussão a importância da descentralização aumentando o poder local, aqui entendido como municipal. O primeiro fator, descrito anteriormente, diz respeito ao enfraquecimento dos governos nacionais; o segundo enfatiza a democratização (Pinho e Santana, 1988); e o terceiro focaliza a forte emergência das questões ambientais, que encontram sua nítida expressão na escala local (Dowbor, 1994).

Esta discussão sobre a importância de fortalecer o poder municipal já estava na pauta da gestão pública quando nos anos de 1980 se aprovou a constituição brasileira (1988), que aumenta as competências dos municípios brasileiros. Em 2001, a Lei Federal n. 10.257, chamada de Estatuto da Cidade, vem reiterar a importância da autonomia municipal e oferecer instrumentos para que os municípios possam exercer a função social da cidade através da função social da propriedade, prevista no plano diretor do município, de forma a direcionar o desenvolvimento para a sustentabilidade.

Alguns autores, como Pinho e Santana (1988), reconhecem que o município vem recebendo novas demandas e afirmam que a gestão municipal não está preparada para lidar com estas. Dowbor (1994) e Camargo (2003) enfatizam a insuficiência de mecanismos para as administrações municipais lidarem com a responsabilidade das novas questões de sustentabilidade. Estes mecanismos, então, passam a ser criados e aprimorados, incluindo a participação da comunidade na gestão pública.

PARTICIPAÇÃO NA GOVERNANÇA MUNICIPAL

A participação e a descentralização, então, são vistas como processos estratégicos para a caminhada em direção ao desenvolvimento sustentável. A agenda 21 de 1992 enfatiza a necessidade de participação para a implementação de estratégias eficazes na obtenção do desenvolvimento sustentável quando lida com a necessidade de parcerias entre as partes interessadas, incluindo os indivíduos. Além disso, Camargo (2003) aponta que nos balanços de 10 anos após a Conferência RIO 92, ficou patente a falta de mecanismos de governança que pudessem fortalecer a capacidade de gestão dos governos e garantir, mesmo aumentar, a participação popular em prol da eficácia das ações.

Com o desejo cada vez maior da sociedade em participar diretamente da gestão, o modelo de democracia representativa não mais satisfaz aos anseios da população. A participação pública na tomada de decisão passou, então, a constar no ordenamento jurídico de alguns países. A constituição brasileira (1988), as constituições estaduais (1989) e as leis orgânicas municipais (1990) foram elaboradas neste contexto de movimento democrático popular que visava ampliar os canais de acesso do cidadão ao processo de tomada de decisão (Calderón e Marim, 2002). Entretanto, mais de dez anos depois, o Estatuto da Cidade (2001) em seus artigos 43, 44 e 45 reitera a diretriz de utilizar recursos participativos na construção do plano diretor municipal e nos demais processos de gestão urbana.

A Conferência Internacional sob responsabilidade da ONU – Habitat 2 – afirma que, para solucionar os problemas urbanos, é necessário encorajar o diálogo entre os diversos atores, sejam ONGs, setor privado ou setor público, pois dada a magnitude dos problemas dos assentamentos humanos, a sociedade precisa poder usufruir do conhecimento e das capacidades de cada cidadão no processo de gestão participativa (ONU, 1996). Alva (1997) afirma ainda que, no enfrentamento desses problemas, seria importante que, além de contar com mecanismos de participação, pudessem contar ainda com uma visão holística considerando o desenvolvimento sustentável.

Outros autores concordam que, dada a complexidade dos assuntos urbanos, a participação parece ser uma forma apropriada para lidar com estas questões, pois confere possibilidades de controle e efetivação da gestão (Frey, 2007).

Mas a participação vai além da busca da sociedade por mais espaço no processo decisório. É a forma mais direta de se trabalhar com objetivos comuns e partilhados entre governo e sociedade. Isto faz da governança um fenômeno mais amplo que o governo (Camargo, 2003).

Foi o Banco Mundial que deu impulso a estas reflexões na busca de condições que, no contexto da década de 1980, poderiam garantir um Estado eficiente. Nesta abordagem, desloca-se a atenção estritamente econômica da ação do Estado para o envolvimento nas questões sociais e políticas da gestão pública (Gonçalves, 2006).

Como nenhum dos atores envolvidos em processos de gestão local tem, individualmente, o conhecimento e os recursos para resolver as questões urbanas, a interação entre atores é positiva. Este potencial de ação sobre as carências locais é ainda maior se os atores envolvidos forem locais, em detrimento de atores estaduais ou nacionais (Kissler e Heidemann, 2006).

As ideias surgidas de processos participativos podem funcionar como mapas, pois ninguém mais que o cidadão sabe suas preferências na hora de aplicar o dinheiro público. No entanto, para que isto aconteça, a participação deve ocorrer se apropriando das vantagens do conhecimento local, de decisões legítimas e do monitoramento pela sociedade. As autoridades devem assumir o papel mobilizador dos atores sociais mais relevantes e representativos. A associação entre o poder público e a sociedade é uma forma de agregar valor às decisões. Os funcionários das prefeituras contribuem com seu caráter técnico na discussão da gestão, também com dados locais, enquanto os demais atores, sejam eles sociedade civil organizada, cidadãos, empresários ou militantes, trazem as demandas e elencam as prioridades de atendimento.

Na verdade, a solução dos problemas não deve depender exclusivamente de administradores que não os vivenciam. A população conhece as demandas porque as enfrenta em seu dia a dia, portanto, se participa da tomada de decisão, considera-se um pouco autora do projeto, fiscalizando e cuidando de sua implementação; assim, conversa com os vizinhos e pode se organizar em torno de propostas de soluções (Dowbor, 1994). Para Burton (2009), o engajamento da comunidade leva a decisões e implementações melhores. O autor afirma que o envolvimento comunitário agrega, portanto, valor à decisão pública.

Para que estes objetivos sejam alcançados, estão sendo criados mecanismos em diversos países. Estes têm sido chamados de governança participativa ou democracia deliberativa. Também têm a característica de serem democráticos. E, como deliberativos, são considerados empoderantes, isto é, aqueles que dão poder (Gaventa, 2001). Para Bresser-Pereira (2007), este "é um modelo de governança porque envolve outros atores, além do próprio governo, no processo de governar". É um modelo cuja eficiência e eficácia precisam ser confrontadas com as de outros modelos, como será visto mais adiante.

Existem diversas formas de participação popular na gestão pública. Algumas estão bem apresentadas na literatura internacional, como por exemplo o referendo, o plebiscito ou a iniciativa popular. A criação dos conselhos, por outro lado, foi formada em função da demanda dos cidadãos, e segundo Calderón e Marim (2002), não se apoia em estudos acadêmicos de outros países, ainda que haja países com algumas formas de participação.

Os conselhos gestores[1] e o orçamento participativo[2] são instituições híbridas de participação da população. Eles incluem elementos da demo-

---

[1] São conselhos compostos por representantes do poder público e da sociedade civil organizada, em igual número de participantes, que têm como objetivo opinar (quando consultivos) ou decidir (quando deliberativos) na gestão de políticas públicas (Gohn, 2007).

[2] O orçamento participativo é um processo que permite à sociedade opinar (quando consultivo) ou decidir (quando deliberativo) sobre as prioridades de obras da prefeitura (Avritzer e Pereira, 2005).

cracia direta e indireta e são formados por integrantes do poder público e da sociedade civil. São instituições que dão acesso a grupos organizados, ao processo de formulação e monitoramento de políticas públicas (Anastácia e Azevedo, 2002).

Para Bovaird (2005), a interação entre os atores da governança é tão relevante que o interesse pela governança local por si só aumenta o interesse pelas redes sociais que, segundo Castells (2000), são consequência dos processos da era da informação.

> Como tendência histórica, as funções e os processos dominantes na era da informação estão cada vez mais organizados em torno de redes [...] [que] constituem a nova morfologia social de nossas sociedades [...] [modificando] a operação e os resultados dos processos produtivos e de experiência, poder e cultura (Castells, 2000).

Existe, assim, uma relação muito próxima entre governança, participação e redes sociais.

GOVERNANÇA E REDES

Vários autores explicitam a associação entre governança e redes sociais, que aqui são entendidas como:

> [...] um conjunto de relações relativamente estáveis, que são interdependentes e não hierárquicas, ligando entre si uma variedade de atores que compartilham interesses comuns [...] e que intercambiam recursos na busca da consecução desses interesses compartilhados, reconhecendo que a cooperação é a melhor maneira de se atingir os objetivos comuns (Börzel, 1997 apud Faria, 2003).

Esta definição é reiterada por Frey (2007) quando afirma que as redes dependem de alguns fatores para funcionar, pois precisam ser autoestruturadas, e as organizações que as compõem devem ser interdependentes. Acrescenta ainda que é necessário que haja cooperação e solidariedade nas relações intrarredes.

Alguns autores, como Rhodes (1997 apud Bovaird, 2005), definem governança como uma forma de governo "auto-organizado, de redes interorganizadas caracterizadas pela interdependência, troca de recursos, regras do jogo e significativa autonomia do Estado"[3]; outros autores, como Frey (2007), utilizam o termo *gestão em rede* como sinônimo de *governança urbana*; para Kissler e Heidemann (2006), gestão é "como uma ação conjunta via rede de todos os *stakeholders* em prol do bem da coletividade"; ou ainda, para Stoker (1998), governança refere-se a redes de atores autogovernadas e autônomas.

A maioria dos autores, porém, utiliza o conceito de rede para qualificar a participação social no processo de governança, focando ou não na construção de políticas públicas (Frey, 2007; Ramos-Pinto, 2006; Fernandes, 2003). Por sua vez, Castells (2000) associa a profusão das redes à disponibilidade de recursos de comunicação eletrônica que fornecem a "base material" para que elas se expandam. Ora, o desenvolvimento da governança e o surgimento das primeiras redes mundiais são contemporâneos e ambos têm como uma das causas de seu desenvolvimentos a globalização. Estes dois recursos associados – a organização em redes e a comunicação eletrônica na forma de governo eletrônico – são tecnologias que, segundo Camargo (2003), podem conferir a essencial transparência às decisões dos governos.

Mas destaca-se que esses dois conceitos, governança e redes, não podem ser dissociados. E as redes são entendidas no mínimo como uma forma de articulação e cooperação de atores sociais que compõem a governança, também tendo seu espaço no processo de negociação e decisão, entre os diversos atores que são a base da governança.

Governança

A governança é fruto da busca por governos que fomentem a participação popular na produção de políticas públicas de governo, neutralizando as práticas predatórias entre agentes públicos e cidadãos (Boschi, 1999). Através dessa participação, pode-se "quebrar" o ciclo do clientelismo e transferir a situação existente para outra de dependência, ou seja, para outra de responsabilidade compartilhada, na qual haja a movimentação em direção a objetivos comuns.

Na visão de Guerra (2006), a governança veio enfrentar três desafios: a gestão da complexidade, a necessidade de eficácia e a legitimidade das decisões.

---

[3] Do inglês, tradução das autoras: "*self-organizing, interorganizational networks characterized by interdependence, resource exchange, rules of the game and significant autonomy from the state*".

Nesse sentido, a governança é um conceito suficientemente amplo para incluir o governo, indivíduos, instituições públicas e privadas para administrar os problemas e objetivos comuns. Isto pode acontecer de maneira formal e institucional, mas pode também ser informal. Em função do estabelecimento de objetivos comuns, no entanto, raramente é necessária a utilização de coerção para se implantar decisões tomadas nesse tipo de processo.

Para Kissler e Heidemann (2006), a alteração de uma forma de gestão tradicional para outra participativa na gestão política posiciona o Estado como ativador dos processos de resolução compartilhada, o que valoriza o papel do setor privado e do terceiro setor perante o setor público.

Neste posicionamento do Estado haveria uma transferência parcial de poder do governo para a sociedade civil. O Estado tradicional, prestador de serviços, torna-se coprodutor do bem público; não é mais responsável por oferecer sozinho todos os serviços; através de parcerias ou contratos pode transferir para os agentes sociais ou para o setor privado algumas ações. Ainda assim, o Estado é responsável por garantir a execução de tais serviços. Trata-se, então, de uma nova alternativa para a velha gestão tradicional baseada na hierarquia (Kissler e Heidemann, 2006). Quanto às políticas públicas, nessa nova versão de gestão, o governo passa a ser apenas um dos atores envolvidos na sua aplicação, e os contornos entre público e privado ficam turvos (Stoker, 1998).

Também para Gohn (2007), governança local refere-se a um sistema de governo formado por um universo de parcerias e gestão compartilhada entre diversos atores de diferentes origens, como ONGs, empresários, sociedade civil organizada ou não, e órgãos públicos. Nesse sentido, a governança qualifica o uso da autoridade do Estado. Envolve, portanto, a forma como o poder é exercido, ou seja, como é a relação entre o Estado e os grupos organizados da sociedade nos processos de tomada de decisão, de monitoramento e implementação das políticas públicas (Anastacia e Azevedo, 2002).

Nesse âmbito, porém, a forma é tão importante no processo de governança que o Banco Mundial (1992 apud Harpham e Boateng, 1997) chega a definir governança sem utilizar diretamente os conceitos de participação ou de efetividade: "é a maneira pela qual o poder é exercido na administração dos recursos sociais e econômicos de um país, visando o desenvolvimento". Vale notar que o Banco Mundial aborda sempre o tema no nível nacional e não no local, como faz este texto.

Mas, no âmbito local, a governança pode ser entendida também como forma de gerar resultados eficazes sem a necessidade da utilização expressa de coerção. Como a governança necessariamente inclui participação de outros atores que não apenas o poder público, ela é considerada mais ampla que o governo (Gonçalves, 2006).

E pode-se depreender que este processo de gestão partilhada requer novas habilidades do gestor público, uma vez que este deve saber envolver e articular os diversos atores do processo participativo de tomada de decisão. O gestor público, que no modelo de gestão tradicional era avaliado pela capacidade de alcançar as metas, passa agora, nessa forma participativa, a ser avaliado pelo processo de gestão (Frey, 2007; Gonçalves, 2006).

No entanto, Stoker (1998) aponta que os resultados esperados da governança são similares aos esperados dos governos tradicionais, embora o que mude seja o processo para atingi-los. E como a governança tem a ver com a forma com que a gestão é realizada, seu conceito ainda está muito amplo e pouco preciso. Vários autores buscam explicitar quais condições seriam necessárias para garantir a qualidade da governança. Há quem, como Giosa (2007 apud Cezare, 2009), diga ser necessário que todos os segmentos da sociedade estejam representados e possam participar da gestão.

Em outro tipo de consideração, destaca-se o autor Fernandes (2003), que coloca como necessário que exista desenvolvimento institucional somado à capacitação de todas as partes envolvidas; e somado também ao incentivo do envolvimento de lideranças autênticas, em sua livre expressão. Desse modo, quando fala de capacitação, afirma ser necessário investir em qualificação tanto dos administradores e técnicos locais quanto do setor privado, das ONGs, comunidade organizada ou não, de modo a agrupar todos os atores envolvidos no processo. Para Frey (2007), é essencial a existência de um ambiente de confiança mútua e cooperação.

Características de governança

Quanto às características da governança, também existem várias abordagens. A mais completa é aquela decorrente do trabalho de Bovaird e Loffler (2003). Estes autores geraram uma lista[4] depois de realizar uma síntese

---

[4] A lista completa dos autores é: engajamento do cidadão; transparência; *accountability* (definida como a capacidade de assumir a responsabilidade de suas ações, sejam elas boas ou más); a igualdade e inclusão social (gênero, ética, idade, religião etc.); comportamento ético e honesto; equidade; habilidade de competir no ambiente global; habilidade de trabalhar efetivamente em parceria; sustentabilidade; respeito à lei (Bovaird e Loffler, 2003).

de diversos trabalhos sobre o tema, mostrando desde a importância do envolvimento da comunidade até o estímulo à sustentabilidade.

Outra formulação de governança mostra características de participação democrática, responsabilidade pública, transparência, eficiência e eficácia (Fernandes, 2003). Observa-se, assim, que há diferentes abordagens na busca de requisitos que permitem repartir as responsabilidades quando se trata de formular uma gestão democrática.

Dado que a participação mostra-se ser condição característica da governança, destaca-se como importante para esta discussão focalizar a qualidade da participação e a busca de formas para garanti-la.

CAPACITAÇÃO PARA A CIDADANIA

Thomas Jefferson dizia que o poder da sociedade está no próprio povo. E, ao se pensar que as pessoas não estão esclarecidas o suficiente para exercer o controle social, é preciso dar a informação necessária, por meio da educação (Burton, 2009), ou mesmo da educação continuada, numa forma de capacitação.

A educação, portanto, contribui tanto para capacitar a população quanto para capacitar os técnicos e gestores para a tomada de decisão. Esta capacitação ocorre não só pelo conhecimento local, indispensável na hora de definir prioridades de soluções, como também pela formação de um arcabouço teórico sobre desenvolvimento urbano sustentável, por exemplo, que deve permear todas as decisões. Por isto, esta capacitação é um instrumento indispensável para a qualidade da governança.

Por outro lado, a participação também exerce um processo educativo valioso sobre o cidadão: melhora a autoestima, torna o indivíduo confiante em sua capacidade de controlar outros aspectos de sua vida, faz com que ele pense em seus interesses, cria condições para expressar aspectos de sua identidade, e, por fim, torna este cidadão mais sociável, contribuindo para a coesão da sociedade (Burton, 2009).

A informação qualificada e disseminada pelo sistema informacional (Castells, 2000) faz parte das condições para a governança e esta informação deve ser adaptada aos diferentes públicos-alvo, formando redes que chegam a várias cidades, levando as vantagens e desvantagens da gestão participativa.

Para ampliar a discussão, busca-se selecionar em meio a tantas definições qual seria o conceito de governança municipal mais utilizada na prática da gestão urbana ambiental.

O que tem sido denominado como governança são todas as estratégias de organização dos atores sociais na construção de políticas (Ivo, 2002).

Frey (2007) distingue duas correntes no que diz respeito à definição de governança. A primeira enfatiza o potencial democrático das novas abordagens de gestão conjunta, enquanto a outra trata do aumento da eficiência[5] e efetividade[6] do Estado. Em seu artigo, conclui que nos três casos analisados por ele, Porto Alegre, Santos e Curitiba, as ações públicas buscaram trazer efetividade e eficiência de resultados, além de participação.

Em seu trabalho conceitual sobre governança, Gonçalves (2006) esclarece que esta vai além do Estado, porque diz respeito à inclusão de outros atores nos processos de governo; mas também afirma que o objetivo da governança é produzir resultados eficazes, sem a necessidade da utilização expressa do poder de polícia do Estado.

Outra definição, que inclui tanto participação e modo de tomada de decisão quanto o resultado desta política, trata a governança como formas de interação de atores entre si para alcançar melhores resultados das políticas públicas (Bovaird e Loffler, 2003).

Mas, segundo Delmas e Young (2009), "Governança é uma função centrada nos esforços para dirigir sociedades ou grupos humanos, para longe de resultados não desejados coletivamente; [...] e em direção, socialmente, a resultados desejados [...]". Discutindo a questão, os autores mostram que é normal pensar que o governo pode atender às necessidades de governança, mas, de fato, muitos governos desempenham um papel fraco no que concerne à governança. Por outro lado, dizem esses autores, outras organizações além do governo emergem como importantes parceiros nos esforços de atender a demanda por governança. Por isso, a "sociedade civil emergiu como uma força para ser seriamente considerada" (Delmas e Young, 2009). Assim sendo, a governança acaba reunindo o setor público, a sociedade civil e o setor privado, com possibilidades de uma variedade de respostas inovadoras.

Essas questões de governança se destacam principalmente em um período em que as interdependências estão crescendo e o desafio da governança passa a gerar princípios normativos capazes de alterar o comportamento de grupos, influenciando comportamentos individuais apropriados. Desse modo, destaca-se, por exemplo, o limite de uso do solo, tanto urbano quanto rural, introduzindo mecanismos de compartilhamento de custo

---

[5] Eficiência, entendida como a realização dos programas e projetos, e execução de seus orçamentos.

[6] Efetividade, entendida como o desempenho de fato do Estado.

e de responsabilidades, entre outros. Desse modo, não mais se aceita um crescimento econômico que ignore os impactos no meio ambiente, pois se deve lutar para organizar sociedades que partilhem, simultaneamente, o desenvolvimento econômico, social e ambiental.

CONSIDERAÇÕES FINAIS

Resumindo, governança municipal pode ser entendida como a forma de governar em que a prefeitura inclui e estimula a participação social, com o objetivo de produzir políticas públicas que conduzam ao desenvolvimento sustentável, estejam alinhadas às necessidades e prioridades de seus cidadãos e produzam resultados efetivos, evitando a utilização da força de polícia própria do Estado.

No entanto, o conceito de governança ainda levanta muita discussão e, muitas vezes, não há consenso entre os pesquisadores sobre como essa governança deve ocorrer. Isto acontece por vários motivos: diferenças entre as características de governança nos diversos níveis de governo e até no nível global; estudos do tema por várias ciências com enfoques específicos, tais como administração pública, ciências sociais, ciências políticas, arquitetura e urbanismo, gestão ambiental, entre outras; atualidade do tema; inclinação política do pesquisador, entre outros. Existem vários arranjos e diversas formas de se trabalhar essa questão, embasada nos conceitos relacionados.

Os problemas ambientais devem sempre ser encarados como pertencentes a um cenário maior, a sustentabilidade. Na busca do desenvolvimento sustentável, nota-se que as cidades, por concentrarem as ações humanas, são as principais causadoras de impactos ambientais negativos. Daí é que precisam procurar agir na mitigação destes impactos, tornando as cidades mais compactas, de forma que permitam controlar a atuação de grupos de população nos recursos naturais não renováveis, ou ainda nos desperdícios e poluições, buscando uma forma de equilíbrio que conte com a cooperação da comunidade, maior sustentabilidade no desenvolvimento urbano e melhor qualidade de vida para as gerações atuais e futuras.

REFERÊNCIAS

ALVA, E.N. *Metrópoles (In)sustentáveis*. Rio de Janeiro: Relume Dumará, 1997.

ALVIM, A.A.T.B. Desafios das políticas urbanas no Brasil: a importância dos instrumentos de avaliação e controle social. *Cadernos de Pós-Graduação em Arquitetura e Urbanismo*. v. 6, n.1, 2006. Disponível em: http://www.mackenzie.br/dhtm/seer/index.php/cpgau/article/view/109/16. Acessado em: 1 nov. 2008.

ANASTASIA, F.; AZEVEDO, S. Governança, "Accountability" e Responsividade. *Revista de Economia Política*. v. 22, n. 1 (85), 2002.

AVRITZER, L.; PEREIRA, M.L.D. Democracia, participação e instituições híbridas. *Revista Teoria & Sociedade.*, N especial, mar. 2005.

BAUMAN, Z. *Globalização. As consequências humanas*. Rio de Janeiro: Jorge Zahar, 1999.

BEZERRA, M.C.L.; FERNANDES, M.A. (coord). *Cidades Sustentáveis: subsídios à elaboração da Agenda 21 Brasileira*. Brasília: Ministério do Meio Ambiente/Instituto Brasileiro do Meio Ambiente e dos Recursos Naturais Renováveis/Consórcio Parceria 21 IBAM – ISER – REDEH, 2000.

BOSCHI, R.R. Descentralização, Clientelismo e Capital Social na Governança Urbana: Comparando Belo Horizonte e Salvador. *Dados*. Rio de Janeiro, v. 42, n. 4, 1999.

BOVAIRD, T. Public governance: balancing stakeholder power in a network society. *International Review of Administrative Sciences*. v. 71, 2005.

BOVAIRD, T.; LOFFLER. Evaluating the Quality of Public Governance: Indicators, Models and Methodologies. *International Review of Administrative Sciences*. v.69, n.3, 2003; p.313-328.

BRESSER-PEREIRA, L. C. O modelo estrutural de governança pública. *Revista Eletrônica sobre a Reforma do Estado*. Salvador, 2007. Disponível em: http://www.direitodoestado.com/revista/RERE-10-JUNHO-2007-BRESSER%20PEEREIRA.pdf. Acessado em: 1 ago. 2013.

BURTON, P. Conceptual, Theoretical and Practical Issues in Measuring the Benefits of Public Participation. 2009. DOI: 10.1177/1356389009105881.

CALDERÓN, A.I.; MARIM, V. Educação e políticas públicas: os conselhos municipais em questão. *Teias*. Rio de Janeiro, ano 3, n. 6, jul./dez. 2002.

CAMARGO. A. Governança In: TRIGUEIRO, A. (org). *Meio ambiente no século 21*. Rio de janeiro: Sextante, 2003.

CASTELLS, M. *A sociedade em rede. A era da informação: economia, sociedade e cultura*. São Paulo: Paz e Terra, 2000.

CEZARE, JP. *Conselhos Municipais e Governança: Uma Análise do Conselho de Representantes de Paranapiacaba e Parque Andreense do Município de Santo André – SP*. São Paulo, 2009. Dissertação (Mestrado). Faculdade de Saúde Pública da Universidade de São Paulo.

812 | CURSO DE GESTÃO AMBIENTAL

DELMAS, M.A.; YOUNG, O.R. (ed.) *Governance for the Environment. New Perspectives.* Cambridge: Cambridge University Press, 2009.

DOWBOR, L. Descentralização e meio ambiente. In: BURSZTYN, M.; MENDES, A.D. *Para pensar o desenvolvimento sustentável.* São Paulo: Brasiliense/Enap, 1994.

EATY, D.; IVANOVA, M. *Governança Ambiental Global.* São Paulo: Senac, 2005.

FARIA, C.A.P. Ideias, conhecimento e políticas públicas: um inventário sucinto das principais vertentes analíticas recentes. *RBCS.* v. 18 n. 51, fev. 2003.

FERNANDES, M. *Agenda Habitat para Municípios.* Rio de Janeiro: Ibam, 2003.

FRANCO, M.A.R. *Planejamento Ambiental para a Cidade Sustentável.* São Paulo: Anablume/Fapesp, 2001.

FREY, K. Governança Urbana e Participação Pública. *RAC-Eletrônica.* v. 1, n. 1, art. 9; jan./abr. 2007; p. 136-150. Disponível em: http://www.anpad.org.br/rac-e . Acessado em: 2008.

GAVENTA, J. *Em direção a uma governança local participativa: seis propostas para discussão.* 2001. Disponível em: www.ids.ak.uk/logolink. Acessado em: 1 mar. 2008.

GUERRA, I.C. *Participação e acção coletiva: interesses, conflitos e consensos.* Estoril: Princípia, 2006.

GOHN, M.G. *Conselhos gestores e participação sociopolítica.* São Paulo: Cortez, 2007.

GONÇALVES, A. O conceito de governança. In: CONGRESSO NACIONAL DO COMPEDI. 2006, Manaus. Disponível em:http://conpedi.org/manaus/arquivos/anais/manaus/direito_e_politica_alcindo_goncalves.pdf . Acessado em: 1 fev. 2008.

HARPHAM, T.; BOATENG, K. Urban Governance in Relation to the Operation of Urban Services in Developing Countries. *Habitat International.* N. 1, mar. 1997; p. 65-77.

IVO, A.B.L. Governabilidade e governança na América Latina : teses e paradoxos. In: CONGRESO INTERNACIONAL DEL CLAD. 2002, Lisboa. Disponível em: http://unpan1.un.org/intradoc/groups/public/documents/CLAD/clad0043405.pdf. Acessado em: 1 set. 2008.

JACOBS, J. *The economy of the cities.* Nova York: Vintage Books, 1969.

KISSLER, L.; HEIDEMANN, F.G. Governança pública: novo modelo regulatório para as relações entre Estado, mercado e sociedade? *RAP.* Rio de Janeiro, v.40, n.3, maio/jun. 2006; p.479-499.

LOVELOCK, J. *Ages of Gaia: a biography of our living earth.* Nova York: W.W. Norton, 1995.

MEADOWS, D.H. Leverage points: places to intervene in a system. 1997. Disponível em: http://www.sustainer.org/pubs/Leverage_Points.pdf . Acessado em: 1 mar. 2008.

MOTA, S. *Urbanização e Meio Ambiente.* Rio de Janeiro: Abes, 1999.

[ONU] ORGANIZAÇÃO DAS NAÇÕES UNIDAS. *The Habitat Agenda Goals and Principles, Commitments and the Global Plan of Action.* 1996.

PHILIPPI Jr, A.; BRUNA, G.C. Política e Gestão Ambiental. In: PHILIPPI Jr, A; ROMÉRO, M.A; BRUNA, G.C. (eds). *Curso de Gestão Ambiental.* Barueri: Manole, 2004.

PINHO, J.A.G.; SANTANA, MW. Inovação na gestão pública no Brasil: uma aproximação teórico-conceitual. In: ENANPAD. Foz do Iguaçu, 1988.

RAMOS-PINTO, P. *Social capital as a capacity for collective action, Assessing social capital: concept, policy, practice.* Newcastle: Cambridge Scholars Press, 2006.

REES, W.; WACKERNAGEL, M. *Our Ecological Footprint: Reducing Human Impact on the Earth.* Gabriola Island: New Society Publisher, 1996.

REISSMAN, L. *El Processo Urbano. Las ciudades em las sociedades industriales.* Barcelona: Editorial Gustavo Gili, 1970.

ROGERS, R. *Cidades para um Pequeno Planeta.* Barcelona: Gustavo Gili, 2001.

SILVA, A.X.; CRUZ, E.A.; MELO, V. A importância estratégica da informação em saúde para o exercício do controle social. *Ciência & Saúde Coletiva.* v. 12, n. 3, 2007, p. 683-688.

SIRKIS, A. Cidade. In: TRIGUEIRO, A. (org). *Meio ambiente no século 21.* Rio de janeiro: Sextante, 2003.

SOUZA, C. Políticas Públicas: uma revisão da literatura. *Sociologias.* Porto Alegre, ano 8, n. 16, jul./dez. 2006, p. 20-45.

STOKER, G. *Governance as theory five propositions.* Oxford: Unesco, 1998.

VENDRAMINI, P.R.R.J.; BRUNA, G.C.; MARQUES, J.D.C.M. Fragilidade Ambiental das Áreas Urbanas: o metabolismo das cidades. In: CONGRESSO INTERNACIONAL ISOCARP–2004 [International Society of City and Regional Planners]. Rio de Janeiro, 2004.

Conselhos e Gestão Ambiental Local: Processos Educativos e Participação Social

23

Elaine Cristina da Silva
Doutoranda em Ciências, Faculdade de Saúde Pública – USP

Maria Cecília Focesi Pelicioni
Assistente social e sanitarista, Faculdade de Saúde Pública – USP

Participação, cidadania e emancipação social são temas que se tornam cada vez mais comuns nos discursos de organizações, movimentos sociais, sindicatos e principalmente no cenário político. Mas qual a relação desses conceitos com os processos educativos e com a gestão compartilhada?

Para Demo (1994):

> Emancipação social é, em seu âmago, descobrir-se capaz de realizar o processo emancipatório por si mesmo... Por isso, participação é a alma da educação, compreendida como processo de desdobramento criativo do sujeito social. Por que educar de verdade é motivar o novo mestre, não repetir discípulos.

Na citação acima, o autor enfatiza uma das características mais importantes do processo educativo, ou seja, a possibilidade de emancipação dos sujeitos e, consequentemente, de transformação social. Isto é, contribuir para formá-los únicos, formá-los para que se realizem, desenvolvam suas potencialidades e para que se libertem. Uma das maneiras de perceber tal mudança está relacionada ao tipo de participação praticada por cada cidadão, ou seja, caracteriza-se como forma de intervenção no meio ambiente

CURSO DE GESTÃO AMBIENTAL

e na sociedade visando à sustentabilidade e à melhoria da qualidade de vida ou apenas a ratificação do modelo vigente de organização e desenvolvimento, mantendo o *status quo.*

De acordo com o contexto histórico, em cada segmento da sociedade a participação assume sentidos e significados completamente distintos, podendo ter características liberais, comunitárias, autoritárias, revolucionárias, radicais ou democráticas (Gohn, 2007). Mas afinal, se existem diferentes formas de participação, de qual estamos falando?

A participação que se faz urgente e necessária não é a que se caracteriza apenas pelas consultas feitas à população, mas pela participação que permite ao ser humano uma visão emancipatória em que ele/ela interage com o meio na condição de sujeito e assim cria possibilidades para a transformação social.

Cabe, portanto, verificar se o governo e as instituições realmente querem criar condições para que este tipo de participação aconteça; se os conselhos gestores e outros mecanismos legais de participação têm colaborado de fato com o desenvolvimento do controle social e se a população está realmente preparada e possui habilidades para colocar em prática uma participação ativa, crítica e emancipatória dentro desses conselhos.

Considerando as questões acima, quando se trata da atuação de conselhos e da participação social é importante mencionarmos que a participação é uma habilidade que se aprende participando e aos poucos vai se aperfeiçoando. Assim, ao criar o espaço ou a instância de participação, é preciso envolver a comunidade nesse processo e municiá-la por meio da educação para o exercício de uma participação efetiva e para que saiba igualmente representar seus pares.

Sabe-se que a participação social é uma das condições fundamentais do ideário democrático, mas a literatura e a prática mostram que as instâncias participativas são legítimas apenas do ponto de vista normativo, pois ainda configuram-se apenas como instâncias consultivas desprovidas de qualquer visão emancipatória. Muitos autores (Dagnino, 2004; Castro e Canhedo, 2005; Tatagiba, 2005) têm enfatizado como marco formal da democracia participativa a própria promulgação da Constituição Brasileira de 1988, que instituiu vários instrumentos de participação direta e indireta, mas também ressaltam o grande desafio em consolidar tal condição participativa.

Os discursos sobre participação têm se intensificado cada vez mais como um jargão das políticas públicas, porém, os níveis de participação da sociedade civil são cada vez mais baixos. Sawaia (2001) ratifica esta afirmação ao dizer que a participação é um "conceito 'fashion' enaltecido como condição de tudo que é positivo na sociedade, mas que esconde uma variedade enorme de sentidos". Percebe-se que o ato participativo é abordado à exaustão; a expressão, ao mesmo tempo em que apresenta grande importância, vem sendo depreciada em um processo de banalização do termo e da prática. Dessa forma, é preciso refletir sobre o tipo de "participação" que vem sendo incentivado no decorrer da história, bem como seu significado e objetivos. Assim, falar sobre participação implica mencionar a influência que os movimentos sociais tiveram sobre ela.

Estudos (Adorno, 1992; Bógus, 1998 e Gohn, 2007) enfatizaram a importância dos movimentos sociais nos processos de participação, sobretudo dos novos movimentos sociais que foram espontâneos e com características autônomas em defesa das minorias, ou na luta pela renovação urbana.

É importante ressaltar que independentemente da adjetivação "novo", sua essência está relacionada ao conceito de movimento social e está intrinsecamente ligada aos processos participativos, pois os mesmos se manifestam no exercício de articulação de forças sociais comuns, na tomada de decisões e na gestão de ações definidas e implementadas pela comunidade. Historicamente, a participação foi se fortalecendo à medida que os movimentos sociais foram ganhando visibilidade e, assim, ao longo do tempo foi se manifestando de diversas formas. Mas afinal, o que é participação?

Bordenave (2007) diz que em acepção vulgar, participar significa "fazer parte, tomar parte ou ter parte", e destaca que a participação pode ser passiva ou ativa e o que estabelece essa diferença é como se toma parte e não o quanto se toma parte.

Para Demo (1988), participação é um processo dinâmico, inacabado, "é em essência autopromoção e existe enquanto conquista processual", e exige compromisso e envolvimento.

Dallari (2001) parte do pressuposto de que todos os indivíduos são livres e de que todos são iguais. Como tal, cada indivíduo deve ter a possibilidade de participar da formulação de regras que são obrigatórias para todos. Sob este aspecto, o autor diz que a participação é um dever que não podemos deixar de cumprir, pois dependemos dos outros e os outros de nós, e não é possível viver em uma sociedade democrática se não houver participação.

Para Freire (1993), a participação é uma atividade essencial para a construção de uma sociedade mais justa e não configura-se como um *slogan,* mas a expressão e, ao mesmo tempo, o caminho de realização democrática. Só se aprende democracia fazendo democracia pela prática da participação, pois ninguém a vive plenamente, tampouco a ajuda a crescer "se é interditado no seu direito de falar, de ter voz, de fazer o seu discurso crítico e se não se engaja, de uma ou de outra forma, na briga em defesa deste direito, que no fundo, é o direito também a atuar".

Para Westphal (1999), a participação se caracteriza por um processo relacional que pode criar a identidade coletiva de um grupo, no qual os atores coletivos são criados no decorrer das interações e atividades que conectam seus membros.

Percebe-se diante de tantas definições que a palavra participação assume um caráter polissêmico e que as concepções apresentadas se complementam. O indivíduo que exerce a sua participação de forma plena reconhece que o desenvolvimento de sua habilidade participativa é fruto de uma construção social. Estar presente em ações pontuais não caracteriza efetivamente a participação emancipatória porque, na prática, ela deve envolver toda a coletividade, levando a uma dimensão política, pois só assim poderá interferir nos vários setores da sociedade, modificar a relação com o Estado e, consequentemente, produzir mudanças sociais marcadas pela melhoria da qualidade de vida.

CONSELHOS LOCAIS, A GESTÃO AMBIENTAL E OS PROCESSOS EDUCATIVOS

A partir de documentos gerados em conferências, congressos e encontros sobre meio ambiente e saúde, nota-se um esforço em tornar ambos conceitos mais amplos e, principalmente, colaborar para a construção de políticas públicas saudáveis que tenham como premissa básica a promoção da saúde aliada à sustentabilidade. Nesses documentos, a participação social vem se destacando como uma das principais formas de estimular o envolvimento da população na identificação, planejamento e implementação de ações que colaborem para a criação de ambientes mais saudáveis e a melhoria da qualidade de vida.

A importância da participação social relacionada à resolução dos problemas socioambientais como forma de se promover saúde e o desenvolvimento sustentável implica perceber que o grande desafio da sociedade atual é compreender que não é a natureza que se encontra em desequilíbrio, mas sim a própria sociedade. O ser humano, em sua relação com o mundo, vive no limiar entre o fatalismo diante de mudanças sociais e uma visão imediatista de solução de problemas, com uma forte dificuldade para realizar alterações que priorizem aspectos que erroneamente julga externos a ele, entre os quais se destaca o meio ambiente, e isso fica bem explícito na ruptura ainda existente entre ele e o ambiente em que vive. Nesse sentido, romper paradigmas e valores pode significar a perda de sua condição de aparente "conforto". Essa estagnação não tem permitido que os indivíduos melhorem sua qualidade de vida e construam ambientes e comunidades saudáveis, dentro de paradigmas sociais que permitam a preservação da vida e do planeta.

O estímulo à participação configura-se como parte do processo educativo que pode inclusive alterar esse quadro. Assumir-se como sujeito e protagonista das mudanças sociais é condição fundamental do processo pedagógico da participação, sobretudo nos processos de gestão ambiental local.

Considerando as diversas ações preconizadas e praticadas como formas de proteção ao meio ambiente, a sociedade brasileira conta com uma vasta legislação sobre o assunto e diversos mecanismos de controle e fiscalização das atividades que possam causar algum dano ao meio ambiente. Essas ações, no entanto, têm sido insuficientes para lidar com a problemática ambiental, pois se não criarmos condições para que os principais causadores da problemática percebam a relação entre as consequências de suas ações para a saúde ambiental e humana, tais mecanismos de gestão perdem totalmente a sua efetividade. Daí a importância de se criar canais de participação que também desempenhem uma função educativa.

Nos últimos anos, os conselhos gestores locais e/ou relacionados ao meio ambiente vêm tentando cumprir parte deste papel e houve uma ampliação dos atores sociais envolvidos nos processos decisórios, porém ainda há muitos desafios a superar, como, por exemplo, a questão da representatividade, legitimidade e qualificação dos representantes da sociedade civil que participam dessas instâncias para que estes processos sejam efetivamente democratizados.

Para Gohn (2007), a criação de conselhos gestores vem se intensificando como forma de transcendência e transformação política, uma vez que são (ou pelo menos deveriam ser) instrumentos de expressão, representação e participação.

Considerando o meio ambiente como um dos principais fatores determinantes da saúde, nos últimos 30 anos, importantes conselhos foram criados nessa área, a partir da necessidade de envolvimento das organizações sociais e comunitárias na tomada de decisões, a fim de garantir a sustentabilidade de seus recursos para as presentes e futuras gerações. Entre eles, destaca-se o Conselho Nacional de Meio Ambiente, órgão consultivo e deliberativo que desempenhou importante papel na criação da Política Nacional de Meio Ambiente e dos Conselhos Estaduais e Municipais de Meio Ambiente.

Tais conselhos, sobretudo os de âmbito municipal, têm um papel importante no fortalecimento do controle social e promoção da gestão ambiental compartilhada. As experiências participativas nos conselhos gestores, teoricamente, vêm sendo modificadas ao longo do tempo de uma forma positiva, porém, na prática, a participação representativa na maioria das vezes não funciona como deveria. Outro problema dos conselhos instituídos, não só na área ambiental, mas também nas diversas áreas, é a predominância de uma função apenas consultiva, e isso acaba frustrando as expectativas dos que participam dessas instâncias.

Mais um fator a ser considerado é a falta de integração entre a esfera de gestão micro e macro, ou seja, não é explicitado de que maneira ocorre a integração entre os conselhos municipais e/ou estaduais e regionais com as políticas municipais/estaduais de meio ambiente; cada área tem a sua particularidade, mas também apresenta pontos comuns com outras regiões e, muitas vezes, tais interfaces não ficam claras.

Para que a participação seja efetiva e mais qualificada, também é importante que os envolvidos tenham conhecimento das relações de causa e efeito das ações em suas respectivas áreas e as suas consequências ou benefícios para a região como um todo. Além disso, uma forma de avaliar a eficiência da gestão ambiental participativa é considerar a efetividade dos conselhos existentes de forma conjunta, lembrando que não é a quantidade de conselhos que determina a qualidade da gestão participativa, e sim as possibilidades de envolvimento da população e intervenção social qualificada.

Philippi Jr et al. (1999) consideram que os Conselhos Municipais de Meio Ambiente são importantes instrumentos de participação cidadã e destacam que para funcionarem efetivamente de forma democrática e participativa devem ter caráter deliberativo e representatividade legítima, ou seja, tais representantes devem ser eleitos pelos atores sociais locais e devem ser vistos como verdadeiros "defensores de seus interesses" contando, inclusive, com mecanismos de prestação de contas à comunidade.

Criar espaços ou meios de divulgação em que os representantes dos conselhos possam dialogar com "seus representados" é fundamental, pois a prestação de contas à comunidade é uma forma de legitimar a instância participativa, avaliá-la e criar condições para que a população se motive também a participar, além de desenvolver uma relação transparente e de confiança entre representantes e representados.

Jacobi (2004), ao discorrer sobre participação e espaços públicos na gestão ambiental no Brasil, afirma que não é suficiente estabelecer conselhos e fóruns para garantir o direito à participação da população, pois o desinteresse é generalizado e é marcado pelo descrédito nos políticos e nas instituições. O autor enfatiza a problemática por dois ângulos, o do poder público, que por diversas razões, muitas vezes cai em descrédito, e o do cidadão, que muitas vezes não está preparado para desenvolver sua cidadania de forma plena.

Apesar dessas dificuldades, Dagnino (2004), ao analisar o processo histórico e os conceitos de sociedade civil, cidadania e participação, destaca que as instâncias participativas "contribuem para reforçar a existência de cidadãos-sujeitos e de uma cultura de direitos que inclui o direito a ser coparticipante em governos locais". A autora ainda afirma que a criação de espaços públicos onde os interesses comuns e privados podem ser expostos, discutidos e negociados é muito importante para o exercício de uma nova cidadania.

Fica explícita, na opinião dos autores citados, a relevância das instâncias participativas e sua relação direta com os atores sociais envolvidos e, principalmente, a importância do preparo desses cidadãos para praticar o ato participativo de forma plena e consciente por meio da educação, pois instituir instâncias participativas pode fortalecer tanto o poder público como as comunidades, além de contribuir para o exercício do controle social sobre o Estado.

O descrédito no poder público e nas instituições por parte da sociedade civil é um aspecto crucial da dinâmica da desmobilização. Este descrédito pode ser gerado dentro da própria instância participativa, quando a comunidade não está sensibilizada, motivada e informada sobre os reais objetivos e funções do conselho ou até mesmo quando os processos participativos configuram-se como forma de cooptação ou como simples espaços de consulta, sem que haja qualquer retorno quanto aos encaminhamentos dados às demandas indicadas. Dessa forma, o descrédito não vincula-se apenas à atuação do poder público, mas também à própria prática participativa. Aquele que não acredita deixa de participar, porque julga que sua presença nos espaços de participação não terá efeito nenhum sobre sua realidade. Muitos acham que esses espaços são apenas formas disfarçadas de legitimar as decisões políticas e não atendem aos anseios da população, portanto, o compromisso político, o acompanhamento contínuo e a transparência são cruciais para a efetivação do processo pedagógico da participação.

Quanto à questão da baixa participação em conselhos, não se pode julgar os motivos pelos quais a população participa ou deixa de participar desses espaços sem conhecer a realidade em que a mesma está inserida e sem problematizar esse contexto. O papel do profissional é descobrir tais motivos por meio do diálogo que é uma condição essencial ao rompimento do distanciamento entre os técnicos e a comunidade. A partir de uma relação dialógica se constrói uma relação de confiança e isso nada tem a ver com a obrigatoriedade de fazer ou não todas as vontades da população.

Dessa forma, as instâncias participativas devem assumir uma função educativa porque, ao discutir os problemas que afetam diretamente um determinado grupo de pessoas, criam condições para a reflexão crítica, em que até as respostas negativas são entendidas e utilizadas como forma de desenvolvimento dos grupos e comunidades. Uma pessoa que mora em uma área de manancial, por exemplo, não vai participar de um conselho ou de qualquer outra instância participativa que fale apenas o que ela não pode ou não deve fazer, mas participará daqueles espaços que discutem o porquê não fazer a partir das representações sociais que têm sobre o assunto, oferecendo alternativas viáveis para cada caso. Se o indivíduo não perceber a importância de se conservar o local em que vive como uma necessidade, não há mudança possível, pois ninguém se conscientiza, aprende ou participa porque as outras pessoas, instituições ou poder público querem, mas sim porque cada indivíduo é responsável por sua vida e aprendizagem. A participação deve partir da necessidade intrínseca de cada indivíduo em promover mudanças. Cabe, então, aos profissionais criar condições para que o processo ocorra.

Apesar de todas as dificuldades enfrentadas, a descentralização política e a criação de conselhos podem corroborar com o compartilhamento de decisões entre poder público e sociedade civil, contribuindo para que haja o desenvolvimento da comunidade com sustentabilidade ambiental, mas como já foi mencionado, esses processos devem estar aliados à mobilização comunitária e às potencialidades locais. Também devemos considerar que a partir do momento que são criados tais espaços de participação, é natural que durante as discussões fiquem evidentes os conflitos de interesses, daí a importância da comunidade estar organizada e engajada com seus representantes para que busquem decisões coletivas e consigam negociar suas reivindicações. Quanto maior for a organização da comunidade, mais qualificada será a sua participação e, consequentemente, mais democratizado será o processo de tomada de decisões.

A organização e o engajamento da comunidade dentro do processo pedagógico da participação podem também consolidar a identidade local, isto é, os envolvidos compartilham suas visões e anseios quanto ao ambiente em que vivem, se envolvem com o planejamento de ações para área e ao mesmo tempo criam um vínculo maior com a mesma, desenvolvendo uma noção de pertencimento ao local. Esta noção de pertencimento é essencial para que o indivíduo se perceba como sujeito que interage com os outros atores sociais e também com o meio ambiente, e isso acontece como parte de uma construção social e não de ações pontuais, individualistas e isoladas, mesmo que contem com a participação desses sujeitos.

A sociedade civil não tem uma tradição participativa na gestão pública e isso se dá por três motivos: o tempo curto de existência dessas instâncias, a falta de prática em participar desses espaços e a falta de conhecimento de suas próprias possibilidades (Gohn, 2007). É relevante refletir sobre a forma como a sociedade civil vem se apropriando desses espaços de participação, se a mesma os valoriza e se realmente está preparada para intervir nas políticas públicas.

Para Tatagiba (2005), outros fatores que dificultam a prática participativa dos conselhos estão relacionados à fragilidade deliberativa dessas instâncias, a centralidade do poder público em sugerir pautas; a dificuldade de lidar com a diversidade de interesses envolvidos, os problemas de representação e a própria falta de capacitação dos conselheiros para atuar nesses espaços de participação.

As pesquisas que vêm sendo realizadas para avaliação dos conselhos no Brasil, muitas delas na própria Faculdade de Saúde Pública da Universidade de São Paulo (Bógus, 1998; Leal, 2004, Presoto e Westphal, 2005; Silva, 2009; Cezare, 2009), vêm mostrando que a sociedade civil não tem conhecimento sobre as instâncias de participação disponíveis nos municípios ou regiões em que vivem. Esses dados são muito significativos, principalmente se considerarmos que em cada tipo de instância participativa há representantes das comunidades que passaram por um processo de eleição. Portanto, a questão representativa passa a ser legítima apenas do ponto de vista normativo, pois percebe-se que há um distanciamento da população em relação aos representantes desses conselhos, uma vez que não os conhecem.

É preciso refletir sobre a efetividade dessas instâncias participativas, pois a partir do momento em que a constituição de um conselho tem como premissa a inclusão de vários atores e segmentos da sociedade por meio de representação, é essencial que a população conheça esses representantes, principalmente para cobrar o encaminhamento de demandas e ter retorno quanto aos assuntos tratados nesses espaços.

Weltman (2008) afirma que a questão da representatividade é muito complexa e, muitas vezes, é realizada de uma forma simbólica, pois envolve diferentes condições de uso da razão e de juízo, uma vez que o representante deve deliberar sobre ações em que nem ele e nem seus representados pensaram: "num sistema representativo moderno é a ideia da vontade ou da soberania do povo que são representadas".

As questões que se apresentam são: como fortalecer os conselhos e qualificar tais espaços de participação? As formas de participação concedida podem ser meios e fins da emancipação e transformação social?

Quando o poder público fomenta espaços de participação como os conselhos, a participação pode tomar vários sentidos, ou seja, a própria criação do conselho se constitui como um tipo de participação concedida e cabe ao sujeito transformá-la em uma participação passiva ou ativa.

A participação concedida pode favorecer ou não o crescimento da consciência crítica e da capacidade de tomar decisões, desde que a comunidade saiba aproveitar esses espaços como oportunidades de crescimento e não se torne dependente ou viva em situação de assistencialismo. Aqueles que são sensilibizados acerca dos problemas que os circundam, que compreendem as suas causas, as consequências de suas ações sobre o meio e estão engajados nos conselhos, naturalmente exercem a participação ativa em sua plenitude, pois participam das discussões e decisões de forma consciente e com visão crítica da realidade. Segundo Gohn (2007), estes configuram-se como cidadãos ativos politizados. Já os que são cidadãos ativos apenas na execução de ações pontuais acabam criando limites à governabilidade e à sua própria autonomia, pois assumem uma postura de "tarefeiros".

Democratizar o processo decisório nos conselhos implica também criar condições para que todos os participantes sejam cidadãos ativos politizados e, muitas vezes, isso depende da construção de novos conhecimentos e do rompimento de alguns paradigmas, sendo assim, é imprescindível que haja trabalhos educativos anteriores e paralelos às reuniões dos conselhos para que sejam entendidas as representações sociais de meio ambiente, do que é o conselho, suas funções e a importância da participação sob o ponto de vista dos diversos tipos de atores e grupos sociais envolvidos, pois cada participante tem uma forma de compreensão desses assuntos que, consequentemente, se reflete na forma como agem e se comportam. A mobilização e a sensibilização são aspectos tão relevantes quanto o levantamento das representações sociais, pois durante esses processos o campo afetivo é estimulado para que os sujeitos se motivem para alguma reflexão ou ação.

Apesar de todos os desafios engendrados na efetividade da descentralização política e dos conselhos, não se pode negar que a criação dessas instâncias de participação tem grande potencial como alicerce para o desenvolvimento das comunidades na busca de sustentabilidade e promoção de ambientes favoráveis à saúde, pois à medida que as demandas e decisões partem da própria comunidade, aumentam as possibilidades de corresponsabilização e compromisso com as ações propostas.

Para Ammann (1997):

> O processo de desenvolvimento, para que conduza ao bem-estar e para que atenda às exigências do homem como pessoa humana **abrangendo "cada homem e todos os homens"** deve ser harmônico, autêntico, democrático e solidário. Um desenvolvimento é harmônico quando se processa "em sentido global e equilibrado"; é autêntico se respeita às características do país; democrático, se realizado **"com a participação consciente e livre do povo"** e finalmente, solidário, quando objetiva a promoção de todos e não de uns poucos". (grifo nosso)

Como se pode pensar em desenvolvimento voltado à sustentabilidade sem que seja igualitário, sem que haja participação? E que participação seria essa? Do nosso ponto de vista, é a mesma que deve estar presente como parte das ações de educação ambiental, ou seja, uma participação crítica e pró-ativa que se constitua como uma forma de intervenção na realidade.

A transparência das ações do poder público dentro dos conselhos também é condição *sine qua non* para que a população realmente participe dessas instâncias. Do contrário, corre-se o risco de interpretação dúbia ou errada das decisões consolidadas. Tomar parte em tais ocasiões é imprescindível, pois isso possibilita maior compreensão do fato. Tão fundamental quanto o papel do cidadão na tomada de decisões é o papel do poder público em estimular a participação da população nesse processo, para compartilhar decisões e criar condições de aprendizagem.

Aliar a gestão ambiental à participação ativa nos conselhos gestores é a legitimação desse ideário democrático, embora seja ainda um grande desafio e, para isso, como afirmam Castro e Canhedo (2005), a população deve estar preparada técnica e politicamente, a fim de compartilhar a responsabilidade e a gestão do meio ambiente, e, neste contexto, a educação ambiental surge como um importante instrumento de participação.

Ao participar dos conselhos gestores e da gestão ambiental compartilhada, é necessário que a população possa compreender "por que e como participar". Como já foi dito anteriormente, por meio dos processos educativos são criadas condições para que os indivíduos se reconheçam como sujeitos de sua própria educação e de sua própria história. Para Pelicioni (2000), "o amadurecimento da capacidade crítica e reflexiva é resultado da participação consciente na sociedade", ou seja, os dois processos acontecem concomitantemente e se complementam.

É preciso lembrar que "os mecanismos participativos devem se basear no engajamento popular como um recurso produtivo central" (Gohn, 2007), pois é a população que subsidiará os técnicos sobre os problemas e soluções de que necessitam.

Uma pesquisa realizada nas áreas de mananciais de Santo André sobre a participação comunitária nos processos de educação em saúde e ambiental (Silva, 2009) evidenciou que a população valoriza as ações do poder público que são construídas junto com a comunidade e que isso possibilita que os moradores se apropriem das instâncias participativas locais.

É muito comum, sobretudo no poder público, serem implantadas ações que constituem necessidades a partir do ponto de vista técnico e não da comunidade. Pode ser que algumas ações propostas correspondam ao que a comunidade realmente necessita, mas antes de tudo é preciso entender as necessidades reais, a partir do ponto de vista dos sujeitos. Essa também deve ser uma característica do processo educativo, ou seja, os saberes populares devem ser considerados. A aproximação e participação das comunidades em conselhos gestores também se relacionam com a compreensão por parte do poder público do contexto em que as pessoas estão inseridas, daí a importância de valorizar a experiência de vida e o saber popular no fortalecimento das instâncias participativas, sobretudo em áreas de maior vulnerabilidade ambiental.

Quando se fala da importância de valorização dos saberes dos sujeitos, não significa que existam fórmulas que façam com que todos os sujeitos se motivem a aprender ou a participar. O educador deve compreender o contexto em que esses sujeitos estão inseridos para que possa planejar e escolher metodologias capazes de estimular aquele educando que vive naquela realidade, naquele momento, dentro daquela cultura, na qual predominam aqueles valores. Freire e Nogueira (2007), ao relatarem algumas experiências que tiveram em educação popular, ressaltam o depoimento do morador de uma favela sobre o conhecimento, que dizia: "aprender é movimentar a pessoa naquilo que ela antes pensou não saber, depois se encontrou no acontecimento e essa pessoa aprendeu a aprender". Essa fala é muito interessante, pois esse morador conseguiu exteriorizar de uma forma simples, dentro de sua compreensão, como se dá a construção de conhecimentos. Percebe-se aí tanto uma dimensão cognitiva quanto sociocultural em sua definição. Nesse processo, o papel do educador é aproximar estes dois momentos: o saber preexistente e os novos saberes.

A educação ambiental como processo político-pedagógico deve ser realizada a partir de uma abordagem sociocultural, mantendo em sua essência todas as características citadas acima para que possam ser processos de mudança individual e coletiva realmente efetivos. É relevante citar a dimensão coletiva, pois nos processos de educação ambiental é comum ouvir o jargão "se cada um fizer a sua parte...". Não que o individual não seja importante, pelo contrário, mas a transformação da sociedade deve ir além dos esforços individuais e envolver o esforço conjunto de toda a população.

Diante de tantas conexões entre as dimensões sociais, culturais, econômicas e políticas dentro do processo educativo, não deve se perder de vista o "preparo" desses sujeitos para a participação, como uma forma de intervenção no mundo e como extensão de seu próprio conhecimento. Portanto, a participação educa e cria condições para novas formas de ver, sentir e agir no mundo, pois à medida que se dá de forma mais constante e intensa, possibilita ações concretas que se refletem de maneira direta na transformação da realidade.

A participação como extensão do processo educativo colabora para que as pessoas interpretem e critiquem as ações sob o ponto de vista de agentes e não de espectadores. O ato de participar é um ato educativo, portanto, o diálogo entre poder público e comunidade é essencial, sobretudo na criação e implementação de conselhos e outras instâncias participativas. Para Freire (1996), nos processos educativos o ato de escutar é essencial. Afirma o autor:

> Se na verdade, o sonho que nos anima é democrático e solidário, não é falando aos outros de cima para baixo, sobretudo, como se fôssemos os portadores da verdade a ser transmitida aos demais que aprendemos a escutar, mas é escutando que aprendemos a falar com eles.

Conhecer a realidade em que os sujeitos estão inseridos e problematizá-la é o primeiro passo no estabelecimento de relações com a população e no fortalecimento dos conselhos gestores.

São muitos os desafios para consolidar a participação social nos conselhos gestores e o *"empowerment"* da população, mas é importante lembrar que a educação, assim como a conscientização, é um processo interno, e é por meio da educação crítica e política que a transformação dos indivíduos e de seu entorno se inicia.

Ressaltamos que a valorização do processo educativo não significa que devemos "primeiro educar as pessoas para serem livres, para depois transformar a realidade. Devemos, o quanto possível, fazer as duas coisas simultaneamente" (Freire e Shor, 1986). A educação ambiental, como educação política, dinâmica, permanente, complexa, transformadora e crítica, configura-se em uma prática essencial ao fortalecimento dos conselhos gestores e da participação social, pois à medida que atua no reforço à ação comunitária, no desenvolvimento de habilidades pessoais e na criação de ambientes saudáveis, indiretamente cria condições para que a população exerça sua cidadania e autonomia, exigindo seus direitos na construção de políticas públicas voltadas à sustentabilidade.

REFERÊNCIAS

ADORNO, R.C.F. *A trajetória do movimento e da participação: a conduta dos atores sociais na área de saúde.* São Paulo, 1992. Tese (Doutorado). Faculdade de Saúde Pública da USP.

AMMANN, S.F. *Ideologia do desenvolvimento de comunidade no Brasil.* São Paulo: Cortez, 1997.

BÓGUS, C.M. *Participação popular em saúde: formação política e desenvolvimento.* São Paulo: Annablume/Fapesp, 1998.

BORDENAVE, J.E.D. *O que é participação.* São Paulo: Brasiliense, 2007 (Coleção Primeiros Passos).

CASTRO, M.L.; CANHEDO, S.G. Educação ambiental como instrumento de participação. In: PHILIPPI Jr, A.; PELICIONI, M.C.F. (ed). *Educação ambiental e sustentabilidade.* Barueri: Manole, 2005, p. 401-411.

CEZARE, J.P. *Conselhos municipais e governança: uma análise do Conselho de Representantes de Paranapiacaba e Parque Andreense do município de Santo André.* São Paulo, 2009. Dissertação (Mestrado). Faculdade de Saúde Pública da USP.

DAGNINO, E. Sociedade civil, participação e cidadania: de que estamos falando? In: MATO, D. (coord). *Políticas de ciudadanía y sociedad civil en tiempos de globalización.* Caracas: Faces/Universidad Central de Venezuela: 2004, p. 95-110.

DALLARI, D. Direito de participação. In: SPOSATI, A. et al. *Ambientalismo e participação na contemporaneidade.* São Paulo: Educ/Fapesp, 2001.

DEMO, P. *Participação é conquista: noções de política social participativa.* São Paulo: Cortez, 1988.

_____. *Política social, educação e cidadania.* Campinas: Papirus, 1994.

FREIRE, P. *Professora sim, tia não. Cartas a quem ousa ensinar.* São Paulo: Olho d' Água, 1993.

_____. *Pedagogia da autonomia: saberes necessários à prática educativa.* São Paulo: Paz e Terra, 1996.

FREIRE, P.; NOGUEIRA, A. *Que fazer: teoria e prática em educação popular.* 9.ed. Rio de Janeiro: Vozes, 2007.

FREIRE, P.; SHOR, I. *Medo e ousadia: o cotidiano do professor.* Rio de Janeiro: Paz e Terra, 1986.

GOHN, M.G. *Conselhos gestores e participação sociopolítica.* São Paulo: Cortez, 2007.

JACOBI, P.R. A gestão participativa de bacias hidrográficas no Brasil e os desafios do fortalecimento de espaços públicos colegiados. In: COELHO, V.S.; NOBRE, M. (org). *Participação e deliberação: teoria democrática e experiências institucionais no Brasil contemporâneo.* São Paulo: 34, 2004, p. 270-289.

LEAL, R.L.M. *O Comusan - SP e os paradigmas da participação.* São Paulo, 2004. Tese (Doutorado). Faculdade de Saúde Pública da USP.

PELICIONI, M.C.F. *Educação em saúde e educação ambiental: estratégias de construção da escola promotora da saúde.* São Paulo, 2000. Tese (Livre Docência). São Paulo: Faculdade de Saúde Pública – USP.

PHILLIPI Jr, A. et al. Orientações básicas para a estruturação de um Sistema Municipal de Gestão Ambiental. In: PHILLIPI Jr, A. et al. (ed). *Municípios e meio ambiente: perspectivas para a municipalização da gestão ambiental no Brasil.* São Paulo: Associação Nacional de Municípios e Meio Ambiente, 1999.

PRESOTO, L.H.; WESTPHAL, M.F. A participação social na atuação dos conselhos municipais de Bertioga – São Paulo. *Saúde Soc.* São Paulo, v. 14, n. 1, 2005, p. 68-77.

SAWAIA, B.B. Participação social e subjetividade. In: SPOSATI, A. et al. *Ambientalismo e participação na contemporaneidade.* São Paulo: Educ/Fapesp, 2001, p. 115 – 134.

SILVA, E.C. *Participação comunitária nos processos de educação em saúde e ambiental: região de Paranapiacaba e Parque Andreense.* São Paulo, 2009. Dissertação (Mestrado). Faculdade de Saúde Pública da USP.

TATAGIBA, L. Conselhos gestores de políticas públicas e democracia participativa: aprofundando o debate. *Rev. Sociol. Polít.* Curitiba, v. 25, 2005, p. 209-213.

WELTMAN, F.L. Democracia, representação, participação: a aposta do pluralismo institucional. *Divulg Saúde Deb.* v. 43, 2008, p. 29-36.

WESTPHAL, M.F. Participação e cidadania na promoção da saúde. In: Anais do 6º Congresso Paulista de Saúde Pública. 1999, Águas de Lindoia, p. 287-95.

Política e Planejamento Territorial

24

Wilson Edson Jorge
Arquiteto, Faculdade de Arquitetura e Urbanismo – USP

O PLANEJAMENTO E O ESTADO

O planejamento de que trata o presente capítulo se refere a uma atividade vinculada ao Estado, qualquer que seja o nível territorial em que ocorra. O planejamento regional ou, em um sentido mais amplo, o planejamento territorial, é uma atividade vinculada ao Estado ou à Federação, ou, eventualmente, a um consórcio de municípios. O plano diretor, para citar um exemplo bastante conhecido, é um documento cuja produção é de competência do município. Portanto, não se pode tratar de planejamento sem conhecer a entidade pública à qual a atividade esteja vinculada, o que significa conhecer o Estado, especificamente o Estado brasileiro e seus desdobramentos.

Essas afirmações trazem consigo o conceito de que todo planejamento, por ser uma atividade do Estado, tem necessariamente um caráter político. Tratar de planejamento significa tratar de política, fato do qual não se pode ou não se deve esquivar. Porém, é importante afastar, inicialmente, o risco do tecnicismo, em que se confunde a técnica de produção do planejamento com os interesses que efetivamente conduzem esse processo e moldam ou preestabelecem seus objetivos e conteúdos. Aqui já se poderia salientar que em qualquer processo de planejamento, superando-se a questão técnica, é necessário conhecer as forças e interesses que estariam comandando o processo, mesmo que sua identificação seja difícil, pois normalmente sua presença não é clara e sua forma de vinculação com o Estado é complexa.

A questão do planejamento está vinculada ao Estado, que, por sua vez, vincula-se à teoria política, ou seja, para abordar o tema Estado e sua compreensão, é necessário recorrer à teoria política.

Partindo para uma prospecção mais ampla, é importante que se conheça o significado dessa entidade – o Estado –, sem o qual o significado do planejamento, tomado isoladamente, mostra-se insuficiente. Afinal, o que é o Estado? Qual o significado dessa entidade? O que se entende por Estado brasileiro? Há uma noção única, universal, que possa definir ou circunscrever o tema?

Existem teorias sobre o Estado que abordam essas questões e várias delas são divergentes, inclusive no que diz respeito à noção do próprio Estado. Assim, essa noção é dependente da vertente teórica sob qual é estudada. O significado de Estado, na perspectiva do conjunto de teorias formuladas para explicá-lo, é relativo, pois pode mudar de acordo com a vertente teórica adotada para defini-lo.

O objetivo deste capítulo é fornecer uma síntese sobre a teoria do Estado, centrando-se em duas vertentes, ou correntes teóricas, pela importância e repercussão que têm no mundo de hoje. Essas correntes são a liberal, cuja base vem da filosofia clássica e foi desenvolvida a partir do século XVIII, e a materialista histórica, mais recente, iniciada no século XIX, a partir de Marx. Essa síntese evidentemente não esgota o assunto, mas permite uma primeira reflexão sobre o tema e o planejamento.

TEORIAS DO ESTADO

Maquiavel e a Ciência Política

O primeiro filósofo moderno a tratar da política como uma atividade humana autônoma, prescindindo da intervenção divina, foi Maquiavel. Ele procurou separar a política, como ciência, de outras áreas que até então mesclavam e impediam o desenvolvimento de uma teoria sobre ela. Maquiavel apresenta a política como atividade especificamente humana, distinta da filosofia, da moral, da religião e da ética. Em seu livro *O príncipe*, a política é analisada como ciência autônoma. Sua ciência política representa a filosofia de seu tempo, o século XV, cujo modelo de organização política mais avançado é o de monarquias nacionais absolutas. O objetivo político de Maquiavel, inclusive quando produziu sua obra, foi a unificação da Itália, então pulverizada em pequenos reinos e principados, continuamente à mercê do ataque de nações europeias e de lutas internas permanentes.

Os três pontos básicos estudados por Maquiavel foram a ideia do Estado (poder), a tomada do poder e sua manutenção. Em sua obra, ele apresenta a natureza da política, por meio de exemplos concretos, acontecimentos da época ou históricos, nos quais a ação da política vai determinando os acontecimentos – coligações, acordos, conquistas, traições, intrigas e ações humanas desencadeadas por interesses mais amplos, que visam a obter o poder. Em seguida, analisa as condições para a obtenção e a manutenção desse poder. Entre as diversas formas de manter o poder, o que é tão importante quanto obtê-lo, a mais eficiente seria pelo consentimento dos súditos.

Três conceitos desenvolvidos por Maquiavel são importantes para a compreensão do alcance de sua obra:

- *Realismo político:* é a justificativa dos governantes para suas ações, sempre que tomadas em nome da Razão de Estado, isto é, a defesa e preservação do Estado, o que valida a atitude do príncipe.
- *Racionalidade política:* todos os meios são justificáveis quando o objetivo é o fim político de tomada e manutenção do poder.
- *Ideologia ou manipulação do povo:* é a distinção entre duas morais, a dos governantes e a dos governados. Os governados não conseguem pensar como governantes e os governantes não podem pensar como governados, com o risco de comprometerem seu governo.

A Doutrina Liberal e o Estado

O item aqui abordado se baseia nos trabalhos de Carnoy (1988) e Jorge (1985). A corrente clássica que está na origem da doutrina liberal teve como base o pensamento dos filósofos políticos dos séculos XVII e XVIII, que "fundamentaram suas teorias do Estado na natureza humana, no comportamento individual e na relação entre os indivíduos" (Carnoy, 1988). As emoções destrutivas do homem, em vez de serem reprimidas pela filosofia moralista e pelos preceitos religiosos, passaram a ser controladas pelo

Estado e pela sociedade. Aqui, o Estado entra como mediador no processo de desenvolvimento social.

Nessa corrente, o indivíduo passou a ser o novo centro da filosofia política, portador de uma racionalidade divina, capaz de obter a compreensão de Deus, em vez de lhe ser revelada. Assim, o indivíduo passa a ter condições de conhecer aquilo que seria necessário para o exercício do poder: o bem comum. A teoria do Estado liberal surgiu tendo como base os conceitos dos direitos individuais e da ação do Estado de acordo com esse *bem comum*.

As bases iniciais para essa doutrina vêm de Hobbes; sua obra *Leviatã* é dedicada à questão política e à montagem de um modelo de Estado. Sua teoria política procura se fundamentar no comportamento do indivíduo, a partir de uma metodologia científica. Em seu modelo, criou um paradigma do *estado de natureza*, no qual o indivíduo não é controlado por um poder comum ou por uma lei, e tem liberdade de usar seu poder para fazer qualquer coisa segundo seu próprio juízo e razão. Esse estado, porém, pode levar à violência e à guerra, o que deve ser evitado. Essa questão da segurança e o medo da morte conduziriam os homens à renúncia de seu poder no estado de natureza, transferindo esse poder a um soberano que, em troca da liberdade dos homens, oferecer-lhes-ia a segurança de seu reinado.

Hobbes é favorável a um modelo de Estado de poder absoluto. Logo em seguida, Locke viria a se contrapor a ele, argumentando que, para resolver os riscos do estado de natureza, os homens entregam os direitos de autopreservação da propriedade à comunidade. Além disso, segundo Locke, a monarquia absoluta é incompatível com o governo civil e a sociedade política não define a forma do Estado, mas seu princípio fundamental, que são os direitos individuais. Os direitos políticos são exclusivos dos proprietários, excluindo-se da sociedade civil todos os não proprietários. Assim, o poder do Estado emana dos proprietários e esse poder somente subsiste quando espelha os interesses da sociedade civil, isto é, a proteção de seus membros e de suas propriedades.

O terceiro filósofo dessa época que escreveu sobre o Estado e teve influência considerável foi Rousseau. Segundo ele, o homem estava se degradando pela formação da sociedade civil e pela existência da propriedade, entidade corruptora e da qual se origina a desigualdade social. Rousseau entendeu o Estado de sua época como uma criação dos ricos, a fim de garantir seus interesses. Mas, como julgava os homens como seres interessados em ser livres e iguais, o Estado poderia ser a entidade capaz de garantir a liberdade e a igualdade. Nesse sentido, o poder básico do Estado estaria somente na cidadania. Mesmo podendo haver classes de cidadãos, não poderia existir uma classe a que os indivíduos pertencessem por mérito de nascença ou de propriedade. O Estado deveria prevenir a desigualdade da riqueza, eliminando os meios de os indivíduos poderem produzir tal desigualdade e protegendo os cidadãos da pobreza por meio da educação. A garantia de uma sociedade sem excessos e o resguardo de desequilíbrios que levassem ao conflito fariam com que as pessoas fossem mais conscientes e afinadas com a vontade geral da população.

Na mesma época, Adam Smith, considerado o pai da economia, desenvolveu sua teoria visando a uma justificativa econômica para a procura incessante, pelo indivíduo, de seus próprios interesses. Segundo ele, o principal objetivo econômico dos homens é conquistar o governo da comunidade e a fama, isso porque suas necessidades físicas são limitadas, não justificando o impulso básico e permanente dos homens de procurar melhorar sua situação, principalmente com o aumento de seus bens. À medida que o indivíduo procura agir de acordo com seu próprio interesse, ele está maximizando o bem-estar da sociedade da qual faz parte. Assim, o impulso do indivíduo para o ganho econômico estaria inconscientemente gerando o bem-estar coletivo e isso se daria por meio do mercado. A dinâmica social básica desse processo seria a *mão invisível* do mercado livre, que traria para o Estado a necessidade da mínima intervenção possível nesse mercado. Na realidade, o Estado que Smith criticava era o Estado de sua época, mercantilista, com resquícios feudais e que exercia forte intervenção nos mercados.

Outro filósofo importante na vertente liberal foi Max Weber, que procurou, por caminhos diferentes dos percorridos por Marx, compreender a sociedade capitalista. Ele era um neoliberal desencantado com o capitalismo e tem como modelo, fruto de sua época, o Estado forte e autoritário de Bismarck. Para ele, o Estado é inerente à sociedade: enquanto houver sociedade, haverá Estado. O Estado se define pelo meio que lhe é peculiar, não pelo seu fim, e esse meio, peculiar a todo agrupamento político, é o uso de coação física.

O Estado contemporâneo deve ser concebido como uma comunidade humana que, dentro dos limites de um determinado território – a noção de território corresponde a um dos elementos essenciais do Estado –, reivindica o monopólio do uso legítimo da violência física. Além do seu caráter específico, de reivindicação com êxito da compulsão física legítima, o Estado comporta uma racionalização do direito, e as consequências são a especialização dos poderes Legislativo e Judiciário, bem como a instituição de uma polícia encarregada de garantir a segurança dos indivíduos e de assegurar a ordem pública. Por outro lado, o Estado apoia-se em uma administração racional, que lhe permite intervir nos domínios mais diversos, desde a educação até a saúde, passando pela economia e pela cultura. Dispõe, finalmente, de uma força militar permanente.

De modo geral, o desenvolvimento do Estado moderno tem como ponto de partida o desejo do *príncipe* (o governante) de expropriar os poderes *privados* independentes que, a par do seu, detêm força administrativa, isto é, todos os proprietários de meios de gestão, de recursos financeiros, de instrumentos militares e de quaisquer espécies de bens suscetíveis de utilização para fins de caráter político. Esse processo se desenvolve em perfeito paralelo com o desenvolvimento da empresa capitalista que, pouco a pouco, domina os produtores independentes. Nota-se também que, no Estado moderno, o poder de que a totalidade dos meios políticos de gestão dispõe tende a reunir-se sob mão única. Para Weber, o socialismo não é senão uma das formas típicas do Estado moderno.

A prática política trouxe uma sensível alteração do comportamento dos Estados em face da economia e das políticas sociais. À medida que as crises econômicas do mundo capitalista vão se sucedendo e se agravando, a ação do Estado sobre a economia passa a ser mais necessária.

Com o governo de Roosevelt, na década de 1930, os Estados Unidos saíram de sua recessão com uma ação vigorosa do Estado, implantando uma política (*New Deal*) apoiada nas teorias de Keynes e rompendo com a orientação das teorias liberais. A ação do Estado nos países centrais (Estados Unidos, Europa Ocidental, Canadá) evoluiu para uma ampla ação em setores como seguridade social, saúde, educação, transporte, habitação etc., em uma política que veio a ser denominada *welfare state* (ou *Estado Providência*), com a qual se obteve uma significativa melhora nas condições de vida da população.

No pós-guerra, iniciou-se uma reação sistemática contra o *welfare state* e o *New Deal*. Em 1947, cientistas sociais reuniram-se para formular uma teoria contra essas políticas. Friederich Hayek, um dos cientistas reunidos, resumiu a posição do grupo em relação ao *welfare state*: esse Estado Providência destrói a liberdade e a competição entre os cidadãos, sem as quais não pode haver prosperidade.

A reação ao Estado Providência não evoluiu até a década de 1970, em razão da prosperidade dos países centrais. A partir dessa década, com a crise econômica que se instalou por causa do petróleo, as teorias liberais ressurgiram como reação. Em resumo, elas propõem: um Estado com ampla autoridade para fazer frente ao poder dos sindicatos (segundo os liberais, o pleno emprego seria um entrave ao crescimento); estabilização monetária (economia sem inflação); e incentivo aos empreendimentos do setor privado, principalmente por meio de reforma fiscal e distanciamento do Estado na regulação da economia. As ações efetivas, propostas dentro dessa teorização, abrangeriam o término dos investimentos estatais na produção e de seu controle sobre o fluxo financeiro, amplo programa de privatizações e uma vigorosa legislação antigreve.

O modelo de política estatal baseado nessas teorias neoliberais foi aplicado inicialmente na Inglaterra (governo Thatcher), nos Estados Unidos (governo Reagan) e no Chile (governo Pinochet), passando em seguida para outros países, tanto centrais como da periferia, inclusive o Brasil.

Portanto, em sua teoria sobre o Estado, a vertente clássica considera os seguintes pontos:

- O homem, como indivíduo e ponto de partida para a montagem de seu paradigma teórico sobre o Estado.
- O paradigma apresenta uma visão positiva do Estado como entidade, que vai orientar as emoções humanas para o desenvolvimento da própria sociedade.
- O Estado é uma entidade inerente à própria sociedade.

A Teoria Marxista e o Estado

Assim como o item anterior, este também se apoia nos trabalhos de Carnoy (1988) e Jorge (1985). O Estado não foi um tema ao qual Marx dedicou especial atenção. Sua preocupação básica foi entender e explicar como o sistema capitalista e a dinâmica econômica de sua época estavam muito mais vinculados à ação das grandes companhias e dos trustes que se formavam na ação do Estado. Marx não sistematizou uma definição, nem desenvolveu uma única e coerente teoria da política e do Estado, mas situou-o historicamente, em situações concretas. Foi Lenin quem produziu uma teoria específica sobre o Estado, a partir da teoria política de Marx, e que teve uma influência decisiva sobre o pensamento marxista. A teoria de

Lenin permaneceu praticamente inquestionada, com exceção da produção de Gramsci, até a década de 1960. Só após esse período, com a quebra da hegemonia que o Partido Comunista da URSS exercia sobre a produção intelectual marxista, é que se desenvolveram novas concepções sobre o Estado na vertente marxista.

No livro *O Estado e a revolução*, Lenin liga o Estado à ideia de força e de violência. Para ele, o cenário da política é o cenário do Estado, e não é possível fazer política fora desse cenário. Sua visão do Estado é de tal forma abrangente e exclusiva que, para ele, tomar o poder em determinada sociedade significa tomar o Estado.

A compreensão do Estado abrange três pontos fundamentais: o Estado surge historicamente; sua função é mediar o conflito entre as classes sociais existentes em determinada sociedade; isso implica oprimir permanentemente a classe trabalhadora. Segundo as citações que Lenin faz de Engels,

> O Estado não é, portanto, um poder de fora imposto à sociedade; ele tampouco é a realidade da ideia moral, a imagem e a realidade da nação, como quer Hegel. Ele é, antes, um produto da sociedade, num determinado estágio de seu desenvolvimento; ele é a confissão de que esta sociedade está envolvida numa insolúvel consigo mesma, tendo se cindido em oposições inconciliáveis que ela não pode conjurar. Mas, para que os elementos antagônicos, as classes com interesses econômicos opostos não se consumam, impõe-se a necessidade de um poder que, colocado aparentemente acima da sociedade, deva atenuar o conflito, mantê-lo nos limites da ordem e, este poder, nascido da sociedade, mas que se coloca acima dela e se torna cada vez mais estranho a ela, é o Estado.

Segundo Lenin, o poder do Estado centralizado, próprio da sociedade burguesa, aparece na época do absolutismo e suas duas instituições mais características são a burocracia e o exército permanente. Essa máquina do Estado passa por um extraordinário fortalecimento a partir da época em que o capitalismo monopolista se transforma em capitalismo monopolista de Estado. É a época do imperialismo, caracterizado, segundo Lenin, pela dominação absoluta dos trustes, pela onipotência dos grandes burgueses e do capital bancário. O fortalecimento do Estado corresponde a uma extensão inédita de seu aparelho burocrático e militar, ligado a uma maior repressão do proletariado, tanto nos países monárquicos quanto nas mais livres repúblicas.

Gramsci retomou o marxismo, ampliando-o principalmente no âmbito da compreensão e das possibilidades concretas e instrumentais de transformação da sociedade. No contexto da teorização, sua interpretação do Estado é muito mais ampla que a de Lenin. Gramsci entende o Estado também como elemento de coerção sobre a sociedade; porém, para ele, o Estado não seria simplesmente os aparatos repressores – a burocracia e as Forças Armadas –, pois seria composto, além da sociedade política que abrange aqueles aparatos, também pela sociedade civil. O conceito de Estado é ampliado, principalmente o do Estado moderno, considerado como *liberal* e que está preocupado não só com a coerção, mas também com a ideologia e com o consenso dos dominados. Para Gramsci, como a sociedade civil faz parte do Estado, tomar o aparelho do Estado é insuficiente para conquistar a sociedade.

Assim, o partido político, que para Gramsci seria o *Príncipe* moderno de Maquiavel, deve dominar, em primeiro lugar e gradativamente, a sociedade civil, por meio de um trabalho cultural e ideológico, formando uma nova cultura. Em segundo lugar, uma vez conquistada a sociedade civil, caberia a tomada da sociedade política, abrangendo os aparelhos de coerção do Estado: a burocracia e os aparelhos militares. O Estado seria o complexo de atividades práticas e teóricas com as quais a classe dirigente justifica e mantém não só seu domínio, mas também o consentimento ativo dos governados. O Estado seria igual à sociedade política adicionada à sociedade civil, isto é, hegemonia revestida de coerção.

Outro elemento enriquecedor da compreensão do Estado burguês, formulado por Gramsci, é que a classe burguesa provocou uma revolução na concepção do direito e, portanto, na função do Estado; essa revolução consiste, especialmente, na vontade de conformismo – moralidade do direito e do Estado. O direito não representa toda a sociedade, mas a classe dirigente *impõe* a toda a sociedade as normas de conduta que estão mais ligadas à sua razão de ser e ao seu desenvolvimento. A função máxima do direito seria pressupor que todos os cidadãos devem aceitar livremente o conformismo, assinalado pelo direito que todos têm de se tornarem elementos da classe dirigente. No direito moderno, portanto, estaria implícita a utopia democrática do século XVIII.

Além de Gramsci, outros autores forneceram recentemente algumas contribuições importantes à teoria política marxista.

Para Louis Althusser (apud Carnoy, 1988), em sua abordagem estruturalista,

> A função do Estado é ideológico-repressiva, mas sua natureza de classe é "estruturada" pelas relações econômicas fora do Estado [...]. A política é principalmente a política da classe dominante para estabelecer e manter a sua hegemonia sobre os grupos subordinados. A luta de classe é relegada à sociedade civil; o Estado e a política são a arena das frações da classe capitalista em sua tentativa de mediar essa luta.

Joachim Hirsh (apud Carnoy, 1988) deduz a forma e a função do Estado no processo de acumulação do capital. Segundo ele,

> A tendência declinante da taxa de lucro exige que a classe capitalista organize um Estado que neutralize essa tendência através de gastos do Estado em infraestrutura física e financeira e em investimento em recursos humanos [...]. A política [...] é também reduzida aos esforços da classe capitalista para usar o Estado a fim de neutralizar a crise capitalista.

Clauss Offe (apud Carnoy, 1988) baseia seu ponto de vista sobre o Estado nas teorias da burocracia de Max Weber, dizendo que

> O Estado capitalista é independente de qualquer controle sistemático da classe capitalista [...] mas a burocracia de Estado representa os interesses dos capitalistas, pois ele depende da acumulação de capital para continuar existindo como Estado [...]. O Estado é um sujeito político no sentido de que organiza a acumulação do capital e é também o local das principais crises do capitalismo avançado. A política está essencialmente dentro do Estado.

Pietro Ingrao (apud Carnoy, 1988) analisa o Estado baseado na luta de classes:

> O próprio Estado capitalista é uma arena do conflito de classes e, considerando ser o Estado moldado pelas relações sociais de classe, [...] ele é o produto da luta de classes dentro do Estado. A política [...] é também o lugar de conflito organizado pelos movimentos sociais de massa para influenciar os planos de ação do Estado.

Em resumo, em sua teoria sobre o Estado, a vertente marxista considera os seguintes pontos:

- A classe social como ponto de partida para a montagem de seu paradigma teórico sobre o Estado.
- O paradigma apresenta uma visão negativa do Estado como entidade que exerceria, em última análise, uma ação repressiva, de controle, sobre as classes subordinadas.
- Historicamente, o Estado aparece quando as tensões entre as classes sociais ameaçam a própria organização social.

POLÍTICAS URBANAS NO BRASIL

Em nível nacional, a ação do Estado foi fundamental para garantir a implantação da industrialização, o fenômeno mais importante para a economia brasileira no século XX. A Revolução de 1930 trouxe ao Estado definitivamente o apoio à consolidação da burguesia industrial, que passou a determinar os rumos da economia brasileira. A industrialização conferiu uma nova fisionomia às cidades, acelerando o processo de urbanização, criando uma população excluída que moldou as periferias urbanas e, principalmente, expandiu e concentrou a rede urbana, com a formação, inclusive, das metrópoles brasileiras. A população brasileira passou de 41 milhões de habitantes, em 1940, para 157 milhões, em 1996. Em 1940, a população urbana representava apenas 31% da população total, enquanto em 1996 já correspondia a 78% de todos os habitantes. A integração dos mercados regionais no Brasil, que se consolidou definitivamente com a implantação da rodovia Belém-Brasília, no fim da década de 1950, vem a favorecer os parques industriais do Sudeste e a acentuar o crescimento urbano nessa região.

As políticas do Estado brasileiro continuam favorecendo permanentemente o setor do capital, sob o argumento do desenvolvimentismo. O Estado investe nos setores da economia nos quais o capital privado não tem interesse ou capacidade para investir, mas que se apresentam críticos para garantir o processo de industrialização e de crescimento da economia. Assim, o Estado, utilizando os fundos públicos, investiu vigorosamente durante cinco décadas no setor de infraestrutura de transporte (rodovias, portos, aeroportos), energia (usinas hidrelétricas e de transmissão, petróleo, por meio da Petrobras), comunicações e indústria de base (siderúrgicas). Isto é, o Estado passou a entrar em setores da economia que antes eram praticamente vedados a ele, para dar suporte ao capital privado e às

842 | CURSO DE GESTÃO AMBIENTAL

suas necessidades de reprodução. Nota-se que, de todo esse investimento realizado, pouco foi dirigido para as cidades; a maior parte foi destinada à infraestrutura regional e aos complexos industriais. Os empréstimos em moeda realizados pelo setor público, de 1972 a 1981, totalizando 30 bilhões de dólares, contemplaram os setores de energia (24,9%), transportes (17,6%), siderurgia (10,3%), telecomunicações (5,6%), petroquímica (5,2%) e intermediação financeira (11,8%); para o setor urbano, especificamente representado pelo setor de saneamento, foi investido apenas 1,7% (Cruz, 1984).

O Brasil não teve políticas explícitas para o setor urbano até o regime militar, iniciado em 1964. Anteriormente, as políticas urbanas eram localizadas e resolvidas pela ação dos poderes locais. Políticas urbanas nacionais só vão ser objeto da ação do Estado a partir da década de 1960, como consequência da centralização de poder no governo federal, em detrimento dos estados e municípios, e da necessidade de o regime militar promover o desenvolvimento da economia, em fase recessiva na década de 1960, e obter legitimação da população, para garantir maior respaldo político.

Os chamados problemas urbanos – habitação, transporte e saneamento – somente passaram a ser considerados importantes e críticos quando as cidades brasileiras chegaram a patamares populacionais significativos. Em 1900, apenas quatro cidades possuíam mais de 100 mil habitantes. Foi a partir da década de 1940 que os núcleos urbanos passaram a ter um crescimento progressivamente alto, com os centros maiores chegando aos milhões de habitantes. A questão do crescimento urbano não era vista como problemática, e sim um salutar reflexo do desenvolvimento do país. Em São Paulo, por exemplo, o *slogan* adotado pelo município no primeiro centenário da cidade foi: *São Paulo não pode parar!*

A habitação não era considerada um empecilho, pois a demanda habitacional sempre foi suprida pelo mercado imobiliário. A população de baixa renda, sem condições de resolver seu problema de moradia naquele mercado, recorria a soluções extralegais. A partir da década de 1930, o Estado proporcionou financiamentos para a habitação por meio de fundos de aposentadorias e pensões, sem maior importância diante da demanda global do setor. A partir de 1964, o governo federal criou um plano nacional de habitação, sob a gestão do Banco Nacional de Habitação (BNH), utilizando como recurso para financiamento os fundos compulsórios de salários (Fundo de Garantia por Tempo de Serviço – FGTS) e poupança privada. O BNH teve grande importância – enquanto o plano persistiu, até o fim da década de 1980 –, promovendo o setor da construção civil e permitindo a implantação de um considerável número de habitações. Algumas cidades, como Natal, chegaram a construir conjuntos habitacionais que abrigavam mais de 100 mil habitantes. Com o fechamento do BNH, em 1988, a Caixa Econômica Federal passou a gerir o espólio daquele banco, sem nenhum plano orientador. A partir da década de 1990, ampliaram-se os movimentos populares com vistas à questão da habitação e os municípios passaram a enfrentar, progressivamente, a questão habitacional.

No setor de saneamento, o Estado foi alterando a forma de gestão de seus serviços. A partir da segunda metade do século XIX, a forma utilizada era a concessão dos serviços públicos a empresas privadas. No início da década de 1930, com o novo sistema político, o Estado passou a implantar e gerir diretamente os sistemas de serviços urbanos de saneamento, utilizando recursos de fundos públicos. Em 1964, o Estado começou a dar concessões dos sistemas de saneamento a empresas públicas de nível estadual, restringindo a ação dos municípios no setor. Novamente, o movimento é de centralização da política e de seus recursos. Nos últimos anos, à medida que o governo federal, com sua política de minimização dos compromissos com as questões sociais, passou aos municípios a responsabilidade por diversas políticas sociais; muitos daqueles que tiveram seus sistemas de água e esgoto vinculados às companhias estaduais de saneamento passaram à ofensiva para recuperar a gestão dos sistemas.

Em relação aos transportes públicos, o crescimento acelerado das cidades gerou uma situação crítica. Em 1920, apenas duas cidades no Brasil tinham mais de 500 mil habitantes. No fim do século XIX, o transporte urbano era realizado por bondes a tração animal e, depois, a tração elétrica; esses sistemas eram explorados por empresas privadas que recebiam concessão. A implantação de ferrovias nas cidades maiores permitiu a criação dos trens de subúrbio, ao longo de cujas linhas essas cidades se expandiram, formando vetores predominantes de expansão urbana. Ainda nessa década, entraram em cena os ônibus, que se tornaram a solução predominante para o transporte urbano na maioria das cidades. A implantação da indústria automobilística no governo JK transformou radicalmente a composição do transporte urbano, com o predomínio dos veículos de transporte individual sobre os de transporte público. O regime militar transformou a política federal no setor de transporte urbano, que era apenas normativa, em agências, centralizando em um órgão – o Geipot – o financiamento e o direcionamento de políticas de transporte urbano em grandes cidades. Os financiamentos sempre foram vinculados a solicitações dos governos estaduais ou locais. O Geipot, porém, criou prioridades e programas para investimentos em transportes para todo o país, focando objetos específicos, como centrais de abastecimento para as capitais, trechos de rodovias para tangenciar cidades onde rodovias federais tinham sido superadas pelo avanço da urbanização etc. Além de progressivamente ocupar mais espaço no sistema viário urbano, o transporte individual passou a ser o objeto preferencial de políticas urbanas, que privilegiaram investimentos em infraestrutura viária, procurando beneficiar os usuários desse tipo de transporte. Por outro lado, houve um retrocesso nas políticas públicas voltadas para o transporte coletivo, o que levou a um estado de progressiva deterioração desse sistema, a ponto de o transporte coletivo começar a perder passageiros para o transporte individual. O transporte de passageiros torna-se o problema mais crítico das metrópoles. Os problemas do transporte urbano de passageiros são específicos de cada cidade, exigindo ações integradas entre os vários níveis do Estado, o que vem se mostrando um estrangulamento permanente para a gestão desse tipo de transporte.

A QUESTÃO DO CAPITAL, DO ESTADO E DO URBANO

O Estado brasileiro estrutura-se em três níveis de unidades territoriais: o próprio país, cuja gestão é de competência da União; os estados, que são responsáveis por áreas menores e de competência mais restrita: os municípios, cuja competência se dá sobre a menor unidade do território, o próprio município. Nessas três escalas de competência e de territorialidade, a União privilegia sua ação na montagem de políticas globais, principalmente das econômicas, que têm dominado, de longe, o conjunto de iniciativas e ações do governo federal. É nesse nível de poder que se dá preferencialmente a ação de poderosos *lobbies* econômicos, ao influenciarem e moldarem a política do Estado conforme seus interesses. Pode-se adiantar que é na esfera federal que o Estado efetivamente privilegia o capital e seus interesses. Isso porque é nessa esfera de poder que se montam as políticas que influenciam decisivamente as condições de produção e reprodução do capital: as políticas de incentivo, as políticas de financiamento e de investimento, enfim, as decisões sobre o uso e a destinação do fundo social à disposição do Estado. Na outra ponta da estrutura político-administrativa estão os municípios, em cuja área de atuação, urbana por excelência, ocorrem as demandas básicas da população. É no município que o quadro das necessidades da população emerge diretamente, pois é nesse espaço que transcorre a existência, isto é, as condições de produção e reprodução da força de trabalho. A concentração de poderes e de recursos na União reflete-se nos recursos mínimos que cabem aos municípios diante de sua competência de atendimento às necessidades da população.

O PLANEJAMENTO TERRITORIAL

Historicamente, o planejamento territorial, em escala regional, acontece no Brasil em duas grandes vertentes:

- Como consequência e desdobramento de grandes investimentos públicos em infraestrutura, a exemplo das hidrelétricas implantadas onde havia recursos hídricos e que terminaram por levar a ações mais amplas de deslocamento de populações e a projetos de irrigação e de navegação.
- Como política compensatória do desequilíbrio crônico no desenvolvimento brasileiro, que leva inexoravelmente à concentração espacial, tanto regional quanto urbana. É exemplo dessa vertente a criação de entidades interestaduais cuja ação principal terminou por garantir benefícios fiscais e empréstimos subsidiados para empresas que investissem em suas regiões: a Sudene e a Sudam, mais expressivas, e a Sudesul.

Os estados também apresentam experiências em regionalização, mais como um instrumento de racionalização administrativa que de desenvolvimento regional. É o exemplo das regiões administrativas, criadas pelo governo do estado de São Paulo, baseadas na metodologia das regiões polarizadas francesas.

No início do primeiro mandato de Fernando Henrique Cardoso, na década de 1990, montou-se uma política de eixos de desenvolvimento vinculados à criação e à modernização de corredores de exportação, com o objetivo último de diminuir o chamado Custo Brasil. Esses eixos são compostos por sistemas de hidrovias, rodovias, ferrovias e portos, que integram o espaço brasileiro produtor de *commodities* ao sistema internacional de circulação de mercadorias. Essa política está vinculada a uma outra, mais ampla, montada pelo governo federal com a abertura do mercado brasileiro, as privatizações e concessões de serviços e de infraestrutura pública. O fortalecimento do Mercosul, intensificando os interesses comerciais entre seus membros, veio ressaltar e valorizar a ligação entre seus países-membros, principalmente com a hidrovia Tietê-Paraná e o eixo rodoviário composto pela BR-116. Nota-se que essa política está voltada diretamente para a eficiência da infraestrutura de suporte aos custos de produção, inclusive o transporte.

Entretanto, a política de desregulamentação provocada pelo governo de Fernando Henrique Cardoso produziu um desenvolvimento maior em determinadas regiões e provocou desintegração em outras, pois uma integração completamente desregulada não integra populações nem amplia o mercado interno.

O que se observa atualmente é uma política de guerra fiscal entre estados, com oferecimento de vantagens fiscais, de áreas físicas e de infraestrutura para captação de investimentos industriais dirigidos ao Brasil, e principalmente ao Centro-Sul. Quanto aos seus objetivos, essa política se enquadra perfeitamente na teoria do planejamento estratégico de cidades, porém vinculada a outro nível territorial e de governo. As vantagens oferecidas pelos estados nessa disputa são de tal ordem que os governos estaduais as mantêm cuidadosamente ocultas.

Tendências observadas regionalmente, cuja iniciativa vem dos municípios, merecem destaque:

- A união de municípios pertencentes à mesma bacia hidrográfica, com o objetivo de administrarem o uso dos recursos hídricos. No estado de São Paulo já existem consórcios consolidados com experiências significativas nessa gestão. A cobrança pelo uso da água, regularizada por projeto de lei em votação, pode dar um grande impulso a esses consórcios.

- O associativismo, geralmente envolvendo municípios menores, que procuram criar economias de escala para a utilização de equipamentos pesados.

- A concentração progressiva que a política de regionalização do estado de São Paulo tem levado para as cidades-polo, que vêm absorvendo grande parte dos investimentos públicos e privados em sua região em detrimento das demais cidades.

O planejamento local, por sua vez, pode ser acompanhado pela trajetória dos planos diretores, como um instrumento de desenvolvimento urbano.

Os planos diretores foram os instrumentos do planejamento centralizado e autoritário do governo militar no fim da década de 1960, com a imposição de uma metodologia na qual predominava o fator físico para o planejamento urbano. A política centralizadora, apoiada no Serviço Federal de Habitação e Urbanismo (Serfhau), subordinava empréstimos e financiamentos às cidades à existência de planos diretores, seguindo o modelo preestabelecido. Essa política rígida e uniforme provocou uma enxurrada de planos diretores, que se mostraram, grosso modo, inócuos diante da problemática dos municípios. Na linha de transformação de sua política urbana, o governo militar propôs uma política de apoio às cidades médias como resposta ao crescimento excessivo das cidades grandes. Essa política vinculava equivocadamente o crescimento urbano a uma resposta aos investimentos públicos em equipamentos.

Posteriormente, os planos diretores passaram de documentos relativamente inócuos na sua origem a "tábuas de salvação" do desenvolvimento urbano. A Constituição de 1988 elevou o plano diretor ao patamar de instrumento de desenvolvimento integral para o município.

Nesse contexto, é importante salientar que o regime militar reduziu drasticamente a capacidade financeira dos municípios, que, em parte recuperada, a partir de 1988, concentrou o fundo público nos investimentos em infraestrutura regional, relegando os serviços e infraestrutura urbana a um segundo plano; e concentrou políticas públicas, reduzindo ainda mais a capacidade de decisão local. Um exemplo típico é a política de saneamento – o Plano Nacional de Saneamento (Planasa). Esse processo levou a um enfraquecimento do poder local e a um comprometimento progressivo dos serviços públicos e da qualidade de vida urbana.

Por outro lado, em inúmeras cidades de porte, novas experiências extremamente importantes na gestão urbana e no planejamento local têm sido implantadas: o orçamento participativo, a renda mínima, a negação do zoneamento como instrumento de segregação social etc.

O planejamento estratégico aparece, nos últimos anos, como a grande novidade no setor, um instrumento capaz de oferecer suporte às gestões urbanas perante as questões de desenvolvimento, das quais a mais importante é atrair investimentos externos. Em uma visão mais crua, o planejamento estratégico preconiza, ideologicamente, as cidades subjugadas à lógica e à dinâmica da acumulação flexível e globalizada, terminando por traduzir aquela lógica em estratégias urbanas. Se, por um lado, incorpora agentes importantes no processo de decisão e gestão (empresários), por outro, ignora setores importantes da sociedade, que não têm estrutura de organização ou representação, ignorando as políticas fundamentais de integração entre municípios, que são caminhos importantes para a solução de problemas extramunicipais com repercussões sobre o urbano. Ignora também a grande diversidade das cidades brasileiras, quer em tamanho, quer em riqueza ou pobreza, e sua distribuição relativa pelo território. Cabe ressaltar que o planejamento estratégico seria instrumento somente para uma faixa específica de cidades e, sob sua ótica teórica, se for levada às últimas consequências, muitas cidades brasileiras seriam consideradas inviáveis diante de seus potenciais de desenvolvimento.

Como contraponto ao planejamento estratégico, é importante lembrar a política das *Metrópoles de equilíbrio*, desenvolvida pelo governo francês, em que a estratégia pretendida para o território foi o fortalecimento de sistemas urbanos que se colocassem efetivamente como alternativas para os investimentos no país, e não só na capital, Paris, que sempre exerceu extrema centralidade na França. O Estado francês assumiu a responsabilidade e o planejamento para tornar competitiva uma série de cidades, atuando em grandes projetos de infraestrutura com sólido apoio do setor empresarial.

Mas a teoria do planejamento estratégico, quando focaliza na cidade a competência do próprio desenvolvimento, obscurece a importância do Estado, pois, no mundo da acumulação flexível e globalizada, quanto menos Estado, melhor. A cidade tem de andar com as próprias pernas. Essa teorização esquece o fato de que grande parte dos problemas que as cidades brasileiras apresentam é resultado das políticas do governo federal, que levaram a uma das piores distribuições de rendas do mundo, que vêm sucateando os serviços públicos, principalmente educação e saúde, e que relegaram os investimentos públicos urbanos à competência estritamente municipal, sem considerar que algumas prefeituras estão em difícil situação econômico-financeira, muitas das quais em estado de pré-falência.

A superação dessa condição não pode ser atribuição estrita dos municípios, muito menos contando com uma técnica ideologizada de planejamento, que também não se pode generalizar.

CONSIDERAÇÕES FINAIS

É importante afirmar que o planejamento local e regional pressupõe uma política de âmbito nacional, que é decisiva para o desenvolvimento urbano. Para que ele se estabeleça, é necessário que o Estado seja recuperado como entidade responsável pelo desenvolvimento econômico e social das cidades, por meio de vigorosas políticas sociais que, principalmente, melhorem a distribuição de renda.

REFERÊNCIAS

CARNOY, M. *Estado e teoria política*. São Paulo: Papirus, 1988.

CRUZ, P.D. *Dívida externa e política econômica: a experiência brasileira dos anos 70*. São Paulo: Brasiliense, 1984.

ENGELS, F. *A origem da Família, da Propriedade Privada e do Estado*. Traduzida da 6ª ed. alemã, p.177-8.

JORGE, W.E. O conceito de Estado – síntese das teorias formuladas por Maquiavel, Lenin, Gramsci e Weber. *Sinopses 8*. dez. 1985, p.231.

Bibliografia Consultada

ARRETCHE, M. *Estado federativo e políticas sociais: determinantes da descentralização*. São Paulo: Revan/Fapesp, 2000.

ARRIGHI, G. *O longo século XX*. São Paulo: Editora da Unesp, 1994.

AZEVEDO, S. Política de habitação popular e subdesenvolvimento: dilemas, desafios e perspectivas. *Políticas públicas para áreas urbanas*. Rio de Janeiro: Zahar, 1982, p.69.

BOBBIO, N. *Estado, governo, sociedade*. Rio de Janeiro: Paz e Terra, 1990.

BOBBIO, N.; BOVERO, M. *Sociedade e estado na filosofia política moderna*. São Paulo: Brasiliense, 1991.

BOLAFFI, G. Os mitos sobre o problema da habitação. *Espaço & Debates*. v. 17, n. 24, 1986.

BONDUKI, N. *O início da política de habitação social no Brasil*. São Paulo: FAU/USP, 1995.

BORON, A.A. *Estado, capitalismo e democracia na América Latina*. São Paulo: Paz e Terra, 1995.

BRASIL. *Constituição da República Federativa do Brasil*. São Paulo: Atlas, 1989.

CARDOSO, F.H. *O modelo político brasileiro e outros ensaios*. Rio de Janeiro: Bertrand Brasil, 1993.

CASTELLS, M.A. *A questão urbana*. Rio de Janeiro: Paz e Terra, 1983.

CAVALCANTI, J.C. O setor de saneamento no Brasil: estrutura, dinâmica e perspectivas. Rio de Janeiro, 1987. Dissertação (Mestrado). CFE/Universidade Federal do Rio de Janeiro.

CHOAY, F. *O urbanismo – utopias e realidades, uma antologia*. São Paulo: Perspectiva, 1979.

DALLARI, D.A. *Elementos de teoria geral do Estado*. São Paulo: Saraiva, 1955.

ENGELS, F. *A questão da habitação*. São Paulo: Acadêmica, 1988.

FAGNANI, E. *O perfil da intervenção governamental no saneamento básico e principais dilemas em São Paulo*. São Paulo: Fundap, 1984.

FIORI, J.L. *Em busca do dissenso perdido*. São Paulo: Insight Editorial, 1996.

_____. *O vôo da coruja*. Rio de Janeiro: Eduerj, 1996.

GIANNOTTI, J.A. A sociabilidade travada. *Novos Estudos Cebrap*. v. 28, out. 1990.

GOTTIDIENER, M. *A produção do espaço urbano*. São Paulo: Edusp, 1993.

GUGLIELMI, P. Habitação: ordem e progresso. São Paulo, 1984. Dissertação (Mestrado). Faculdade Getúlio Vargas.

HALL, P. *Cidades do amanhã*. São Paulo: Perspectiva, 1995.

HARVEY, D. *A justiça social e a cidade*. São Paulo: Hucitec, 1980.

_____. *Condição pós-moderna*. São Paulo: Loyola, 1993.

_____. O trabalho, o capital e o conflito de classes em torno do ambiente construído nas sociedades capitalistas avançadas. *Espaço & Debates*. v.6, n.6, jun/set 1982.

_____. Do gerenciamento ao empresariamento: a transformação da administração urbana no capitalismo tardio. *Espaço & Debates*. v. 39, 1996, p.48-64.

[IBAP] INSTITUTO BRASILEIRO DE ADMINISTRAÇÃO PÚBLICA. *Institucionalização da participação popular nos municípios brasileiros*. São Paulo: Ibap, Caderno n.1.

JORGE, W.E. *A Política Nacional de Saneamento – Pós 64*. São Paulo; 1987. Tese (Doutorado). Faculdade de Arquitetura e Urbanismo da USP.

_____. O mito da tecnologia. *Arquitetura e Urbanismo*. v. 5, abr. 1986.

MARICATO, E. *A produção capitalista da casa (e da cidade) no Brasil Industrial*. São Paulo: Alfa-Ômega, 1973.

_____. *Indústria da construção e política habitacional*. São Paulo, 1983, xxp. Tese (Doutorado). Faculdade de Arquitetura e Urbanismo da USP.

_____. *Habitação e as políticas urbana, fundiária e ambiental*. Brasília: Ministério das Relações Exteriores/PNUD, 1995.

MARTINS, M.L.R. *Desafios da gestão municipal democrática – Santos*. São Paulo: Pólis/Josué de Castro/União Europeia, 1998.

_____. Movimentos populares urbanos em face à desregulamentação no tocante à cidade. *Proposta*. Rio de Janeiro, v. 67, dez. 1995, p. 51-8.

MORSE, R. *O espelho de Próspero*. São Paulo: Companhia das Letras, 1988.

OLIVEIRA, F. O estado e o urbano no Brasil. *Espaço & Debates*. v.6, n.36, jun/set, 1982.

_____. O primeiro ano do governo Fernando Henrique Cardoso. *Novos Estudos Cebrap*. v.44, mar. 1996.

[ONU] ORGANIZAÇÃO DAS NAÇÕES UNIDAS. *Agenda Habitat*. Resumo, FAUzine 2, Puccamp, 1996.

OTTOLENGHI, R. *Asociaciones de municipios en la implantación de la Agenda Habitat en América Latina*. Foro Golde. 25 mai. 1998. Disponível em: http://www. chasque.apc.org/guifont.

PERSPECTIVA. O novo município, economia e política local. *Perspectiva*. São Paulo: Seade, v.10, n.3, 1996.

SADER, E. *Estado e política em Marx*. São Paulo: Cortez, 1993.

SÃO PAULO (ESTADO). *Constituição do estado de São Paulo*. São Paulo: Atlas, 1991.

_____. Secretaria de Recursos Hídricos, Saneamento e Obras/Unicamp. *Curso de extensão: políticas de gestão integradas de bacias hidrográficas*. São Paulo: Unicamp, 1997.

SCHMIDT, B.V. *O Estado e a política urbana no Brasil*. Porto Alegre: Editora da Universidade/L&PM, 1983.

[SEADE] FUNDAÇÃO SISTEMA ESTADUAL DE ANÁLISE DE DADOS. *A reforma tributária de 1998 e os municípios do estado de São Paulo*. São Paulo: Seade, 1993. (Coleção Estudos Municipais, n.1)

SOARES, J.A.; CACCIA-BAVA, S. (org). *Os desafios da gestão municipal democrática*. São Paulo: Cortez, 1998.

STREN, R. Urban research in the developing world. *Perspectives on the City*. v.4. Toronto: CUCS, 1995.

[UNCHS/WACLAC] UNITED NATIONS CENTRE FOR HUMAN SETTLE-MENTS/ WORLD ASSOCIATIONS OF CITIES AND LOCAL AUTHORITIES COORDINATION. *Towards a world chart of local self-government.* 25 de maio de 1998. Anexo: Versão parcial em espanhol e resumo em português.

VAINER, C. *Pátria, Empresa e Mercadoria. Notas sobre a estratégia discursiva do pleanejamento estratégico urbano.* Rio de Janeiro: IPPUR, 1999.

VIEILLE, P. *Marché des terrains et société urbaine.* Cidade: Anthropos, 1970.

VIEIRA, E. *Democracia e política social.* São Paulo: Cortez, 1992.

VILLAÇA, F. O que todo cidadão precisa saber sobre a habitação. São Paulo: Global, 1986. (Cadernos de Educação Política, n.16)

_____. *Espaço intraurbano no Brasil.* São Paulo: Studio Nobel, 1998.

Estudo de Impacto Ambiental como Instrumento de Planejamento

25

Helena Ribeiro

Geógrafa, Faculdade de Saúde Pública – USP

Nas últimas décadas, foram realizados muitos trabalhos de planejamento ambiental, zoneamento ecológico-econômico, ordenação do território, planejamento do meio físico, ecologia da paisagem. Para esse fim adotaram-se diferentes enfoques e metodologias, com foco em aspectos temáticos e âmbitos geográficos muito distintos (Cendrero, 1982).

Segundo Cendrero (1982), o planejamento ambiental ou territorial é definido, de forma ampla e generalizada, como

> Uma atividade intelectual pela qual se analisam os fatores físico-naturais, econômicos, sociais e políticos de uma zona (um país, uma região, uma província, um município etc.) e se estabelecem as formas de uso que consideram adequadas para ela, definindo sua amplitude e localização e fazendo recomendações sobre as normas que devem regulamentar o uso do território e de seus recursos na área considerada.

A ordenação e a gestão do território constituem o processo de estabelecimento e promulgação de normas concretas de uso (zoneamento, medidas de controle etc.) e implementação, realização, monitoramento e controle dos processos elaborados de acordo com as diretrizes do planejamento.

Esse conjunto de atividades envolve aspectos variados, de natureza científica, técnica ou político-administrativa. Daí a necessidade do envolvimento de campos de conhecimento bastante diversos e de um tratamento inter ou multidisciplinar.

Ainda segundo Cendrero (1982), o planejamento ambiental se realiza em três níveis (macro, meso e micro), cada qual apresentando problemas diferentes, que se tenta resolver com a aplicação de técnicas e instrumentos de análise também distintos.

No nível macro desenvolvem-se as seguintes atividades:

- Análise e diagnóstico do sistema socioeconômico, inclusive das necessidades e desejos da população, tanto no que diz respeito aos objetivos do desenvolvimento quanto nas atitudes tomadas diante de problemas ambientais.
- Diagnóstico dos principais problemas de desenvolvimento e de meio ambiente existentes.
- Realização de inventário de recursos naturais, financeiros e humanos existentes em nível geral.
- Avaliação comparativa das diferentes políticas de desenvolvimento e de seus impactos ambientais.
- Definição de objetivos e prioridades de desenvolvimento, abrangendo, com igual importância, os objetivos ambientais, econômicos e sociais.

No nível meso, os seguintes procedimentos costumam ocorrer:

- Definição e caracterização das atividades a serem promovidas.
- Descrição e representação, em mapas, das características do território considerado e do inventário de seus recursos.
- Avaliação da capacidade, impacto e aptidão do território, em cada um de seus pontos, para as diferentes atividades. Para isso, é preciso desenhar e aplicar métodos que permitam a integração de parâmetros muito heterogêneos e dificilmente agregáveis.
- Geração de propostas alternativas de uso do território.
- Avaliação comparativa das diferentes alternativas.

No nível micro, as atividades desenvolvidas são:

- Seleção de localizações específicas para os empreendimentos.
- Desenho de projetos concretos, com especificações técnicas detalhadas.
- Avaliação comparativa dos diferentes projetos, incluindo a avaliação de impactos ambientais.
- Determinação das medidas preventivas e corretivas a serem aplicadas para reduzir ou minimizar os impactos que serão gerados.
- Determinação dos sistemas de monitoramento e de controle, além da avaliação continuada de parâmetros fundamentais que possam servir de indicadores de impactos e que facilitem o controle e a gestão das atividades.

A avaliação de impacto ambiental aparece, então, na literatura, como um instrumento do planejamento ambiental, sobretudo no nível micro, e é nesse nível que os estudos de impacto ambiental têm sido empregados, ou seja, para avaliar impactos ambientais de um empreendimento proposto, em que pese haver discordâncias a esse respeito. Alguns autores defendem a utilização da avaliação de impacto ambiental para outros níveis, além daquele de projetos ou empreendimentos específicos. Andreoli (1994) comenta que

> Embora a legislação brasileira estabeleça uma ampla conceituação para a avaliação de impacto, objetivamente as exigências têm se concentrado em projetos pontuais, como barragens, estradas, grandes projetos industriais, caracterizando como exceções os estudos de maior abrangência.

Por exemplo, em 1995, a Lei de Biossegurança estabeleceu a exigência de estudo de impacto ambiental para a introdução de qualquer organismo geneticamente modificado ou transgênico no país.

ORIGENS E EVOLUÇÃO DA AVALIAÇÃO DE IMPACTO AMBIENTAL

Além dos trabalhos de planejamento, também foram criados diversos instrumentos legais, regulamentadores e normativos para a proteção do meio ambiente, fruto de uma maior conscientização para a problemática do esgotamento dos recursos naturais e da crescente poluição (Meadows, 1972; Ribeiro, 1994). Em um primeiro momento foram adotados predominantemente instrumentos corretivos, de caráter coercitivo. Posteriormente, incorporaram-se os instrumentos preventivos de danos ambientais, como a avaliação de impacto ambiental. Esses instrumentos têm extrema importância, uma vez que a reparação de danos ambientais causados por ações e empreendimentos é frequentemente difícil, custosa e até mesmo impossível (Weitzenfeld, 1996).

A avaliação prévia de impacto ambiental apareceu como instrumento de uma política ambiental pela primeira vez em 1969, nos Estados Unidos. Em 1º de janeiro de 1970 ela passou a fazer parte do aparato legal dessa nação, quando entrou em vigor o National Environmental Policy Act (Nepa), que adotava o Environmental Impact Assessment (EIA) como um dos instrumentos da política de meio ambiente do governo federal. O Nepa foi formulado graças à pressão feita aos órgãos governamentais federais por grupos de coalizão de ambientalistas, pacifistas, defensores de direitos humanos e forças *anti-establishment* que receberam amplo apoio da sociedade e do Poder Legislativo. Seu grande mérito foi alterar o conceito de qualidade de vida e associá-lo ao conceito de qualidade ambiental, uma vez que, até então, o conceito de qualidade de vida era fortemente ligado àquele de crescimento econômico e ao consumo de bens (Réverêt, 1994). Nos primeiros anos da utilização da avaliação de impacto ambiental, Munn (1975) descreveu-na como um processo de identificar as consequências potenciais da implementação de uma dada atividade sobre o ambiente biogeofísico e sobre a saúde e o bem-estar do homem e como um processo de fornecer essa informação aos órgãos competentes, que possam decidir as diretrizes futuras.

A Avaliação de Impacto Ambiental (AIA) tem como objetivo analisar as consequências ambientais prováveis de uma atividade humana no momento de sua proposição. Essas informações devem, portanto, ser levadas em consideração no processo decisório, juntamente com outras de caráter financeiro, técnico, legal e político. A finalidade é que tais ações respeitem o meio ambiente e todas as consequências ambientais negativas sejam determinadas desde o início do projeto e levadas em consideração já na sua concepção. Dessa forma, pode-se melhorar o rendimento dos recursos naturais e minimizar ou compensar seus efeitos desfavoráveis (Réverêt, 1994).

Em vista de sua importância e aceitação, a AIA passou a ser, a partir dos anos 1970 e 1980, uma prática rotineira aplicada ao processo decisório em mais de cem países do mundo que a adotaram em sua legislação ambiental. A AIA também se tornou um importante elemento do direito ambiental internacional. O Princípio 17 da Declaração do Rio sobre o Meio

Ambiente e Desenvolvimento, de junho de 1992, assinado na Conferência das Nações Unidas sobre Meio Ambiente e Desenvolvimento (Cnumad), estabelece que os países devem adotar esse instrumento para qualquer atividade que cause significativo impacto ambiental. No entanto, o instrumento vem evoluindo ao longo das últimas décadas, adotando inovações e alterando tendências. O quadro abaixo, extraído de Weitzenfeld (1996) e preparado por Sadler, em 1998, para o governo do Canadá e a Associação Internacional de Avaliação de Impacto (Iaia), sintetiza as principais tendências das avaliações de impacto ambiental nas últimas décadas.

Quadro 25.1 – Principais tendências das avaliações de impacto ambiental.

Período e fase	Tendências e inovações
Antes de 1970	Revisão de projetos baseados em estudos econômicos e de engenharia, (pré-EIA) com limitada consideração de consequências ambientais
1970-1975	Indrodução da AIA, enfocando principalmente a identificação, predição e mitigação de efeitos biofísicos Oportunidades para participação pública
1975-1980	Avaliação ambiental multidimensional, incorporando avaliação dos impactos sociais e análises de riscos. Participação pública forma parte integral. Maior ênfase na justificativa e nas alternativas de projeto
1980-1985	Esforços para ampliar o uso das AIA de projetos em políticas de planejamento. Desenvolvimento metodológico de ações de monitoramento
1985-1990	Marcos científicos e institucionais da AIA começam a ser repensados sob o paradigma da sustentabilidade. Ampliam-se preocupações com impactos regionais e cumulativos
1990-2000	Introduz-se a avaliação de impacto social na elaboração de políticas, planos e programas
A partir de 2000	Avaliação de impacto a saúde (AIS), recomendada pela Organização Mundial da Saúde (OMS), torna-se rotina em países desenvolvidos e começa a ser exigida pelo Banco Mundial para países emergentes

AIA = avaliação de impacto ambiental; EIA = estudo de impacto ambiental.

Fonte: Weitzenfeld (1996).

De acordo com o referencial teórico e metodológico, a AIA deve determinar, prever, interpretar, atenuar e monitorar os efeitos ambientais de uma atividade proposta, seja ela uma política, um programa ou um projeto.

No entanto, existem algumas controvérsias sobre o termo e sua aplicação. Para alguns teóricos do assunto, a AIA é um amplo processo que inclui instrumentos como o Estudo de Impacto Ambiental (EIA) (Oliveira, 2001). Para outros, é uma das etapas de um processo mais amplo que consiste no EIA.

No presente capítulo, adota-se a concepção de AIA como um processo mais amplo que inclui o EIA, além de outros instrumentos como Avaliação Ambiental Estratégica (AAE), Relatório Ambiental Preliminar (RAP), Estudo de Impacto de Vizinhança (EIV), Relatório de Impacto de Vizinhança (Rivi) e Análise de Risco.

O EIA é um documento em que as informações da avaliação ambiental estão consubstanciadas, que apresenta e discute os impactos considerados relevantes para o empreendimento em questão e propõe as medidas mitigadoras e um plano de monitoramento. A atenção central deste capítulo será para o EIA, uma vez que seria impossível analisar, de forma aprofundada, todos os instrumentos da avaliação ambiental.

Outro ponto controverso entre os teóricos é que, para alguns, o EIA deve ser utilizado para projetos, como já mencionado anteriormente, e a AAE para políticas e planos (Dalal-Clayton e Sadler, 1998). As principais diferenças entre uma AAE e um EIA, indicadas por Sadler e Verhem (apud Sadler, 1998), são que a avaliação estratégica se preocupa, sobretudo, com impactos indiretos e cumulativos de políticas, planos e programas, identificando implicações para o desenvolvimento sustentável de uma região, tendo uma perspectiva ampla e um baixo nível de detalhe para prover uma visão e um quadro geral. A preocupação principal da AAE seria com a capacidade de carga dos ecossistemas e com a manutenção das atividades dentro desses limites (Partidário, 1998). Em contrapartida, o EIA se referiria a um projeto específico e, portanto, deveria avaliar seus efeitos específicos, sobretudo aqueles impactos e benefícios diretos, com uma perspectiva mais estreita e um alto nível de detalhe, que enfocasse, principalmente, as medidas mitigadoras. A AAE e o EIA seriam, portanto, instrumentos complementares (Dalal-Clayton e Sadler, 1998). No entanto, somente alguns países, sobretudo europeus, têm regulamentos ou guias formais para a realização da AAE: Holanda, Grã-Bretanha, Dinamarca, Polônia, Eslováquia, Estados Unidos, Canadá, Nova Zelândia e Hong Kong (Partidário, 1998).

No Brasil, a AAE vem sendo discutida há mais de uma década (Sanchez, 2008), e algumas avaliações foram realizadas: a do gasoduto Bolívia-Brasil, a pedido do Banco Interamericano de Desenvolvimento, para a aprovação do financiamento (Prime Engenharia, 1997); a do Complexo Hidrelétrico do Rio Madeira; a do Complexo Petroquímico do Rio de Janeiro; a do Programa Rodoviário de Minas Gerais e a do Rodoanel Metropolitano de São Paulo, entre uma lista que não chega a duas dezenas. Porém, a AAE ainda não foi regulamentada e nem incorporada ao licenciamento ambiental do país.

AVALIAÇÃO DE IMPACTO AMBIENTAL NO BRASIL

No Brasil, a AIA foi introduzida em 1980, pela Lei n. 6.803/80, que "dispõe sobre as diretrizes básicas para o zoneamento industrial nas áreas críticas de poluição". A lei passou a exigir um estudo prévio de impacto ambiental para a aprovação de zonas estritamente industriais (ZEIs), destinadas à localização de polos petroquímicos, cloroquímicos, carboquímicos e instalações nucleares (Milaré, 1994).

Em 1981, com a aprovação da Lei n. 6.938/81, que instituiu a *Política Nacional de Meio Ambiente, seus fins e mecanismos de formulação e aplicação,* o EIA passou a ser um instrumento da política nacional de meio ambiente (Milaré, 1994). Somente em 1986 foi feita a regulamentação do uso desse instrumento legal, no entanto, os organismos internacionais de financiamento começaram a exigir o EIA, para liberação de empréstimos a projetos brasileiros de grande porte, sobretudo de hidrelétricas.

Em 1983, o Conselho Nacional de Meio Ambiente (Conama) recebeu a competência para fixar os critérios para os exigidos EIAs.

A Resolução Conama n. 001/86 estabeleceu as definições, responsabilidades, critérios básicos e diretrizes gerais para o uso e implementação da AIA, como um dos instrumentos da Política Nacional de Meio Ambiente. Outras resoluções posteriores do conselho disciplinaram aspectos dos EIAs, tais como a realização de audiências públicas, a exigência de EIAs para projetos com licença prévia antes de 1986, ou reforçaram a competência do Conama para editar normas e estabelecer critérios básicos para a realização de EIAs (Milaré, 1994).

A Constituição da República Federativa do Brasil, aprovada em 1988, em seu art. 225º, IV, § 1º, impôs ao poder público a incumbência de exigir, na forma da lei, para instalação de obra ou atividade potencialmente causadora de significativa degradação do meio ambiente, EIA, a que se dará publicidade (Milaré, 1994).

O Art. 1º da Resolução Conama n. 001/86 definiu impacto ambiental como:

> Qualquer alteração das propriedades físicas, químicas e biológicas do meio ambiente, causada por qualquer forma de matéria ou energia resultante das atividades humanas que, direta ou indiretamente, afetam:
> I. a saúde, a segurança e o bem-estar da população;
> II. as atividades sociais e econômicas;
> III. a biota;
> IV. as condições estéticas e sanitárias do meio ambiente;
> V. a qualidade dos recursos ambientais.

O Art. 2º, por sua vez, explicita uma lista de atividades (Anexo) que demandariam a realização prévia de um EIA. Essa lista vem precedida da expressão *tais como*, indicando que não é exaustiva e que, portanto, para outras atividades não constantes da lista, poderia ser exigido o EIA, desde que o órgão ambiental competente o julgasse necessário.

A mesma resolução estabeleceu que o EIA deve ser realizado por equipe multidisciplinar independente do proponente do projeto, apesar de caber ao empreendedor arcar com os custos referentes à realização do estudo. O estudo deve vir acompanhado de um Relatório de Impacto Ambiental (Rima), com os principais dados e conclusões do EIA e em linguagem mais simples. Por essa razão, o instrumento é popularmente conhecido como EIA/Rima, ou simplesmente Rima.

No estado de São Paulo, a Resolução SMA n. 42, de 29 de dezembro de 1994, da Secretaria Estadual de Meio Ambiente, definiu procedimentos para análise de Estudos de Impacto Ambiental (EIA/Rima), no âmbito daquela secretaria, nos casos previstos no art. 2º da Resolução n. 001/86 do Conama. Segundo essa resolução, o interessado deverá requerer a licença ambiental, instruída com o Relatório Ambiental Preliminar (RAP), conforme roteiro de orientação fornecido por aquela secretaria (Diário Oficial do Estado, 30/12/94). A Secretaria do Meio Ambiente (SMA), por meio de seu Departamento de Avaliação de Impacto Ambiental (Daia), analisará o RAP e as manifestações escritas que receber em um prazo de

ESTUDO DE IMPACTO AMBIENTAL COMO INSTRUMENTO DE PLANEJAMENTO | **861**

trinta dias, a partir do pedido de licença, podendo indeferir o pedido de licença em razão de impedimentos legais ou técnicos, exigir a apresentação de EIA/Rima ou dispensá-lo. A instituição do RAP como instrumento de licenciamento teve como objetivos principais a agilização do processo de licenciamento ambiental para empreendimentos de menor envergadura, em que os impactos ambientais não fossem muito significativos, e a transferência para o empreendedor da responsabilidade e do ônus pelo levantamento preliminar dos impactos ambientais para julgamento pelo Daia.

REALIZAÇÃO DE UM ESTUDO DE IMPACTO AMBIENTAL

A equipe multidisciplinar, ao realizar um estudo de impacto ambiental, deve, necessariamente, passar por algumas etapas que farão parte do conteúdo final do documento. São elas:

- Descrição do projeto.
- Descrição do meio ambiente na área de influência do projeto.
- Determinação e avaliação dos impactos.
- Proposição de medidas preventivas, mitigadoras, compensatórias e potencializadoras.
- Plano de monitoramento.

Descrição do Projeto

A descrição do projeto a ser licenciado constitui a primeira etapa de um estudo de impacto ambiental. Obviamente, deve basear-se, sobretudo, em informações fornecidas pelo empreendedor.

Constitui-se de duas partes, uma de informações técnicas sobre o projeto e outra de informações mais contextuais.

Na primeira parte devem constar a localização detalhada do projeto, sua configuração e concepção física; métodos e cronograma de construção; procedimentos de funcionamento; requerimentos de energia e de água; vias de acesso; obras e serviços de apoio; matérias-primas e insumos nas diversas fases do processo; natureza e quantidade de todas as emissões (só-lidas, líquidas, gasosas, níveis de ruído e vibrações etc.); formas de controle de emissões; planos e programas de controle ambiental; possíveis acidentes e planos de emergência; custos do empreendimento; empregos diretos e indiretos a serem criados em todas as fases; rendas e impostos a serem ge-rados pela implementação do projeto; estimativa de vida útil do empreen-dimento; destino programado para o local após desativação de atividades e programas de recomposição da área.

Em suma, é preciso descrever todas as atividades e formas como serão desenvolvidas, os recursos utilizados e os produtos e resíduos que serão gerados em função das atividades. O conhecimento de todas as ações que o projeto desencadeará e de seus produtos é imprescindível para a fase poste-rior de identificação dos impactos ambientais.

Na segunda parte precisam constar: justificativa da escolha do projeto e do local de implantação, inclusive da necessidade de sua execução, indi-cando os benefícios econômicos, sociais, ambientais, ou de outra natureza, que possam existir em decorrência do projeto; alternativas tecnológicas ao projeto; alternativas locacionais ao projeto. Sendo o EIA/Rima um instru-mento que subsidia a tomada de decisões sobre a aprovação ou não de um projeto, essas informações contextuais é que vão permitir uma análise cus-to-benefício mais apurada.

Descrição do Meio Ambiente na Área de Influência do Projeto

Essa etapa já se apresenta mais complexa. Em primeiro lugar, é neces-sário definir quais os limites da área de influência do projeto, para que esta possa depois ser descrita. Normalmente, essa definição é feita em discus-sões técnicas com toda a equipe multidisciplinar, baseando-se em avalia-ções muito preliminares do alcance territorial de cada impacto significati-vo esperado. Em geral, esses impactos diferem bastante. Por exemplo, a área por onde pode se espalhar a poluição do ar proveniente de um empre-endimento depende de direção e velocidade de ventos predominantes, da altura da chaminé, da quantidade de emissões, do relevo etc. É bastante diferente da área de influência da poluição hídrica, que está diretamente relacionada aos corpos d'água onde serão lançadas as emissões líquidas. Também o ruído ou o odor gerados por um empreendimento têm área de abrangência peculiar. Consequentemente, a definição da área de influência será uma integração dos limites espaciais de cada elemento do projeto.

Costuma-se classificar a área de influência em direta e indireta. A área de influência direta é aquela mais próxima do empreendimento e que sofre efeitos diretos da implantação e/ou do funcionamento do projeto. Já a área de influência indireta é aquela em que os efeitos são menos evidentes e mais diluídos. Obviamente que a área de influência direta demanda uma descrição bem mais detalhada e aprofundada. As áreas de influência devem ser apresentadas cartograficamente e seus diferentes aspectos representados em cartas temáticas e de síntese. As escalas apropriadas dependem da abrangência do fenômeno e do detalhe que se deseja retratar.

De qualquer modo, as razões da escolha dos limites da área em estudo devem ser explicadas claramente no EIA (AIE, 1994).

A descrição da área de influência exige estudos de base bastante aprofundados. Baseia-se em dados secundários, quando existentes e disponíveis, e na literatura; em levantamentos de campo para coleta de dados primários, quando as informações não existem. Obviamente essas coletas de dados primários encarecem bastante o EIA e retardam o processo, mas são absolutamente necessárias em locais ainda pouco estudados e para prospecções detalhadas da área diretamente afetada, como aspectos geotécnicos do terreno, hábitos da população, entre outros.

É essencial que as informações obtidas sejam referentes à área específica do projeto e não de alguma área similar para onde já existam dados, uma vez que a singularidade de uma área é fator-chave para a identificação dos impactos.

A descrição da área de influência deve abranger sua totalidade e cobrir os seguintes aspectos: o meio físico, o meio biológico e o meio antrópico, no linguajar empregado pela literatura especializada. A SMA de São Paulo tem uma publicação intitulada *Manual de orientação para elaboração de estudos de impacto ambiental* que apresenta um detalhamento dos fatores ambientais a serem considerados na elaboração de um EIA (SMA, 1992). Segundo este manual, o grau de detalhamento desses itens em cada EIA dependerá da natureza do empreendimento, da relevância dos fatores em face de sua localização e dos critérios adotados pela equipe responsável pela elaboração do estudo.

O detalhamento proposto pelo manual indica os itens descritos nos tópicos a seguir.

Meio Físico

- Clima e condições meteorológicas.
- Qualidade do ar.
- Ruído.
- Geologia.
- Geomorfologia.
- Solos.
- Recursos hídricos: hidrologia superficial; hidrogeologia; oceanografia física; qualidade das águas; uso da água.

Meio Biológico

- Ecossistemas terrestres.
- Ecossistemas aquáticos.
- Ecossistemas de transição.

Meio Antrópico

- Dinâmica populacional.
- Uso e ocupação do solo.
- Nível de vida, que inclui estrutura ocupacional, educação, saúde, alimentação, lazer, segurança social, assentamento humano.
- Estrutura produtiva e de serviços.
- Organização social.

Todos esses itens são detalhados em inúmeros subitens.

Alguns dos atributos ambientais só podem ser descritos de forma qualitativa, como os aspectos estéticos e paisagísticos. A maior parte dos fatores, do meio físico e antrópico, pode e deve ser descrita de forma quantitativa (Weitzenfeld, 1996).

O conhecimento do meio onde o projeto vai ser implantado é que permitirá identificar as alterações possíveis sobre o estado dos aspectos ambientais em função das ações do projeto.

O grau de detalhamento do conhecimento do meio e do projeto será questão, principalmente, de consideração técnica, porém outros fatores também devem ser levados em conta. Além da disponibilidade de dinheiro, de tempo para execução etc., a participação social é entendida como igualmente fundamental. (Oliveira, 2001)

Não obstante, em virtude da enormidade dos aspectos que podem ser incluídos na descrição da área de influência, os órgãos de meio ambiente têm desenvolvido termos de referência que indicam aos empreendedores e aos elaboradores dos EIAs quais os elementos do meio ambiente que deverão estar contidos nessa descrição, por serem considerados imprescindíveis para análise do estudo. A Resolução SMA n. 42/94, mencionada anteriormente, estabelece que, no caso de o EIA/Rima ser exigido pelo Departamento de Impacto Ambiental, o interessado deverá submeter à Secretaria de Meio Ambiente do Estado de São Paulo o plano de trabalho para elaboração do EIA/Rima, que explicitará a metodologia e o conteúdo dos estudos necessários à avaliação de todos os impactos ambientais relevantes do projeto. É com base na análise do plano de trabalho, do RAP e de outras informações constantes do processo que o Daia definirá o Termo de Referência (TR).

Também a Academia Internacional de Meio Ambiente (AIE, 1994) indica critérios para a determinação do que é importante incluir no contexto ambiental e socioeconômico para que a descrição seja centrada nos elementos principais, sendo eficaz no momento de tomada de decisões. De outro modo, a descrição tende a ser um conjunto cansativo de informações em grande parte não pertinentes ao projeto e não importantes para fundamentar as decisões. Sugere que se trabalhe com o conceito de elementos valorizados do ambiente: reconhecidos ou protegidos legalmente; reconhecidos pela comunidade como importantes; considerados importantes por técnicos especializados nos diferentes campos de atuação.

Com relação aos aspectos de saúde pública a serem introduzidos na descrição do meio ambiente da área de influência do projeto, Giroult propõe que se faça uma descrição da situação inicial com quantificação e características das populações que estarão expostas a cada elemento do meio ambiente a ser impactado por meio de dados censitários, levantamentos de campo etc. Em seguida, deve-se quantificar e descrever as características dos grupos sujeitos a riscos à saúde em virtude das alterações ambientais decorrentes do projeto (Weitzenfeld, 1996).

Determinação e Avaliação dos Impactos

Comparando-se a descrição do projeto com a do meio ambiente, procede-se à determinação dos impactos eventuais nas diferentes fases do empreendimento: planejamento, construção, funcionamento e desativação. A determinação e a avaliação dos impactos representam a etapa mais crítica de um estudo de impacto ambiental, pois exigem conhecimentos aprofundados das atividades e de seus efeitos sobre os diferentes atributos ambientais de modo a fazer a previsão dos impactos que ocorrerão com o empreendimento proposto.

Em todo o mundo está se dando cada vez maior importância ao papel dos grupos interessados e dos grupos populacionais que podem ser afetados, positiva ou negativamente, pelo empreendimento proposto para a definição desses impactos. Por isso é necessário que se identifiquem todos os envolvidos para que participem do processo, colocando suas preocupações e expectativas em relação ao empreendimento proposto.

Diferentes metodologias foram desenvolvidas para se determinar os impactos desde o início dos anos 1970. Entre elas, serão mencionados, por seu maior emprego, os métodos *ad hoc*; as *check lists*, ou listas de controle; as matrizes, incluindo a de Leopold, a matriz de interação; as redes sequenciais de impactos; as sobreposições de cartas temáticas e os sistemas de informações geográficas; o sistema Battelle; a listagem de questões elaborada pelo Urban Affairs Program, da Boston University, Massachussets, entre outros.

- Método *ad hoc* – consiste em declarações feitas por especialistas sobre o tipo e a intensidade de um impacto.

- Listas de controle – constituem uma variação do método *ad hoc,* mas que garantem que uma lista de parâmetros predefinidos seja examinada durante a avaliação.

- Matrizes – são quadros bidimensionais que facilitam a determinação dos impactos decorrentes da interação entre as atividades do projeto e os elementos específicos do meio ambiente.

- Matriz de Leopold – foi colocada em prática em 1971 pelo *US Geological Survey*, representando uma abordagem pioneira nas avaliações de impacto. Ela apresenta cem atividades em um dos eixos da matriz e 88 características e condições do meio biofísico e socioeconômico. Permite integrar dados qualitativos e quantitativos. Para cada interseção marcada, estabelece-se uma estimativa da magnitude do impacto, em uma escala de 0 a 10.

- Redes de interação – são ampliações das matrizes que permitem indicar impactos diretos (de primeira ordem) e indiretos (decorrentes daqueles de primeira ordem). A complexidade dos efeitos é mais bem percebida visualmente.

- Sobreposição de cartas – constitui na elaboração de diferentes cartas temáticas sobre os fatores ambientais e sobre os diferentes impactos ambientais para depois sobrepô-las, obtendo uma caracterização composta e complexa do ambiente regional. O Sistema de Informações Geográficas (SIG) baseia-se na mesma metodologia, mas o termo se refere a um sistema informatizado de armazenagem de dados que podem ser recuperados e apresentados de forma especializada, gerando cartas temáticas e de integração.

- Sistema Battelle – é uma lista de controle sofisticada com quatro categorias: ecologia, físico-química, estética, interesse humano e social. Cada categoria é subdividida em vários elementos ambientais com um índice de qualidade que varia de 0 a 10.

O mais frequente é que diferentes equipes elaboradoras de EIA acabem por montar a própria metodologia de avaliação, fruto de uma adaptação ou de modificações das metodologias mencionadas anteriormente.

Qualquer que seja a metodologia adotada, a identificação dos impactos deve ser feita para todos os fatores ou componentes do meio ambiente, que incluem os recursos naturais, estéticos, históricos, culturais, econômicos, sociais e de saúde pública (Weitzenfeld, 1996).

Os impactos podem ser classificados em diversas categorias e, como no caso das metodologias, geralmente, cada equipe deve adotar sua própria classificação. No entanto, há algumas classificações mais comumente empregadas. O Quadro 25.2, adaptado de Weitzenfeld (1996), indica algumas delas.

Erickson (1994) acrescenta outros elementos, como a magnitude (estimativa quantitativa ou qualitativa do tamanho ou extensão do impacto), a pertinência às ordens legais nacionais ou internacionais e a distribuição social dos riscos e benefícios (se os riscos e benefícios do projeto estão distribuídos de forma equitativa).

CURSO DE GESTÃO AMBIENTAL

Outro ponto a ressaltar é a existência e a relevância de impactos diretos, ou de primeira ordem, e de impactos indiretos, de segunda, terceira e até quarta ordem, como pode ser visualizado no exemplo apresentado no Quadro 25.2.

Quadro 25.2 – Exemplos de impactos diretos e indiretos.

	Impactos diretos	Impactos indiretos
Desmatamento	Perda de biodiversidade	• Redução da fauna silvestre • Aumento de pragas
	Aumento da temperatura	• Modificação nos regimes de vento e de chuvas • Turbidez da água
	Aumento da erosão	• Diminuição da fotossíntese • Redução da ictiofauna • Perda de renda

É necessário que os impactos de todas as fases de um empreendimento sejam descritos: desde sua divulgação, passando pela preparação do terreno e instalação do canteiro de obras, por sua implementação ou construção, por seu funcionamento, até sua eventual desativação. Portanto, em um EIA, os impactos são descritos por fases do empreendimento. Isso é necessário, pois os efeitos são totalmente diferentes de acordo com o estágio. Veja-se o exemplo de uma linha de metrô: quando é divulgado seu traçado, começam a aparecer fortes impactos socioeconômicos, como valorização de imóveis, com consequente expulsão de grupos de menor renda; as desapropriações causam ansiedade e estresse, saída de grupos de moradores da área, mudança no perfil dos bairros; demolição dos imóveis para dar lugar ao empreendimento causa ruído, poeira em suspensão e provável aparecimento de ratos e baratas saídos dos escombros. Gera, ainda, a vinda de trabalhadores de menor renda para a área com atração de comércio ambulante. A montagem do canteiro de obras estabiliza a moradia de trabalhadores temporários gerando esgoto, ruído, incômodo de vizinhança pela presença de um comércio voltado para esses trabalhadores etc. Já as atividades de construção de uma linha de metrô têm forte impacto no solo, na hidrogeologia, ocasionam ruídos e vibrações, geram intenso volume de ida e vinda, problemas no trânsito, provocam material em suspensão no ar etc. Por outro lado, com a linha pronta e em funcionamento, muitos daqueles impactos negativos temporários deixam de existir e cedem lugar a impactos positivos: melhoria do tempo de deslocamento das pessoas, reabilitação de vizinhanças degradadas, valorização imobiliária, diminuição do número de ônibus em circulação, com melhoria nos níveis de alguns poluentes. E também apresenta alguns impactos negativos: aumento do fluxo de automóveis, substituição de usos residenciais por comerciais, expulsão de grupos sociais de renda mais baixa. Esse breve e incompleto rol de efeitos ilustra a diversidade de impactos e de suas magnitudes e duração.

A avaliação dos impactos é feita após a indicação e classificação dos efeitos e consiste em dar magnitude e amplitude aos impactos previstos, a fim de poder determinar a ordem de prioridade de prevenção, de mitigação ou de compensação. É a avaliação que estabelece a importância relativa e absoluta dos impactos. Por ser extremamente complexa e frequentemente bastante subjetiva e de ordem qualitativa, a avaliação não pode ser feita por um único técnico, e sim por uma equipe interdisciplinar, de preferência subsidiada por audiência(s) pública(s) e por consultorias especializadas.

A Resolução Conama n. 001/86 utiliza o termo "interpretação" para expressar julgamento ou avaliação das alterações ocorridas nos estados dos aspectos ambientais em decorrência das ações do projeto. "Em síntese, compreende determinar o grau de importância das alterações" (Oliveira, 2001).

Segundo Réverêt (1994), o conceito de *importância dos impactos* consiste em determinar sua importância relativa, baseando-se em uma ordem de prioridades cujos principais critérios são:

- Comparação entre leis e regulamentos existentes.
- Presença de territórios e bens protegidos por legislação (como parques, reservas, sítios arqueológicos, bens tombados etc.).
- Grau de preocupação da população.
- Incompatibilidade com as políticas e projetos governamentais para a área.
- Provas e julgamentos científicos e profissionais.
- Consulta às pessoas e órgãos envolvidos.
- Perturbação dos sistemas e processos ecológicos.
- Grau de impacto negativo sobre os valores sociais.

- Grau de impacto negativo ou positivo sobre as condições de saúde das populações expostas.
- Definição de riscos aceitáveis ou não à saúde pública.

Uma vez avaliados de forma comparativa, é possível distinguir quais os impactos que causam maior preocupação e que, portanto, precisam ser evitados, minimizados ou compensados e aqueles menos importantes. Além disso, a avaliação permite que se julgue melhor a viabilidade ambiental do empreendimento e facilita a comunicação com os órgãos competentes e com o público envolvido.

Obviamente, a dificuldade em se usar avaliações quantitativas e testes estatísticos para as alterações previstas faz com que venha prevalecendo uma perspectiva social e qualitativa para analisar o risco sobre os elementos do meio ambiente e a saúde da população. Entretanto, vem crescendo a utilização de modelos matemáticos para dar mais confiabilidade às previsões. Os modelos e simulações têm sido úteis para quantificar parâmetros físicos, químicos ou biológicos do meio ambiente, além de permitir o estabelecimento de diferentes cenários para os fatores demográficos, econômicos e sociais. Os itens para os quais as modelagens matemáticas têm sido empregadas com maior sucesso são: hidrologia das águas superficiais; qualidade das águas e dispersão de poluentes; lençol freático e áreas de recarga; erosão do solo; dispersão de contaminantes nos solos; acústica e vibração; qualidade do ar e dispersão de poluentes, inclusive odor; transferência de contaminantes nos ecossistemas; e dinâmicas demográficas.

Prevenção, Atenuação, Potencialização e Compensação

As medidas de prevenção e atenuação são aquelas que podem ser aplicadas aos princípios de concepção, de construção e de controle, de modo a prevenir, reduzir ou eliminar os eventuais efeitos negativos do empreendimento e, se possível, melhorar a qualidade do meio ambiente (AIE, 1994). A atenuação consiste em modificar um aspecto do projeto proposto de forma a reduzir ou eliminar as consequências nefastas sobre o meio ambiente.

Em relação aos efeitos positivos de um projeto, propõem-se medidas potencializadoras para otimizar a utilização dos recursos e, portanto, melhorar o rendimento ambiental. Como exemplo, pode-se citar a introdução de coleta seletiva de lixo e reciclagem de materiais, concomitante à aprovação de um aterro sanitário de resíduos sólidos, de modo a aumentar sua vida útil. Outro exemplo seria desenvolver uma campanha para utilização do metrô, em vez de automóvel, e construir estacionamentos de veículos junto às estações.

A atenuação de um impacto (medidas preventivas e mitigadoras) pode se dar das mais diversas maneiras: alterando a localização do projeto, o momento da intervenção, modificando técnicas construtivas e tipo de equipamentos usados, modificando a concepção do projeto, utilizando técnicas e equipamentos de tratamento de efluentes líquidos, gasosos e de resíduos sólidos, entre outras. Para cada impacto específico cabe à equipe multidisciplinar exercer sua criatividade e discutir medidas de atenuação. Obviamente, os impactos de maior magnitude devem ser aqueles que mereçam maior atenção, de modo a diminuir a magnitude e os riscos até que sejam socialmente aceitáveis. As medidas preventivas e mitigadoras são de cunho e porte bastante diferenciados, dependendo da relevância do impacto. Podem ser desde a colocação de telas ao redor de imóveis em demolição, passando por cumprimento de horários, até manutenção e recomposição de 48.000 hectares de vegetação nativa ao longo de rios, córregos e estradas, como foi proposto no EIA/Rima para licenciamento da fábrica de celulose Veracruz Florestal, no sul da Bahia (Jaakko Pöyry Engenharia Ltda., 1994).

De modo geral, as medidas mitigadoras podem ser subdivididas em medidas de engenharia ou estruturais; medidas de manejo ou não estruturais; e revisão de políticas. As medidas de engenharia têm sido as mais empregadas em EIAs. Entre elas, incluem-se o tratamento de efluentes ou uso de equipamentos alternativos para melhorar os efluentes. As medidas de manejo englobam o conhecimento das condições de operação do processo a fim de ajustá-las às necessidades ambientais; elas se baseiam no reconhecimento de que existem níveis toleráveis de impactos, que podem variar com o tempo e, assim, administram o processo de modo que os riscos ambientais sejam socialmente toleráveis. Um exemplo é a proibição de movimentação de terra em períodos chuvosos para minimizar a erosão do solo e a sedimentação de corpos d'água.

É importante que medidas mitigadoras sejam aplicadas a todos os impactos negativos de projetos. Frequentemente isso não ocorre no Brasil, fazendo com que impactos que poderiam ser evitados acometam o meio ambiente. A título de ilustração, em EIAs de projetos urbanos apresentados ao Conselho de Meio Ambiente e Desenvolvimento Sustentável (Cades), do município de São Paulo,

CURSO DE GESTÃO AMBIENTAL

Dentre 34 impactos negativos identificados, apenas 20 (58,8%) apresentaram medidas mitigadoras; dos 11 impactos negativos considerados de alta e média importância, 7 (63%) apresentaram propostas de medidas mitigadoras. (Oliveira, 2001)

Medidas compensatórias são utilizadas quando, após esgotadas as medidas preventivas e mitigadoras, ainda restem impactos ambientais negativos em decorrência do projeto. Nesse caso, o empreendedor é obrigado a realizar ações de recuperação ambiental valorizadas pelo grupo social afetado, mesmo que não estejam diretamente ligadas ao projeto. Como exemplo, um empreendimento que, para sua instalação, necessite remover vegetação arbórea, pode ter de plantar um número maior de árvores em área contígua, ou em ruas do bairro, ou ter de recuperar um parque localizado nas vizinhanças. As medidas compensatórias podem, também, ser em valores monetários. No caso, tenta-se atribuir um valor aos danos causados pelo empreendedor, que paga ao órgão ambiental valor equivalente. No estado de São Paulo, a medida compensatória em valor monetário foi adotada pela primeira vez no fim da década de 1990, no licenciamento da duplicação da rodovia dos Imigrantes, que vai do planalto paulistano ao litoral santista. O Conselho Estadual de Meio Ambiente (Consema) estipulou uma percentagem do valor da obra para ser paga ao governo do estado e ser aplicada, metade em melhorias no Parque da Serra do Mar, por onde passa a estrada, e outra metade em projetos habitacionais na Baixada Santista, para receber moradores transferidos dos bairros-cota da Serra do Mar, onde estão ilegalmente instalados.

Monitoramento

Monitoramento é definido como um sistema contínuo de observação, de medição e de avaliações para um fim definido (Reunião Intergovernamental preparatória da Conferência de Estocolmo de 1972) (Weitzenfeld, 1996).

O monitoramento está previsto no EIA e consiste na coleta de dados e na sua avaliação, tendo como objetivos: determinar a eficácia das medidas de proteção; desenvolver a capacidade de melhor prever impactos ambientais, por meio da verificação da relação entre os impactos previstos e os reais, para subsidiar futuros projetos semelhantes; e melhorar a gestão do projeto e de seus programas conexos, a fim de proteger o meio ambiente (Réverêt, 1994).

Há, então, três tipos de monitoramento:

- Inspeção e supervisão para verificar conformidade com o termo de referência e o que foi proposto pelo EIA e aprovado pelo órgão ambiental, no processo de licenciamento.
- Verificação da conformidade às normas oficiais.
- Supervisão dos efeitos para verificar se a previsão foi real, sobretudo a magnitude da previsão, e para controlar a eficácia das medidas de atenuação de impacto.

Para qualquer um desses monitoramentos há necessidade de fazer antes um monitoramento de base, ou pré-projeto, no qual se medem variáveis ambientais durante um período representativo da fase anterior ao projeto. É ele que vai permitir conhecer os efeitos ambientais reais de um empreendimento.

Todo EIA/Rima deve apresentar um programa de monitoramento ambiental em que constem os objetivos, os instrumentos a serem utilizados e os períodos de amostragem. Como um programa de monitoramento pode ter custos bastante altos, os levantamentos desses dados vão depender do porte do empreendimento, do seu custo e da magnitude dos impactos esperados. Em função desses custos, utilizam-se, também, muitos dados já coletados por agências governamentais de forma rotineira. No entanto, nesses casos, há necessidade de interpretar cientificamente os dados coletados para verificar sua relação com o projeto. O programa de monitoramento deve definir, também, os responsáveis pelas ações de monitoramento.

Infelizmente, no Brasil, esse item, apesar de constar dos EIAs, tem recebido pouca importância por parte dos elaboradores e dos licenciadores. Estudo realizado por Oliveira (2001), já mencionado, sobre quinze EIAs de projetos submetidos à aprovação no município de São Paulo, no período de 1993 a 2000, identificou que para apenas sete (13,2%) dos 53 impactos identificados, foram propostas medidas de acompanhamento e monitoramento como preconizado no § IV, Art. 6º da Resolução Conama n. 001/86. Dos seis impactos negativos considerados de alta importância, nenhum propôs ações de monitoramento.

O programa de monitoramento é importantíssimo na medida em que ele vai registrar a dinâmica do processo, identificando impactos não previstos, permitindo verificação de compromissos assumidos, determinando a eficácia das medidas mitigadoras e permitindo o estabelecimento de compensações pelos efeitos adversos.

Weitzenfeld (1996) alerta para o fato de que existe uma certa confusão entre monitoramento e vigilância, quando se trata de aspectos de saúde. Em certos casos a vigilância é vista como monitoramento feito para observar tendências, mas ela tem objetivos administrativos bem mais específicos do que o monitoramento propriamente dito.

O monitoramento proposto em EIAs pode ser das fontes de emissão, do meio ambiente e monitoramento biológico, em que se analisam materiais biológicos e organismos bioacumuladores.

AVALIAÇÃO DE IMPACTOS AMBIENTAIS EM ÁREAS URBANAS

Como já mencionado anteriormente, em seus primeiros anos de utilização, os estudos de impacto ambiental centravam-se, sobretudo, nos aspectos físico-naturais e foram empregados em projetos localizados em áreas geralmente não urbanizadas. A listagem de empreendimentos para os quais seria exigido obrigatoriamente um estudo de impacto ambiental, que consta da Resolução Conama n. 001/86 (Anexo), que regulamenta o uso do instrumento no Brasil, ilustra bem esse fato.

Por outro lado, por ser o ambiente urbano bastante alterado em relação ao ambiente natural e muito complexo (Ribeiro, 1994), torna-se uma tarefa muito mais difícil e complicada identificar impactos ambientais de um projeto específico aí inserido. O conceito de qualidade ambiental no meio urbanizado também incorpora uma multiplicidade de fatores, vários deles de ordem bastante subjetiva (Vargas, 2001), o que adiciona variáveis novas aos estudos de impacto ambiental. É preciso registrar, ainda, a preponderância de impactos socioeconômicos no espaço construído das cidades. Segundo as autoras, entre os aspectos a serem levados em consideração no meio urbano estão aqueles de ordem espacial, como espaços vegetados, tranquilidade, acessibilidade, desenho urbano, referências e marcos, uso e ocupação do solo; de ordem biológica, como saúde física e mental, segurança; de ordem social, como organização comunitária, realização pessoal, contatos, atividades de lazer e recreação, realização profissional, acesso e opções de moradia, de trabalho, de serviços urbanos; e de ordem econômica, como oportunidades de emprego, de trabalho e de negócios, produtividade, diversidade.

Segundo Figueira Neto e Yamaga (1996),

O ambiente urbano apresenta tanto um conjunto de elementos naturais (ar, solo e subsolo, áreas verdes) quanto outro conjunto predominante de elementos construídos, refletindo os processos de interação social e econômica do homem.

Portanto, os estudos de impacto ambiental de projetos urbanos têm apresentado peculiaridades e particularidades, dependendo do projeto e da equipe elaboradora. Oliveira (2001) apresentou, em sua dissertação sobre os EIAs de projetos urbanos do município de São Paulo, um quadro com os aspectos ambientais apresentados nesses estudos. São eles: sistema viário, vegetação, ar, geologia, ruído, população, uso do solo, mercado imobiliário, água, atividades econômicas, drenagem, paisagem, infraestrutura, equipamentos sociais, fauna, saúde, patrimônio histórico, espaço público, organização social, indústria e construção civil.

O município de São Paulo, pelo porte de sua população e por seu dinamismo econômico, aprovou em sua Lei Orgânica de 1990 mais um instrumento, o Relatório de Impacto de Vizinhaça (Rivi), para avaliar impactos de projetos com significativo impacto ambiental ou de infraestrutura urbana em seu território (Moreira, 1997): área industrial com área igual ou superior a 20.000 m^2; área institucional com área igual ou superior a 40.000 m^2; e área residencial com área igual ou superior a 80.000 m^2 (*Diário Oficial do Município*, Decreto n. 36.613/96). Como o nome diz, procura-se verificar os impactos do empreendimento, sobretudo, sobre a vizinhança, ou seja, a paisagem urbana; as atividades humanas instaladas na vizinhança; a movimentação de pessoas e mercadorias; infraestrutura urbana, como rede de água, de esgotos, de drenagem, de energia elétrica, de telefonia; sobre o sistema viário e o sistema de transportes públicos; sobre imóveis e bens tombados, além de impactos sobre os elementos do meio ambiente já tradicionalmente levantados em EIAs: qualidade do ar, das águas e do solo; vegetação; ruído etc. (Moreiria, 1997). O Rivi pode ser exigido para projetos que não requerem EIA, como um *shopping center*, ou pode ser complementar ao EIA.

Em 2001, foi aprovado o Estatuto da Cidade (Lei federal n. 10.257/01), que estabelece uma política urbana, trazendo novas regras de uso do solo e estabelece a obrigatoriedade do Estudo de Impacto de Vizinhança (EIV), para construção, ampliação ou funcionamento de empreedimentos, analisando:

- O adensamento populacional.
- Os equipamentos urbanos e comunitários.
- O uso e ocupação do solo.
- A valorização imobiliária.
- A geração de tráfego e demanda de transporte público.
- A ventilação e iluminação.
- A paisagem urbana e o patrimônio natural e cultural.

Em que pese um estudo de impacto ambiental em área urbana apresentar particularidades, ele deve obedecer aos mesmos requisitos estabelecidos pela Resolução Conama n. 001/86 e conter os mesmos itens descritos no item anterior: descrição do projeto, descrição de sua área de influência, identificação e avaliação de impactos, medidas mitigadoras, programa de monitoramento.

A PARTICIPAÇÃO DA COMUNIDADE

A participação da comunidade é um requisito importante para a efetividade de um EIA.

Não há uma definição única, nem um ponto de vista uniforme sobre o que seria a participação da comunidade num processo de EIA/Rima. Será adotada aqui a definição utilizada por Réverêt (1994): participação pública é o processo por meio do qual os pontos de vista de todas as partes interessadas nas decisões de um órgão – pessoas interessadas ou atingidas, organizações, governos estaduais, locais e outros organismos federais – são integrados no processo decisório daquele órgão.

O processo de participação oferece uma oportunidade para que as preocupações, as necessidades e os valores do público sejam conhecidos e divulgados antes da tomada de decisão sobre a viabilidade de um empreendimento, de sorte que a comunidade possa contribuir para o processo decisório. Portanto, a participação da comunidade não se limita a informá-la sobre o projeto, e sim informá-la e receber suas reações quanto ao projeto, conhecer suas preocupações e necessidades, seus valores, bem como sugestões de melhorias para a atividade proposta.

Desde suas origens, a AIA prevê a participação da comunidade no processo de licenciamento. No Brasil, a Lei n. 6.938/81, que estabelece a Política Nacional de Meio Ambiente, determina o direito de informação ao definir que "os pedidos de licenciamento, sua renovação e a respectiva concessão serão publicados no jornal oficial do estado, bem como em um periódico regional ou local de grande circulação" (Milaré, 1994). A Resolução Conama n. 001/86 também prevê que o Rima deverá ser acessível ao público interessado, tendo suas cópias disponíveis aos interessados no órgão de controle ambiental.

No entanto, a participação mais efetiva do público no processo deu-se a partir da regulamentação da audiência pública pela Resolução Conama n. 009/87. Segundo ela, será convocada uma audiência pública em quatro situações: quando o órgão de meio ambiente julgar necessário; quando solicitada por entidade civil; quando solicitada pelo Ministério Público; e quando solicitada por cinquenta ou mais cidadãos. A audiência pública deverá ocorrer em local acessível aos interessados, podendo haver mais de uma, desde que a área geográfica abrangida pelo projeto seja muito ampla ou o projeto seja muito complexo (Milaré, 1994).

Por outro lado, a audiência pública não tem caráter decisório. Os membros do conselho, que deliberarão sobre o licenciamento, são convidados a participar das audiências públicas, e também recebem cópia da ata das audiências, com o objetivo de conhecer as preocupações do público interessado e levá-las em consideração na sua decisão. As audiências públicas têm mostrado discussões bastante acaloradas e fequentemente registram tumultos entre seus participantes, exatamente por ser nelas que os manifestantes contra ou a favor do projeto podem colocar suas ideias.

A participação efetiva da comunidade apresenta aspectos positivos e contribui para uma melhor decisão sobre o empreendimento à medida que determina as preocupações e os valores da comunidade; reúne dados econômicos, ambientais e sociais provenientes da comunidade; informa ao público as atividades do projeto e as alternativas, assim como os impactos; desenvolve um diálogo; conquista e mantém a credibilidade (Réverêt, 1994). A participação comunitária é imprescindível quando há controvérsias sobre o projeto. Nesse caso, quanto mais cedo se der essa participação, menos polarização haverá e mais brevemente podem ser encontradas soluções para os aspectos polêmicos.

Não há um público específico para participar das discussões, e sim públicos variados que não são muito numerosos. Consistem basicamente de: decisores ou técnicos das instituições governamentais federais, estaduais e municipais; dirigentes ou membros de grupos de interesse organizados; pessoas diretamente afetadas; pessoas afetadas por ações semelhantes.

CURSO DE GESTÃO AMBIENTAL

No exame de um EIA/Rima os diferentes participantes têm diferentes papéis:

- Ao empreendedor e ao grupo de consultores que elaborou o EIA/Rima cabe explicar e justificar o projeto e o EIA, descrevendo as metodologias utilizadas, os principais impactos e justificar suas conclusões.
- Aos especialistas técnicos do setor público ou privado e aos representantes de universidades e institutos de pesquisa, cabe oferecer opiniões e pareceres objetivos sobre os dados apresentados, as metodologias escolhidas e as conclusões formuladas no Rima.
- Ao público em geral e às organizações não governamentais cabe comentar as informações fornecidas no EIA, assim como as conclusões relativas à população afetada.
- Ao órgão ambiental governamental cabe oferecer uma tribuna justa e transparente para o exame e integrar os resultados da discussão ao processo decisório. Cabe ainda a ele verificar se as informações solicitadas nos termos de referência foram fornecidas, assegurar-se de que as metodologias utilizadas são adequadas, que todas as problemáticas foram analisadas e que as conclusões sejam válidas e bem dimensionadas. Em suma, tornar disponíveis as melhores informações e pareceres aos membros decisores do Conselho de Meio Ambiente.

CONSIDERAÇÕES FINAIS

Nessas poucas páginas procurou-se sintetizar e sistematizar inúmeras informações sobre um processo muito rico e complexo, visando introduzir o tema aos interessados na Gestão Ambiental Urbana. Muitos aspectos técnicos foram bastante simplificados para não se perder uma visão de conjunto que se pretendia. Eles podem ser aprofundados na bibliografia citada no final deste capítulo e nas referências apresentadas no decorrer do texto.

Frequentemente questiona-se a validade do EIA. Para alguns empreendedores, ele representa um entrave à aprovação de projetos que poderiam contribuir para o desenvolvimento econômico. Para outros, significa um mecanismo para tornar mais *palatáveis* projetos impactantes, que deveriam ser discutidos em um contexto mais amplo. No entanto, o instrumento representou um grande avanço em termos de política ambiental, na medida em que obrigou a se pensar nos aspectos ambientais nos estágios mais preliminares da concepção de projetos. É um importante instrumento de gestão, pois aumenta a viabilidade a longo prazo de empreendimentos e pode ajudar a evitar erros que teriam custos ambientais e econômicos significativos. Por um preço que representa uma pequena fração dos custos da implantação de um projeto (geralmente menos que 1%) (Donnelly et al., 1998), pode proporcionar economia substancial de recursos econômicos ao empreendedor e de recursos ambientais à sociedade. Além disso, o EIA torna transparente o processo de licenciamento, permitindo que diferentes agentes sociais tomem conhecimento e se envolvam com os processos de desenvolvimento e gestão de sua cidade.

REFERÊNCIAS

[AIE] ACADÉMIE INTERNATIONALE DE L'ENVIRONNEMENT. *Étude d'impact environnemental.* Genève, 1994.

ANDREOLI, C.V. Problemas e perspectivas da avaliação de impacto ambiental no Brasil. In: III Encontro Anual da Seção Brasileira da Iaia. *Avaliação de Impactos.* v.1, n.1. Rio de Janeiro, 1994.

CENDRERO, A. Técnicas e instrumentos de análise para evaluación, planificación y gestión del medio ambiente. In: Seminário sobre Ciencia, Investigación y Medio Ambiente. Bogotá, 1982, p.25-30.

[CONAMA] CONSELHO NACIONAL DO MEIO AMBIENTE. Resolução n. 1, de 23.01.1986: dispõe sobre procedimentos relativos a Estudo de Impacto Ambiental. *Diário Oficial da República Federativa do Brasil.* Brasília: Conama, 1986.

DALAL-CLAYTON, B.; SADLER, B. Strategic environmental assessment: a rapidly evolving approach. In: DONNELLY, A.; DALAL-CLAYTON, B.; HUGHES, R. *A directory of impact assessment guidelines.* London: International Environmental and Natural Resource Assessment Information Service, 1998.

DONNELLY, A.; DALAL-CLAYTON, B.; HUGHES, R. *A directory of impact assessment guidelines.* London: International Environmental and Natural Resource Assessment Information Service, 1998.

ERICKSON, P.A. *A practical guide to environmental impact assessment.* London: Academic Press, 1994.

FIGUEIRA NETO, C.A.M.; YAMAGA, N.T. Estudo de impacto ambiental: estudo de caso: linha de metrô. *Bio.* v.4, n.2, 1996, p.28-33.

[IAIA] INTERNATIONAL ASSOCIATION FOR IMPACT ASSESSMENT. III Encontro Anual da Seção Brasileira. v.1, n.1. Brasil, 1994.

_____. VII Encontro Anual da Seção Brasileira. Rio de Janeiro, 1998.

JAAKKO PÖYRY ENGENHARIA LTDA. *EIA/Rima do complexo produtor de celulose Veracruz Florestal*. Bahia, 1994.

MEADOWS, D. *Limites do crescimento*. São Paulo: Perspectiva, 1972.

MILARÉ, E. Estudo prévio de impacto ambiental no Brasil. In: AB'SABER, A.N.; PLANTEN-BERG, C.M. (orgs). *Previsão de impactos*. São Paulo: Edusp, 1994.

MOREIRA, A.C.M.L. Megaprojetos e ambiente urbano: uma metodologia para elaboração de Relatórios de Impacto de Vizinhança. São Paulo, 1997. Tese (Doutorado). Faculdade de Arquitetura e Urbanismo da USP.

MUNN, E. (ed). *Environmental impact assessment: principles and procedures*. Toronto, 1975.

O ESTADO DE SÃO PAULO. Senadores aprovam Estatuto das Cidades. *O Estado de São Paulo*. Caderno Cidades, 2001.

OLIVEIRA, R.F. Análise de impacto ambiental: conceitos e prática dos EIA's de projetos urbanos no município de São Paulo. São Paulo, 2001. Dissertação (Mestrado). Departamento de Saúde Ambiental/Faculdade de Saúde Pública da USP.

PARTIDÁRIO, M.R. Avaliação ambiental estratégica (AAE) ou a avaliação ambiental de políticas, planos e programas. In: Curso Pré-encontro do VII Encontro Anual da Seção Brasileira da Iaia. Rio de Janeiro, 1998.

PRIME ENGENHARIA. *Avaliação ambiental estratégica do Projeto do Gasoduto Bolívia-Brasil*. (Relatório final). 1997.

RÉVERÊT, J.P. *Matériel pédagogique pour la session étude d'impact environnemental*. Genève: Académie Internationale de l'Environnement, 1994.

RIBEIRO, H.S. Metodologia, evolução dos estudos e bibliografia básica sobre meio ambiente. In: LEITE, J.L. *Problemas chave do meio ambiente*. Bahia: Instituto de Geociências/Universidade Federal da Bahia, 1994.

_____. *O meio ambiente e a cidade de São Paulo*. São Paulo: Makron Books, 1996.

SANCHEZ, L.E. Avaliação Ambiental Estratégica e sua aplicação no Brasil. São Paulo, 2008. Disponível em: http://www.ila.usp.br. Acessado em: 28 jan. 2010.

[SMA] SECRETARIA ESTADUAL DE MEIO AMBIENTE. *Manual de orientação para elaboração de estudos de impacto ambiental – EIA/Rima*. São Paulo: SMA, 1992.

VARGAS, H.C.; RIBEIRO, H. *Novos instrumentos de gestão ambiental urbana*. São Paulo: Edusp, 2001.

WEITZENFELD, H. *Manual básico sobre evaluación del impacto en el ambiente y la salud de acciones proyectadas*. México: Opas/OMS, 1996.

Bibliografia Consultada

JUCHEN, P.A. *Manual de avaliação de impactos ambientais*. Curitiba: Governo do Estado do Paraná/Instituto Ambiental do Paraná, 1993.

TOMMASI, L.R. *Estudo de impacto ambiental*. São Paulo: Cetesb, 1994.

Anexo

Resolução Conama n. 001, de 23 de janeiro de 1986

Artigo 2º – Dependerá de elaboração de estudo de impacto ambiental e respectivo relatório de impacto ambiental – Rima, a serem submetidos à aprovação do órgão estadual competente, e do IBAMA em caráter supletivo, o licenciamento de atividades modificadoras do meio ambiente, tais como:

I. Estradas de rodagem com duas ou mais faixas e rolamento;

II. Ferrovias;

III. Portos e terminais de minério, petróleo e produtos químicos;

IV. Aeroportos, conforme definidos pelo inciso I, artigo 48 do Decreto-Lei nº 32, de 18.11.66;

V. Oleodutos, gasodutos, minerodutos, troncos coletores e emissários de esgotos sanitários;

VI. Linhas de transmissão de energia elétrica, acima de 230 kV;

VII. Obras hidráulicas para exploração de recursos hídricos, tais como: barragem para fins hidrelétricos acima de 10 MW, de saneamento ou de irrigação, abertura de canais para a navegação, drenagem e irrigação, retificação de cursos d'água, abertura de bacias, diques;

VIII. Extração de combustível fóssil (petróleo, xisto, carvão)

IX. Extração de minério, inclusive os de classe II, definidos no Código de Mineração;

X. Aterros sanitários, processamento e destino final de resíduos tóxicos ou perigosos;

XI. Usinas de geração de eletricidade, qualquer que seja a fonte de energia primária, acima de 10 MW;

XII. Complexos e unidades industriais e agroindustriais (petroquímicos, siderúrgicos, cloroquímicos, destilarias de álcool, hulha, extração e cultivo de recursos hídricos);

XIII. Distritos industriais e zonas extritamente industriais – ZEI;

XIV. Exploração econômica de madeira ou de lenha, em áreas acima de 100 hectares (ha) ou menores, quando atingir áreas significativas em termos percentuais ou de importância do ponto de vista ambiental;

XV. Projetos urbanísticos acima de 100 ha ou de áreas consideradas de relevante interesse ambiental a critério do IBAMA e dos órgãos municipais e estaduais competentes;

XVI. Qualquer atividade que utilizar carvão vegetal, derivados ou produtos similares, em quantidade superior a dez toneladas por dia;

XVII. Projetos agropecuários que contemplem áreas acima de mil ha ou menores; nesse caso, quando se tratar de áreas significativas em termos percentuais ou de importância do ponto de vista ambiental;

XVIII. Nos casos de empreendimentos potencialmente lesivos ao patrimônio nacional.

Avaliação de Sustentabilidade e Gestão Ambiental

26

Carla Grigoletto Duarte
Engenheira ambiental, Escola Politécnica – USP

Tadeu Fabrício Malheiros
Engenheiro civil, Escola de Engenharia de São Carlos – USP

A noção de desenvolvimento sustentável vem influenciando fortemente as ações na área ambiental nas últimas quatro décadas (Lago, 2006). Os avanços no entendimento do significado da sustentabilidade para uma série de questões atuais levou a uma multiplicação das iniciativas que buscavam alcançar objetivos de proteção ambiental, justiça social e viabilidade econômica (Louette, 2009; 2007). Essa experiência acumulada permitiu avançar no delineamento de requerimentos importantes em processos que almejam alcançar resultados alinhados ao que é preconizado pela sustentabilidade (Gibson et al., 2005; Pintér et al., 2012).

Para o contexto da gestão ambiental, entendida como um conjunto de ações que visam à proteção ambiental (Philippi Jr e Bruna, 2004; Souza, 2000), o debate acerca da sustentabilidade e os esforços para concretização desse paradigma levam à ampliação do seu escopo. Tem como um dos principais pontos positivos o fortalecimento do diálogo entre questões do meio biofísico com questões socioeconômicas. Essa abordagem é denominada por diversos autores como avaliação de sustentabilidade (Bond e Morrison-Saunders, 2011; Devuyst, 2001; Gibson et al., 2005; Hacking e Guthrie, 2008; Pope et al., 2004).

Assim, sua adoção na gestão ambiental tem como fortaleza a promoção do diálogo entre agendas, que leva à identificação de interfaces, no sen-

CURSO DE GESTÃO AMBIENTAL

tido de reduzir *trade-offs* e ampliar possibilidades de cooperação, em uma perspectiva inter e intrageracional (Gibson et al., 2005).

Este capítulo, então, introduz a abordagem da avaliação de sustentabilidade para o campo da gestão ambiental. Para ilustrar a abordagem potencial da avaliação de sustentabilidade, escolheu-se apresentar dois conjuntos de princípios de sustentabilidade que podem fortalecer atividades de gestão ambiental, que são apresentados após breve histórico da sustentabilidade.

DESENVOLVIMENTO SUSTENTÁVEL E PLURALIDADE

A origem das discussões sobre desenvolvimento sustentável está relacionada à preocupação com a compatibilidade do processo de desenvolvimento das sociedades e a proteção ambiental. O foco das discussões sobre o desenvolvimento das sociedades reside na melhoria da qualidade de vida, e há muitas visões sobre como esta melhoria pode se dar.

Ao longo do século XX, o modelo que se destacou nesse contexto foi o de industrialização e expansão do consumo. Contudo, na segunda metade desse século, efeitos deletérios desse modelo alcançaram vários países, e projeções de longo prazo feitas por pesquisadores da área ambiental mostravam que a expansão do consumo como apresentada não era possível do ponto de vista ambiental, dada a alta taxa de extração de recursos naturais e elevados níveis de poluição ambiental, que superariam a capacidade de regeneração – a resiliência – dos ecossistemas (Meadows et al., 1972).

Dessa forma, a ênfase no consumo poderia levar ao colapso das sociedades em decorrência da degradação ambiental. As discussões sobre esse conflito emergiram nos anos 1970, tendo na realização da Conferência de Estocolmo em 1972 seu marco mais notável (Sustainable Development Commission, 2012). Enquanto ambientalistas apontavam para a impossibilidade do crescimento econômico ilimitado, economistas argumentavam que não seria possível haver aumento de proteção ambiental sem crescimento econômico (Lago, 2006).

De acordo com Veiga (2010a), por muitos anos houve a crença de que o crescimento econômico por si só traria desenvolvimento. No entanto, como mostra o autor, diversos casos demonstraram que o crescimento econômico poderia ocorrer com injustiças sociais, aumento de desigualdade e degradação ambiental. Esclarecendo as diferenças entre crescimento econômico e desenvolvimento, Furtado (2004, p. 284) afirma que

> O crescimento econômico, tal qual o conhecemos, vem se fundando na preservação dos privilégios das elites que satisfazem seu afã de modernização; já o desenvolvimento se caracteriza pelo seu projeto social subjacente. Dispor de recursos para investir está longe de ser condição suficiente para preparar um melhor futuro para a massa da população. Mas quando o projeto social prioriza a efetiva melhoria das condições de vida dessa população, o crescimento se metamorfoseia em desenvolvimento.

A proposta do desenvolvimento sustentável, termo que passou a ser usado principalmente no final dos anos 1980 após a publicação do relatório *Nosso Futuro Comum* (WCED, 1987), baseou-se na defesa de que o desenvolvimento das sociedades deveria incluir a dimensão ambiental no amplo leque de dimensões do desenvolvimento, buscando um processo economicamente viável, socialmente justo e ambientalmente adequado.

Assim, a noção de desenvolvimento sustentável extrapola as exigências de proteção ambiental (Pearce et al., 1989; Unep, 2011; United Nations, 2012). Mesmo que os temas do consumo predatório de recursos naturais e a degradação de ecossistemas e a qualidade ambiental sejam os responsáveis pela gênese dessa noção, o debate atual abrange também temas relacionados à qualidade de vida, incluindo saúde, segurança, educação, emprego e renda, cultura e lazer e a uma série de outros aspectos relacionados à liberdade humana, como afirma Sen (1999).

Outros autores, em vez de ampliar o escopo do desenvolvimento sustentável, preferem referir-se à sustentabilidade ambiental do processo de desenvolvimento, valorizando assim o papel dos aspectos do meio biofísico (Hacking e Guthrie, 2008; Veiga, 2010a). No entanto, é preciso cuidado nessa adjetivação do termo, uma vez que pode induzir que é possível alcançar sustentabilidade de forma setorizada, como alcançar a sustentabilidade social sem que haja sustentabilidade econômica.

A multidimensionalidade do que é preconizado pelo desenvolvimento sustentável leva também a uma ampla gama de interpretações sobre os caminhos para se alcançar as exigências de qualidade de vida e ambiental simultaneamente. É comum encontrar críticas à proposta de sustentabilidade por sua definição pouco elaborada. Na análise de Veiga (2010b), a sustentabilidade é uma questão primordialmente ética, e é por isso que não é e nem se tornará uma noção de natureza precisa, discreta, analítica ou aritmética. Nobre (2002) considera que a noção de sustentabilidade só conseguiu se tornar quase universalmente aceita porque reuniu sob si posições teóricas e políticas diversas, mesmo que contraditórias e até mesmo opostas. E isso só foi possível exatamente porque essa noção não nasceu com uma definição restrita, mas se apresentou ampla o suficiente para que pudesse despertar interesses de diferentes grupos e assim ter seu sentido construído em debates teóricos e políticos. A própria visão apresentada no relatório *Nosso Futuro Comum*, endossada pela ONU, segue linhas muito diferentes do que é proposto na *Carta da Terra*, um documento desenvolvido como uma iniciativa global da sociedade civil.

Com isso, o que deve ser sustentável, por que, para quem e por quanto tempo são questões-chave que possuem distintas respostas para diferentes atores sociais, refletindo valores e interesses diversos.

E, por isso, muitas das propostas de políticas públicas e privadas de sustentabilidade preveem elevado nível de participação dos *stakeholders*, uma vez que a visão de futuro desses grupos é fundamental na definição de quais ações devem ser priorizadas. É nesse sentido que a pluralidade de visões, ou seja, a inclusão das perspectivas e preocupações dos atores envolvidos no processo vem sendo valorizada como parte importante dos processos orientados à sustentabilidade (Pope e Morrison-Saunders, 2012).

Para exemplificar divergências presentes no debate da sustentabilidade, é possível tomar o caso do papel da tecnologia para lidar com a crise ambiental. Em uma das primeiras buscas por caracterizar as diferenças entre as abordagens, O'Riordan (1981, apud Robinson, 2004) identificou duas grandes visões: o tecnocentrismo, no qual há a crença de que a tecnologia poderia solucionar problemas de sustentabilidade sem grandes interferências na economia; e o ecocentrismo, em que a proteção ambiental é colocada acima de interesses econômicos, de forma que são admitidas restrições à economia. Pearce e Turner (1990) propuseram ainda duas subdivisões para cada categoria, conforme o Quadro 26.1.

A relação de interdependência entre o sistema econômico e os sistemas naturais é compartilhada por ambas as visões, contudo, no tecnocentrismo a opção é pela adequação dos processos existentes, com melhorias de eficiência no consumo de recursos naturais e minimização, reciclagem e tratamento de resíduos. Já para o ecocentrismo, a adequação de processos com melhorias tecnológicas não é suficiente para alcançar o que é preconizado pela sustentabilidade. Um exemplo da diferença de visões aplicado ao caso das mudanças climáticas seria a reivindicação de cessão imediata ou breve das emissões de gases de efeito estufa na visão ecologista profunda e, no outro extremo, a reivindicação de mais tecnologias para captura de carbono, como o CCS (*Carbon Capture and Storage*), que permitiriam a continuidade de grande parte das emissões, a qual seria defendida em uma visão cornucopiana extrema.

Quadro 26.1 – Visões de sustentabilidade ambiental.

Visões		Descrição
Tecnocêntrico	Cornucopiano extremo	Livre funcionamento do mercado combinado à inovação tecnológica, a partir do qual podem ser mitigados os danos ambientais.
	Acomodativo	Crescimento econômico e equilíbrio ecológico podem ser conciliados, a partir de regras de planejamento e gerenciamento do uso de recursos naturais.
Ecocêntrico	Comunalista	Visão preservacionista de recursos naturais, que considera certas restrições ao crescimento econômico ante os limites físicos e sociais.
	Ecologista profundo	Visão preservacionista radical baseada na bioética, crítica do antropocentrismo. Defende a igualdade de todas as espécies e uma nova ética que substitua os valores antropocêntricos.

Fonte: adaptado de Pearce e Turner (1990, p. 14).

Esses conflitos de visões muitas vezes levam a *trade-offs*, que são situações em que há benefício para uma agenda e prejuízo para outra. Um *trade-off* muito comum no caso de obras de infraestrutura é o benefício da geração de emprego e renda acompanhada pelo prejuízo de supressão de vegetação nativa. Essas situações devem ser sempre evitadas de forma a gerar, ao máximo, resultados positivos para todas as partes (Gibson, 2013).

Dessa forma, além da participação, outro ponto relevante para a definição de ações de sustentabilidade é acerca de como a decisão final é tomada, já que muitos processos participativos são apenas consultivos e não deliberativos, permitindo que um grupo bem reduzido de *stakeholders* detenha o poder de decisão, a despeito das preocupações expostas pelos participantes ao longo do processo (Cashmore e Axelsson, 2013; Empinotti, 2007). Na realidade, essa questão da real participação das partes interessadas no processo pressupõe implementar ações de sensibilização e mobilização de lideranças, criar canais de diálogo e um ambiente de credibilidade.

A partir desse panorama, é possível notar que as ações voltadas à sustentabilidade serão sempre de natureza interdisciplinar, dada a elevada exigência de integração entre conhecimentos técnicos e científicos, e ainda sua forte dependência do contexto político e institucional.

De forma ampla, Gibson et al. (2005) apresentam características básicas da sustentabilidade em nove pontos-chave, conforme o Quadro 26.2, que auxiliam na compreensão das várias implicações que o conceito tem para o pensamento contemporâneo. Os termos sustentabilidade, desenvolvimento sustentável e, mais recentemente, sociedades sustentáveis têm sido usados na literatura comumente como sinônimos (Gibson et al., 2005; Pope, 2007), havendo, contudo, autores que fazem diferenciações (Gallopín, 2003; Loureiro, 2012). Nesse texto, os termos são usados como sinônimos.

Quadro 26.2 – Essência do conceito de sustentabilidade.

O conceito de sustentabilidade
• É um desafio para o pensamento e a prática convencional. O conceito questiona o modelo de desenvolvimento vigente quanto aos seus resultados e efeitos de longo prazo, desafiando diversas instituições e profissionais a encontrar novas formas de atuação.
• Está focado no bem-estar tanto em longo quanto em curto prazo. Há preocupação em manter ou melhorar a qualidade ambiental e a qualidade de vida no presente, possibilitando que as próximas gerações também possam tê-las.
• É abrangente e inclui os principais temas de processos decisórios. Sustentabilidade não é apenas mais um item na lista de considerações a serem atendidas, mas um conceito que propõe análises abrangentes e inter-relacionadas, a partir de uma visão estratégica.
• É um reconhecimento entre relações e interdependências, especialmente entre ambiente e sociedade. A existência humana depende da qualidade do meio ambiente, centralmente de temperaturas amenas e de acesso a alimento e água. As ações humanas que degradam o meio ambiente trazem consequências negativas à própria sociedade.
• É um reconhecimento da complexidade do mundo, exigindo abordagens e precaução. O desconhecimento dos efeitos das ações antrópicas sobre o meio ambiente exige que haja precaução. Não devem ser assumidos riscos que podem trazer prejuízos irreversíveis para a sociedade, e se o risco existe, outras opções viáveis devem ser encontradas. Os processos devem ir além da mitigação de impactos, buscar eliminar impactos negativos e reverter situações de insustentabilidade.

(continua)

Quadro 26.2 – Essência do conceito de sustentabilidade. (*continuação*)

O conceito de sustentabilidade
• É um reconhecimento da existência de limites invioláveis e oportunidades de inovações. Os limites de exploração do meio biofísico exigem que novas práticas sejam encontradas, como o uso de energias renováveis, e a remanufatura e reciclagem de resíduos sólidos. A organização cultural e política da sociedade também precisam encontrar novos formatos que impliquem melhoria da qualidade de vida.
• É um conjunto de princípios e processos a serem sempre buscados e não um estado a ser alcançado. As rápidas mudanças que ocorrem na sociedade e sua imprevisibilidade exigem que objetivos, metas e estratégias sejam constantemente revistos e atualizados, a fim de responder sem defasagens ao cenário atual.
• É sobre fins e meios estarem conectados. Não é apenas sobre aliar objetivos econômicos, ambientais e sociais, mas também sobre cultura e governança, sobre a condução de planejamentos e sobre como são tomadas as decisões.
• É dependente tanto de aspectos gerais quanto contextuais. As questões gerais da sustentabilidade global precisam ser contextualizadas e detalhadas quando pensadas para os âmbitos local e regional. É preciso identificar especificidades do contexto, exceções e objetivos de sustentabilidade consoantes com a vocação e as restrições existentes.

Fonte: baseado em Gibson et al. (2005).

Dessa forma, percebe-se que à luz da proposta do desenvolvimento sustentável, é fundamental expandir os aspectos a serem colocados na cesta de tomada de decisão, o que significa adotar novas lentes para olhar o mundo, de forma a favorecer a compreensão sistêmica das mudanças em andamento e dos cenários futuros a serem construídos. Trata-se mais especificamente de identificar oportunidades e ameaças para várias agendas que efetivamente poderão contribuir ou atravancar o desenvolvimento sustentável a médio e longo prazos, e inseri-las nas pautas de discussão das políticas públicas e dos processos de gestão associados.

AVALIAÇÃO DE SUSTENTABILIDADE

A avaliação de sustentabilidade vem sendo estudada como uma nova abordagem ou como um novo instrumento para suporte a decisões direcionadas à promoção da sustentabilidade (Bond e Morrison-Saunders, 2012; Bond et al., 2012b; Devuyst, 2001; Gibson et al., 2005; Govender e Hounsome, 2003; Retief, 2012).

De acordo com Gibson et al. (2005), as práticas associadas à avaliação de sustentabilidade emergiram da experiência em diversos campos do planejamento, incluindo a avaliação de impacto, a gestão de recursos naturais, do planejamento territorial e da gestão urbana.

Em uma definição simples, a avaliação de sustentabilidade é entendida como qualquer iniciativa que adota a sustentabilidade em seu objetivo (Devuyst, 2001; Hacking e Guthrie, 2008; Pope e Dalal-Clayton, 2011). Assim, na visão desses autores, o termo avaliação está sendo tomado em um sentido amplo, referindo-se a iniciativas de diagnósticos, planejamentos ou de gerenciamento, de áreas que inclusive estão além da gestão ambiental.

Pensando a avaliação de sustentabilidade para a gestão ambiental, é possível destacar a possibilidade de adoção da avaliação de sustentabilidade em duas de suas principais atividades: o planejamento ambiental e o gerenciamento ambiental.

O planejamento ambiental sempre terá um caráter estratégico, o que significa que deve envolver estudo de alternativas, a fim de dar suporte à decisão de quais ações levarão a níveis de maior sustentabilidade (Noble, 2000; Partidário, 2012). Para Santos (2004, p. 28), planejamento ambiental é aquele que representa a "adequação de ações à potencialidade, vocação local, e à sua capacidade de suporte, buscando o desenvolvimento harmônico da região e a manutenção da qualidade do ambiente físico, biológico e social". Outra iniciativa que faz parte do planejamento ambiental é o estudo de viabilidade ambiental, na qual estudos de avaliação de impacto ambiental são desenvolvidos em paralelo ou posteriormente ao planejamento de empreendimentos ou de políticas públicas para orientar a tomada de decisão, buscando evitar, minimizar ou mitigar impactos adversos (IAIA e IEA, 1999; IAIA, 2002; Sánchez, 2008), como é o caso do estudo de impacto ambiental e da avaliação ambiental estratégica.

Já o gerenciamento ambiental envolve atividades da implementação e do monitoramento dos planos e ações que fazem parte do sistema de gestão ambiental. Nesse caso, encaixam-se experiências voltadas à construção de indicadores ambientais ou de sustentabilidade específicos para avaliar uma região ou produto (Pereira e Ortega, 2010; Van Bellen, 2004), sem ainda buscar a estratégia para mudança do contexto. No caso da construção de indicadores de sustentabilidade, muitas das experiências se assemelham a diagnósticos ou medidas de monitoramento, nos quais o interesse é a mensuração continuada de níveis de sustentabilidade (Bell e Morse, 2008), que fornecerão informações fundamentais para o planejamento ambiental.

Com isso, entende-se que o planejamento ambiental estará sempre associado a processos com decisões estratégicas, que exigem estudos de alternativas visando a um cenário futuro de maior sustentabilidade. As ações de gerenciamento ambiental serão aquelas relacionadas à operacionalização de decisões tomadas em planejamentos ambientais.

Pope (2007) afirma que a avaliação de sustentabilidade pode ser *ex-ante* ou *ex-post*, sendo *ex-ante* sempre que for desenvolvida como subsídio a uma decisão (no contexto do planejamento), e *ex-post* quando se referir à verificação dos resultados de decisões (no contexto do gerenciamento, ou mesmo da própria avaliação sobre decisões estratégicas).

Assim, a avaliação de sustentabilidade pode ser compreendida como uma abordagem para atividades da gestão ambiental que busquem inserir de forma mais abrangente os requerimentos da sustentabilidade, de modo que pode ser adotado em uma série de iniciativas já existentes e em operação, bem como para novas iniciativas. A definição detalhada das características de um processo de avaliação de sustentabilidade ainda é pouco presente na literatura, apesar do aumento de publicações acerca dessa abordagem (Bond et al., 2012b). Uma das definições desse processo é apresentada por Gibson (2012), que propõe seis imperativos da avaliação de sustentabilidade, conforme mostra o Quadro 26.3. Esse conjunto de características vem sendo adotado como referência por alguns autores na definição normativa do objetivo de uma avaliação de sustentabilidade (Bond et al., 2012a, 2012b).

Quadro 26.3 – Seis imperativos da avaliação de sustentabilidade.

1. A avaliação de sustentabilidade deve procurar reverter tendências negativas predominantes de insustentabilidade, reconhecendo que cada projeto, seja implementação ou expansão, programa, plano e política devem trazer contribuições positivas para um futuro desejável e durável. As avaliações ambientais tradicionais são focadas em minimização de impactos negativos, o que não é suficiente para alcançar objetivos de sustentabilidade.
2. A avaliação de sustentabilidade deve buscar integração entre os principais fatores que estiverem relacionados e que afetem perspectivas de um futuro desejável e durável. Comumente, as instituições com poder de decisão possuem pouca capacidade ou pouco interesse em adotar abordagens integradoras, de forma que se as integrações não forem feitas na avaliação de sustentabilidade não serão feitas posteriormente.

(continua)

892 | CURSO DE GESTÃO AMBIENTAL

Quadro 26.3 – Seis imperativos da avaliação de sustentabilidade. (*continuação*)

3. A avaliação de sustentabilidade deve buscar ganhos múltiplos e mútuos. O processo deve ser um canal para a interdependência da ecologia, economia e sociedade, buscando maneiras de atender aos três de uma vez, de modo que possam ser gerados círculos virtuosos, em uma espiral ascendente.
4. A avaliação de sustentabilidade deve buscar a minimização de *trade-offs*. Não se trata de equilibrar economia, ecologia e sociedade como prioridades concorrentes e realizar concessões, mantendo habituais sacrifícios de interesses ecológicos e humanos que são o centro das tendências insustentáveis e têm representação mais fraca nas mesas de decisão.
5. A avaliação de sustentabilidade deve respeitar o contexto. Em cada aplicação, as avaliações de sustentabilidade devem respeitar as particularidades do contexto e especificar os critérios para a avaliação e a tomada de decisão, levando em consideração os principais problemas, aspirações, capacidades e interesses dos atores e lugares envolvidos.
6. A avaliação de sustentabilidade deve ser, na medida do possível, aberta e amplamente participativa. Isso porque a avaliação de sustentabilidade não pode ser um mero exercício técnico, é sempre uma questão de escolhas públicas entre as opções e os objetivos para um futuro desejável e duradouro. Além disso, a abertura e o envolvimento também são necessários porque o desafio de construir a sustentabilidade está além das capacidades dos governos e mercados por si só, de forma que devemos usar todas as oportunidades para promover o conhecimento e fortalecer as capacidades de participação dos cidadãos e das organizações da sociedade civil.

Fonte: adaptado de Gibson (2012).

Entre muitas experiências existentes de avaliação de sustentabilidade (Ness et al., 2007; Rotmans, 2006), dois conjuntos de princípios que recebem significativo destaque na área de ciências ambientais são Princípios de Avaliação e Mensuração da Sustentabilidade de Bellagio, e os Princípios de Sustentabilidade propostos por Gibson et al. (2005), que serão apresentados a seguir de forma a ilustrar suas potencialidades no campo da gestão ambiental.

Esses princípios são úteis à gestão ambiental pois apresentam uma ampla gama de requerimentos necessários para alinhar uma iniciativa à sustentabilidade. Acompanhando a complexidade da proposta de desenvolvimento sustentável, é possível inferir que esses critérios também possuem elevado grau de subjetividade, e que serão desenvolvidos de acordo com a visão dos atores envolvidos. Ainda assim, considera-se que esses conjuntos são importantes no avanço das experiências integradoras dos temas da sustentabilidade, que permitirão a construção de orientações mais acuradas futuramente.

Princípios de Avaliação e Mensuração da Sustentabilidade de Bellagio

Em 1996, um grupo internacional de profissionais da área de mensuração desenvolveu os Princípios Bellagio, com o objetivo de proporcionar orientação para medir e avaliar o progresso rumo ao desenvolvimento sustentável (Hardi e Zdan, 1997). Os Princípios de Bellagio reúnem orientações para a avaliação de todo o processo, incluindo aspectos do conteúdo e de como o processo deve ser desenvolvido. São princípios inter-relacionados, que devem ser aplicados de forma conjunta (Louette, 2009).

Os princípios originais publicados em 1997 se tornaram amplamente conhecidos e, a fim de mantê-los atualizados e refletir o contexto de mudança no campo da mensuração, foram organizadas revisão e atualização, seguindo uma abordagem similar à anterior (Pintér et al., 2012).

A reunião de revisão foi realizada em abril de 2009, na cidade de Bellagio na Itália, no mesmo local onde o grupo de 1997 se reuniu. Os princípios foram renomeados para Princípios de Avaliação e Mensuração da Sustentabilidade de Bellagio – BellagioSTAMP, e o número de princípios foi reduzido de dez para oito. Os novos princípios são apresentados no Quadro 26.4.

Quadro 26.4 – Princípios de Avaliação e Mensuração da Sustentabilidade de Bellagio.

Princípio 1: Visão orientadora
A avaliação do progresso em direção ao desenvolvimento sustentável será guiada pelo objetivo de oferecer bem-estar, respeitando a capacidade da biosfera em sustentá-lo para as gerações futuras.
Princípio 2: Considerações essenciais
A avaliação em direção ao desenvolvimento sustentável levará em consideração: • Os sistemas social, econômico e ambiental como um todo e as interações entre seus componentes, incluindo questões relacionadas com a governança; • Dinâmica e interações entre as tendências atuais e *drivers* de mudança; • Riscos, incertezas e atividades que possam ter um impacto além de fronteiras; • Implicações para a tomada de decisão, incluindo os *trade-offs* e sinergias.

(continua)

Quadro 26.4 – Princípios de Avaliação e Mensuração da Sustentabilidade de Bellagio. (*continuação*)

Princípio 3: Escopo adequado
A avaliação em direção ao desenvolvimento sustentável adotará: • Um horizonte de tempo adequado para capturar efeitos de curto e longo prazo das decisões políticas e atividades antrópicas atuais; • Um escopo geográfico apropriado.
Princípio 4: Estrutura e indicadores
A avaliação do progresso em direção ao desenvolvimento sustentável será baseada em: • Um quadro conceitual dos indicadores fundamentais para avaliar o progresso; • Métodos de medição padronizados quando possível, a fim de permitir comparabilidade; • A comparação dos resultados dos indicadores com metas, quando possível.
Princípio 5: Transparência
A avaliação dos progressos em direção ao desenvolvimento sustentável irá: • Garantir que os dados, indicadores e resultados da avaliação sejam acessíveis ao público; • Explicar as escolhas, suposições e incertezas que determinam os resultados da avaliação; • Divulgar as fontes de dados e métodos; • Declarar todas as fontes de financiamento e potenciais conflitos de interesse.
Princípio 6: Comunicação efetiva
No interesse de uma comunicação eficaz, para atrair o público mais amplo possível e minimizar o risco de mau uso, a avaliação do progresso em direção ao desenvolvimento sustentável irá: • Utilizar linguagem clara e simples; • Apresentar informações de forma justa e objetiva, de forma a contribuir para a construção da confiança no grupo; • Usar ferramentas visuais e gráficas inovadoras, visando facilitar a interpretação e o relato do caso; • Tornar os dados disponíveis em tantos detalhes quanto é confiável e viável
Princípio 7: Ampla participação
Para reforçar a sua legitimidade e relevância, a avaliação do progresso rumo ao desenvolvimento sustentável deverá: • Encontrar formas adequadas para incluir as opiniões recebidas na participação pública, oferecendo uma liderança ativa; • Envolver desde o início os usuários da avaliação, a fim de que ela se adapte o melhor possível às suas necessidades.

(continua)

Quadro 26.4 – Princípios de Avaliação e Mensuração da Sustentabilidade de Bellagio. (*continuação*)

Princípio 8: Continuidade e capacidade
A avaliação do progresso em direção ao desenvolvimento sustentável exigirá: • Mensurações sucessivas/repetidas; • Capacidade de resposta à mudança; • Investimentos para desenvolver e manter a capacidade adequada; • Aprendizagem e melhoria contínua.

Fonte: adaptado de Pintér et al. (2012).

Princípios de Sustentabilidade de Gibson

Esses princípios de sustentabilidade são resultado de uma pesquisa coordenada pelo Professor Robert B. Gibson, da Universidade de Waterloo, no Canadá. Os autores o consideram como um núcleo mínimo de requisitos a serem abordados em iniciativas de sustentabilidade.

Após uma ampla revisão das principais características da sustentabilidade propostas em diversas áreas, entre elas ecologia, planejamento urbano e regional, democracia participativa, gestão empresarial, economia ecológica, e ainda a partir de relatos de experiências de profissionais que atuam na área de sustentabilidade, os autores sintetizaram esses dezenove conjuntos de diretrizes em oito princípios (Gibson, 2006; Gibson et al., 2005), apresentados no Quadro 26.5.

A categorização proposta pelos autores visa valorizar a inter-relação entre temas, a partir de uma abordagem integrada (Gibson et al., 2005).

A aplicação dos critérios implica identificar questões-chave relacionadas aos princípios e, de forma iterativa e com participação dos atores relevantes, incrementar e refinar o conjunto de informações centrais, como detalhado em Duarte et al. (2013). Outras experiências com esses princípios incluem Gaudreau e Gibson (2010), Winfield et al. (2010), e Lamorgese e Geneletti (2013).

896 | CURSO DE GESTÃO AMBIENTAL

Quadro 26.5 – Princípios para avaliação de sustentabilidade.

Integridade do sistema socioecológico
Construir relações sociedade-ambiente que estabeleçam e mantenham a integridade dos sistemas socioambientais a longo prazo e protejam as funções ecológicas, que são insubstituíveis e das quais dependem a vida humana e a qualidade ambiental.
Recursos suficientes para subsistência e acesso a oportunidades
Garantir que cada indivíduo e cada comunidade tenham sustento suficiente para uma vida digna e que todos tenham oportunidade de buscar melhorias de forma a não comprometer a capacidade de sustento das gerações futuras.
Equidade intrageracional
Garantir que suficiência e oportunidade de escolha estejam sendo buscadas para todos, de modo a reduzir lacunas entre ricos e pobres (de saúde, segurança, reconhecimento social, influência política etc.).
Equidade intergeracional
Favorecer opções e ações no presente que sejam mais passíveis de manter ou aumentar as oportunidades e capacidades das gerações futuras a viver sustentavelmente.
Manutenção de recursos naturais e eficiência
Proporcionar uma ampla base de recursos naturais para garantir meios de subsistência sustentáveis para todos, ao passo que reduz ameaças em longo prazo para a integridade de sistemas socioambientais, evitando resíduos e reduzindo o consumo de matéria e energia.
Civilidade socioambiental e governança democrática
Criar capacidade, motivação e inclinação em indivíduos, comunidades e órgãos de decisão a aplicar requisitos de sustentabilidade, por meio de decisões mais abertas e baseadas em boas informações, de estímulos à conscientização mútua e à responsabilidade coletiva, e do emprego de práticas mais integradas em decisões administrativas, de mercado e pessoais.
Precaução e adaptação
Respeitar incertezas, evitar os riscos de danos graves ou irreversíveis para os fundamentos da sustentabilidade, mesmo que sejam pouco compreendidos. O planejamento deve ser orientado à aprendizagem e deve haver preparo para situações de surpresa e desenvolvimento da gestão adaptativa.
Integração entre situação atual e de longo prazo
Aplicar todos os princípios de sustentabilidade ao mesmo tempo, buscando benefícios mútuos e ganhos múltiplos.

Fonte: adaptado de Gibson et al. (2005).

AVALIAÇÃO DE SUSTENTABILIDADE E GESTÃO AMBIENTAL – CONSIDERAÇÕES FINAIS

As implicações do desenvolvimento sustentável para processos decisórios e elaborações de iniciativas têm sido estudadas em uma nova abordagem designada avaliação de sustentabilidade.

Sua ênfase está relacionada principalmente ao tratamento integrador das questões que figuram em processos de planejamento ou gerenciamento ambiental, de forma a evitar *trade-offs* e buscar ganhos mútuos nas mais diversas dimensões do desenvolvimento. Essa abordagem ainda está se consolidando, havendo crescente produção acadêmica acerca desse tema (Bond et al., 2012b; Duarte, 2013).

Neste capítulo, dois conjuntos de princípios de sustentabilidade foram apresentados com vistas a auxiliar a estruturação de iniciativas que se alinhem ao que está proposto pela avaliação de sustentabilidade. Os princípios de BellagioSTAMP incluem características acerca do desenvolvimento do processo, como ser participativo e transparente, incluir indicadores para monitoramento e prever ações para melhoria contínua. BellagioSTAMP também indica que os temas tratados na iniciativa devem incluir a definição de uma visão de sustentabilidade, abrangendo os sistemas social, econômico e ambiental, além de outros aspectos como riscos, incertezas e *trade-offs*.

Já os Princípios de Gibson são mais focados nos temas a serem tratados e nas inter-relações existentes entre eles. Aspectos de geração de oportunidades, equidade e eficiência são destacados como sendo relevantes de serem avaliados em iniciativas de sustentabilidade.

Por mais que alcançar a sustentabilidade seja um objetivo audacioso, sua construção passa pela inserção das agendas da promoção da qualidade de vida e ambiental em toda e qualquer iniciativa que possa se relacionar com o desenvolvimento da sociedade. Com isso, conjuntos de princípios auxiliam na inclusão de temas da sustentabilidade que vêm sendo considerados relevantes por profissionais e pesquisadores da área.

Com isso, a abordagem da avaliação de sustentabilidade fortalece a gestão ambiental à medida que prepara para o diálogo e para o desenvolvimento de temas de interface.

Cabe ressaltar que não se defende aqui que a gestão ambiental deva passar a abranger de forma completa os temas da área social e econômica, mas sim incorporar as interfaces em seus processos de decisão. A abrangência dos estudos deve ser cuidadosamente analisada a partir dos arranjos institucionais e atribuições dos atores envolvidos. Contudo, ainda que uma iniciativa se mantenha com objetivo de proteção ambiental, o exercício de verificar quais princípios de sustentabilidade estão sendo atendidos é especialmente benéfico para o diálogo, além de tratar de aspectos que estão além do escopo, em especial aspectos da participação dos *stakeholders*, da melhoria contínua, da precaução e da preocupação com gerações futuras.

REFERÊNCIAS

BECKER, J. Making sustainable development evaluations work. *Sustainable Development*, v. 12, n. 4, p. 200-211, nov. 2004.

BELL, S.; MORSE, S. *Sustainability Indicators: Measuring the Immeasurable?* 2. ed. London: Earthscan, 2008.

BOND, A.J.; MORRISON-SAUNDERS, A. Re-evaluating Sustainability Assessment: Aligning the vision and the practice. *Environmental Impact Assessment Review*, v. 31, n. 1, p. 1-7, jan. 2011.

_____. Challenges in determining the effectivess of sustainability assessment. In: BOND, A.; MORRISON-SAUNDERS, A.; HOWITT, R. (Eds.). *Sustainability Assessment: pluralism, practice and progress*. 1. ed. New York: Routledge/Taylor & Francis, 2012, p. 37-50.

BOND, A.; MORRISON-SAUNDERS, A.; HOWITT, R. Framework for comparing and evaluating sustainability assessment practice. In: BOND, A.; MORRISON-SAUNDERS, A.; HOWITT, R. (Eds.). *Sustainability Assessment: pluralism, practice and progress*. 1. ed. New York: Routledge/ Taylor & Francis, 2012a, p. 117-131.

BOND, A.; MORRISON-SAUNDERS, A.; POPE, J. Sustainability assessment: the state of the art. *Impact Assessment and Project Appraisal*, v. 30, n. 1, p. 53-62, 2012b.

CASHMORE, M.; AXELSSON, A. The mediation of environmental assessment's influence: What role for power? *Environmental Impact Assessment Review*, v. 39, p. 5-12, fev. 2013.

CEZARE, J.P.; MALHEIROS, T.F.; PHILIPPI JR, A. Avaliação de política ambiental e sustentabilidade: estudo de caso do município de Santo André – SP. *Revista Engenharia Sanitária e Ambiental*, v. 12, n. 4, p. 417-425, 2007.

DEVUYST, D. Introduction to sustainability assessment at the local level. In: DEVUYST, D.; HENS, L.; DE LANNOY, W. (Eds.). *How green is the city? Sustainability assessment and the management of urban environments*. New York: Columbia University Press, 2001, p. 1-38.

DUARTE, C.G. *Planejamento e sustentabilidade: uma proposta de procedimentos com base na avaliação de sustentabilidade e sua aplicação para o caso do etanol de cana-de-açúcar no Plano Decenal de Expansão de Energia*. Tese (doutorado em Ciências – Programa de Pós-Graduação em Ciências da Engenharia Ambiental) – Escola de Engenharia de São Carlos, Universidade de São Paulo. São Carlos, SP, 2013.

DUARTE, C.G. et al. Sustainability assessment of sugarcane-ethanol production in Brazil: A case study of a sugarcane mill in São Paulo state. *Ecological Indicators*, v. 30, p. 119-129, jul. 2013.

EMPINOTTI, V.L. E se eu não quiser participar? O caso da não participação nas eleições do comitê de bacia do Rio São Francisco. *Ambiente & Sociedade*, v. 14, n. 1, p. 195-211, 2007.

FURTADO, C. Os Desafios da Nova Geração. *Revista de Economia Política*, v. 24, n. 96, p. 483-486, 2004.

GALLOPÍN, G. *Sostenibilidad y desarrollo sostenible: un enfoque sistémico*. Santiago, Chile: Cepal/Eclac, 2003.

GAUDREAU, K.; GIBSON, R.B. Illustrating integrated sustainability and resilience based assessments: a small-scale biodiesel project in Barbados. *Impact Assessment and Project Appraisal*, v. 28, n. 3, p. 233-243, 1 set. 2010.

GIBSON, R.B. et al. *Sustainability Assessment: Criteria, Processes and Applications*. London: Earthscan, 2005, p. 254.

GIBSON, R.B. Beyond the pillars: Sustainability Assessment as a framework for effective integration of social, economic and ecological considerations in significant decision-making. *Journal of Environmental Assessment Policy and Management*, v. 8, n. 3, p. 259-280, 2006.

_____. Why Sustainability Assessment? In: BOND, A.; MORRISON-SAUNDERS, A.; HOWITT, R. (Eds.). *Sustainability Assessment: pluralism, practice and progress*. 1. ed. New York: Routledge/Taylor & Francis, 2012, p. 3-17.

_____. *Avoiding sustainability trade-offs in environmental assessment. Impact Assessment and Project Appraisal*, n. February, p. 1-11, 15 fev. 2013.

GOVENDER, K.; HOUNSOME, R. Sustainability Assessment: Dressing up SEA? Experiences from South Africa. *Journal of Environmental Assessment Policy and Management*, v. 8, n. 3, p. 321-340, 2003.

HACKING, T.; GUTHRIE, P. A framework for clarifying the meaning of Triple Bottom-Line, Integrated, and Sustainability Assessment. *Environmental Impact Assessment Review*, v. 28, n. 2-3, p. 73-89, fev. 2008.

HARDI, P.; ZDAN, T. *Assessing Sustainable Development: Principles in Practice.* Winnipeg: IISD, 1997. Disponível em: <http://www.iisd.org/pdf/bellagio.pdf>.

[IAIA] INTERNATIONAL ASSOCIATION FOR IMPACT ASSESSMENT. *Strategic Environmental Assessment: Performance CriteriaFargo, NDInternational Association for Impact Assessment*, 2002. Disponível em: <http://www.iaia.org/public-documents/special-publications/sp1.pdf>

[IAIA/IEA] INTERNATIONAL ASSOCIATION FOR IMPACT ASSESSMENT/ THE INSTITUTE OF ENVIRONMENTAL ASSESSMENT. *Principles of Environmental Impact Assessment Best Practice.* Fargo, NDIAIA, 1999. Disponível em: <http://iaia.org/publicdocuments/special-publications/Principles of IA_web.pdf>

LAGO, A.A.C. DO. *Estocolmo, Rio, Joanesburgo: O Brasil e as três conferências ambientais das Nações Unidas.* 1. ed. Brasília: Fundação Alexandre de Gusmão (Funag); Instituto Rio Branco (IRBr); Ministério das Relações Exteriores, 2006, p. 276.

LAMORGESE, L.; GENELETTI, D. Sustainability principles in strategic environmental assessment: A framework for analysis and examples from Italian urban planning. *Environmental Impact Assessment Review*, jan. 2013.

LOUETTE, A. *Compêndio para a sustentabilidade: ferramentas de gestão e responsabilidade socioambiental – uma contribuição para o desenvolvimento sustentável.* São Paulo: WHH (Willis Harman House), 2007, p. 188.

_____. *Indicadores de Nações: Uma contribuição ao diálogo da sustentabilidade.* 1. ed. São Paulo: WHH (Willis Harman House), 2009, p. 116.

LOUREIRO, C.F.B. *Sustentabilidade e educação: um olhar da ecologia política.* São Paulo: Cortez, 2012, p. 128

MEADOWS, D. et al. *The Limits to Growth.* v. 205, n. 2, 1972, p. 205.

NESS, B. et al. Categorising tools for sustainability assessment. *Ecological Economics*, v. 60, n. 3, p. 498-508, jan. 2007.

NOBLE, B.F. Strategic Environmental Assessment: What is it? & What makes it strategic? *Journal of Environmental Assessment Policy and Management*, v. 2, n. 2, p. 203-224, 2000.

NOBRE, M. "Crescimento Econômico" versus "preservação ambiental": origens do conceito de desenvolvimento sustentável. In: NOBRE, M.; AMAZONAS, M. de C. (Eds.). *Desenvolvimento sustentável: a institucionalização de um conceito.* 1. ed. Brasília: Ibama, 2002, p. 368.

O'RIORDAN, T. *Environmentalism.* London: Pion, 1981.

PARTIDÁRIO, M.R. *Strategic Environmental Assessment Better Practice Guide: Methodological guidance for strategic thinking in SEA*. Lisbon: Portuguese Environment Agency; Redes Energéticas Nacionais, 2012, p. 76.

PEARCE, D.; MARKANDYA, A.; BARBIER, E.B. *Blueprint for a Green Economy*. London: Earthscan, 1989, v. 7, p. 192.

PEARCE, D.W.; TURNER, R.K. *Economics of Natural Resources and the Environment*. Baltimore: Johns Hopkins University Press, 1990.

PEREIRA, C.L.F.; ORTEGA, E. Sustainability assessment of large-scale ethanol production from sugarcane. *Journal of Cleaner Production*, v. 18, n. 1, 2010, p. 77-82.

PHILIPPI JR, A.; BRUNA, G.C. Política e Gestão Ambiental. In: PHILIPPI JR, A.; ROMERO, M.; BRUNA, G.C. (Eds.). *Curso de Gestão Ambiental*. São Paulo: Manole, 2004, p. 657-714.

PHILIPPI JR, A.; MALHEIROS, T.F.; SALLES, C.P.; SILVEIRA, V.F. *Gestão Ambiental Municipal – subsídios para estruturação de sistema municipal de meio ambiente*. 1. ed. Salvador: CRA, 2004.

PHILIPPI JR, A.; MALHEIROS, T.F. *Indicadores de sustentabilidade e gestão ambiental*. 1. ed. Barueri: Manole, 2013.

PINTÉR, L. et al. Bellagio Stamp: Principles for sustainability assessment and measurement. *Ecological Indicators*, v. 17, p. 20-28, set. 2012.

POPE, J. *Facing the Gorgon: Sustainability assessment and policy learning in Western Australia*. Institute for Sustainability and Technology Policy, Murdoch University, Perth: Thesis (PhD), 2007.

POPE, J.; ANNANDALE, D.; MORRISON-SAUNDERS, A. Conceptualising sustainability assessment. *Environmental Impact Assessment Review*, v. 24, n. 6, p. 595-616, 2004.

POPE, J.; DALAL-CLAYTON, B. From SEA to Sustainability Assessment? In: SADLER, B. et al. (Eds.). *Handbook of Strategic Environmental Assessment*. London; Washington, DC: Earthscan, 2011, p. 547-565.

POPE, J.; MORRISON-SAUNDERS, A. Pluralism in practice. In: BOND, A.; MORRISON-SAUNDERS, A.; HOWITT, R. (Eds.). *Sustainability Assessment: pluralism, practice and progress*. 1. ed. New York: Routledge/Taylor & Francis, 2012, p. 100-114.

RETIEF, F. Sustainability assessment in South Africa. In: BOND, A.; MORRISON--SAUNDERS, A.; HOWITT, R. (Eds.). *Sustainability Assessment: pluralism, practice and progress*. 1. ed. New York: Routledge/Taylor & Francis, 2012, p. 184-196.

ROTMANS, J. *Tools for Integrated Sustainability Assessment: a two-track approach*. Rotterdam: Matisse Project, 2006.

SÁNCHEZ, L.E. *Avaliação de Impacto Ambiental: conceitos e métodos*. São Paulo: Oficina de Textos, 2008, p. 495.

SANTOS, R.F. *Planejamento ambiental: teoria e prática*. São Paulo: Oficina de Textos, 2004, p. 184.

SEN, A. *Desenvolvimento como liberdade*. São Paulo: Companhia das Letras, 1999.

SUSTAINABLE DEVELOPMENT COMMISSION. *History of SD*. Disponível em: <http://www.sd-commission.org.uk/pages/history_sd.html>. Acessado em: 27 dez. 2012.

[UNEP] UNITED NATIONS ENVIRONMENT PROGRAMME. *Towards a Green Economy: Pathways to Sustainable Development and Poverty Eradication – A Synthesis for Policy Makers*. [s.l.]: Unep, 2011, p. 56.

UNITED NATIONS. *The future we want*. Rio de Janeiro: UN, 2012.

VAN BELLEN, H.M. Desenvolvimento sustentável: uma descrição das principais ferramentas de avaliação. *Ambiente & Sociedade*, v. 7, n. 1, p. 22, jun. 2004.

VEIGA, J.E. da. *Desenvolvimento Sustentável: o desafio do século XXI*. Rio de Janeiro: Garamond, 2010a, p. 220.

_____. *Sustentabilidade: a legitimação de um novo valor*. São Paulo: Editora SENAC São Paulo, 2010b, p. 160.

[WCED] WORLD COMMISSION ON ENVIRONMENT AND DEVELOPMENT. *Our Common Future*. [s.l.] UN, 1987.

WINFIELD, M. et al. Implications of sustainability assessment for electricity system design: The case of the Ontario Power Authority's integrated power system plan. *Energy Policy*, v. 38, n. 8, p. 4115-4126, ago. 2010.

Gerenciamento de Riscos Ambientais | 27

Carlos Celso do Amaral e Silva
Engenheiro químico, Faculdade de Saúde Pública – USP

A Política Nacional do Meio Ambiente, introduzida pela Lei n. 6.938 de 31.08.1981, prevê a utilização de diversos instrumentos para sua implantação. Dentre eles, está a Avaliação de Impactos Ambientais. Com algumas semelhanças, o mais novo instrumento é a Avaliação de Riscos Ambientais, em muitos casos, inserida no EIA/Rima por decisão de organizações governamentais de controle ambiental. A questão do risco está ganhando terreno no campo da gestão ambiental, e o aspecto comunicacional desse processo está provocando muitas discussões entre os componentes dos sistemas decisórios governamentais, empresariais e comunitários.

EVOLUÇÃO DO CONCEITO DE RISCO

Apesar de a preocupação com o risco estar aumentando em todo o mundo, as raízes dessa inquietude podem ser detectadas já nas civilizações egípcia, helênica e romana. Vários significados para o termo risco têm sido apresentados ao longo do desenvolvimento da civilização ocidental, principalmente a partir da Idade Média: a expressão *rozik*, que na língua persa significa destino, a palavra latina *resecum*, que pode significar perigo, e o vocábulo grego *rhiza* (penhasco) estão na origem dessa palavra. Segundo Peter Bernstein, a palavra risco é derivada do italiano antigo *risicare*, que significa ousar. Assim, esse autor considera que a noção de risco é mais uma opção que um destino (Bernstein, 1997).

A maior parte da história da evolução do conceito de risco, entretanto, permanece não escrita e não falada nas mentes de grupos relativamente pequenos de acadêmicos e profissionais de formações variadas, como os funcionários governamentais e os agentes empresariais preocupados com seu gerenciamento.

As metodologias de avaliação, análise e gerenciamento de riscos incorporam uma relativa abundância de técnicas e perspectivas teóricas, que vão desde modelos causais do câncer até a estimativa probabilística de acidentes catastróficos.

As referências bibliográficas no final deste texto dão uma ideia da informação disponível acerca do significado de risco, perigo e termos a eles relacionados. O importante, para o estudioso da questão, é ter sempre em mente a necessidade de se estabelecer uma correspondência biunívoca entre termo e conceito.

Os termos risco e perigo são expressões derivadas, em geral, de atos políticos de escolha, expressando valores e pontos de vista dos mais diversos. No entanto, as pessoas e os grupos que realizam esses atos parecem tomar decisões sem informações suficientes a respeito das consequências potenciais de determinadas ações. Tal fato gera conflitos de diversas ordens, cuja solução passa pela escolha de alternativas adequadas, o que nem sempre é possível. Aliás, esse assunto tem sido palco para atores que ou causam, ou se tornam vítimas de muitos ruídos comunicacionais.

Para o estudo deste texto será necessário pensar, logo de início, na distinção entre os conceitos associados a cada termo. Considera-se, então, que "risco" se refere à possibilidade de ocorrências indesejáveis e causadoras de danos para a saúde, para os sistemas econômicos e para o meio ambiente. No dia a dia, os indivíduos ou a coletividade aceitam certos riscos e evitam outros, mas, em todos os casos, a noção de dano, qualquer que seja sua magnitude, estará presente.

O conceito de risco e a noção de incerteza estão intimamente relacionados. Pode-se dizer, por exemplo, que o risco de uma pessoa desenvolver um câncer ao longo da vida é de 25%. Se esse indivíduo realmente desenvolver um câncer, não se pode mais falar de risco, pois o evento se tornou uma certeza. De igual modo, se uma pessoa agoniza após um fatídico acidente de automóvel, o risco de ela morrer de câncer aproxima-se rapidamente do zero. Assim, as estimativas de risco que são feitas, considerando-se a incerteza, modificam-se à medida que o conhecimento a respeito do assunto é aperfeiçoado.

Riscos e Perigos

Considera-se que a noção de risco está ligada à ideia de ameaça, no sentido de que um evento indesejável e danoso venha a ocorrer com determinada probabilidade. Quanto ao perigo, ele é a ameaça em si, ainda não mensurável e não totalmente evidente (por exemplo, o caso de aterros que receberam rejeitos tóxicos cuja possibilidade de causar determinado dano ainda não foi medida, ou o cenário onde possa ocorrer exposição de seres humanos ou ecossistemas a esses rejeitos ainda não foi totalmente descrito). Tal distinção poderá provocar polêmica, mas sugere-se que seja aceita para que o raciocínio se torne mais claro.

No meio científico, já se tornou lugar-comum afirmar que não existem investigações teóricas nem científicas sem um processo criterioso de classificação, que define as ferramentas conceituais necessárias à seleção e à ordenação dos fenômenos que o pesquisador procura estudar. Assim, os riscos podem ser classificados a partir da natureza de seus agentes (químicos, biológicos, físicos e psicossociais), de sua fonte geradora (meios de transporte, fármacos e procedimentos médicos, hábitos individuais etc), ou mesmo em relação ao sujeito do risco (riscos à segurança, à saúde humana, ambientais, ao bem-estar público, financeiros, ocupacionais etc.). Sob esse ângulo, não existe uma só organização social na qual os critérios para todos os tipos de risco tenham sido claramente estabelecidos; apesar disso, todos os conceitos de risco têm um elemento em comum: a distinção entre realidade e possibilidade. Por exemplo, se o futuro for predeterminado ou independente das atividades humanas presentes, o termo risco não terá nenhum sentido. Então, como foi visto anteriormente, se a distinção entre realidade e possibilidade for aceita, o termo risco denotará a possibilidade de ocorrer um estado indesejável de realidade (efeitos adversos), como resultado de eventos naturais ou de atividades humanas. Tal definição acarreta o fato de os seres humanos poderem realizar conexões causais entre ações (ou eventos) e seus efeitos. Assim, efeitos indesejáveis poderão ser evitados ou mitigados se os eventos ou ações causais puderem ser evitados ou modificados.

Ao se pensar em um cenário de risco, visando, principalmente, à saúde humana, seus efeitos (evitáveis ou mitigáveis) serão uma função das características da exposição. Podem ser efeitos agudos, crônicos ou subcrônicos. Os efeitos agudos ocorrem quando existe exposição curta a uma substância (geralmente em altas concentrações), apresentando como resultado um dano biológico severo. Já os efeitos crônicos ocorrem quando há a exposição contínua ou repetitiva a um agente (geralmente em baixas concentrações) durante um longo período ou há persistência de efeitos nesse espaço de tempo. Fala-se de efeitos subcrônicos, por fim, quando as características exposição/efeito se enquadram entre o agudo e o crônico.

A exposição e os efeitos estão associados à área de conhecimento que tende a se tornar uma nova disciplina: a Ecotoxicologia.

AVALIAÇÃO PRELIMINAR DE PERIGOS

O Departamento de Defesa dos Estados Unidos desenvolveu uma técnica chamada Análise Preliminar de Perigos (*Preliminary Hazard Analysis*), pensando em problemas de segurança militar. Essa técnica foi estruturada visando à identificação dos perigos presentes em uma instalação, capazes de causar, sob determinadas condições, a ocorrência de eventos indesejáveis. As áreas de aplicação dessa técnica podem ser instalações militares em fase inicial de desenvolvimento, em fase de projeto ou mesmo em estágio operacional. O objetivo é rever os aspectos de segurança do sistema estudado.

A Avaliação Preliminar de Perigos (APP) procura focalizar situações em que haja possibilidade de ocorrência de falhas na instalação estudada, por causa de perigos a que esteja exposta. Falhas humanas e de equipamento são estudadas sob as ópticas de causa e efeito e das categorias de severidade nas quais se enquadram. Os resultados são apresentados em planilhas em que são representados os perigos, os eventos causais, suas consequências e as categorias de severidade para cada um dos componentes, materiais ou não, do sistema em análise. A APP costuma utilizar as seguintes categorias de severidade:

- Desprezível: nenhum dano ou danos não mensuráveis.
- Marginal: danos irrelevantes ao meio biogeofísico e socioeconômico do entorno.
- Crítica: possíveis danos ao meio em razão da liberação de substâncias químicas tóxicas ou inflamáveis.
- Catastrófica: tal liberação causa morte ou lesões graves à população exposta.

Outras metodologias utilizáveis, sob as mais diversas abordagens, estão disponíveis na farta literatura a respeito. Dentre elas, pelas suas características de simulação e previsibilidade, merece destaque o método Hazard Operability Analysis (HazOp), técnica para identificação de perigos estruturada para estudar possíveis desvios de projeto ou da operação de uma instalação. Por meio do HazOp, realiza-se uma revisão da instalação, com a finalidade de identificar perigos ou problemas operacionais com a utilização de técnicas de reunião, nas quais o líder da equipe orienta o grupo por meio de um conjunto de palavras-guia que focalizam os desvios dos parâmetros estabelecidos para o processo ou a operação em exame.

AVALIAÇÃO DE RISCOS TECNOLÓGICOS

Os riscos são calculados por meio de perspectivas técnicas capazes de antecipar possíveis danos à saúde humana ou aos ecossistemas, por meio da avaliação dos eventos causadores desses danos em função do espaço e do tempo e do uso de frequências relativas (observadas ou modeladas) como um meio de especificar probabilidades. A implicação normativa é óbvia: desde que os danos sejam percebidos como efeitos indesejáveis (pelo menos para a maioria significativa do grupo social ou da sociedade com um todo), as análises de perspectiva técnica poderão ser empregadas para revelar, evitar ou modificar as causas que levaram àqueles efeitos. Essas análises também poderão ser utilizadas para mitigar consequências danosas quando as causas ainda forem desconhecidas, distantes da possibilidade de intervenção humana ou demasiado complexas para serem modificadas; portanto, seu valor para a sociedade reside na possibilidade de se aceitar o compartilhamento de riscos, sua redução, a mitigação das consequências, o estabelecimento de padrões e os aperfeiçoamentos da confiabilidade e da segurança de sistemas tecnológicos.

As análises que utilizam perspectivas técnicas são as seguintes:

*   Enfoque atuarial: permite uma resposta direta às questões sobre a conceituação de incerteza, o escopo dos efeitos negativos e o grau por meio do qual o conhecimento humano reflete a realidade. Nessa abordagem, os eventos danosos são agrupados em um sistema no qual se permite sua observação e sua mensuração por métodos científicos adequados. Um exemplo pode ser a previsão de fatalidades provocadas por acidentes com veículos motorizados em um determinado ano, a partir de estatísticas de acidentes similares em anos anteriores.

CURSO DE GESTÃO AMBIENTAL

- Enfoque de avaliação de riscos à saúde e aos ecossistemas: é semelhante ao enfoque anterior, diferindo dele no método de cálculo da possibilidade dos efeitos indesejáveis. Aqui, as relações causais devem ser exploradas e modeladas de modo explícito. Baseando-se em conhecimentos de natureza toxicológica (experimentos com animais) ou em estudos epidemiológicos (comparação entre populações expostas e não expostas a um agente de risco), os pesquisadores tentam identificar e quantificar a relação entre um agente potencial de risco (por exemplo, dioxina) e o dano observado em seres humanos ou em outros organismos vivos expostos.

- Enfoque probabilístico: procura prever a probabilidade de falhas em sistemas tecnológicos complexos, mesmo na ausência de dados suficientes para descrever o sistema como um todo. Utilizando métodos como árvores de falhas e árvores de eventos, as probabilidades de falha para cada componente do sistema são sistematicamente estimadas e, então, ligadas à estrutura completa do mesmo sistema. Todas as probabilidades de tais árvores lógicas são sintetizadas de modo a modelar a taxa global de falhas do sistema.

ATIVIDADES PREVENTIVAS E MITIGADORAS NO GERENCIAMENTO DO CICLO COMERCIAL DE PRODUTOS QUÍMICOS PERIGOSOS

O ciclo comercial produtos químicos perigosos é composto dos seguintes estágios:

- Industrialização.
- Armazenamento.
- Transporte (rodovias, hidrovias, dutovias, ferrovias, vias aéreas etc.).
- Uso (domiciliar ou industrial).
- Destinação final dos resíduos desses usos.

Os planos de ação de emergência recebem várias denominações, por causa do jargão técnico, do cenário específico estudado e das variáveis intervenientes na ação de mitigar danos. No entanto, esses planos não fogem às regras de funcionamento dos sistemas operacionais gerados pela inteligência humana em sua capacidade analítica de subdividir cenários existentes e em sua capacidade de simular eventos e consequências futuras em tais cenários. Aquelas regras levam em consideração, além de outros aspectos, o comportamento de seres humanos em situações estressantes, independentemente do tipo de informação que os mobiliza.

Na realidade, existe aqui uma impropriedade no que diz respeito à ênfase que se deu anteriormente à necessidade da correspondência biunívoca entre termo e conceito. Não é a questão do produto químico perigoso em si que deverá ser objeto de preocupação, mas seu manuseio. Produtos químicos perigosos podem ser produzidos, armazenados e transportados em segurança, independentemente de sua periculosidade. O que importa para nós será o cenário do qual tais produtos participarão.

As atividades preventivas no ciclo poderão ser iniciadas já no processo de planejamento e projeto da planta de industrialização, quando as metodologias de avaliação de riscos citadas deverão ser aplicadas de acordo com o tipo e a complexidade da instalação. Tal tarefa estará associada ao processo de licenciamento ambiental, que será coordenado pelo órgão governamental responsável por controle ambiental, que é o interveniente na área de projetos.

Da mesma forma, o armazenamento dos produtos acabados acompanhará os passos da primeira etapa. Em relação ao sistema de transporte de produtos perigosos, serão considerados os tipos de locomoção, a localização física do sistema, sua complexidade e as características do entorno biogeofísico e socioeconômico adjacente. Deverão ser aplicados todos os instrumentos da Política Nacional do Meio Ambiente (estabelecida pela Lei n. 6.938, de 31.08.1981), bem como as normas do Ministério dos Transportes e organizações correlatas, incluindo a Defesa Civil.

Analogamente, as organizações de licenciamento e controle ambiental fiscalizarão a destinação dos resíduos industriais e domiciliares dos produtos considerados no ciclo.

Em cada caso serão aplicadas medidas mitigadoras, em função dos Estudos de Impacto Ambiental (EIA) e do Relatório de Impacto sobre o Meio Ambiente (Rima), que têm caráter compulsório segundo as resoluções do Conselho Nacional do Meio Ambiente (Conama) e dos conselhos estaduais ou municipais do meio ambiente.

Independentemente das medidas acima descritas, um Plano de Ação e Emergência (PAE) deverá ser elaborado e considerado como parte integrante do processo de gerenciamento de riscos ambientais. O PAE não só irá se basear nas características operacionais e de projeto do sistema analisado, mas também na avaliação de riscos. Os seguintes aspectos deverão ser contemplados no plano:

- Descrição das instalações envolvidas.
- Cenários acidentais a serem considerados.
- Áreas de abrangência geofísica.
- Estrutura organizacional do sistema de atendimento às emergências.
- Fluxograma de acionamento.
- Ações de resposta a situações emergenciais.
- Recursos humanos e materiais.
- Recursos institucionais.
- Tipos e cronograma de exercícios teóricos e práticos de simulação de acidentes.
- Documentos a serem anexados ao PAE.
- Sistemas de comunicação entre as partes envolvidas.

GERENCIAMENTO DE RISCOS

O gerenciamento de riscos ambientais é precedido por uma série de processos de avaliação das consequências de eventos potencialmente capazes de causar impactos na saúde pública e no meio ambiente. Tais consequências podem ser diversos danos, que se tornam presentes em cada cenário sob estudo a curto, médio e longo prazo. Explosões, incêndios, derramamentos e emissões imediatas de substâncias tóxicas causadas por acidentes são exemplos do primeiro tipo de consequência. A exposição de uma determinada comunidade a poluentes atmosféricos em áreas urbanas industriais caracteriza consequências que se instalam a médio e a longo prazo. A ingestão de alimentos ou de produtos farmacêuticos contendo agentes de nocividade variável poderá acarretar danos tanto imediatos como a médio e a longo prazo, dependendo de outros fatores, associados ao tipo de exposição. Juntando-se a probabilidade de ocorrência à magnitude do dano de um certo evento indesejável, podem-se conceituar os riscos associados em três níveis possíveis:

- *Negligenciáveis* (probabilidades e magnitudes de pequena monta).
- *Gerenciáveis* (probabilidades e magnitudes controláveis, de maneira a serem aceitas pela comunidade).
- *Não toleráveis* (probabilidades e magnitudes que, uma vez associadas, não são aceitáveis e exigem ações que as minimizem).

A classificação acima é bastante útil quando se pensa na aceitabilidade social dos riscos. Essa é uma área complexa, ligada à psicologia social, mas serve de orientação para o sistema gerencial, apesar de algumas polêmicas relativas à identificação dos níveis R=PM (Risco = Probabilidade x Magnitude do dano), que separam os graus de aceitabilidade.

IMPORTÂNCIA DA COMUNICAÇÃO DE RISCOS

Aristóteles definiu o estudo da retórica como uma busca por todos os meios disponíveis para influenciar e persuadir. Paralelamente, discutiu a variedade dos objetivos de quem fala (fonte da comunicação), deixando claro, todavia, que a meta principal do processo era mesmo a persuasão, ou seja, a tentativa de levar outras pessoas (receptores) a adotarem o ponto de vista de quem fala. Essa forma de ver o objetivo da comunicação foi bem aceita até o fim do século XVIII. A partir daí, muitas escolas de pensamento trataram desse processo sob diversas abordagens, distinguindo, por exemplo, entre educação e informação e persuasão e propaganda (também feitas distinções entre estes últimos e o propósito de divertir). A distinção informar-persuadir-divertir poderá causar alguma dificuldade se tais fatores forem considerados como objetivos independentes da comunicação. Será adotada aqui a abordagem segundo a qual comunicamos para influenciar, e influenciar com intenção.

Acredita-se que o componente de mais alta importância no processo de gerenciamento de conflitos ambientais, tanto no Brasil como em outros países, tem sido, e provavelmente ainda o será por mais alguns anos, o *ruído comunicativo* entre os vários participantes – voluntários ou intencionais – daquele processo. É sabido que, dentro de um sistema social, as pessoas, individualmente ou em grupo, desempenham papéis ou exercem conjuntos específicos de comportamento ditados pelas regras de convivência ou por outras imposições dos sistemas dos quais participam. Tais comportamentos sofrem diversos tipos de influência, gerados intencionalmente ou de modo

CURSO DE GESTÃO AMBIENTAL

fortuito. Entrechoques dessas influências, dependendo de sua natureza, podem ocasionar situações conflitantes, muitas vezes incontornáveis. Nesse caso, vale lembrar que o conhecimento da composição e do funcionamento de um sistema social é útil para a elaboração de previsões sobre como os membros interdependentes desse sistema se comportarão em uma determinada situação comunicativa. Por exemplo, os sistemas de gerenciamento das variáveis ambientais em uma indústria química sofrem influências das imposições da legislação específica, do poder e da capacitação do sistema fiscalizador governamental, da política da empresa e das reações da comunidade em seu entorno. Existem ainda limites impostos à gerência, não importando quão eficiente ela seja, para o desempenho satisfatório da missão de comunicar riscos, problemas e soluções. Boa parte desses limites poderia ser definida em termos de possíveis temores, hostilidade e ceticismo dos receptores da comunidade. Tais receptores poderão, até inconscientemente, confundir fatos com opiniões ou com sentimentos. Comportamentos desse tipo podem até estar ligados ao desconhecimento dos níveis de risco associados à operação e à localização da planta de processamento químico ou, ainda, à percepção daqueles receptores em relação a esses riscos, determinando seu grau de aceitabilidade.

O entendimento feito pelos técnicos da distinção entre riscos não toleráveis, gerenciáveis e negligenciáveis irá fornecer-lhes instrumentos para seu processo de comunicação. Entretanto, sua aceitabilidade pelo público leigo é um problema ligado ao seu particular juízo de valores, e não à informação proveniente daqueles técnicos. No caso, um exercício de comparação de riscos dentro do processo comunicativo poderá ser proveitoso.

É sempre necessário levar em consideração que ruídos ou interferências no processo comunicativo específico adotado pela empresa podem ser gerados por intenções políticas ou maliciosas. Estas, se existirem, adicionam mais variáveis, demandando controle efetivo para não colocar em perigo a fidelidade da comunicação. Na realidade, toda comunicação ocorre em um contexto cultural e o seu conhecimento é um insumo importante para o planejamento das atividades comunicacionais da empresa. Adicionalmente, existe a convicção de que a comunicação interpessoal envolve previsões, por parte da fonte e do receptor, sobre as respostas às mensagens comunicadas. Todo comunicador leva consigo a imagem do receptor ao produzir a mensagem, antecipa as possíveis respostas e procura predizê-las com a devida antecipação. Essas imagens influenciam o comportamento comunicativo e o processo de criação da fonte, e as expectativas a respeito do receptor; além disso, tais imagens têm contrapartida na criação, pelo receptor, de expectativas em relação à própria fonte. Por exemplo, o receptor poderá selecionar as mensagens e as atenderá, em parte, por causa da imagem que faz da fonte. É o caso da imagem passível de ser construída pelo grande público em relação à empresa e ao governo, em virtude de um problema ambiental capaz de ser gerado pela primeira instituição.

Temos expectativas como fontes e como receptores. Tais expectativas influenciam necessariamente o projeto e o desempenho posterior de um sistema comunicativo, e, ao conseguir criar expectativas, tem-se, de fato, a capacidade de se projetar nas condições internas dos outros, ou seja, há uma capacidade de empatia. Mas, na verdade, nós diferimos em capacidade empática. Alguns são melhores prognosticadores que outros. Além disso, faz-se mais do que agir e reagir: criam-se expectativas sobre os outros, que influenciam suas ações antes mesmo de as executarem.

No processo brasileiro de gerenciamento ambiental, é claramente constatável a deficiência dos usos de comunicação de riscos e problemas que afetam o meio ambiente: as empresas não percebem muitos dos efeitos impactantes de suas ações sobre o meio biogeofísico e socioeconômico, as organizações governamentais de controle ambiental, muitas vezes, não percebem as boas intenções e as ações efetivas das empresas para otimizar seus impactos, os promotores de justiça frequentemente não dispõem de sistemas interpretativos confiáveis da relação causa/efeito de problemas ambientais e o grande público geralmente não confere muita credibilidade aos outros participantes citados, criando uma série de preconceitos. O resultado da interação desses fatores será o desenvolvimento de ineficiências operacionais e o sepultamento de estratégias de ação anteriormente tidas como alternativas confiáveis.

CONSIDERAÇÕES FINAIS

De forma sintética, abordam-se neste texto a problemática do entendimento do conceito de risco e as ferramentas operacionais para seu gerenciamento. Acredita-se que o interesse pelo tema está aumentando entre leigos e especialistas, gerando, para os sistemas acadêmicos, uma demanda de maiores preocupações e atividades nas áreas de docência e pesquisa, sob os mantos da multidisciplinaridade e interdisciplinaridade. Os instrumentos da legislação ambiental, por sua vez, tendem a incorporar interesse pelo tema e a se desenvolver em relação aos conceitos de riscos, iluminando o caminho dos que os gerenciam. No entanto, é imprescindível dar maior atenção aos processos comunicacionais e, em particular, aos ruídos geradores de conflitos, muitas vezes insolúveis a curto e médio prazo.

Dentre os instrumentos da legislação ambiental brasileira previstos pela Lei federal n. 6938, de 31 de outubro de 1981, bem como em Resoluções do Conselho Nacional do Meio Ambiente (Conama) posteriores, os processos de Avaliação de Impactos Ambientais, por meio do EIA-RIMA, e do Zoneamento Ambiental, em alguns de seus aspectos, permitem a introdução de etapas de Análise de Risco em seus escopos.

REFERÊNCIAS

BERNSTEIN, P.L. *Desafio aos deuses: a fascinante história do risco*. São Paulo: Campus, 1997.

Bibliografia Consultada

AMARAL E SILVA, C.C. *Avaliação, comunicação e gerenciamento de riscos ambientais*. FSP/USP; 2000.

[CETESB]COMPANHIA DE TECNOLOGIA EM SANEAMENTO AMBIENTAL. *Manual de orientação para a elaboração de estudos de análise de riscos*. São Paulo, 1994.

_____. *Metodologia para a classificação de instalações industriais quanto à periculosidade*. São Paulo, 1996.

CHEMICAL INDUSTRIES ASSOCIATION. *A guide to hazard and operability studies*. London, 1987.

CONCAWE. *Methodologies for hazard analysis and risk assessment in the petroleum refining and storage industry*. Report n. 10, 1982.

COVELLO, V. *Risk assessment methods*. New York: Plenum Press, 1993.

GOW, H.B.F.; KEY, R.W. *Emergency planning for industrial hazard*. London: Elsevier, 1988.

KLAASSEN, C.; AMDUR D.; DOULL, MO. Chemical Risks. In: CASARETT J.; DOULL'S M.O. *Toxicology: the basic science of poisons*. 3ª ed. New York: Macmillan, 1986.

KRIMSKY, S. *Social theories of risk*. Londres: Praeger, 1998.

MINAYO, M.C.; MIRANDA, A.C. *Saúde e ambiente sustentável: estreitando nós*. Rio de Janeiro: Fiocruz, 2002.

Planejamento Territorial como Instrumento do Gerenciamento de Riscos de Acidentes Industriais Maiores

28

Rafael Alexandre Ferreira Luiz
Geógrafo, Faculdade de Saúde Pública – USP

Adelaide Cassia Nardocci
Bacharel em Física, Faculdade de Saúde Pública – USP

Acidentes industriais maiores são eventos extremos que envolvem grandes liberações repentinas de substâncias químicas perigosas (vazamentos, emissões) ou energia (explosões, incêndios), de forma isolada ou combinada, as quais podem provocar danos severos à saúde das pessoas, ao ambiente e à propriedade, de maneira direta ou indireta.

Esses acidentes são originados no universo dos riscos tecnológicos, ou seja, pertencem a um contexto urbano-industrial, como os encontrados no transporte de materiais e de pessoas, no uso de maquinarias pesadas e de rápida movimentação, no uso de sistemas de altas temperaturas, pressões e de grande voltagem elétrica, na manufatura, armazenamento, utilização, disposição e transporte de materiais perigosos, entre outros (WHO, 1999).

Eventos dessa natureza estão relacionados com a crescente demanda por novos materiais e produtos químicos descobertos desde a mudança da base produtiva do carvão para o petróleo, que se intensificou após a Segunda Guerra Mundial e deu grande impulso à indústria química. A maximização da produção, inserida em um contexto de comércio globalizado de acirrada concorrência entre as corporações, é outro fator que contribui para o aumento do armazenamento e do transporte de substâncias e produtos nocivos ao homem e ao meio ambiente, bem como para o aumento da exposição, sobretudo nas comunidades próximas às instalações que manuseiam tais substâncias, além dos próprios trabalhadores dessas unidades (Salvi e Debray, 2006).

Alguns exemplos de acidentes maiores com consequências severas podem ser citados:

- Flixborough, 1974: no Reino Unido, um vazamento de cicloexano, causado por um rompimento de tubulação em uma fábrica produtora de polímeros, formou uma nuvem de vapor inflamável que entrou em ignição e gerou uma violenta explosão seguida de incêndio, destruindo completamente a planta industrial e causando danos catastróficos nas edificações próximas (situadas ao redor de 25 metros do centro da explosão), além de ter matado 28 pessoas e ferido gravemente outras 36 (Cetesb, 2007).

- Seveso, 1976: ocorrido na municipalidade de Meda, Itália, envolvendo a liberação de grande quantidade tetraclorodibenzoparadioxina (TCDD) de um reator que produzia triclorofenol (TCP), causou a intoxicação de 2 mil pessoas, o desalojamento de 600 e a contaminação ambiental de uma grande área, sendo Seveso o local mais seriamente afetado. Embora não tenha provocado mortes imediatas, graves lesões e outros agravos importantes à saúde são observados ainda hoje na região. Esse evento é considerado um marco importante para a regulamentação sobre prevenção e o controle desses acidentes no âmbito da Comunidade Europeia (CE) (EC, 2007).

- Bophal, 1984: mais de 40 toneladas de metil isocianato vazou de uma fábrica de pesticida situada na capital do estado de Madhya Pradesh, Índia, matando cerca de 3.800 pessoas. O governo indiano afirma que mais de meio milhão de pessoas foram expostas ao gás. Muitos estudos epidemiológicos feitos logo após o acidente mostraram significativa morbidade e aumento da mortalidade na população exposta (Broughton, 2005).

- Vila Socó, 1984: em Cubatão, litoral de São Paulo, um vazamento de gasolina de um duto da Petrobras, provocou um incêndio que matou 93 pessoas, causou dezenas de feridos e a destruição parcial da vila. Após esse acidente, teve ênfase a preocupação com os acidentes maiores no estado de São Paulo (Cetesb, 2007).

- Enschede, 2000: na Holanda, uma série de explosões em uma fábrica de fogos de artifícios matou 24 pessoas, sendo quatro bombeiros, feriu quase mil e causou prejuízos em uma grande área ao redor da fábrica, destruindo 350 casas (Christou et al., 2006; HSE, 2007).

- Toulouse, 2001: na França, uma explosão envolvendo nitrato de amônio granular, fabricado em uma indústria de fertilizante, matou 30 pessoas, causou danos às construções em um raio de 7 km da indústria, desalojou 1.400 pessoas e destruiu 600 casas e 2 escolas (Christou et al., 2006; HSE, 2007).

Os acidentes industriais maiores diferem conceitualmente dos chamados "desastres naturais" principalmente pela origem (causa primária) do agente causador: *humano* em vez de *natural*, embora ambos tenham grande potencial de destruição e danos.

Considerando a realidade complexa dos grandes centros urbanos, onde a localização de instalações industriais geralmente está próxima de áreas densamente povoadas, sobretudo em países de economia periférica (Brasil, Índia, México, entre outros), um único episódio, dependendo da quantidade desprendida, das condições de liberação, da localização da planta e das características do entorno, pode alcançar grandes extensões e atingir um número elevado de pessoas, causando danos significativos para a saúde, o ambiente e o patrimônio público e privado.

As possíveis consequências de acidentes dessa magnitude demandam atenção especial das autoridades, da indústria e da sociedade. A prevenção desse tipo de evento é uma importante preocupação de organismos nacionais e internacionais, e se configura também como um tema relevante na área ambiental e da saúde pública.

ASPECTOS QUANTITATIVOS E QUALITATIVOS DOS ACIDENTES INDUSTRIAIS MAIORES

Segundo dados do EM-DAT (*Emergency Disasters Database* – banco de dados internacional que contém registros de diversos desastres ao redor do mundo), nunca houve tantos registros[1] de acidentes industriais maiores como o que se tem observado nos últimos anos (Figura 28.1).

---

[1] O EM-DAT considera acidente industrial todo evento que atende ao menos um dos seguintes critérios: 10 ou mais mortes; 100 ou mais pessoas feridas; declaração de estado de emergência; pedido por ajuda internacional (http://www.emdat.be/criteria-and-definition).

Figura 28.1 – Acidentes industriais maiores relatados no mundo, no período de 1900 a 2011.

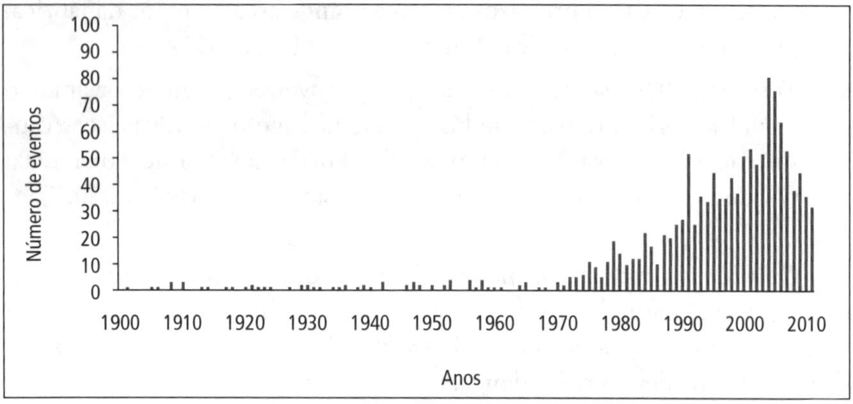

Fonte: EM-DAT (2012).

O número de eventos tem aumentado significativamente desde a década de 1970, quando a média era de 7,8 acidentes. Na década seguinte, em 1980, a média subiu para 16,3; a década de 1990 registrou média de 36,9 e, por fim, na década de 2000 a média era de 54,1 acidentes industriais maiores.

Embora uma parcela desse acréscimo esteja relacionada ao aperfeiçoamento do sistema de coleta de dados e da difusão da cultura de relato dos eventos (em parte graças à obrigatoriedade de fazê-lo imposta pelos governos), não há como desvincular o aumento ao surgimento e uso intensivo das novas tecnologias.

Dos eventos registrados no banco de dados do EM-DAT no período entre 1900 até 2011 (Figura 28.2), verifica-se que, do total de 1.315 acidentes industriais maiores registrados, 684 (52%) tiveram como principal causa uma explosão, seguidos respectivamente de 171 ocorrências cuja origem foi um incêndio (13%), 118 referentes a algum tipo de vazamento (8% químico e 1% de óleo, totalizando 9%), 105 relacionadas a colapsos de estruturas (8%), 92 de origens diversas (7%), 79 que dizem respeito às intoxicações (6%), 53 alusivas aos vazamentos de gases (4%) e 13 indicativas de radiação (1%).

Além de serem a causa mais frequente de acidentes, as explosões também são responsáveis por consequências mais severas, aquelas que envolvem a repentina liberação de energia e podem ser seguidas por outros eventos, como incêndios e liberação de substâncias tóxicas.

Figura 28.2 – Causas dos acidentes industriais maiores relatados no período de 1900 a 2011.

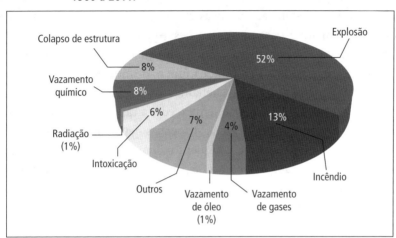

Fonte: EM-DAT (2012).

A ocorrência de grandes incêndios e a formação de nuvens tóxicas em vazamentos de produtos líquidos ou gasosos podem atingir longas distâncias, inclusive outras cidades ou países, sendo complexas também do ponto de vista de gerenciamento de riscos (Freitas et al., 2000).

Em relação aos incêndios, afora a propagação da radiação térmica e da possibilidade de incêndios secundários, há também a possibilidade de que áreas distantes sejam atingidas por emissões de diversos gases e fumaças tóxicas. Outro agravante dos efeitos secundários de um incêndio químico são os resíduos de contaminantes utilizados para o combate ao fogo em cursos d'água, representando grandes fontes de risco não apenas para a população e animais que possam utilizá-las como abastecimento, mas também para a própria equipe de emergências.

As propriedades físico-químicas das substâncias envolvidas também determinam o grau de toxicidade, as vias de exposição, bem como a extensão das áreas atingidas. Os eventos que envolvem as substâncias sólidas têm menor capacidade de extrapolar os limites dos empreendimentos, sendo sua ocorrência mais frequente em situações inadequadas de disposição de resíduos e armazenamento de substâncias (Freitas et al., 2000).

As emissões líquidas, advindas de vazamentos ou derramamento acidental de produtos químicos, podem atingir cursos d'água e barreiras, naturais ou artificiais, o que pode ampliar as consequências da contaminação. Já as emissões gasosas, dependendo das propriedades físico-químicas e toxicológicas das substâncias químicas e das condições atmosféricas e geográficas, podem atingir grandes extensões e quantidade de pessoas.

Em relação aos agravos da saúde humana, os acidentes industriais maiores podem ocasionar um grande número de mortes diretas e indiretas; lesões graves (queimaduras, envenenamentos, mutilações, cegueiras etc.); doenças nas comunidades que podem exceder a capacidade dos serviços de saúde locais e perdurar por gerações (doenças neurológicas, respiratórias, congênitas, carcinogênicas etc.), aumento da incidência de outras patologias, como doenças cardiovasculares e psicossociais, decorrentes dos traumas provocados pelo desastre, entre outros (Noji, 2000).

Em termos ambientais, os prejuízos causados podem ser inestimáveis e muitas vezes irreversíveis, como a contaminação de cursos d'água, lençóis freáticos e do solo em virtude de emissões e vazamentos de produtos tóxicos, impactando severamente os ecossistemas; incêndios e formação de chuvas ácidas, acarretando em perdas expressivas de áreas florestadas levando à diminuição da biodiversidade etc. (Freitas et. al, 2000).

Os acidentes industriais maiores também podem comprometer ou destruir a infraestrutura do entorno, como estradas, redes de abastecimento de água e energia, e instalações fundamentais (como hospitais e corpo de bombeiros, que, se atingidos, podem prejudicar ou mesmo ficar impedidos de atender as emergências), gerando diversos prejuízos ao patrimônio público; causar a interdição ou destruição de moradias, contribuindo para o déficit habitacional; podem ainda, em decorrência da perda de unidades fabris e de equipamentos, paralisar processos produtivos trazendo prejuízos financeiros à economia privada, entre outros.

Distribuição Geográfica dos Acidentes Industriais Maiores

Acidentes industriais maiores ocorrem no mundo todo (Figura 28.3), porém, cada ocorrência deve ser analisada sob o contexto da economia globalizada, na qual a divisão internacional do trabalho determina uma consequente divisão internacional dos riscos e benefícios intrínsecos das atividades perigosas.

Figura 28.3 – Distribuição dos acidentes industriais maiores relatados no período de 1900 a 2011.

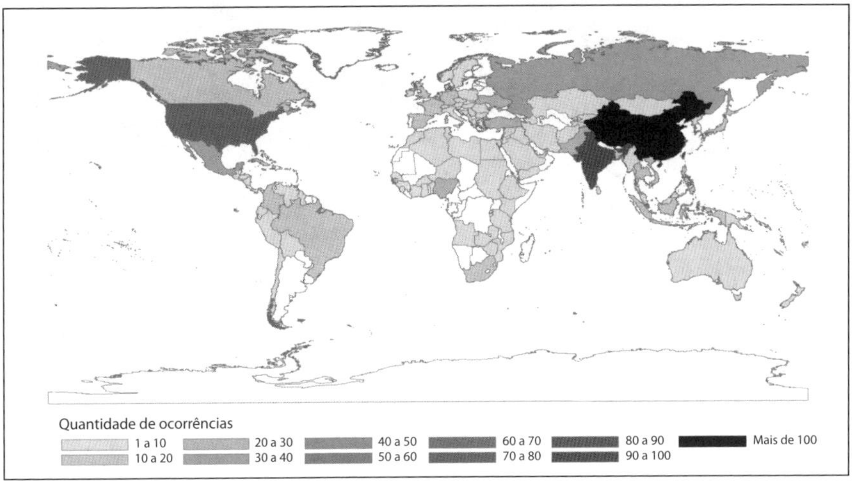

Quantidade de ocorrências
1 a 10 | 10 a 20 | 20 a 30 | 30 a 40 | 40 a 50 | 50 a 60 | 60 a 70 | 70 a 80 | 80 a 90 | 90 a 100 | Mais de 100

Fonte: EM-DAT (2012).

Observa-se na Figura 28.3 que os acidentes industriais maiores ocorridos no período entre 1900 a 2011 foram relatados em todos os continentes, e que a China, a Índia e os Estados Unidos apresentam maior número de ocorrências. Chama a atenção também a grande presença de eventos na Europa, onde os acidentes reportados preenchem quase que inteiramente todos os países da região.

No entanto, deve-se levar em consideração que as condições existentes em países de economia periférica, como a inexistência de critérios rígidos de segurança industrial e proteção ambiental, favorecem a transferência de complexos industriais perigosos, fato que, quando combinados com o acelerado processo de urbanização desordenada presentes nesses países, os tornam ainda mais vulneráveis aos acidentes desse porte.

A Tabela 28.1 resume os acidentes registrados por regiões do mundo e por décadas. Verifica-se que até a década de 1970, os acidentes industriais maiores acometiam, em sua maioria, os países de economia central. A partir de 1980, há uma grande difusão desses eventos em todas as regiões, com destaque para a Ásia, que, na série histórica analisada, acumulou mais da metade dos registros (53,3%) e apresentou um acentuado aumento do número de eventos nas décadas de 1990 e 2000.

Tabela 28.1 – Distribuição dos acidentes industriais maiores relatados entre o período de 1900 a 2011 por região e décadas.

	África	América Central e Caribe	América do Norte	América do Sul	Ásia	Europa	Oceania	Oriente Médio
1900-1910					4	5		
1911-1920			3			2		
1921-1930						10		
1931-1940			2			8		
1941-1950			2		2	8		
1951-1960	2		7	1		7		
1961-1970	1		5		1	2		2
1971-1980	3	2	40	5	12	23	2	1
1981-1990	17	6	50	11	55	35	1	2
1991-2000	32	5	48	19	202	74	1	10
2001-2010	57	2	15	11	400	44	1	15
2011	4		1	4	26	3	1	1
Total	116 (9%)	15 (1,2%)	173 (13,2%)	51 (3,8%)	702 (53,3%)	221 (16,8%)	6 (0,5%)	31 (2,2%)

Fonte: EM-DAT (2012).

A Tabela 28.2 apresenta os vinte maiores acidentes industriais registrados no EM-DAT em termos de números de fatalidades. Observa-se que treze deles ocorreram em países de economia periférica, entre eles, os acidentes de Bhopal, Índia (2.500 mortes); Cubatão (Vila Socó), Brasil (508 mortes); e San Juan Ixhuatepec, México (459 mortes), atingindo severamente a população pobre que ocupava as áreas do entorno desses empreendimentos.

Tabela 28.2 – Os vinte maiores acidentes industriais no mundo, relatados entre o período de 1900 a 2011, segundo o número de fatalidades.

Ano	País	Cidade	Subtipo	Nome	Mortos
1956	Colômbia	Cali	Explosão	Explosivos	2.700
1984	Índia	Bhopal	Vazamento de gás	Planta pesticida	2.500
1998	Nigéria	Atiworo (Jesse Town)	Explosão	Oleoduto	1.082
1989	Iraque	Próximo à Al-Hillah	Explosão	Instalação militar	700
1989	Rússia	Acha-Oufa	Explosão	Gasoduto	607
1921	Alemanha	Oppau	Explosão	Planta de nitrato	600
1947	EUA	Cidade do Texas	Explosão	Navio Grandcamp	561
1984	Brasil	Cubatão	Explosão	Oleoduto	508
1972	Iraque		Envenenamento		459
1984	México	San Juan Ixhuatepec	Explosão	Tanque de gás natural	452
1950	Japão	Baía de Minamata	Envenenamento	Methil mercúrio	439
1981	Espanha	Madri	Envenenamento	Óleo contaminado	340
1979	Rússia	Novosibirsk	Vazamento químico	Planta química	300
1992	Turquia	Próximo à Zonduldak	Explosão	Mina de carvão	272
2006	Nigéria	Lagos	Explosão	Oleoduto	269
1956	Bélgica	Bois du Cazier	Incêndio	Mina de carvão	262
2000	Nigéria	Ajeje	Explosão	Oleoduto	260
2003	China	Gao Qiao, Chuandongbei	Explosão	Depósito de gás	234
2005	China	Fuxin (Província Liaoning)	Explosão	Mina de carvão	214
1993	Tailândia	Putthamonthon	Incêndio	Fábrica	211

Fonte: EM-DAT (2012).

O aumento dos acidentes industriais maiores nas últimas décadas em regiões de economia periférica indica a vulnerabilidade dessas regiões diante de acidentes dessa magnitude. Nessas regiões inexistem políticas eficazes de planejamento territorial.

Os acidentes refletem o modelo de desenvolvimento econômico adotado por esses países, com crescente participação de indústrias multinacionais no processo de industrialização, aliada e incentivada pela intervenção de Estados, muitas vezes, não democráticos e omissos quanto ao controle e prevenção dos riscos industriais.

GERENCIAMENTO DOS RISCOS DE ACIDENTES INDUSTRIAIS MAIORES: AVALIAÇÃO QUANTITATIVA DE RISCOS

Nas últimas décadas, a Avaliação Quantitativa de Riscos (AQR) ganhou destaque como uma das mais importantes ferramentas para o gerenciamento de riscos de acidentes industriais maiores. No Brasil, a AQR tem sido utilizada apenas como ferramenta de licenciamento ambiental quando é solicitada pelos órgãos responsáveis, diferentemente de outros países, sobretudo os da Comunidade Europeia (CE), que já a adotam como elemento-chave no zoneamento de áreas industriais com potencial para causar eventos acidentais significativos no entorno.

A AQR é composta por um conjunto de métodos que permite identificar os possíveis cenários acidentais, estimar o número esperado de mortes e feridos graves, a frequência de ocorrência de cada cenário e, a partir da composição desses valores, estimar os riscos, calculados em termos de risco individual e risco social.

Risco individual pode ser definido como a probabilidade de um indivíduo que está próximo a uma indústria (fonte de perigo) morrer como resultado de um acidente. É expresso por meio de curvas de isorrisco (contorno do risco) que permitem a visualização da distribuição geográfica do risco (Oliveira Junior, 2008).

Por risco social, entende-se a medida do número de mortes esperadas, em função da frequência acumulada dos eventos acidentais, ou seja, é uma medida do risco para determinado número ou agrupamento de pessoas expostas aos danos (fatalidades) decorrentes de um ou mais cenários acidentais (Cetesb, 2003). Normalmente é expresso por meio da curva F-N ou frequência de ocorrência dos eventos – número esperado de mortes de pessoas (Figura 28.4) e, dependendo da região onde o risco social é alocado, este é tratado como intolerável, negligenciável ou como pertencente ao domínio da Alarp (*as low as reasonably practicable*), devendo ser reduzidos (Papazoglou et al., 2002; Jonkman et al., 2003; Young-Do e Ahn, 2007; Cetesb, 2003).

Figura 28.4 – Curva F-N de tolerabilidade para risco social.

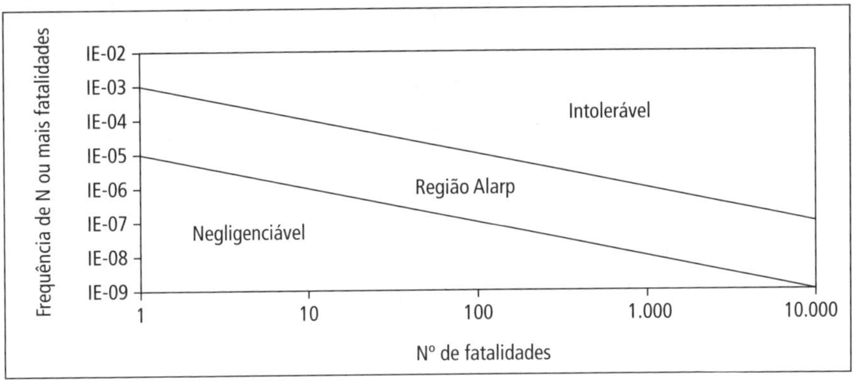

Fonte: Cetesb (2003).

No Brasil, a avaliação de riscos tem sido utilizada como ferramenta de licenciamento ambiental e não tem sido empregada para subsidiar o zoneamento de áreas industriais com grande número de instalações perigosas, tampouco como ferramenta de planejamento de ações emergenciais por parte das instituições públicas envolvidas nas ações de resposta a esses eventos.

O uso da AQR no Brasil teve início no estado de São Paulo, na década de 1980, como instrumento complementar aos Estudos de Impacto Ambiental (EIA) quando solicitada pelo órgão ambiental responsável, a Companhia de Tecnologia e Saneamento Ambiental (Cetesb), no processo de licenciamento para as atividades industriais que se julgavam ser potencialmente perigosas.

Essas atividades incluíam basicamente as indústrias químicas, petroquímicas e áreas de estocagem de produtos químicos perigosos, as quais apresentam maior potencial para a ocorrência de acidentes. Atualmente, o chamado Estudo de Análise de Riscos (EAR), que contempla a AQR, tem sido solicitado por todos os órgãos ambientais brasileiros como requisito ao licenciamento ambiental de um amplo conjunto de empreendimentos industriais.

A não inclusão da AQR como ferramenta de planejamento territorial está associada a várias limitações da gestão de acidentes industriais maiores, entre as quais podem ser destacadas:

- Falta de uma política, em âmbito nacional, que defina as diretrizes gerais do gerenciamento de riscos de acidentes industriais maiores, evitando esforços e iniciativas isoladas por parte dos diferentes estados brasileiros. Nesse caso, o planejamento do uso e ocupação do solo no entorno de áreas industriais é uma ferramenta essencial para a limitação das consequências de possíveis acidentes.

- Falta de padronização do escopo, métodos e critérios a serem utilizados na elaboração dos estudos de riscos de forma a evitar que empreendimentos similares apresentem resultados completamente distintos.

- Falta de uma abordagem para avaliação de riscos de grandes áreas industriais – o processo de licenciamento ambiental é individual e não considera os riscos de outros empreendimentos já existentes na área (sobreposição dos riscos). Muitos estudos internacionais demonstram que grandes áreas industriais devem ser analisadas de forma integrada e que a sobreposição dos riscos não pode ser desconsiderada.

A Contribuição da Diretiva de Seveso

Na década de 1970, dois acidentes importantes ocorreram na Europa: Flixborough, em 1974, e Seveso, em 1976, ambos mencionados anteriormente. Esses dois eventos foram responsáveis pela adoção de medidas e regulamentações com o objetivo de prevenir e controlar a ocorrência de tais acidentes no âmbito da Comunidade Europeia (Wetting, 1999).

Em 1982, a Comissão Europeia adotou a Diretiva de Seveso I, cujo foco era a obtenção de informações adequadas e suficientes sobre as instalações com riscos de acidentes maiores, de forma que os diferentes atores pudessem desempenhar algum tipo de gestão sobre os riscos (Amendola, 1998). Motivadas pela ocorrência de acidentes importantes ocorridos na década de 1980, a Diretiva I foi revisada três vezes a fim de, entre outros, ampliar seu escopo e incluir as instalações de estocagem de substâncias perigosas e padronizar os relatórios de segurança das instalações.

A Diretiva I consolidou a AQR como ferramenta de gestão dos acidentes maiores, a qual já era utilizada com diferentes propósitos, como estabelecer a aceitabilidade de instalações industriais em Canvey Island, Inglaterra; examinar métodos e modelos de avaliação de riscos aplicados ao controle de instalações industriais na área de Rijnmond, Holanda (Spadoni et al., 2006).

Em 1996, foi substituída pela Diretiva de Seveso II, a qual dá ênfase às questões sócio-organizacionais e às políticas de prevenção, uma vez que as conclusões das análises dos acidentes ocorridos remetiam, em sua maioria, para as deficiências no sistema de gestão das organizações. Entre outros aspectos, essa Diretiva introduz a obrigatoriedade de uma política de prevenção de acidentes maiores, que considere tanto os aspectos técnicos como organizacionais e a introdução de Políticas de Planejamento do Uso do Solo (*land use planning*) como ferramenta importante de gerenciamento dos riscos em empreendimentos industriais.

Entre os aspectos técnicos, a Diretiva II enfatizou a necessidade de avaliação do chamado "efeito dominó" para a prevenção dos riscos nos estabelecimentos vizinhos e ampliou a lista de substâncias químicas reguladas. Entre os aspectos regulatórios, a Diretiva incluiu a obrigatoriedade de divulgação pública dos relatórios de segurança dos empreendimentos e a participação da comunidade vizinha às instalações no planejamento de emergência.

A publicação dessas Diretivas, portanto, desencadearam um amplo conjunto de ações e iniciativas por parte dos Estados membros e da própria CE a fim de definir métodos e critérios adequados à demanda das regulamentações, os quais têm variado entre os Estados-membros.

Muitos trabalhos foram desenvolvidos sobre esse tema, eles objetivam responder adequadamente às solicitações da Diretiva (Cahen, 2006; Hauptmanns, 2005; Cozzani et al., 2006; Ale, 2002). Uma importante iniciativa por parte da CE, logo após a publicação da Diretiva de Seveso II, foi o desenvolvimento de um projeto que envolveu dezesseis Estados membros, denominado Aramis (*accidental risk assessment methodology for industries in the framework of Seveso II directive)*[2].

Concebido como uma ferramenta conceitual, o projeto teve como objetivo ser um elemento norteador para as indústrias, autoridades competentes e autoridades locais, a fim de evitar que cada um desses atores abordasse o processo de gerenciamento de risco de forma unilateral, harmonizando as metodologias de avaliação de riscos, considerando as consequências dos cenários e a eficiência do gerenciamento da segurança dos empreendimentos e, ainda, estimando a vulnerabilidade ambiental (Salvi, 2006; Kontié et al., 2006).

---

[2] Disponível em: http://mahb.jrc.it/index.php?id=412.

CURSO DE GESTÃO AMBIENTAL

Dessa forma, além de tentar equilibrar as diferenças entre as abordagens determinísticas e probabilísticas, o projeto Aramis também propôs uma metodologia de avaliação da vulnerabilidade no entorno das plantas industriais.

A avaliação de vulnerabilidade se esforça para caracterizar a vulnerabilidade do local independentemente do empreendimento perigoso. A avaliação da vulnerabilidade das áreas vizinhas aos empreendimentos industriais focaliza três aspectos ou alvos: pessoas (alvos humanos), ambiente (alvos ambientais) e material (alvos materiais) e sua aplicação consiste na identificação e quantificação desses alvos por meio de um Sistema de Informação Geográfica (SIG), avaliando a contribuição de cada alvo com base em uma abordagem multicritério de decisão, como detalhado em Tixier et al. (2006).

PLANEJAMENTO TERRITORIAL COMO PRINCIPAL INSTRUMENTO NA REDUÇÃO DOS RISCOS DE ACIDENTES INDUSTRIAIS MAIORES

Os grandes acidentes industriais ocorridos no mundo são, em sua grande maioria, resultados de uma decisão inicial de planejamento que permitiu a alocação de uma atividade tecnológica perigosa em um lugar inapropriado, onde a capacidade de controlar os diversos usos do seu entorno, sobretudo o residencial, foi deficiente ou simplesmente nula (Smith e Petley, 2009).

Em face da crescente ocorrência desses eventos, instalações de alto risco (*high-hazard*) como usinas nucleares, locais de disposição de rejeitos tóxicos, fábricas de produtos químicos e armazenamento de combustíveis, tendem a possuir, majoritariamente, grande rejeição por parte da população local. No entanto, existem locais onde, ainda hoje, é possível alocar muitas atividades perigosas sem grandes dificuldades.

Tal dicotomia ocorre por causa da política de planejamento do uso do solo que sofre influência direta de aspectos sociais, econômicos e ambientais e a justificativa, nesses casos, é a propagação de um discurso no qual a ênfase dada aos benefícios (geração de empregos, criação de infraestruturas e arrecadação de impostos) é sempre maior que os malefícios gerados.

Em suma, o propósito do planejamento do uso do solo é resolver esse tipo de conflito e alguns dos seus objetivos mais relevantes são: proteger a população e o ambiente de riscos causados pelas atividades humanas e eventos naturais, proteger recursos naturais e, em particular, os ecossistemas (solo, água e clima); desenvolver o uso do solo com equilíbrio entre a capacidade econômica e ecológica; priorizar o interesse público em detrimento do privado; melhorar as condições de vida da população, criando uma estrutura balanceada entre os sistemas econômico e social; entre outros (Christou e Porter, 1999; Christou et al., 2006; Smith e Petley, 2009).

No contexto de gestão de acidentes industriais maiores, o objetivo do planejamento do uso do solo é a redução dos riscos associados à localização de instalações perigosas e a limitação das consequências de possíveis cenários acidentais. Para conseguir esse propósito, procura-se por instrumentos legais, um modo de separar áreas densamente povoadas dessas atividades nocivas ao homem, assim como rotas de transportes a elas associadas.

Várias abordagens têm sido utilizadas para tentar garantir essa dissociação e, em geral, consistem na definição de zonas (*buffers*) no entorno de plantas industriais, com diferentes restrições de uso e ocupação do solo, de acordo com níveis de riscos e ou consequências toleráveis que devem ser respeitadas para que as consequências sejam minimizadas (Christou et al., 2006; Cozzani et al., 2006; Smith e Petley, 2009).

No que se refere ao planejamento do uso do solo, seu objetivo principal é a limitação das consequências para as pessoas e o meio ambiente dos possíveis cenários acidentais. Na Comunidade Europeia, de acordo com Christou et al. (2006), várias abordagens para a definição dos critérios de zoneamento têm sido adotadas, dependendo das condições nacionais e locais e os Estados. As principais são:

- Adoção de distâncias genéricas baseadas no impacto ambiental provocado pelo empreendimento industrial.
- Abordagem determinística, orientada pelas consequências estimadas para o pior cenário acidental previsto para cada empreendimento.
- Abordagem probabilística, orientada pela análise de riscos.

Embora alguns aspectos da vulnerabilidade do entorno sejam levados em consideração, como o grau de preparação diante de situações emergenciais e as características sociais da comunidade local, o contexto espacial é fator primordial na questão do planejamento do uso solo e acidentes industriais maiores (Cozzani et al., 2006).

REFERÊNCIAS

ALE, B. Risk assessment practices in the Netherlands. *Safety science*, v. 40, p. 105-126, 2002.

AMENDOLA, A. *Approach to risk analysis in the European Union in risk assessment and management in the context of Seveso II Directive*. Amsterdam: Elsevier, 1998.

BROUGHTON, E. The Bhopal disaster and its aftermath: a review. *Environmental Health: A global access science source*. 2005, v. 4, p. 6. Disponível em: http://www.ehjournal.net/content/4/1/6. Acessado em: 12 set. 2007.

CAHEN, B. Implementation of new legislative measures on industrial risks prevention and control in urban areas. *Journal of hazardous materials*, v. 130, p. 293-299, 2006.

[CETESB] COMPANHIA DE TECNOLOGIA DE SANEAMENTO AMBIENTAL. *Manual de orientação para elaboração de estudos de análise de riscos: Norma P4*. 261. São Paulo: Cetesb, 2003.

_____. Gerenciamento de risco. Disponível em: http://www.cetesb.sp.gov.br/emergencia/riscos/estudo/historico.asp. Acessado em: 2 out. 2007.

CHRISTOU, M.D.; PORTER, S. *Guidance on land use planning as required by council directive 96/82/EC (SEVESO II)*. Institute for Systems Informatics and Safety, 1999.

CHRISTOU, M.D.; STRUCKL, M.; BIERMANN, T. *Land-Use planning guidelines in the context of article 12 of the Seveso II Directive 96/82/EC as amended by Directive 105/2003/EC*. Joint Research Centre of European Commission, 2006.

COZZANI, V. et al. Application of land-use planning criteria for the control of major accident hazards: A case-study. *Journal of hazardous materials*, v. A136, p. 170-180, 2006.

[EC] EUROPEAN COMMISSION. *Chemical accidents (Seveso II) - Prevention, preparedness and response*. Disponível em http://ec.europa.eu/environment/seveso/index.htm. Acessado em: 12 out. 2007.

EM-DAT. *OFDA/CRED International Disaster Database*. Disponível em: http://www.em-dat.net. Acessado em: 10 out. 2012.

FREITAS, C. M.; PORTO, F.S.P.; MACHADO, J.M.H. *Acidentes químicos ampliados: desafios e perspectivas para o controle e a prevenção*. Rio de Janeiro: Fiocruz, 2000.

HAUPTMANNS, U. A risk-based approach to land-use planning. *Journal of hazardous materials*, v. A125, p. 1-9, 2005.

[HSE] HEALTH AND SAFETY EXECUTIVE. *HSC consults on amended major accident hazards regulations*. Disponível em http://www.hse.gov.uk/press/2004/c04031.htm. Acessado em: 22 out. 2007.

JONKMAN, S.N.; VAN GELDER, P.H.A.J.M.; VRIJLING, J.K. An overview of quantitative risk measures for loss of life and economic damage. *Journal of harzardous materials*, v. A99; p. 1-30, 2003.

KONTIÉ, D.; KONTIÉ, B.; GERBEC, M. How powerful is ARAMIS methodology in solving land-use issues associated with industry based environmental and health risks? *Journal of hazardous materials*, v. 130, p. 271-275, 2006.

NOJI, E.K. (ed.). *Impacto de los desastres en la salud pública*. Bogotá: Organización Panamericana de la salud, 2000.

OLIVEIRA JUNIOR, M.A. *Geoprocessamento como ferramenta de análise integrada de riscos de acidentes industriais*. São Paulo, 2008. Dissertação (Mestrado em Saúde Pública) – Faculdade de Saúde Pública, Universidade de São Paulo.

PAPAZOGLOU, I.A. et al. Technical modeling in integrated risk assessment of chemical installations. *Journal of loss prevention in the process industries*, v. 15, p. 545-554, 2002.

SALVI, O., DEBRAY, B. A global view on ARAMIS, a risk assessment methology for industries in the framework of the Seveso II Directive. *Journal of hazardous materials*, v. 130, p. 187-199, 2006.

SMITH, K.; PETLEY, D. N. *Enviromental hazards: assessing risk and reducing disaster*. London: Routledge, 2009.

SPADONI, G.; EGIDI, D.; CONTINI, S. Trough ARIPAR-GIS the quantified area risk analysis supports land-use planning activities. *Journal of hazardous materials*, v. 71, p. 423-437, 2006.

TIXIER, J. et al. Environmental vulnerability assessment in the vicinity of an industrial site in the frame of ARAMIS European project. *Journal of hazardous materials*, v. 130, p. 251-264, 2006.

WETTING, J.; PORTER, S.; KIRCHSTEIGER, C. Major industrial accidents regulation in the European Union. *Journal of loss prevention of process industries*, v. 12, p. 19-28, 1999.

[WHO] WORLD HEALTH ORGANIZATION. *Community emergency preparedness: a manual for managers and policy-makers*. Geneva, 1999.

YOUNG-DO, J.; AHN, B.J. A method of quantitative risk assessment for transmission pipeline carrying natural gas. *Journal of hazardous materials*, v. 123, p. 1-12, 2007.

Auditoria Ambiental | 29

Arlindo Philippi Jr
Engenheiro sanitarista, Faculdade de Saúde Pública – USP

Alexandre de Oliveira e Aguiar
Engenheiro químico, Universidade Nove de Julho

Recentemente, as auditorias ambientais passaram a ter papel de destaque entre os instrumentos de gestão ambiental. Desde o momento em que os gestores ambientais perceberam que a disponibilidade de tecnologias e o monitoramento dos resultados não bastavam para alcançar resultados nessa área, as auditorias passaram a ser cada vez mais utilizadas. A competição internacional conduziu as exigências ambientais ao *status* de barreiras não tarifárias, levando à elaboração e implementação da norma ISO 14001 e do correspondente sistema de auditoria e certificação ao redor do mundo, bem como das demais normas da série ISO 14000. O processo acelerado de aquisições e fusões de empresas passou a requerer verificações rigorosas, para que eventuais passivos pudessem ser avaliados e seu valor levado em conta nos negócios, levando à necessidade de auditorias de passivo ambiental. A migração de indústrias internacionais para países em desenvolvimento obrigou as matrizes das empresas a estabelecer processos sistemáticos de verificação dos cuidados com o meio ambiente em suas filiais, a fim de evitar problemas graves que possam ferir sua imagem ou baixar o valor de suas ações negociadas em bolsa, inclusive em seu país de origem. Além disso, muitos instrumentos voltados à redução da emissão de gases de efeito estufa, tais como o Mecanismo de Desenvolvimento Limpo, preconizado pelo protocolo de Kyoto e os mercados de emissões, pressupõem a realização de auditorias como parte de seu processo de implantação. A

CURSO DE GESTÃO AMBIENTAL

certificação de produtos e de cadeias produtivas, em particular as certificações florestais, também incluem auditorias em seu arcabouço operacional.

O objetivo deste texto é apresentar um pano de fundo para as auditorias ambientais, destacando por fim a operacionalização das auditorias de conformidade legal e o papel da conformidade legal nas auditorias de sistemas de gestão ambiental.

A QUESTÃO AMBIENTAL E AS AUDITORIAS AMBIENTAIS: UM POUCO DE HISTÓRIA

Ao estudar a história da indústria no século XX, é possível perceber uma evolução no trato da questão ambiental nas empresas. Até o fim da primeira metade desse século, as questões ambientais e a poluição causada pelas empresas e por suas atividades econômicas tinham pouco impacto nas decisões empresariais. Já existiam leis a respeito do assunto em diversos países, mas em geral eram pontuais e não havia uma fiscalização eficiente. As ações preventivas, corretivas e repressivas não se integravam e a postura das organizações era basicamente reativa, ou seja, a solução dos problemas ambientais era encaminhada depois que os problemas aconteciam.

Acompanhando os movimentos internacionais e a evolução das legislações de controle ambiental, durante as décadas de 1960 e 1970 as indústrias passaram a ampliar a aplicação de tecnologias de tratamento para as emissões de poluentes. Essas tecnologias se consolidaram naquela época, e hoje são conhecidas por tecnologias de *fim de tubo*, porque se preocupam em eliminar os poluentes depois que estes foram gerados pelo processo. Os equipamentos de controle e as instalações existentes naquela época já eram capazes de proporcionar o cumprimento da maioria dos padrões de emissão existentes na legislação.

Por outro lado, certos processos, em especial na indústria química, petroquímica e de energia, estavam sujeitos a acidentes graves, como vazamentos tóxicos, explosões e incêndios. Para evitá-los e minimizar suas consequências, inúmeros dispositivos de segurança foram desenvolvidos e implantados, incluindo sistemas de detecção, válvulas de segurança e outros.

No entanto, no fim da década de 1970 e ao longo da de 1980, diversos acidentes industriais mostraram que os problemas ainda não estavam resolvidos. Ocorrências como o vazamento de isocianato de metila na fábrica da Union Carbide, em 1984, em Bophal na Índia, o vazamento radiativo na usina de Three Mile Island, em 1979, nos EUA, e até mesmo o acidente com a cápsula de césio 137 em Goiânia, no Brasil, mostraram que por trás das questões técnicas existiam causas gerenciais. Entre elas, podem-se citar a falta de comprometimento de chefias, supervisores e gerentes, falhas no treinamento e na capacitação de pessoal e a falta de regularidade no fornecimento de recursos para a solução de problemas ambientais.

Como consequência de um acidente numa empresa embaladora terceirizada nos Estados Unidos, em 1977, a Arthur D. Little executou para a Allied Signal – na época Allied Chemical – o que talvez tenha sido a primeira auditoria abrangente nas áreas ambiental, de saúde e segurança ocupacional. O objetivo era verificar se os requisitos legais e os padrões exigidos pela corporação estavam sendo cumpridos. Em 1978, a Allied estabeleceu um programa corporativo de auditorias de meio ambiente, saúde e segurança ocupacional, um dos primeiros desse tipo (Kennedy, 1994). Outras fontes apontam origens ligeiramente diferentes para a auditoria ambiental, incluindo a motivação para execução e o fato de as auditorias terem surgido simultaneamente nos Estados Unidos, Grã-Bretanha e Alemanha (Sales, 2001).

No fim da década de 1980, impulsionadas pelos problemas causados por acidentes, pelos crescentes custos do controle da poluição e pelo aumento das pressões sociais com os movimentos ambientalistas, muitas empresas internacionais iniciaram programas de prevenção. Começaram a ser difundidos conceitos como *tecnologias limpas e segurança inerente*, que denotam preocupação com as características ambientais e de segurança dos processos. O Programa de Atuação Responsável das indústrias químicas foi um dos produtos dessa evolução do pensamento industrial sobre o meio ambiente.

Nessa época, intensificou-se o interesse pelas auditorias ambientais; muitas normas de gestão ambiental e códigos de conduta passaram a incluir as auditorias ambientais em sua estrutura, como os princípios da Carta Empresarial para o Desenvolvimento Sustentável da Câmara Internacional do Comércio. Em 1986, a Environmental Protection Agency (EPA), agência ambiental americana, lançou uma declaração de princípios de auditoria ambiental, condicionando pedidos de licenças ambientais à realização de auditorias (SMA, 1997).

Por causa de pressões sociais, comerciais e das lições aprendidas na década de 1980, a International Organization for Standardization (ISO) anunciou, em 1992, no Rio de Janeiro, a decisão de desenvolver uma série de normas sobre gestão ambiental. Essa série viria a ser a ISO 14000, que inclui normas com diretrizes para sistemas de gestão ambiental e auditorias. Foi uma evolução importante, porque as normas não se concentravam em padrões técnicos específicos e características desejáveis de produtos, mas sim em como a empresa se organiza para tratar da gestão ambiental de suas atividades, produtos e serviços. Também foi desenvolvida uma estrutura para certificação dos sistemas de gestão ambiental, por meio de auditorias.

No Brasil, vários estados criaram leis exigindo auditorias ambientais, tais como o Rio de Janeiro, o Espírito Santo, o Paraná e Minas Gerais. No entanto, em alguns casos as leis não estão regulamentadas, o que dificulta sua aplicação (La Rovere, 2000).

CONCEITOS FUNDAMENTAIS EM AUDITORIA AMBIENTAL

O conceito de auditoria varia de acordo com o ramo do conhecimento e do contexto de trabalho real em que é aplicado. Sua origem remonta a práticas contábeis, mas deve ser destacado nesse momento o "estado da arte" em função das auditorias ambientais.

Não se deve confundir as auditorias com outros processos de avaliação, como as inspeções e fiscalizações realizadas pelos órgãos ambientais e os diagnósticos feitos por técnicos de planejamento numa das etapas iniciais desse processo. Esses métodos de avaliação têm suas características e aplicações próprias, podendo ser extremamente úteis em inúmeros contextos. No entanto, tais métodos não possuem outros traços que fortaleçam a auditoria como instrumento de gestão e de melhoria contínua, e por isso é preciso saber diferenciá-los com precisão. As fiscalizações dos órgãos ambientais, por exemplo, podem ser feitas sem aviso prévio, e não há opção de a instituição fiscalizada aceitar ou não o procedimento, ao contrário das auditorias, que devem ser programadas, facultando ao auditado aceitar ou não a auditoria proposta.

Conceito de Auditoria

A auditoria é um instrumento de gestão que tem o objetivo de identificar se uma determinada organização cumpre certos requisitos estabelecidos. Uma possível definição formal é:

Um exame e/ou avaliação independente, relacionada a um determinado assunto, realizada por especialista no objeto de exame, que faça uso de julgamento profissional e comunique o resultado aos interessados (clientes). Ela pode ser restrita aos resultados de um dado domínio ou mais ampla, abrangendo aspectos operacionais, de decisão e de controle. (La Rovere, 2000)

A norma NBR ISO 19011:2012, que dá orientações sobre as auditorias de sistemas de gestão da qualidade e/ou ambiental, define a auditoria como sendo um "processo sistemático, documentado e independente para obter evidências de auditoria [...] e avaliá-la, objetivamente, para determinar a extensão na qual os critérios da auditoria [...] são atendidos." (ABNT, 2012).

A partir dessas definições, podem-se observar algumas características importantes dos processos de auditoria:

- São feitas por profissionais que conhecem o assunto a ser auditado.
- São realizadas por pessoas que não estão envolvidas na atividade auditada.
- Podem ter escopo variado, havendo necessidade de definição de sua abrangência.
- Dela participam três personagens bem definidos:
  - O cliente, que é o maior interessado nos resultados da auditoria, e que paga por ela.
  - O auditado, que é o responsável pelas atividades que devem ser verificadas.
  - O auditor, que é o profissional que conduz a auditoria.

Segundo a Arthur D. Little (Hedstrom, 1994), um bom programa de auditoria deve contemplar algumas características:

- Objetivos explicitamente definidos.
- Limites de escopo claramente definidos.
- Abrangência que priorize unidades mais importantes, sem desprezar as demais.
- Abordagem compatível com os objetivos.
- Treinamento, experiência e habilidade dos profissionais que conduzem a auditoria.
- Suporte gerencial e organização eficazes.

CURSO DE GESTÃO AMBIENTAL

Podem-se destacar algumas características da auditoria que a diferenciam de outros métodos de avaliação:

* As auditorias são programadas; assim, o auditado é comunicado com antecedência sobre o objetivo e escopo, com data e horário de trabalho estabelecidos previamente. Esses procedimentos as tornam muito diferentes das inspeções efetuadas pelos órgãos de fiscalização, que têm como característica serem realizadas geralmente sem uma programação prévia e de surpresa, e pode ser restrita a uma verificação pontual, como uma coleta de amostra de efluentes.

* As auditorias são processos cujo resultado principal é a afirmação a respeito do cumprimento ou não de padrões especificados. Não faz parte do papel do auditor identificar as causas ou soluções para os problemas encontrados – isso deve ser feito pelo auditado. Essas atitudes diferenciam as auditorias de certos processos de diagnóstico realizados pelos técnicos nos processos de planejamento, por exemplo. Nesse caso, os profissionais que fazem a avaliação detectam problemas e propõem soluções ao mesmo tempo, como consultores.

Auditorias Ambientais

As auditorias ambientais são procedimentos que têm seu objeto ligado às questões ambientais. Elkington (2000) argumenta que as auditorias ambientais deveriam se concentrar nos impactos ambientais das organizações, e aponta que muitas delas ainda se concentram nos sistemas de gerenciamento e não nos efeitos. Mais adiante, discutiremos esse aspecto como possibilidade de objetivos diferentes para as auditorias ambientais.

As várias definições encontradas na literatura refletem ainda uma variedade de pensamentos, dependendo de sua origem:

> Um processo sistemático, objetivo e documentado, de obtenção e avaliação de evidências ligadas a um sistema de gestão e informações, eventos ou atividades ambientais específicas, buscando a verificação da conformidade destes com relação a critérios definidos *a priori*, e a posterior comunicação do resultado deste processo ao cliente (Câmara Internacional do Comércio). (SMA, 1997)

> Avaliação interna efetuada por empresas ou agências governamentais a fim de verificar sua conformidade com relação a exigências legais, assim como

com relação a suas próprias políticas e normas internas (órgão de meio ambiente do Canadá). (SMA, 1997)

A realização de avaliações e estudos destinados a determinar: I – os níveis efetivos ou potenciais de poluição ou de degradação ambiental provocados por atividades de pessoas físicas ou jurídicas; II – as condições de operação e de manutenção dos equipamentos e sistemas de controle de poluição; III – as medidas a serem tomadas para restaurar o meio ambiente e proteger a saúde humana; IV – a capacitação dos responsáveis pela operação e manutenção dos sistemas, rotinas, instalações e equipamentos de proteção do meio ambiente e da saúde dos trabalhadores. (Rio de Janeiro, 1991).

Processo sistemático e documentado de verificação, executado para obter e avaliar, de forma objetiva, evidências que determinem se as atividades, eventos, sistemas de gestão e condições ambientais especificados ou as informações relacionadas a estes estão em conformidade com os critérios de auditoria estabelecidos nesta Resolução, e para comunicar os resultados desse processo. (Conama, 2002)

Uma ferramenta de gestão envolvendo uma avaliação documentada, periódica e objetiva sobre o quão bem a organização, gerenciamento e equipamentos ambientais estão desempenhando com o objetivo de contribuir para a preservação do meio ambiente facilitando o controle gerencial das práticas ambientais, e avaliando o cumprimento das políticas da empresa, que poderiam incluir o cumprimento de requisitos regulatórios. (ICC, 1991 apud DEAT, 2004)

Pode-se observar que as definições de órgãos governamentais destacam a legislação e que as oriundas do setor privado destacam a comunicação dos resultados aos clientes.

Em uma tentativa de juntar os conceitos, pode-se dizer que a auditoria ambiental é um processo sistemático e formal de verificação, por uma parte auditora, se a conduta ambiental e/ou o desempenho ambiental de uma entidade auditada atendem a um conjunto de critérios especificados.

Classificação das Auditorias Ambientais

As auditorias ambientais podem assumir diversos aspectos, dependendo do contexto em que são realizadas, incluindo seus objetivos, envolvimento de partes interessadas, critérios de auditoria e outros fatores deter-

CURSO DE GESTÃO AMBIENTAL

minantes. Dessa forma, não existe um único ente auditoria ambiental, mas sim diferentes tipos de auditorias ambientais. Apresentamos a seguir propostas de classificação.

Classificação de Acordo com a Parte Auditora

As auditorias podem ser chamadas de primeira, de segunda ou de terceira parte. Esses conceitos, derivados e adaptados a partir dos utilizados nas auditorias de sistemas de qualidade, são baseados na função e no interesse que a parte auditora pode ter em relação aos impactos ambientais, reais ou potenciais, das atividades da organização auditada.

- *Auditoria ambiental de primeira parte* é aquela realizada por uma equipe formada por membros da própria organização auditada. Nesse caso, para manter a independência dos auditores, áreas ou departamentos da empresa são auditados por funcionários de outras áreas. O cliente da auditoria é, em geral, a própria alta administração da organização.

- *Auditoria ambiental de segunda parte* é aquela realizada por uma equipe formada por membros ou representantes de uma outra organização ou grupo de pessoas que possam ser afetadas, positiva ou negativamente, pelo desempenho ou pelos impactos ambientais da organização auditada. A auditoria de segunda parte só pode acontecer se a parte interessada tiver poder legal, contratual ou de negociação para exigir a auditoria.

- *Auditoria ambiental de terceira parte* é aquela feita por uma instituição isenta, que não tem interesse direto nos impactos ambientais das atividades da organização auditada. É o caso, por exemplo, das auditorias de certificação dos sistemas de gestão ambiental ISO 14001.

O conceito de auditoria de segunda parte sugerido aqui talvez cause estranheza em certos profissionais que trabalham com a transposição do conceito das auditorias de sistemas da qualidade. Nesse contexto, a auditoria de segunda parte é definida exclusivamente como aquela realizada pelo cliente nas instalações e nos processos do fornecedor. No caso da gestão ambiental, é pertinente ampliar essa definição em razão da existência de uma gama maior de partes interessadas, tais como vizinhos, financiadores, seguradoras, autoridades e a comunidade em geral.

Outra confusão muito comum é tratar a auditoria de primeira parte como sinônimo de auditoria interna, o que não está correto. O que determinará se a auditoria é interna, é o fato de a empresa utilizar seus próprios procedimentos para realização da auditoria, mesmo que para isso utilize mão de obra externa, como consultores ou pessoal especializado.

Classificação de Acordo com os Critérios de Auditoria

As auditorias ambientais também podem ser classificadas de acordo com o tipo de critério que é utilizado como padrão de comparação.

* *Auditoria de conformidade legal ambiental*: os critérios da auditoria são os requisitos da legislação vigente, nos níveis federal, estadual e municipal, incluindo-se as exigências técnicas de licenças e autorizações eventualmente existentes.

* *Auditoria de desempenho ambiental*: são verificados indicadores de desempenho, a serem comparados com padrões, geralmente setoriais, ou com metas definidas, ou para estabelecimento de categorias ou avaliações de desempenho. Inclui-se nessa classificação a *auditoria de passivo ambiental,* que representa de alguma forma um mau desempenho. Podem ser incluídas aqui também as auditorias de verificação de inventários de gases de efeito estufa, bem como as auditorias para verificação de redução ou compensação de emissões dos referidos gases.

* *Auditoria de sistemas de gestão ambiental*: avalia o cumprimento das normas, critérios e procedimentos de gestão ambiental estabelecidos pela própria organização auditada. As auditorias de sistemas podem ser ainda de *adequação* – para verificar se o sistema montado atende, ao menos no projeto, ao que é exigido pela norma; de *conformidade* – para verificar se o sistema montado está sendo utilizado; e de *eficácia* – se os objetivos e metas propostos pelo sistema vêm sendo atingidos.

A definição de auditoria de desempenho ambiental aqui apresentada também tem surpreendido alguns profissionais da área. No entanto, ela é útil porque, na avaliação de riscos e oportunidades de negócios, somente o conhecimento abrangente dos aspectos positivos e dos pontos fracos da gestão de uma organização pode dar uma visão completa e suficiente. Auditorias parciais, como as auditorias de passivo, proporcionam apenas a visão de um dos lados da moeda.

Classificação de Acordo com os Objetivos da Auditoria Ambiental

Os objetivos da auditoria ambiental também têm uma classificação útil:

* *Auditoria ambiental de certificação*: tem por objetivo produzir uma declaração ou certificado atestando que os critérios de auditoria são cumpridos pela organização auditada. O principal exemplo são as auditorias previstas no sistema de certificação ISO 14001, cuja credibilidade está baseada num sistema internacional de credenciamento de organismos certificadores e de auditores.

* *Auditoria ambiental de acompanhamento*: tem por objetivo verificar se as condições de certificação continuam sendo cumpridas.

* *Auditoria ambiental de verificação de correções ou de* follow-up: tem por fim verificar se as não conformidades de auditorias anteriores foram corrigidas.

* *Auditoria ambiental de responsabilidade (*due dilligence*)*: seu objetivo é avaliar possíveis riscos e custos associados a passivos ambientais. É utilizada principalmente na avaliação para fusões, aquisições e refinanciamento de empresas, e também na desativação de atividades industriais.

* *Auditoria ambiental de local:* destinada a avaliar o grau de contaminação de áreas específicas.

* *Auditoria compulsória:* visa cumprir exigência legal referente à realização de auditoria ambiental.

Os Auditores e seus Papéis

Por definição etimológica, auditor é aquele que ouve. A tarefa básica do auditor é coletar informações por meio de entrevistas, exame de documentos e observação, compará-las com os critérios da auditoria e relatar o resultado ao cliente.

A equipe de auditores deve ser formada somente por profissionais qualificados e, eventualmente, por profissionais em treinamento. Fala-se em equipe auditora porque, em muitos casos, é recomendável que a auditoria seja conduzida por pelo menos dois auditores.

De acordo com o tipo de auditoria, os auditores poderão ser internos, externos ou corporativos (La Rovere, 2000). Os internos são funcionários da própria unidade auditada e os corporativos são funcionários da mesma empresa, porém de outra unidade, geralmente da matriz. Os auditores externos são auditores de outras organizações, como clientes, comunidade, órgãos governamentais e organismos certificadores.

A equipe de auditoria deve ser formada por um auditor-líder e por quantos auditores mais forem necessários, podendo ainda incluir especialistas técnicos e observadores.

O auditor-líder tem o papel de chefe da equipe e a responsabilidade de garantir a condução eficiente e os resultados da auditoria como um todo. Ele deve ter capacidade de gerenciamento, liderança e características pessoais que permitam a negociação e a intermediação de conflitos.

A qualificação dos auditores ambientais não segue um padrão rigoroso do ponto de vista da formação técnica, como é o caso da auditoria contábil (La Rovere, 2000).

É essencial tomar os devidos cuidados para que os auditores sejam efetivamente independentes das atividades auditadas e que qualquer conflito de interesse seja gerenciado. Em muitos casos, auditores atuam também como consultores, de forma que não podem ter sido empregados ou consultores na empresa em que estão auditando, ao menos por uma distância de tempo que seja considerada segura. Também da parte de organismos certificadores, que, em alguns casos, são empresas de alguma forma coligadas a consultorias, o que também caracteriza conflito de interesse, e as empresas do mesmo grupo não devem prestar serviços de consultoria e auditoria para o mesmo cliente.

No entanto, na prática, muitos auditores de certificação são na verdade autônomos, e também prestam serviços de consultoria.

O auditor deve sempre manter-se centrado na sua tarefa de verificar fatos e compará-los aos critérios de auditoria. Ele não pode sugerir ou impor soluções específicas para os problemas, nem exigir posturas que reflitam exclusivamente sua experiência pessoal.

No caso de consultorias contratadas para orientar a adequação de sistemas de gestão à norma ISO 14001, é comum que seja feita uma avaliação preliminar, às vezes com procedimentos de auditoria, e que depois os mesmos profissionais que fizeram a avaliação atuem como consultores. Esse é um processo admissível, levando-se em consideração que as informações levantadas são exclusivamente para uso interno. No entanto, os consultores não devem fazer auditorias de certificação do mesmo cliente, uma vez que sua independência fica prejudicada.

APLICAÇÕES E LIMITAÇÕES DAS AUDITORIAS AMBIENTAIS

Desde a década de 1970, quando a Arthur D. Little fez a auditoria para a Allied Chemical, o número de tipos e aplicações de auditorias ambientais vem crescendo constantemente. Do controle da matriz em relação a suas filiais à negociação do prêmio de um seguro, passando pelas avaliações de passivo em fusões e aquisições, as auditorias ambientais têm produzido resultados importantes para a gestão ambiental.

No entanto, as auditorias ambientais resultam sempre na obtenção e na comunicação de informações, de acordo com os critérios, objetivos e escopo da auditoria. Tais informações compõem um retrato instantâneo da situação ambiental da organização auditada, devendo ser interpretadas no contexto da coleta de dados, inclusive o escopo e os objetivos da auditoria. O resultado da auditoria deve ser avaliado compreendendo algumas de suas limitações.

Auditorias são processos de amostragem, ou seja, as informações da organização são coletadas em parte e podem não ser estatisticamente representativas. Por isso, o programa da auditoria deve ser montado de forma que minimize a probabilidade de o processo da auditoria chegar a uma conclusão inadequada por falta de informações. A possibilidade de mau uso e a dificuldade de controlar a divulgação dos resultados das auditorias estão entre os principais problemas encontrados.

Independentemente dessas intercorrências, serão comentadas a seguir algumas aplicações e interesses envolvidos em auditorias ambientais.

Auditorias Ambientais como Requisitos nas Relações Econômicas

Em tempos de globalização, uma das principais aplicações das auditorias ambientais tem sido a de servir como fonte de informações para a avaliação de passivos ambientais em processos de fusões e aquisições. Nesse caso, a auditoria orienta a eventual avaliação dos custos de remediação e reparação dos danos, que pode estar associada a empresas. Problemas como os enfrentados pela Rhodia em Cubatão (SP), pela Shell em Paulínia (SP), pela Cofap e pela Administradora e Construtora Soma em Mauá (SP) poderiam ser evitados por meio de auditorias ambientais.

O aumento dos valores das multas aplicadas pelos órgãos ambientais e dos valores de indenização resultantes de processos de reparação de danos também elevam o interesse pelos seguros. As seguradoras, nesse caso, podem recorrer a auditorias ambientais para a definição dos prêmios a serem pagos, e mesmo para definir os descontos a serem aplicados caso a auditoria aponte boas práticas de gestão ambiental.

Por meio de auditorias ambientais, pode-se ter uma percepção dos riscos envolvidos na atividade de uma empresa ou empreendimento.

Quando o sistema de gestão ambiental ISO 14001 foi concebido, uma das grandes preocupações dos países menos desenvolvidos era que a necessidade de certificação se transformasse em barreira alfandegária. Isso se confirmou para poucos mercados, como o de papel e celulose, e o de mineração.

Como exigência para fornecedores, as auditorias ambientais podem contribuir de diversas formas. Considere-se, por exemplo, o caso das montadoras de automóveis. As peças são produzidas pelos fornecedores já com a logomarca das montadoras. Assim, o porte das empresas fornecedoras tende a aumentar, ao passo que seu número diminui. No caso de ocorrerem problemas ambientais, como a disposição inadequada de peças ou materiais fora de especificação, o primeiro prejuízo de imagem será da montadora, uma vez que o material contém sua logomarca. Ao se concretizar a tendência de redução do número de fornecedores, as consequências de uma interrupção por problemas ambientais, como uma interdição do fornecedor pelo órgão ambiental, serão muito maiores.

Mais recentemente, preocupações adicionais relacionadas à cadeia de suprimentos, tais como impacto indireto nas emissões de gases de efeito estufa e no consumo de água devido a processos que ocorrem em fornecedores, estão levando mais empresas a solicitar informações de tais fornecedores e eventualmente confirmá-las por meio de auditorias.

Soma-se a isso a pressão crescente da sociedade, particularmente sobre as empresas de varejo, para que tenham uma melhor condução ambiental dos negócios, o que tem levado várias delas a desenvolver fornecedores melhores, utilizando-se, entre outras ferramentas, das auditorias ambientais. Com frequência, tais auditorias são integradas com aspectos de qualidade do produto e de responsabilidade social.

Por esse motivo, aumenta o número de empresas que consideram necessária a execução de auditorias ambientais em seus fornecedores. Em alguns casos, há a exigência da certificação do sistema de gestão ambiental por terceira parte, conforme será discutido mais à frente.

Bancos oficiais e alguns fundos de investimento estão começando a condicionar a concessão de financiamentos e aplicação de investimentos a critérios ambientais, alimentados por auditorias.

Auditorias Ambientais para Controle Gerencial

As auditorias ambientais são importantes fontes de informação gerencial. Por meio da análise crítica dos resultados das auditorias, as instâncias administrativas mais altas ou centrais podem determinar ações corretivas e preventivas e os eventuais investimentos em suas atividades, produtos ou serviços.

As auditorias ambientais praticamente nasceram da necessidade de as grandes empresas multinacionais terem informações sobre as práticas ambientais de suas filiais. É muito comum que empresas multinacionais apliquem essas auditorias nas unidades do país de origem e nas filiais, a fim de manter a uniformidade da conduta e minimizar os riscos de problemas ambientais graves, que poderiam abalar a imagem da corporação.

Do ponto de vista operacional, as melhorias resultantes de auditorias devem funcionar como um ciclo (Figura 29.1). Uma vez determinada a não conformidade, o auditado deverá identificar suas causas. Uma falha comum, decorrente das resistências naturais às mudanças, ou da falta de preparo da equipe, é não avaliar com profundidade suficiente o problema, permanecendo em uma análise superficial. Por isso, é recomendável o uso de ferramentas

Figura 29.1 – Ciclo de melhoria de ações corretivas de auditoria.

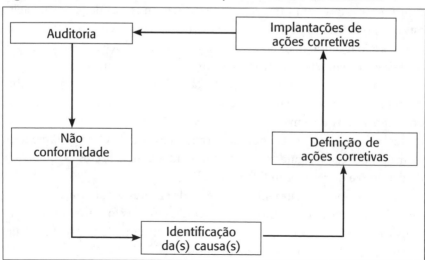

disciplinadas para encontrar as causas dos problemas, como o método da espinha de peixe, a técnica dos cinco por quês, a árvore de causas e outras.

Auditorias Ambientais para Certificação

As normas de gestão ambiental certificáveis, como a inglesa BS 7750 e a internacional ISO 14001, admitem sistemas de certificação por terceira parte, ou seja, após uma auditoria, organismos credenciados podem emitir uma declaração assegurando que uma determinada organização tem um sistema de gestão ambiental que segue a norma de referência.

Entre os benefícios geralmente apontados para as empresas certificadas está a melhora de sua imagem junto ao mercado. No Brasil, em particular, essa melhora de imagem diminui, em virtude dos inúmeros acidentes ocorridos em unidades da Petrobras, empresa que tem várias divisões certificadas pela NBR ISO 14001 e que usa essa certificação em sua propaganda corporativa.

Por outro lado, algumas empresas fazem mau uso de sua certificação por meio de propaganda enganosa, distorcendo seu significado. No caso dos sistemas ISO 14001, a certificação atesta que existe um sistema de gestão ambiental funcionando dentro dos padrões exigidos, mas não assegura que a empresa tem um desempenho ambiental excelente, e sim um compromisso com a melhora contínua. Essa certificação também não garante que a empresa está cumprindo integralmente a legislação, mas sim que há um compromisso de cumpri-la e que existem ações para correção dos erros verificados. Portanto, não faz sentido a empresa certificada declarar que não é poluidora, ou que a certificação garante que ela esteja contribuindo para a preservação de espécies em extinção. Infelizmente, há exemplos reais desses maus usos.

A certificação por terceira parte elimina também, em grande medida, a necessidade de auditorias de segunda parte, como nos casos de exigências ambientais de clientes para seus fornecedores, de seguradoras para seus clientes e no controle da matriz em relação a suas filiais.

Auditorias Ambientais como Instrumento de Gestão em Políticas Públicas

Nascida na iniciativa privada, a auditoria ambiental vem sendo incorporada gradativamente às políticas públicas como instrumento de gestão. Em âmbito internacional, destacam-se as experiências europeia e norte-americana, bem como as experiências associadas aos programas de redução ou compensação de emissões de gases de efeito estufa, tais como o Mecanismo de Desenvolvimento Limpo e outras formas de mercados de reduções certificadas. Mais a frente, tais exemplos serão apresentados com mais detalhes.

É possível utilizar as auditorias ambientais nas políticas públicas como instrumentos voluntários – caso em que podem ser previstos benefícios para as organizações que a utilizam – ou como instrumentos obrigatórios, em geral dentro dos processos de licenciamento.

No Brasil, vários estados e municípios têm tomado iniciativas nesse sentido. Na esfera federal, os acidentes ocorridos nas instalações da Petrobras em 2000 levaram o Conselho Nacional do Meio Ambiente (Conama) a exigir auditorias ambientais.

Limitações das Auditorias

O resultado de cada auditoria deve ser compreendido dentro de suas limitações. Por serem processos de amostragem, seus resultados podem ou não representar de maneira fidedigna a situação real das questões ambientais da organização auditada, em razão de eventos estatísticos. É preciso compreender que auditores não são oniscientes e onipresentes, e é, de maneira geral, impossível verificar todos os documentos, registros, equipamentos e instalações, e em todos os seus detalhes. Para que os resultados sejam confiáveis, cabe à equipe auditora garantir que um número suficiente de amostras sejam vistas, mas isso não garante que todas as não conformidades existentes sejam encontradas. Além disso, a auditoria ambiental é capaz de avaliar como está a gestão ambiental no presente, e eventualmente como tem sido num passado recente, caso haja suficientes registros confiáveis. No entanto, não é possível ao auditor prever o futuro. O que pode sim, fazer parte do trabalho do auditor, é alertar sobre riscos que chamaram a sua atenção como prioritários, o que não quer dizer que o auditor seja capaz ou deva alertar sobre todos os riscos existentes.

Além disso, vale destacar que auditorias são processos de coleta de informações que isoladamente não resolvem os problemas físicos de desempenho ambiental. É o uso racional de informações, e não a auditoria em si, que permite a tomada de decisão e o encaminhamento da solução por parte dos gestores.

AUDITORIAS AMBIENTAIS NA LEGISLAÇÃO

Nesta seção, será descrita a inserção das auditorias ambientais nas legislações norte-americana, europeia e brasileira.

As Auditorias Ambientais nos Estados Unidos

Em 1986, num esforço para encorajar a realização de auditorias ambientais, a United States Environmental Protection Agency (Usepa, agência ambiental norte-americana), publicou sua *Declaração de política de auditoria ambiental* (51 FR 25004). Esse documento declara:

> É política da EPA encorajar o uso de auditorias ambientais pelas indústrias reguladas para ajudar a atingir e manter o cumprimento da legislação ambiental e regulamentos, bem como ajudar a identificar e corrigir perigos ambientais não regulados.

Os objetivos previstos para as auditorias são:

- Verificar o cumprimento dos requisitos ambientais.
- Avaliar a efetividade dos sistemas de gestão ambiental locais.
- Avaliar os riscos de práticas e de materiais regulados e não regulados.

Em 1995, a mesma agência publicou os *Incentivos para autopoliciamento: descoberta, declaração e correção de violações*, o que reafirmou e expandiu a política de auditoria. Essa política oferece mais incentivos para que as organizações possam descobrir, declarar e corrigir violações ambientais. Segundo ela, a EPA não vai recomendar penalidades baseadas na gravidade ou penas criminais para violações que forem descobertas por uma auditoria ambiental ou por um sistema de gestão que reflita a *due dilligence* e prontamente declaradas e corrigidas. Isto se aplica desde que outras importantes medidas de segurança sejam cumpridas e que o meio ambiente seja protegido de danos sérios. Além disso, procedimentos e incentivos específicos abrangem pequenas empresas para aplicação desta política.

A nova versão claramente expande o conceito de auditoria de conformidade legal presente no primeiro documento para incluir a possibilidade de auditorias de sistemas de gestão. Mais recentemente, a agência ambiental americana reconheceu também a importância das fusões e aquisições, e implementou incentivos para que novos proprietários façam a autodenúncia de infrações das empresas recém-adquiridas, dentro da política de auditorias ambientais.

A agência americana também disponibiliza em seu site modelos de protocolos de auditoria para escopos específicos, como para condução de auditorias ambientais de conformidade legal dentro de contextos específicos de sua legislação, por exemplo, áreas contaminadas, uso de inseticidas, fungicidas e rodenticidas, instalações com PCBs[1], amianto e tintas a base de chumbo, regulamento de efluentes, água segura, entre outros.

Os protocolos são bastante precisos e ricos em definições, referindo-se constantemente a regulamentos específicos. Oferecem também um guia bastante claro sobre quais documentos legais e padrões de qualidade e emissão são aplicáveis para cada caso, além de uma detalhada lista de verificação de requisitos legais e práticas gerenciais para o auditor.

A Experiência Europeia

Em 1993, o Regulamento Europeu n. 1836/93 estabeleceu a implementação do Esquema de Ecogerenciamento e Auditoria (Emas), que foi substituído posteriormente pelo Regulamento do Conselho n. 761/2001 e mais recentemente substituído pelo Regulamento (CE) n. 1221/2009. O esquema prevê um sistema de gestão ambiental voluntário, com o objetivo de

> Promover a melhoria contínua do desempenho ambiental das organizações mediante o estabelecimento e a implementação pelas mesmas de sistemas de gestão ambiental, a avaliação sistemática, objectiva e periódica do desempenho de tais sistemas, a comunicação de informações sobre o desempenho ambiental e um diálogo aberto com o público e com outras partes interessa-

---

[1] PCBs refere-se a bifenilas policloradas, classe de substâncias que foram usadas por muitos anos como materiais dielétricos em transformadores e capacitores em sistemas de distribuição e instalações elétricas. Seu uso em equipamentos novos está proibido em muitos países, inclusive no Brasil, no entanto em muitos casos se admite o uso até o final da vida útil.

das, bem como a participação activa do pessoal das organizações e a sua formação adequada. (CE, 2009)[2]

Para fazer o registro do sistema de gestão ambiental no Emas, as organizações devem:

* Fazer um levantamento dos aspectos ambientais.
* Implantar um sistema de gestão ambiental, incluindo as melhores práticas do setor correspondente, quando descritas no regulamento.
* Realizar uma auditoria interna.
* Elaborar uma declaração ambiental, com informações sobre o desempenho ambiental.

O regulamento estabelece requisitos para cada uma dessas atividades, por exemplo, uma grande variedade de questões ambientais a serem incluídas no levantamento ambiental e o conteúdo mínimo das declarações ambientais. No que se refere ao sistema de gestão ambiental, o regulamento adota integralmente os requisitos da seção 4 da norma ISO 14001. O Emas corresponde, portanto, a um sistema que vai além da ISO 14001 por ter requisitos adicionais, principalmente quanto ao levantamento das questões ambientais e a publicação dos resultados do sistema.

Para o registro de seu sistema no Emas, a organização deve também submeter-se a verificação por um agente externo credenciado, que pode ser um organismo certificador ou um verificador autônomo, por meio de auditorias periódicas. A verificação é feita por meio de auditorias e tem o objetivo de avaliar a conformidade do levantamento ambiental, do sistema de gestão, das auditorias internas e da declaração ambiental com os requisitos do regulamento Emas.

As Iniciativas Brasileiras

No Brasil existem algumas iniciativas de incorporação de auditorias ambientais às políticas públicas. Em alguns casos elas foram implantadas

---

[2] [CE] Comunidade Europeia. Regulamento. (CE) n. 761/2001 do Parlamento Europeu e do Conselho, de 19 de março de 2001, que permite a participação voluntária de organizações em um sistema comunitário de ecogestão e auditoria.

952 | CURSO DE GESTÃO AMBIENTAL

como reação a problemas graves que ocorreram, tais como grandes vazamentos de óleo ou contaminações por chumbo constatadas em áreas ao redor de indústrias, mas em outros, são simplesmente avanços no conceito de gestão. Alguns exemplos:

- Lei n. 9.966/2000 (federal).
- Lei n. 1.898/91, do Estado do Rio de Janeiro.
- Lei n. 10.627/92, do Estado de Minas Gerais.
- Lei n. 4.802/93, do Estado do Espírito Santo.
- Lei Estadual n. 13.448/2002, do Estado do Paraná.
- Lei n. 790/91, do município de Santos (SP).
- Lei n. 3.968/93, do município de Vitória (ES).

Em geral, elas preveem a necessidade de determinados tipos de indústrias ou atividades serem submetidos periodicamente a auditorias externas. Os instrumentos, por vezes, também estabelecem que os resultados das auditorias sejam disponibilizados para o público em geral.

Dentre as leis citadas, comentaremos a seguir a lei do estado do Rio de Janeiro.

A lei obriga a realização de auditorias periódicas anuais em refinarias, oleodutos e terminais de petróleo e seus derivados; em instalações portuárias; em instalações destinadas à estocagem de substâncias tóxicas e perigosas; em instalações de processamento e de disposição final de resíduos tóxicos ou perigosos; unidades de geração de energia elétrica a partir de fontes térmicas e radioativas; instalações de tratamento e os sistemas de disposição final de esgotos domésticos; e em indústrias petroquímicas, siderúrgicas, químicas e metalúrgicas. Para essas indústrias, as auditorias periódicas podem ser dispensadas pelo órgão ambiental em razão do porte e do potencial poluidor.

A lei não proíbe que as auditorias sejam conduzidas por profissionais da própria unidade auditada, no entanto, autoriza o órgão ambiental a determinar a realização de auditoria por auditores independentes, preferencialmente por instituições sem fins lucrativos, sempre que julgar necessário. Essa lei ainda destaca a penalização dos auditores, por omissão ou sonegação de informações, com o descredenciamento por dois anos.

Ao contrário da política norte-americana, a lei não estabelece nenhum incentivo para a autodenúncia, como redução da pena, mas reforça a necessidade de acompanhamento para a correção dos desvios identificados nas auditorias.

O decreto que regulamenta a lei citada destaca que as auditorias ambientais passam a fazer parte do sistema de licenciamento, e que os documentos das auditorias devem estar disponíveis para consulta pública.

Cada legislação traz também uma forma distinta de qualificação de auditores. A gama de critérios vai desde a simples inscrição do profissional num Conselho Profissional (engenharia, biologia, química ou outro qualquer) até a certificação com reconhecimento do Instituto Nacional de Metrologia (Inmetro) ou outra internacional equivalente, passando eventualmente por treinamento bastante específico, como estabelece a regulamentação da Lei Federal n. 9.966/2000, sobre as auditorias em instalações portuárias e outras que operam com petróleo e derivados.

PLANEJAMENTO E EXECUÇÃO DE AUDITORIAS AMBIENTAIS

O planejamento e a execução de auditorias ambientais podem estar descritos em manuais, procedimentos documentados, protocolos ou outras formas de expressar como a auditoria deve acontecer.

O planejamento da auditoria ocorre predominantemente como uma atividade prévia, no entanto, no decorrer da auditoria propriamente dita podem ocorrer fatos que alterem o planejamento original, de modo que o planejamento da auditoria é uma atividade contínua.

Diz-se que a execução da auditoria propriamente dita começa no primeiro contato "ao vivo" entre o auditor e o auditado, já no local de operação envolvido.

O processo de auditoria pode ainda envolver atividades anteriores ao encontro com o auditado, por exemplo, o exame de documentos previamente enviados, e posteriores, tais como o processamento do relatório ou a avaliação de planos de ação corretiva, quando isso está envolvido no contrato.

Do ponto de vista das auditorias ambientais mais técnicas, bons exemplos são os protocolos de auditoria disponibilizados pelo EPA nos Estados Unidos. No Brasil, um exemplo é a Resolução Conama 306, que estabelece requisitos mínimos e termo de referência para a realização das auditorias de instalações portuárias e outras que operam com petróleo e derivados (Conama, 2002).

CURSO DE GESTÃO AMBIENTAL

A norma NBR ISO 19011, que consolidou as diretrizes para auditorias de sistemas de gestão da qualidade e/ou ambiental (ABNT, 2002), tem sido a base para inúmeras boas práticas para a realização de outros tipos de auditoria, principalmente quanto ao processo de auditoria propriamente dito. A apresentação dos tópicos a seguir segue em grande parte os conceitos dessa norma.

Planejamento da Auditoria

O planejamento é essencial para o sucesso da auditoria ambiental. Ele deve considerar todos os elementos indispensáveis da auditoria, descritos nas seções iniciais deste capítulo, da forma como são detalhados a seguir.

Definição do Objetivo

Quem define o objetivo é a parte interessada, que toma a iniciativa da auditoria e que a contrata, e que por isso é conhecida também como *cliente da auditoria*. Devem ser definidos os resultados esperados e o uso das informações geradas na auditoria.

Definição do Escopo

O escopo da auditoria deve incluir:

- A identificação da organização ou unidade auditada.
- A localização geográfica.
- O período histórico a ser auditado.
- O objeto da auditoria – atividades, produtos e/ou serviços.
- Temas ambientais específicos, como resíduos, efluentes, atendimento a emergências etc.

Definição dos Critérios da Auditoria

Os padrões verificados no objeto da auditoria devem ser claramente definidos, de acordo com o objetivo da auditoria:

- *Auditoria de conformidade legal*: o padrão é a legislação vigente municipal, estadual e federal, incluindo licenças, autorizações e suas condicionantes técnicas.

- *Auditoria de sistemas de gestão*: os padrões podem ser a norma ISO 14001, o Emas, o Código de Atuação Responsável das indústrias ou outros.

- *Auditoria de passivo ambiental*: são definidos os padrões de qualidade ambiental e de saúde pública, aceitando-se aqueles da legislação correspondente ou outros mais restritivos, dependendo da percepção de risco do cliente da auditoria.

- *Auditoria de desempenho ambiental*: são definidos os padrões aceitáveis pelo cliente, por sistemas de comparação de desempenho setoriais ou pelo sistema de gestão da unidade auditada.

Definição dos Recursos Usados na Auditoria

O planejamento dos recursos é importante para que a auditoria não seja interrompida e para que seu custo não ultrapasse o valor que o cliente está disposto a pagar. Os recursos devem incluir:

- Recursos financeiros para pagar as despesas.
- Transporte da equipe auditora para a unidade a ser auditada.
- Equipamentos de segurança para trânsito nas áreas auditadas.
- Material para registro das constatações e elaboração do relatório, seja em papel ou em meio eletrônico.
- Equipamentos de comunicação, quando necessários (radiocomunicadores, telefone, internet, entre outros).
- Recursos humanos, incluindo membros da equipe auditora, sejam eles auditores ou especialistas técnicos, bem como pessoal de apoio (por exemplo: motoristas, tradutores), e as pessoas envolvidas da organização auditada, particularmente cicerones e pessoal operacional necessário para inspeção de certas instalações, tais como redes de esgoto, subestações elétricas etc.

Definição da Equipe de Auditores

Como já foi dito, a qualificação dos auditores ambientais não segue um padrão rigoroso do ponto de vista de formação técnica, como é o caso da auditoria contábil (La Rovere, 2000). Para cada aplicação pode ser definida uma qualificação diferente. Para auditorias relacionadas com passivo ambiental, predomina a necessidade de conhecimentos técnico-científicos relacionados à ciência e à tecnologia ambiental, enquanto para sistemas de gestão há um equilíbrio maior entre as competências técnicas e as relacionadas à gestão.

No caso de auditorias compulsórias, nem todos os regulamentos definem claramente a qualificação necessária para os auditores; em outros casos, elas admitem que a qualificação exigida para as auditorias de certificação de sistemas de gestão ISO 14001 é a ideal, e apenas copiam os critérios básicos. Isso pode levar a resultados frustrantes, uma vez que os objetivos das auditorias compulsórias são diferentes das auditorias de certificação.

A norma NBR ISO 14012, que originalmente estabelecia diretrizes para a qualificação de auditores de sistemas de gestão ambiental, foi substituída em 2002 pela NBR ISO 19011, que estabelecia diretrizes para as auditorias de sistemas de gestão da qualidade e/ou ambiental e posteriormente foi generalizada para todos os sistemas de gestão. A norma trabalha com o conceito de competência do auditor e inclui recomendações como os atributos pessoais e a experiência ou o conhecimento em um ou mais dos seguintes itens: ciência e tecnologia ambiental, aspectos técnicos e ambientais da operação de instalações, leis, regulamentos e documentos relacionados, sistemas e normas de gestão ambiental, e procedimentos, processos e técnicas de auditoria. A norma não estabelece um nível de escolaridade mínima para o auditor, no entanto oferece como exemplo o equivalente ao ensino médio.

Além da formação técnica e da experiência nas atividades e nos processos a serem auditados, é essencial que o auditor tenha características pessoais compatíveis com a atividade de auditoria, como capacidades de organização, de trabalhar sob pressão, de compreensão e respeito à diversidade cultural, capacidade de julgamento, objetividade, imparcialidade, ética e habilidade de relacionamento interpessoal.

Os critérios de qualificação de auditores, em geral, exigem que ele tenha experiência prática, de forma a possibilitar a execução competente de suas atividades e a aplicação das habilidades previstas. Como experiência prática, pode ser estabelecido um número mínimo de dias de auditoria. A norma NBR ISO 19011 é apenas exemplificativa nesse tópico, cabendo a cada organização estabelecer o seu próprio grau exigido de experiência. A exceção se faz nos casos de auditorias compulsórias, reguladas por legislação, e que estabeleçam um número mínimo de dias de experiência.

No caso do auditor-líder, a recomendação é que ele tenha experiência adicional e que realize auditorias como líder sob supervisão e testemunho de outro auditor-líder.

Uma vez que as auditorias ambientais envolvem com frequência informações técnicas bastante específicas, relativas a processos e atividades auditados, por vezes não há na equipe fixa ou permanente da empresa um auditor que possa avaliar tais processos, em especial nos casos de auditorias de segunda ou terceira parte. É necessário então juntar à equipe de auditores um *especialista* como acompanhante. Como regra, o especialista não tem contato direto com o auditado e não se pronuncia, a menos quando solicitado pelo auditor, que é quem deve conduzir os diálogos e as atividades da auditoria.

A equipe pode incluir também auditores em treinamento, trabalhando sob supervisão do líder da equipe, e observadores, que em geral são futuros auditores nos primeiros estágios de treinamento.

Obtenção de Informações Preliminares

A aplicação de um questionário prévio é útil para definir prioridades dentro da execução das atividades práticas da auditoria. O questionário pode abordar, entre outros itens:

- Informações gerais – razão social, endereço, número de funcionários.
- Principais produtos e insumos.
- Planta da unidade.
- Fluxograma básico de processo.
- Inventário de fontes de poluição.
- Licenças ambientais obtidas.
- Registro de acidentes.

Definição do Cronograma da Auditoria e das Atividades dos Auditores

O auditor-líder deve, em conjunto com os outros auditores, dividir as tarefas e montar a programação das atividades no período da realização da auditoria propriamente dita. Esta programação tem de ser a mais detalhada possível, indicando:

- Data e hora das atividades.
- O auditor que conduz cada atividade.
- Áreas ou pessoas da organização auditada envolvidas na atividade.

A programação, apesar de detalhada, poderá posteriormente ser flexibilizada durante a execução das atividades, conforme necessário.

Atividades do Período de Contato entre Auditor e Auditado

No início, esse tópico chamava-se realização da auditoria, mas isso poderia induzir o leitor a relegar a um segundo plano as demais etapas do processo de auditoria, que são igualmente importantes.

De qualquer modo, tratar-se-á agora do período em que os auditores tomam contato com os auditados. Esse contato deve seguir um ritual com as seguintes fases: reunião de abertura, conhecimento geral da unidade, coleta de evidências, reunião da equipe auditora, reunião de encerramento e formalização do relatório.

Reunião de Abertura

É o momento em que se abrem as portas da organização auditada para os auditores. Os auditores se apresentam e o auditor-líder assume a condução do processo.

O principal executivo da organização auditada deve estar presente, como uma forma de demonstrar seu comprometimento e de dar apoio às atividades dos auditores. Devem estar presentes também os principais membros da organização que estarão envolvidos na auditoria, geralmente as chefias médias das áreas de produção, manutenção, compras, projeto, planejamento, jurídica e o responsável corporativo pela gestão ambiental.

Na reunião, novamente é necessário apresentar os dados básicos da auditoria, ou seja, seu objetivo, escopo e critérios. A programação das atividades deve ser confirmada ou ajustada, caso haja imprevistos nas agendas dos membros da organização, ou mesmo dificuldades operacionais.

A reunião não precisa ser longa, em geral, menos de meia hora é suficiente. Devem ser evitadas longas apresentações da empresa, como vídeos corporativos e outros.

Conhecimento Geral da Unidade

O conhecimento geral da unidade pode ser obtido por uma visita inicial às instalações fabris, por exemplo. Esta visita permite aos auditores conhecer, em linhas gerais, as atividades, produtos e serviços da organização. Por ser um pouco menos formal, uma vez que não há um requisito específico para ser observado, essa etapa caracteriza-se também por uma leitura desarmada do processo. Os auditores podem fazer anotações dos itens a serem verificados mais detalhadamente. O conhecimento geral também pode ser obtido por meio de vídeos, de *showrooms* e da apresentação, em uma reunião de trabalho, de plantas, fluxogramas de processo e amostras, dependendo do tipo e tamanho (área) da unidade.

Coleta de Evidências

É a atividade que consome mais tempo na auditoria. Os auditores devem verificar se os auditados estão cumprindo os critérios estabelecidos. Nesse processo, aparecem eventualmente as comprovações de que algum requisito dentro dos critérios de auditoria não está sendo cumprido. O não cumprimento de um requisito especificado é chamado não conformidade.

Não há uma única sequência correta; cada auditor adota seu estilo, e o mesmo auditor pode agir das duas formas numa mesma auditoria. É preciso apenas que o auditor tenha claro para si qual é sua estratégia.

Destacam-se a seguir algumas das técnicas mais comuns: entrevistas, observação, verificação de documentos e dados, verificação de registros ambientais e testes.

Entrevistas

As entrevistas geralmente têm o objetivo de verificar se determinados procedimentos são conhecidos e seguidos, e geralmente começam com uma pergunta aberta. Essa pergunta permite ao auditor um contato inicial menos tenso com o auditado e deve ser utilizada sempre que possível, mesmo que o auditor já tenha informações preliminares. Desse modo, ele pode verificar a consistência da resposta do auditado, comparando-a com outras respostas preliminares, com documentos escritos ou com outros critérios de auditoria. Uma pergunta aberta para um operador de tratamento de efluentes seria, por exemplo: Como funciona o tratamento? ou Como você faz para tratar os efluentes?

A pergunta fechada é mais adequada quando o auditor percebe que o auditado está evitando responder à pergunta, ou quando ele é prolixo demais e começa a prejudicar o tempo previsto. Uma pergunta fechada para um operador de tratamento de efluentes seria, por exemplo: *Qual o critério que você usa para saber se o efluente está bom para ser descartado?*

Outra forma possível é a pergunta direcionada, que tem o objetivo de confirmar uma informação anterior. Na verdade, ela é uma pergunta fechada com resposta "sim" ou "não". Por exemplo: *Havia um tambor desse mesmo tipo de resíduo sendo armazenado quando passamos na outra área de produção, não havia?*

Observação

O auditor precisa usar seus sentidos para coletar informações sobre as práticas operacionais da unidade auditada. Visão, olfato e audição são essenciais para a coleta de informações na unidade auditada para as constatações de auditoria.

Por exemplo:

- Manchas nos pisos podem indicar a existência de vazamentos.
- Presença de poeira sobre móveis e equipamentos pode indicar falhas nos sistemas de controle de poluição do ar.
- Resíduos mal organizados podem indicar risco de acidentes.
- Falta de identificação em materiais pode indicar falta de controle.
- Sinais coloridos de despejo em caixas de inspeção podem representar descarte de resíduos.
- Coletores de lixo com materiais diferentes dos previstos podem representar perdas de reciclagem ou mesmo contaminação prejudicial.
- Certos ruídos podem significar problemas de manutenção, por exemplo vazamentos de ar comprimido, rolamentos excessivamente gastos, entre outros.

Não se deve esquecer que o julgamento sobre a diferença entre inferência e evidência objetiva é fundamental para que a observação se transforme em uma constatação de auditoria.

Verificação de Documentos e Dados

Nas auditorias de sistemas de gestão, é especialmente importante conhecer os procedimentos internos da empresa, tanto para verificar se eles atendem à norma de referência quanto para comprovar se eles estão sendo seguidos na prática.

Além dos procedimentos internos, outros documentos – conhecidos como *dados do sistema* – fornecem informações que orientam suas ações. Por exemplo:

* Licenças ambientais com condicionantes.
* Listas de legislação aplicável.
* Projetos de edifícios e equipamentos.
* Cronogramas.
* Planos de investimento.

Observa-se que tanto os procedimentos internos quanto os dados do sistema são atualizáveis, ou seja, podem ser alterados ao longo do tempo.

Verificação de Registros Ambientais

Registros são documentos de uma classe especial, que representam uma espécie de fotografia de um elemento específico das atividades de uma organização. Sua principal característica é não poder ser alterado nem atualizado.

Por exemplo, se o consumo de madeira em uma fábrica, num determinado mês, foi de 50 m^3, esse dado não muda mais. No mês seguinte esse número pode até ser diferente, mas no mês determinado não pode haver nenhuma mudança.

No caso de um cronograma, enquanto o projeto está em andamento, ele é um *dado*. No momento em que se encerra, ele é um *registro* do andamento.

Eis alguns dos registros ambientais mais comuns:

* Laudos analíticos.
* Notas fiscais de compra de materiais e produtos químicos.
* Notas fiscais e manifestos de carga para envio de resíduos.
* Certificados de destruição de resíduos.
* Certificados de calibração de instrumentos de medição.

- Listas de verificação de atividades diárias de operação.
- Relatórios de manutenção de equipamentos.
- Listas de presença e certificados de treinamentos.
- Relatórios de auditorias.
- Correspondência com órgãos ambientais e com a comunidade.
- Licenças ambientais e projetos passados.

Os registros devem ser legíveis, não conter rasuras e ser facilmente acessíveis. Uma vez solicitados, o auditor deve considerar o tempo que a organização leva para localizar o registro. Numa auditoria de sistema, a dificuldade de localização poderia ser considerada uma não conformidade, dependendo dos procedimentos da empresa. Numa auditoria de conformidade legal, os registros exigidos por lei podem ter o mesmo tratamento.

TIPOS DE DOCUMENTOS – A VISÃO DE SISTEMAS DE GESTÃO

Muitas pessoas têm dificuldades em entender a diferenciação que se faz em auditoria quanto aos diferentes tipos de documentos. Essa diferenciação decorre das normas de sistemas de gestão, e destacamos a seguir alguns conceitos essenciais:

- *Documento*: qualquer informação colocada em um meio de suporte específico, como papel, plástico ou meio eletrônico (ou mesmo em pedra!).
- *Procedimento documentado*: documento que descreve a forma de fazer uma tarefa ou processo específico, indicando as responsabilidades, passos a serem seguidos e critérios, tais como frequência e parâmetros operacionais, entre outros. Pode ser atualizado quando necessário.
- *Dados*: são documentos que mostram informações que são úteis ou devem ser usadas por quem realiza os processos ou tarefas. Exemplos típicos incluem a política ambiental da organização, o organograma da organização, as informações sobre os objetivos e metas ambientais atuais da organização, as descrições de cargo dos funcionários, listas de fornecedores aprovados, listas de produtos químicos aprovados para uso interno, listas de contato, cronograma de reuniões, entre outros. Podem ser atualizados conforme necessário.

- *Registro:* registro é um tipo especial de documento, que tem como objetivo demonstrar o resultado de determinadas atividades, ou demonstrar que as atividades foram realizadas. Uma de suas características essenciais é que não são atualizáveis, ou seja, uma vez emitidos corretamente, não podem ser modificados. Alguns exemplos são: laudos técnicos, laudos analíticos, atas de reunião, listas de verificação preenchidas, certificados de treinamento, listas de presença, manifestos de transporte de resíduos, notas fiscais, entre outros.

É importante notar que licenças e autorizações de órgãos públicos são documentos externos. Muitas empresas os consideram "registros" porque demonstram que o órgão público autorizou as atividades da organização. No entanto, muitos desses documentos incluem condicionantes, que são informações necessárias para a operação do sistema, inclusive prazo de validade, e por isso recomendamos classificá-los como "dados".

Testes

Certos testes simples ou simulações podem ser realizados durante a auditoria. Por exemplo, o auditor pode testar um telefone de emergência ou o acesso ao telefone celular de uma pessoa-chave num plano de emergência, telefonando para o número apontado. Ou pode pedir para que o operador de tratamento de efluentes faça a medição do pH, a fim de verificar se está dentro dos limites e a fim de verificar se o operador é competente para realizá-la. No entanto, o nível de incômodo e os objetivos da auditoria devem ser levados em conta. Por exemplo, o acionamento de um alarme de emergência para simples teste a pedido do auditor pode provocar paradas de produção, talvez seja melhor simplesmente verificar os registros dos testes realizados pela empresa e inspecionar o equipamento.

Também podem ser efetuados testes físicos e análise de padrões de emissão, apesar de não serem usuais. No entanto, a realização dessa atividade deve ficar clara no escopo da auditoria, e o prazo para as análises também deve ser previsto.

Trilhas de Auditoria

É importante que o auditor tenha planejado, ou que seja capaz de desenvolver ao longo da auditoria, o que se chamam trilhas de auditoria. As trilhas de auditoria são informações encadeadas logicamente e que servem para confirmar que as coisas funcionam. Quando há alguma informação conflitante na trilha, provavelmente algo não vai bem. A Figura 29.2 mostra um exemplo esquemático de possíveis trilhas de auditoria a partir de um requisito legal. A título de exemplo, parte-se do licenciamento ambiental. E consta uma condicionante sobre o tratamento de efluentes, pode-se escolher como trilha iniciar por uma visita à unidade de tratamento, fazendo uma entrevista com o operador a respeito da política ambiental da empresa, quais são os aspectos ambientais envolvidos, os controles desses aspectos e as responsabilidades do próprio operador, incluindo as frequências de atividades e outros parâmetros operacionais, como pH, temperaturas, tempos de reação, entre outros, incluindo a verificação cruzada do discurso do operador com os procedimentos documentados e com os registros de operação. Tais registros podem incluir, por exemplo, verificações da qualidade dos efluentes, que podem ser internas ou realizadas por laboratórios externos.

Outros assuntos que podem interessar, particularmente em se tratando de auditoria de sistema de gestão, são a manutenção preventiva de equipamentos-chave, o treinamento do operador e o uso de produtos químicos.

Figura 29.2 – Exemplo de possíveis trilhas de auditoria a partir de um requisito legal.

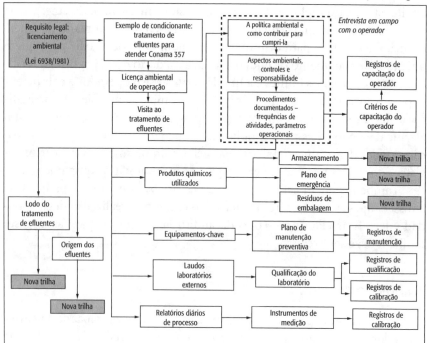

Esses assuntos, associados a outras interfaces, como o sistema de drenagem de esgotos desde as operações produtivas e/ou instalações sanitárias até o tratamento, bem como o gerenciamento do lodo da estação, geram novas trilhas para serem seguidas. Muitas vezes é nas interfaces das trilhas de auditoria que são localizadas não conformidades, por causa de informações que não são consistentes quando se faz uma verificação cruzada ou encadeada.

Em razão de limitações de tempo ou mesmo aos objetivos específicos da auditoria, nem sempre o auditor conseguirá seguir todas as trilhas na mesma auditoria. Por isso, convém que ele selecione as trilhas prioritárias e siga por elas até o fim, ao invés de deixar trilhas soltas.

Quanto à sequência estratégica, existem basicamente duas linhas de raciocínio, ambas igualmente viáveis e complementares:

- Ler os procedimentos ou a legislação aplicável, verificar seu cumprimento por meio de entrevistas e consulta a dados e registros nas áreas de operação da organização, como áreas de produção, cultivo ou lavra, áreas de depósito de resíduos e tratamento de emissões e efluentes, oficinas de manutenção etc.

- Realizar as entrevistas e verificação de registros e dados nos locais, como áreas de produção, depósitos de resíduos e unidades de tratamento, oficinas de manutenção, anotando todas as observações, os resultados de entrevistas e os documentos verificados, para depois buscar a consistência do que foi observado como os procedimentos e/ou a legislação para constatar o cumprimento.

Tirando Conclusões: as Constatações de Auditoria

O auditor deve ter a capacidade de julgamento para diferenciar as inferências das constatações objetivas.

Inferências são raciocínios dedutivos imperfeitos que, apesar de possíveis, não são necessariamente corretos. As inferências devem ser utilizadas pelo auditor como pistas para buscar não conformidades, mas nunca devem ser empregadas como base para declaração de não conformidades.

As não conformidades devem, preferencialmente, ser confirmadas no momento em que são constatadas, pois é nessa hora que o auditor tem condições de mostrar ao auditado as evidências objetivas sem deixar dúvidas futuras. Quando o auditor não aponta a não conformidade no exato momento em que é identificada, a possibilidade de que ocorram discussões posteriores aumenta.

Reunião da Equipe Auditora

Quando há mais de um auditor trabalhando, é importante que no fim de cada dia, ou ao final do período de coleta de evidências, haja um tempo reservado para que eles conversem entre si.

Esse é o momento de as observações serem agrupadas. É também o momento de os auditores trocarem informações. É possível, por exemplo, que um auditor tenha coletado uma evidência importante a respeito de um item que seria verificado por outro auditor. Além disso, a equipe deve entrar em consenso quanto às não conformidades encontradas.

Reunião de Encerramento

Na reunião de encerramento são apresentados os resultados da auditoria. As não conformidades, as conformidades, as observações e demais conclusões pertinentes da auditoria são comunicadas aos auditados.

Caso os auditados não concordem com alguma das conclusões, o assunto deve ser discutido, embora, a princípio, essa reunião não deva ser longa.

Formalização do Relatório

O relatório de auditoria é o documento que registra o resultado do trabalho. Ele pode ser formalizado na própria reunião de encerramento ou entregue posteriormente.

É com base no relatório de auditoria que o cliente vai tomar suas decisões, por isso as informações contidas no documento devem ser claras, concisas e objetivas, sem dar margem a dupla interpretação, e no caso de dúvida dos auditores, isso deve ficar claro. Essas informações também não devem conter discussões teóricas a respeito dos argumentos utilizados.

É necessário que também se levem em conta no relatório os objetivos da auditoria e a quem os resultados serão comunicados.

Não há uma regra sobre o formato de um relatório de auditoria, no entanto, alguns itens básicos devem ser contemplados:

- Identificação da unidade auditada e do cliente da auditoria (que nem sempre é a própria unidade).
- Objetivos.
- Escopo, inclusive período histórico da organização coberto pela auditoria.

- Critérios de auditoria.
- Data de condução da auditoria.
- Identificação dos membros da equipe de auditores e do auditor-líder.
- Identificação dos membros da unidade auditada com maior participação na auditoria.
- Resumo do processo da auditoria, detalhando atividades e eventuais dificuldades encontradas (mau tempo, ausência de pessoas-chave etc.).
- Constatações da auditoria.
- Conclusões da auditoria.
- Declaração de confidencialidade.
- Lista de distribuição do relatório.

Convém que o relatório de auditoria inclua entre as constatações não somente as não conformidades, mas também as conformidades e eventualmente comentários sobre os aspectos positivos encontrados. Em certas organizações as não conformidades têm um peso muito grande, causando tensões e passando uma imagem de "desabono" aos envolvidos. Destacar pontos positivos ajuda a balancear o clima da auditoria. Isso vale tanto para auditorias internas quanto externas.

Ao escrever o relatório, é importante que o auditor utilize uma redação clara e concisa, não deixando dúvidas. É importante também manter-se fiel ao escopo, aos critérios de auditoria e à sua capacidade de julgamento.

As *conformidades* são relatadas, geralmente, em parágrafos simples, descrevendo de maneira geral o que foi observado, eventualmente destacando os principais documentos ou instalações vistoriadas.

As *não conformidades* são as situações em que é constatado o não cumprimento de um requisito especificado, e são relatadas de uma maneira estruturada, geralmente indicando:

- *Requisito violado:* é a indicação do elemento específico do critério de auditoria que deixou de ser atendido, por exemplo, um requisito legal tipicamente no nível do artigo de uma lei, decreto, portaria ou resolução; ou a cláusula específica da norma de sistema de gestão.
- *Não conformidade:* descrição da exigência que deixou de ser cumprida, tipicamente por meio de uma frase de sentido negativo utilizando o mesmo verbo incluído no requisito violado.

- *Evidência objetiva:* descreve-se o elemento factual que justifica a violação, ou seja, o que o auditor viu, ou o que foi declarado pelo auditado, ou o que deixou de ser demonstrado, e que tem uma conexão lógica com o requisito violado e justifica a violação.

Existe um mito de que a não conformidade não pode existir se o auditado não concordar com ela. Isso não é correto. O essencial é que o auditado concorde com a evidência objetiva, caso contrário, estará colocando o auditor na posição de mentiroso. No entanto, pode haver discordância em relação ao julgamento quanto à existência da violação do requisito, mas isso cabe ao auditor e é de sua competência.

A oportunidade de melhoria é um comentário que surge de uma situação de conformidade, mas que esconde uma não conformidade potencial para maior segurança ambiental, produtividade ou outras melhorias gerenciais. O Quadro 29.1 mostra dois exemplos desse tipo.

Quadro 29.1 – Exemplos de redação de oportunidades de melhoria.

> **Exemplo 1:** O auditor observou que, apesar de a situação estar em conformidade com os critérios de auditoria, há uma oportunidade de melhoria em relação ao sistema de gestão, ao desempenho ambiental ou às tecnologias aplicadas, e por isso ele recomenda ações preventivas.
> **Oportunidade de melhoria:** Na área de águas de resfriamento, há um sistema de segurança instalado por causa da possibilidade de vazamentos e acidentes com contaminação das águas por metais pesados. A organização poderia considerar a utilização de materiais menos perigosos ofertados pelo mercado de aditivos ou mesmo processos que dispensem seu uso.
> **Exemplo 2:** O auditor observou um problema que está fora do escopo da auditoria. No exemplo abaixo, o auditor relata um problema de segurança.
> **Oportunidade de melhoria:** Na área de injeção de plásticos, foi observado que as instalações elétricas ao lado da escada caracol estão soltas, causando risco para as pessoas que trabalham e circulam na área.

PRÁTICA DE AUDITORIA DE CONFORMIDADE LEGAL

Numa auditoria de conformidade legal, os critérios de auditoria são os requisitos da legislação vigente. Portanto, além das etapas normais do planejamento da auditoria, uma etapa importante é a definição prévia dos diplomas legais aplicáveis à organização auditada.

Para que essa etapa seja cumprida, deve-se dispor anteriormente de dados sobre a unidade auditada: localização, principais processos, matérias-primas, materiais auxiliares, produtos e serviços. Com esses dados, é possível montar uma lista dos requisitos legais a serem atendidos pela organização auditada. Devem-se levar em conta a localização dentro das unidades político-administrativas do país, a localização dentro ou próxima de ecossistemas frágeis ou sujeitos a normas específicas, os tipos de processos e atividades realizadas.

A elaboração de protocolos e listas de verificação pode ser bastante útil, em especial quando o auditor não está totalmente familiarizado com os requisitos, quando tem pouca experiência, quando o número de requisitos a ser auditado é muito grande, ou ainda quando a atividade e os processos da organização auditada são complexos, exigindo maior cuidado na inter-relação entre as etapas.

A título de exemplo, os protocolos propostos pela Usepa para a auditoria ambiental de conformidade seguem, em linhas gerais, a seguinte estrutura:

- Aplicabilidade.
- Legislação federal.
- Legislação estadual e local.
- Requisitos-chave de conformidade.
- Definições e termos-chave.
- Registros típicos a revisar.
- Instalações físicas típicas para inspecionar.
- Índice para usuários da lista de verificação.
- Lista de abreviações e siglas.
- Lista de verificação.

As primeiras evidências coletadas geralmente são as licenças ambientais da organização. Essas licenças podem conter exigências dos órgãos ambientais, como critérios técnicos ou limites específicos, que geram novos requisitos a serem auditados. Geralmente, os cadastros obrigatórios em órgãos ambientais também são considerados licenças ambientais nesse contexto.

Uma providência importante é examinar uma planta da fábrica ou empreendimento auditado, na qual possam ser identificadas as áreas licenciadas, para facilitar a compreensão da relação das licenças existentes. É imprescindível verificar detalhes das licenças: área do empreendimento, edificações e equipamentos licenciados e prazos de validade das licenças.

As licenças mais usuais são:

- Licença prévia, de instalação e de funcionamento (Lei Federal n. 6.938/81).
- Alvará de localização, em geral da prefeitura (leis de zoneamento e planos diretores).
- Cadastro técnico federal de fontes potencialmente poluidoras e/ou utilizadoras de recursos naturais (Lei Federal n. 6.938/81 e Instrução Normativa Ibama, 10/2001).
- Aprovação do Corpo de Bombeiros.
- Autorizações para desmatamento ou corte de árvores.
- Autorizações de caça e pesca.
- Autorizações de lavra.
- Certificados de aprovação de destinação de resíduos industriais (São Paulo).
- Aprovação de transporte de resíduos.
- Outorga de uso de poços e outras fontes próprias de água.
- Cadastro no Ibama de empresas que manipulam substâncias prejudiciais à camada de ozônio.
- Licença de funcionamento para uso de produtos químicos controlados pelas polícias Federal e Estadual e pelo Exército.
- Cadastro, na Agência Nacional do Petróleo, de empresas que retiram e processam óleos lubrificantes.

Os dois últimos itens não são propriamente ambientais; no entanto, à medida que a responsabilidade social se incorpora às questões ambientais, é comum que tais itens sejam incluídos no escopo da auditoria ambiental.

São evidências relativas ao cumprimento de limites de emissão os registros das medições realizadas, como laudos de laboratórios independentes ou da própria organização, livros de registro de operação, formulários e listas de verificação preenchidas, entre outros.

Eventualmente, as auditorias de conformidade legal podem incluir a coleta direta de amostras para análise posterior, embora essa não seja uma regra. Quando esse procedimento for utilizado, deve estar clara no escopo da auditoria a previsão dessa atividade, para que os recursos operacionais e humanos, além dos custos, também sejam previstos.

AUDITORIAS AMBIENTAIS DE SISTEMAS DE GESTÃO

Um sistema de gestão ambiental é a parte do sistema de gestão de uma organização que se dedica a cuidar da relação da organização com o meio ambiente, controlando e minimizando seus impactos ambientais. Um sistema de gestão ambiental tem elementos como:

- Recursos materiais: equipamentos, instalações etc.
- Recursos humanos: pessoal operacional, pessoal gerencial, pessoal subcontratado.
- Recursos tecnológicos: conhecimentos para usar adequadamente os equipamentos e prover treinamento e competência ao pessoal que trabalha na organização, traduzidos ou não em procedimentos e instruções para operação dos equipamentos e instalações.
- Documentação: informação organizada para uso no sistema de gestão, incluindo políticas, procedimentos, objetivos, metas, planos de trabalho, definição de responsabilidades, registros das atividades realizadas, entre outros.
- Recursos financeiros: para viabilizar a disponibilização e utilização adequada dos demais recursos.

Os sistemas de gestão podem ser mais ou menos formais, e seguir ou não padrões internacionais. Muitas corporações multinacionais montam seus próprios modelos.

As auditorias ambientais de sistemas de gestão geralmente têm seus objetivos associados a uma percepção de redução de riscos ambientais ao longo do tempo. Por isso, essas auditorias são bastante usadas como critérios para a qualificação de fornecedores, para o estabelecimento de prêmios de seguro e para produzir declarações ao mercado.

Auditorias de Sistemas de Gestão

A maioria dos sistemas de gestão ambiental preconizados por normas internacionais e por critérios corporativos inclui o comprometimento com o cumprimento da legislação ambiental. Na prática, isso implica a obrigatoriedade de a organização ter:

- Uma forma de identificar a legislação pertinente a suas atividades, produtos e serviços.
- Uma forma de verificar se os requisitos da legislação estão sendo cumpridos.
- Ações definidas para garantir a continuidade dos itens que estão sendo cumpridos.
- Ações definidas para corrigir eventuais desvios.

As não conformidades anotadas nas auditorias de sistemas de gestão podem ser:

- Contra os requisitos da norma em que o sistema se baseia.
- Contra os procedimentos estabelecidos.
- Contra a legislação ambiental, quando a auditoria de conformidade legal está incluída na auditoria de sistemas.

Para melhor ilustrar essas questões, é analisado a seguir, a título de exemplo, o papel da conformidade legal nos sistemas de gestão ambiental ISO 14001.

O sistema de Gestão Ambiental ISO 14001

Não seria possível abordar todos os detalhes da norma ISO 14001, mas é importante pelo menos apresentar alguns de seus fundamentos e os principais elementos dos requisitos que a norma estabelece para um sistema de gestão ambiental.

A norma ISO 14001 é uma norma internacional, de aplicação voluntária, elaborada pela International Organization for Standardization (Organização Internacional para Normatização), organismo não governamental sediado em Genebra (Suíça), formado e suportado por órgãos normativos dos diversos países. O representante brasileiro na ISO é a Associação Brasileira de Normas Técnicas (ABNT), e é também quem publica a norma no Brasil sob a codificação NBR ABNT 14001 – Sistemas da gestão ambiental – Requisitos com orientações para uso.

A norma ISO 14001 foi a primeira de uma série de normas elaboradas pela ISO sobre o assunto gestão ambiental, em 1996. Posteriormente, foi revisada em 2004 para melhor esclarecimento e redação de alguns elementos, sem que sua estrutura básica fosse modificada.

A norma propõe um modelo de gestão que pretende ser ambientalmente responsável; comprometido com o cumprimento da legislação, com a melhoria contínua e com a prevenção da poluição; baseado no ciclo de melhoria contínua PDCA (Planejar, Desenvolver, Checar e Agir)[3], e adequado a certificação por terceira parte. Os requisitos do sistema de gestão estão descritos na seção 4 da referida norma.

Figura 29.3 – Diagrama esquemático do ciclo de melhoria contínua do sistema de gestão ambiental, de acordo com a sessão 4 da norma ISO 14001:2004.

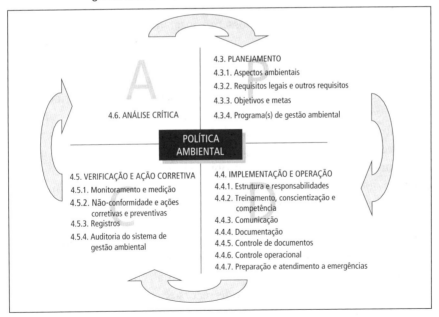

---

[3] Originalmente, em inglês: *Plan, Do, Check, Act.*

São algumas características importantes:

O *motor* do sistema é a política ambiental, que é uma declaração da empresa a respeito de suas diretrizes de gestão ambiental. A norma exige que a política inclua o compromisso com o cumprimento dos requisitos legais aplicáveis.

O sistema é baseado no ciclo de melhoria contínua PDCA, sigla das iniciais em inglês dos verbos planejar (*Plan*), executar (*Do*), verificar (*Check*) e agir corretivamente (*Act*). Por um lado, isso se traduz na necessidade de haver objetivos e metas para melhorias. Por outro, as ações preventivas e corretivas devem ser planejadas e realizadas em função das deficiências encontradas no sistema. As auditorias fazem parte do conjunto de instrumentos de melhoria previstos pela norma.

O sistema é documentado, ou seja, deve haver certa burocracia interna que garanta a existência de certas normas e procedimentos, constantemente atualizados, e tudo tem de ser registrado. Sem os procedimentos e registros, não seria possível auditar o sistema para comprovar sua conformidade com a norma.

A organização deve selecionar entre os aspectos ambientais da empresa – elementos das atividades, produtos ou serviços que interajam com o meio ambiente – aqueles que possam causar impacto significativo sobre ele. As ações de gerenciamento são necessárias somente para os aspectos ambientais considerados significativos.

A norma admite que, no mundo real, nenhuma organização é perfeita o tempo todo, portanto, em alguns momentos, ou por alguns períodos, pode ocorrer de ela operar em desacordo com as regras da própria norma ou em relação a requisitos legais e demais requisitos subscritos. Assim, a norma estabelece que, nesses casos, a organização deve mitigar eventuais impactos ambientais, analisar as causas dos problemas ocorridos e agir corretivamente para evitar sua repetição. Isso é coerente com o pensamento de melhoria contínua, e é uma das características mais interessantes do modelo.

Além da norma ISO 14001, existe ainda a norma ISO 14004, que oferece sugestões para a implantação do sistema. Essas sugestões não são obrigatórias, mas várias delas são fortemente recomendadas pelos auditores.

Não há requisitos de desempenho ambiental, como limites de emissão específicos, quantidades máximas de recursos naturais utilizados ou exigência de reciclagem de materiais. Esses limites devem constar na legislação ambiental, quando houver, em outros requisitos voluntariamente subscritos pela organização ou em suas próprias metas. Essa característica é exatamente um dos pontos básicos para que a norma seja aplicável de maneira universal, mas é também um dos pontos mais criticados, porque, dessa forma, o cumprimento da norma não garante a conformidade legal nem a excelência no desempenho ambiental.

Entre os benefícios e vantagens previstos no sistema de gestão ambiental, de acordo com o proposto pela ISO 14001, estão: a diminuição da exposição à sanções legais, a melhoria da imagem junto ao público, a redução de desperdícios, a melhoria do desempenho ambiental, a redução de custos e as possíveis consequências de incidentes e acidentes quanto à responsabilidade civil. Os benefícios alcançados variam de acordo com os riscos particulares de suas atividades, seu estágio de desenvolvimento tecnológico, sua cultura ambiental, o mercado em que a empresa se insere, seu porte e diversos outros fatores. Nem sempre é possível atingir todos os benefícios propostos.

Auditoria de Requisitos do Sistema de Gestão Relacionados à Legislação

Ao contrário do que muitas pessoas pensam, o fato de uma organização implantar um sistema de gestão ISO 14001 não significa que ela está o tempo todo em total conformidade legal. Obviamente, é expectativa das partes interessadas e da sociedade como um todo que a organização esteja operando todo o tempo em conformidade com a legislação, no entanto, na vida real podem acontecer deslizes e em algumas situações, ou durante um determinado período, a organização operar em desacordo com um ou mais requisitos legais ambientais. Do ponto de vista do sistema de gestão, eventuais não conformidades em relação a requisitos legais devem ser tratados dentro da sistemática de ação corretiva e preventiva.

Assim, embora uma auditoria de sistema de gestão tipicamente envolva também a verificação do cumprimento de requisitos legais, ela é diferente de uma auditoria de conformidade legal.

Nos sistemas de gestão ambiental ISO 14001, o cumprimento da legislação é um compromisso assumido na política ambiental, conforme estabelecido no requisito 4.2 – Política ambiental da norma:

> A alta administração deve definir a política ambiental da organização e assegurar que [...] inclua um comprometimento em atender aos requisitos legais aplicáveis e outros requisitos subscritos pela organização que se relacionem a seus aspectos ambientais [...] (ABNT, 2004)

Como todo sistema de gestão ambiental ISO 14001 é montado para garantir o cumprimento da política ambiental, a verificação do cumprimento dessa política torna obrigatória uma verificação da conformidade legal. Isso significa que o não cumprimento de um requisito legal qualquer implica uma não conformidade contra a política ambiental da organização, conforme exemplificado no Quadro 29.2.

Quadro 29.2 – Exemplo de redação de não conformidade legal com a política ambiental.

Não conformidade n. xyz
Requisito legal violado: Resolução Conama – art. 20.
Não conformidade: limites de emissão para efluentes líquidos excedidos.
Evidência objetiva: laudo de análise n. 107/2001 do laboratório da empresa, emitido em 24/08/01, indica concentração de chumbo 15,2 mg/L.
Uma forma alternativa, bastante usada, com redação mais fluente:
"Foi evidenciado por meio do Laudo de Análise n. 107/01, emitido pelo laboratório da empresa em 24/08/2001, que está sendo lançado efluente com concentração de chumbo de 15,2 mg/L, a qual é superior ao limite estabelecido pela Resolução Conama 20/1986, que é de 0,5 mg/L para tal concentração."

Mais adiante, a norma estabelece em seu item 4.3.2 que a organização deve:

> Estabelecer, implementar e manter procedimentos para: a) identificar e ter acesso a requisitos legais aplicáveis e a outros requisitos subscritos pela organização, relacionados a seus aspectos ambientais. (ABNT, 2004, p. 5)

A expressão "outros requisitos subscritos" se refere, por exemplo, a requisitos corporativos de grandes organizações em relação a suas filiais, ou a acordos voluntários realizados com a comunidade, ou requisitos contratuais assumidos com clientes.

Do ponto de vista da legislação, o auditor do sistema deve verificar:

• Se a organização tem um procedimento formalizado para cumprimento desse requisito. O auditado deve apresentar uma via atualizada do procedimento, e deve ser verificado se o que está estabelecido no procedimento está adequado aos requisitos da norma. Entre algumas das formas comuns de cumprir esse procedimento estão: a contratação de empresas especializadas que forneçam um banco de dados e a atualização periódica da legislação; a consulta aos órgãos públicos e a seus sites na internet; a participação em associações ou grupos de empresas que forneçam essa atualização, entre outros.

- Se a organização, ao cumprir o procedimento, identifica e mantém cópias atualizadas da legislação aplicável, em papel ou em meio eletrônico, de acordo com o procedimento que ela mesma estabeleceu. Geralmente, as organizações criam listas ou pastas contendo cópias dos documentos, em papel ou em sistemas informatizados.

- Se falta, nos requisitos legais reconhecidos pela organização, algum diploma legal aplicável. Nesse caso, o auditor pode, no planejamento da auditoria, elaborar uma possível lista de leis, decretos, portarias, resoluções e outros que sejam aplicáveis à organização auditada e verificar se ela identificou e providenciou o acesso. A lista pode incluir diplomas recentes, para testar o sistema de atualização, e não precisa necessariamente ser completa, uma vez que a auditoria é um processo de amostragem.

- Se há alguma legislação não aplicável classificada como requisito legal, uma vez que isso representa falha na interpretação dos textos. Nesse caso, a menos que haja falhas graves, são apontadas, em geral, apenas observações a fim de evitar a penalização de sistemas que tendem a ser mais rigorosos.

- Se as pessoas que executam o procedimento têm formação ou estão treinadas para o manejo e a compreensão dos requisitos legais.

Caso a organização tenha identificado e formalizado em seu sistema de gestão uma não conformidade legal, o auditor de sistema não precisa apontar a não conformidade. No entanto, ele deve observar se o cumprimento dessa legislação faz parte dos objetivos e metas do sistema de gestão ambiental. A norma determina que os objetivos e metas ambientais devem ser coerentes com o cumprimento dos requisitos legais (ABNT, 2004).

O Quadro 29.3 mostra alguns exemplos de situações e os exemplos de redação das não conformidades.

978 | CURSO DE GESTÃO AMBIENTAL

Quadro 29.3 – Exemplos de redação de constatações de auditoria relacionadas à legislação ambiental.

Exemplo 1 (auditoria de conformidade legal)
Redação em estilo de formulário *Requisito legal violado:* Resolução Conama 357 artigo 34 *Não conformidade:* nem sempre os efluentes são lançados respeitando os limites dos parâmetros de emissão. *Evidência objetiva:* laudo de análise 107/2010 emitido pelo laboratório Precisex em 24/08/2010 indica concentração de chumbo 15,2 mg/l, quando o permitido é 0,5 mg/l. **Redação alternativa (corrida)** Foi evidenciado por meio do laudo de análise 107/2010 emitido pelo laboratório Precisex em 24/08/2010 que foi lançado efluente com concentração de chumbo 15,2 mg/l, a qual é superior ao limite estabelecido pela resolução Conama 357/2005 e suas alterações , que é de 0,5 mg/l para o chumbo.
Exemplo 2 (auditoria de sistema de gestão)
Redação em estilo de formulário *Item violado:* requisito 4.3.2 da norma NBR ISO 14001 *Não conformidade:* nem sempre a organização identifica a legislação aplicável aos seus aspectos ambientais *Evidência objetiva:* não consta no sistema de gestão, a identificação da resolução Conama 267/2001, aplicável aos equipamentos que utilizam substâncias citadas pelos anexos A e B do protocolo de Montreal. A empresa possui dois bebedouros (cozinha e manutenção) e um "chiller" que usam o gás R12, incluído em tal resolução. **Redação alternativa (corrida)** Foi evidenciado que não está identificada no sistema de gestão, como requisito legal, a resolução Conama 267/2001, conforme exige o requisito 4.3.2 da norma NBR ISO 14001, uma vez que a empresa utiliza bebedouros (cozinha e manutenção) e um "chiller" que utilizam o gás R12, incluído em tal resolução.

(continua)

Quadro 29.3 – Exemplos de redação de constatações de auditoria relacionadas à legislação ambiental. *(continuação)*

Exemplo 3 (auditoria de sistema de gestão)
Redação em estilo de formulário *Item violado:* requisito 4.5.1 da norma NBR ISO 14001 *Não conformidade:* nem sempre a organização monitora seus aspectos ambientais significativos em bases regulares. *Evidência objetiva:* o procedimento PSGA 4.5.1 prevê que o efluente seja monitorado mensalmente. No entanto, não ouve evidência da realização do monitoramento nos meses de agosto e outubro de 2011. **Redação alternativa (corrida)** Foi evidenciado que nem sempre a organização monitora o efluente mensalmente, conforme previsto no procedimento PSGA 4.5.1, pois não estavam disponíveis evidências do monitoramento dos meses de agosto e outubro de 2011.
Exemplo 4 (auditoria de sistema de gestão)
Oportunidade de melhoria: na área de águas de resfriamento, há um dique de contenção instalado por causa da possibilidade de vazamentos e acidentes com contaminação das águas por metais pesados. A organização poderia considerar a utilização de materiais menos perigosos ofertados pelo mercado de aditivos, ou mesmo processos que dispensem o seu uso.

Processo de Certificação de Sistemas de Gestão Ambiental

A certificação de sistemas de gestão ambiental baseados na norma ISO 14001 é regida por um conjunto de regras definidas internacionalmente por organismos não governamentais que se estruturam para criar e dar suporte à implantação de certificações de sistemas de gestão ambiental, sistemas de gestão da qualidade, entre outros. A certificação é efetuada por organismos certificadores ditos "de terceira parte", ou seja, órgãos avaliadores independentes, os quais podem ser instituições sem fins lucrativos ou empresas. A credibilidade das certificações é reforçada pela supervisão exercida, sobre os organismos certificadores, por organismos ditos "acreditadores", que podem ser organizações governamentais ou não governamentais, de atuação em âmbito nacional em cada país. No Brasil, quem exerce esse papel é o Instituto Nacional de Metrologia, Qualidade e Tecnologia (Inmetro). No entanto, uma vez que a acreditação junto ao Inmetro não é uma obrigação legal, muitos organismos certificadores atuam sob acreditação de organizações estrangeiras (ver Figura 29.4).

Figura 29.4 – Relacionamento entre organismos acreditadores, organismos certificadores e organizações certificadas ISO 14001.

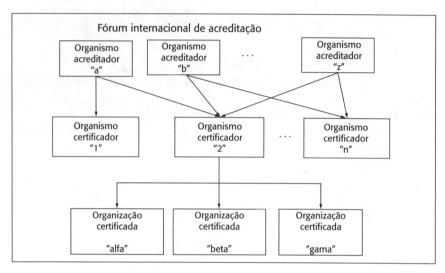

O processo de certificação é baseado em uma relação contratual entre o organismo certificador e a organização certificada. Tal processo envolve a realização de diversas auditorias, culminando com a emissão inicial do certificado, geralmente válido por três anos. Nesse período, são realizadas auditorias recorrentes, tipicamente semestrais ou anuais, dependendo do porte e da complexidade ambiental da organização.

É importante ressaltar que a ISO não é um organismo certificador. No entanto, publica guias, diretrizes e normas relacionadas à avaliação de conformidade. Entre as mais importantes está a norma ISO/IEC 17021:2011, editada no Brasil como a norma ABNT NBR ISO/IEC 17021:2011 (Avaliação de conformidade - requisitos para organismos que fornecem auditoria e certificação de sistemas de gestão).

Os ciclos de certificação são tipicamente de três anos, definidos em contrato, e geralmente ocorrem de acordo com as seguintes etapas:

• Contrato: o organismo certificador elabora, com base em informações fornecidas pela organização candidata a certificação, um orçamento para prestação de serviços de certificação durante três anos. Havendo aceite da organização, o serviço começa.

• Exame de documentos (também conhecido como *desk audit*): diversos organismos certificadores solicitam o envio antecipado de documentos, permitindo a equipe de auditoria otimizar o trabalho nos estágios seguintes. Visa avaliar a adequação do sistema à norma de referência.

- Auditoria inicial – estágio 1: visa avaliar a prontidão do sistema de gestão para uma auditoria completa. Tem a duração típica de um a dois dias, mas pode ser maior dependendo da complexidade ambiental e do tamanho da organização. Alguns elementos básicos são verificados, como a política ambiental, o levantamento dos aspectos e impactos ambientais, elementos essenciais da conformidade legal, objetivos e metas e a realização de um ciclo PDCA completo, com pelo menos uma auditoria interna e uma análise pela direção. Dúvidas relativas à documentação são esclarecidas neste estágio. Se a equipe de auditoria encontrar não conformidades, ações corretivas devem ser iniciadas.

- Auditoria inicial – estágio 2: é uma auditoria completa do sistema de gestão, a fim de avaliar a implantação e a eficácia do sistema de gestão. As não conformidades encontradas no estágio 1 devem ter sido resolvidas. Caso sejam encontradas não conformidades novas nesse estágio, o organismo certificador deve se assegurar de que foram adequadamente tratadas antes de emitir o certificado.

- Auditorias de manutenção – após a certificação, são conduzidas auditorias parciais do sistema em bases semestrais ou anuais para acompanhar a implementação e eficácia do sistema. A eficácia das ações corretivas de auditorias anteriores é verificada, e se houver novas não conformidades elas devem ser adequadamente tratadas antes que o organismo certificador possa tomar a decisão de manter o certificado.

- Auditoria de recertificação – antes do vencimento do certificado deve ser feita uma nova auditoria completa, a fim de revalidar o certificado por mais um ciclo.

Os critérios para tratamento de não conformidades geralmente são os seguintes:

- *Não conformidades "maiores":* são não conformidades que, no julgamento da equipe auditora, ameaçam a eficácia global do sistema. Podem se apresentar como a falta de implantação ou eficácia completa de um requisito da norma, ou um conjunto de pequenas não conformidades que, somadas, demonstram uma quebra do sistema. Deve ser apresentado um plano de ação incluindo ação de contenção ou mitigação, análise de causas e ações corretivas para eliminar a reocorrência da não conformidade. As ações devem estar implantadas e verificadas pelo organismo certificador em até 90 dias da data da auditoria.

- *Não conformidades "menores"*: são não conformidades pontuais, que no julgamento da equipe auditora não ameaçam a eficácia global do sistema, mas que, de qualquer forma, precisam ser corrigidas. Geralmente, os organismos certificadores aceitam que seja apresentado um plano de ação incluindo os mesmos critérios das não conformidades maiores, exceto pelo fato de que não precisam estar totalmente implantadas em 90 dias, podendo ser verificadas na próxima auditoria.

No caso de não cumprimento de condições contratuais, tais como não permitir a realização de auditorias dentro dos prazos, ou de não implantação das ações para eliminar não conformidades, podem ser aplicadas penalidades, por exemplo suspensão do certificado, exigência de audiência administrativa, notificação pública ou até mesmo o cancelamento do certificado.

Existem também regras estabelecidas para condições especiais, tais como certificação de várias unidades operacionais sob um único certificado, transferência de certificados entre organismos certificadores, entre outras. Tais regras são convencionadas em documentos emitidos pelo Fórum Internacional de Acreditação (IAF), do qual participam os organismos acreditadores dos países que participam de um acordo multilateral de reconhecimento.

PRÁTICA DE AUDITORIA DE DESEMPENHO AMBIENTAL

Em geral, a auditoria de desempenho ambiental tem o objetivo de confirmar resultados ambientais passados ou presentes, sejam eles passivos ou oportunidades de negócio.

Em particular, a auditoria de passivo ambiental pode ser baseada nas avaliações de locais e de empresas. Nesse sentido, a ISO lançou recentemente a norma ISO 14015 – Avaliação Ambiental de Locais e Organizações –, que fornece uma estrutura útil para o trabalho, apesar de ser mais abrangente e de não tratar apenas de auditorias, mas de outros tipos de avaliação.

Essa norma não estabelece padrões de desempenho quantitativos, podendo ser aplicada, de maneira flexível, a uma ampla gama de situações e clientes. Outra característica importante é que ela se baseia no fato de que o cliente lidera o processo, determinando objetivos, escopo e critérios a serem aplicados pelos auditores. Por fim, essa norma também não inclui a medição de desempenho como investigação intrusiva, ou seja, com análise física e coleta de amostras.

A norma sugere uma estrutura básica para a auditoria:

- Planejamento da avaliação.
- Obtenção de informações e validação.
- Avaliação das informações.
- Relatório dos resultados.

Planejamento

O planejamento da avaliação segue as questões gerais de planejamento de auditoria, com destaque para a definição do escopo, tanto na questão das mídias ambientais auditadas quanto na da inclusão ou não de oportunidades e consequências para o negócio. No caso da existência de passivos ambientais, a avaliação das consequências aproxima-se da perícia e da valoração dos danos.

Obtenção de Informações e Validação

A obtenção de informações pode ser feita por meio de observações, entrevistas e análise de documentos, do mesmo modo que as auditorias em geral.

Possíveis documentos a serem revisados são: mapas, registros históricos, registros hidrogeológicos, registros de monitoramento, registros de acidentes, licenças, relatórios de auditoria, reclamações etc.

As fontes de informação podem ser internas, inclusive os serviços de saúde e segurança e seus dados estatísticos, ou fontes externas, como agências governamentais, arquivos públicos e serviços de emergência. O uso de documentos de outras fontes que não a própria organização auditada é uma característica particular da avaliação de passivos e organizações, uma vez que, nas auditorias de sistemas de gestão e de conformidade legal, as informações são obtidas exclusivamente na organização auditada. O uso de informações de saúde e segurança, mesmo sem que haja um sistema de gestão integrado, é característico desse tipo de auditoria. No entanto, o exame dos documentos deve ser feito com cautela, para que o acesso aos prontuários não cause problemas de ordem ética.

Outra fonte de informações é a observação das atividades e instalações físicas, o que pode incluir atividades como o gerenciamento de resíduos e de efluentes, a estocagem de materiais e as condições físicas de equipamentos, como tanques de estocagem, tratamento de efluentes e outros.

Valem aqui as mesmas recomendações quanto à capacidade de observação do auditor, conforme discutido anteriormente.

As entrevistas podem ser realizadas com funcionários atuais, principalmente funcionários antigos das áreas de produção e manutenção, com ex-funcionários, como fontes externas, e com a própria comunidade.

No fim do processo, o que se obtém são informações sobre os aspectos ambientais dos locais ou da organização. Essas informações devem ser validadas antes de qualquer análise posterior.

A norma ISO 14015 não inclui ações intrusivas, como medição direta e coleta de amostras; no entanto, esse procedimento pode ser adequado ou necessário, dependendo dos objetivos e do escopo da auditoria e da percepção de risco do cliente.

Nesse caso, podem ser necessárias investigações no solo, na água do subsolo, em cursos d'água próximos e no ar, a fim de prever possíveis impactos sobre o ambiente e sobre a saúde das populações próximas.

Avaliação e Relatório

A avaliação das informações disponíveis deve ser feita em duas etapas: a definição de questões (problemas ou oportunidades) e a previsão de suas consequências – esta não precisa ser necessariamente realizada pelo auditor (Figura 29.5).

Figura 29.5 – Avaliação das informações.

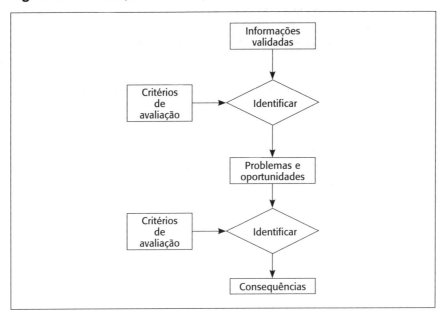

Fonte: Adaptado de Hortensius (2003).

A definição de questões é feita pela comparação das informações sobre os aspectos ambientais com os critérios de avaliação. As questões são definidas como os aspectos que podem gerar multas, os custos com indenizações ou os efeitos na imagem da empresa, porque os critérios não são atendidos. O Quadro 29.4 mostra como seria caracterizada uma questão ambiental, no caso, contra um critério de desempenho e boas práticas, e não contra legislação ou sistema de gestão ambiental.

CURSO DE GESTÃO AMBIENTAL

Quadro 29.4 – Exemplo de caracterização de questão ambiental contra critério de desempenho e boas práticas.

QUESTÃO: resíduos perigosos – baterias elétricas contendo chumbo.

Redação em estilo formulário
Critério não atendido: reciclagem como boa prática, evitando sua disposição sobre o solo. Informação validada: no período de 1993 a 1997, as baterias foram destinadas ao aterro industrial classe I, autorizado pelo órgão ambiental.

Redação corrida alternativa (corrida)
Foi evidenciado que, no período de 1993 a 1997, as baterias foram destinadas ao aterro industrial classe I autorizado pelo órgão ambiental, contrariando o critério estabelecido de boa prática para o manejo do resíduo, segundo o qual a reciclagem deveria ser praticada.

Nesse caso, o critério de auditoria de desempenho e boas práticas é mais restritivo que a própria legislação, que permite a disposição dos resíduos no aterro industrial classe I (isto é, aterro específico para resíduos perigosos). A percepção de risco do cliente é que, mesmo em um aterro classe I, o resíduo pode trazer problemas a longo prazo.

Certas questões também podem indicar oportunidades de negócio, em razão de excelente desempenho ambiental, disponibilidade de matéria-prima secundária, ou outros casos. No entanto, pouca atenção tem sido dispensada a esse tipo de questão, uma vez que os problemas e o passivo ambiental são o foco dessas auditorias.

As questões demandam soluções, como a mitigação de impactos reais ou ações corretivas. As soluções necessárias, geralmente definidas em uma concepção mais ampla e não tecnicamente detalhada, são a base para a avaliação das consequências para o negócio, como custos e influência na imagem da empresa.

A avaliação de consequências pode envolver técnicas de análise de riscos quantitativas, mas frequentemente inclui avaliações subjetivas, que influenciam sobremaneira a magnitude prevista para as consequências.

OUTROS TIPOS DE AUDITORIAS AMBIENTAIS

Auditorias de Sistemas de Gestão Integradas com Outros Sistemas

Muitas organizações com sistemas de gestão certificados têm optado por integrar seus sistemas de gestão, ou seja, ter um sistema de gestão único que trata dos vários assuntos, tais como qualidade, gestão ambiental, segurança e saúde do trabalho, segurança alimentar, entre outros. O grau de integração dos sistemas pode variar de uma integração mínima de documentação até uma integração estratégica, em que os assuntos interagem e as decisões tomadas efetivamente são conjuntas.

Tais sistemas, quando certificados, podem ser auditados também de maneira integrada, desde que as auditorias sejam realizadas por auditores qualificados nos vários assuntos. As principais vantagens desses procedimentos residem no potencial de redução da carga horária de auditoria e na redução do esforço global da organização para as auditorias em razão da concentração de esforços em termos de calendário. No entanto, a questão da multiqualificação dos auditores pode ser um complicador, porque quase sempre os auditores têm níveis de competência diferentes nas diferentes áreas, por exemplo, podem ser mais experientes e qualificados para qualidade do que para meio ambiente, ou mais qualificados para meio ambiente do que para saúde e segurança. Esse gerenciamento é complexo e precisa ser realizado de maneira adequada pelos organismos certificadores.

Uma alternativa é a realização de auditorias ditas "coordenadas", que são auditorias simultâneas, realizadas por auditores qualificados em normas específicas, na mesma base de agenda e geralmente compartilhando reuniões de abertura e encerramento, mas de tal forma que são mantidas atividades e responsabilidades separadas para os auditores de cada assunto específico.

Auditorias de Inventários de Gases de Efeito Estufa e de Projetos para Redução de Emissões

Os inventários de emissões de gases de efeito estufa têm sido utilizados por diversas organizações para fins de comunicação com o público em geral e com as partes interessadas a respeito de sua responsabilidade ambiental, bem como para planejar ações para redução de suas emissões.

As auditorias de inventários de gases de efeito estufa têm um caráter bastante contábil, indo buscar suas bases e conceitos mais no âmbito da contabilidade financeira do que nas auditorias de sistemas de gestão.

A maioria dos protocolos para realização de auditorias relacionadas à verificação de inventários de emissões e de projetos para redução de emissões de gases efeito estufa tem se baseado nas normas ISO 14064 (partes 1, 2 e 3), ISO 14065 e ISO 14066.

A verificação desses inventários envolve auditorias a fim de avaliar se a declaração a respeito das emissões está correta.

Algumas características diferenciam tais auditorias das auditorias de conformidade legal ou de sistemas de gestão, por exemplo:

- Um sistema mais formal de definição de amostragem baseado em riscos, com uma preparação mais intensa nesse sentido.
- Etapa de exame de documentos mais extensa e detalhada.
- Uso do conceito de "materialidade" para avaliar a existência de não conformidades, sendo estabelecidas margens de erro para os cálculos. Quando as margens de erro são excedidas diz-se que os erros são "materiais", e portanto a declaração de emissões de gases de efeito estufa não pode ser confirmada.
- Um caráter técnico mais forte, sendo que a competência dos auditores no ramo específico das atividades auditadas é mais exigida que no caso de sistemas de gestão.

Auditorias de Certificação de Produtos

Em certos mercados, é importante que determinados produtos tenham uma certificação ambiental a fim de que sejam aceitos ou que tenham uma diferenciação que justifique um preço superior ao dos concorrentes, por exemplo:

- Certificações de produtos de base florestal, como as certificações promovidas pelo Conselho de Manejo Florestal (FSC – Forest Stewardship Council) e pela Iniciativa de Silvicultura Sustentável (SFI – Sustainable Forestry Initiative).

- Certificações de produtos orgânicos, baseadas em diversos critérios.
- Certificações de ausência de substâncias químicas regulamentadas, tais como aquelas listadas na diretiva europeia 2002/95/EC sobre a restrição ao uso de certos elementos e substâncias perigosas em equipamentos eletroeletrônicos (CE, 2010).
- Selos verdes indicando produtos ecologicamente melhores que seus concorrentes ou desempenho acima de determinados parâmetros.

Tais certificações envolvem diversas etapas, muitas vezes incluindo amostragem de produtos e envio a laboratórios a fim de determinar sua composição química para avaliar a ausência de substâncias prejudiciais ou a presença de materiais reutilizados ou reciclados.

As auditorias são, nesses casos, apenas uma das etapas do processo e não necessariamente o "coração" da certificação. Os critérios de auditoria geralmente incluem, nesses casos:

- Aspectos de sistemas de gestão determinados nos protocolos e normas que são a base da certificação; note-se que nesse caso nem sempre são os mesmos da norma ISO 14001.
- Os processos produtivos que foram declarados pela organização candidata à certificação de seu produto e registrados pelos organismos certificadores, muitas vezes com base em uma análise de ciclo de vida dos produtos.
- A cadeia de custódia de materiais e matérias-primas, a fim de confirmar sua origem e seu destino.
- O uso da logomarca da certificação do produto.
- Em alguns casos, pode incluir também a amostragem de produtos para envio a laboratórios.

CONSIDERAÇÕES FINAIS

As auditorias ambientais tendem a ser cada vez mais compreendidas e aplicadas. Num ambiente econômico extremamente competitivo internacionalmente, no qual as sociedades se mostram cada vez mais conscientes e exigentes quanto à preocupação com o meio ambiente nas atividades econômicas, as auditorias são um instrumento adequado para gerar informações relativas à gestão e à comunicação ambiental.

Certas aplicações das auditorias ambientais, tais como os inventários de emissões de gases de efeito estufa, as certificações de redução de emissões e as certificações de produto, deverão se desenvolver e ter o uso ampliado na medida em que a sociedade demande cada vez mais informações ambientais de produtos, que decisões sejam tomadas, e que as atividades econômicas, com o tempo, incorporem a variável ambiental em seu planejamento e em sua medição de desempenho.

Sua eficácia depende da adequada capacitação dos auditores, e nesse sentido, as próprias organizações deveriam se esforçar para se fortalecer no atendimento da necessidade de auditorias internas e para realizar exigências quanto a seus parceiros econômicos.

Por outro lado, sua aplicação como instrumento de gestão em políticas públicas, principalmente no licenciamento, no controle ambiental e na priorização de incentivos econômicos, ainda depende de uma mudança de postura dos governos e dos órgãos ambientais, que pouco têm se preparado para a aplicação desse instrumento no Brasil.

REFERÊNCIAS

[ABNT] ASSOCIAÇÃO BRASILEIRA DE NORMAS TÉCNICAS. *NBR ISO 14001 – Sistemas de gestão ambiental – diretrizes para uso e especificações.* Rio de Janeiro: ABNT, 2004.

_____. *NBR ISO 19011 – Diretrizes para auditoria de sistemas de gestão.* Rio de Janeiro: ABNT, 2012.

_____. *NBR ISO/IEC 17021 – Avaliação de conformidade – Requisitos para organismos que fornecem auditoria e certificação de sistemas de gestão.* Rio de Janeiro: ABNT, 2011.

[CE] COMUNIDADE EUROPEIA. *Regulamento (CE) n. 1221/2009 do Parlamento Europeu e do Conselho de 25 de Novembro de 2009, relativo à participação voluntária de organizações num sistema comunitário de ecogestão e auditoria (EMAS).* Disponível em: http://eur-lex.europa.eu/LexUriServ/LexUriServ.do?uri=OJ:L:2009:342:00 01:01:PT:HTML. Acessado em: 23 set. 2011.

_____. *Directive 2002/95/EC of the European Parliament and of the Council of 27 January 2003 on the restriction of the use of certain hazardous substances in electrical and electronic equipment.* [consolidado com as emendas até 25/09/2010]. Disponível em: http://eur-lex.europa.eu/LexUriServ/LexUriServ.do?uri=CONSLEG:2002 L0095:20100925:EN:PDF. Acessado em: 22 set. 2011.

[CONAMA] CONSELHO NACIONAL DO MEIO AMBIENTE. *Resolução n. 306/2002*. Disponível em: http://www.mma.gov.br/port/conama/res/res02/res30602. html. Acessado em: 22 set. 2011.

[DEAT] DEPARTMENT OF ENVIRONMENTAL AFFAIRS AND TOURISM. (2004) Environmental auditing, integrated environmental management, information series 14. Disponível em: http://www.environment.gov.za/Services/documents/Publications/series_14.pdf . Acessado em: 22 set. 2011.

ELKINGTON, J. *Canibais com garfo e faca*. São Paulo: Makron, 2000.

HEDSTROM, G.S. Environmental, health and safety auditing comes of age. In: HARRISON, L. *Environmental, health and safety auditing handbook*. Nova York: McGraw-Hill, 1994.

HORTENSIUS, D. Environment: assessment of sites and organizations. *ISO Bull 2000*. Disponível em: ftp://ftp.inem.org/pub/hortensius_easo.pdf. Acessado em: 26 abr. 2003.

[ICC] INTERNATIONAL CHAMBER OF COMMERCE. *An ICC guide to effective environmental auditing*. Paris: ICC Publishing, 1991.

KENNEDY, R.D. Have a laptop, will travel. In: HARRISON, L. *Environmental, health and safety auditing handbook*. Nova York: McGraw-Hill, 1994.

LA ROVERE, E.B. (coord). *Manual de auditoria ambiental*. Rio de Janeiro: Qualitymark, 2000.

RIO DE JANEIRO. *Decreto Estadual n. 21.470/95*. Disponível em: http://www.lei. adv.br. Acessado em: 15 out. 2000.

_____. *Lei Estadual do Rio n. 1898/91*. Disponível em: http://alerjln1.alerj.rj.gov. br/contlei.nsf/b24a2da5a077847c032564f4005d4bf2/37d62eca5455abbe03256521 007accda?OpenDocument. Acessado em: 22 set. 2011.

SALES, R. *Auditoria ambiental: aspectos jurídicos*. São Paulo: LTr, 2001.

[SMA] SECRETARIA DE ESTADO DO MEIO AMBIENTE. *ISO 14001*. São Paulo: SMA, 1997. (Entendendo o meio ambiente).

[USEPA] UNITED ENVIRONMENTAL PROTECTION AGENCY. *Policies and guidance. Audit policy*. Washington: EPA, s.d. Disponível em: http://cfpub.epa. gov/ compliance/resources/policies/incentives/auditing. Acessado em: 13 fev. 2004.

Bibliografia Consultada

[ABNT] ASSOCIAÇÃO BRASILEIRA DE NORMAS TÉCNICAS. *NBR ISO 14004 – Sistemas de gestão ambiental: diretrizes gerais sobre princípios, sistemas e técnicas de apoio*. Rio de Janeiro: ABNT, 1997a.

992 | CURSO DE GESTÃO AMBIENTAL

_____. *NBR ISO 14011 – Diretrizes para auditoria ambiental: procedimentos de auditorias, auditorias de sistemas de gestão ambiental.* Rio de Janeiro: ABNT, 1997b.

_____. *NBR ISO 14012 – Diretrizes para auditoria ambiental: critérios para qualificação de auditores ambientais.* Rio de Janeiro: ABNT, 1997c.

ALMEIDA, J.R.; MELLO, C.S.; CAVALCANTI, Y. *Gestão ambiental: planejamento, avaliação, implantação, operação e verificação.* Rio de Janeiro: Thex, 2000.

BEELER, D.L. Auditoria interna: as grandes mentiras. *Controle de qualidade.* v.12, n.11, 1999; p.8-12.

BELLO, L. Os conflitos entre auditor e auditado. *Controle de qualidade.* v.12, n.11, 1999; p.38-40.

[UE] UNIÃO EUROPEIA. *Regulamento do Conselho 761/01.* Disponível em: http://europa.eu.int/index_pt.htm. Acessado em: 18 jul. 2001.

[Usepa] UNITED STATES ENVIRONMENTAL PROTECTION AGENCY. *Strategies and policies: Cross program/multimedia.* Washington: EPA, 2000. Disponível em: http://es.epa.gov/oeca/main/strategy/crossp.html. Acessado em: 7 set. 2001.

Gestão de Áreas Urbanas Deterioradas | 30

Heliana Comin Vargas

Arquiteta e urbanista, Faculdade de Arquitetura e Urbanismo – USP

O processo de gestão urbana compreende o planejamento dos procedimentos a serem adotados, sua implementação e acompanhamento para reorientar as ações em busca da conquista dos objetivos previamente definidos. Assim, todo projeto de intervenção urbana de iniciativa do poder público deve ter como finalidade a promoção do desenvolvimento urbano em busca de uma melhor qualidade de vida.

O processo de intervenção urbana, no entanto, deveria estar lastreado na elaboração de um plano de ação definido a partir de diretrizes estabelecidas no processo de planejamento urbano, expresso claramente em seus Planos Diretores Municipais e devidamente detalhado nos projetos e programas setoriais ou nas legislações urbanísticas deles decorrentes.

Essas intervenções urbanas podem, por sua vez, ser de duas ordens: diretas e indiretas.

As intervenções diretas são basicamente representadas pelas legislações urbanísticas, que definem o que é permitido ou não acontecer na cidade em termos, por exemplo, de uso e ocupação do solo. Têm alto poder de restrição e baixo poder de indução.

As intervenções indiretas referem-se, principalmente, à realização de obras urbanas, podendo significar a ampliação de serviços urbanos (transporte, iluminação, telefonia) ou de infraestrutura (saneamento básico, sistema viário), a construção de equipamentos sociais (escolas, centros de saúde, centros culturais) ou de moradias de interesse social, entre outros.

CURSO DE GESTÃO AMBIENTAL

Esse tipo de intervenção apresenta, efetivamente, um forte poder indutor da urbanização e do desenvolvimento urbano, nascendo daí seu caráter de intervenção indireta.

No caso específico deste capítulo, o interesse centra-se basicamente nas intervenções direcionadas para recuperação de áreas urbanas deterioradas.

Assim, serão necessários, inicialmente, alguns ajustes de conceitos sobre deterioração e recuperação. Em seguida, um breve histórico sobre a evolução do planejamento e gestão urbana que reforce a importância de uma nova metodologia que inclua elementos primordiais do planejamento estratégico e dos instrumentos de gestão dele decorrentes.

Finalmente, o capítulo promove e delineia um exercício sobre como preparar um projeto de intervenção urbana identificando problemas reais, definindo os objetivos possíveis, mostrando os caminhos para a real implementação (diagnóstico dialogado, identificação dos participantes) e parâmetros para avaliação dos resultados e correção do rumo.

DETERIORAÇÃO E RECUPERAÇÃO: REVISANDO CONCEITOS

O Conceito de Deterioração

Segundo Bittar (1997), as normas legais mais elucidativas e abrangentes expressam o conceito de degradação (deterioração) da qualidade ambiental, tal como: "Alteração adversa das características do meio ambiente" (Art. 3º, II da Lei Federal n. 6.938/81).

No campo do urbanismo e do conhecimento voltado à qualidade ambiental urbana, com forte interação das relações socioeconômicas, o conceito de deterioração está frequentemente associado à perda ou mudança na função urbana.

As causas apontadas como agentes desse processo de deterioração urbana compreendem:

*   Mudanças no contexto socioeconômico e na dinâmica urbana, que tornam o uso de determinada área desinteressante tanto do ponto de vista econômico quanto do ponto de vista social.

*   Concorrência de locais mais atraentes por causa da ação do capital imobiliário, da transferência inadvertida de atividades.

- Inadequação da estrutura física às novas demandas (inércia do espaço construído).

Um novo quadro de demandas sociais ou econômicas pode, então, provocar alteração do uso e ocupação do solo de forma inadequada, esvaziamento de atividades e abandono das edificações. Essa situação de abandono e desinteresse leva, entre outros resultados, a uma depreciação do capital imobilizado no local ou no entorno imediato, promovendo o surgimento de atividades marginais (informais, ilegais, imorais) de toda ordem, num processo de crescimento autorreforçador. Assim, no processo de gestão urbana, aparece uma pressão imediata pela recuperação dessas áreas para adaptá-las ao novo momento.

O Conceito de Recuperação

Segundo Bittar (1997), a legislação federal brasileira menciona que o objetivo da recuperação é: "O retorno do sítio degredado a uma forma de utilização, de acordo com um plano preestabelecido para uso do solo, visando à obtenção de uma estabilidade do meio ambiente" (Decreto Federal n. 97.632/89).

Para o caso urbano, vários conceitos e termos têm sido utilizados para definir uma intervenção a ser implementada numa área degradada ou deteriorada. O Quadro 30.1 apresenta os mais significativos.

Quadro 30.1 – Conceitos de recuperação[1].

Restauração	Recriar o anteriormente existente, restabelecendo as condições prévias do ambiente natural ou construído, das edificações, dos usos e das atividades. (Muito usado para as questões de patrimônio histórico e ambiental.)
Reabilitação	Recuperar para tornar possível um uso qualquer.
Renovação	Criar algo novo. Implica, muitas vezes, em intervenções que destroem parte do tecido urbano existente para permitir o surgimento de outros. (Obras de infraestrutura, novos equipamentos, novos investimentos de capital.)

(continua)

---

[1] Para aprofundar esses conceitos, ver Vargas e Castilho (2006).

Quadro 30.1 – Conceitos de recuperação. (*continuação*).

Revitalização	Promover a vitalidade outra vez. Dar vida. Considerar o antigo e promover um novo uso. Enfatiza uma única atividade e a restauração de fachadas independentemente das idiossincrasias locais. Muito usado com finalidade turística.
Requalificação	Imprimir qualidade para um novo momento, de forma que atraia atividades. Implica realizar intervenções físicas e de usos, considerar o mercado e absorver as mudanças.

O termo requalificação tem sido apresentado como o mais adequado, na medida em que qualifica o espaço construído para um uso definido num novo contexto socioeconômico.

PLANEJAMENTO E GESTÃO: UM POUCO DE HISTÓRIA

Planejar é preparar para a ação, o que supõe o pensar antes de agir. A gestão, por sua vez, deve incluir o planejamento e a implementação das ações propostas e seu monitoramento, de modo que atinja os objetivos definidos previamente. No caso específico das áreas urbanas, o grande instrumento urbanístico resultante desse processo esteve marcado pela elaboração de planos diretores. Tendo um caráter predominantemente indicativo e técnico, as ações propostas deixaram muito a desejar em termos de eficácia de implantação.

O histórico da elaboração de planos diretores municipais no Brasil, revistos à luz do histórico do cenário internacional, permite avaliar e compreender o processo de planejamento urbano, cujas críticas conduzem à revisão do próprio processo e à adoção de novas formas de gestão.

Considerando então que os planos diretores contêm as políticas e ações a serem implementadas, visando a atingir os objetivos da população local que se traduzem em melhores condições de vida, duas questões surgem rapidamente. Objetivos de quem? Definidos por quem?

Respostas a essas duas questões são claramente identificadas na leitura do histórico da elaboração de planos diretores municipais, que no Brasil apontam dois momentos de princípios distintos, mas de eficácia semelhante, não muito diferentes do ocorrido na Europa Ocidental e nos Estados Unidos, mas fortemente deslocados no tempo.

No Brasil, o primeiro momento encerra-se com a Constituição Federal de 1988, que marca uma mudança na sua condição política e econômica; essa mudança colaborou para a adoção de novas práticas de planejamento e gestão urbana que já vêm sendo incorporadas internacionalmente, mas cujos frutos ainda não foram colhidos.

Os Planos Diretores Anteriores a 1988

No cenário internacional, logo após o fim da Segunda Guerra Mundial, os governos foram fortemente reforçados com fronteiras bem definidas das economias nacionais. Essa situação levou à possibilidade de implementação de políticas econômicas e estruturas institucionais nacionais.

Havia a expectativa, na maioria das cidades europeias, com relação à condução pelo governo do processo social. Havia um consenso de que o poder público era capaz de exercer sua influência, a partir dos próprios investimentos, em áreas como habitação, transportes e atividades sociais.

Na verdade, a Segunda Guerra Mundial criara na Europa a necessidade de reconstrução, capaz de ser realizada apenas pela intervenção estatal.

O processo de desenvolvimento urbano e seus desdobramentos eram então controlados por um crescente sistema de planejamento, leis e regulamentações iniciados na maior parte dos países no fim da década de 1940 e 1950, mas elaborados e refinados durante os anos 1960 e 1970 (Ashworth e Voogd, 1990).

O sistema foi operacionalizado por um aumento da burocracia institucional igualmente rápido.

Os planejadores estavam direcionados para o desenvolvimento de longo prazo por meio dos planos diretores consubstanciados em planos impressos, de viés fortemente técnico e orientado para o projeto.

No caso do Brasil, essa situação foi ainda mantida por mais tempo, por causa da instauração do regime militar a partir de 1964.

Assim, o planejamento econômico, sob o qual se submeteria o planejamento urbano, fora fortemente centralizado e comandado pelo governo federal, expresso nos diversos planos nacionais de desenvolvimento gerados no período.

Nos anos 1970, foram criados pelo governo federal mecanismos de financiamento para uma série de serviços e obras públicas (como o Banco Nacional da Habitação – BNH) que deveriam estar expressos nos planos diretores municipais. Essa medida, de uma certa maneira, direcionava os objetivos então definidos visando, primordialmente, ao acesso aos recursos.

O processo de elaboração desses planos incluía a realização de um diagnóstico, o estabelecimento de alternativas de desenvolvimento urbano (sendo que uma delas era a de que não havia nada a ser feito), elaboração de instrumentos normativos, programas e projetos setoriais e quantificação dos recursos necessários.

Na sua maioria, todo esse processo era desenvolvido por equipe de técnicos muitas vezes sem nenhum vínculo com as localidades objetos de estudo, isto é, pouco conhecedor das especificidades e sem a preocupação com a composição do poder local.

Fruto de um período autoritário, no qual o Estado era o grande agente do bem-estar social, tendo como exemplo a experiência norte-americana de origem keynesiana (Keynes, 1983), os planos realizados eram instrumentos da racionalidade que substituíam a decisão política.

Outros profissionais que atuaram no período, quando participam de seminários (FAU-USP, 1989) que discutem a eficiência e eficácia de planos diretores, são quase unânimes em apontar o caráter tecnocrático, autoritário e pouco democrático dos planos realizados.

Assim, quem estabelecia objetivos, metas, prioridades, entre outros alvos a serem atingidos eram os técnicos planejadores que detinham o *savoir faire*, lastreados em previsões econômicas e demográficas de médio e longo prazo, que na sua maioria nunca se realizaram.

Resumidamente, as críticas sobre os planos realizados, e logicamente sobre o processo de planejamento, incluem:

- Elaborar planos de caráter técnico e não político.
- Predizer e não prever o futuro.
- Determinar aquilo que quer ser e não o que pode ser.
- Dizer o que fazer sem dizer como fazer.
- Informar quanto recurso seria necessário sem dizer onde e como consegui-lo.

O último aspecto destaca a situação do poder público local enquanto agente do bem-estar social, paternalista, despreocupado com a geração de emprego e renda, adotando um posicionamento de gerenciador de recursos com extrema valorização do plano que deveria seguir.

No que se refere ao rebatimento territorial desse processo de planejamento, a adoção de soluções técnicas e não políticas viria a imprimir soluções urbanas de modelo único, como soluções universais que respondessem às questões do urbanismo moderno, de trabalhar, habitar, circular e recrear, expressas na carta de Atenas, assinada no Congresso Internacional de Arquitetura Moderna (Ciam), em 1933. Esse pensamento levou também ao zoneamento monofuncional, cujas dificuldades de acompanhar a dinâmica urbana são evidentes.

Outros aspectos claramente existentes no período, frutos da ideologia dominante no conceito de urbanismo moderno, no qual o espaço poderia interferir nas mudanças comportamentais, em busca de um novo social, de ideal coletivo, de homem tipo e de padronização, fruto também do próprio processo produtivo de economia de escala, levaram à segregação espacial, por usos e por classes sociais e padrões urbanos, baseados no determinismo do desenho e do traçado da cidade, descolado da política e da realidade da dinâmica econômica.

A falência desse modelo, resultado da falência do próprio Estado como agente do bem-estar social, que acontece de início internacionalmente, e, no caso do Brasil, coincide com o começo de um outro momento político, significou um ponto de inflexão no processo de elaboração de planos diretores como instrumento de controle do desenvolvimento urbano.

Os Planos Diretores Posteriores a 1988

A crescente insatisfação observada nos anos 1970, com relação aos problemas urbanos, foi decorrência da incapacidade do sistema em responder adequadamente às demandas de habitação e transporte, serviços públicos e qualidade ambiental com as quais se comprometera.

Nos países da Europa Ocidental, a descrença no sistema de planejamento urbano viu-se reforçada pela crise do fim dos anos 1970 e 1980, em parte ocasionada pelas restrições orçamentárias dos governos nacionais, tendo um forte impacto sobre os gastos municipais e suas possibilidades de investimentos (Ashworth e Voogd, 1990).

No cenário internacional, o novo momento que se apresentou na década de 1980 levou os planejadores na escala local a procurar uma nova abordagem sobre o processo de planejamento, mais orientada para o mercado e fortemente reivindicada pelos partidos de direita, que assumiram o poder em muitos países no fim da década de 1970.

Esse mesmo cenário, posterior a 1970, mostrava também um quadro diferente das relações da economia mundial exigindo a reforma e o fortalecimento de instituições internacionais (G7/G8, OMC, Banco Mundial, entre outros), bem como a formação de blocos econômicos de comércio em decorrência da grande competição comercial acirrada pela recuperação da capacidade produtiva do Japão pós-guerra e da Europa (Agnew et al., 1999).

O aparecimento dessas instituições supranacionais diminuía a soberania do Estado, levando a uma nova reestruturação territorial.

Essa internacionalização da economia, conhecida como globalização, induziu ao aparecimento da necessidade de novas formas de gestão urbana, derivativas da ausência de macropolíticas e do desmantelamento das políticas regionais, levando muitas vezes ao desenvolvimento fragmentado, ligado diretamente ao capital internacional.

Pouco a pouco, a ausência de macropolíticas que orientassem e promovessem o desenvolvimento local passou a exigir que o município assumisse o papel de agente do desenvolvimento.

Nesse momento de desregulamentação do Estado, o regionalismo, antes político-administrativo, vai passar a emergir a partir do poder local como forma de articulação do poder global.

Por outro lado, os avanços tecnológicos de transporte e comunicação, as mudanças na forma de produção e o processo de terceirização, permitindo que muitas atividades se tornassem *foot-loose* – termo usado para expressar a independência das empresas com relação à sua localização para a otimização de seus negócios –, conduziram ao aparecimento de novos atributos locacionais (Healey e Ilbery, 1990).

Por muitas razões que não cabe aqui discutir, as sociedades urbanas ficaram mais diversificadas, individualistas, conscientes do momento de globalização e orientadas para estilos de vida baseados no modismo e no consumismo (Ashworth e Voogd, 1990).

Outra dificuldade que se acrescenta ao processo de planejamento tradicional de caráter indicativo são as crescentes incertezas decorrentes do processo de internacionalização da economia e da globalização, em que influências externas e fatores exógenos têm efeitos com os quais se deve estar preparado para trabalhar.

Em termos internacionais, as críticas ao processo de planejamento, até então vigente, tiveram três grandes desdobramentos: direcionaram o planejamento para o atendimento das necessidades dos usuários e tomadores de decisão, o que conduziu a um grande debate sobre o papel do planejamento público nas sociedades democráticas, introduziram novos instrumentos, métodos e técnicas e passaram a considerar o planejamento como uma tarefa administrativa (Ashworth e Voogd, 1990).

O interesse corrente em um planejamento mais orientado para o mercado sugere, de algum modo, um retorno aos planos tradicionais de 1950 e 1960, usando também promessas por meio de mapas coloridos como maneira de convencer o leitor. Contrasta, no entanto, com o planejamento tradicional, porque o planejamento de mercado não objetiva, especificamente, a implementação do plano em si, mas, principalmente, o estímulo ao envolvimento de grupos sociais específicos no processo (Ashworth e Voogd, 1990).

No caso do Brasil, alguns desses efeitos podem ser visualizados, ainda que timidamente, na década de 1990.

A Constituição Federal de 1988 torna obrigatória a elaboração de planos diretores no seu Art. 132º para municípios com mais de 20 mil habitantes.

Os contornos dos planos, então definidos, deveriam incluir a ordenação do desenvolvimento pleno das funções sociais das cidades como *locus* da produção e consumo coletivos, assim como definir a função social da propriedade.

O diagnóstico acordado, participativo e interativo, passou a ser uma premissa para sua aprovação no Legislativo diante do novo discurso democrático, buscando elencar prioridades de modo a transformar o plano de uma condição técnica para uma condição política. O que, na prática, ficava muito distante do pretendido.

No entanto, embora seja cedo para avaliar, os avanços esperados estão muito longe de ser observados. Muitos planos continuaram a ser elaborados da mesma forma que os anteriores, de modo que surgiu também uma indústria de planos diretores, os quais eram rapidamente reproduzidos pela tecnologia da informática, reforçando o modelo único. A elaboração com participação da comunidade também pode ser altamente questionável. Por exemplo, a experiência na elaboração do Plano Diretor de Cubatão, em 1992/1994, permitiu constatar, claramente, a dificuldade de envolvimento real da população, cuja participação por intermédio de seus representantes mostrou-se limitada e ineficaz, colocando em dúvida a legitimidade das representações (Fupam, 1994). A inexistência de recursos financeiros impedia o cumprimento de prioridades mínimas. A falta de equipes técnicas locais e o devido envolvimento da população, que conduziam ao baixo nível de comprometimento, foram outros obstáculos que dificultaram não apenas a aprovação de planos, mas também sua implementação.

Recentemente, o poder público, em muitos países, tem demonstrado uma mudança de atitude com relação ao papel do planejamento urbano. Em países como Inglaterra, França e Holanda, em termos de políticas urbanas, o papel crescente do setor privado conduz à redução do controle do governo e do seu suporte financeiro aos projetos urbanos (Ashworth e Voogd, 1990).

Mesmo em países com história de planejamento diferente daquela dos Estados Unidos, onde sempre houve um planejamento mais descentralizado e liberal, começam a surgir novas possibilidades no planejamento urbano orientado para o mercado. Nesse ponto, é necessário reconhecer que muitas atividades urbanas, como habitação, emprego e recreação, sempre operaram dentro do mercado de modo explícito ou não (Ashworth e Voogd, 1990).

Por outro lado, o planejamento de mercado direciona algumas ideias para o planejamento orientado para a ação, o que implica, seguramente, uma mudança no modo de pensar. O planejamento para o mercado não apenas envolve o desenvolvimento e implementação de estratégias organizacionais e espaço-funcionais como também, estratégias promocionais. De qualquer modo, segundo Ashworth e Voogd (1990), essa nova visão não rompe completamente com o passado.

No entanto, a adoção de um planejamento orientado para o mercado implica na substituição de uma abordagem de ordenação do espaço para uma atenção maior aos desejos e necessidades dos usuários atuais e potenciais. O que, embora sempre estivesse presente no discurso, ficou muito longe da prática, na medida em que quem sempre decidiu o que fazer e estabeleceu prioridades foi o Estado, assessorado por seu corpo técnico.

Assim, acredita-se ter respondido as questões propostas inicialmente: objetivos de quem? Definidos por quem?

Novas Formas de Gestão Urbana

As dificuldades do planejamento urbano, brevemente delineadas anteriormente, têm levado o poder público em muitas cidades da Europa Ocidental, nos anos recentes, a adotar diferentes atitudes com relação ao papel do mercado no planejamento urbano.

Quando o município necessita cuidar de suas próprias condições de desenvolvimento econômico, descolado das inexistentes políticas nacionais, a incorporação do planejamento estratégico passa a ter significado em termos de planejamento urbano. Observa-se que o planejamento estratégico corporativo tem sua origem no planejamento militar, acabando por ser assimilado pelo planejamento empresarial e posteriormente pelo planejamento urbano.

O planejamento estratégico empresarial considera os dois extremos da análise do mercado, a oferta e a demanda. No caso da gestão urbana, a ênfase sempre esteve restringida à análise da oferta. Ou seja, o que se tem a oferecer, o que se pode criar e desenvolver sem considerar efetivamente o interesse e a capacidade do mercado (consulta à população).

O que é importante ressaltar, também, é a situação que as cidades enfrentam: podem estar fortemente relacionadas com os mercados internos e externos, que apresentam, simultaneamente, ameaças e oportunidades.

Esse condicionamento implica na necessidade de se trabalhar com as surpresas, passando então ao fortalecimento do Poder Executivo, que deve ser capaz de tomar decisões rápidas e constantes. Assim, o tomador de decisões é valorizado.

Essa dificuldade de planejar num ambiente de constantes mudanças e forte influência das tendências internacionais (Singer, 1995) pode ser repassada à dificuldade de elaboração de um plano diretor que tenha caráter altamente normativo e hermético, como aqueles realizados pelo planejamento tradicional.

Portanto, o elemento forte que surge na conjuntura atual é a necessidade de decisões e respostas ágeis para enfrentar um clima constante de mudanças.

Desse modo, o planejamento estratégico, cada vez mais, incorpora-se no processo de planejamento urbano, já que desvaloriza a predição, adentrando o campo do planejamento das incertezas e das surpresas, valorizando a previsão e a ação; e considera o mercado, principalmente em termos de oferta (adversários e competidores), valorizando a vertente que introduz a teoria dos jogos e que abre o campo da negociação como instrumento de gestão (Huertas, 1996). Como se sabe, as surpresas são muito repetitivas (terremotos, assassinatos, emergências políticas), portanto, podem ser previstas. Assim, o que surpreende nelas é o momento, bem como as circunstâncias e peculiaridades, intensidade e efeitos com que elas acontecem.

Mesmo que seja baixa a capacidade de previsão, a reação não pode ser improvisada. O Corpo de Bombeiros, em constante preparação para responder eficientemente a um possível incêndio, é um bom modelo de planejamento estratégico (Huertas, 1996).

No que se refere aos adversários, nessa luta pelo desenvolvimento local institui-se a competição entre lugares e entre cidades, apoiada nas técnicas de *place marketing* (*city marketing*) e da transformação da cidade num produto a ser oferecido para investidores, empresários e turistas. Tenta-se vencer a competição entre lugares buscando identificar as vocações reais dos municípios, suas dificuldades e oportunidades diante de um determinado cenário. Destaca-se, aqui, que o marketing do lugar é resultado da integração de três escolas de pensamento: o marketing sem fins lucrativos, o marketing social e o marketing da imagem. Costuma ser responsabilidade do setor público, isoladamente ou em conjunto com a iniciativa privada, podendo envolver tentativas para influenciar outros aspectos do comportamento de grupos, além da criação de uma imagem ou venda do lugar para turistas e investidores, procurando atingir objetivos políticos, sociais e econômicos (Warnaby e Davies, 1996).

Além desses aspectos, a passagem de uma maneira de planejar que esteve trabalhando mais do lado da oferta (o que se tem e se quer oferecer) para o lado da demanda urbana (o que a população realmente precisa e quer) é o grande desafio das novas maneiras de gestão urbana.

Planejamento de Mercado

O termo *city marketing*, ou seja, mercado da cidade, bastante utilizado na história do planejamento americano, incorporou muitos significados na Europa nos anos 1980 (Ashworth e Voogd, 1990).

Para muitos estudiosos, no início dessa década o termo significava promoção ou, mais especificamente, propaganda do município. No Brasil, foi bastante usado pela prefeitura de Curitiba, no Paraná, para a promoção da cidade, que passou a ser conhecida internacionalmente como uma cidade de primeiro mundo, com alta qualidade de vida, onde o planejamento urbano era bem conduzido (Moura e Kleinke, 1999).

Outros estudiosos definem o termo mais como parte do processo de gestão urbana do que como uma forma alternativa. Muitas vezes, significava apenas um conjunto de instrumentos ou estratégias, ou somente uma técnica de planejamento urbano. Outro significado encontrado, principalmente nas cidades europeias da França, Inglaterra, Bélgica e Holanda, refere-se à relação entre o poder público e o setor privado por meio de novas experiências organizacionais e de uma grande dependência do setor privado para a execução de intervenções urbanas públicas (Ashworth e Voogd, 1990).

City marketing é também uma maneira consciente e vantajosa de obter investimentos privados e de criar estruturas de parcerias para sua implementação.

Para Ashworth e Voogd (1990), *city marketing* é um processo em que as atividades urbanas estão o mais próximo possível das demandas de seu público-alvo, de forma a maximizar o funcionamento socioeconômico da área, de acordo com os objetivos previamente estabelecidos.

Essa ampla definição de *city marketing* inclui, sem dúvida, todos os significados esboçados anteriormente.

Na verdade, numerosas atividades urbanas operam no mercado, cujo objetivo é colocar junto oferta e demanda. A eficiência das cidades depende, portanto, essencialmente da eficiência dessas operações, incluindo posições competitivas dentro desses mercados.

Práticas de planejamento urbano germânicas ensinam que há uma grande diferença de orientação entre o planejamento tradicional e o planejamento de mercado. Isto é, o planejamento tradicional, orientado para a oferta, tem sua atenção focada na investigação dos entraves e das possibilidades físicas e do ambiente construído (projeto) (Ashworth e Voogd, 1990). O lado da demanda é, frequentemente, um fenômeno de dedução, que na prática do planejamento é tratado apenas em termos de objetivos e não como elemento analítico de estruturação do ambiente construído.

O planejamento de mercado, entretanto, é mais orientado para a demanda. Ou seja, a cidade e as possíveis mudanças no contexto urbano são consideradas do ponto de vista dos consumidores atuais e potenciais. Está focado diretamente para os objetivos, ligando o profissionalismo dos administradores com os atuais e potenciais usuários do produto planejado. O grupo de interesse do planejamento tradicional é substituído pelos usuários, o que implica uma relação diferente.

Outra importante tarefa do planejamento de mercado é informar os consumidores sobre a oferta existente e convidá-los a usar. Essa promoção não é apenas importante para muitos serviços públicos, mas também é necessária para torná-los eficientes. Por exemplo, um dos sérios problemas no município de Cubatão, na elaboração do seu Plano Diretor, foi a dificuldade de convencimento do usuário da importância de completar a ligação de seu imóvel com a rede de esgotos construída pelo poder público. Mesmo com a existência dos serviços, era necessário uma conscientização da população (Fupam, 1999).

No entanto, a complexidade da empresa urbana, cujo objetivo coletivo tem percursos diferentes a serem realizados, é uma realidade. As cidades adquirem uma complexidade maior que a das empresas, à medida que seu produto e o lugar adquirem uma característica inercial elevada. O objeto de trabalho não é um produto ou uma mercadoria que se desloca ou se altera facilmente. A inércia decorrente da localização do ambiente construído, localização esta hoje mais facilmente reproduzida (Vargas, 1992), insere na cidade uma dificuldade maior. O lugar (produto) passa a ser um elemento determinante nas estratégias de planejamento e gestão, que vão oferecer oportunidades e limitações no enfrentamento da competição entre locais e na disputa por mercados. Portanto, o diagnóstico dialogado deve definir claramente os limites da intervenção em busca do desejável ou do possível. Logicamente, a especificidade, o diferencial, o complementar, se bem trabalhados, podem agir como um facilitador na tomada de decisões (Vargas, 1998).

Essa condição se reforça à medida que, na articulação do global a partir do poder local, a transferência dos conceitos de competitividade para complementaridade e solidariedade vem sendo eficientemente buscada.

Para a adoção correta dessas novas maneiras de gestão, é preciso estar devidamente preparado em termos de qualificação técnica dos administradores públicos e seu corpo técnico, informar e conscientizar a população das questões atuais, envolvendo-a e comprometendo-a quanto à participação no processo de gestão, de modo que este adquira um caráter de continuidade e amplie as formulações técnicas para a adoção de uma dimensão política na definição dos objetivos e suas prioridades e na tomada de decisões.

Nesse processo de mudança, a resistência é outro elemento que dificulta a implementação das novas formas de gestão que tem início com os próprios técnicos que têm dificuldade em aceitá-las.

Outros importantes elementos da gestão são seu pensamento e organização, que devem acontecer de forma sistêmica, isto é, deve-se evitar uma intervenção de caráter operacional que ignore os demais aspectos envolvidos no processo. O caráter sistêmico consiste em trabalhar com todos os setores envolvidos de maneira interligada e com racionalidade (Omholt (a) e (b), 1999).

O Quadro 30.2 apresenta um resumo das principais transferências de conceitos do planejamento estratégico corporativo para o campo do planejamento urbano.

Quadro 30.2 – Planejamento estratégico corporativo e planejamento urbano estratégico.

Planejamento estratégico corporativo	Planejamento urbano estratégico	
	Conceitos	Instrumentos e procedimentos
Considerar e conhecer os adversários e competidores envolvidos no mesmo negócio	Considerar e conhecer as pessoas envolvidas com o problema e com o lugar	Diagnóstico dialogado Participativo/interativo
Considerar e conhecer os consumidores (demanda)	Considerar as carências e necessidades dos cidadãos	Diagnóstico dialogado Consulta à população
Analisar o mercado potencial	Considerar os mercados externos/análises regionais	Diagnósticos macrorregionais Vocações regionais
Desenvolver a capacidade de trabalhar com surpresas, valorizando a ação	Reforçar o Poder Executivo, aumentando a capacidade de decisão	Intervenções físicas pontuais
Considerar a velocidade das mudanças	Trabalhar de maneira aberta	Monitoramento
Valorizar o empreendedor mais que o gerenciador	Agir na geração de recursos	Busca de parcerias e investidores
Utilizar a propaganda e publicidade	Informar o mercado	Políticas de comunicação social
Valorizar a imagem corporativa	Reforçar a imagem/resgatar a identidade	Políticas de promoção da cidade/marketing urbano
Valorizar a especificidade	Valorizar a diferenciação, complementariedade/solidariedade	Planejamento regional/análise do lugar de sua região
Utilizar técnicas de marketing do produto	Utilizar técnicas de *city marketing*	Consulta à população

Diante dos cenários internacional e nacional, brevemente delineados, é interessante analisar e incorporar devidamente os instrumentos de planejamento estratégico que auxiliem na gestão urbana.

Assim, na sequência, destaca-se no processo de gestão urbana, mais direcionada à recuperação de áreas deterioradas, a importância da identificação do problema, da definição dos objetivos, da elaboração do diagnóstico dialogado e do processo de implementação das políticas e projetos elaborados.

O PROCESSO DE GESTÃO

Identificação do Problema

A identificação de um problema acontece quando uma determinada situação é motivo de insatisfação. No entanto, é necessário observar se é um problema real ou se é o sintoma de um problema anterior. Ou seja, se ele assume a dimensão de causa ou apenas de efeito de uma ação anterior.

Quando se tem dor de cabeça, por exemplo, esta pode ser apenas consequência de uma dificuldade de leitura, cuja causa pode não ser a visão, mas sim as condições de iluminação do ambiente de trabalho, que também podem ser ocasionadas por vários fatores. Somente o diagnóstico correto das verdadeiras causas pode abrir caminho para a eliminação dos sintomas e, portanto, do problema.

É interessante observar, ainda, que a identificação do problema, ao retratar uma situação existente insatisfatória, induz ao desejo de alterá-la passando, então, ao estabelecimento de objetivos a serem alcançados por meio de uma determinada intervenção. Isto é, a busca por uma situação desejável.

Definição de Objetivos

O objetivo é, portanto, uma declaração precisa de intenções apresentadas de modo sistemático em termos dos resultados esperados. Isto é, como produtos, para que possam ser devidamente avaliados. O objetivo não se refere a como fazer, ou seja, ele não é o processo (Romiszowski, 1981).

É preciso, no entanto, assegurar-se da viabilidade de alcançar os objetivos desejados, transformando-os, primeiramente, em objetivos possíveis.

Para isso, é necessário realizar uma avaliação bastante acurada da situação existente em termos dos problemas reais e das possibilidades de solução, elencando não apenas o potencial e a vocação da área de estudo, mas também as aspirações da população local e regional (aqui entendida como todos aqueles que produzem e consomem na cidade e para a cidade). Ou seja, é preciso elencar o que a área tem para oferecer e para quem, dentro do contexto socioeconômico atual, e quais são os obstáculos e os meios existentes para que se atinjam os objetivos considerados possíveis.

Diagnóstico Dialogado

No processo de planejamento e gestão de áreas urbanas, diagnóstico dialogado significa ampliar o campo de discussão para além do campo técnico, passando pela análise de mercado que considere o lado da demanda e da oferta, conforme exposto anteriormente.

No caso urbano, a oferta caracteriza-se pela análise do que pode ser oferecido em termos de produto (local e edificações) e de toda a espécie de serviços existentes, bem como dos demais competidores.

Nesse sentido, o lugar já é um condicionante inicial, que deve ser seriamente considerado. Ou seja, o produto, de uma certa maneira, já existe na sua base. Logicamente que investimentos podem ser feitos no sentido de alterá-lo, mas, sem dúvida, existirão limitações físicas e naturais, muitas vezes impossíveis de ser reproduzidas, como no caso das cidades de Veneza e do Rio de Janeiro, que são exemplos de situação de monopólio, impossíveis de ser reproduzidas (Vargas, 1998).

No caso da demanda, esta se refere à descoberta das demandas e necessidades ainda não atendidas e desejadas. Aproxima-se, portanto, das análises do mercado imobiliário e dos estudos de viabilidade de empreendimentos imobiliários (Meyer, 2000), tendo, no entanto, a preocupação com o desenvolvimento urbano, econômico e social e com o interesse coletivo.

A introdução do lugar no processo de análise de mercado considera que a atividade econômica apresenta um estreito relacionamento com o espaço físico que lhe dá suporte, criando o que é chamado de localização. Assim, o processo de mudança econômica, no caso do produto urbano, é ao mesmo tempo causa e efeito dos padrões espaciais existentes.

Segundo Healey e Ilbery (1990), estabelece-se uma relação de mão dupla entre mudança econômica e localização.

A necessidade de compreensão dessa relação torna-se mais urgente quando a velocidade de mudança atinge os patamares atuais, em que, tão rápido quanto são inventados, as atividades, os produtos, os lugares e os edifícios tornam-se obsoletos e desinteressantes para o uso então existente. O fato de as áreas edificadas apresentarem maior dificuldade de transformação acrescenta mais uma agravante à questão urbana.

Nessa relação entre localização e atividade econômica existem dois tipos principais de enfoque (Healey e Ilbery, 1990):

- *Localização de estabelecimentos* – fábricas, armazéns, escritórios e lojas. A questão é onde localizar determinadas atividades no território. Ou seja, o empresário atua num ramo específico e quer localizar seu negócio, adequadamente, para continuar ou mesmo para aumentar sua rentabilidade. Nesse caso, a atividade econômica é entendida como um dado e a análise refere-se às mudanças no modelo de localização.

- *Definição do tipo de negócio* – para implantar numa determinada área. Ou seja, qual tipo de atividade é interessante em determinada localização, para que dela se possa tirar maior rentabilidade. Aqui, a localização é entendida como o dado e a análise refere-se às mudanças de uso do solo e de atividade que tal localização pode sustentar.

Assim, as cidades têm enfrentado uma dificuldade crescente com a deterioração de áreas urbanas, anteriormente bastante dinâmicas, e com as novas áreas que se adensam e se congestionam.

A Figura 30.1 resume os procedimentos e as análises que deveriam ser considerados quando se inicia um diagnóstico para a intervenção numa determinada área urbana.

Na verdade, a elaboração de um diagnóstico que permita definir o que fazer não pode trabalhar apenas com a análise do produto (o lugar) como seu maior determinante. A análise do mercado resultante de estudos macro e microeconômicos que incluam demandas regionais e locais (carências), as oportunidades e dificuldades num clima de mudanças constantes e as surpresas, associados aos estudos da oferta representada pelos concorrentes e adversários (outros lugares), são fatores altamente significativos na definição dos projetos de intervenção.

GESTÃO DE ÁREAS URBANAS DETERIORADAS | 1011

Figura 30.1 – Diagnóstico para intervenção urbana.

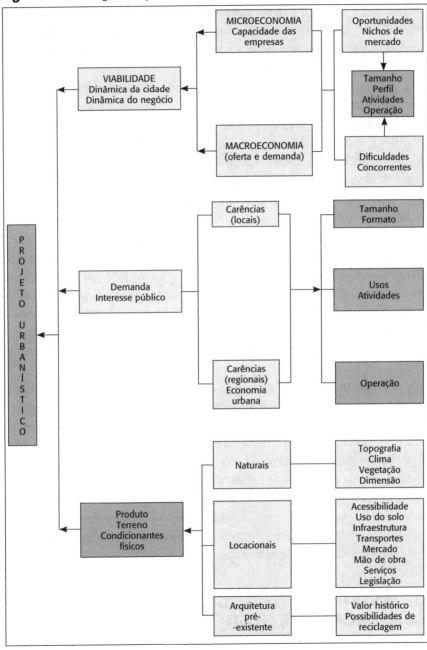

Fonte: adaptada de Vargas (2001).

Esses itens, somados, permitem uma análise da situação quanto à produtividade, vantagens e desvantagens da área propriamente dita e do seu entorno e região, determinando suas deficiências e apontando elementos potenciais para o desenvolvimento. Definem-se assim usos possíveis, atividades e formatos das intervenções.

Alguns estudos já realizados para definição de diretrizes de intervenção e projeto urbanístico buscaram trabalhar com essa metodologia. Um deles diz respeito ao projeto de reurbanização do Carandiru (Bastos et al., 1999), que considerou as demandas locais e regionais na definição do que deve ser feito. Outro, refere-se ao projeto de revitalização da área central de Santo André (Fupam, 1999), que desenvolveu um verdadeiro estudo de *city marketing*, principalmente com relação à demanda local, isto é, consulta direta à população.

A identificação correta de todos os envolvidos com a área objeto de intervenção é mais um aspecto decorrente desse diagnóstico. Ou seja, são identificados todos aqueles que têm algum interesse, ou que estejam a ela relacionados. A partir desse conhecimento, seus perfis devem ser claramente traçados. Entre os interessados devem ser incluídos, também, aqueles possíveis investidores. Essa investigação de todos os envolvidos é um procedimento fundamental para a eficiência e eficácia no momento da implementação das políticas e projetos então definidos.

A implementação de qualquer intervenção tem sido, na verdade, o grande desafio no processo de planejamento e gestão das áreas urbanas.

Nesse sentido, o planejamento estratégico apresenta alguns instrumentos de significativa importância à medida que reconhece a necessidade de trabalhar com os adversários e competidores, o que se traduz no reconhecimento da existência de diversos envolvidos, que, embora interdependentes, apresentam divergências com relação ao objeto de análise.

Sobre a ótica da intervenção urbana em áreas deterioradas, pretende-se introduzir na análise os novos instrumentos de gestão urbana, que incluem a participação, comunicação e negociação (Vargas (b), 2001).

OS INSTRUMENTOS DE GESTÃO: COMUNICAÇÃO E NEGOCIAÇÃO

Um comportamento que interfere na implementação de planos e projetos atinge o campo da resistência às mudanças. Como sugere De Boer

GESTÃO DE ÁREAS URBANAS DETERIORADAS | **1013**

(1993), diante de um quadro de mudanças, a primeira sensação que toma corpo é a de perda.

Todos acreditam estar perdendo alguma coisa, na medida em que terão de mudar certos procedimentos, principalmente quando não tomaram parte do processo. Assim, a chave da questão, segundo Lawrence (1954), é a mudança social, não a mudança técnica.

Técnicas de participação e envolvimento têm, então, sido utilizadas como forma de diminuir essas resistências. A participação, no entanto, não é um ato mecânico de tomada de decisões. É um sentimento. Ela não funciona se tratada de modo a convencer os outros a fazer o que se quer que eles façam. É preciso, também, não esquecer de apontar a fragilidade das formas de participação baseadas na representação.

Além disso, a falta de conhecimento, informação, interesse e conscientização, tanto dos envolvidos quanto por parte do poder público encarregado da intervenção e da sua gestão, também surge como séria dificuldade. Em alguns setores, o processo de qualificação do corpo técnico tem sido buscado, assim como o envolvimento dos diversos responsáveis. Assim, um programa de comunicação social é essencial no processo de conscientização, qualificação, participação e informação, cujos princípios serão brevemente apresentados adiante.

Outro aspecto a ser trabalhado no processo de implementação é o fato de que na maior parte das análises existe sempre um alto grau de subjetividade que interfere na objetividade das respostas procuradas (Morin, 2000). Outro aspecto importante se refere ao fato de que, como se lidam com sujeitos diferentes, todas as subjetividades individuais acabam por aflorar. Assim, um diagnóstico que não considere todas essas subjetividades perde a objetividade (Huertas, 1996).

Além dessa subjetividade naturalmente existente, é importante ressaltar a presença de interesses contraditórios quando se considera um determinado problema a enfrentar. Portanto, na tentativa de resolução de qualquer problema, considerar essa contradição como normal reveste-se de importância fundamental.

Além deste fato, embora com objetivos muitas vezes comuns, as divergências podem ser de várias ordens, que variam desde a metodologia a ser utilizada até a utilização dos resultados a serem obtidos.

Além da comunicação, outro instrumento que tem sido utilizado na implementação de projetos de intervenção urbana, emprestado da área empresarial, é a negociação.

Comunicação Social

Na área de atuação da gestão urbana, as técnicas de comunicação podem ser usadas para manter e promover políticas e projetos, bem como para torná-los mais eficientes por meio de uma relação mais estreita com os envolvidos. Assim, os programas de comunicação podem não apenas fornecer informações, mas também elevar o nível de sensibilização e conscientização da população ou incentivar sua participação. A mudança de comportamento também é uma tarefa com a qual os programas de comunicação podem se envolver, colaborando inclusive para diminuir as resistências às mudanças, conforme mencionado anteriormente.

Um plano de comunicação é eficaz quando possibilita direcionar as pessoas para os caminhos desejados, isto é, para o alcance dos objetivos definidos previamente.

Dessa forma, um problema de comunicação significa a recepção pelo público-alvo de informações inadequadas ou inapropriadas, não permitindo que aconteça o que estava previsto.

Um plano de comunicação deve, portanto, incluir seis etapas fundamentais (Martin, 1996):

- Estabelecer os objetivos.
- Identificar envolvidos.
- Formular mensagens.
- Definir os meios de transmissão.
- Definir cronograma.
- Avaliar e monitorar.

Objetivos

Conforme ressaltado anteriormente, a definição clara dos objetivos é fundamental. No caso da comunicação social, esses objetivos podem ser de várias ordens:

- Reforçar comportamentos.
- Mudar comportamentos.

- Estimular respostas.
- Informar usuários e consumidores.
- Evitar problemas futuros.
- Levantar a moral do grupo.
- Aumentar o conhecimento da marca.
- Mudar a imagem corporativa.
- Mudar percepções.
- Aumentar a frequência de uso.
- Resgatar a identidade urbana.

Envolvidos

Os envolvidos no processo de comunicação podem ser divididos em dois grupos. O público-alvo e os intermediários-chave.

O público-alvo é o grupo de pessoas a quem se quer comunicar e do qual se espera uma mudança de comportamento.

No caso da gestão urbana, esse grupo pode incluir desde membros do próprio setor público até o usuário final que se pretende atingir. Ou seja, um programa de comunicação, muitas vezes, deve iniciar-se pela busca do envolvimento da equipe técnica encarregada de um projeto urbano e chegar até a conscientização e informação da população com ele comprometida.

Nesse sentido, deve-se definir claramente qual é o público-alvo. Definir, portanto, seu perfil, interesses, níveis de escolaridade, formação, cultura, idade, classe social, crenças etc., e tentar descobrir por que ele estaria interessado em saber o que o programa tem a dizer.

Davidson et al. (1988), ao trabalhar com os produtos para o mercado varejista, definem quatro grupos de referência:

- Grupos aos quais se pertence em determinado momento: religiosos, políticos.
- Grupos nos quais se inclui automaticamente: sexo, idade, estado civil, etnia.
- Grupos aos quais se aspira: renda, educação, profissão.
- Grupos aos quais não quer ser identificado: desempregados, donas de casa etc.

Esse estudo do usuário, que na área de comércio traduzir-se-ia em estudo do perfil e do comportamento do consumidor, vai ajudar a definir os intermediários-chave, o tipo de mensagem e os meios de transmissão.

Os intermediários-chave são grupos ou indivíduos que podem ajudar a atingir o público-alvo, definidos de acordo com o significado que possuem para esse mesmo público-alvo.

Eles podem ser encontrados entre líderes religiosos, redatores da imprensa, repórteres, artistas e personalidades do esporte, usados de acordo com a imagem que se quer passar e com o público que se quer atingir.

Outros elementos ainda poderiam ser considerados como intermediários-chave, dependendo do tipo de programa, como as crianças, enquanto veículo universal, e os professores, enquanto formadores de opinião, com grande influência sobre seus alunos.

De qualquer forma, é necessário também saber por que os intermediários-chave estariam dispostos a colaborar. Seus interesses podem ser de ordem financeira, pessoal, social e política.

Com esse estudo bem detalhado, será possível dar início ao processo de formulação das mensagens.

Mensagens

Com relação às mensagens, um bom início seria a seguinte afirmação:

O jeito de se dar vale mais do que aquilo que é dado.

Para cada grupo-alvo (industriais, agricultores, donas de casa, adolescentes etc.), a forma de atingir o mesmo objetivo é diferenciada.

É preciso usar a linguagem adequada, a qualidade e quantidade de informação possível de ser assimilada, assim como o intermediário-chave apropriado. Com certeza a opinião de um artista de televisão não vai ter importância alguma para industriais do setor de informática.

Outro aspecto importante a considerar se refere ao ambiente (clima) em que a mensagem deve ser passada. Ou seja, num clima de sofisticação para artigos de luxo ou de desespero e dor para campanhas de vacinação, por exemplo.

Meios

A escolha do meio de transmissão das mensagens deve basear-se, também, no público que a receberá, no tipo de mensagens e, logicamente, na disponibilidade de recursos.

Entre os tipos de comunicação, encontra-se a comunicação de massa, cujo público-alvo é grande o suficiente para justificá-la, incluindo-se nessa categoria o rádio, a televisão, a imprensa, o cinema e, recentemente, com maior intensidade, a mídia externa (*outdoors, backbus,* entre outros) (Vargas (a), 2001).

No entanto, esse tipo de comunicação é passiva, ou seja, o público é apenas um espectador e receptor de informações. Ele não interage com o comunicador. Além disso, o comunicador não possui controle sobre como as mensagens são recebidas e absorvidas pelos destinatários.

A internet também vem se manifestando como uma forma de comunicação de massa, possível de atingir públicos segmentados, com maiores índices de interatividade.

É preciso ressaltar que o meio impresso pressupõe facilidade e interesse pela leitura e internet, o conhecimento e a posse de computadores.

Outros meios de transmissão alternativos também devem ser considerados:

* Impressos (panfletos, camisetas, etiquetas, *bottons*).
* Audiovisuais (exposições, músicas, vídeos, autofalantes).
* Interativos (reuniões, seminários, visitas, concursos, paradas, shows).

Os meios interativos aumentam o grau de envolvimento entre comunicador e destinatário e tendem a ser mais eficazes. No entanto, a mistura de meios também é uma boa opção.

O custo para a utilização dos diversos meios é fortemente limitante quando os recursos são reduzidos. Nesse caso, o que ajuda é a criatividade.

Cronograma

De acordo com os objetivos, a definição de um cronograma é quase sempre essencial, na medida em que define o período de tempo entre o início do processo e a obtenção dos resultados. Deve incluir também as tarefas a serem realizadas, seus responsáveis e os respectivos prazos.

Avaliação e Monitoramento

A avaliação de um programa de comunicação deve verificar se este atingiu os objetivos pretendidos. No entanto, uma avaliação positiva de qualquer programa de comunicação não está apenas vinculada ao alcance dos objetivos pretendidos, mas também à proximidade entre o período de tempo previsto e o realizado para tanto.

Além disso, em alguns programas e campanhas não se pode esquecer a informação dos resultados para o público-alvo. Esse retorno é, na verdade, um mecanismo poderoso para a viabilidade de outras campanhas, ligadas ou não à anterior. É, até mesmo, uma maneira de aumentar a crença de que, com esforço, interesse e participação, as coisas sempre podem mudar para melhor.

No caso específico dos processos de requalificação de áreas urbanas, a sensação de que as coisas estão mudando é fundamental. Portanto, não apenas a comunicação em termos de meios tradicionais, conforme mencionados anteriormente, o fazer, o mudar a imagem de determinados lugares, o restaurar etc., podem intensificar a recepção das mensagens e acelerar o processo de adesão e de mudanças.

No processo de renovação do centro da cidade de Los Angeles (Los Angeles Advisory Committee, 1995) foram utilizados alguns elementos de *city marketing*. Foi realizada uma campanha positiva e agressiva para vender os atributos e vantagens do centro, fundamental para manter a confiança nos negócios, atraindo investimentos nas várias escalas, consumidores, visitantes e turistas, e melhorando o clima para os negócios.

Sem um esforço de comunicação significativo, nenhum incentivo para melhorar os negócios e o turismo no centro seria completamente produtivo.

Negociação

A grande finalidade da negociação é a resolução de impasses e divergências. No entanto, ela não está sozinha nessa tarefa, existem outras formas. Por que, então, escolher a negociação? (Dupont, 1986)

Além da negociação (mediação), segundo Dupont (1986), existem, pelo menos, mais cinco meios de resolver divergências dos quais os envolvidos podem fazer uso: imobilismo, confronto, consenso, via hierárquica e/ou autoritária, recurso à lei ou adjudicação.

Na verdade, a escolha do meio para a resolução de impasses será tomada avaliando-se o equilíbrio entre vantagens e desvantagens de cada um deles.

Uma definição que parece bastante completa e que ressalta os elementos fundamentais que compõem uma negociação e que os diferenciam dos demais é a de Dupont, transcrita a seguir:

> Negociação é uma atividade que coloca frente a frente dois ou mais atores que, unidos por uma interdependência, se engajam voluntariamente para enfrentar as divergências existentes em busca de um caminho satisfatório, não violento, (acordo efetivo), que levem em conta a realidade do outro, visando por fim a essas divergências, e, desse modo, criar (ainda que temporariamente), manter ou desenvolver uma nova relação entre eles (Dupont,1986).

A partir dessa definição é possível destacar os componentes essenciais de uma negociação:

Os Envolvidos

A negociação não é um jogo contra a natureza, mas uma atividade social. Ela necessita de uma relação entre duas ou várias pessoas, duas ou mais delegações, dois ou mais grupos.

Os negociadores são, na verdade, os representantes escolhidos para falar, negociar e decidir em nome dos diversos grupos envolvidos.

Em decorrência da interdependência que une os envolvidos, os negociadores devem estar cientes de que a resolução das dificuldades só pode ser obtida por uma intervenção comum, já que é impossível de se resolver o problema sozinho, sendo que será preciso sempre a anuência do outro.

Isso levanta, então, um outro aspecto importante que é a existência de um ponto de ruptura, isto é, a existência de fronteiras que delimitam imperativamente o campo de ação e cuja transgressão coloca fim à situação de negociação.

A Noção de Divergência

O conceito de divergência aplica-se às situações de diferenças, desacordos, litígios e conflitos declarados ou latentes, bem como àquelas relativas à confrontação de interesses não concordantes ou, ainda, àquelas relativas ao confronto de posicionamentos, de pontos de vista mais ou menos contra-ditórios ou incompatíveis, enfim, àquelas relativas a explorar ou comparti-lhar uma informação ou um projeto.

O traço comum no conjunto dessas situações diversas é que elas sepa-ram, ao menos temporariamente, os envolvidos.

Busca de um Acordo

A procura de um caminho aceitável sublinha a grande originalidade da negociação. Pode-se descrever a vontade de ter sucesso como a aceitação mútua (tácita ou explícita) de continuar uma relação ou de manter a exis-tência de um projeto comum. No entanto, quaisquer que sejam as manei-ras possíveis de acordo, elas são, evidentemente, sustentadas pela vontade de concluir.

Finalmente, a negociação tem suas técnicas, adotando princípios da teoria dos jogos, em que o negociador é o ator principal. Portanto, definir o perfil do negociador e orientar sua conduta é fundamental para o sucesso do processo de implementação de projetos e programas de intervenção ur-bana que envolvem vários atores com divergências das mais variadas or-dens sobre um tema comum (Vargas (b), 2001).

REFERÊNCIAS

AGNEW, J.; SCOTT, A.J.; SOJA, E.J. et al. Global City-Region. In: *Anais da Global City-Region Conference*. Los Angeles: University of Califórnia, 1999.

ASHWORTH, G.J.; VOOGD, H. *Selling the city: marketing approaches in public sector urban planning*. Londres: Belhaven Press, 1990.

BASTOS, P. et al. *Reurbanização da área do Carandirú*. São Paulo: Instituto dos Arquitetos do Brasil, 1999.

BITTAR, O. Avaliação da recuperação de áreas degradadas por mineração na re-gião metropolitana de São Paulo. São Paulo, 1997. Tese (Doutorado). Escola Poli-técnica da USP.

DAVIDSON, W.; SWEENEY, D.J.; STAMPFL, W.R. *Retailing management*. Nova York: John Wiley & Sons, 1988.

DE BOER, M. In: KLOOS M. (org). *Public interiors*. Trad. O'Loughlin Michael. Amsterdam: Aschitectura & Natura Press; 1993. p. 9-32.

DUPONT C. *La négociation.* Paris: Dalloz, 1986.

[FAU-USP] FACULDADE DE ARQUITETURA E URBANISMO. Anais da Faculdade de Arquitetura e Urbanismo da Universidade de São Paulo. In: Seminário Plano Diretor Municipal. 1989, São Paulo.

[FUPAM] FUNDAÇÃO PARA A PESQUISA EM ARQUITETURA E AMBIENTE. *Plano Diretor do Município de Cubatão.* Cubatão: Fupam, 1994.

_____. *Estudo das características das atividades urbanas e de negócios da área central do município de Santo André no processo de revitalização urbana.* São Paulo: Fupam, 1999.

GARCIA, F.E.S. *Cidade espetáculo: política, planejamento e city marketing.* Curitiba: Palavra, 1997.

HEALEY, M.J.; ILBERY, B.W. *Location & change: perspectives on economic geography.* Oxford: Oxford University Press, 1990.

HUERTAS, F. *Entrevista com Carlos Matus: o método PES.* São Paulo: Fundap, 1996.

KEYNES, J.M. *A teoria geral do emprego, do juro e da moeda.* São Paulo: Abril Cultural, 1983.

LAWRENCE, P.R. How to deal with resistance to change. *Harvard Businees Review.* v.32, n.3, 1954, p.49-57.

LOS ANGELES ADVISORY COMMITTEE. *Downtown strategic plan.* Los Angeles: Redevelopment Agency of Los Angeles, 1995.

MARTIN, G. *Communication environnementale.* Genebra: Académie Internacionale de l'environnement, 1996.

MEYER, J.F.P. Adoção de métodos de análise de mercado imobiliário nas decisões de projeto: estudo de caso dos incorporadores residenciais do bairro de Pinheiros. São Paulo, 2000. Dissertação (Mestrado). Faculdade de Arquitetura e Urbanismo da USP.

MORIN, E. *Os sete saberes necessários à educação do futuro.* Tradução de Catarina Eleonora F. da Silva, Jeanne Sawaya. São Paulo: Cortez, 2000.

MOURA, R.; KLEINKE, M.L. Modelo Curitiba: os riscos de uma cidade insustentável. In: Anais do 8º Encontro Nacional da Anpur. 1999, Porto Alegre.

OMHOLT, T. (a). A framework for designing and evaluating town centre management schemes. In: *6ᵗʰ International Conference on Recent Advanced in Retailing and Services Science.* 1999, Porto Rico.

_____. (b). Strategic rationality as a basis for town centre revitalization and management. In: *6ᵗʰ International Conference on Recent Advanced in Retailing and Services Science.* 1999, Porto Rico.

ROMISZOWSKI, A.J. *Designing instructional systems*. Londres: Kogan Page, 1981.

SINGER, P. O plano diretor de São Paulo: 1989-1992; A política do espaço urbano. In: MAGALHÃES, M.C.R. (org). *Na Sombra da cidade*. São Paulo: Escuta, 1995.

VARGAS, H.C. Comércio: Localização estratégica ou estratégia na localização? São Paulo, 1992. Tese (Doutorado). Faculdade de Arquitetura e Urbanismo da USP.

_____. Turismo e a valorização do lugar. *Turismo em Análise*. vol. 9, n. 1, São Paulo: ECA/USP, 1998.

_____. (a). *Espaço terciário: o lugar, a arquitetura e a imagem do comércio*. São Paulo: Senac, 2001.

_____. (b). A Arte da Negociação. In: RIBEIRO, H.; VARGAS, H.C. (orgs). *Novos instrumentos de gestão ambiental urbana*. São Paulo: Edusp, 2001.

VARGAS, H.C.; CASTILHO, A.L.H. (orgs). *Intervenções em centros urbanos: objetivos, estratégias e resultados*. Barueri: Manole, 2006.

WARNABY, G.; DAVIES, J.B. Cities as service factories? Using the servection system for marketing cities as shopping destinations. In: *3rd Conference in Recents Advances in Retailing and Services Studies*. 1996, Insbrusk.

ANEXO

Roteiro Metodológico

Como um exercício metodológico para o desenvolvimento de projetos de intervenção urbana que permitam orientar o caminho para sua implantação, apresenta-se a seguir uma série de questões que, se devidamente respondidas, poderão contribuir fortemente para o sucesso do processo de gestão urbana de áreas deterioradas.

O primeiro passo refere-se à identificação do problema, cujas causas deverão ser objeto de pesquisa detalhada e cuja solução é o principal objetivo do processo de intervenção urbana.

É interessante reforçar que a resposta a essas perguntas deve ser bastante detalhada para que a implementação de qualquer intervenção seja eficiente. Pois, independentemente da qualidade do projeto proposto, a existência de divergências entre os envolvidos apresenta-se como uma das maiores dificuldades para torná-lo viável e real.

Nesse sentido, os instrumentos de gestão, negociação e comunicação social, mencionados no texto, revestem-se de fundamental importância no processo de gestão urbana.

Contexto Geral para uma Intervenção Urbana em Áreas Deterioradas

Identificação do Problema

* Qual é o problema?
* Por que se constitui num problema?
* No que a situação é insatisfatória?

Definição dos Objetivos

* O que se pretende alcançar com a intervenção?

Definição dos Envolvidos

* Quem apresenta relações de interdependência com o problema?

- Para quem é um problema?
- Para quem é uma vantagem?
- Quais são os pontos de vista dos diversos envolvidos?

O Processo de Mudança

- Quais vantagens são esperadas com a mudança?
- Quais os inconvenientes de não mudar?
- Qual a resistência e os entraves às mudanças?

Quais Inputs São Necessários para Dar Início ao Processo de Mudança?

Como Avaliar os Resultados?

Gestão de Áreas Contaminadas | 31

Ana Luiza Silva Spínola
Bacharel em Direito, Cetesb, SP

Elton Gloeden
Geólogo, Cetesb, SP

Arlindo Philippi Jr
Engenheiro civil e sanitarista, Faculdade de Saúde Pública – USP

A qualidade ambiental urbana é um item de grande desafio, havendo que se ampliar reflexões e estudos sobre o espaço urbano. A cidade é, por excelência, o ambiente do homem. Ela é o lugar que o homem adaptou para ser seu centro de convivência e trabalho, transformando-a intensamente e, quase sempre, de maneira desordenada. (Coimbra, 2002)

Milaré (2009) ressalta que a tomada de consciência para os graves problemas ambientais modernos partiu da elevada degradação do meio ambiente urbano. A cidade passou a ser a grande caixa de ressonância dos problemas ambientais tomados em seu conjunto, e padece de muitas enfermidades que comprometem irremediavelmente a qualidade de vida dos seus moradores e assustam seus visitantes e estudiosos.

Com o desenvolvimento industrial e a falta de condições no meio rural, segundo Granziera (2009), o país assistiu a partir do final da década de 1950 a um adensamento urbano sem precedentes que, na maioria das vezes, ocorreu sem planejamento nem controle. Embora tenha resultado em oferta de trabalho e melhores condições de vida para uma parcela da população, causou um desequilíbrio urbano que não se conseguiu ainda solucionar, inclusive no que toca às questões ambientais.

As alterações ambientais adversas, como a destruição dos recursos naturais por meio de sua exploração predatória e da geração de poluição da água,

1026 CURSO DE GESTÃO AMBIENTAL

do ar e do solo, constituem uma fonte permanente de preocupação e, nesse sentido, admite-se que ambientes saudáveis nas cidades representem metas a serem perseguidas visando à efetiva consecução de uma cidade sustentável.

"Uma sadia qualidade de vida só pode ser conseguida e mantida se o meio ambiente estiver ecologicamente equilibrado. Ter uma sadia qualidade de vida é ter um meio ambiente não poluído" (Machado, 2010).

Para existir um ambiente sadio e sustentável devem ser controlados e geridos tanto quanto possível os níveis de poluição da água, do ar e do solo.

O reconhecimento de que a qualidade do solo pode significar um problema de saúde pública e representar riscos aos ecossistemas, segundo Sánchez (2001), só se consolidou muito depois que a poluição da água e do ar fossem objeto de vasta legislação e que órgãos governamentais especializados tivessem sido criados para aplicá-la.

> Em outras palavras, a qualidade do solo era muito mais assunto de livros e trabalhos acadêmicos, que costumam classificar a poluição segundo o meio afetado – ar, água ou solo –, do que de política pública. No entanto, as substâncias poluentes circulam de um meio para outro, e destes para os organismos vivos, incluindo o homem. Pode-se portanto afirmar que, desde que a poluição de origem industrial começou a se manifestar, seus efeitos se refletem no solo. (Sánchez, 2001)

Casarini (s.d.) destaca que o tema "poluição do solo" cada vez mais se torna motivo de preocupação para a sociedade e autoridades, considerando a proteção à saúde pública, ao meio ambiente, assim como a publicidade dada aos episódios críticos de poluição por todo o mundo. Historicamente, o solo tem sido utilizado por gerações como receptor de substâncias resultantes da atividade humana. A preocupação com as consequências desses fenômenos só recentemente tem sido discutida. Cada vez mais o solo é considerado como parte importante do ambiente, além de ser um recurso limitado.

Segundo Marker (2008),

> O solo [...] não raramente é ou foi considerado no passado um receptor inesgotável de substâncias economicamente inúteis e muitas vezes prejudiciais para o meio ambiente. Assim, acumulou-se uma herança nociva, o chamado passivo ambiental, basicamente como resultado de deposição de resíduos sólidos, infiltrações, vazamentos e acidentes, no decorrer do processo de in-

dustrialização e adensamento demográfico, principalmente em centros urbanos de países e regiões industrializados.

Essa modalidade de poluição possui características peculiares. Segundo Sánchez (2001), ela tende a ser localizada e afeta principalmente regiões industrializadas, grandes concentrações urbanas ou regiões de agricultura intensiva. Duas das principais características da poluição do solo são seu caráter cumulativo e a baixa mobilidade dos poluentes.

A reduzida mobilidade dos poluentes, que implica na limitação espacial dos efeitos de agentes poluidores, contrariamente ao que ocorre nas águas e no ar, é uma das razões, segundo Milaré (2009), pelas quais as agressões sofridas pelo solo são caracterizadas por um baixo índice de percepção por parte da sociedade. Não obstante, por ser o principal suporte físico das atividades do homem na Terra, desde a agricultura até as edificações das cidades, o solo é o componente do meio ambiente que, provavelmente, sofre o maior número de agressões.

No contexto brasileiro, a preocupação com a poluição do solo e com as áreas contaminadas é bastante recente e vem, especialmente a partir do ano 2000, despertando a atenção das autoridades federais, estaduais e municipais.

GESTÃO DE ÁREAS CONTAMINADAS NO ESTADO DE SÃO PAULO

Atuação da Agência Ambiental

A Companhia Ambiental do Estado de São Paulo (Cetesb[1]) iniciou as ações corretivas sobre áreas contaminadas a partir da década de 1980. Nesta década, as ações não eram sistematizadas ou organizadas, sendo definidas com base em metodologias estrangeiras, obtidas em literatura internacional.

Na década de 1990, em função do número crescente de casos, a Cetesb se empenhou no aperfeiçoamento da metodologia do gerenciamento de áreas contaminadas.

---

[1] A Cetesb é a agência governamental responsável, entre outras atribuições, pelo controle, fiscalização, monitoramento e licenciamento de atividades geradoras de poluição nas águas, no ar e no solo.

Foi estabelecida em 1993 uma cooperação com o governo da Alemanha[2], a qual abrangeu apoio técnico e suporte financeiro. Desenvolveu-se um projeto específico de capacitação para atuação no gerenciamento de áreas contaminadas (Cetesb, 2011b). Segundo Cunha (1997), foi elaborado um conjunto de procedimentos que contemplou as diversas etapas do gerenciamento de áreas contaminadas, sendo paralelamente criado o primeiro cadastro de áreas contaminadas no país.

Em 1999, a agência ambiental publicou o *Manual de Gerenciamento de Áreas Contaminadas*, também primeiro do gênero no país. Além de apresentar a atuação e a metodologia de trabalho a ser seguida, tal documento forneceu aos técnicos da Cetesb, de outros órgãos ambientais e de empresas privadas os conceitos, informações e metodologias visando uniformizar as ações dessas Instituições (Cetesb, 1999).

No ano 2000, a Cetesb aprovou formalmente os primeiros procedimentos para gerenciamento de áreas contaminadas[3], bem como para episódios envolvendo contaminações por combustíveis decorrentes de vazamentos em postos de serviço e outros empreendimentos específicos[4]. Tais procedimentos foram revisados, atualizados e detalhados, vigendo atualmente aqueles aprovados por meio da DD[5] n. 103/2007/C/E (Cetesb, 2007), a qual apresenta com detalhes cada etapa do gerenciamento e que será abaixo comentada.

Após estudos específicos que levaram em conta a qualidade natural do solo do estado, no ano de 2001[6], a Cetesb editou o *Relatório de Estabelecimento de Valores Orientadores para Solos e Águas Subterrâneas no Estado de São Paulo*, os quais também foram revisados, vigorando, atualmente, os valores aprovados por meio da DD n. 195/2005/E (Cetesb, 2005).

O emprego de listas com valores orientadores constitui prática usual nos países com tradição em monitoramento da qualidade de solos e águas subterrâneas e no controle de áreas contaminadas. A adoção de valores de referência de qualidade, valores de alerta e valores de intervenção faz-se necessária para subsidiar decisões, não só visando a proteção da qualidade desses meios,

---

[2] Por meio de sua agência de cooperação técnica, GTZ.

[3] Tais procedimentos foram aprovados por meio da DD n. 023/00/C/E.

[4] Tais procedimentos foram aprovados por meio da DD n. 007/00/C/E.

[5] DD, ou Decisão de Diretoria, é o ato administrativo emanado pela Diretoria da Cetesb, com efeitos externos e caráter normativo.

[6] Por meio do Relatório à Diretoria n. 14/01/E.

mas também o controle da poluição nas áreas já contaminadas e/ou suspeitas de contaminação. (Cetesb, 2001)

A Cetesb vem, de forma contínua, buscando o aperfeiçoamento dos procedimentos de atuação no gerenciamento de áreas contaminadas por meio de discussões com os setores privados envolvidos na questão, utilizando-se principalmente das Câmaras Ambientais.

Na Câmara Ambiental da Indústria da Construção[7] foi elaborado o *Guia para Avaliação do Potencial de Contaminação em Imóveis* sob a coordenação técnica da Cetesb, que objetiva orientar os interessados (empreendedores imobiliários, profissionais e empresas afins) quanto às precauções e procedimentos a serem tomados antes de uma transação imobiliária ou do início da implantação de um empreendimento. A observância das recomendações e metodologias apresentadas permite a identificação de uma possível presença de contaminação em determinado imóvel (Cetesb, 2003).

No âmbito da Câmara Ambiental do Comércio de Derivados de Petróleo destaca-se a criação dos procedimentos de licenciamento de postos e sistemas retalhistas de combustíveis, que inclui a definição dos procedimentos para identificação de passivos ambientais (investigação confirmatória) nesses tipos de empreendimentos, a metodologia para tomada de decisão em áreas de postos e sistemas retalhistas de combustíveis, conhecida como ações corretivas baseadas em risco (ACBR)[8]. Outros produtos importantes obtidos nesta Câmara foram a definição dos procedimentos para investigação detalhada e plano de intervenção em postos e sistemas retalhistas de combustíveis[9], e o estabelecimento de programa de capacitação no gerenciamento de áreas contaminadas (Programa PIA).

A Cetesb tem constantemente capacitado seus técnicos visando aperfeiçoar ainda mais o trabalho de gestão de áreas contaminadas. Diversos termos de cooperação têm sido firmados com instituições e universidades

---

[7] Nas Câmaras Ambientais, representantes da iniciativa privada reúnem-se periodicamente com a Cetesb e outras instituições para discussão de assuntos de interesse comum, bem como para contribuir na elaboração de normas e procedimentos de interesse dos respectivos setores. Atualmente, encontram-se em funcionamento 15 Câmaras. As Câmaras em atividade, bem como a atuação e proposta de trabalho de cada uma, podem ser verificadas no site: http://www.cetesb.sp.gov.br/tecnologia-ambiental/C%C3%A2maras-Ambientais/2-CAs-em-Atividade. Acessado em: 12 fev. 2011.

[8] Incluídos na DD n. 010/2006/C.

[9] Aprovados por meio da DD n. 263/P/2009.

nacionais e estrangeiras com objetivo de desenvolver pesquisas conjuntas, promover o intercâmbio de pessoal acadêmico e estudantes etc.

O número de áreas contaminadas confirmadas no estado vem sendo registrado e oficialmente divulgado. Em maio de 2002, a Cetesb publicou pela primeira vez a lista de áreas contaminadas, apresentando, à época, 255 áreas. Segundo o último levantamento feito em 2012, o número subiu para 4.572, conforme apresentado na Figura 31.1.

Figura 31.1 – Evolução do número de áreas contaminadas cadastradas no estado de São Paulo.

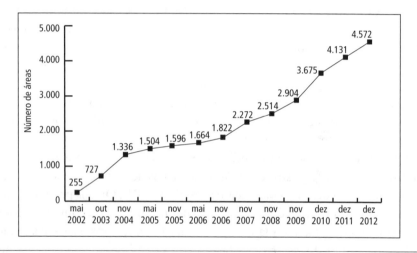

Fonte: baseada em Cetesb (2012).

Segundo os dados da Cetesb (2012), aproximadamente metade das áreas contaminadas confirmadas no estado situam-se na Região Metropolitana de São Paulo.

Aspectos Legais

O solo foi, por muito tempo, considerado um receptor ilimitado de resíduos. No Brasil, reconhecem-se paulatinamente os prejuízos ambientais e para a saúde decorrentes dessa crença. Sendo o Direito um produto também das mudanças sociais, a legislação ambiental vem reconhecendo e enfrentando o problema das áreas contaminadas.

Em 1976, o estado de São Paulo aprovou uma legislação[10] disciplinando o controle da poluição, proibindo diversas condutas como depósito, disposição, infiltração, acúmulo etc. de substâncias poluentes no solo, o qual somente poderia ser utilizado para destino final de resíduos desde que houvesse um projeto específico de transporte e destino final. A acumulação temporária de resíduos seria tolerada. A proteção jurídica no âmbito federal iniciou-se em 1979[11] disciplinando-se como o solo poderia ser parcelado. Proibiu-se o parcelamento de terrenos que tivessem sido aterrados com material nocivo à saúde.

Tais vedações legais, entretanto, não evitaram que surgissem casos conhecidos, como Barão de Mauá e Mansões de Santo Antônio, em que edifícios residenciais foram construídos sobre áreas contaminadas por disposição irregular de resíduos.

A legislação ambiental evoluiu partindo-se de uma proteção ideal e principiológica do solo em sentido amplo. Termos como "preservação e restauração dos recursos ambientais", "recuperação da qualidade ambiental" e "a recuperação de áreas degradadas" constam como objetivos ou princípios das políticas estadual[12] e nacional[13] do meio ambiente e das Constituições Federal e do estado de São Paulo. Já não mais bastava manter sua qualidade, mas a recuperação daquilo que estava sendo degradado e a remediação do que estava sendo contaminado passariam a ser condutas necessárias, ainda que sem se saber exatamente como ou por meio de quais instrumentos.

Um marco importante foi estabelecido pela Lei de Crimes Ambientais, em 1998[14], que trouxe, dentre as condutas puníveis, o crime de poluição. Contaminar um terreno passou, a partir de então, a ser tipificado como crime dependendo, por exemplo, do nível de dano causado à saúde humana. Foi também preenchida outra lacuna em nível federal, por meio do Decreto n. 3.179/99[15], que fixou como infração administrativa a conduta de causar poluição, aplicável a áreas contaminadas. Tal norma acabou também por fornecer aos órgãos ambientais um importante dispositivo para

---

[10] Lei estadual n. 997/76 e seu Regulamento aprovado pelo Decreto n. 8.468/76, que dispõem sobre o controle da poluição no estado de São Paulo.

[11] Lei federal n. 6.766/79, que disciplina o parcelamento do solo urbano.

[12] Lei federal n. 9.509/97.

[13] Lei federal n. 6.938/81.

[14] Lei federal n. 9.605/98.

[15] Revogado pelo Decreto federal n. 6.514/2008.

enquadrar legalmente as infrações relacionadas à poluição de solo constatadas nas ações de fiscalização.

A primeira norma que aborda o tema das áreas contaminadas aprovada em âmbito federal foi a Resolução Conama n. 273/2000, que estabeleceu os procedimentos para o licenciamento ambiental de postos de serviço. Termos como passivo ambiental e contaminação começavam a aparecer nas normas ambientais, sendo que esta resolução, especificamente, reconheceu em sua motivação que vazamentos de combustíveis poderiam causar contaminação de água subterrânea ou aquíferos e do ar e que a ocorrência desses vazamentos vinha aumentando significativamente nos últimos anos em função da manutenção inadequada ou insuficiente, da obsolescência do sistema e equipamentos e da falta de treinamento de pessoal (Conama, 2000).

Pela primeira vez exige-se que atividades a serem encerradas apresentem um plano de desativação, o que foi posteriormente previsto em 2002, na legislação paulista (Decreto n. 47.400) e definitivamente estabelecido como relevante instrumento de gerenciamento da qualidade do solo na Lei n. 13.577/2009, de modo que todos os empreendimentos sujeitos ao licenciamento ambiental no estado de São Paulo devem comunicar o encerramento ou suspensão das atividades e informar as medidas de remediação planejadas se a área estiver contaminada, e não apenas os postos de serviço.

Mais recentemente, a partir do ano de 2006, a legislação ambiental passou a "se especializar" no tema:

- Reconhecendo a existência das áreas contaminadas.

- Trazendo uma gama de novos conceitos e instrumentos necessários para entender e lidar com o assunto.

- Buscando meios e estabelecendo procedimentos para gerenciar tais áreas.

- Responsabilizando os agentes causadores

- Determinando obrigações para os órgãos públicos envolvidos.

Desta forma, conceitos, princípios, objetivos, instrumentos e obrigações referentes às áreas contaminadas foram inseridos na legislação ambiental, preenchendo-se uma enorme lacuna jurídica relacionada à proteção do recurso ambiental solo.

No âmbito federal, destacam-se a Resolução Conama n. 420/2009 e a Política Nacional de Resíduos Sólidos (Lei n. 12.305/2010). Na esfera estadual, destacam-se a Política Estadual de Resíduos Sólidos (Lei n. 12.300/2006) e a lei específica de proteção da qualidade do solo e gerenciamento de áreas contaminadas (Lei n. 13.577/2009), bem como seu Decreto regulamentador n. 59.263/2013.

A Resolução Conama n. 420/2009 teve o grande mérito de determinar aos estados o prazo de quatro anos para que estabeleçam seus valores próprios de referência de qualidade de solo. Este é um passo primordial para que áreas degradadas e contaminadas sejam gerenciadas: primeiro deve-se buscar conhecer o que é solo limpo, isto é, sem contaminação.

É de se salientar a importância da existência de "valores orientadores" como instrumento da gestão do solo. No tocante ao controle da poluição do ar e das águas superficiais, a legislação ambiental estabelece padrões objetivos de emissão e de qualidade. No tocante ao solo, não existem "padrões", de modo que sua gestão é realizada com base em valores de concentração de substâncias denominados "valores orientadores".

Sob o aspecto preventivo, os referidos valores auxiliam na manutenção de sua qualidade, assim como das águas subterrâneas. Nas ações corretivas, servem como parâmetro para gerenciar áreas contaminadas. Com base neles se define, por exemplo, se a área em questão pode ser classificada como contaminada ou se estabelecem as bases do quanto de substância nutriente e com potencial de causar contaminação determinada localidade poderia legalmente receber, sem causar riscos à saúde humana e ao meio ambiente, como nos casos de aplicação de vinhaça ou de utilização de lodos de esgoto para fins agrícolas.

Merece também ser destacado que a referida Resolução Conama n. 420/2009 trouxe conceitos, princípios, diretrizes e metodologia de gerenciamento de áreas contaminadas que podem ser utilizados por outros estados do Brasil que ainda não possuam uma política pública a respeito do assunto.

A Lei paulista n. 13.577/2009, por sua vez, é a primeira e única Lei aprovada no país, preenchendo uma enorme lacuna, conforme mencionado, consistente na proteção jurídica do solo no estado de São Paulo. Entre as matérias legisladas, encontram-se a definição de termos técnicos relevantes, o enquadramento das áreas de acordo com os conhecimentos técnicos acumulados, os responsáveis legais pela identificação, investigação e remediação das áreas, a elaboração de um registro e cadastro, a descrição do processo de gerenciamento, os esclarecimentos das competências dos órgãos públicos envolvidos, entre outros.

Chama-se a atenção para os seguintes temas incluídos na Lei n. 13.577/2009:

Qualquer pessoa que possa contaminar o solo deve adotar as providências para que não ocorram alterações significativas e prejudiciais às suas funções. Cria-se um dever geral de prevenção, de modo que toda a sociedade passa a ter uma responsabilidade maior perante esse recurso natural. Pela primeira vez, um texto legal apresenta quais são estas funções do solo, dentre as quais não foi prevista, porém, a recepção de resíduos. Assim como o ar e a água são receptores legítimos de efluentes gasosos e líquidos, o solo, desde que de forma tecnicamente adequada, também serve como destino final de resíduos[16].

O gerenciamento das áreas contaminadas é feito por etapas e com base em análise progressiva do local, de modo que a classificação das áreas ocorra conforme os conhecimentos técnicos acumulados. Reafirmou-se que a atuação dos órgãos públicos terá como parâmetro os citados valores orientadores.

De forma clara e objetiva foram fixados os responsáveis legais pela identificação e remediação da área. Além do causador da contaminação, seus sucessores e do proprietário do imóvel, o detentor da posse também consta do rol dos responsáveis legais.

Em boa hora foi criado o Fundo Estadual para Prevenção e Remediação de Áreas Contaminadas (Feprac), cujos recursos serão aplicados em operações destinadas à identificação e remediação de áreas contaminadas.

Uma outra relevante lacuna preenchida pela lei consiste na obrigatoriedade de que haja estudo de passivo ambiental previamente ao licenciamento de empreendimentos localizados em áreas que abrigaram, no passado, atividades com potencial de contaminação ou em áreas suspeitas de estarem contaminadas. Esta determinação abarca as alterações de uso de imóveis que tenham sido utilizados para fins industriais e que, como mencionado na revisão de literatura, estão sendo indevidamente utilizados para outros fins sem que previamente se saiba se há contaminação.

Um dos pontos fundamentais da Lei n. 13.577/2009 constitui a eleição da avaliação de risco como instrumento de tomada de decisão sobre a intervenção a ser feita em uma área contaminada. Não há, portanto, obrigatoriedade de restauração integral da área contaminada ao *status quo ante*, a qual será remediada com base no uso futuro do solo, levando-se em conta as metas de remediação a serem definidas na avaliação de risco.

---

[16] A mesma crítica vale para a Resolução Conama n. 420/2009.

Outro item de suma importância refere-se à determinação legal de averbação da contaminação na matrícula do imóvel. Esta averbação já vem sendo realizada pelo estado de São Paulo com fundamento da decisão com caráter normativo CG n. 167/2005 da Corregedoria Geral da Justiça de São Paulo[17]. Nessa linha relacionada à informação e à publicidade das áreas contaminadas, vale destacar que a legislação especializada vem conferindo, como não poderia deixar de ser, cada vez mais importância a esses temas, à medida que institucionaliza, por exemplo, a divulgação do cadastro paralelamente à publicidade dada pela averbação na matrícula do imóvel. A divulgação das informações por meio dos portais eletrônicos dos órgãos ambientais foi especialmente ressaltada pela Resolução Conama n. 420/2009.

Neste contexto, a informação e a participação da população no processo de decisão relativo às áreas contaminadas constituem objetivos da Lei Estadual n. 13.577/2009, de modo que os órgãos ambientais e de saúde deverão estabelecer programa que garanta à população afetada, por meio de seus representantes, o acesso às informações e à participação no processo de avaliação e remediação da área.

A Lei paulista n. 13.577/2009, durante as várias fases do gerenciamento de áreas contaminadas, previu que as prefeituras municipais deverão ser notificadas pelo órgão ambiental competente[18]. Desta forma, não basta que elas tomem conhecimento do conteúdo da notificação, mas devem saber o que fazer com esta informação. Perguntas como "quais são as consequências para o planejamento urbano?", "há risco a ponto de ter que restringir o uso do solo?", "como restringir o uso do solo?", "quais instrumentos de planejamento urbano podem ser criados para atrair investidores?" necessitam ser doravante discutidas e consideradas pelos municípios.

Interessante notar, também, que esta mesma Lei paulista estabeleceu expressamente como um dos seus instrumentos o plano diretor e a legislação de uso e ocupação do solo. De forma clara e objetiva foi previsto que

---

[17] A decisão foi exarada pelo então Desembargador Gilberto Passos de Freitas, processo CG n. 167/2005, publicada no *Diário Oficial* em 12.06.2006, em resposta à consulta formulada pela Cetesb e pelo Ministério Público de São Paulo. Visando operacionalizá-la, a Cetesb tem enviado aos Cartórios de Registro de Imóvel os "Termos de Área Contaminada" para que seja providenciada referida averbação. Ao final do processo a agência ambiental envia ao respectivo cartório um "Termo de Reabilitação de Área Contaminada", no qual consta o uso para o qual a área se encontra habilitada.

[18] Na mesma linha, a Resolução Conama n. 420/2009 também determinou ao órgão ambiental que comunique a existência de uma área contaminada ou reabilitada ao poder público municipal.

tais normas deverão levar em conta as áreas com potencial ou suspeita de contaminação e as áreas contaminadas. Esse dispositivo legal efetivamente inseriu a questão das áreas contaminadas no planejamento urbano, tendo em vista que o plano diretor é o "instrumento básico do planejamento urbano" conforme preconiza o artigo 182 da Constituição Federal.

A exigência de garantia do uso seguro das áreas no âmbito da aprovação de projetos de parcelamento do solo e de edificação constitui outro mandamento legal previsto na Lei n. 13.577/2009, reforçando o fato de que os órgãos de aprovação municipal terão que incluir em suas rotinas procedimentos para este tipo de controle. Inclui-se aqui a checagem de todas as mudanças de uso que se faça em terreno contaminado ou suspeito de contaminação. A aprovação da reocupação destas áreas deve necessariamente levar em conta a possível presença de contaminantes. Caberá aos municípios, doravante, atuar de forma preventiva e considerar a existência destas áreas problemáticas na dinâmica de uso do solo e em suas ações rotineiras de planejamento urbano e ordenamento territorial[19].

É de se ressaltar que a lei paulista em comento foi recentemente regulamentada pelo Decreto n. 59.263, de 5 de junho de 2013..

Conceitos Legais de "Área Contaminada"

A existência de um conceito legal de área contaminada é crucial para possibilitar o efetivo gerenciamento destas áreas, conferindo a necessária segurança jurídica às ações do órgão ambiental e dos responsáveis legais. Não é possível gerenciar uma área ou exigir determinadas obrigações dos responsáveis sem que se saiba: o que significa uma área estar contaminada; quanto de "poluição" precisa ter uma área para que ela seja classificada como contaminada; qual é a diferença, do ponto de vista jurídico, entre uma área contaminada e uma área poluída.

O *Manual de Gerenciamento de Áreas Contaminadas* da Cetesb (1999) apresenta pela primeira vez a definição de área contaminada, a qual foi baseada na Tese de Doutorado de Gloeden (1999). Após discutir as definições existentes no Reino Unido, Flandres (Bélgica) e Alemanha, Gloeden (1999) sugere a seguinte definição para o contexto brasileiro:

---

[19] Mais detalhes sobre a atuação municipal na gestão de áreas contaminadas podem ser encontrados na tese de doutorado de Spínola (2011), tendo sido estudados cinco municípios da Região Metropolitana de São Paulo.

Uma área contaminada pode ser definida como área, local ou terreno onde há comprovadamente poluição ou contaminação, causada pela introdução de quaisquer substâncias ou resíduos que nela tenham sido depositados, acumulados, armazenados, enterrados ou infiltrados de forma planejada, acidental ou até mesmo natural. Nessa área, os poluentes ou contaminantes podem concentrar-se em subsuperfície nos diferentes compartimentos do ambiente, por exemplo no solo, nos sedimentos, nas rochas, nos materiais utilizados para aterrar os terrenos, nas águas subterrâneas, ou de uma forma geral, nas zonas não saturadas e saturada; além de poderem concentrar-se nas paredes, nos pisos e nas estruturas de construções. Os poluentes ou contaminantes podem ser transportados a partir destes meios, se propagando por diferentes vias, como por exemplo o ar, o próprio solo, as águas subterrâneas e superficiais, alterando suas características naturais ou qualidades e determinando impactos negativos e/ou riscos sobre os bens a proteger, localizados na própria área ou em seus arredores.

As definições trazidas pela legislação ambiental vigente estão dispostas no Quadro 31.1, de modo a facilitar a visualização comparada.

Verifica-se na legislação aprovada em São Paulo que o termo "área contaminada" está relacionado a quantidades ou concentrações de matéria em condições que causem ou possam causar danos à saúde humana, ao meio ambiente ou a outro bem a proteger. As definições paulistas, na essência, são praticamente idênticas.

Assim, o conceito jurídico de área contaminada não está precisamente delimitado, mas decorre da ultrapassagem de valores aceitáveis de risco, o que será analisado, no caso concreto, por meio de um estudo específico de "avaliação de risco", calculado com base nos citados valores orientadores. Neste contexto, como visto, tais valores dão suporte à tomada de decisão sobre a urgência e as metas de remediação, sendo a referida remediação encerrada diante do atingimento de determinada concentração dos contaminantes encontrados na área.

1038 | CURSO DE GESTÃO AMBIENTAL

Quadro 31.1 – Definições de área contaminada previstas na legislação ambiental.

Política Estadual de Resíduos (2006)	DD 103 Cetesb (2007)	Lei n. 13.577 SP (2009)	Política Nacional de Resíduos (2010)
Área, terreno, local, instalação, edificação ou benfeitoria que contém quantidades ou concentrações de matéria em condições que causem ou possam causar danos à saúde humana, ao meio ambiente e a outro bem a proteger (Art. 5°, IX).	Área, terreno, local, instalação, edificação ou benfeitoria, anteriormente classificada como área contaminada sob investigação na qual, após a realização de avaliação de risco, foram observadas quantidades ou concentrações de matéria em condições que causem ou possam causar danos à saúde humana* (item 2).	Área, terreno, local, instalação, edificação ou benfeitoria que contenha quantidades ou concentrações de matéria em condições que causem ou possam causar danos à saúde humana, ao meio ambiente ou a outro bem a proteger (Art. 3°, II).	Local onde há contaminação causada pela disposição, regular ou irregular, de quaisquer substâncias ou resíduos (Art. 3°, II).

Fonte: legislação citada.

* A critério da Cetesb, uma área poderá ser considerada contaminada sem a obrigatoriedade de realização de avaliação de risco à saúde humana quando existir um bem de relevante interesse ambiental a ser protegido.

A confirmação, portanto, de um local como contaminado dependerá de uma série de estudos técnicos, sendo que a área será juridicamente classificada como contaminada se, após a avaliação de risco calculado para determinado uso, forem observadas quantidades ou concentrações de matéria em condições que causem ou possam causar danos à saúde humana (ou a outro bem a proteger se for o caso).

Uma área poluída não está, necessariamente, contaminada. Importante ter em mente que, do ponto de vista jurídico, tais conceitos não se confundem. Diante de uma determinada área poluída (um "lixão", por exemplo), estudos ambientais deverão ser realizados para identificá-la como contaminada, caso que poderá ensejar sua remediação.

Por outro lado, a definição trazida pela Política Nacional de Resíduos não se preocupou com a "técnica legislativa" ao definir uma área contaminada como "local onde há contaminação [...]". Desta forma, para que se reconheça, em nível federal, o que é uma área contaminada, sugere-se que o intérprete se socorra da definição de "contaminação" constante da Resolução Conama n. 420/2009, que, à semelhança da legislação paulista, faz remissão à determinada concentração de poluentes e à necessidade de avaliação de risco:

> Presença de substância(s) química(s) no ar, água ou solo, decorrentes de atividades antrópicas, em concentrações tais (o destaque é nosso) que restrinjam a utilização desse recurso ambiental para os usos atual ou pretendido, definidas com base em avaliação de risco à saúde humana, assim como aos bens a proteger, em cenário de exposição padronizado ou específico (Conama, 2009, Art. 6º, V).

As normas paulistas trazem também na definição de área contaminada a possibilidade de uma edificação ou benfeitoria de um terreno estar contaminada, situação que, de fato, tem ocorrido e que poderia ter sido prevista na Política Nacional de Resíduos.

Chamamos atenção para a importância do correto entendimento sobre a definição legal do termo, tendo em vista que, a partir da classificação de uma área como contaminada, uma série de ações deverá ser tomada pelo responsável legal e pelo órgão ambiental competente.

Metodologia do Gerenciamento de Áreas Contaminadas

Histórico da Documentação

O gerenciamento de áreas contaminadas visa reduzir para níveis aceitáveis os riscos a que estão sujeitos a população e o meio ambiente em decorrência de exposição às substâncias provenientes das áreas contaminadas, por meio de um conjunto de medidas que assegurem o conhecimento das características dessas áreas e dos impactos decorrentes da contaminação, proporcionando os instrumentos necessários à tomada de decisão quanto às formas de intervenção mais adequadas (Cetesb, 2007).

Com o objetivo de otimizar recursos técnicos e econômicos, a metodologia de gerenciamento de áreas contaminadas baseia-se em uma estratégia constituída por etapas sequenciais, em que a informação obtida em cada etapa é a base para a execução da etapa posterior. Trata-se de procedimento para a identificação, priorização e investigação destas áreas e de procedimento para o cadastramento das informações coletadas. Essas informações visam subsidiar a definição do planejamento e da implantação de medidas de intervenção (medidas de remediação, de controle institucional, de controle de engenharia ou emergenciais) (Cetesb, 2007).

A metodologia do gerenciamento de áreas contaminadas apresentada no *Manual de Gerenciamento de Áreas Contaminadas* (Cetesb, 1999) foi desenvolvida com base nas metodologias utilizadas em diferentes países (Alemanha, Estados Unidos da América e Espanha – País Basco) e na experiência adquirida pelos técnicos da Cetesb na execução e avaliação de casos de identificação, investigação e remediação ocorridos em áreas industriais, áreas de disposição de resíduos e em áreas de armazenamento de combustíveis, entre outras fontes potenciais de contaminação.

Esta metodologia foi publicada inicialmente em Gloeden (1999), sendo, neste mesmo ano, incorporada ao *Manual de Gerenciamento de Áreas Contaminadas.*

Em 2000, foram publicados[20] os procedimentos técnicos e administrativos pela Cetesb para aplicação da metodologia de gerenciamento de áreas contaminadas, descrita no referido *Manual de Gerenciamento.*

Em 2007, os procedimentos para o gerenciamento de áreas contaminadas foram aperfeiçoados pelos técnicos da Cetesb e publicados por meio da DD n. 103/2007/C/E (Cetesb, 2007), sendo incluídos detalhamentos técnicos e administrativos como a especificação dos procedimentos para execução das etapas do gerenciamento, procedimentos para priorização, procedimento para responsabilização, estabelecimento de prazos para execução das etapas e para o encerramento do processo de gerenciamento.

Destaca-se que em 2009, com a aprovação da Lei n. 13.577/2009, anteriormente comentada, a metodologia para o gerenciamento de áreas contaminadas foi incluída em legislação específica sobre o assunto, com previsão de publicação de maiores detalhamentos após regulamentação.

Também em 2009 esta metodologia foi incorporada em norma federal por meio da Resolução Conama n. 420/2009, que propicia a atuação de todos os estados da federação no gerenciamento de áreas contaminadas.

---

[20] Por meio da DD n. 007/00/C/E, de 18 de janeiro de 2000, e da DD n. 023/00/C/E, de 15 de junho de 2000.

Histórico das Alterações

A seguir, será apresentada a descrição resumida da metodologia para o gerenciamento de áreas contaminadas, considerando os textos de Gloeden (1999), do *Manual de Gerenciamento de Áreas Contaminadas* (Cetesb, 1999), da DD n. 023/00/C/E (Cetesb, 2001), da DD n. 103/2007/C/E (Cetesb, 2007), da Lei n. 13.577/2009 e da Resolução Conama n. 420/2009. O texto base para esta descrição será o da DD n. 103/2007/C/E (Cetesb, 2007), com a apresentação de comentários sobre os demais textos normativos, em função das diferenças e alterações observadas entre eles visando ao aperfeiçoamento da metodologia e sua aplicação prática. Destaca-se que estas alterações são pequenas, como ocorre, por exemplo, com termos relacionados aos nomes das etapas e classificações, não sendo alterada de forma significativa a estrutura básica da metodologia do gerenciamento de áreas contaminadas.

A metodologia de gerenciamento de áreas contaminadas é composta por dois processos: o de identificação e o de reabilitação de áreas contaminadas, conforme prevê a DD n. 103/2007/C/E.

O processo de identificação de áreas contaminadas tem como objetivo principal definir a existência e a localização das áreas contaminadas sob investigação e é constituído por quatro etapas: definição da região de interesse, identificação de áreas com potencial de contaminação, avaliação preliminar e investigação confirmatória.

Em Gloeden (1999) e no *Manual de Gerenciamento de Áreas Contaminadas* (Cetesb, 1999) foi utilizada inicialmente a denominação da etapa "identificação de áreas potencialmente contaminadas". A denominação "identificação de áreas com potencial de contaminação" passou a ser adotada a partir da publicação da DD n. 023/00/C/E em 2000.

O processo de reabilitação de áreas contaminadas tem como objetivo principal possibilitar a adoção de medidas corretivas, visando atingir as metas estabelecidas para um uso preestabelecido, adotando-se, desta forma, o princípio da "aptidão para o uso". É constituído por seis etapas: investigação detalhada, avaliação de risco, concepção da remediação, projeto de remediação, remediação e monitoramento, conforme dispõe a DD n. 103/2007/C/E.

A denominação "processo de reabilitação" foi adotada a partir da publicação da DD n. 103/2007/C/E. Em Gloeden (1999), no *Manual de Gerenciamento de Áreas Contaminadas* (Cetesb, 1999) e na DD n. 023/00/C/E é utilizada a denominação "processo de recuperação". Na Lei n. 13.577/2009 é utilizada a denominação "processo de remediação".

Em Gloeden (1999), no *Manual de Gerenciamento de Áreas Contaminadas* (Cetesb, 1999) e na DD n. 023/00/C/E foi utilizada a denominação "investigação para remediação". A denominação "concepção da remediação" passou a ser adotada a partir da publicação da DD n. 023/00/C/E em 2000.

Na DD n. 103/2007/C/E foi introduzido o conceito de intervenção em áreas contaminadas por meio não somente da adoção de medidas de remediação, mas também com a possibilidade de se utilizar de medidas de controle institucional e controle de engenharia. Destaca-se, neste sentido, a DD n. 263/2009/P, que estabelece procedimentos para elaboração de investigação detalhada e plano de intervenção em postos e sistemas retalhistas de combustíveis.

Na resolução Conama n. 420/2009 para o gerenciamento de áreas contaminadas, foram definidos procedimentos e ações de investigação e de gestão similares aos estabelecidos na DD n. 103/2007/C/E e na Lei n. 13.577/2009, que contemplam a realização das etapas de identificação (avaliação preliminar e investigação confirmatória), etapas de diagnóstico (investigação detalhada e avaliação de risco) e intervenção (ações de controle para a eliminação do perigo, medidas para redução a níveis toleráveis dos riscos identificados na etapa de diagnóstico, bem como o monitoramento da eficácia das ações executadas, considerando o uso atual e futuro da área).

Conforme estabelecido pela DD n. 103/2007/C/E, nas etapas dos processos de identificação e de reabilitação de áreas contaminadas, em função do nível das informações ou dos riscos existentes, as áreas em estudo podem ser classificadas como: área com potencial de contaminação (AP), área suspeita de contaminação (AS), área contaminada sob investigação (AI), área contaminada (AC), área em processo de monitoramento para reabilitação (AMR) e área reabilitada para o uso declarado (AR).

Em Gloeden (1999) e no *Manual de Gerenciamento de Áreas Contaminadas* (Cetesb, 1999) foi utilizada a classificação "área potencialmente contaminada (AP)". A classificação "área com potencial de contaminação (AP)" passou a ser utilizada após a publicação da DD n. 023/00/C/E.

Em Gloeden (1999), no *Manual de Gerenciamento de Áreas Contaminadas* (Cetesb, 1999) e na DD n. 023/00/C/E, as classificações existentes são: AP (área potencialmente contaminada ou área com potencial de contaminação), AS (área suspeita de contaminação) e AC (área contaminada). As classificações "área contaminada sob investigação (AI)", "área em processo de monitoramento para reabilitação (AMR)" e "área reabilitada para o uso declarado (AR)" foram introduzidas por meio da DD n. 103/2007/C/E.

Na Lei n. 13.577/2009 são apresentadas as seguintes classificações: AP (área com potencial de contaminação), AS (área suspeita de contaminação), AI (área contaminada sob investigação), AC (área contaminada) e AR (área remediada para o uso declarado).

Na Resolução Conama n. 420/2009 são mostradas as seguintes classificações: AS (área suspeita de contaminação), AI (área contaminada sob investigação), ACI (área contaminada sob intervenção), AMR (área em processo de monitoramento para reabilitação) e AR (área reabilitada para o uso declarado).

Na metodologia desenvolvida para o gerenciamento de áreas contaminadas são previstas etapas de priorização. Os critérios utilizados consideram, basicamente, as características da fonte de poluição, das vias de transporte dos contaminantes e dos receptores a serem protegidos.

Na prática, entre as ações realizadas, destaca-se a priorização das ações nas áreas contaminadas críticas, por meio da criação de um grupo gestor, conforme estabelecido na DD n. 103/2007/C/E. A priorização de áreas contaminadas críticas também está prevista na Resolução Conama n. 420/2009.

Como regra básica da metodologia de gerenciamento de áreas contaminadas, todas as informações obtidas em cada uma de suas etapas devem ser armazenadas no cadastro de áreas contaminadas. Nesse sentido, a Cetesb publica em seu endereço eletrônico na Internet a "Relação de Áreas Contaminadas e Reabilitadas no Estado de São Paulo". Nesta relação são apresentadas as áreas contaminadas registradas, sua classificação, as etapas do gerenciamento executadas, os tipos de contaminantes detectados e as medidas de intervenção adotadas, como técnicas de remediação utilizadas, medidas de controle institucional e de controle de engenharia implantadas.

A Figura 31.2 apresenta a distribuição das áreas cadastradas quanto à classificação, segundo dados da Cetesb (2012).

Descrição das Etapas

A seguir serão descritas de forma resumida as etapas do gerenciamento de áreas contaminadas, conforme Gloeden (1999), com comentários, entre parênteses, referentes à DD n. 103/2007/C/E e à Lei n. 13.577/2009.

Figura 31.2 – Distribuição das áreas cadastradas quanto à classificação – dezembro de 2012 (todas as atividades).

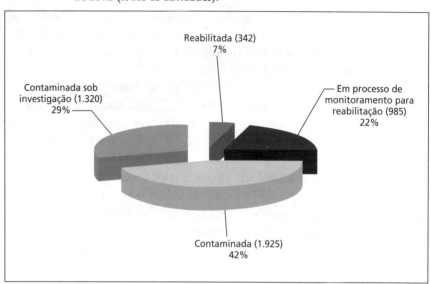

Fonte: Cetesb (2012).

Definição da Região de Interesse

Na etapa de definição da região de interesse são definidos os limites da região a serem abrangidos pelo gerenciamento e estabelecidos os objetivos principais a serem alcançados, considerando os principais bens a proteger. Devem ser levantadas as bases para a determinação dos seus limites e o posicionamento dos bens a proteger no seu interior, utilizando-se mapas, normalmente em escala regional.

Identificação de Áreas Potencialmente Contaminadas (Áreas com Potencial de Contaminação)

Com o objetivo de orientar a execução desta etapa, deve-se, inicialmente, definir quais são as atividades potencialmente contaminadoras dos solos e águas subterrâneas existentes na região de interesse. Em seguida, a identificação das áreas potencialmente contaminadas (áreas com potencial de contaminação) pode ser realizada por meio do levantamento de dados existentes, de investigações utilizando-se fotografias aéreas e do recebimento e atendimento de denúncias ou reclamações.

A definição das atividades potencialmente contaminadoras dos solos e das águas subterrâneas deve ser baseada, principalmente, na natureza das substâncias utilizadas, armazenadas ou dispostas em cada uma dessas. Para orientar a execução desta tarefa existem várias listas de atividades potencialmente contaminadoras dos solos e águas subterrâneas na literatura especializada, confeccionadas por diferentes instituições, que podem ser utilizadas para este fim.

Uma vez definidas as atividades potencialmente contaminadoras dos solos e águas subterrâneas, a identificação das áreas potencialmente contaminadas (áreas com potencial de contaminação) é realizada, basicamente, pela obtenção de informações cadastrais das áreas onde estas atividades são ou foram desenvolvidas, como por exemplo: razão social e a localização.

Entre as principais fontes de informação a serem consultadas, podem ser citadas: as entidades de controle ambiental, prefeituras e associações de indústria e comércio, onde podem ser obtidos dados básicos sobre as instalações, endereço e coordenadas geográficas.

Outra forma de realizar a identificação de áreas potencialmente contaminadas (áreas com potencial de contaminação) é a utilização de fotografias aéreas. Por meio da interpretação estereoscópica das fotos de uma determinada região de interesse, pode ser feita a identificação e o posicionamento de áreas de disposição de resíduos irregulares, além de áreas industriais (ativas e desativadas) e áreas clandestinas de armazenamento de produtos. No caso específico de áreas desativadas, como antigas indústrias ou antigas áreas de disposição de resíduos, a identificação e a avaliação desses locais podem ser realizadas utilizando-se fotografias aéreas provenientes de voos realizados em diferentes datas.

As denúncias e reclamações recebidas pelo órgão responsável pelo gerenciamento de áreas contaminadas, ou por outras entidades, como as agências ambientais estaduais e federais, prefeituras e Corpo de Bombeiros, são outras fontes importantes de informação que podem levar à identificação de áreas potencialmente contaminadas (áreas com potencial de contaminação).

Avaliação Preliminar

A etapa de avaliação preliminar consiste, em essência, na elaboração de um diagnóstico inicial das áreas potencialmente contaminadas (áreas com potencial de contaminação), identificadas na etapa anterior, por meio do levantamento de informações existentes, obtidas pela consulta a documentações e por inspeções de reconhecimento.

Os dados obtidos na etapa de avaliação preliminar permitem estabelecer uma primeira classificação das áreas potencialmente contaminadas (áreas com potencial de contaminação) identificadas, pela constatação de evidências ou fatos que levem a suspeitar ou não da existência de contaminação na área sob avaliação. De acordo com as observações efetuadas, as áreas podem ser classificadas como áreas potencialmente contaminadas (área com potencial de contaminação) (AP), área suspeita de contaminação (AS), ou ainda podem ser excluídas do processo de investigação.

Quando a área em questão for classificada como suspeita de contaminação (AS), os dados coletados nesta etapa serão a base para o planejamento das investigações a serem realizadas na etapa seguinte de investigação confirmatória.

A interpretação dos dados coletados durante a execução da etapa de avaliação preliminar permitirá a elaboração de hipóteses sobre as características da fonte de contaminação, as prováveis vias de transporte dos contaminantes, a distribuição espacial da contaminação e os prováveis receptores ou bens a proteger atingidos ou que possam ser atingidos.

Dessa forma, deve-se estabelecer um modelo conceitual inicial para a área, que será utilizado como base para o planejamento das etapas posteriores do gerenciamento, o qual deverá ser atualizado na etapa de investigação confirmatória e consolidado durante a execução das demais etapas do processo de recuperação (reabilitação ou remediação).

A etapa de avaliação preliminar inicia-se pela coleta de informações já existentes sobre a área, que podem ser levantadas em fontes de informação diversas. Tais informações podem auxiliar na identificação das atividades desenvolvidas em uma área, atualmente ou no passado, assim como na caracterização do meio físico, fornecendo dados importantes para o início do processo de avaliação.

A realização de um estudo histórico possibilita a reconstituição da maneira como foram desenvolvidas as atividades de manejo, produção, armazenamento e disposição de substâncias em uma área. Permite também a reconstituição da evolução do uso e ocupação do solo nas adjacências dessa, e possibilita o posicionamento dos bens a proteger localizados dentro ou fora da área.

Neste tipo de estudo podem ser identificadas as matérias primas, os produtos e os resíduos manejados na área, os locais específicos onde estes são ou foram manipulados, a ocorrência de vazamentos e outras informações.

O estudo histórico é de grande importância no levantamento de informações sobre o manejo ao qual a área foi submetida, sendo indispensável na pes-

GESTÃO DE ÁREAS CONTAMINADAS | **1047**

quisa de fontes de contaminação desativadas, onde as informações nem sempre estarão facilmente disponíveis e, na maioria dos casos, desatualizadas.

O levantamento histórico pode demandar uma grande quantidade de tempo para sua elaboração, por exemplo, em grandes áreas industriais, para registrar todos os dados disponíveis sobre as atividades ocorridas naquelas e arredores, constituindo-se em uma tarefa multidisciplinar, exigindo conhecimento histórico, social, urbanístico, administrativo, além de conhecimentos sobre processos industriais, sobre as propriedades das substâncias químicas e o meio ambiente em geral.

A interpretação de fotografias aéreas multitemporais é uma técnica a ser destacada como uma ferramenta das mais importantes para a realização do estudo histórico. A utilização das fotografias aéreas nesta etapa diferencia-se daquela realizada na etapa de identificação de áreas potencialmente contaminadas (áreas com potencial de contaminação) por dois aspectos principais: objetivo e escala de trabalho.

O levantamento de dados sobre o meio físico objetiva, principalmente, determinar as vias potenciais de transporte dos contaminantes e a localização e caracterização de bens a proteger que possam ser afetados. Para tanto, devem ser levantados dados geológicos, pedológicos, hidrogeológicos, hidrológicos, geomorfológicos e metereológicos, entre outros, que podem ser obtidos junto aos órgãos de controle e planejamento ambiental, universidades, institutos de pesquisa (geológica e agronômica, entre outros), empresas de abastecimento de água, empresas perfuradoras de poços, etc.

Durante a inspeção de reconhecimento a área deve ser vistoriada detalhadamente, procurando-se, se possível, realizar entrevistas com pessoas do local como forma de adquirir informações que, em muitos casos, poderiam não ter sido registradas em documentos, como por exemplo, a ocorrência de acidentes.

Deve-se destacar que os técnicos designados para a execução desta inspeção devem possuir formação adequada e estarem aptos a formular e interpretar tais questões, recomendando-se, desta forma, a constituição de uma equipe multidisciplinar. Durante a inspeção de reconhecimento deve ser realizada uma verificação sobre a necessidade da tomada de medidas emergenciais, em função da possibilidade de existência de risco de incêndio e explosão, ou de riscos iminentes aos bens a proteger.

Na inspeção de reconhecimento devem ser observadas as condições de projeto, construção, manutenção e operação das instalações, ou seja, buscam-se evidências que possam levar os técnicos a suspeitar da presença de contaminação na área e sua localização mais provável. Além disso, deve ser observado o uso e ocupação do solo na vizinhança da área, localizando-se os bens a proteger.

Essas informações são fundamentais para o planejamento da etapa de investigação confirmatória, principalmente para o planejamento da coleta de amostras e definição dos métodos e pontos de amostragem.

O modelo conceitual definido no final da avaliação preliminar constitui uma síntese do conhecimento adquirido sobre determinada área até esta etapa do gerenciamento, devendo representar a possível contaminação existente e sua relação com a vizinhança, incluindo os bens a proteger a serem considerados. Este modelo se constituirá na base para a definição dos objetivos, métodos e estratégias a serem utilizados durante as etapas posteriores, devendo ser atualizado durante as novas etapas do gerenciamento.

Investigação Confirmatória

Esta etapa encerra o processo de identificação de áreas contaminadas e tem como objetivo principal confirmar ou não a existência de contaminação e verificar a necessidade da realização de uma investigação detalhada nas áreas suspeitas, identificadas na etapa de avaliação preliminar.

A confirmação da contaminação em uma área dá-se basicamente pela tomada de amostras e análises de solo e/ou água subterrânea, em pontos estrategicamente posicionados. Para locar estes pontos e definir a profundidade de investigação, toma-se como base o conhecimento adquirido sobre a área na etapa anterior (avaliação preliminar), em que foi definido o primeiro modelo conceitual da área.

Em seguida deve ser feita a interpretação dos resultados das análises realizadas nas amostras coletadas, por meio da comparação dos valores de concentração obtidos com os valores de concentração estabelecidos em listas de padrões (definidas pela Cetesb, especialmente a lista de valores de intervenção).

Desta forma, caso uma área, após a execução da etapa de investigação confirmatória, seja classificada como área contaminada (área contaminada sob investigação – AI), haverá a necessidade da execução das etapas seguintes do processo de recuperação (reabilitação ou remediação).

A metodologia utilizada para realização da investigação confirmatória é constituída basicamente pelo seguinte: plano de amostragem, coleta de amostras, realização de análises, interpretação dos resultados e definição do responsável pela contaminação (responsável legal).

Os resultados obtidos na etapa de investigação confirmatória devem ser utilizados para atualizar e complementar o modelo conceitual, gerando uma nova versão deste, que será a base para o planejamento e realização da etapa seguinte de investigação detalhada.

Caso os resultados das análises realizadas indiquem valores superiores aos estabelecidos como limites para a área em pelo menos um local indicado como suspeito, esta poderá ser classificada como uma área contaminada (área contaminada sob investigação).

Investigação Detalhada

A etapa de investigação detalhada é a primeira do processo de recuperação (reabilitação ou remediação). Dentro deste processo, esta etapa é de fundamental importância para subsidiar a execução da etapa seguinte de avaliação de riscos.

A metodologia utilizada para execução da etapa de investigação detalhada é semelhante à utilizada para a investigação confirmatória; entretanto, os objetivos são diferentes. Enquanto na etapa de investigação confirmatória o objetivo principal é confirmar a presença de contaminação na área suspeita, na etapa de investigação detalhada o objetivo principal é quantificar a contaminação, isto é, avaliar detalhadamente as características da fonte de contaminação e dos meios afetados, determinando-se as dimensões das áreas ou volumes afetados, os tipos de contaminantes presentes e suas concentrações. Da mesma forma, devem ser definidas as características da pluma de contaminação, como seus limites e sua taxa de propagação.

A metodologia utilizada para realização desta etapa é constituída basicamente pelo seguinte: plano de investigação, coleta de dados e interpretação dos resultados.

A partir do modelo conceitual obtido após a execução da etapa de investigação confirmatória são planejados os trabalhos a serem executados na investigação detalhada. Para auxiliar a interpretação dos resultados, podem ser utilizados modelos matemáticos de fluxo e transporte dos contaminantes, com a finalidade de prever a propagação dos contaminantes e, consequentemente, futuros riscos ou danos aos bens a proteger.

Como resultado desta etapa deverá ser obtido o modelo conceitual, que será uma representação mais realista da área contaminada investigada, com a representação das características das fontes de contaminação, extensão e taxa de avanço da contaminação e o posicionamento dos bens a proteger.

Avaliação de Riscos

O objetivo principal da etapa de avaliação do risco é a identificação e quantificação dos riscos gerados pelas áreas contaminadas aos bens a proteger, como a saúde da população, os ecossistemas, as edificações, instalações de infraestrutura urbana, produção agrícola e outros.

Após a identificação e quantificação dos riscos, deve-se definir os objetivos a serem atingidos pela aplicação das medidas corretivas. Tal processo de decisão é conhecido como gerenciamento dos riscos.

A base de dados inicial para a execução da etapa de avaliação de riscos são as informações coletadas na etapa de investigação detalhada.

De acordo com essa metodologia, os seguintes estudos devem ser realizados para quantificar os riscos para a saúde humana gerados por uma área contaminada: coleta e avaliação dos dados, avaliação da toxicidade, avaliação das vias de exposição, caracterização dos riscos e gerenciamento dos riscos (plano de intervenção).

A partir dos resultados da avaliação de riscos, que devem ser utilizados para a atualização do modelo conceitual da área, gera-se um novo modelo conceitual. A partir deste modelo, deve-se decidir sobre a necessidade de medidas de intervenção, como a adoção de técnicas de remediação (além de medidas de controle institucional e de controle de engenharia).

Investigação para Remediação (Concepção da Remediação)

A partir dos objetivos da remediação definidos na etapa de avaliação de riscos (gerenciamento de riscos) e das informações contidas no modelo conceitual, devem ser selecionadas as técnicas mais adequadas. Em seguida, deve ser estabelecido um plano de investigação (para remediação), necessário para a implantação e execução de ensaios piloto em campo e laboratório, realizado para testar a adequabilidade de cada uma das técnicas para conter ou tratar a contaminação, avaliar a eficiência e a confiabilidade das técnicas, além de considerar aspectos legais e ambientais, custos e tempo de implantação e operação.

Projeto de Remediação

Tendo por base principal os trabalhos executados na etapa de investigação para remediação (concepção da remediação), o projeto de remediação deve ser confeccionado e apresentado ao órgão gerenciador. Desta forma, o projeto de remediação deverá conter todas as informações sobre a área contaminada levantadas nas etapas anteriores do gerenciamento e ilustradas esquematicamente no modelo conceitual.

Devem ser apresentados os objetivos a serem atingidos pela remediação, definidos na etapa de avaliação de riscos, e as justificativas para a escolha das técnicas de remediação a serem adotadas, definidas na etapa de investigação para remediação (concepção da remediação, além de outras possíveis medidas de intervenção, como medidas de controle institucional ou de controle de engenharia). Além disso, o projeto de remediação deverá conter planos detalhados de segurança dos trabalhadores e vizinhança e de implantação e operação do sistema de remediação.

Este projeto deve conter os procedimentos, cronogramas detalhados e o planejamento do monitoramento da eficiência (e eficácia) do sistema, em que serão definidos os pontos de coleta de dados, os parâmetros a serem analisados, a frequência de amostragem e os limites ou padrões estabelecidos para serem atingidos pela remediação, além de uma interpretação dos resultados.

Remediação da Área Contaminada

A etapa de remediação da área contaminada consiste da implantação e operação dos equipamentos projetados para a área.

A eficiência da remediação deve ser avaliada utilizando-se sistemas de monitoramento para verificar, por exemplo, se os contaminantes realmente estão sendo isolados ou imobilizados por sistemas de contenção, ou se a concentração dos contaminantes está sendo reduzida pela aplicação de sistemas de tratamento no local.

Desta forma, devem ser realizadas amostragens e análises dos meios monitorados, de acordo com os procedimentos estabelecidos no projeto de remediação. Também deve ser executado o monitoramento para encerramento, que, uma vez finalizado e permanecendo as concentrações dos contaminantes abaixo das metas de remediação definidas na etapa de avaliação de riscos, a área poderá ser classificada como área reabilitada ou área remediada.

CONSIDERAÇÕES FINAIS

Procurou-se demonstrar como a gestão de áreas contaminadas evoluiu no contexto brasileiro tanto sob o aspecto jurídico quanto técnico.

O solo como bem ambiental vem paulatinamente sendo protegido pela legislação, tendo o estado de São Paulo, de forma pioneira, estabelecido uma política pública para gerir sua qualidade e gerenciar as áreas contaminadas. Não obstante, a mencionada Resolução Conama n. 420/2009 veio em boa hora preencher uma enorme lacuna em nível federal, cujos conceitos e metodologia de gerenciamento podem ser utilizados desde já pelos demais estados. A tendência, no entanto, é que os demais entes federados sigam o exemplo de São Paulo, criando suas próprias políticas e normas de proteção específicas e de acordo com suas peculiaridades.

A metodologia do gerenciamento de áreas contaminadas definida inicialmente em 1999 mantém sua estrutura principal, mas vem apresentando aperfeiçoamentos significativos, que permitem investigações mais representativas e remediações mais eficazes e eficientes, registradas por meio da publicação de procedimentos e de legislações específicas.

Chama-se atenção, por fim, para a necessidade de capacitação de técnicos, consultores e da sociedade em geral para lidar com os problemas de contaminação de solo e águas subterrâneas, que abrangem as mais diversas áreas do conhecimento: geologia, hidrogeologia, engenharia, urbanismo, direito etc. O sucesso da gestão de uma área contaminada dependerá, em grande parte, da sinergia existente na equipe multidisciplinar envolvida, além do envolvimento dos responsáveis legais e da conduta dos órgãos ambientais estaduais, e de controle do uso e ocupação do solo municipal. Destaca-se, por fim, a necessidade de informação da população, bem como de se considerar sua opinião no processo de gerenciamento da área contaminada, conforme estabelece de forma pioneira a Lei n. 13.577/2009.

REFERÊNCIAS

CASARINI, D.C.P. *Gestão da qualidade do solo e da água subterrânea*. São Paulo: Cetesb, s.d.

[CETESB] COMPANHIA AMBIENTAL DO ESTADO DE SÃO PAULO. *Manual de Gerenciamento de Áreas Contaminadas*. São Paulo: Cetesb/GTZ, 1999.

_____. *Relatório de estabelecimento de valores orientadores para solos e águas subterrâneas no Estado de São Paulo*. São Paulo: Cetesb, 2001.

_____. *Guia para avaliação do potencial de contaminação em imóveis*. São Paulo: Cetesb/GTZ, 2003.

_____. Decisão de Diretoria n. 195/2005/E. Dispõe sobre a aprovação dos Valores Orientadores para Solos e Águas Subterrâneas no Estado de São Paulo – 2005, em substituição aos Valores Orientadores de 2001, e dá outras providências. *Diário Oficial do Estado de São Paulo*. São Paulo, 3 dez. 2005. Seção I, p. 22-23. Retificação publicada no *Diário Oficial do Estado de São Paulo*, São Paulo, 13 dez. 2005. Seção I, p. 42.

_____. Decisão de Diretoria n. 103/2007/C/E, de 22 de junho de 2007. Dispõe sobre o procedimento para gerenciamento de áreas contaminadas. *Diário Oficial do Estado de São Paulo*. São Paulo, 27 jun. 2007. Seção I, p. 34-39.

_____. Texto explicativo: relação de áreas contaminadas e reabilitadas no Estado de São Paulo. São Paulo, 2010. Disponível em: http://www.cetesb.sp.gov.br/userfiles/file/areas-contaminadas/texto_explicativo_dez_10.pdf. Acessado em: 15 abr. 2011a.

_____. O que são áreas contaminadas. Disponível em: <http://www.cetesb.sp.gov.br/areas-contaminadas/O-que-sao-areas-Contaminadas/1-O-que-sao-Áreas-Contaminadas>. Acessado em: 15 abr. 2011b.

_____. Relação de áreas contaminadas. Disponível em: http://www.cetesb.sp.gov.br/areas-contaminadas/relacoes-de-areas-contaminadas/15-publicacoes. Acessado em: 15 abr. 2011c.

COIMBRA, J.A.A. *O outro lado do meio ambiente: uma incursão humanista na questão ambiental*. Campinas: Millenium, 2002.

CUNHA, R.C.A. *Avaliação de risco em áreas contaminadas por fontes industriais desativadas - estudo de caso*. São Paulo, 1997. Tese (Doutorado). Instituto de Geociências da Universidade de São Paulo.

GLOEDEN, E. *Gerenciamento de áreas contaminadas na bacia hidrográfica do Guarapiranga*. Tese (Doutorado). São Paulo, 1999. Instituto de Geociências da Universidade de São Paulo.GRANZIERA, M.L.M. *Direito ambiental*. São Paulo: Atlas, 2009.

MACHADO, P.A.L. *Direito ambiental brasileiro*. São Paulo: Malheiros, 2010.

MARKER, A. *Avaliação ambiental de terrenos com potencial de contaminação: gerenciamento de riscos em empreendimentos imobiliários*. Brasília: Caixa, 2008.

MILARÉ, E. *Direito do ambiente: a gestão ambiental em foco*. São Paulo: Revista dos Tribunais, 2009.

SÁNCHEZ, L.E. *Desengenharia: o passivo ambiental na desativação de empreendimentos industriais*. São Paulo: Edusp, 2001.

SPÍNOLA, A.L.S. *Inserção das áreas contaminadas na gestão municipal: desafios e tendências*. São Paulo, 2011. Tese (Doutorado). Faculdade de Saúde Pública da Universidade de São Paulo.

Legislação Referenciada

BRASIL. Constituição da República Federativa do Brasil de 1988. Disponível em: http://www.planalto.gov.br/ccivil_03/constituicao/constitui%C3%A7ao.htm. Acessado em: 13 mai. 2011.

_____. Lei n. 6.766/79. Dispõe sobre o Parcelamento do Solo Urbano e dá outras Providências. Disponível em: http://www.planalto.gov.br/ccivil_03/Leis/L6766. htm. Acessado em: 13 mai. 2011.

_____. Lei n. 6.938/81. Dispõe sobre a Política Nacional do Meio Ambiente, seus fins e mecanismos de formulação e aplicação, e dá outras providências. Disponível em: http://www.planalto.gov.br/ccivil_03/Leis/L6938.htm. Acessado em: 13 mai. 2011.

_____. Lei n. 9.605/98. Dispõe sobre as sanções penais e administrativas derivadas de condutas e atividades lesivas ao meio ambiente, e dá outras providências. Disponível em: http://www.planalto.gov.br/ccivil_03/Leis/L9605.htm. Acessado em: 13 mai. 2011.

_____. Lei n. 12.305/2010. Institui a Política Nacional de Resíduos Sólidos, altera a Lei n. 9.605/98 e dá outras providências. Disponível em: http://www.planalto. gov.br/ccivil_03/_ato2007-2010/2010/lei/l12305.htm. Acessado em: 13 mai. 2011.

[CONAMA] CONSELHO NACIONAL DO MEIO AMBIENTE. Resolução n. 273/2000. Disponível em: http://www.mma.gov.br/port/conama/res/res00/res27300.html. Acessado em: 13 mai. 2011.

_____. Resolução n. 420/2009. Dispõe sobre critérios e valores orientadores de qualidade do solo quanto à presença de substâncias químicas e estabelece diretrizes para o gerenciamento ambiental de áreas contaminadas por essas substâncias em decorrência de atividades antrópicas. Disponível em: http://www.mma.gov.br/port/conama/legiabre.cfm?codlegi=620. Acessado em: 13 mai. 2011.

SÃO PAULO (Estado). Decreto n. 47.400/2002c. Regulamenta dispositivos da Lei Estadual n. 9.509/97, referentes ao licenciamento ambiental, estabelece prazos de validade para cada modalidade de licenciamento ambiental e condições para sua renovação, estabelece prazo de análise dos requerimentos e licenciamento ambiental, institui procedimento obrigatório de notificação de suspensão ou encerramento de atividade, e o recolhimento de valor referente ao preço de análise. Disponível em: http://www.cetesb.sp.gov.br/Institucional/documentos/dec47400.pdf. Acessado em: 5 fev. 2011.

_____. Lei n.997/76. Dispõe sobre o Controle da Poluição do Meio Ambiente. Disponível em: http://www.cetesb.sp.gov.br/Institucional/documentos/lei_997_1976. pdf. Acessado em: 5 fev. 2011.

GESTÃO DE ÁREAS CONTAMINADAS | **1055**

_____. Lei n. 9.509/97. Dispõe sobre a Política Estadual do Meio Ambiente, seus fins e mecanismos de formulação e aplicação. Disponível em: http://www.al.sp. gov.br/repositorio/legislacao/lei/1997/lei%20n.9.509,%20de%2020.03.1997.htm. Acessado em: 5 fev. 2011.

_____. Lei n. 12.300/2006. Institui a Política Estadual de Resíduos Sólidos e define princípios e diretrizes. Disponível em: http://webspl1.al.sp.gov.br/internet/ download?poFileIfs=5469587&/Projetodelei_566644.docVersãoFinalresíduomaio.05.doc. Acessado em: 5 fev. 2011.

_____. Lei n. 13.577/2009. Dispõe sobre diretrizes e procedimentos para a proteção da qualidade do solo e gerenciamento de áreas contaminadas, e dá outras providências correlatas. Disponível em: http://www.al.sp.gov.br/repositorio/legislacao/ lei/2009/lei%20n.13.577,%20de%2008.07.2009.htm. Acessado em: 5 fev. 2011.

Transporte e Meio Ambiente | **32**

Gilda Collet Bruna
Arquiteta e urbanista, Universidade Presbiteriana Mackenzie

As políticas públicas de transporte de passageiros visam controlar o equilíbrio social, muito desejado (inclusive por utopistas), mas provavelmente não atingido, durante longas batalhas contra os desafios que os cidadãos metropolitanos enfrentam. Essas políticas são, talvez, a tarefa mais importante dos governos, principalmente quando a globalização se intensifica e os diferentes grupos sociais enfrentam dificuldade em competir, em um cenário que a cada dia se torna mais urbanizado. As políticas têm como missão assegurar boas condições de vida para a multidão de urbanitas metropolitanos, o que certamente significa oferecer-lhes mais que mobilidade, oferecer-lhes acesso às novas formas de trabalho, mas também aos antigos modos remanescentes, tanto locais como regionais. Ou seja, uma mobilidade urbana que equipare todos os cidadãos em seu direito à cidade. Pois, segundo a Política Nacional de Mobilidade Urbana Sustentável, coordenada pelo Ministério das Cidades (2004), os Planos Diretores Municipais e a Legislação Urbanística devem focalizar a diminuição do número de viagens motorizadas, propondo um desenho urbano que valorize os meios não motorizados de transporte[1]. Quão poderosas essas políticas podem

---

[1] O padrão de mobilidade sustentável deve priorizar os modos de transporte coletivo e não motorizado, socialmente inclusivo e ecologicamente sustentável, conforme ANTP (2003). Vide também Boareto (2009), pois "a mobilidade urbana favorece a mobilidade social". E, ainda, a acessibilidade universal, isto é, acesso para todos, inclusive para os portadores de deficiências físicas, conforme Agência Inclusive (2009).

ser? Quão demoradas para atingir seus objetivos? Quão sustentáveis para colaborar com a qualidade ambiental?

O transporte é um sistema usualmente caro devido à necessidade de contar com uma infraestrutura de vias para os diferentes modais, por exemplo, ferrovias, hidrovias, portos e aeroportos. Bastante caro ainda ao se destacar que, no transporte de passageiros – transporte público –, além da infraestrutura, há o custo do material rodante. Por isso, manter uma política pública envolvendo o transporte significa implantar gestões continuadas, ou seja, aquelas em que o governo dá continuidade à implementação de programas de transporte público acessíveis à população, cujas famílias, em grande maioria, se alinham entre as classes sociais de renda mais baixa. Em contraposição, o transporte individual (também necessário) leva implícito ao seu uso o fato de exigir do usuário uma despesa não desprezível com o automóvel, despesa essa nem sempre possível para grande parte da população.

Por isso, o transporte coletivo atinge uma dimensão ímpar como meio de circulação tanto para o poder público como para a comunidade, à medida que consegue oferecer um serviço de qualidade ao dividir os gastos estimados, muitas vezes procurando viabilizá-los por meio de parcerias com a iniciativa privada. Para ambos, poder público e poder privado, chegar a essa dimensão ímpar significa, muito provavelmente, conseguir diminuir a poluição do ar, os acidentes de tráfego e o ruído urbano. Talvez isso só venha a ser atingido após um longo caminho, quando forem dados passos decisivos pelo governo, pelas empresas e pela sociedade civil na tentativa de preservar a qualidade do meio ambiente para as gerações futuras. Essa ação de controle ambiental pode ser feita de modo preventivo ou corretivo. No primeiro caso, seria proposto um controle nas montadoras de veículos, por exemplo, que se pautariam por uma produção limpa, em que tanto os processos usados para montar os automóveis como, em seguida, com o uso de certos combustíveis como o hidrogênio, deixariam de lançar gás carbônico na atmosfera, diminuindo assim mundialmente o aumento do efeito estufa. No segundo caso, o ruído urbano poderia ser amenizado, por exemplo, trabalhando com novos materiais, como asfalto-borracha, que transforma os pneus velhos em um gel redutor da rugosidade da superfície asfaltada, causando menor produção de ruído urbano, menos desgaste dos veículos e menor poluição na atmosfera por material particulado. Consequentemente, fica clara a interferência no meio ambiente, pois este recebe resíduos de óleos, lascas de metal e partículas de borracha, líquidos, gel e silicone utilizados na manutenção de estradas de rodagem e trilhos, poluentes que se propagam pelo ar, por água doce (solo e subsolo), mar e chuvas, que não respeitam limites político-administrativos nem quaisquer outras formas de criar fronteiras (Mota, 1999). Nesse sentido é que se entende que o Estatuto da Cidade[2] (2001) traz caminhos ao estabelecer que municípios com população maior que 500 mil habitantes devem ter seu Plano de Transporte (Art. 41, § 2°); para tanto, devem ser alvo de pesquisas, planos e projetos que procurem controlar seus impactos no meio ambiente. De acordo com o Estatuto da Cidade, além do plano diretor de municípios, a gestão urbana deve valorizar o transporte de massa, dispondo do referido Plano Integrado de Transportes Urbanos e também dos modos de transporte não motorizados, priorizando a inclusão social e a ecologia sustentável. Deve, portanto, procurar integrar tanto a alta capacidade de transportar passageiros como a possibilidade desse transporte ser menos poluente e ainda mais acessível financeiramente à população de menor poder aquisitivo; vale dizer, que com "a quantidade de um determinado bilhete, seja ele um passe mensal ilimitado ou um determinado número de bilhetes [...] [possua] a capacidade de se movimentar, através dos sistemas de transporte público" (Costa e Nassi, 2009); associa-se, assim, essa acessibilidade modal ao salário do trabalhador. No entanto, a missão de se contar com um transporte sustentável só poderá se cumprir se o transporte puder ser movido, por exemplo, por energia hidrelétrica e oferecer passagens de menor custo, pois, com um mesmo investimento, o poder público acaba conseguindo transportar maior número de passageiros com menor nível de poluição do ar.

Observa-se, assim, que a necessidade de racionalizar o uso da infraestrutura, os modos de transporte coletivo, bem como peças e material rodante, mas, sobretudo, os investimentos, ganha destaque no processo de gestão. Cidades com menos habitantes, teoricamente, não precisam se preocupar com os transportes de massa. Essas cidades são pequenas, em termos de extensão territorial e concentração populacional, e por isso, geralmente, as pessoas não precisam percorrer distâncias enormes no trajeto residência-trabalho, em geral a principal viagem diária dos cidadãos. No entanto, mesmo cidades pequenas, porém com mais de 20 mil habitantes, necessitam administrar seu desenvolvimento por meio do Plano Diretor de seu município, conforme reza a Constituição Federal e o Estatuto da Cida-

---

[2] O Estatuto da Cidade foi estabelecido pela Lei federal n. 10.257/2001. Regulamenta os artigos 182 e 183 da Constituição Federal, estabelece diretrizes gerais da política urbana e dá outras providências.

de. Assim sendo, necessariamente, precisarão prever diretrizes de crescimento, entre as quais, as principais vias de circulação, a localização e direção de vetores econômicos e identificar também áreas para expansão dos
sistemas de transporte. Esses planos e projetos são muito importantes, pois
além da poluição do solo, água e ar já mencionadas, o ruído penetra no
meio ambiente formando muitas áreas de risco quando atinge valores superiores a cerca de 62-65 dB[3] por períodos prolongados, destacando-se a
extensão do ruído do tráfego urbano como preocupante, pois interfere por
meio da pressão e vibração das ondas de som e da duração que esse som
alcança, sua regularidade ou continuidade, repetida ou intermitente, podendo, em casos extremos, levar à surdez, ao aumento da pressão arterial,
a doenças relacionadas ao estresse, entre outras.

Por esse motivo, teoricamente, a legislação mapeia as experiências efetuadas no desenvolvimento territorial e ambiental; desse modo, não se pode
descuidar das questões do meio ambiente, seja respeitando a legislação existente, seja contribuindo para atenuar os problemas por meio da implantação de soluções de sustentabilidade desse desenvolvimento. Daí a importância de se limitar a exposição da população aos tipos de poluição acima
comentados. Por exemplo, cortar completamente ou diminuir a exposição
a ruídos urbanos por meio de um planejamento que preveja a instalação de
barreiras aos sons, tanto formadas por áreas verdes (*buffer areas*), barreiras
de terra e outras, como por materiais absorventes acústicos, ou que reflitam
o som para direções que não o levem àquelas zonas ocupadas por áreas residenciais. O projeto do sistema viário também pode inibir a alta velocidade, contribuindo para diminuir o ruído, além de se considerar o próprio
material utilizado nas obras viárias, por exemplo. Questões como essas merecem, portanto, a atenção da gestão urbana e ambiental. As políticas públicas específicas precisam incluir o uso de materiais e detalhes de planejamento urbano, restrição ao tráfego e desempenho do projeto urbano.

AS POLÍTICAS PÚBLICAS E AS METRÓPOLES

Mas como atingir as metas de um Plano Integrado de Transportes Urbanos (Pitu) de uma metrópole, ou seja, uma cidade que se estende por

---

[3] O nível equivalente de ruído (Leq) de 65 dB (A) é considerado o limiar de conforto
acústico para a medicina preventiva (Paz et al., 2005).

vários municípios conurbados? Dois aspectos são relevantes nessa colocação: o primeiro, relativo à extensão territorial, é estruturar áreas sujeitas a diferentes poderes municipais; o segundo é referente aos poderes políticos envolvidos na gestão de regiões metropolitanas compostas por municípios adjacentes entre si, que devem tratar das questões de interesse comum metropolitano, estando, assim, sujeitos à gestão estadual, como o transporte metropolitano.

Assim, analisar esses dois aspectos pode levar a grandes desentendimentos se as mudanças constitucionais ocorridas em 1988 não ficarem claras. Na década de 1970, era o governo federal que instituía as regiões metropolitanas e que providenciava, por meio de seus órgãos setoriais, os recursos financeiros necessários para corrigir os problemas urbanos das metrópoles. Mas, após 1988, a Constituição Federal passa a dar maiores poderes aos estados-membros para criarem suas regiões: microrregiões urbano-rurais; aglomerações urbanas; ou regiões metropolitanas (Art. 25 da Carta Magna).

Bem, talvez a pergunta acima possa agora ser refeita para focalizar como deve ser um Plano de Transporte Urbano Integrado em uma região metropolitana? Certamente, uma região metropolitana com uma população da ordem de milhões em seu Plano Integrado de Transportes Urbanos deveria se apoiar no transporte de massa. Assim é que para a metrópole de São Paulo a estratégia foi pensá-la como a metrópole do futuro e quais condições seriam necessárias para se atingir esse futuro desenho metropolitano (STM, 2009). Este Pitu 2020 é um plano que prevê uma metrópole com diversidade de atividades e que participará da ordem mundial, sendo, assim, competitiva; será também saudável e sustentável, na medida em que propõe o uso racional dos recursos naturais, proporcionando um desenvolvimento humano integral, harmonioso e com valorização da cultura e dos espaços públicos, o que atinge por meio de uma gestão responsável, com continuidade, que conta com cidadãos conscientes e orgulhosos de sua cidade (STM, 2009). Nesse sentido, a gestão metropolitana cabe ao estado, que, conjuntamente com os municípios metropolitanos, deve definir os meios e reunir os recursos necessários para a implementação desse plano. A complexidade do problema metropolitano tem levado o estado a essa procura de colaboração dos municípios metropolitanos, bem como de parcerias com o setor privado, além de buscar, também, apoio do governo federal, ainda que, por vezes, esse apoio venha a ser unicamente na forma de aval para conseguir empréstimos nacionais e internacionais.

CURSO DE GESTÃO AMBIENTAL

Mas, em termos de extensão territorial metropolitana, levando-se em conta a concentração de atividades e população, talvez seja importante poder contar com um sistema central de operação de transportes públicos que facilite a gestão da operação e a integração dos sistemas. Ou seja, que permita controlar horários de saída e chegada de ônibus, trem e metrô, regulando-os de acordo com a alta demanda das horas de pico e as bruscas quedas dessa demanda entre os picos, permitindo que a cidade tenha eficiência para atingir um equilíbrio de tráfego, com satisfação dos usuários dos sistemas de transporte de massa. Dessa forma, será possível ao poder público atender àquela vontade da população de contar com ônibus, trens ou metrô a cada 12 minutos, por exemplo, deixando de esperar horas nos pontos de ônibus e terminais urbanos. Será possível também mostrar que o sistema de transporte de massas pode funcionar integradamente, destacando-se, por exemplo, um transporte estrutural que forma a "coluna vertebral" do sistema, e transportes abastecedores, que alimentem determinados terminais dessa coluna vertebral. Para tanto, pode-se considerar uma inter-relação entre transportes sobre trilhos e sobre pneus, bem como incluir também uma rede para o modal bicicleta e para estrutura apropriada para o transporte a pé, estruturando, assim, essa integração, que provavelmente viria a aumentar as possibilidades de atendimento da população, envolvendo tanto transportes metropolitanos como municipais em uma parceria estado-municípios. O território ficaria estruturado tanto em relação ao transporte de passageiros de alta capacidade (sobre trilhos), como ao transporte de passageiros de média capacidade (sobre pneus). Mais uma vez ficariam evidentes os benefícios que adviriam ao se contar com uma central de controle operacional que permitisse manter uma velocidade de escoamento. Para tanto, o transporte sobre pneus precisaria funcionar sobre faixas exclusivas ou corredores segregados (canaletas), oferecendo, assim, um serviço mais eficiente, pois o tempo de viagem dos passageiros seria controlado conforme os diferentes períodos do dia, épocas sazonais, feriados ou festas especiais (STM et al., 1996).

Considerações como essas, relativas à vazão do fluxo de transporte, têm importância para a gestão urbana e ambiental, pois, se estendidas para os operadores dos serviços, as concessionárias e os administradores públicos, podem se tornar um trunfo para o controle de qualidade. Em grandes aglomerações urbanas, no entanto, nem sempre é possível concatenar os sistemas de transporte metropolitano com os sistemas locais, ou seja, dos municípios que fazem parte da mesma região. É por isso que, muitas vezes, apesar dos esforços despendidos, o cidadão continua a viver em um trânsito caótico e mais complicado ainda, ao verificar que o grande número de usuários do transporte individual compete com os transportes públicos pelo uso de sistemas viários, em geral antiquados, com ruas estreitas que não comportam a intensidade do fluxo urbano denso típico das grandes cidades.

Como se pode depreender, não é fácil administrar um sistema de trânsito caótico como esse, principalmente ao se verificar que entre as incertezas e impossibilidades de ajustar infraestrutura e controle operacional de veículos podem-se somar fatores agravantes, como aqueles devidos às diferenças político-partidárias existentes nas distintas gestões de municípios metropolitanos. Talvez residam aí grandes frustrações relativas ao fracasso de inúmeras tentativas de concatenar uma ação metropolitana integrada de transportes coletivos.

Nesse domínio, o sistema de transporte de massa, bastante complexo, tem seus problemas aumentados com as pressões para a institucionalização de serviços feitos de modo informal, como, por exemplo, aqueles feitos pelas vans ou lotações, ou mesmo por motocicletas. Em muitas cidades, começam a aparecer linhas de lotações que não estão licenciadas. A cena dos transportes coletivos fica, assim, muito mais complexa: há reclamações dos concessionários de ônibus, pois "sentem a perda de clientes"; há interferências das prefeituras, que não aprovam licenças de operação das lotações, apreendendo o veículo e multando seu proprietário; há cidadãos que reclamam, pois seus direitos a um serviço eficiente de transporte nunca são atendidos e suas solicitações parecem desaparecer de cena. O fato é que essa situação de incerteza precisa, aos poucos, ser organizada. Após muitos litígios, as lotações vêm conquistando seu espaço e contribuindo para gerar empregos para muitos daqueles que perderam seus postos e registros nas carteiras de trabalho, em várias regiões do país. Por isso, se antes esse podia ser considerado um cenário típico de grandes metrópoles, hoje é uma realidade em áreas urbanas de diversos portes.

Observa-se que, paulatinamente, muitos trabalhadores informais que dirigiam lotações clandestinas vêm saindo dessa clandestinidade. Mas isso não acontece tão facilmente, pois há muita disputa pelo domínio do mercado desse tipo de trabalho, que, por vezes, acaba interferindo em *direitos adquiridos*[4], uma vez que as reclamações vêm crescendo. A

---

[4] Algumas áreas são historicamente servidas por determinadas companhias que, portanto, consideram aquele um mercado cativo ou que têm um direito adquirido e não querem dividir aquele mercado com outros tipos de transporte.

solução está em encontrar uma situação satisfatória para todos os lados, contentando os usuários do sistema, os donos de lotações e os concessionários de ônibus. E essa é uma missão do poder público, que precisa, simultaneamente, fazer valer sua autoridade gestora e seu poder de polícia. Tem, assim, pela frente, uma tarefa nada fácil e que exige mediação e liderança ao mesmo tempo para negociar com ambos os lados sabiamente, até que cheguem a um acordo sobre a delimitação de áreas de mercado para todos os lados envolvidos. Uma das formas aventadas é aquela em que o poder público praticamente delimita as áreas de domínio em função do tipo de transporte, se estrutural ou alimentador, e em função de uma estimativa de mercado para diferentes porções da metrópole. Assim, as lotações podem, por exemplo, atuar em uma área que complemente a do sistema de ônibus, e, com isso, deixar de ser consideradas como serviços que *roubam passageiros dos ônibus*. No entanto, organizar essas áreas de atuação de forma que o mercado de um serviço seja tributário de outro serviço não é tão simples. É preciso estudar as realidades dos locais, caso a caso, para se poder delimitar áreas de domínio de mercado e exercer uma fiscalização constante, de modo que as partes envolvidas obedeçam aos limites acordados. Daí que a viabilidade de semelhante solução já pode ser considerada em si um tipo de vitória, pois contribui, diretamente, para a qualidade de vida urbana ao organizar a circulação de acordo com tipos de veículos que se coadunam com determinadas áreas de domínios, assegurando mais ordem aos deslocamentos urbanos. Isso tudo gera um impacto positivo na qualidade de vida da população beneficiária, pois, além de resultar na organização do trânsito, acaba diminuindo seu peso no congestionamento do sistema viário, reduzindo a poluição atmosférica, bem como o ruído urbano, e contribuindo para a melhoria da qualidade ambiental.

A ESTRUTURAÇÃO DO TRANSPORTE PÚBLICO

Detendo-se mais em uma reflexão sobre o tipo de organização do transporte público[5], destacam-se, hierarquicamente, linhas estruturais e alimentadoras tanto sobre trilhos como sobre pneus. As primeiras são aquelas formadas pelas linhas férreas (trem e metrô) servidas por transpor-

---

[5] Transporte público refere-se a transporte de passageiros.

te de alta capacidade – por causa do número de passageiros transportados por tempo de viagem – e os ônibus, rodando sobre vias segregadas ou faixas seletivas, que são considerados transportes de média capacidade. Estes, muitas vezes, podem ser considerados formadores de um sistema estrutural municipal, e, mesmo com um transporte de média capacidade (em relação ao número de passageiros transportados por viagem), acabam sendo muito mais alimentadores do sistema metropolitano, ainda que rodem em vias segregadas ou faixas especiais[6], pois muitas dessas viagens acabam por se completar quando seguidas ou precedidas por aquelas sobre trilhos. Assim, a hierarquia entre sistemas estruturais e alimentadores caracteriza um sistema metropolitano de transporte em função da capacidade de passageiros transportados por tempo de viagem. Não resta dúvida, porém, que os municípios também podem organizar seus sistemas de transportes considerando linhas estruturais e alimentadoras, mesmo levando em conta unicamente uma relação entre diferentes capacidades de transporte por ônibus (incluindo ou não as lotações), uma vez que não contam com transportes de passageiros de alta capacidade sobre trilhos para administrar, pois estes são geridos pelo estado. Pela função atribuída a cada uma dessas hierarquias é possível identificar áreas de domínio específico dos transportes de alta capacidade, servidas por linhas estruturais de média capacidade (ônibus), e estas, por sua vez, servidas por linhas alimentadoras de ônibus. Em outra forma, também se podem focalizar exclusivamente os transportes de massa municipais (com linhas tanto estruturais de ônibus como alimentadoras). As lotações também podem ser introduzidas no sistema, aumentando a complexidade dessa hierarquia ao estabelecer áreas de domínio específico para sua atuação.

Uma estruturação complexa de um sistema metropolitano de transporte público, no entanto, nem sempre ocorre, pois dentre as dificuldades que se apresentam, as razões político-partidárias talvez estejam entre os maiores obstáculos, já que a região metropolitana conta, em geral, com muitos municípios, cujos poderes públicos raramente se coadunam politicamente.

Em qualquer situação, entretanto, esse transporte local (municipal) deve fazer parte do Plano Diretor do Município, controlando e estabelecendo diretrizes relativas a empreendimentos ou atividades que possam

---

[6] Embora muitas linhas de ônibus tenham trajetos que os obrigam a saírem dessa faixa especial, acarretando, assim, transtornos no trânsito da cidade.

1066 CURSO DE GESTÃO AMBIENTAL

funcionar como polos geradores de tráfego, como reza o Art. 1º, VI, *d*, do Estatuto da Cidade já mencionado e que, no caso de cidades com mais de 500 mil habitantes, "deverá ser elaborado um plano de transporte urbano integrado, compatível com o Plano Diretor ou nele inserido", conforme art. 41, § 2º deste Estatuto.

No caso do município de São Paulo, seu Plano Diretor Estratégico, aprovado em 2002, e seu Plano Regional Estratégico, aprovado em 2004[7], instituem os Planos Regionais Estratégicos das Subprefeituras. Também essa estrutura hierárquica de linhas locais estruturais e alimentadoras, referentes aos ônibus municipais, trabalham com ônibus articulados e biarticulados. Estes objetivam reduzir o número de ônibus que, de diferentes pontos da cidade, rumam ao centro, de modo que só as linhas estruturais liguem os bairros ao centro e ainda bairro a bairro (Folha de São Paulo, 2001; O Estado de São Paulo, 2001), organizando uma rede de transportes para a cidade de modo a minimizar os efeitos negativos devidos à cidade ser originalmente radioconcêntrica.

Observa-se, portanto, que há necessidade premente de integrar as políticas de transporte locais (municipais) e regionais (metropolitanas), propondo a localização de novas estações em locais onde se preveja a implantação de planos de reurbanização. Só assim é que os serviços municipais e metropolitanos poderão nascer integrados.

Por outro lado, essa racionalização do atendimento da população por uma estrutura hierarquizada de serviços requer que se tenha uma correspondente infraestrutura de apoio, tal como aquela das vias férreas interligando trens e metrô, além de um sistema viário que possa ser usado também por motocicletas e que estruture ainda caminhos para bicicletas e para o pedestre. Assim, em termos físicos, pode-se estruturar a cidade similarmente às ramificações das árvores, em que nem todos os galhos chegam ao tronco ou em que nem todos os modais de transporte coletivo cheguem às áreas centrais da metrópole, aqui comparadas ao tronco. Uma organização semelhante a essa teria um efeito salutar sobre a circulação urbana, pois, facilitando-a, faculta e igualmente estimula os fluxos comerciais e o decorrente dinamismo econômico tão almejado.

---

[7] Lei n. 13.430/2002 aprova o Plano Diretor Estratégico de São Paulo. E Lei n. 13.885/2004 institui os Planos Regionais Estratégicos das Subprefeituras de São Paulo, dispondo sobre o Parcelamento, a Disciplina e o Ordenamento do Uso e Ocupação do Solo da Cidade, que entrou em vigor em 03/02/2005.

Esta é uma teoria de estruturação urbana que vem sendo implantada lentamente, pois a população vem usando mais o transporte coletivo. Conforme o levantamento da pesquisa Origem-Destino de 2007, o modo coletivo representa 55% das viagens, enquanto o modo individual representa 45%, modificando os resultados das pesquisas anteriores em que a participação do transporte coletivo havia caído e a do transporte individual aumentava (STM, 2008). Houve, assim, uma inversão nesse cenário de viagens, muito provavelmente porque o Metrô aumentou a oferta de lugares em 45% e a CPTM, em 84%, reduzindo o intervalo entre os trens. Também as medidas tarifárias, permitindo a transferência livre entre Metrô e CPTM nas estações Luz, Brás, Barra Funda e Santo Amaro, contribuíram para esse crescimento do transporte coletivo, incluindo a integração entre os sistemas de ônibus locais e o transporte sobre trilhos. Houve, ainda, acréscimo de 3 km na linha 2-verde do Metrô, com a inauguração das estações Chácara Klabin e Imigrantes, em 2006, e Alto do Ipiranga, em 2007; ainda foram acrescidos 8,5 km à linha 9-Esmeralda da CPTM, que a partir de 2007 passou a contar com três novas estações, Autódromo, Primavera-Interlagos e Grajaú, e a linha 12-Safira, que foi acrescida de 5 novas estações (STM, 2008). Já em 2010, segundo a Secretaria de Estado dos Transportes Metropolitano (STM, s.d.), com a inauguraçõ da Linha Amarela, a ser operada pelo Consórcio Via Quatro, o percurso de atendimento foi aumentado e a malha metroviária alcançou 74,2 km e o sistema metroviário passou a transportar aproximadamente 4,5 milhões de passageiros por dia.

Sintetizando, sublinha-se que o modo de viagens motorizadas e não motorizadas permanece, com pequenas variações. No modo motorizado, destaca-se o crescimento do metrô, enquanto trem e ônibus permanecem estáveis. As viagens por automóveis diminuem (41% em 2007, e 47% em 1997) e também as viagens por fretados e táxi. As viagens por transporte escolar e motocicletas têm pequena participação no total, mas tiveram acréscimo. As viagens individuais em todas as sub-regiões diminuem, mas a viagens por motocicleta, ainda que com pequena participação, aumentam. Destaca-se ainda que quanto maior a renda familiar, maior a motorização. Somente na faixa de renda familiar de até R$ 760,00 é que aumentam as viagens não motorizadas. É importante lembrar que o principal motivo das viagens a pé é educação, e a razão deste tipo de viagem é a pequena distância a ser percorrida; também para o motivo trabalho, a grande porcentagem de viagens a pé é devida à pequena distância. Também no caso do modo bicicleta, os motivos de viagem foram a pequena distância e o fato de a condução alternativa ser considerada cara (STM, 2008).

O carro, introduzido por Henry Ford no início do século XX, e, em extensão, os veículos motores modificaram os modos de circulação e transporte. O próprio Ford dizia ficar contente à medida que mais pessoas pudessem ter seus carros individuais e, por extensão, os demais tipos de veículos motorizados... Essa mudança trouxe também os transportes coletivos e toda uma nova organização da cidade, com a necessidade de garagens, estacionamentos e de controle da poluição ambiental, demandando, assim, medidas de gestão ambiental urbana.

MUDANÇAS NO USO DO SOLO URBANO

Uma reflexão sobre a vitalidade dos transportes públicos pode mostrar que, muitas vezes, estes são associados ao conhecido fenômeno de substituição de usos do solo e por isso estão sujeitos a alterações no número de passageiros transportados. Paulatinamente, as cidades se modificam, *a fábrica que ficava na esquina fechou, o hipermercado mudou...* Nessa transformação, é provável que áreas como essas (em geral áreas centrais das cidades, que foram ocupadas há muito tempo) estejam se tornando decadentes. Essa é a realidade em vários países: a população deixa de morar nas áreas centrais, as atividades produtivas mudam-se do centro para locais menos congestionados e as atividades de comércio e serviços também se transladam no espaço para acompanhar sua clientela que deixou de morar no centro ou em certos bairros.

O congestionamento vem sendo apontado como o grande responsável por todas essas mudanças. Mas não somente ele, pois, associadas a esse processo de "envelhecimento" da cidade, estão as edificações, que passam a ter a necessidade de renovar encanamentos, fiações e outras reformas, e por isso são responsáveis pela grande perda de prestígio da área. No entanto, o congestionamento, em alguma medida, pode ser um sinal mais visível de vitalidade comercial e urbana, pois *um congestionamento saudável* mostra a atração das áreas comerciais, por exemplo. Não ultrapassando esse limite do saudável, à medida que assegura a atração das áreas comerciais, o congestionamento atua como uma força centrípeta, atraindo consumidores, negociantes, profissionais liberais e moradores. Mas, ao ultrapassar este limite do congestionamento saudável, como já dizia Nelson (1958) sobre as localizações comerciais, esse congestionamento passa a agir como uma força centrífuga, praticamente expulsando os usuários das áreas congestionadas, estimulando o deslocamento das atividades para as imediações e outros locais mais acessíveis, portanto, menos congestionados.

Para o meio ambiente, o congestionamento produz grande impacto ao longo do tempo, pois, combinado com outros fatores, ocasiona e mesmo impulsiona a mudança de usos do solo. Mas que outros fatores são esses? São fatores que, combinadamente, parecem poderosos como impulsionadores de mudanças:

- O preço da terra, que leva os proprietários a descobrir que a área em que se localizam vale muito e que, portanto, poderiam lucrar *vendendo* esse mesmo terreno "mais vezes", e preferem, então, verticalizar a edificação, podendo ter vários andares ocupados, ou, ainda, substituir um uso de menor rentabilidade, como o residencial, por outro de maior rentabilidade, como o comercial, por exemplo.

- As restrições das legislações urbanas e ambientais, que incentivam determinados usos do solo em detrimento de outros e impõem necessidades de recuos e limite de altura, principalmente favorecendo a iluminação e ventilação, mas também, em alguns casos, exigindo manter baixíssimas densidades de ocupação, como nas áreas de proteção a mananciais, que atualmente contam com duas leis específicas, a da bacia do Guarapiranga, Lei Estadual n. 12.333/2006 e da bacia Billings, Lei Estadual n. 13.5792009 para a proteção e recuperação dos mananciais.

- A existência de força sindical organizada e atuante, que, na defesa dos direitos do trabalhador, acaba por encarecer a mão de obra e desestruturar a produção.

- A formação de uma classe média mais extensa, incluindo o proletariado industrial, que passa a ser o grande mercado consumidor, buscando locais para moradia perto das novas áreas produtoras e locais de compra nos novos centros nascentes dessa expansão populacional.

- A mudança de tecnologia de produção, que origina a necessidade de áreas de expansão, centros de distribuição e fluidez de acessos para ambas, produção e distribuição.

- A produção industrializada de determinados bens, como carro e geladeira, que liberam horas de afazeres doméstico, aumentando o tempo disponível das donas de casa para outras atividades, como cultura, lazer e, principalmente, trabalho, levando-as, muitas vezes, a procurar moradia em locais mais próximos dessas atividades.

O resultado desse processo de mudanças mostra que, de um lado, as indústrias manufatureiras – o uso industrial do solo – deixam as áreas centrais, pois não conseguem mais articular o acesso necessário a sua produção nem à distribuição adequada; de outro, as transformações ocorridas no próprio processo industrial, que abandona o modo *taylorista* de produção em série e adentra o modo de produção *just in time,* também conhecida como produção flexível, em que as partes do produto devem ser entregues totalmente prontas e pontualmente em determinado ponto (local) de produção, sendo, portanto, principais demandatárias tanto da necessidade de controle do congestionamento como de novos acessos, que permitam à indústria manter seu ritmo de produção e distribuição. Ficam nas áreas centrais as estruturas antigamente ocupadas pelos velhos modos de produção, os antigos edifícios administrativos; e por vezes, enormes áreas de armazenamento, agora vazias e sujeitas à destruição por intempéries, vandalismos ou invasões. Restam, assim, áreas urbanas decadentes e desvitalizadas, cujas partes se tornam lixo, poluindo um ambiente outrora saudável.

O uso residencial do solo também se transforma. A população de renda média e alta que residia nessas áreas centrais muda-se para novos locais, mais acessíveis, em busca de espaços abertos e paisagens mais acolhedoras. Em alguns países desenvolvidos, esses novos locais foram, primeiramente, criados nos subúrbios residenciais servidos pela estrada de ferro. Esta era o principal meio de transporte para os chefes de família irem ao trabalho nas áreas centrais, deixando seus carros nos estacionamentos junto às estações, ou sendo usuários do conhecido sistema *kiss and ride,* quando as esposas levam seus maridos de carro à estação. Dava-se importância ao acesso ferroviário e à abundância de espaços verdes como fatores de atração e de oferta de conforto dessas novas áreas residenciais. Posteriormente, os novos subúrbios acabaram sendo criados como extensões urbanas vinculadas unicamente ou predominantemente por acessos viários. Foram estruturadas muitas áreas com características similares, principalmente na década de 1950, com a necessidade de reconstrução europeia do pós-guerra, como Coventry na Grã-Bretanha, os grandes conjuntos residenciais de aluguel moderado na França, ou Levittown, na Filadélfia, nos Estados Unidos, para acolher os veteranos de guerra. O transporte era, portanto, um elemento que estruturava o ambiente construído, cortando o meio natural com efeitos devastadores para a fauna e flora em muitos casos.

Em países em vias de desenvolvimento, como o Brasil, que não sofreram devastações de guerra, a mudança de uso residencial, por vezes, aconteceu primeiramente das áreas centrais para áreas intermediárias entre o centro e a periferia, pois esse era um local rico em acesso e infraestrutura urbana, onde ocorreu uma intensa construção de edifícios altos. Posteriormente, já nas últimas décadas do século XX, essas mudanças de uso passaram a se apoiar na existência de acessos viários, voltando-se então para as áreas mais periféricas.

No Brasil, também os dois fatores que fundamentaram as mudanças de uso do solo, pode-se dizer, foram o congestionamento e o transporte como oferta de acessos, uma vez que a população partia em busca do conforto e segurança em novos locais, com grande disponibilidade de áreas verdes. Aqueles outros fatores acima mencionados também se somaram, atuando na formação de uma força de expulsão de empresas para outras regiões do estado ou para outros estados.

A cidade que restou após esses movimentos centrífugos ficou com seus antigos bairros residenciais empobrecidos, ocupados por pessoas das classes mais desfavorecidas econômica e culturalmente, que descuidavam, de um modo geral, tanto das suas locações domiciliares como do entorno urbano, que rapidamente se tornou decadente, com lixo jogado pelas ruas e jardins e edificações vandalizadas.

Ora, o uso urbano do solo ligado à produção sofreu a consequência da desconcentração industrial, transladando-se do centro para outros municípios e estados; além disso, a localização e concentração residencial mudaram, deixando uma área central com pouca população e adensando junto a certos bairros. Portanto, para acompanhar essa população que se transladara no território, o uso do solo comercial e de serviços também se altera, ocupando novas áreas e assumindo novas formas de comércio, como as lojas de departamento, os super e hipermercados e shopping centers. Nas áreas centrais, o comércio varejista volta-se para uma população cada vez mais pobre, em meio a algumas tentativas de recuperação da decadência local, com alguns edifícios renovados, mais parecendo gotas de água pura num oceano de águas poluídas. Algumas ruas comerciais no centro, entretanto, continuam com sua vitalidade e especificidade, como a Rua Santa Ifigênia e a Rua Vinte e Cinco de Março, e ainda áreas na Mooca e Brás. Nas novas áreas residenciais, o varejo vem se estruturando, seja em corredores ao longo das vias de acesso, seja formando novos centros planejados. O comércio atacadista, que antes privilegiava a localização central próxima às indústrias, passa a procurar áreas mais afastadas dos centros urbanos, motivado tanto pela existência de acessos como pela necessidade logística de distribuição.

Mais uma vez é importante assinalar que o transporte está na base dessas mudanças ocorridas e sucessivamente impulsionadas por congestionamentos crescentes e consequentes falta de estacionamento e dificuldade de distribuição de bens e serviços. Essas modificações de uso e de população em poucos anos transformam completamente o ambiente construído com diversos tipos de impactos.

Não se pode esquecer, dentre esses, os impactos do transporte produzindo ruído urbano, já mencionado. O tráfego rodoviário em geral é responsabilizado pela maioria dos ruídos, embora os aeroportos interfiram com seu tráfego aéreo e demanda de novos tráfegos de acesso, também tendo, portanto, sua parcela na composição nesses ruídos urbanos, tanto que o Ministério da Aeronáutica dispõe, entre outros, sobre o Plano de Zoneamento de Ruídos para Aeródromos (Brasil, 1987). A reação da população ao ruído, porém, nem sempre é compatível com a importância que lhe deviam atribuir, pois muitas vezes se desconhecem os danos que podem atingir sua saúde, como surdez ou ruído nos ouvidos, estresse, distúrbios no sono, doença psicológica, entre outros, conforme a frequência e intensidade. Sabe-se, no entanto, que um ruído com intensidade maior que 65 dB, mesmo que produzido a 60 m de distância, influiria na vida humana. Os projetos urbanos, então, deveriam prever como controlar essa produção de ruído, por exemplo, afastando as áreas residenciais de entroncamentos viários e aeroportos, ou diminuindo a exposição aos ruídos na sua geração, com motores mais silenciosos, escalonamento e redirecionamento de voos e horários, melhorias das condições de pavimentação, colocação de barreiras absorvedoras ou defletoras de som, e mesmo construção de edifícios com isolantes acústicos, entre outros (Mota, 1999; Royal Comission on Environmental Pollution, 1994).

AÇÕES DE PLANEJAMENTO TERRITORIAL

Muitas das cidades novas planejadas, em geral, se estruturam em torno de uma malha viária entrecortada pela malha ferroviária. Assim, muitas vezes o transporte ferroviário é o primeiro elemento estruturador dos novos ambientes urbanos, como em Farsta, Vällingby e Särholmen, na Suécia, Stevenage, Hemel Hempstead e Cumbernauld, na Grã-Bretanha, entre outras (Aldridge, 1979; Mullan, 1980; Pass, 1973). O transporte também se via refletido de modo *sui generis* no sistema viário, principalmente junto ao centro dessas cidades planejadas. Nas primeiras gerações de cidades novas, das quais Hemel Hempstead pode ser considerada um exemplo, as áreas centrais inicialmente tinham sido projetadas como as tradicionais ruas de compra, muito movimentadas. Entretanto, o congestionamento nessas ruas apinhadas de gente e veículos atemorizava as famílias locais, que passaram a exigir o fechamento dessas ruas ao tráfego, pelo menos nos tradicionais dias de compra, ou seja, quartas-feiras e sábados. Desse modo, essas ruas funcionam exclusivamente para pedestres, improvisando um *precinct,* termo britânico usado com o significado de *mall,* como os americanos chamam as ruas pedestrianizadas de comércio, em centros de compras, de um modo geral, e em especial, nos shopping centers, frequentemente conhecidos como *shopping malls,* ou simplesmente *malls,* nos Estados Unidos. A comunidade exigia o conforto e a segurança de poder comprar livre de acidentes de trânsito, despreocupadamente, pois suas crianças não mais estariam ao alcance dos automóveis.

Essa modificação inicialmente improvisada no sistema viário foi suficiente para pressionar o poder público, exigindo mudanças mais radicais, que foram conseguidas, pois os projetos e construções dos centros das cidades novas passaram, em geral, a delimitar uma área central livre de veículos motores. O transporte urbano individual em automóveis acaba por desembocar numa espécie de anel viário construído em torno da área central, a partir do qual é possível acessar áreas de estacionamento e garagens. O transporte de carga também é segregado, não intervindo na área central, a não ser por dispor de muitos acessos em subsolo.

Como se vê, ocorre, portanto, uma transformação na forma de usar e ocupar a cidade, devido aos impactos do transporte no ambiente construído. Modificações como essas também foram consideradas e realizadas em algumas cidades tradicionais, como em Oxford, na Grã-Bretanha, que conta com um anel viário em torno de seu centro com um tipo de serviço de *park and ride.* Ou seja, o cidadão que deseja ir ao centro, local com poucos e caros estacionamentos, pode deixar o carro em área especial de estacionamento junto ao referido anel viário e tomar um ônibus que o leva a seu destino no centro urbano.

De modo geral, pode-se observar que modificações de uso e ocupação do solo urbano estão continuamente ocorrendo e planos e projetos vêm sendo elaborados de modo a considerar os impactos do transporte no meio ambiente. Muitos dos resultados oferecidos à população têm levado à construção de cidades que ofereçam a seus usuários conforto e segurança, de modo semelhante aos exemplos apresentados anteriormente.

Para se alcançar condições de qualidade de vida, as regiões metropolitanas do estado de São Paulo contam com o Planejamento Estratégico, que estuda as condições favoráveis e procura atingir metas específicas. O importante, assim, é que o plano comece com a visão de futuro que se tenha da área metropolitana, ou seja, que se pense na metrópole sonhada. Procura-se trabalhar, então, com cenários futuros que englobam os aspectos socioeconômicos e urbanos, e também com uma modelagem de apoio. Ao se pensar em um plano como esse, se está falando no Plano Integrado de Transportes Urbanos (Pitu). As estratégias adotadas preveem investimentos em infraestrutura, regulamento do uso do solo, gestão do trânsito e do transporte, contando ainda com políticas de preços que envolvem desde estacionamento, pedágios e bilhetes de integração para o transporte público. Como ponto de partida, incorpora-se os investimentos já comprometidos (STM, 2009).

Nessa visão de futuro, espera-se: uma *metrópole competitiva* com diversidade econômica e liderança mundial; uma *política de transporte* que permita aumento de acessibilidade e diminuição de congestionamentos; uma *metrópole saudável*, com redução de poluição, ruído e de acidentes, e aumento de acessibilidade para as classes de baixa renda familiar; uma *metrópole equilibrada*, com um equilíbrio entre os subcentros de comércio e serviços, e polos geradores de tráfego, com a presença estruturadora da rede de transportes; uma *metrópole responsável*, com o uso eficiente de seus recursos e operação integrada do sistema de transporte; e uma *metrópole cidadã*, com melhoria da qualidade do serviço de transporte e eficiência dos transportes coletivos (STM, 2009).

A POLUIÇÃO ATMOSFÉRICA

Outro impacto negativo do transporte no meio ambiente tem origem nas emissões de gases nocivos dos veículos motores. Estas levam, principalmente, a problemas respiratórios, mormente em regiões sujeitas ao fenômeno de inversão térmica em determinados períodos do ano, quando nuvens baixas acabam por pressionar a camada atmosférica, impedindo que esses gases, tanto emitidos por veículos motores, como por processos industriais locais, se diluam ao atingir camadas mais altas de ar. Os problemas causados à população, em casos extremos, podem conduzir a óbitos (Bruna e Silva Filho, 2001).

Como se depreende, tanto o processo de organização dos transportes públicos em linhas estruturais e alimentadoras, que simultaneamente atendem a população e restringem o fluxo de veículos para as áreas centrais, como as intervenções efetuadas na própria área central, para implantar acessos que a circundem e restrinjam o fluxo de transporte para o centro, podem contribuir para a melhoria da poluição atmosférica, limitando as emissões perigosas oriundas dos veículos automotores. Outra forma de diminuir essas emissões perigosas seria por meio da adoção de combustíveis de energias alternativas àquela originada do petróleo, como a energia hidrelétrica, o gás natural ou o álcool da biomassa de cana-de-açúcar, por exemplo.

Todo um esforço antipoluidor, no entanto, precisa ser feito conjuntamente com outras medidas relativas ao transporte individual, tanto com melhorias nos veículos, ao se adotar, por exemplo, catalisadores que mantenham determinado grau de emissão de gases nocivos, como também pela regulagem controlada dos motores, além da seleção de tipos de combustível limpo, e da produção de tipos de carros *flex*, que podem usar tanto gasolina como álcool.

Medidas como essas, que permitam controlar a qualidade do ar ao contribuir para um cenário urbano de qualidade, também poderiam ter um valor social ao atender as famílias de baixa renda, pois o maior desejo dos consumidores de automóveis poderia ser atendido: realizar seu sonho de possuir um carro que o leve aos passeios de fim de semana e às compras com conforto e segurança, e ainda com mais sustentabilidade pelas inovações do uso de combustível, do tipo de carro menos poluidor, entre outras. Mas apenas tais medidas não são suficientes para alcançar melhores níveis de pureza atmosférica. Precisa-se poder contar com políticas de planejamento territorial e ambiental que levem à estruturação das infraestruturas de transporte mencionadas, produzindo controle de acesso aos centros urbanos, com redução de congestionamentos e decorrentes poluições do ar, áreas de estacionamento distribuídas conforme as densidades de ocupação e planejamento da localização e acessos aos vários centros urbanos que vêm se formando ao longo do tempo.

1076 | CURSO DE GESTÃO AMBIENTAL

Como se vê, políticas como essas precisam, ao mesmo tempo, ser protetoras do meio ambiente, e ainda precisam ser ordenadoras do uso e ocupação do território. Para tanto, não se pode esquecer que, atualmente, os instrumentos de planejamento estão relacionados no Estatuto da Cidade (Brasil, 2001), que deve orientar os novos projetos urbanos, tendo o Plano Diretor do Município como estruturador de uma nova política de desenvolvimento urbano. Dentre eles, alguns são bastante inovadores e ainda não foram utilizados no Brasil, como o parcelamento, edificação ou utilização compulsórios, que permitam levar ao maior adensamento residencial. Mas essa lei, por estabelecer normas de ordem pública e interesse social, não pode deixar de ser compreendida pela população, que, conscientizada da importância de sua participação e responsabilidade, se envolva no processo de construir e manter seu bairro e cidade, trabalhando em prol do equilíbrio ambiental e da qualidade de vida urbana.

As ações do transporte sobre o meio já vêm sendo avaliadas em alguns casos ao identificar atividades geradoras de tráfego que então só podem se localizar em determinadas zonas que tenham uma infraestrutura viária adequada, ou quando os empreendedores apresentem soluções aos problemas encontrados, construindo-as gratuitamente para o poder público por ocasião da implantação da mencionada obra geradora de tráfego. Outras formas de avaliar o impacto do transporte no meio ambiente também estão agora previstas no Estatuto da Cidade (Brasil, 2001), art. 36, 37 e 38, pelos quais a lei municipal definirá tipos de empreendimentos e atividades privadas ou públicas em áreas urbanas que precisam elaborar Estudo Prévio de Impacto de Vizinhança para poderem ser aprovadas (art. 36). Também a qualidade de vida dos moradores necessita ser preservada de impactos de empreendimentos ou atividades, e o art. 37 obriga a uma análise no mínimo das questões relacionadas a: *adensamento populacional; equipamentos urbanos e comunitários; uso e ocupação do solo; valorização imobiliária; geração de tráfego e demanda por transportes públicos; ventilação e iluminação; paisagem urbana e patrimônio natural e cultural.* Finalmente, o art. 38 deixa claro que a elaboração de Estudos de Impacto de Vizinhança para o município não substitui a elaboração do Estudo de Impacto Ambiental, de acordo com as leis ambientais estaduais e federais. Assim é que a política do desenvolvimento urbano, definida pelo plano diretor do município, deve tratar também dos impactos ambientais locais, observando as demais legislações ambientais.

Não resta dúvida, portanto, de que os impactos do transporte no meio ambiente precisam ser previstos, estudados e dimensionados de acordo com as legislações urbanas e ambientais. O plano diretor do município não prescinde de instrumento importante como o Plano Integrado de Transportes Urbanos, principalmente em cidades com mais de 500 mil habitantes, como solicitado pelo Estatuto da Cidade, mas como gerador da política de desenvolvimento urbano, o plano diretor deve definir caso a caso outras leis municipais específicas, instituindo e velando pela função social da propriedade.

POLÍTICAS DE LONGO PRAZO

A implantação de Planos Integrados de Transportes Urbanos em grandes aglomerações urbanas pode, ao longo do tempo, revelar-se uma resposta efetiva do poder público em prol do atendimento de determinadas comunidades. Sob outro ponto de vista, com esse plano também estão sendo promovidas articulações entre bairros residenciais e locais de trabalho, procurando reduzir os efeitos negativos de acessos que cortem o centro ou que nele tenham origem e destino, como ocorre com a grande maioria das cidades estruturadas por vias radioconcêntricas, quase sempre congestionadas e que, por isso mesmo, acabam funcionando como força centrífuga de usos dessas áreas urbanas.

As estratégias de projetos para solucionar situações como essas buscam transformar aquelas estruturas concêntricas em redes de transportes. Como tal, uma possibilidade é que o sistema viário seja transformado numa rede com malhas constituídas por vias expressas. Em muitos casos, no interior dessas malhas ocorrem atividades urbanas de bairros. Em outros casos, procura-se identificar eixos principais de alta capacidade de transporte de passageiros, ao longo dos quais poderiam se desenvolver altas densidades de ocupação e em cujos cruzamentos se localizariam os principais centros urbanos, preferencialmente planejados. O sistema de trilhos, cuja tendência atual é conectar trem de passageiro com metrô, pode se articular com o sistema viário por meio de estações ou terminais multimodais, reunindo também nesses locais áreas de estacionamento e outros equipamentos urbanos de influência regional. Mas, numa cidade existente, estruturar vias como essas pode significar substituir áreas densamente ocupadas por vias expressas e vias de serviços; desapropriar áreas atendidas por infraestrutura urbana, portanto a um custo muito alto; e construir projetos especiais, com a tecnologia mais atual e, portanto, mais complexa e de alto custo. Como tornar isso viável?

Por outro lado, a insuficiência dos transportes públicos em muitas cidades pode ser associada ao impacto negativo da expulsão de população e atividades, pois essa ineficiência contribui para a produção do caos: o centro principal vê diminuir sua função regional, passando praticamente a influir só nos bairros de suas imediações; por causa da necessidade de mais centros em extensas aglomerações urbanas, estes se estruturam livremente, sem planejamento, em torno das principais ruas de comércio existentes; funções centrais se transladam para áreas próximas àquelas novas áreas ocupadas por população de renda mais alta, seguida por empreendimentos comerciais, hoteleiros, bancos, escritórios e shopping centers, de onde passam a oferecer emprego e habitação e a estruturar a vida urbana em seu entorno: é a metrópole polinucleada que vem se estruturando.

Talvez devido à existência desses novos centros polarizadores que aos poucos vão se estruturando é que haja um grande número de viagens a pé. Estas são realizadas da origem ao destino quando o motivo da viagem é trabalho ou escola, independente da distância percorrida; e para os demais motivos, a distância percorrida é superior a 500 metros. Já as viagens por bicicletas têm como motivação a pequena distância de viagem e ainda o fato de a condução alternativa ser considerada cara. Quanto maior a renda familiar, menores são os tempos de viagens a pé. O Índice de Mobilidade é a relação entre o número de viagens pelo número de habitantes de determinada área. Observa-se que a mobilidade total passa de 1,87 em 1997, para 1,95 em 2007. Já a mobilidade motorizada passa de 1,22 para 1, 29 viagens por pessoas no período 1997-2007. O acréscimo da mobilidade motorizada se deve ao aumento da mobilidade pelo modo coletivo, que passa de 0,62 para 0,71 no período, e o índice de mobilidade individual passa de 0,59 para 0,58 viagens por habitante entre 1997-2007. Finalmente, a mobilidade não motorizada passa de 0,65 para 0,66 viagens por pessoa no período considerado (DM et al., 2008). Talvez esses níveis de mobilidade estimulem a estruturação de novos centros, contribuindo mesmo para sua formação em regiões mais periféricas.

Transformações territoriais como essas podem ser mais o resultado de forças autorreguladoras que vêm se acomodando lentamente, mas certamente a adoção de políticas públicas pode acelerar essas transformações das estruturas urbanas no território, como, por exemplo, com a expansão das linhas de metrô e das políticas de integração tarifária. A associação entre a força de certos fatores e as legislações também pode resultar em verdadeiras transformações, complementando a nova formação urbana. Parece, assim, um movimento espontâneo, um deslocamento de empresas, uma expansão da população no território quando, na verdade, nada mais é que a consequência da atuação conjunta daquelas forças modificadoras, formando novos centros, novos usos do solo, renovação urbana.

Em países como o Brasil, quando o poder das aglomerações ocorre em ritmo e intensidade altos e em que os limites urbanos se extravasam e áreas urbanizadas se amalgamam, formam-se extensas regiões metropolitanas, verdadeiras megacidades, como São Paulo e Rio de Janeiro, cujas redes urbanas são dominadas por esses grandes polos urbanos. Em países como a Alemanha, em que o poder das aglomerações ocorre mais equilibradamente entre os núcleos urbanos, formam-se redes de cidades mais homogêneas, em termos de concentração populacional e econômica.

Consequentemente, os impactos no ambiente construído tendem a ser mais graves nas metrópoles de alta concentração populacional: os congestionamentos atingem níveis inimagináveis e se torna mais difícil oferecer conforto e segurança à populacão, ou mesmo controlar a poluição.

Uma análise comparativa entre os impactos do transporte no meio ambiente em regiões metropolitanas como Londres e São Paulo pode ajudar a compreender essas considerações. Pesquisas recentes mostram que o transporte individual foi o que mais cresceu entre 1987 e 1997 na Grande Londres, cujo congestionamento, pode-se dizer, tornou-se crônico, concentrado e poluidor (Royal Commission on Environmental Pollution, 1994; Hothersal e Salter, 1977). Na Grande São Paulo, o transporte individual expandiu suas viagens de 32% do total em 1967 para 39% em 1977, 45% em 1987 e 49% em 1997 (STM, 1999). Mas entre 1997 e 2007 as viagens motorizadas mostram um acréscimo da participação do metrô, enquanto que o trem e os ônibus praticamente mantêm suas participações. A maior participação em 2007 é a do automóvel com 41%, embora seja inferior à participação em 1997, que foi de 47%. O transporte fretado e os táxis têm suas participações diminuídas; e o transporte escolar e as motocicletas, ainda que com pequenas participações, apresentaram acréscimos no período 1997-2007. Com isso, a mobilidade total e motorizada, em 2007, revertem a tendência decrescente observada desde 1977. A mobilidade total passa de 1,87 em

1997 para 1,95 em 2007, enquanto que a mobilidade motorizada passa de 1,22 para 1,29 viagens por pessoas nesse período (DM et al., 2008).

Nesse movimento de transformação, observa-se que a metrópole industrial vai deixando de se organizar em torno de um único centro, e, à medida que vai se tornando terciária, passa a ser polinucleada. Passa a contar com serviços típicos das sociedades globalizadas, com uma forte bolsa de valores, serviços especializados, como telecomunicações, informática, teleatendimento, bancos, turismo de negócios, sedes de empresas estrangeiras e nacionais, entre outros. Nesse cenário, o turismo de negócios se estrutura ganhando um lugar preponderante. A preservação histórica, com o tombamento de importantes edificações (como antigas estações ferroviárias, museus e salas sinfônicas), ou mesmo de bairros inteiros, pode vir a ser um instrumento que valoriza o ponto turístico, contribuindo, assim, para a qualidade ambiental e a manutenção da vitalidade urbana.

O sistema integrado de transporte público alcança um papel prioritário nas políticas de desenvolvimento urbano com a expansão das estruturas dos transportes públicos e as estratégias abraçadas pelo Plano Integrado de Transportes Urbanos (Pitu), já mencionado. A expansão urbana começa a contar com alguns empreendimentos planejados. Como no caso de São Paulo, a exemplo de Alphaville e Tamboré, o planejamento é feito por empreendedores privados com incentivos do governo. No caso de Londres, acentua-se a atuação do planejamento público de cidades novas; as áreas de reurbanização passam a incluir em seu planejamento a valorização cultural. O planejamento territorial e ambiental passa a ser prática cotidiana.

Assim, enquanto o poder público procura um meio de planejar e controlar o congestionamento em algumas grandes aglomerações, limitando a circulação de veículos nos períodos de pico (mesmo em São Paulo), em outras, o tráfego em si foi considerado um fenômeno autorregulador (mesmo em Londres). Por sua vez, o cidadão possuidor de automóvel pode decidir que modo de transporte utiliza em suas viagens. Se escolher o transporte individual, arcará tanto com os gastos de um tempo de viagem longo, pois o sistema está congestionado, como também com a despesa de combustível e com um alto custo de estacionamento, além do pedágio urbano, que em Londres, por exemplo, passou a ser aplicado a partir de 2003. Pedágio como esse, porém, apesar de ter sido proposto por alguns estudos, ainda não foi adotado em São Paulo (Folha de São Paulo, 2001).

Para os cidadãos que não possuem automóvel, provavelmente das classes sociais de baixa renda familiar, as opções continuam sendo o transporte público, as viagens a pé e o uso de bicicleta (motocicletas são, em geral, utilizadas por empresas de serviços), quando a topografia permite. Isso mostra a limitação de mobilidade dessa faixa populacional, principalmente em cidades cujo sistema de transporte coletivo não atende a toda a área urbana, ou cujo custo não pode ser arcado com um salário mínimo.

Talvez uma das grandes preocupações das políticas públicas voltadas para o transporte seja a necessidade de controlar a poluição atmosférica, principalmente quando ela atinge limites críticos. Por isso é que em algumas regiões metropolitanas congestionadas de países em desenvolvimento, como São Paulo, no Brasil, e Buenos Aires, na Argentina, há lei permitindo restringir o fluxo de carros em períodos críticos de poluição ou nas horas de pico, em toda a cidade ou em um perímetro especialmente delimitado. Muitas críticas, no entanto, condenam essa política: torna-se uma medida paliativa, pois compra-se um carro para circular no dia que o outro fica impedido, e a frota de veículos continua aumentando; aumentam também os congestionamentos, atingindo principalmente o transporte individual (STM, 1999).

Mas, apesar dos congestionamentos, observa-se que o sistema viário continua muito prestigiado, alvo da construção de novos projetos. Nos países desenvolvidos, as rodovias recebem especial atenção, pois são importantes elos regionais entre países, transformando-se, assim, numa categoria especial da hierarquia viária. Desse modo, o conceito básico das políticas públicas de construção de rodovias foi estratégico nos anos de 1980, para promover o crescimento e a competitividade econômica. Em tempo de globalização, porém, alguns governos da Comunidade Europeia acham que essas ligações rodoviárias regionais são prejudiciais, pois facilitam o escape de riquezas. Essas são preocupações políticas regionais, que se defrontam mundialmente, mostrando-se mais cruéis conforme o período econômico que se enfrenta. Alguns países, entretanto, consideram que investir em infraestrutura de transporte pode, de outro modo, ser um estímulo ao crescimento de certos setores econômicos, à medida que facilitem os movimentos entre fronteiras e a correspondente comercialização de bens e serviços de diferentes vantagens comparativas. Esperam, assim, que esse movimento entre fronteiras, em vez de apressar o declínio da economia regional, possa contribuir para um crescimento mais sustentável, se os custos externos de construção e de uso dos sistemas não se tornarem fardos para o meio ambiente e para a sociedade em geral (Royal Commission on Environmental Pollution, 1994).

1082 CURSO DE GESTÃO AMBIENTAL

Depreende-se, assim, que o transporte rodoviário pode ser considerado uma fonte de desenvolvimento e, como tal, ser capaz de gerar emprego e de atrair pequenas e médias empresas para certas regiões, que se tornarão exportadoras para outras regiões do país ou fora dele. Gera-se, assim, riqueza econômica, política e cultural (Jacobs, 1984; Steinberger e Bruna, 2001).

O transporte, no entanto, é também uma das grandes fontes poluidoras do ar. Para enfrentar essa poluição invisível, vêm sendo organizadas reuniões internacionais que têm estimulado a estruturação de legislações nacionais para regular o nível de poluentes químicos que poderão ser emitidos no ar. Nos Estados Unidos, as regulamentações dos níveis de poluentes datam dos anos 1960 e sua Política Nacional de Meio Ambiente, de 1970. No entanto, há países que não aceitam controlar o nível de CO_2 que liberam anualmente, o que contribui para aumentar o efeito estufa. No Brasil, essas regulamentações ambientais datam de 1981; nesse ano, foi criado o Conselho Nacional de Meio Ambiente (Conama), como parte do Sistema Nacional de Meio Ambiente do Brasil (Sisnama).

Apesar da existência de toda uma gama de legislações para controle da poluição do ar e ambiental, o congestionamento nas grandes cidades tem afetado consideravelmente a qualidade do ar, gerando uma fumaça negra composta de óxidos de nitrogênio, monóxido de carbono e componentes orgânicos voláteis. Podem-se mesmo detectar diferentes níveis de poluição do ar de acordo com o padrão das vias e o tipo de tráfego que recebem, como carros, transportadoras de produtos leves ou pesados, transporte coletivo, motocicletas, ou ainda, se os veículos estão correndo, se trafegam por túneis ou se o tráfego é leve ou pesado. Essa poluição pode também ser associada a diferentes fontes, sejam processos industriais, sejam motores desregulados ou emissões de conversores catalíticos produzidas por combustão incompleta em grandes quantidades, quando o veículo está em aceleração, ou se movendo lentamente, ou mesmo em condições de acelera e para, típicas dos grandes congestionamentos (Royal Commission on Environmental Pollution, 1994; Bruna e Silva Filho, 2001).

A minimização de impactos ambientais negativos como esses pode ser objetivada a partir do planejamento territorial e ambiental. Pode-se, assim, prever uma diminuição no ritmo das transformações de uso e ocupação do solo, com redução das taxas de impermeabilização e menor deterioração do ambiente construído. Pode-se esperar, com o controle urbano, que haja uma diminuição do desgaste do pavimento do sistema viário, levando à menor necessidade de manutenção corretiva das vias. Pode-se esperar também uma redução dos tempos de viagem e do número de acidentes, com melhoria da qualidade de vida urbana. Finalmente, é possível prever uma diminuição dos congestionamentos, com subtração de emissão de gases nocivos e de material particulado, com consequente melhoria da qualidade ambiental.

Contar com um planejamento como esse, que inclua um plano de transporte urbano integrado, dá à gestão um poder para delimitar áreas com determinado uso e ocupação, impondo controles sobre certos tipos de poluição. Para tanto, deve-se considerar as variações climáticas, ventos, marés, presença de rios, florestas, parques, mangues e outras variáveis. Como se sabe, áreas com tráfego pesado acabam por diminuir a camada de ozônio do ar ao produzir mais óxido nítrico, com perigos decorrentes para a saúde, que por vezes se tornam graves, com diminuição da resistência humana às inflamações, asma, alergias, infecções e ação de elementos carcinogênicos, como o benzeno.

Devido à gravidade desses problemas, será possível controlar as condições adversas, em curto prazo? Será que as pessoas, por si próprias, seriam capazes de mudar o meio de viagem, numa colaboração voluntária? A melhoria do transporte coletivo seria capaz de atrair usuários em detrimento do transporte individual? Seria possível, então, diminuir o congestionamento nas grandes cidades? O planejamento das cidades conseguiria imprimir esse almejado controle ambiental?

Responder a questões como essas podem implicar o estabelecimento e a estruturação de cenários para determinados períodos de tempo. Nas grandes aglomerações, um plano de transporte de massa precisaria incluir os serviços de alta capacidade de transporte de passageiros e estabelecer também diferentes graus de hierarquia de serviços, conforme considere a maior ou menor concentração de população e atividades. Planos como esses precisam almejar o estabelecimento de um equilíbrio entre os fluxos de transporte individuais, coletivos ou de carga, como uma proposição para o futuro (STM et al., 1996; STM, 1999). Precisam ainda poder estender os serviços para novas áreas com novos empreendimentos de reurbanização, como no bairro de Broad Gate, próximo à estação Liverpool, em Londres, ou do complexo urbano de Canary Warf, proposto como forma de renovar as antigas áreas degradadas do porto de Londres. Ou, em países pobres, o atendimento de bairros reurbanizados, formados por favelas, e o planejamento em áreas de invasões, situadas a 400 e 200 metros de altura em relação ao nível do mar em Cubatão (FAU-USP, 1995), ou ainda a reurbanização de áreas que se transformaram em cortiços, como o bairro dos Campos

1084 | CURSO DE GESTÃO AMBIENTAL

Elíseos, em São Paulo. Procura-se, assim, redistribuir a concentração de população e atividades para que, sendo compatível com a capacidade da infraestrutura instalada, seja possível planejar e implantar, em futuro próximo e controlável, um equilíbrio e qualidade ambiental (ANTP, 1997).

Em uma forma de comparar efeitos do planejamento territorial e ambiental, destaca-se a importância de integrar as políticas municipais e metropolitanas, relacionando, necessariamente, programas, planos e projetos. Por consequência, deveria dar-se prioridade à continuidade na implementação daqueles projetos já iniciados, para, ao mesmo tempo, poder evitar litígios entre as partes envolvidas e demoras decorrentes. Para tanto, seria conveniente contar com comandos unidos e regularidade de investimentos. Obras e disponibilidades de recursos deveriam estar de acordo com as necessidades de projeto e respectivos cronogramas de execução, envolvendo tanto o setor público como parcerias com o setor privado. O transporte poderia receber, assim, total prioridade na implementação das políticas públicas, pois estaria estruturando a qualidade do ambiente construído.

SONHO E REALIDADE

Imensa, desigual e violenta, a metrópole é ainda magnífica, com seus edifícios crescentes em direção ao céu. Como metrópoles, tanto São Paulo como Londres são entes de várias faces, como comenta Ford (1995) sobre Londres, que também tem seu lado sombrio, mesmo desolador, com pobreza e degradação humana e de espaços urbanos. Pode-se observar que vários tipos de vida estão simultaneamente presentes, como em cada uma das cidades de status similar, mostrando seja a atração de seu comércio e serviços, seja a solidão e o anonimato que caracterizam as feições de seus habitantes. Muitos olhares emitem centelhas de matizes de uma verde esperança de um futuro melhor. Essa é uma sensação produzida no interior dos corações, onde cada um se põe a procurar pela modernidade traduzida em qualidade de vida. Assim atraídos, aumentam os movimentos da população migrando pelo território em busca dessa almejada riqueza.

Essa esperança é compreensível. Tem muita relação com as expectativas forjadas no inconsciente das mentes humanas, voltadas para alcançar o sonho prometido pela nova tecnologia e seu correspondente impacto nas áreas urbanas (Castells, 2000). Esse passa a ser o objetivo a atingir. Por essa razão, a metrópole é um sonho ou pesadelo, vivido no cotidiano de seus habitantes. É uma mistura de diferentes classes sociais, usos do solo e tipologias de áreas construídas, empresas e serviços públicos. Talvez seja mesmo o contato com todas essas distintas realidades que impulsiona os cidadãos a se engajarem firmemente em seus trabalhos, ou talvez seja o ir e vir de pessoas em diferentes meios de transporte que se torna o motor que as anima a enfrentar suas realidades e necessidades, nem sempre satisfeitas, pois suas vidas são, muitas vezes, amargamente carentes de emprego, habitação, comida e acesso ao transporte e serviços públicos.

Todas essas características se encontram em um território de dimensões imensas, onde realidade e sonho são acompanhados de medo, tristeza, felicidade e expectativa. Onde todos são afetados pelo movimento constante de pessoas e veículos, circulando em um cenário típico por contrastes entre a decadência e a vitalidade urbana dos tempos modernos, entre a migração em busca de emprego e habitação e a atração de turistas estrangeiros e do país. São fatores que geram fluxos de circulação para várias finalidades e diferentes estruturas locais, em que os hábitos da população estão em constante e rápida mudança.

A mobilidade diária em metrópoles como essas ocorre continuamente, mas de forma lenta, podendo-se dizer que vem diminuindo ao longo do tempo, pois cada vez mais há necessidade de transportar um número maior de passageiros. Esse padrão de mobilidade comporta também a existência de movimentos internos aos bairros, estruturando certa qualidade de vida. A estruturação de novos centros metropolitanos é parte deste padrão de metrópole polinucleada que veio se moldando nas últimas décadas. Vem ocorrendo também uma forma de descentralização dos serviços públicos para esses novos centros, bem como uma desconcentração das atividades econômicas, acompanhando o deslocamento da população em busca das novas áreas em expansão. A distância residência/trabalho diminui, uma vez que esses novos centros se tornam polos geradores de emprego para a população que habita no seu entorno e não mais precisa cruzar toda a aglomeração metropolitana à procura de trabalho, antes predominantemente localizado na área central. Uma nova paisagem urbanizada vem sendo desenhada com esses dados, para a qual é imprescindível o suprimento do transporte de massa.

A decadência das áreas centrais é combatida em Londres por políticas públicas de implementação de transportes coletivos, proibição de localização de shopping centers em áreas centrais, estímulo à preservação do caráter histórico e turístico da cidade e criação de zonas empresariais sujeitas à reurbanização. Em São Paulo, o combate à decadência do centro vem sendo feito pela renovação de equipamentos culturais de impacto regional, por incentivos legais à renovação urbana, utilização de shopping centers como fator de revitalização e estímulo à habitação no centro, em especial para a população de baixa renda familiar, que vem se instalando em prédios antigos renovados.

Em agudo contraste com aqueles setores urbanos modernizados, paralelamente observa-se o crescimento das classes carentes, com seu setor informal, seus vendedores ambulantes invadindo os espaços públicos e perueiros oferecendo as lotações como transporte coletivo, entre outros. Nas metrópoles estrangeiras, como Londres, essas classes desfavorecidas também foram se instalando, constituídas principalmente por imigrantes de antigas colônias, que passaram a atuar sobretudo no setor de serviços, um grande empregador de mão de obra.

Será que a absorção das classes carentes das metrópoles pode ocorrer na forma de um processo autorregulável ao longo do tempo, trazendo-lhes conforto e segurança com qualidade ambiental?

Há quem responda afirmativamente a essa pergunta. Sim, é possível pensar desse modo, ainda que seja preciso muito tempo para conseguir uma melhoria significativa no padrão de vida dessas pessoas. A própria localização desse grupo social desfavorecido, em áreas de menor vitalidade urbana, constitui-se numa forma de pressão sobre a sociedade, pedindo políticas públicas que induzam mudanças nos padrões urbanos, de treinamento e de capacitação que auxiliem na busca de emprego em áreas próximas à sua habitação, e ajudem a abrir pequenos negócios.

Para que se obtenham resultados mais significativos, as experiências de muitos países têm mostrado que o envolvimento da própria população na solução de problemas urbanos pode se tornar um fator de sucesso nessa busca de renovação e de melhor qualidade de vida. As áreas centrais podem ser locais propícios para a implantação de novas comunidades residenciais, cujas características incluem conforto e segurança.

Talvez também a busca de conforto e segurança é que tenha levado, nos Estados Unidos, as pessoas a construir *edge cities*. Apenas quando estas cidades se tornaram enormes, e o congestionamento passou a ameaçar o conforto, a segurança e a qualidade de vida é que elas começaram a perder sua atratividade. Originou-se, então, um movimento lento de volta à cidade (Gratz e Mintz, 1998).

Sob outro ponto de vista, entretanto, há a suposição de que as classes carentes da metrópole, sendo de um processo de desenvolvimento autorregulável ao longo do tempo, encontrem uma resposta negativa ao se tratar de seu conforto e segurança com qualidade ambiental.

É que para ser autorregulador, esse processo espontâneo de formação de metrópoles precisa ser balanceado por políticas públicas que equilibrem desenvolvimento com qualidade ambiental. Foi o que se procurou realizar nos anos de 1980 na Grã-Bretanha. Nessa época, todo o processo de planejamento urbano e ambiental foi modificado. O governo passou a intervir unicamente naquelas áreas que, sem a sua ação, jamais teriam a oportunidade de se desenvolver e que contavam com população expressiva de baixa renda familiar. Já as áreas que tinham condições de autodesenvolvimento não receberiam atenção alguma do poder público. Outras que, com uma pequena alavancagem, pudessem sozinhas se desenvolver economicamente, receberiam incentivos na forma de diminuição de restrições de uso e ocupação do solo, o que ocorreu com a desregulamentação das legislações urbanísticas, diminuindo as exigências legais (Thonley, 1991; Brindley et al., 1989).

No caso brasileiro, a política de desenvolvimento urbano deve ser tratada no âmbito local. O transporte e o meio ambiente ganham destaque como elementos essenciais dessa política (Brasil, 2001), e como tal, devem permitir aos governos responder a essa pergunta com políticas públicas que contemplem cada caso, mas, sobretudo, que coloquem o processo de expansão urbana sob o controle de suas políticas, não mais se sujeitando unicamente à autorregulação. Em outras palavras, com o Estatuto da Cidade aprovado em 2001 pela Lei n. 10.257, o governo federal imprime um ritmo de política de desenvolvimento urbano local, uma vez que cabe, então, aos municípios desenvolverem suas políticas urbanas. O Estatuto reuniu os instrumentos jurídicos urbanísticos e ambientais, como contribuição de melhoria, instituição de zonas especiais de interesse social, usucapião especial de imóvel urbano, direito de superfície, direito de preempção, outorga onerosa do direito de construir, entre outros. Assim é que o poder público passa a dispor dos instrumentos necessários para consubstanciar seus programas e planos em realidade. O transporte e o meio ambiente tornam-se, necessariamente, parte das novas políticas de desenvolvimento local.

REFERÊNCIAS

AGÊNCIA INCLUSIVE. *Acessibilidade revisada para incluir todas as pessoas.* 2009. Disponível em: http://agenciainclusive.wordpress.com/2009/06/22/norma-nbr-9050-acessibilidade-revisada-para-incluir-todas-as-pessoas/. Acessado em: 6 nov. 2009.

ALDRIDGE, M. *The british new towns: a program without a policy.* Londres: Routledge & Kegan Paul, 1979.

[ANTP] ASSOCIAÇÃO NACIONAL DE TRANSPORTES PÚBLICOS. *Transportes humanos: cidades com qualidade de vida.* São Paulo: ANTP, 1997.

_____. *Sistema de suporte à decisão espacial. Planejamento e monitoramento da mobilidade urbana.* 2003. Disponível em: http://www.planuts.com.br/Mobilidade%20Urbana.htm. Acessado em: 6 nov. 2009.

BOARETO, R. (org). *A bicicleta e as cidades. Como inserir a bicicleta na política de mobilidade urbana.* São Paulo: Instituto de Energia e Meio Ambiente, 2009.

BRASIL. Lei Federal n. 10.257/2001. Estatuto da Cidade. *Boletim da Associação dos Advogados de São Paulo.* 2001.

_____. Ministério das Cidades. Política nacional de mobilidade urbana sustentável. Brasília, 2004. Disponível em: http://seplan.ro.gov.br/Uploads/PDF/Conf.%20Cidades/ministerio/6PoliticaNacionalMobilidadeUrbanaSustentavel.pdf;n. Acessado em: 16 jul. 2013.

_____. Portaria n. 1.141/GM5/87. *Diário Oficial da União Seção I.* Brasília: Imprensa Nacional, 1987.

BRINDLEY, T.; RYDIN, Y.; STOKER, G. *Remaking planning: the politics of urban change in the Thatcher years.* Londres: Unwin Hyman, 1989.

BRUNA, G.C.; SILVA FILHO, R.G.C. Road transportation, development and environmental impact. In: *Proceedings of the Second International Symposium on Maintenance and Rehabilitation of Pavements and Technological Control.* Alabama, 2001.

CASTELLS, M. *A sociedade em rede: a era da informação: economia, sociedade e cultura.* São Paulo: Paz e Terra, 2000.

COSTA, F.C.C.C.; NASSI, C.D. Análise comparativa dos sistemas tarifários de algumas cidades do mundo. *Revista dos Transportes Públicos,* n. 122, ano 31, 2009.

[DM] DIRETORIA DE PLANEJAMENTO E EXPANSÃO DOS TRANSPORTES METROPOLITANOS; GERÊNCIA DE PLANEJAMENTO DE TRANSPORTE METROPOLITANO; DEPARTAMENTO DE PLANEJAMENTO E AVALIAÇÃO DE TRANSPORTE et al. Pesquisa Origem e Destino 2007. Região metropolitana de São Paulo. Síntese das informações. Pesquisa domiciliar, dez. 2008.

[FAU-USP] FACULDADE DE ARQUITETURA E URBANISMO DA UNIVERSIDADE DE SÃO PAULO. *Plano Diretor de Cubatão.* São Paulo: FAU-USP, 1995.

FOLHA DE SÃO PAULO. Transporte coletivo em SP a partir de 2002: nova proposta reduz atuação de perueiros. *Folha de São Paulo*. Caderno 5, 26 set. 2001.

FORD, M.F. *The soul of London: a survey of modern city*. Londres: Royal Holloway/ University of London, 1995.

GRATZ, R.B.; MINTZ, N. *Cities: back from the edge: new life for downtown*. Nova York: John Wiley & Sons, 1998.

HOTHERSALL, D.C.; SALTER, R.J. *Transporte and the environment*. Londres: Crosby Lockwood Staples, 1977.

JACOBS, J. *Cities and the wealth of nations: principles of economic life*. Nova York: Random House, 1984.

MOTA, S. *Urbanização e meio ambiente*. Rio de Janeiro: Associação Brasileira de Engenharia Sanitária e Ambiental, 1999, v.1, p.352.

MULLAN, B. *Aspects of the planning and politics of stevenage new town, 1945-78*. Londres: Routledge & Kegan Paul, 1980.

NELSON, R. *The selection of retail locations*. Nova York: Dodge, 1958.

O ESTADO DE SÃO PAULO. Projeto cria 3 tarifas de ônibus e muda sistema. *O Estado de S. Paulo*. Caderno C6, 26 set. 2001.

PASS, D. *Vällingby and Farsta – from idea to reality. The new community development process in Stockholm*. Londres: Cambridge Mass, 1973.

PAZ, E.C.; FERREIRA, A.M.C.; ZANNIN, P.H.T. Estudo comparativo da percepção do ruído urbano. *Rev Saúde Pública*. v. 39, n. 3, 2005; p. 467-72. Disponível em: http://www.scielo.br/pdf/rsp/v39n3/24802.pdf. Acessado em: 6 nov. 2009.

ROYAL COMMISSION ON ENVIRONMENTAL POLLUTION. *Eighteenth report: transport and environment*. Londres/Nova York: Oxford University Press Crown, 1994.

SÃO PAULO (ESTADO). Secretaria de Estado dos Transportes Metropolitanos. São Paulo, s.d. Disponível em: http://www.metro.sp.gov.br/metro/institucional/ quem-somos/index.aspx. Acessado em: 16 jul. 2013.

STEINBERGER, M.; BRUNA, G.C. Cidades médias: elos do urbano-rural e do público-privado. In: ANDRADE, T.A.; SERRA, R.V. (orgs). *Cidades médias brasileiras*. Rio de Janeiro: Ipea, 2001.

[STM] SECRETARIA DE ESTADO DOS TRANSPORTES METROPOLITANOS; [CPTM] COMPANHIA PAULISTA DE TRENS METROPOLITANOS; [METRÔ] COMPANHIA DO METROPOLITANO DE SÃO PAULO et al. *[Pitu] Programa Integrado de Transportes Urbanos: revisão para os anos 1997 e 1998*. São Paulo: STM, 1996, p.27.

[STM] SECRETARIA DE ESTADO DOS TRANSPORTES METROPOLITANOS. *Pitu 2020: Plano Integrado de Transportes Urbanos para 2020. Síntese*. São Paulo:

Coordenadoria de Planejamento e Gestão da Secretária de Estado de Transportes, 1999, p.43.

[STM] SECRETARIA DE ESTADO DOS TRANSPORTES METROPOLITANOS. *Pesquisa Origem e Destino 2007 revela crescimento do transporte coletivo frente ao individual*. 2008. Disponível em: http://www.saopaulo.sp.gov.br/spnoticias/lenoticia.php?id=98457. Acessado em: 13 nov. 2009.

[STM] SECRETARIA DE ESTADO DOS TRANSPORTES METROPOLITANOS. *Pitu – SP*. Disponível em: http://www.stm.sp.gov.br/pitu2020/apresenta.htm. Acessado em: 6 nov. 2009.

THORNLEY, A. *Urban planning under Thatcherism: the challenge of the market.* Londres: Routledge, 1991.

VASCONCELLOS, E.A. *Transporte urbano nos países em desenvolvimento: reflexões e propostas.* São Paulo: Editoras Unidas, 1996.

Energia nos Edifícios e na Cidade | 33

Marcelo de Andrade Roméro

Arquiteto e Urbanista, Faculdade de Arquitetura e Urbanismo – USP

Este capítulo objetiva analisar o consumo de energia em edifícios e nas cidades brasileiras e as alternativas de gestão disponíveis para reduzi-lo, de modo a minimizar os impactos ambientais. O fenômeno da urbanização e da grande concentração de população e de massa edificada nas cidades brasileiras vem gerando no país a necessidade de elevar significativamente a oferta de energia necessária para mover os grandes centros urbanos. Além do petróleo, que é uma fonte energética secundária utilizada basicamente no setor de transportes, a outra fonte de energia que é maciçamente utilizada no ambiente urbano é a eletricidade, que por sua vez, é gerada por meio de usinas hidrelétricas, que estão via de regra afastadas dos grandes centros, demandando extensas linhas de transmissão e distribuição que cortam o país em todas as direções. Não existe no Brasil, a curto ou médio prazo, a possibilidade de substituição da hidreletricidade por outra fonte renovável de energia e portanto, a alternativa mais viável para suprir a demanda das cidades brasileiras é investir no uso racional da energia já existente e disponível, de maneira a possibilitar um aumento do consumo em equilíbrio com o aumento da oferta.

O setor de edifícios é um dos grandes consumidores de energia em todo o mundo, inclusive no Brasil, e a experiência internacional indica que a adoção de políticas públicas de governo com regulamentação adequada para este setor tem sido uma alternativa viável com resultados significativos nos países que a adotaram. A análise do panorama energético mundial e nacional e o resultado de pesquisas realizadas por este autor no setor de edifícios demonstram o potencial de energia elétrica que pode ser economizada, tanto do ponto de vista de economia na etapa de projeto quanto do potencial de economia existente nos edifícios que se encontram em operação e possuem tecnologias ultrapassadas.

CONCENTRAÇÕES URBANAS

A população do planeta neste início do século XXI é fundamentalmente urbana. No momento atual, a população total é de cerca de 6,1 bilhões de habitantes e vem crescendo a uma taxa anual média de 1,3%, ou seja, a população mundial aumentou cerca de 80 milhões de pessoas no ano 2000 (AFP, 2001). Cerca de 70% de todos os habitantes do planeta vivem em áreas urbanizadas e este percentual, além de ser crescente, não tem precedente na história do homem moderno. Nos países desenvolvidos e industrializados, as taxas de urbanização variam de 80 a 90%. Nos países em desenvolvimento, as taxas variam de 100%, em Cingapura, o mais urbanizado, a 67%, em Formosa, o menos urbanizado.

O Brasil vivenciou também o mesmo fenômeno e a partir da década de 1930, quando a população do país ainda era tipicamente rural, iniciou-se o fenômeno de urbanização acelerada, proporcionado pelo crescimento do setor comercial e de serviços ocorrido nos centros urbanos. Na década de 1940, somente 31% da população era urbana. Nos últimos anos da década de 1960, a população brasileira situava-se próxima a 90 milhões de habitantes, dos quais cerca de 50% viviam no campo e 50% nas cidades. Em 1991, cerca de 76% da população já vivia em cidades (Maricato, 1997) e no ano 2000, 81% da população era urbanizada (IBGE, 2000), sendo que 30% dessa população urbana vivia em regiões metropolitanas. O Brasil é, portanto, um país com população urbana com viés de crescimento, e não existe nenhuma indicação de que essa situação se reverterá em curto prazo, como pode ser verificado na Figura 33.1. Estima-se que em 2010 o percentual da população urbana seja de 85%.

Figura 33.1 – Evolução da população urbana e rural no Brasil e percentual da população urbana.

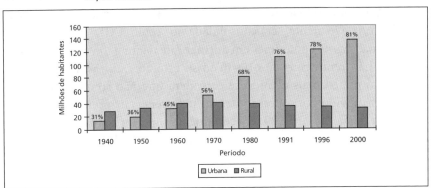

Fonte: IBGE (2000).

PANORAMA ENERGÉTICO MUNDIAL E BRASILEIRO

Tendo em vista a elevada taxa de urbanização no Brasil e a consequente concentração populacional, depreende-se que uma parcela significativa da oferta brasileira de energia é consumida nos centros urbanos ou no seu entorno próximo, onde estão concentradas as atividades industriais, comerciais, de serviço e uma parcela significativa do setor residencial nacional. Em termos mundiais, a oferta de energia em 2003 foi de 10.573×10^6 tEP – toneladas equivalentes de petróleo – (BEN, 2008) e em 2008 foi ligeiramente acima de 12.000×10^6 tEP (IEA, 2007). A desagregação da oferta por fonte energética aponta para um cenário atual mundial no qual cerca de 85% de toda a energia do planeta provêm de fontes não renováveis e somente 15% provêm de fontes renováveis, como a hidreletricidade, a energia eólica, a biomassa, a solar fotovoltaica e outras aplicações da energia solar, como os painéis solares.

O planeta é, portanto, movido por fontes não renováveis de energia e a transição da era "não renovável" para a era renovável ocorrerá ainda neste século. A revolução industrial do século XIX foi construída em bases energéticas não renováveis, como o carvão vegetal e mineral. A revolução tecnológica ocorrida no século XX foi construída em bases energéticas não renováveis, como o petróleo, o gás, o carvão e a energia nuclear, como indicado na Figura 33.2. O século XXI se inicia com uma nova perspectiva, na qual a palavra de ordem é a busca por energias renováveis em larga escala. É certo que a substituição será lenta e gradual, mas será implantada ainda no século XXI e, provavelmente, será consolidada no século XXII.

Os analistas são unânimes em afirmar que daqui a um século os combustíveis não renováveis de origem fóssil estarão extintos. A questão se agrava um pouco mais quando se considera que não somente o planeta terá de ser movido por outras fontes, de preferência não renováveis, como também a demanda em 2100 será certamente superior à atual, mesmo com a implementação de políticas severas de elevação do desempenho de máquinas, motores e equipamentos em todos os continentes.

Um combustível que está sendo apontado como a fonte primária mais promissora para a geração de eletricidade ainda no século XXI e com implantação plena no século XXII é o hidrogênio, que tem como ponto positivo sua abundância. Uma segunda alternativa, que sem dúvida terá um peso decisivo no balanço energético mundial no próximo século e que já desponta como alternativa para o presente em alguns países, é a energia

Figura 33.2 – Produção mundial de energia por tipo de fonte em 2007.

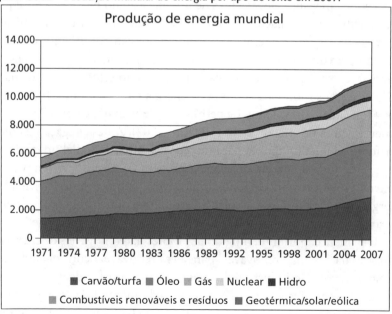

Fonte: IEA (2007).

solar, por meio das opções: eólica, fotovoltaica, biomassa e a utilização da radiação eletromagnética solar para o aquecimento da água.

As radiações eletromagnéticas são o que comumente se chama de *energia solar* e podem aquecer a água com grande facilidade nos coletores solares situados nas coberturas dos edifícios (sistemas de aquecimento solar), por meio de suas componentes: radiação solar direta e radiação solar difusa, ou seja, aquela que é refletida pela atmosfera. A energia eólica, de origem solar, consiste no aproveitamento do deslocamento de massas de ar na troposfera, que ao moverem as pás de aerogeradores produzem corrente elétrica. A energia solar fotovoltaica consiste na geração de corrente elétrica por meio de uma DDP – diferença de potencial –, que ocorre quando a radiação eletromagnética solar atinge uma placa composta por "materiais semi-condutores", como o silício, por exemplo. A biomassa é o resultado da fixação do carbono nos vegetais por meio da fotossíntese, e constitui uma reserva significativa de carbono acumulado.

Desde a última década do século XX, os governos dos países membros da OCDE e os demais países em desenvolvimento vêm conduzindo de maneira conjunta esforços para atingir a marca de 5% de oferta renovável no planeta. Esse percentual deve ser atingido em 2010. Pode parecer um valor pequeno, mas em termos de valores globais, esse percentual rompe a barreira entre o possível e o impossível, ou seja, as energias renováveis são uma realidade (Figura 33.3).

O consumo nacional setorial total, incluindo todas as fontes de energia, como o petróleo, o gás, a hidreletricidade, a biomassa, entre outros, apresenta a participação percentual demonstrada na Tabela 33.1. O setor industrial é o grande consumidor, com cerca de 40% do total, absorvendo fundamentalmente a eletricidade gerada em hidrelétricas. O setor de transporte é movido fundamentalmente pelos derivados do petróleo: gasolina e diesel. Os demais setores: residencial, comercial, público e energético são movidos fundamentalmente pela hidreletricidade.

Do ponto de vista do consumo setorial, utilizando somente a eletricidade como fonte energética, a desagregação percentual do Brasil em 2000 indica os percentuais descritos na Figura 33.4.

Com relação à participação das energias renováveis na geração de energia elétrica, o Brasil leva uma grande vantagem diante da maior parte dos países desenvolvidos ou em desenvolvimento, pois é um país no qual a geração de eletricidade é quase que totalmente renovável, pois provém da hidreletricidade. Uma das principais características desse tipo de fonte energética é que a geração, via de regra, é distante dos centros consumidores, onde a

Figura 33.3 – Comparação da oferta mundial de energia por fonte (1973-2008).

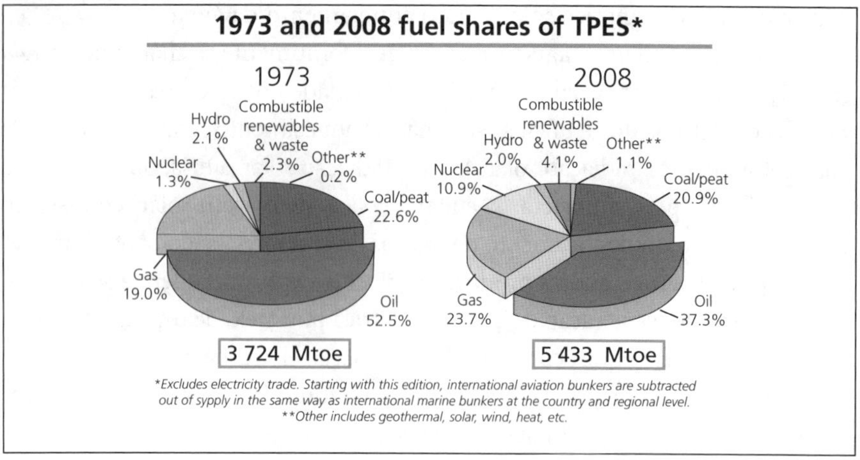
1973 and 2008 fuel shares of TPES*
1973
Combustible renewables & waste 2.3%
Hydro 2.1%
Nuclear 1.3%
Other** 0.2%
Coal/peat 22.6%
Gas 19.0%
Oil 52.5%
3 724 Mtoe
2008
Combustible renewables & waste 4.1%
Hydro 2.0%
Other** 1.1%
Nuclear 10.9%
Coal/peat 20.9%
Gas 23.7%
Oil 37.3%
5 433 Mtoe
*Excludes electricity trade. Starting with this edition, international aviation bunkers are subtracted out of sypply in the same way as international marine bunkers at the country and regional level.
**Other includes geothermal, solar, wind, heat, etc.

Fonte: Modificada de Ministério das Minas e Energia (2000).

Tabela 33.1 – Consumo final setorial brasileiro – 2007-2008.

Consumo final energético por setor			
			10^3 tep
	2008	2007	Δ%
Setor Industrial	83.988	81.915	2,5%
Setor Transportes	61.648	57.621	7,0%
Setor Residencial	22.880	22.271	2,7%
Setor Energético [1]	23.822	21.049	13,2%
Setor Agropecuário	9.689	9.062	6,9%
Setor Comercial	6.182	5.935	4,2%
Setor Público	3.643	3.557	2,4%
Total	211.852	201.409	5,2%

[1] Setor energético agrega os centros de transformação e/ou processos de extração e transporte interno de produtos energéticos, na sua forma final.

Fonte: BEN (2008).

Figura 33.4 – Consumo setorial brasileiro de eletricidade – 2008.

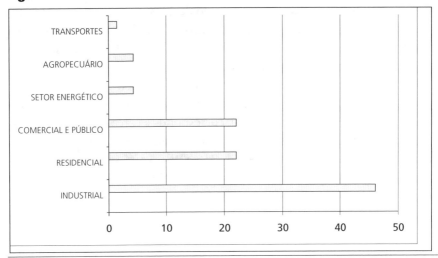

Fonte: BEN (2009).

população brasileira está cada vez mais concentrada. Por outro lado, o fato da hidreletricidade ser uma fonte renovável é um aspecto altamente positivo.

A manutenção da vida cotidiana nas cidades do Brasil; o funcionamento do parque industrial brasileiro; o funcionamento do setor comercial que inclui o setor de serviços e também todo o setor residencial dependem do fornecimento regular de eletricidade. Um aspecto relevante a ser considerado é a elevação do consumo nacional, que vem crescendo a taxas de 2 a 3% ao ano, proporcionado pela elevação do número de consumidores e pela elevação da quantidade de massa edificada, ou seja, de edifícios, nas suas mais variadas formas e dimensões.

CONSUMO DE ENERGIA EM EDIFÍCIOS

Cerca de 80% da demanda nacional de eletricidade é absorvida dentro de edifícios, o que os tornam elementos fundamentais para o controle do consumo. Desse percentual, uma parcela significativa é demandada por máquinas e equipamentos de produção e de serviços e uma segunda parcela é demandada por dois usos finais que estão diretamente relacionados ao projeto de arquitetura, que são a iluminação artificial e o condicionamento ambiental, também conhecido como climatização artificial. Em termos médios, a iluminação artificial corresponde a 12% do consumo nacional de eletricidade, ou seja, 6,5% proveniente do setor residencial, acrescido de 2,8% proveniente do setor comercial e 2,7% proveniente do setor público. O condicionamento ambiental corresponde a cerca de 5% do consumo nacional, sendo 3,5% proveniente do setor comercial e 1,5% proveniente do setor público.

Assim, conclui-se que o consumo de energia elétrica no interior dos edifícios decorrente de duas variáveis isoladas, que são a iluminação artificial e o condicionamento ambiental, corresponde a cerca de 17% do consumo total nacional e corresponde, em valores nominais, a cerca de 53 TWh, para um consumo total, em 1999, de 315 TWh. Trata-se de um valor bastante significativo em termos nacionais e também em termos mundiais, tendo em vista que o Brasil ocupa a 10ª colocação no *ranking* dos países produtores de eletricidade no mundo.

A questão que se coloca é o que pode ser feito diante desse cenário, ou seja, como se pode otimizar o consumo de energia no interior dos edifícios que serão ainda construídos e daqueles que já se encontram em uso e operação nas cidades brasileiras; até que ponto o projeto de arquitetura pode auxiliar esse processo, minimizando os impactos dos novos edifícios e até que ponto é possível reduzir o consumo de eletricidade nesses dois usos finais (iluminação artificial e condicionamento ambiental) sem prejudicar o desempenho das atividades que são realizadas no interior dos edifícios.

O projeto de arquitetura, quando concebido em consonância com o clima local, resulta em edifícios bastante eficientes na minimização dos impactos das condições climáticas exteriores. A título de exemplo, os edifícios de escritórios do setor comercial brasileiro que são projetados em função do clima chegam a consumir cerca de 40% menos energia que aqueles que o ignoram.

Se essa é a realidade, como garantir projetos de arquitetura de qualidade e que resultem em edifícios com consumos bastante otimizados e elevado desempenho?

O consumo excessivo de energia, como resultado de edifícios com projetos arquitetônicos energeticamente ineficientes, acarreta desperdícios nas duas pontas: a da geração e a do consumo, ambas com implicações diretas em termos ambientais. Na ponta da geração, a eventual necessidade de novas usinas traz implicações e impactos ambientais que deverão ser criteriosamente analisados. Na ponta do consumo, a demanda excessiva exerce influência sobre as necessidades de geração. Vê-se aqui a evidente necessidade de serem definidas políticas e aplicados processos de gestão para as edificações de forma a torná-las mais compatíveis com o clima do país.

A alternativa mais viável para o enfrentamento dessa questão é a implantação de regulamentos energéticos, na forma de decreto-lei, geridos nas esferas municipal, estadual ou federal, que contenham características de desempenho mínimo e que disciplinem o projeto de arquitetura quando de sua concepção e aprovação.

O Brasil ainda não possui essa ferramenta, muito embora a sua aplicabilidade já tenha sido testada e comprovada em algumas dezenas de países, entre eles os EUA e a França, como será apresentado a seguir.

REGULAMENTOS ENERGÉTICOS PARA EDIFÍCIOS

O grande estopim da proliferação dos regulamentos energéticos em todo o mundo foi o choque do petróleo ocorrido em fins de 1973, como resposta à ajuda dos EUA a Israel na guerra Árabe-Israelita. Alguns analistas de política energética acreditam que essa tenha sido uma medida de retaliação, muito embora os árabes tenham colocado a questão de uma outra forma, alegando a importância do petróleo para a economia dos países compradores e a elevação do custo de vida (Goldenberg, 1988). A partir de 1974, com uma nova ordem na economia mundial, baseada no uso racional dos energéticos disponíveis, foi criada em Paris a AIE – Agência Internacional de Energia – como um comitê autônomo da OCDE – Organização para a Cooperação Econômica e Desenvolvimento –, que é um organismo internacional também sediado na capital francesa.

A OCDE foi criada em Paris em 30 de setembro de 1961, com o principal objetivo de promover políticas que visem a expansão econômica e os níveis de vida dos seus países membros e não membros, mas em vias de desenvolvimento. Em novembro de 1974, foi criada no âmbito da OCDE a AIE, com o objetivo de promover cooperação energética entre os países membros de modo a reduzir a dependência do petróleo externo e desenvolver fontes energéticas alternativas, bem como promover pesquisas que visem o uso racional de energia. A OCDE dividiu os 100 países maiores produtores e consumidores de energia do mundo em dois grandes grupos: os países membros, que totalizavam 30 em 2003, e os países não membros, que totalizavam 70, entre eles o Brasil. O Brasil, na sua posição de destaque entre os países em vias de industrialização no mundo; na sua liderança política e energética na América Latina, e na sua posição como um grande país produtor de energia no mundo, deveria ter assento entre os países membros da OCDE.

O Regulamento Francês

Em 1974, alguns países europeus já dispunham de recomendações energéticas para o setor residencial durante o período de inverno, de modo a reduzir as perdas e aumentar os ganhos energéticos. Entre eles, cita-se o caso da França, que, até o momento do choque do petróleo, possuía as regras K elaboradas pelo CSTB – *Centre Scientifique et Technique du Bâtiment*, sediado em Paris. Essas regras consistiam em procedimentos técnicos para a elaboração de projetos de arquitetura para qualquer tipo de edifício, considerando as condições climáticas locais. Ocorre que as regras K, embora fossem amplamente conhecidas no meio acadêmico e parcialmente no meio técnico, não estavam regulamentadas, ou seja, não possuíam nenhuma função legal e restritiva, por esse motivo não eram adotadas maciçamente pela comunidade dos projetistas franceses, e consequentemente, não geraram reduções significativas nos consumos do país.

Após 1974, as regras K foram transformadas no coeficiente G de Perdas Globais e o seu uso tornou-se obrigatório em toda a França. O coeficiente G, também conhecido como coeficiente de perdas globais, introduziu uma série de restrições para a escolha dos materiais das envolventes externas dos edifícios (cobertura, paredes e pisos), para serem adequadas ao período do inverno na França, de maneira que os edifícios não perdessem o seu calor interno para o exterior. Essa medida evitaria que os edifícios utilizassem recursos artificiais de aquecimento no período de inverno e reduziria, consequentemente, o consumo de energia do país. Com essa medida, o consumo energético dos novos edifícios sofreu uma redução de 25% em 8 anos (Dehausse, 1988), conforme demonstrado na Figura 33.5.

A partir de 1982, quando o uso do coeficiente G já havia sido plenamente absorvido pela comunidade de projetistas franceses, foi introduzido o coeficiente B para os ganhos de calor. O coeficiente B, também conhecido como coeficiente de ganhos globais, introduziu uma série de restrições que reduziam os ganhos de calor no interior das construções no período do verão, tais como: o sombreamento dos caixilhos (janelas), o sombreamento das fachadas compostas basicamente por vidros e o isolamento das coberturas, entre outros. Essa medida evitaria que os edifícios utilizassem recursos artificiais de condicionamento de ar no período do verão e reduziria, consequentemente, o consumo de energia do país. Com isso, o consumo energético dos novos edifícios sofreu uma nova redução de 25%, entre 1982 e 1989 (Dehausse, 1988), conforme demonstrado na Figura 33.5.

Após 1989, introduziu-se o coeficiente C, objetivando regulamentar os consumos dos sistemas ativos, ou seja, dos equipamentos. Naquele momento, foi estabelecida uma perspectiva de outros 25% de redução até o final de 1997. O coeficiente C estabelece uma série de parâmetros de desempenho para os equipamentos artificiais, também conhecidos como sistemas ativos, entre eles, a iluminação artificial, os equipamentos de condicionamento ambiental e os sistemas complementares. Atualmente, a França possui um conjunto de regulamentações que figura entre os mais completos da Europa; os projetistas franceses estão plenamente habituados a utilizar os coeficientes G, B e C e os benefícios são contabilizados entre os usuários, que, além de obterem maior benefício nas questões de habitabilidade, têm o valor de suas faturas de energia reduzido. Do ponto de vista nacional, o país, após a implantação dessas medidas, reduziu sua demanda de energia e prorrogou uma série de novos investimentos na construção de novas plantas.

Figura 33.5 – Redução dos consumos energéticos – França.

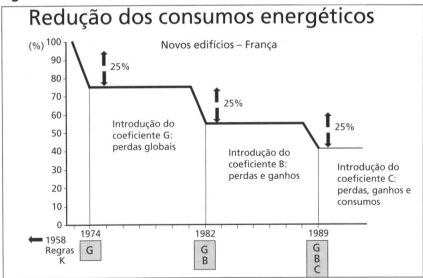

Fonte: Dehausse (1988).

Os Regulamentos Norte-Americanos

Nos EUA, ocorreu uma situação semelhante à francesa. A partir de 1974, movidos pela mesma crise ocorrida no setor do petróleo internacional, as recomendações sobre a concepção adequada de edifícios e sua relação com o clima local, já existentes em todo o país, tornam-se, em uma série de estados americanos, regulamentos energéticos legais e, portanto, de uso obrigatório. No mesmo período, houve em todo o país uma elevação intencional no preço das tarifas de energia visando a sua redução. O resultado dessas duas ações em conjunto foi uma variação média de 0%, no consumo total de todas as fontes energéticas primárias e secundárias, no período entre 1974 e 1985. Na realidade, no período em questão, não houve crescimento do consumo, embora o Produto Interno Bruto (PIB) e o nível da qualidade de vida tenham crescido no país (Gadgil e Rosenfeld, 1991), conforme pode ser verificado na Figura 33.6.

Em nenhum desses dois países nem nas demais nações europeias, nas quais os regulamentos energéticos foram implantados, notou-se declínio da qualidade da arquitetura ou redução nas possibilidades de criação dos

Figura 33.6 – Redução dos consumos energéticos – EUA.

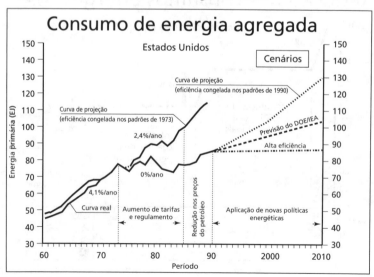

Fonte: Gadgil e Rosenfeld (1991).

arquitetos. As normas implantadas não tinham o objetivo de fornecer receitas descritivas, mas sim de fornecer condições para que os arquitetos pudessem adequar o clima local aos materiais construtivos mais convenientes e às condições climáticas mais agressivas, optando, por exemplo, por isolar o edifício de modo a evitar as perdas. No caso brasileiro, a implantação de um regulamento possibilitaria enormes avanços nas áreas da energia e das edificações, além de significativas economias para o consumo nacional e, consequentemente, a redução de futuros impactos ambientais.

RESULTADOS DE PESQUISAS

Entre 1994 e 1997, realizou-se, na FAU-USP (Roméro, 1994), pesquisa nesta área visando a quantificar, em termos de consumo de energia, quanto poderia ser economizado se os projetos de arquitetura fossem concebidos levando em consideração esses conceitos e também quanto poderia ser economizado nos edifícios já construídos que tivessem algum potencial de reformulação e atualização tecnológica e energética. Foram analisados quatro edifícios de escritórios do setor comercial situados na cidade de São Paulo, enquadrados como quatro casos, descritos a seguir.

Caso 1

O edifício situa-se em um terreno com cerca de 1.600 m² de área, nas proximidades da Av. Ibirapuera. O projeto de arquitetura é de 1991 e a inauguração ocorreu em 1993. O edifício possui dois subsolos; um pavimento térreo; um pavimento intermediário chamado de mezanino, onde estão localizados o refeitório, a cozinha e o CPD – Centro de Processamento de dados; três pavimentos tipo, onde estão situados os escritórios; e um último andar de cobertura. O edifício é um típico exemplo de uma arquitetura que vem sendo repetida em todo o país desde o final da década de 1970, não obstante existam no país diferentes orientações, latitudes, altitudes e consequentemente, diferentes climas. O caso 1 é um retângulo de cerca de 28 m x 16 m, com as duas faces menores cegas, ou seja, sem a presença de janelas, orientadas a nordeste e sudoeste, e duas faces maiores totalmente envidraçadas orientadas a noroeste e sudeste. Suas fachadas de vidro não possuem nenhum tipo de proteção exterior à radiação incidente, tanto no nascente quanto no poente. No solstício de verão, o sol atinge, na latitude de São Paulo, uma altura próxima aos 90° graus, atingindo a cobertura do edifício com uma carga da ordem dos 1.138 W/m^2. Não existe na laje de cobertura do edifício nenhum tipo de isolamento térmico nos componentes construtivos da laje.

Caso 2

O edifício situa-se no bairro do Brooklin, em uma área típica de expansão do setor terciário, onde predominam edifícios de escritórios dos mais variados, um suporte de serviços e uma área residencial que paulatinamente estão dando lugar a empreendimentos imobiliários de médio e grande porte. O projeto de arquitetura, com cerca de 6.000 m^2, é de 1982 e a inauguração ocorreu em 1984. O edifício possui um subsolo; um pavimento térreo e treze pavimentos onde estão situados os escritórios. Os pavimentos tipo possuem planta livre, subdividida com divisórias baixas e móveis e conjuntos de sanitários e copa, totalizando cerca de 320 m^2 de área total útil. O edifício do caso 2 é um exemplo de uma arquitetura cuja concepção vem sendo repetida por este arquiteto e baseia-se em libertar as áreas de apoio que são os sanitários, as copas e as áreas de arquivo das áreas livres de trabalho, ou seja, da "área de carpete". Dessa maneira, obtêm-se pavimentos livres e volumes arquitetônicos dos mais diversos, onde escadas, sanitários, copas e depósitos compõem volumes externos triangulares, retangulares, curvos e mistos. O vidro não é o principal elemento utilizado nas fachadas e ocupa uma posição coerente com sua função, ou seja, permitir a entrada da iluminação natural sem, entretanto, permitir a entrada excessiva de calor exterior. O caso 2 é um retângulo de cerca de 35 x 10 m, com as duas faces menores envidraçadas orientadas a noroeste e sudeste e duas faces maiores com caixilhos e alvenaria orientadas a nordeste e sul. Suas fachadas de vidro não possuem nenhum tipo de proteção exterior a radiação incidente no nascente e no poente, bem como nos caixilhos das demais fachadas.

Caso 3

O edifício situa-se em um terreno com cerca de 4.000 m², em uma das áreas de grande expansão do setor terciário na cidade de São Paulo, que é o corredor da Avenida das Nações Unidas, desde a ponte João Dias até a ponte do Jaguaré. Nesse trecho de aproximadamente 14 km de extensão estão em construção uma série de edifícios, além dos já inaugurados entre 1989 e 1993. O projeto de arquitetura foi concebido em 1992 e a inauguração ocorreu em 1994. O edifício possui um subsolo com áreas de estacionamento, um pavimento térreo onde se localiza o *hall* principal de acesso e quatro pavimentos tipo onde estão situados os escritórios. Os pavimentos tipo possuem planta livre, com divisórias baixas, dois conjuntos de sanitários, além de duas escadas, totalizando cerca de 1.200 m² de área útil por pavimento.

Apesar de o edifício ter sido concebido no inicio da década de 1990 (1992), tendo sofrido, portanto, a influência de uma arquitetura que privilegia o vidro como um elemento de destaque nas fachadas, nota-se que nesse caso, a taxa de vidro nos panos verticais é de cerca de 30%, e do ponto de vista da contribuição dos vidros na composição da carga térmica interna, este percentual é bastante satisfatório para edifícios situados em climas tropicais. A opção por recuar da fachada parte dos caixilhos na orientação norte é também uma opção muito interessante, porque impede a entrada da radiação no período do verão no horário de maior intensidade (das 11h às 14h) e impede também a entrada de parte da intensa radiação nos equinócios. Um outro fator significativo é a opção pelo mármore branco polido nas fachadas que reflete a radiação solar nelas incidente.

Caso 4

Como no caso anterior, o terreno situa-se em uma das áreas de grande expansão do setor terciário na cidade de São Paulo, que é o corredor da Avenida das Nações Unidas. O projeto de arquitetura é de 1990, a inauguração do edifício é de 1993. O edifício possui 18 pavimentos tipo com ocupação característica de escritórios, um pavimento térreo, dois andares técnicos e dois subsolos. A planta do andar tipo foi concebida em forma de hexágono, com um núcleo central onde estão situados os elevadores, dois sanitários, copa, almoxarifado, depósito, escadas de incêndio e *hall* de circulação. A concentração das áreas de apoio e circulação na região central do pavimento é uma tendência nos grandes edifícios de escritório projetados nos últimos 20 anos, e vem sendo repetida com muita frequência, principalmente naqueles com elevado padrão de construção e acabamento. A envolvente exterior (fachada) é predominantemente de granito polido e vidro duplo laminado, com película refletiva para a radiação solar, conferindo ao conjunto um aspecto agradável e harmonioso.

Potencial de Economia do Consumo de Energia Elétrica na Etapa de Projeto

O potencial de economia do consumo de energia na etapa de projeto significa quantificar quanto um edifício seria mais econômico, em termos do consumo de energia, caso algumas medidas fossem tomadas ainda na etapa de projeto, ou seja, no momento que o arquiteto detém toda a liberdade para girar o edifício, escolher o tipo de vidro, escolher os materiais, optar por abrir ou não os caixilhos (janelas), entre outros. Nessa pesquisa, todos os quatro edifícios analisados apresentaram potenciais de conservação de energia elétrica na etapa de projeto. Por causa da grande gama de possibilidades de análises, a pesquisa concentrou-se em algumas alternativas, para as quais realizaram-se simulações computacionais com o objetivo de analisar virtualmente como seria o edifício se um dado aspecto fosse modificado.

Além das alternativas analisadas nas simulações que focaram os aspectos das tecnologias em iluminação artificial, estratégias de iluminação natural e estratégias para a escolha correta dos materiais das fachadas, outras possibilidades demonstradas pelas simulações seriam possíveis de ser implantadas nos edifícios, caso tivessem sido pensadas na etapa de projeto, tais como o aproveitamento das temperaturas exteriores no período de inverno como forma de redução das cargas de condicionamento ambiental. Para que isso se viabilizasse, bastaria que os edifícios possuíssem algumas aberturas nas fachadas para ventilar o forro no período noturno.

Como resultado concreto das simulações computacionais realizadas, verificou-se nos quatro estudos de caso analisados a possibilidade de redução do consumo de energia na etapa de projeto. Para o caso 1, o arquiteto poderia ter optado por implantar o edifício com outra orientação solar, recebendo, consequentemente, menor carga térmica nos vidros e nas fachadas. Os vidros poderiam ter recebido protetores solares exteriores, as lâmpadas e luminárias poderiam ser mais eficientes e o forro das áreas de escritório poderia ser de cor clara. Estas medidas acarretariam uma redução de cerca de 12% na conta de energia do edifício. Para o caso 2, a escolha adequada de lâmpadas e luminárias geraria uma redução de 0,16% do total, ou cerca de 2.000 kWh/ano. Para os casos 3 e 4, a colocação de protetores solares exteriores impediria que a radiação solar atingisse os vidros dos edifícios e os seus consumos totais seriam reduzidos em cerca de 3,5%, ou quase 177.000 kWh/ano, conforme demonstrado na Tabela 33.2.

Tabela 33.2 – Potencial total de redução do consumo de energia na etapa de projeto.

Caso	KWh/ano	% do total
1	54.368	12,1
2	1.884	0,16
3	70.050	3,4
4	176.594	3,3
Total	302.896	-------

Vale ressaltar que esses percentuais, aparentemente pequenos, representam uma grande economia para o setor elétrico brasileiro. Se os edifícios do setor comercial já construídos tivessem seus atuais consumos reduzidos em 5%, em virtude de um projeto mais eficiente, o consumo nacional de energia elétrica sofreria uma redução de 0,6%. Considerou-se aqui um consumo total nacional de eletricidade de 240.905.000 MWh e um consumo total nacional para o setor comercial de 27.443.000 MWh para o ano-base de 1994.

Potencial de Economia do Consumo de Energia Elétrica na Etapa de Atualização Tecnológica

O potencial de economia do consumo de energia elétrica na etapa de atualização tecnológica, ou reforma das instalações obsoletas, significa o total de kWh que pode reduzido em um dado edifício se suas atuais instalações de iluminação artificial e condicionamento ambiental fossem substituídas.

Dos quatro estudos de caso analisados nesta pesquisa, somente o caso 2 apresentou um potencial de redução do consumo nessa etapa, por causa da obsolescência das tecnologias de iluminação artificial existentes na época de sua concepção, que hoje se encontram ultrapassadas em todo o mundo. Trata-se do uso de lâmpadas incandescentes. Atuando apenas nesse aspecto, o potencial de economia de energia seria de 28%, ou cerca de 320.000 kWh/ano. Se for considerado o impacto dessa medida no condicionamento ambiental do caso 2, e também a otimização do atual sistema de condicionamento, esse potencial pode atingir valores bem mais elevados.

Os potenciais de economia de energia existentes por meio de atualizações tecnológicas a serem realizadas nos edifícios do setor comercial no Brasil são tão mais elevados quanto a idade destes edifícios. Se for considerada a grande quantidade de m^2 com mais de 15 anos de vida útil existente no setor comercial brasileiro, pode-se avaliar o potencial de redução do consumo de energia elétrica existente no país.

Com pouco esforço e com relações factíveis de custo *versus* benefício, cerca de 10% no consumo médio das atuais edificações do setor comercial poderia ser conservado, representando para o setor elétrico brasileiro uma economia de cerca de 1,2% do consumo nacional de energia elétrica, que é a redução média obtida pelo país com o horário de verão, ou seja, 3.000.000 MWh. Um fato que necessita ficar claro é o papel e a importância dos profissionais de arquitetura nesse processo, pois em última análise, as decisões do projeto de arquitetura e dos projetos complementares são tomadas por eles.

REGULAMENTAÇÃO COMO INSTRUMENTO DE GESTÃO

Diante deste quadro de crescimento constante da massa edificada nacional, aumento da população e falta de uma política energética que discipline o consumo de energia elétrica para o setor dos edifícios, a implantação de regulamentos energéticos que atuem por meio de critérios de desempenho, como ocorrido na França e nos EUA, impõe-se como uma alternativa bastante viável para o Brasil. Os resultados a curto e médio prazos serão um crescimento mais lento da demanda de energia nas cidades brasileiras e a consequente dilatação dos cronogramas de investimento na geração, configurando-se a oportunidade e necessidade de sua adoção como poderoso instrumento de gestão ambiental.

Um regulamento energético e eficaz para os edifícios no Brasil deve possuir as seguintes características:

- Ser concebido de modo que sua gestão seja realizada no âmbito estadual, tendo em vista a dimensão continental do país e a diversidade de climas e tipologias construtivas existentes em cada estado da nação.

- As propostas ou regulamentações estaduais devem ter forma e força de lei, cabendo ao conjunto dos municípios de um dado estado inseri-las em seus Códigos de Edificações locais.

- A regulamentação deve fixar padrões de desempenho para os edifícios, de maneira que aqueles que estiverem fora dos padrões não receberão aprovação na prefeitura local e, consequentemente, não receberão licença para a construção.

- Os edifícios que sofrerem reformas superiores a 50% de suas áreas, ou reformas com ampliação de área, estarão sujeitos ao regulamento.

- O regulamento, na sua 1ª versão, fixaria apenas desempenhos mínimos para as envolventes dos edifícios, ou seja, paredes, pisos e coberturas, não se referindo aos equipamentos.

- A partir da incorporação total pelos profissionais da 1ª versão do regulamento, será então concebido um 2º regulamento, que tratará especificamente da questão do desempenho mínimo dos equipamentos no interior dos edifícios, ou seja, lâmpadas, luminárias, reatores, equipamentos de condicionamento ambiental, bombas, elevadores e demais equipamentos eletromecânicos.

- A fiscalização dos projetos para a emissão da licença de início de obra será da prefeitura local, que efetuará a conferência da aplicação do regulamento nos projetos por meio de um programa computacional concebido especificamente para esse fim e que contenha todos os cálculos matemáticos. Dessa maneira, o técnico da prefeitura não necessitará efetuar os cálculos para cada projeto analisado.

- O mesmo programa computacional existente na prefeitura para a verificação da aplicação do regulamento também estará disponível para os projetistas em seus escritórios, de modo a facilitar as etapas iniciais de concepção de projeto, possibilitando que os projetistas façam uma primeira conferência antes de entrar com o projeto na prefeitura para a aprovação.

- O conjunto de projetistas brasileiros será capacitado por meio de cursos de extensão universitária e de manuais explicativos.
- A 1ª versão do regulamento não será excessivamente restritiva, uma vez que o objetivo principal é introduzir a ferramenta como um instrumento a ser incorporado pelo corpo de projetistas nacionais. A partir da 2ª versão haverá a introdução paulatina de restrições mais severas. Essa prática foi utilizada com sucesso em Portugal e na França.

CONSIDERAÇÕES FINAIS

A questão da gestão dos recursos energéticos no Brasil afeta todos os setores da economia. O país possui uma realidade que o torna único no mundo, pois a geração de eletricidade é predominantemente feita por meio de fontes renováveis. Por outro lado, o Brasil possui uma característica comum a muitos países do mundo e que foi intensificada no final do século XX e início do século XXI, que é o fenômeno da urbanização, que traz consigo o fenômeno da concentração populacional e, consequentemente, da concentração de demanda por recursos de toda ordem. Para um país onde a maior fonte geradora de energia elétrica é a hidreletricidade, cuja geração está, na maior parte dos casos, distante dos pontos de consumo, que são os centros urbanos, exigindo dessa maneira extensas malhas de transmissão e distribuição, torna-se necessário buscar alternativas que otimizem o consumo de energia elétrica nas grandes cidades brasileiras. Nos centros urbanos é cada vez maior a necessidade de energia para suprir os setores industrial, comercial, residencial e público, tornando-se necessária a implementação de políticas públicas e de governo que regulamentem essas questões e imponham restrições de consumo para os projetos de arquitetura. Os edifícios são, portanto, aspectos importantes nesse contexto, pois os seus consumos de energia elétrica têm sido cada vez mais elevados. O projeto de arquitetura e as decisões tomadas nas etapas de concepção fazem comprovadamente parte desse processo, pois um projeto adequado às condições climáticas locais pode reduzir significativamente os consumos dos usos finais: iluminação artificial e condicionamento ambiental (resfriamento e aquecimento).

O enfrentamento dessa questão exige um amplo programa de gestão ambiental que repense o modelo de geração centralizada de energia hidrelétrica praticado no Brasil e avalie os impactos das grandes barragens, não somente no ecossistema local, mas também na atmosfera e no clima global; e busque alternativas e promova, por meio de uma política de incentivos, a geração descentralizada de energias renováveis.

REFERÊNCIAS

[AFP] AGENCE FRANCE-PRESSE, ONU-POPULAÇÃO. 28 fev. 2001.Disponível em: http://www.aegis.com/news/afp.

[BEN] BALANÇO ENERGÉTICO NACIONAL – MINISTÉRIO DAS MINAS E ENERGIA. 2008. Disponível em: http://www.mme.gov.br/ben2008.

DEHAUSSE, R. Énergetique des Bâtiments – Calcul des Envelopes. *PYC Édition*, Paris, v. 3, 1988; p. 364.

GADGIL, A.; ROSENFELD, A.H. *Making the market right for environmentally sound energy efficient technology: U.S. building sector successes that might work in developing countries and Easten Europe*. Berkeley: LBL, 1991.

GOLDENBERG, J. et al. *Energy for a Sustainable World*. India: Wiley Eastern Limited, 1988; p. 7.

[IBGE] INSTITUTO BRASILEIRO DE GEOGRAFIA E ESTATÍSTICA. Censo de 2000. Disponível em: http://www.ibge.gov.br/home/estatistica/populacao/censohistorico.

[IEA] INTERNATIONAL ENERGY AGENCY. 2007. Disponível em: http://www.iea.org/stats/regionresults.asp?COUNTRY_CODE=29&Submit=Submit.

MARICATO, E. *Habitação e Cidade*. São Paulo: Atual, 1997.

ROMÉRO, M.A. Arquitetura, Comportamento e Energia. São Paulo, 1994. Tese (livre-docência). Faculdade de Arquitetura e Urbanismo, Universidade de São Paulo.

Geoprocessamento como Instrumento de Gestão Ambiental | 34

Vicente Fernando Silveira

Biólogo, Núcleo de Apoio à Pesquisa em Mudanças Climáticas – USP

O MEIO AMBIENTE

A questão ambiental é extremamente complexa. Alguns autores discutem que os fenômenos que compõem os sistemas naturais e os antrópicos são, em parte, determinísticos, mas as incontáveis interações que acontecem nos meios natural e social adicionam um alto grau de aleatoriedade ao sistema como um todo. Esses fatores tornam a conceituação do meio ambiente uma tarefa multidisciplinar e não trivial. Um único campo de conhecimento da cultura humana não é suficiente para definir e estabelecer paradigmas para a ocorrência de todos os fenômenos ambientais possíveis (Silveira, 1999).

Outros autores, como Baasch (1990), argumentam que os sistemas ambientais são processos evolutivos, ou seja, não deterministas, não lineares, irreversíveis e com estados longe do equilíbrio. Esses processos evolutivos, por meio de suas modificações constantes, estabelecem uma irreversibilidade dos acontecimentos, em direção a uma maior complexidade do sistema. Isso determina a ineficiência da abordagem linear, objetiva e determinista sobre a questão ambiental, dadas as suas características de aleatoriedade, irregularidade e, em última análise, de caos.

Disso se depreende, de certo modo, o porquê da enorme gama de abordagens da questão ambiental, tão distintas, tão díspares, e por vezes tão paradoxalmente contraditórias.

CURSO DE GESTÃO AMBIENTAL

Entretanto, considerando-se a urgência e a necessidade, o assunto já deixou de ser exclusividade dos meios acadêmicos e passou a compor a agenda das decisões políticas. Apesar das deficiências, ineficácias e antagonismos, as políticas ambientais têm de ser obrigatoriamente implementadas para evitar, ou melhor, minimizar as possíveis irreversibilidades do sistema.

A GESTÃO AMBIENTAL

De certa maneira, pode-se admitir que a gestão ambiental evoluiu como uma área do conhecimento sobre o meio ambiente e que seu objetivo é administrar e coordenar, na medida do possível, toda a complexidade de fenômenos ecológicos que interagem com os processos humanos (social, econômico e cultural). Numa ótica cientificista cartesiana, a gestão ambiental tem como objetivo manter o fluxo dinâmico evolutivo dos sistemas naturais, procurando utilizar os efeitos benéficos dessa evolução para o desenvolvimento sustentável da espécie humana.

Tradicionalmente, é possível separar a maneira de administrar as questões ambientais em duas áreas básicas distintas: a administração de recursos naturais e o controle da poluição.

Essa discussão deve ser feita considerando-se o caráter multifacetado da questão ambiental. As divisões não são estáticas e os conceitos não são definitivos, uma vez que seu caráter evolutivo é permanente. De qualquer maneira, podem-se observar determinados comportamentos e formas evolutivas de administração ambiental, que indicam caminhos de simplificação explanativa teórica.

A administração de recursos naturais evoluiu, de certo modo, a partir dos conhecimentos das áreas de ciências biológicas, geografia e geologia, utilizando-se também de conhecimentos das ciências exatas. As origens históricas dessa maneira de administrar residem na abundância dos recursos naturais existentes no passado. Esse processo se deu paulatinamente à medida que as sociedades iam se apropriando desses recursos e isso demandava uma forma mínima de regulamentação.

O controle da poluição, por outro lado, tem como premissa básica o conceito da administração de comando e controle (*command-control*), no qual são estabelecidos padrões de qualidade ambiental regulamentares para determinados níveis de degradação possíveis; as metas de controle devem ser alcançadas por meio do esforço de aplicação da lei e da técnica. A água, o ar e o solo são tratados separadamente por meio de regulamentos e padrões.

É interessante notar que nessa divisão clássica, o papel regulatório do Estado sempre foi preponderante, ao estabelecer a legislação preventiva e corretiva. Essa regulação dá-se por meio da aplicação da lei, a partir da fiscalização direta e de suas variáveis administrativas, como o licenciamento ambiental.

Assim como os sistemas naturais e antrópicos, o estágio atual da gestão ambiental, governamental e não governamental, está em constante evolução. Cabe aos profissionais e leigos estabelecer caminhos práticos e teóricos para a melhoria da administração da questão ambiental.

Dentro desse conceito evolucionário na administração, um instrumento vem se destacando cada vez mais, criando novas possibilidades de análise ambiental, antes totalmente impensáveis. A área de conhecimento denominada genericamente de geoprocessamento apresenta-se como uma possibilidade de exploração e estabelecimento de novos conhecimentos científicos na área ambiental.

GEOPROCESSAMENTO

Talvez o melhor ponto de vista para iniciar esse tópico seja aquele cunhado por Berry (1993a), ao afirmar que o geoprocessamento é uma forma de raciocínio espacial.

A revolução digital passou a permitir a análise da natureza de uma maneira mais global. O raciocínio, decorrente de novas formas de análise, invade tanto o microcosmo biológico como o macrocosmo da biosfera. Os sentidos humanos são potencializados por essas novas ferramentas e o raciocínio sobre os fenômenos ambientais têm potencial para ser em grande parte digital, auxiliado por essa nova capacidade cibernética.

O instrumento que melhor expressa essa espécie de matemática espacial é o Sistema de Informações Geográficas (SIG). Qualquer dado que possua um componente espacial, ou seja, uma localização determinável, pode ser manuseado, armazenado e analisado por um SIG.

É importante salientar que um SIG é utilizado mais corretamente como uma extensão do pensamento analítico. O sistema em si não possui respostas prontas. Assim como o campo do conhecimento da estatística, esse sistema é somente uma ferramenta auxiliar para descrever e inferir; ele deve ser usado após o problema ambiental ter sido cuidadosamente delimitado, para daí verificar as possibilidades de solução. De outra maneira, corre-se o risco de utilizar a tecnologia *per se*, sem um objetivo definido.

Tecnologicamente, um SIG pode ser considerado como uma caixa de ferramentas digital (*toolbox*) para coleta, armazenamento, busca, análise, transformação e exposição de dados espaciais (dados com uma posição x, y, z).

O formato de representação digital dos dados é outra característica distintiva dos SIG. Basicamente, um SIG dispõe de dois tipos de dados da superfície terrestre: as definições topológicas de uma estrutura do terreno e os atributos e qualidades que essa estrutura possui. Essa representação é feita geralmente por dois tipos de formato digital: *raster* ou *vector*.

Um exemplo típico para distinguir a opção de representação digital (*vector* ou *raster*) é a comparação entre a utilização de um SIG por uma companhia de eletricidade e por uma entidade de controle ambiental.

A primeira optaria por um *SIG-vector,* que possui uma representação gráfica mais elaborada, permitindo uma visualização mais eficiente das localidades e da rede elétrica. Além disso, tem maior eficiência na utilização conjunta com uma base de dados relacionais (banco de dados). A informação topológica é mais eficiente, permitindo a utilização de redes (*networking*) para acesso e análise de locais específicos.

A segunda entidade escolheria um *SIG-raster,* que possui uma estrutura de dados mais simples, permitindo operações de análises diretamente nesses dados. A variabilidade espacial dos dados é mais bem representada, pois os fenômenos ambientais não têm limites fixos, consideram-se como difusos (*fuzzy boundaries*) as transições entre eles. Um exemplo é a mudança de um tipo de solo para outro. As simulações são efetuadas mais eficientemente pelo fato de cada unidade espacial (*pixel*) ter a mesma forma e tamanho. As atividades de programação em um ambiente de *SIG-raster* são mais facilmente desenvolvidas. Esses sistemas possuem capacidade analítica maior na análise de ambientes contínuos, em que dados como a biomassa vegetal, o tipo de solo, a pluviosidade e a temperatura mudam constantemente em função do tempo e do espaço.

Finalmente, pode ser entendido que os sistemas *raster* são mais orientados para análises e os sistemas *vector* para o manejo de base de dados.

Nem todos os SIG possuem os mesmos componentes descritos a seguir. Entretanto, esses podem ser considerados como essenciais para a definição de um verdadeiro SIG (Eastman, 1995):

* Base de dados espacial e de atributos – é o componente central do sistema, composto de uma coleção de mapas (planos de informação) e de

informação associada, ambos na forma digital. Como exemplo, citam-se os limites de uma propriedade, definidos em uma base de dados espaciais e as qualidades dessa propriedade, em uma base de dados de atributos, como uso atual da terra, proprietário, valor da propriedade etc.

- Sistema de exposição cartográfica – permite tomar elementos selecionados da base de dados e produzir mapas na tela do computador, em impressoras e em plotadoras. Alguns *softwares* têm capacidade de produzir publicações de alta qualidade. Essa capacidade de acessar e mostrar elementos da base de dados é geralmente chamada de atlas eletrônico.

- *Sistema de digitalização de mapas* – é a transformação de mapas para o formato digital. *Scanners* podem ser usados para a digitalização de dados como cartas topográficas. Os sistemas de CAD (*Computer Assisted Design*) também possuem habilidade para adicionar informações a essa base de dados digital.

- Sistema de administração da base de dados – um SIG incorpora as funções características de um tradicional DBMS (*Database Management System*), ou seja, adicionar, manusear e analisar atributos dos dados. Além dessas características, o SIG também administra os componentes espaciais e os atributos dos dados armazenados. Programas de computador que possuem exposição cartográfica, digitalização de mapas e administradores de base de dados são definidos como AM/FM (*Automated Mapping* e *Facilities Management*).

- Sistema de análise geográfica – é a capacidade de analisar os dados pela sua localização. É essa habilidade para comparar diferentes características, baseada em sua ocorrência geográfica comum, que distingue um SIG de um tradicional DBMS. Dessa maneira, as capacidades analíticas de um SIG e de um DBMS aumentam a capacidade da base de dados, pela adição de novos relacionamentos entre os diversos atributos. Um exemplo típico é a derivação de mapas de risco potencial de erosão a partir de dados como declividade, tipos de solo, pluviosidade e cobertura vegetal.

- Sistema de processamento de imagens – alguns programas também possuem a capacidade de analisar, por meio de procedimentos matemáticos – e, mais recentemente, de inteligência artificial –, imagens obtidas por sensoriamento remoto. Imagens de satélites (Landsat, Spot, Ikonos, Quickbird) e fotografias aéreas podem ser convertidas e interpretadas de acordo com vários procedimentos de classificação. Como exemplo, pode ser citado o índice NDVI (*Normalized Difference Vegetation Index*), que é uma medida quantitativa que se correlaciona fortemente com a quantidade de matéria viva em qualquer região (Cihlar et al., 1991). Esse índice tem sido utilizado para a avaliação de qualquer tipo de cobertura vegetal (natural, silvicultura e agricultura).

- Sistema da análise estatística – possui os procedimentos estatísticos tradicionais e inclui algumas rotinas especializadas para a análise de dados espaciais. Como exemplos podem ser citadas a análise de regressão entre duas imagens ou entre dois arquivos de valores, as análises de similaridades e reconhecimento de padrões e a criação de amostras (imagens) aleatórias.

- Sistemas de apoio à decisão – alguns SIG incluem, em seus módulos funcionais, ferramentas para auxílio à tomada de decisão para uma melhor alocação de recursos. Módulos que incorporam erros em processos auxiliam na construção de mapas de pertinência em análises multicritério. Esses módulos também endereçam decisões de melhor alocação quando existem múltiplos objetivos envolvidos.

A Figura 34.1 sistematiza as funções básicas de um SIG. É possível descrevê-las como ferramentas analíticas e operações analíticas. *Grosso modo*, pode-se interpretar que as primeiras são procedimentos matemáticos corriqueiros e as segundas ofertam uma capacidade analítica bem superior.

Figura 34.1 – Funções básicas de um SIG.

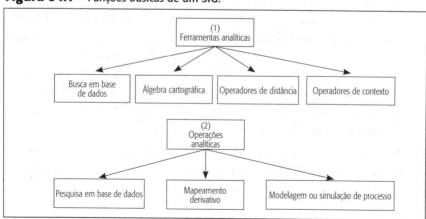

Fonte: Eastman (1995).

TECNOLOGIA AMBIENTALMENTE APROPRIADA

A capacidade de administrar dados de diversas fontes (*multisource data*) e de formato variado (*multivariate*) vem aumentando significativamente, em grande parte pela evolução tecnológica digital. O geoprocessamento, que é parte desse processo, evolui de uma maneira tão vertiginosa que não se pode imaginar o que esperar, no futuro, em termos de funcionalidades e de novas descobertas científicas nessa área do conhecimento.

Alguns programas de SIG, em conjunto com programas para tratamento de imagens do sensoriamento remoto, estão disponíveis gratuitamente (*freeware*). Bases de dados digitais e tutoriais para treinamento e aprendizagem dessa tecnologia também estão mais facilmente disponíveis, permitindo um aprendizado com acesso mais livre e a custos mais reduzidos.

Essa facilidade de acesso aos programas de SIG permite que o esforço de produção de novos projetos possa ter um salto qualitativo e quantitativo em direção a novas formas de avaliar e decidir sobre questões ambientais.

A curva de aprendizagem e aprimoramento nos SIG é longa e dificultosa. A obtenção das bases de dados digitais é outro fator restritivo, em razão de seus altos custos, que podem impedir o desenvolvimento de projetos, aliados ao corporativismo das organizações, muitas delas públicas, que dispõem dessas bases. Os SIG são sistemas altamente corporativos, pela multidisciplinaridade de informação que agregam e transformam. Além disso, dependem da integração entre uma série de fatores de ordem tecnológica, científica, financeira e de recursos humanos para sua operacionalidade e funcionalidade.

Diversos grupos têm se desiludido com essa tecnologia, talvez por adquiri-la sem ter noção real de sua necessidade. Uma abordagem alternativa a essa dificuldade seria identificar inicialmente o problema (ambiental ou não) que se queira resolver. A partir desse ponto, examina-se a possibilidade de o SIG ter ferramentas internas que possam equacionar e/ou gerar soluções derivativas para a questão a ser respondida. O sistema não é absolutamente uma panaceia para a solução dos problemas ambientais. Ele é uma ferramenta de extrema utilidade e versatilidade quando empregada com critério, planejamento e objetivos exequíveis. Vários autores concordam que o limite do sistema é a criatividade humana (Star e Estes, 1990).

A capacidade do SIG de integrar dados e direcioná-los para outras funções é praticamente inesgotável. Em duas décadas, ele migrou de sistemas operacionais pesados e corporativos para o computador pessoal, principalmente pelo rápido desenvolvimento deste último. As tecnologias de armazenamento de dados, fator altamente limitante para o desenvolvimento tecnológico, estão cada vez mais eficientes e com menores custos.

Não bastassem todos esses fatos, duas outras áreas do geoprocessamento, como o Sistema de Posicionamento Global (*Global Positioning System* – GPS) e o Sensoriamento Remoto (SR), também têm passado por uma evolução conceitual e tecnológica.

As imagens de satélite, uma das formas de SR, vêm permitindo o monitoramento cada vez mais diversificado da superfície terrestre, tornando-se uma ferramenta indispensável em grande parte das abordagens ambientais. Sua periodicidade é uma grande vantagem, que tem sido citada na literatura pelo fato de proporcionar as mais diversas avaliações ambientais envolvendo mudanças temporais. Por ser uma imagem multispectral (composta dos vários comprimentos de onda da luz), permite várias combinações entre as bandas, gerando imagens compostas que podem ter diferentes finalidades de acordo com o tipo de análise.

O custo dessa tecnologia tem sido um fator extremamente limitante para seu uso. Entretanto, da mesma maneira que as bases digitais dos SIG, as imagens de satélite começam a ter seu custo gradativamente reduzido, em razão do aumento do número de empresas que prestam esses serviços e da demanda do mercado. Além disso, vários satélites de monitoramento da superfície terrestre começam a fornecer imagens com resoluções cada vez melhores, acirrando a competição por meio da redução de custos e de progresso tecnológico.

O processo de evolução desses sistemas é fruto de mudanças de atitude, que fomentam a elaboração de novas políticas para essa área de conhecimento, possibilitando uma nova visão cultural.

Outro fato que agrega valor à ferramenta de geoprocessamento é o processo intenso de urbanização pelo qual as sociedades humanas passam. Essa modificação na distribuição espacial da população vem formando, por um lado, grandes espaços naturais, com ecossistemas agrários e ecossistemas naturais remanescentes, e por outro, cidades de pequeno, médio e grande porte, além das áreas metropolitanas. O geoprocessamento pode interagir nas duas realidades.

Na área dita rural, o manejo dos recursos naturais e agroculturais demandará cada vez mais técnicas de longa distância (SR), com identificação precisa dos lugares de intervenção (GPS) e com grande capacidade de administrar e transformar informações (SIG).

Da mesma maneira, a superfície urbana concentra, com seu tecido social, grande quantidade de informação desconectada e aleatoriamente distribuída. O geoprocessamento é um excelente instrumento de auxílio ao planejamento urbano, tanto no diagnóstico quanto no prognóstico dos sistemas ambientais, fornecendo auxílio à tomada de decisão.

AS APLICAÇÕES DO GEOPROCESSAMENTO: UMA QUESTÃO DE ESCALA

Goodchild (2002) argumenta que os estágios de solução de problemas em geoprocessamento têm um encadeamento causal, podendo ser descritos como: a formulação da questão, delimitando ao máximo o problema a ser resolvido; a observação dos fenômenos e a aquisição dos dados; a expressão dos dados por meio de análise e busca de soluções; a intervenção; e a mudança na realidade. Esse espaço de formulação e delimitação, observação, aquisição e expressão dos dados tem necessariamente uma escala espacial e outra temporal.

No aspecto espacial, as aplicações em geoprocessamento são elaboradas em escalas maiores quando os elementos gráficos representados são os sistemas de redes (esgoto, água, gás), a rua, a quadra, o distrito censitário, a bacia hidrográfica urbana, o bairro e o imóvel rural. Essas escalas estão, *grosso modo*, situadas entre 1:500 e 1:10.000 e o custo de elaboração e manutenção da base digital é elevado.

A outra faixa de escala espacial está situada entre 1:10.000 e 1:1.000.000 e as unidades de análise passam a ser a região metropolitana, a unidade de conservação ambiental, a bacia hidrográfica, a divisão política municipal, o ecossistema, a região e o bioma. Obviamente, essa classificação não é estática e, dependendo do tipo de abordagem analítica, a unidade de planejamento (e sua consequente escala) podem ser alteradas, apresentando vários tipos de escala dentro de um mesmo estudo. Nesse aspecto, as modificações tecnológicas têm promovido saltos quantitativos e qualitativos, alterando as abordagens em termos de escala e baixando significativamente os custos de aquisição e manutenção de dados digitais.

O exemplo mais contundente desse fato é o aumento da resolução das imagens de satélite. Usadas comumente na faixa de escala 1:50.000 para análises espaciais da paisagem, como o uso do solo, com resolução na faixa de 30 por 30 metros, as imagens estão migrando para as aplicações urbanas com nível de detalhamento muito maior (submétricos), em alguns casos a custos menores que os tradicionais levantamentos aerofotogramétricos.

No aspecto temporal, a representação pode ser feita por meio da mudança de endereço do objeto (a localização espacial do fenômeno de interesse) através do tempo (Rosa e Ferreira, 1996). Mudanças de endereço ou de uso do objeto geográfico em questão podem dar noções de temporalidade. Em última análise, são as mudanças na configuração espacial que podem determinar verificações de mudanças ao longo da escala temporal.

Nessa gama de delimitações espaciais e temporais estão contidos os problemas, que podem ser solucionados por aplicações de geoprocessamento, de maneira direta, com respostas imediatas ou de maneira indireta, como ferramenta auxiliar no processo de tomada de decisão.

Em termos de escala espacial, as aplicações de geoprocessamento podem ser classificadas como as que se prestam à gestão urbana propriamente dita e as que se caracterizam pela gestão e manejo de recursos naturais, com área de abrangência maior e escalas menores.

Na gestão urbana, Davis (2000) separa as aplicações como áreas de atuação do poder público no município e áreas das atividades relacionadas aos serviços oferecidos à população. Na primeira aplicação, estariam incluídos a educação, a saúde, os transportes, a segurança pública, a tributação, o licenciamento de atividades, o meio ambiente, a infraestrutura urbana e o planejamento. Na outra, incluiriam-se a gestão e prestação de serviços das concessionárias que dizem respeito às redes (*networking*) de energia elétrica, de abastecimento de água, de esgotamento sanitário e pluvial e de telecomunicações, além das redes de circulação viária.

No manejo de recursos naturais, a gestão de bacias hidrográficas tem sido referência constante na literatura como uma área de extenso potencial para aplicações de geoprocessamento. É importante salientar que a metodologia aplicada ao estudo de bacias hidrográficas pode ser adaptada tanto nas bacias de grandes áreas quanto nas do espaço urbano.

Na gestão de bacias hidrográficas, tanto urbanas quanto rurais, as aplicações podem ser elaboradas como um auxílio ao manejo da qualidade e quantidade da água, à identificação das fontes de poluição pontuais e difusas e à avaliação do estado geral da bacia.

Dentro do contexto do manejo de recursos naturais, são apresentados a seguir vários exemplos de aplicações em geoprocessamento.

* *Manejo florestal* – a escolha do melhor lugar para uma serraria (mapas de adequabilidade), o traçado de estrada com menor custo para extração de madeira, o manejo de talhões, controlando todas as fases da silvicultura. Pode-se caracterizar para uma floresta, por exemplo, um alto potencial de uso para recreação ou área de preservação permanente e baixo potencial para extrativismo. Um número expressivo de companhias florestais americanas (cerca de 50 milhões de acres de florestas) utilizam os SIG para auxílio no manejo de seus recursos.

* *Preservação permanente* – a crescente demanda por informações a respeito do *status* de diversidade biológica tem exigido sistemas de informação cada vez mais sofisticados. As bases de dados das espécies existentes são limitadas e pouco consistentes. Um sistema de informação que avalie o estado e projete tendências na diversidade biológica deve incluir a distribuição das espécies, os fatores ecológicos que caracterizam seus *habitats* e as atividades humanas que interferem neles.

* *Impacto ambiental* – diversos exemplos de utilização de SIG podem ser citados na avaliação de impactos ambientais, tanto naturais quanto tecnológicos: a caracterização de locais para disposição final de resíduos perigosos, a avaliação de risco de transporte de materiais perigosos, a modelagem de fontes de poluição não pontuais, a determinação de locais para sistemas de tratamento de efluentes industriais etc.

* *Planejamento regional* – o conhecimento do uso do solo é fundamental para o planejamento de problemas como o desenvolvimento urbano e agrícola descontrolado, utilizando-se do monitoramento da deterioração da qualidade ambiental, da perda de solo agrícola e da destruição de áreas com alta diversidade biológica. No manejo de bacias hidrográficas, devem ser desenvolvidos métodos para o manejo de recursos e para a avaliação de impactos ambientais. Torna-se extremamente importante a simulação de diversos cenários para a avaliação do uso atual e futuro do solo, levando-se em consideração os tipos de cultura agrícola, os sistemas de propriedades rurais e a suscetibilidade à erosão. Um SIG pode simular interações entre a produção agrícola e a degradação do solo, atentando para as características socioeconômi-

cas. A utilização de módulos de análise multicritério pode auxiliar na avaliação dos conflitos políticos, sociais e técnicos.

*   *Agricultura e pecuária* – a utilização dos SIG, em conjunto com técnicas de SR, tem permitido a previsão e o monitoramento de safras, controle de pragas, auxílio na alocação de solos para plantio e otimização da escolha de locais para a implantação de projetos de aquacultura.

Como se pode verificar, o potencial de aplicabilidade é enorme. O SIG tem grande potencial como um suporte ao planejamento. Por essa razão, as seções seguintes discutem a utilização desses sistemas como auxiliares no processo de planejamento, nesse caso, no planejamento ambiental de Unidades de Conservação (UC).

O GEOPROCESSAMENTO NO PLANEJAMENTO AMBIENTAL DE UNIDADES DE CONSERVAÇÃO (UC)

Milano (1996) define áreas silvestres como regiões com recursos naturais ou culturais relevantes, que, por serem de difícil quantificação econômica e de indiscutível valor ecológico, devem ser mantidas na forma original e manejadas adequadamente.

O conceito de UC é de um termo mais genérico de uma taxonomia para as áreas silvestres, de acordo com os objetivos de conservação e de manejo.

Entre os vários objetivos de conservação, podem-se destacar a manutenção da diversidade natural (formações ecológicas) e da biodiversidade (recursos genéticos), o favorecimento da pesquisa científica e da educação ambiental, a conservação dos recursos hídricos, o desenvolvimento do ecoturismo e da recreação, a proteção de sítios históricos e/ou culturais e o incentivo à participação das comunidades limítrofes no desenvolvimento do processo de conservação e manejo.

As categorias de manejo das Unidades de Conservação são definidas em função dos objetivos a que se propõem.

Apesar de haver divergências conceituais, é possível classificar as categorias de manejo como áreas de proteção integral, áreas de manejo provisório e áreas de manejo sustentável (Milano, 1996).

No primeiro grupo, é preciso que haja proteção integral, e os processos naturais devem sofrer a menor interferência humana direta possível, admitindo-se somente o uso indireto dos recursos naturais. Incluem-se nesse grupo as reservas científicas, os parques nacionais, os monumentos naturais e os refúgios da vida silvestre.

No segundo grupo, tendo em vista o desconhecimento científico da área, a destinação definitiva adequada ocorre após o desenvolvimento de estudos suficientes para classificá-la. O exemplo desse grupo é a reserva de recursos naturais.

No terceiro e último grupo, procura-se estabelecer um equilíbrio entre a preservação da diversidade natural e o uso sustentável dos recursos naturais. Incluem-se nesse grupo as reservas de fauna, as áreas de proteção ambiental, as florestas nacionais e as reservas extrativistas.

Planejamento e Manejo das Unidades de Conservação

Tendo em vista as diversas funções atribuídas às UC (ecológicas, econômicas e sociais), é necessário uma contínua atualização do planejamento, tornando-o um processo constante e dinâmico.

O planejamento das UC permite alcançar os objetivos propostos, resultando no plano final de manejo. O plano de manejo apresenta todas as ações e objetivos que devem nortear o desenvolvimento de administração da UC.

O método de planejamento (Milano, 1996) propõe-se a realizar uma sequência de procedimentos de planejamento, conforme descrito a seguir e apresentado no fluxograma de planejamento.

O fluxograma começa com a coleta de informações (1), em que são identificados os objetivos da UC e a escolha dos critérios de manejo. A partir daí são coletadas as informações a respeito dos recursos naturais (geologia, pedologia, hidrologia, clima, flora, fauna e outros), culturais (arqueologia, paleontologia, história, legislação) e regionais (uso atual do solo, sistema viário, demografia, recreação, potencialidades turísticas), relacionados com a UC.

Nessa etapa, busca-se obter as informações utilizando-se o SR (fotografias aéreas, imagens de satélite e de radar), mapas topográficos e temáticos disponíveis para a região e levantamentos de campo.

No inventário (2) é feita uma complementação e correção das informações básicas. Nesse ponto, a ação de equipes multidisciplinares, que desenvolvem trabalhos específicos correspondentes a cada área de conhecimento, é importante. Executa-se essa etapa por meio da demarcação dos grandes grupos vegetais da área, pela identificação no campo dessas associações vegetais, pela identificação dos aspectos relacionados com o tipo de manejo a ser arbitrado e pela coleta de amostras de elementos da fauna, flora e geologia. Esse inventário inicial é mais qualitativo, servindo para uma avaliação preliminar.

Na fase das limitações (3), examina-se de que ordem elas são (ecológicas, econômicas, administrativas, políticas, sociais), que implicações elas têm e o que se deve fazer para que elas não impeçam o desenvolvimento do plano de manejo.

Na etapa seguinte – as delimitações (4) –, o estabelecimento das divisas da UC é levado a cabo com base em algumas recomendações básicas: inclusão de área da UC (em uma ou mais bacias hidrográficas); inclusão de formações ecológicas de áreas potencialmente problemáticas área total suficiente para proteção dos ecossistemas; evitar inclusão de terras particulares.

A partir da implementação das fases anteriores, pode-se dividir a UC em termos ecológico-fisiográficos e em termos de destino de uso. Essa é a fase do zoneamento (5). Essa divisão é implementada com os objetivos preestabelecidos para a área protegida. Algumas áreas podem incluir mais de um objetivo. Essas zonas de manejo demandam graus distintos de proteção e intervenção e seu uso gera benefícios diretos e indiretos. Essas zonas são divididas em intangíveis (uso proibido), primitivas (uso restrito), uso extensivo (circulação), uso intensivo (grande parte das atividades da UC), uso especial (serviços administrativos), uso histórico-cultural (sítios específicos) e recuperação (temporárias).

Uma questão de extrema importância a ser tratada nessa fase é a determinação da capacidade de carga ou suporte que cada zona da UC possui sem desviar-se dos objetivos propostos no planejamento, o que corresponde ao nível máximo de atividade que uma determinada área pode suportar sem efeitos negativos sobre seus recursos.

Segundo Milano (1996), a determinação da capacidade de suporte no Brasil vem sendo feita de uma maneira subjetiva e experimental, usando indicadores como erosão do solo, mudanças na qualidade da água, redução do número de espécies, redução da regeneração natural etc. Assim, são feitas as derivações para o estabelecimento das capacidades de suporte de cada zona e o nível de uso adequado para cada uma delas.

A próxima fase – *programas de manejo* (6) – define e estabelece os procedimentos e as atividades para cada faixa de zoneamento, que visam a cumprir os objetivos preestabelecidos para cada uma delas.

Integrando o SIG e o Planejamento das Unidades de Conservação

Estabelecidas as bases teóricas do planejamento e manejo das UC na seção anterior, entre geoprocessamento e UC é exposta uma integração com o objetivo de se desenvolver um modelo que possa servir de auxílio à gestão ambiental nas UC. McKendry et al. (1995) discutem o uso dos SIG em manejo florestal e o sistematizam em duas categorias distintas: *avaliação* e *manejo dos recursos.*

Na fase de *avaliação* (inventário e monitoramento) dos recursos, a construção de uma base de dados (planos de informação temáticos, produtos do SR, banco de dados com atributos alfanuméricos) é o passo inicial para a formação do inventário sobre a área de interesse. Esse processo é basicamente locacional, ou seja, ele transforma todas as informações em meio digital e estabelece as suas coordenadas.

Nessa fase, as técnicas de coleta de dados consistem em levantamentos de campo com o auxílio de cartas topográficas e temáticas, SR e GPS. A partir daí, todos os procedimentos de busca baseados em dados e derivações necessárias podem ser efetuados de acordo com o interesse do projeto.

A complexidade do estudo das interações entre atividades antrópicas e o meio natural é estabelecida, em parte, pelas diferentes abordagens multidisciplinares que podem ser dadas à questão ambiental. Além disso, as informações disponíveis sobre uma determinada cena contêm dados multivariados, o que pode gerar dificuldades numa análise ambiental que vise à gestão de determinada área (Benediktsson et al., 1990).

Assim, convém subdividir o planejamento e o manejo de uma UC com o auxílio do SIG em subprojetos que abordem problemas mais específicos e os menos genéricos possíveis. Com a evolução do sistema, esses subprojetos podem ser paulatinamente agregados para uma gestão ambiental mais ampla.

O inventário é utilizado como base para os procedimentos analíticos mais elaborados nos SIG. Uma vez que ele é estabelecido, a fase de monito-

Figura 34.2 – Fluxograma de planejamento.

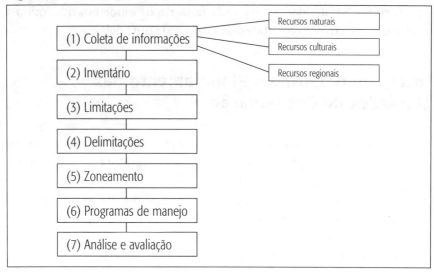

Fonte: Miller (1980 apud Milano, 1996).

ramento pode ser desenvolvida. Nela, o processo principal a ser avaliado abrange as mudanças que ocorrem nos recursos naturais. Desflorestamento, alterações no uso do solo e efeitos de poluição e pragas são exemplos de mudanças que podem ser avaliadas nessa fase.

Uma vez que já houve uma aquisição considerável de informações sobre a área, a fase seguinte é a de *manejo dos recursos*, e talvez os exemplos mais característicos relativos ao potencial de utilização do SIG estejam incluídos nessa etapa.

A derivação fornece vários mapas temáticos e atributos relacionados para a produção de informação desejada, utilizando o que Berry (1993a) denominou álgebra cartográfica e Tomlin (1990) chamou de modelagem cartográfica, que podem gerar, por exemplo, mapas de adequabilidade. O mapa do potencial de erosão e a escolha do melhor local, considerando uma série de restrições (programação linear espacial), são alguns desses exemplos.

O SIG também pode ser utilizado nessa fase para apoio na tomada de decisões que afetam diretamente o emprego dos recursos naturais dentro da UC. Ele pode auxiliar nos problemas de incerteza que levam a decisões de risco.

A proposição de McKendry et al. (1995) estabelece as bases para uma utilização sistemática do SIG no manejo florestal. Essa sistematização não é linear, uma vez que os problemas passíveis de solução por SIG são de focos e metodologias diversas. De qualquer maneira, pode-se formar uma sequência mínima do aumento de complexidade na análise ambiental dentro desses sistemas:

- Primeiramente, é necessário a *elaboração de uma base de dados* do local de interesse para que se possa iniciar qualquer projeto. Em seguida, o inventário para refinamento da fase inicial é estabelecido. Havendo dados disponíveis em escalas temporais e espaciais suficientes, a fase de monitoramento pode ser levada a cabo pela análise de mudanças no meio, por exemplo.

- A *avaliação ambiental* já demanda um pouco mais de elaboração nos métodos, por meio do uso de análises de risco e de adequabilidade. Na fase seguinte, dispondo de informações suficientes, a modelagem para previsão de fenômenos ambientais de interesse pode ser desenvolvida *dentro* do SIG ou com modelos acoplados.

- Finalmente, na utilização mais sofisticada, o SIG pode servir de auxílio nas tomadas de decisão de ordem ambiental. Decisões que envolvam alocação de recursos podem ser auxiliadas com análises de avaliação multicritério, multiobjetivo e de incerteza e risco, funções já desenvolvidas em SIG.

O Projeto

O desenvolvimento do projeto do modelo de gestão será feito de acordo com as etapas de planejamento explanadas na seção "Planejamento e manejo das Unidades de Conservação".

Na etapa inicial da *coleta de informações* (fase 1), os dados coletados relacionados com a UC são os recursos naturais (geologia, hidrologia, clima, flora, fauna etc.), os culturais (arqueologia, paleontologia, história, legislação) e os regionais (uso atual do solo, sistema viário, demografia, recreação, potencialidades turísticas). Essa coleta tem uma analogia com o processo inicial de obtenção e estabelecimento de uma base de dados para o SIG.

As informações do SR (fotografias aéreas, imagens de satélite e de radar) e os mapas topográficos e temáticos disponíveis para a região também são obtidos nessa fase e compõem uma parte significativa de entrada de dados para o SIG.

A base de dados é dinâmica e deve sofrer uma constante atualização, visto que os dados se modificam em escalas espaciais e temporais. Essa base contém, em sua essência, planos de informação temáticos sobre a UC, produtos do SR e um banco de dados relacional com informações alfanuméricas sobre os recursos naturais, culturais e regionais. Convém ressaltar que os dados dessa base são utilizados de acordo com o subprojeto que se está desenvolvendo. As diferenças nas escalas temporais e espaciais não permitem que se abordem todas as interações de uma maneira integrada.

Na fase do *inventário* (fase 2), existe uma complementação e correção das informações básicas. Os mapas temáticos da base de dados do SIG são modificados para uma maior especificidade, por meio do trabalho de equipes multidisciplinares. Da mesma maneira, os dados tabulares são especificados, podendo gerar novos atributos relacionais, que, por sua vez, podem derivar novos mapas temáticos, que determinam funções nos processos ambientais e culturais que possam ocorrer dentro da UC.

Nas fases seguintes das *limitações* (fase 3), das *delimitações* (fase 4), do *zoneamento* (fase 5) e dos programas de *manejo* (fase 6), um paralelo analógico pode ser delineado, no qual é possível utilizar as funções analíticas presentes nos SIG de maneira evolutiva, ou seja, desde os processos de análise ambiental mais básicos para os mais sofisticados, de acordo com a sistematização linear proposta anteriormente.

Os operadores do SIG podem, por exemplo, calcular o plano de informação das declividades da UC. Esse tipo de informação é necessário em qualquer uma das fases listadas, de 3 a 6. A declividade é uma informação vital para uma série de restrições de ordem ambiental e socioeconômica.

Os planos de informação com as medidas de distância são necessários nas fases de delimitação e zoneamento, com a geração de zonas-tampão e limítrofes. O cálculo das diversas microbacias dentro da UC também pode ser considerado uma análise de rotina dentro do SIG, de fundamental importância para o estabelecimento das unidades de planejamento e manejo dentro da UC.

O traçado de rotas para ecoturismo, baseadas na escolha do melhor trajeto, com restrições de ordem ambiental para obtenção da melhor visão panorâmica possível, já engloba análises paulatinamente mais elaboradas no SIG.

Por meio do monitoramento é possível observar mudanças e avaliá-las. Essas mudanças podem ser causadas pelo desflorestamento ou pelas modificações na estrutura do uso da terra, ou ocasionadas por algum tipo de poluente ou praga.

Na fase de avaliação, a identificação de fatores climáticos e biofísicos pode gerar dados para planos de informação sobre adequabilidade e análises de risco. Na adequabilidade obtém-se, por exemplo, o local com condições edáficas e microclimáticas ideais para o reflorestamento com espécies nativas. Nas análises de risco, a utilização do SIG é feita para a prevenção de catástrofes naturais que possam interferir na conservação do ambiente.

A fase final do manejo de recursos pode ser abordada sob a ótica tanto do manejo de um único recurso quanto de múltiplos recursos.

No manejo singular, como o manejo de incêndios e a colheita de madeira, os modelos matemáticos tradicionalmente usados nessa área, acoplados ao SIG, podem solucionar satisfatoriamente o problema.

Entretanto, quando se aborda o manejo de múltiplos recursos, o problema amplifica-se exponencialmente, tendo em vista a multiplicidade de critérios e os objetivos que as questões ambientais impõem a qualquer tipo de decisão a respeito da alocação de recursos múltiplos.

A Teoria da Decisão estabelece dois tipos de avaliação: a de multicritério e a de multiobjetivos. Essas decisões podem ser caracterizadas como mono ou multiobjetivo em uma avaliação baseada em mono ou multicritério.

As decisões multicritério podem ser aquelas nas quais são elaborados planos de informação de adequabilidade, como, por exemplo, o estabelecimento de uma área industrial ou o zoneamento de uma UC e de áreas com potencial de erosão (Carver, 1991).

Já as decisões multiobjetivo envolvem a alocação de áreas para usos múltiplos. Um mapeamento sobre usos múltiplos do solo pode ser elaborado com base em uma série de planos de informação sobre as várias adequabilidades de uso, cada um derivado para um objetivo específico. A esses planos são atribuídos pesos, que são combinados por programação linear.

É importante salientar que esses tipos de análise envolvem multidisciplinaridade e subjetividade. São necessárias diferentes áreas do conhecimento para que se estabeleçam valores subjetivos aos critérios que vão formar o plano de informação sobre a adequabilidade para determinado objetivo.

O FUTURO

A área ambiental extrapola cada vez mais os limites da academia, dos governos e das questões de segurança nacional. As necessidades e as urgências são cada vez mais globais.

São tantas as abordagens à questão ambiental e tantas as tarefas decorrentes dessa diversidade que as tentativas de priorização das necessidades tornam-se um trabalho de difícil realização.

Entretanto, pode-se admitir que a alocação dos recursos naturais, tanto para uso humano quanto para preservação, é um capítulo de inegável prioridade, haja vista o ritmo da devastação e a importância estratégica que finalmente está sendo atribuída à manutenção da biodiversidade.

Qualquer ciclo de produto tem uma parte no *pool* dos recursos naturais. A vinculação da natureza com os meios de produção perde-se na história da própria natureza humana.

Muito se discute sobre o papel do Estado na sociedade de hoje; talvez sua maior importância seja salvaguardar os bens coletivos. Os recursos naturais têm a característica inerente dos bens coletivos, e sua regulação de concessão e uso é uma atividade precípua de Estado.

Sob essa ótica, o pagamento pela concessão de uso de um bem coletivo deve ser efetuado, dentro da cadeia de produção, por aquele que mais o consome, identificado indiretamente, entre outras maneiras, pelos lucros auferidos. A valoração da natureza é uma área de estudo recente, incentivada principalmente pelo aparecimento do fenômeno da escassez e pela consciência da finitude dos bens.

A tributação dos recursos naturais como forma de gestão ambiental, que se iniciou no Brasil por meio da regulamentação da Política Nacional de Recursos Hídricos (Lei federal n. 9.433/97), é um capítulo novo na gestão ambiental do país. Sua eficiência e eficácia ainda estão para ser experimentadas e analisadas, e há grande potencial para que essa Lei se efetive como um novo instrumento de justiça e equidade social.

Quando os bens de usufruto coletivo, como os recursos naturais, tiverem uma gestão ambiental que os aloque com critério de equidade social, a democratização da sociedade humana será um processo evolucionário naturalmente pacífico e possível.

O geoprocessamento tem um potencial enorme, ainda pouco explorado como instrumento de gestão ambiental. Sua correta utilização permitirá compreender melhor os fenômenos naturais e suas inter-relações com a cultura humana. A pesquisa e o desenvolvimento dessa ferramenta apenas começaram. Sua evolução caminha inexoravelmente junto da revolução digital e o seu limite de inovação é o limite da criatividade da mente humana.

REFERÊNCIAS

BAASCH, S.S.N. A tomada de decisão e a complexidade dos sistemas ambientais. In: Programa de Pós-graduação em Engenharia de Produção, Universidade Federal de Santa Catarina. Florianópolis, 1990.

BENEDIKTSSON, J.A.; SWAIN, P.H.; ERSOY, O.K. Neural network approaches versus statistical methods in classification of multisource remote sensing data. *IEEE Transactions on geoscience and remote sensing*. v. 28, n.4, 1990, p.540-52.

BERRY, J.K. Cartographic modeling: the analytical capabilities of GIS. In: GOODCHILD, M.F.; PARKS, B.O.; STEYAERT, L.T. (eds). *Environmental modeling with GIS*. Nova York: Oxford University Press, 1993a, p.454-69.

_____. *Beyond mapping: concepts, algorithms and issues in GIS*. Colorado: GIS World Books, 1993b.

BRASIL. Lei n. 9.433, de 08.01.1997. *Diário Oficial da República Federativa do Brasil*. Brasília: Imprensa Nacional, 1997.

CARVER, S.J. Integrating multi-criteria evaluation with geographical information systems. *Int J Geo Info Systems*. v.5, n.3, 1991, p.321-39.

CIHLAR, J.; ST.-LAURENT, L.; DYER, J.A. Relation between the normalized difference vegetation index and ecological variables. *Remote Sensing Environ*. v.35, n.1-2, 1991, p.279-98.

DAVIS, C. *Bancos de dados geográficos para aplicações urbanas*. São José dos Campos: Inpe, 2000.

EASTMAN, J.R. *Idrisi for Windows: user's guide*. Worcester: Clark University, 1995.

GOODCHILD, M. *My community, our earth: a student project guide to sustainable development and geography*. California: ESRI Press Redlands, 2002.

MCKENDRY, J.E.; EASTMAN, J.R.; MARTIN, K.S. et al. *Applications in forestry: explorations in geographic information systems technology*. Geneva: United Nation Institute for Training and Research, 1995.

MILANO, M.S. Unidades de Conservação, conceitos básicos e princípios gerais de planejamento, manejo e administração. In: UNIVERSIDADE LIVRE DO MEIO AMBIENTE. *Manejo de áreas silvestres: teoria e prática*. Curitiba: Unilivre, 1996, p.116.

ROSA, P.; FERREIRA, M.C. *Metodologia para análise espaço-temporal da expansão urbana através do geoprocessamento: uma aplicação para a cidade de Piracicaba – SP*. Piracicaba: Instituto de Geociências e Ciências Exatas/Unesp, 1996.

SILVEIRA, V.F. *Metodologia para modelagem do padrão da paisagem integrando Sistema de Informações Geográficas, Sensoriamento Remoto e Redes Neurais*. Florianópolis, 1999. Tese (Doutorado). Universidade Federal de Santa Catarina.

STAR, J.; ESTES, J. *Geographic information systems: an introduction*. Nova Jersey: Prentice-Hall, 1990.

TOMLIN, C.D. *Geographic information systems and cartographic modeling*. Nova Jersey: Prentice-Hall, 1990.

Bibliografia Consultada

BERRY, J.K. *Spatial reasoning for effective GIS*. Colorado: GIS World Books, 1995.

BURROUGH, P.A. *Principles of geographic information systems for land resources assessment*. Oxford: Claredon Press, 1986.

EASTMAN, J.R.; MCKENDRY, J.E.; FULK, M.A. *Change and time series analysis*. Geneva: Explorations in Geographic Information Systems Technology United Nations Institute for Training and Research, 1995.

[FAO] FOOD AND AGRICULTURE ORGANIZATION. A framework for land evaluation. *FAO Soils Bull.* v.32, n.72, 1976.

FORMAN, R.T.T.; GODRON, M. *Landscape ecology*. New York: John Wiley & Sons, 1986.

JANSSEN, R.; RIETVELD, P. *Multicriteria analysis and geographical information systems: an application to agricultural land use in the Netherlands*. Holanda: Geographical Information Systems for Urban and Regional Planning, 1990.

SILVEIRA, V.F.; KHATOR, S.K.; BARCIA, R.M. An information management system for forecasting environmental change. In: 19th International Conference on Computers and Industrial Engineering. Miami, 1996.

SMITH, T.R. Artificial intelligence and its applicability to geographical problem solving. *Professional Geographer.* v.36, n.2, 1984, p.147-58.

PARTE V

Estudos Aplicados à Gestão Ambiental

Capítulo 35
Avaliação Pós-Ocupação Voltada à Gestão do Impacto Ambiental: uma Abordagem Interdisciplinar
Sheila Walbe Ornstein e Gilda Collet Bruna

Capítulo 36
Áreas de Risco Urbanas: Inundações e Escorregamentos
Maria Augusta Justi Pisani e Gilda Collet Bruna

Capítulo 37
Avaliação Ambiental Estratégica como Instrumento de Gestão de Bacias Hidrográficas
Maria do Carmo Sobral, Maria Manuela Morais e Renata Maria Caminha Carvalho

Capítulo 38
Metodologia do Trabalho Científico em Gestão Ambiental
Marcelo de Andrade Roméro e Arlindo Philippi Jr

Avaliação Pós-Ocupação Voltada à Gestão do Impacto Ambiental: uma Abordagem Interdisciplinar

35

Sheila Walbe Ornstein
Arquiteta e urbanista, Faculdade de Arquitetura e Urbanismo – USP

Gilda Collet Bruna
Arquiteta e urbanista, Universidade Presbiteriana Mackenzie

A AVALIAÇÃO PÓS-OCUPAÇÃO APLICADA À GESTÃO DA QUALIDADE DO AMBIENTE URBANO

Este trabalho descreve, analisa e debate as possibilidades, vantagens e desvantagens de aplicação da Avaliação Pós-Ocupação (APO) na gestão da *qualidade ambiental urbana* e os avanços ocorridos nesse sentido até os dias atuais. Em seguida, procura-se entender tanto o tema da qualidade ambiental quanto de que modo a APO pode contribuir com o incremento da qualidade do ambiente urbano.

A qualidade ambiental urbana pressupõe o controle de alterações resultantes das atividades humanas que, conforme o art. 1º da Resolução n. 001/86 do Conselho Nacional do Meio Ambiente (Conama), afetem: "a saúde, a segurança e o bem-estar da população; as atividades sociais e econômicas; a biota; as condições estéticas e sanitárias do meio ambiente; e a qualidade dos recursos ambientais". Além dessa, outras resoluções do Conama também são importantes, como a Resolução n. 237/97, que trata do licenciamento ambiental; a Resolução n. 303/2002, que focaliza as áreas de preservação permanente; e a Resolução n. 307/2002, que trata da gestão dos resíduos da construção civil, pois solicitam uma forma de entender e de intervir no meio ambiente construído e natural.

Como se observa, pode-se dizer que essas atividades estão vinculadas ao comportamento dos usuários dos ambientes construídos – edificações, estruturas urbanas com seus espaços abertos de uso público –, que por esse próprio comportamento podem estar modificando o meio construído ou suas qualidades físicas, químicas e biológicas. Portanto, há legislações que protegem a população, de um lado, restringindo a ocupação ou construção em determinadas áreas e, de outro, protegendo o meio ambiente de ocupações que o agridam. As intervenções em ambientes urbanos são reguladas pela Lei federal n. 6.766/79, que dispõe sobre o parcelamento do solo urbano e dá outras providências. Essa lei foi modificada pela Lei federal n. 9.785/99, que altera o Decreto-lei n. 3.365/41 (desapropriação por utilidade pública) e as Leis n. 6.015/73 (registros públicos) e 6.766/79 (parcelamento do solo urbano). Assim, no que diz respeito ao solo urbano, entre outras restrições, a legislação não permite o parcelamento do solo em terrenos alagadiços e sujeitos a inundações, pois precisa assegurar o escoamento das águas; também não permite atuação em áreas aterradas com material nocivo à saúde pública, sem que antes essas áreas tenham sido saneadas; não autoriza a ocupação em áreas de declive superior a 30%, a não ser que atendam a outras exigências específicas; e proíbe intervenções em terrenos cujas condições geológicas não as permitam. As principais modificações trazidas pela Lei n. 9.785/99 dizem respeito à infraestrutura básica[1] que deve atender os índices urbanísticos definidos pelo plano diretor ou lei municipal[2]. Com essas legislações relativas ao parcelamento urbano, o primeiro objetivo é permitir ao poder público a legalização de parcelamento com fins habitacionais em casos como os de pendência judicial expropriatória, fundado na imissão provisória de posse de lotes; e o segundo objetivo é dar maior autonomia aos municípios no parcelamento do solo urbano, conforme sinopse comentada publicada no DO da União de 01/02/99, lei n. 9.785. Como se observa, o Plano Diretor do Município já

---

[1] Lei federal n. 9.785/99: "Consideram-se infraestrutura básica os equipamentos urbanos de escoamento das águas pluviais, iluminação pública, redes de esgoto sanitário e abastecimento de água potável, e de energia elétrica pública e domiciliar e as vias de circulação pavimentadas ou não".

[2] Lei federal n. 9.785/99: "A infraestrutura básica dos parcelamentos situados em zonas habitacionais declaradas por lei como de interesse social (ZHIS) consistirá, no mínimo, de:

I - vias de circulação;

II - escoamento das águas pluviais;

III - rede para o abastecimento de água potável; e

IV - soluções para o esgotamento sanitário e para energia elétrica domiciliar."

vinha ganhando uma expressão ao se referir às normas e leis com atuação local, mesmo antes do Estatuto da Cidade (Lei federal n. 10.251/2001). A legislação focaliza por meio do poder público cuidados com o meio ambiente construído, o que se reflete no atendimento à população.

Por sua vez, a APO, como já é de conhecimento de muitos docentes, pós-graduandos e graduandos que atuam no campo das *pesquisas aplicadas* em arquitetura e urbanismo, é um *conjunto de métodos e técnicas* para a avaliação de desempenho de ambientes urbanos no decorrer do uso – mas não exclusivamente estes –, tanto do ponto de vista dos especialistas no assunto, visando colher e obter resultados sobre o desempenho ambiental físico, quanto do ponto de vista do *usuário* final desse ambiente. As análises sobre o desempenho físico dos ambientes em estudo são então cruzadas com as opiniões e níveis de satisfação desses usuários, obtendo-se, assim, diagnósticos que *realimentam* com programas de manutenção e recomendações o redesenho do próprio estudo de caso e futuros projetos semelhantes. Nesse mesmo direcionamento, na medida em que dados decorrentes de diversas APOs aplicadas em contextos urbanos semelhantes podem ser sistematizados, configuram-se bancos de dados com diagnósticos e recomendações que podem ser disponibilizados aos tomadores de decisões, para realizar – ou não – intervenções no meio ambiente que sejam muito próximas às efetivas necessidades dos usuários, observando-se, inclusive, os princípios da sustentabilidade ambiental.

A APO teve origem conceitual e teórica na Europa e nos EUA (Federal Facilities Council, 2002), sobretudo na década de 1960, com os estudos realizados no campo da *psicologia ambiental* para verificação dos impactos na qualidade de vida dos moradores dos grandes conjuntos habitacionais construídos no pós-Segunda Guerra Mundial, como resposta ao significativo déficit de moradias.

A psicologia ambiental – ramo relativamente recente da psicologia – tem como base as relações biunívocas entre ambiente construído e comportamento humano.

No Brasil, teve início com a realização de pesquisa interdisciplinar sobre conjuntos habitacionais do estado de São Paulo, realizada na década de 1970, mas se consolidou a partir de meados da década de 1980, na Faculdade de Arquitetura e Urbanismo da USP – atualmente no Grupo de Pesquisa Qualidade e Desempenho no Ambiente Construído, do diretório de grupos de pesquisa do Conselho Nacional de Desenvolvimento Científico e Tecnológico – como atividade de ensino, pesquisa e de consultoria. A partir do começo da década de 1990, com o desenvolvimento e a regularidade de formação de pós-graduandos na área, diversos núcleos de pesquisa e ensino afins, especialmente em escolas de arquitetura e de urbanismo, têm tomado corpo. Atualmente, pode-se dizer que a APO vem de encontro às normas e aos procedimentos de avaliação de desempenho na construção, tal como é o caso da recente NBR 15575 (ABNT, 2008).

E essa difusão da área de conhecimento ocorre também em virtude da:

- Necessidade de fundamentação mais consistente e atualizada das atividades de ensino e de aprendizado em projetos de arquitetura e de urbanismo, num esforço – ainda que por um grupo reduzido de docentes – de demonstração aos graduandos de que a metodologia científica (transparência dos dados e do processo projetual a partir, por exemplo, de resultados da APO) pode e deve dar suporte aos projetos de arquitetura e de urbanismo, comprometidos com a qualidade ambiental e com as necessidades e/ou satisfação dos usuários.
- Necessidade de compreensão dos projetos de arquitetura e de urbanismo, num contexto interdisciplinar de ambiente e de sociedade, no qual é fundamental a visão de projetos integrados e a busca da gestão da qualidade (Figuras 35.1 e 35.2).

Em que pese o fato de a APO se caracterizar como um dos – e não o único – conjuntos de métodos e técnicas no plano das pesquisas quali-quantitativas que visam à gestão de qualidade ambiental, sem dúvida ela é fundamental para que as propostas, projetos e intervenções nas cidades, estas já tão adensadas e caóticas, passem a continuar a existir com uma qualidade ambiental baseada no (re)conhecimento da efetiva realidade vivenciada e comportamental da população, que desemboca na responsabilidade sobre o meio ambiente natural e construído.

A seguir será então traçado um panorama nacional e internacional do estado da arte na área, mostrando quais os instrumentos metodológicos disponíveis para que, nas pesquisas em APO, possa-se contar, permanentemente, com as informações sobre a satisfação dos usuários (e sua participação). E, continuando, serão apresentadas algumas considerações à guisa de conclusões e de recomendações finais.

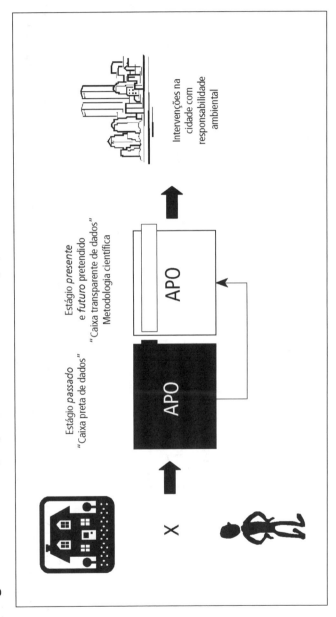

Figura 35.1 – Transformações pretendidas no desenvolvimento projetual.

Figura 35.2 – Transformações em curso nos serviços de projeto.

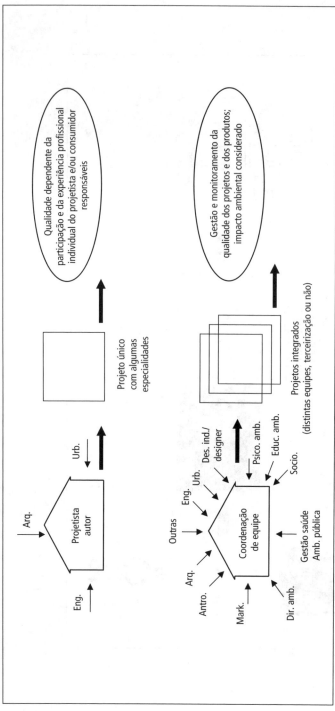

Obs.: O projeto atualmente é visto como etapa essencial da cadeia produtiva da construção civil, inserido, em uma ótica interdisciplinar, em um contexto muito mais complexo no qual o coordenador – preferencialmente um arquiteto – deve conduzir integradamente equipes e serviços complementares na busca de soluções ótimas: menores custos, maior desempenho e qualidade com satisfação aos usuários e impactos ambientais reduzidos.

Legenda: ANTRO. – antropologia; ARQ. – arquitetura; ENG. – engenharia; URB. – urbanismo; DES. IND. – desenho industrial; PSICO. AMB. – psicologia ambiental; EDUC. AMB. – educação ambiental; SOCIO. – sociologia; DIR. AMB. – direito ambiental e MARK. – marketing.

BREVE ESTADO DA ARTE

No século XX, especialmente a partir da segunda metade da década de 1990, foi possível constatar tanto no plano internacional quanto no nacional que diversos trabalhos publicados ou apresentados em formato de relatório registraram com ênfase os avanços nos procedimentos metodológicos em APO, sendo que vários deles destacaram estudos de caso na micro e na macro escala ambiental.

No plano internacional, com ênfase metodológica, Zeisel (2006) continua apresentando instrumentos atuais e referenciais para estabelecer um elo entre os estudos sobre as relações, entre ambiente construído e comportamento humano e as decisões de projeto. Hershberger (1999) procura destacar a importância da programação arquitetônica, como base de dados para o desenvolvimento de projetos tanto de edifícios quanto de urbanismo que sejam satisfatórios do ponto de vista dos usuários. Nesse sentido, diferencia a programação de necessidades, contemplando e organizando informações e dados interdisciplinares para serem utilizados em projeto, a partir de uma base consistente tal como aquela formada por dados obtidos em APOs anteriores, contemplando o mesmo tema do programa de necessidades, este sendo uma simples lista de ambientes e de áreas úteis e construídas. Com Muir e Rance (1995) e Sanoff (2001), entre outros, os projetos participativos são desenvolvidos a partir de atividades planejadas em conjunto. Estas envolvem diversos agentes no processo de produção, por exemplo, como usado nas técnicas e instrumentos da Avaliação Pós-Ocupação – APO. Entre esses casos se destaca a atuação do arquiteto e pesquisador Sanoff (2001), que coordenou o desenvolvimento de diversos projetos participativos para pré-escolas e escolas de ensino fundamental nos EUA, contando com a participação de profissionais e também com alunos, pais e mestres.

O Federal Facilities Council (2002) publicou trabalho do renomado consultor em APO, Wolfgang F. E. Preiser, em que faz a revisão e a atualização de métodos e técnicas, diagnósticos e recomendações em APOs dirigidas a edifícios da administração pública. Em 2002, Groat e Wang (2002), nos EUA, e Jong e Voordt (2002), na Europa, publicaram trabalhos brilhantes e profundos sobre metodologia para ensino, pesquisa e exercício profissional em arquitetura e em urbanismo, apontando as possibilidades de uso de inúmeros instrumentos (modelagens, simulações, entrevistas, questionários etc.) que podem ser adotados antes, durante e após o processo projetual (APO como processo de realimentação de projeto), visando à materialização da visualização da qualidade de ambientes construídos. Segue a publicação de obra internacional de diversos autores editada por Preiser e Vischer (2005) sobre procedimentos metodológicos de APO aplicados em ambientes de trabalho (escritórios) com ênfase especial na aplicação de questionários para medições de satisfação dos usuários. Em 2000, Cabrita et al. (2000) lançam em Portugal diretrizes e recomendações para a requalificação urbana e manutenção de empreendimentos habitacionais de interesse social, em que destacam caminhos para a gestão da qualidade e enfatizam a necessidade de se considerar a perspectiva do habitante-cliente.

No plano dos estudos de caso, ainda Nelson (2006), na Grã-Bretanha, insere a APO como um conjunto de procedimentos colaborativos para a qualidade na arquitetura. Encontra-se a questão da produtividade e suas possíveis relações com o ambiente físico de trabalho, que vem ganhando importância com os trabalhos de Clements-Croome (2000), na Grã-Bretanha, e de Brill e Weidemann (2001), nos EUA.

No plano nacional, Del Rio et al. (2002) lançam uma coletânea importante na área, pois reúne trabalhos brasileiros com enfoque interdisciplinar (psicologia, arquitetura e urbanismo) resultantes de atividades de ensino e de pesquisa e que, em sua maioria, buscam a dimensão ambiental, sobretudo em termos de intervenções físicas e educacionais. Nessa mesma linha, Tassara (2001) organiza uma coletânea para destacar tanto os debates e as pesquisas já realizadas quanto outras atividades em curso na área da psicologia ambiental. Abiko e Ornstein (2002) editam coletânea contendo os onze projetos concluídos que receberam auxílio financeiro do programa Habitare da Finep (Financiadora de Estudos e Projetos), destacando que sempre estiveram presentes a análise, os resultados e as recomendações sobre o impacto ambiental da habitação de interesse social. Nessa obra, segundo Freitas et al. (2001), destacam-se propostas sobre a problemática da ocupação de encostas. As análises apresentadas são relativas a estudo de caso em São Paulo; em Salvador, na Bahia; e em Pelotas, no Rio Grande do Sul. Nesses casos a Avaliação Pós-Ocupação (APO) é utilizada para desenvolver diagnósticos e recomendações no plano do saneamento básico e da infraestrutura urbana em conjuntos habitacionais. Destacam-se nos casos de municípios como São Paulo, Fortaleza, Goiânia e Rio de Janeiro, o enfoque dado a favelas urbanizadas, considerando diversas dimensões, como a social, a organizativa e a físico urbanística ambiental; podem-se destacar as recomendações para a sustentabilidade nesses tipos de programas. Também, no Programa Habitare da Finep, há análises que utilizam a Avaliação Pós-Ocupação – APO em obra específica relativa ao meio ambiente e habitação (Freitas; Braga; Bitar; et al., 2001).

Entre os trabalhos de estudos de caso, verifica-se que a aplicação da APO foi relevante em áreas e conjuntos de habitação de interesse social, com grande presença, principalmente nos últimos cinco anos no país, em vários centros de pesquisa e ensino, o que possibilitou o desenvolvimento de ensaios, experimentações e progressos metodológicos associados a recomendações para futuros estudos de casos semelhantes.

No trabalho de Fantinelli e Gabriel (2002) destaca-se, por exemplo, o conjunto habitacional autoconstruído em Santo André, em São Paulo, no qual se aplicam multimétodos e técnicas, tais como entrevistas com lideranças, questionários aos moradores e percepção ambiental expressa em desenhos com as crianças. Numa abordagem mais recente, Villa (2009) aplica a APO em edifícios de apartamentos situados em Ribeirão Preto, em São Paulo, voltados ao mercado imobiliário, utilizando além dos já tradicionais multimétodos, como entrevistas com pessoas-chaves, questionários e *walkthroughs*, grupos focais voltados à percepção ambiental de moradores com tarjetas reflexivas e maquetes físicas e eletrônicas de apartamentos. Também ocorreu a aplicação da APO em estudos de caso de outra ordem de complexidade, em empreendimentos de grande porte, sendo estes, importantes nos meios urbanos nos quais se inserem. É o caso, por exemplo, de *shopping centers* (Giovannetti, 2001); edifícios de escritórios (Rheingantz, 2002; Preiser e Vischer, 2005); estabelecimentos voltados à saúde (Costi, 2002; Ornstein et al., 2009b); e de escolas (Elali, 2002; Ornstein et al., 2009a).

Os princípios da APO também foram utilizados em estudos temáticos de impacto ambiental (e para os usuários), como no caso da acessibilidade de pessoas com deficiência (Cambiaghi, 2007) e no caso do conforto ambiental e da percepção infantil em escolas (Kowaltowski et al., s.d.).

É importante ainda notar que a APO, como instrumento de monitoramento de avaliação de desempenho, foi discutida com ênfase em diversos eventos nacionais, nos últimos dez anos, nos quais participaram agentes da cadeia produtiva da construção civil (pesquisadores na área, projetistas, construtores etc.), tendo como foco temático a gestão e a qualidade do processo de projeto. O primeiro ocorreu em São Carlos (SP) (Fabrício e Melhado, 2001) e o segundo em Porto Alegre (RS) (Giuliani et al., 2002). Esses eventos foram particularmente relevantes, pois trouxeram para o meio produtivo as discussões sobre procedimentos de avaliação de cada etapa do processo de produção, uso, operação e manutenção de ambientes construídos, oferecendo como resultado uma realimentação continuada desse processo, tendo em vista ampliar a gestão da qualidade (ABNT, 2000). Desde 2008 esses *workshops* fazem parte das atividades e eventos do Grupo de Trabalho "Qualidade do Projeto", integrante da Associação Nacional de Tecnologia do Ambiente Construído[3]. Sobre o tema da inserção da APO no contexto da Qualidade do Projeto, recentemente foi publicado número especial do periódico *Ambiente Construído* (Ornstein e Formoso, 2009). Também outra fonte significativa da evolução da utilização da APO no contexto das pesquisas sobre sustentabilidade são os artigos publicados nos anais de eventos como os Encontros Nacionais de Tecnologia do Ambiente Construído e os Encontros Nacionais e Latino Americanos sobre Conforto no Ambiente Construído, ambos promovidos pela ANTAC, e cujos artigos estão disponibilizados na internet[4].

MÉTODOS E TÉCNICAS: COMPARTILHANDO DADOS E RESULTADOS

Os procedimentos no campo da avaliação de desempenho, em geral, e no campo da APO, especificamente, evoluíram e se tornaram mais abrangentes em relação a uma *visão holística* do processo de produção, uso, operação, manutenção e gerenciamento de ambientes construídos. Sob esse prisma estão incluídas as questões contemporâneas importantes da integração, da simultaneidade e da coordenação de projetos (Melhado et al., 2005) e também uma ênfase especial nas questões ambientais (ABNT, 2004), com base em legislações específicas aprovadas nas últimas décadas que vêm aperfeiçoando a gestão da qualidade ambiental. Assim é que o impacto ambiental e o respectivo relatório de impacto sobre o meio ambiente (Rima) atualmente são imprescindíveis para o licenciamento das atividades antrópicas modificadoras do meio ambiente, conforme Resolução Conama n. 001/86, art. 2º. Observa-se que a lista de atividades constantes do Anexo 1 dessa resolução é bastante extensa, detalhando os tipos de atividades ou empreendimentos sujeitos ao licenciamento ambiental. Além disso, já no art. 2º destacam-se os projetos urbanísticos que ocupam mais de 100 ha, distritos e complexos industriais, bem como atividades de projeto e cons-

---

[3] A Antac pode ser acessada no endereço: http://www.antac.org.br
[4] Os artigos podem ser acessados no endereço: http://www.infohab.org.br

trução de estradas de rodagem, ferrovias, portos, aeroportos e aterros sanitários, entre outros. Atualmente, com a aprovação da Lei federal n. 10.257/2001, conhecida como Estatuto da Cidade, que atribui aos municípios a elaboração de seus planos de desenvolvimento urbano, também é preciso desenvolver o Estudo do Impacto de Vizinhança (EIV) para obter licenças ou autorização de construção, ampliação ou funcionamento (art. 36). Esse estudo do EIV, no entanto, conforme o art. 38 do Estatuto da Cidade, não substitui a elaboração e a aprovação do estudo prévio de impacto ambiental (EIA), requeridos pela legislação ambiental. Deve-se assim, conforme o art. 37, ao se desenvolver o estudo do EIV, considerar os efeitos positivos e negativos de empreendimentos e atividades na área e seu entorno, analisando: o adensamento populacional; equipamentos urbanos e comunitários; uso e ocupação do solo; valorização imobiliária; geração de tráfego e demanda por transporte público; ventilação e iluminação; paisagem urbana; e o patrimônio natural e cultural.

Estes estudos têm uma abrangência holística, pois é preciso compreender e monitorar todas as etapas do *ciclo de vida* desses ambientes, desde a demanda do cliente, passando pelo planejamento do empreendimento, até uma eventual reutilização ou demolição, se for o caso, dada a impossibilidade de manutenção a custos compatíveis dos critérios mínimos de desempenho. A sustentabilidade dos ambientes em foco e do contexto urbano em que se inserem vincula-se à questão mais ampla da qualidade e faz parte desse fluxograma-modelo, conforme demonstrado na Figura 35.3.

A Figura 35.3 traz algumas proposições para a implementação desses procedimentos de avaliação que podem ser adotados por escritórios de prestadores de serviços em projetos, incorporadoras e construtoras em geral, entidades responsáveis por projetos e construções de edificações públicas e, particularmente, pelas companhias habitacionais de níveis estadual e municipal, que, de uma forma ou de outra, intervêm no ambiente construído.

A primeira proposição refere-se à constituição de um banco de dados gerado a partir de informações, diagnósticos e recomendações obtidos em cada uma das etapas, inclusive naquelas de APOs, visando à realimentação interativa atualizada e constante de todo o ciclo vital do processo de produção, uso, operação, manutenção e gerenciamento de ambientes construídos. Esse banco de dados deverá fundamentar a geração de indicadores e critérios de desempenho para todas as etapas desse mesmo processo.

A segunda proposição refere-se à geração de mecanismos de autoavaliação, específicos e internos a cada etapa, que poderá auxiliar na minimi-

Figura 35.3 – Processo de produção, uso, operação, manutenção e gerenciamento de ambientes construídos acompanhado de procedimentos continuados de avaliação.

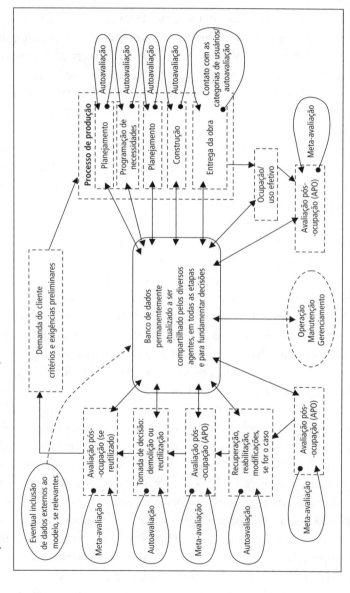

Fonte: baseada em Federal Facilities Council (2001).

zação de falhas naquela mesma etapa, eliminando ou minimizando o impacto destas falhas na etapa seguinte.

A autoavaliação e a realimentação continuada de um banco de dados poderão, de modo conjunto, configurar-se como um eficaz instrumento de gestão de qualidade.

A *terceira proposição* refere-se à autoavaliação das próprias etapas de APOs, denominadas na Figura 35.3, de *metavaliação*. A metavaliação visa ao aperfeiçoamento constante e aos eventuais ajustes dos procedimentos de avaliação e monitoramento.

A *quarta proposição* diz respeito à eventual *flexibilização do fluxograma-modelo*, no sentido de *incorporar*, quando necessário, *dados externos*, ou seja, de outros bancos de dados, desde que considerados importantes para o controle e a gestão de qualidade do processo em questão.

Para implementação ou colocação em prática do fluxograma-modelo apresentado, podem ser adotados, predominantemente, os métodos e técnicas para levantamentos e análises correspondentes a dadas categorias de usuários, visando aferir níveis de impacto ambiental no meio urbano por estudo de caso, conforme resumido no Quadro 35.1.

O quadro lista os multimétodos e técnicas mais frequentemente utilizados nas pesquisas em APO. Nelas, para aumentar os níveis de confiança dos procedimentos e dos resultados, geralmente utilizam-se métodos e técnicas combinadas, especialmente no caso daqueles de avaliação física de desempenho (como as medições e as vistorias técnicas), em confronto comparativo com aqueles de aferição de opiniões, de necessidades, de comportamentos e de percepção dos usuários dos ambientes, como entrevistas, grupos focais e questionários (Ornstein, 2001). Também no Quadro 35.1 destaca-se a possibilidade de adoção, não só de métodos e técnicas quantitativos, mas ainda aqueles qualitativos (Lüdke e André, 1988), bem como a verificação do interesse, dependendo dos objetivos e do tipo da APO, da lógica *Fuzzy* (Moraes, 2008), a qual procura dar um tratamento matemático – estatístico – diferenciado na tabulação e análise de respostas a questões atreladas a escalas de valores, cujos intervalos contêm alguma subjetividade.

Em suma, a APO considera fundamental que, no centro das pesquisas voltadas à avaliação de desempenho ambiental (pesquisas relacionadas aos conceitos de sustentabilidade, ecoarquitetura, conforto ambiental, *green building* e assim por diante), os usuários desses ambientes urbanos construídos façam parte dos estudos, não só como tomadores de decisão, gestores e beneficiários, mas também como agentes do processo de avaliação ou de monitoramento. Nessa direção, os procedimentos e resultados da APO podem contribuir, por exemplo, com as certificações Leed[5] e Aqua[6].

CONSIDERAÇÕES FINAIS

Tendo em vista as análises anteriores, sugere-se especial atenção para a abordagem interdisciplinar das questões ambientais[7] tanto no ensino (graduação, pós-graduação e especialização) quanto na pesquisa e também nas atividades profissionais.

Os estudos voltados às relações ambiente construído-comportamento humano e de APO podem colaborar nessa direção, particularmente no que tange à gestão e ao monitoramento ambiental urbanos. Observa-se que essa abordagem interdisciplinar deve perseguir, no mínimo, três dimensões:

Dimensão Conceitual:
Gestão Centrada no Usuário

*   Aproximação efetiva entre os campos do conhecimento: arquitetura, urbanismo, gestão ambiental, saúde pública e psicologia ambiental.

---

[5] *Leadership in Energy and Environment Design,* de origem norte-americana, promovido e adaptado para a realidade do mercado brasileiro pelo *Green Building Council Brasil.* Disponível em: http://www.gbcbrasil.org.br/pt/index.php?pag=certificacao.php. Acessado em: 8 nov. 2009.

[6] O processo Aqua, de origem francesa, é promovido no Brasil pela Fundação Vanzolini e pretende a certificação da construção sustentável e busca a qualidade de vida do usuário, a economia de água e de energia, a minimização de impactos socioambientais regionais, entre outros benefícios. Disponível em: http://www.vanzolini.org.br/conteudo.asp?cod_site=0&id _menu=493. Acessado em: 8 nov. 2009.

[7] As considerações finais estão parcialmente baseadas em apresentação feita pela coautora deste capítulo, S.W. Ornstein, no Simpósio Internacional "O Papel da Psicologia Ambiental no Estudo das Questões Ambientais", ocorrido na FAU-USP, entre 18 e 22 de novembro de 2002, sob a organização do LAPSI – Laboratório de Psicologia Socioambiental e Intervenção do Instituto de Psicologia da USP e da IAPS – *International Association for People – Environment Studies.*

AVALIAÇÃO PÓS-OCUPAÇÃO VOLTADA À GESTÃO DO IMPACTO AMBIENTAL | 1151

- Busca constante da qualidade "objetiva" e "subjetiva" do ambiente construído (Zeisel, 2006) visando redução de riscos ambientais de projetos (Atkins e Simpson, 2008) na construção civil.

- Busca mais intensa da compreensão global do papel dos distintos agentes importantes no processo de produção, uso, operação, manutenção e gerenciamento de ambientes construídos, incluindo incorporadores, construtores, arquitetos, urbanistas, representantes dos diversos setores públicos e privados atuantes e tomadores de decisão nas questões ambientais e de facilidades *(facility managers);* bem como das legisla-

Quadro 35.1 – Métodos e técnicas, situações e categorias de usuários e estudos de caso predominantes na aplicação da APO, considerando-se aspectos interdisciplinares do impacto ambiental.

Métodos e técnicas	Em quem? Por quem?	Exemplos de estudos de caso por nível de impacto ambiental no meio urbano
• Vistorias técnicas/ *Walkthrough* com *check-list*/aspectos construtivos e funcionais, mobiliário e equipamentos, acessibilidade, segurança. • Medições (condições de conforto ambiental funcionais e ergonométricas) • Registros visuais descritivos (fotos, vídeos) • Observações de atividades, por escrito ou desenhadas de comportamentos dos usuários • Elaboração de mapas comportamentais • Entrevistas	• Realizados pelos especialistas em qualquer tipo de ambiente construído, edificado e/ou aberto/livre • Realizados pelos especialistas em qualquer tipo de ambiente construído, edificado e/ou aberto/livre • Realizados pelos especialistas ou pelos usuários de modo orientado pelos primeiros para posterior análise e interpretação • Realizados pelos especialistas de modo participante ou de modo passivo • Realizados pelos especialistas para localizar tipos e quantidades de atividades por categoria de pessoas no tempo	Baixo impacto • Residências isoladas • Pequenos serviços e comércios • Postos de saúde • Praças/parques infantis • Pré-escolas Médio impacto • Condomínio, conjuntos habitacionais e loteamentos de pequeno porte • Serviços e comércios de porte médio • Pequenas indústrias não poluentes • Escolas de ensino fundamental e médio

(continua)

CURSO DE GESTÃO AMBIENTAL

Quadro 35.1 – Métodos e técnicas, situações e categorias de usuários e estudos de caso predominantes na aplicação da APO, considerando-se aspectos interdisciplinares do impacto ambiental. (*continuação*)

Métodos e técnicas	Em quem? Por quem?	Exemplos de estudos de caso por nível de impacto ambiental no meio urbano
• Questionários com resposta múltipla escolha/ escala de valores e respostas abertas/possibilidade de análise e de tratamento com a lógica *Fuzzy* • Grupos focais • Desenhos representativos da percepção ambiental e uso do geoprocessamento para identificação de comportamentos • Sínteses de diagnósticos e de recomendações: quadros sinópticos e mapas de descobertas	• Aplicadas em pessoas-chave, idosos, adultos e pessoas com pouca educação formal (procedimento qualitativo) • Aplicadas em jovens e em adultos (procedimento quantitativo) • Aplicados em crianças, jovens, adultos, idosos e pessoas com pouca educação formal (procedimento qualitativo) • Aplicados em crianças (procedimento qualitativo)	Alto impacto • Áreas de represas e de preservação ambiental • Serviços, comércio e indústrias de grande porte • *Shopping centers* • Escolas de nível superior e hospitais • Aeroportos • Conjuntos habitacionais/ condomínios/loteamentos de grande porte • Áreas com elevada densidade de habitações autoconstruídas/situações com infraestrutura e saneamento deficitários ou inexistentes

ções ambientais e urbanísticas, quanto à extensão de sua gestão sobre o meio ambiente e sobre a qualidade de vida urbana.

* Qualidade urbana de vida em geral, clientes dos projetos e empreendimentos e gerentes de inserção, como agentes fundamentais nos procedimentos de avaliação e de monitoramento de qualidade urbana ambiental, de usuário dos ambientes construídos (áreas livres descobertas e/ou edificadas/fechadas).

* Inclusão de modo mais amplo e efetivo dos princípios do planejamento, do desenho e da gestão ambiental (além dos tradicionais aspectos do conforto ambiental nos edifícios e nas áreas livres, da redução de desperdícios e da racionalização de processos no canteiro

de obras, do uso de materiais e de componentes ecologicamente corretos, do uso da reciclagem de materiais, componentes e dos próprios edifícios).

Dimensão Metodológica

*   Levantamentos e análises qualitativos *versus* levantamentos e análises quantitativos, vantagens e desvantagens de cada um desses procedimentos em função da complexidade e da escala do ambiente – estudo de caso e dos perfis/categorias da população usuária e dos agentes envolvidos na produção, uso, operação, manutenção e gerenciamento desses ambientes; legislações pertinentes e normatizações, como as normas brasileiras (NBR) e as normas internacionais (ISO).

*   Aplicações e tratamentos estatísticos a serem adotados (p.ex., estatística descritiva e/ou analítica? Estatística paramétrica ou não paramétrica? Lógica *Fuzzy*? *Softerware SPSS*[8]?); vantagens e desvantagens de cada um.

*   Desenvolvimento, junto com especialistas em informática, de *estratégias para geração de banco de dados* amigáveis contemplando resultados de APO, a serem disponibilizados aos pesquisadores e profissionais na área para subsidiar tomadas de decisões quanto a intervenções no meio ambiente.

Dimensões: Aplicativa e Profissional

*   Incorporar os conceitos e projetos com o foco *na sustentabilidade* nos procedimentos voltados aos projetos integrados e simultâneos, preocupados com as questões da gestão da qualidade do processo de produção, uso, operação, manutenção, renovação e/ou reabilitação do ambiente construído e qualidade ambiental.

*   Elaborar e atualizar permanentemente (como elementos do banco de dados sugerido para elaborar a partir dos resultados de APOs aplicadas) *indicadores e critérios de desempenho ambientais de uso amigável*

---

[8] *SPSS – Statistical Package for the Social Sciences.*

para dar suporte às atividades profissionais do arquiteto e do urbanista – extensivos às de desenhista industrial/*designer* –, os quais deveriam (devem) levar em consideração esses indicadores e critérios de desempenho ambientais de modo mais claro e efetivo desde a formação no curso de graduação.

- Inserir os procedimentos rotineiros de APO do ambiente construído no *planejamento estratégico* de entidades públicas e privadas que apresentam forte atuação profissional em projeto, construção e manutenção de ambientes construídos como forma de gerar satisfação quanto aos serviços prestados para os seus usuários, "clientes" finais. Tais procedimentos, já incorporados em redes de estabelecimentos voltados à saúde nos países desenvolvidos (Stevenson et al. 2009; Ornstein et al. 2009b), podem ser de imediato incorporados, por exemplo, às entidades de grande porte promotoras de transportes de massa, de edifícios escolares (Ornstein et al., 2009a), de estabelecimentos de saúde e/ou da habitação de interesse social.

REFERÊNCIAS

ABIKO, A.K.; ORNSTEIN, S.W. (eds). *Inserção urbana e Avaliação Pós-Ocupação (APO) da habitação de interesse social.* São Paulo: FAU-USP; Associação Nacional de Tecnologia do Ambiente Construído, Finepl, 2002. (Coletânea Habitare/Finep, vol.1)

[ABNT] ASSOCIAÇÃO BRASILEIRA DE NORMAS TÉCNICAS. *NBR 15575: edifícios habitacionais de até cinco pavimentos: desempenho.* Rio de Janeiro, 2008.

_____. *NBR ISO 9004: Sistema de Gestão da Qualidade – Diretrizes para a melhoria do desempenho.* Rio de Janeiro, 2000.

_____. *NBR ISO 14001: Sistema de Gestão Ambiental – Requisitos com orientação para uso.* Rio de Janeiro, 2004.

ATKINS, J.B.; SIMPSON, G.A. *Managing Project Risk. Best Practices for Architects and Related Professionals.* New Jersey: John Wiley & Sons Inc., 2008.

BRILL, M.; WEIDEMANN, S.; Bosti Associates. *Disproving widespread myths about workplace design.* Jasper: Kimball International, 2001.

CABRITA, A.R.; COELHO, A.B.; FREITAS, M.J. *Gestão integrada de parques habitacionais de arrendamento público: guia recomendativo.* Lisboa: Laboratório Nacional de Engenharia Civil, 2000.

CAMBIAGHI, S. *Desenho Universal. Métodos e Técnicas para Arquitetos e Urbanistas.* São Paulo: Senac São Paulo, 2007.

CLEMENTS-CROME, D. *Creating the productive workplace.* London: E & FN Spon, 2000.

COSTI, M. *A influência da luz e do calor em salas de espera, e corredores hospitalares.* Porto Alegre: PUC-RS, 2002.

DEL RIO, V.; DUARTE, C.R.; RHEINGANTZ, P.A. (orgs). *Projeto do lugar: colaboração entre psicologia, arquitetura e urbanismo.* Rio de Janeiro: Contra Capa/Faculdade de Arquitetura e Urbanismo da UFRJ, 2002.

ELALI, G.V.M.A. *Ambientes para educação infantil: um quebra-cabeça? Contribuição metodológica na Avaliação Pós-Ocupação de edificações e na elaboração de diretrizes para projetos arquitetônicos na área.* São Paulo, 2002. Tese (Doutorado). Faculdade de Arquitetura e Urbanismo da USP.

FABRÍCIO, M.M.; MELHADO, S.B. *Anais do I Workshop nacional: gestão do processo de projeto na construção de edifícios.* São Carlos: EESC e Escola Politécnica da Universidade de São Paulo/Fapesp, 2001.

FANTINELLI, J.T.; GABRIEL, N.M. *Avaliação Pós-Ocupação da habitação de interesse social por autoconstrução: Vila Nova Progresso – Santo André – SP.* São Paulo: FAU-USP, 2002.

FEDERAL FACILITIES COUNCIL. *Learning from our buildings: a state-of-the-practice summary of post-occupancy evaluation.* Washington (DC): National Academy Press, 2002. Disponível em: http://Cart.nap.edu/cart/pdfacess. Acessado em: 14 jul. 2013.

FREITAS, C.G.L.; BRAGA, T.O.; BITAR, O.Y. et al. *Habitação e meio ambiente: abordagem integrada em empreendimentos de interesse social.* São Paulo: Instituto de Pesquisas Tecnológicas, 2001. (Coleção Habitare/Finep)

GIOVANNETTI, A. Shopping Center: um estudo sobre ambiente e comportamento. In: ÂNGELO, C.F.; SILVEIRA, J.A.G. (coords). *Varejo competitivo.* São Paulo: Atlas, 2001, p.132-53.

GROAT, L.; WANG, D. *Architectural research methods.* New York: McGraw Hill, 2002.

HERSHBERGER, R.G. *Architectural programming and pre-design manager.* New York: McGraw-Hill, 1999.

JONG, T.M.; VOORDT, D.J.M. *Ways to study and research: urban architectural and technical design.* Delft: DUP Science/Delft University Press, 2002.

KOWALTOWSKI, D.C.C.K. et al. *Manual de conforto ambiental.* Campinas: Departamento de Arquitetura e Construção/Faculdade de Engenharia Civil/Unicamp/ Fapesp, s.d.

LÜDKE, M.; ANDRÉ, M.E.D. Construindo uma metodologia. PUC-RIO. Certificação digital n. 0310734/CA. Disponível em: http://www.mawell.lambda.ele.puc--rio.br/7226/7226_4.pdf. Acessado em: 14 jul. 2013.

_____. *Pesquisa em educação: abordagens qualitativas.* São Paulo: Editora Pedagógica e Universitária, 1988.

MELHADO, S.B. et al. *Coordenação de projetos de edificações.* São Paulo: O Nome da Rosa, 2005.

MORAES, O.B. Método de análise de dados para avaliação de áreas urbanas recuperadas – uma abordagem utilizando a lógica fuzzy. São Paulo, 2008. Tese (Doutorado). Escola Politécnica da USP. Disponível em: http://www.teses.usp.br/teses/disponiveis/3/3146/tde-17112008-120123/. Acessado em: 31 dez. 2009.

MORTICE, Z. *Evidence-Based Design: The Deeper Meaning to Sustainability, Building Performance, and Everything Else. A practice sea change that further merges the art and science of architecture.* Disponível em: http://info.aia.org/aiarchitect/thisweek09/0626/0626b_evidence.cfm. Acessado em: 8 nov. 2009.

MUIR, T.; RANCE, B. (eds). *Collaborative practice in the built environment.* Londres: E & FN Spon, 1995.

NELSON, C. *Managing Quality in Architecture. A Handbook for Creators of the Built Environment.* New York: Architectural Press/Emerald, 2006.

ORNSTEIN, S.W. Aplicando questionários na avaliação pós-ocupação do ambiente construído: ponderações sobre os procedimentos adotados nos últimos 20 anos. In: *Olam Ciência & Tecnologia.* ano I, v.1, n. 2. Rio Claro, São Paulo: Aleph Engenharia e Consultoria Ambiental, 2001.

ORNSTEIN, S.W. et al. Improving the Quality of School Facilities through Building performance Assessment: Educational Reform and School Building Quality in São Paulo, Brazil. *Journal of Educational Administration.* Emerald Group Publishing Limited, 2009a, v. 47, issue 3, p.350-367.

_____. Performance Evaluation of a Psychiatric Facility in São Paulo, Brazil. *Facilities.* Emerald Group Publishing. Londres, 2009b, vol. 27, p.152-67.

ORNSTEIN, S.W.; FORMOSO, C.T.(eds). Nome do artigo. *Ambiente Construído – Qualidade do Projeto.* v. 9, n. 2. Porto Alegre: Associação Nacional de Tecnologia do Ambiente Construído, 2009. Disponível em: http:www.antac.org.br/ambiente construído/.

PEREIRA, J.C.R. *Análise de dados qualitativos: estratégias metodológicas para as ciências da saúde, humanas e sociais.* São Paulo: Edusp/Fapesp, 2001.

PREISER, W.F.E.; VISCHER, J.C. (eds). *Assessing Building Performance.* Oxford, UK: Elsevier, 2005.

RHEINGANTZ, P.A. Lógica "fuzzy" e variáveis linguísticas aplicadas na avaliação de desempenho de edifícios de escritório. *Ambiente Construído*. v.3, n.2, 2002, p.41-55.

RHEINGANTZ, P.A.; AZEVEDO, G.A.; BRASILEIRO, A. et al. *Observando a Qualidade do Lugar: procedimentos para a Avaliação Pós-Ocupação*. Rio de Janeiro: Programa de Pós-Graduação em Arquitetura da Faculdade de Arquitetura e Urbanismo da UFRJ/Grupo de Pesquisa Qualidade do Lugar e da Paisagem, 2009. Disponível em: http://www.fau.ufrj.br/prolugar/arq_pdf/livros/obs_a_qua_lugar.pdf. Acessado em: 31 dez. 2009.

SANOFF, H. *School building assessment methods*. Washington (DC): National Clearing House for Educational Facilities, 2001.

STEVENSON, F.; HUMPHRIS, G.; HOWELLS, L. Post-occupancy Evaluation: Promoting Wellbeing in Palliative Care. *World Health Design*. v.2, n.1, 2009, p.57-63.

TASSARA, E. (org). *Panoramas interdisciplinares para uma psicologia ambiental urbana*. São Paulo: Editora da PUC-SP/Fapesp, 2001.

VILLA, S.B. Avaliando a habitação: relações entre qualidade, projeto e Avaliação Pós-Ocupação em apartamentos. *Ambiente Construído*. v.9, n.2, 2009, p.119-39.

VOORDT, T.J.M.; WEGEN, H.B.R.. *Architecture and utility value: programming, design and evaluation of building*. Delft: Faculty of Architecture/Delft University of Technology, 2000.

ZEISEL, J. *Inquiry by design: environment/behavior/neuroscience in architecture, interiors, landscape, and planning*. New York: W.W.Norton & Company, 2006.

Áreas de Risco Urbanas: Inundações e Escorregamentos | 36

Maria Augusta Justi Pisani
Arquiteta e urbanista, Universidade Presbiteriana Mackenzie

Gilda Collet Bruna
Arquiteta e urbanista, Universidade Presbiteriana Mackenzie

Em um país extenso como o Brasil, com diferentes características físicas, ambientais e culturais, o povo sofre constantemente com os acidentes naturais que desencadeiam uma série de questões socioeconômicas e ambientais. Aqueles mais pobres apresentam vulnerabilidade cultural, econômica e social, e são os afetados intensamente pelos desastres naturais.

O valor das perdas econômicas que a nação arca com esses fenômenos não é conhecido, mas pela extensão de seus impactos noticiados amplamente, observa-se que são muito significativos, principalmente nos eventos de grande abrangência, como as inundações e os escorregamentos que vêm afetando sobremaneira a região sul e sudeste do país, nesse princípio da segunda década do século XXI. Segundo dados da Secretaria Nacional de Defesa Civil (Brasil, 2004, p.5) os desastres naturais produziram danos superiores aos provocados pelas guerras, portanto, esforços para diminuir essas ameaças devem ser considerados investimentos com grandes retornos.

As inundações, escorregamentos ou deslizamentos acontecem em todo o território brasileiro, com características físicas, espaciais e temporais diferentes conforme a região em que ocorrem. São raros os municípios brasileiros que não contabilizam periodicamente, pelo menos um desses acidentes, e na maioria dos eventos eles acontecem juntos, pois é a ação das águas que deflagra os dois processos.

Mencionando os eventos brasileiros mais importantes, Calheiros (2002, p.4-5) destaca que na região norte, o rio Amazonas e suas zonas ribeirinhas sofrem enchentes constantes, bem como as bacias dos rios Madeira, Tapajós, Xingu, Negro e Tocantins, e também a cidade de rio Branco em decorrência da influência do degelo da Cordilheira dos Andes. No Nordeste as cheias dos rios São Francisco, Jaguaribe, Parnaíba, de Contas e o Paraguaçu são os mais reincidentes, sendo que, apesar dessa região ter menos habitantes que a região sudeste, as enchentes já em 1985 desabrigaram mais de um milhão de pessoas. No centro-oeste acontecem inundações anuais no pantanal, que é o lastro de todo o sistema do meio ambiente e recursos hídricos que produzem enchentes nas cidades de Goiás, alimentadas pelo Rio Araguaia. Na região sul, as enchentes são constantemente relacionadas aos rios Uruguai, do Peixe, Tubarão, Paraná, Iguaçu, Taquari e Guaíba, sendo que Santa Catarina tem sido considerado o estado mais frágil em virtude das enchentes e dos escorregamentos de grandes dimensões, frequentes nesta década. Na região sudeste, que concentra a maior economia e população do país, as enchentes dos rios Tietê, Paraná, Paraibuna e Doce, e os escorregamentos em encostas ocasionam graves impactos sociais e econômicos nas regiões metropolitanas de São Paulo e Rio de Janeiro. Por vezes cidades inteiras foram devastadas pela ação conjunta de enchentes, escorregamentos e desabamentos, como Caraguatatuba no estado de São Paulo em 1967, Goiás Velho no estado de Goiás em 2001, Blumenau no estado de Santa Catarina em 2008 e São Luís do Paraitinga em 2010. Outros eventos adversos são pontuais, mas provocam danos e prejuízos de grande vulto, como o caso de Angra dos Reis no estado do Rio de janeiro em que as chuvas atingiram a cidade "das 15 horas do dia 30 de dezembro [de 2009], uma quarta-feira, até o dia 1º de janeiro de 2010, sexta feira"(Freitas, 2010). Todos os anos, nos períodos chuvosos, o drama se repete: a imprensa dá grande destaque às ocorrências e cobra decisões políticas do governo; a população se emociona; o assunto é debatido em todo o país, pelos técnicos, vítimas, políticos e cidadãos. Porém, passado alguns meses, as chuvas intensas cessam, os acidentes passam a ser raros e o assunto é esquecido ou ignorado; mas as práticas de ocupação dos morros e baixadas continuam: parece que há desconhecimento ou descaso das prefeituras, o que acaba funcionando como um incentivo para a ocupação indevida em áreas de riscos relacionados a acidentes naturais.

O Escritório das Nações Unidas para Redução de Desastres, (Undro – Office of the Disaster Relief Co-Ordinator) elaborou, em 1991, um roteiro metodológico para a atuação diante dos acidentes naturais, baseado em duas ações: a prevenção e a preparação (Undro, 1991). A prevenção está diretamente relacionada com as medidas que podem ser tomadas antes dos desastres para evitá-los ou minimizar seus efeitos. A preparação subsidia as ações de emergência antes, durante e após o desastre. Para atender os objetivos dessas duas fases são recomendadas as seguintes etapas: identificação dos riscos; mapeamento; análise dos riscos; medidas de prevenção, estruturais e não estruturais; planejamento para situações de emergência; informações públicas e treinamento.

Uma das ferramentas auxiliares no gerenciamento de risco em áreas sujeitas a desastres naturais, segundo as indicações da Undro (1991) é atuar com base no Plano Municipal de Redução de Risco (PMRR), plano esse que o Ministério das Cidades, por meio da Secretaria de Programas Urbanos, tem fomentado. Nesse sentido, para a elaboração de planos como esse, estimula o desenvolvimento de cursos de capacitação em gestão e mapeamentos de riscos socioambientais. Para subsidiar esse programa, o Ministério das Cidades disponibiliza um guia de grande valor técnico e prático: "Prevenção de Riscos de Deslizamentos em Encostas: guia para elaboração de Políticas Municipais" (Brasil, 2006).

Nesse universo amplo é que se insere este capítulo: desenvolver uma abordagem de prevenção e delinear uma colaboração que possa ser útil para os projetos e obras de arquitetura e urbanismo em áreas de risco, associados a escorregamentos e inundações. Assim, foram levantados todos aqueles fatores que contribuem para aumentar o potencial de risco e qualificar o tipo de gestão necessária para essas áreas, objetivando também que esses dados possam subsidiar propostas de diretrizes gerais para a elaboração de projetos compatíveis com o meio ambiente natural.

Estes dados interessam tanto aos agentes directos, como indiretos, responsáveis pela gestão municipal e pela elaboração de planos municipais. No entanto, pela característica eminentemente multidisciplinar desses trabalhos, as equipes acabam envolvendo diferentes tipos de profissionais.

A separação do enfoque em dois tipos de áreas de risco, ou seja, aquela associada a inundações e aquela relativa a escorregamentos, foi feita por motivos práticos, prevendo um aprofundamento em cada um destes tipos, embora sabendo que estão relacionados e, por isso, as ações a serem empreendidas precisam ser amplas de modo a poder atender a cidade em todos os tipos de riscos que se apresentem. Desse modo, uma vez que a cidade é formada por loteamentos e as intervenções são feitas em parcelas de seu território, destaca-se a importância das posturas adotadas pelos profissionais de projeto: devem resultar em colaboração naqueles pormenores aqui em discussão, de modo que a somatória das ações propostas possa trazer benefícios ambientais e colaborar para a diminuição dos danos desses desastres naturais que vêm ocorrendo em áreas urbanizadas.

CURSO DE GESTÃO AMBIENTAL

Como entender esses chamados desastres naturais? O que é risco e dano, ou o que é vulnerabilidade e o que é uma ameaça? Que significados e abrangências têm essas palavras?

DESASTRES NATURAIS E RISCOS DE INUNDAÇÃO E ESCORREGAMENTO

Ora, é fácil associar a palavra desastre a alguma coisa que é diferente daquilo que era esperado, mas será uma catástrofe? A atividade humana pode influenciar os desastres? Segundo o Worldwatch Institute (WWI, 2001), "há mais desabrigados no mundo em consequência de desastres naturais do que de conflitos". Mas analisando essa colocação, esse artigo do WWI ressalta que cada vez mais se verifica que os impactos negativos de desastres naturais têm se agravado com as práticas ambientais destrutivas e, portanto, aqueles desastres não podem ser considerados naturais.

Consciente ou inconscientemente "as pessoas estão residindo no caminho do perigo", pois talvez o maior contribuinte desses desastres seja a expansão da população mundial, como menciona o WWI (2010) e Meadows et al. (2004) apontam "já nos anos de 1990 que havia uma evidência crescente de que a humanidade estava se movendo para território insustentável" mas, "quanto desse dano poderia ser reduzido por meio de uma política global, mudanças na tecnologia e instituições, metas políticas"? E que "*ir longe demais* significa ir além dos limites acidentalmente, sem intenção", como mostram Meadows et al. (2004), de cujos exemplos se pode apontar desde aqueles que parecem pouco significativos, como "levantar-se rápido demais de uma cadeira e perder o equilíbrio", até aquele que mostra que pescar uma grande quantidade, muito além do necessário, pode levar à depauperação da população de peixes do local. "*Ir longe demais*" pode levar a resultados distintos, como uma quebra violenta de alguma espécie, ou levar a uma correção e retomar a rota; e isso se aplica tanto para a sociedade humana como para o planeta em que estes estão (Meadows et al., 2004).

Como se observa, não é tão simples assim entender o significado das palavras. Para uniformizar a nomenclatura relacionada com desastres, ameaças e riscos o Ministério da Integração Social do Brasil e a Secretaria Nacional de Defesa Civil publicou no Diário Oficial da União a resolução n. 4, de 2 de julho de 1999, as definições retiradas de décadas de pesquisas científicas e relatórios técnicos que são reunidas no Quadro 36.1, trazendo a definição de: desastre, risco, dano, vulnerabilidade e ameaça.

ÁREAS DE RISCO URBANAS: INUNDAÇÕES E ESCORREGAMENTOS | 1163

Quadro 36.1 – Conceituação dos termos empregados pela defesa civil brasileira.

Termo	Definição
Desastre	Resultado de eventos adversos, naturais ou provocados pelo homem sobre um ecossistema vulnerável, causando danos humanos, materiais e ambientais e consequentes prejuízos econômicos e sociais. A intensidade de um desastre depende da interação entre a magnitude do evento adverso e a vulnerabilidade do sistema e é quantificada em função de danos e prejuízos.
Risco	Medida de danos ou prejuízos potenciais, expressa em termos de probabilidade estatística de ocorrência e de intensidade ou grandeza das consequências previsíveis.
Dano	Medida que define a intensidade ou severidade da lesão resultante de um acidente ou evento adverso. Perda humana, material ou ambiental, física ou funcional, que pode resultar, caso seja perdido o controle sobre o risco. Intensidade das perdas humanas, materiais ou ambientais, induzidas às pessoas, comunidades, instituições, instalações e/ou ecossistemas, como consequência de um desastre.
Vulnerabilidade	Condição intrínseca ao corpo ou sistema receptor que, em interação com a magnitude do evento ou acidente, caracteriza os efeitos adversos, medidos em termos de intensidade dos danos prováveis. Relação entre a magnitude da ameaça, caso ela se concretize, e a intensidade do dano consequente.
Ameaça	Estimativa de ocorrência e magnitude de um evento adverso, expressa em termos de probabilidade estatística de concretização do evento e da provável magnitude de sua manifestação.

Fonte: Brasil (2004).

Dessas definições, destaca-se a importância da intensidade dos desastres, que depende de interações entre a grandeza do evento adverso e a vulnerabilidade do sistema, seja ele ecológico seja humano em termos de uso e ocupação do território. Já o risco é associado à probabilidade de ocorrência de determinado evento. E dano está associado à perda, lesão, incluindo perdas humanas, materiais, do meio ambiente, entre outras. Já a vulnerabilidade, segundo Ferreira (1986, p. 1792), é "o lado fraco de determinada questão, ou seja, o ponto pelo qual alguém pode ser atacado ou ferido", ou seja, refere-se a danos prováveis, em função da situação do meio ambiente, por exemplo, do grau de degradação de áreas urbanas, dentre outros.

Muitos dos chamados desastres naturais são o resultado de fenômenos atmosféricos extremos, as tempestades severas, e ocorrem por desequilíbrios da natureza, sendo considerados eventos adversos que causam grandes impactos. (Brasil, 2004; Marcelino, 2007). Por isso, não se pode erradicar fenômenos como esses, mas simplesmente é possível implantar medidas mitigadoras e preventivas. "Esses fenômenos são parte da geodinâmica terrestre e são responsáveis pela formação da paisagem, mas quando se deslocam nessa dinâmica geram um potencial de perigo, sendo que algumas regiões são mais afetadas em razão da magnitude e da frequência desses fenômenos e, principalmente pela vulnerabilidade do sistema social" (Marcelino, 2007, p.6). E, dependendo da magnitude, esses fenômenos naturais que ocorrem por fortes instabilidades atmosféricas são desastres que podem, nas áreas urbanas, trazer danos nos serviços urbanos essenciais como água, luz, transporte, entre outros.

Para prevenir esses desastres, segundo Marcelino (2007), pode-se atuar antes do evento; durante, o momento; e depois, buscando a reestruturação das áreas afetadas. Mas segundo a Defesa Civil do Brasil e o Plano Nacional de Defesa Civil, os desastres podem ser naturais quando predominam os fenômenos da natureza; humanos, quando há algum tipo de interferência humana na formação do fenômeno, como desmatamentos de encostas, ocupação de planícies de inundação dos rios, entre outros; e mistos, dependendo da maior ou menor participação do elemento humano em sua formação (Marcelino, 2007).

Continuando a análise dos desastres quanto a sua origem, o Quadro 36.2 resume as diferentes conceituações, destacando-se os desastres naturais decorrentes de desequilíbrios da natureza; os desastres humanos, que são provocados por ações ou omissões sociais, por exemplo, pela ocupação de áreas ambientalmente frágeis; e desastres mistos, em que há uma combinação de desequilíbrios da natureza e a interferência humana, tanto por ação como por omissão.

Como se observa na análise acima, os desastres em meio urbano são normalmente complexos, pois misturam os diversos tipos de riscos: naturais, sociais, tecnológicos e biológicos. As ações para a redução dos desastres naturais, que, no caso brasileiro, os de maior vulto são as inundações e os escorregamentos, e o estudo destes passam por diferentes áreas do conhecimento, como a arquitetura, o urbanismo, as engenharias hidráulica e civil, a meteorologia, a geologia, a geografia, a sociologia, a psicologia e a comunicação social, e objetivam o desenvolvimento sustentável, por meio do bem-estar social e da proteção ao meio ambiente.

ÁREAS DE RISCO URBANAS: INUNDAÇÕES E ESCORREGAMENTOS | **1165**

Quadro 36.2 – Classificação dos desastres quanto à origem.

Origem dos desastres	Descrição
Naturais	São aqueles provocados por fenômenos e desequilíbrios da natureza. São os produzidos por fatores de origem que atuam independentemente da ação humana.
Humanos ou antropogênicos	São aqueles provocados pelas ações ou omissões humanas. Relacionam-se com a atuação do próprio homem, enquanto agente e autor. Esses desastres podem produzir situações capazes de gerar grandes danos à natureza, aos *habitats* humanos e ao próprio homem. Os desastres humanos são consequências de: ações desajustadas geradoras de desequilíbrio no relacionamento socioeconômico e político entre os homens e profundas e prejudiciais alterações em seu ambiente ecológico.
Mistos	Ocorrem quando as ações e/ou omissões humanas contribuem para complicar ou agravar os desastres naturais. Também se caracterizam quando interocorrências de fenômenos adversos naturais, atuando sobre condições ambientais degradadas pelo homem, provocam desastres.

Fonte: adaptado de Brasil (2004, p.44-45).

Um dos fatores que agravou a dimensão do problema dos escorregamentos e inundações urbanas foi que, nas últimas décadas, a estruturação do espaço intraurbano no Brasil foi marcada pelas desigualdades sociais, ocupando despreocupadamente as áreas livres, em geral encostas, áreas junto aos rios, tendo, muitas vezes, para tanto, desmatado e descaracterizado as áreas já ambientalmente frágeis. As vantagens dos benefícios do crescimento das cidades ficaram restritas a uma parcela pequena da população e do território, que ocupa as áreas em relevo mais elevado e longe do sistema hidrográfico. Pode-se sublinhar que as edificações dos moradores com mais problemas socioeconômicos ocupam as áreas com mais potencial de risco: os fundos de vale e as encostas. Destaca-se que são essas populações pobres que não possuem condições para edificar com relativa segurança contra acidentes, embora se constate que a engenharia civil possui tecnologia para dar respostas eficientes para muitos problemas, pois os custos elevados são limitadores do acesso a esses serviços pela população mais pobre, enquanto as parcelas da população com maior poder aquisitivo têm acesso direto a essa tecnologia e serviços de engenharia.

As áreas que permaneceram desocupadas durante o processo de urbanização, justamente por serem suscetíveis a acidentes naturais como as enchentes, erosões e escorregamentos são, justamente, aquelas com maiores dificuldades construtivas, que são invadidas e ocupadas precariamente. As classes sociais com maiores recursos loteiam e ocupam territórios menos complexos e mais protegidos dos desastres naturais. Apesar de legislações específicas coibirem a ocupação em encostas com mais de 40% de declividade, há muitos municípios brasileiros que ocupam territórios com grandes parcelas de áreas com essa declividade, ou mais, como o caso de Ouro Preto e Tiradentes em Minas Gerais, Campos de Jordão e Caieiras em São Paulo, Teresópolis no Rio de Janeiro e outros em cotas baixas em relação aos sistemas hídricos. Esses casos requerem estudos minuciosos sobre a adequação entre o uso do solo, as potencialidades e técnicas de ocupação, as tipologias construtivas e estudos pormenorizados de suas áreas de risco.

Outro fato historicamente agravante é que os loteamentos deixaram terrenos ribeirinhos e aqueles com grandes inclinações, reservados para áreas públicas e/ou verdes, conforme previsto na Lei federal n. 6.766 /1979, modificada pela Lei federal n. 9.785 / 1999, que dispõe sobre o parcelamento do solo urbano. Esta Lei n. 9.785/1999 altera o Decreto n. 3.365/1941 sobre desapropriação por utilidade pública e as Leis n. 6.015/1973 sobre registros públicos e a Lei n.6.766/1979, que trata do parcelamento do solo urbano. Trata, assim, da regularização e titulação das propriedades, e de como viabilizar o parcelamento do solo com a implementação de loteamentos habitacionais de interesse social. Para tanto, a Lei n. 9.785/99 ampliou a autonomia municipal em termos de planejamento urbano, atribuindo ao município a definição de índices urbanísticos, porcentagens de áreas públicas e áreas mínimas e máximas dos lotes fixadas por zoneamento definido por lei local. Assim, o lote deve ser definido no plano diretor do Município ou por lei municipal para determinada zona; também, conforme modificação da Lei n. 6766/79, o § 4º do art. 3º passa a afirmar que "considera-se lote o terreno servido de infraestrutura básica cujas dimensões atendam aos índices urbanísticos definidos pelo plano diretor ou lei municipal para a zona em que se situe".

Acresce mencionar que essas modificações legislativas são mais especificadas em determinadas regiões de proteção aos mananciais, por exemplo, no caso da região metropolitana de São Paulo, que agora conta com duas legislações específicas: a Lei estadual n. 13.579, de 13 de julho de 2009, que define a Área de Proteção e Recuperação dos Mananciais da Bacia Hidrográfica do Reservatório Billings – APRM-B e dá outras providências correlatas; e a Lei estadual n. 12.2333, de 16 de janeiro de 2006, que define a Área de Proteção e Recuperação dos Mananciais da Bacia Hidrográfica do Guarapiranga e dá outras providências correlatas. Com essas leis, espera-se tratar as questões locais das bacias hidrográficas em termos de preservação e recuperação, apoiados pela legislação de parcelamento do solo urbano (Lei federal n. 6.766/79 modificada pela Lei federal n. 9.785/99), observando-se, assim, conforme as diretrizes dos municípios envolvidos, que seus índices urbanísticos de tamanho de lotes sejam apropriados para o desenvolvimento de habitações de interesse social, por exemplo com tamanhos inferiores aos 250 m^2 impostos antes da lei de 1999.

Destaca-se que os municípios encontram apoio nessas novas legislações federais e, entre elas, também na Lei federal n. 10.257, de 10 de julho de 2001, chamada Estatuto da Cidade. Este fortalece os municípios em suas atribuições como poder local. Assim, os municípios precisam promover sua política urbana a ser implantada por meio de seu plano diretor. Este, por sua vez, precisa ser elaborado em um processo participativo em que se forme um pacto em torno das propostas que refletem a vontade de sua população (Silva Junior e Passos, 2006). Daí, destaca-se a importância do ordenamento das atividades e localização dos pequenos negócios, no desenvolvimento urbano. Para tanto, segundo Silva Junior e Passos (2006), o município precisa implantar uma política urbana em que o Poder Público possa garantir a todos o acesso à moradia, ao saneamento básico, à infraestrutura urbana, ao transporte, aos serviços públicos, contando também com o acesso ao trabalho e ao lazer. O Estatuto da Cidade contém as diretrizes para que o município possa estabelecer sua política urbana, em que fique clara a função social da cidade e da propriedade. Dessas diretrizes, destacam-se: o desenvolvimento sustentável, a gestão democrática e o planejamento do desenvolvimento da cidade.

Nesse contexto, os autores acima mencionados entendem que o desenvolvimento sustentável é aquele modelo que propõe o desenvolvimento harmônico entre "produtividade econômica, os seres humanos e o meio ambiente", conduzindo, assim, a um equilíbrio socioeconômico e ambiental também para as gerações futuras. Para tanto, os municípios devem definir seus índices e instrumentos urbanísticos, e estabelecer como se estimulará a gestão democrática da cidade. Como se pode observar, se o poder público local – poder municipal – e a população estabelecerem, por meio de seus índices urbanísticos, as possibilidades de localização das atividades no território local, estarão orientando a população sobre as áreas frágeis e que devem evitar ocupar por causa dos desastres naturais urbanos. Não deve, assim, existir desconhecimento por parte da população, dos locais que não devem ocupar, pois periodicamente poderão sofrer enchentes, escorregamentos, entre outros, isso sem falar que a mídia transmite usualmente essas informações, que, em geral, são periódicas; e esses períodos podem ser muito longos, de maneira que as pessoas não se lembrem dos desastres sofridos em áreas semelhantes. Mas é preciso respeitar os movimentos da natureza e auxiliar o poder público a manter a população longe desses terrenos perigosos. Estes terrenos, quando não construídos e monitorados pelo poder local, se tornam grandes oportunidades para a formação de favelas. Essa prática da aplicação inadequada da lei se tornou um polo gerador de favelas em áreas ambientalmente problemáticas.

Para que não haja a formação de favelas, mas um desenvolvimento harmonioso das áreas urbanas do município, o Estatuto da Cidade traz um grupo de ferramentas para que o município use na elaboração de seu plano diretor. Este não é um plano de governo, com a visão do prefeito, é um plano da população que dele participou e que fez as proposições, zoneamentos e regularizações. Essas proposições são os anseios da sociedade que participou do processo do plano diretor, com suas propostas e estabeleceu as funções sociais da propriedade e da cidade; estas precisam ser garantidas e, por isso é importante "a demarcação, no território do município, de áreas para todas as atividades econômicas, especialmente para os pequenos empreendimentos comerciais, industriais, de serviço e agricultura familiar", conforme estabelecido pela Resolução n. 34 (art. 2º, V), "como garantias ao cumprimento da função social da cidade", (Silva Junior e Passos, 2006). Destaca-se, assim, uma vez mais, que o plano diretor é o "instrumento básico da política de desenvolvimento e expansão urbana" e deve ser aprovado por lei municipal, conforme o art. 40 do Estatuto da Cidade. Este instrumento – o plano diretor – é parte do processo de planejamento municipal e por isso deve trazer "o plano plurianual, as diretrizes orçamentárias e o orçamento anual e suas diretrizes e prioridades, tratando o município como um todo. A lei que aprova este plano diretor precisa, ainda, segundo o §3º do art. 40 do Estatuto da Cidade, "ser revista, pelo menos, a cada dez anos", devendo permitir a participação da população por meio de audiências públicas, debates e mesmo a publicidade dos documentos e informações que o Plano traz e dar ainda acesso para qualquer interessado aos documentos e informações produzidos.

Com essas características, conforme o art. 41 do Estatuto da Cidade, o plano diretor é

Obrigatório para cidades: I- com mais de vinte mil habitantes; II- integrantes de regiões metropolitanas e aglomerações urbanas; III- onde o Poder Público municipal pretenda utilizar os instrumentos previstos no § 4o do Art. 182 da Constituição Federal; IV- integrantes de áreas de especial interesse turístico; V- inseridas na área de influência de empreendimentos ou atividades com significativo impacto ambiental de âmbito regional ou nacional.

Pode-se verificarque o plano diretor, com toda a responsabilidade do Poder Público somada à da população, envolve obrigatoriamente muitas cidades, devendo, assim, estabelecer as áreas passíveis de ocupação pela população, as áreas ambientalmente frágeis e que não devem ser ocupadas, e, dentre elas, aquelas potencialmente sujeitas a desastres naturais. E, como a população é corresponsável pela elaboração desse plano diretor, ela tem conhecimento dos desastres que poderão sofrer, caso não respeite essas diretrizes.

Para mostrar a extensão dessa preocupação com o tipo de ocupação no território, em que se podem distinguir áreas passíveis de ocupação e áreas necessariamente não ocupáveis, por suas características ambientais de preservação e proteção, o parágrafo 1º deste art. 41 do Estatuto da Cidade prevê no caso do inciso V acima referido que, quando há empreendimentos ou atividades com significativo impacto ambiental regional ou nacional, "os recursos técnicos e financeiros para a elaboração do plano diretor estarão inseridos entre as medidas de compensação adotadas". E no parágrafo 2º destaca-se que cidades "com mais de quinhentos mil habitantes" deverão contar "com um plano de transporte urbano integrado, compatível com o plano diretor ou nele inserido".

Em face dessas colocações sobre o Estatuto da Cidade, enfatiza-se, uma vez mais, que se deve sublinhar para a população que supostamente deve ter participado da elaboração do plano diretor, a importância do conhecimento das restrições à ocupação territorial de um lado, e de outro, dos potenciais de território para ocupação, de modo a desestimular os fatos que vem ocorrendo de ocupação à revelia da lei.

As pesquisas sobre áreas de risco de inundações e escorregamento e o conhecimento acumulado ao longo das últimas três décadas no Brasil são significativos, com destaques para a produção técnica e científica do Instituto de Pesquisas Tecnológicas de São Paulo (IPT) e do Instituto de Geo-

CURSO DE GESTÃO AMBIENTAL

técnica do Município do Rio de Janeiro, hoje Fundação GEO-RIO. Outras prefeituras como a do Recife e a de Belo Horizonte também possuem trabalhos específicos que auxiliam o avanço das discussões e dão diretrizes de ocupação em áreas de risco. O Ministério das Cidades também tem se empenhado na formação de pessoal, promovendo cursos de treinamento de técnicos municipais para o mapeamento e gerenciamento de áreas urbanas com risco de escorregamentos e inundações. Apesar desse acervo, nem sempre os cursos universitários de áreas interligadas como engenharia civil e arquitetura e urbanismo, dentre outros, dão ênfase a uma formação apropriada dos educandos, voltada para conhecimentos específicos, tanto em termos de plano diretor, como em termos de áreas de risco, que precisam de ações técnicas no uso e ocupação do solo.

Frente a essas colocações, como devem ser os projetos para obras em áreas de risco? O que deve ser considerado prioritário em áreas sujeitas a inundações? E, em áreas sujeitas a escorregamentos, quais devem ser as prioridades técnicas?

PROJETOS EM ÁREAS SUSCETÍVEIS A INUNDAÇÕES

A ocupação intensa do meio urbano tem gerado um aumento na frequência e na abrangência das inundações, na produção de sedimentos e na perda da qualidade da água. Segundo Tucci (2005) e Pisani (2004), à medida que aumenta a área urbanizada, ocorrem os seguintes impactos:

- Aumento das vazões máximas, em virtude do aumento da capacidade de escoamento através de condutos e canais, modificação do relevo, retirada da vegetação e impermeabilização das superfícies.
- Aumento da produção de sedimentos, em razão de retiradas das camadas superficiais que protegem a superfície e produção de resíduos sólidos.
- Deterioração da qualidade da água pela lavagem das superfícies urbanizadas e transbordamento das ligações de esgoto.

Desse modo, observa-se que a concentração e o crescimento das atividades humanas se manifestam mais intensamente nos centros urbanos, acarretando a alteração constante das características físicas e espaciais do meio ambiente. A diversidade e a intensidade no uso e na ocupação do

AREAS DE RISCO URBANAS: INUNDAÇÕES E ESCORREGAMENTOS | **1171**

solo acarretam alterações nos aspectos qualitativos e quantitativos do ciclo hidrológico. Entre os efeitos sistêmicos da urbanização, que impactam no ciclo das águas, destacam-se:

- Aumento na demanda de água, provocado pelos múltiplos usos e nem sempre compatível com os recursos disponíveis na região.
- Redução do volume de água infiltrada no solo em decorrência da impermeabilização da maior parte da cidade e obstrução de pisos permeáveis.
- Aumento do escoamento superficial: quanto mais área impermeável, maior é a quantidade de água que se acumula e se movimenta na superfície.
- Aumento da carga poluidora oriunda de despejos domésticos, industriais, sedimentos arrastados em áreas de terraplenagens e lixo.
- Modificação das bacias, que provoca aumento nos picos de enchente, agravada pela rapidez com que a água chega ao fundo do vale nas áreas urbanizadas.
- Rebaixamento dos aquíferos pelo uso das águas subterrâneas, desencadeando alterações nas vazões dos rios e maior concentração de poluentes: diminui a quantidade infiltrada e diminuirá os lençóis freáticos superficiais e subsuperficiais que alimentam os cursos de água também quando não há precipitação pluviométrica.
- Alterações no microclima das cidades: um dos efeitos conhecidos é denominado de "ilhas de calor".

Ao ocupar áreas não adequadas, como várzeas de rios, e alterar o regime hidrológico das bacias, a sociedade paga um preço alto, tanto com as obras para controle como nos prejuízos gerados com as cheias. Entre os danos mais constantes com as inundações destacam-se: perdas de vidas humanas; perdas econômicas com a paralisação dos serviços públicos (abastecimento, sistemas de comunicação e transportes); destruição de habitações, deixando a população desabrigada; destruição das obras de infraestrutura urbana; poluição das águas que penetram em diversos ambientes, gerando problemas de saúde pública, podendo ocasionar epidemias durante e após o ocorrido; comprometimento de serviços de educação, culturais e esportivos, enquanto essas edificações são utilizadas como abrigos provisórios para os desalojados.

Mas as decisões de projetos podem aumentar ou diminuir o potencial de risco. No Quadro 36.3, se relacionam as ações antrópicas, frequentes para edificações, e as diretrizes de projeto que auxiliam na minimização dos impactos ambientais para que os acidentes possam ser evitados ou minimizados (Pisani, 2004).

Como se observa no Quadro 36.3 há reações ambientais negativas, por exemplo, com o corte da vegetação, que acaba dificultando a absorção das águas de chuvas, e gerando uma impermeabilização do solo com o acúmulo do volume de águas, como ocorre em áreas urbanas após as canalizações de rios e pavimentação das circulações na cidade em períodos de chuvas intensas. Outro aspecto que merece extrema atenção é aquele relacionado com os cortes e aterros necessários para que se possam desempenhar as ações em determinado projeto em área urbanizada ou de urbanização precária, como são as periferias das grandes cidades. E detalhando essas questões, o Quadro 36.3 destaca as condições de escoamento das águas superficiais, bem como o tipo de ocupação das áreas nas imediações dos cursos d'água, e deve ainda considerar como é a disposição final do lixo urbano e dos esgotos domiciliares. Na segunda coluna do Quadro 36.3 são sugeridas diretrizes projetuais que, se empregadas nos projetos e obras de toda a bacia hidrográfica, podem minimizar e/ou eliminar os efeitos negativos das ações antrópicas relacionadas na primeira coluna.

Evidencia-se que essas diretrizes devem ser observadas nas decisões dentro de glebas ou lotes, porém, o plano diretor deve ter decidido sobre esses requisitos, ao demarcar seu zoneamento de atividades e densidades de ocupação, dentro de uma visão global da bacia hidrográfica em que o município se situa; assim devem ser mapeados os riscos, especificando o tipo e os níveis, as diretrizes para uso, ocupação e construção para os diversos níveis e tipos de riscos

Gestão das Áreas de Risco de Inundações

Controlar uma inundação significa intervir em vários processos e elementos envolvidos, tentando minimizar seus efeitos. A detecção e o monitoramento das áreas sujeitas ao risco são ferramentas imprescindíveis para evitar ou diminuir os seus efeitos indesejáveis. As medidas para auxiliar a gestão destas áreas são: manutenção, medidas estruturais e não estruturais.

ÁREAS DE RISCO URBANAS: INUNDAÇÕES E ESCORREGAMENTOS | **1173**

Quadro 36.3 – Diretrizes para projetos.

Ações antrópicas	Diretrizes projetuais
Retirada da vegetação	Preservar o máximo da vegetação natural Paisagismo com espécies nativas Aproveitamento do solo fértil superficial retirado das áreas terraplenadas Lajes jardim
Impermeabilização do solo	Pisos permeáveis Lajes jardim Retenção de águas pluviais intralote Aproveitamento de águas pluviais Paisagismo com pequenas lagoas de retenção
Cortes e aterros	Minimizar a movimentação de terra Tirar partido da topografia original Drenagens seguindo o caminho natural das águas Arrimos naturais e permeáveis Deixar estruturas de contenção visíveis para monitoramento Controle dos sedimentos produzidos nos movimentos de terra, principalmente nos períodos chuvosos.
Escoamento superficial *run-off*	Preservar as condições naturais de infiltração e evitar aumento do volume das águas superficiais Prever elementos para diminuir velocidade das águas drenadas Retenção de águas pluviais Pisos permeáveis
Ocupação em áreas ribeirinhas	Respeitar diretrizes do plano diretor e demais legislações Deixar faixa de segurança em relação ao mapeamento de inundações Não urbanizar áreas críticas Não regularizar a propriedade Respeitar caminho das águas e cotas de inundação, considerando-as após a urbanização Usos apropriados: reservas florestais, parques, jardins e espaços multiuso que possam ser inundáveis temporariamente Espaços públicos não inundáveis para possíveis abrigos Tipologias apropriadas; pilotis; edificações com equipamentos e acessórios de vedação Sistemas de alerta Retirada das construções que obstruem os cursos de água Remoção das construções que ocupam as áreas de inundação com períodos de retornos anuais ou bienais Construção de obras estruturais compatíveis com o período de retorno das cheias
Lançamento de lixo nos recursos hídricos	Locais apropriados e suficientes para a coleta seletiva – com sinalização
Lançamento de esgotos	Coleta e direcionamento para a rede do esgoto Tratamento

Gestão para manutenção: o trabalho constante pela prefeitura municipal, com a manutenção de todas as obras e serviços públicos, como coleta de lixo, controle de erosão, limpeza, desobstrução e desassoreamento das redes de drenagem. A ação de medidas educativas abrangentes para a população com o objetivo de minimizar ou eliminar o lixo lançado em espaços públicos, que acabam sendo arrastados para o sistema hídrico nos eventos pluviométricos, é muito importante para diminuir os serviços de manutenção.

Gestão com medidas estruturais: administrando as obras de engenharia executadas com a finalidade de reter, confinar ou escoar com rapidez e menores cotas o volume das enchentes. Estas medidas normalmente possuem características corretivas como aquelas voltadas para a rede de drenagem, porém, não eliminam o problema de inundações, embora habitualmente diminuam sua incidência, criando uma falsa sensação de segurança durante o período de chuvas de menor intensidade, podendo assim gerar maior ocupação das várzeas.

Gestão com medidas não estruturais: são as medidas do poder público, de caráter extensivo, com ações que atingem toda a bacia, de natureza institucional, administrativa ou financeira, adotadas individualmente ou em grupo, espontaneamente ou por força de lei, destinadas a minimizar os impactos e adaptar os moradores para conviverem com o fenômeno (São Paulo, 1984). As medidas não estruturais são as que têm apresentado mais eficiência nas diversas ações para minimizar os problemas oriundos das inundações e são as seguintes:

- **Retenção no solo:** propostas de criação de áreas permeáveis, estruturas de retenção e armazenamento da água temporário, como os piscinões e os reservatórios individuais. Estas retenções diminuem o pico no fundo do vale e minimizam as linhas de inundações. Essas águas podem ser aproveitadas ou lançadas após as chuvas, quando o volume da água no fundo do vale está mais baixo.

- **Convivência:** elaboração de projetos de edificações com tipologia apropriada, com vedação temporária ou permanente, construção de muros e diques de contenção em volta das áreas a proteger e usos compatíveis. Neste item, um sistema de alerta às inundações é uma ferramenta que tem se demonstrado a mais eficiente em diversas cidades do mundo e brasileiras, ele é usado para que haja tempo hábil para a tomada de decisões no gerenciamento de acidentes, como o caso do Sistema de Alerta a Inundações de São Paulo (Saisp).

ÁREAS DE RISCO URBANAS: INUNDAÇÕES E ESCORREGAMENTOS **1175**

- **Relocação das edificações duramente atingidas para locais mais seguros**: alguns casos em que a ocupação é sobre as áreas inundáveis, não há como deixar a população atingida voltar, pois os acidentes continuarão a ocorrer.

- **Elevação das estruturas existentes**: muitas tipologias construtivas podem conviver com a variação do nível da água, como as palafitas, muito utilizadas na região norte do Brasil.

- **Disciplinamento no uso e ocupação do solo**: com planejamento e gestão das bacias hidrográficas é uma medida fundamental para que o crescimento das áreas urbanas não agrave o problema. Destaca-se que as leis brasileiras de uso e ocupação do solo são exigentes, mas não devidamente atendidas; outras ações são necessárias, tais como: conscientização da população por meio de programas contínuos de esclarecimentos e orientação; zoneamento de áreas inundáveis com restrições de uso e ocupação; monitoramento das regiões passíveis de desastres, ocupadas e desocupadas; educação continuada; incentivo a pesquisa.

- **Seguro inundação**: a adoção de políticas de seguros contra inundações pode minimizar os impactos desses acidentes. Os cidadãos teriam informações sobre os riscos a que estão expostos e mais segurança no caso de danos se o seguro inundação for vinculado à aprovação e comercialização de imóveis.

- **Políticas de desenvolvimento urbano adequadas às características do município,** o que deve ser previsto por seu plano diretor, elaborado democraticamente, com a participação da população.

PROJETOS EM ÁREAS DE RISCO A ESCORREGAMENTOS

Os agentes no processo de instabilidade de encostas podem ser naturais ou antrópicos, com destaque para o segundo. Os escorregamentos fazem parte de um conjunto maior de processos de desastres naturais relacionados com a geomorfologia, o intemperismo, a erosão e a acomodação do solo, e estes são: escorregamentos ou deslizamentos; corridas de massa; rastejos; quedas; tombamentos e/ou rolamentos de rochas; processos erosivos pluviais, fluviais ou marítimos; subsidência do solo e soterramento de localidades litorâneas por dunas de areia.

Escorregamentos, também denominados de deslizamentos, são movimentos que mobilizam solo, rocha, ambos e outros detritos, como restos de vegetação ou lixo. Os escorregamentos em encostas ocupadas podem ocorrer em função de taludes de corte ou taludes naturais. Esse fenômeno está geralmente associado à ação das águas e da gravidade. Os escorregamentos podem ser classificados em vários tipos, os mais recorrentes são os paralelos ao talude; em cunhas; rotacionais e em maciços artificiais.

A declividade e a forma do perfil são as principais características físicas naturais que determinam uma encosta. A declividade é uma característica fundamental a ser avaliada quando do estudo de escorregamentos. Independentemente do perfil da encosta, a declividade é um dos fatores mais relacionados com o nível de suscetibilidade de risco e de impacto ambiental provocados pelas construções. Quanto maior a declividade de uma encosta, maior é o movimento de terra necessário para a ocupação, e esses cortes e aterros realizados sem obras de estabilização geram níveis maiores de riscos associados a escorregamentos.

Características Naturais das Encostas

As características naturais das encostas de uma determinada região podem ser estudadas pelos tópicos: relevo, tipo de solo, vegetação, lençol freático, índices pluviométricos e iluminação e ventilação naturais. As especificidades e intensidades de cada uma delas, suas inter-relações e as ações antrópicas impróprias são os fatores que aceleram os processos de escorregamentos.

A seguir, são apresentadas as influências de cada um desses tópicos no tocante às causas de escorregamentos em áreas de encostas.

Relevo

O ângulo de declividade e a forma do perfil são as principais características físicas naturais que determinam uma encosta. A declividade é uma característica fundamental a ser avaliada quando do estudo de escorregamentos, já que os terrenos com relevo variando de muito suave a quase plano não devem apresentar grandes problemas com relação a escorregamentos, exceto quando as intervenções antrópicas forem muito exacerbadas.

Independentemente do perfil da encosta, a declividade é um dos fatores mais relacionados com o nível de suscetibilidade de risco. Quanto maior a declividade de uma encosta, maior é o movimento de terra necessário para a ocupação, e esses cortes e aterros realizados, sem obras necessárias de estabilização adequadas, geram níveis maiores de riscos associados a escorregamentos. O grau de inclinação de uma encosta também é diretamente proporcional ao grau de dificuldade de projeto e construção, exigindo, normalmente, obras e serviços (terraplenagens, arrimos, fundações de grande capacidade de carga, drenagens, impermeabilizações etc.) para a adequada execução e manutenção destas.

Solos

O tipo de solo é uma característica natural que pode influenciar o grau de risco de uma encosta, mas as preponderantes na elevação do nível de risco são a declividade e as causas antrópicas. Ressalta-se que essas considerações são sobre os solos originais, pois os cortes e os aterros são comentados a seguir.

O fator determinante não é apenas o tipo de solo, mas sim suas relações e sua geometria, bem como a relação com as águas. Por exemplo, muitos acidentes ocorrem porque a camada de argila sobre a rocha é pequena e quando a água penetra e se acumula entre a camada de argila e a rocha, forma uma camada instável que pode escorregar.

Vegetação

A cobertura vegetal constrói, ao longo do tempo, um sistema radicular que estrutura as camadas superficiais do solo, similar a uma tela ou manta protetora, com diferentes formas, resistências e espessuras. A vegetação forma uma malha, às vezes densa, de raízes dispostas paralelamente à superfície do terreno, contribuindo para que as camadas superiores tenham um aumento significativo de resistência ao cisalhamento. Essa característica, em conjunto a outras propriedades da vegetação, como a interceptação das águas pluviais e a minimização das variações da temperatura, promovem uma eficiente defesa contra a ação das águas. Esse fenômeno é bem explorado pela arquitetura e pela engenharia civil, que utilizam gramíneas, arbustos e árvores, como agentes protetores de taludes artificiais.

A retirada da camada de vegetação que protege o solo desencadeia, em pouco tempo, a deterioração e a consequente perda de resistência do sistema radicular. Pode-se afirmar que a resistência do solo aumenta de forma diretamente proporcional à resistência do sistema radicular nele presente. Evidencia-se que o sistema radicular de uma área, mesmo depois de desmatada, continua a dar resistência ao solo durante algum tempo até que ele esteja totalmente deteriorado. É importante levantar o histórico dos desmatamentos ocorridos em uma determinada área, pois um solo nu pode aparentar estabilidade em decorrência de um sistema radicular ainda ativo e, posteriormente, entrar em colapso, sem que isso possa ser observado a tempo de se tomarem medidas preventivas. O enfraquecimento que ocorre debaixo do solo, após a total degeneração da rede vegetal e a perda de resistência de um sistema radicular, não pode ser identificado em vistorias simples de campo. O tempo gasto por esse processo varia de acordo com a espécie, idade, tamanho dos componentes e outras características da vegetação, assim como tipo de solo, regime de águas subterrâneas e condições de penetrabilidade das raízes na terra.

As florestas em encostas, naturais ou reflorestadas, possuem o efeito de limitação das áreas de escorregamentos a montante. A vegetação forma uma verdadeira barreira para o material que escorrega, segurando-o ou diminuindo a velocidade e a força das massas em movimento, protegendo, dessa maneira, a área que está à jusante. Esse efeito protetor diminui os danos causados em obras de infraestruturas urbanas e em edificações, minimizando, portanto, as perdas socioeconômicas. Um erro comum nas ocupações é utilizar o sopé da encosta, acreditando-se que ao retirar solo e vegetação de uma pequena porção inferior na encosta esta ficará estável. Ao retirar a última camada, mesmo mantendo-se a vegetação densa a montante, todo o manto pode escorregar por falta de apoio, mudança do regime de drenagem e outros. Portanto, a encosta deve ser pensada em todo o conjunto e não apenas em intervenções parciais, por mais corretas que possam parecer.

O estudo do papel da cobertura vegetal em relação ao balanço hídrico também é importante para o sistema de estabilidade de encostas. Segundo Pisani et al. (2007), a camada de vegetação em um solo forma uma barreira de interceptação das águas pluviais e tem os seguintes efeitos:

- Protege o solo contra os impactos das gotas de chuva.
  - Prolonga o período de precipitação, pois a barreira que é formada pela interceptação da vegetação retém parte da precipitação que goteja após o evento, dissipando a energia e reduzindo a intensidade.
  - Retém um grande volume de água em todos os componentes da camada vegetal, reduzindo a quantidade de água a atingir o solo.

ÁREAS DE RISCO URBANAS: INUNDAÇÕES E ESCORREGAMENTOS | **1179**

Esta quantidade retida varia em função das características da vegetação e da chuva.

- Gera o húmus e proporciona sombra, que auxiliam na permanência da umidade na terra, evitando seu ressecamento e consequente gretamento. Quando as gretas surgem em uma superfície (principalmente, se esta for inclinada), o solo é facilmente ravinado pelo escoamento das águas pluviais, sendo que, a partir desse momento, se instala o processo erosivo.

Não se pode ignorar a evidência de que para se fazer qualquer tipo de construção há necessidade de remoção da vegetação. Mas, ressalta-se que é desnecessária e desaconselhável a remoção total da vegetação, como é muito comum nas tipologias das ocupações em encostas brasileiras.

Paisagismo após a Edificação

Durante o processo de construção de um edifício, a vegetação natural sofrerá muitos danos. Dependendo dos sistemas construtivos utilizados, esses danos poderão ser minimizados. Devem ser evitados os sistemas que necessitam de muita área livre para a colocação de máquinas, equipamentos, construções provisórias e uso intensivo de trabalhos concomitantes. Quanto mais área desmatada, maiores serão as dificuldades de recuperação da área.

Após a liberação de algumas áreas, deve-se iniciar o processo de recuperação da vegetação e outros componentes paisagísticos. Dependendo da tipologia arquitetônica, as áreas possíveis de serem replantadas serão maiores ou menores e o paisagismo, com a vegetação adequada, só ocasionará a recuperação do terreno e de seu entorno.

Para a construção de edifícios é necessária a retirada da vegetação das áreas que vão de fato ocupar o solo, bem como nos locais onde as instalações de infraestrutura passam para a execução de redes de esgotos, águas pluviais e outras instalações subterrâneas. Além da parcela de solo diretamente ocupado, surgem muitas outras áreas que ficam com a vegetação totalmente danificada, por exemplo, as áreas destinadas à instalação do canteiro de obras e suas atividades, como o armazenamento a céu aberto de materiais de construção, oficinas e bancadas de formas, armadura, abrigos para funcionários e outras instalações provisórias. Dependendo da tecnologia empregada no processo construtivo, do cronograma e histograma da obra, essa agressão à vegetação pode ser total.

CURSO DE GESTÃO AMBIENTAL

Após a finalização da construção, a utilização das massas vegetais em suas diversas escalas – gramíneas, arbustos e árvores – podem ser utilizados no controle e prevenção de processos degradantes do meio físico.

Se o projeto paisagístico for adequado, a vegetação terá como objetivo recuperar a área construída e seu entorno, de forma que o equilíbrio da encosta seja preservado. A restauração total da vegetação é praticamente impossível, não só em função das áreas construídas, mas também pela mudança das características do microclima (sombreamento, ventos e regime de águas superficiais e subsuperficiais).

Lençol Freático

A localização do lençol freático, mais ou menos profundo, tem influência sobre a suscetibilidade a escorregamentos. Quando há afloramento d'água indicando áreas de lençol freático raso e/ou em brotamento, as edificações e as obras de terraplenagem exigem cuidados especiais. Obras de drenagem são necessárias para manter a estabilidade dos solos, pois, sem elas, a saturação e outros efeitos provocados pela presença da água ocasionam instabilidades, podendo gerar várias patologias nas construções e escorregamentos.

Para rebaixar o lençol freático, quando for tecnicamente conveniente, pode-se recorrer a obras de drenagem. Há várias técnicas construtivas para realizar obras de drenagem em lotes urbanos. As mais utilizadas são as valas de drenagem, que podem conter um ou mais componentes, tais como: agregados graúdos e miúdos, mantas geotêxteis e tubos furados. A água drenada pode ser distribuída pelo solo em poços de infiltração (o que é conveniente para o reabastecimento dos aquíferos subterrâneos) ou lançadas na rede pública. Essa rede de drenagem não pode ser confundida nem misturada com a coleta específica de águas pluviais.

Pluviosidade

O principal agente acelerador dos movimentos gravitacionais de massa é a água. Portanto, é no período chuvoso que ocorre a maioria absoluta dos acidentes relacionados a escorregamentos em encostas urbanizadas. A água atua de várias formas na desestabilização de uma encosta. A título de exemplificação, podemos citar as seguintes formas:

- Elevando o grau de saturação do solo e, consequentemente, diminuindo sua resistência.
- Aumentando o peso específico do solo pela retenção da parte infiltrada da água.
- Provocando infiltração nos vazios, fissuras e juntas dos maciços, ou em parte deles, gerando pressões hidrostáticas ou hidrodinâmicas que podem ocasionar a ruptura de um talude.
- Gerando o escoamento superficial, podendo ocasionar diferentes tipos de erosões (laminar, em sulcos e boçorocas) que aumentam a instabilidade nas encostas.

Agentes Indutores dos Processos de Escorregamentos

Da dinâmica natural das encostas, fazem parte os escorregamentos e os processos correlatos, mas a frequência e intensidade desses fenômenos são aumentadas pelo uso e pela ocupação impróprios de seus solos (Pisani, 1998).

A maioria dos acidentes geológicos associados a escorregamentos, acontecidos em áreas urbanas, no Brasil, foi deflagrada pela ocupação inadequada das encostas. As descrições destes acidentes deixam claras as irregularidades na ocupação e a falta de infraestrutura adequada à ocupação dessas áreas.

Os principais agentes indutores de processos de escorregamentos em encostas ocupadas são os provocados pelas construções sem planejamento e pelas tipologias arquitetônicas e construtivas inadequadas. Entre as principais ações antrópicas podem-se relacionar: os cortes, os aterros, os desmatamentos, as águas, as drenagens, os detritos, as densidades populacionais e construtivas, as tipologias inadequadas, as sobrecargas, os cultivos de espécies vegetais inadequadas e, para finalizar, as técnicas construtivas (Pisani, 2004).

Cortes

A mudança do relevo de um terreno se dá por intermédio da movimentação de terra que inclui corte, transporte, aterro e compactação. A execução de cortes influencia o nível das águas subterrâneas e, dependendo da abrangência, pode influenciar na estabilidade dos maciços.

A execução de cortes excessivos para a implantação de edificações e acessos, sem nenhum estudo preliminar do solo e do sistema de drenagem, como também sem a sustentação por meio de obras de engenharia adequadas, acentua a declividade natural da encosta e gera processos de desestabilização.

Os cortes podem ser contínuos para vencer pequenos desníveis, ou escalonados, quando a altura for demasiada para formar um único talude. Os cortes verticais, ou quase verticais, geram condições de instabilidade e devem ser evitados, exceto quando projetados com estruturas adequadas. As variantes de projeto para um corte dependem das características do solo e suas estruturas, regime de águas superficiais e subsuperficiais, assim como do clima (principalmente os índices pluviométricos). O relevo natural foi moldado durante milhões de anos por todas as ações da natureza e às ações antrópicas sofridas. Um corte significa sempre a quebra desse equilíbrio, portanto, deve ser evitado; e, se for necessário, deve ser planejado e devidamente projetado antes de sua execução.

Aterros

A execução de aterros sem o devido cuidado técnico deve ser evitada, ou seja, os aterros cujo lote apresente altura e declividade dos taludes incompatíveis com a resistência do solo e com as pressões neutras, decorrentes dos fluxos internos de água, deve ser evitada.

Outros fatores que também estão relacionados a procedimentos equivocados na execução de aterros são:

- O reaproveitamento do próprio material do corte.
- Utilização de material de entulho de obras de construção civil.
- Utilização de "bota-fora" de diferentes tipos de solo misturados aleatoriamente.
- Lançamentos de material de cima para baixo nas encostas, formando planos diagonais, que favorecem a instabilidade.
- Lançamentos de material sobre a vegetação rasteira existente.
- Utilização de lixo doméstico e outros detritos, ricos em material orgânico.
- Execução sem nenhuma forma de compactação.

Retirada da Vegetação

A retirada da cobertura vegetal, que pode ser formada por gramíneas, arbustos e árvores traz como consequência o aumento de infiltração das águas pluviais e a diminuição da retenção das águas de chuvas pelas copas das árvores, o aumento do escoamento superficial, a diminuição da evapotranspiração, provocando, portanto, um abalo geral no ciclo hidrológico. O desmatamento retira a camada aérea da vegetação e elimina a resistência dos sistemas radiculares, que são formas de estruturas utilizadas pela engenharia civil para estabilizar taludes.

Águas

A água, nas suas diversas formas – pluvial, fluvial, marítima, servida e de abastecimento – é o maior agente deflagrador dos processos de escorregamentos. Ocasionam infiltrações, erosões e fragilizam o solo e os componentes construtivos.

Drenagem

As obras de drenagem de águas pluviais são importantes para impedir que a água forme erosões, infiltrações e outras ações geradoras de instabilidade do terreno e, consequentemente, da edificação.

A permeabilidade de trechos do terreno é fundamental para que as águas subsuperficiais e subterrâneas continuem suas atividades, para que os ribeirões e rios não sofram com a falta de alimentação de água durante as secas.

Para minimizar esse efeito da impermeabilização de grandes áreas, as águas pluviais podem ser recolhidas em poços e/ou valas de infiltração, que funcionarão após o evento pluviométrico, contribuindo com o ciclo hidrológico de forma adequada, tomando-se cuidados especiais para não gerar problemas de estabilidade do solo.

A cisterna, implúvio ou "piscininha" é uma forma de armazenamento das águas pluviais dentro do lote, para serem soltas posteriormente aos períodos de chuvas, contribuindo para que as áreas de inundações sofram menos com o acúmulo excessivo e concentrado das águas pluviais durante as chuvas.

Detritos

Essa característica é comum nas áreas de habitações precárias, mas pode incidir também em terrenos que ficam muito tempo desocupados, pois, normalmente, servem como depósitos de lixo e entulhos da vizinhança. O lançamento de lixo, principalmente doméstico, e demais detritos, na execução de aterros deve ser evitado por apresentar diferentes características e ocasionar instabilidades.

Densidade

Os adensamentos populacionais irregulares e sem planejamento, decorrentes de habitações precárias em áreas de encostas, são fatores que contribuem para o aumento do risco de acidentes ocasionados por escorregamentos, implicando alto grau de instabilidade para esses conjuntos edificados. É recorrente a ocupação irregular de uma forma mais esparsa e, posteriormente, o adensamento se dá de forma gradativa, gerando maiores cargas e riscos.

Tipologias Inadequadas

Segundo Farah (2003), os conjuntos habitacionais populares nas periferias das cidades, ocupando encostas, sistematicamente apresentam tipologias impróprias de parcelamento do solo. Dentre essas impropriedades podem-se citar:

* Execução de cortes exacerbados para a implantação das vias de acesso e a demarcação dos lotes.
* Tipologias arquitetônicas que não levam em consideração as declividades, gerando cortes e aterros impróprios.
* Ruas de elevada inclinação sem pavimentação e sem as obras adequadas de drenagem.

As encostas ocupadas por habitações precárias, quase sempre constituídas por favelas, são as mais comuns nas cidades brasileiras. Essa forma de ocupação costuma apresentar tipologias que agravam os processos de desestabilização das encostas, decorrentes da utilização de materiais e técnicas construtivas que não apresentam segurança quanto à resistência das edificações; implantação em terrenos muito próximos à base dos taludes ou de cortes, inviabilizando uma área de segurança, para deposição de material mobilizado; construções sobre aterros realizados com materiais alternados de solo, entulho e lixo, em condições precárias; ocupação que não se harmoniza com a topografia, quase sempre se instalando em patamares e em um único pavimento, necessitando sempre de cortes e aterros excessivos; construções de escadarias e rampas de acessos improvisados, materiais e técnicas adequados; e, finalmente, a falta de confecção de arrimos e drenagens eficientes.

Sobrecargas

O efeito das cargas das áreas edificadas próximas ao topo dos taludes e de cortes, ou sobre aterros lançados, agrava regiões que naturalmente podem apresentar problemas de instabilidade. Nas áreas com habitações precárias, é comum o acréscimo de mais pavimentos e de "puxados", após algum tempo da ocupação inicial, sem a devida verificação da estabilidade da construção existente, do acréscimo e do conjunto.

Cultivo de Espécies Vegetais Inadequadas

O cultivo de bananeiras em encostas é um hábito brasileiro. O que é um costume bom para incrementar a alimentação é, no entanto, ruim para a estabilidade da encosta. A referida espécie não é adequada em razão de suas características de crescimento, tempo de vida e formato das raízes. A bananeira apresenta um sistema radicular que não forma uma manta protetora do solo, mas sim uma "bola" de raízes. Como essa espécie tem um tempo de vida curto, ao morrer, tomba, naturalmente, desprendendo-se do solo, deixando vazios, gerando material solto e favorecendo as infiltrações e os escorregamentos.

Técnicas Construtivas

As técnicas construtivas tradicionais da arquitetura brasileira são artesanais e o canteiro de obras é gerador de detritos sólidos e líquidos durante muito tempo. O impacto destas obras, no sítio original, é a questão mais agravante na qualidade ambiental das encostas.

CURSO DE GESTÃO AMBIENTAL

Se a técnica utilizada for de mão de obra intensiva e com muitas operações realizadas *in loco*, trará como consequência uma degradação intensiva que compromete toda a ação de preservação da qualidade e estabilidade da encosta, bem como sua reabilitação. Entre os inúmeros procedimentos que podem ilustrar essa afirmativa, podemos destacar o terreiro para argamassas e concretos; o armazenamento a céu aberto de agregados miúdos e graúdos, madeira, componentes de alvenarias, telhas, aços e outros materiais de construção; a oficina de formas de madeira e as bancadas de preparo da armadura de aço.

Para evitar esses impactos negativos, é mais aconselhável a execução da obra com componentes pré-moldados ou pré-fabricados, que fazem uso de usinas para a sua fabricação, fora do canteiro de obras.

As instalações de gruas, elevadores e de outros equipamentos que auxiliam na montagem e na execução da obra podem ser distribuídas em locais estratégicos, previamente estabelecidos, apoiadas sobre plataformas de madeira ou concreto, de forma a causarem o menor impacto nas áreas não edificáveis.

Indícios de Instabilidade

Muitos acidentes registrados em áreas urbanas acusaram sinais ou indícios de instabilidade antes do evento. Conhecendo-se os indícios e seu comportamento, pode-se avaliar a iminência de um escorregamento. Os sinais mais comuns apresentados em vários acidentes, relatados por Cerri (1993) e presentes em vários relatórios de vistorias de campo dos órgãos de Defesa Civil, são:

- Fendas de tração: são rachaduras de pequenas a grandes proporções que surgem no solo natural, aterros ou pavimentações e que normalmente se apresentam paralelas ao plano de escorregamento.

- Degraus de abatimento: são degraus ou rebaixos ocasionados pela movimentação do solo, que podem ou não estar conjugados às fendas de tração.

- Deformações: são saliências curvas verticais que costumam surgir em paredes, arrimos ou cortes de solo, também conhecidas como embarrigamentos.

ÁREAS DE RISCO URBANAS: INUNDAÇÕES E ESCORREGAMENTOS | 1187

- Inclinação de árvores e outros elementos construtivos: os elementos normalmente verticais tendem a inclinar-se para o lado em que o solo está se movimentando.
- Favorecimento da infiltração de água no maciço: pela concentração superficial de águas pluviais, ou servidas, e por vazamentos nas redes de abastecimento, associados aos indícios anteriores.

Não há pesquisas suficientes para correlacionar o comportamento dos indícios de instabilidade e os escorregamentos ocorridos. Muitos indícios de instabilidade podem aparecer e, depois de passados muitos meses, eles não aumentam, significando que a área, naquele momento, pode ter se estabilizado. Observa-se que, nos escorregamentos registrados e acompanhados constantemente pela Defesa Civil em São Paulo, muitos foram precedidos por sinais de desestabilização, o que significa que eles normalmente antecedem os acidentes, portanto, os indícios devem ser acompanhados com cuidado e o fato de eles estarem cada vez em maior número ou maiores significa risco iminente e algum perito deve ser chamado. Muitos habitantes de áreas com construções precárias estão habituados a várias patologias em suas edificações, mas o preparo destes para avaliação simples de indícios deve ser realizado.

Decisões de projetos podem aumentar ou diminuir o potencial de risco. No Quadro 36.4 se relacionam os tópicos recorrentes e as diretrizes de projeto que auxiliam na minimização dos impactos ambientais, para que os acidentes possam ser evitados ou minimizados.

Quadro 36.4 – Diretrizes para projetos em áreas de encostas.

Tópicos	Diretrizes projetuais
Cortes e aterros	Minimizar o volume de corte e aterro Tirar partido da topografia original: uso de patamares acompanhando a inclinação natural Drenagens seguindo o caminho natural das águas Arrimos naturais e permeáveis Deixar estruturas de contenção visíveis para monitoramento
Retirada da vegetação	Preservar o máximo da vegetação natural Paisagismo com espécies nativas; explorar espécies com sistema radicular resistente em encostas Lajes jardim

(continua)

CURSO DE GESTÃO AMBIENTAL

Quadro 36.4 – Diretrizes para projetos em áreas de encostas. (*continuação*)

Águas	Pisos permeáveis Lajes jardim Retenção de águas pluviais Aproveitamento de águas pluviais Paisagismo com pequenas lagoas ou lâminas de retenção Coleta e direcionamento para a rede do esgoto Tratamento das águas
Drenagem	Preservar as condições naturais de infiltração e evitar aumento do volume das águas superficiais Prever elementos para diminuir velocidade das águas drenadas Retenção de águas pluviais Pisos permeáveis
Detritos	Locais específicos para depósito e coleta de lixo Sinalização
Densidades	Prever a densidade inicial e a máxima – projeto flexível
Tipologias	Adotar forma depois de estudar as diversas tipologias empregadas na arquitetura de encostas, suas vantagens e impactos em relação aos demais tópicos deste quadro, podendo ser: Aérea: a edificação não tem contato com todo o terreno; Incrustada: acompanha o relevo de diversas formas; Mista: emprega várias estratégias de adaptação ao perfil do terreno.
Sobrecargas	Projeto e construção prevendo cargas e adensamentos permitidos e previstos
Materiais e técnicas construtivas	Selecionar materiais e técnicas que não impactem o terreno, como canteiro de obras seco e materiais e técnicas que não gerem grandes vibrações Projeto do canteiro de obras Componentes pré-fabricados ou industrializados

Fonte: adaptado de Pisani et al. (2007).

Gerenciamento de Áreas de Risco a Escorregamentos

Levantando-se as formas de atuação do gerenciamento de áreas de riscos de escorregamentos no Brasil e a partir das orientações da *United Nations Disaster Relief Organization* (Undro, 1991) e Brasil (2006), conclui-se que estas podem ser divididas em grupos que contemplam as seguintes ações:

- Evitar a ocupação de áreas de risco associado a escorregamentos que ainda não foram ocupadas: planos diretores, monitoramento e aplicação da legislação.

- Reduzir, gradativamente, os riscos existentes: elaboração de obras estruturais e medidas não estruturais nas áreas possíveis de ocupação.

- Criar instrumentos técnicos que permitam a convivência com as situações de risco já instaladas: elaboração de mapas de risco, sinalizações, sistemas de alarmes e preparação da população residente em locais onde é possível a permanência dessas populações.

- Retirar a população das áreas em que os riscos são muito altos, os acidentes são recorrentes e que quaisquer outros procedimentos são mais onerosos social, econômica e ambientalmente para a sociedade do que as ações anteriores.

As políticas da Defesa Civil no Brasil são bem elaboradas e seus órgãos atuantes, porém a maior parte dos recursos é aplicada nos programas de socorro e assistências às populações atingidas, na reabilitação dos cenários de desastres e na reconstrução da infraestrutura de serviços públicos do que nos programas de prevenção de desastres. O mais indicado é investir nas formas de prevenção dos acidentes.

Um bom exemplo de instrumento técnico que permita a convivência com as situações de risco já instaladas é o Sistema de Alerta a Inundações de São Paulo (Saisp) operado pelo Centro Tecnológico de Hidráulica e Recursos Hídricos (CTH) do DAEE em parceria com a Fundação Centro Tecnológico de Hidráulica (FCTH). Este realiza o monitoramento em tempo real (radar meteorológico e rede telemétrica) para processar modelos de previsão meteorológica e hidrológica. Essas informações são repassadas para órgãos como a defesa civil, bombeiros, guardas de trânsito e demais responsáveis por atividades que tratam de ações voltadas à proteção da sociedade, em caso de ocorrência de desastres (Saisp, 2010).

O problema não é legal, pois o simples atendimento às leis municipais, estaduais e federais existentes em nosso país, no tocante às restrições quanto à ocupação de áreas com declividades excessivas, já seria suficiente para que a maioria dos acidentes relacionados a escorregamentos em áreas urbanas não acontecesse.

As ações necessárias para que as regiões com potencial para escorregamentos não sejam ocupadas e/ou adensadas são da área de planejamento, gestão e fiscalização urbana. A realidade socioeconômica brasileira leva a população de baixa renda a ocupar áreas remanescentes nas regiões metropolitanas, que normalmente deixaram de ser utilizadas por apresentarem fragilidade ambiental, como os fundos de vales e as encostas. Essas ocupações têm sido em número muito maior do que o das ações institucionais para que se resolva o problema, gerando o aumento significativo de acidentes com vítimas, fazendo com que grande parte da população fique sujeita a esses riscos.

CONSIDERAÇÕES FINAIS

Para o entendimento do fenômeno e a busca de soluções as pesquisas precisam ser multidisciplinares, para abranger todos os aspectos envolvidos na questão dos riscos de inundações e escorregamentos. O entendimento dos desastres naturais, por sua vez, exige estudos sistêmicos e pesquisas para estudar as inter-relações entre eles. Vários outros desastres naturais não abrangidos neste texto, mas codificados pela Política Nacional de Defesa Civil, devem ser estudados, tais como erosões, vendavais, ondas de calor, granizo, secas e outros que não fazem parte do escopo desta pesquisa.

Para que o controle das cheias seja eficiente, esse deve ser um processo contínuo e dinâmico. Não é suficiente somente a promulgação de leis, de decretos e de outros instrumentos legais, nem a construção de grandes obras de proteção. As ações mais eficientes são as que atacam os diversos fatores que desencadeiam o exacerbo do problema, são as que agem lenta e continuadamente na prevenção quando da ocupação do solo ao longo de toda a bacia hidrográfica, envolvendo as áreas de várzeas e as encostas. Dificilmente pode-se resolver o problema depois que todas as ações antrópicas maximizaram os efeitos das cheias e dos escorregamentos, por isso as políticas públicas devem investir a longo prazo nas medidas não estruturais.

No caso brasileiro, não é suficiente tentar resolver a cidade legal, deve-se entender a cidade real, aquela que existe de fato, ou melhor, a cidade legal deve passar a coincidir com a real, uma vez que no planejamento democrático impulsionado pelo Estatuto da Cidade a população é parte envolvida nas decisões do plano diretor e, assim, a ocupação sistemática e induzida pelas atividades socioeconômicas já deve estar prevista nas propostas do plano diretor. Assim, a participação da população deve ser impulsionada como elemento inerente dos processos de controle descritos neste capítulo.

A população, desde que conscientizada das perdas irreparáveis que pode sofrer e orientada de forma apropriada e tendo participado ativamente das decisões do plano diretor, pode se instalar de forma mais adequada no território, reduzindo assim os acidentes associados a inundações. Atitudes e mecanismos de ocupação com respeito ao meio ambiente podem passar para a cultura popular e, lentamente, se tornar vernáculos, minimizando os efeitos dos acidentes naturais e melhorando sensivelmente a qualidade de vida nas áreas urbanas.

As gestões municipais devem assumir suas responsabilidades, envolver a população nas decisões de planejamento, como sugerido pelo Estatuto da Cidade, investir ininterruptamente no preparo e na utilização do conhecimento e de outros recursos que o Governo Federal e os Estaduais dispõem e buscar recursos para os estudos dos riscos em seu município. Segundo Brasil (2009, p.12) nenhum município brasileiro possui estudos completos sobre os riscos, nem as grandes capitais, que são as que mais possuem pesquisas na área. Apenas em 300 municípios detectam-se trabalhos mais significativos e aproximadamente 4.000 municípios brasileiros têm estudos incompletos sobre suas áreas de risco, restando mais de 1.260 sem nenhum preparo para o assunto. Ressalta-se que muitos desses estudos são totalmente engavetados após a troca de gestão municipal.

As mudanças necessárias são culturais e, portanto, lentas, sem monitoramento e incentivos adequados, o que historicamente não se coaduna com as políticas urbanas adotadas pelos municípios no Brasil. Os projetos e obras de urbanização de favelas não podem continuar a investir em áreas condenadas pela natureza; isso significa enganar a todos e condenar a alguns. A elaboração de estudos e mapas com os diferentes graus de riscos, a capacitação de equipes locais – como os Núcleos de Defesa Civil (Nunecs) e ONGs para auxiliarem o monitoramento da ocupação e dos indícios de instabilidade, bem como todas as ferramentas citadas, devem ser aplicadas, independente de mudanças de gestão ou de seus responsáveis. O planejamento não é um plano de governo, é um plano da população, decidido democraticamente, conforme prevê o Estatuto da Cidade em seus arts. 43, 44 e 45.

O desenvolvimento sustentável de uma cidade é proporcional ao nível de preparação que ela dispõe para gerir ações que minimizem os desastres e de gerir os eventos danosos quando estes ocorrerem. Isto significa, de fato, contar com uma gestão ambiental e uma gestão e atuação públicas adequadas (Phillipi Jr e Bruna, 2004).

REFERÊNCIAS

BRASIL. Ministério da Integração Social. Secretaria Nacional de Defesa Civil. (SE-DEC) . *Conferência geral sobre desastres: para prefeitos, dirigentes de instituições públicas e privadas e líderes comunitários.* Brasília: MI, 2009.

_____. Ministério da Integração Social. Secretaria Nacional de Defesa Civil. (SE-DEC). *Política Nacional de Defesa Civil,* Brasília, Secretaria Nacional de Defesa Civil, 2004.

_____. Ministério das Cidades/Cities Alliance *Prevenção de Riscos de Deslizamentos em Encostas: Guia para Elaboração de Políticas Municipais* / Celso Santos Carvalho e Thiago Galvão, organizadores – Brasília: Ministério das Cidades; Cities Alliance, 2006

CALHEIROS, L.B. Introdução. In: BRASIL. Ministério da Integração Social. Secretaria Nacional de Defesa Civil (Sedec). *Conferência geral sobre desastres: para prefeitos, dirigentes de instituições públicas e privadas e líderes comunitários.* Brasília: MI, 2002, p. 3-6

CERRI, L.E.S. *Riscos geológicos associados a escorregamentos: uma proposta para a prevenção de acidentes.* Rio Claro, 1993. Tese (Doutorado). Instituto de Geociências e Ciências Exatas – Universidade Estadual Paulista.

[DAEE] DEPARTAMENTO DE ÁGUAS E ENERGIA ELÉTRICA. *Inundações em áreas urbanas: conceituação, medidas de controle, planejamento.* São Paulo, 1984.

FARAH, F. *Habitação e Encostas.* São Paulo: Instituto de Pesquisas Ecnológicas, Coleção Habitare/Finep, 2003.

FERREIRA, A.B.H. *Novo Dicionário da Língua Portuguesa.* Rio de Janeiro: Editora Nova Fronteira, 1986.

FREITAS, C. *Relatório aponta que Angra dos Reis sofreu 61 deslizamentos num período de 36 horas* Disponível em: http://noticias.r7.com/cidades/noticias/relatorio--aponta-que-angra-dos-reis-sofreu-61-deslizamentos-num-periodo-de-36-horas-20100109.html. Acessado em: 03 fev. 2010.

MARCELINO, E.V. *Desastres naturais e geotecnologias: conceitos básicos.* Versão Preliminar. Santa Maria: Ministério de Ciência e Tecnologia, INPE –Instituto Nacional de Pesquisas Espaciais. 2007. Disponível em: http://www.inpe.br/crs/geodesastres/desastresnaturais.php. Acessado em: 29 jan. 2010.

MEADOWS, D.; RANDERS, J.; MEADOWS, D. *Limits to growth: the 30-year update.* Vermont, USA: Chelsea Green Publishing Company, 2004.

PHILIPPI JR, A.; BRUNA, G.C. Política e Gestão Ambiental. In: PHILIPPI JR, A.; ROMÉRO, M.A.; BRUNA, G.C. (Eds.). *Curso de Gestão Ambiental.* Barueri: Manole, 2004.

PISANI, M.A.J. Áreas de risco (associado a escorregamentos) para a ocupacão urbana: detecção e monitoramento com o auxílio de dados de sensoriamento. São Paulo, 1998. 188p. Tese (Doutorado). Escola Politécnica da Universidade de São Paulo.

_____. Características físicas e antrópicas nos escorregamentos urbanos. In: I FÓRUM DE PESQUISA FAU. Mackenzie, 2005, São Paulo. *Anais do I Fórum de Pesquisa FAU – Mackenzie*. São Paulo: Mackenzie, 2005, v. 1, p. 1-19.

_____. Inundações em Áreas Urbanas. In: SEMINÁRIO DE PLANEJAMENTO E GESTÃO URBANA: PREVENINDO DESASTRES, 2004, São Paulo. *Anais do Seminário de Planejamento e Gestão Urbana: Prevenindo Desastres*. São Paulo: Coordenadoria Estadual de Defesa Civil – São Paulo e Centro Universitário Belas Artes de São, 2004, v. 1, p. 23-31.

PISANI, M.A.J.; CORRÊA, P.R.; VILLÀ, J. et al. *Arquitetura e construção em áreas de encostas*. Relatório de Pesquisa. São Paulo: Fundo de Pesquisa da Universidade Presbiteriana Mackenzie – MackPesquisa, 2007.

[SAISP] SISTEMA DE ALERTA A INUNDAÇÕES DE SÃO PAULO. Disponível em: http://www.saisp.br/estaticos/sitenovo/home.xmlt. Acessado em: 01 fev. 2010.

SÃO PAULO. (ESTADO). Departamento de Águas e Energia Elétrica. *Inundações em áreas urbanas: conceituação, medidas de controle, planejamento*. São Paulo, 1984.

SILVA JR, J.R.; PASSOS, L.A. *O negócio é participar. A Importância do Plano Diretor para o Desenvolvimento Municipal*. Brasília: CNM, Sebrae, 2006. (CNM – Confederação Nacional de Municípios; Sebrae – Serviço Brasileiro de Apoio às Micro e Pequenas Empresas). Disponível em: http://www.comunidade.sebrae.com.br. Acessado em: 30 jan. 2010.

TUCCI, C.E.M. *Curso de Gestão das inundações urbanas*. Porto Alegre: Unesco – Global Water Partnership South America, 2005.

[UNDRO] UNITED NATIONS DISASTER RELIEF OFFICE. *UNDRO's approach to disaster mitigation*. Undro News, jan.-fev.1991.

[WWI] WORLDWATCH INSTITUTE. *A atividade humana agrava desastres naturais*. Disponível em: www.wwiuma.org.br. Acessado em: 29 jan. 2010.

Avaliação Ambiental Estratégica como Instrumento de Gestão de Bacias Hidrográficas

37

Maria do Carmo Sobral
Engenheira civil, Universidade Federal de Pernambuco

Maria Manuela Morais
Bióloga, Universidade de Évora, Portugal

Renata Maria Caminha Carvalho
Engenheira agrônoma, Instituto Federal de Educação, Ciências e Tecnologia de Pernambuco

Uma das dificuldades identificadas na proposição de políticas, planos, programas e projetos (PPPP) tem sido a relação destes com a interface ambiental, buscando prever, orientar e adequar os possíveis impactos que determinadas ações ou atividades possam causar. O instrumento utilizado até o presente momento tem sido a avaliação de impacto ambiental (AIA), baseada nos estudos de impacto ambiental (EIAs) e respectivo relatório de impacto ambiental (Rima). Esses documentos são organizados pelo empreendedor e avaliados pelas instituições de controle ambiental dos estados. O EIA avalia pontualmente os impactos econômicos, sociais e ambientais de um empreendimento e apresenta diretrizes para a sua mitigação.

A Avaliação Ambiental Estratégica (AAE) é um instrumento de gestão ambiental que vem sendo implementado em âmbito internacional. Este instrumento avalia impactos de natureza estratégica, com o objetivo de facilitar a integração ambiental e a avaliação de oportunidades e riscos de estratégias de ação para um desenvolvimento sustentável. Trata-se, portanto, de uma avaliação antecipada, setorial e integrada de políticas, planos e programas que afetam o meio ambiente.

A AAE pode ser considerada um importante instrumento de gestão de bacias hidrográficas, como ferramenta de organização espacial e de requalificação ambiental, do uso e ocupação do solo. Porto e Tucci (2009) afirmam que ações antrópicas nas bacias hidrográficas causam impactos e os seus efeitos se dão sobre os usos da água, a sociedade e o meio ambiente. Apesar de serem descritos e estudados nas suas formas individualizadas, tais impactos não ocorrem isoladamente, mas são resultados da integração de diferentes efeitos no âmbito das bacias hidrográficas. Em uma determinada seção do rio, os impactos sobre a quantidade e a qualidade da água resultam do efeito integrado das alterações na bacia de drenagem. Cada bacia apresenta distintos comportamentos para estes efeitos. Consequentemente, os impactos que atuam sobre a variação temporal da vazão e sobre os indicadores de qualidade da água, com consequente alteração da fauna e da flora, certamente se darão com diferentes níveis de importância ou gravidade. O denominado efeito sinérgico ou integrado é resultante de diferentes usos e impactos na bacia, com consequências mais ou menos críticas no meio ambiente e na sociedade.

Nos últimos anos tem-se desenvolvido um esforço de unificação das diretivas relativas aos recursos hídricos no seio da União Europeia. Como resultado desse trabalho, surgiu a diretiva-quadro da água (DQA, 2000/60/CE). No caso de Portugal, esta diretiva foi transposta para a legislação nacional por meio da Lei da Água (Lei n. 58/2005, de 29 de dezembro) e do Decreto-lei n. 77/2006, de 30 de março, nos quais se assume a participação pública como um dos elementos fundamentais da política da água.

Na Europa, os grandes projetos susceptíveis de afetar o ambiente têm sido avaliados nos termos da diretiva 85/337/CE, que determina a AIA. No entanto, a avaliação nos termos desta diretiva tem lugar em uma fase em que já são escassas as possibilidades de introdução de alterações significativas. As decisões sobre a localização de um projeto, ou sobre a escolha de alternativas, já teriam sido tomadas no contexto de planos gerais relativos a um setor ou a uma zona geográfica.

Para preencher essa lacuna foi estabelecida a Diretiva AAE – 2001/42/CE do Parlamento Europeu e do Conselho relativa à avaliação dos efeitos de determinados planos e programas no ambiente. A Diretiva AAE exige que os efeitos ambientais de uma vasta gama de planos e programas sejam avaliados em tempo útil, de modo que os resultados obtidos possam ser integrados no processo de elaboração e adoção dos próprios planos. Nesse contexto, a participação pública assume enorme relevância. Ela surge envolvida por meio da participação responsável de diferentes setores e atores sociais (poderes públicos, autoridades públicas e privadas, empresas e particulares, público em geral etc.) no estabelecimento das ações e medidas.

A AAE é um procedimento obrigatório em Portugal desde a publicação do Decreto-lei n. 232/2007, de 15 de junho, que consagra no ordenamento jurídico nacional os requisitos legais europeus estabelecidos pela Diretiva n. 2001/42/CE, de 25 de junho. No âmbito específico dos instrumentos de gestão territorial, o regime jurídico da avaliação ambiental de planos e programas decorre da articulação deste Decreto-lei com o Decreto-lei n. 380/99, de 22 de setembro, alterado e republicado pelos Decretos-lei n. 03, de 10 de dezembro, n. 316/2007, de 19 de setembro e n.46/2009, de 20 de fevereiro, incorporando a análise sistemática dos efeitos ambientais nos procedimentos de elaboração de acompanhamento, de participação pública e de aprovação dos instrumentos de gestão territorial.

A aplicação da AAE é enquadrada pelo fato do plano de gestão da bacia hidrográfica do Guadiana (PGBH do Guadiana) apresentar uma incidência territorial e setorial com efeitos potenciais no ambiente, sendo por isso fundamental uma adequada articulação e integração entre o processo de AAE e o processo de elaboração e implementação do próprio plano, em harmonia com o conceito segundo o qual foi legalmente concebida. Por outro lado, o propósito do PGBH do Guadiana confere à AAE um caráter singular, no sentido de maximizar oportunidades e minimizar as ameaças associadas não só ao próprio plano, mas também ao processo de desenvolvimento regional do qual não é possível dissociar a gestão dos recursos hídricos na região de características mediterrâneas, onde se insere.

Este capítulo apresenta as questões metodológicas de forma genérica e didática para se subsidiar a aplicação em outras bacias hidrográficas. De acordo com Morais et al. (2011), a AAE assume particular relevância nas regiões áridas e semiáridas, onde a escassez hídrica representa uma ameaça para a humanidade e para a biosfera como um todo. Nas regiões de clima mediterrâneo a escassez de água é também uma realidade, contribuindo para isso o clima com uma estação seca bem definida de temperaturas elevadas e uma grande variabilidade interanual da precipitação. No Brasil, po-

CURSO DE GESTÃO AMBIENTAL

derão ser aplicadas também às bacias hidrográficas situadas na região do semiárido nordestino.

CONCEITOS E OBJETIVOS DA AVALIAÇÃO AMBIENTAL ESTRATÉGICA

A AAE vem sendo consagrada em tratados internacionais, processos de privatização, programas operacionais de ajustamento, orçamentos nacionais, planos plurianuais de investimento, políticas globais e setoriais, entre outros usos (Brasil, 2002). Nesse contexto, a AAE é um processo de planejamento estratégico de políticas, planos, programas e projetos estruturantes. Atua desde a sua concepção inicial até a tomada de decisão, o que possibilita o uso racional dos recursos naturais visando à sustentabilidade nos seus múltiplos aspectos: ecológico, social, econômico, institucional, político e cultural.

Como instrumento de política ambiental, a AAE tem por objetivo auxiliar, previamente, os tomadores de decisões nas políticas, planos e programas sobre a identificação, avaliação e minimização dos efeitos positivos e adversos que suas decisões possam ter sobre o ambiente e sobre o processo de sustentabilidade (Partidário, 2006).

De acordo com o art. 2º do Decreto-lei n. 232/2007, vigente em Portugal, a AAE é compreendida como a "identificação, descrição e avaliação dos eventuais efeitos significativos no ambiente resultantes de um plano ou programa". Trata-se de um processo integrado no procedimento de tomada de decisão, oferecendo uma perspectiva transversal e promovendo uma abordagem estratégica, que se destina a incorporar valores ambientais, sociais e econômicos nessa mesma decisão. Assume um caráter contínuo e sistemático, contribuindo para a "adoção de soluções inovadoras mais eficazes e sustentáveis e de medidas de controle que evitem ou reduzam efeitos negativos significativos no ambiente decorrente da execução do plano".

No Brasil, um conceito consolidado de AAE é apresentado pelo Ministério do Meio Ambiente (Brasil, 2002) como um instrumento de política ambiental que tem por objetivo auxiliar, antecipadamente, os tomadores de decisões no processo de identificação e avaliação dos impactos e efeitos, maximizando os positivos e minimizando os negativos, que uma dada decisão estratégica – a respeito da implementação de uma política, um plano ou um programa – poderia desencadear no meio ambiente e na sustentabilidade do uso dos recursos naturais, qualquer que seja a instância de planejamento. Pretende-se, assim, promover a proteção do ambiente e contribuir para a integração de questões e preocupações em planos e projetos com efeitos significativos.

Em AAE, o processo de avaliação ocorre de uma forma iterativa, em que os resultados das várias fases da avaliação são integrados no processo de elaboração dos planos em sentido lato, devendo iniciar-se tão cedo quanto possível, preferencialmente na fase de definição de objetivos. Para tal, é necessário definir metodologias de avaliação estratégica, integrando desde o início as questões ambientais no ciclo de planejamento e programação. Simultaneamente, pretende discutir e avaliar as alternativas tecnológicas e locacionais, mantendo um acompanhamento interativo no auxílio à decisão.

O objetivo deste procedimento é a escolha das melhores opções que permitam atingir objetivos ambientais e de sustentabilidade, assim como facilitar a implementação de decisões de natureza estratégica. Em AAE, os fatores motivadores são os objetivos estratégicos do desenvolvimento, que correspondem a modelos de desenvolvimento territorial, econômico e social, com objetivos e metas definidos a longo prazo. Apoia-se em grandes opções que permitam atingir os objetivos e metas previamente definidos.

Em resumo, as ações da AAE resultam de uma análise holística transversal que visa a análise estratégica para a tomada de decisão. Essa metodologia inclui os objetivos apresentados no Quadro 37.1.

Nesse modelo de base estratégica, os objetivos específicos para a AAE são os seguintes (WS Atkins, 2011):

- Contribuir para a integração das diferentes componentes que concorrem para a sustentabilidade do território da região hidrográfica em estudo no âmbito do processo de planejamento da gestão da água nessa área.

- Fornecer elementos de suporte a uma mais informada participação do público em geral e, em particular, das diversas entidades envolvidas com a gestão da água e, de forma mais abrangente, com o desenvolvimento sustentável da região hidrográfica em causa.

- Assegurar a continuidade do processo de planejamento para além do período de elaboração do plano por meio da criação de mecanismos de avaliação *ex-post* que permitam averiguar a pertinência das medidas preconizadas, corrigir trajetórias de intervenção e identificar necessidades de planejamento.

CURSO DE GESTÃO AMBIENTAL

A AAE incorpora a ideia de responsabilização, participação e transparência que determina que processos contínuos como os planos setoriais de incidência territorial, que apresentam ciclos de decisão próprios e legalmente contextualizados, possam ser eficazmente elaborados, implementados e monitorizados. Sendo assim, a metodologia da AAE do PGBH do Guadiana concretiza uma abordagem estratégica, com respeito integral pelas orientações emanadas da legislação em vigor. É, ainda, estruturada de acordo com as dimensões desenvolvidas e referenciadas pela bibliografia especializada.

Quadro 37.1 – Objetivos da Avaliação Ambiental Estratégica (AAE).

Objetivos prioritários
Contribuir para um processo de decisão ambiental e sustentável
Melhorar a qualidade de políticas, programas, planos e projetos
Fortalecer e facilitar a AIA de projetos
Promover novas formas de tomar decisão
Assegurar a integração de considerações ambientais, sociais e econômicas nos processos de planejamento, de programação e de elaboração de política – perspectiva interdisciplinar
Identificar oportunidades e riscos, avaliar e comparar opções alternativas de desenvolvimento enquanto estas ainda se encontram em discussão
Contribuir para o estabelecimento de novas estratégias de desenvolvimento
Objetivos suplementares
Auxiliar na identificação, seleção e justificação de opções ganhadoras (*win-win*) face aos objetivos de ambiente e desenvolvimento
Contribuir para a discussão de grandes opções e para uma decisão mais sustentável em âmbitos ambiental, social e econômico
Promover a criação de grupos de formação multidisciplinar que atuem em uma perspectiva inter e transdisciplinar
Detectar problemas e oportunidades estratégicas nas opções em análise e permitir a integração de impactos cumulativos
Sugerir programas de acompanhamento, pela implementação de programas de gestão e de monitorização estratégicos
Assegurar processos participados e transparentes, envolvendo todos os agentes na problemática em análise
Promover decisões mais integradas em relação a diferentes pontos de vista, definidos em função de fatores técnicos e de valores político-culturais

Fonte: Adaptado de Partidário (2007).

De acordo com vários autores, a AAE vem sendo compreendida em uma perspectiva de evolução do processo de implementação da AIA (Oliveira e Bursztyn, 2001), uma vez que se insere no processo de tomada de decisão em todas as fases do planejamento, e visa uma gestão ambiental efetiva para o desenvolvimento sustentável. Porém, Costa et al. (2009) contestam esta concepção, argumentando que o AIA e a AAE surgiram simultaneamente, sendo que a AAE propõe uma visão sistêmica dos impactos, enquanto a AIA limita-se à análise dos resultados de projetos específicos. De fato, em grandes projetos a AAE e a AIA não se confundem, já que esta estuda apenas uma área impactada por um tipo de atividade, como barragens, aeroportos ou rodovias. A AAE também não se confunde com auditorias ou relatórios de qualidade ambiental, visto que esses documentos não têm a função de tomar decisões estratégicas em relação a alternativas de desenvolvimento. Considerando esses argumentos, especialistas e organizações internacionais, como a Economic Commission for Europe, o World Bank e a Commission of the European Communities, têm apoiado e incentivado o uso da AAE por compreenderem que ela supera dificuldades decorrentes da AIA, por exemplo, a desconsideração tanto dos impactos cumulativos, sinergéticos, como dos impactos regionais e globais.

É importante ressaltar que os instrumentos de planejamento, AAE e AIA, embora tenham em comum o pressuposto da avaliação de impactos, adotam metodologias diferentes. Enquanto a AIA propõe medidas concretas e objetivas para a execução de projetos, a AAE define estratégias de desenvolvimento futuro com um elevado nível de incerteza. A natureza do objeto de avaliação determina exigências metodológicas diferentes relacionadas com a escala de avaliação e com o processo de decisão.

No Quadro 37.2, são apresentadas, de forma sistematizada, algumas diferenças metodológicas determinantes.

APLICAÇÃO DE AVALIAÇÃO AMBIENTAL ESTRATÉGICA NA BACIA HIDROGRÁFICA DO RIO GUADIANA

Os resultados que se apresentam inserem-se no âmbito de um instrumento de gestão da água em Portugal – o plano de gestão da bacia hidrográfica do Guadiana (PGBH do Guadiana). A AAE deste plano de gestão de bacia hidrográfica deverá permitir a identificação, descrição e avaliação das

Quadro 37.2 – Diferenças entre AIA e AEA.

Avaliação de impactos ambientais (AIA)	Avaliação ambiental estratégica (AAE)
Perspetiva de execução é de curto e médio prazo	Perspetiva de execução é de curto e médio prazo
Processo discreto, motivado por propostas concretas de intervenção	Processo cíclico e contínuo
O projeto de intervenção tem que ser conhecido com o nível de pormenor a adequado	Não se procura saber o futuro, o objetivo é ajudar a construir um futuro desejável
A definição do que se pretende fazer é relativamente precisa e os dados são razoavelmente disponíveis ou podem ser recolhidos em campo	A definição do que se pretende fazer é vaga, a incerteza é enorme e os dados são sempre muito insuficientes
O acompanhamento da AIA faz-se pela construção e exploração do projeto	O acompanhamento da AAE faz-se por meio da preparação e do desenvolvimento de políticas, planos, programas e projetos
Os projetos sujeitos a AIA são executados quando assegurada a sua viabilidade ambiental	A estratégia pode nunca vir a ser concretizada uma vez que as ações previstas em planos e programas podem nunca ser executadas
A AIA visa avaliar a situação ambiental de um projeto considerando os impactos cumulativos e sinérgicos e os usos atuais e futuros dos recursos naturais	A AAE visa dar subsídios para a tomada de decisão, com informações atuais e projetadas dos possíveis efeitos de políticas, planos, programas e projetos, sobre a dinâmica socioambiental
O planejamento e a gestão ambiental são previstos para após o diagnóstico ambiental	Tem como aplicação a formulação de políticas públicas, decisões de natureza estratégica e PPPs setoriais, desde o início do planejamento

Fonte: Partidário (2007).

estratégias, medidas e ações previstas no PGBH do ponto de vista ambiental e sustentável. Deve responder aos cenários que vierem a ser colocados relativamente à gestão do recurso água. Com esse objetivo global, a AAE pretende avaliar os efeitos significativos resultantes da implementação deste PGBH em Portugal. A entidade promotora de ambos os instrumentos é a Administração da Região Hidrográfica do Alentejo de Portugal (ARH do Alentejo).

Caracterização da Bacia Hidrográfica do Rio Guadiana

Em termos territoriais, a bacia hidrográfica do rio Guadiana, em Portugal, ocupa o território abrangido por duas comissões de coordenação e desenvolvimento regional (CCDR): CCDR Alentejo e CCDR Algave, englobando 32 regiões administrativas (conselhos).

O rio Guadiana é um rio internacional, nasce nas lagoas de Ruider, Espanha, a cerca de 1.700 m de altitude, e percorre uma extensão de 810 km até a foz, no oceano Atlântico, junto a Vila Real de Santo Antônio. Em Portugal, o rio tem um desenvolvimento total de 260 km, dos quais 110 km delimitam a fronteira com a Espanha.

A bacia total do Guadiana (Portugal e Espanha) abrange uma área de 66.800 km², dos quais 55.220 km² (83%) estão na Espanha e 11.580 km² (17%), em Portugal. A bacia hidrográfica do Guadiana é a quarta maior bacia hidrográfica da Península Ibérica, depois das bacias do Douro, Ebro e Tejo. Apresenta uma forma alongada, desenvolvendo-se no sentido Leste--Oeste na Espanha e Norte-Sul em Portugal.

No território português, os vales dos principais afluentes do rio Guadiana são, em regra geral, encaixados entre 50 e 100 m, destacando-se alguns superiores a 100 m, na Serra de Portel e no trecho compreendido entre Serpa e Mértola, na região de Pulo do Lobo.

Em termos hidrográficos, a bacia hidrográfica do Guadiana integra as seguintes sub-bacias: Guadiana, Chança, Cobres, Ardila, Murtega, Degebe, Alcarrache, Caia, Xévora. Entre os principais afluentes e subafluentes do rio Guadiana têm-se, na margem direita, o rio Xévora, o rio Caia, a ribeira do Lucefécit, o rio Degebe, a ribeira de Odearça, o rio Cobres, a ribeira de Oeiras, a ribeira de Carreiras, a ribeira do Vascão e a ribeira de Odeleite e, na margem esquerda, o rio Ardila, a ribeira do Chança e a ribeira do Enxoé. Parte das sub-bacias hidrográficas dos rios Xévora, Caia e Ardila desenvolvem-se em território espanhol.

A precipitação média anual é de 550 mm (561 mm em Portugal e 540 mm na Espanha), variando entre um mínimo de 450 mm na zona de Mértola e Moura e um máximo ligeiramente superior a 1.000 mm nas cabeceiras dos rios Ardila, Odeleite e Caia. O período úmido concentra-se entre os meses de outubro a abril, correspondendo a cerca de 80% da precipitação média anual.

Diante dessas características climáticas o seu regime hidrológico é torrencial, caracterizando-se pela ocorrência de cheias após fortes eventos de precipitação e caudais diminutos, ou mesmo nulos, na época seca, mesmo em anos médios. Relativamente ao rio Guadiana, atendendo às extensas áreas de drenagem, este se apresenta quase permanentemente caudal. Estas características de escoamento resultam em uma distribuição irregular desse recurso, o que, associado a elevadas temperaturas na época seca, traduz-se em uma acentuada redução da disponibilidade de recursos hídricos, quer em virtude dos reduzidos caudais em trânsito, quer em razão do aumento do risco de ocorrerem eventos de degradação da qualidade da água.

Dos vários reservatórios que se encontram na bacia hidrográfica do rio Guadiana, o que se destaca não só pelas suas dimensões é o de Alqueva. A barragem do Alqueva integra um antigo projeto de obras públicas, constantemente adiado por diversas razões desde 1970 e que só foi concluído em 2002. Em uma região semiárida de grande irregularidade pluviométrica, onde os recursos naturais e a própria água são escassos, e os solos aráveis são em grande parte de baixa fertilidade, um empreendimento como o Alqueva assume-se como potencializador das atividades econômicas e do desenvolvimento.

O reservatório foi construído tendo como objetivo prover água para expansão da agricultura irrigada, que tradicionalmente vem desenvolvendo o cultivo agrícola, com foco na produção de uva e de vinhos reconhecidos internacionalmente pela excelente qualidade. Entretanto, na prática, esse planejamento não se concretizou e hoje os recursos hídricos estão subutilizados. Como alternativa, os governos local e regional vêm procurando expandir a atividade de turismo na região, mas ainda de forma reduzida.

Entre os principais impactos ambientais observados, ressalta-se a perda de terrenos férteis por conta da área inundada, o desmatamento da cobertura vegetal para implantação das atividades econômicas e o pouco interesse da população jovem local de se dedicar à atividade agrícola, preferindo migrar para os centros urbanos do país e do exterior.

De forma geral, essa região caracteriza-se pela perda progressiva de população ao longo dos últimos anos, processo generalizado na maioria dos conselhos. De acordo com estimativas do INE para 2009, a população residente na bacia hidrográfica do Guadiana é de 200.863 habitantes, sendo a sub-bacia do Guadiana a que apresenta maior concentração populacional (cerca de 120 mil habitantes), seguida da sub-bacia Caia (cerca de 25 mil habitantes).

Plano de Gestão da Bacia Hidrografica do Rio Guadiana

O PGBH do Guadiana foi desenvolvido pelo consórcio Nemus-Ecossistema-Agro.GES para a administração da região hidrográfica (ARH) do Alentejo, I.P., cumprindo-se, assim, a aplicação da diretiva quadro da água (DQA, Diretiva 2000/60/CE, do Parlamento Europeu e do Conselho, de 23 de outubro).

O Conselho de Região Hidrográfica (CRH) do Alentejo, constituído por representados dos principais setores de atividade e dos principais utilizadores dos recursos hídricos, acompanhou a realização do plano ao longo das suas diferentes fases (de 2009 a 2011). Para tal foram realizadas reuniões de apresentação e discussão de resultados. Complementarmente foram promovidos debates e sessões de trabalho, no âmbito do processo de consulta pública que ocorreu durante um período de 6 meses. Só após o término deste período e a integração das sugestões recebidas, o plano obteve parecer favorável do Conselho de Região Hidrográfica e aprovação do Instituto da Água (I.P.) (Inag). O PGBH aprovado vigorará até 2015, ano em que deverá ser aprovado o PGBH relativo ao segundo ciclo de planejamento.

Em termos de conteúdo, o plano está organizado e estruturado em sete componentes essenciais, nomeadamente: (1) enquadramento legal, objetivos e estrutura geral; (2) caracterização e diagnóstico (no qual se apresenta a caracterização territorial e fisiográfica da região hidrográfica, a caracterização das massas de água e das zonas protegidas, a caracterização socioeconômica, ordenamento do território e usos da água, a caracterização das pressões significativas, a rede de monitorização e do estado das massas de água na situação atual, uma síntese da caracterização e diagnóstico); (3) a análise econômica das utilizações da água; (4) cenários prospectivos; (5) objetivos ambientais (objectivos estratégicos – definidos no âmbito da região hidrográfica com base nos objetivos delineados para cada uma das áreas temáticas apresentadas no plano); qualidade da água, quantidade da água, gestão de risco e valorização do domínio hídrico, quadro institucional e normativo, quadro econômico e financeiro, monitorização, investigação e conhecimento e comunicação e governança; objetivos operacionais – estabelecidos com base nos objetivos estratégicos; objetivos ambientais – a serem atingidos em 2015 ou em datas posteriores por razões justificadas; (6) programa de medidas (medidas de base, medidas suplementares, medidas adicionais); (7) sistema de promoção, de acompanhamento, de controle e de avaliação.

Avaliação Ambiental Estratégica do Plano de Gestão da Bacia Hidrográfica do Guadiana

Na Figura 37.1 ilustra-se a abordagem metodológica geral que foi seguida para a AAE do PGBH do Guadiana, incluindo o encadeamento das diferentes atividades associadas às várias etapas. Indicam-se, ainda, os produtos elaborados no âmbito do processo da AAE.

A AAE do PGBH do Guadiana foi elaborada por uma equipe multidisciplinar que contou com a participação da segunda autora deste capítulo e da sua equipe do Laboratório da Água, da Universidade de Évora, Portugal.

Figura 37.1 – Avaliação ambiental estratégica do plano de gestão da bacia hidrográfica do Guadiana em Portugal.

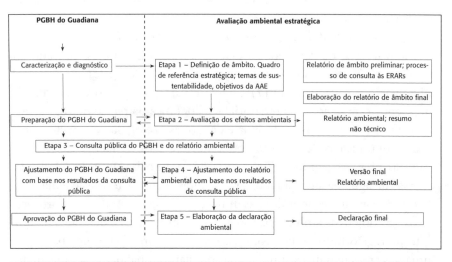

Fonte: Adaptado de WS Atkins (2011).

A abordagem metodológica adotada inclui 5 etapas fundamentais, descritas a seguir:

- Etapa 1 – corresponde à definição do âmbito da AAE, onde se integra o quadro de referência estratégico (QRE) e se definem os temas para a sustentabilidade e os objetivos da AAE. Esta etapa iniciou-se com a elaboração do "relatório de âmbito preliminar" onde se delimita o âmbito e a natureza da avaliação a ser desenvolvida nas fases seguintes. Após a aprovação desse relatório pela ARH do Alentejo, ele foi submetido a um processo de consulta com a duração de vinte dias, a entidades com responsabilidade ambiental específica (Eraes). A primeira etapa do processo de AAE terminou com a elaboração do relatório de âmbito final, que levou em consideração os resultados de consulta às Eraes, o desenvolvimento do PGBH do Guadiana e a atualização do quadro de referência estratégico (QRE).

- Etapa 2 – corresponde à fase de avaliação, onde se analisam os efeitos significativos do PGBH do Guadiana, considerando seus objetivos, cenários e medidas previstas, tendo por base a situação existente e as tendências de evolução. A avaliação termina com a proposta de medidas e recomendações que permitam minimizar os potenciais impactos negativos e/ou a potencializar os impactos positivos. É também definido um programa de acompanhamento da implementação do plano com as diretrizes de planejamento e acompanhamento. A formalização desta etapa termina com a produção do relatório ambiental, acompanhado pelo respectivo resumo não técnico, que são submetidos a um período de consulta pública (envolvendo as entidades e o público), conjuntamente da proposta do PGBH do Guadiana.

- Etapa 3 – corresponde ao período do processo de consulta pública do PGBH do Guadiana e do respectivo relatório ambiental, período que se constitui igualmente como oportunidade para diferentes entidades se pronunciarem sobre os resultados da avaliação.

- Etapa 4 – corresponde a uma fase de ponderação dos resultados da consulta pública e produção do relatório ambiental final. Trata-se de recolher os resultados das consultas públicas, com a sistematização dos diferentes contributos, procurando-se tirar conclusões que integrem o relatório ambiental final. As conclusões deste período devem ser ponderadas por parte da entidade responsável pela implementação do

CURSO DE GESTÃO AMBIENTAL

PGBH do Guadiana, a Administração de Região Hidrográfica do Alentejo (ARH do Alentejo) e dessa ponderação resultarão as indicações para a formalização da versão final do relatório ambiental e respectivo resumo não técnico.

- Etapa 5 – corresponde à elaboração da declaração ambiental, após a aprovação do PGBH do Guadiana, e que constitui o documento oficial a ser enviado pela ARH do Alentejo à Agência Portuguesa do Ambiente (APA) para registro e acompanhando da versão final do PGBH do Guadiana, a qual deverá incorporar os elementos que retratem essa dinâmica e as conclusões do processo.

Nesta sessão apresentam-se os principais aspectos que integram a etapa 1, por se considerar que estes constituem a base metodológica da avaliação e o enquadramento que apoia a fixação dos objetivos de avaliação.

A definição do quadro de referência estratégico (QRE) procurou sistematizar os conteúdos relevantes de documentos de natureza estratégica ou programática para o PGBH do Guadiana, em matéria de ambiente e sustentabilidade. A construção do QRE levou em consideração uma análise das macro-orientações do plano, assim como de documentos de orientação política pertinentes para o território e o âmbito da avaliação.

No Quadro 37.3 apresentam-se exemplos de listagem dos documentos que integram o QRE, a diferentes escalas de análise, articulados com os temas para a sustentabilidade e com os fatores ambientais.

Este quadro serve como modelo para utilização em outras bacias hidrográficas não só em Portugal como também no Brasil, desde que sejam respeitadas as especificidades locais.

A situação atual da bacia do rio Guadiana em termos de recursos naturais e culturais ressalta-se que o reservatório foi construído, contudo, o volume de água encontra-se subutilizado, pois os sistemas de irrigação não foram implementados. Em relação aos aspectos de planejamento e governança, ressalta-se a migração da população jovem para os grandes centros urbanos. Além disso, a bacia do rio Guadiana apresenta riscos e vulnerabilidade por se encontrar na região do semiárido, necessitando de uma atenção especial decorrente das mudanças climáticas.

AVALIAÇÃO AMBIENTAL ESTRATÉGICA | **1209**

Quadro 37.3 – Quadro de referência estratégico e articulação com os temas para a sustentabilidade e com os fatores ambientais.

Quadro de referência estratégico nacional	Correspondência com os temas para a sustentabilidade	Correspondência com os fatores ambientais legalmente definidos
Programas operacionais temáticos		
Programa operacional temático de valorização do território 2007-2013 (POVT)	Biodiversidade, recursos naturais	Biodiversidade, fauna, flora, saúde humana, água, população, bens materiais
Programas operacionais regionais		
Programa operacional regional de Lisboa	Recursos naturais e culturais, riscos e vulnerabilidades, planejamento e governança	
Programa operacional regional do Alentejo	Recursos naturais e culturais, riscos e vulnerabilidades, planejamento e governança	
Convenções		
Convenção Ramsar	Biodiversidades, recursos naturais e culturais	Biodiversidade, fauna e flora
Convenção para a Proteção do Patrimônio Mundial, Cultural e Natural	Recursos naturais e culturais	Paisagem, patrimônio
Convenção Europeia da Paisagem	Recursos naturais e culturais	Paisagem, patrimônio, população
Convenção Aarhus	Planejamento e governança	População
Estratégias		
Estratégia temática de proteção do solo	Recursos naturais e culturais	Solo, água, população, saúde humana, bens materiais
Estratégia Nacional de Desenvolvimento Sustentável (Ends 2015)	Biodiversidade, recursos naturais e culturais, desenvolvimento territorial e competitividade, riscos e vulnerabilidades, planejamento e governança	Biodiversidade, fauna, flora, saúde humana, água, população, bens materiais, solo, fatores climáticos
Estratégia Nacional de Conservação da Natureza e da Biodiversidade (ENCNB)	Biodiversidade	Biodiversidade, fauna e flora

Fonte: WS Atkins (2011).

1210 CURSO DE GESTÃO AMBIENTAL

A definição desses temas resultou do cruzamento do quadro de referência estratégico (QRE) com os resultados de diagnóstico preliminar e da definição das questões estratégicas (QE) definidas no plano. Na definição dos temas para a sustentabilidade foram levadas em consideração as questões ambientais legalmente definidas na legislação portuguesa, nomeadamente, o Decreto-lei n. 232/2007, de 15 de junho e na Diretiva 2001/42/CE, em relação às quais devem ser avaliados eventuais efeitos significativos e que incluem: fatores climáticos, atmosfera, saúde humana, biodiversidade, fauna, flora, paisagem, patrimônio, solo, água, população e bens materiais. Nesse contexto, os temas para a sustentabilidade que foram considerados na AAE do PGBH do Guadiana são os seguintes: biodiversidade, recursos naturais e culturais, desenvolvimento territorial e competitividade, riscos e vulnerabilidades, e planejamento e governança. Tendo em conta o elenco de fatores ambientais apresentado na alínea e do art. 6º do Decreto-lei n. 232/2007, de 15 de junho.

No que se refere à avaliação do plano, definiram-se os objetivos de avaliação, operacionalizados pela identificação dos critérios ou indicadores de avaliação, ou seja, foram traduzidos em diversos critérios relativamente aos quais o processo de AAE procurará encontrar respostas no âmbito da avaliação propriamente dita.

Por fim e antes de apresentar as principais recomendações resultantes da AAE, interessa discutir um pouco a configuração de alternativas, considerando que estas constituem um dos passos mais críticos para o processo de avaliação.

A natureza intrínseca de uma avaliação estratégica implica a análise de opções que forneça dados para a tomada decisão. Não cabe à AAE definir a melhor opção, mas produzir elementos de apoio à decisão, no que se relaciona com as entidades que acompanham o plano, com os atores locais e com o público interessado.

No caso presente, o exercício de cenarização produzido no âmbito do PGBH do Guadiana não configura opção diferenciada em termos de intervenção, uma vez que o cariz marcadamente operacional do plano (programa de medidas) não foi construído em função dos cenários prospectivos produzidos, traduzindo as principais macrotendências para a região, assumindo, essencialmente, tendências de evolução de conjunturas externas, com os seguintes cenários: cenário A, com uma tendência mais pessimista, o cenário B, com a evolução normal da situação atual, e o cenário C com um futuro desejado.

O cenário A estaria associado a uma conjuntura mais desfavorável ante à perspetiva atual bem como a uma eficácia moderada das políticas no horizonte de 2015. Ou seja, esse cenário encontra-se associado "à crescente perda de competitividade e de capacidade de decisão da região". O cenário B traz uma evolução normal da situação atual, contemplando as principais tendências de evolução e os efeitos esperados de investimentos em curso. O cenário C corresponde ao futuro desejado pelos principais instrumentos de desenvolvimento regional e territorial, exigindo uma boa articulação e integração entre políticas e investimentos (públicos e privados).

Os cenários definidos no PGBH do Guadiana corresponderam às perspectivas de macro desenvolvimento nacional e regional, decorrentes da evolução da conjuntura externa e, nessa medida, não são controláveis pela entidade promotora do plano (ARH do Alentejo) na ótica da reflexão em torno de alternativas relativamente a modelos de intervenção.

Registra-se, contudo, que a evolução da situação conjuntural no sentido do cenário C ou do cenário A é suscetível de produzir impactos potencialmente relevantes na gestão dos recursos hídricos, nomeadamente no que se refere ao Cenário C, que implicaria um aumento dos volumes de água a captar e maior aumento das cargas poluentes de origem agrícola. Para estas eventualidades, considera-se que a implementação do plano deverá considerar a evolução conjuntural e adequar as medidas previstas em função do desenvolvimento econômico do país.

PROPOSTAS PARA GESTÃO DE BACIAS HIDROGRÁFICAS

O programa de recomendações proposto na AAE do PGBH do Guadiana visa "acompanhar o ciclo de planejamento e programação" e definir os mecanismos necessários ao acompanhamento da implementação do PGBH do Guadiana. Este programa pretende assegurar o estabelecimento de uma cooperação intensa entre os intervenientes internos e externos à implementação do PGBH do Guadiana, já que só dessa forma será possível garantir o sucesso da estratégia preconizada. Com efeito, uma parte das ações previstas depende da capacidade de articulação de diversos intervenientes, sendo decisivo assegurar essa colaboração, conjugando esforços e estabelecendo parcerias.

As recomendações propostas da AAE do PGBH do Guadiana são apresentadas genericamente, de forma a serem utilizadas em outras bacias hidrográficas, e se inserem nas seguintes linhas temáticas:

- Verificação da conjuntura macroeconômica que sustenta o PGBH.
- Gestão dos recursos hídricos por setor.
- Articulação com outros instrumentos de gestão territorial.
- Articulação com outros planos, programas ou estratégias.
- Acompanhamento de projetos/obras da responsabilidade de outras entidades.
- Acompanhamento e monitoramento dos projetos estruturantes previstos para a região.
- Acompanhamento dos efeitos no ambiente das intervenções previstas no plano.
- Conservação da natureza.
- Consolidação da estratégia de promoção do conhecimento científico.

CONSIDERAÇÕES FINAIS

Um dos maiores desafios atuais da gestão de sistemas ambientais é conseguir trabalhar, de forma simultânea e integrada, com a grande multiplicidade de aspectos que devem ser considerados. A gestão de recursos hídricos e a gestão ambiental precisam encontrar uma melhor definição de suas fronteiras e avançar no desenvolvimento de instrumentos de gestão que atendam suas especificidades de forma adequada, dentro das respectivas competências legais e administrativas. O sistema de Avaliação Ambiental Estratégica (AAE) surge como caminhos comuns de construção do processo com os planos de recursos hídricos. É evidente que são instrumentos distintos, com diferentes objetivos, desenvolvidos dentro de arranjos institucionais de competências diversas, mas que devem guardar proximidade.

Se na prática dificilmente o desenvolvimento de ambos os instrumentos se dá ao mesmo tempo, como fazer sua integração? Em primeiro lugar, deve-se ficar atento para não querer transformá-los no mesmo produto. É preciso saber identificar áreas prioritárias em que esses instrumentos, cada um com sua especificidade, possam ser desenvolvidos e aplicados. Um dos principais resultados da realização da AAE e que a diferencia em relação aos demais instrumentos de avaliação de impactos diz respeito à análise antecipada, simultânea e articulada das implicações ambientais de um programa integrado sobre o desenvolvimento local-regional e a sustentabilidade das áreas de mananciais metropolitanos. Permite verificar, inclusive, em que medida esse tipo de ação pode se ajustar às demais ações disciplinadoras da ocupação nas bacias hidrográficas e, por decorrência, na formulação e implementação de políticas e estratégias de gestão do território.

A AAE contribui para um modelo decisório que facilita a comunicação e a percepção entre os atores relevantes envolvidos, promovendo a articulação entre as diversas políticas setoriais. Portanto, a AAE, como resultado do somatório das contribuições técnicas, institucionais e do processo de consulta pública, contribui positivamente na elaboração e na implementação de planos de bacias hidrográficas, assegurando uma maior sustentabilidade ao modelo de gestão proposto, como foi apresentado neste capítulo sobre o PGBH do Guadiana em Portugal.

Os estados-membros da Comunidade Europeia deveriam incorporar a Diretiva AAE nas suas legislações nacionais até 21 de julho de 2004. Nessa data, apenas nove dos 25 estados-membros tinham atingido esta meta. Somente em 2009 todos os estados-membros tinham implementado esta Diretiva. O Brasil deve avançar no processo de avaliação ambiental estratégica. São muitos os setores para os quais a avaliação ambiental estratégica pode trazer mais objetividade e rapidez à implantação de seus programas e projetos de desenvolvimento e, principalmente, poderia abreviar o processo decisório nas instâncias dos sistemas de gestão de recursos hídricos e do meio ambiente.

Nesse contexto, a implementação do AAE para subsidiar a gestão da bacia hidrográfica do rio Guadiana em Portugal é um exemplo que pode ser estendido para outras bacias hidrográficas da Comunidade Europeia, bem como para as bacias hidrográficas do Brasil.

REFERÊNCIAS

BRASIL. Ministério do Meio Ambiente, Secretaria de Qualidade Ambiental nos Assentamentos Humanos. *Avaliação Ambiental Estratégica: Projeto Instrumentos de Gestão – Progestão*. Brasília: MMA/SQA, 2002.

CONSÓRCIO NEMUS/ECOSSISTEMA/AGRO.GES. *Plano de Gestão da Bacia Hidrográfica do Guadiana (RH7)*, 2011.

COSTA, H.A.; BURSZTYN, M.A.A; NASCIMENTO, E.P. Participação social em processos de Avaliação Ambiental Estratégica. *Sociedade e Estado*, v.24, n.1, p.89-113, 2009.

EGLER, C.A.G.; RIO, G.A.P. *Cenários para a Gestão Ambiental no Brasil*. Rio de Janeiro: UFRJ, 2001. 24p. Disponível em http://www.laget.igeo.ufrj.br/egler/pdf/Cenario_VF.pdf. Acesso em: 13 fev. 2008.

INTERNATIONAL ASSOCIATION FOR IMPACT ASSESSMENT. *Strategic Environmental Assessment Performance Criteria*. IAIA, 2002. Disponível em: http://www.iaia.org. Acesso em: 27 out. 2012.

MORAIS, M.M.; SOBRAL, M.C.M.; SILVA, H. et al. *Qualidade da água em reservatórios de regiões com escassez hídrica: estudos de caso na região mediterrânica de Portugal e região semiárida do Brasil*. ABRH/Cisa: Porto Alegre, 2011.

OLIVEIRA, A.A.; BURSZTYN, M. Avaliação de impacto ambiental de políticas públicas. Interações. *Revista Internacional de Desenvolvimento Local*. Campo Grande, MS, v. 2, n. 3, p. 45-56, set. 2001.

PARTIDÁRIO, M.R. *Guia de Boas Práticas para Avaliação Ambiental Estratégica, Orientações metodológicas*. Lisboa, Portugal: Agência Portuguesa do Ambiente, 2007.

_____. *Programa Portugal Logístico – Termos de Referência e Especificações Técnicas para Avaliação Ambiental Estratégica*. Administração do Porto do Douro e Leixões, 2006.

PORTO, M.; TUCCI, C.E.M.T. Planos de recursos hídricos e as avaliações ambientais. *Rega*, v. 6, n. 2, p. 19-32, jul./dez. 2009.

SÁNCHEZ, L.E. Avaliação Ambiental Estratégica e sua aplicação no Brasil. In: *Rumos da avaliação ambiental estratégica no Brasil*, 2008, São Paulo.

WS ATKINS PORTUGAL CONSULTORES E PROJECTISTAS INTERNACIONAIS. *Avaliação Ambiental Estratégica do Plano de Gestão das Bacias Hidrográficas integradas na Região Hidrográfica do Guadiana (RH7)*. Administração da Região Hidrográfica do Alentejo: Lisboa, Portugal, 2011.

Metodologia do Trabalho Científico em Gestão Ambiental

38

Marcelo de Andrade Roméro

Arquiteto e urbanista, Faculdade de Arquitetura e Urbanismo – USP

Arlindo Philippi Jr

Engenheiro civil e sanitarista, Faculdade de Saúde Pública – USP

O profissional da área ambiental tem sido muito requisitado para a realização de trabalhos que, por suas características multi e interdisciplinares, exigem cada vez mais cuidados científicos em sua elaboração.

Essa exigência está associada ao fato de que os estudos ambientais geralmente apresentam grande complexidade, relacionada com sua abrangência, profundidade e confiabilidade necessárias. Como tal, esses estudos devem ser entendidos e criteriosamente estruturados para a obtenção de resultados científica e tecnicamente embasados.

Desse modo, revela-se a necessidade de serem adotados princípios e cuidados associados ao desenvolvimento do trabalho científico e, consequentemente, ao método a ser utilizado para sua execução. Ao mesmo tempo, o pleno entendimento e clareza dos resultados obtidos serão sustentados pela apresentação de relatórios e de textos embasados na adequada utilização de metodologia do trabalho científico.

Assim, o conhecimento da importância do uso de um método para o desenvolvimento de trabalhos científicos leva o profissional da área a considerar sua utilização essencial, o que melhora seu desempenho, bem como a qualidade de seus serviços.

Portanto, faz-se necessário abordar e compreender o significado e a importância tanto da metodologia quanto do desenvolvimento do traba-

METODOLOGIA

lho científico, com destaque para o recorte a ser aplicado ao objeto da pesquisa, assim como à ênfase pretendida.

METODOLOGIA

A palavra *metodologia* é originária do grego, a partir dos termos *méthodos,* que significa método, e *logos,* que quer dizer tratado, ou seja, "o tratado dos métodos", ou simplesmente "sobre o método". Para alguns autores, metodologia é um conjunto de métodos e técnicas utilizado na busca do conhecimento (Andrade, 1999) ou o conjunto de métodos e técnicas utilizado para se atingir determinado objetivo na pesquisa.

Toda pesquisa necessita de um método, e este deve estar claro e detalhado no trabalho científico, de forma a ser compreendido por outros leitores ou aprimorado e detalhado por outros pesquisadores, que podem eventualmente dar continuidade à mesma pesquisa.

Muitas vezes o pesquisador iniciante encontra dificuldades em redigir o método a ser adotado em sua pesquisa. Entretanto, uma maneira de facilitar esse trabalho é compreender que a definição da metodologia consiste na definição das etapas da pesquisa e na explicação detalhada das tarefas que serão desenvolvidas em cada uma das etapas propostas para que o objetivo seja atingido. De que modo os objetivos da pesquisa serão atingidos? Esse modo é a metodologia.

O detalhamento metodológico no âmbito do trabalho científico é tão relevante que, na maior parte das vezes, necessita de um capítulo específico no corpo da monografia, dissertação ou tese.

TRABALHO CIENTÍFICO

A metodologia do trabalho científico está estreitamente ligada à produção desse tipo de trabalho e a seu surgimento e importância na História. Mas quando surgiu o trabalho científico, e o que o diferencia de um trabalho não científico?

Os teóricos da história da filosofia e da filosofia da ciência são unânimes em apontar para dois momentos distintos, o primeiro dominado por um *pensamento mítico,* no qual a explicação mais concreta para as coisas do mundo natural ou a causa dos fenômenos naturais presentes no dia a dia é expressa por meio de tradições culturais, folclóricas e religiosas, sem nenhum comprometimento com uma justificativa. O segundo momento é permeado por um *pensamento científico*, segundo o qual estes mesmos fenômenos naturais são explicados por meio de fundamentação, análise, indagação e comprovação dos fatos envolvidos e ocorridos.

A palavra *mito* é originária do termo grego *mythos*, que significa uma visão da realidade fictícia e, por vezes, imaginária. O pensamento e o discurso mítico também estão ligados à questão do sobrenatural, da magia, do sagrado e do profano; essa maneira de explicar a realidade perdurou até o século VI a.C., quando houve a ruptura com esse pensamento peculiar e generalizado.

Esse rompimento se deu por meio do trabalho de Tales de Mileto. Tales viveu por volta de 560 a.C. e foi Aristóteles, no livro I da *Metafísica*, que o revelou ao mundo chamando-o de "o primeiro filósofo", ou seja, a primeira pessoa a pensar de maneira não dogmática, e sim de maneira científica. Mas quais são as características desse pensamento científico e o que o torna tão distante do pensamento mítico-dogmático?

Uma primeira característica desse pensamento é a busca pela compreensão do mundo dentro do próprio mundo, e não fora dele, por meio do sobrenatural. Quando o pensamento científico não encontra explicação racional e lógica para os fenômenos do mundo, levanta hipóteses ou traça tendências, mas não avança no terreno do sobrenatural buscando apoio e uma solução mais rápida para o fato. Pelo contrário, o pensamento científico espera pacientemente pelo momento de sua comprovação. Admite não ter respostas e, assim, reconhece suas próprias limitações.

Uma segunda característica do pensamento científico, relativa ao rompimento com o pensamento mítico, foi sua insatisfação com o tipo de explicação dada para o mundo real (Marcondes, 2000), pelo fato de carecer de fundamentação e de, na maior parte das vezes, não condizer com a realidade.

Uma terceira característica é sua constante abertura ao questionamento e à dúvida, à quebra de paradigmas e à possibilidade de ruptura com seus pressupostos. Como se vê, essa forma de compreensão da realidade é completamente diferente da forma vigente no período em que Tales vivia e, pouco a pouco, de indivíduo para indivíduo e de grupo para grupo, consolidou-se e adquiriu adeptos na península jônica e no mundo grego.

A faceta científica e inovadora presente em Tales pôde ser verificada em três episódios marcantes de sua vida.

O primeiro ocorreu quando, ao observar os canais de irrigação das plantações egípcias às margens do rio Nilo, Tales identificou uma relação geométrica precisa e postulou um teorema (Figura 38.1).

Figura 38.1 – O teorema de Tales.

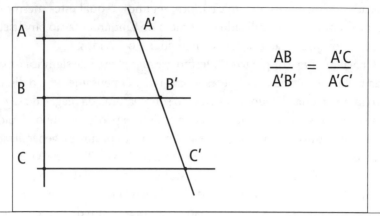

Fonte: Guedj (2000).

O segundo episódio foi marcado por Aristóteles (apud Sagan, 1984) em *A Política*:

> Tales era censurado por sua pobreza, que se supunha prova de que sua filosofia não tinha utilidade. De acordo com a história, ele sabia pela sua perícia [em interpretar os céus], enquanto ainda era inverno, que haveria uma grande colheita de azeitonas no ano seguinte, de modo que, tendo pouco dinheiro, fazia depósitos pelo uso das prensas de azeitonas em Quio e Unileto, as quais alugava a preços baixos porque ninguém lhe dava ouvidos. Quando chegava a colheita, e havia necessidade de muitas prensas, ele as cedia ao preço que lhe convinha e ganhava uma boa quantidade de dinheiro. Assim ele provava que os filósofos do mundo podiam facilmente ficar ricos se quisessem, mas que a sua ambição era outra.

O terceiro episódio está relacionado ao senso de observação de Tales e à sua busca por respostas baseadas na análise dos fenômenos naturais cotidianos. Tales passou um período de sua vida no Egito e, em uma dada ocasião, notou que os egípcios não tinham condições de calcular a altura final da grande pirâmide de Quéops e propôs uma resolução para o problema. Tales partiu do pressuposto que os raios de sol são paralelos quando atingem a Terra, em razão da distância que a separa do Sol. E ele estava certo, conforme mostra a Figura 38.2.

Figura 38.2 – Medindo cientificamente a altura da pirâmide de Quéops.

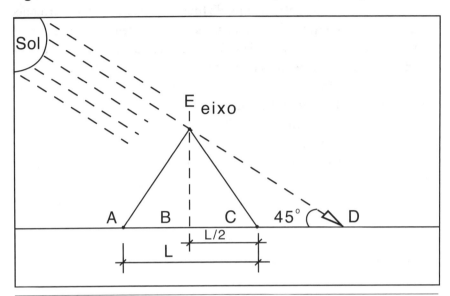

Fonte: adaptada de Guedj (2000).

A pirâmide de Quéops tem base quadrada e seu eixo coincide com o centro do quadrado de sua base (Guedj, 2000); portanto, conhecendo a altura do eixo, conhece-se a altura da pirâmide. Para que a sombra projetada pelo sol seja exatamente igual à altura do eixo, a sombra deve estar a 45º da base, formando um triângulo. A altura da pirâmide, igual à altura do seu eixo, é igual ao comprimento do lado do triângulo. Logo, a altura da pirâmide (EB) é igual ao comprimento de sua sombra (CD) acrescido do comprimento do lado da base da pirâmide (BC) dividido por dois, ou seja:

$$EB = (BC) + (CD)$$

As condições estabelecidas por Tales só ocorreriam nos dias 21 de novembro ou 20 de janeiro, e foi um desses dias que Tales escolheu. Ele determinou para a pirâmide de Quéops a altura de 276,25 côvados e hoje se sabe que a pirâmide mede 280 côvados, ou 147 m (Guedj, 2000).

O pensamento científico e o trabalho metódico encontraram outros adeptos nos quatrocentos anos seguintes; entre eles, destacam-se alguns brilhantes pesquisadores: Anaximandro (610-547 a.C.), que afirmava existir uma substância básica antes de tudo o que é finito, que permanece mesmo quando o que é finito acaba. Ele estava se referindo a uma substância inicial e com consistência física. Estava certo, pois essa substância é traduzida pelo meio, pelos elementos hoje conhecidos como constituintes das matérias: próton, nêutron e elétron. Parmênides (580-540 a.C.) afirmava ser necessário desvendar a ilusão dos sentidos e, dessa forma, reafirmar sua crença na razão como uma fonte realmente segura para a obtenção do conhecimento. Heráclito de Éfeso (580-540 a.C.), que levantou pela primeira vez a necessidade de os opostos serem compreendidos para se entender o mundo: o frio e o calor, a saúde e a doença, a guerra e a paz, e o amor e o ódio. Empédocles de Agrigento (494-434 a.C.) conceituou com bastante clareza as duas formas de se obter conhecimento, ou seja, perceber a realidade do mundo utilizando fundamentalmente os sentidos ou a razão e, a esse respeito, Empédocles afirmou que o mundo é percebido por ambos – sentido e razão.

Vale ressaltar que essa discussão permeou a filosofia da ciência por quase 2 mil anos, fazendo adeptos que defenderam veementemente uma das opções. Até hoje trata-se de uma questão interessante e com aplicações diretas no trabalho científico, pois podem-se utilizar métodos empíricos que usem os sentidos, como sustentam os empiristas, ou métodos racionais e cartesianos, como defendem os racionalistas.

Anaxágoras de Clazomêna (500-428 a.C.) acreditava que a natureza fosse composta por uma infinidade de partículas minúsculas e imperceptíveis a olho nu e que todos os corpos celestes fossem formados por essa mesma substância. Anaxágoras afirmou também que a lua não possui luz própria e que o sol é uma bola de fogo gigante. Demócrito de Abdera (460-370 a.C.) declarou que tudo na natureza é formado por peças minúsculas, indivisíveis e eternas, chamadas átomos.

Aqui se vê um importante aspecto do trabalho científico, que é a evolução e o detalhamento dos conceitos científicos, pois Demócrito foi além das ideias de Anaximandro, que foi além das ideias de Anaxágoras. Da mesma maneira, em 1803, o cientista inglês John Dalton elaborou a teoria atômica clássica da matéria, conhecida como Teoria Atômica de Dalton, e explicou as propriedades e reações entre os átomos.

Em 1911, quase cem anos depois, o cientista neozelandês Ernest Rutherford desenvolveu o modelo inicial de Demócrito e Dalton e comprovou a existência de prótons e nêutrons no núcleo atômico e dos elétrons na região externa do átomo.

Aristóteles de Estragira (384-322 a.C.) classificou e nomeou as diversas especificidades da ciência e, na qualidade de um dos maiores defensores do empirismo, afirmou que nada sobe à razão sem que antes tenha passado pelo mundo dos sentidos, reafirmando nesse momento a importância da percepção antecedendo a razão para se adquirir o conhecimento.

É fundamental destacar aqui a importância que Aristóteles deu aos registros do conhecimento adquirido e do trabalho científico, pois foi ele quem registrou o trabalho dos filósofos naturais e foi por intermédio dele que o mundo conheceu a obra de Tales de Mileto, por exemplo.

O registro do trabalho científico não é uma mera formalidade acadêmica, mas sim a única maneira de se perpetuar uma ideia e de dar a chance de outros pesquisadores continuarem o trabalho iniciado por alguém.

Vale ainda destacar aqui o feito de um grande protagonista do trabalho científico que, no século III a.C., contando apenas com uma vareta, um medidor de ângulos e um escravo, calculou a circunferência da Terra com uma margem de erro de apenas 2,6%. Esse cientista, chamado Erastóstenes, ocupava a posição de diretor da grande biblioteca de Alexandria, cidade na qual também residia. Ele sabia que, no dia 21 de junho – solstício de inverno –, o sol das 12h00 não estava perfeitamente a pino em sua cidade.

Em certa ocasião, Erastóstenes leu em um manuscrito que, na cidade de Siena, distante dali algumas centenas de quilômetros, o Sol, naquele mesmo dia e horário, não produzia nenhuma sombra na água no fundo de um poço. Para um leitor menos atento aquela informação seria apenas mais uma a ser registrada. Mas para Erastóstenes, se uma vareta produzia sombra em Alexandria e não a produzia em Siena, tal fenômeno somente poderia ser explicado se a Terra fosse uma esfera e não um plano.

A partir dali, ele se propôs a medir a circunferência da esfera. Pagou um escravo para medir a pé a distância entre as duas cidades e seu cálculo chegou a cerca de 800 km. Essa distância corresponde a 7° e, considerando que a esfera possui 360°, a distância entre Alexandria e Siena era 51,43 vezes a circunferência da Terra, ou seja, 360°/7° = 51,43. Dessa forma, Erastóstenes chegou a 41.143 km. Sabe-se hoje que a circunferência da Terra é de 40.075 km (Figura 38.3).

Esses são exemplos de um modo científico de pensar, partindo de simples observações e do uso da razão e do raciocínio, indagando sempre, re-

Figura 38.3 – A experiência de Erastóstenes.

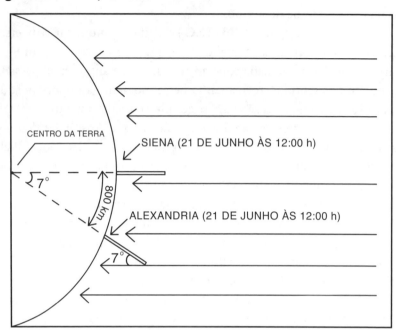

lacionando informações e chegando a pequenas conclusões que, por sua vez, podem mudar a realidade do mundo.

RECORTE DO OBJETO

Um dos aspectos mais importantes do trabalho científico – talvez o mais importante de todos – é a definição do objeto da pesquisa, ou seja, o que de fato será pesquisado. Uma grande parte dos profissionais que iniciam um curso de pós-graduação *lato sensu* ou *stricto sensu*, quando se depara com essa questão, tende a aumentar a abrangência da pesquisa, como se dessa maneira ela adquirisse uma importância maior ou mais credibilidade. Na verdade, quanto mais abrangente for o escopo da pesquisa, menor é a chance real de ela contribuir para o avanço da ciência, pois mais dados terão de ser pesquisados ao mesmo tempo e menores serão as chances de a pesquisa ser concluída no prazo previsto. A Figura 38.4 ilustra esse conceito.

O recorte do objeto geral da pesquisa inicia-se pela realização de três sub-recortes: recorte temático, recorte geográfico e recorte temporal.

Figura 38.4 – Abrangência e profundidade da pesquisa.

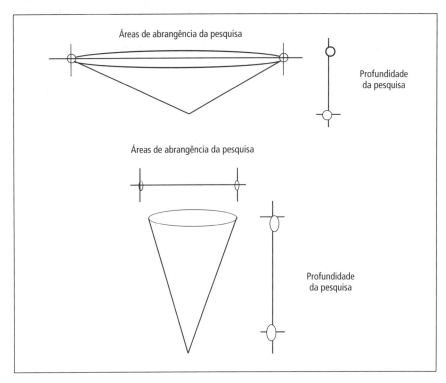

O recorte temático consiste na definição da parte da pesquisa que será estudada, por exemplo, reúso de água é um tema bastante abrangente, mas o tema reúso de água para fins não potáveis com utilização no meio urbano é factível. Da mesma forma, o tema energia e meio ambiente é bem abrangente; já o tema impacto ambiental de produtos resultantes da fabricação de painéis fotovoltaicos tem maior possibilidade de ser pesquisado.

O recorte geográfico é a segunda etapa do processo e consiste na definição da parte do planeta estudada pelo objeto da pesquisa. Por exemplo, reúso de água para fins não potáveis com utilização no meio urbano ainda é um tema abrangente quando se considera a quantidade de áreas urbanizadas existentes no planeta. Se não houver um recorte geográfico, subentende-se que o escopo da pesquisa abrangerá todo o universo urbanizado. Uma sugestão de recorte pode ser: reúso de água para fins não potáveis e utilizada no meio urbano: o caso do município de Bauru. Especificamente nesse caso, é necessário que o avaliador dimensione a pesquisa; se o município em análise possuir a escala de São Paulo, o objeto atinge novamente proporções inviáveis, mas na escala de Bauru a realização da pesquisa torna-se possível e razoável.

No exemplo dos fotovoltaicos, a pesquisa poderia ser feita sem um recorte geográfico, desde que trate somente dos tipos de resíduos resultantes da fabricação dos painéis e dos principais impactos decorrentes do descarte. Por outro lado, a falta de um estudo de caso que exemplifique uma situação real e concreta e que demonstre de que maneira o problema foi ou pode ser resolvido reduz o impacto da pesquisa. Nesse caso, uma sugestão de recorte geográfico seria utilizar como estudo de caso uma dada empresa "A", situada o mais próximo possível do local de moradia da equipe de pesquisa e não identificada diretamente, tendo em vista as questões de sigilo envolvidas.

O recorte temporal é a terceira etapa do processo e consiste na determinação do período de abrangência da pesquisa, que por sua vez é fundamental para sua viabilidade, pois colabora para a redução do escopo do problema e permite que a pesquisa seja realizada no prazo predeterminado. Toda pesquisa possui um recorte temporal, por mais abrangente que seja, e em algumas pesquisas ele torna-se necessário; por exemplo, a determinação dos níveis de dióxido de carbono (CO_2) presentes no ar desde o início da era industrial, no século XIX, até o fim do século XX. Trata-se, portanto, de um recorte temporal que abrange um período de 150 anos, fator importante e decisório para que os objetivos da pesquisa sejam atingidos. De outro lado, algumas pesquisas demandam recortes temporais absolutamente reduzidos, caso da análise do nível de potabilidade de uma represa que receba elementos industriais há cerca de quatro semanas.

O recorte temporal define prazos, e ao defini-los, estabelecem-se etapas, as quais definem os custos da pesquisa e, portanto, sua viabilidade. Algumas pesquisas podem ser abortadas antes mesmo do seu início efetivo, por causa da falta de recursos para contemplar o recorte temporal necessário à sua realização. Um exemplo é o reduzido mapeamento espacial que as agências internacionais realizam, tendo em vista a elevada abrangência do cosmo e os recursos que deveriam ser alocados, em termos de radiotelescópios, para mapear uma região maior que a investigada.

No âmbito da gestão ambiental, têm-se como exemplo quatro recortes do objeto com seus três sub-recortes. Vale ressaltar que o título da pesquisa, incluindo ou não o subtítulo, em muitos casos contém o recorte do objeto, como pode ser visto nos casos apresentados na sequência:

METODOLOGIA DO TRABALHO CIENTÍFICO EM GESTÃO AMBIENTAL | **1225**

Tema 1 – Estratégias de Gestão Ambiental: Estudo de Caso da Área de Proteção Ambiental (APA) Municipal do Capivari Monos – 1999/2000

Nessa pesquisa, o recorte temático foi a análise das APAs como instrumento de gestão ambiental. Para o desenvolvimento da pesquisa, foi adotada a APA de Capivari Monos, no município de São Paulo, como estudo de caso, e, para o recorte temporal, foi escolhido o período entre 1999 e 2000. Os pesquisadores analisaram a existência da APA e sua eficiência e eficácia no que tange à pertinência da existência desse instrumento. A equipe de pesquisa enfatizou o processo de participação dos moradores da APA em sua implantação e gestão.

Tema 2 – Normas de Qualidade Ambiental que Influenciam o Setor de Mineração Voltado para a Construção Civil no Estado de São Paulo – 2000

Nessa pesquisa, o recorte temático foi o conjunto de normas de qualidade ambiental na área de mineração voltadas aos materiais e produtos existentes e fabricados para a indústria da construção civil. O recorte geográfico foi o estado de São Paulo e o recorte temporal foi o "estado da arte" no ano 2000. O aspecto jurídico da questão foi enfatizado e, de maneira secundária, foram discriminados os aspectos da importância da construção civil para a economia do estado de São Paulo e o impacto dos serviços de mineração no meio ambiente local.

Tema 3 – Identificação de Aspectos Ambientais nas Indústrias Automobilísticas – Estudo de Caso: Volkswagen, São Carlos – 2000

Aqui, o recorte temático foi a implantação de Sistemas de Gestão Ambiental (SGA) em indústrias automobilísticas. Para estudo de caso, foi analisada uma fábrica da Volkswagen. O município de São Carlos, situado a cerca de 255 km e aproximadamente três horas da cidade de São Paulo, foi adotado como recorte geográfico. Como recorte temporal, a pesquisa concentrou-se na situação vigente no ano 2000. Foi enfatizada a implantação do SGA em uma grande indústria automobilística e, de maneira secundária, foram apontados os impactos ambientais desse tipo de indústria, o tratamento dado aos resíduos, a questão da educação ambiental junto a funcionários de todos os níveis e a implantação da ISO 14000 e seus desdobramentos.

Tema 4 – Incineração de Resíduos Sólidos Urbanos no Município de Bauru para Geração de Energia Elétrica – 2000

Nessa pesquisa, o recorte temático foi a análise do processo de incineração de resíduos sólidos urbanos para a geração de eletricidade em usinas termelétricas. Como recorte geográfico, a pesquisa analisou a situação no município de Bauru, e, como recorte temporal, concentrou-se no ano 2000. Os tipos de resíduos passíveis de reciclagem nesse tipo de usina foram enfatizados e, de maneira secundária, a produção de resíduos no município, a oferta e o consumo de energia elétrica e uma análise de projeções futuras de crescimento de resíduos e do consumo de eletricidade.

ÊNFASE NA PESQUISA CIENTÍFICA

Uma vez definido o recorte do objeto, sob os pontos de vista tanto temático quanto geográfico ou temporal, a pesquisa ganha limites e sua realização passa a ser possível. Entretanto, a definição do recorte não garante que a pesquisa seja realizada com objetividade, pois um mesmo objeto pode ser visualizado sob diversos pontos de vista ou com ênfases variadas. Assim, torna-se necessário optar por uma ênfase específica, mantendo os demais pontos de vista conforme indicado na Figura 38.5.

Uma pesquisa cujo recorte do objeto seja o impacto do lançamento de resíduos sólidos residenciais na represa de Guarapiranga entre 2000 e 2003 possui um recorte temático claro – a questão dos resíduos – um recorte geográfico definido – a represa de Guarapiranga na região metropolitana de São Paulo – e um recorte temporal destacado – o período entre os anos de 2000 e 2003. Entretanto, apesar de os recortes estarem claramente definidos, o mesmo objeto e a mesma questão podem ser encarados, descritos e pesquisados a partir de diversas abordagens:

*   A ênfase jurídica da questão.

Figura 38.5 – Ênfase principal e ênfases secundárias.

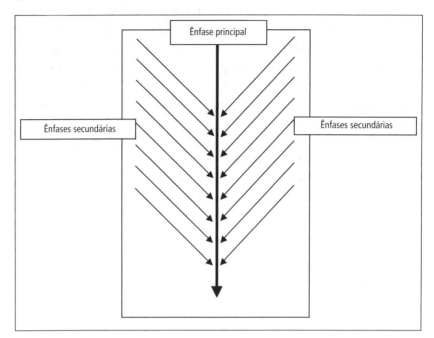

- A morte dos peixes.
- A redução de atividades de lazer na represa.
- A questão da qualidade de uma água cada vez mais poluída.
- A carência de fiscalização para o cumprimento da legislação vigente.
- A questão do crescimento de habitações autoconstruídas nas áreas de proteção de mananciais.
- A análise dos desmatamentos da área no período em questão.
- A evolução do aparecimento de algas na represa etc.

A decisão quanto à ênfase adotada pela pesquisa deve ser tomada pelo pesquisador e pela equipe da pesquisa. Se todas as ênfases forem escolhidas e estudadas da mesma maneira, a pesquisa ficará ampla demais, pois diversos serão os aspectos a serem abordados. Por outro lado, não é possível analisar uma dessas ênfases sem mencionar as demais, pois os problemas se relacionam e se entrelaçam, principalmente quando se analisa uma questão sob a perspectiva da interdisciplinaridade. A solução para esse impasse é

CURSO DE GESTÃO AMBIENTAL

definir como principal uma das ênfases anteriormente citadas e tratar as demais como secundárias. Dessa forma, todas as questões serão abordadas, mas com pesos diferenciados, e o texto científico que será o produto dessa pesquisa ficará mais claro para o leitor, pois possuirá a precisão adequada para sua compreensão. Para a própria equipe de pesquisa envolvida no processo, a precisão definida no projeto metodológico forçará uma elaboração clara das diversas etapas e do tempo a ser despendido em cada uma delas no cronograma do projeto.

Questões relativas à organização do trabalho científico, ou seja, como organizar um sumário, como citar autores e fontes, ou como organizar uma bibliografia, podem ser encontradas em diversas publicações, entre elas o *Guia de Apresentação de Teses*, elaborado pela Faculdade de Saúde Pública da USP.

REFERÊNCIAS

ANDRADE, M.M. *Introdução à metodologia do trabalho científico*. São Paulo: Atlas, 1999.

GUEDJ, D. *O teorema do papagaio*. São Paulo: Companhia das Letras, 2000.

MARCONDES, D. *Iniciação à história da filosofia: dos pré-socráticos a Wittgenstein*. Rio de Janeiro: Zahar, 2000.

SAGAN, C. *Cosmos*. Rio de Janeiro: Francisco Alves, 1984.

[USP/FSP] UNIVERSIDADE DE SÃO PAULO, FACULDADE DE SAÚDE PÚBLICA. *Guia de Apresentação de Teses*. São Paulo: A Biblioteca, 1998.

Bibliografia Consultada

DOWNING, D.; CLARK, J. *Estatística aplicada*. São Paulo: Saraiva, 2000.

FERRARI, T. *Metodologia da pesquisa científica*. São Paulo: McGraw-Hill, 1982.

GIL, A.C. *Métodos e técnicas de pesquisa social*. São Paulo: Atlas, 1985.

KERLINGER, F.N. *Metodologia da pesquisa em ciências sociais*. São Paulo: Editora Pedagógica e Universitária, 1979.

Índice Remissivo

A

Abastecimento industrial 95
Abastecimento público 94
Acidentes industriais 899
Alumínio 106
Auditoria de conformidade legal
    ambiental 925
Auditoria de desempenho
    ambiental 925
Auditoria de sistemas de gestão
    ambiental 925

B

Bário 106

C

Cádmio 106
Carbono orgânico 107
Ceriodaphnia dubia 127
Certificação de produtos 972
Chumbo 107
Ciclo hidrológico 89

Cloreto 108
Clorofila a 125
Cobre 109
Coeficiente de mortalidade
    infantil 391
Coliformes termotolerantes 124
Composição dos resíduos
    sólidos 209-10
Comunidade bentônica 126
Comunidade fitoplanctônica 125
Condutividade 109
Controle da exposição ocupacional
    345
Cor 103
Crescimento sustentável 197
Cromo 109

D

Demanda bioquímica de oxigênio
    (DBO) 110
Demanda química de oxigênio
    (DQO) 110
Diferença de Prevalência (DP) 407

E

Efeitos combinados 341
Efluentes industriais 98
Enterococos 124
Epidemia 397
Epidemiologia 356, 389
Esgotos domésticos 98
Espaços abertos 493, 495-7, 499-500, 502-5, 509, 511-12
Estratégias de amostragem 324
Estrutura ecológica 496, 499
Estudo de caso-controle 412
Estudo de coortes 409
Estudo ecológico 405
Estudo experimental 402
Estudos descritivos 360
Estudo transversal 406
Exposição ocupacional 319

F

Fenóis 111
Ferro 111
Fósforo total 112

G

Gases de efeito estufa 971
Gerenciamento de resíduos sólidos urbanos 221
Gerenciamento de riscos 899
Gerenciamento integrado de resíduos sólidos 249

H

História natural da doença 375, 384

I

Incidência 393
Indicadores e Dados Básicos para a Saúde (IDB Brasil) 394
Infraestrutura 495-502, 508-13
Infraestrutura verde 497-500, 508-13

L

Limites de exposição ocupacional 336

M

Manganês 112
Mercúrio 113
Mortalidade proporcional 392
Mudanças climáticas 494, 504, 510

N

Níquel 114

O

Óleos e graxas 114
Organismos certificadores 963
Oxigênio dissolvido (OD) 115

P

Pandemia 399
Período de incubação 379
Período de latência 379
Planejamento territorial 899
Política ambiental 958
Potássio 118
Potencial de formação de tri-halometanos 118
Potencial hidrogeniônico (pH) 116
Prevalência 393
Processos biológicos 139
Processos de tratamento 137
Processos físicos 137
Processos naturais 493, 500, 509
Processos químicos 138
Projeto da paisagem 493-5, 497, 503-5
Promoção da saúde 376
Proteção específica 377

R

Razão de Prevalência (RP) 407
Recuperação energética 209
Recursos naturais 493, 501

Resíduo sólido 198
Risco 362
Risco atribuível (RA) 410
Risco relativo (RR) 411

S

Saúde 307, 353
Saúde ambiental 354
Saúde pública 354-5
Série de nitrogênio 119
Série de sólidos 104
Sistema Microtox® 127
Sódio 121
Sulfato 122
Surfactantes 122
Sustentabilidade 494, 496, 504-9, 513

T

Tecnologias naturais 494, 496
Temperatura 104

Trabalho 307
Tratamento de lodos 141
Tratamento físico-químico 142
Tratamento preliminar 141
Tratamento primário 141
Tratamento secundário 141
Tratamento terciário 141
Trilhas de auditoria 947
Turbidez 105

U

Unidades de destinação em solo 203

V

Vazadouros a céu aberto 204

Z

Zinco 123

ANEXO

Dos Editores
e Autores

Dos Editores

Arlindo Philippi Jr – Engenheiro civil (UFSC), engenheiro sanitarista e de segurança do trabalho (USP), mestre e doutor em Saúde Pública (USP). Pós-doutor em Estudos Urbanos e Regionais (Massachusetts Institute of Technology – MIT, EUA). Livre-docente em Política e Gestão Ambiental (USP). É professor titular da Faculdade de Saúde Pública da USP. Exerce atualmente a função de presidente da Comissão de Pós-Graduação da Faculdade de Saúde Pública e de pró-reitor adjunto de pós-graduação da USP.

Marcelo de Andrade Roméro – Arquiteto e Urbanista (Faculdade de Arquitetura e Urbanismo da Universidade Brás-Cubas); mestre em Arquitetura (FAU/USP); doutor em Arquitetura (FAU/USP) com estágio no Instituto Nacional de Engenharia e Tecnologia Industrial Lisboa, Portugal. Professor titular, livre-docente e diretor da FAU/USP (2010-2014). Coordenador e pesquisador sênior na área de eficiência energética, avaliação pós-ocupação e tecnologia da arquitetura, em edifícios habitacionais, de saúde, escritórios e escolas de ensino superior.

Gilda Collet Bruna – Arquiteta e urbanista (FAU/USP), especialista (Japan International Cooperation Agency) e doutora em Arquitetura e Urbanismo (FAU/USP). Foi professora visitante na Universidade do Novo México. Aposentou-se como professora titular da FAU/USP. Atualmente é professora associada plena da Universidade Presbiteriana Mackenzie. Foi presidente da Empresa Paulista de Planejamento Metropolitano e coordenadora do curso de Arquitetura e Urbanismo da Universidade de Mogi das Cruzes.

Dos Autores

Adelaide Cassia Nardocci – Bacharel em Física, professora associada da Faculdade de Saúde Pública da Universidade de São Paulo.

Alexandre de Oliveira e Aguiar – Engenheiro químico (Escola Politécnica/USP); especialista em Gestão Ambiental (Nisam/USP); mestre e doutor em Saúde Pública (FSP/USP). Professor do Programa de Mestrado Profissional em Gestão Ambiental e Sustentabilidade da Universidade Nove de Julho. Consultor, gerente de projetos e instrutor para implantação de sistemas de gestão ambiental e de segurança e saúde ocupacional.

Ana Luiza Silva Spínola – Graduada em Direito (Faculdade de Direito de São Bernardo do Campo); especialista em Direito Ambiental, Direito do Consumidor e Ações Coletivas (Escola Superior de Advocacia); especialista em Direito Ambiental (FSP/USP); mestre e doutora em Saúde Ambiental (FSP/USP). Foi advogada da Divisão de Assuntos de Meio Ambiente do Departamento Jurídico da Companhia Ambiental do Estado de São Paulo. Atua como consultora em meio ambiente e mediadora de conflitos.

Andréa Focesi Pelicioni – Administradora (FGV) e Geógrafa (FFLCH/USP). Especialista em Educação Ambiental (FSP/USP). Mestre e doutora em Saúde Pública (FSP/USP) com doutorado sanduíche realizado na Macquarie University (Sydney, Austrália). Docente das Faculdades Metropolitanas Unidas (SP) e especialista em Meio Ambiente na Secretaria Municipal do Verde e do Meio Ambiente do Município de São Paulo.

Antonio Fernando Pinheiro Pedro – Advogado (Faculdade de Direito da USP); especialista em Direito Privado e Processo Civil. Foi Secretário Municipal do Verde e do Meio Ambiente de São Paulo. Fomenta a pesquisa e o estudo em Direito Ambiental, promovendo debates sobre o tema e mantendo canais de mídia tradicionais, como a *Revista Ambiente Legal* e a revista eletrônica *Dazibao*.

Antônio R. de Almeida Jr. – Doutor em Sociologia (USP). Professor associado do Departamento de Economia, Administração e Sociologia da Escola Superior de Agricultura Luiz de Queiroz (Esalq/USP). Foi coordenador do curso de Gestão Ambiental e do programa de pós-graduação em Ecologia Aplicada da Esalq/USP. Atualmente coordena o laboratório de mídia e ambiente dessa instituição.

Arlindo Philippi Jr – Engenheiro civil (UFSC), engenheiro sanitarista e de segurança do trabalho (USP), mestre e doutor em Saúde Pública (USP). Pós--doutor em Estudos Urbanos e Regionais (Massachusetts Institute of Technology – MIT, EUA). Livre-docente em Política e Gestão Ambiental (USP). É professor titular da Faculdade de Saúde Pública da USP. Exerce atualmente a função de presidente da Comissão de Pós-Graduação da Faculdade de Saúde Pública e de pró-reitor adjunto de pós-graduação da USP.

Carla Grigoletto Duarte – Engenheira ambiental e doutora em Ciências da Engenharia Ambiental (Escola de Engenharia de São Carlos da USP). Atuou em consultoria na área de planejamento e recursos hídricos e também na área de educação ambiental. Atualmente desenvolve pesquisa de pós-doutorado na Escola Politécnica da USP com pesquisa sobre os temas: avaliação de sustentabilidade, efetividade na avaliação de impacto e licenciamento ambiental de usinas de cana-de-açúcar.

Carlos Celso do Amaral e Silva – Engenheiro químico; mestre em Engenharia Ambiental (Universidade de Cincinnati, EUA); doutor em Saúde Pública (FSP/USP). Livre-docente e professor de pós-graduação (USP). Foi secretário-adjunto de Ciência e Tecnologia da Secretaria Especial do Meio Ambiente. Atua como consultor na área ambiental para empresas privadas e organizações ambientais, no Brasil e no exterior.

Cleverson V. Andreoli – Engenheiro de pesquisa da Sanepar; professor do mestrado em Governança e Sustentabilidade do Isae; de Gestão Ambiental na FAE e em cursos de MBA da FGV e da PUC. É autor de mais de 150 artigos, 20 livros técnicos e quatro livros infantis de educação ambiental. Recebeu os prêmios Finep de Inovação Tecnológica do MCT nos anos de 1998 e 2008. Editor geral da revista *Engenharia Sanitária e Ambiental* da Abes Nacional e membro da International Water Academy.

Delsio Natal – Biólogo, doutor e livre-docente (FSP/USP). Professor aposentado do Departamento de Epidemiologia da FSP/USP. Orientador nos programas de mestrado e doutorado do referido departamento. Colabora nos projetos de pesquisa dos laboratórios de Entomologia em Saúde Pública (FSP/USP) e presta consultorias na área de ecologia de vetores.

Denise Crocce Romano Espinosa – Engenheira metalúrgica, mestre e doutora em Engenharia Metalúrgica (USP). Atualmente é professora associada do Departamento de Engenharia Metalúrgica e de Materiais da Escola Politécnica da USP e professora visitante da Redemat. É editora da Seção de Metalurgia e Materiais da *Revista Escola de Minas* e editora adjunta da *Revista Brasileira de Ciências Ambientais*. Atua principalmente nos temas: metalurgia extrativa, reciclagem e tratamento de resíduos, reciclagem de sucata eletrônica.

Elaine Cristina da Silva – Bióloga e educadora ambiental. Especialista em educação ambiental; mestre e doutoranda em Ciências (FSP/USP). Gerente de Educação e Extensão Ambiental no Departamento de Meio Ambiente da Prefeitura de Santo André (SP).

Elton Gloeden – Geólogo com mestrado e doutorado em Hidrogeologia (Instituto de Geociências da USP). Funcionário da Companhia Ambiental do Estado de São Paulo há 23 anos, atuando principalmente no gerenciamento de áreas contaminadas.

Flávia Paulucci Cianga Silvas – Graduada em Tecnologia em Alimentos (Faculdade de Tecnologia Termomecânica); mestre em Engenharia Metalúrgica (Escola Politécnica/USP). Atualmente é doutoranda em Engenharia Metalúrgica (Escola Politécnica/USP), com sanduíche na Université de Liège (Bélgica). Atua principalmente em pesquisas de tratamento de resíduos de mineração e reciclagem de resíduos eletroeletrônicos por rotas hidrometalúrgicas e bio-hidrometalúrgicas.

Geraldo Gomes Serra – Arquiteto e urbanista, mestre, doutor e livre-docente em Arquitetura (FAU/USP). Professor titular aposentado da FAU/USP, foi fundador e coordenador científico do Núcleo de Pesquisa em Tecnologia da Arquitetura e Urbanismo da USP (Nutau/USP). Tem dezenas de artigos publicados no Brasil e no exterior e diversos livros.

Gilberto Montibeller-Filho – Doutor, mestre e especialista em Sociedade e Ambiente (UFSC, USP e Universidade Sorbonne, Paris). Professor-honorário do programa de doutorado em Engenharia e Gestão do Conhecimento/EGC da UFSC e professor titular da Universidade do Extremo Sul Catarinense no programa de doutorado em Ciências Ambientais.

Gilda Collet Bruna – Arquiteta e urbanista (FAU/USP), especialista (Japan International Cooperation Agency) e doutora em Arquitetura e Urbanismo (FAU/USP). Foi professora visitante na Universidade do Novo México. Aposentou-se como professora titular da FAU/USP. Atualmente é professora associada plena da Universidade Presbiteriana Mackenzie. Foi presidente da Empresa Paulista de Planejamento Metropolitano e coordenadora do curso de Arquitetura e Urbanismo da Universidade de Mogi das Cruzes.

Helena Ribeiro – Graduada em Geografia (PUC-SP); mestre em Geografia (University of California Berkeley) e doutora em Geografia Física (USP). Livre-docente em Saúde Pública (USP). É professora titular e diretora (2010-2014) da FSP/USP.

Heliana Comin Vargas – Arquiteta e urbanista (FAU/USP); economista (PUC-SP); mestre e doutora em Arquitetura e Urbanismo (FAU/USP); pós-doutora em Formação de Lideranças para o Planejamento Ambiental (Academia Internacional de Meio Ambiente, Genebra). Professora titular da FAU/USP e coordenadora do Laboratório de Comércio e Cidade junto ao departamento de Projeto da FAU/USP. É especialista em estudos de dinâmica e economia urbanas e em projetos de intervenção, com foco no setor terciário e com ênfase nas atividades de comércio e serviços varejistas. Autora de diversos livros nessas áreas.

Helene Mariko Ueno – Graduada e licenciada em Ciências Biológicas (Unesp), mestre e doutora em Saúde Pública (USP). Tem experiência na área de Parasitologia, com ênfase em Entomologia Médica, atuando principalmente nos seguintes temas: ecologia de vetores, ciências da saúde, mosquitos de importância médica e epidemiologia.

João Vicente de Assunção – Engenheiro químico e sanitarista; MSc em Higiene (Graduate School of Public Health, Universidade de Pittsburgh, EUA); doutor e livre-docente em Saúde Pública (FSP/USP). Professor titular do departamento de Saúde Ambiental da FSP/USP. Trabalhou na Cetesb por 14 anos e atuou como consultor *ad hoc* da Organização Mundial da Saúde, do Programa das Nações Unidas para o Meio Ambiente (PNUMA) e do Banco Mundial.

José de Ávila Aguiar Coimbra – Filósofo com especialização em Sociologia Urbana e do Desenvolvimento; mestre em Filosofia e professor universitário. Foi secretário-adjunto do Meio Ambiente do Governo do Estado de São Paulo. Consultor ambiental e autor e coautor de publicações nas áreas de educação, gestão e política ambiental.

Lineu Bassoi – Engenheiro civil (Faculdade de Engenharia de Bauru – Unesp); pós-graduado em Engenharia Ambiental (FSP/USP). Foi professor colaborador de cursos de especialização em Controle de Poluição, Gestão Ambiental, Saneamento Básico e Educação Ambiental da FSP/USP, da Fundação Armando Alvares Penteado, da Faculdade Oswaldo Cruz e da Faculdade de Tecnologia da USP. É professor em cursos sobre tratamento de efluentes líquidos no Instituto de Pós-Graduação, no Pece/USP e na Universidade Federal de Goiás.

Maisa de Souza Ribeiro – Graduada, mestre e doutora na área de Ciências Contábeis. Professora titular do departamento de Contabilidade da Faculdade de Economia, Administração e Contabilidade de Ribeirão Preto da Universidade de São Paulo (FEA-RP/USP).

Marcelo de Andrade Roméro – Arquiteto e Urbanista (Faculdade de Arquitetura e Urbanismo da Universidade Brás-Cubas); mestre em Arquitetura (FAU/USP); doutor em Arquitetura (FAU/USP) com estágio no Instituto Nacional de Engenharia e Tecnologia Industrial Lisboa, Portugal.

Professor titular, livre-docente e diretor da FAU/USP (2010-2014). Coordenador e pesquisador sênior na área de eficiência energética, avaliação pós-ocupação e tecnologia da arquitetura, em edifícios habitacionais, de saúde, escritórios e escolas de ensino superior.

Maria Augusta Justi Pisani – Arquiteta e urbanista (Faculdade de Arquitetura e Urbanismo Farias Brito) com licenciatura em Construção Civil (Universidade Estadual Paulista Júlio de Mesquita Filho – Unesp); especialista em Patrimônio Histórico e em Obras de Restauro (FAU/USP); mestre e doutora em Engenharia Civil e Urbana (Escola Politécnica/USP). Atualmente é professora da Faculdade de Arquitetura e Urbanismo da Universidade Presbiteriana Mackenzie.

Maria Cecília Focesi Pelicioni – Assistente social; educadora de Saúde Pública e Ambiental; mestre e doutora em Saúde Pública; livre-docente em Educação em Saúde e em Educação Ambiental. Exerceu funções técnicas e de direção nas Secretarias de Educação e Bem-Estar Social, da Saúde, do Verde e do Meio Ambiente da Prefeitura do Município de São Paulo. Professora do departamento de Prática de Saúde Pública da FSP/USP. Pesquisadora e coordenadora dos cursos de especialização em Educação Ambiental da FSP/USP.

Maria do Carmo Sobral – Graduada em Engenharia Civil (UFPE); mestre em Engenharia Civil (Universidade de Waterloo, Canadá); doutora em Saneamento Ambiental (Universidade Técnica de Berlim). Professora da UFPE. Coordenadora da Área de Ciências Ambientais da Capes. Produção científica em gestão ambiental, recursos hídricos e indicadores de sustentabilidade.

Maria Manuela Morais – Doutora em Biologia (Universidade de Évora, Portugal). Atualmente é professora da mesma universidade e diretora do Laboratório da Água. Nos últimos anos a sua área de atividade científica tem incidido no estudo sobre gestão de bacias hidrográficas com vista à conservação e reabilitação de sistemas aquáticos e definição de medidas mitigadoras.

Nelson Menegon Jr. – Engenheiro químico e pós-graduado em Hidráulica Ambiental (Escola Politécnica/USP); professor do Centro Universitário

Fieo (Unifieo) e da Fatec – Centro Paula Souza. Atualmente é gerente da Divisão de Qualidade das Águas e do Solo da Companhia Ambiental do Estado de São Paulo.

Paula R. Jorge – Graduada em Arquitetura e Urbanismo (FAU/USP); mestre em Arquitetura e Urbanismo (Universidade Presbiteriana Mackenzie) e doutora em Saúde Pública (FSP/USP). Atualmente é professora pesquisadora da Universidade Presbiteriana Mackenzie. Tem experiência na área de Arquitetura e Urbanismo, com ênfase em Adequação Ambiental.

Paulo Renato Mesquita Pellegrino – Arquiteto, urbanista e paisagista. Professor doutor da FAU/USP. Lidera o grupo de pesquisa Laboratório Verde/CNPq, pelo qual já se formaram vários mestres e doutores sob sua orientação. Sua experiência profissional inclui também o desenvolvimento de vários projetos *pro bono* e consultorias nas áreas de arquitetura da paisagem, sistemas de drenagem naturalizados, ecologia da paisagem aplicada, revitalização urbana, parques e praças públicas.

Phillip Gunn (*in memoriam*) – Arquiteto e mestre em Arquitetura (Queen's University, Belfast). Mestre em Planejamento (Universidade de Edimburgo) e doutor na área de Estruturas Ambientais Urbanas (FAU/USP). Foi professor da FAU/USP, consultor da Empresa Metropolitana de Planejamento da Grande São Paulo, conselheiro do Ministério da Educação, da Comissão de Especialistas em Arquitetura e Urbanismo e pesquisador da ONU junto ao Centro para o Desenvolvimento Regional em Nagoya, Japão.

Rafael Alexandre Ferreira Luiz – Geógrafo (USP) e especialista em Gestão Ambiental no Setor de Transportes (Fatec). Atualmente é aluno de mestrado em Saúde Pública pela FSP/USP.

Renata Maria Caminha Carvalho – Engenheira agrônoma (UFRPE); mestre em Gestão e Políticas Ambientais e doutora em Engenharia Civil (UFPE). Atualmente é professora e coordenadora do programa de pós-graduação em Gestão Ambiental do Instituto Federal de Pernambuco (IFPE), onde atua na área de gestão e planejamento ambiental, gestão de recursos ambientais, indicadores de sustentabilidade e agricultura familiar.

Sérgio Colacioppo – Farmacêutico-bioquímico (USP); mestre em Saúde Pública (Universidade do Texas, EUA); doutor em Saúde Ambiental (FSP/USP) e livre-docente em Saúde do Trabalhador (USP). Professor de pós-graduação (FSP/USP). Membro fundador da Associação Brasileira de Higienistas Ocupacionais.

Sheila Walbe Ornstein – Arquiteta e urbanista (FAU/USP). É professora titular pela mesma Faculdade da qual foi vice-diretora. É especialista em Avaliação Pós-Ocupação do Ambiente Construído e pesquisadora do Conselho Nacional de Desenvolvimento Científico e Tecnológico (CNPq). Atualmente é diretora do Museu Paulista (Museu do Ipiranga) da Universidade de São Paulo.

Tadeu Fabrício Malheiros – Engenheiro ambiental (USP); mestre em Resources Engineering pela Universitat Karlsruhe – Alemanha; doutor em Saúde Pública (USP). Atualmente é professor na Escola de Engenharia de São Carlos (USP) e coordena o Núcleo de Pesquisa e Extensão em Sustentabilidade. Tem focado suas atividades de pesquisa e extensão na área de Engenharia Ambiental, com ênfase em Saúde Ambiental e Sustentabilidade, atuando principalmente nos seguintes temas: indicadores de sustentabilidade, avaliação de sustentabilidade, mobilização e educação para o desenvolvimento sustentável, meio ambiente, saúde pública, saneamento básico e gestão ambiental.

Telma de Barros Correia – Arquiteta e urbanista e mestre em Desenvolvimento Urbano e Regional (UFPE); doutora (FAU/USP) e livre-docente (Escola de Engenharia de São Carlos da USP). Docente e pesquisadora no Instituto de Arquitetura e Urbanismo da USP.

Valdir Fernandes – Cientista social; mestre e doutor em Engenharia Ambiental (UFSC); pós-doutor em Saúde Ambiental (FSP/USP) em parceria com o Centro de Capacitação e Pesquisa em Meio Ambiente (USP). É *academic partner* do projeto Advancing Sustainability da Alcoa Foundation. Professor do mestrado interdisciplinar em Organizações e Desenvolvimento da FAE-Centro Universitário; consultor *ad hoc* da Capes para os Comitês de Área Interdisciplinar e Ciências Ambientais, e editor da *Revista Brasileira de Ciências Ambientais*.

Vera Lucia Ramos Bononi – Bióloga, mestre e doutora (Instituto de Biociências da USP). Professora de cursos de pós-graduação da USP e da Unesp, além do curso de mestrado da Uniderp. Docente do curso de especialização em Gestão Ambiental da Faculdade de Saúde Pública da USP. Foi coordenadora de Pesquisa de Recursos Naturais da Secretaria de Agricultura e Abastecimento de São Paulo e diretora do Departamento de Parques e Áreas Verdes do Município de São Paulo, além de coordenadora de informações técnicas e pesquisa ambiental e secretária-adjunta da Secretaria de Meio Ambiente do Estado de São Paulo.

Vicente Fernando Silveira – Biólogo (Instituto de Biociências da USP); mestre em Tecnologia Ambiental (Imperial College, University of London, Inglaterra); doutor (Universidade Federal de Santa Catarina e University of South Florida, EUA). Atua nas áreas de geoprocessamento, sistema de informações geográficas e sensoriamento remoto, planejamento e gestão ambiental, análise ambiental, desenvolvimento sustentável, manejo de recursos naturais e políticas públicas ambientais.

Wilson Edson Jorge – Arquiteto, mestre, doutor e livre-docente (FAU/USP). Professor titular aposentado da FAU/USP.